国家“十一五”重点图书

铝冶炼生产技术手册

（下册）

主　编　厉衡隆　顾松青
副主编　李金鹏　刘风琴

北　京
冶 金 工 业 出 版 社
2011

内 容 提 要

本手册由中国铝业公司牵头，组织全国铝行业的生产单位、设计院、研究院、高校等一百多位专家、学者和工程技术人员共同编写而成。

本手册系统深入地介绍了铝冶炼工业的各个主要领域。对各领域涉及的基本概念、定义、流程、生产工艺及设备、主要工序以及相关参数，对每一类产品的性质、应用、生产技术、质量标准等，均有表述。所论述的内容，既包括该领域成熟可靠的生产过程和技术，为相关工程设计、建设、技改和生产运行提供依据，也指出了该领域技术发展的方向和途径，为今后的工作提供新鲜思路。本手册分上、下两册，共九篇，分别为：概论，铝土矿，氧化铝，化学品氧化铝，电解铝，铝用炭素材料及氟盐，精铝、高纯铝和电解共析法制取铝合金，铝及铝合金的铸造，再生铝。

本手册不仅可以作为从事铝冶炼工业生产、设计、科研和教学的各方面工程技术人员重要的工具书，也可供相关领域管理人员参考。

图书在版编目（CIP）数据

铝冶炼生产技术手册．下册/厉衡隆，顾松青主编．—北京：冶金工业出版社，2011.7

ISBN 978-7-5024-5626-9

Ⅰ.①铝…　Ⅱ.①厉…　②顾…　Ⅲ.①炼铝—技术手册

Ⅳ.①TF821-62

中国版本图书馆 CIP 数据核字（2011）第 089271 号

出 版 人　曹胜利

地　　址　北京北河沿大街嵩祝院北巷 39 号，邮编 100009

电　　话　（010）64027926　电子信箱　yjcbs@cnmip.com.cn

策　　划　曹胜利　责任编辑　杨盈园　张熙莹　美术编辑　李　新

版式设计　孙跃红　责任校对　王贺兰　李文彦　责任印制　牛晓波

ISBN 978-7-5024-5626-9

北京兴华印刷厂印刷；冶金工业出版社发行；各地新华书店经销

2011 年 7 月第 1 版，2011 年 7 月第 1 次印刷

787mm×1092mm　1/16；61.25 印张；4 彩页；1497 千字；950 页

229.00 元

冶金工业出版社发行部　电话：（010）64044283　传真：（010）64027893

冶金书店　地址：北京东四西大街 46 号（100010）　电话：（010）65289081（兼传真）

（本书如有印装质量问题，本社发行部负责退换）

《铝冶炼生产技术手册》

编辑委员会

编审委员会

林道新　刘承帅（北京矿冶研究总院）　刘凤琴　刘福兴
刘惠林（北京矿冶研究总院）　刘　莉　刘汝兴　刘润田
刘仲昱　娄世彬　路培乾　罗丽芬　罗英涛　罗钟生
门翠双　戚焕岭　齐东华　齐利娟　瞿文军　曲　正
单淑秀　沈　利　沈政昌（北京矿冶研究总院）　石　磊
宋治林　孙　兵　孙松林　孙喜喜　孙　毅　田金隆
田新峰　万柱标　王达健（天津理工大学）　王建立
王　亮　王　培　王庆伟（河南工业大学）　王同砚
王卫娜　王　玉　吴　钢　武福运　席灿明　杨冠群
杨光华　杨宏杰　杨　建　杨孟刚　杨　昇（郑州大学）
杨晓霞　殷希丽　尹中林　于海斌（天津化工研究设计院）
于海燕（东北大学）　于建国　袁崇良　袁贺菊　袁一新
曾宏凯　詹志强　张佰永　张　军　张钦菘　张树朝
张万福　张学英　赵洪生　赵晋华　赵兰英　赵无畏
赵治国　郑　飞　郑绪滨　周东方　周凤禄　周吉奎

审稿人员　（以姓氏汉语拼音为序）

程运材　杜　平　高文杰　龚石开　顾松青　郭　沈
侯春楼　胡绳兴　霍庆发　贾　柯　冷正旭　李金鹏
李庆宏　李小斌（中南大学）　李元杰　厉衡隆　廖新勤
刘凤琴　刘　钢　路培乾　路增进　罗　安　罗英涛
牛殿臣　沈政昌　孙　毅　王云利　温作仁　薛玉兰
杨冠群　姚世焕　袁懋林　张为民　张荫蓬　赵无畏

说明：以上人员的工作单位，除注明外，均为中国铝业公司。

序

中国铝工业经过50多年的持续发展，不仅在生产能力、产量和消费量上已经位居世界第一，在国民经济中发挥了越来越重要的作用，而且在科研、技术开发、设计和建设各个领域都积累了丰富的经验，在世界铝行业技术发展中举足轻重。中国铝工业，不仅学习和借鉴了世界同行的先进技术和有益经验，而且经过消化吸收，形成了自主创新能力，将自主创新的成果运用于国外铝厂的建设和生产运行。

中国从事铝冶炼工业的工程师和专家们，有责任将这些丰富的经验和技术成就进行系统总结，为发展中国和世界的铝工业作贡献。希望《铝冶炼生产技术手册》的出版能够起到这样的重要作用。

《铝冶炼生产技术手册》是国内外第一本系统、全面介绍铝冶炼生产及其相关技术的大型工具书，凝聚了我国铝冶炼工业各领域的专家们多年技术和经验的积累，反映了当代世界铝冶炼工业最新的科技成果和发展方向。该书编写做到了系统、全面、实用，融科学性、先进性和实用性为一体，填补了国内外铝冶炼手册类图书出版的空白，通过全面系统地反映我国和世界铝工业生产与科技发展状态和水平，把铝冶炼工业各个生产环节的概况、技术发展的状况以及未来的发展前景介绍给读者，成为适合于从事铝冶炼工业各领域的管理、设计、科研、生产、教学人员方便查阅使用的权威性的工具书。

中国铝业公司作为中国铝工业的排头兵，以科技创新驱动结构调整，转变发展方式，引领行业发展，为中国铝冶炼技术的发展作出了重要的贡献，也成功地推动了中国铝冶炼技术走向世界，实现了中国铝工业技术由输入国向输出国的历史性转变。我们希望通过《铝冶炼生产技术手册》的出版，与国内外同行进一步密切交流，推动铝工业实现可持续发展，使中国铝工业技术更加发扬光大，为世界铝工业作出更大贡献。

二〇一一年七月二十日

编写说明

中国已成为世界上产量第一的氧化铝、电解铝、铝用炭素和铝用氟化盐生产大国。中国铝冶炼生产技术也实现了高水平发展，一大批具有中国自主知识产权的新流程、新工艺、新设备和新材料在中国铝冶炼厂得到了成功的应用。

铝冶炼各个专业领域已经有大量论文、专著和教科书出版发行。为了更好地总结、分析已有的铝冶炼技术和生产经验，全面综合地反映国内外铝冶炼各专业领域的状况，为读者提供查询、学习、借鉴和运用相关的知识、技术和经验的途径，有必要编著一本涉及铝冶炼行业各领域技术的手册。在中国铝业公司和冶金工业出版社的鼓励和支持下，编者尝试地完成了这本《铝冶炼生产技术手册》。

本手册的编写原则和主要要求有：

（1）内容力求全面、完整，尽量做到不缺漏。

（2）力求反映国内外最新成果、先进水平，表达方法也力求新颖。

（3）符合国家产业政策，体现科学发展。不叙述对于因环保、技术落后等原因已被淘汰的方法（例如自焙槽和与自焙槽相应的阳极糊、汞齐法提取镓等）。

（4）中国和世界的相关统计数据一般截止于2009年底。

（5）对于一些有多种不同名称的术语，手册中在综合说明的基础上，统一使用较为常用的术语名称。

（6）为避免内容重复和共性内容的交叉，同样的内容和产品技术标准只在主题篇章列出，其他篇章引用。同样的图、表、公式只能出现一次，再次用到时引用编号。

（7）标准和分析方法内容，尽量在各篇中列全现行标准，并摘要写出分析原理、方法和所用设备的简单介绍。

（8）参考文献分篇整理，在每篇的最后列出。

本手册分上、下两册，包括9篇58章以及与铝冶炼有关的内容组成的附录。在概论中叙述了铝的一般性应用、市场、历史等内容后，按照铝工业产业链的先后顺序分别介绍了铝土矿、氧化铝、化学品氧化铝、电解铝、铝用炭素材料和氟盐、精铝和高纯铝、铝及铝合金的铸造、再生铝等内容。

对每一篇中关于该专业领域生产技术的描述大致包含如下几部分内容：

（1）定义或概述、性能和应用；

(2) 制备方法、工艺流程和设备；

(3) 质量要求和分析方法；

(4) 某些重点篇还含有工厂组成和设计、环境保护问题、技术经济、发展趋势等。

各专业领域生产使用的设备也是本手册的重点内容之一。手册中列举了目前国内外厂商可提供的、应用最广泛的相关主体设备的关键参数。

环境保护内容是各专业领域的重要部分，一般均包含污染源、排放标准和治理方法等内容。在第五篇电解铝的第35章中介绍比较全面，其他相同处均引用第35章中的内容。再生铝生产和铸造涉及的环境保护问题在再生铝篇一并介绍。噪声的共性特点较强，手册只在再生铝篇内做综合叙述。

概算和技术经济内容在氧化铝篇和电解铝篇内有较完整的叙述，其他领域可参考该内容。

此外，在第二篇铝土矿中也介绍了各种非铝土矿铝资源；考虑到关于镓、氧化镓、砷化镓的叙述的内容是作为氧化铝生产的副产品，故将镓系列安排在第三篇氧化铝中；考虑到氟盐与炭素阳极、阴极均为电解铝生产中的重要材料，故将氟盐也安排在第六篇铝用炭素材料及氟盐中。

英文术语、铝行业准入条件、国外氧化铝企业及国外电解铝企业一览表均在附录中列出。

本手册不仅可以作为从事铝冶炼工业生产、设计、科研和教学等各方面工程技术人员重要的参考工具书，也可满足相关领域管理人员从事实际工作的需要。

感谢中国铝业公司对编写《铝冶炼生产技术手册》的全力支持。大部分作者和审稿人都是工作繁忙的中年业务骨干，中国铝业公司以及各有关的高等院校和科研院所为编者和审稿人参与手册工作提供了极大的方便。十分感谢中国铝业公司科技部在手册编写过程中及时给予指导和帮助，并协调解决有关的问题。没有这些大力支持是不可能动员这么多科技精英来完成这部巨著的。

特别要感谢全体作者和审稿人持之以恒地付出了数年的努力。为了向广大读者负责，他们对手册的内容做了反复的推敲、修改和补充，几易其稿甚至十易其稿。《铝冶炼生产技术手册》中的许多内容直接反映了作者们自身多年研究的成就。

尽管作者们付出了极大的努力，但由于水平、时间有限，存在问题在所难免，例如各部分叙述深度不平衡；还可能漏掉一些内容；对国产设备未做深入的评议；行业发展问题的分析尚有欠缺等。恳请读者批评指正，反馈改进意见，在此深表谢意。

总 目 录

＊＊

上 册

第一篇 概 论

第二篇 铝土矿

第三篇 氧化铝

第四篇 化学品氧化铝

下 册

第五篇 电解铝

第六篇 铝用炭素材料及氟盐

第七篇 精铝、高纯铝和电解共析法制取铝合金

第八篇 铝及铝合金的铸造

第九篇 再 生 铝

附 录

目　录

＊＊

第五篇　电解铝

第六篇　铝用炭素材料及氟盐

第七篇 精铝、高纯铝和电解共析法制取铝合金

第八篇　铝及铝合金的铸造

第九篇　再 生 铝

附 录

第五篇　电解铝

本篇主编　李金鹏
副 主 编　刘风琴

编写人员　（以姓氏汉语拼音为序）

曹成山　顾松青　黄雨虹
姜治安　降　虹　冷正旭
李庆宏　厉衡隆　罗丽芬
门翠双　戚焕岭　沈　利
孙　毅　王　玉　席灿明
杨光华　杨宏杰　袁一新
张　军　张钦菘　张万福
赵洪生　赵无畏　周东方

审　　稿　（以姓氏汉语拼音为序）

霍庆发　李金鹏　厉衡隆
刘风琴　姚世焕　张荫蓬
赵无畏

28　世界和中国电解铝生产和技术的发展

****

28.1　世界电解铝生产和技术的发展

28.1.1　电解铝的技术发展

从1886年到现在，霍尔-埃鲁的冰晶石-氧化铝熔盐电解法的发明已经有120多年的历史了。在此期间，霍尔-埃鲁电解炼铝的工艺方法和原理没有变化，然而实施霍尔-埃鲁冰晶石-氧化铝熔盐电解方法炼铝的主要设备——霍尔-埃鲁电解槽的结构和电解工艺参数却发生了很大变化。电解铝技术的发展主要体现在电解槽的不断改进，以应对能源费用逐年增高、环境保护要求日趋严格、劳务费用上涨等所产生的挑战。生产规模的增长和提高生产效率的要求，促使铝电解槽不断地向大型化、自动化方向发展。

铝电解槽结构按阳极特性来划分，经历了从简单的预焙阳极到旁插自焙阳极，到上插自焙阳极，最后又回到高水平预焙阳极的阶段，其间也出现过连续预焙阳极试验电解槽，但尚未成功推广。

铝电解槽构造及容量的发展，大致可划分为6个阶段：

（1）第一阶段——小型预焙阳极电解槽发展阶段。

1888～1940年，采用小型预焙阳极电解槽技术，电流强度由4kA发展到35kA，吨铝直流电耗由最初的42000kW·h降至17500kW·h。

（2）第二阶段——侧部导电连续自焙阳极电解槽（也称侧插电解槽，horizontal stud sordberg，HSS，因挪威工程师Carl Wilhelm Soderberg的发明而得名）。

1927～1955年，侧部导电连续自焙阳极电解槽技术得到广泛应用，阳极是由阳极糊在电解槽生产过程中自动焙烧形成，阳极棒由阳极侧部插入，电流强度由25kA发展到100kA。此期间美国圣柏德利乔（San Patricio）铝厂的槽电流强度为140kA，是当时世界最大容量的HSS电解槽。吨铝直流电耗由最初的22000kW·h降至17600kW·h。

（3）第三阶段——上部导电连续自焙阳极电解槽（也称上插电解槽，vertical stud sordberg，VSS）。

1944～1964年，上部导电连续自焙阳极电解槽技术开发成功并获得应用。这种电解槽与侧插阳极自焙槽的区别在于阳极电流和阳极棒不是从侧部插入，而是从上部插入，阳极钢棒的底端分布在几个水平高度上，其上端连接在阳极母线上。阳极棒不仅能导电，而且承担着阳极的重量。该种槽型电流强度由40kA发展到155kA。世界上最大容量的VSS槽是美国铝业公司（Alcoa）建在苏里南的Paranam铝厂，电流强度高达170kA。VSS槽比

HSS槽易于实现机械化操作，槽容量大，生产效率较高。

现在许多自焙阳极电解槽已经被淘汰，取而代之的是预焙阳极电解槽。但目前世界上仍然存在着一些自焙阳极电解槽。自焙阳极电解槽是在最初的预焙阳极电解槽上发展起来的，它之所以能在很长时间阶段存在并发展，是因为自焙槽本身具有如下优点：

1）由煅后石油焦和沥青组成的阳极糊，在电解槽上由电解槽自身的热量焙烧成炭阳极，使电解槽的上部散热得到合理利用。

2）由于直接使用阳极糊，节省了预制阳极过程的成形、焙烧、加工、阳极组装等工艺和工序过程，以及该过程所需要的燃料和各种消耗及劳动费用，大大降低了阳极的制造成本。

但自焙电解槽也存在很大缺点：

1）阳极的焙烧温度低（940～980℃），达不到预焙阳极1100℃以上的焙烧温度，因此自焙阳极的电阻高于预焙阳极电阻，表现在自焙阳极电压降大大高于预焙阳极电压降。

2）自焙槽阳极中心底部电解质与边部电解质之间的温差高于预焙阳极电解槽阳极中心底部电解质与边部电解质之间的温差，从而造成自焙槽内由温差而引起的电解质对流较大。

3）阳极糊自焙过程中生成大量碳氢化合物等气体，不容易回收，对环境污染较大，即使使用湿法或干法净化回收技术，净化效率不理想，成本也很高。

4）自焙槽的机械化和自动化操作程度低，电解工和阳极工劳动强度大，劳动条件差。

5）自焙槽很难大型化，因而劳动生产率低。

（4）第四阶段——边部加工大容量预焙阳极电解槽（side worked prebaked，SWPB）。

1960～1975年，大容量的预焙阳极电解槽研发成功，并获得业界认可，电流强度100～180kA，吨铝直流电耗13500～15500kW·h。这种预焙阳极电解槽与自焙槽相比，槽容量大，阳极消耗减少，阳极压降低。但由于在边部加工，所以该槽集气效率低，无法达到较高的环保要求。

（5）第五阶段——中心下料预焙阳极电解槽（centre worked prebaked，CWPB）。

20世纪60年代初期，开始在预焙阳极电解槽上部结构上安装机械加料器，这是由一个铡刀或两个铡刀组成，通过铡刀铡碎两排预焙阳极之间的氧化铝结壳，在预定时间间隔内，由槽料箱的定容下料器定时加料。这种槽型在美国铝业公司、恺撒铝业公司（美国Kaiser Aluminum，简称恺撒公司）和原雷诺铝业公司（美国Reynolds Metals）应用较多。

（6）第六阶段——中间点式下料预焙阳极电解槽（point feed prebaked，PFPB）。

这种电解槽始于1965年，是电解槽加料技术的重大突破。点式下料器是现代铝电解槽一个重要特征。一般每台电解槽有2～5个打壳下料装置，每次向打壳的孔内加入0.5～2kg氧化铝。PFPB槽的优点是能保持电解质中氧化铝的浓度稳定，使工艺条件优化并接近最佳状态，可实现计算机智能控制，取得较好的技术经济指标。PFPB槽是一种高产、高效、节能的槽型，是近20年来世界铝工业唯一快速发展的槽型。

现代铝电解槽技术始终朝着大型化和高电流密度方向发展。原法国彼施涅铝业公司（Aluminium Pechiney，又称普基公司，简称原法铝）先行开发了AP18预焙阳极铝电解槽技术，在世界铝行业获得了广泛的应用。20世纪80年代中期又进一步开发了大电流、低能耗的AP30预焙阳极铝电解槽技术，无论从技术装备的先进性还是到实际生产各项技术经济指标，一直处于世界领先水平。原法铝的大型铝电解槽技术共经历了如下4个发展时期：

1）1986年在法国 St. Jean de Maurienne 的铝电解试验厂完成 AP28 铝电解槽技术的开发；

2）1991～1996年完成 AP30 铝电解槽技术的产业化；

3）1999～2003年通过 AP30 铝电解槽强化电流，形成 AP35 铝电解槽技术；

4）2003年以后至今开发了 AP50 铝电解槽技术。

现今，不断对已生产的 AP30 电解槽进行改进，形成 AP36、AP37 和 AP3X 系列技术，其中 AP3X 的目标是 400kA，13200kW·h/t。

原法铝的大型铝电解槽技术的主体工艺配备有先进的机械与自动化操作设备、先进的辅助生产工艺与设备，如阳极制造以及配套的先进的环境治理工艺及设备，明显扩大了电解铝厂建设的系列规模和总规模，从而使原铝工业走上了劳动生产率高、能源消耗低、环境污染少的发展道路。

20世纪80年代，国外新建铝厂大都采用180～230kA中间点式下料预焙槽，如原法铝的 AP18 槽技术。20世纪90年代以后，国外新建和扩建铝厂多选用法铝的 AP30 电解槽。据报道，原法铝最新开发的500kA电解槽的电流效率可达到95%，单台日产铝量3.825t，阳极效应系数0.04～0.05次/(槽·d)，若每个电解系列安装336台电解槽，系列产能可达到460kt。原加拿大铝业公司计划投资5.5亿美元，在加拿大 Jonquiere 采用 AP50 电解技术，建设44台产能规模为60kt/a的电解铝工业试验厂。

早期致力于开发预焙电解槽技术的公司还有凯撒公司、美国铝业公司、原加拿大铝业公司（Alcan）和日本住友公司等，在原法铝技术占据重大优势的情况下，这些公司已不再自行开发新的电解槽。美国铝业公司开发的最后一个铝电解技术项目是1986年投产的 Portland 厂的 A817 槽，电流强度为300kA。除中国外，仍在开发新电解槽技术的有挪威海德鲁公司（Norsk Hydro，如 HAL275 槽）、迪拜铝业公司（Dubal，DX 系列）和联合俄铝公司（United Company Russia Aluminium，如 RA400 槽）。附录6中列举了目前在运行和正在建设中的电解铝厂采用的槽型。

28.1.2　世界各地铝电解工业的发展

28.1.2.1　世界铝电解工业发展概况

铝电解工业也称原铝（primary aluminum）工业。20世纪80年代，世界上主要的原铝生产者是苏联、北美和欧洲。日本曾经是铝电解工业大国，原铝产能曾达160万吨，但由于70～80年代两次能源危机，日本几乎全部关闭了国内的铝电解厂。当时西方国家的主要电解铝生产公司有美国铝业公司、加拿大铝业公司、法国铝业公司、雷诺金属公司、恺撒铝业公司、瑞士铝业公司（Alusuiss）、挪威海德鲁公司、德国联合铝业公司（VAW）和澳大利亚联邦铝业公司（Comalco）等。

20世纪末，特别是进入21世纪后，世界铝工业出现了跨国公司间并购的高潮。中国和俄罗斯的部分铝企业分别组成了中国铝业公司、原俄国铝业公司（Rusal）和原西伯利亚铝业公司（SUAL）。1998～1999年新美铝公司（美国 Alumax）和当时世界第三位的雷诺金属公司先后并入美国铝业公司。英国力拓公司（Rio Tinto）收购了澳大利亚联邦铝业公司。加拿大铝业公司先后收购瑞士铝业公司（1999 年）和法国铝业公司（2003 年末），而于2007 年又被力拓公司并购，改名为力拓加铝（Rio Tinto Alcan）。2002 年海德鲁公司收购了德国联合铝业公司。2007 年俄国铝业公司与俄罗斯第二大的西伯利亚铝业公司、瑞士嘉能可公司（Glencore）的一部分合并为联合俄铝公司（United Company Rusal），新公司的原铝和氧化铝的产量，分别占世界市场的 12.5% 和 15%。另一家大矿业公司必和必拓（英国 BHP Billiton）也在并购中扩展了铝业务。

2008 年，联合俄铝公司、力拓加铝、美国铝业公司和中国铝业公司等 10 家铝业公司控制了全球约 54.4% 的原铝产量见表 28-1。

表 28-1　2008 年世界前 10 家原铝生产企业的产量

序　号	公司名称	产量/kt
1	联合俄铝公司（United Company Rusal）	4404
2	力拓加铝（Rio Tinto Alcan）	4064
3	美国铝业公司（Alcoa）	3857
4	中国铝业公司（Chinalco）	3336
5	海德鲁（Norsk Hydro）	1669
6	必和必拓（BHP Billiton）	1241
7	迪拜铝业（Dubal）	945
8	巴林铝业（Alba）	872
9	世纪铝业（Century Aluminum Company）	803
10	中国豫港龙泉	627
总　　计		21818

注：资料来源于 AME（除中国铝业公司外）。

2008 年和 2009 年世界主要国家和地区原铝产量的分布见表 28-2。

表 28-2　2008 年和 2009 年世界主要国家和地区原铝产量　(kt)

国家或地区	2008 年	2009 年	国家或地区	2008 年	2009 年
北美洲	5781	4772	亚洲	17418	17688
其中：美国	2659	1741	其中：中国	13177	12900
加拿大	3123	3031	中东	2007	2077
拉丁美洲	2660	2516	非洲	1715	1668
西欧	4625	3687	澳洲	2297	2210
东欧	5102	4434	全世界总产量	39599	36974
其中：俄罗斯	4189	3793			

注：资料来源于 Brook Hunt。

以下按各大洲叙述原铝生产能力发展变动的概况。

28.1.2.2　北美电解铝工业发展概况

北美和欧洲是电解铝工业的发源地，也曾一直是原铝的主要产区。北美曾拥有多家世界级的跨国铝业公司，但由于近年来亚洲等其他地区原铝产量的大幅度提高，其地位有所下滑。目前加拿大是北美最大的原铝生产国。美国在1990年还有23个电解铝厂，而到2007年已减为14个。美国本土最后一个新的电解铝厂是1980年投产的Mt. Holly，也是最后一个采用美国铝业公司A697槽技术的电解铝厂。美国西北部的华盛顿州水电较为丰富，曾经是重要的原铝生产基地。但随着电力供应格局的变化，该地区还只剩下3家电解铝厂在生产。加拿大魁北克省水电资源极为丰富，20世纪90年代起又先后新建了几家规模巨大的电解铝厂，其中采用AP30的即有Deschambault、Alouette和Alma等电解铝厂，该地区已有4家电解铝厂的产能扩大到400kt/a以上。

28.1.2.3 欧洲电解铝工业发展概况

欧洲电解铝产量增长总体上保持平稳，其中俄罗斯、冰岛和挪威的产量有所增长，而欧洲其他各国均逐步减产。

西欧在早期是世界上最重要的原铝产地，东欧各国的铝工业在第二次世界大战后也曾有过长足的进展。尽管欧洲铝消费量大，但随着电解铝厂技术装备的老化、能源供应趋紧和价格上升，欧洲有大批电解铝厂、其中还包括一些二战后新建的厂，从20世纪80年代起陆续关闭，但目前仍然还有一些自焙槽在运行。1991年在法国的敦刻尔克投产了第一个AP30系列，但此后，欧洲仅在冰岛采用了原法铝技术建设过新的电解系列。2005年1月1日起，欧盟推行新的排放贸易规则，二氧化碳排放配额价格大幅上涨，从而推动法国和德国等国远期电力价格大幅度攀升。据估计，未来几年欧洲有近1000kt的电解铝产能面临电价上涨的严重影响。欧洲电解铝厂关停的进程仍将继续。

冰岛和挪威电解铝工业持续发展。挪威和冰岛水力资源和其他能源丰富，具有发展铝电解工业的独特优势。2007年，挪威电解铝产量占整个西欧的30%以上，位居西欧第一。

挪威海德鲁公司积极开发电解槽技术，成功地为斯洛伐克提供了HL230（258kA）槽系列技术，而后又采用HAL250（275kA）技术，全面改造了Sunndal铝厂，淘汰了自焙槽技术，建成了有340台275kA槽的系列，改造后产能提升到360kt/a，为目前西欧最大的电解铝厂。

美国铝业公司在冰岛东部建造的年产350kt的Fjardaal电解铝厂，于2007年投产，采用了AP3X技术。这是近几年内世界上除中国外为数不多的新建电解铝厂之一。美国世纪铝业公司（Century Aluminum）和美国铝业公司都在研究在冰岛新建电解铝厂。

前苏联，特别是俄罗斯，铝产量位居世界第二位。1930年邻近沃克荷夫水电站的俄罗斯第一家电解铝厂破土动工。借助于西伯利亚丰富的水电资源的优势，前苏联在20世纪60年代建成了两座可称之为“巨型”的电解铝厂，即产能为950kt/a的布拉茨克厂和克拉斯诺雅尔斯克厂。但和前苏联其他许多电解铝厂一样，原来都采用了落后的、污染严重的、电流容量较小的自焙槽技术。1984年投产的Sayanogorsk厂，是前苏联建设的最后一个电解铝厂，采用了原法铝的175kA槽，现产能为534kt/a。20世纪90年代初，随着前苏联的解体，国内铝消费急剧下降，俄罗斯将90%以上的铝锭出口到海外市场。在沉寂数年之后，俄罗斯铝业恢复了对电解铝技术的重视，并开始研究在俄罗斯和国外建设新的电解铝项目。俄罗斯铝业采用R-300槽技术，新建了年产300kt的Khakass电解铝厂，并于2007年投产。随后又开发了R-400槽。俄罗斯的能源条件得天独厚，尚在研究在多处建设新的电解铝厂。

28.1.2.4 南美洲电解铝工业发展概况

自20世纪70年代起，陆续有跨国公司在南美投资的大型电解铝项目建成投产，如巴西的圣路易斯厂（称为Alumar项目）和贝伦厂（称为Albras）。在巴西和委内瑞拉共有4个电解铝厂的产能超过400kt/a。

28.1.2.5 亚洲电解铝工业发展概况

十多年来，中国的铝电解工业发展迅猛，原铝产量自2002年起就始终居于世界第一位。

日本曾经是亚洲的原铝生产大国，经过20世纪70~80年代两次世界能源危机，该国的电解铝产能已关闭殆尽。但亚洲的中东地区，由于具有无可比拟的能源条件，已成为全球关注的电解铝投资的热地。70年代投产的巴林和迪拜两厂，经多次扩建，2007年产量分别达到853kt和890kt，且在继续扩建中。Dubal公司与原澳大利亚联邦铝业公司（Comalco）合作，先后开发了D18、D20、D26和DX等系列，在目前世界的电解槽技术中占有一定的地位。位于阿曼的370kt/a的Sohar电解铝厂采用AP35技术，已于2009年2月达产。而海德鲁公司在卡塔尔的Quatalum厂是迄今世界上一次建设的最大的电解铝厂，产能为585kt/a，有两个HAL275（300kA）系列，每个系列352台（槽），在2009年末开始启动。印度是又一个电解铝投资热地，采用中铝国际320kA技术的Vedanta公司Korba245kt/a项目于2005年投产后，又有Vedanta公司的500kt/a的加苏古（Jharsuguda）项目开始建设，采用中铝国际330kA技术，于2009年投产。而Vedanta公司在同一地点用同一技术又建设一个1250kt/a的厂，其中前两个系列于2009年年底投产。此外，塔吉克斯坦的Tursunzade厂是前苏联时代建设的420kt/a的大型电解铝厂，近几年产量已恢复到设计水平。

28.1.2.6 大洋洲电解铝工业发展概况

澳大利亚具有丰富的铝土矿资源和巨大的氧化铝产能，由于煤炭资源丰富，电解铝工业也已形成较大的规模。澳大利亚和新西兰的7个电解铝厂的产能均较大，其中采用AP18和AP30技术的Boyne岛和Tomago电解铝厂的产能分别达到550kt/a和520kt/a。

28.1.2.7 非洲电解铝工业发展概况

南部非洲煤炭资源丰富，曾一度成为新建电解铝厂的首选地之一。1995年建成的南非466kt/a的Alusaf项目曾是采用现代化AP30技术的最为成功的一个例子，目前，该厂已扩建到700kt/a。此后不久建设的莫桑比克Mozal项目也采用AP30技术，两期共建成550kt/a的产能规模。但近几年由于供电条件的变化，使南非电解铝工业的发展受到较大的影响。

能源、环境和竞争力因素对世界电解铝技术和生产规模提出了更高的要求，电解铝工业的地域分布和跨国公司投资原铝工业的战略将随着资源、能源的优化配置、提高竞争力的需要而发生改变。

28.2 中国电解铝生产和技术的发展

28.2.1 中国电解铝技术的发展

中国的电解铝工业体系是从1949年新中国成立后建立起来的。抚顺铝厂（原301厂）采用前苏联设计的侧插自焙阳极电解槽技术，形成第一个电解系列，于1954年10月投产并开始生产铝，年生产能力为25kt，后经独立设计和扩建，至1957年年生产能力达到70kt。

20世纪60年代在宁夏青铜峡铝厂（原304厂）和贵州铝厂（原302厂）自主开发当时较为先进的上插自焙槽技术，并开展配套设备设计的攻关，形成了完整的上插槽铝电解系列。直至70年代中期，中国国内的铝电解技术主要采用的是槽容量较小（45kA、60kA、75kA、80kA）的侧插和上插自焙阳极铝电解槽工艺与设备，配套的主要设备有751型风动地爬式打壳机、气动拔棒机、钉棒机和母线转接设备等。电解铝厂的产能规模基本都在60kt/a以下，这一阶段属于新中国电解铝工业的起步阶段。

1983年成立中国有色金属工业总公司，在“优先发展铝”的战略方针指导下，中国铝工业出现了崭新的局面。始于70年代后期的预焙阳极电解槽的开发为中国铝工业逐步向高水平发展奠定了技术基础。

中国的预焙阳极电解槽的发展基本上经历了4个阶段。

第一阶段是20世纪70年代末自行开发了80kA（郑州铝厂）和135kA预焙阳极电解槽技术。在试验槽取得成功的基础上，于1980年在抚顺铝厂建设了23台135kA预焙槽，后来又在包头铝厂建成了年产45kt的135kA生产系列，吨铝直流电耗达到13650kW·h。

第二阶段是20世纪80年代初引进和消化日本轻金属公司160kA电解槽技术。在贵州铝厂引进了日本轻金属公司的160kA预焙阳极电解槽，并在消化引进技术的基础上，在青海铝厂的一、二期和贵州铝厂后80kt工程进行了自主设计和建设。

第三阶段是引进技术的改进与进一步开发阶段。在平果铝厂、贵州铝厂、新安铝厂等改造和建设中，基于对预焙阳极电解槽生产经验的总结和深入的技术研究，对引进技术进行了改进，大幅度改善了铝电解生产的电流效率和直流电耗等技术经济指标，电流效率达92%左右，吨铝直流电耗13590kW·h。

第四阶段是中国自行开发出具有自主知识产权的多种容量的大型预焙铝电解槽技术。在国家“七五”和“八五”期间，中国的科研、设计工作者开发了大型铝电解槽物理场的数学模型和计算机模拟软件，对电解槽内的各种物理场特性进行深入的研究，对铝电解槽的母线配置、热平衡设计、自适应控制和氧化铝输送等方面均进行了模拟和技术研究，并在此基础上自行开发出多种容量的大型预焙阳极电解槽技术。

特别是由郑州轻金属研究院、贵阳铝镁设计研究院和沈阳铝镁设计研究院共同研发的国家重点工业试验项目280kA大型预焙槽电解技术，完成了国家大型铝电解工业试验基地的建设，成功开发出280kA大型预焙槽电解成套技术，成为中国现代铝电解工业技术发展的里程碑。

所开发的成套技术经过进一步的改进和优化，自20世纪90年代末开始大规模地应用于新建或扩建的大型铝电解厂，有力地促进了中国现代铝电解工业的迅猛发展。目前中国已经拥有了186kA、200kA、230kA、300kA、320kA、350kA、400kA等多种不同规格的大型预焙阳极电解槽成套技术和装备，取得了良好的技术经济效果，电流效率达到93%～94%，吨铝直流电耗低于13500kW·h。具有自主知识产权的中国电解铝技术已经成功输出国外，标志着中国铝电解工业技术已经跃入世界先进行列。

伴随着先进的大型预焙阳极电解槽技术的开发，相应的配套设备和技术也得到提升和应用。自主设计制造的电解多功能天车可用于完成电解槽操作的多项作业；先进的电解槽控制系统保证了电解槽的控制和稳定运行；氧化铝浓相和超浓相输送装备降低了氧化铝输送系统的能耗，提高了输送效率，减少了氧化铝的磨损；大型、高效净化收尘器的使用，保证了净化效率满足环保要求；大型铝铸造用混合炉和新型铸造机的应用，使铝厂的产成品品种和质量都有了新的飞跃。

中国预焙铝电解槽的开发情况见表28-3。

表28-3 中国预焙铝电解槽的开发简况

序号	槽 型	阶段时间	试验基地
1	（1）100kA，135kA，160kA改进型试验槽开发； （2）基础理论研究：从物理场二维模型到三维模型仿真软件（由100kA到350kA槽初级到高级软件开发）	1978～1986年 1978～现在	（1）抚顺、郑州、贵州、新安等铝厂； （2）郑州轻金属研究院、沈阳铝镁设计研究院、贵阳铝镁设计研究院
2	（1）186kA试验槽开发； （2）200kA、230kA试验槽开发	1987～1991年 1989～2000年	（1）贵州铝厂、贵阳铝镁设计研究院； （2）山西关铝、贵州铝厂、兰州铝厂、沈阳、贵阳两铝镁设计研究院等
3	280kA试验槽开发及示范工程	1987～1999年	国家大型铝电解工业试验基地（郑州轻金属研究院、贵阳、沈阳两铝镁设计研究院）、焦作万方铝业
4	320kA试验槽开发	1997～2000年	平果铝厂、贵阳铝镁设计研究院
5	300kA系列槽	1998～2001年	新安铝厂、云南铝厂、伊川铝厂、沁阳铝电解试验厂、郑州轻金属研究院、沈阳铝镁设计研究院、贵阳铝镁设计研究院等
6	350kA系列槽	1999～2003年	青铜峡铝业、神火铝业、贵阳铝镁设计研究院、沈阳铝镁设计研究院
7	400kA试验槽	2005～2007年	兰州铝业、沈阳铝镁设计研究院
8	400～500kA	2007年以后	包头铝业、连城铝业、沈阳铝镁设计研究院

中国大型预焙铝电解槽技术主要包括如下3个方面：大型预焙电解槽物理场模拟与设计、电解槽的控制系统与配套软件和焙烧启动与操作运行技术。大型预焙铝电解槽的设计必须首先开发尽可能准确可靠的模拟铝电解过程的物理场，并建立相应的计算模型，对一些关键技术做出计算和优化选择。这包括进行最佳母线配置设计，保证电解槽在高电流强度下平稳运行；进行热平衡和槽壳结构与内衬的设计，保证大型铝电解槽炉膛的规整、高

效率和安全运行。

从2001年开始，中国已有超过20个大型铝电解厂建设项目直接采用了280kA以上级别的大容量中间点式下料预焙槽系列技术。由中铝国际提供技术和设计，在印度Korba铝厂建成288台320kA电解槽，年产能达245kt，并于2005年投产，从而使中铝国际成为继原法铝之后第二个能对外提供300kA以上级别和单系列产能200kt以上的电解铝厂全套技术和设计的工程技术公司。之后中铝国际又承担了更多的海外铝电解工程项目。

20世纪90年代开始，国家陆续制订了严格的铝电解厂排放标准和铝工业产业政策，对电解铝厂的污染排放提出了明确的限制要求。由于自焙电解槽的环保难以达标，加上能耗高、产能低、劳动生产率低等不利因素，中国自焙槽电解铝厂自20世纪末开始陆续关闭或就地改造为小型预焙槽。截至到2005年为止，自焙阳极电解槽在中国已基本被淘汰，作为过渡形态的小型预焙槽也在企业改造中逐步被大型预焙槽所取代。

28.2.2 中国电解铝产量的发展

在第1篇中已叙述了中国电解铝企业的建设过程和自1981年以来中国原铝产量的变化。

20世纪90年代，随着国民经济对铝需求的快速增长，中国各地新建了许多小规模的自焙槽铝厂。1998年，中国共有108个电解铝厂，总产能却只有2600kt，平均每个厂的年产能仅为24kt。

2000年前后，中国自行开发成功了大型预焙电解槽技术，并进行了工业示范和产业化应用，为建设大型电解铝厂提供了技术保障，有力地推动了21世纪初中国大型预焙槽技术的大规模推广应用以及中国铝工业的高速发展。但是由于市场拉动和投资驱动，中国铝电解工业出现了盲目大干快上的局面，2003年最多时中国共建有145家电解铝厂，超过了当时国外电解铝厂的总和。为落实中国铝工业产业政策和环保要求，中国于2004～2005年先后共关闭了49家电解铝厂，其中3～20kt/a产能的小型电解铝厂和自焙槽铝厂占了绝大多数。2006年共有96家铝电解厂运行，平均产能上升到125kt/a。中国电解铝工业的面貌得到了根本改观。

由表28-4可见，2007年与2006年两年电解铝企业产能结构又进一步发生了迅速的变化。2007年中国电解铝生产企业数量为89家，平均规模达到了158kt/a，其中产能在100kt/a以上的电解铝企业有56家，占总产能89.39%；产量在300kt/a及以上的电解铝企业有19家，占总产能54.71%。

表28-4 中国2007年与2006年电解铝企业产能结构

电解铝企业规模范围	企业数/家		能力合计/kt·a^{-1}		所占比例/%	
	2007年	2006年	2007年	2006年	2007年	2006年
≥100kt	56	50	13806	10226	89.39	84.87
≥200kt	25	18	9896	6226	64.26	51.67
≥300kt	19	13	8426	4906	54.71	40.72
≤50kt及以下	27	29	5870	7390	3.81	6.13

由表28-5可见，2007年中国铝电解厂160kA及以上的大型预焙槽的产能已占总产能

的86.21%；300kA电解槽及以上占总产能的28.36%。大型预焙铝电解槽已完全成为中国铝电解技术的主流。

表28-5 中国2007年与2006年电解铝企业槽型结构

电解槽槽型	生产能力/kt·a⁻¹		占总能力的比例/%	
	2007年	2006年	2007年	2006年
≥160kA	13276	10038	86.21	83.31
≥200kA	11860	8672	77.01	71.97
≥300kA	4368	3343	28.36	27.75
≤100kA	1715	1507	11.14	12.51

2007年电解铝产量200kt以上的企业见表28-6。

表28-6 2007年产量200kt以上的电解铝企业

企 业	产量/kt	企 业	产量/kt	企 业	产量/kt
青铜峡铝业集团	575	神火铝业集团公司	371	山西华泽铝电集团	289
河南伊川电力集团	545	青海桥头铝业公司	339	兰州连城铝业公司	279
山东信发铝业集团	478	焦作万方铝业公司	329	中铝兰州分公司	257
中铝贵州分公司	437	南山集团	326	滨州魏桥铝业科技	247
云南铝业公司	401	东方希望包头稀土铝业	325	商电集团丰源铝电	232
河南万基铝业公司	401	包头铝业集团公司	314	山西华圣	229
中铝青海分公司	395	河南豫联能源集团	304	中电霍煤鸿骏铝电	209

为加快产业结构调整，促进铝工业的持续健康发展，加强环境保护，综合利用资源，进一步规范铝行业的投资行为，促进节能减排目标的实现，国家发展和改革委员会于2007年9月发布了《铝行业准入条件》。

《铝行业准入条件》中对电解铝项目的审批做出了明确规定：新增生产能力的电解铝项目，必须经过国务院投资主管部门核准。近期只核准环保改造项目及国家规划的淘汰落后生产能力置换项目。改造的电解铝项目，必须有氧化铝原料供应保证，并落实电力供应、交通运输等内外部生产条件。对于确需建设的环保改造项目及国家规划的淘汰落后生产能力置换项目，必须经过国家投资主管部门同意开展前期工作，方可办理项目用地和环境评价审批手续。

《铝行业准入条件》还对铝电解企业采用的技术做出了规定：报请核准的电解铝淘汰落后生产能力置换项目及环保改造项目，必须采用200kA及以上的大型预焙槽工艺，且新建生产线阳极效应系数要小于0.08个/(槽·d)。新改造的电解铝生产能力综合交流吨铝电耗必须低于14300kW·h；电流效率必须高于94%。现有的电解铝企业综合交流吨铝电耗应低于14450kW·h，电流效率必须高于93%。

《铝行业准入条件》见附录4。

29　电解铝生产原理

＊＊

29.1　电解铝生产工艺概述

现代铝工业生产中，均使用霍尔-埃鲁电解法生产原铝。其生产工艺流程如图 29-1 所示。

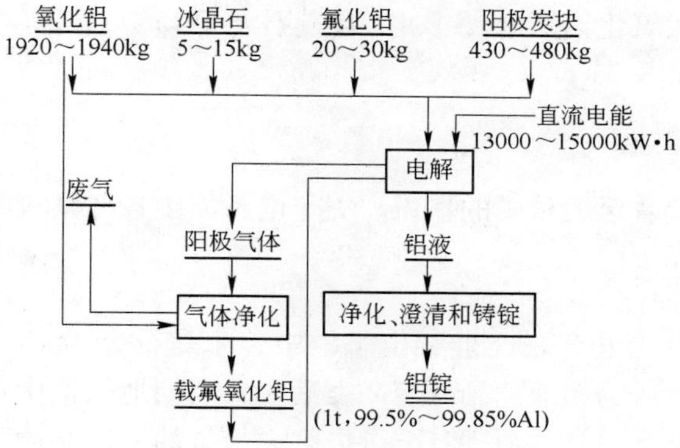

图 29-1　电解铝生产流程简图

电解铝生产用氧化铝（Al_2O_3）为原料，冰晶石（Na_3AlF_6）为熔剂，通入直流电进行电解，形成冰晶石-氧化铝熔盐电解法。直流电通入电解槽，在阴极和阳极上发生电化学反应，得到电解产物，阴极上是液体铝，阳极上是气体 CO_2（约 75% ~80%）和 CO（约 20% ~25%）。电解温度一般为 930 ~970℃。氧化铝熔融于冰晶石形成的电解质熔体（或电解质）的密度约为 2.1g/cm³，铝液密度为 2.3g/cm³，两者因密度差而上下分层。铝液用真空抬包抽出后，经过净化和过滤，获得的原铝纯度可达到 99.5% ~99.85%，浇铸成多种商品铝锭，或铝合金锭。阳极气体中还含有少量气态和固态的氟化物，需要回收利用。

29.2　电解质的物理化学性质及其影响

霍尔-埃鲁电解法中，电解质是炼铝的核心部分，是电解槽的“血液”。工业铝电解槽的电解质主要成分是冰晶石与氧化铝组成的熔融混合物，电解质通常含有冰晶石（约 80%）、氟化铝（AlF_3，约 6% ~13%）和氧化铝（约 1.0% ~3.5%）以及添加剂氟化钙（CaF_2）、氟化镁（MgF_2）和氟化锂（LiF）（共约 5% ~10%）。电解质的物理化学性质非常重要，影响着电解槽的电流效率、能耗、原料消耗、电解槽寿命等一系列重要指标。

29.2.1　电解质中各组分的结构和性质

29.2.1.1　氧化铝

氧化铝的物理性能对于保证电解过程的正常进行和提高气体净化效率（用于废气净化时）关系很大。通常要求氧化铝具有较小的吸水性，较好的活性和适宜的粒度，能够较快地溶解在冰晶石熔体中，加料时的飞扬损失少，并且能够严密地覆盖在阳极炭块上，防止阳极炭块在空气中氧化。在气体净化中，要求它具有足够的比表面积。

工业用氧化铝通常是 α-Al_2O_3 和 γ-Al_2O_3 的混合物，它们之间的比例对氧化铝的物理性能有直接影响。α-Al_2O_3 的晶型稳定；γ-Al_2O_3 的晶型不稳定，与 α-Al_2O_3 相比 γ-Al_2O_3 具有较强的活性、吸水性和较快的溶解速度。根据氧化铝的形貌与物性不同，可分为三类：砂状、粉状和中间状。砂状氧化铝具有流动性好、溶解快、对氟化氢气体吸附能力强等优点。铝电解槽砂状氧化铝要求 α-Al_2O_3 含量不大于25%，最好在5%～15%范围之内。粉状氧化铝含有较高量 α-Al_2O_3。

29.2.1.2　各种氟盐

氟盐在铝电解中起着至关重要的作用。关于电解质中各种氟盐的性质，详见44.1节。

29.2.2　电解质熔体的密度

在冰晶石-氧化铝熔盐电解的工业铝电解槽中，冰晶石-氧化铝电解质熔体在阴极铝液的上面，阴极上电解生成的铝液达到一定高度后，要定期地从槽中抽出，这是铝电解生产的基本原理之一。按照这一基本原理，要求电解质熔体的密度必须小于铝液的密度，后者约为2.3g/cm^3。在950℃左右的铝电解温度下电解质熔体的密度约为2.1g/cm^3。电解质熔体和阴极铝液的密度差越大，两者接触的界面受外界影响所引起的扰动越小。外界的影响包括电磁力、阳极气泡从电解质中逸出所引起的铝液界面的扰动等。因此，降低冰晶石电解质熔体的密度、增大阴极铝液和电解质熔体之间的密度差，在铝电解生产中具有非常重要的意义。

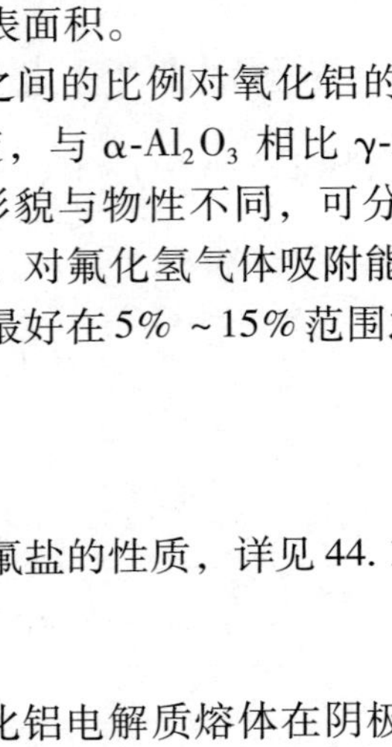

图29-2　测定熔体密度的装置

1—分析天平；2—带水套的冷却板；3—电炉；4—水套；5—铂丝；6—铂球；7—热电偶；8—冰晶石-氧化铝熔液；9—铂杯，80mL，Pt-13Rh；10—莫来石管；11—不锈钢容器

29.2.2.1　密度测量方法

对熔体的密度的测量多数采用流体静力称量法。在冰晶石-氧化铝熔体中采用铂球或铂铑合金球。对于含有炭粒的工业铝电解质则用铱球，或者采用双锥形的铱圆柱体。

熔体密度的测定是基于阿基米得原理，测量装置如图29-2所示。用大小两个不同的两个铂球（一个直径8mm，另一个直径10mm)，悬挂铂球的铂丝直径为0.25mm，其成分是Pt-13Rh。在测定时，用同一根铂丝，但先后用两个铂球。采用双球法的目的在于消除吊丝上附着物和界面张力对密度的影响。熔盐的密度按式（29-1）计算：

$$\rho_{bath} = \frac{m_{大} - m_{小}}{(1+\beta t)(V_{大} - V_{小})} + \rho_{空气} \tag{29-1}$$

式中 $m_{大}$——分析天平称出的大球质量，kg；

$m_{小}$——相应温度下分析天平称出的小球质量，kg；

$V_{大}$——大球在0℃时的体积，m^3；

$V_{小}$——小球在0℃时的体积，m^3；

β——铂的体膨胀率，且$\beta = (26604t + 3.972t^2) \times 10^{-9}$；

t——熔盐温度,℃；

$\rho_{空气}$——空气的密度。

实验时，把干燥的氩气通入不锈钢容器中。铂球浸入熔液中30s之后进行测定，先后用大小两球。在计算熔盐密度时，计入空气密度的影响。

纯氧化铝的密度在其熔点2050℃时为3.01g/cm³，比熔融冰晶石（熔点1010℃时，2.10g/cm³）大得多，但冰晶石熔液中加入氧化铝之后，密度反而变小。这一事实说明，氧化铝同冰晶石熔液发生了化学反应，生成一种体积庞大的络合离子，使熔体的密度减小（见表29-1）。

表29-1 不同氧化铝浓度的Na_3AlF_6-Al_2O_3熔体在1000℃时的密度

熔体组成(摩尔分数)/%			熔体组成/%		$\rho_{bath1000}$ /g·cm^{-3}	温度系数 a /g·(cm³·℃)$^{-1}$
Na_6F_6	Al_2F_6	Al_2O_3	Na_3AlF_6	Al_2O_3		
45.87	45.87	8.25	95.81	4.19	2.076	92×10^{-5}
42.00	42.00	16.00	91.54	8.46	2.056	86×10^{-5}
38.00	38.00	24.00	86.72	13.29	2.042	80×10^{-5}
35.00	35.00	30.00	82.77	17.22	2.031	68×10^{-5}
33.00	33.00	34.00	80.00	20.00	2.036	65×10^{-5}

注：密度随温度变化的关系为$\rho_{bath} = \rho_{bath熔化} - \alpha(t - t_{熔点})$。

氧化铝浓度指熔体中含有的氧化铝质量占整个熔体质量的百分数。

29.2.2.2 不同添加剂对Na_3AlF_6-Al_2O_3熔体密度的影响

图29-3所示为几种添加剂对于冰晶石-氧化铝熔体的密度的影响。CaF_2和MgF_2使冰晶石-氧化铝熔体的密度增大，LiF和AlF_3则使之减小。

工业电解槽中，电解质熔体的密度可以用如下经验公式表示：

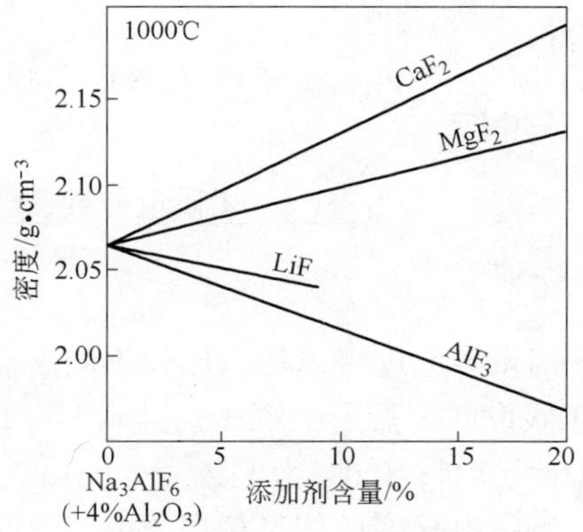

图29-3 冰晶石-氧化铝熔体的密度受添加剂的影响

$$\rho_{bath}=100/[w(Na_3AlF_6)/(3.305-0.000937T)+w(AlF_3)/(1.987-0.000319T+0.0094w(AlF_3))+w(CaF_2)/(3.177-0.000391T+0.0005w(CaF_2)^2)+w(MgF_2)/(3.392-0.000525T-0.01407w(MgF_2))+w(LiF)/(2.358-0.00049T)+w(Al_2O_3)/(1.449+0.0128w(Al_2O_3))] \tag{29-2}$$

式中　T——电解质温度；

w——相应物质的质量分数。

29.2.3　电导率

铝电解槽中电解质的电导率的意义非常重要。高的电导率意味着电解质的电阻小，而工业铝电解槽中的欧姆压降约占槽电压的30%，从而可以在增加电解槽保温的情况下，降低槽电压，节省电能，降低电耗；或者在不增加电解质电压降的情况下，提高电解槽的电流，增加铝的产量；或者对极距较低的电解槽，当电解质的电导率提高后，在保持槽电压不变的情况下，使极距增加，达到提高电解槽的稳定性和提高电流效率的目的。现在，这方面的潜力仍很大。

29.2.3.1　电导率的测定方法

熔体导电度与离子的运动有直接关系，它取决于离子的本性和离子间的相互作用。如果在两根平行的相距1cm的电极之间放置1mol或1mol质量的熔盐，则此层电解液的导电度称为摩尔导电度或当量导电度：

$$\left.\begin{array}{ll}\text{摩尔导电度} & \Lambda=\dfrac{\chi}{c}\\ \text{当量导电度} & \Lambda_{\text{当量}}=\dfrac{\chi}{c_{\text{当量}}}\end{array}\right\} \tag{29-3}$$

式中　c——熔体物质的量浓度，mol/cm^3；

$c_{\text{当量}}$——熔体当量浓度，当量/cm^3；

χ——熔体电导率，S/cm。

对于混合熔体（例如NaF/AlF_3二元系），其摩尔导电度和当量导电度分别用式29-4来表示：

$$\begin{array}{l}\text{摩尔导电度}=\dfrac{\text{相对分子质量(A)}\times\text{摩尔分数(A)}+\text{相对分子质量(B)}\times\text{摩尔分数(B)}}{\text{熔体密度}}\times\text{熔体电导率}\\ \text{当量导电度}=\dfrac{\text{当量(A)}\times\text{质量分数(A)}+\text{当量(B)}\times\text{质量分数(B)}}{\text{熔体密度}}\times\text{熔体电导率}\end{array} \tag{29-4}$$

当量导电度可以用来比较不同熔盐的导电性能，因为每一当量熔盐中含有相同数目离子（假设此熔盐完全解离）。Na_3AlF_6的当量为其分子质量的1/3，NaF为1，AlF_3为1/3，Al_2O_3为1/6，CaF_2为1/2。

测量电导率要用高频交流电流，其频率要在2000～4000Hz范围内，以免电极发生极化作用，影响测量的精度。

电导池常数C是指导电长度与导电面积之比值，即L/S。通常用电导率已知的水溶液标定，例如用 KCl 溶液。KCl 水溶液的电导率见表 29-2。

电导池常数　　$C=\frac{L}{S}(\mathrm{cm^{-1}})$

电阻　　$R=\frac{1}{\chi}\times\frac{L}{S}=\frac{1}{\chi}\times C(\Omega)$　　(29-5)

电导率　　$\chi=\frac{C}{R}(\mathrm{S/cm})$　　(29-6)

表 29-2　标定电导池常数用的 KCl 水溶液的电导率数值

1000g 溶液中 KCl 的量①/g	χ②/S·cm^{-1}		适用的电导池常数范围
	20℃	25℃	
71.3828	1020.24×10^4	1117.33×10^4	5~200
7.43344	116.676×10^4	128.862×10^4	0.5~20
0.746558	12.7572×10^4	14.1145×10^4	0.05~2

①称重时扣除了空气的浮力；

②扣除了水本身的导电度。

熔体是电的良导体，并且具有较大的侵蚀性，所以在测定电导率时，除了需要选用耐腐蚀的容器之外，必须对电导池的设计给予特别的注意，首先要求有较大的电导池常数。

29.2.3.2　Na_3AlF_6-NaF 熔体的电导率

Na_3AlF_6 和 NaF 的电导率对温度的关系曲线 $\lg\chi$-$1/T$ 如图 29-4 所示。

图 29-4 中 1013℃和 997℃分别是 Na_3AlF_6 和 NaF 的熔点，低于熔点则 $\lg\chi$ 值明显减小。但是冰晶石在熔点时的电导率变化不如氟化钠大，故推想那时冰晶石的晶格变化不如氟化钠大，也即冰晶石在熔融时只是部分发生热分解。

29.2.3.3　Na_3AlF_6 与各种添加剂形成的熔体的电导率

各种添加剂如 Al_2O_3、AlF_3、MgF_2 和 CaF_2 都能使冰晶石熔体的电导率降低，其中 Al_2O_3 的作用最强，而 LiF、NaF 和 NaCl 使熔体电导率提高，如图 29-5 所示。

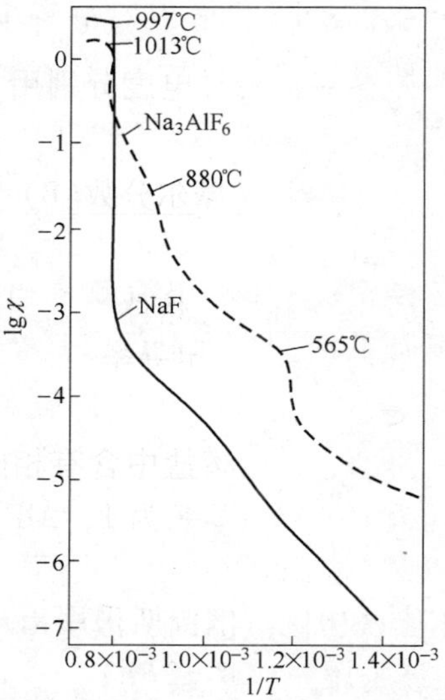

图 29-4　Na_3AlF_6 和 NaF 的电导率与温度的关系

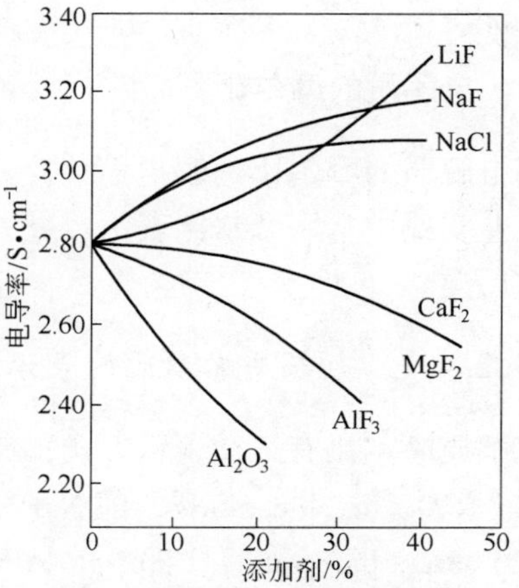

图 29-5　各种添加剂对冰晶石熔体电导率的影响

29.2.3.4 炭粒和氧化铝悬浮物对熔体电导率的影响

存在于电解质里的炭粒使电解质的电阻率增大；悬浮在电解质里的一些胶状氧化铝以及原料带来的一些氧化铝杂质也使电阻率增大。其综合的影响是使电解性质的电导率大约降低0.12～0.18S/cm。电解质里的炭粒，主要来源于因阳极炭块的选择氧化而造成的炭粒剥落。此外，一部分炭粒来自因阴极炭块受铝液冲刷而造成的剥落。少量细炭粉则是由于铝同阳极气体发生逆反应而生成的：

$$4Al(\text{溶解的}) + 3CO_2(g) = 2Al_2O_3(\text{溶解的}) + 3C(s) \tag{29-7}$$

一部分炭粒夹杂在电解质整体内，一部分漂浮在电解质表面上。此外，如果电解质因电磁场影响而产生局部涡流，则表面上的炭粒会卷入此涡流内，使相应部位的阳极导电不良，底掌消耗不匀，形成包状突出（阳极包），给生产带来很大的危害。电解质温度升高，则其中碳含量增多。在1000℃时，电解质中的碳含量达到0.6%。

电解质中的炭粒，一部分呈高温熔胶状态（类似胶体状态）溶解在电解质里；另一部分呈 Al_4C_3 形态，这部分炭粒使电阻率明显上升。此外，炭粒越细小，它在电解质中停留的时间越长，对电阻率的影响愈大。

发生阳极效应（关于阳极效应详见29.3.14节）时，由于电解质对炭湿润不良，炭粒从电解质里分离出来，故阳极效应可起到清理电解质中炭粒的作用。

酸性电解质（酸碱性的定义见29.2.4节）对炭的湿润性较差，所以能够促使炭粒与电解质分离并漂浮起来；碱性电解质对炭的湿润性较好，故炭粒容易夹杂在电解质里。漂浮在电解质表面上的炭粒容易被空气氧化，不致大量积聚，而夹杂在电解质内的炭粒会影响电解质电导率。

添加氟化镁可增大电解质与炭粒界面上的张力，故有助于分离炭粒。这一好处足以弥补因添加氟化镁而使冰晶石-氧化铝熔体电导率减小的缺点。

搅动槽底上的沉淀物会引起电解质的电阻率增大，因为一些不溶性杂质和一时来不及溶解的氧化铝会返回电解质里，使电导率减小0.15～0.27S/cm，所以对电解生产不利。据报道，电解质搅动后要经过10～30min，电导率才能恢复正常值，故不宜搅动槽底的沉淀物。

29.2.4 电解质的摩尔比

铝电解质的摩尔比是铝电解生产中的一项重要技术参数，影响电流效率和电能消耗量，工业实践中常用摩尔比表示。过去100余年中电解质的演变实际上就是其摩尔比逐渐改变的历史。

29.2.4.1 电解质摩尔比的表示方式

电解质摩尔比有三种表示方式：

（1）*CR*（cryolite ratio），即 NaF/AlF_3 物质的摩尔比（中国、俄罗斯采用）；

（2）*BR*（bath ratio），即 NaF/AlF_3 质量比（北美洲采用）；$CR = 2BR$；

（3）*f*，即过量 AlF_3，%（西欧采用）。

现代铝工业常用 $CR<3$ 的电解质。

电解质的“酸碱度”的概念是称 $CR=3$ 时电解质为中性，$CR>3$ 时电解质为碱性，$CR<3$ 时电解质为酸性。

电解质的摩尔比对电解过程的影响见29.2.5节。

LiF 如同 NaF 一样，是一种路易斯碱（能给出电子的物质），可增大电解质的摩尔比；MgF_2 如同 AlF_3 一样，是一种路易斯酸（能接受电子的物质），可减小电解质的摩尔比；CaF_2 和 Al_2O_3 对电解质酸碱度影响很小。

29.2.4.2　电解质摩尔比的测定

在工业生产上，电解质的摩尔比并不是一经确定便不会改变，而会由于多种原因使其发生变化。例如，电解质中的某些组分如 $NaAlF_4$ 会蒸发出来，结果使 NaF/AlF_3 摩尔比增大；同时，还有 NaF 浓度高的冰晶石熔盐会自发地向炭阴极中渗透，使电解质的摩尔比减小；此外，加入槽内的氧化铝和氟盐含有水分以及多种杂质，如 SiO_2、Na_2O、P_2O_5 等，都会与高温的电解质发生化学反应，使 NaF/AlF_3 摩尔比增大。又如，用热滴定法检验添加剂 MgF_2 或 LiF 对电解质摩尔比的影响时得出：在滴定中和点时，每1% LiF 使摩尔比增大约0.07，每1% MgF_2 使摩尔比减小约0.03。这是因为 LiF 与溶液中的 AlF_3 结合，生成 Li_3AlF_6，从而使摩尔比增大；而 MgF_2 与溶液中的 NaF 结合，生成 $NaMgF_3$，从而使摩尔比减小。

铝电解质的摩尔比与电解过程中的电流效率和电能消耗有密切关系，需要经常检测和调整，为此需要精确测定。历来铝工业上应用的测量摩尔比的方法可分为两类：化学分析法和物理分析法见表29-3。

表29-3　测定铝电解质摩尔比的方法

化学分析法	物理分析法
（1）热滴定法	（1）观察法
（2）pH 值指示剂法	1）熔融电解质
（3）电导法	2）固态电解质
（4）氟离子选择电极法	（2）晶相分析法——用偏光显微镜
（5）全部元素分析法	（3）X 射线荧光分析法

A　热滴定法

热滴定法测定铝电解质摩尔比是由前苏联科学家 И. П. Гупало 首先提出的。其原理是将固体 NaF 加入到待测的熔融酸性电解质中，使 NaF 与熔液中过量的 AlF_3 结合成 Na_3AlF_6。到中和点时，取出的少量经过冷凝的电解质试样用酚酞溶液来滴定，然后从加入的 NaF 量推算被测电解质在熔融态时的物质的量比。热滴定法的精度较高，但由于手续较繁，现在只用它校验其他方法的测定结果。

热滴定法的具体过程是：在30g 电解质粉料中配入30% NaCl，在铂坩埚中熔融。熔融温度控制在850℃。向熔融电解质中陆续加入已知量的 NaF，然后取少量电解质，用5%酚酞酒精溶液检验。以酚酞呈粉红色为滴定终点。终点时电解质试样中过剩 AlF_3 已被 NaF 中和：

$$AlF_3 + 3NaF \longrightarrow Na_3AlF_6 \tag{29-8}$$

利用电解质质量和所加入 NaF 质量，根据电解质的物相组成可以计算电解质的摩尔比。

B 电导法

电导法是加拿大铝业公司的 Samis 首先提出的。其原理是测定电解质粉料的浸出液 NaF 浓度。摩尔比大于 3.0 的电解质试样中含有的过量 NaF（相对于结合在冰晶石中的 NaF）可溶于水中，而结合在冰晶石中的 NaF 却并不溶解。用交流电桥测量此溶液的电导率，即可求得溶液电导率对电解质摩尔比的关系曲线，结果如图 29-6 所示。

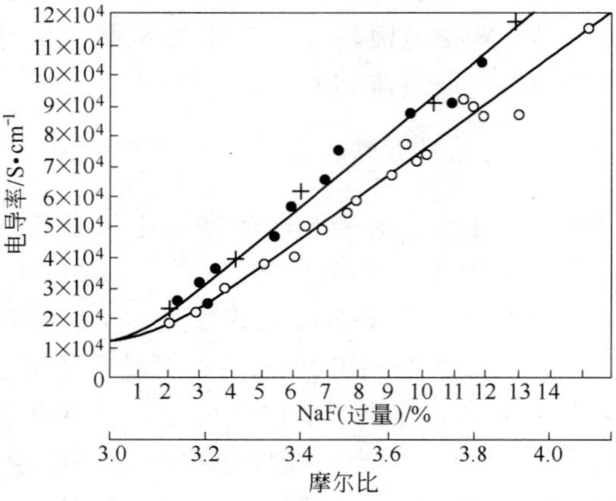

图 29-6 NaF/AlF_3 摩尔比与电导率的关系

+ —合成溶液分析值；● —试样分析值；○ —热滴定法分析值

对于摩尔比低于 3.0 的电解质，则需要增加一个烧结步骤，将试样同过量 NaF 一起烧结，经淬冷后磨细，然后测定浸出液的电导率。

C X 射线分析法（XRF）

最近 30 年来各大铝厂通用的电解质分析方法是 X 射线衍射法，可以快速而精确地检测电解质的组成（主要是 NaF/AlF_3 摩尔比）。自从 1979 年以来所采用的精密的衍射仪，能够测量某些衍射峰及其本底的强度，以及 Ca-荧光辐射强度，在 1～3min 内给出被测试样的组成数据（见表 29-4）。

表 29-4 X 射线衍射仪检测电解质的参数及范围

电解质参数	范 围	标准误差/%
过量 AlF_3	6%～12%	±0.3
NaF/AlF_3 摩尔比	3.5～2.16	±0.01
Ca（以 CaF_2 表示）	0～10%	±0.15
未溶解的 Al_2O_3（α-Al_2O_3）	0～30%	±0.5

D 观察法

从液体电解质的颜色、流动性、炭渣漂浮状态、槽内冒出的火焰颜色和形态，以及电解质在铁钎子上的黏附状况可以定性判断液体电解质的酸碱程度，即 $CR<3$ 还是 $CR>3$。液体电解质的外观特征见表 29-5。

表 29-5 液体电解质的外观特征

酸碱性	颜 色	铁钎上凝固电解质的黏附情形
碱 性	亮 黄	凝固电解质层较厚，会自动裂开，容易脱落，呈紫褐色
中 性	橙 黄	凝固电解质层略厚，容易脱落，白色
酸 性	浅红色	凝固电解质层薄，容易脱落，白色
强酸性	樱桃红色	凝固电解质层更薄，不易脱落，白色，有时略带浅黄色

固体电解质呈白色者为中性至酸性，带浅黄色的为强酸性（指摩尔比为2.0或2.0以下）。中性者断口致密；酸性者断口多孔；呈紫褐色者为碱性，致密，质地坚硬。中性至碱性电解质，在微温时用水湿润，加酚酞指示剂滴定时，呈粉红至殷红色。

E　氟离子选择电极法

a　氟离子选择电极法测定摩尔比原理

氟离子选择电极是分析溶液中 F^- 浓度的很好方法，如果在酸性电解质中加入一定量的氟化钠，经烧结使之成为碱性电解质。此时，在电解质中除氟化钠以外，其他组分都难溶于水，因而可将电解质中的氟化钠用水溶液浸出，用氟离子选择电极分析出其中剩余的氟化钠量，这样就可以算出与酸性电解质中过剩氟化铝反应的氟化钠量，即可确定试样的摩尔比，这就是氟离子选择电极法测定摩尔比的原理。计算公式如下：

$$CR = \frac{3m\beta - 2(m_1 - m_2)}{m\beta + (m_1 - m_2)} \tag{29-9}$$

$$\beta = 1 - \Sigma w_i$$

式中　m——试样的质量；

m_1——加入的氟化钠的质量；

m_2——过量的氟化钠的质量。

w_i——除游离氟化铝和 Na_3AlF_6 以外的其他各组分的质量分数。

b　分析方法-标准加入法

氟离子选择电极分析方法有标准曲线法和标准加入法，后者较好。现介绍如下：

（1）浸出液中 F^- 浓度的测定。设测试液浓度为 c_x，体积为 V_x 毫升，用氟离子选择电极测定后电势值为 E_1

$$E_1 = E^{\ominus} - \frac{RT}{F}\ln c_x \tag{29-10}$$

式中　$R = 8.314 J/(mol \cdot K)$；

$F = 96500 J/(V \cdot mol)$；

T——绝对温度。

加入 V_s 毫升 F^- 浓度为 c_s 标准溶液，用氟离子选择电极测定后电势值为 E_2

$$E_2 = E^{\ominus} - \frac{RT}{F}\ln\frac{V_x c_x + V_s c_s}{V_x + V_s} \tag{29-11}$$

两式相减整理得

$$c_x = \frac{c_s V_s/(V_x + V_s)}{10^{\Delta E/K} - V_x/(V_x + V_s)} \tag{29-12}$$

式中　$K = 2.303RT/F$；

$\Delta E = E_1 - E_2$。

（2）过量氟化钠的计算公式。设过量氟化钠为 N_2(g)，溶解液为 V_1(mL)，吸收溶解液 V_2(mL)，配成测试液 V_3(mL)。

$$N_2 = \left(\frac{V_1 V_3}{V_2}\right)c_x \tag{29-13}$$

将式 29-12 代入式 29-13，可得出过量的氟化钠的质量 N_2，然后可由式 29-9 求得试样的摩尔比。

电解质摩尔比、质量比与氟化铝过剩量在不同的 Al_2O_3 和 CaF_2 含量时的对照表见表 29-6。

表 29-6 电解质摩尔比与氟化铝含量对照

AlF_3 过量 /%（质量）	$Al_2O_3+CaF_2$（质量分数）/%					
	8		10		12	
	CR	*BR*	*CR*	*BR*	*CR*	*BR*
0	3.000	1.500	3.000	1.500	3.000	1.500
1	2.920	1.160	2.918	1.459	2.916	1.458
2	2.842	1.421	2.839	1.419	2.835	1.413
3	2.767	1.343	2.782	1.381	2.757	1.378
4	2.691	1.347	2.688	1.344	2.681	1.340
5	2.523	1.312	2.613	1.308	2.607	1.304
6	2.554	1.277	2.546	1.273	2.536	1.258
7	1.488	1.244	2.478	1.239	2.467	1.234
8	2.423	1.212	2.412	1.206	2.400	1.200
9	2.360	1.180	2.348	1.174	2.336	1.167
10	2.299	1.150	2.284	1.143	2.272	1.136
11	2.240	1.120	2.225	1.113	2.211	1.105
12	2.182	1.091	2.167	1.083	2.151	1.075
13	2.126	1.053	2.110	1.055	2.093	1.047
14	2.071	1.035	2.054	1.027	2.037	1.018
15	2.017	1.009	2.000	1.000	1.982	0.991

c 溶液的配制

溶液配制组成为：去离子水、氟化钠、氯化钠、柠檬酸钠、冰醋酸、氢氧化钠，均为分析纯。

氟离子标准液：1g/L。

总离子强度调节剂（TISAB）：将 58g 氯化钠、10g 柠檬酸钠和 57mL 冰醋酸，溶解在 500mL 去离子水中，用 5mol/L 氢氧化钠溶液调整 pH 值到 5.0～5.5，再用去离子水稀释至 1000mL。

d 实验装置

氟离子选择电极法的实验装置如图 29-7 所示。待测液盛于装有磁力搅拌器的烧杯中。氟离子选择电极、参比电极和温度计分别插入待测液中，用连线连接数字离子计构成测量回路。

e 分析步骤

（1）烧结。称取 1g 待分析试样放入素瓷坩埚或刚玉坩埚中，然后称取一定量的氟化钠与分析样混合在一起，搅匀，放入马弗炉中，炉温控制在 600～700℃之间，保温 0.5h。

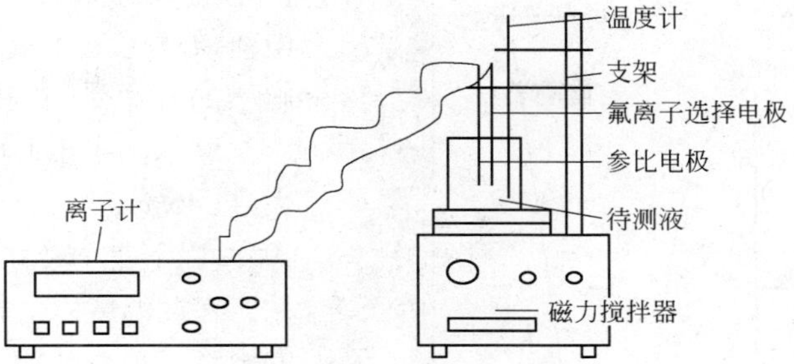

图 29-7　氟离子选择电极法测定摩尔比装置

将坩埚取出，室温下冷却，研磨。

（2）测试液的配制。将研磨好的试样倒入 250mL 去离子水中，充分搅拌，使样品中剩余的氟化钠完全溶于水中。然后用移液管移取 5mL 溶解液放入 50mL 的容量瓶中，再加入 25mL TISAB，用去离子水定溶至刻度。

（3）测试。将氟离子选择电极和饱和甘汞电极用去离子水漂洗至空白电位，用滤纸吸干电极。将配好的测试液倒入烧杯中，在搅拌的情况下，用氟离子选择电极进行测量，1min 后读取一电势值 E_1。用移液管移取 5mL 标准液倒入测试液中，再读取一电势值 E_2，此测量即完毕。最后仍用去离子水将电极洗至空白电位，擦干。

（4）计算摩尔比。将 E_1、E_2 代入计算机程序中，计算出摩尔比（见图 29-8）。

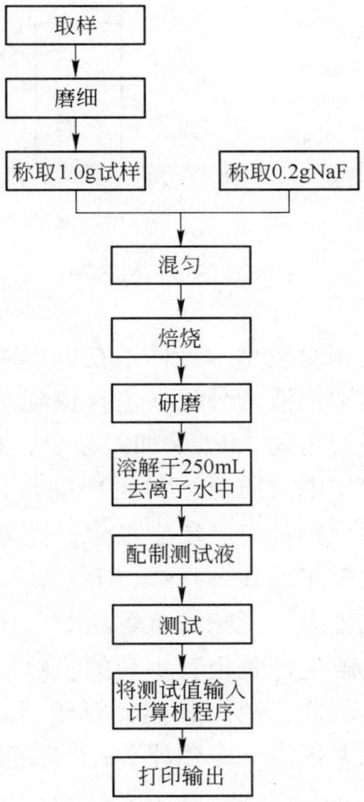

图 29-8　测定电解质摩尔比的流程

29.2.5　电解质的相图与初晶温度

在铝电解理论与技术的研究中，冰晶石与各种添加剂组分组成的电解质体系的相图中蕴含了最基本的物理化学性质。这些相图提供了对铝电解具有重要意义的电解质初晶温度和相组成。早期关于相图的测定与研究，大多使用敞开式的容器盛放电解质熔体，存在着电解质的挥发，导致电解质成分在测量过程中的改变，因此所测数据相对来说精度较差。近些年来，其测量技术已经标准化，将试样封闭在一个惰性金属铂的容器中，采用淬冷和差热分析法进行测定。

29.2.5.1　NaF-AlF_3 二元系

初晶温度是指熔盐以一定的速度降温冷却时，熔体中出现第一粒固体晶粒时的温度。

现代铝电解槽电解质基本不采用摩尔比大于 3（AlF_3 的摩尔分数小于 25%）的体系。

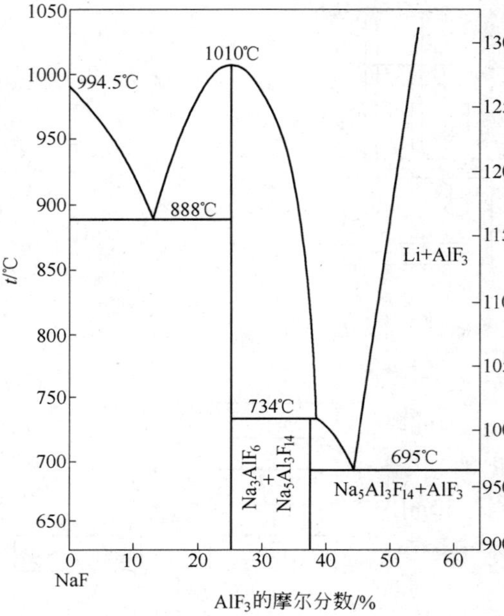

图 29-9 NaF-AlF_3 二元系相图

使用电解质摩尔比大于 3 的电解槽的电流效率普遍不高（84% ~86%），电解槽的寿命受一定影响。

摩尔比小于 1.67（AlF_3 的摩尔分数大于 46%，见图 29-9）的一侧，在 695℃以下是 $Na_5Al_3F_{14}$ 和 AlF_3 的共晶体系，在此温度以上则是 $Na_5Al_3F_{14}$ 和相应的溶液（或 Na_3AlF_6 与相应的溶液）共存体系。电解质的初晶温度以非常陡峭的速度上升，在这种电解质成分下电解要想维护工艺上的稳定性将是非常困难的。摩尔比小于 1.67 的组成范围的体系也不被铝电解槽所采用。

摩尔比为 3.0 ~2.0（AlF_3 的摩尔分数为 25% ~33%）时，电解质初晶温度随 AlF_3 的摩尔分数的变化率（斜率）相对较小，这意味着电解质摩尔比的变化对电解质的初晶温度变化的影响相对较小。该体系在电解温度范围内，随 AlF_3 含量的增加，其密度下降，有利于电解质和铝液的分层；电导也随 AlF_3 含量增加而降低，对电解工艺有所不利；对石墨材料的湿润角随 AlF_3 增加而减小，有利于阳极气体排放，减少阳极极化，但不利于炭渣分离，也增加电解质对槽衬材料的侵蚀；电解质与铝液的界面张力则随 AlF_3 含量增加而增加，有利于铝从电解质中汇聚；随着 AlF_3 含量的增加，电解质的黏度下降，但挥发性增加。

摩尔比在 2.0 ~1.67（AlF_3 的摩尔分数为 33% ~46%）时，电解质初晶温度随摩尔比变化较大，意味着电解质摩尔比的微小变化将会使电解质初晶温度发生很大的改变，这对铝电解生产是极其不利的，故应努力避免。

因此，铝用氟盐，对于 NaF-AlF_3 二元系来说，实际上仅限于摩尔比 2 ~3 的范围。

29.2.5.2 Na_3AlF_6-Al_2O_3 二元系

Na_3AlF_6-Al_2O_3 二元系相图如图 29-10 所示。

由图 29-10 可以看出如下内容：

（1）Na_3AlF_6-Al_2O_3 为简单二元共晶系，共晶点在 11% 氧化铝浓度处，共晶温度为 962.5℃。

（2）冰晶石-氧化铝二元系相图共晶点右侧的液相线为氧化铝从熔体中析出 α-Al_2O_3 的初晶温度，在该液相线上，任何一点所对应的温度和氧化铝浓度，就是该温度下的电解质熔体中 Al_2O_3 的饱和浓度，或称电解质熔体在该温度下的 Al_2O_3 溶解度。

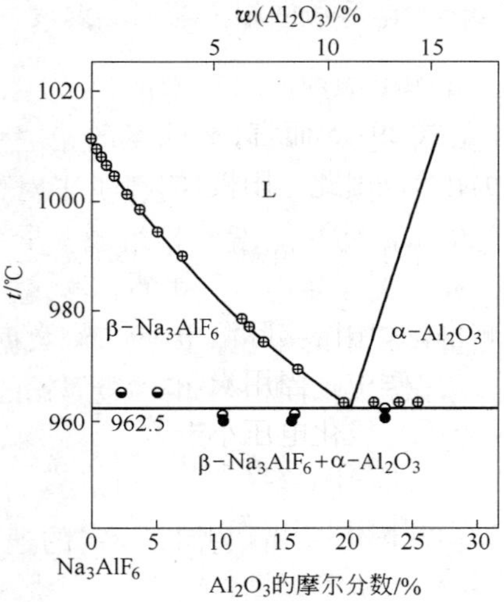

图 29-10 Na_3AlF_6-Al_2O_3 二元系相图

在摩尔比相同的电解质熔体中，氧化铝的溶解度随着温度的升高而升高；在不同的电解质摩尔比时，Al_2O_3 的溶解度随着摩尔比的降低而降低。

（3）Al_2O_3 浓度对冰晶石熔体的初晶温度有很大影响，平均氧化铝浓度增加1%，冰晶石电解质熔体的初晶温度下降4.3℃左右。

29.2.5.3 过热度

电解质的过热度 ΔT 为电解温度与电解质初晶温度之差。

$$\Delta T = T_i - T_w \quad (29\text{-}14)$$

式中 T_i——实际电解质的检测温度，℃；

T_w——电解质初晶温度，℃。

电解质过热度调控是保持电解槽电热平衡稳定和延长槽寿命的基础。降低过热温度可以减少铝溶解损失量，亦即提高电流效率。

29.3 电解铝生产中的电化学过程

29.3.1 阳极过程与阳极效应

29.3.1.1 阳极反应

通常把铝电解槽中的阳极反应写成

$$C + 2O^{2-} - 4e = CO_2$$

但是电解质熔体中不存在这种简单的氧离子。随着对冰晶石-氧化铝熔体结构的深入研究，人们认识到电解质熔体中的主要含氧粒子形式为 $Al_2OF_6^{2-}$ 和 $Al_2O_2F_4^{2-}$。根据原子间键能的计算，从 $Al_2O_2F_4^{2-}$ 中移出第一个氧比移出第二个氧或比从 $Al_2OF_6^{2-}$ 中移出氧所需要的能量小得多。因此可以判断，正常情况下铝电解的阳极反应可以写成：

$$2Al_2O_2F_4^{2-} + C - 4e = CO_2 + 2Al_2OF_4 \quad (29\text{-}15)$$

电解消耗掉的 $Al_2O_2F_4^{2-}$ 可通过电解质中发生的反应补充：

$$Al_2OF_4 + Al_2OF_6^{2-} = Al_2O_2F_4^{2-} + 2AlF_3 \quad (29\text{-}16)$$

就式29-15而言，一般说来，在电极上一次转移4个电子而实现阳极反应式29-15是不大可能的，因此，阳极反应式29-15是分步实现的。

29.3.1.2 阳极一次气体产物

通过大量的实际测量和阳极过程热力学和动力学的研究确认，在正常的冰晶石-氧化铝熔盐电解中，当用炭做阳极时，阳极上的一次气体产物为100%的 CO_2。只有在阳极电流非常低、极化电压小于1.1V或阳极过电压小于0.1V时，才可能在炭阳极上生成一次气体CO。Calandra等人用三角波电位扫描了相对于铝参比电极的石墨电极上的阳极过程，发现在电压为1.1V、1.8V、2.55V和3.6V时出现4个峰值，这几个峰值可以与如下几个反应的热力学电位进行比较。

$$Al_2O_3 + 3C = 2Al + 3CO \qquad E_0 = 1.02V \quad (29\text{-}17)$$

$$2Al_2O_3 + 3C = 4Al + 3CO_2 \qquad E_0 = 1.16V \tag{29-18}$$

$$2Na_3AlF_6 + Al_2O_3 + 3C = 4Al + 6NaF + 3COF_2 \qquad E_0 = 1.80V \tag{29-19}$$

$$4Na_3AlF_6 + 3C = 3CF_4 + 12NaF + 4Al \qquad E_0 = 2.55V \tag{29-20}$$

$$2Na_3AlF_6 + C = CF_4 + 6NaF + 2Al + F_2 \qquad E_0 = 3.48V \tag{29-21}$$

由电位扫描和热力学计算结果的比较可以看出，在扫描电位上没有发现有在阳极上生成 CO 峰值的出现，扫描曲线上出现的 4 个峰值与式 29-18、式 29-19、式 29-20 和式29-21 4 个电解反应的平衡电位相近似。在铝电解过程中，阴阳两极的状态发生变化：阴极表面上析出铝而炭阳极上吸附着阳极气体；同时阴极近层液中铝离子浓度减少、钠离子增多；阳极近层液中氧离子浓度减少、氟离子增多，结果阴阳两极的电位偏移，这些现象称为铝电解的极化。阳极极化后的电压（理论分解电压 + 阳极过电压，见下节）约在1.6 ~ 1.65 V 之间，因此电解反应只能是阳极一次气体产物为 CO_2 的反应式29-18。当阳极附近的电解质中缺乏氧化铝，阳极极化后的电位超过 2.6V，小于 3.6V 时，阳极气体产物为 CF_4；极化电压超过 3.6V 时，阳极气体产物为 F_2 和 CF_4 的气体混合物。当阳极附近电解质中氧化铝浓度很低，阳极极化后的电位大于 1.8V，小于 3.6V 时，阳极气体产物为 COF_2。应该说，在工业电解槽正常电解时的极化电压一般在 1.65V 左右，很少超过 1.75V。1.8 ~ 3.6V 的极化电压是非常不稳定的，一旦电解槽出现这个极化电位，便是阳极效应的前兆，并随着阳极表面的变化使极化电压迅速上升到 3.6V 以上，出现阳极效应的极化电位。

29.3.1.3 阳极过电压

阳极极化电压中比理论分解电压略高的差值电压就是阳极过电压。阳极过电压涉及铝电解的能量消耗。众多研究者对阳极过电压的研究比较一致的研究结果是，阳极过电压 η_{CA} 与阳极电流密度 I_a 的关系遵循下述形式的塔菲尔方程式：

$$\eta_{CA} = a + b\lg I_a \tag{29-22}$$

式中 η_{CA}——阳极过电压，V；

a——塔菲尔常数；

b——塔菲尔斜率。

由于测量上的误差和实验条件的不同，各项研究所测得的塔菲尔常数和塔菲尔斜率有很大的差别。阳极过电压，也可以称作表面过电压，由反应过电压、气膜电压、浓差过电压、势垒过电压组成。浓差过电压一般很小，约 20mV，但在低氧化铝浓度条件下，浓差过电压可以达到氟离子放电电压。对工业电解槽来说，豪平（Haupin）的研究得出，工业电解槽的阳极过电压的主要部分是反应过电压，并给出阳极上的反应过电压 η_{RA} 的计算公式（式中负号表示阳极过电压的方向与槽电压方向相反）：

$$\eta_{RA} = -\frac{RT}{\alpha nF}\ln\frac{i_A}{i_O} \tag{29-23}$$

式中 T——绝对温度，K；

R——气体常数；

F——法拉第常数；

n——电极反应中转移的电子数，在这里 $n=2$；

α——电荷传递系数，有时也称其为电荷传递从初态到活性态到最终产物的位能场对称性的一个参数，其值在0.4～0.6之间，这与炭电极的活性和孔隙度有关，在现行的工业电解槽中，α 值一般为0.52～0.56；

i_0——交换电流密度，是溶液中处于双电层平衡状态下的电极在单位时间内单位面积上通过电极与溶液界面交换的电量，其值在0.0039～0.0085A/cm² 之间。

i_A——阳极电流密度，A/cm²。

$$i_0 = 0.002367 + 0.000767w(\mathrm{Al_2O_3}) \tag{29-24}$$

式29-24适用于氧化铝质量分数在2%～8%之间。

由式29-23计算出来的是阳极过电压中的反应过电压。豪平认为反应过电压一般在500mV左右。当电解质中的氧化铝浓度较低时，阳极表面还存在一种扩散过电压 η_{CA}，此时的阳极扩散过电压可用式29-25计算（η_{CA} 过电压的方向与槽电压的方向相反）。

$$\eta_{CA} = -\frac{RT}{2F}\ln\frac{i_{cr}}{i_{cr}-i_A} \tag{29-25}$$

$$i_{cr} = -nFD \cdot C_b/\delta \tag{29-26}$$

式中 i_{cr}——浓度极限电流密度，A/cm²；

D——参加电解反应Al-O-F络合离子的扩散系数；

C_b——参加电解反应的Al-O-F络合离子的浓度；

δ——扩散层厚度。

i_{cr} 可以用经验公式如下计算。

$$i_{cr} = [5.5 + 0.018(T-1323)]A^{-0.1}[w(\mathrm{Al_2O_3})^{0.5} - 0.4] \tag{29-27}$$

式中 T——绝对温度，K；

A——单块阳极面积，cm²。

在铝电解过程中，阳极表面附近的气泡会提高这部分电解质的电阻，并且增加了阳极表面没有被气泡覆盖的那部分区域的阳极电流密度，而使阳极过电压升高。由气泡影响而引起的那部分欧姆电压降的升高有时也称为欧姆过电压。根据豪平的测量结果，气泡对电解质电阻的影响在0.09～0.35V之间，其大小与电解质组成和电解质的流体动力学状态有关。阳极工作面倾斜或开沟槽有利阳极气体排出，因而会降低槽电压、阳极效应系数和提高电流效率。

29.3.1.4 阳极效应

A 阳极效应的特征和现象

阳极效应（anode effect，AE）是熔盐电解中发生在阳极上的一种特殊现象，槽电压从正常值升高到数十伏。它可以出现在所有卤化物的熔盐电解中，其阳极效应的特征与特点都是相似的。然而由于各种电解质熔体的组成和物理化学性质有很大差别，因此各种熔体的熔盐电解所出现的阳极效应的机理并非完全相同。本节阳极效应的介绍只限于以炭为阳极的冰晶石-氧化铝熔盐电解。以炭为阳极的冰晶石-氧化铝熔盐电解的阳极效应有如下特点或特征：

（1）电解质停止沸腾，阳极与电解质界面上的气泡不再大量析出。

（2）阳极表面层出现电子放电，产生电火花。

（3）槽电压突然升高，增幅从几伏到几十伏，其大小不仅与电解质成分、温度有关，而且与阳极电流密度的大小有关，一般正常槽的效应电压为25～45V。

（4）发生阳极效应时，槽电压的噪声频率增大。

（5）在较高的效应电压下，时常听到“噼啪”声，偶尔也可发现阳极底部局部碎裂。

（6）阳极上有 CF_4 和 C_2F_6 碳氟化合物气体生成，阳极效应反应为 $Na_3AlF_6 + 3/4C = Al + 3/4CF_4 + 3NaF$ 和 $Na_3AlF_6 + C = Al + 1/2C_2F_6 + 3NaF$，据热力学计算1000℃时反应的可逆平衡电位 $E^{\ominus} = 2.42V$ 和 $2.68V$。

（7）在阳极效应时，电解质熔体和阳极被加热，温度升高并有大量的氟化盐气体挥发出来，阳极气体组成：CF_4 5%～20%、C_2F_6 约1%、CO_2 10%～20%、CO 60%～70%。

（8）阳极效应的发生与电解质中的氧化铝浓度、过热度和电流密度有关，当阳极电流密度超过临界电流密度（A/cm^2）时，将发生阳极效应。临界电流密度是指在一定条件下发生阳极效应时的阳极电流密度。当氧化铝浓度降低时，电解质同炭阳极之间的润湿性变差，析出的气体容易进入阳极和电解质的界面上，随着阳极气泡的增多，阳极有效导电面积减少，其电流密度增大，超过该条件下的临界电流密度，于是阳极效应发生。当氧化铝浓度高时，电解质对炭阳极的润湿性好，电解质渗透到气泡至阳极界面之间，气泡不能在阳极上聚积，不易发生阳极效应。在预焙阳极铝电解槽中，由于各处的氧化铝浓度和每个阳极块的电流密度不一样，因此阳极效应首先在阳极的局部或在个别阳极电流密度较大的阳极炭块上发生，人们称之为局部阳极效应。

（9）电解槽上一旦出现上述局部阳极效应，此处阳极气泡电阻增大，这就会使其他阳极炭块电流密度增加，从而诱发了电流密度较高的阳极炭块阳极效应的出现，直至整个电解槽都发生阳极效应，因此局部阳极效应和个别阳极炭块阳极效应的出现往往是整个电解槽阳极效应出现的前奏，在整个电解槽发生阳极效应之前，槽电压有一个稍微缓慢的上升过程，如图29-11所示；采用人工监视槽电压曲线上升趋势的方法，可以实现近乎无阳极效应电解。

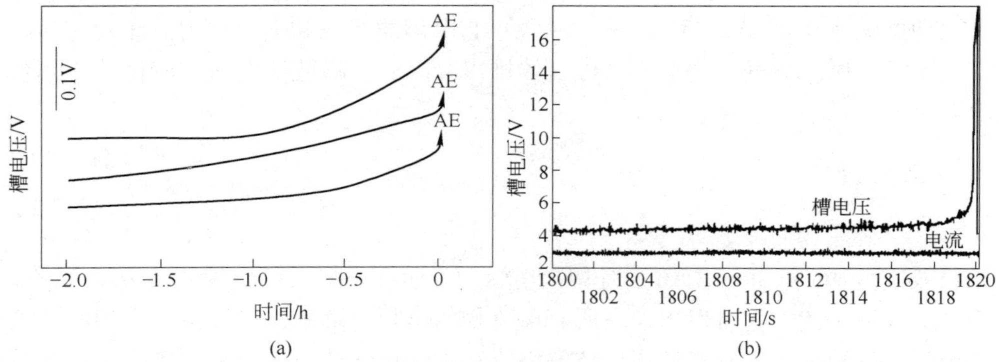

图29-11 阳极效应前槽电压的上升过程

（a）阳极效应发生前2h内槽电压变化曲线；（b）阳极效应发生前20s内槽电压变化曲线

（10）向电解质中添加氧化铝、向阳极底部鼓入空气或插入木棒，产生大量的气体，强烈搅拌电解质，排除阳极上的气膜，可很快使阳极效应熄灭，如图 29-12 和图 29-13 所示。

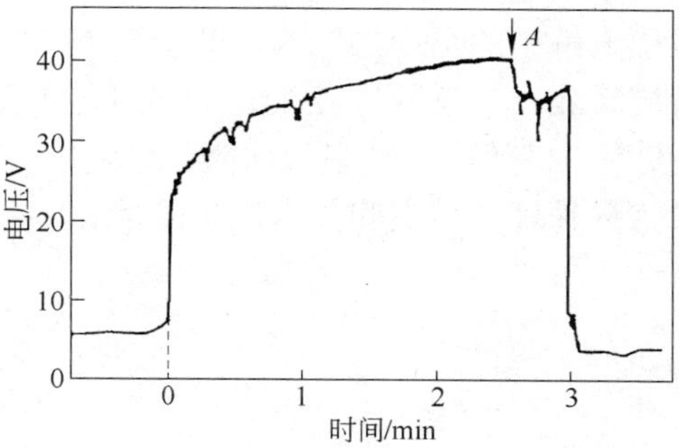

图 29-12　阳极效应发生时槽电压对时间的关系
（在 A 点加入氧化铝，用压缩空气熄灭效应）

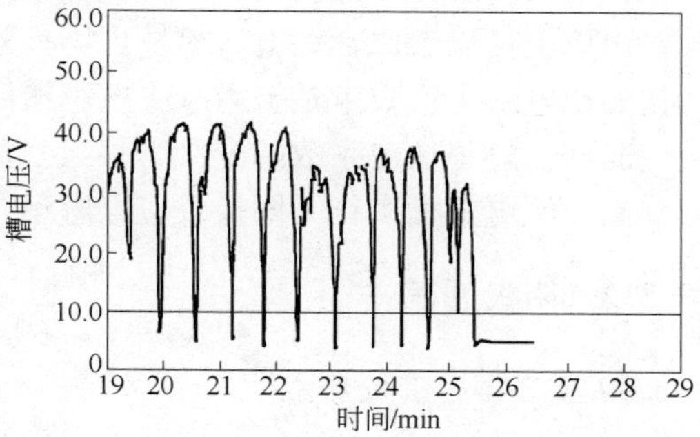

图 29-13　不正常阳极效应

插入效应木棒的原理是，通过木棒搅动阳极下方的铝液，铝液剧烈运动后能够与阳极接触，使局部阳极短路，短路阳极能够分担一部分电流，从而使其他过载阳极的电流密度低于临界电流密度，达到熄灭阳极效应的目的。

B　阳极效应对电解槽的影响

阳极效应是铝电解生产过程中阳极上发生的现象，阳极效应对铝电解生产既有正面影响，也有负面影响。

阳极效应的正面影响：

（1）有利于炭渣从电解质中分离。

（2）可以使黏附在阳极表面上的炭渣得到清理。

（3）增加热量提高槽温，有利于熔化槽底的沉淀。

（4）提供电解质中 Al_2O_3 浓度偏低信息。

阳极效应的负面影响：

（1）发生阳极效应时，阳极上会产生碳氟化合物气体 CF_4 和 C_2F_6，它们进入大气，虽不对大气的臭氧层有破坏作用，但它们是很强的温室效应气体，CF_4 和 C_2F_6 产生的温室效应分别是 CO_2 气体的 6500 倍和 9200 倍。阳极效应过程中吨铝 CF_4 气体的排放量（kg）可用式 29-28 计算。

$$m(CF_4) = 1.9\frac{\Delta V_{AE}}{CE} \tag{29-28}$$

式中　ΔV_{AE}——24h 内平均阳极效应过电压，mV/d；

CE——电流效率，%（见 29.3.5 节）。

（2）阳极效应会熔化槽帮结壳，使电解质摩尔比增加。

（3）阳极效应会增加电能消耗，使电解质的温度增加。

（4）阳极效应会增加铝的损失和影响原铝质量，特别是当使用鼓入空气或插入木棒的方法熄灭阳极效应时。

（5）阳极效应时，使阳极底表面附近电解质温度大幅升高，从而大大增加氟化盐的挥发损失。

（6）易造成供电和生产之间恶性循环，引起系列电流波动，这样既影响供电又影响生产正常进行；恶化作业环境，增加劳动量，打乱正常作业。

由以上可以看出，铝电解槽发生阳极效应对铝电解槽的负面影响大于正面影响，因此当代的铝电解生产技术是努力减少电解槽阳极效应系数，一旦效应发生，要尽可能地降低效应时间。这里效应系数的定义为每天（24h）发生阳极效应的频率（次数）。

当今铝电解槽实行无阳极效应电解运行已成为一种理念转变和技术进步的标志。

29.3.2 阴极过程

29.3.2.1 阴极反应

（1）在正常的电解温度和酸性电解质摩尔比的条件下，其液体铝阴极表面的电解反应为：

$$AlF_6^{3-} + 3e \longrightarrow Al + 6F^- \tag{29-29}$$

$$AlF_5^{2-} + 3e \longrightarrow Al + 5F^- \tag{29-30}$$

$$AlF_4^- + 3e \longrightarrow Al + 4F^- \tag{29-31}$$

当电解质的摩尔比较高，特别是接近冰晶石 Na_3AlF_6 时，阴极表面的电解反应主要是按式 29-29 进行。随着电解质摩尔比的降低，电解反应式 29-31 所占比例会越来越大，直到电解质的摩尔比非常低时，阴极表面的电解反应主要按式 29-31 进行。由于 AlF_5^{2-} 在电解质熔体中浓度较小，所以式 29-30 的电解反应所占比例不大。

（2）当摩尔比较高，即电解质碱性较大，或温度较高时，除上述铝阴极表面的电解反应外，还存在着钠离子的电解反应，即：

$$Na^+ + e \longrightarrow Na \tag{29-32}$$

电解生成的金属钠，可以溶解入阴极金属铝液中，也可以上升到电解质的表面，并被空气中的氧气所氧化燃烧，此外还可以与电解质熔体中 AlF_3 反应生成金属铝：

$$AlF_3 + 3Na(g) \longrightarrow 3NaF + Al(l) \tag{29-33}$$

（3）当阴极表面没有铝，电解反应直接在炭阴极表面进行时，其主要的电解反应为：

$$Na^+ + e \longrightarrow Na$$

$$Na + C \longrightarrow Na(C) \tag{29-34}$$

当阴极中的 Na 渗入到一定程度时，开始有 $Al^{3+} + 3e \longrightarrow Al$ 出现。

铝电解中钠的主要去向是向炭素内衬渗透。钠进入炭素阴极内衬以后，就会引起阴极的体积膨胀和开裂。

29.3.2.2 阴极过电压

阴极过电压是一种浓差过电压。阴极过电压的产生涉及阴极电极反应过程的动力学问题。几乎近期所有的对阴极过程动力学的测量和研究都发现，在工业电解槽的阴极电流密度范围内，阴极过电压 η 与阴极电流密度的关系都遵循塔菲尔方程。

$$\eta = a + b\lg I_c \tag{29-35}$$

式中　a，b——塔菲尔常数和塔菲尔斜率；

I_c——阴极电流密度。

在没有搅动的情况下，a 值在 0.15 ~ 0.25 之间，b 值在 0.2 ~ 0.3 之间，其值大小与电解质的摩尔比有关（如图 29-14 所示），也与电极材料的性质有关。图 29-15 是格罗泰姆、克望德（H. Kvande）和冯乃祥在实验室电解槽上测得的一组当铝电解槽使用几种不同组分的 Al-Cu 合金阴极时，其阴极过电压与阴极电流密度和阴极合金组分的关系。由图 29-15 可以看出，阴极过电压与阴极电流密度之间存在着比较好的对数关系。当铝电解槽的阴极为纯铝时，其阴极过电压较比 Al-Cu 合金作为阴极时的过电压要低一些，这可能是在电解槽的阴极为纯铝时可能是存在着反应平衡常数比较大的 $Al + 3NaF \longrightarrow AlF_3 + 3Na$ 副反应所致。

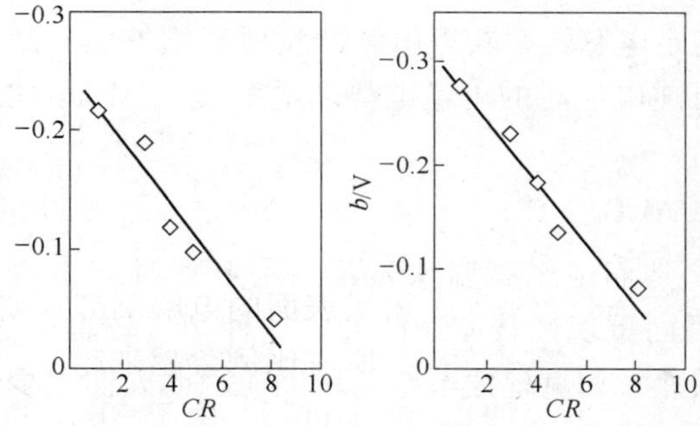

图 29-14　塔菲尔常数 a、b 与电解质摩尔比关系曲线（Thonstad 实验室）

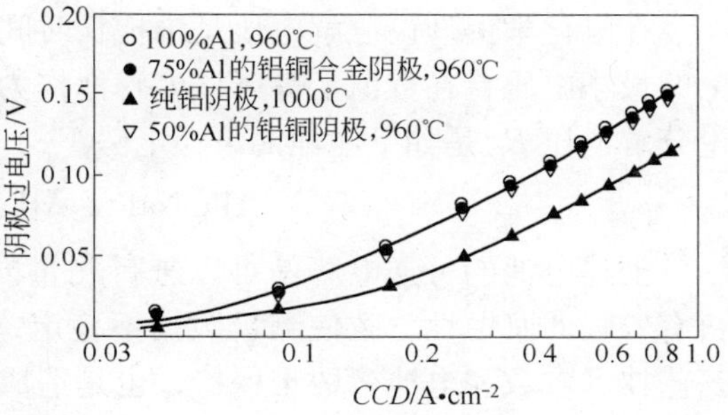

图 29-15　实验电解槽阴极过电压与阴极电流密度和阴极成分的关系曲线

一般说来，实验室测量的阴极过电压大于工业电解槽的实际过电压。根据 Thonstad 和 Rolseth 以及美国铝业公司的数据，工业电解槽的阴极过电压在 0.1V 左右。当阴极电流密度大于 0.1A/cm^2 时，工业铝电解槽的阴极过电压可用经验方程式计算：

$$\eta_{CC} = \frac{(2.732 - 0.248CR)T}{34590}\ln\frac{i_c}{0.257} \tag{29-36}$$

式中　CR——电解质摩尔比；

T——绝对温度，K；

i_c——阴极电流密度，A/cm^2。

当电解槽中的阴极过电压达到稳定时，阴极铝液中钠的含量是一定的，其金属钠是由式 29-37 所列的化学反应生成的：

$$3NaF(\text{溶解的}) + Al(\text{液}) \longrightarrow 3Na(\text{溶解在铝中}) + AlF_3(\text{溶解的}) \tag{29-37}$$

因此，铝中钠的活度可用公式 29-38 计算：

$$a_{Na} = (a'_{NaF}/a'^{1/3}_{AlF_3})\exp(-\Delta G^{\ominus}/3RT) \tag{29-38}$$

式中　a'_{NaF}，a'_{AlF_3}——扩散层内与阴极铝液表面相接触的电解质熔体中 NaF 和 AlF_3 的活度；

$\Delta G^{\ominus}$——化学反应式 29-37 的标准自由能变化。

铝电解过程中，当电解使用酸性电解质成分时，由于阴极表面电解质成分的变化、摩尔比的升高，会引发该表面层电解质初晶温度的提高，因此不可避免地要在阴极铝液表面有固体的冰晶石出现。Thonstad 和 Rolseth 还观察到颗粒状的氧化铝能够存在于冰晶石电解质熔体和阴极铝液表面的界面上。然而在阴极铝液表面产生的这些冰晶石和氧化铝的固体颗粒由于铝液表面张力的作用并不会通过铝液沉降到槽底部。阴极铝液表面这种电解质膜的存在有助于减少铝的溶解损失，因此有利于电流效率的提高。铝电解生产过程中要尽量避免人为地机械搅动铝液界面，并从设计上、母线配置上要尽量减少磁场力对铝液界面不稳定性的影响。但也有人认为铝电解槽铝液阴极表面电解质摩尔比的升高增加了铝的饱和溶解度，这会使铝的溶解损失增加，电流效率降低。上述这两个方面对电流效率的作用究竟哪个大、哪个小，还需要进行深入研究。

29.3.3 氧化铝分解电压

在电化学上理论分解电压是维护长时间稳定电解、并获得电解产物所必须外加到两极上的最小电压，在数值上等于该电解池作为可逆电池时的可逆电势。电解质中 Al_2O_3 的理论分解电压 E_0 是如下电池的可逆电势 V_{rer}：

$$Al \parallel NaF + AlF_3 + Al_2O_3 \parallel CO_2 \cdot C \tag{29-39}$$

上述电池的可逆电势是可以进行测量的，然而由于高温冰晶石-氧化铝熔体对电极材料有较强的腐蚀性，致使测量数据不稳定，因而重现性较差。此外，这种测量较难操作，工艺技术参数和电池参数难保持，也是造成误差大和重现性不好的原因。因此人们很少用这种办法测量冰晶石-氧化铝的分解电压或可逆电势。

在阳极只生成 CO_2 的情况下，电解槽中氧化铝的电解反应用式 29-40 表示：

$$Al_2O_3(\text{溶解的}) + 1.5C(s) \xlongequal{\quad} 2Al(l) + 1.5CO_2(g) \tag{29-40}$$

根据电解反应式 29-40，氧化铝的分解电压可表示为：

$$E_0 = -\frac{\Delta G^{\ominus}}{6F} - \frac{RT}{6F}\ln\frac{a_{Al}^2 \cdot a_{CO_2}^{1.5}}{a_{Al_2O_3} \cdot a_C^{1.5}} \tag{29-41}$$

式中 $\Delta G^{\ominus}$——在给定的电解温度下，反应式 29-41 的标准自由能变化；

a_{Al}，$a_{Al_2O_3}$，a_{CO_2}，a_C——分别为电解反应式 29-41 中各反应物和生成物的活度。

在这里，$a_{Al}=1$，$a_{CO_2}=1$，$a_C=1$，因此式 29-41 可写成

$$E_0 = -\frac{\Delta G^{\ominus}}{6F} + \frac{RT}{6F}\ln a_{Al_2O_3} \tag{29-42}$$

电解质熔体中，Al_2O_3 的活度 $a_{Al_2O_3}$ 可计算

$$a_{Al_2O_3} = \left[\frac{N_{Al_2O_3}}{N_{Al_2O_3}(\text{饱和})}\right]^{2.77} \tag{29-43}$$

式中 $N_{Al_2O_3}(\text{饱和})$——Al_2O_3 在电解质熔体中的饱和浓度,%；

$N_{Al_2O_3}$——Al_2O_3 在电解质熔体中的浓度,%。

在 Al_2O_3 浓度为 0.6% ~12% 范围内的 Al_2O_3 理论分解电压，在活性阳极（即炭阳极）

上为1.225～1.173V（按浓度计）和1.319～1.173V（按活度计）；在惰性阳极（指在电解过程中不消耗或消耗相当缓慢的阳极）上为2.276～2.224V（按浓度计）和2.370～2.224V（按活度计）。

29.3.4 电化学原理与电流效率

29.3.4.1 铝和氧的电化学当量与电流效率

在冰晶石-氧化铝熔盐电解中，遵照法拉第定律，即：

（1）每个电极的产物数量与通过电解槽电量成正比；

（2）每个电极的产物数量与产物的摩尔质量成正比。每通过1F电量，阴极上析出1mol质量铝，同时阳极上析出1mol质量氧。据此，可推算出铝和氧的电化学当量。

已知：铝的相对原子质量＝26.98184（1977年国际原子量表）

氧的相对原子质量＝15.999（1977年国际原子量表）

法拉第常数＝96487C/3600s

则：铝的电化学当量 $=\dfrac{\frac{26.98154}{3}}{\frac{96487}{3600}}=0.3356(\text{g}/(\text{A}\cdot\text{h}))$

氧的电化学当量 $=\dfrac{\frac{15.999}{2}}{\frac{96487}{3600}}=0.2985(\text{g}/(\text{A}\cdot\text{h}))$

阴极上析出的铝量 $m=0.3356It$。这是理论量，由于有副反应，实际上产出的铝量不足此数。在实验室研究中和工业生产上，通常以铝的实际产出量对于理论量的百分数定义为电流效率（current efficiency，CE）。

$$CE(\%)=\frac{m'}{m}\times 100\%=\frac{m'}{0.3356It}\times 100\%$$

$$m'=0.3356It\cdot CE \tag{29-44}$$

或

$$CE=1-\frac{R}{0.3356It} \tag{29-45}$$

式中 m'——铝的实际产出量，kg；

R——铝的溶解损失和其他各项损失的总和，$R=m-m'$，kg；

I——平均电流，kA；

t——电解时间，h。

现代工业铝电解槽的电流效率约为90%～94%，即产铝量的损失为6%～10%。以300kA电解槽为例，如电流效率是92%，每台每日铝的实际产量应为：

$$m'=0.3356\times 300000\times 24\times 92\%\times 10^{-3}=2223(\text{kg})$$

29.3.4.2 电流效率的影响因素

电流效率 CE 是铝电解生产中最重要的技术经济指标，所以有关 CE 的理论、计算和测试一直都是铝电解技术研讨的重要课题。

影响电流效率降低的因素甚多，归纳起来有下列各点：

（1）铝的溶解和二次反应：溶解在电解质中的铝被转移到阳极/电解质界面后被阳极气体氧化，造成铝的损失。29.3.4.3 节将做详细分析。

$$2Al(l) + 3CO_2(g) \longrightarrow Al_2O_3(l) + 3CO(g) \tag{29-46}$$

$$2Al(l) + 3CO(g) \longrightarrow Al_2O_3(l) + 3C(s) \tag{29-47}$$

（2）电解质中的杂质，像 Na、Ca、Fe、Si 等的还原导致电流损失。例如电解生成 Na 以及 Na 的再氧化，造成电流损失。

$$3NaF(l) + Al(l) \longrightarrow Na + AlF_3$$

$$Na^+(l) + e \longrightarrow Na(l)$$

$$6Na(g) + 3CO_2(g) \longrightarrow 3Na_2O(l) + 3CO(g)$$

$$2Na(g) + CO(g) \longrightarrow Na_2O(l) + C$$

（3）电子导电。Harrberg 认为，溶解在电解质中的钠（Na）会形成电子导电。其机理是

$$Na(\text{溶解的}) = Na^+(\text{溶解的}) + e$$

实际上悬浮在电解质中的炭粒和炭粉，都形成电子导电。总和起来，降低电流效率 1~2 个百分点。

P^{5+}、Ti^{4+}、Si^{4+} 高价离子放电不完全，与低价离子循环转换，例如 $P^{5+} + 2e \longrightarrow P^{3+}$，$P^{3+} - 2e \longrightarrow P^{5+}$。

（4）在铝液-电解液和铝液-侧壁上生成碳化铝（Al_4C_3），造成铝损失

$$4Al(l) + 3C(s) \longrightarrow Al_4C_3(s)$$

这些碳化铝可被阳极气体氧化，反应式如下：

$$Al_4C_3(s) + 3CO_2(g) = 2Al_2O_3(l) + 6C(s)$$

铝可渗透到阴极内部后生成碳化铝。

（5）其他电流和金属损失。阴极和阳极短路、漏电、出铝和铸造过程中的铝损失，金属进入槽内衬的损失等也会降低电流效率。

29.3.4.3 铝的溶解损失和二次反应机理

铝的溶解损失和二次反应是个动力学过程。铝的溶解损失机理可分为如下几个连续步骤：

（1）铝在与电解质接触的表面进行物理、化学和电化学溶解；

（2）溶解的金属粒子（原子状态的金属铝和钠，以及它们的低价化合物离子）从界面层扩散出来；

（3）从界面扩散出来的金属粒子传质到电解质熔体内部；

（4）阳极逸出的 CO_2 气体传输到电解质熔体内部，溶解的 CO_2 数量很少，其量大小与电解质的温度和成分有关；

（5）在电解质熔体内部，溶解的金属铝粒子与 CO_2 气体发生二次反应（见式29-46）。

到目前为止，对 *CE* 损失机理的研究已取得共识，即造成电流效率损失的主要原因是铝的溶解和二次反应，即阴极上溶解出的铝扩散转移到电解质里，接触到阳极气体中的 CO_2 气泡被氧化。由于 CO_2 在电解质熔体中溶解速度很低，溶解铝主要是与 CO_2 气体之间进行二次反应，而且速度很快。在电流效率损失为8%时，铝的溶解损失占3%～5%。

在阳极只生成 CO_2 的情况下，氧化铝的电解反应如式29-40。生成CO的二次反应见式29-46。

基于

$$C + CO_2 = 2CO \tag{29-48}$$

则可以得出平衡关系式：

$$Al_2O_3 + 3C = 2Al + 3CO \tag{29-49}$$

在存在二次反应生成CO的情况下，氧化铝的电解反应为一次反应和二次反应的总反应。以 φ 表示阳极气体中二氧化碳的体积分数，则（$1-\varphi$）表示一氧化碳的体积分数。以式29-40 × φ + 式29-49 ×（$1-\varphi$），上述两式可综合为：

$$Al_2O_3 + \frac{3}{1+\varphi}C = 2Al + \frac{3\varphi}{1+\varphi}CO_2 + \frac{3(1-\varphi)}{1+\varphi}CO \tag{29-50}$$

式29-50称为电解铝的总反应式。

实验室和工业电解槽的生产实践证明，阴极表面溶解出来的铝向电解质熔体中扩散步骤是铝溶解损失和电流效率损失的控制步骤。铝溶解损失过程如图29-16所示。

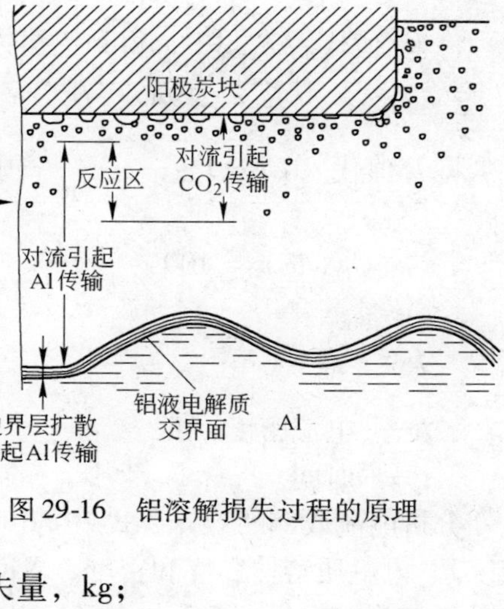

图29-16　铝溶解损失过程的原理

在工业铝电解槽中，由于受阳极气体逸出、电磁场和热场的影响，阴极铝液面是波动的，因此单位阴极面积铝溶解损失用菲克第一扩散定律来表示。

$$R = A_L D_{Al} \frac{c^* - c}{\delta_L} t \tag{29-51}$$

或

$$R = A_L K_{Al}(c^* - c)t \tag{29-52}$$

式中　R——时间 t 内垂直于铝液表面上的铝溶解损失量，kg；

A_L——阴极铝液表面积，cm^2；

D_{Al}——铝在电解液中的扩散系数，cm^2/s；

c^*——铝在电解液中的饱和浓度（溶解度），kg/cm^3；

c——铝在电解液中的浓度，kg/cm^3；

δ_L——扩散层厚度，cm；

K_{Al}——铝在阴极表面层中的传质系数，cm/s；

t——时间，s。

29.3.4.4 电流效率的数学模型

根据对电解槽流体力学的模拟实验研究，格罗泰姆（K. Grjotheim）等国外学者推导出 CE 的计算公式。

铝电解槽中阴极边界中铝的传质系数 K_{Al} 为：

$$K_{Al} = 0.23\frac{D_{Al}}{2L}\cdot N_{Re}^{0.83}\cdot N_{Sc}^{0.33} \tag{29-53}$$

式中，雷诺准数 N_{Re} 和施密特准数 N_{Sc} 值为：

$$N_{Re} = \frac{2\rho vl}{\mu}$$

$$N_{Sc} = \frac{\mu}{\rho D_{Al}}$$

式中 ρ——电解质密度，kg/m^3；

μ——电解质黏度，Pa·s；

D_{Al}——铝电解质熔体中的扩散系数，m^2/s；

l——极距，m；

v——界面上铝的流速，m/s。

将 N_{Re} 和 N_{Sc} 值代入 K_{Al} 式中，得出：

$$K_{Al} = 219D_{Al}^{0.67}\cdot\mu^{-0.5}\cdot v^{0.83}\cdot\rho^{0.5}\cdot l^{-0.17} \tag{29-54}$$

将 K_{Al} 值代入 R 式中，得到铝损失 R 为：

$$R = 219A_{Al}\cdot D_{Al}^{0.67}\cdot\mu^{-0.5}\cdot v^{0.83}\cdot\rho^{0.5}\cdot l^{-0.17}\cdot c^*(1-f) \tag{29-55}$$

将 R 值代入 $CE = 1-\frac{R}{0.3356It}$ 式中，得出 CE 理论计算式为：

$$CE(\%) = 100 - \frac{219A_{Al}\cdot D^{0.67}\cdot\mu^{-0.5}\cdot v^{0.83}\cdot\rho^{0.5}\cdot l^{-0.17}\cdot c^*(1-f)}{0.3356It} \tag{29-56}$$

式中 $f = \frac{c_{Al}}{c_{Al}^*}$；

I——电流密度；

t——时间。

分析电流效率的计算公式 29-56 可以看出，工业电解槽的电流效率与阴极面积（电流密度）、电解质溶体黏度和密度、界面溶体流速、极距、铝在电解质溶体中的溶解度等诸多因素有关。该公式几乎包含了铝电解槽所有的工艺技术参数、槽结构设计和电解质组分的变化对电流效率的影响。在理论上只要能够确定某一工艺技术参数、电解槽结构设计参数、电解质成分变化，甚至是电解槽电热平衡、磁场、热场和流速场等各种因素对电解槽内铝的扩散系数、阴极面积、电解液黏度、铝的溶解度、界面流速、极距、电解液密度的影响的定量关系，就能用电流效率计算式定量地得出这些因素对电流效率的影响。

29.3.4.5 工艺参数和操作对电流效率的影响

上述计算电流效率的理论，尚未涉及所有对 CE 产生影响的因素，特别是实际工艺操作方面的各种因素。对 *CE* 研究的结果往往都是在很多特定的条件下得出的。影响 *CE* 的因素的复杂性导致研究结果很难具有完全的重现性。尽管提高铝电解电流效率的难度较大，但由于近 20 年来的铝电解理论和技术上的进步，目前工业电解生产的电流效率已达到 95% ~96% 。

A　温度对电流效率的影响

温度作为动力学参数对 *CE* 有重要影响。温度升高会使铝的饱和浓度 c^* 和扩散系数 D_{Al} 增大，从而能使溶解铝的迁移传质速度加快和二次反应几率增加。对工业电解槽实际生产来说，槽温偏高会使炉帮熔化变薄，摩尔比升高，氧化铝浓度和电解液水平上升，铝水平下降，铝液面积扩大，这些影响都会增加铝的溶解损失。因此，提高电解温度会降低 *CE*，在电解质成分不变的条件下，温度每降低 10℃可提高 *CE* 为 0.8% ~2% 。但电解温度偏低又会使电解槽处于冷行程，可能出现槽底沉淀增多，槽膛收缩，氧化铝溶解速度低，阳极效应增多，极距低，槽电压噪声增大，铝液面不稳定，使铝损失增加和降低 *CE*。

图 29-17 所示为国外某铝厂 180kA 电解槽系列不同电解温度时的电流效率。

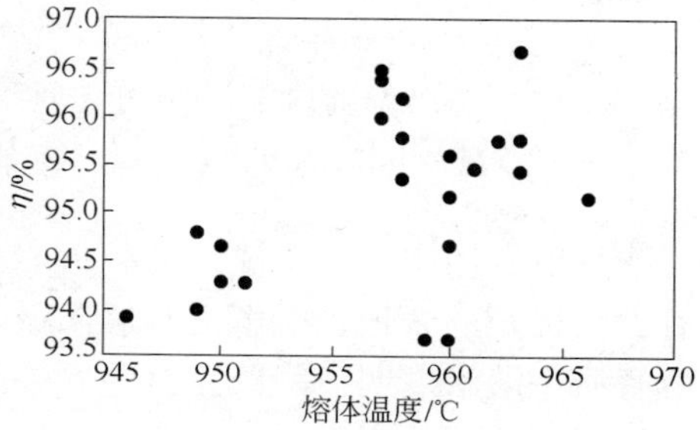

图 29-17　180kA 电解槽不同电解温度时的电流效率

最近，Utigard 的研究结果认为，铝电解温度不宜低于 955℃，对于添加锂盐的电解槽，电解温度不宜低于 945℃。

电解温度 T_b（电解质初晶）、T_l（电解质过热度）、T_{SH}之间的关系要合理和稳定，T_b、T_l、T_{SH}这 3 个温度与电解槽的热能（槽电压）平衡、物料（摩尔比）平衡、液固相（炉帮）平衡有关，只有达到最佳三度和三平衡的电解槽才能获得最佳的电流效率。现代大容量电解槽（300 ~500kA）的过热度为 5 ~8℃，选用过热度小的电解质成分是提高电流效率的一个重要条件。

B　电解质摩尔比对电流效率的影响

降低摩尔比会降低铝的溶解度，增大铝/电解质两相溶体界面张力，减小 CO_2 气泡表面积，在铝/电解质两相界面上生成半凝固状电解质薄膜层，这些影响都会减少铝损失，提高电流效率。

过低的摩尔比会降低氧化铝的溶解速度和溶解度，会使临界电流密度升高而阳极效应频率增加，会使电解质电阻增加将压缩极距，容易形成槽底沉淀，这些负作用会降低电流效率。

对于某个电解铝厂而言，最佳摩尔比的选择取决于该厂的电解槽结构设计、管理水平和计算机控制水平。具有精准的热、电、磁、力和流速等物理场的设计，严格的操作管理水平，高水平的热、物料和相平衡的控制，可以采用较低摩尔比电解运行，并能取得很高的电流效率。图 29-18 所示是国外某铝厂 280kA 和 180kA 电解槽在不同摩尔比条件下电流效率的测量结果。

C　氧化铝浓度对电流效率的影响

近代的工业电解槽测试结果证明，在较低的氧化铝浓度范围内可以取得较高的电流效率，如图 29-19 所示。

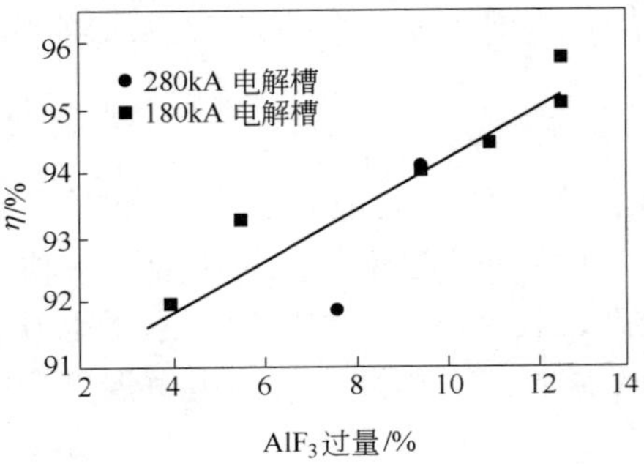

图 29-18 280kA 和 180kA 电解槽不同过量 AlF_3 时的电流效率

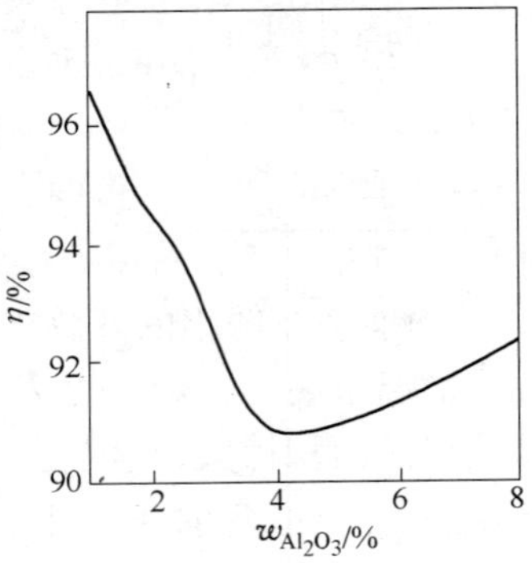

图 29-19 氧化铝浓度对电流效率的影响

槽内电解质中氧化铝浓度低，可以增加铝/电解质两液相间表面张力，提高电解质电导有放大极距的余地，电解液与炭阳极之间的表面张力提高使 CO_2 气泡大而面积小，CO_2 在电解质中溶解度明显降低，这些效果会减少铝溶解和二次反应损失，使电流效率有所提高。依据上述理论观点，现代铝电解提倡采用低窄的氧化铝浓度运作，最佳的氧化铝浓度控制在 1.0% ~2.0% 范围。

D 各种添加剂对电流效率的影响

目前在工业电解槽上使用的添加剂有 LiF、CaF_2、MgF_2 和 AlF_3。一般说来，添加剂都会降低电解质的初晶温度 T_1 和氧化铝的溶解度，其作用有利也有弊，应用的关键在于扬长避短，即相辅相成则相得益彰。对 KF 和 K_3AlF_6 的使用正处在研究中。

a LiF 添加剂

添加锂盐（Li_2CO_3 或 LiF）会降低电解液密度和铝/电解液之间界面张力，降低电解质电压降而利于提高极距，这样会减少铝的溶解和二次反应损失，有利于电流效率提高。国产氧化铝中含有一定量的 Li_2O，随着槽寿命增加槽内 LiF 的含量可以富集到 1.0% ~ 1.5%，所以，添加锂盐时要考虑到槽内电解质中自然积累的 LiF 本底浓度，适当添加锂盐量达到最佳的 LiF 浓度。我国是锂盐资源丰富的国家，在铝电解工业上发挥这一资源优势是有利的。Botor 用正交试验法研究结果，添加 4.0% LiF 比 LiF 含量为零提高工业电解槽电流效率达 3.53%。

b CaF_2 添加剂

电解槽的电解质中 CaF_2 约为5%，其来源于 Al_2O_3 原料和人工添加的萤石粉。CaF_2 添加剂有提高电流效率的作用，对炭渣的分离效果好，不影响电解质摩尔比，属中性添加剂。

c MgF_2 添加剂

MgF_2 和 CaF_2 对改善电解质物理化学性质的作用相类似，对提高电流效率也有效果。国内外的工业实践证明，LiF-MgF_2 复合添加剂的作用效果更显著，一般 MgF_2 和 LiF 添加量之和为 6% 左右，MgF_2 和 CaF_2 在电解质中的浓度之和不易超过 7%。MgF_2 属酸性添加剂，会降低电解质的摩尔比和增加其酸度。MgF_2 有利于分离电解质中的炭渣，净化电解质。在炭阳极质量不佳或熔体中炭渣多时，添加 MgF_2 和 LiF 是有益的，可以降槽温，降槽电压和提高 *CE*。MgF_2 和 CaF_2 对形成稳固炉帮有利。

表 29-7 是国外两个 280kA 和 180kA 电解系列在使用各种添加剂和电解质组分时的电解槽工艺参数及电解槽的电流效率。

表 29-7 工业电解槽使用不同电解质组分和添加剂时的电解槽的电流效率和其他技术经济指标

工艺参数	180kA 电解槽				280kA 电解槽			
过量 AlF_3/%	10.9	9.4	5.5	4	12.5	11.2	9.5	7.7
LiF/%	0.3	1.0	2.2	3.2	0.4	2.1	3.0	2.0
MgF_2/%	0.3	1.0	2.6	2.6	—	—	—	—
CaF_2/%	4.5	4.2	3.9	3.8	—	—	—	—
电解温度/℃	956	958	953	947	952	937	942	953
过热度/℃	2	10	15	10				
电流/kA	181.1	181.6	180.3	179.3	281.7	285.6	284.3	281.0
电流效率/%	94.47	94.15	93.24	91.96	95.8	95.1	94.1	91.9
每千克铝能耗/kW · h	13.28	13.15	12.75	12.99	12.84	13.03	13.06	13.32
槽电压/V	4.21	4.15	3.99	4.01	4.13	4.16	4.12	4.11

E 极距对电流效率的影响

电解槽的电流效率随极距的增加而增加，当极距达到某一高度之后，再提高极距对电流效率的变化影响不大。对一个给定条件的电解槽有一个合适的极距和最高的电流效率。图 29-20 所示为一个典型的电解槽电流效率与极距之间的研究结果。

F 电流密度对电流效率的影响

在电解槽结构不变的情况下，增加电流时同时增加了阴极电流密度和阳极电流密度，此时电流效率是随着电流增加而增加的。冯乃祥研究得出的在确定的阳极和阴极面积下电流效率与电流关系的曲线如图 29-21 所示。

冯乃祥在实验室 950℃、极距 4cm 时，研究得出电流效率与阳极电流密度 I_A 和阴极电流密度 I_c 的关系式，即

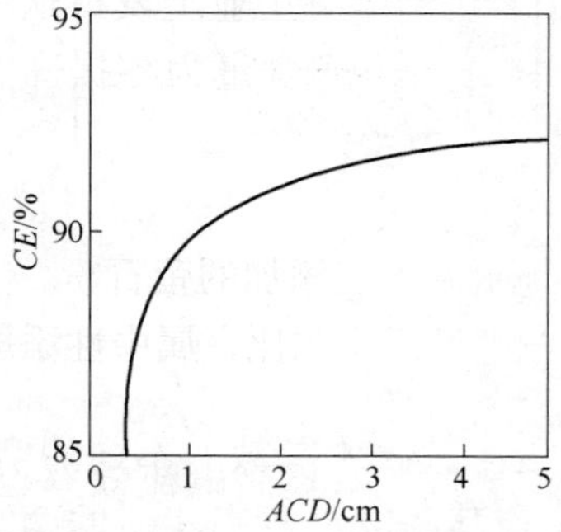

图 29-20 电解槽的极距大小变化对电流效率的影响

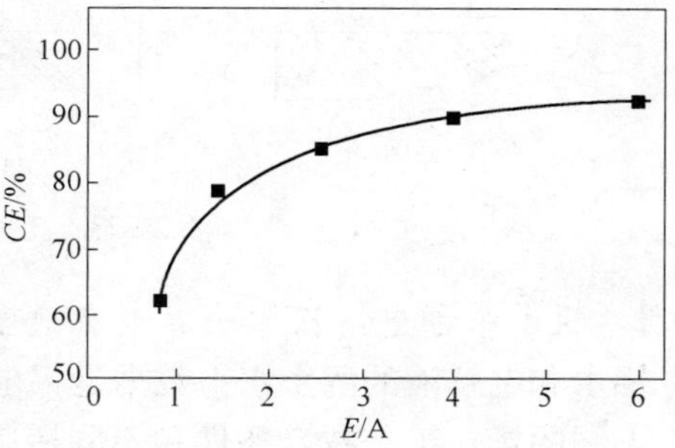

图 29-21 实验室电解槽电流效率与电流之间的关系

$$CE = 1 - 13.4 \times 10^{-2} \times \frac{1}{I_c} - 1.04 \times 10^{-2} \times \frac{I_A}{I_c} \tag{29-57}$$

G 非阳极投影面积对电流效率的影响

由图29-22可以看出，随着距阳极投影区距离的增加电流效率减小。阳极投影区外的铝液面积越大，则阴极平均电流效率越低。因此，工业电解槽的设计应尽量减少加工面宽度和中缝的间距，即采用窄加工面设计（300mm以下）；操作时保持合适的炉帮厚度，紧缩阳极投影外铝液面积，最好是阳极投影面积与阴极铝液面积相当又垂直对应。

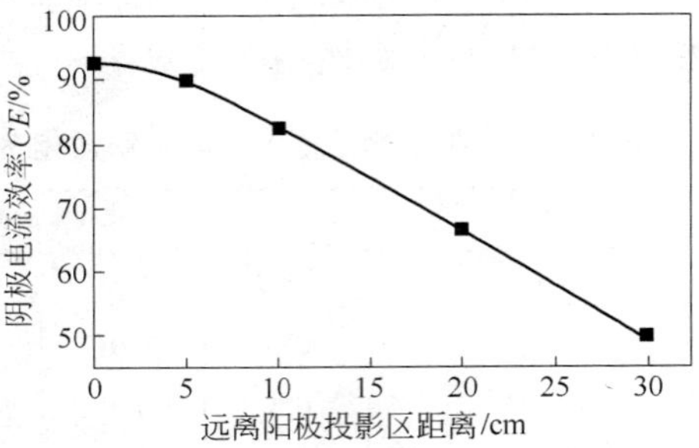

图29-22 远离阳极投影区的阴极铝液面上的电流效率

H 阳极电流分布对电流效率的影响

冯乃祥、王世琛和邱竹贤研究认为，阳极电流分布偏差 *ADN* 每提高1mV电解的电流效率降低0.25%左右；换极时新阳极块相对原残极块底掌面的最佳合理高度为0.5cm。影响阳极电流分布的因素很多，有诸如电解槽母线设计、槽内磁场分布、铝液流体力学、电解槽膛内型、炉底沉淀状况、水平电流的大小以及阳极更换作业质量的优劣等，阳极电流分布越均匀电流效率会越高。*ADN* 为每根阳极导杆的等距电压降与全部阳极导杆等距电压降平均值之差的绝对值之和。

I 槽膛形状与电流效率

图29-23中所示的（a）型槽膛是合理的槽内炉膛形状。这种槽膛形状不仅具有较小的非阳极投影铝液面积，而且阴极铝水中的水平电流非常小，具有非常平稳的铝液镜面，所以会获得高的电流效率。图29-23（b）和（c）两种类型槽膛的阴极铝液镜面大和铝水中水平电流也大，这使铝液流速加快和铝液面波动加剧，铝液的不稳定性增加了铝的损失，会降低电流效率。

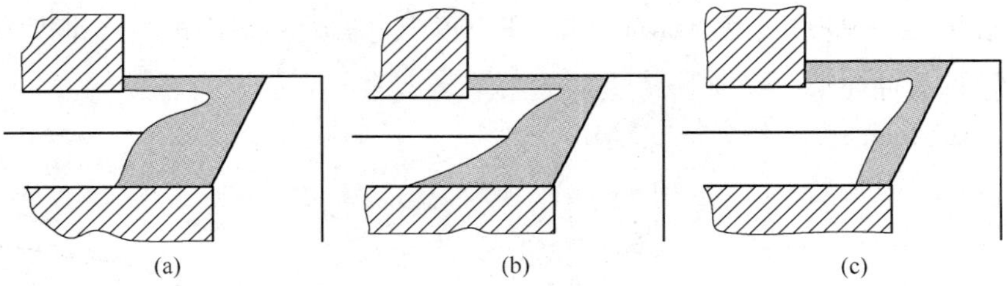

图29-23 工业电解槽的3种槽膛形状

J 铝水平和电解液水平对电流效率的影响

铝水和电解液的两个水平数据是铝电解生产很重要的工艺技术参数。不同的槽结构设计、不同的操作工艺技术条件和不同槽龄的电解槽具有与其高电流效率相适的两个水平，不能一概而论。大容量电解槽铝液和电解液量大，热容量也大，相对而言热稳定性好，对电流效率的提高和稳定有利。铝水平对槽热平衡有影响，铝水平高一点有利于储存阳极效应增加的热量、传导极间发热量和熔化槽底沉淀。对于母线设计欠佳，垂直磁场和磁场梯度较大、水平电流高、铝水流速过快和炉膛畸形的电解槽铝水平也要放高些。电解质水平过高会增大槽电阻和影响铝质量。

总之，铝水平和电解质水平要根据电解槽具体槽况而定，选择适中的两个水平可以有助于获得满意的电流效率。

K　电解质过热度对电流效率的影响

豪平统计大量电流效率数据分析表明，电解槽的电流效率更依赖于过热度（如图29-24)而不是电解温度。适当低的过热度可以形成理想的槽膛内形，能保持较高电流效率。Solheim 研究指出，较低的过热度可以在阴极铝液表面沉积一层冰晶石壳膜，因而阻止了铝的溶解损失，可以提高电流效率。例如，法国 AP50 型电解槽的过热度为 9.7℃，初晶温度 953℃，*CR* 为 2.15、*CE* 95.9%；AP35 型电解槽的 *CR* 为 2.1～2.2，平均初晶温度为 953.7℃，过热度为 7.8℃，*CE* 为 96.0%。国外大型预焙槽过热度在 5～10℃之间，国内电解质初晶温度较低，但过热度高，在 9～20℃之间，实际 *CE* 可达 93.5%左右，尚有提升空间。热平衡设计好的和控制技术水平高的大型预焙槽可以采用较低的过热度，这样可获得较高的电流效率。

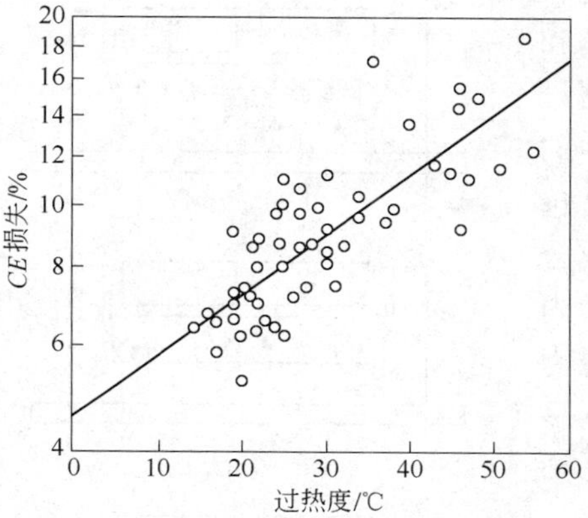

图 29-24　过热度对电流效率的影响

总之，最佳的电解质过热度必须由生产实践来确定。

L　电解质熔盐理化性质与电流效率

电解质熔液的黏度、密度和相界面张力等熔盐理化性质对 *CE* 有影响。铝/电解质熔体相界面越稳定，*CE* 越高。电解槽中的熔融铝和电解质的流动和波动是绝对的，两相界面的安定性是相对的。除电磁力、气泡升力和热场温度梯度引起的密度、黏度差驱使熔体运动之外，铝/电解质熔体相界面张力梯度也是熔体运动的驱动力，它影响铝的溶解损失和 *CE*。

Utigard 根据界面张力理论和若干流体力学参数，推算出在工业电解槽中铝/电解质熔体两相界面上 0.26cm 铝液层内和 0.4cm 电解液层内，由两相界面张力差而产生的铝水和电解液的平均流速为 2～3cm/s。如图 29-25 所示，由相界面张力差形成的熔体循环流动，使溶解的铝与阳极气体 CO_2 相遇而发生二次反应，引起铝损失和 *CE* 降低。电解质流速越快，铝的溶解、传质和二次反应也快，会使 *CE* 明显下降。

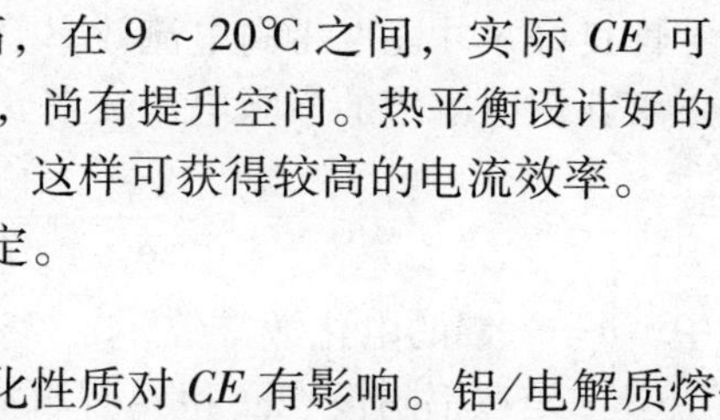

图 29-25　界面层内由界面张力差引起的电解质和铝液的流动情况

Evans 等学者得出了界面张力对铝溶解速度的理论计算公式

$$J = (D\rho/r)^{0.5} \cdot c^* \cdot K^{0.75} \qquad (29\text{-}58)$$

式中　J——单位时间单位阴极表面铝的溶解量；

D——铝在电解液中的扩散系数；

ρ——界面上两熔体的密度差；

r——相界面张力；

c^*——铝在电解液中的饱和浓度（溶解度）；

K——熔体扰动动能。

由此可见，提高阴极铝液面熔体层相界面张力可以降低铝的溶解损失，因而提高 CE。

M 电解槽的稳定性与电流效率

电解槽稳定性是电流效率高、能耗低、寿命长和有害气体排放少的最基本要素。好的槽稳定性的特征是阴极铝液面平稳安定，铝液流速和波动高差低，电解质成分、槽电压、温度场、磁场和槽膛炉帮变动很小。物理场的仿真模拟计算可对槽母线配置和铁磁体部件进行调整，应尽量降低铝液中的垂直磁场强度。通过电热平衡和阴极内衬材质尺寸选定，要使熔体熔度等温线调整在合理的位置，形成合理稳固的炉帮厚度，如图 29-26 所示，尽量减小槽内水平电流。由垂直磁场强度和水平电流产生的电磁力减弱会降低铝液流动速度和铝液波动幅度。热电磁场、固相炉帮和电解质中摩尔比、氧化铝物料等平衡稳定性良好，才能取得高电流效率。

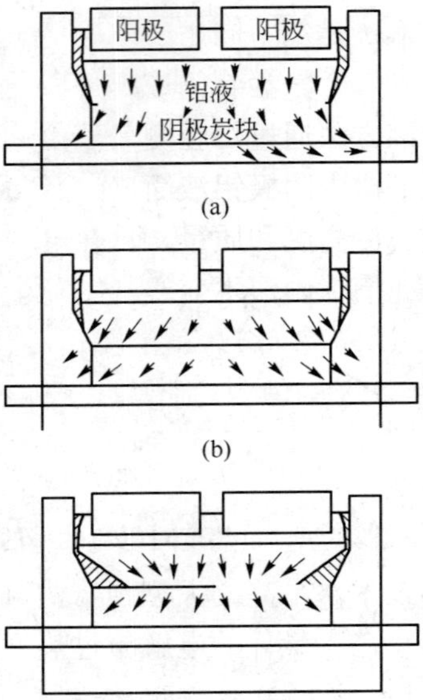

图 29-26 不同槽结壳情况时铝液层和槽底炭阴极的电流方向

（a）设计的平衡状态；（b）伸腿结壳形成不足；（c）伸腿结壳过大

工业铝电解槽的极限电流效率 CE_{lim} 计算公式

$$CE_{\text{lim}} = 1 - \frac{D \cdot c^*}{\delta \cdot q \cdot I_c} \tag{29-59}$$

式中 q——铝的电化学常数，0.3356。

CE_{lim} 是在铝阴极表面和界面非常稳定，没有流动和波动，没有对流传质，只有扩散传质，铝在阴极表面有溶解损失的特定理想状态下的电流效率。

设定工业铝电解槽的阴极电流密度 $I_c = 0.7\text{A/cm}^2$，电解温度 $T_b = 960℃$，电解质的 $CR = 2.8$ 时的扩散系数 $D = 8.42 \times 10^{-5}$，扩散层厚度 $\delta = 0.05\text{cm}$ 的条件下，用上式计算的 $CE_{\text{lim}} = 99.6\%$。

29.3.4.6 工业铝电解槽电流效率的测定与计算

通常电解铝厂是根据一段时间的通电量、出铝量和槽内铝的变化量来计算电解槽的电流效率，其计算公式：

$$CE(\%) = \frac{\sum_{i=1}^{n} M_i - M_o + M_t}{0.3356 \times 10^{-3} \cdot I \cdot \Delta t} \times 100\% \tag{29-60}$$

式中 n——电流效率计量期内出铝的次数；

$\sum_{i=1}^{n} M_i$——电流效率计量期内出铝的总和，kg；

M_o——计量电流效率初始时刻的槽内铝量，kg；

M_t——Δt 时间后槽内在产铝量，kg；

$\sum_{i=1}^{n} M_i - M_o + M_t$——铝的实际产量；

Δt——电流效率的计量周期时间，h；

I——槽电流强度一段时间内的平均值，A。

目前，用盘存测量槽内在产铝的方法测定 CE，分为简易盘存法和惰性金属稀释盘存法。另外还有一次加铜回归法测短期内的 CE，采用 CO_2 气体分析法测试瞬时电流效率。这些方法是从不同角度来确定产铝量和槽内存铝量。

A 简易盘存法

该方法通过炉膛测量得出炉帮厚度、伸腿长度和不同炉帮结壳上的铝水平数据，进而勾画出槽内阴极铝液简略的几何形状，以此计算出槽内在产铝的体积和质量。同时测量出槽底沉淀高度和质量，从在产铝量中应扣除沉淀量。

在槽膛内形不变或基本稳定的情况下，可用只测量计算周期初始和结束时刻的铝水平变化量（$h_1 - h_0$），就能更简易计算出槽内在产铝的变化量（$M_t - M_o$）：$M_t - M_o = 2.3 \times (h_t - h_o) S \times 10^{-3}$，则：

$$CE(\%) = \frac{\sum_{i=1}^{n} M_i + 2.3 \times (h_t - h_o) \cdot S \times 10^{-3}}{0.3356 \times 10^{-3} \cdot I \cdot \Delta t} \times 100\% \tag{29-61}$$

式中 h_0——测量起始时刻槽内铝水平高度，cm；

h_t——测量终结时刻槽内铝水平高度，cm；

S——槽内阴极铝液面积，cm^2。

该方法测定 CE 存在偏差。若称量仪器和盛铝抬包装置的出铝称量误差为千分之一，则可产生 CE 计量误差约 0.1%。以槽膛尺寸 10600mm×3800mm×500mm 和炉帮结壳厚度 100mm 的 200kA 预焙槽为例，测定前后两次铝水平若误差为 3cm，则槽内在产铝盘存量误差可达 2359kg，由此产生的一年考核期 CE 误差约 0.4%，半年考核期 CE 误差约 0.8%，3 个月考核期 CE 的误差约 1.6%。

B 惰性金属稀释盘存法

铝厂多数采用加铜稀释盘存法测定槽内生产铝量，计算公式为：

$$M = \frac{Q(1 - w_0)}{w_0 - w_1} \tag{29-62}$$

式中 M——盘存槽内的铝液量，kg；

Q——加入槽内的稀释剂 Cu 的量，kg；

w_1——槽内铝液中本底铜（质量分数），%；

w_0——加入铜后铝液中的铜（质量分数），%。

将计算值 M（分别测得的 M_t 和 M_o）代入式 29-60 可计算出 CE。采用该方法时，以 Al-Cu 合金形式加 Cu 为好，多点加入 Cu 溶解快分布浓度均匀。应防止 Cu 混入槽底沉淀里，要跟踪本底浓度 w_1 并排除其他的 Cu 杂质来源，尽可能选用低的 w_0 以降低 Cu 对原铝质量影响。

C　一次加铜回归法

该法只需要加铜一次，铜浓度约为0.1%～0.2%，利用一次加铜稀释后槽内铝液中铜浓度递减的规律，按10～15天内产铝量的累计数和铝中铜浓度分析数，运用最小二乘法原理，推导出 $y=a+bx$ 线性方程式，给出以时间 x 为横坐标，槽内铝增量和出铝量之和 y 为纵坐标的线性曲线图（如图29-27所示）。线性曲线回归方程式：

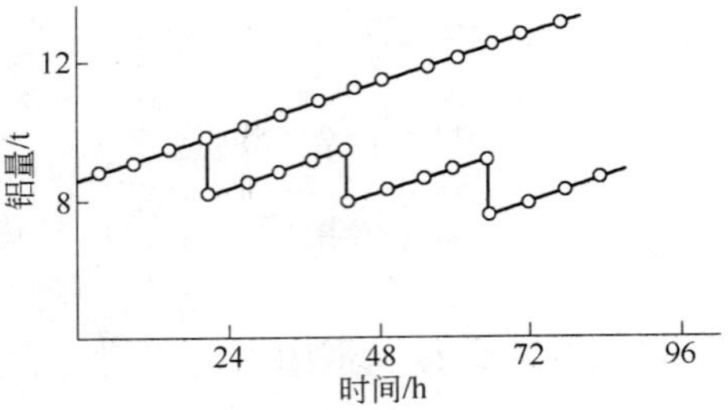

图29-27　一次加铜盘存槽内产铝量随时间的变化

$$y = a + bx \tag{29-63}$$

式中　y——槽内铝量和出铝量之和，kg；

x——时间，h；

a——回归系数；

b——回归系数。

由此可以获得 $b=(\Sigma M_i - M_o + M_t)/\Delta t$，则基于基本式29-61，按下式求出10～15天短期考核的平均电流效率：

$$CE = \frac{b \times 10^3}{0.3356I} \tag{29-64}$$

用本方法测定出的短期内的平均电流效率标准误差为±1%。

在以上3个方法中，计算 CE 时的电流强度 I 若是用交流电耗 W_A、系列直流供电的整流效率 η 和系列平均直流电压 V 按如下公式换算的：

$$I = \frac{W_A \eta}{Vt} \tag{29-65}$$

整流效率提高0.1%，计算出 I 折合成 CE 可以提高约0.1%，吨铝电耗可降低15kW·h左右。整流效率的实际高低关系到电流推算、理论产铝量和电流效率大小。由此可见，整流效率 η 的误差对测量的 CE 精准度有明显影响。

D　气体分析法测定瞬时电流效率

1947年Pearson-Waddington发表的电解槽阳极气体中 CO_2 浓度与电流效率之间关系为 $\eta = \frac{1}{2}[100\% + \varphi(CO_2)]$，又称Pearson-Waddington方程式。

只有在不计布达反应（即 $C + CO_2 = 2CO$）、不存在铝的二次氧化损失之外的电流损失，以及阳极一次气体产物为100% CO_2 条件下，Pearson-Waddington方程成为理论公式。在不计铝的二次氧化外的电流损失时，上式计算值偏高。

将 $\eta = \frac{1}{2}[100\% + \varphi(CO_2)]$ 即 $\eta = (1+N)/2$ 代入式29-50，可得：

$$Al_2O_3 + \frac{3}{2CE}C = 2Al + \frac{3}{2}\left(2 - \frac{1}{CE}\right)CO_2 + 3\left(\frac{1}{CE} - 1\right)CO \tag{29-66}$$

式 29-66 为 Pearson-Waddington 方程成立条件下的电解铝总反应式。有一些分析将采用此式。

冯乃祥认为，对给定正常状态的电解槽来说，电流效率是阳极气体 CO_2 含量的线性函数，其方程式简化为：

$$\eta = \frac{K}{2}(1 + N_{CO_2}) \tag{29-67}$$

对于式中常数 K，是根据工业电解槽阳极气体中 CO_2 含量和电流效率的长期测定结果估计得出的。冯乃祥等人在 135kA 中间下料预焙阳极电解槽上，按照从开槽到停槽期间所连续测定的 CO_2 含量的平均值以及在此期间所核实的实际电流效率之间对比，则按理论方程计算值比实际电流效率偏低 1.69%。据此推算常数 $K = 1.02$，即：

$$\eta = 1.02 \times \frac{1}{2}[\varphi(CO_2) + 1] = 0.51 \times [1 + \varphi(CO_2)] \tag{29-68}$$

29.3.5 铝电解槽电压组成和能量平衡

在稳定状态下，供给电解槽体系的能量等于电解过程需要的能量与从电解槽体系损失的热能之和，这就是电解槽的能量平衡原理：

$$IU_b - IU_{\Delta H^\ominus} - h_b = 0 \tag{29-69}$$

式中　U_b——能量平衡体系边界内槽电压，V；

$U_{\Delta H^\ominus}$——当量电压，炭阳极电解氧化铝所需最低电压，V；

I——电流强度，A；

h_b——能量平衡体系内单位时间热损失，kW。

从热力学推算铝电解理论电耗千克铝为 6.32kW · h，当量电压为 2.12V。

29.3.5.1 铝电解槽电压组成和能量分配与能量利用率

现代大型预焙铝电解槽槽电压组成和能量平衡典型图如图 29-28 所示。

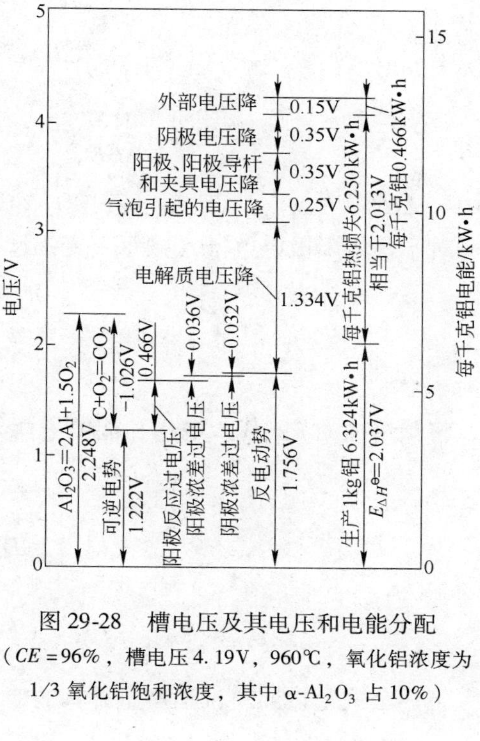

图 29-28　槽电压及其电压和电能分配

（CE=96%，槽电压 4.19V，960℃，氧化铝浓度为 1/3 氧化铝饱和浓度，其中 α-Al_2O_3 占 10%）

$$U_总 = U_{极化} + U_{电解质} + U_{阳极} + U_{阴极} + U_{铝母线} + U_{效应均摊} \tag{29-70}$$

其中

$$U_{极化} = U_{可逆电势} + U_{阳极浓差过电压} + U_{阳极反应过电压} + U_{阴极浓差过电压}$$

以电解槽整体作为计算体系，则供入电解槽的总能量 $A_供$ 分配在下列 4 个方面：

（1）补偿电解过程所需的能量，$A_{电解}$；

（2）补偿加热原料所需的能量，$A_{加热}$；

（3）补偿电解槽热损失所需的能量，$A_{热损}$；

（4）补偿导线中损失的能量，$A_{导线}$。

$$A_{供} = A_{电解} + A_{加热} + A_{热损} + A_{导线}$$

或能量平衡分配方程式：

$$IU_{平均} = 0.3356I \times CE(f_1 + f_2) + Q_{热损} + IU_{导线} \tag{29-71}$$

电压平衡分配方程式为：

$$U_{平均} = 0.3356 \times CE(f_1 + f_2) + \frac{Q_{热损}}{I} + U_{导线} \tag{29-72}$$

由于 $IU_{导线}$ 实际上是一种热量损失，它发生在导电母线上，可以并入热损中。则

$$U_{平均} = 0.3356CE(f_1 + f_2) + \frac{Q_{总热损}}{I} \tag{29-73}$$

式中 CE——电流效率,%；

f_1+f_2——生成单位质量铝所需的反应能量，即加热物料和电解析出每千克铝所需能量之和，kW·h；

f_1——加热物料到1223K每千克铝所需能量，kW·h；

f_2——在1223K下电解析出每千克铝所需能量，kW·h。

邱竹贤计算结果如下：

基于 Pearson-Waddington 方程成立条件下的电解每千克铝总反应式：

$$Al_2O_3 + \frac{3}{2CE}C = 2Al + \frac{3}{2}\left(2 - \frac{1}{CE}\right)CO_2 + 3\left(\frac{1}{CE} - 1\right)CO$$

$$f_2 = \frac{3}{2}\left(2 - \frac{1}{CE}\right)\Delta H^{\ominus}_{CO_2} + \frac{1}{3}\left(\frac{1}{CE} - 1\right)\Delta H^{\ominus}_{CO} - \Delta H^{\ominus}_{Al_2O_3}$$

$$= 4.31 + \frac{1.30}{CE}(\text{kW}\cdot\text{h})$$

式中 $\Delta H^{\ominus}_{CO_2}$，$\Delta H^{\ominus}_{CO}$，$\Delta H^{\ominus}_{Al_2O_3}$——$CO_2$、CO 和 Al_2O_3 的生成焓。

对于预焙阳极电解槽（按每千克铝计算）：

$$f_1 = 0.84\text{kW}\cdot\text{h}$$

$$f = 5.15 + \frac{1.30}{CE}\text{kW}\cdot\text{h}$$

将预焙槽的 f 式代入电压和能量平衡分配方程式29-71和式29-72，得出：

$$W_{总} = f + W_{热损} + W_{导线} \tag{29-74}$$

$$U_{平均} = (1.72CE + 0.44) + \frac{Q_{热损}}{I} + U_{导线} \tag{29-75}$$

$$U_{平均} = (1.72CE0.44) + \frac{Q_{总热损}}{I} \tag{29-76}$$

上述公式是按照单位铝产量计算的能量平衡和电压平衡式。

总之，供入电解槽体系中的能量（$U_{体}$）等于电解总反应过程所消耗的能量（U_p）加上该体系损失的热量（Q_L），即电压和能量平衡式可简化成：

$$IU_{体}t = 0.3356I \cdot t \cdot f \cdot CE + Q_{热损}$$

$$U_{体} = 0.3356f \cdot CE + \alpha_{热损}$$

$$\alpha_{热损} = U_{体} - 0.3356f \cdot CE \qquad (29\text{-}77)$$

式中　t——时间，h；

$U_{体}$——体系中的电压降，包括阳极效应分摊的电压，V；

$\alpha_{热损}$——电解槽的热损系数，是按单位电量计算的热损失量，量纲是“伏”，也就是补偿电解槽热损失所需的电压，$\alpha_{热损} = Q_{热损}/It(V)$。

沈时英推导得到的热平衡公式：

$$\alpha_{热损} = U_{工作} - 1.639CE - 0.682 \qquad (29\text{-}78)$$

国外文献中发表的热平衡公式：

$$\alpha_{热损} = U_{工作} - 1.649CE - 0.48 - R_{体外}I \qquad (29\text{-}79)$$

当系统外母线电压降 $R_{体外}I = 0.2V$ 时，式（29-79）等于：

$$\alpha_{热损} = U_{工作} - 1.649CE - 0.68$$

由此可见，国内外学者对电解槽的热损失系数的推导公式基本相同。

邱竹贤计算了从 1947～2001 年半个世纪不同电解槽型的总电耗（$W_{总}$）与热损失系数（$\alpha_{热损}$），其结果列入表 29-8 中。从其分析结果可以得出这样一个规律，热损失系数大小是决定电耗高低变化的一个重要因素，而铝电解电耗（$W_{总}$）和热损失系数（$\alpha_{热损}$）是随电流强度的增大而减小。

表 29-8　预焙槽的能量平衡

槽　型	预焙槽												
电流/kA	54	85	90.8	101.7	130	150	160	170	180	200	220	280	300
$d_{相}$/A·cm^{-2}	0.84	0.74	0.72	—	—	0.80	—	0.68	0.72	0.76	0.80	0.74	0.74
电流效率/%	87.5	88	89.5	89.5	89	92	88	94.6	94.1	93	92	94	94
$U_{槽}$/V	4.35	4.0	3.87	4.14	4.15	4.14	4.12	4.13	4.17	4.18	4.16	4.12	4.12
$W_{总}$/kW·h·kg^{-1}	14.82	13.55	12.90	13.78	13.89	13.44	13.95	12.96	13.20	13.40	13.50	13.06	13.06
$W_{流料}$/kW·h·kg^{-1}	0.84	0.84	0.84	0.84	0.84	0.84	0.84	0.84	0.84	0.84	0.84	0.84	0.84
$W_{反应}$/kW·h·kg^{-1}	5.79	5.78	5.78	5.76	5.76	5.72	5.79	5.68	5.69	5.70	5.72	5.70	5.70
Σf/kW·h·kg^{-1}	6.63	6.62	6.60	6.60	6.60	6.56	6.63	6.52	6.53	6.54	6.56	6.54	6.54
$W_{导线}$/kW·h·kg^{-1}	0.85	0.85	0.84	0.84	0.84	0.84	0.80	0.79	0.80	0.80	0.80	0.80	0.80
$W_{热损}$/kW·h·kg^{-1}	7.34	6.08	5.46	6.34	6.45	6.04	6.52	5.65	5.87	6.06	6.14	5.72	5.72
$\alpha_{热损}$/V	2.15	1.80	1.64	1.90	1.95	1.86	1.92	1.70	1.85	1.89	1.89	1.80	1.80
电能效率/%	42.64	46.64	48.90	45.80	45.50	47.02	45.30	48.99	47.88	47.16	46.81	48.4	48.4

铝电解节能降耗取得进步的主要原因之一是由于电流强度的加大和 $\alpha_{热损}$减少。当今全球铝工业的电流强度已达到400～500kA，并有开发600kA超大型预焙槽的发展趋势的主要依据之一就在于此。

姚世焕在《铝电解理论与实践对近代大型预焙槽的作用》的文中指出，理想热平衡是一种效率高、电耗低和槽膛规整的能量平衡。能量或热量平衡还受到电解槽设计参数与操作技术条件的影响。

从能量或热量平衡考虑，现在大型预焙槽随着电流强度的增大而散热面积会减少，这将导致侧部散热降低和槽帮明显减薄，因而影响槽稳定性。因此，设计中要加强侧部区域槽壳的散热条件，另外，适当提高电解槽顶部区域和底部区域的散热强度，但合理的最佳途径还是应从能量源头入手，尽量降低两极之间的电压降或槽内产生的内热量，其措施是缩短极距、提高电解质和阴阳极材料的导电率。

铝电解槽的能量利用率计算公式：

$$EE = \frac{\Delta H^{\ominus}}{IU_{槽}} = \frac{U_{\Delta H^{\ominus}}}{U_{槽}} \tag{29-80}$$

式中 $\Delta H^{\ominus}$，$U_{\Delta H^{\ominus}}$——完成电解反应所需最低能量和最低当量电压。

豪平和克望德根据电解反应方程式和JANAF热力学数据，给出的铝电解当量电压 $U_{\Delta H^{\ominus}}$计算公式：

$$\begin{aligned} U_{\Delta H^{\ominus}} = {} & 0.23706 + 4.5767 \times 10^{-4}T + b(0.3086 - 1.97 \times 10^{-5}T) - 2.25 \times 10^{-7}T^2 + \\ & x(1.4024 + 0.03253y + 2.23 \times 10^{-4}T) + (25 - T)[0.000145(x - xy) + \\ & 0.000138xy + 0.000015(b + 1.5)] \end{aligned} \tag{29-81}$$

由式29-57可以得知，$U_{\Delta H^{\ominus}}$是温度 T、电流效率 x、$\alpha\text{-}Al_2O_3$ 含量 y 以及布达反应量大小 b 的函数。

槽平均电压 $U_{槽}$ 包括电解槽阴阳极母线电压以及效应分摊电压降，V。

综上所述可以得出结论：

（1）降低电解温度，提高电流效率会有利于提高铝电解能量利用率；

（2）降低电解槽平均电压可以提高电解槽能量利用率，有利于节能降耗；

（3）在取得最高电流效率的同时又能使槽平均电压最低的条件下，电解槽的能耗（$2980U_{槽}/CE$）最低，能量利用率最高。

29.3.5.2 能量平衡计算原理

进行能量平衡计算之前，首先要考虑以下因素：

（1）温度基础。通常取电解温度作计算基础，或者取0℃和常温25℃作计算基础。如温度基础不同，则计算项目互异。

（2）时间。通常取1h，或者取24h。

（3）体系。体系就是计算对象的边界范围，它应该包括电解槽槽体。有罩预焙槽，可取槽底-槽壁-槽罩-槽壁为边界范围的体系；无罩预焙槽，可取槽底-槽壁-槽面结壳-阳极-槽壁为边界范围的体系。

（4）体系电压。就是计算对象边界范围以内的电压降。对于带罩的预焙槽来说，体系电压是从铝导杆起至阴极钢棒棒头一段线路上的电压降。

（5）气体的热量交换。对于带罩的预焙槽来说，要计算加热漏进槽罩内冷空气所需热量，阳极气体在槽罩内燃烧生成 CO_2 所放出的热量，以及阳极气体离开槽罩前由于温度降低而放出的热量。

当取某一温度作为计算基础时，其意义就是假设电解反应在该温度下进行，此时电解槽计算体系与周围环境之间进行稳定的物质交换与能量交换，达到供给的能量与消耗的能量之间的平衡。电解槽的能量平衡当以0℃为计算的温度基础时，能量反应式左右两边的项目最为醒目，这可从能量平衡示意图（见图29-29）看出。铝电解的总反应式是：

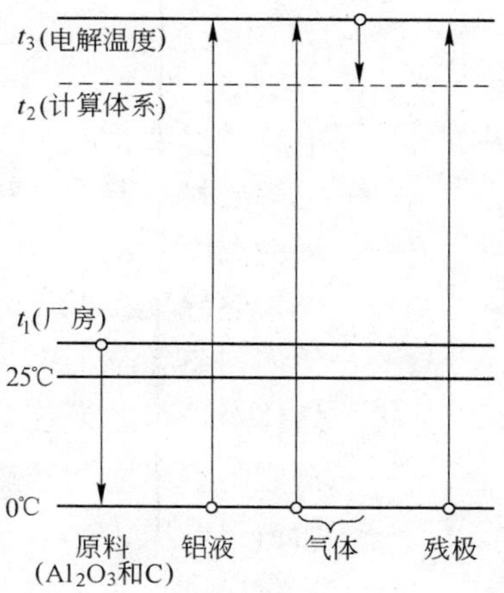

图 29-29 铝电解槽的能量平衡示意图
（以0℃为计算温度基础）
↓—能量收入；↑—能量支出

$$Al_2O_3 + xC \Longrightarrow 2Al + yCO_2 + zCO$$

以0℃为基础时，能量平衡所涉及的项目分别说明如下（以1h为计算基础）：

（1）能量收入。

1）电力供给计算体系的能量，$Q_{电能} = IU_{体系}$；

2）原料带入计算体系的热量，$Q_{原料}^{t_1-0}$，从厂房温度 t_1 算到 t_0℃；

3）阳极气体在离开计算体系之前放出的热量（其中包括因气体温度降低和燃烧而放出的热量），$Q_{气体}^{t_3-t_2}$。

（2）能量支出。

1）电解反应消耗的能量 $Q_{反应}^{0}$，按0℃计算；

2）铝液带走的热量 $Q_{铝}^{0-t_3}$。t_3 温度下取出的铝液所带走的热量应计算到0℃；

3）气体带走的热量 $Q_{气体}^{0-t_3}$。t_2 温度下带走的热量应计算到0℃；

4）阳极残极带走的热量 $Q_{残极}^{0-t_3}$。t_3 温度下带走的热量应计算到0℃；

5）电解槽计算体系向周围环境通过对流、辐射和传导而损失的热量，即 $Q_{损失}$。

29.3.5.3 典型预焙槽热损失分布

典型预焙阳极电解槽热损失的分布如图29-30所示。上部占55%，侧部占38%，底部占7%。电解槽的热损失分布主要与电解槽的热设计有关。改变上部氧化铝保温层的厚度，改变电解槽侧部材料结构设计，改变槽底保温材料及其结构设计，使用不同种类的阴极炭块，都会改变电解槽热损失的分布。除此之外，电解槽的工艺技术操作对电解槽热损失的分布也有影响，如提高或降低槽电压，提高或降低分子比，会使电解温度发生变化，并改变电解质槽帮结壳的厚度，减少或增加槽底沉淀，从而使电解槽侧部和底部的散热量增加或减少。提高或降低电解槽中的铝水平和电解质水平，会增加或减少电解槽侧部的热损失，从而使电解槽热损失的分布发生变化。因而影响电解槽膛内型的变化，合理的槽膛内型对保持电解槽稳定性、提高电流效率、降低能耗和延长槽寿命至关重要。而其中重要的炉帮厚度受多种因素影响，见式29-82。

$$X = k_1\left(\frac{1}{h_b} \times \frac{t_1 - t_a}{t_b - t_1} - \frac{x_w}{k_w} - \frac{1}{h_a}\right) \tag{29-82}$$

式中 t_b——电解质温度，K；

t_1——电解质初晶温度，K；

t_a——环境温度，K；

k_1——炉帮热导率，W/(m · K)；

k_w——槽内衬热导率，W/(m · K)；

h_b——熔体对炉帮的换热系数，W/(m^2 · K)；

h_a——槽壳与空气之间散热系数，W/(m^2 · K)；

x_w——槽内衬厚度，m；

X——炉帮厚度，m。

由式29-82可以看出，在过热度 $t_{SH} = t_b - t_L$、环境温度 t_a、槽内衬材质和厚度不变时，槽侧部炉帮厚度 x_L 基本上是 h_b 的函数。当 h_b 增加时，炉帮结壳熔化而厚度变薄；而当 h_b 减小时，炉帮结壳增厚。

例如，在 $t_b = 965$℃、$t_1 = 905$℃、$t_a = 30$℃、$K_1 = 1.07$W/(m · K)条件下，当 h_b 值为350W/(m^2 · K)时，炉帮厚度 $X_1 = 0.1$m。当 h_b 增大到650W/(m^2 · K)时炉帮厚度变为零。

炉帮与熔体之间的换热系数 h_b 随阳极气体逸出速度和阳极侵入电解质熔体中的深度的增加而增加，随电解质熔体水平流动速度的增加而增加，而与极距大小成反比。M. P. Taylor 与 B. T. Welch 合作计算的 $h_b = 500 \sim 700$W/(m^2 · K)（自然对流）和 700 ~ 1000W/(m^2 · K)（强制对流）之间。用于工业电解槽电解质熔体与固体炉帮之间换热系数计算与测量值 $h_b = 200 \sim 1100$W/(m^2 · K)之间。

高照升、沈时英和干益人在实验室和80kA预焙电解槽上研究了凝固电解质炉帮与电解质熔体之间的换热系数 h_b，从几台80kA预焙槽上所测结果得出，不同电解槽的电解质熔体与固体炉帮之间的 h_b 并不完全一样，最大的 h_b 约为1640W/(m^2 · K)，而对于大多数电解槽而言，一般在870 ~ 1400W/(m^2 · K)之间，h_b 随槽龄和生产状态而改变。

假设在稳态下，热流量 q(kW/(m^2 · h))穿过多层材质组成的槽侧壁时是一样的，可以得出过热度 t_{SH}的计算公式：

$$t_{SH} = t_b - t_1 = \frac{t_1 - t_s}{h_b \cdot \Sigma R} \tag{29-83}$$

式中 t_{SH}——过热度，K；

t_s——钢槽壳温度，K；

ΣR——槽侧衬各层材料的热阻之和，W/(m · K)。

对于现代的大型点式下料预焙槽而言，过热度 t_{SH}可以低至5 ~ 8℃，典型的 q 值在6 ~ 10kW/(m^2 · h)之间。

利用贺利氏电测骑士（简称HEN）的过热度传感器（Cry-O-Therm™），可以在线实测电解槽的电解质温度 t_b、电解质初晶温度 t_1 和电解质过热度 t_{SH}，然后使用热量和物质平衡的9区控制模型（9BOX Control Algorithm）自动控制电解槽的热量平衡和物料平衡，以及电解质液固相平衡。三度（电解温度 t_b、电解质初晶温度 t_1、过热度 t_{SH}）和三平衡（热量平衡、物料平衡、液固相平衡）的合理稳定显著地增强了电解槽生产的稳定性，因而会提高电解的电流效率和能量效率，延长槽寿命，减少有害气体排放量，降低生产成本。大型预焙槽热损失分布测量结果如图 29-30 所示。

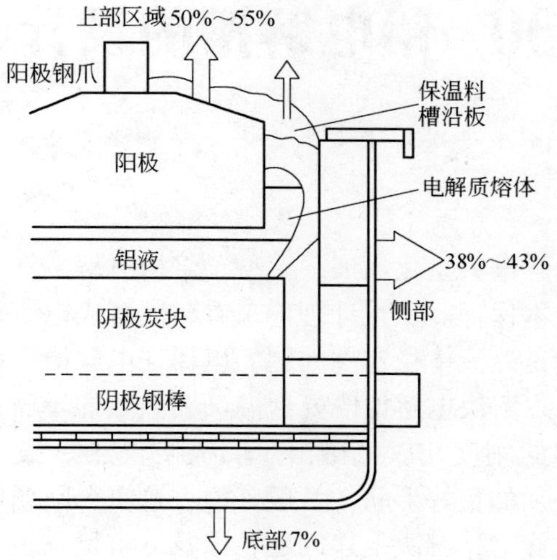

图 29-30　大型预焙槽热损失分布测量结果

30 铝电解槽的设计

※※※※※※※※※※※※※※※※※※※※※※※※※※※※※※※※※※※※※※

铝电解工业持续向电解槽大型化发展，大型预焙槽电解生产实践证明电解槽的稳定性是获得良好生产指标的根本保证。从设计理论来看，要解决电解槽的稳定性问题必须要解决如下3个主要问题。一是磁流体稳定性问题，以保证电解槽在高电流强度下能够平稳地生产；二是热平衡问题，以解决电解槽既要保温又要散热的矛盾；三是电解槽壳的应力变形问题，要求槽壳有足够的刚度，以抵御由于阴极炭块热膨胀和渗钠所产生的强大外推力，长期保持电解槽所必须的良好形状。一般来说，这3个问题解决的成功与否在很大程度上决定了电解槽设计的优劣，解决上述问题，涉及电解槽电流、磁、热、熔体流动和应力等物理场研究。

30.1 铝电解槽的物理场研究

铝电解槽是电解铝厂生产的主体设备，铝电解槽技术水平实际上代表了电解铝厂的技术水平。随着电解槽容量的增大，电解槽周围母线及内部电流在熔体中产生磁场，磁场与熔体中电流相互作用产生电磁力导致熔体流动、波动。此外，气体排出、温度梯度等，也影响熔体流动，槽内电热状况复杂。因此，能够准确定量地确立槽内磁、热、电、流体力学特性及槽壳受力的数学模型，对大容量电解槽的稳定生产，并获得良好的技术经济指标十分重要。

20世纪70年代以来，伴随着计算机性能的发展，铝行业的研究人员才可以借助这一手段对电解槽内各种物理现象进行分析研究，各种计算电解槽物理场计算机仿真软件也应运而生，计算机模型和软件是否正确和可靠直接影响着电解槽设计开发的准确性，而由此开发的早期电解槽的实践也确实证明了这一点。

在现代科学技术，特别是计算机及其计算技术快速发展的今天，在一百多年铝电解基础理论深入研究和大型预焙槽开发积累的大量经验的基础上，世界先进的研究设计部门在设计铝电解槽时已摆脱单纯凭经验的阶段，在不断改进和提高各种计算软件的可靠性和准确性的基础上，已进入以理论为指导，以模拟和计算为基础的时代。

中国大容量铝电解槽物理场开发研究始于20世纪80年代，当时自行开发第一代135kA大型预焙槽时就开始了电解槽磁场的研究工作。引进日本轻金属公司160kA电解槽技术后，开始应用现代计算机对磁场做优化设计。在随后短短几年，国内有关科研设计部门相继开发了自己专用的熔体流动计算软件和界面波动软件，并进行了电解槽内磁场和流动场的大量实测工作，积累了大量数据。20世纪80～90年代，中国工程师开始应用计算机的各种模拟和仿真计算，进行大容量电解槽的设计，先后开发出了135kA、160kA、

186kA、280kA 等大型预焙槽，其中有些电解槽的指标已逐步达到先进水平。但是，国内开发的电解槽仿真软件与国外先进水平相比还存在一定差距，表现在依此设计的电解槽达到的指标与世界先进水平比较还存在一定差距。这主要表现在两个方面：一是当时投产的大型电解槽在磁场计算中没有考虑槽壳等铁磁物质的影响，这是因为当时国内还没有开发出相应的计算软件，也没有进行必要的模拟试验；二是国内关于磁流体分析模型和计算软件虽然有几个不同的版本，但都是二维稳态型，不能进行暂态分析，更不能进行三维模拟，不能将电解槽槽膛形状等因素加以考虑，更不能分析换阳极、出铝、沉淀等情况下界面的稳定性情况，所以，以此设计的电解槽还存在一些不足。

20 世纪 90 年代后期，国内开始在电解槽设计时，应用国际大型商用工程计算软件，用三维方法直接求解麦克斯韦方程，对电解槽的电磁场、热场、槽壳受力场的数学模型进行模拟和仿真，依此设计的电解槽的物理场理论计算值与实测值比较相近，运行状况良好，指标先进。从此，国内电解槽物理场的研究与计算，在实践中和软件发展的基础上不断改进与升级，并在建设 190/200kA、230/240kA、280kA、300kA、320kA、350kA、400kA 等中间点式下料预焙槽系列铝厂中应用，上述各容量电解槽投入运行后，均取得先进的指标。铝电解槽优化设计程序如图 30-1 所示。

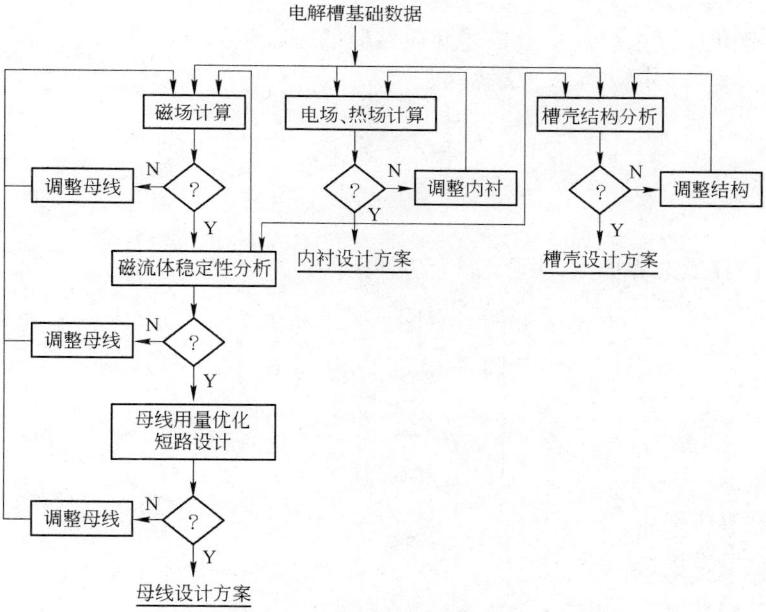

图 30-1 电解槽优化设计程序

30.1.1 磁感应强度

30.1.1.1 磁感应强度计算

铝电解槽上通过的电流会产生强大的磁场，磁场与电解质及铝液中的电流相互作用，产生强大的电磁力，使电解质和铝液发生循环流动、界面波动和隆起变形，对铝电解槽的生产操作，电解槽的寿命，电能消耗和电流效率产生巨大的影响，这种影响随着电流的增大而增大。因此，对铝电解槽磁场的计算尤为重要。

熔体中磁感应强度的分布是进行磁流体稳定性分析的基础数据之一，因此它的获取方法和准确性及可靠性就显得十分重要。

大容量预焙阳极铝电解槽采用麦克斯韦方程组求解包含槽周围母线、内部电流、槽壳以及槽周围空气等在内的三维模型，并考虑邻列电解槽的影响，计算槽内设定点的磁场强度。

麦克斯韦方程组：

$$\begin{cases} \oint\!\!\!\oint_s D \cdot \mathrm{d}S = \Sigma q_0 \\ \oint_l E \cdot \mathrm{d}l = -\iint \frac{\partial B}{\partial t} \cdot \mathrm{d}S \\ \oint\!\!\!\oint_s B \cdot \mathrm{d}S = 0 \\ \oint_l H \cdot \mathrm{d}l = I_0 + \iint_s \frac{\partial D}{\partial t} \cdot \mathrm{d}S \end{cases} \qquad \begin{cases} \nabla \cdot D = \rho_0 \\ \nabla \times E = -\frac{\partial B}{\partial t} \\ \nabla \cdot B = 0 \\ \nabla \times H = J_0 + \frac{\partial D}{\partial t} \end{cases} \tag{30-1}$$

在空间中有介质存在时需加上描述介质性质的方程组如下：

$$\begin{cases} B = \mu_0 \mu_r H \\ D = \varepsilon_0 \varepsilon_r E \\ J = \sigma E \end{cases}$$

在两种不同介质的界面上，还应加上边界条件：

$$\begin{cases} n \cdot (D_2 - D_1) = \sigma_0 \\ n \times (E_2 - E_1) = 0 \\ n \cdot (B_2 - B_1) = 0 \\ n \cdot (H_2 - H_1) = J_0 \end{cases}$$

式中 B——磁感应强度；
H——磁场强度；
E——电场强度；
J——体积电流密度；
D——电位移；
σ——电导率；
ε_0——真空中介电常数；
ε_r——介质相对介电常数；
μ_0——磁导率；
μ_r——介质相对磁导率。

给定空间的电荷和电流分布，给定边界条件，可由麦克斯韦方程组得到电磁场唯一确定的解。

大容量预焙阳极铝电解槽磁感应强度计算采用麦克斯韦方程组，利用有限单元法，将场域划分成单元，在每个单元内用合适的插值函数表示未知量，该函数包括每个单元各个节点处的场位置，并以此作为未知量，通过插值函数取泛函的极值，即可生成一组方程组，求解方程组得到每个节点的场位值，再由场位值即可计算出该节点的磁场强度。

从计算模型和计算方法来看，这是目前最准确的也是最复杂的方法之一，多年的研究结果表明，这种方式计算的磁感应强度与实际测量值最为相近。只有大型的工程软件，如ANSYS工程软件才能完成这样的计算工作。ANSYS是一个国际上通用的商用工程计算有限元软件。大容量预焙阳极铝电解槽就是采用麦克斯韦方程组方法，并借助ANSYS计算软件来获得磁感应强度分布数据。这些数据再经相关软件处理，生成电解槽磁感应强度分布图。

下面列出几种典型磁感应强度计算图，如图30-2～图30-8所示。

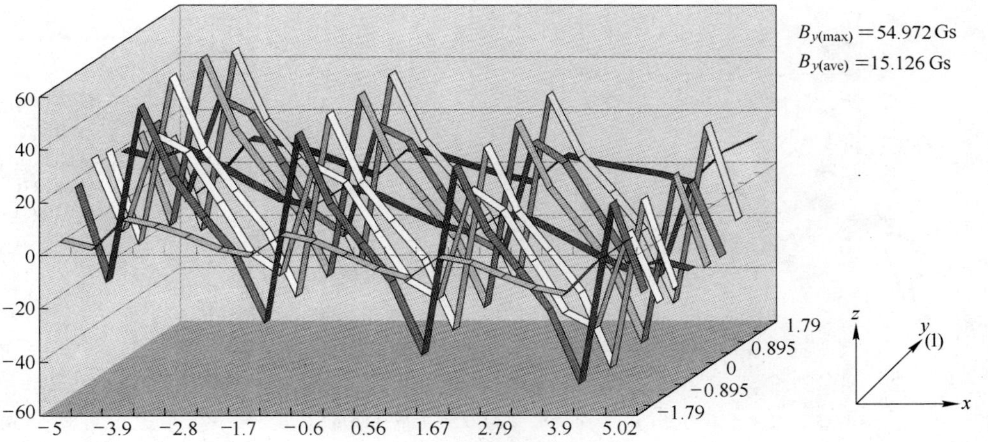

图30-2 200kA铝电解槽 y 方向磁感应强度（见彩图1）

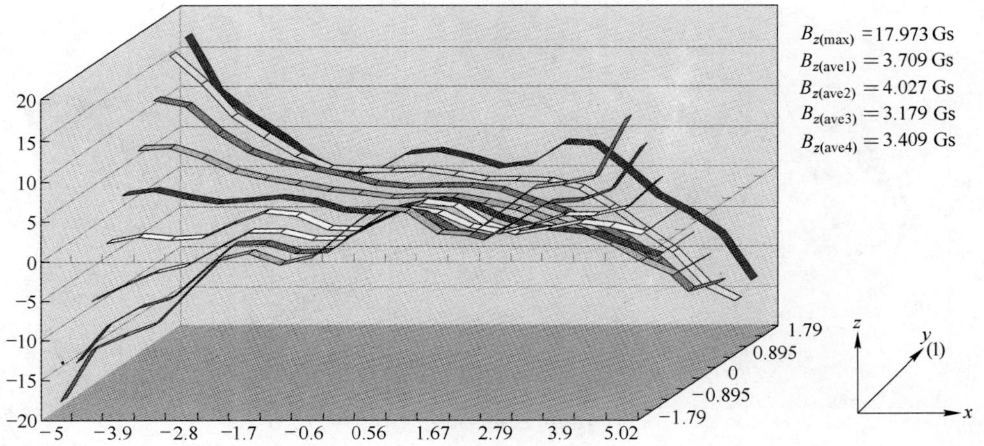

图30-3 200kA铝电解槽垂直磁感应强度（见彩图2）

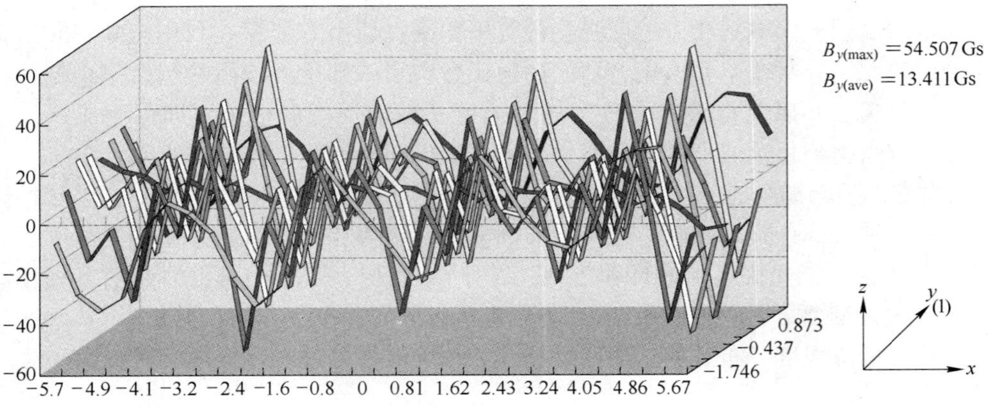

图 30-4 230kA 铝电解槽 y 方向磁感应强度（见彩图 3）

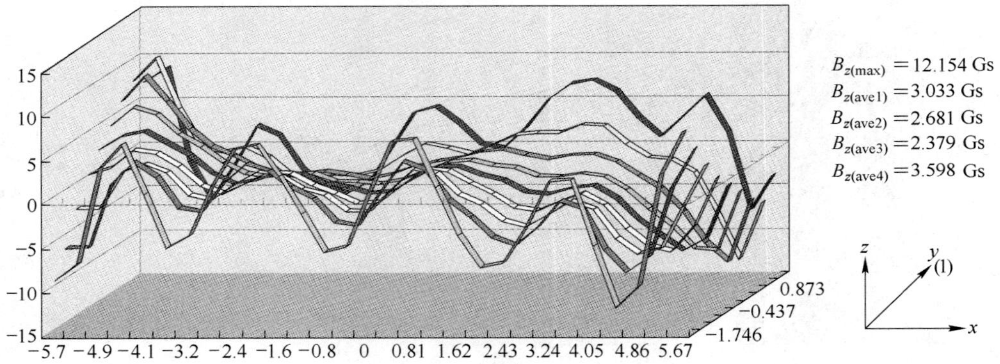

图 30-5 230kA 铝电解槽垂直磁感应强度（见彩图 4）

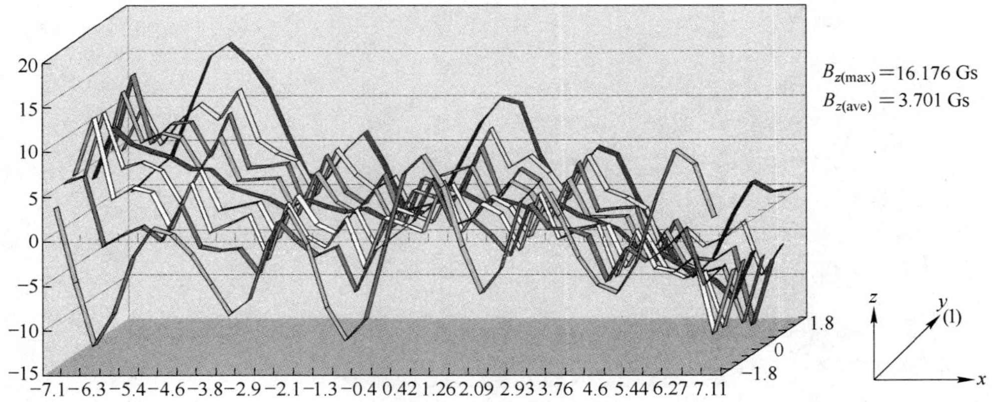

图 30-6 300kA 铝电解槽 y 方向磁感应强度（见彩图 5）

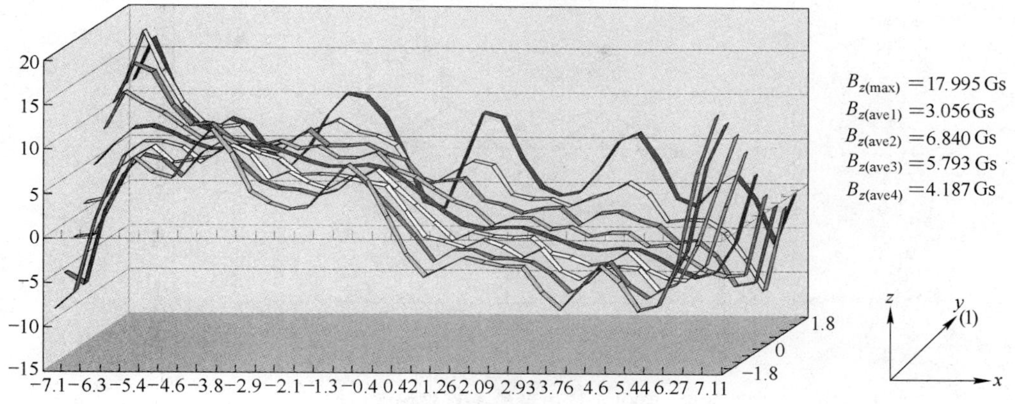

图 30-7 300kA 铝电解槽垂直磁感应强度（见彩图 6）

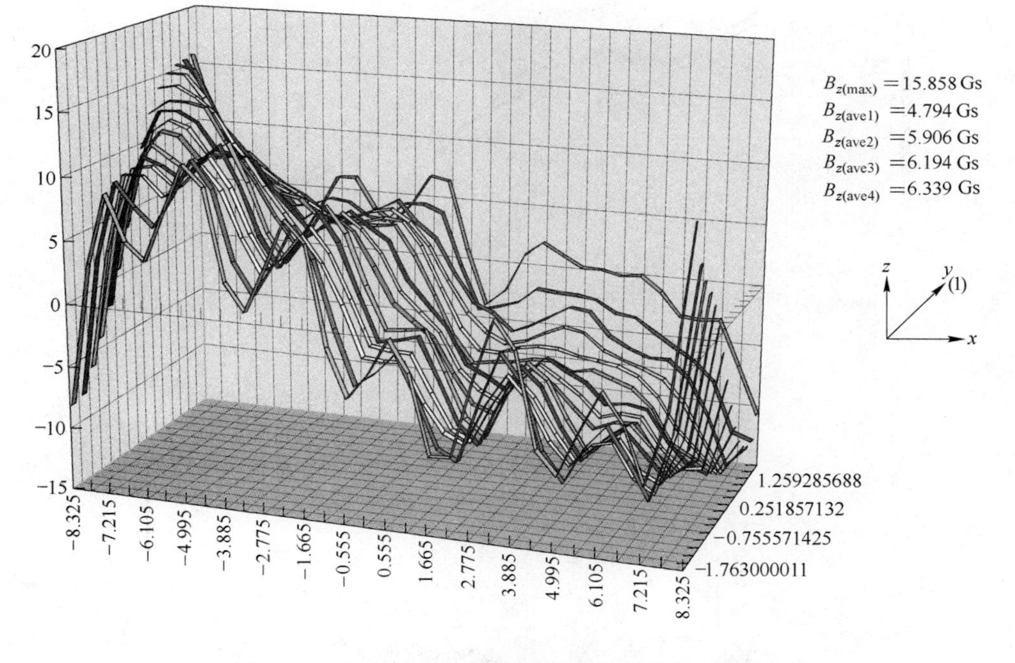

图 30-8 350kA 铝电解槽垂直磁感应强度（见彩图 7）

30. 1. 1. 2 磁感应强度的验证

电解铝厂新建电解系列电解槽投入运行并稳定生产后，选取有代表性的数台电解槽，在与设计计算设定点相同位置点处测定磁感应强度，实测值与设计值列入图 30-9 ~ 图 30-16中和表 30-1 中。

从以上各图可以看出，理论计算值与实测值相符性很强，说明电解槽磁场模拟计算完全可以作为电解槽设计的依据。

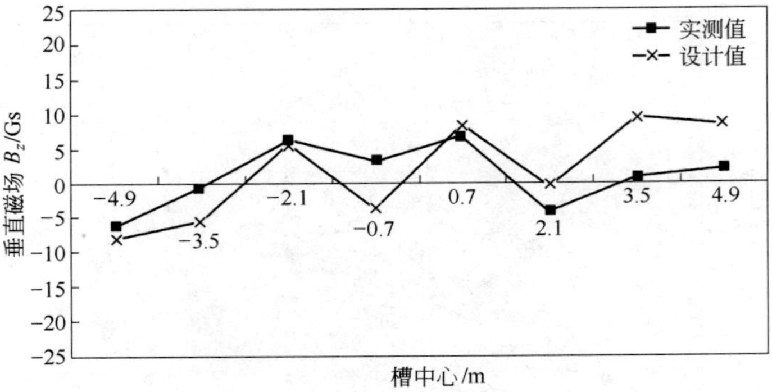

图 30-9　190kA 铝电解槽垂直磁场测试结果与设计值比较（进电侧）

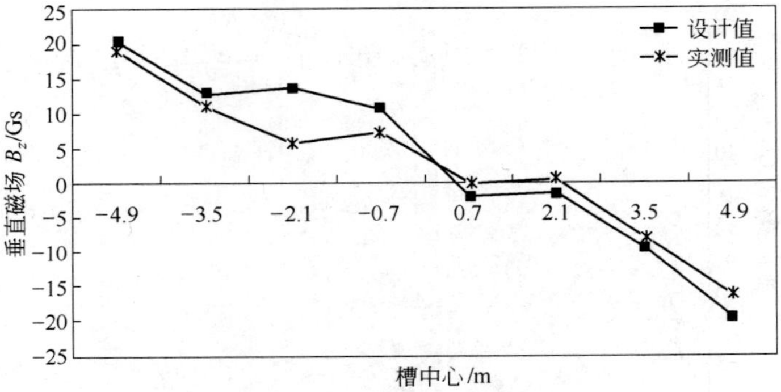

图 30-10　190kA 铝电解槽垂直磁场测试结果与设计值比较（出电侧）

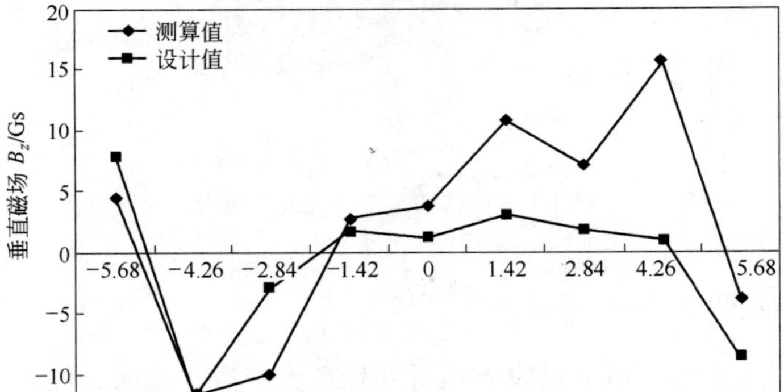

图 30-11　230kA 铝电解槽垂直磁场测试结果与设计值比较（进电侧）

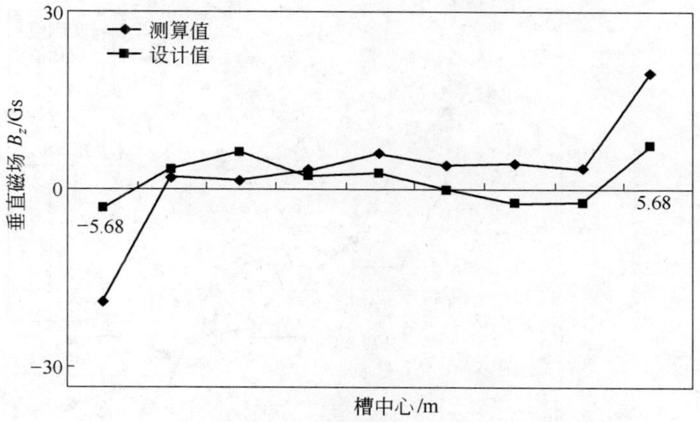

图 30-12　230kA 铝电解槽垂直磁场测试结果与设计值比较（出电侧）

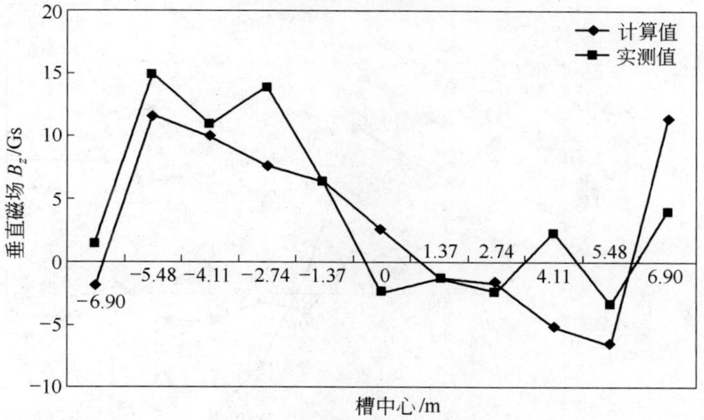

图 30-13　300kA 铝电解槽垂直磁场测试结果与设计值比较（进电侧）

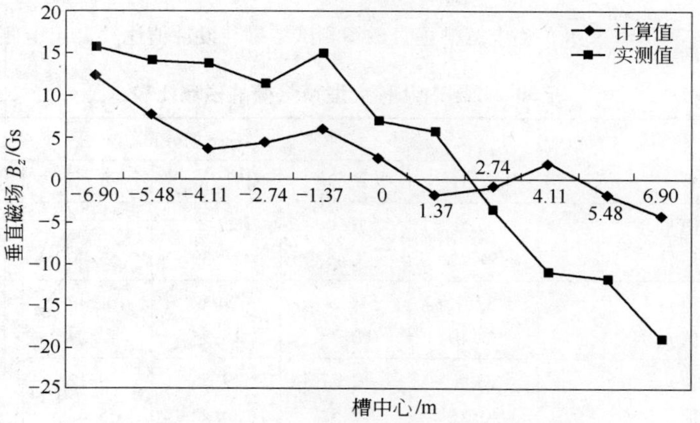

图 30-14　300kA 铝电解槽垂直磁场测试结果与设计值比较（出电侧）

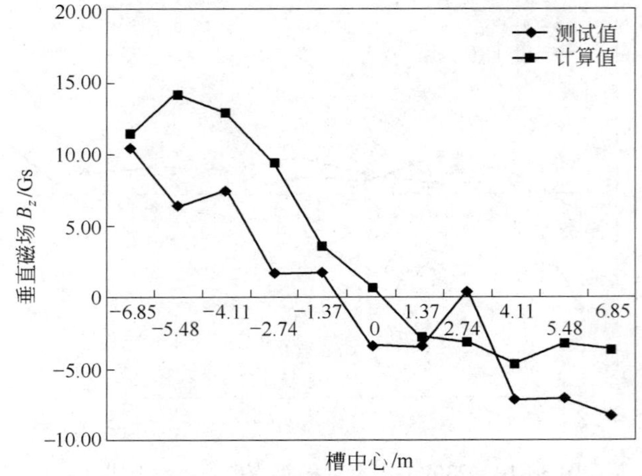

图 30-15 350kA 铝电解槽垂直磁场测试结果与设计值比较（进电侧）

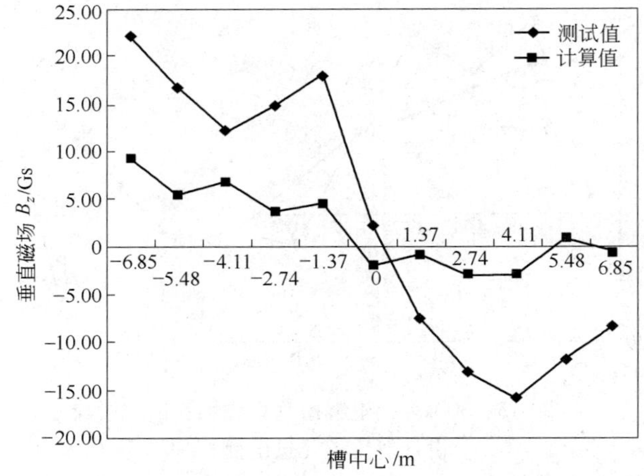

图 30-16 350kA 铝电解槽垂直磁场测试结果与设计值比较（出电侧）

表 30-1 国内几种大型预焙槽的磁场比较

槽 型	磁场分量/Gs				备 注
	$\|B_y\|_{max}$	$\|B_y\|_{ave}$	$\|B_z\|_{max}$	$\|B_z\|_{ave}$	
154kA 槽（实测值）	37.6	16.0	27.3	12.2	四点进电
（计算值）	59.12	7.45	31.39	3.30	
186kA 槽（实测值）	32.7	16.9	24.6	12.2	四点进电
（计算值）	35.40	10.74	25.94	5.24	
190kA 槽（实测值）	33.5	12.57	19.55	9.12	四点进电
（计算值）	40.23	12.52	20.32	5.63	SY 槽型
200kA 槽 1（实测值）	77.7	21.3	33.2	14.1	四点进电
（计算值）	69.94	9.97	24.88	5.11	

续表 30-1

槽 型	磁场分量/Gs				
	$\vert B_y\vert_{max}$	$\vert B_y\vert_{ave}$	$\vert B_z\vert_{max}$	$\vert B_z\vert_{ave}$	备 注
200kA 槽 2（实测值）	67.9	35.6	35.1	17.6	四点进电
（计算值）	61.7	6.59	35.6	3.11	
200kA 槽 3（实测值）	73.8	26.1	25.7	9.1	四点进电
（计算值）	64.55	6.14	27.63	2.60	SY 槽型
280kA 槽（实测值）	49	16	16	8	四点进电
（计算值）	26.3	6.5	14.0	3.6	
350kA 槽（实测值）	38.6	27.0	23.1	10.8	五点进电
（计算值）	42.0	11.92	27.7	2.23	SY 槽型

从表中的对比看出，电解槽磁场计算与实际的相符性，随着电解槽整体设计技术的提高越来越好，特别是垂直磁场 B_z 对电解槽整体设计的影响，通过模拟即可妥善解决。

电解槽磁场垂直分量的最大绝对值 $\vert B_z\vert_{max}$ 及平均绝对值 $\vert B_z\vert_{ave}$ 是电解槽获得高效稳定生产的关键，数值越小越好，而且 $\vert B_z\vert_{max}$ 与 $\vert B_z\vert_{ave}$ 的差值越小越理想，磁场水平 y 分量 $\vert B_y\vert_{max}$ 及 $\vert B_y\vert_{ave}$ 也希望得到较小的数值。表中 SY 槽型即是采用本章节所述磁场计算软件和计算方法进行设计和计算的。

30.1.2 磁流体稳定性

30.1.2.1 *磁流体稳定性分析*

电解槽周围母线及内部电流在熔体中产生磁感应，这种磁感应强度与熔体中的电流相互作用产生电磁力，这种电磁力导致了熔体的流动、铝液隆起以及铝液/电解质界面的波动。

长期的生产实践及理论分析认为，电解槽内熔体的流动（见图 30-17 和图 30-18）除了有利于氧化铝的溶解和扩散之外，对电解槽没有其他益处。相反，过快的熔体流动会严重冲刷炉帮甚至危害侧部炭块。而界面的变形和波动加剧了电解质中熔融铝液与阳极底部 CO_2 的反应，降低了电流效率，同时又

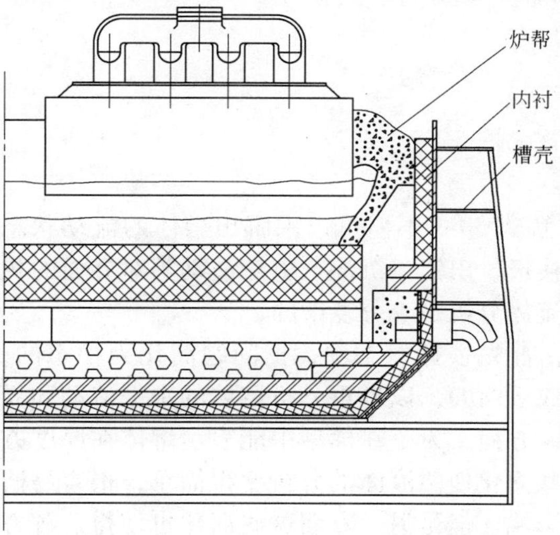

图 30-17 铝电解槽炉帮理想状态剖面

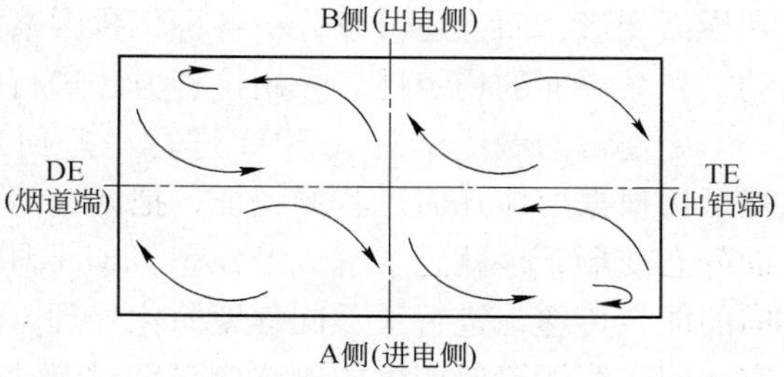

图 30-18 铝电解槽槽内熔体流动态势

导致了电解槽极距的不稳定，即电解槽生产的不稳定。

现代电解槽设计理论要求通过母线的调整使铝液的流速越小越好；铝液/电解质界面越平越稳定越好；熔体的流动呈轴对称，以免造成不规整的炉帮形状。随着研究深入，已经普遍把满足磁流体稳定性的要求作为评判电解槽母线设计优劣的最重要的标准；即母线的设计不但要计算磁感应强度，还要进一步研究在电磁力作用下熔体的稳定性，通过调整母线设计，以求获得更稳定的磁流体，从而保证电解槽的稳定生产。

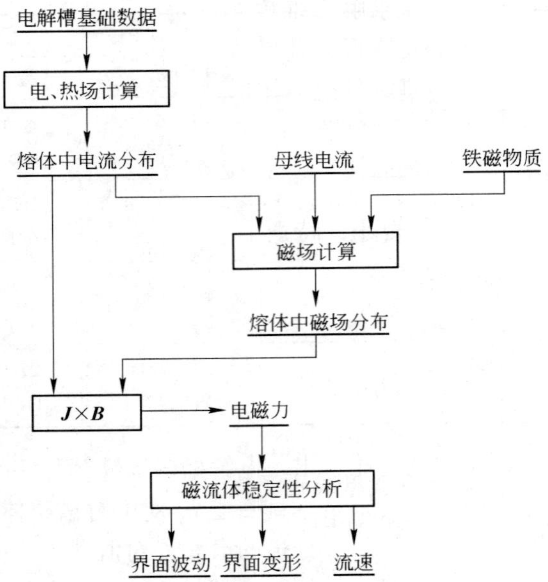

图 30-19 磁流体稳定性分析基本方法和步骤

进行磁流体稳定性分析的基本方法和步骤如图 30-19 所示。从图中的基本方法可以看出：首先必须计算磁感应强度，然后用磁流体稳定性分析母线配置是否合理。大容量铝电解槽的铝液流动分析是采用专用计算机软件进行的。下面叙述铝电解槽的磁流体稳定的计算方法和结果。

大容量铝电解槽的磁流体稳定性分析采用磁流体模型进行数值仿真。该方法可以分析熔体的流动状态，如流速大小、流动方向、界面变形和界面波动等。

大容量铝电解槽采用了磁流体数值仿真法来分析其磁流体的稳定性。在电解槽中，由电磁力引起的熔体流动可用 Navier-Stokes 方程描述，在铝液和电解质层均有：

$$\frac{\partial \boldsymbol{v}}{\partial t} + \boldsymbol{v} \cdot \nabla \boldsymbol{v} = \frac{1}{\rho} g + \frac{1}{\rho} \nabla P + \nu \nabla \boldsymbol{v} \tag{30-2}$$

式中 $\boldsymbol{v}$——流速；

P——压力；

g——重力加速度；

ρ——密度；

ν——动力黏度系数。

按照电解槽的几何形状以三维暂态方式求解式 30-2 不但可以求解出熔体的流动状态和界面变形，而且还可以分析各种干扰因素如换极、出铝、沉淀、电流波动等对界面的扰动，考察界面的稳定性。采用这种方法进行磁流体分析是十分复杂的。

更通常的做法是对式 30-2 进行一些简化，首先去掉暂态项，把问题简化为稳态的；然后再根据熔体几何形状的特征，把问题简化成平面的，以着重分析熔体的水平流动和界面静态变形，也就是求解二维稳态 Navier-Stokes 方程。为了在模型中能表示熔体在厚度方向的能量传递，进行了不同程度简化处理。这些简化使磁流体的分析变得简单，很容易研究不同母线配置所产生的磁感应强度对流动的影响。但是另一方面这些简化也使得这种方法失去了分析界面波动的能力。为此，必须建立专门用于分析界面波动的模型以作为补充。也就是说求解二维稳态 Navier-Stokes 方程和界面波动方程，同样可得到熔体流速分布，界面静态变形以及界面波动状态，这种方法 20 世纪 80 年代开始在国外比较流行。

要获得良好的磁流体稳定性，母线的设计需要满足如下条件：

（1）$|B_z|_{max}$ 及 $|B_z|_{ave}$ 要小，B_z 反对称分布；对于大型槽还要求各 1/4 区域的 $|B_z|_{ave}$ 要相近。

（2）$\frac{\partial B_z}{\partial y}$ 要小，特别是当 B_z 不是很小时就更重要。

（3）$\frac{\partial B_z}{\partial z}$ 要小。

（4）B_y 要小，但当 $\frac{\partial J_z}{\partial y}$（$J_z$ 为 z 方向电流密度）很小时，这点就不重要了。

（5）J_y（体积电流密度）要小，这一点要在槽结构尺寸选择及内衬设计时予以考虑。

这就是一般母线磁场优化设计的标准。可以看出，上述要求主要是针对垂直磁场的，这也就是母线设计中致力于降低垂直磁场 $|B_z|_{max}$ 及 $|B_z|_{ave}$ 值的原因。

图 30-20 所示为采用这种计算方法对某 300kA 铝电解槽做磁流体稳定分析的流动速度计算结果，也为电解槽内熔体流动状态图。其流动状态呈良好的轴对称，最大流速为 15.3cm/s，界面变形最大值为 1.3cm。

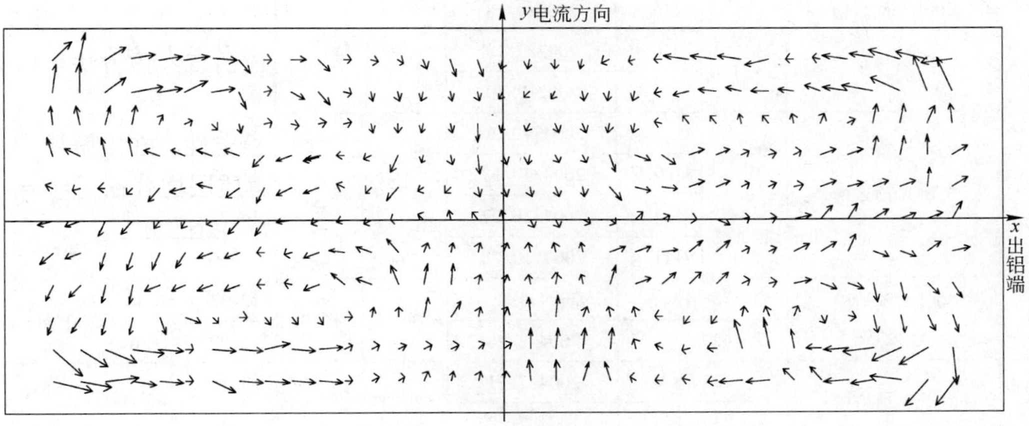

图 30-20　300kA 铝电解槽流动场（v_{max} = 15.3cm/s）

30.1.2.2　磁流体稳定分析结果的验证

20 世纪 80 年代末，曾经全面应用磁流体稳定性分析方法指导了 280kA 试验槽的母线设计。试验运行表明了该槽的总体设计是成功的，但测试结果也显示了母线设计还不完善，主要表现在实测的垂直磁感应强度过大，铝液流速过快。如前面 30.1.1 节所述，磁感应强度偏差过大是由于当时计算软件内容和功能不足所引起的，采用该软件计算磁感应强度来进行流动性分析，所得的计算结果也难以用测量结果来评判。类似的情况显然也存在于早期设计的其他大型预焙槽中。表 30-2 列出了国内几种槽型铝液流速的设计值和实测值，从中可知，早期国内设计的大型预焙槽铝液流速，测量值比设计值大很多。

工厂 8 使用的 200kA 铝电解槽采用 ANSYS 软件计算磁感应强度，然后在此基础上进行磁流体分析，计算出了流体的流速分布和界面波动情况。由于磁感应强度计算准确性得到了极大的提高，才有可能用流速的测量结果来考查设计软件。表 30-2 显示出工厂 8 的 200kA 铝电解槽流速实测的最大值与计算值极好地吻合，而且是目前中国大型铝电解槽中流速最低的。

表 30-2 几种不同的预焙槽铝液流速比较 (cm/s)

工厂	槽 型	槽 号		测量日期	设计值		实测值		测量单位
					平均	最大	平均	最大	
1	280kA 试验槽	1 号		1996/7	2.51	12.95	16.0	30.2	郑州研究院
		2 号					15.9	30.3	
2	186kA 生产槽系列	五台槽平均		2001/1～3	不 详		14.46	22.35	中南大学
	230kA 试验槽	第一次	002 号	2001/12/12	3.29	15.8	15.25	24.31	
			005 号				13.65	24.3	
		第二次	002 号	2001/3/23	3.29	15.8	15.85	25.01	
			005 号				13.1	22.98	
3	200kA 预焙槽	第一次	7116 号	2001/8/15	不 详		12.05	15.62	中南大学
			7118 号	2001/8/16			11.66	15.76	
		第二次	7116 号	2002/9/18	不 详		12.26	16.48	
			7316 号	2002/9/19			11.92	16.21	
			7317 号	2002/9/19			12.48	19.14	
	350kA 预焙槽	第一次	8111 号	2004/10/26	不 详		14.91	22.48	中南大学
			8109 号	2004/10/27			15.83	23.67	
		第二次	9112 号	2004/10/27			14.72	25.41	
			9111 号	2004/10/28			15.36	22.90	
4	300kA 预焙槽 SY 槽型	354 号		2004/7/29	3.1	15.3	12.32	17.14	中南大学
		429 号		2004/7/28			12.99	19.6	
5	240kA 预焙槽	123 号		2004/7/21	不 详		13.15	19.42	中南大学
		232 号		2004/7/22			14.44	20.02	
6	240kA 预焙槽	133 号		2005/3/16	不 详		14.07	19.66	中南大学
		413 号		2005/3/17			13.48	17.58	
7	200kA 预焙槽	204 号		2002/10/30	不 详		13.18	17.41	中南大学
		314 号		2002/11/1			12.52	19.72	
	350kA 预焙槽 SY 槽型	1012 号		2005/4/8	3.1	15.3	11.76	17.58	
		2009 号		2005/4/9			12.23	16.87	
		2010 号		2005/4/9			11.92	18.74	
8	200kA 预焙槽 SY 槽型	3010 号		2003/8/20	3.3	15.4	11.11	14.05	中南大学
		3058 号		2003/8/19			11.51	15.61	

大容量铝电解槽磁感应强度、流场的测试结果不仅验证了计算软件和计算模型的准确

性，同时也验证了所采用的设计思路和标准的正确性，揭示出了磁感应强度分布与熔体流动的内在关系。

30.1.3　热平衡

30.1.3.1　热平衡分析概念

冰晶石-氧化铝熔盐电解生产铝的过程非常复杂，涉及许多传质传热过程、化学和电化学反应，以及复杂的相平衡问题。电解槽的热平衡设计即电解槽内衬的设计，对电解槽的工艺操作、生产指标和槽寿命起到很关键的作用。在铝电解槽的槽膛内，由于铝液和电解质的流动，使高温熔体中的大量热以对流方式向槽内衬传递。在槽内衬中，热量以传导形式经由炭素材料、耐火材料、保温材料等传向电解槽钢槽壳表面，再由钢壳表面向周围环境以对流和辐射的方式散发。

一般认为，良好的内衬设计要能满足电解槽热平衡的特殊要求，在槽侧的上部要形成一个良好的散热窗口，以保证槽内形成规整的炉帮。槽侧下部和底部需要良好的保温，节省能量，防止过长伸腿（图30-17中炉帮下部靠近印记的延伸段）。

另外要特别注意通过底部保温材料的选择和组合确保900℃温度线落在阴极炭块之下，800℃等温线位于保温砖之上。实际的电解槽结构和操作工艺非常复杂，要保证设计满足上述要求，需要使用先进的计算软件和方法对电解槽在生产状况下热平衡情况进行模拟分析评价，用以指导内衬设计。

30.1.3.2　内衬设计的电、热模型

在电解槽的热电场控制体内，热场与电场的计算区域不同。热场计算区域不包含熔池区域，将熔池区域的温度取为定值，电场计算区域要扣除绝缘区域。

计算区域内的电场分布满足拉普拉斯方程：

$$\frac{\partial}{\partial x}\left(\frac{1}{\rho x}\frac{\partial \phi}{\partial x}\right)+\frac{\partial}{\partial y}\left(\frac{1}{\rho y}\frac{\partial \phi}{\partial y}\right)+\frac{\partial}{\partial z}\left(\frac{1}{\rho z}\frac{\partial \phi}{\partial z}\right)=0 \tag{30-3}$$

计算区域内的热场分布满足泊松方程：

$$\frac{\partial}{\partial x}\left(Kx\frac{\partial T}{\partial x}\right)+\frac{\partial}{\partial y}\left(Ky\frac{\partial T}{\partial y}\right)+\frac{\partial}{\partial z}\left(Kz\frac{\partial T}{\partial z}\right)+Q=0 \tag{30-4}$$

式中　ϕ——电位；

T——温度；

ρ——电阻率；

K——导热系数；

Q——单位体积发出的热量。

计算过程中，电场和热场相互影响，需要同时求解，因此就是一个电、热耦合问题。采用有限差分的数学方法，编制了适合电解槽结构的专用计算机软件，能够较好求解上述方程。现已利用有限元软件ANSYS新开发了一个热-电耦合模型，计算新开发的300kA以上级电解槽的电、热场。

随着电解槽槽型的大型化和电流强度的增加，槽熔池获得的热也越多，而槽壳散热面积并没有成正比增加，电解槽内衬侧壁必须选择散热更好的材料，以满足电解槽正常生产

的热平衡。经计算，电流强度240kA级及以下的电解槽一般内衬侧块采用半石墨质炭块；电流强度240kA级以上的电解槽内衬侧块采用碳化硅结合氮化硅炭块，而300kA以上级电解槽槽壳还需焊加散热片，增加槽膛侧壁散热。

30.1.3.3 热场分析结果的验证

对一些大容量铝电解槽热场的计算结果见图30-21～图30-26，其中图30-23给出了300kA以上级铝电解槽热、电场模型。图30-21中，阴极炭块上方、侧部炭块内侧初晶温度线即为生产铝电解槽理想槽帮形状。

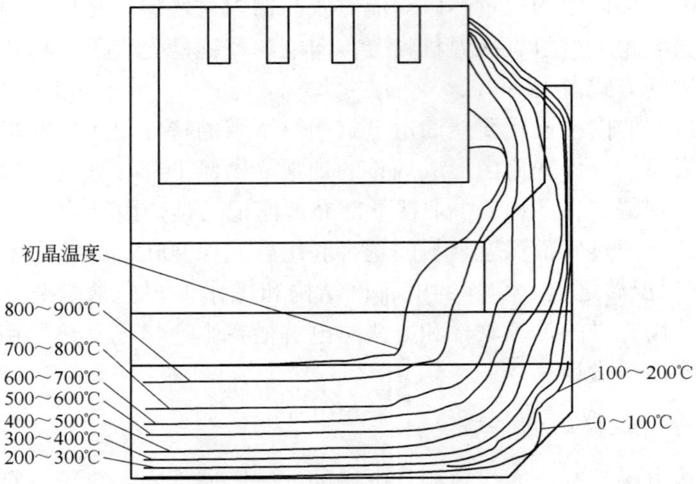

图30-21 200kA铝电解槽热场计算结果

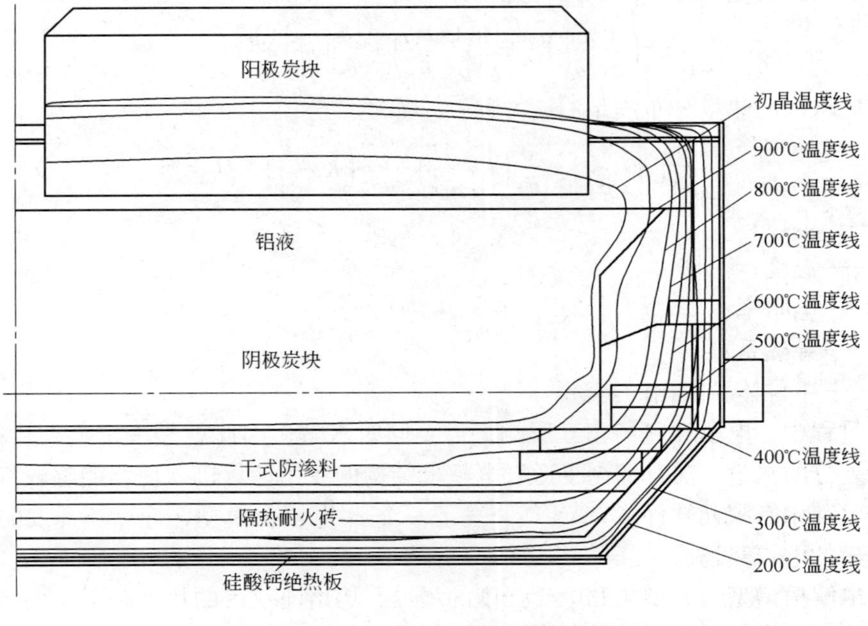

图30-22 300kA铝电解槽热场计算结果

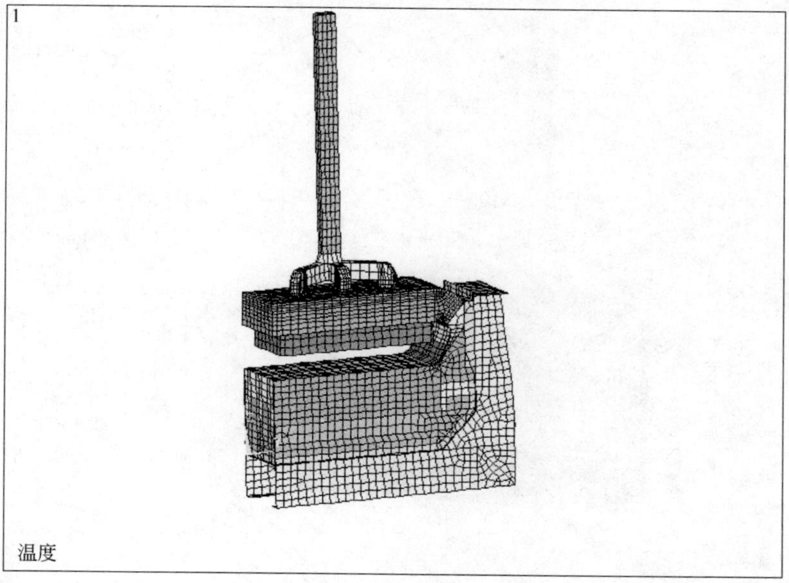

图 30-23　300kA 以上级铝电解槽热、电场模型（见彩图 8）

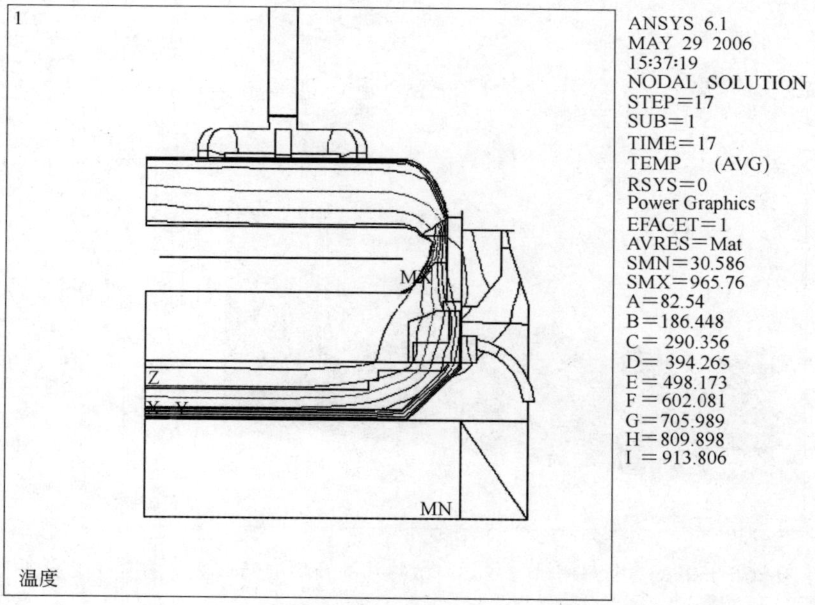

图 30-24　350kA 铝电解槽热场计算结果（见彩图 9）

电解铝厂新建电解系列电解槽投入运行并稳定生产后，选取有代表性的数台电解槽进行热场测试，实测结果见表 30-3 ~ 表 30-6。

200kA 和 230kA 电解槽设计考虑的外部环境条件和内衬材料相同，表 30-4 中 230kA 电解槽槽底实测数据略高于设计值，符合电解槽容量增加，产生和散发的热量也增加的规律。

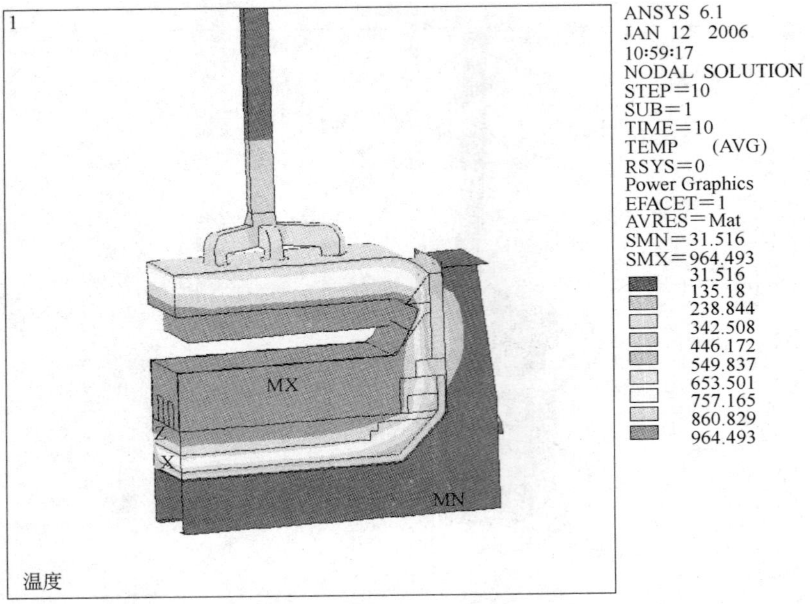

图 30-25　350kA 铝电解槽热场温度（见彩图 10）

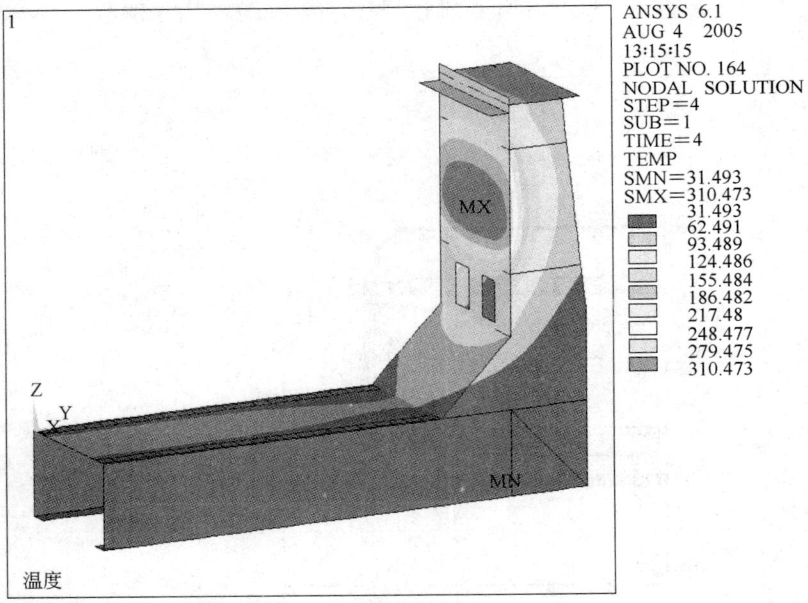

图 30-26　350kA 铝电解槽槽壳（焊有散热片的新型槽壳）热场温度（见彩图 11）

表 30-3　200kA 铝电解槽槽壳温度测量结果及设计值　（℃）

槽　号	熔体区	炭块区	保温砖区	槽　底	
				中　部	边　部
3010 号	345	198	78	86	71
3058 号	354	214	98	94	78
平均值	350	206	88	90	75
设计值	316	233	77	80	77

表 30-4　230kA 铝电解槽槽壳温度测量结果及设计值　（℃）

槽　号	熔体区	炭块区	保温砖区	槽　底	
				中　部	边　部
104 号	314	241	92	109.4	95
203 号	293	219	99.6	95.6	94.15
202 号	311.1	220.7	94.1	97.1	91.8
204 号	309.7	220	100.3	91	91.3
106 号	321.9	264.15	88.85	101.3	91.15
107 号	317.75	262	93.85	102.6	91.6
平均值	311	237	95	99.5	92
设计值	316	233	77	80	77

表 30-5　300kA 铝电解槽槽壳温度测量结果及设计值

槽　号		3263 号		3268 号		1033 号		设计值
		最大	平均	最大	平均	最大	平均	
B（出电）侧温度/℃	阳极炭块区	331	301	371	320	355	323	342
	熔体区	365	312	357	314	399	364	325
	炭块区	232	220	282	220	258	222	260
	内衬区	115	99	116	104	98	89	77
槽底温度/℃	B1	85	75	91	75	86	72	77
	B2	99	87	100	88	100	85	78
	中心线	100	91	101	92	99	87	80
	A2	96	87	98	88	100	83	78
	A1	84	70	90	75	87	70	77
A（进电）侧温度/℃	内衬区	106	90	116	101	97	87	77
	炭块区	233	217	236	222	239	219	260
	熔体区	355	311	380	309	426	331	325
	阳极炭块区	331	292	309	289	336	291	342
DE（烟道端）温度/℃	熔体区	347	329	276	258	304	290	325
	炭块区	351	320	277	259	301	286	260
	内衬区	146	120	134	116	118	108	77
TE（出铝端）温度/℃	内衬区	116	107	115	104	122	112	77
	炭块区	320	273	255	232	299	278	260
	熔体区	359	311	314	284	368	309	325
槽温/℃			969		963		963	
摩尔比			2.67		2.60		2.81	
铝水平/cm			20		21		25	
电解质水平/cm			19		20		19	
电流强度/kA			305		306.4		301.3	

表 30-6 350kA 铝电解槽槽壳温度测量结果及设计值 (℃)

槽号	项目	熔体区		阴极炭块区		保温层区		槽底	
		平均	最高	平均	最高	平均	最高	平均	最高
1012 号	A（进电）侧温度	332	380	231	282	111	136	91	105
	B（出电）侧温度	347	372	229	253	117	145		
	TE（出铝）端温度	337	372	305	334	113	122		
	DE（烟道）端温度	321	379	268	306	91	100		
2009 号	A（进电）侧温度	344	372	234	331	113	128	102	116
	B（出电）侧温度	354	381	255	288	114	127		
	TE（出铝）端温度	331	381	257	299	114	126		
	DE（烟道）端温度	338	387	311	352	112	135		
2010 号	A（进电）侧温度	331	390	251	303	106	128	96	112
	B（出电）侧温度	330	357	238	255	111	123		
	TE（出铝）端温度	340	379	290	342	109	119		
	DE（烟道）端温度	318	383	322	381	114	124		
设计值		330		280		95		85	100

电解槽槽壳出铝端和烟道端温度应略低，但该槽型槽壳两端头为三层围栏结构，槽壳外侧热空气流通不好，实测温度偏高。

该槽型槽壳出铝和烟道两端头为改进型围栏结构，槽壳外侧热空气流通较好。因此，槽壳四周面即进、出电侧面，出铝、烟道端面槽壳同一区域部位设计计算值均相同。表中，设计值与实测值比较吻合，通过实测发现，出电侧温度普遍较进电侧温度略高。

30.1.3.4 电解厂房通风

槽容量加大，热量流出的绝对量相应增加，由槽壳散出的热流需要由周围的空气及时带走，这就要求电解槽周围有足够流通的空气。靠增加槽间距来增加电解槽周围空气流量是不经济的，更科学的方法是改变传统的电解厂房通风模式（见图 30-27），使厂房通风满

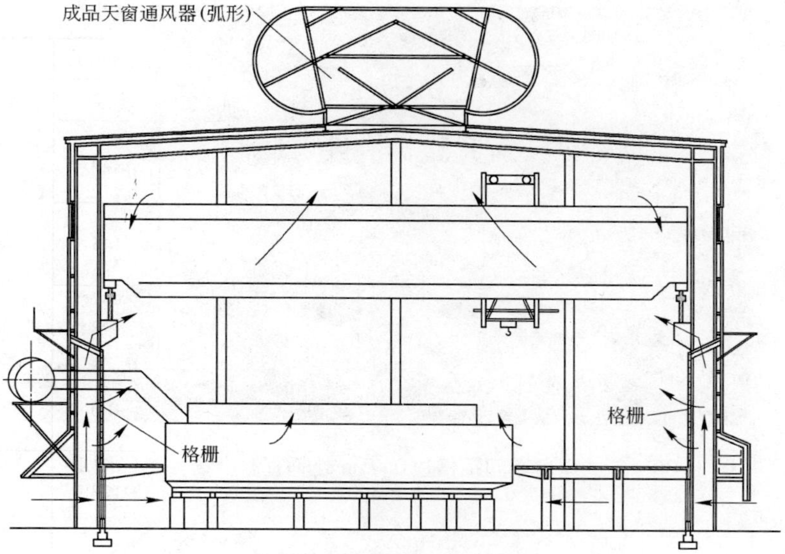

图 30-27 新式电解车间厂房建筑形式剖面

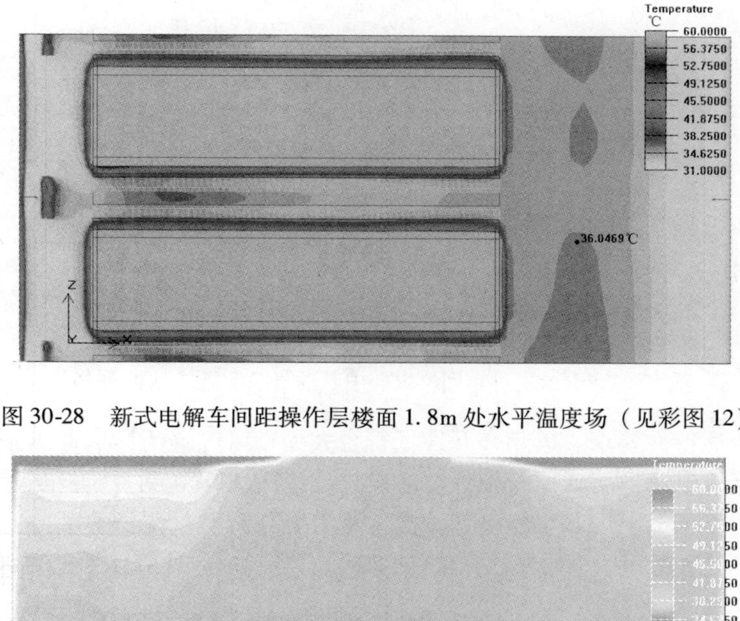

图 30-28 新式电解车间距操作层楼面 1.8m 处水平温度场（见彩图 12）

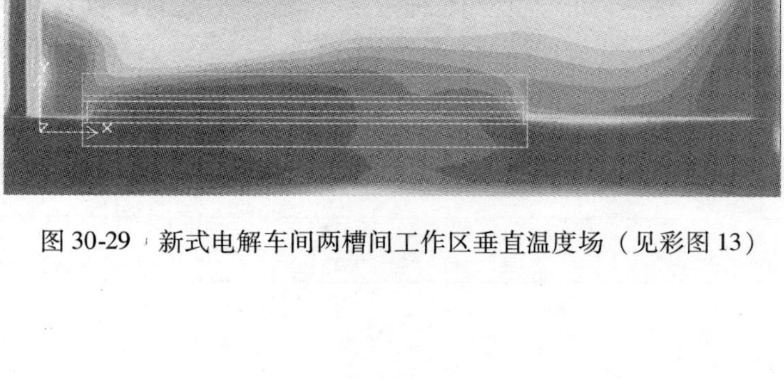

图 30-29 新式电解车间两槽间工作区垂直温度场（见彩图 13）

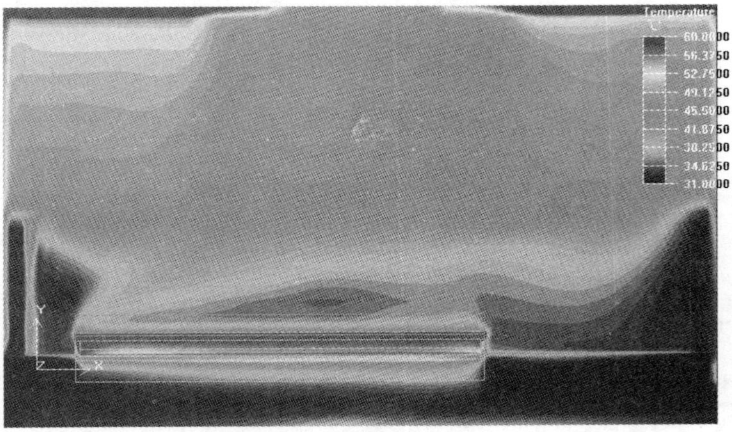

图 30-30 新式电解车间距槽边 0. 05m 处垂直温度场（见彩图 14）

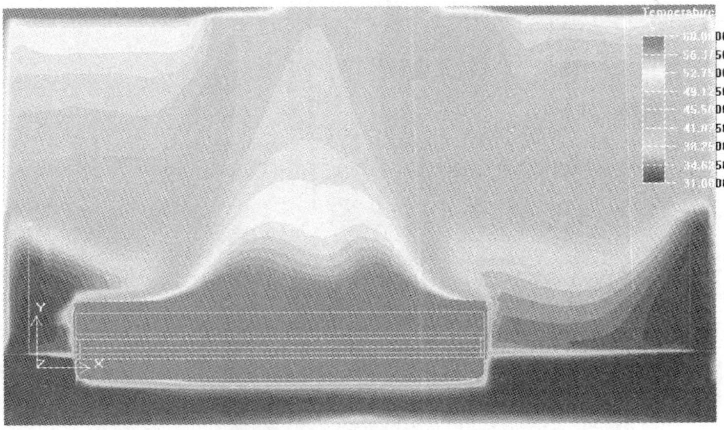

图 30-31 新式电解车间槽纵向中心垂直温度场（见彩图 15）

足特定的空气流通特性要求。近年来开发了符合大型预焙电解槽厂房通风条件的通风模拟计算模型，按新式电解厂房通风模拟计算，设计建成的 300kA 新电解厂房结构使槽周围温度场有较大改善，槽壳温度和工作地带的温度都有显著降低（见图 30-28 ~ 图 30-31）。

新式与老式电解车间厂房通风计算条件与参数、各项通风计算结果见表 30-7、表 30-8。

表 30-7 新式与老式电解车间厂房通风计算条件与参数

项　目	新式电解车间厂房	老式电解车间厂房
	数　值	
电解车间地址	山西河津	河南伊川
电解槽容量/kA	300	300
计算当日时间	14：00 ~ 16：00	14：00 ~ 16：00
通风状态	自然	自然
室外计算干球温度/℃	31	32. 3
室外相对湿度/%	71	61. 3
4. 0m 高处室外平均风速/$m \cdot s^{-1}$	2. 6	1. 85
室外大气压力/Pa	95152	97300

表 30-8 新式与老式电解车间厂房各项通风计算结果

项　目	新式电解车间厂房	老式电解车间厂房
烟道端进风量/$m^3 \cdot h^{-1}$	40500	19250
出铝端进风量/$m^3 \cdot h^{-1}$	85890	51200
通风器（排风天窗）排风量/$m^3 \cdot h^{-1}$	206490	95450
烟道端厂房上部窗口排风量/$m^3 \cdot h^{-1}$		12560
出铝端厂房上部窗口排风量/$m^3 \cdot h^{-1}$		7440
操作层下槽间通风量/$m^3 \cdot h^{-1}$	80100	45000
平均排风温度/℃	40.79	51.99
烟道端工作区空气平均温度/℃	32.60	37.3
出铝端工作区空气平均温度/℃	32.55	34.1
槽间工作区空气平均温度/℃	37.00	48.21

从结果看新式电解车间通风量比老式电解车间通风量增加 78.856%；新式电解车间工作区温度比老式电解车间降低 1.55 ~ 4.7℃；新式电解车间槽间温度比老式电解车间降低 11.2℃左右。

在电解车间外形尺寸不变的情况下，电解车间采用的新式自然通风形式大大改善了老式车间自然通风只在热压下工作的不足之处。新式自然通风形式，其室内气流稳定有序，能有效地组织气流，使大部分室外空气从槽间空隙通过来冷却电解槽，且有一定的室外空气较均匀地进入操作区来改善劳动环境；新式厂房的自然通风总排热量比老式电解厂房自然通风总排热量有较大增加，排余热量大，工作区温度降低；老式电解厂房的自然通风，受车间侧窗进风风压影响较为明显，易造成室内气流杂乱无序；新式厂房槽间通风量与工作区通风量可调节，便于在不同季节对槽间通风量和工作区通风量分配进行调节，满足生产需求。

30.1.4 槽壳受力分析

30.1.4.1 设计软件

电解槽的槽壳不仅是阴极的载体，它还是决定槽寿命的一个重要因素。由于阴极炭块受热和渗钠后向外产生极大的推力，槽壳必须具有足够的强度来防止其过大的变形以及阴极错位和破裂。槽壳的受力分析一般采用有限元计算方法，有较多的工程软件可供选购。大容量铝电解槽常用的计算软件为 SAP5 和 ANSYS，两者的计算结果十分一致。

电解槽容量已加大到 300kA 以上，对槽壳强度要求更加严格。通过建立数学模型对槽壳的受力进行计算，对槽壳的强度、应力集中点、局部变形等做出相应处理，确定 300kA 级及以上级电解槽槽壳结构采用大摇篮架、端头三层围板加垂直筋板、大面船形等结构，以减少垂直直角的集中应力。在槽壳大面增设散热片，以增加槽壳的散热面积，利于内衬炉帮的形成。

30.1.4.2 计算结果示例

对 200 ~ 350kA 铝电解槽槽壳变形分析计算结果是（见图 30-32 ~ 图 30-35）：槽壳大

面的最大变形为 25～30mm，端面的最大变形为 15～20mm（见表 30-9）。

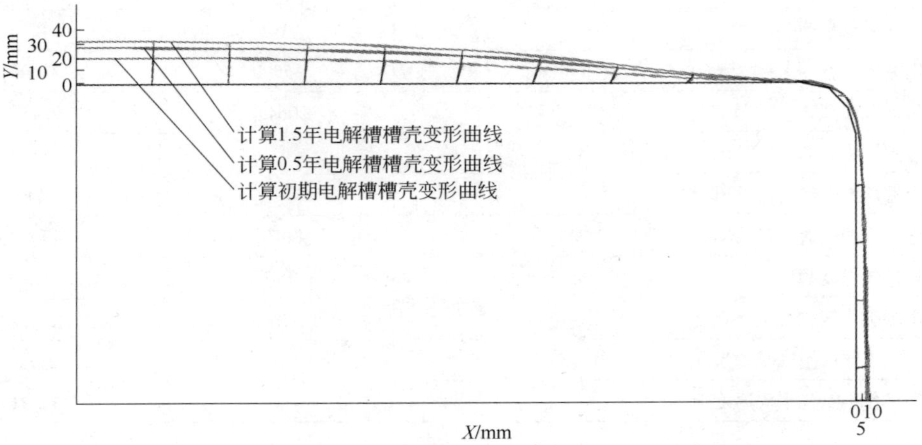

图 30-32 200kA 铝电解槽槽壳变形的计算结果

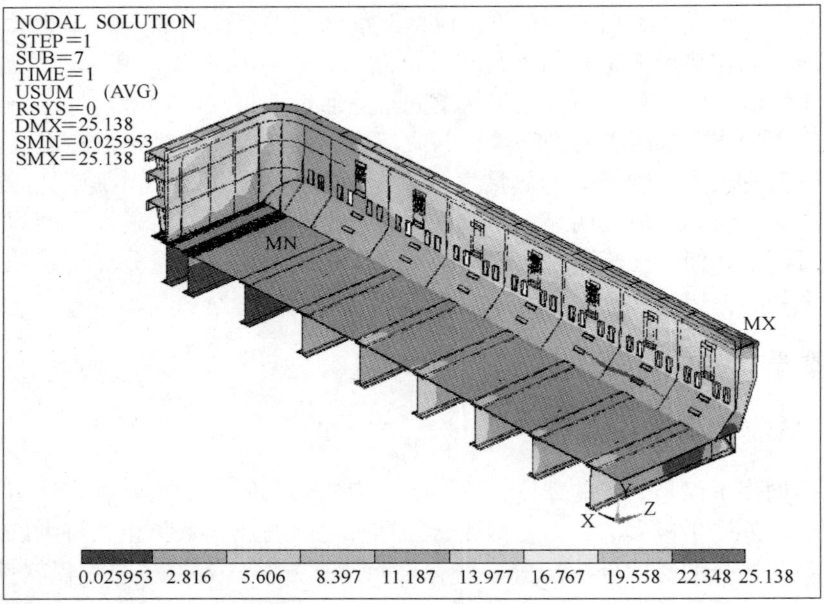

图 30-33 300kA 铝电解槽槽壳变形的计算结果（见彩图 16）

表 30-9 铝电解槽槽壳变形实测值

工 厂	槽容量/kA	槽 号	进电侧最大值/mm	出电侧最大值/mm	设计最大值/mm	测量时槽工作天数/d
1	200	508	36.5	45	32	350
2	230	108	16.5	20	35	201
3	280	4614	25	27	45	1094
4	300	202	20	23	45	1000

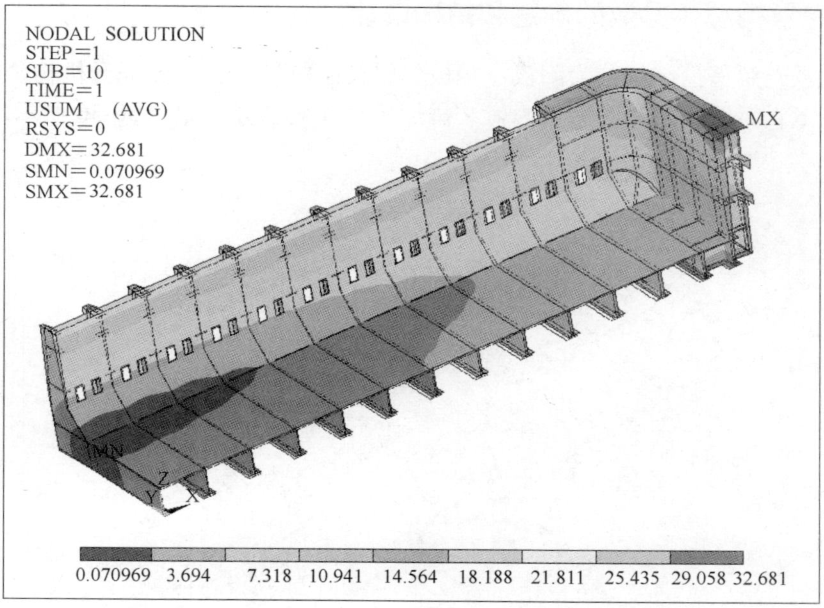

图 30-34　350kA 铝电解槽槽壳变形的计算结果（见彩图 17）

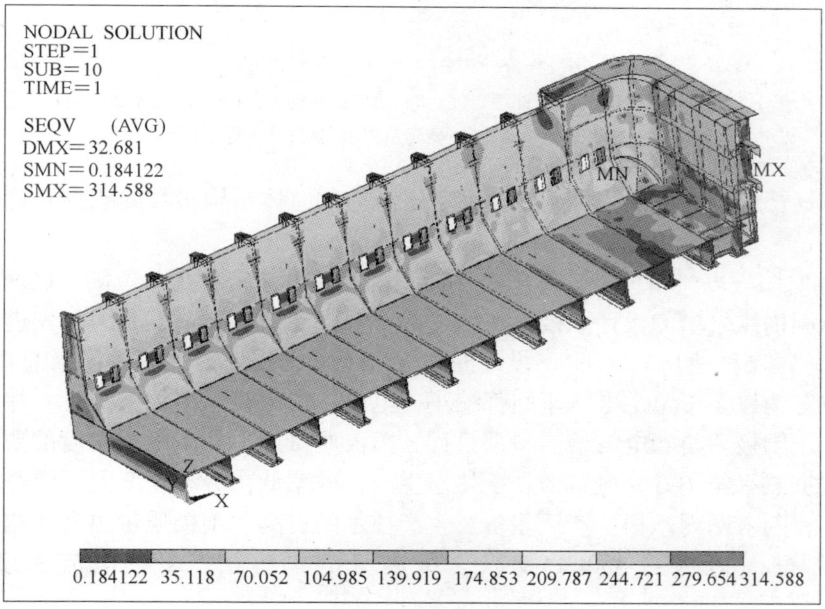

图 30-35　350kA 铝电解槽槽壳应力（见彩图 18）

工厂 1 槽容量实际为 200kA，槽壳进、出电侧为双围栏形式，槽壳变形数值较后续改进设计的单围栏形式槽壳大。出电侧变形最大值大于进电侧变形最大值，与出电侧槽壳温度高于进电侧温度相吻合。

30.2　铝电解槽总体参数的确定和结构设计

预焙阳极电解槽槽结构分为阳极、阳极母线及阴极母线、阳极提升机构、门形支架及大梁、打壳下料系统、槽壳及阴极内衬、排烟系统几大部分，如图 30-36 所示。

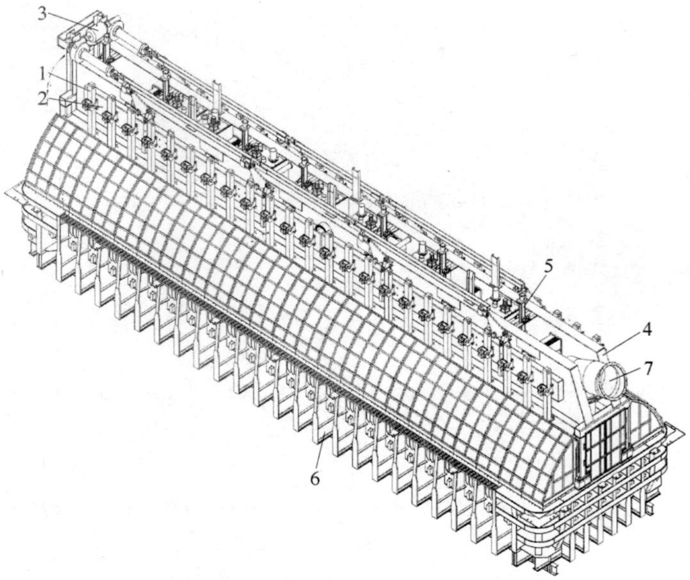

图 30-36　300kA 铝电解槽示意图

1—阳极；2—阳极母线及阴极母线；3—阳极提升机构；4—门形支架及大梁；
5—打壳下料系统；6—槽壳及阴极内衬；7—排烟系统

在电解铝厂的系列电流强度确定之后，电解槽的总体结构参数的选择和确定需遵照以下的原则：

(1) 选取阳极电流密度，计算阳极底面积。阳极电流密度是单位阳极底面积上通过的电流，现行国内预焙槽的设计阳极电流密度为 0.69～0.74A/cm²，而国际先进水平已达到 0.86A/cm²，最高已达 0.9A/cm²。设计的阳极电流密度提高，意味着阳极总体尺寸减小，从而整台电解槽以至于整个电解车间都缩小，电解厂的用铝、用钢量减少。提高阳极电流密度关键在于阳极质量和电解槽热平衡设计，阳极质量达不到高电流密度的要求，阳极易热裂掉块；槽热平衡不好，电解槽处于热态生产，效率低，劳动强度大，槽寿命也短。

近几年，随着国内阳极生产厂装备及生产技术的提高，阳极质量也有大幅提高，国内新近设计并投入运行的 350kA 及以上级容量的电解槽，阳极电流密度最高已达 0.815A/cm²。

(2) 确定单个炭块底面尺寸和炭块数量。目前 200～350kA 电解槽的炭块底面长度为 1500～1600mm，宽度为 660～800mm，还要顾及槽每侧的阳极炭块数量，例如特大型槽还有采用双阳极组等。在确定炭块尺寸时还应考虑相关的诸多设备的配套情况。

(3) 根据阳极底面积，确定电解槽炉膛底面积。在满足生产操作的条件下，尽量缩小阳极至槽纵、横部的距离，以求降低电解槽的造价。

（4）计算阳极炭块高度。注意与槽膛深度及槽上部结构的配合，以满足新阳极上的覆盖氧化铝料不能滑落为宜。

（5）槽膛深度。根据槽内铝液、电解质水平而定，满足自动熄灭阳极效应时的槽膛深度，槽膛深度宜选用500～600mm。

（6）阴极确定后，确定槽壳尺寸和电解槽金属结构设计，以及下料器、打壳装置、大梁、提升机构，母线配置等，再做物理场计算，槽壳强度、刚度核算，进行优化设计。

下面各节详细叙述各有关部分。

30.2.1　阳极

大型预焙阳极电解槽的生产过程中，阳极起着导电和传热的作用，并因与电解产生的氧氧化逐渐消耗，是电解槽的心脏；阳极炭块和导杆组组装成的阳极组（图30-37）的质量，炭块长、宽、高尺寸，阳极导杆截面和长度，阳极钢爪数量和截面等，影响阳极的热平衡和电压降，对电解槽正常工作影响很大，直接影响能源消耗。

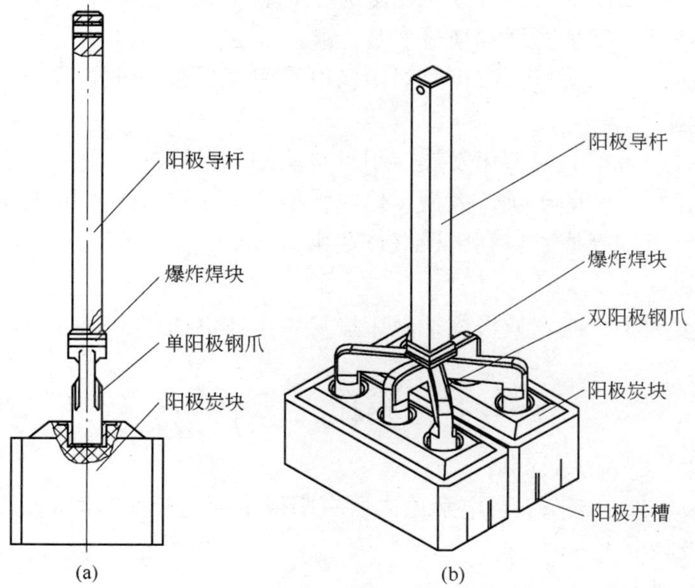

图30-37　阳极组
（a）单阳极组；（b）双阳极组

大型预焙阳极电解槽阳极由数十组组成，200kA级以下电解槽均采用单炭块阳极组，300kA级及以上级电解槽，为减少换极作业次数，也可采用双炭块阳极组。

阳极组由阳极铝导杆、铸钢钢爪和阳极炭块三部分组成。铝导杆材质一般用一级品铝，为了提高强度，也可采用铝镁合金。铝导杆要平直光滑，表面少氧化膜，以减少与阳极母线表面接触电压降。铝导杆与铸钢钢爪通过铝-钢爆炸复合焊块焊接连接成导杆组，导杆组可多次循环使用，每次重新用于浇铸阳极组前，必须严格检查和进行修整，清除钢爪爪头黏附物和氧化层，满足组装新阳极组的质量要求。爆炸焊块铝-钢结合面应大于

98%，电压降值应小于0.01mV。铸钢钢爪插入阳极炭块炭碗中，炭碗与钢爪间缝浇铸磷生铁铁水使之连接在一起。磷生铁成分对于铸造性能以及炭-钢接触处电压降关系甚为密切，要求磷生铁流动性好，热膨胀性强，电阻率低，冷态下易脆裂。

30.2.1.1 阳极炭块尺寸的确定因素

A 阳极炭块长度与宽度

阳极炭块长度决定了电解槽槽膛宽度和槽上部钢结构两腹板梁间距。

阳极炭块长度与宽度构成阳极底面积，阳极底面积越大或阳极过宽，将妨碍阳极气体逸出，导致电流效率降低。炭块长度增加或宽度增加，影响阳极钢爪的排布和用量，长度过长钢爪横梁势必加长，宽度过宽必须采用双排钢爪，这都导致钢爪总断面积及用钢量增加，使钢爪在生产中散发大量热量。采用双块阳极组就是为了避免采用过宽的单块阳极。

阳极的长、宽与阳极排布对铝液中水平电流密度的大小与分布有重要影响，铝液中的水平电流密度的最大值首先随阳极长度增加而减少，随后又增加，长度1500mm时有最小值；当阳极炭块宽度与阴极炭块宽度相匹配时，有利于减少铝液中的水平电流密度。阳极炭块若过窄，炭块数目增加，增加换极次数。

阳极底面积越大，每次更换阳极时对阳极电流密度分布的冲击越大，对电解槽的正常生产干扰幅度也越大。

随着预焙阳极电解槽的大型化发展，阳极炭块的数目增加。为了不增加换极次数，减少换极对电解槽正常生产的干扰，大型预焙电解槽还可采用双阳极炭块（或单极双换）阳极组，炭块底部开有导气槽，以利阳极气体逸出。

B 阳极炭块高度

阳极炭块高度大小，决定换极周期及阳极炭块本体电压降，直接影响阳极的毛耗量和散热。

$$H = \lambda \times 8.0544\eta D C_{净} / \gamma + H_{残} \tag{30-5}$$

式中 H——阳极炭块高度，mm；

λ——换极周期，d，（1台电解槽内所有阳极更换完毕所需时间，即为换极周期）；

$H_{残}$——残极高度，mm；

γ——阳极表观密度，kg/cm^3；

η——电流效率，%；

D——阳极电流密度，A/cm^2；

$C_{净}$——阳极吨铝净消耗，kg。

由式（30-5）计算分析可知阳极炭块高度对下述几方面有影响：

换极周期随阳极炭块高度增加而延长，换极周期长，残极分摊量少，阳极毛耗低；降低了因更换阳极作业造成的电解槽热损失和对电解槽正常生产的干扰幅度。

阳极电压降随阳极炭块高度增加而增加。阳极高度过高，槽内各阳极炭块高差较大，部分阳极炭块保温料覆盖不好，高块部分热损失增大，这对窄加工面的电解槽更为不利。

阳极炭块高度增加过多，也势必抬高阳极母线和增加电解槽上部结构门形支架高度。阳极炭块高度存在经济选择问题，阳极炭块高度一般为540～620mm。

C 炭碗直径、深度和间距

炭碗直径、深度和间距与阳极钢爪有直接的关系，炭碗直径比钢爪直径大 30 ~ 40mm，炭碗深度比钢爪插入深度深 15mm。增加钢爪直径和钢爪插入深度，可同时减少电压降和散热量；但增加了钢爪用材量，增加了阳极炭块毛耗。

30. 2. 1. 2 阳极组设计

（1）铝导杆截面，按每组阳极电流负荷确定，按经济电流密度 0. 3 ~ 0. 5A/mm^2 选取；

（2）阳极钢爪，每个钢爪的电流密度按 0. 08 ~ 0. 12A/mm^2 选取，通过电流强度计算得出钢爪截面；

（3）铝钢爆炸焊块，工作温度不应超过 400℃，铝-钢爆炸焊界面抗拉应力应大于铝导杆抗拉应力。

阳极组总高 A，必须以阳极母线处于最高位置，残极高度 D 为最小值（150mm），E（见图 30-38，表 30-10）大于 290mm 时来确定。阳极组各部分尺寸还要考虑阳极保温覆盖料的性能和高度等因素。

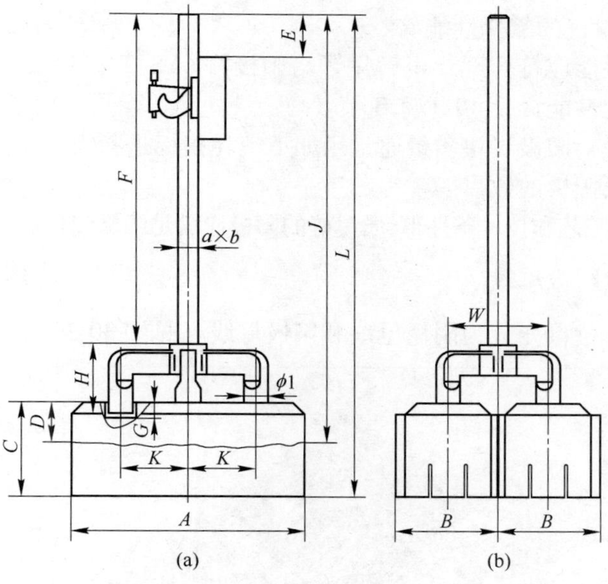

图 30-38 阳极组设计参数

（a）长度方向；（b）宽度方向

表 30-10 预焙槽阳极组设计参数

项　　目	槽型 1	槽型 2	槽型 3	槽型 4	槽型 5	槽型 6	槽型 7	槽型 8	槽型 9
电流强度/kA	200	200	230	240	280	300	350	370	400
阳极电流密度/A · cm^{-2}	0. 72	0. 71	0. 726	0. 733	0. 733	0. 732	0. 713	0. 764	0. 815
阳极组类型	单	单	双	单	单	双	双	双	双
钢爪数	4	4	6	4	4	6	6	6	6
阳极组数	28	24	16	32	40	20	24	24	24

表 30-11 中的电压降值是依据理论计算值并参考实测值修订列出。

表 30-11 预焙槽阳极组设计电压降值 (V)

项 目	单炭块阳极组	双炭块阳极组
阳极导杆与阳极母线接点	0.020	0.016
阳极导杆电压	0.013	0.018
铝钢爆炸过渡接头电压降	0.010	0.010
钢爪电压降	0.040	0.052
钢爪与阳极炭块接点（Fe-C）电压降	0.150	0.150
阳极炭块电压降（炭块高 540mm）	0.100	—
阳极炭块电压降（炭块高 620mm）	—	0.150
合 计	0.333	0.396

30.2.1.3 对阳极的质量要求

铝电解生产对阳极的质量有如下基本要求：

（1）密度大，电阻低，机械强度大；

（2）对热冲击的敏感性差（抗热冲击性能好），导热性能好；

（3）透气率低；

（4）抗 CO_2 和空气的氧化性能好。

阳极炭块理化性能应符合《铝电解用预焙阳极》（YS/T 285—2007）中二级品及以上标准。阳极炭块理化性能详见 40.1.2.3 节。

在铝电解生产中，阳极炭块质量通常用如下消耗指标进行考核：毛耗、净耗、残极的质和量、非正常更换阳极的数目。

在相同的铝电解工艺和技术条件下，质量好的阳极应满足阳极消耗低，残极偏平、无裂纹。

30.2.2 阴极母线及阳极母线

预焙阳极铝电解槽母线分为阴极母线和阳极母线（见图 30-39），依磁流体稳定性分析

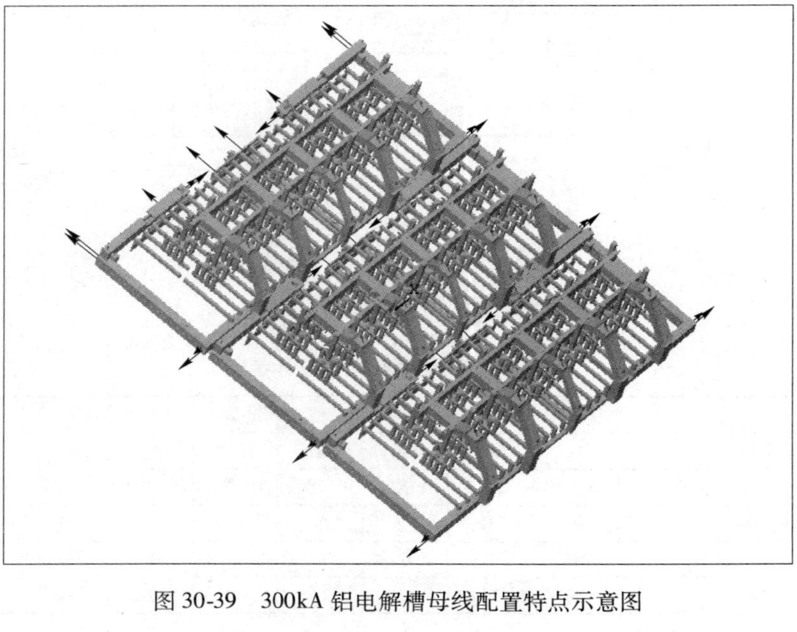

图 30-39 300kA 铝电解槽母线配置特点示意图

优化设计的母线配置，除了要能提供良好的生产稳定性之外，还必须满足以下要求：

（1）具有良好的经济性，即母线的用量和电能损失的综合费用最小。

（2）安全性，即在正常生产和短路状况下，母线没有过载现象，满足电平衡要求。

（3）简捷性，配置简单，容易安装，方便电解槽日常生产操作和停、启槽操作作业。

电解系列中，特殊位置的电解槽所处的电磁环境是不一样的，也应该有一个特殊的母线设计，这其中最重要、最复杂的问题是母线用量的经济性问题。结合已经取得的成功经验，形成了一套行之有效的设计模式。母线优化设计流程如图 30-40 所示。

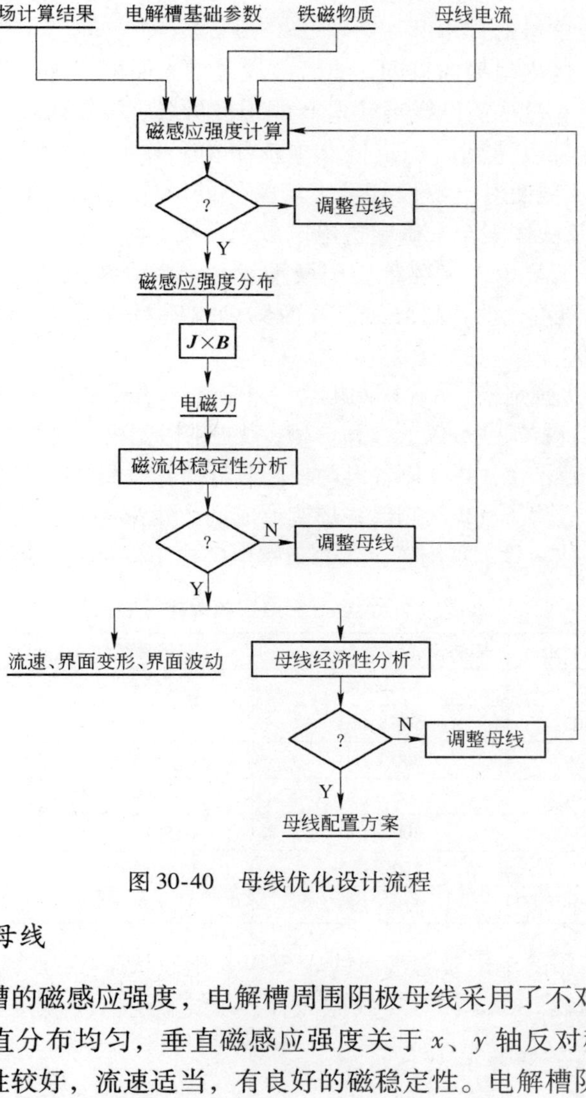

图 30-40　母线优化设计流程

30.2.2.1　阴极母线

为了补偿相邻列槽的磁感应强度，电解槽周围阴极母线采用了不对称配置，电解槽熔体中的磁感应强度垂直分布均匀，垂直磁感应强度关于 x、y 轴反对称，数值普遍较小，磁流体流动形状对称性较好，流速适当，有良好的磁稳定性。电解槽阴极进、出电侧母线设计为不等电阻值，获得良好的电流平衡。

系列进、出电端、过道及端头母线电流密度 0.3A/cm^2，端头母线采取了特殊的磁感应强度补偿。

以 300kA 铝电解槽为例，垂直磁感应强度最大值为 16.5Gs。4 个象限垂直磁感应强度绝对值的平均值分别为2.95Gs、6.41Gs、6.70Gs和3.53Gs，比较接近，说明垂直磁场分布均匀。反映到熔体的流动场上，300kA铝电解槽的流动形状对称性较好，流速的最大值为15.3cm/s。从总体上分析，300kA铝电解槽槽周围母线设计具有良好的磁稳定性。

300kA铝电解槽电流分布均匀，阴极钢棒电流最大相对偏差小于1.5%，满足设计要求。短路口设在操作平面以上，操作方便，又不妨碍电解槽的其他作业。

30.2.2.2　阳极母线

阳极母线上安设的卡具将阳极组铝导杆与母线压紧，阳极母线起着向阳极组导电并吊挂承受整个阳极系统重量的作用。

大型预焙槽在厂房内呈横向排列，直流电通过槽大面侧的立柱母线和立柱软母线导入A侧阳极母线，继而通过平衡母线再导入B侧阳极母线。根据磁场分布、磁感应强度及电平衡来确定进电端数，以达到磁稳定性和电流平衡，并且还要从立柱母线导电电流密度（小于0.4A/mm^2）及截面对电解槽日常生产操作的影响，以及停、启槽时短路电流密度（小于0.7A/mm^2）及操作安全来确定进电端数。

由于阳极母线既要导电，又要承受阳极重量，阳极母线设计时通过平衡母线将A、B两侧母线焊接连接，形成矩形圈梁，A、B两侧母线还要有足够强度的截面尺寸，以防止母线下绕、扭曲变形。

240kA级及以下级预焙槽，A、B两侧各一根阳极母线，分别由阳极提升机构每侧的两吊架吊挂，呈水平配置；240kA以上级预焙槽，由于阳极组数增多，电解槽长度增加，阳极母线承载也增加，电解槽A、B两侧各设两根阳极母线，每侧两根母线间由挠性铝软带连接，通过两侧间的平衡母线将A、B两侧母线焊接形成两个矩形圈梁，再分别由阳极提升机构每侧的4个吊架分别吊挂，呈水平配置。大容量铝电解槽单槽母线用量见表30-12。

表30-12　大容量铝电解槽单槽母线用量

槽　型	阴极母线/t	阳极母线截面/mm × mm	阳极母线/t	进电点	备　注
190kA	18.91	500 × 180	5.4	4	
200kA	23.302	500 × 160	5.04	4	
230kA	26.74	500 × 180	5.9	4	
240kA	27.371	500 × 180	5.9	4	
280kA	33.624	500 × 180	8.194	5	
300kA	37.56	550 × 180	8.140	5	
350kA	41.303	550 × 180	9.99	6	

280kA电解槽采用的单阳极阳极母线较300kA电解槽采用的双阳极阳极母线长，虽然300kA阳极母线截面较280kA阳极母线截面大，母线重量仍较小。

30.2.2.3　阳极母线提升转接框架

阳极母线提升转接框架是大型预焙阳极电解槽上使用的一个重要设备，在高温、多尘、强磁场的条件下工作，专门用于电解槽上的阳极母线提升转接。

该设备主要有框架、阳极夹具、支腿、吊钩、辅助操作杆、行走机构、螺杆松紧机构、地面支撑架等部件构成，示意图如图30-41所示。

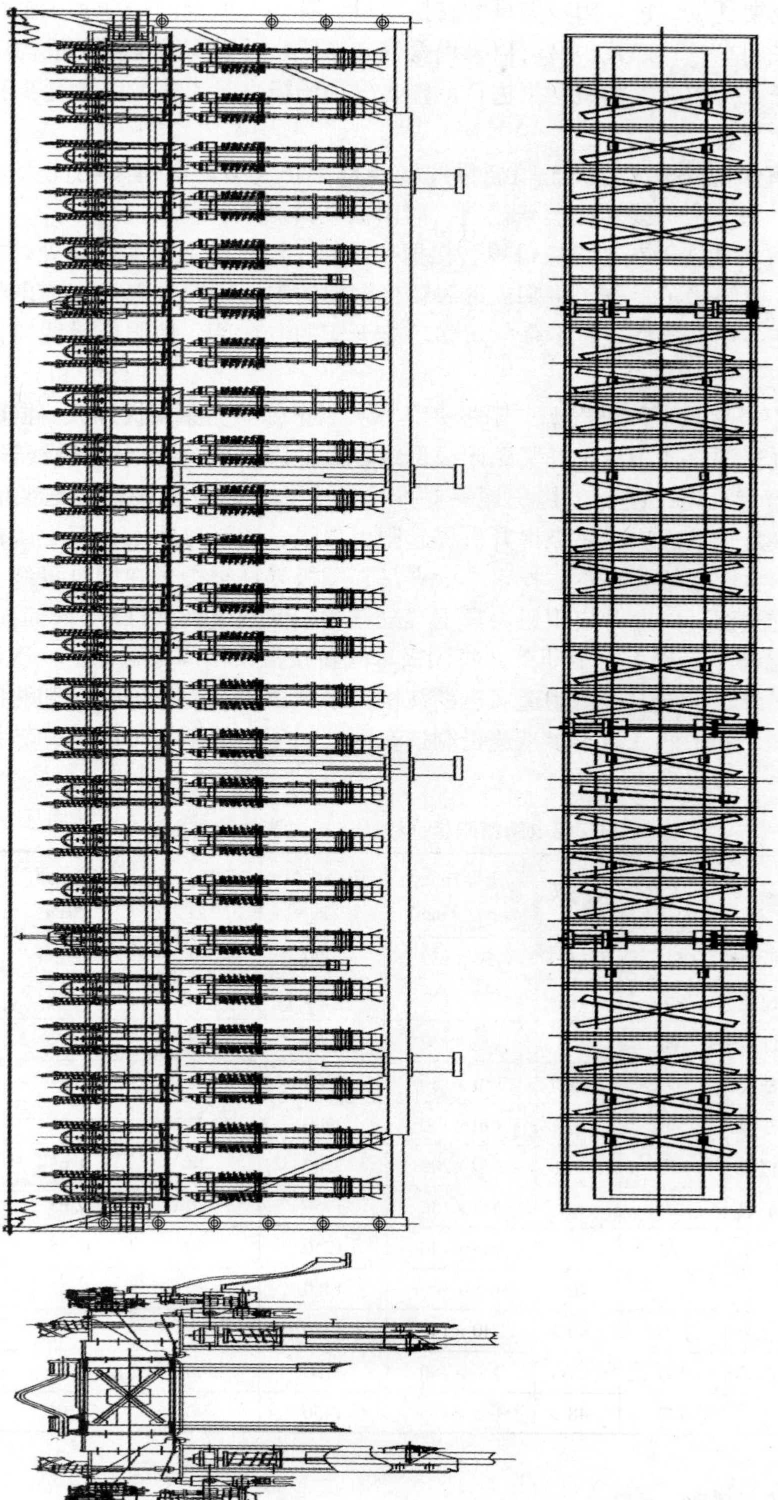

图 30-41 阳极母线转接框架示意图

设备的阳极夹具数、每个阳极夹具的夹持质量、各有关框架的尺寸等根据用户需要进行设计，既能采用半气动形式，又可以采用全气动形式，并设有安全保护机构。

对阳极导杆夹持的夹紧弹簧均可进行调整，保证阳极夹具工作的完全同步和可靠。

操作过程如下：

（1）将电解多功能天车行驶至阳极母线转接框架正上方，电解多功能天车气源（或地面压缩空气）与阳极母线转接框架接通，向阳极夹具供气，使其打开。

（2）用电解多功能天车把阳极母线转接框架吊起，超过槽上最高标高处，并使阳极母线转接框架停至电解槽正上方，将阳极母线转接框架的阳极导向支腿插入导向架内，随后将阳极夹具套在各阳极导杆上，下降电解多功能天车的电葫芦，使阳极母线转接框架完全落在电解槽上。

（3）切断阳极夹具下气缸气源，阳极夹具靠夹紧下弹簧夹紧阳极导杆，同时开启夹具的摆臂用上气缸气源，使阳极导杆紧贴阳极母线，保证阳极导杆与阳极母线充分接触。

（4）控制行走马达，使行走机构逐一对准小盒夹具，阳极母线转接框架驱动松紧马达，松开小盒夹具，然后启动阳极提升机提起阳极母线，阳极母线上升至上限位置时，关闭阳极提升机，再驱动松紧马达，拧紧小盒夹具，阳极导杆被夹紧在阳极母线上；这时可以断掉摆臂气缸气源，同时开启阳极夹具下气缸气源，使阳极夹具打开。

（5）起升电解多功能天车电葫芦，将阳极母线转接框架吊离电解槽，一次作业完成。

阳极母线提升转接框架主要制造商有浙江恒丰泰减速机制造有限公司和沈阳博宇科技有限责任公司等，其中浙江恒丰泰减速机制造有限公司生产的阳极母线提升转接框架的主要性能参数见表 30-13。

表 30-13　铝电解槽阳极母线转接框主要性能参数表

框架型号	名　称	槽型电流 /kA	夹具数	阳极导杆截面 /mm × mm	阳极质量 /kg	负载总重 /t	气源压力 /MPa	扭杆扭矩 /N · m
HTKJ75	半气动框架	75	14	130 × 130	1000	14	0.6	250
HTKJ90	半气动框架	90	14	130 × 130	1250	17.5	0.65	250
HTKJ200	半气动框架	200	28	130 × 130	1000	28	0.6	250
HTK360	半气动框架	360	24	180 × 180	3200	80	0.6	350
HTKJ240	全气动框架	240	16	170 × 170	2800	35	0.65	350
HTKJ250	全气动框架	250	16	170 × 200	3300	14	0.65	250
HTKJ290	全气动框架	290	40	130 × 130	1250	80	0.65	250
HTKJ320	全气动框架	320	40	140 × 140	1250	80	0.65	250
HTKJ330	全气动框架	330	20	140 × 140	1450	30	0.65	250
HTKJ360	全气动框架	360	40	140 × 140	1250	60	0.65	250
HTKJ400	全气动框架	400	24	180 × 200	3100	80	0.65	250
HTKJ400	全气动框架	400	48	145 × 145	1450	90	0.65	250

30.2.3　阳极提升机构

阳极提升机构承担着电解槽阳极母线、阳极组、覆盖料等整个阳极系统的重量及升降运行。如图30-42所示，阳极母线上在阳极导杆位置处固定有阳极卡具挂钩，挂钩上安放卡具，通过卡具的合紧，将导杆与母线压紧，阳极组便吊挂在阳极母线上。

阳极提升机构作用如下：

（1）电解槽内铝电解在恒电压、恒电流条件下进行，由于阳极炭块逐渐氧化消耗，极距逐渐增大，槽工作电压也逐渐增大，为保持槽电压恒定，依据槽控原理，槽控机控制阳极提升机构运行，并带动阳极母线和阳极组升降，使得槽工作电压保持恒定。

（2）电解槽在焙烧启动灌铝后投入生产的第二天，依据换极顺序开始更换阳极，以避免同时更换多组阳极，造成电解槽生产紊乱。正常生产时，当电解槽内某一组阳极组炭块高度消耗到一定高度值时，该组阳极便需要取下并换上一组新的阳极组。

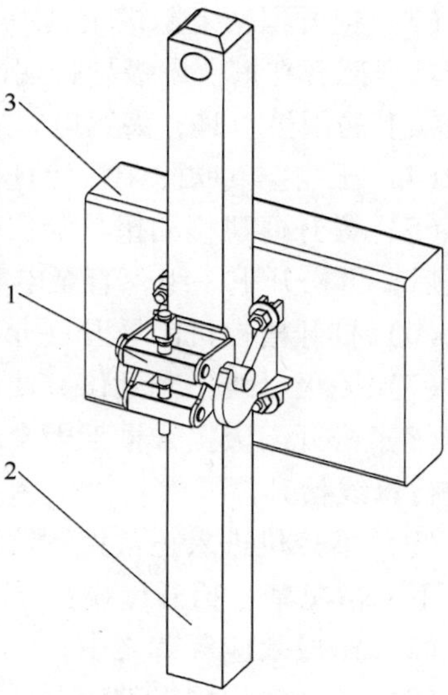

图30-42　阳极导杆与阳极母线连接示意图
1—卡具；2—导杆；3—母线

更换阳极的工作主要由电解多功能机组完成，换极操作如下：

（1）多功能机组阳极卡头对准并卡住需更换的阳极组导杆孔；

（2）下降扭具卡住阳极导杆卡具；

（3）扭转卡具，使其松开，拔出残极；

（4）人工用弯尺测定残极底面至残极导杆与水平阳极母线原画线点距离，之后在新阳极组上标定相同的距离；

（5）打捞残极块、氧化铝块等浮渣；

（6）多功能机组吊新阳极就位，调整新阳极底面高度，新阳极底面高出槽内阳极底面10mm；

（7）扭紧卡具，换极完毕。

更换后的新阳极的导杆和钢爪电阻值小于槽上阳极的导杆和钢爪电阻值，但因为新阳极组炭块温度较低，炭块较高，电阻值高于槽上阳极炭块电阻值，导电很小，炭块消耗少，16h之后才接近槽上阳极电阻，导全电流，所以新阳极底面需高出槽内阳极底面10mm。

正常生产时，随着阳极炭块的消耗阳极母线也随着下降，提升机构工作行程为400mm，安全工作行程为300mm，阳极炭块每天约消耗15mm高，20天后，当阳极母线下降至安全行程低位时，阳极母线需抬升至安全行程高位。

抬升阳极母线使用专门的母线提升框架，由多功能机组配合作业：

（1）与计算机室联系，确认操作槽是否进入阳极效应等待阶段。槽控机进入母线抬升控制阶段。

（2）母线提升框架由多功能机组吊起前，与多功能机组接通压缩空气，打开提升框架上全部阳极卡具，然后由多功能机组吊至操作槽上方。

(3) 提升框架上阳极卡具一一对准槽上阳极导杆，提升框架逐渐下降，使得框架上阳极卡具全部套在槽上阳极导杆端部，待提升框架完全准确地坐在电解槽支架上时，关闭提升框架上的阳极卡具，夹紧电解槽全部阳极导杆。

(4) 压缩空气吹除阳极导杆侧和阳极母线上的杂物。

(5) 提升框架移动扭具卡住电解槽上一组阳极导杆卡具，扭转卡具，使其松开，松开一组后，再松开下一组，直至电解槽上全部卡具松开。

(6) 打开槽控机阳极升（anode up）开关，阳极提升机构运行抬升阳极母线。

(7) 阳极母线抬升到位，使用提升框架扭具拧紧全部槽上阳极卡具。

(8) 松开阳极提升框架上全部阳极卡具，提升框架由多功能机组吊起移向下一台电解槽进行母线抬升。

(9) 槽控机进入正常控制阶段，通知计算机室该槽作业结束，并告知母线上升量。

下列情况禁止抬升母线：

(1) 阳极效应等待之中；

(2) 正在发生阳极效应；

(3) 正在换阳极；

(4) 正在出铝作业。

母线抬升期间的下料：母线抬升期间槽控机进入母线抬升控制阶段。母线抬升前，按母线抬升所需时间，手动下 2 ~3 次料。

目前，国内大型预焙阳极铝电解槽采用滚珠丝杆加三角板、螺旋丝杆两种形式的阳极提升机构，机构示意图分别如图 30-43 和图 30-44 所示。

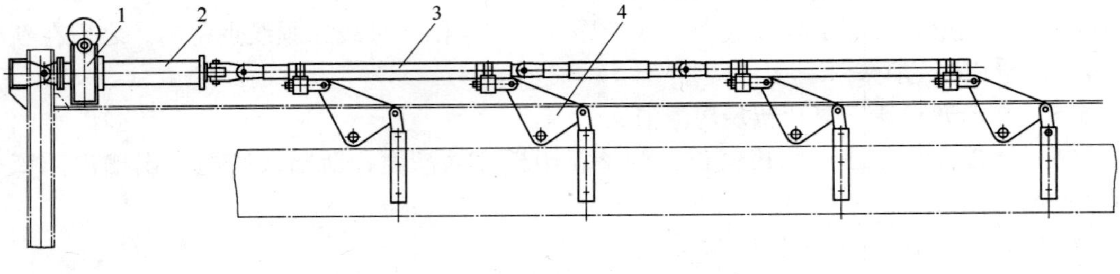

图 30-43 滚珠丝杆加三角板阳极提升机构图

1—带电机减速器；2—滚珠丝杆副；3—联杆结构；4—三角板

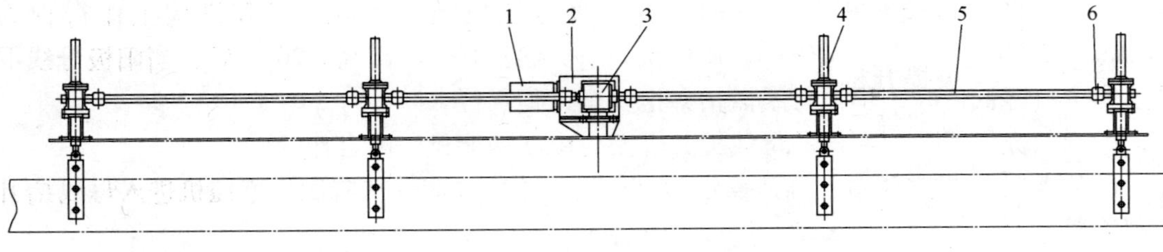

图 30-44 螺旋丝杆阳极提升机构

1—电机；2—减速器；3—换向器；4—螺旋起重器；5—传动轴；6—联轴器

30.2.3.1 滚珠丝杆加三角板阳极提升机构

滚珠丝杆加三角板阳极提升机构由带电机减速器（由双出轴制动电机和蜗轮蜗杆减速器组成）、滚珠丝杆副、联杆结构、三角板等组成。电机的双出轴通过联轴器直接连接两台减速器，经减速器的蜗轮、蜗杆换向后，将扭矩传递至滚珠丝杆副，在滚珠丝杆副中丝杆转动通过螺母副转化为水平直线运动，并带动联杆结构的长拉杆直线运动，长拉杆与其下方的三角形拉板的第一角铰接。三角形拉板的第二角为固定端，拉动三角板围绕固定端转动，三角板第一角的水平运动即转换为第三角的垂直运动，第三角通过吊挂与阳极母线连接，最终实现阳极母线的上下移动。通过三角板的长、短边比值，将大的垂直运动的力变换为较小的水平运动的力，使得该装置可选择满足要求的小功率电机。改变三角板的长、短边比值，该装置还可以应用于需提升更大载荷的超大容量预焙阳极铝电解槽。

其特点是：保证阳极升降的同步性，无累计运动误差，结构简单，机械加工件少，易于制造和维修，传动效率高，造价低。同时，由于其机构配置特点，还有利于扩大槽上部料箱容积。

沈阳博宇科技有限责任公司生产的滚珠丝杆加三角板阳极提升机构示意图如图30-43所示，主要性能参数见表30-14。

表30-14 滚珠丝杆加三角板阳极提升机构技术参数

型 号	槽型电流/kA	提升能力/t	工作行程/mm	升降速度/$mm \cdot min^{-1}$	电机型号	电机功率/kW	吊 点
SYY4-190	190	40	0~400	100	YEJ_2132M_2-6	5.5	4
SYY4-200	200	40	0~400	100	YEJ_2132M_2-6	5.5	4
SYY4-230	230	60	0~400	100	YEJ_2160M-6	7.5	4
SYY8-280	280	80	0~400	100	YEJ_2160M-6	7.5	8
SYY8-300	300	90	0~400	75	YEJ_2160L-8	7.5	8
SYY8-350	350	100	0~400	75	YEJ_2160M-8	9.0	8
SYY8-400	>400	120	0~400	75	$YEJ218D_2$-8	11.0	8

30.2.3.2 螺旋丝杆阳极提升机构

螺旋丝杆阳极提升机构由制动电机、两级齿轮减速器、伞形齿轮换向器、螺旋起重器、传动轴、联轴器等组成。以电机为动力源，通过一台两级齿轮减速器连接和两个伞形齿轮换向器，将扭矩传递至螺旋起重器上，螺旋起重器的蜗杆、蜗轮转动带动丝杆上下运动，通过丝杆下端的吊挂与阳极母线连接，最终实现阳极母线的上下移动。螺旋丝杆阳极提升机构技术参数见表30-15。

其特点是：各部件配合紧密，升降平稳，还可以同台槽采用两套提升机构同步运行。

表 30-15 螺旋丝杆阳极提升机构技术参数

型 号	提升能力/t	工作行程 /mm	升降速度 /mm · min^{-1}	电机型号	电机功率/kW	吊 点
160kA	32	0～400	99.3	YEJ132M2-6	5.5	4
186kA	50	0～400	99.3	YEJ132M2-6	5.5	4
280kA	78	0～400	45	YEJ180L-8	11	8
300kA	40×2	0～400	100	YEJ132M2-6	5.5×2	8
320kA	100	0～400	100	YEJ2180L-8	11	8

螺旋丝杆阳极提升机构与滚珠丝杆加三角板阳极提升机构均根据电解槽型的变化，吊点有四点和八点两种，大型槽（280kA 以上）一般采用八吊点。由浙江恒丰泰减速机制造有限公司等生产的螺旋丝杆阳极提升机构示意图与主要性能参数表分别见图 30-45、图 30-46、表 30-16、表 30-17。

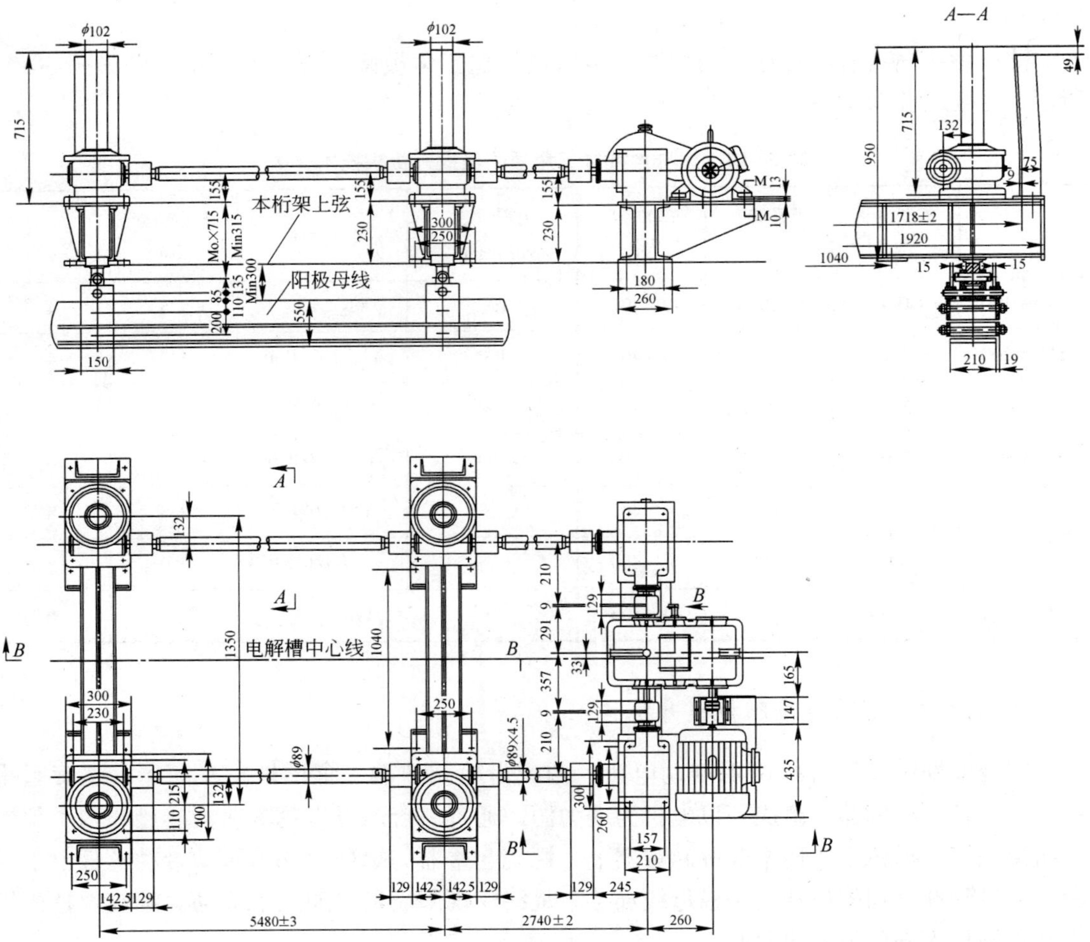

图 30-45 四吊点螺旋丝杆阳极提升机构示意图

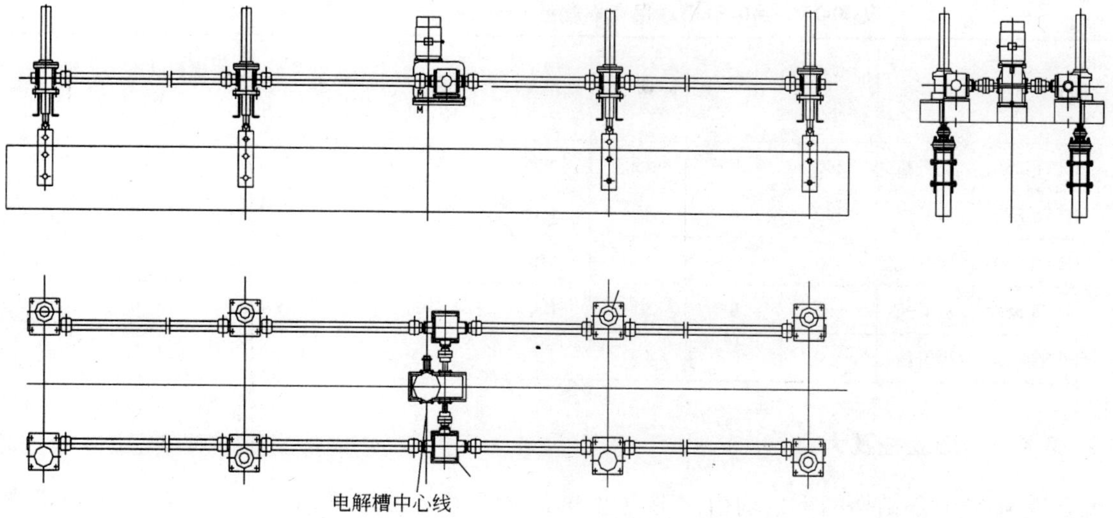

(a)

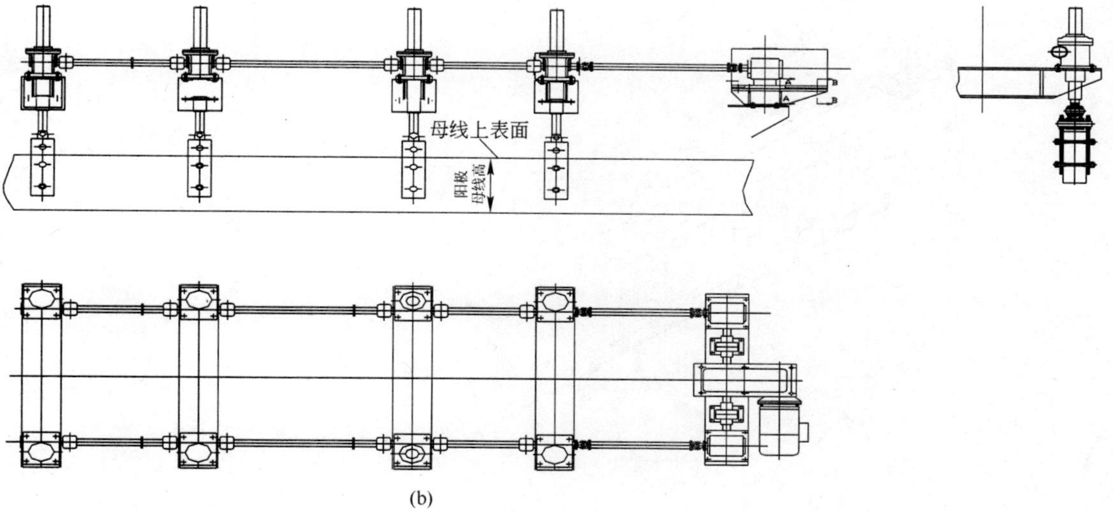

(b)

图 30-46　八吊点螺旋丝杆阳极提升机构示意图

表 30-16　铝电解槽四吊点螺旋丝杆阳极提升机构主要性能参数

提升机型号	名　称	槽型电流/kA	吊　点	行程/mm	总吊重/t	提升速度/mm · min^{-1}	电机型号	电机功率/kW
HTY4-75	提升机	75	4	450	28	60	Y132S-6	3
HTY4-200	提升机	200	4	450	50	99.3	Y132S-4	5.5
HTY4-200B	提升机	200	4	450	50	99.3	Y132M-4	7.5
HTY4-240	提升机	240	4	400	70	99.3	Y132M-4	7.5
HTY4-250	提升机	250	4	400	70	99.3	Y132M-4	7.5
HTY4-290	提升机	290	4	450	40	99.4	Y132S-4	5.5
HTY4-300	提升机	300	4	410	95	73	Y2-160M	11
HTY4-330	提升机	330	4	400	50	99.3	Y132S-4	5.5

表 30-17 铝电解槽八吊点螺旋丝杆阳极提升机构主要性能参数

提升机型号	名 称	槽型电流/kA	吊 点	行程/mm	总吊重/t	提升速度/mm · min^{-1}	电机型号	电机功率/kW	备 注（用户）
HTY8-280	提升机	280	8	450	85	99.6	Y2-160M-4	11	万方
HTY8-320	提升机	320	8	450	100	99.46	Y-160M-4	11	中孚
HTY8-350	提升机	350	8	450	110	73	Y2-160L-4	15	青铜峡
HTY8-360	提升机	360	8	500	120	100	Y2-160L-4	15	阿坝
HTY8-400	提升机	400	8	450	120	75	Y160M-4	11	林州

30.2.4 门形立柱及大梁

电解槽上部结构的重量均由门形立柱和大梁承担（见图 30-47），大梁设计为板梁和桁架梁两种形式。

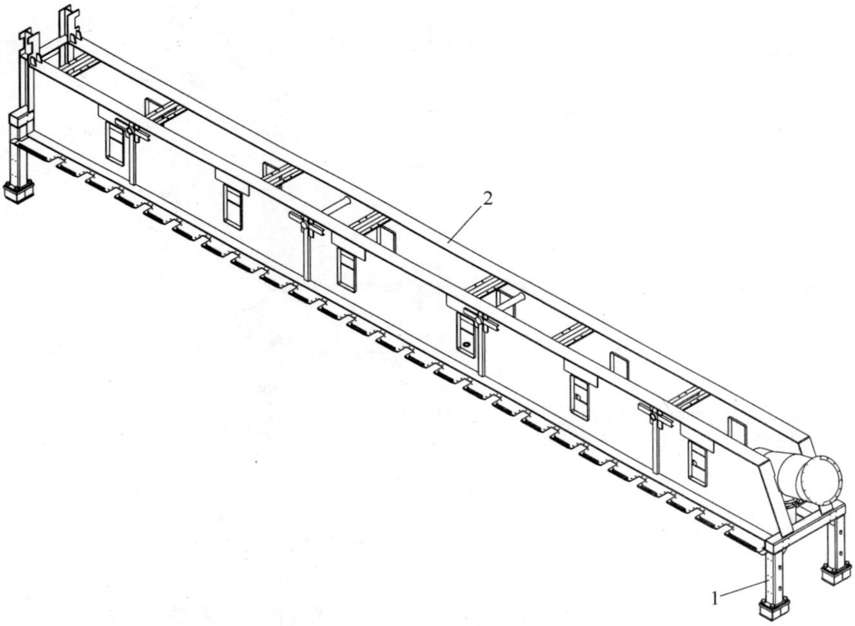

图 30-47 门形立柱及大梁
1—门形立柱；2—大梁

板梁由两平行实腹板梁和水平罩板及料箱组成，由钢板焊接制成，大部分焊缝采用埋弧自动焊接，而且料箱与板梁焊制在一起，省钢材，又加强了板梁稳定性。经计算，正常生产时最大向下挠度小于大梁长度的 1/1000。通过受力分析，大梁上各位置的应力均小于 Q235 钢材料的许用应力安全系数，并能满足正常生产时对大梁强度和刚性的要求。

200kA 级及以下级预焙槽部分采用桁架梁，桁架梁由两平行桁架和水平罩板及料箱组成，桁架梁由角钢和钢板手工焊焊接，料箱制成后再就位安装在其上。由于桁架下绕变形较大，特大型预焙槽不宜采用。

门形立柱采用 U 形钢对接焊制成门字形，其下部通过立柱支座与槽壳铰接，以消除槽壳和上部结构之间因受力变形、高温膨胀变形而引起的相对位移，方便大修。为保证正常生产，门形立柱与槽壳做了绝缘处理。

30.2.5 打壳下料系统

打壳下料系统包括出铝打壳装置、下料打壳装置、定容下料器和槽上气控管路（见图 30-48）。下料打壳装置由自带气控换向阀的气缸和圆锥形打击锤头组成，另设一套带厚扁打击锤头组成的出铝打壳装置，用于出铝。

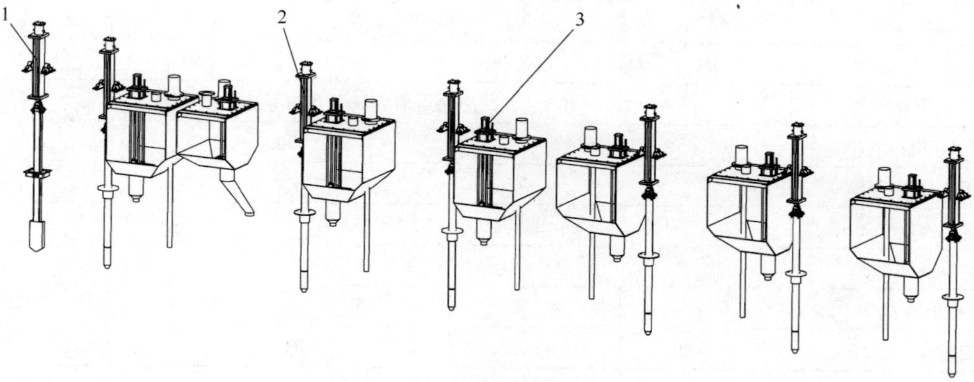

图 30-48 打壳下料系统示意图

1—出铝打壳装置；2—下料打壳装置；3—定容下料器

定容下料器采用筒式定容下料器，电解生产所用原料（载氟氧化铝、氟化盐等）通过浓相、超浓相输送系统或电解多功能天车直接送到电解槽上部的料箱中，然后经过定容器按需加入槽中。计算机（槽控机）根据工艺状况，自动控制实现氧化铝和氟化铝的下料量，即控制氧化铝浓度和电解质摩尔比，实现“按需加料”，使氧化铝浓度保持在 2% ~3% 范围内，电解质温度保持在 940 ~960℃ 范围内。

根据流动场计算结果，在阳极组夹缝与中缝交叉点设 4 ~6 个下料点，均在流动场的旋环切线上。每点每次下料定量 0.9 ~1.8kg，采用计算机多模式智能控制每次下料间隔时间，保持槽内电解质中氧化铝浓度的恒定，以获得较高的电流效率。

30.2.5.1 打壳及出铝气缸

国内各铝厂中间点式下料预焙阳极铝电解槽打壳气缸多为高温带阀可缓冲式气缸，阀为单气控二位四通阀。缸体有三种：

（1）普通高温气缸。

（2）带永磁铁锁紧机构高温气缸：当活塞上升到上止点位置时，被装于上端盖内的磁铁吸持，磁铁吸力足以克服活塞组件和锤杆、锤头的自重，即使气缸下腔不供气压，活塞组件和锤杆、锤头也不会因自重下落，防止事故发生，当气缸上腔通入一定气压，克服磁铁吸力，气缸活塞在气压作用下，迅速向下运动。

(3) 带机械锁紧机构高温气缸：当活塞上升到上止点位置时，被装于气缸上腔侧壁的碰销锁紧，其自锁保持力 1650N，防止事故发生，只有当气缸上腔通入一定气压，碰销向侧壁回退，气缸活塞在气压作用下，才迅速向下运动。

电解槽在焙烧期间，不打壳下料，电解槽压缩空气气控管路气源截断，这时带锁紧机构高温气缸显示了其优越性，尤其带机械锁紧机构高温气缸优越性更好。

设计选用后两种气缸，有关参数如表 30-18 所示。

表 30-18　气缸性能及技术参数

项　目	永磁铁锁紧气缸		机械锁紧气缸		下料气缸
	打壳气缸	出铝气缸	打壳气缸	出铝气缸	
缸径/mm	$\phi125$	$\phi150$	$\phi125$	$\phi150$	$\phi63$
行程/mm	550	650	550，650	650	75
使用介质	净化压缩空气（含油雾）				
使用环境温度/℃	150		200		150
工作压力/MPa	≥0.6				
活塞运动速度/$mm \cdot s^{-1}$	75～850				50～500
缓冲方式	两侧高缓冲				
理论推力/N	7358	10590	7358	10590	1870
自锁保持力/N	>500	>900	1650		

30.2.5.2　定容下料器

多点中间下料预焙阳极铝电解槽均采用筒式定容下料器，定容量从 0.9kg 至 1.8kg，根据“勤加工，少下料”的工艺原则，定容量 1.2kg 为好。

按筒体结构，分为有刷式和无刷式：

(1) 有刷式。气缸安装座于钢筒上端法兰盖上，气缸活塞杆与钢筒内拉杆连接，钢筒内拉杆装有钟阀和不锈钢编织钢刷，将钢筒内下腔分隔成定容室，下料器下料时，拉杆带动钟阀和不锈钢钢刷下落，不锈钢刷挡住钢筒侧壁定容室进料口，只有定容室内氧化铝下落至电解质中；反之，钟阀上升盖住出料口，不锈钢刷离开定容室进料口，定容室充料。

(2) 无刷式。钢筒短，钢筒本身即为定容室，钢筒上端小口为进料口，下端为出料口。气缸安装座于钢筒上方法兰上，法兰通过 4 根长螺杆与钢筒连接，气缸活塞杆与钢筒内外拉杆连接，拉杆装有上钟阀和下钟阀，下料器下料时，拉杆带动上下钟阀下落，上钟阀盖住钢筒上端进料口，下钟阀离开出料口，定容室内氧化铝下落至电解质中；反之，下钟阀上升盖住出料口，上钟阀离开进料口，定容室充料。

有刷式定容下料器不锈钢编织钢刷编织工艺难度大，钢刷与筒壁摩擦，钢刷更换率大，且钢刷透料，易被氧化铝堵塞，定容下料器制造成本也高。无刷式定容下料器是在有刷式定容下料器的基础上改进设计制造，使用效果好，维修量小，且制造成本低。

上述两种定容下料器，定容误差均小于1%。

定容下料器运行气缸分为普通高温气缸和带阀高温气缸，阀为截止式二位五通气控阀。采用带阀高温气缸可减少压缩空气管路，尤其是多点交叉下料，更显其优越性。

30.2.5.3 气控箱

电解槽内电解质中氧化铝浓度，由槽控机采用多模式智能化控制。根据槽内电解质中氧化铝浓度和出铝、换阳极、抬母线等作业对下料的需要，槽控机发出指令，气控箱内电磁阀顺序通电动作，打壳气缸和下料气缸完成一次打壳、下料工作。

电解槽打壳、下料气动控制箱是由各种电磁阀组合集中装配在密闭铁箱内，箱内设有接线端子，铁箱下面设有进气胶管插接口，上面设有不同管径的出气胶管插接口。

气控箱防尘、防磁、体积小，绝缘良好，电源接线方便。气控箱的开发应用，解决了以往阀架体积大，占地挡窗，电源接线乱，绝缘不好，灰尘污染电磁阀并造成电磁阀损坏快等缺陷。

30.2.5.4 槽上气控管路设计实例

图30-49所示为300kA铝电解槽的打壳下料气控原理。

电解槽设有4个氧化铝料箱，1个氟化盐料箱，配置1台出铝气缸，4台打壳气缸。每台槽的气路系统配置1台气控箱及1套出水、油雾、调压气源三联件。

下料时，各下料点打壳气缸完成一次打壳动作，下料器动作完成两次下料。即1、3打壳气缸同时完成一次打壳动作数秒后，相应的1、3下料器同时动作完成一次下料，数秒后1、3下料器再次同时动作完成第二次下料，再2、4打壳气缸及2、4下料器按相同的程序完成打壳下料。1、3点和2、4点形成交叉打壳下料。

下氟化盐料时，动作顺序为打壳、下氟化盐、下氧化铝。

为保证下料流畅，定容准确，料箱内设有沸腾盘，利用打壳气缸上腔回气松动料层，为防止打壳气缸上腔有压回气将料箱内的料冲出，回气管路设有单向限流阀和旁通口，可调节沸腾盘用气量；利用打壳气缸下腔有压回气冷却气缸联杆。

A 电解槽单槽用气量

打壳气缸单行程用时：1s；单槽氧化铝消耗量：3.01kg/min，每个下料器容量0.9kg，每次下料量$0.9\times2=1.8$kg，加上氟化盐下料，因此，有4个打壳气缸和6个下料器在1min内完成动作的几率。

对300kA槽经计算，折合取0.1MPa下，出铝打壳分钟平均用气量：$q=0.3\text{m}^3/\text{min}$；最大用气量：$q_{max}=0.4\text{m}^3/\text{min}$。

B 管径选择

出铝打壳气缸和打壳气缸为一根供气管，和下料气缸分管供气，出铝打壳气缸和打壳气缸，折合取0.1MPa下，用气小时质量流量：83.79kg/h。

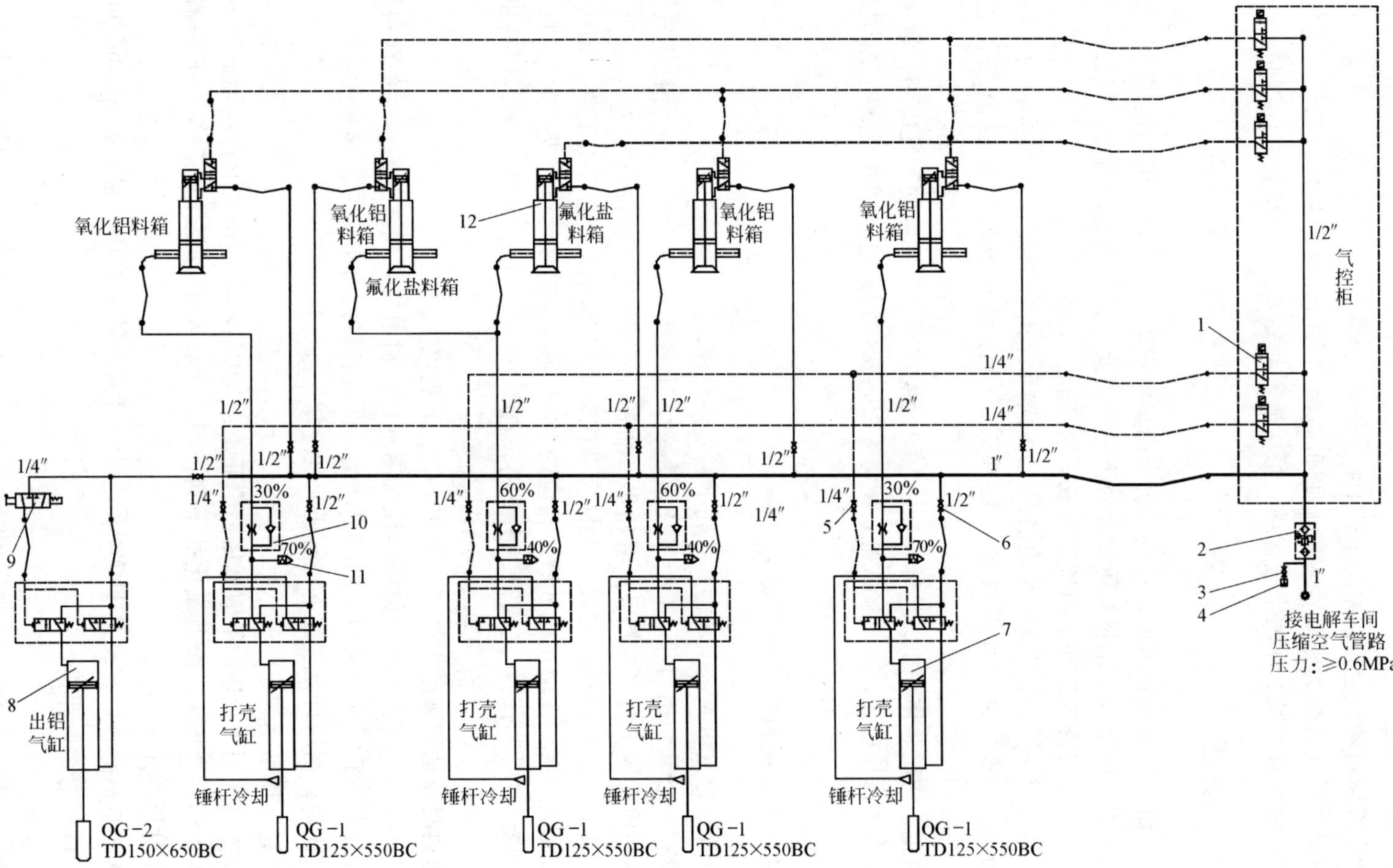

图 30-49 300kA 铝电解槽打壳下料气控原理

1—二位三通电磁阀；2—气源三联件；3—球阀 1″；4—快速接头（母）；5—球阀 1/4″；6—球阀 1/2″；7—打壳气缸；8—出铝气缸；9—二位三通手动阀；10—单向节流阀；11—消声器；12—定容下料器气缸

经计算，初选 DN25 钢管，外径 33.5mm，壁厚 3.25mm。

出铝打壳气缸用气点压力降为电解槽管路最大压力降点处，选低压流体输送钢管，外径 33.5mm，壁厚 3.25mm，满足槽上压缩空气配管要求。打壳下料系统设计参数见表 30-19。

表 30-19 打壳下料系统设计参数

项目		参数				
系列电流强度/kA		200	230	300	300	350
电流效率/%		93	93	93	93	94
单槽日耗氧化铝/kg		2890	3324	4336	4336	5086
下料点数/点		4	4	4	6	6
交叉下料点		1、3，2、4	1、3，2、4	1、3，2、4	1、3、5，2、4、6	1、3、5，2、4、6
每次下料量/kg		1.8×2	1.8×2	0.9×2×2	0.9×2×3	1.2×3
日均打壳次数/次		802	923	1205	803	1413
平均打壳间隔时间/min		1.796	1.56	1.195	1.793	1.019
出铝气缸直径/mm		150	150	150	150	150
行程/mm		650	650	650	650	650
打壳气缸直径/mm		125	125	125	125	125
行程/mm		550	550	550	650	650
下料气缸直径/mm		63	63	63	63	63
行程/mm		75	75	75	75	75
压缩空气温度/℃		25	25	25	25	25
压缩空气工作压力/MPa		>0.6	>0.6	>0.6	>0.6	>0.6
单槽压缩空气用量/$m^3 \cdot min^{-1}$	平均	0.3	0.3	0.3	0.4	0.4
	最大	0.4	0.4	0.4	0.5	0.5

30.2.6 阴极内衬及槽壳

30.2.6.1 阴极内衬

阴极内衬构成铝电解槽槽底的主体，用于盛装铝电解反应所需的高温电解质和产生的铝液。阴极内衬结构见图 30-50 小型预焙槽内衬结构和图 30-51 大型预焙槽内衬结构。

在铝电解槽内，炭素内衬材料的作用是双重的。一方面，它构成了盛装电解质和铝液的容器，另一方面，它作为电解过程的阴极，并将电流导出电解槽外。

电解槽内衬的设计关系到电解槽生产的指标和槽寿命。一般认为，良好的内衬设计要能满足电解槽热平衡的特殊要求，在槽侧的上部要形成一个良好的散热窗口，以保证槽内形成规整的炉帮。槽侧下部和底部需要良好的保温，节省能量，防止过长伸腿。另外，要特别注意通过底部保温材料的选择和组合确保 900℃温度线落在阴极炭块之下，800℃等温线位于保温砖之上。要保证设计满足上述要求，采用先进的计算手段对电解槽在生产状况下热平衡情况进行模拟分析评价，并指导内衬设计。

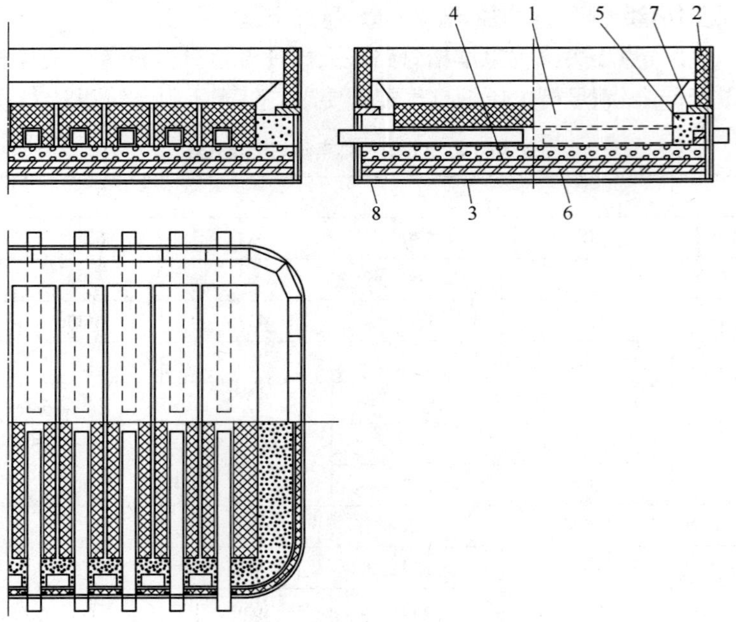

图 30-50　小型预焙槽内衬结构

1—阴极炭块组；2—侧部炭块；3—硅酸钙板；4—干式防渗料；
5—防渗浇注料；6—保温砖；7—耐火砖；8—岩棉板

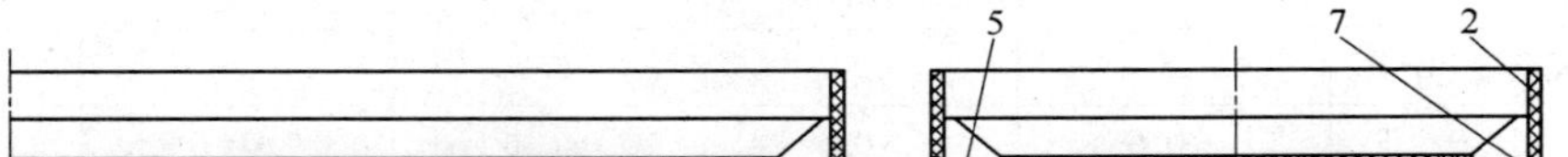

图 30-51　大型预焙槽内衬结构

1—阴极炭块组；2—侧部炭块；3—硅酸钙板；4—干式防渗料；
5—防渗浇注料；6—保温砖；7—耐火砖；8—岩棉板

铝电解槽的阴极电压降（又称炉底电压）一般占铝电解槽总电压降的10%～15%。换言之，铝电解生产电能消耗的10%～15%是被消耗在阴极上的。铝电解槽使用不同材质的阴极炭块，因其导电性能不同，炉底阴极电压也不相同，一般新砌筑一年内的铝电解槽，炉底电压降的范围见表30-20。

表30-20 使用一年内铝电解槽炉底电压降值

阴极种类	普通阴极炭块	半石墨质阴极炭块	高石墨质阴极炭块	石墨化炭块
炉底电压/mV	400～500	320～400	250～330	200～250

A 内衬结构

根据电解槽的热平衡计算，确定电解槽内衬的材质及厚度。阴极内衬在电解过程中必须能防止铝液和电解质熔体的渗漏，必须能有较好的抵抗铝液和电解质熔体的腐蚀、冲蚀，对钠的吸附要小，以减小铝液和电解质熔体化学结晶力对内衬的破坏。

通常，电解槽内衬，从下到上依次为一层10mm厚岩棉板，一层60mm厚硅酸钙板，两层65mm厚保温砖，一层150～180mm厚干式防渗料，在其上安装阴极炭块组，阴极炭块组间及四周用炭糊扎实。国内曾做过阴极炭块间不扎炭糊，用炭胶粘接的工业试验。

侧部炭块与阴极炭块组之间的边缝捣制成坡形，形成人造伸腿，有利于形成槽帮。

B 槽膛深度的确定

槽膛深度S的确定从几个因素考虑：$(L+J)$为铝液水平高度和极距，$(L+Z)$为铝液和电解质水平高度，G为新阳极炭块高度，保温覆盖料厚度150mm，槽侧大加工面覆盖料坡面不大于36°。另外，槽控技术采用自动熄灭阳极效应功能的电解槽，槽膛深度还要考虑阳极坐下时，电解质水平升高的高度。槽膛深度确定示意图如图30-52所示，预焙电解槽内衬参数见表30-21。

表30-21 预焙电解槽内衬参数

槽 型	槽膛面积/mm×mm	槽膛深度/mm	阴极炭块组数	阴极炭块		侧部炭块	
				尺 寸/mm×mm×mm	材 料	尺 寸/mm×mm×mm	材 料
160kA	9200×3800	500	16	515×450×3250	半石墨质	125×400×550	炭 素
190kA	10600×3800	500	18	515×450×3250	半石墨质	125×400×550	炭 素
200kA	10600×3780	470	18	515×450×3350	半石墨质	125×400×550	炭 素
230kA	11760×3780	470	20	515×450×3250	半石墨质	125×400×550	炭 素
240kA	12000×3780	500	20	515×450×3250	半石墨质	125×400×550	炭 素
280kA	14900×3780	560	26	515×450×3300	半石墨质	75×400×610	氮化硅结合碳化硅
300kA	14500×3880	560	25	515×450×3370	半石墨质	90×400×610	氮化硅结合碳化硅
350kA	17210×3850	500	30	515×450×3350	半石墨质	90×400×550	氮化硅结合碳化硅

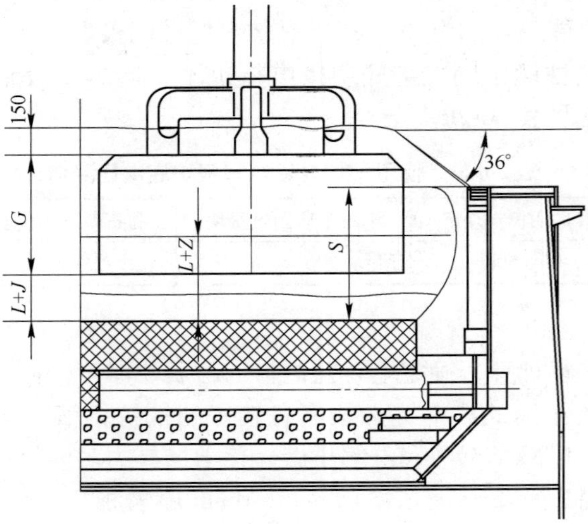

图 30-52　槽膛深度确定示意图

C　阴极炭块组

阴极炭块尺寸，小型预焙槽采用 400mm × 400mm（宽 × 高），大型预焙槽采用 515mm ×450mm（宽 × 高），长度可根据需要确定。国内在发展大型预焙槽中，受阴极炭块生产设备的限制，多年来一直采用 515mm 宽的阴极炭块，不很合理；正确的设计是阴极炭块宽度应恰等于阳极炭块的宽度，即电解槽阳极投影与阴极投影重合，2007 年后投入运行的 350kA 及 400kA 电解槽实现了这一理念，采用了 660mm 宽的阴极炭块，效果良好。在电解槽内衬中，如果阳极炭块和阴极炭块宽度不相等，槽两端部的阳极炭块和阴极炭块正投影错位，会使槽两端的阴极炭块与其他部位的阴极炭块导出的电流不相等，造成阴极电流分布不均，影响磁场分布，影响熔体稳定性。

小型预焙槽阴极炭块为 400mm ×400mm（宽 × 高）的通长炭块，采用两根正方形阴极钢棒，中间断开，两端出电。大型预焙槽阴极炭块为 515mm ×450mm（宽 × 高）的通长炭块，炭块四面加工有数道沟槽，以利两炭块间扎糊联结。采用四根矩形阴极钢棒，中间断开，两端出电，钢棒电流密度不大于 2.6A/cm^2，如图 30-53 所示。部分大型预焙槽也采用通长炭块，两根矩形阴极钢棒，中间不断开，两端出电的阴极炭块组，但两种形式的阴极炭块组，从国内铝厂实践，使用后一种阴极炭块组，槽寿命不如使用前一种阴极炭块组的长。

阴极炭块与钢棒的组装方式有炭糊扎固、磷生铁浇铸、炭黏结剂粘接等。磷生铁浇铸阴极铁/炭电压降较低，但工艺复杂，需高温作业。国外铝厂阴极组 60% 以上均采用磷生铁浇铸组装，近年有些铝厂已成功引进了采用磷生铁浇铸阴极组的技术，而国内大部分铝厂阴极组还是采用炭糊扎固。

D　内衬材料

铝电解槽钢壳以内的非金属砌筑材料统称铝电解槽内衬材料。其分类组成如图 30-54 所示。

a　阴极炭块

阴极炭块是铝电解槽阴极结构的主要部分，它在铝电解槽中既承担着导电的作用，又

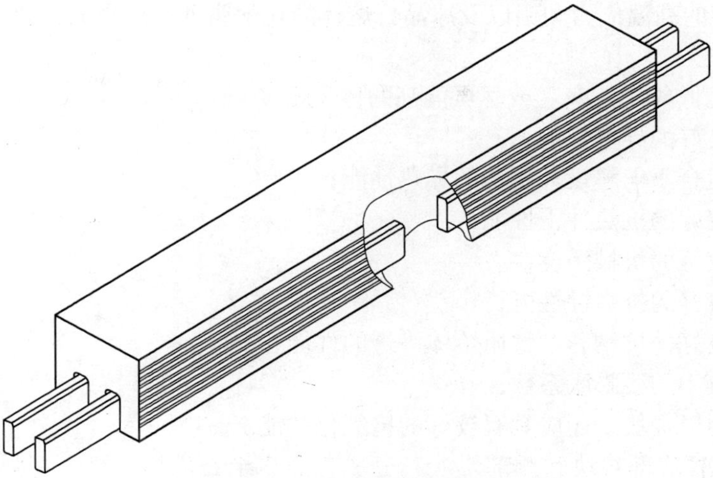

图 30-53 大型预焙槽阴极炭块组

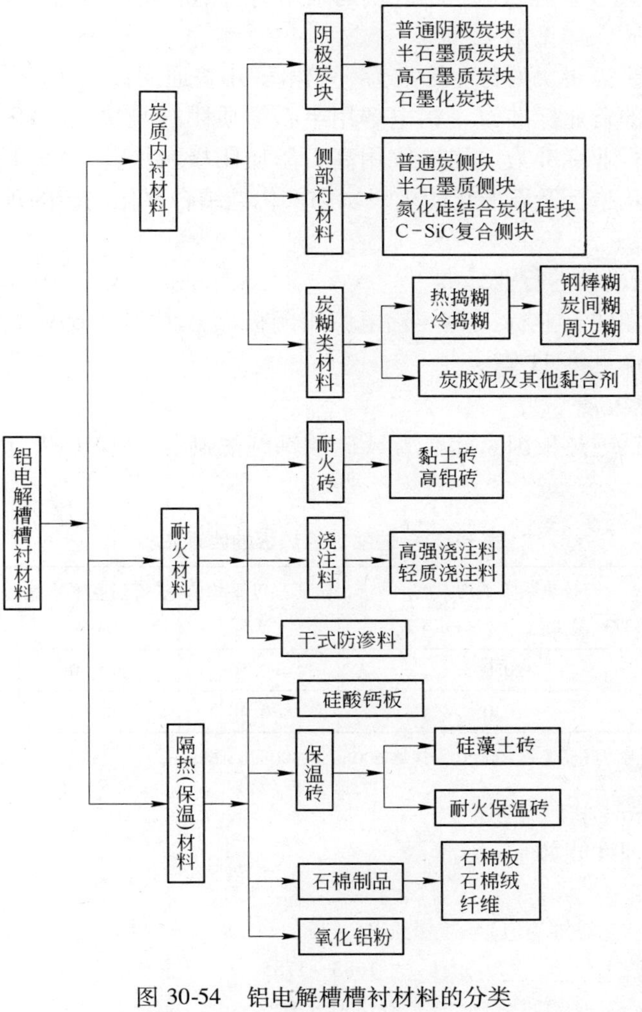

图 30-54 铝电解槽槽衬材料的分类

要承受电解槽中的高温应力和铝以及冰晶石熔体的化学腐蚀，所以对阴极炭块的质量有如下要求：

（1）尽可能低的气孔率（或尽可能高的体积密度）；

（2）具有良好的导电性能；

（3）具有适合于电解设计要求的导热性能；

（4）具有较好的抗热冲击性能；

（5）具有较好的机械强度；

（6）具有较好的抗磨蚀性能；

（7）具有较好的抗钠和电解质熔体渗透的性能；

（8）具有较小的线膨胀系数；

（9）侧部阴极炭块，还应具有较好的抗氧化性能。

阴极炭块包括底部炭块和侧部炭块，分成普通、半石墨质、高石墨质、石墨化几类，高石墨质炭块又分含人造石墨30%、50%、100%三种，侧部炭块还有氮化硅结合碳化硅砖，国内280kA级及以上容量电解槽底块均采用高石墨质或石墨化阴极炭块，侧块均采用氮化硅结合碳化硅砖，详见第41章。

电解槽用普通阴极炭块的行业标准为《铝电解用普通阴极炭块》（YS/T 286—1999）。半石墨质阴极炭块的行业标准为《铝电解用半石墨质阴极炭块》（YS/T 287—2005）。高石墨质阴极炭块的行业标准为《铝电解用高石墨质阴极炭块》（YS/T 623—2007）。以上行业标准规定的理化指标及石墨化阴极炭块和氮化硅结合碳化硅砖的理化性能指标详见第41章。

b　铝电解用阴极糊的行业标准

铝电解用阴极糊的行业标准为《铝电解用阴极糊》（YS/T 65—2007），规定的分类、牌号和理化指标等详见第41章。

c　硅酸钙绝热板

电解槽用硅酸钙绝热板国家标准为《硅酸钙绝热制品》（GB/T 10699—1998），其物理指标见表30-22。

表30-22　硅酸钙绝热板的物理指标

型号	牌号	导热系数平均温度 373(最大值)/W·(m·K)$^{-1}$	抗压强度平均值 /MPa	抗折强度平均值 /MPa	密度/kg·m^{-3}	线收/%
I型	220号	≤0.065	≥0.50	≥0.30	≤220	≤2
I型	170号	≤0.058	≥0.40	≥0.20	≤170	≤2

注：最高使用温度分别为650℃，1000℃，规格600mm×300mm×60mm。

d　干式防渗料

干式防渗料物理性能如下：

性能	参数
耐火度/P·C·E（测温锥等值）	31~35
耐火度的对应温度/℃	1683~1785
松散密度/kg·m^{-3}	1550~1650

捣实干料密度/$kg \cdot m^{-3}$ 1950 ~ 2050（以 2000kg/m^3 计算）

导热系数/$W \cdot (m \cdot K)^{-1}$

65℃	<0.32
350℃	<0.35
420℃	<0.37
650℃	<0.43

e 防渗浇注料

防渗隔热耐火浇注料（耐火混凝土）组成及性能，见表 30-23。

表 30-23 防渗隔热耐火浇注料（耐火混凝土）组成及性能

组 成		Al_2O_3/%	体积密度 /$g \cdot cm^{-3}$	耐压强度 /MPa	烧后线变化 /%	导热系数 /$W \cdot (m \cdot K)^{-1}$	使用温度 /℃
骨 料	结合剂						
轻质黏土砖	高铝水泥	35 ~ 45	2.0 ~ 2.3	12 ~ 28	0.4 ~ 5	0.5 ~ 0.8	1000 ~ 1300

注：导热系数为 700 ~ 1000℃时的数据。

f 隔热保温砖

黏土质隔热耐火砖（保温砖）的国家标准为《黏土质隔热耐火砖》（GB/T 3994—2005），其物理指标见表 30-24。

表 30-24 黏土质隔热耐火砖物理指标

牌 号	体积密度 /$g \cdot cm^{-3}$	常温耐压强度 /MPa	导热系数平均温度 (325 ± 25)℃（最大值） /$W \cdot (m \cdot K)^{-1}$	加热永久线变化≤2% 的试验温度/℃
NG125-0.8	≤0.8	≥3.0	0.35	1250
NG120-0.6	≤0.6	≥2.0	0.25	1200

g 黏土质耐火砖的行业标准

黏土质耐火砖的行业标准为《黏土质耐火砖》（YB/T 5106—2009），其物理指标见表 30-25。

表 30-25 部分黏土质耐火砖的物理性能指标

项 目	指 标
	Z-36
耐火度/℃	≥1690
0.2MPa 荷重软化开始温度/℃	≥1350
重烧变化(1400℃,2h)/%	+0.1
	−0.4
显气孔率/%	≤24
常温耐压强度/MPa	≥30

电解槽使用黏土耐火砖牌号不低于 Z-36。密度为 2.00 ~ 2.40g/cm³。

h 硅酸钠水玻璃

工业硅酸钠（水玻璃）的国家标准为《工业硅酸钠》（GB/T 4209—1996），其物理指标为：密度为 1.32 ~ 1.38g/cm³；坡度（20）为 35 ~ 37 波美度；模数（M）为 3.5 ~ 3.7。

30.2.6.2 槽壳

A 槽壳设计

电解生产过程中，由于电解质不断侵蚀渗入炭块及基底砌体内，盐结晶不断生成和增加，固相体积扩大，从而产生垂直和水平应力，使槽壳变形。因此，电解槽槽壳强度与槽内衬寿命的长短有直接的关系。为了抵制垂直的和水平的应力，必须选择合理的槽壳结构，使槽壳具有较大的刚性，克服产生的应力，减小变形。

预焙槽生产要求槽侧壁散热，底部保温，槽壳设计时也要遵循这一原则。当槽容量加大到一定程度的时候，槽壳侧面的散热量相应增加，这时就要借助于特定设计的槽壳结构来增加散热。

早期的电解槽槽壳为框架式和臂撑式；1982 年以后采用摇篮槽壳，槽壳在摇篮架上，槽壳与摇篮架用螺栓连接，为摇篮架矩形槽壳。20 世纪 80 年代末期，在开发研制大型预焙阳极电解槽的同时，研制出新式摇篮架船形槽壳，槽壳底呈船形，采用较大的篮架间隔（1100mm）。采用宽间距船形摇篮槽壳具有强度大，造价低，利于自然通风冷却，易形成侧部结壳，便于施工维护等优点。各种槽壳形式如图 30-55 ~ 图 30-58 所示。

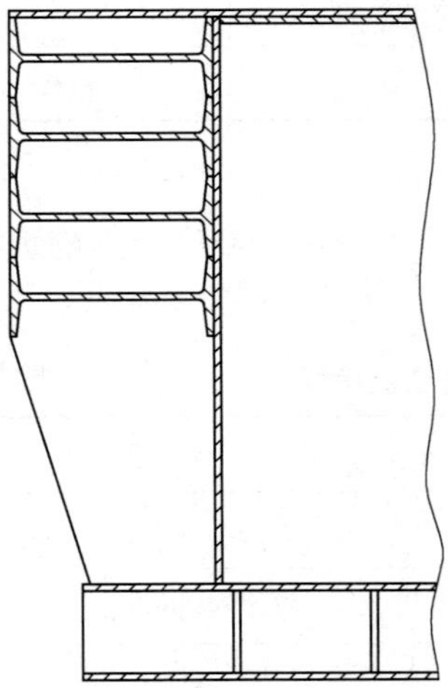

图 30-55 框架式槽壳示意

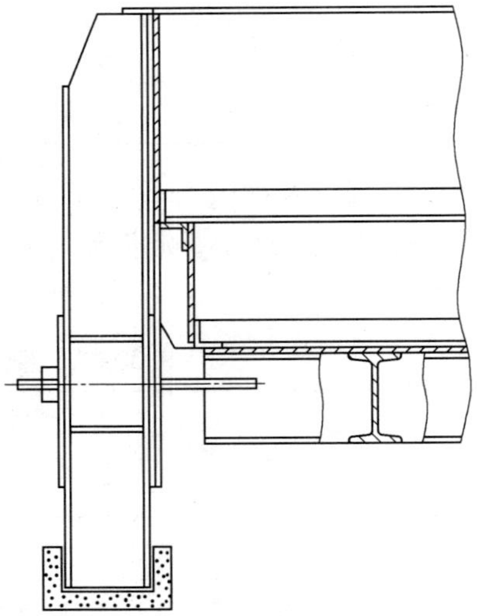

图 30-56 臂撑式槽壳示意

随着新设计的电解槽容量不断地加大，从电解槽物理场计算和实测结果可知，300kA 以上容量电解槽突出的一个问题是热平衡，虽然槽壳四周几何散热面随着电解槽容量增加也增加，但电解槽产生的热远大于散发的热，2004 年投入运行的 300kA

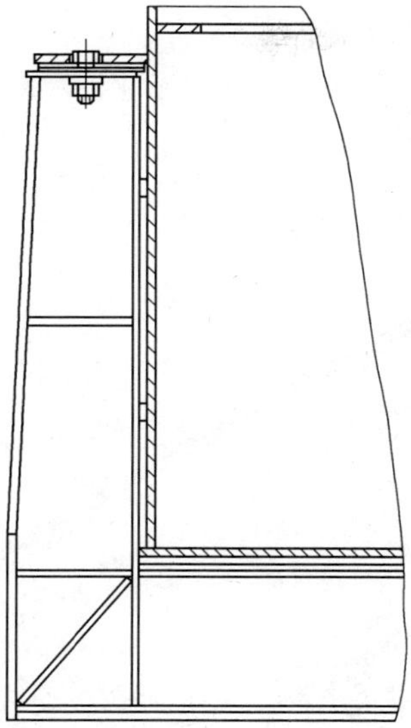

图 30-57 矩形摇篮架式槽壳示意

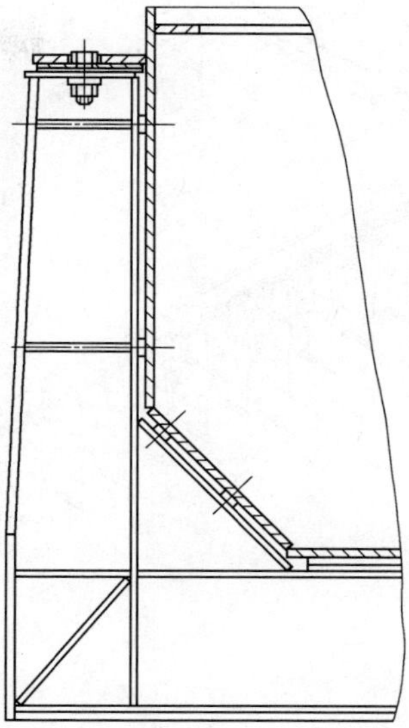

图 30-58 船形摇篮架式槽壳示意

电解槽槽壳侧壁上加焊散热片，进一步增强了槽壳散热。

上述摇篮架和槽侧板及底板分离的槽壳，其强度相对较低而不适于整体吊装，只能在现场组装焊接。而在现场组装及焊接时，其质量和精度较难保证。其次在电解槽大修时，只能在现场拆卸废旧内衬和砌筑新内衬，造成环境污染，停槽时间长。

国外电解铝厂电解槽大多采用集中大修方式，机械操作程度高，大修质量好，环境污染少。

近年投入运行的350kA及以上级容量的电解槽采用了侧部摇篮架、端部摇篮架和槽侧板以及底板整体焊接结构的槽壳，使得整体槽壳的强度大大增强，同时在电解槽长度方向，摇篮架底部之间用圆钢连接，以增强在长度方向的抗弯强度。靠近端头的侧部摇篮架带有吊装孔，使得整个槽壳能被吊起。而且在电解槽工作时，由于摇篮架可以起散热片的作用，同时在电解槽长度方向没有水平围栏板，空气可贴近槽侧板自下而上流动而加快散热，使得电解槽内热场分布更合理。端部摇篮架以及水平围栏板都设有通风孔，既保证端部的强度也保证一定的散热效果。侧部摇篮架、端部摇篮架和槽侧板以及底板整体焊接结构的槽壳（见图30-59），可以在槽壳制作车间组装焊接，同时其质量和精度能得到较好的保障。槽壳制作完后，用天车送至筑炉车间进行内衬砌筑，然后用天车送至电解车间。电解槽需进行大修作业时，该槽短路停电，松开连接铝软带，用天车分别整体吊运槽上部结构和阴极槽体到大修车间待修，然后再分别吊运来备用槽上部结构和阴极槽体，连接铝软带即可通电启动，停槽时间短。

国内各预焙电解槽槽壳形式及特点，见表30-26。

制作槽壳的钢材材质，按槽壳热场计算、槽壳受力分析和槽壳温度实测数据选取，按部件的功能和应用特点，材质为Q235B和Q345B。

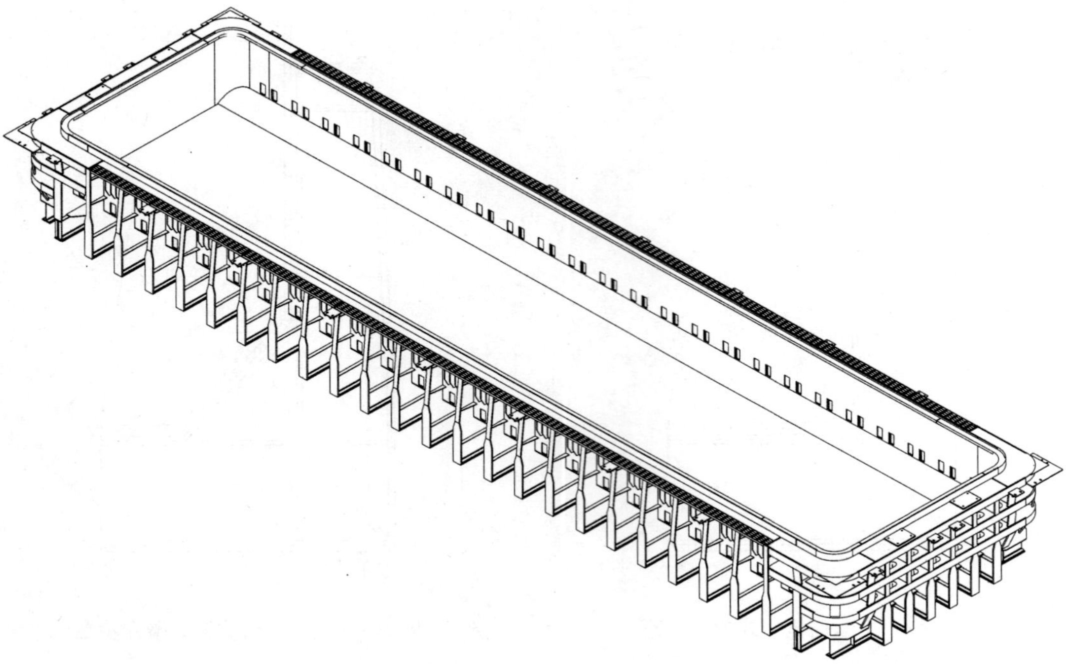

图 30-59　摇篮架与槽壳整体焊接槽壳

表 30-26　国内各预焙电解槽槽壳形式及特点

槽壳形式	首次投产应用时间	特　点
摇篮矩形双围栏槽壳	1982 年	槽壳结构简单、受力合理、刚性比框架式和臂撑式大，槽壳侧壁散热好，变形小
摇篮矩形单围栏槽壳	1999 年	比矩形双围栏槽壳侧壁散热增强，变形小
摇篮船形双围栏槽壳	1993 年	槽壳底部为船形斜角，角部应力小，受力更合理，可节省槽壳和内衬材料
摇篮船形单围栏槽壳	2000 年	比船形双围栏槽壳侧壁散热增强
摇篮船形单围栏加散热片槽壳	2004 年	槽壳侧壁焊接散热片，增大散热面积，散热进一步增强
整体焊接摇篮船形单围栏加散热片槽壳	2005 年	可适用于电解槽集中大修，整体吊装电解槽的要求，摇篮架与槽壳焊接为一体，槽壳侧壁散热良好，强度大

B　槽壳制造要求

槽壳制造要求如下：

（1）为保证结构件制作的正确性，焊接工作应在专用焊接工作台上或胎具上进行。为防止焊接件升温高变形大，应采用多工位轮换焊接，控制温升。

（2）为防焊缝急冷脆裂，焊接场地环境温度不得低于 +5℃。

（3）槽壳制造公差要求如下：

1）槽壳内壁尺寸允许误差（长）$L\pm10.0$mm，（宽）B^{+0}_{-10}mm，（高）H^{+5}_{-0}mm；

2）槽壳对角线交叉测量允许误差 ±7.0mm；

3）四立柱基座位置的尺寸允许误差：纵向中心距 $L\pm2.0$mm，横向中心距 $B\pm2.0$mm，螺孔间距 $L\pm0.5$mm，对角线 $L\pm2.0$mm，相对平面高差 ±2.0mm；

4）阴极棒孔以槽中心线为基线向两侧画线定位开孔，$L\pm2.0$mm，高度以槽底为准 $H\pm2.0$mm，两纵侧阴极棒孔中心线相对偏斜小于 2.0mm，高差小于 2.0mm，开孔尺寸 +1.5mm；

5）槽壳内壁垂直度 1/1000；

6）槽壳上口水平弯曲度纵侧 ±3mm，端侧 ±2.0mm，如图 30-60 所示；

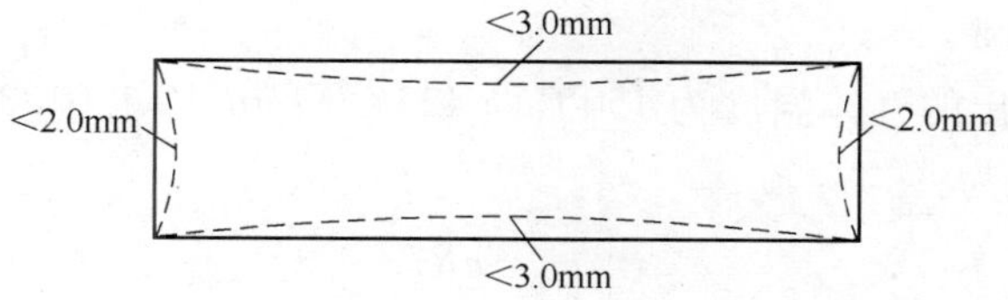

图 30-60 槽壳上口水平弯曲度示意

7）槽壳底部钢板不平度 1m 内小于 1.0mm。在对角线长度及全底板范围内，不平度小于 18mm；

（4）槽壳所用的型钢及钢板允许拼接，拼接的宽度或长度不得小于 500mm，拼接必须双面焊接，其位置远离角部弯曲处 300mm，型钢的拼接应采用 45°斜接，或用加复板（长度 $L\geqslant300$mm）对接。

（5）槽壳的焊接应按设计图纸要求进行，图中槽壳焊缝带“※”号的为重要焊缝，采用 E50××-×型焊条，钛钙型（药皮），其余焊缝采用 E43××-×型焊条。焊后焊缝应逐条手锤敲击检查，特别是上口和角部的焊接应予以重视，焊缝的检验记录应随槽壳成品同时交付。

30.2.7 排烟系统

冰晶石-氧化铝熔融盐电解过程中，在阴极上析出铝，在阳极上生成大量的 CO_2 与 CO 气体，另外在阳极气体中还含有氟化物。这种电解烟气恶化了劳动生产条件，严重影响工人的身体健康，并对周围的环境造成污染，因此，必须进行治理。

30.2.7.1 电解生产过程产生的烟气量

A 冰晶石-氧化铝熔盐电解过程中产生 CO_2 和 CO 量

电解过程中产生的 CO_2、CO 数量也是由冰晶石-氧化铝熔盐电解的总反应式 29-50 计算的。当 CO_2 体积为 80%、CO 体积为 20% 时，有：

$$Al_2O_3 + 1.667C \xlongequal{} 2Al + 1.333CO_2 + 0.333CO$$

此时，理论上需要的碳和生成的 CO_2、CO 数量（以 1000kg Al 为计算基础的理论物料平衡）如下：

需要量	生成量
$Al_2O_3\ \frac{102}{54}\times 1000 = 1889\text{kg}$	$Al = 1000\text{kg}$
$C\ \frac{1.667\times 12}{54}\times 1000 = 370\text{kg}$	$CO_2\ \frac{1.333\times 44}{54}\times 1000 = 1086\text{kg}$
	$CO\ \frac{0.333\times 28}{54}\times 1000 = 173\text{kg}$
2259kg	2259kg

即碳的需要量是370kg，该值介于生成100% CO_2 的所需碳量333kg以及生成100% CO的所需碳量666kg之间。

当从电解质中逸出的气体温度为150℃即423K、1atm即 1.01333×10^5Pa时，每生产1t铝产生的 CO_2 体积为：

$$V = \frac{nRT}{p}$$

式中 n——气体物质的量；

R——气体常数；

T——绝对温度；

p——工程大气压。

$$V = \frac{\left(\frac{1086\times 10^3}{44}\right)\times 8.315\times 423}{1.0133\times 10^5} = 857\text{m}^3$$

产生的CO量为：

$$V = \frac{\left(\frac{173\times 10^3}{28}\right)\times 8.315\times 423}{1.0133\times 10^5} = 214\text{m}^3$$

现代预焙槽炼铝，生产1t铝阳极炭块净耗为410～430kg，这就是说，工业生产上实际消耗的碳量总是超过理论需要量，多消耗了约10.5%～15.9%，这是由于炭阳极在空气中氧化和在电解质中掉粒产生炭渣所致。因此在阳极上实际生成的气体量也大于上述理论值。

B 冰晶石-氧化铝熔盐电解过程中产生HF和 CF_4 量

HF是主要气态污染物，CF_4 是在阳极效应临近以及发生时产生的，阳极效应临近时，CF_4 含量只占气氟的1.5%～2%，而阳极效应发生时高达20%～40%。现代预焙槽炼铝，阳极效应系数小于0.1次/(槽·d)，故仅计算HF产生量。

HF产生的机理如下：原料中的水分（在400～600℃下，氧化铝中仍有0.2%～0.5% H_2O）对固态氟盐在高温下发生的分解反应导致了HF的产生：

$$\frac{2}{3}AlF_3(s) + H_2O(g) = \frac{1}{3}Al_2O_3(s) + 2HF(g)$$

而一部分 H_2O 是由阳极中的氢与氧离子所起的电化学反应而生成：

$$O^{2-}(1,配合的) - 2e + H_2(g) \Longrightarrow H_2O(g)$$

经长期的试验分析，预焙槽炼铝每生产1t铝，排放的气氟与固氟（总氟）量随槽电流强度的增大而增加，而且，随着电解质过热度越大或电解质温度越高，氟的排放量也越大。

200kA电解槽，每生产1t铝，电解质挥发和水解平均排放的总氟量为22～27kg，按产生27kg的HF计，即在工业生产中，产生的HF气体体积为：

$$V = \frac{nRT}{p} = \frac{\left(\frac{27 \times 10^3}{20}\right) \times 8.315 \times 423}{1.0133 \times 10^5} = 47\text{m}^3$$

C 预焙槽炼铝每生产1t铝产生的气体量

预焙槽炼铝每生产1t铝产生的气体量为 $CO_2 + CO + HF$；即 $857 + 214 + 47 = 1118\text{m}^3$。

30.2.7.2 预焙阳极铝电解槽排烟量

预焙阳极铝电解槽集气罩（见图30-61）由水平罩板和数块侧部罩板组成，水平罩板下设有排烟道，排烟道侧面、端面均设有抽风口。烟气经排烟道汇集后由槽上烟管排至净化装置主烟道，送入净化装置处理。

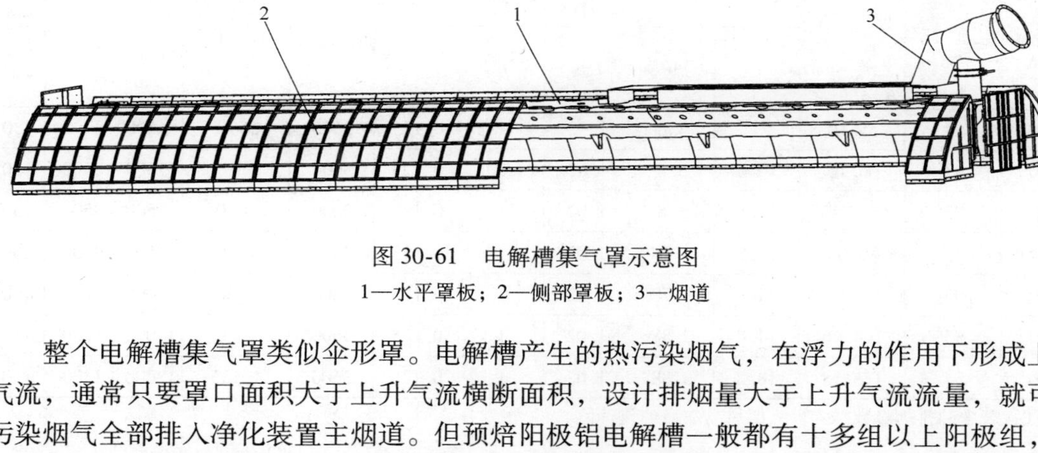

图30-61 电解槽集气罩示意图

1—水平罩板；2—侧部罩板；3—烟道

整个电解槽集气罩类似伞形罩。电解槽产生的热污染烟气，在浮力的作用下形成上升气流，通常只要罩口面积大于上升气流横断面积，设计排烟量大于上升气流流量，就可使污染烟气全部排入净化装置主烟道。但预焙阳极铝电解槽一般都有十多组以上阳极组，一组阳极对应两块侧部罩板，每块侧部罩板间均会有细小缝隙，这就使得整个槽罩集气效率仅能达到98%。

以200kA电解槽为例，每生产1t铝产生的气体量为 1116m^3，200kA电解槽产铝量0.0624kg/h，则每小时产生的烟气量 $69.64\text{m}^3/\text{h}$，电解生产过程中产生的烟气量很小，仅占电解槽设计排烟量的约1%。

电解槽单槽排烟量，60kA自焙阳极电解槽和160kA预焙阳极电解槽排烟量（标态）均为 $6000\text{m}^3/\text{h}$，但槽膛面积、集气罩容积、集气效率、抽风点高度都不相同。对于预焙槽，槽罩集气效率、槽罩料面至罩内排烟道抽风口距离、罩内排烟道抽风口控制风速均为不变值，单槽排烟量的确定主要与槽容量和槽膛尺寸有关，在生产实践中，由于槽罩集气效率不能达到100%，为防止热烟气外逸，只得加大排烟量，使槽内形成微负压状态。根据160kA预焙阳极电解槽槽膛尺寸、集气罩尺寸、排烟量，采用“类比”确定了190kA、200kA、230kA

等容量预焙阳极电解槽的排烟量，经工程实践和生产实测数据，归纳整理出确定预焙阳极铝电解槽单槽排烟量的经验公式，又经采用280kA、300kA、350kA预焙阳极铝电解槽的工程投产验证，经验公式确定的预焙槽单槽排风量是符合电解槽实际排风状况。

预焙阳极铝电解槽单槽排烟量经验公式：

$$Q = (L + W) \times (1/\eta) \times H \times v \times 3600$$

式中 Q——单槽排烟量（标态），m^3/h；

L——槽膛长度，m；

W——槽膛宽度，m；

$1/\eta$——槽罩集气效率的倒数，取 $1/0.98 = 1.02$；

H——槽罩内料面至罩内排烟道抽风口距离，取1m；

v——罩内排烟道抽风口控制风速，取0.125m/s。

电解铝厂所处地海拔高度不同，相同容量、相同槽膛面积的电解槽排烟量也不同，按气态方程式：$p_1 \times V_1 = p \times V$ 确定。但工程设计中排烟量的确定并不要十分精确，一般在海拔较低的地区可取设计确定值的下限，海拔较高的地区取设计确定值的上限。预焙阳极铝电解槽排烟量计算值及设计确定值，见表30-27。

表30-27 预焙阳极铝电解槽排烟量计算值及设计确定值

槽容量/kA	电流效率/%	理论产生烟气量/$m^3 \cdot h^{-1}$	计算参数						排烟量/$m^3 \cdot h^{-1}$		烟气温度/℃
			L	W	$1/\eta$	H	v	t	计算值（标态）/$m^3 \cdot h^{-1}$	设计确定值/$m^3 \cdot h^{-1}$	
160	92	55.10	9.2	3.8	1.02	1	0.125	3600	5970	6500~7000	130
190	93	66.16	10.6	3.8	1.02	1	0.125	3600	6610	7500~8500	130
200	93	69.64	10.6	3.8	1.02	1	0.125	3600	6610	7500~8500	130
230	93	80.08	11.8	3.78	1.02	1	0.125	3600	7150	8500~9500	130
280	93	97.49	14.8	3.78	1.02	1	0.125	3600	8530	11000~12000	150
300	93	104.46	14.8	3.88	1.02	1	0.125	3600	8580	11000~12000	150
350	94	123.18	18.2	3.88	1.02	1	0.125	3600	10135	12000~13000	150

注：表中的排烟量数据为计入漏风系数后的设计值。

30.2.7.3 排烟系统设计

槽排烟系统由排烟管道、水平罩板、侧部铝制罩板组成。排烟管上部有绝缘和调节阀门。

为提高烟气捕集效率，水平罩板和铝导杆之间采用了耐高温酚醛布密封。

200kA及以上级大型预焙阳极电解槽槽膛长度大于11m，为了使槽罩内的负压均匀，槽出铝端不外逸烟气，提高集气效率，根据电解槽排烟量、烟道长度及沿程压阻的计算，将槽膛内的烟道设计成分段式结构，对槽罩内的烟气进行分段收集。

图30-62所示为电解槽分段排烟管道布置示意图。槽罩内的烟气分别进入排烟管1、2、3；排烟管1和2汇集进入排烟管4，在排烟管3上安装调节阀门，排烟管3与4汇集成总排烟管5，总排烟管5与电解烟气净化系统排烟管相接。电解槽排烟系统的各排烟管

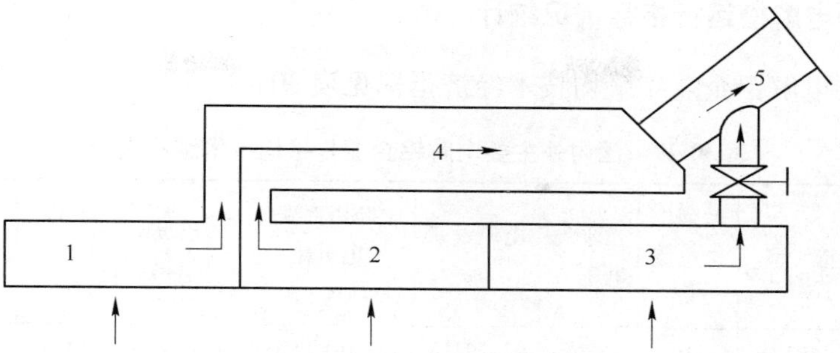

图 30-62 电解槽分段排烟管道布置示意图

中烟气流动的压力损失小于500Pa；烟气的流速大于8m/s，能有效地防止烟气中的粉尘在管路内沉降堆积。

30.3 铝电解槽技术经济指标

电解槽技术是电解铝厂的核心技术，从事铝电解技术研究和设计者力求改进电解槽的各项指标。电解槽技术经济指标的确定是根据运行中的同类型槽的平均先进指标和电解槽“物理场”计算结果来确定的。关于物料消耗指标的说明见31.1.2.3节。污染物的排放量是按多个电解铝厂的实测数据，综合考虑确定。

30.3.1 国内电解槽设计技术经济指标

国内电解槽设计技术经济指标见表30-28。

表 30-28 国内电解槽设计技术经济指标

槽 型		160kA	190kA	200kA	230kA	240kA	280kA	300kA	350kA
平均电流强度/A		160kA	190kA	200kA	230kA	240kA	280kA	300kA	350kA
电解质温度/℃		940~960	940~960	940~960	940~960	940~960	940~960	940~960	940~960
效应系数/次·(槽·d)$^{-1}$		0.3	0.3	0.3	0.3	0.3	0.3	0.3	0.3
槽平均电压/V		4.18	4.18	4.18	4.18	4.18	4.18	4.18	4.22
电流效率/%		92	93	93	93	93	93	93	94
吨铝直流电耗/kW·h		13540	13397	13397	13397	13397	13397	13397	13381
阳极毛/吨铝净耗/kg		585/450	585/450	585/450	585/450	585/450	585/450	550/430	550/430
吨铝氧化铝单耗/kg		1930	1930	1930	1930	1930	1930	1930	1930
吨铝氟化盐单耗/kg	氟化铝	27	27	27	27	27	27	22	22
	冰晶石	5	5	5	5	5	5	4	4
电解槽内衬寿命/d		1800	1800	1800	1800	1800	1800	1800	1800
槽罩密闭效率/%		98	98	98	98	98	98	98	98
电解槽母线用量/t		—	18.9	23.302	26.74	26.371	33.624	37.56	41.303
电解槽钢材用量/t		47.63	54.25	56.10	66.04	67.07	78.52	88.23	98.72

30.3.2 国内外电解槽运行指标情况统计

国内外主要电解铝企业年平均技术经济指标见表30-29。

表30-29 国内外主要电解铝企业年平均技术经济指标

公司名称	槽 型	系列生产电流/kA	槽平均电压/V	电流效率/%	吨铝直流电单耗/kW·h	吨铝炭块净耗/kg	吨铝氧化铝单耗/kg	吨铝氟化盐单耗/kg	内衬寿命/月
美国铝业公司	A697⁺	216	4.36	93~94.5	13700~14200	415~425	1930	41	60~80
波特兰铝厂（澳）	Alcoa-817	295	4.3	94.0	13650	420	1930	22	60~80
海德鲁公司	HAL230	230	4.21	93~96	13305~13400	410~425	1930	20	60
原法铝	AP18	180	4.24	93.8~95	13200~13400	410~420	1930	17.5	80~100
	AP30	319	4.25	94~96	13000~13500	410~420	1920	17	72~96
兰州铝业	200kA	200	4.15	93	13297~13397	430	1930	26	60~70
华东铝业	200kA	200	4.15	93	13296	430	1930	26	70
阳泉铝业	200kA	200	4.15	94	13339	415	1920	24	70
万基铝业	160kA	160	4.18	92.5	13460	430	1930	27	70
	300kA	300	4.18	93	13400	430	1930	26	70
	330kA	315	4.15	93	13290	430	1930	26	2006.1投产 预计70~90
南山铝业	160kA	160	4.2	92.5	13525	430	1930	27	60
	300kA	300	4.18	93	13400	430	1930	26	60
伊川铝厂	300kA	300	4.18	93.5	13400	420	1930	26	70
邹平铝厂	230kA	230	4.18	93	13337	430	1930	27	70
信发铝业	190kA	190	4.18	93	13290	430	1930	27	60
	240kA	240	4.18	94	13200	430	1930	27	70
山西关铝	190kA	190	4.20	94	13315	430	1930	27	60
	300kA	300	4.18	93	13394	430	1930	26	2003.11投产 预计70~90
神火铝业	350kA	350	4.22	94	13350	430	1930	26	2004.9投产 预计70~90
青铜峡铝业	350kA	350	4.22	94	13350	430	1930	26	2004.9投产 预计70~90
平果铝业	320kA	320~345	4.20	93.5~94.5	13350	435	1930	26	70
焦作万方	280kA	280~290	4.093	94	13041	415	1930	26	2004.7投产 预计70~90
四川启明星	300kA	300	4.22	94	13400	420	1930	27	2003.9投产 预计70~90
霍煤鸿骏	300kA	300	4.185	94	13300	420	1930	25	2004.11投产 预计70~90

30.3.3 国内外电解铝生产指标的对比和分析

电解铝生产指标的高低，受到工艺技术、项目建设施工质量、装备水平、生产管理经验、生产人员素质和操作水平等多种因素的影响。

工艺技术是生产指标好坏的基础。根据过去30年各国已建成电解铝厂技术来源统计，世界电解铝生产工艺技术供应商主要有原法铝（现属力拓加铝）、中铝国际工程有限责任公司（Chalieco，简称中铝国际）、美国铝业公司、联合俄铝公司等，但是自1997年以来，世界各地新建及扩建的电解铝厂，大多采用原法铝AP30-35系列电解槽。中国自2000年以来新建及扩建了大量电解铝厂，使用的技术以中铝国际所属沈阳铝镁设计研究院的SY200-SY400及贵阳铝镁设计研究院的GY200-GY350为主流。

鉴于原法铝和中铝国际两个公司代表了世界电解铝工艺技术的最新水平，下面的比较中选取了两个电解铝项目：中铝国际设计的河南豫港龙泉铝业公司二期扩建工程，该系列建设规模200kt，电解槽槽型SY300，2005年建成投产；采用原法铝技术的加拿大Alouette铝厂二期扩建工程，该系列建设规模345kt，电解槽槽型AP35，2005年建成投产。表30-30是两种槽型的实际物耗、能耗、劳动生产率、维修指标对比情况。

表30-30 国内铝厂与国外铝厂生产指标对比

序　号	指标名称	国内铝厂	国外铝厂
1	电解铝厂名称	河南豫港龙泉铝业公司	Alouette铝厂
2	所在国	中　国	加拿大
3	各期建成投产时间	2002/2005/2007年	1992/2005年
4	现有总产能/$t \cdot a^{-1}$	600000	575000
5	比较期设计产能/$t \cdot a^{-1}$	二期200000	二期345000
6	技术供应商	中铝国际	原法铝
7	槽　型	SY300	AP35
8	电解系列	1	1
9	电解槽台数/台	258	330
10	系列生产电流/kA	300	350
11	电流效率/%	94.38	95.1
12	阳极电流密度/$A \cdot cm^{-2}$	0.733	0.85
13	设计平均槽寿命/d	1800	2500
14	原铝吨铝直流电耗/kW·h	13043	12967
15	吨铝氧化铝单耗/kg	1925	1915
16	吨铝阳极炭块净耗/kg	410	397
17	污染物净化方式	干法净化	干法净化
18	比较期劳动定员/人	2111	600

注：资料来源于SAMI。

AP35槽型是在AP30的技术基础上，生产电流由300kA强化至350kA，电解槽结构尺寸与SY300电解槽相当，电解槽钢材和铝母线用量也相当。从上表可看出，国内铝电解技术与国外相比，仍有较大差距，尤其在阳极电流密度的选择，平均槽寿命，劳动定员方面差距显著。

中国首批使用300kA电解槽的某电解铝厂，在生产实践中总结出如下的经验：当电解质温度保持在950℃左右，摩尔比保持2.2～2.25运行，电流效率可稳定在94%以上，但炉帮形成不好；当电解质温度稳定在955～965℃，摩尔比保持在2.25～2.3，过热度为6～10℃，炉帮形成较好，电流效率可达92%～94%，从而可实现电解槽长期高效运行，该厂一期300kA电解槽，平均槽寿命已超过2100天。

同国外相比，国内在氧化铝、阳极和阴极炭块质量等方面还有较大差距，在计算机控制、过热度控制以及槽内衬新材料使用等方面还要进一步加大研发力度，中国的电解铝技术才能真正达到世界先进水平。

30.3.4 电解槽维修和槽破损现象

电解铝厂的维护修理通常分为大修理和中小修理。大修理是指电解槽内衬大修，它取决于电解槽内衬寿命，电解槽寿命也就是指电解槽内衬寿命，因为电解槽槽壳在一般情况是不容易损坏，可以使用2～3个电解槽内衬寿命后再行修理。

30.3.4.1 单槽寿命

单槽寿命指某台槽从起动后第二天至停槽大修前一天的累计生产天数减去由于小修、限电等因素造成的停槽天数。

$$L_d = \text{生产日历天数} - \text{停槽天数}$$

30.3.4.2 系列平均槽寿命

系列平均槽寿命是全系列电解槽生产寿命的算术平均值，即：

$$L_p = \frac{\Sigma L_s^i}{n}$$

式中 L_p——系列电解槽平均槽寿命，d；

L_s^i——统计期内第 i 台槽的生产寿命，d；

n——统计期内全系列电解槽的平均生产槽数。

根据电解铝厂实际生产经验，电解槽寿命取决于设计水平、施工质量、焙烧启动、工人操作、内衬材料等五方面。国内电解槽设计寿命1800天，实际部分铝厂电解槽寿命已达2100天，国外电解槽实际寿命2500天，两者相差近400～700天，槽内衬寿命关键在于槽内衬材料。在西欧和北美及其他地区，大、中型电解槽广泛使用半石墨质炭块、石墨化炭块。石墨化炭块与无烟煤基的炭块相比，具有耐高温、耐腐蚀、电阻率低等优异特性。国内铝厂受炭块市场供应限制，以及电解槽制作成本等因素考虑，多选用无烟煤基阴极炭块，与高品质炭块相比使用寿命上有明显差异。近几年中国新建大型预焙槽也在逐步推广石墨化、半石墨质阴极材料。

电解槽的使用寿命与工人的操作水平、管理也有很大关系。河南新安铝厂采用的SY160电解槽，该电解槽采用普通的无烟煤基阴极材料。自1998年投产以来，部分电解槽仍没有大修，运行天数远远超过1800天的设计值，少部分电解槽运行天数已超过2500天。河南中孚铝厂采用普通内衬材料，电解槽运行天数也超过了2000天，这说明严格的管理和操作可以延长电解槽的使用寿命。

需要说明的是，中国280kA以上级容量的大型电解槽实际应用较晚，多于2001年后建成投产，部分铝厂电解槽内衬寿命已超过1800天，已达2100天。部分建成投产较晚的铝厂，电解槽已投入运行39个月，已大修槽仅占11%，其余电解槽已超过1800天的运行天数还没有大修，因此电解槽的实际使用寿命有待日后进一步检验确定。

图30-63～图30-65是若干电解铝厂已大修电解槽数的统计，表示累计已大修电解槽占槽总数的百分比与大修时间的对应关系。从图可知系列平均槽寿命需在全部电解槽大修后，即图中的纵轴达到100%后才能最终确定。但从已有数据可以观察到运行的状况。

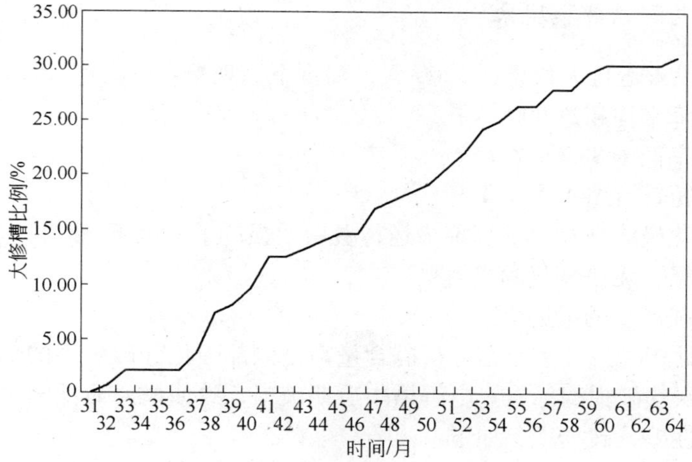

图30-63 160kA铝电解槽已大修槽占槽总数百分比

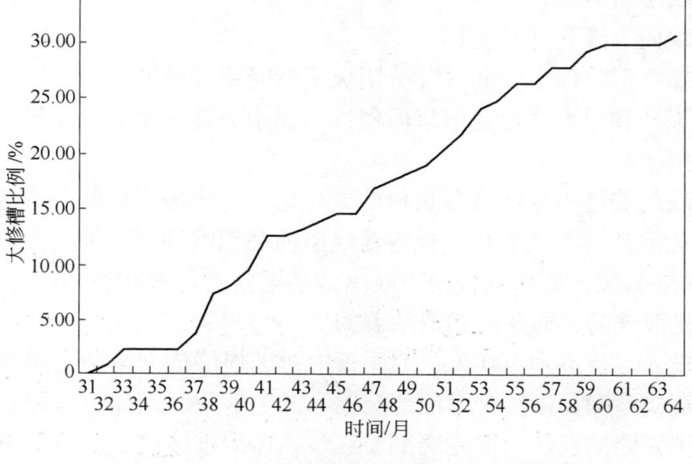

图30-64 190kA铝电解槽已大修槽占槽总数百分比

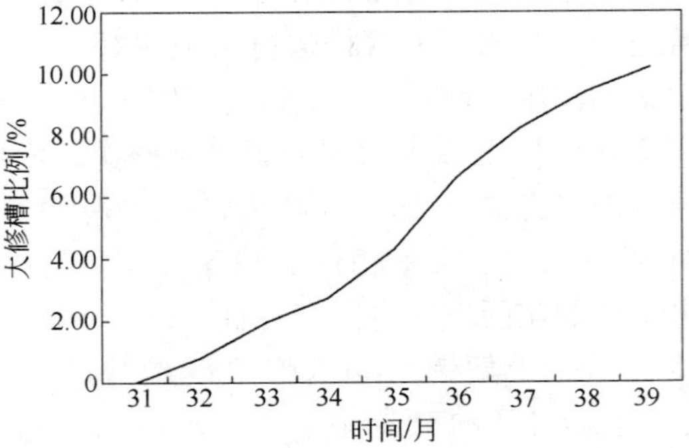

图 30-65 某铝厂 300kA 铝电解槽已大修槽占槽总数百分比

30.3.4.3 电解槽破损现象

电解槽启动投入运行天数超过 1200 天，出现下列现象之一的可按计划停槽大修：

（1）炉底压降平均超过 600mV；

（2）电流效率低于 88%；

（3）原铝分析铁含量不小于 1.0%；

（4）槽况恶化极难恢复，核算单槽运行费用亏损严重的电解槽；

（5）严重漏槽，无法恢复的电解槽；

（6）阴极破损严重的电解槽。

电解槽炉帮处槽壳发红和原铝分析硅含量高是侧部碳化硅砖破损的信号，而原铝分析铁含量高是阴极炭块破损的标志。电解槽中后期破损，致使槽寿命低的主要原因是炭素内衬和底糊抗侵蚀性差，破损现象如下：

（1）阴极炭块中有不少纵向裂纹；

（2）阴极炭块中有不少横向裂纹；

（3）阴极炭块中有冲蚀坑，从槽底漏铝和电解质；

（4）阴极炭块层状剥落；

（5）阴极炭块向上隆起并开裂；

（6）阴极钢棒变形，向上隆起，部分阴极钢棒受铝液腐蚀；

（7）槽底耐火砖和保温砖层受电解质侵蚀，在中央部位生成灰白层，灰白层向上隆起并有许多大的气孔；

（8）阴极炭块的裂缝中存在许多黄色的碳化铝，在阴极炭块间有渗透电解质；

（9）侧部碳化硅砖受空气氧化，或者受电解质和铝液冲刷磨蚀，形成孔道，漏炉；

（10）槽壳向外膨胀，底部钢板向下鼓出，甚至槽壳角部开裂。

这些现象不是孤立的，而是互相联系着的。

电解槽启动投入运行不到 500 天，因阴极内衬破损停槽大修称为早期破损。电解槽早期阴极破损、电解质渗漏和渗透分为侧部漏铝和漏电解质、钢棒窗口漏铝和电解质、底部漏铝和电解质、槽壳侧部发红、槽壳底部发红，钢棒严重熔化、侧部炭块上抬几种。

电解槽渗漏主要原因是炭内衬材质、施工质量及焙烧启动和早期生产温度不合理等造成，其中焙烧启动后生产时温度剧烈波动是早期破损的导火线：

（1）铝液主要是由周边糊、炭间糊与阴极炭块、浇注料之间的间缝，阴极炭块和钢棒及炭块与耐火砖之间结合部构成的连通缝隙或孔洞渗透，渗透速度越快，内衬膨胀与破损速度越快，必然停槽。

（2）电解槽长期过热，阴极底部各等温线下移，从而加剧底部炭块分层剥落、上抬、断裂，形成早期破裂。

（3）侧部炉帮形成不好，侧部炭块受到高温电解质不断冲蚀等物理化学作用而消耗，侧部炭块上部氧化严重，下部渗透，致使侧部炭块不断上抬，引起破损停槽。

31 电解铝厂的生产流程及主要工艺装备

＊＊

近些年来，由于铝电解技术的大幅提高，铝电解厂的建设规模越来越大。一般来说，确定铝电解厂建设规模的主要因素有：地区电力供应情况、工厂的地理位置、环境保护要求、原材料的保证情况、电解槽技术及投资等。

电解槽系列是铝生产的单元，每一个系列都有额定的直流电流强度，大型铝厂一般都拥有两个或两个以上的电解槽系列，每个电解槽系列各有很多台电解槽串联。由于超大型电解槽技术和整流技术的发展，电解槽系列能够采用更大的电流和更高的电压。因此，每个电解槽系列的产能已经越来越大，单个系列的产能已经达到 300kt/a 以上。

20 世纪 90 年代以前，世界电解铝生产主要集中在发达国家，如加拿大铝业公司、美国铝业公司、前苏联的铝厂、法国铝业公司、挪威海德鲁公司等大型企业集团，优先选用的槽型有 AP18、AP30 和 HAL23 等，电解槽容量分别为 180kA、230kA、300kA 等，单系列产能达到 100 ~ 250kt/a。特别是原法铝的 AP30 技术，在国外多数新建铝厂中应用，2002 年以后单系列安装达 336 台电解槽，产能达到 270kt/a。近年来，原法铝又不断对 AP30 技术进行升级，改称 AP3X，电流强度已达 388kA，单系列产能可达到 350kt/a。2000 年法铝成功开发了 AP50 电解槽技术，声称用该 AP50 技术建设单系列铝厂，产能可达到 460kt/a，基建投资可节省 15%，但迄今尚无全系列应用。与此同时联合俄铝公司、迪拜铝业等一些铝公司为了自身的发展，也在积极开发大型的电解槽技术。

目前中国最大电流容量的 SY400 电解槽已经在中国铝业兰州分公司等多家铝厂成功运行，电流强度达 402kA。使用国产供电整流设备，每个电解系列安装 288 台 SY400 电解槽，最大产能达到 310kt/a。

31.1 电解铝生产流程图和物料平衡表

31.1.1 电解铝生产流程图

电解铝生产工艺流程如图 31-1 所示。

生产流程图说明：

（1）本生产流程基于预焙阳极铝电解槽型；

（2）槽结构修复包括槽钢结构制作、整形和修复以及有色金属焊接；

（3）槽内衬大修。有“就地大修”和“易地大修”两种方式（详见 31.7 节）。本流程图表示就地大修。

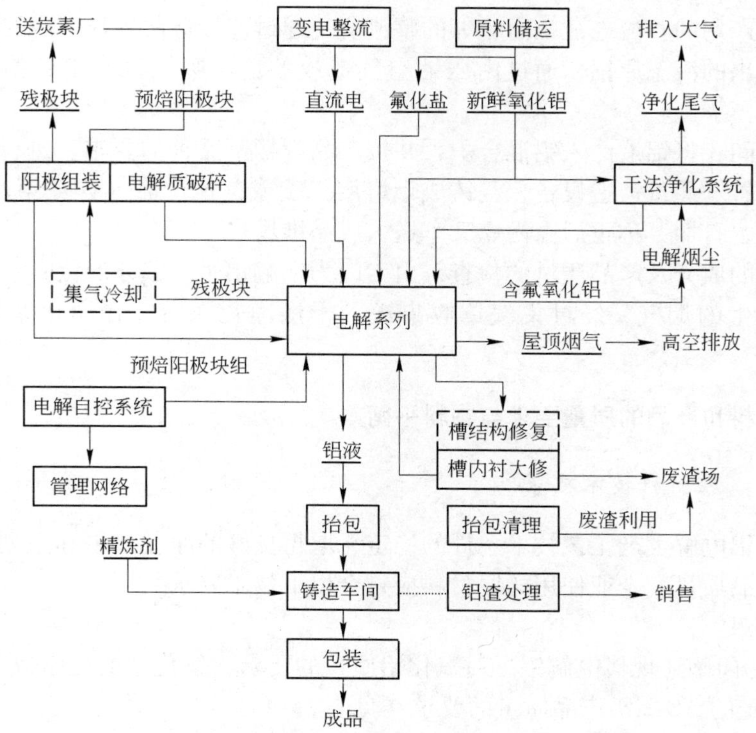

图 31-1　电解铝生产工艺流程

（4）集气冷却。是指对电解槽新换出的高温残阳极进行冷却降温和烟尘收集，收集的含氟烟尘送入电解车间排烟管网进入净化系统，这样可降低残阳极进入阳极组装工段后的烟气污染程度。该工序国内目前用的还不多。

（5）本生产流程未包括电解槽大修后焙烧启动所用铝液、氟化物等物料流。

电解铝生产采用熔盐电解法。铝电解生产所需的原材料为氧化铝和氟化盐，电解所需的直流电由整流所供给。熔解在电解质中的氧化铝在直流电的作用下，还原出金属铝。

铝电解生产所需的氧化铝、氟化盐由火车或汽车从厂外直接运送至厂内的氧化铝及氟化盐仓库内。氧化铝可以是罐车装或袋装，在仓库内通过气力或皮带输送系统送入位于两栋并列电解厂房中间的日用新鲜氧化铝贮槽。新鲜氧化铝流经电解烟气净化系统后成为载氟氧化铝，由气力提升机送入载氟氧化铝贮槽，载氟氧化铝经计量系统计量后再由超浓相或浓相输送系统送至每台电解槽的料箱中。袋装氟化铝在仓库内拆袋由输送装置加入电解槽上氟化盐料箱。由槽控机控制打壳、添加氧化铝，根据电解质分子比自动按需向电解槽内电解质中添加氟化盐。

铝电解生产用的阳极组，由阳极组装车间供给。生产过程中从电解槽换下的残极组送往阳极组装的残极处理车间处理。残极组经电解质清理机、残极压脱机、磷铁环压脱机处理后，残极炭块在阳极生产车间作为原料使用；铝导杆按工艺要求重整后与新阳极组装成阳极组。残极上清理下来的电解质经残极处理车间的电解质破碎工段破碎后，由汽车槽车送至两个电解厂房间的电解质贮槽，通过风动溜槽送到电解多功能机组工具小车料箱内，由多功能机组加入到电解槽壳面上作为换极时的覆盖料。

铝电解生产用的直流电能，由毗邻的整流所，通过连接母线导入串联的电解槽。

电解槽产出的液态原铝，通过由压缩空气造成的负压吸入真空出铝抬包，送往铸造车间。

在铸造车间，将铝液注入铝混合炉，并按产品牌号及品种的要求，进行合理调配、精炼、扒渣和静置。通过铸造设备，浇铸成重熔用铝锭或其他产品（详见第八篇）。铸造成品经质量检验、打捆、称重后由内燃叉车送入成品堆场。

对原材料的成分及产品质量的检查，由专门为电解铝生产服务的化验室完成。

电解槽产生的烟气，经过集气罩收集送入干法净化系统，在净化系统处理后排入大气。

31.1.2 原材料和产品的质量要求与物料平衡

31.1.2.1 原材料技术要求

为了保证铝电解生产工艺技术条件的稳定，取得良好的净化效果和系列生产经济指标以及优质的产品质量，企业使用的原材料应符合以下技术要求。

A 氧化铝

第 15 章专门阐述现代电解铝厂对氧化铝质量的要求。氧化铝的化学成分应符合 YS/T 274—1998 规定的 AO-2 级产品质量的要求（见表 15-4）。

按照氧化铝的物理特性，可将其分为砂状、中间状和粉状三种（见表 15-1）。

根据中国电解铝的需求和氧化铝的生产现状，目前中国有关砂状氧化铝的标准有砂状氧化铝行业标准（中色轻金属标准所送审稿），化学成分和物理性能见表 15-6；中国铝业股份有限公司企业标准《砂状氧化铝企业标准》（Q/Chalco 002—2002）理化指标见表 15-7。

B 冰晶石

人造冰晶石质量应符合《冰晶石》(GB/T 4291—2007) 规定的 CM-0 级以上（详见 44.3.2 节）。

C 氟化铝

氟化铝的质量应符合《氟化铝》(GB/T 4292—2007) 规定的 AF-1 级以上（详见 44.3.1 节）。

D 氟化钠

氟化钠的质量应符合《氟化钠》(GB/T 4293—1984) 规定的二级品以上（详见 44.3.3 节）。

E 氟化钙

氟化钙的质量应符合《氟化钙》(YB 326—1970) 规定的二级品以上（详见 44.3.3 节）。

F 氟化镁

氟化镁的质量应符合湘乡铝厂企业标准《氟化镁技术条件》(Q/QHNN 001—1991)，(详见 44.3.3 节)。

G 阳极炭块

阳极炭块的理化性能指标应符合《铝电解用预焙阳极》(YS/T 285—2007) 的 TY-1 以

及尺寸允许偏差（详见40.1.2.3节）。

随着国内阳极质量的提高和部分企业进行出口阳极的生产，对阳极质量将有所改变。

31.1.2.2 产品质量标准

本章主要涉及的铝产品为重熔普通铝锭。重熔用铝锭的国家标准《重熔用铝锭》(GB/T 1196—2008) 中的化学成分要求详见33.2.3节。

第33章将详细阐述电解铝产品的质量问题。

31.1.2.3 物料平衡表

由 Al_2O_3 的组成可知，吨铝氧化铝理论耗量为1889kg。考虑到氧化铝（一级品）中1.4%的总杂质大部分不会转入到金属铝，且考虑运输和下料过程中的飞扬损失，按照0.5%～1.0%考虑，通常工业重熔用铝锭铝含量为99.7%时，每生产1000kg铝锭，吨铝氧化铝消耗一般在1920～1930kg。

电解铝过程中炭阳极和 CO_2、CO 的量的平衡是基于冰晶石-氧化铝熔盐电解的总反应（见29.3.4.3节）。当阳极气体中 CO_2 体积为80%时，吨铝炭的理论耗量为370kg，由于工业电解槽上使用的原材料非纯物质，且还有挥发、吸收和机械等损失，实际吨铝炭阳极净耗量大约超过理论耗量的10%～15%，为410～430kg。

吨铝氟盐的消耗量有一定的变化余地为25～30kg。可参照31.6.5节的氟平衡。

以上消耗指标符合《铝行业准入条件》（见附录4）。预焙阳极铝电解槽物料平衡表（按1t铝计算）见表31-1。

表31-1 预焙阳极铝电解槽物料平衡表（按1t铝计算）

物料收入		物料支出	
项目	数量/kg	项目	数量/kg
氧化铝	1925	原铝	1000
冰晶石	5	冰晶石	5
氟化铝	25	氟化铝	25
氟化镁	0	氟化镁	0
阳极炭块	410	碳损失量	40
		CO_2 生成量	1086
		CO 生成量	173
		氧化铝损失量	36
合计	2365		2365

注：反应生成的气体 CO_2 占80%，CO 占20%。

31.2 供电整流

31.2.1 外部供电条件

电解铝厂的外部供电电源是电解铝厂建设的最主要条件之一。电源条件的落实及其供电方式应根据供电距离、电解铝厂建设的规模、电力负荷的容量大小，并结合当地电力系统的供电条件全面综合考虑确定。

31.2.1.1 电力负荷分级及其供电要求

据《供配电系统设计规范》（GB 50052—1995），企业电力负荷根据其在国民经济中的地位对供电可靠性的要求和中断供电所造成的损失或影响及危害程度分为三级。

一级负荷：中断供电将造成人身伤亡；中断供电导致的生产中断将造成重大经济损失和重要设备的严重损坏；中断供电将影响有重大社会、经济意义的用电单位的正常工作。

二级负荷：中断供电将在社会和经济上造成较大损失，如主要设备损坏、大量产品报废、重要企业大量减产等；中断供电将影响重要用电单位的正常工作。

三级负荷：不属于一级和二级的电力负荷。

电解铝厂（含阳极炭素厂）吨铝耗电约15000kW·h，电能消耗较大，电解槽断电将造成铝液在槽中冷却凝固，此情况一旦发生，属于重大经济损失和设备严重损坏，全厂95%以上的负荷为一级负荷。因此，必须是不间断连续供电，一般要求有两个单独的供电电源作为保证，即任一电源的容量应保证除全部一级负荷用电外，还需满足全部或部分二级负荷的用电需求。

当地区电源条件困难或采用由两个独立电源供电在技术经济上不易满足时，也可采用两个电源引自同一个供电站的不同母线段，该供电站宜为重要的枢纽变电站。

31.2.1.2 外部供电电压的选择

电解铝厂外部供电电压应根据负荷大小、供电距离远近等条件经技术经济比较后确定。一般主接线采用110kV、220kV电压供电，对超大型电解铝厂，在外部电网允许的情况下也可以采用330kV电压供电。

对于100kt/a及以下电解铝厂的供电系统，当企业用电负荷小或无负荷发展需求、且距离发电厂或地区变电站近时，经技术经济比较，可优先选择110kV电压供电；对于100kt/a级以上电解铝厂的供电系统，企业用电负荷大或有负荷发展需求、且距离发电厂或地区变电站较远时，经技术经济比较，应优先选择220kV或330kV电压供电。具体选定时还要考虑当地电网的电压，并参照有关规定或规范。

电解铝生产需要消耗大量的电能，属高能耗产业。为了降低用电成本，有一批电解铝企业拥有自备电厂，特别是结合了煤资源或水电资源的优势，实现了铝电一体化或煤电铝一体化。自备电站的装机规模和建设进度应与电解铝厂的总体规划协调一致，自备电厂宜尽量靠近电解铝厂并需与当地电网联网，取得自备电厂机组检修时所需的备用容量，并就供电、保安等运行安排达成一致。通常采用的供电方式为：工作电源引自自备电厂，一般引两路电源；另从当地电网引一路电源作为铝厂的备用电源。

31.2.2 总变（配）电所、供电负荷与铝电解整流所

31.2.2.1 总变（配）电所

总变（配）电所的基本考虑如下：

（1）一般情况下，总变（配）电所与铝电解整流所合建。

（2）铝电解整流所应靠近电解车间布置，以节省铝母线用量并降低母线电能损耗，距离以 10 ~ 12m 为宜。

（3）电解铝厂根据场地布局条件应尽量增加单系列槽数，提高系列整流变直流侧的额定输出电压，减少电解系列数量。尤其采用大电流（如《铝行业准入条件》规定的 200kA 及以上大型预焙槽）、高产能的电解铝系列，应努力提高供电整流效率（见表 31-2），实现规模经济。

表 31-2　整流变额定输出电压与整流效率的关系

额定输出电压/V	整流效率/%	额定输出电压/V	整流效率/%
200 ~ 400	94 ~ 96	600 ~ 800	97.5 ~ 98.5
400 ~ 600	96 ~ 97.5	800 ~ 1300	98.5 ~ 99

（4）整流机组的直流额定电压计算：

$$U_{额定} \geqslant U_{系列} + n_i \times U_{AE} + \Delta U_{母线}$$

式中　$U_{额定}$——整流机组额定电压，V；

$U_{系列}$——无效应时的系列电压，V，一般为槽平均电压与系列槽数之乘积；

n_i——预定的调压制度所确定的阳极效应个数，可通过阳极效应或概率计算所得，一般系列总槽数 $N>100$ 台时，$n_i=2$；当 $N>200$ 台时，$n_i=3$；

U_{AE}——阳极效应时槽电压升高值，一般取 35V；

$\Delta U_{母线}$——整流所母线电压降，一般取 5V。

（5）为了保证铝电解生产的稳定性，整流所设计应有较好的稳流精度；电解用整流器应能承受 150% 的电流过载能力（1min）。

（6）供电系统中，为了保证整流机组构成完整的脉波数，电解系列的全部整流机组应运行于同一段母线上。全厂动力用电包括整流所自用电系统，正常运行时应单独接于另一段母线上，以便当整流机组故障引起电解槽停电时，仍能保证全厂动力和整流所自用电系统的运行，便于维护检修和缩短停电时间。

（7）整流所应配置在电解铝厂的厂区上风向，以减少电解有害烟尘对电气设备绝缘及环境的影响。

（8）由于铝电解槽的反电动势约为 1.35 ~ 1.75V，整流装置的安装接地应防止在直流回路有较大泄流情况时，发生严重接地故障引起反电动势向故障点提供较大电流。

（9）整流所电气设备接地要求。见表 31-3。

表 31-3　整流所电气设备接地要求值

部　位	接地电阻值/Ω	部　位	接地电阻值/Ω
超高压露天开关站	<0.5	重复接地	≤10
10kV 中性点不接地系统	≤4	微机监控系统接地	≤1
380/200V 中性点接地系统	≤4		

（10）整流所直流母线绝缘强度按 10 倍系列电压设计。

31.2.2.2　供电负荷

整流机组直流额定电压：

$$U_{额} \geqslant 系列最大电压 > 系列平均电压$$

系列最大电压（U_{max}）：

$$U_{max} = \eta_1 U_{槽} + \eta_i U_{AE} + \Delta U_{母线}$$

系列平均电压（$U_{平}$）：

$$U_{平} = \eta_2 U_{槽} + \eta_i U_{AE} + \Delta U_{母线}$$

式中 $U_{槽}$——电解槽电压（系列槽电压表平均电压值），V；

η_1——电解系列安装电解槽数；

η_2——电解系列正常实际生产的电解槽数（扣除大修槽）；

η_i——预定的调压制度所确定的阳极效应个数，可通过阳极效应或效率计算所得，一般系列总槽数 $\eta > 100$ 台时，$\eta_i = 2$，当 $\eta > 200$ 台时，$\eta_i = 3$；

U_{AE}——阳极效应时电压升高值，一般取 35V；

$\Delta U_{母线}$——整流所母线电压降 U_1 加上电解车间系列连接母线（含厂房端头，中间过道）电压降 U_2，电解槽平均电压也可写成：

$$U_{平} = U_{槽} + \Delta U_{效应} + \frac{U_1}{n_2} + \frac{U_2}{n_2}$$

电解铝用电负荷

平均有功功率：

$$P_{有} = \frac{I \times U_{平}}{\eta}$$

最大有功功率：

$$P_{max} = \frac{I \times U_{max}}{\eta}$$

式中 I——系列电流强度；

η——整流效率,%。

2000 年以前国内仅有 2 个由多个电解系列形成的年产在 200kt 规模以上的电解铝厂，还没有年产 200kt 规模以上的单个电解铝系列，整流所内的整流机组的容量较小，数量一般为 3 ~4 台，单系列电解槽数最多为 260 台，系列直流电压 1180V。2000 年以后中国铝行业的电解技术及供电整流技术进入了快速发展阶段，电解系列直流电压越来越高，随着系列槽数达到 288 台，系列电压增加到 1350V，目前最高设计电压 1550V，整流机组容量约 140MV · A，单系列整流机组数量 7 台，单系列安装 336 台电解槽。几种电解铝系列整流机组电压和数量的比较见表 31-4。

表 31-4 几种电解铝系列整流机组电压和数量的比较

比较项目 / 产能/kt · a^{-1}	槽台数/台	系列电流/kA	机组电压/V	机组数量/台
200	248	300	1180	6
310	294	400	1350	7
350	328	350	1450	7
370	336	400	1550	7

铝电解生产用整流变压机组主要生产商有瑞士 ABB 公司、日本富士电机公司、中国的西安西电变压器有限责任公司、江西变压器科技股份有限公司等。目前国外公司电解铝系列整流机组电压 1100～1900V，单机组额定输出电流 DC 为 50～100kA；国内系列电压 1100～1530V，单机组额定输出电流 DC 为 50～88kA，分多个电流级别。

31.2.3 生产运行的供电要求

A 电解系列的启动和整流机组的调压

铝电解系列初期投产（或全系列停槽后重新启动），首批启动槽槽数较少（2～6 台槽），因此整流机组应考虑零启动或低电压启动的可能性，并实现电解系列全电压范围内的调压，对于采用二极管整流的供电整流机组，通常采用有载连续调压（不设无载倒段开关），有载调压开关的级数根据电解系列电压确定，一般采用 79～107 级。通过有载开关降压，在自然换相角 $\alpha=0°$ 处换流，谐波较小，易于实现零电压启动。对于采用可控硅整流的供电整流机组，通常采用自耦式整流变压器或变压器一次侧设 1～2 个无载分接抽头，可解决电解系列启动初期无功功率过大，低电压运行的深控问题。

B 铝电解生产停电和减电的允许值

正常情况下包括检修及一般事故，不允许停电；

极端情况下，如检修发生事故或事故连续发生时，允许值为：全停电时，30～45min；减电 20% 时，4h 以内；减电 10% 时，12h 以内。

在实践中，因电网负荷紧张长时间对电解铝厂压低负荷的情况时有发生，迫使电解系列降低系列电流运行。此种情况对电解铝厂的生产甚为不利，应尽量避免其发生。

连接整流所与电解车间的室外铝母线应保证电气绝缘，对地绝缘值应不小于 2MΩ。

31.3 铝电解车间

电解车间是电解铝厂最主要的生产车间，车间一般由两栋互相平行的厂房组成，厂房多为两层楼结构，一楼安装电解槽阴极装置和阴极母线，地坪为素混凝土地坪，二层楼为操作地坪，操作地坪为混凝土楼板、槽间地坪设有通风格子板。每栋厂房内安装有电解槽，电解槽单排横向或双排纵向配置。每台电解槽配有槽控机，并有集中的控制室。车间内设有氧化铝和氟盐输送向电解槽供应原料。

为完成车间内打壳、加料、更换阳极和出铝等工作，每栋厂房安装有电解多功能天车。

车间内设有压缩空气管道，以便为槽上气控设备和出铝提供压缩空气。

两排厂房之间配有净化除尘系统，电解槽采用槽罩密闭，电解槽产生的烟气经槽排烟管汇集于敷设在厂房外侧的总管送至净化系统。

供电的整流所在厂房的一端。

31.3.1 电解车间主要运行数据的计算

31.3.1.1 电解槽单槽日产原铝量的计算

由 $m' = 0.3356I \times t \times CE$（式 29-44），单槽日产原铝量：

$$m' = 0.3356I \times 24 \times CE = 8.0544I \times CE$$

式中 m'——铝的实际产出量，kg/d；

I——平均电流，kA；

CE——设计时假定的电流效率，将在运行后通过实测来验证，详见 29.3.4 节。

31.3.1.2 电解槽运转率（C）计算

$$C = (1 - 槽平均检修时间 \div 槽内衬平均寿命) \times 100\%$$

式中，槽平均检修时间，单位为“d”；槽内衬平均寿命，单位为“d”（见 30.3.4 节的说明）。

31.3.1.3 电解槽直流电耗（W）计算

$$W = \frac{U_{平均}}{0.3356 \times CE} \tag{31-1}$$

式中 CE——实际测定的电流效率。

其中

$$U_{平均}(V) = U_{槽工作} + U_{效应均摊} = E_{极化} + U_{阳极} + U_{阴极} + U_{电解质} + U_{铝母线} + U_{效应均摊}$$

31.3.1.4 效应均摊电压计算

$$U_{效应均摊}(mV) = \frac{k(U_{效应} - U_{槽工作}) \times t}{1440}$$

式中 k——阳极效应系数，次/(槽·d)；

$U_{效应}$——阳极效应发生时的槽电压降，V；

$U_{槽工作}$——槽工作电压，V；

t——阳极效应持续时间，min。

31.3.2 铝电解生产主要技术经济指标计算

原铝生产涉及的主要技术经济指标有以下各个方面。

31.3.2.1 质量指标

包括：Al 99.70%以上品率、铝合金综合合格率、铝铸造损失率，以及对各种杂质的控制。关于电解铝产品的质量的叙述，详见第 33 章。

31.3.2.2 主要技术指标

包括：生产槽日、平均生产槽、槽日产量、平均电流强度、铝液电流效率、整流效率、效应系数、槽工作电压、槽平均电压、铝水平、电解质水平、分子比、电解工人实物劳动生产率、大修槽平均寿命等。表 30-28 中列举了其中的一部分。

31.3.2.3　主要原材料、能源消耗指标

主要原材料、能源消耗指标包括：

（1）原铝氧化铝单耗、阳极块毛耗、阳极块净耗、氟化盐消耗；

（2）铝液直流电单耗、铝液交流电单耗、原铝综合交流电耗；

（3）原铝工艺能耗、原铝综合能耗（含交流电、重油、柴油、用水及辅助能耗）。

上述质量指标、主要技术指标和消耗指标的计算方法可参照中国有色金属工业协会2005年编制的《中国有色金属工业指标体系》第6章第4节。

31.3.3　电解车间主要设备

31.3.3.1　电解槽

在选择铝电解槽的槽型前，首先要确定电解铝厂的规模。其相关因素有投资能力、可供电量、对进入市场的规模的预期等等。第28章中提供的国内外新建电解铝厂的信息显示，新建单系列规模一般都大于200kt/a。国外新建厂规模多数采用了350kA以上的大型电解槽，而且每个系列的电解槽数目要尽可能多，使单系列产能尽量大，往往超过300kt/a，一次新建的规模为500～1000kt/a。在电解槽选定后，从系列的规模经济性考虑，应该对电解铝厂的规模做出必要的调整。

A　电解槽选型

铝电解槽是电解铝厂的关键主体设备。槽型选择是体现电解铝生产工艺及装备技术是否先进可靠、经济合理的重要标志。

槽型选择必须符合《铝行业准入条件》（国家发改委2007年第64号公告）的规定："报请核准的电解铝淘汰落后生产能力置换项目及环保改造项目，必须采用200kA及以上大型预焙槽工艺。严禁将已经淘汰的自焙槽重新改造"。因此今后不再选用自焙槽及小型预焙槽。

电解槽槽型的选择包含选用哪一家技术公司开发的、何种容量等级的电解槽两个方面。本节着重讨论电解槽的选择。

电解槽容量的选择首先应基于经济规模的原则，即一个系列的槽数应尽量按整流电压允许的最大数量来确定。电解铝厂的建设规模与槽容量的适宜匹配关系见表31-5。

表31-5　电解铝厂建设规模与槽容量的匹配关系

系列规模/$kt \cdot a^{-1}$	<50	50～100	100～150	150～300	300～500
电解槽容量/kA	70～135	155～200	180～240	240～400	400～600

中国近几年电解铝企业能力和电解槽槽型快速向大型化发展，详见第28章表28-4和表28-5。

B　电解槽台数计算

电解铝厂设计和运行均需了解电解系列的电解槽布局情况，以便合理安排生产准备及日常管理工作。相关的计算公式如下。

a　电解槽工作台数（N_1）计算

基于31.3.1.1节的单槽日产原铝量m'的计算

$$N_1(台) = \frac{电解系列设计产能(t/a)}{单槽产能(t/a)} \tag{31-2}$$

b　备用电解槽台数（N_2）计算

$$N_2(台) = N_1 \times \frac{槽大修周期(d)}{槽内衬寿命(d)}$$

式中，槽大修周期，对于“就地大修”方式，取值范围在 30 ~ 40 天，对于采用“易地大修”方式，取值范围在 5 ~ 7 天。

c　系列安装电解槽（N_3）台数

$$N_3(台) = N_1 + N_2$$

因一般为两排厂房并列，故取偶数。

上述计算中，若反之先选定系列安装电解槽台数，则可由式 31-1 计算电解系列的产能。

d　第一批通电启动槽台数（N_4）计算

$$N_4(台) = \frac{U_{允许} - U_{系列}}{U_{平均}}$$

式中　$U_{允许}$——整流所在不倒段（倒段—无载下的分段调压）的条件下允许保持的最高电压，V；

$U_{系列}$——无槽时的系列总电压，V；

$U_{平均}$——通电槽通电时的平均电压预测值，V。

e　电解系列年大修槽台数（N_5）计算

$$N_5(台) = N_1 \times \frac{365}{槽内衬寿命}$$

根据计算的年大修槽数，有计划地安排电解槽进行大修。

C　电解槽作业基础

电解槽运行是否正常，作业制度的合理制定是关键因素。作业制度建立应以调控槽内物料平衡和能量平衡两个运行特征为基础，以保证电解槽稳定和高效节能为目标。随着电流容量的增大，电解槽热、电、磁、流、力场动态平衡调控难度将增加，制定合理的标准化作业制度更是必需的。

a　过热度（ΔT）确定

电解质的过热度为电解温度与电解质初晶温度之差。

$$\Delta T = T_i - T_w$$

式中　T_i——实际电解质的检测温度，℃；

T_w——电解质初晶温度，℃。

电解质过热度调控是保持电解槽电热平衡稳定和延长槽寿命的基础。

b　初晶温度（T_w）推算

初晶温度是反映槽内电解质成分和酸碱度的重要特征参数，其合理与否与电解槽运行过程的炉膛形状、炉底温度梯度及槽体热收支平衡等关系密切。电解温度通常是在初晶点以上 5 ~ 10℃，这便是电解质的过热温度。降低过热温度可以减少铝溶解损失量，亦即提高电流效率。现代铝电解槽宜选择电解质的过热度为3～5℃，以不妨碍铝与电解质分离为限度。国内外文献报道了四种常用电解质初晶温度计算公式（见表31-6），可供参考。

表31-6 四种常用的电解质初晶温度计算公式

序 号	研究者	公 式	有效范围/%
式(1)	S. Slee, K. Lei, P. Xu, J. J. Brown	$T_w = 1009.4 + 4.059w(CaF_2) - 1.167w^2(CaF_2) + 0.968w(CaF_2)w(AlF_3) - 0.105w(CaF_2)w^2(AlF_3) + 0.073w^2(CaF_2)w(AlF_3) + 0.002w^2(CaF_2)w^2(AlF_3) - 4.165w(AlF_3) - 0.054w^2(AlF_3) - 5.33w(Al_2O_3)$	CaF_2:3.8～11.25；AlF_3:5～20；Al_2O_3:0～饱和
式(2)	邱竹贤，张明杰(1981)	$T_w = 1007.625 - 2.675w(AlF_3) - 4.834w(Al_2O_3) - 3.292w(MgF_2) - 2.906w(CaF_2) - 0.250w(AlF_3)w(Al_2O_3) - 0.033w(AlF_3)w(MgF_2) - 0.025w(AlF_3)w(CaF_2) - 0.528w(Al_2O_3)w(MgF_2) + 0.229w(Al_2O_3)w(CaF_2) - 0.166w(MgF_2)w(CaF_2)$	CaF_2:0～6；AlF_3:0～8；Al_2O_3:0～6；MgF_2: 0～6
式(3)	A. Solheim(1995)	$T_w = 1011 + 0.50w(AlF_3) - 0.13w^2(AlF_3) - 3.45w(CaF_2)/[0.0173w(CaF_2) + 0.124w(CaF_2)w(AlF_3) - 0.00542w(CaF_2)w(AlF_3) - 1.5 - 7.93w(Al_2O_3)/(1 + 0.0936)w(Al_2O_3) - 0.0017w^2(Al_2O_3) - 0.0023w(AlF_3)w(Al_2O_3) - 8.90w(LiF)/(1 + 0.0047)w(LiF) + 0.0010w(LiF) - 2] - 3.95w(MgF_2) - 3.95w(KF)$	AlF_3: < 20；CaF_2: < 20；LiF: < 20%；MgF_2 < 5；KF < 5%；Al_2O_3:0～饱和
式(4)	Bullard, Przybycien (1986)	$T_w = 1010.6 - 0.177w^2(AlF_3) - 0.0005w^4(AlF_3) - 6.646w(Al_2O_3) + 0.168w^2(Al_2O_3) - 2.853w(CaF_2) - 4.6w(MgF_2) - 9.2w(LiF)$	CaF_2:0～12；AlF_3:0～14；LiF:0～6

本书按国内常用的电解质成分，宜选用表31-6中式（2）电解质初晶温度计算，也可选用式（1），如果电解质中添加锂盐可采用式（4）。

c 电解质摩尔比（酸碱度）调整

氟化铝添加量（kg）计算：

$$Q_{AlF_3} = \frac{2P(K_1 - K_2)}{K_2(K_1 + 2)}$$

式中 P——电解质中冰晶石质量，P = 槽内电解质质量 × $(1 - w(CaF_2) + w(Al_2O_3))$，kg；

K_1——调整前电解质摩尔比；

K_2——调整后电解质摩尔比。

氟化钠添加量（kg）计算：

$$Q_{(NaF)} = \frac{P(K_2 - K_1)}{K_1 + 2}$$

摩尔比与槽内游离 AlF_3 过料量的近似关系：

$$CR = 3 - \frac{7.5 \times w(AlF_3)}{100\% - \Sigma[w(Al_2O_3) + w(CaF_2)] + 1.5 \times w(AlF_3)}$$

或
$$w(\mathrm{AlF_3}) = \frac{100 - 500 \times CR}{6 + 3 \times CR}$$

d　阳极更换周期（λ）计算

具体计算方法见 30. 2. 1. 1 节。

e　阳极更换顺序

阳极在电解铝生产过程中是不断消耗的，而阳极的高度是一定的，因此，要求阳极在消耗一定高度后进行更换，以保证电解铝生产的持续进行；由于换入的新极导电需经过 24h 左右才能达到正常值，因此，需合理安排阳极更换顺序，减少对电解槽运行的干扰。一般采用交叉换极法（启动槽、停槽和临时换极作业可特殊处理），换极的原则有两条：

（1）新旧和两侧均匀更换，以保持槽内阳极重量均衡；

（2）相邻阳极更换时间尽可能间隔长，以保持阳极电流均匀分布。

图 31-2 所示为某铝厂换极周期表。

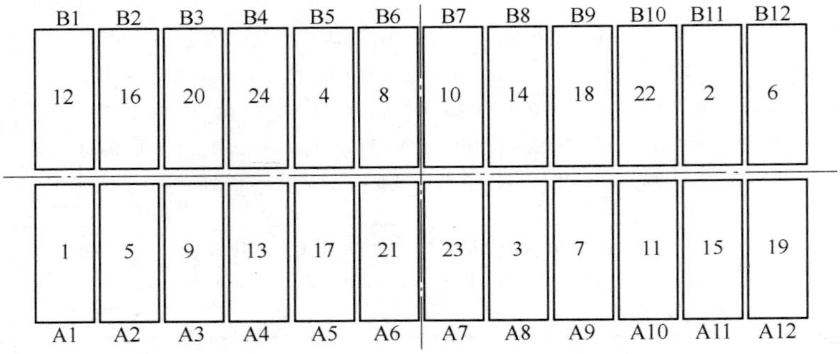

图 31-2　某铝厂电解槽换极周期表

31. 3. 3. 2　电解多功能天车

电解多功能天车（pot tending machine，PTM），见图 31-3。是保证电解车间正常操作管理的重要设备，电解多功能天车是电解铝生产中的主要操作机械，负责完成或协助完成的工艺操作，主要包括：

（1）打开残极周围的电解质结壳，换下残极组，并且记录残极底掌高度的位置；

（2）清理空极处的电解质沉淀及浮渣块；

（3）换上新阳极，并且保证新阳极底掌高度与换下残极底掌高度相同；

（4）装运阳极保温料（破碎电解质或新鲜氧化铝），并且为新阳极组添加保温料；

（5）装运氟化铝，并且为电解槽氟化铝料箱加氟化铝；

（6）完成电解槽打壳加料；

（7）协助完成电解槽出铝，显示、记录和累计出铝量；

（8）协助完成阳极母线转接；

（9）完成电解车间内安装和检修等吊运工作。

多功能天车台数选择关系电解车间各项作业的作业制度和工作质量。目前国内尚无统一的电解车间各项作业标准时间，但随着预焙槽大型化、生产标准化和管理现代化的需

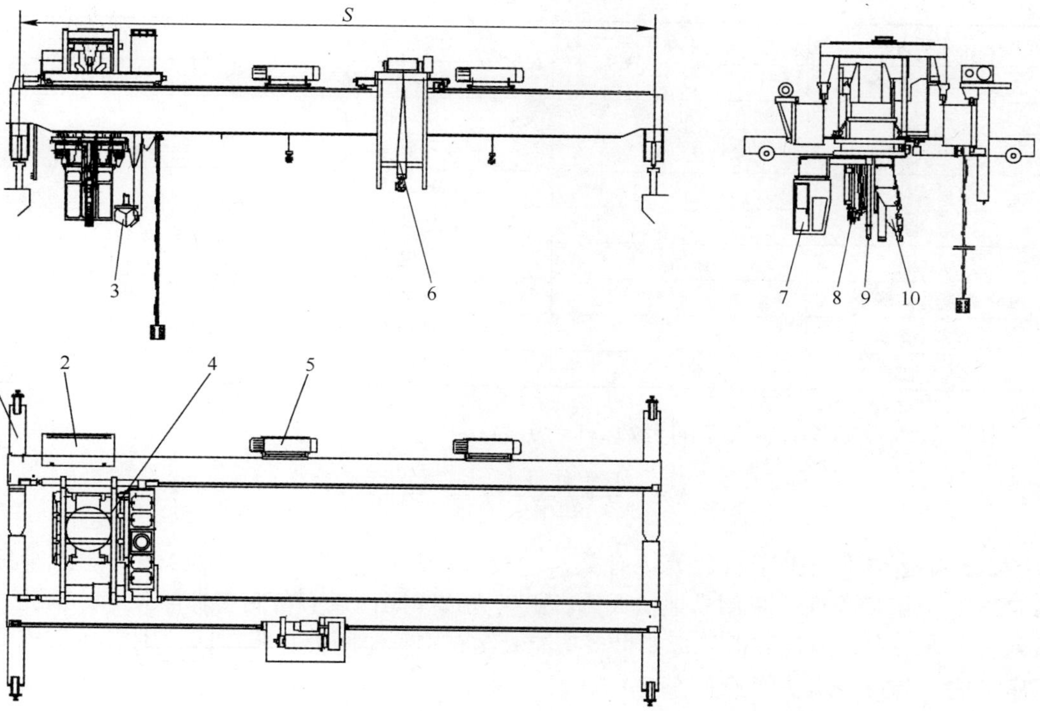

图 31-3 电解多功能天车总体结构示意图

1—大车；2—空气压缩机；3—清渣机构；4—工具小车；5—电葫芦；6—出铝小车；
7—操纵室；8—更换阳极装置；9—下料系统；10—打壳机构

求，逐步根据设备配置条件对生产作业进行统一是必要的。

国内电解铝厂应用多功能机组是随着国内铝行业采用大型预焙阳极电解槽技术开始的，伴随着最早的贵州铝厂引进到青海铝厂建设160kA大型预焙槽系列，到目前国内普遍采用350kA、400kA大型预焙槽技术，国内的多功能机组制造技术从开发到技术成熟并逐步达到世界先进水平。今后国内多功能机组将逐步向大型化，功能模块化方向发展。表31-7列举国内典型的电解车间作业频度和作业时间，以供参考。

表 31-7 典型电解车间的作业频度和作业时间

作业项目	占用设备名称	作业频度	时间/min
换 极	天 车	0.8~1.5块极/(槽·d)	20~25
加覆盖料	天 车	0.8~1.5次/(槽·d)	12~15
出 铝	天车/出铝车	1次/(槽·d)	10~15
抬母线	天车/提升框架	1次/(18天·槽)	25~30
抬包准备	天 车	1次/(槽·班)	20
粗清抬包	天 车	1次/(槽·班)	30
天车装料	天 车	1次/(槽·班)	30
处理病槽	天 车	不定	30~120

续表 31-7

作业项目	占用设备名称	作业频度	时间/min
天车清扫维护	天 车	1 次/(槽 · 班)	30
一点测定		1 次/(槽 · d)	2
多点测定	天 车	1 次/(3 ~ 5d · 槽)	10
取铝式样		1 次/(2d · 槽)	3
取电解质式样		1 次/(4d · 槽)	3
阳极搬运	搬运车	不定	20 ~ 30
16h 电流分布测定	仪 表	1 次/(槽 · d)	5
效应人工熄灭		0.1 ~ 1.5 次/(槽 · d)	5
其 他	不 定		

电解车间所需多功能天车的台数 N(台) 为：

$$N = \frac{\text{天车作业总计时间(min)}}{1440 \times \text{天车运转率}}$$

式中，天车运转率与天车负荷等级有关，一般为 75%。一般情况，每台多功能天车负责 32 ~ 33 台电解槽作业。采用易地槽大修，由于大修车间内设有备用多功能天车，因此，全系列仅考虑一台备用台数即可；如果多功能天车在电解车间内在线检修，则需在每栋电解厂房考虑一台备用多功能天车。

电解多功能天车的部分功能如出铝、检修吊运等，也可由普通天车完成，而普通天车的价格仅是电解多功能天车的 1/5 ~ 1/6，因此，可以将电解多功能天车和普通天车在电解车间合理布置，既满足正常生产，又可节省投资和运行成本。

天车维护会占用电解车间的作业位置从而影响正常生产。在一些设有“易地槽大修”车间的现代大型电解铝厂中，在大修车间专设 PTM 维修区。此时，考虑大修期的备用，多功能天车台数可按 $N+1$(台) 运行。如在系列安装 288 台槽的电解车间，每栋厂房可安装 5 台多功能天车，每台天车运转率为 67.9%，考虑大修车间内备用多功能天车，则系列电解多功能天车总台数为 11 台，如多功能天车在电解车间内维护，考虑电解多功能天车每栋厂房需备用一台，则系列总台数为 12 台。表 31-8 为典型多功能天车主要部件基本数据。

表 31-8 典型多功能天车主要部件基本数据

部 件	参 数	数 值
大车运行机构（带有红外线测距）	运行速度/$m \cdot min^{-1}$	2 ~ 60
	空压机噪声(1.5m 处)/dB(A)	85
	流量/$L \cdot min^{-1}$	10000
	压力/Pa	8×10^5
	工作等级	M8
25t 副钩	吊钩数量/个	2
	工作等级	M4
	提升能力/daN	25000
	提升速度/$m \cdot min^{-1}$	4.5

续表 31-8

部　件	参　数	数　值
驾驶室	旋转速度/r·min^{-1}	2
料仓加料装置	容积/m^3	4.8
	加料管提升速度/m·min^{-1}	13
	加料流量(最大)/m^3·h^{-1}	20~25
打壳机	打击机/J	170
	打击频率/次·min^{-1}	1200
	噪声/dB(A)	平均91
	提升速度/m·min^{-1}	9
	提升低速/m·min^{-1}	1.5
阳极扭拔装置	扭拔力/daN	7500
	压下力/daN	800
	最大倾斜角度/(°)	4
	提升速度/m·min^{-1}	9
	提升低速/m·min^{-1}	0.8
	定位与提升速度/m·min^{-1}	0.5~1.5
清理铲	抓斗打开尺寸/mm	宽:1360
	打开后长度/mm	1570
	提升力/daN	450
出铝小车	横向移动速度/m·min^{-1}	2~40
带导向提升装置	提升能力/daN	35000
	吊钩最高位置到操作面距离/mm	约6000
	提升装置导向行程/mm	4000
	速度/m·min^{-1}	4.5
	天车加料对位系统精度/mm	±10

电解多功能天车的主要制造商是：法国 ECL 公司，荷兰 NKMNOELL 公司，中国株洲天桥起重机股份有限公司，中国有色（沈阳）冶金机械制造有限公司等。表 31-9 为典型电解多功能天车主要参数。

表 31-9　电解多功能天车主要参数

参　数	数　值	参　数	数　值
整机工作级别	A7	出铝小车起升速度/m·min^{-1}	4.9
大车跨度/mm	28500	出铝小车起升量/t	32
大车工作级别	M8	大车轨道型号	QU120
工具小车工作级别	M8	工具、出铝小车轨道型号	QU80
出铝小车工作级别	M7	打壳机冲击功/J	90~95
固定电葫芦工作级别	M4	打壳机冲击频率/Hz	1200/min
固定电葫芦起重量/t	25+25	更换阳极拧头力矩/N·m	≤500
出铝起升机构工作级别	M7	更换阳极最大提升力/kN	约80
大车运行速度/m·min^{-1}	2/60	电葫芦起升速度/m·min^{-1}	0.4/4
工具小车运行速度/m·min^{-1}	3/30	氧化铝料箱容积/m^3	5
出铝小车运行速度/m·min^{-1}	3/30	装机总容量/kW	275

表31-10为中国有色（沈阳）冶金机械有限公司铝电解多功能机组主要参数表，表31-11为株洲天桥起重机股份有限公司铝电解多功能机组主要参数表，图31-4为株洲天桥起重机股份有限公司电解多功能天车总体结构示意图。

表31-10 铝电解多功能机组主要参数（中国有色（沈阳）冶金机械有限公司）

机 构	主要项目	参 数
整 机	机组工作级别/L	A6 ~ A7
	总装机容量/kW	180 ~ 215
大 车	机构工作级别	M7 ~ M8
	跨度/m	22.5 ~ 28.5
	运行速度/m · min⁻¹	6 ~ 70（变频无级调速）
工具小车	机构工作级别	M6 ~ M8
	小车运行速度/r · min⁻¹	4 ~ 30（变频无级调速）
	工具回转速度/r · min⁻¹	3
	工具回转角度(拖线式滑环式)/(°)	±170/360
	司机室回转速度/r · min⁻¹	1 ~ 3（变频）
	司机室回转角度/(°)	约200
	阳极起升速度/m · min⁻¹	慢/快1.5/8
	阳极拔出行程/m	2.1
	阳极拧头升降行程/m	1.55
	阳极下降速度/m · min⁻¹	慢/快0.78/8
	阳极拔出机构最大拔力/kN	60 ~ 80
	阳极卡具拧头扳手力矩/N · m	250 ~ 350
	打击头冲击力/J	≥98
	打壳机行程/m	0.4(直立式)/0.84(四连杆式)
	料箱容积/m³	3 ~ 5(单)/4 + 2(双)
清渣装置	安装形式	固定式/旋转式
	抓斗升降形式/L	电葫芦提升/油缸提升
	抓斗的行程/m	4 ~ 4.3
出铝小车	机构工作级别	M6
	出铝钩工作级别	M7
	小车运行速度/m · min⁻¹	4 ~ 30(变频调速)
	出铝钩升降速度/m · min⁻¹	4.9(单速)
	出铝钩起重量/t	12.5 ~ 32
	升降行程/m	硬钩:3.5/软钩:7
电葫芦（固定/移动）	起重量/t	12.5 ~ 25
	额定工作压力/MPa	≤22
	升降速度/m · min⁻¹	3.5 ~ 7(单速)/0.7/7(双速)
	升降行程/m	9 ~ 12
空压机（37 ~ 55kW）	排气压力/MPa	0.75
	排气量/m³ · min⁻¹	7 ~ 9
液压系统	额定工作压力/MPa	≤22

表 31-11 铝电解多功能机组主要参数表（株洲天桥起重机股份有限公司）

机 构	主 要 项 目	参 数
大 车	机构工作级别	M8
	运行速度/$m \cdot min^{-1}$	6 ~ 60（变频）
	结构形式	两主梁或三主梁结构
工具小车	机构工作级别	M6
	小车运行速度/$m \cdot min^{-1}$	4 ~ 30（变频）
	工具回转速度/$r \cdot min^{-1}$	3
	司机室回转速度/$r \cdot min^{-1}$	1 ~ 3（变频）
	阳极拔出机构最大拔力/kN	60 ~ 80
	阳极卡具拧头扳手力矩/N · m	250 ~ 400
	打壳机结构形式	直立式或连杆结构
	打击头冲击功/J	≥98
	料箱容积/m^3	3 ~ 5
	捞渣机构	双炭块坑或单炭块坑清理
出铝小车（单出铝车或双小车配置）	机构工作级别	M6 ~ M7
	小车运行速度/$m \cdot min^{-1}$	4 ~ 30（变频）
	出铝钩升降速度/$m \cdot min^{-1}$	约 5
	出铝钩起重量/t	10 ~ 40
	导向方式	全程导向或半程导向
电葫芦	起重量/t	8 ~ 25
液压系统	额定工作压力/MPa	≤22
操作方式		操作、遥控操作或者两种操作方式并用
机组工作级别		A6 ~ A7

图 31-4 电解多功能天车实物

31.3.3.3 氧化铝储运

氧化铝储运分为袋装料和散装料储运两类。其中散装料采用料仓储存，而袋装料可采用仓库和料仓联合储存，储存天数根据外运距离，一般为7～60天。

采用火车运输原料时，厂内储存的计划天数需大于一次进厂车辆的最大车皮运输吨位，以避免车皮滞留。

考虑到袋装料在氧化铝仓库内堆放的安全性，一般要求堆放高度不宜超过4m，而且仓库内需留出足够的运输和安全通道，仓库的存料有效面积利用系数可按0.6考虑。由于粉状料存在粉尘污染，因此氧化铝储运设施必须考虑通风除尘设施。

对于带压力的气力输送系统，压力容器和压力管道的操作、维护与管理必须按照相关法规执行。密闭料仓需配备减压装置（如呼吸器）、安全爬梯和作业照明。架空铺设的输送管线，必须设有检修平台、防护栏、安全爬梯和作业照明。

对于温差较大和寒冷地区，采用压缩空气为动力的输送系统必须设置除湿、除油和冷凝水过滤设施，除湿露点应低于-4℃，以避免物料含水量增高及管道积水影响输送系统及后续作业效果。

A 输送装备技术

氧化铝粉状物料的输送方法较多。目前主要分为机械式和气力式输送两大类，见图31-5所示。从功能和技术特性上划分，主要有：

（1）输送方位：水平输送、垂直输送、倾斜输送；

（2）输送方式：稀相输送、浓相输送、超浓相输送；

（3）输送特性：连续输送、间断输送；

（4）输送动力：正压输送、负压输送、正负压联合输送；

（5）输送压力：高压、中压、低压。

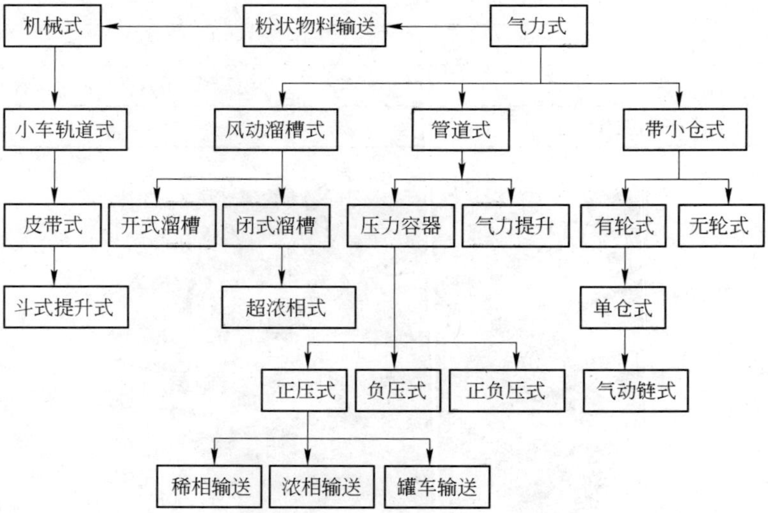

图31-5 氧化铝输送方法分类示意图

B 氧化铝输送技术比较

目前国内外电解铝厂中采用的氧化铝输送技术主要有：小车轨道式、皮带输送机、斗式提升机、空气提升器、稀相气力输送、浓相输送和超浓相输送方式。具体方法的选择与原料进厂方式、运输距离、用地面积、系统配置及技术经济的合理性有关（见表31-12）。国内目前新建铝厂一般以浓相和超浓相输送为主。

表31-12 氧化铝输送几种方法优缺点比较

输送方式	配置特点	输送能力/$t \cdot h^{-1}$	优 点	缺 点	应用企业
小车轨道式	高楼部+厂房轨道	可 调	物料粉碎少	投资维护费高、飞扬	某厂引进
皮带输送机	卸料站+转运仓	可 调	物料破碎少	投资维护费高	某大型铝厂
斗式提升机	配套净化系统料仓	可 调	物料破碎少	机械磨损维护大	大型铝厂
空气提升器	配料仓	3～200	投资低，低压	距离短	各类铝厂
稀相气力输送	仓式泵+输送管道	5～50	用地少，灵活	粉碎严重，耗能	老铝厂
浓相气力输送	压力容器+套管	5～40	用地少，灵活	自控高	新建铝厂
超浓相输送	风机+溜槽	40～150	低耗、破碎低	灵活性差	新建铝厂

浓相输送与稀相输送的主要参数对比见表31-13。

表31-13 氧化铝浓相输送与稀相输送主要参数比较

输送方法	固气比	吨铝空气耗量/m^3	氧化铝破损率/%	吨铝综合电耗/kW·h
浓相输送	15～30	20～25	17～20	3～5
稀相输送	<15	200～300	35～40	5～8

如果电解铝厂氧化铝进厂利用顶卸料式槽罐车进行稀相输送，则压缩空气耗量将达到350～400m^3/min，相当于配两台200m^3/min的空压机。因此，从节能的角度看，今后的槽罐车应改造为底卸料式，以便采用能耗低的浓相输送或超浓相输送方法。

C 各种输送方法的选型计算

a 风动溜槽式输送

采用风动溜槽进行粉料输送是电解铝厂常用的方法之一。

输送速度（m/s）计算：

$$v = 38.5\left(\frac{Bh}{2h + B}\right)^{2/3} i^{1/2}$$

式中 B——风动溜槽宽度，mm；

i——风动溜槽安装斜角；

h——风动溜槽料层高度，一般为50～80mm。

输送能力计算：

$$Q = 3600khBv\rho$$

式中 k——物料流动阻力系数；

ρ——充气状态的物料密度，一般氧化铝为0.5～0.75kg/m^3。

风动溜槽耗气量（m^3/h）计算：

$$W = 60qBL1000^{-1}$$

式中 q——透气帆布单位耗气量，一般为0.94～3.78m^3/(m^2·min)；

L——风动溜槽料层高度，一般为50～80mm。

b 气力输送计算

压缩空气耗量（m^3/min，自由空气）：

$$V = \frac{1000G}{60\lambda_a\mu}$$

式中 G——粉料输送量，t/h；

λ_a——空气密度，采用20℃时的数据，$\lambda = 1.2kg/m^3$；

μ——粉料浓度（粉料与空气质量混合比）。

物料与空气混合物的实际输送速度（m/s）：

$$v = \frac{G/\lambda_b + V}{60SP}$$

式中 G——粉料输送量，t/h；

λ_b——物料容重，kg/m^3；

V——自由空气耗量，m^3/min；

S——管道内径截面积，m^2；

P——空气压力，kg/m^2。

输送管径（m）计算：

$$D = \left[\frac{4G}{60(\pi/4)\cdot v}\right]^{1/2}$$

式中 G——粉料输送量，t/h；

v——输送管道出口风速，m/s。

工作压力计算可参考《水泥厂工艺设计手册（下册）》中第十章输送设备。

c 气力提升器

气力提升器是一种垂直提升物料的气力输送设备。它可以代替斗式提升机或其他机械式提升机，在提升高度超过30m时使用较为经济，显示出其结构简单、操作方便可靠、无粉尘、设备磨损小的优点。但当提升高度较低时，能耗高于斗式提升机。

气力提升机按照喷嘴水平或立式布置可分卧式和立式两种。目前氧化铝输送常采用的是卧式（或水平式）气力提升器。

氧化铝输送用的气力提升器主要设计参数如下：

输送量：	5 ~ 40t/h
垂直提升高度：	7 ~ 36m
输送管径：	ϕ102 ~ 203mm
管道末速度：	7 ~ 15m/s
气固比：	6：26
给料柱高：	2.44 ~ 4.8m
给料柱直径：	ϕ406 ~ 610mm
罗茨风机：	
风量	7 ~ 40m^3/min
压力	13720 ~ 48020Pa（1400 ~ 4900mmH_2O）
电机容量：	7.5 ~ 30kW

31.3.3.4　氟盐储运和电解质渣壳储运

除氧化铝外，电解铝厂所耗原辅材料还包括氟盐即氟化铝、冰晶石和电解质渣壳等。氟盐粉料储运一般采用汽车袋装料进厂和仓库储存方式，而氟盐供配系列电解槽使用时，可采用汽车、手推车、专用加料车及槽罐车等运输方式，还可通过专设的管道经气力输送直接送到电解槽氟化盐料箱。

槽罐车与专用加料车运输属于散装料供配料方式，机械化程度高，容易与天车上料箱配合，物料飞扬损失少。

槽罐车运输方式配置较为复杂，属于气力输送类型，需配合卸料、储料仓和天车加料装置等作业，适应于大型铝厂机械化程度较高和环保严格的要求。

氟盐专用加料车适合于电解系列采用电解槽横向配置的加料需求。

汽车和手推车运输方式，属于袋装料输送和人工上槽加料的传统方式，多使用在电解槽系列投产启动初期，正常生产宜尽量少采用。

电解质渣壳主要来源于电解槽阳极更换后的残极和停槽刨炉槽内电解质块（新槽启动用电解质块除外）。一般每块残阳极携带的电解渣壳约 80kg。

31.3.3.5　出铝抬包

现代电解铝厂的电解槽出铝，一般采用压缩空气为动力的虹吸抽真空的抬包出铝方式，出铝抬包的设计容积为 5 ~ 12t。电解车间配备的出铝抬包数量与抬包容积、工作班次、工作槽数以及抬包清理周转时间等有关，12t 抬包如图 31-6 所示。

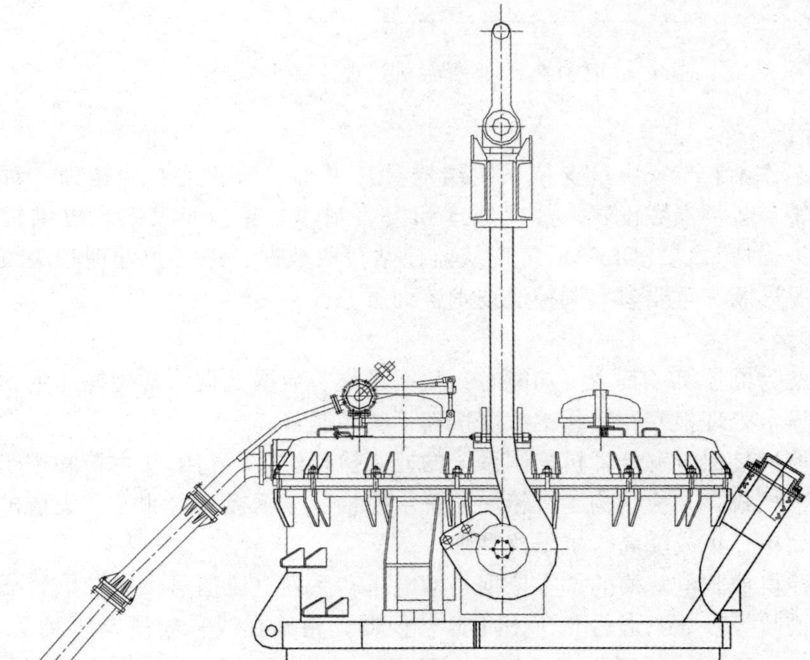

图 31-6　12t 抬包示意图

一般电解车间的出铝抬包配备台数 N_7 为：

$$N_7 = \text{工作抬包数} + \text{维修抬包数} + \text{停槽启动用抬包数} + \text{备用抬包数}$$

其中： 工作抬包数 = 每班抬包作业时间 / 每班有效工作时间

31.3.3.6 槽控机

A 控制系统结构

电解槽系列的生产过程监控系统一般采用多级分布式集散系统结构，分管理级和控制级两级。管理级一般为每个电解槽系列配置 1 台服务器，2 台主管理计算机。控制级为每个电解工作分区一台接口计算机和与电解槽台数相匹配台数的智能槽控机。管理级和控制级通过工业现场通讯总线连接。整个控制系统体现了管理集中，控制分散的结构特点。系统结构如图 31-7 所示。

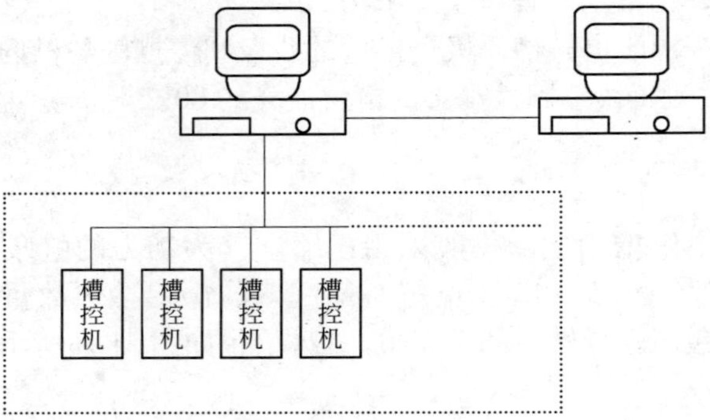

图 31-7 电解槽系列过程控制系统结构

a 管理级

由监控工作站和专家决策支持系统组成。其中监控站的主要功能为：对现场实时监视、异常报警、各类参数设置、数据处理和报表制作、并为专家系统提供数据和数据下发。专家决策支持系统（GLES）负责从监控站获取数据、进行预处理和决策推理，实现电解槽的槽况诊断、重要参数调控及技术咨询服务。

b 控制级

主要设备为槽控机。其主要功能有：数据采集、数据处理、常规操作的执行、常规作业的监控、异常处理报警和氧化铝浓度按需下料控制等。

智能槽控机是铝电解计算机控制系统的控制执行设备，它由动力箱和逻辑箱两部分组成，一般为壁挂式，大板结构。机箱内配置主控板、显示板和检测板等集成电路板，接插件少，结构简单，集成度高，抗干扰性强。

智能槽控机控制电解槽的基本依据是槽电压和系列电流信号，以及电解质温度、氧化铝含氟量、槽龄等参数。通过 V/F 和 I/F 转换器，精确在线采集槽电压及系列电流信号，通过 CANBUS 通信总线完成与中央控制室接口计算机的通信，实现电解槽实时数据传送和接收来自上位机的指令，依据获取的在线数据和离线参数，并根据设定的各种工艺参数进行槽况解析运算，在自动状态下完成效应报警及处理，槽噪声分析与报警，阳极极距自动调整，Al_2O_3 浓度自适应控制，电解质温度过热度控制，控制过程信息及槽状态信息显示，阳极升降软硬件双重保护功能，槽控机硬件设备故障自检功能等。也可在手动状态下由人工操作，完成相应控制功能。

槽控机智能控制系统采用最新理念和实用经验，将氧化铝浓度自适应控制、电解质温度过热度控制、电解槽热场在线动态仿真、专家模糊诊断、效应报警及处理有机结合，实现了对电解槽的全面稳定控制。

智能槽控机具有独立控制功能，若与上位机通信中断或网络内任一其他槽控机故障，该槽控机仍可独立工作。

其主要特点：

（1）独立的智能控制；

（2）简洁明了的人机操作与信息显示界面；

（3）强抗干扰能力；

（4）软硬件双重保护，提供可靠的控制操作；

（5）简便的维修方案。

B　主要控制功能介绍

a　电阻解析

槽电阻（表观电阻）是通过采集系列电流和槽电压信号按下式解析的：

$$R = \frac{V_i - E}{I_i}$$

式中　R——电解槽表观电阻（或称似在电阻），Ω 或 μΩ；

V_i——槽工作电压，V；

E——反电动势，V，一般在 1.6 ~ 1.68V 范围；

I_i——系列电流，kA。

电流、电压信号的采集速率一般为 1 次/s，正常采集测量精度为 ±1‰，电阻解析（RC）速率为 1 次/1min。

RC 解析电阻一般可分为 7 类：

（1）AE 电阻（R_{AE}）。表示阳极效应发生时的电阻判断值，一般取 8V。

（2）电流不正常电阻（R_I）。表示系列电流不正常标示，一般取 ±20kA。

（3）电压异常电阻（R_V）。表示出现异常的电阻判断值，一般为 1500mV。

（4）正常电阻（$R_{正}$）。表示出与正常可控区的电阻范围。

$$R_{正} = R_0 + R_{AC} + R_{sh} + R_{tap}$$

式中　R_0——电阻设定基准值；

R_{AC}——换极时的槽电阻增加值；

R_{sh}——针振时的槽电阻增加值；

R_{tap}——出铝时的槽电阻增加值。

一般正常电阻的上下限取值为：$-300mV \leqslant \Delta R \leqslant +400mV$，超过该值为不正常电阻。

（5）异常电阻 R_i。表示槽电阻变化超过正常电阻范围，但小于 AE 电阻、电流不正常电阻和电压异常电阻。$R_i \geqslant |R_0 + \Delta R|$，$R_i \leqslant R_{AE}$、$R_I$、$R_V$。

（6）正常出口电阻 R_c。表示一次解析电阻为正常电阻，且其变化值小于电压摆动检测用电阻值。$R_{imax} - R_{imin} \leqslant R_{sh}$（电压摆判断电阻）。

（7）大范围出口电阻 R_d，$R_{imax} - R_{imin} > R_{sh}$。

b　电压摆动判断

槽电压摆动即所谓针振的槽控机自动检测标准如下：

$$|R_{imax} - R_{imin}| \geqslant R_{sh}$$

判断条件为：8 次电阻解析中有 6 次出现“摆动”，而摆动结束为 8 次电阻解析中有 4 次出现“停摆”，摆动幅度则按所给定的 R_{sh} 值进行判断。对于 R_{sh} 值的选定有不同观点，国外一般取值相当于电压波动 10 ~ 15mV 范围，但国内普遍取值较高，可达 80mV 以上。据研究表明，当 R_{sh} 大于槽表观电阻总值的 10% 时，已表明电解槽处于不稳定状态，按此推算，180kA 槽的 R_{sh} 取值约为 25mV。

c　氧化铝浓度控制

由于槽内氧化铝浓度难于在线测定，因而工业上应用氧化铝浓度与槽表观电阻之间的动态相关特征曲线实施监控，如图 31-8 所示。

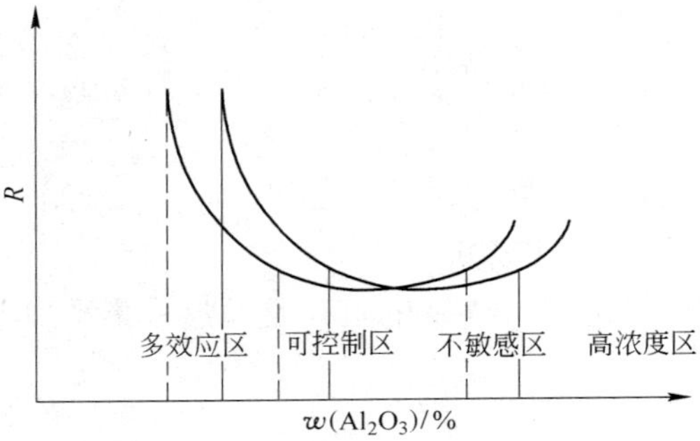

图 31-8　氧化铝浓度特征电阻曲线

由图可知，氧化铝浓度—电阻特征曲线可分为 4 个区域：

（1）高浓度区。电阻对浓度的变化较为敏感，电流效率稍高，但浓度容易饱和，造成沉淀，使槽况逐步恶化。原贵州铝厂引进日本轻金属公司 160kA 槽采用了该区浓度控制策略。

（2）不敏感区。电阻对浓度变化的反应不敏感，且槽电流效率较低。

（3）可控制区。氧化铝浓度较低，电阻对浓度的变化敏感，电流效率高。

（4）多效应区。氧化铝浓度很低，电阻随浓度的降低而急剧上升，易引发阳极效应。

现有氧化铝浓度控制策略确定在可控区。即根据电阻跟踪并辨识浓度变化趋势，通过实时调整加料间隔，实现氧化铝浓度的按需下料及效应自动监控。具体实施方法有自适应控制和模糊控制两类，自适应控制采用数学模型建立电阻与氧化铝浓度的识别关系式，而模糊控制则采用规则推理的模糊数学识别方法。

d　出铝控制

出铝控制是电解槽易于实现而且有效的简便方法。其基本思想体现在“稳定在产铝量，合理调整热平衡，抑制电压摆动”的策略上。

出铝计划的确定一般按照五点（三点）铝水平有效值法 MTVV：

$$HL_x = HL_i/2 + [HL_{i-1} - (J - V_i/300 - K)]/2$$

式中　HL_i，HL_{i-1}——测定日内两次五点铝水平测定值；

J——铝水平测定前后的阳极下降量（排除抬母线操作）；

$V_i/300$——测定前后的极距调整量差值；

K——J 的标准值，K 定义为铝水平、极距、炉膛、沉淀不变情况下的标准阳极消耗速率。

K 的基准值 k，可根据理论计算得出。阳极日耗量（NC）的经验计算公式为：

$$NC = 347 + 334/CE + 0.3AP - 3.7RR$$

根据电流效率 CE，可以推出 NC，并推出阳极平均消耗高度。

e 氟化铝加料控制

现代大型预焙槽的 AlF_3 添加量控制均实现了在线实时监控，使槽内电解质摩尔比和电解温度的调控精度大为提高。AlF_3 加料间隔时间可按下式计算：

$$TFNB(\min) = \frac{q \times n \times 24 \times 60}{Q}$$

式中 q——每点每次加料量，kg；

n——每台槽 AlF_3 下料器个数；

Q——每台槽日 AlF_3 添加量。

在制定控制策略时，应注意 AlF_3 添加作业应与氧化铝加料和阳极效应的协调关系，以保证料量入槽和避免挥发损失。

f 其他控制功能

（1）换极后过程控制：在进行换极操作前，先按下“换极”键，通知槽控机，然后拔出残极，放入新极，槽控机在此期间禁止阳极升降，随后槽控机根据设定的控制参数自动启动换极后过程控制。

（2）边加后过程控制：在进行边加操作前，先按下“边加”键，通知槽控机，槽控机根据设定的控制参数自动启动边加后过程控制。

（3）抬母线操作：即对某电解槽需进行抬母线操作时，将槽控机动力箱手动/自动开关置位在手动状态，使用动力箱上的手动开关完成抬母线过程。

（4）电解槽效应预报和效应处理：对扫描取得的槽参数进行解析，当某台槽电阻变化相继两次超过规定值时，则预报此槽要发生阳极效应，智能槽控机可自动诊断出该槽效应的原因，效应特征值灯闪烁，并据此进行波动自动处理，并通过终端设备打印出相应的信息。当某槽的电压相继6次（当前国内最短为3次）超过规定值（一般为8V）时，则认为其发生了效应，此时槽控机应进行效应处理，若效应自动处理未能消除效应，将会给出效应报警指示或广播提示。

（5）与上位机通信：智能槽控机通过CANBUS实现现场工业控制与中央控制室内计算机间进行通信，实时传送电解生产及控制信息，接收来自上位机指令，并在智能槽控机上设有通信状态指示灯，便于现场操作者观察通信是否正常。若通信中断，则不能向中央控制室发送任何槽况信息及接收各类命令。例如：不能实时播报效应等异常信息，不能接收任何电解槽工艺控制参数的修改。此时智能槽控机仍可依据已有控制参数独立完成对电解槽的控制，但应立即查找故障，尽快恢复系统通信。

（6）故障自诊断：智能槽控机具有对自身硬件设备故障的诊断功能，并提供两种硬件设备自诊断功能，一是软件定时和随机诊断；二是智能槽控机面板上设有“自检”按键，可人工操作检测。所有故障信息同步传送至上位机，及时方便的为操作者提供设备工作状况，有效避免由于智能槽控机自身故障所带来的误操作，并采取相应保护措施。

当前及未来一段时间，电解槽技术特征是“大容量、高电流密度、低电压、高电流效率”。在这样的技术条件下，电解槽的物理场（电、磁、热、流、力）特性、物料平衡与热平衡特性更易受到内外因素的影响，维持电解槽高效运行的工艺技术参数（摩尔比、氧化铝浓度、温度、过热度、极距等）的控制范围变窄，电解槽几乎运行在“稳定”与“不稳定”的临界点。当前的电解槽自动控制系统已不能满足生产需要，需要综合考虑电解槽控制，生产与管理，适应电解技术的发展趋势，才能进一步提高现有电解槽技术的经济指标。

C 槽控系统主要生产厂家及其特点

中铝国际贵阳铝镁设计研究院振兴公司、中铝国际沈阳铝镁设计研究院博宇科技公司、中南大学业翔公司、中国铝业郑州研究院等多家企业研制和生产电解槽槽控系统。

a 贵阳铝镁设计研究院控制技术

贵阳铝镁设计研究院开发的槽控系统广泛应用于国内外多家企业，近年来在传统槽控系统基础上开发的“三度寻优”控制系统，先在中国铝业广西分公司研制成功，在贵州分公司、青海分公司等多家中铝企业推广应用，取得了比较良好的效果。

“三度寻优”技术是以计算机为核心对电解槽的电解质温度、电解质初晶温度和过热度进行控制而形成的一套标准化生产管理模式。它由计算机动态智能寻找铝电解“三度”的合理区间，减少电解生产过程中的人工干预、降低生产人员的劳动强度，使电解槽在高效率的“临界态”工作，进一步提高电流效率，降低能耗、降低效应系数，提高炼铝的能量利用率。

与传统槽控制技术比较，“三度寻优”技术是：(1) 通过解析电解质成分和电解槽稳定性，实现了计算机自动智能添加氟化铝，提高电解质的氟化铝过剩量，提高电流效率；(2) 采用四电压槽控分析策略，实现了计算机自动调整电解槽能量输入；(3) 通过电解槽运行冷热趋势解析，实现了计算机对电解槽输入能量与输入物料的自动平衡管理。图 31-9 所示为“三度寻优”控制系统原理示意图。

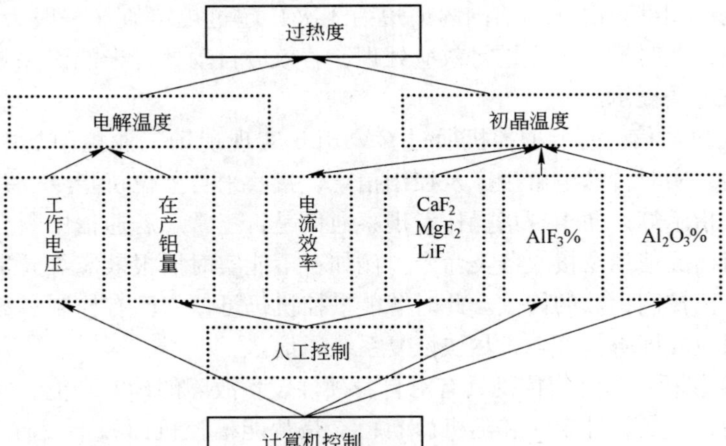

图 31-9 “三度寻优”控制系统原理示意图

b　沈阳铝镁设计研究院控制技术

沈阳铝镁设计研究院博宇科技公司生产的槽控机已经用于国内外多家企业。特别是近几年开发的“全息”操作及控制技术在国内多家电解铝厂应用，效果良好。

“全息”操作及控制技术主要特点是综合考虑电解槽控制、生产与管理，适应电解技术的发展趋势，进一步提高现有电解槽技术的经济指标。在国内电解槽的控制技术基础上增加了生产操作、生产管理数据分析等对电解槽的影响，增加了影响电解槽的热平衡、物料平衡生产操作与控制的联系，增加了通过日常数据分析与挖掘，从而提高了整个系列的电解槽技术表现。

“全息”操作及控制技术包括标准化操作手册、电解槽监督管理系统，电解槽控制系统等三大部分组成。其简要结构如图 31-10 所示。

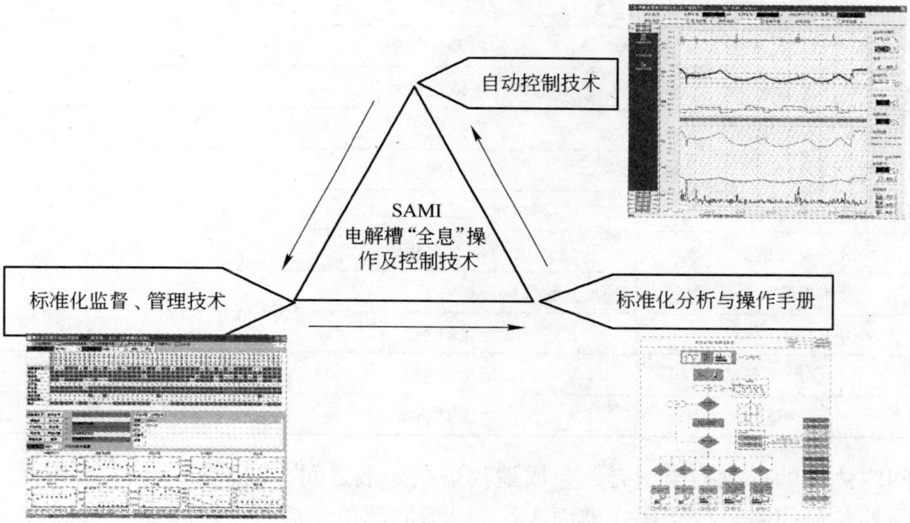

图 31-10　“全息”操作及控制技术简要结构

31.3.4　电解车间电气绝缘

31.3.4.1　电气特殊绝缘要求

铝电解槽系列生产以强大的直流电运行，系列直流电压可高到 1500V，为了防止生产过程中发生电气短路，或发生人身触电事故，除带电设备制造需考虑的电气绝缘要求外，电解车间的电解槽、天车、槽控箱、铝母线、地沟盖板、操作地坪和管道及支架等设施均必须保证可靠的电气安全绝缘措施。

电解车间上述设施的绝缘要求见表 31-14。

31.3.4.2　电气配置要求

距离电解槽、导电母线及地沟盖板 2.5m 范围内不宜设金属轨道、下水管道等。厂房内柱子 4m 以下的不设置金属埋件，柱内钢筋、铁丝不得外露。柱间支撑为金属结构时，操作层标高4m以下应设木制维护栏或采取其他绝缘措施。

表31-14 电解车间各特殊部位电气绝缘限值

部 位	绝缘材料	绝缘电阻限值/MΩ
槽壳与地面	石棉水泥板（浸沥青）	1
槽壳与槽壳之间	石棉水泥板	1
槽罩与槽壳及水平罩	石棉板	2
阴极母线与支座	石棉板、瓷砖、瓷瓶	1
母线固定螺杆	云母套管、云母垫圈	1
排烟管绝缘节	玻璃布板	2
上部结构与槽壳	酚醛层压板	2
风动管路绝缘节	石棉橡胶	2
阳极提升框架与桁架	石棉板及绝缘管	2
操作地面	沥青砂浆或绝缘水泥	1
槽控箱与地面	瓷热座	2
管道支架与地面	橡胶石棉板	2
通风格子板与地面	石棉水泥板、绝缘木	1
通风格子板与槽壳	石棉水泥板	1
短路母线	酚醛层压板、管、垫圈	2
天车钩子与钢丝绳	绝缘材料	2
天车与移动小车	绝缘材料	2
天车与轨道	绝缘材料	2

车间内侧墙的堆放物与槽壳、金属地沟盖板外端之间，间距不小于1.5m。

车间外整流回路母线裸露在地面3.5m以下的部位，应有护网隔离。

车间生产时的施工焊接、检修维护及操作管理必须符合有关安全规定。

31.4 铝锭铸造

铝锭铸造的目的就是将电解车间生产的原铝铸造成市场所需的各种商品铝锭，满足以后的加工需要。

鉴于电解铝厂的铸造产品已趋于多样化，本书的第八篇中详细叙述铝和铝合金各类铸造产品的铸造技术和设备。

31.4.1 铝锭的分类

铝锭按成分不同分为重熔用铝锭、高纯铝锭和铝合金锭三种，按形状和尺寸又可分为线坯、圆锭、扁锭、T形锭等，下面是几种常见铝锭：

（1）重熔用铝锭：15kg，20kg，700kg（≤99.80% Al）；

（2）T形铝锭：500kg，1000kg（≤99.80% Al）；

（3）高纯铝锭：10kg，15kg（99.90%~99.999% Al）；

（4）铝合金锭：10kg，15kg（Al-Si，Al-Ca，Al-Mg等）；

（5）扁锭：（板带轧制用）；

（6）圆锭：（管、棒、型材用）。

31.4.2 铝锭铸造工艺

典型的铝锭的铸造工艺流程为：出铝—计量—配料—装炉—扒渣—浇铸—铝锭—成品检查—成品计量—入库。

31.4.2.1 重熔用铝锭的连续铸造

连续铸造可分为混合炉浇铸和外铸两种方式，均使用链式铸锭机。主要用于生产重熔用铝锭和铸造合金锭。

混合炉浇铸，首先要经过配料，搅拌均匀，澄清后扒渣即可浇铸。铝液经流槽流入铸模中，用铁铲将铝液表面的氧化膜除去，称为扒渣。铝液流满一模后，将流槽移向下一个铸模，铸锭机是连续向前运行，铸模依次向前，铝液逐渐冷却，到达铸造机中部时铝液已经凝固成铝锭，由打印机打上熔炼号。当铝锭到达铸锭机顶端时，铸模翻转，铝锭脱模而出，落在自动接锭小车上，由堆垛机自动堆垛、打捆即成为成品铝锭。铸锭机喷水冷却，每吨铝液大约需冷却水8~10t。铝锭属于平模浇铸，铝液的凝固方向是自下而上的，上部中间最后凝固，留下一条沟形缩陷。

外铸是由抬包直接向链式铸锭机浇铸，主要是在铸造设备不能满足生产，或来料质量太差不能直接入炉的情况下使用。外铸由于无外加热源，所以要求抬包具有一定的温度，一般夏季在690~740℃，冬季在700~760℃，以保证铝锭获得较好的外观。

图 31-11 16t 铝锭连续铸造机组

铝锭链式铸锭机的生产供应商主要有沈阳汇丰机械有限公司、昆明重工（集团）股份有限公司等，每台产能5~16t/h，每块质量20kg。图31-11所示为16t铝锭连续铸造机组。

31.4.2.2 扁锭和圆锭的竖式半连续铸造

竖式半连续铸造主要用于板锭、圆锭等各种变形合金的生产。铝液经配料后倒入混合炉，根据产品品质的需要加入合金。

竖式半连续铸造是顺序结晶，铝液进入铸孔后，开始在底盘上及结晶器内壁上结晶，由于中心与边部冷却条件不同，因此结晶形成中间低，周边高的形式。底盘以不变速度下降，同时上部不断注入铝液，这样在固体铝与液体铝之间有一个半凝固区。由于铝液在冷凝时要收缩，加上结晶器内壁有一层润滑油，随着底盘的下降，凝固的铝退出结晶器。

顺序结晶可以建立比较满意的凝固条件，对于结晶的粒度，力学性能和电导率都较有利。此种铸锭其高度方向上没有力学性能上的差别，偏析也较小，冷却速度较快，可以获得很细的结晶组织。

31.4.3　铸造车间

根据铸造产品的需要，铸造车间可能配置有：混合炉、静置炉、链式铸锭机、半连续铸造机、桥式起重机、扒渣车、计量设备、叉车、敞口抬包及铝渣处理设备等。

铸造车间的配置应该考虑由电解车间运送铝液的方便及安全。由于工厂的产品品种会不断发展，铸造车间宜在车间内或外留有扩展的空间。

铸造车间详见第八篇。

31.5　铝电解烟气净化

铝电解槽生产过程中散发的烟气中含有大气污染物，其中包括氟化物、沥青烟（仅自焙槽有）、粉尘、二氧化硫等。这些有害物若得不到治理和回收而逸散到车间内，必然使工作场所空气中氟化物和粉尘浓度大大超过国家卫生标准，对作业人员身体造成严重危害。与此同时，还将带来大气污染物严重超标排放，对周围环境造成明显污染等问题，这是国家的环境保护法规所不允许的。关于电解铝厂的污染物的情况及其控制措施，详见35.1.3节。

为在保障生产人员身体健康和不破坏环境质量的条件下生产运行和可持续发展，电解铝厂必须配套建设电解烟气净化系统。电解烟气净化系统既可防止电解槽烟气对车间和大气的环境污染，又可回收烟气中的氟化物和氧化铝，是电解车间的必要组成部分。

31.5.1　电解烟气的有害成分与数量

中国的电解铝厂均已采用预焙阳极电解槽，电解铝烟气全部采用干法净化技术进行治理。电解烟气干法净化系统涉及的主要污染物及数量见表31-15，几种大型预焙阳极电解槽的排风量见表31-16。

表31-15　电解烟气控制污染物产生量

名　称	吨Al数量/kg	备　注
氟化物	16～35	以氟计
粉　尘	40～100	其中有氟化物、Al_2O_3、炭粒
SO_2	5～25	

表31-16　几种大型预焙阳极电解槽排风量

槽　型	200kA	300kA	400kA
单槽排风量(标态)/$m^3 \cdot h^{-1}$	5500～6500	7500～9500	9500～11500

注：该排风量不包括系统漏风及开罩槽风量。

31.5.2　干法净化技术、工艺流程和技术指标

31.5.2.1　干法净化技术及工艺流程

干法净化技术是20世纪60年代发展起来的，通过不断完善，是当代铝冶炼工业含氟烟气治理的最佳实用技术，中国现有的电解铝厂采用的均是干法净化技术。

电解槽烟气干法净化技术是利用氧化铝活性强、孔隙多、比表面积大、属两性氧化物、有良好的酸性气体吸附性的特点，对酸性和负电性强的氟化氢进行吸附，从而使氟从气相进入固相，再经高效布袋除尘器分离回收载氟氧化铝实现气固分离，达到同时除去烟气中氟化氢和粉尘的目的。干法净化工艺流程如图31-12所示。

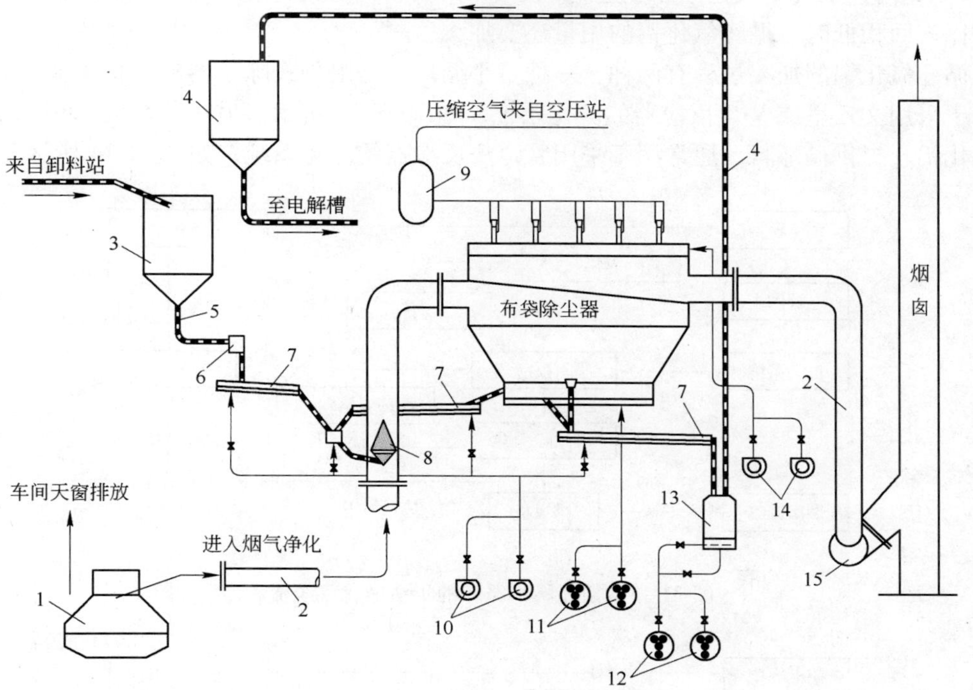

图31-12　预焙电解槽烟气净化工艺流程

1—预焙阳极电解槽；2—排烟管道；3—新鲜氧化铝贮槽；4—载氟氧化铝贮槽；5—氧化铝输送管道；6—定量加料器；7—风动溜槽；8—喷射式反应器；9—储气罐；10—高压风机；11，12—罗茨鼓风机；13—气力提升机；14—反吹风机；15—排烟风机

产生电解烟气的电解槽，经过罩板的密闭和在与电解槽连通的排烟支管负压作用下，对电解槽进行连续不断地抽风，使电解槽产生的烟气进入排烟支管，由排烟支管将烟气汇总到排烟总管。在设于各组除尘器前的反应器处定量加入新鲜氧化铝和循环氧化铝，在反应器中氧化铝和烟气在极短时间内均匀混合、充分接触，氧化铝吸附烟气中的氟化氢并发生以下反应完成氧化铝对氟化氢的化学吸附，使氟化氢由气态变成固态：

$$Al_2O_3 + 6HF = 2AlF_3 + 3H_2O$$

含有氧化铝颗粒的烟气沿管道进入袋式除尘器，由于气流减速沉降和布袋除尘器的过滤作用进行气固分离。烟气中的固氟（冰晶石、AlF_3等）和其他粉尘由袋式除尘器直接从气体中分离出来，被吸附到氧化铝颗粒表面的氟化氢也随氧化铝颗粒一同被从气体中分离出来。分离出的氧化铝被称之为载氟氧化铝，一部分作为循环料被加入到反应器继续参与吸附反应，以加大烟气中氧化铝颗粒物浓度保证净化效率；另一部分（相当于新氧化铝的加入量）通过提升装置进入载氟氧化铝仓供电解生产使用。

通过袋式除尘器除尘后的烟气，经过主排烟风机和烟囱排入大气。

电解槽使用的全部氧化铝原料，除少量的新氧化铝（约总量的5% ~10%）用于焙烧炉烟气净化外，其余新氧化铝都用于电解烟气净化，循环氧化铝的加入量为新氧化铝加入量的3 ~5 倍，烟气中氧化铝浓度达到70 ~100g/m^3。对氟的净化效率要求高或所用新氧化铝的比表面积低时，循环氧化铝的用量还要加大。

循环氧化铝的加入过程有两种，一种是小循环，是由袋式除尘器料斗提供循环料，通常用于采用文丘里或 VRI 反应器的净化系统，如图 31-13 所示。另一种是大循环，是由载氟氧化铝仓提供循环料，通常用于采用管道法反应器的净化系统，如图 31-14 所示。

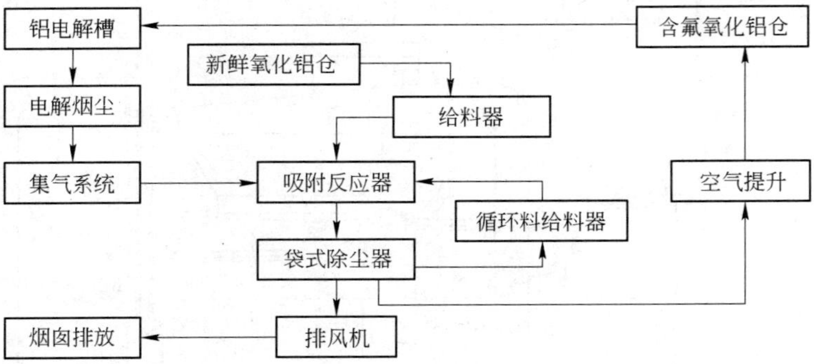

图 31-13　循环料小循环的干法净化系统流程

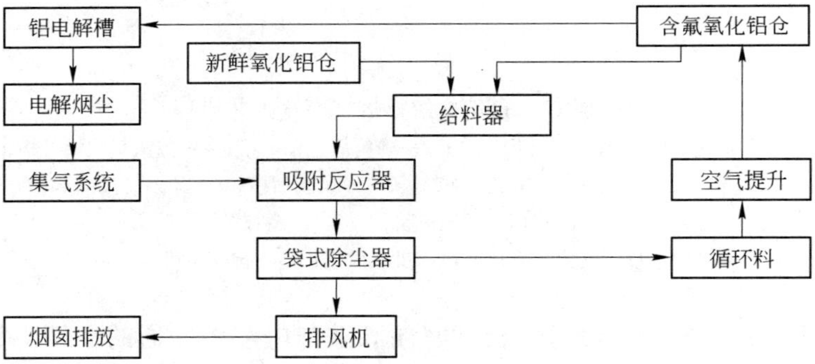

图 31-14　循环料大循环的干法净化系统流程

31.5.2.2　干法净化系统主要技术指标

除烟气量外，电解槽集气效率、氟净化效率、氟化物和粉尘排放浓度是干法净化系统设计中最重要的指标，近年新建电解槽的烟气干法净化系统主要设计指标为：电解槽集气效率98% ~98.5%；烟气温度≤130℃；氟化物（以 F 计）的排放浓度（标态）<3mg/m^3；氟净化效率≥99%；粉尘排放浓度（标态）≤10mg/m^3；吨铝电耗 200 ~300kW · h；吨铝水耗<0.1m^3；吨铝压缩空气消耗；反吹风除尘器 0.1 ~0.3m^3；脉冲除尘器 10 ~15m^3；吨铝滤料消耗约 0.1 ~0.2m^2（寿命约 3 ~4 年）。

31.5.3 干法净化主要工艺设备及设施

电解车间长度达几百米到千余米，跨度在二十余米至三十余米，一个电解系列的电解槽布置于两条平行厂房内，如图 31-15 所示。电解烟气净化系统一般布置于两条电解厂房之间的区域内，也有少量电解系列的烟气净化系统布置于电解厂房端头。依据生产规模和电解厂房长度，一般两厂房之间布置 1～3 套烟气净化系统，每套净化系统处理两条厂房中的一部分电解槽的烟气，以减少排烟管道的长度。

图 31-15 两条电解厂房之间的净化系统

31.5.3.1 主排烟风机

主排烟风机采用 D 型或 F 型锅炉引风机。每套净化系统一般采用多台相同型号的主排烟风机，并联配置。主排烟风机的调节门应配有电动执行机构进行控制或自动控制。多台风机并联配置时，风机的进出风管可配置有截止阀门，以方便风机的检修。

离心式风机运转时风量越大，负载越大，因此在启动时，要求关闭阀门使风量降为“零”或最低，实施空载启动。系统阻力减小时，风机风量将增大，电动机的电流将增大。因此，在系统运行时，要防止由于系统阻力变小而使风机电动机过载。

31.5.3.2 布袋除尘器

由于使用电解铝生产原料氧化铝做氟化氢的吸附剂，烟气中的“粉尘”就是生产原料氧化铝粉，必须尽可能完全地得到回收。而电解烟气净化系统的除尘器面对的是含尘浓度可能高达 70～100g/m^3 的烟气，这就是电解烟气净化系统的气固分离设备不用电除尘器的根本原因。用除尘效率评价除尘器的除尘效果，已经不能满足电解烟气净化系统对于除尘器的性能的要求，而是要用除尘器出口含尘浓度来评价除尘器的性能。因此，必须采用控制指标最为严格的袋式除尘器来进行气固分离，使粉尘的排放浓度实现（标态）小于 10mg/m^3 的控制指标，采用覆膜滤料时，甚至可实现（标态）小于 1mg/m^3 的控制目标。以吨铝排烟量（标态）1.0×10^5m^3 计算，排放浓度（标态）10mg/m^3 时，氧化铝损失为 1kg。袋式除尘器具有对微细粒子的捕集效率高，排尘浓度低且稳定的特点，这对最大限度回收氧化铝粉是重要的。

袋式除尘器具有粉尘排放能力受限的性质，表现为进气含尘浓度越高，其除尘效率越高；当达到排放能力上限后，即使进气含尘浓度增加，其排放浓度也不再随之增加。因此，袋式除尘器适用于处理高粉尘浓度的烟气。而电除尘器则具有粉尘捕捉能力受限的性质，表现为进气含尘浓度越低，其除尘效率越高。当进气含尘浓度超出其捕捉能力上限后，多出的粉尘将被如数排放。电除尘器的这种性质适用于处理含尘浓度相对较低的废气。

根据电解烟气净化系统的特点和性质，以及单套净化系统处理风量一般都在百万立方米以上的情况，每套电解烟气净化系统一般要采用多台并联的大型菱形流态化分室反吹袋式除尘器或大型脉冲袋式除尘器，除尘器进出风口应有调节阀门，以平衡风量和方便对除尘器的检修。

A 菱形流态化分室反吹袋式除尘器

菱形流态化分室反吹袋式除尘器是20世纪80年代在消化吸收引进的国外公司的先进技术基础上，由沈阳铝镁设计研究院开发设计的。它是针对铝冶炼和铝用炭素行业的含氟烟气净化系统的特点而开发的专用除尘器。该袋式除尘器采用了菱形布袋、分室反吹清灰、流态化排料和单元组合式结构，具有结构紧凑、单位体积过滤面积大、钢材耗量低、滤料使用寿命长和除尘效果好等特点，其操作简单、维护方便且维护工作量低。该袋式除尘器在中国铝电解和铝用炭素行业的含氟烟气净化系统中已得到广泛应用。

菱形流态化分室反吹袋式除尘器的结构如图31-16所示。

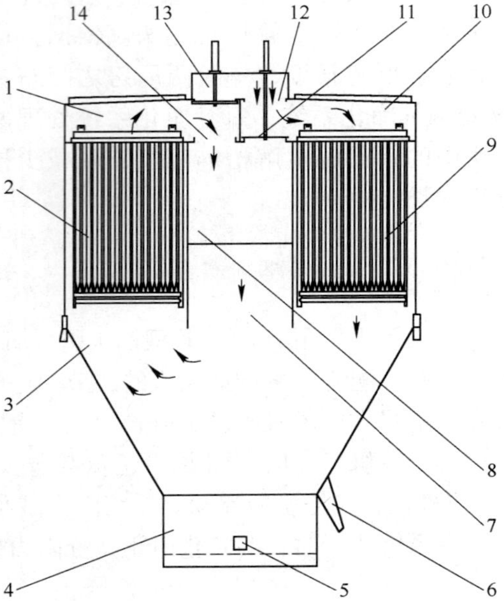

图 31-16 菱形流态化分室反吹袋式除尘器结构示意图

1—净气室；2—过滤单元（在过滤状态）；3—料斗；4—沸腾床；5—循环料出口；6—返回料出口；7—烟气进口；8—除尘器出风口；9—过滤单元（在反吹状态）；10—过滤单元大盖；11—气缸阀阀板；12—反吹风进风口；13—反吹风道；14—净气出口

在引风机作用下，含尘烟气从烟气进口进入料斗上部的空间。由于空间增大使风速降低，烟气在料斗内扩散开，烟气所含的较粗颗粒在料斗内沉降。过滤单元处于过滤状态时，气缸阀阀板的位置在上部，打开净气出口，关闭反吹风进风口。烟气从过滤单元下部向上运动，洁净的气体通过滤料进入净气室，然后经过净气出口由除尘器出风口排出除尘器。烟气中的粉尘则被隔离在过滤单元滤料外部。

随着过滤的继续，过滤单元滤料外部的粉尘层逐渐加厚，除尘器的阻力也随之增加，阻力达到规定数值时，要对过滤单元进行反吹清灰，如过滤单元的工作状态，气缸阀阀板的位置在下部，打开反吹风进风口，关闭净气出口，反吹风由反吹风道经过反吹风进风口进入净气室，反吹风由过滤单元的上部进入过滤单元对滤料进行反吹，将滤料外面的粉尘层清除。清除的粉尘从过滤单元下部排出到料斗内。菱形流态化分室反吹袋式除尘器的反吹清灰由PLC控制完成。

进入料斗内的物料在沸腾床作用下呈流态化状态，料位高出返回料出口时，高出的物料由返回料出口排出，由输送系统送进载氟氧化铝仓。反应器需要的循环氧化铝由循环料出口排出，返回料出口高出循环料出口，沸腾床有足够的物料用于循环料。

通常，每台除尘器配有10个过滤单元，分两排配置。每个过滤单元有12条布袋，每条布袋由29个小菱形构成，骨架为I形钢制骨架。这种结构的配置紧凑，单位体积内过滤面积大，钢材用量低。每台除尘器处于反吹清灰状态的过滤单元最多1个，过滤单元在大多数时间里处于过滤状态。菱形流态化分室反吹袋式除尘器的过滤风速一般为0.5～1.0m/min。

菱形流态化分室反吹袋式除尘器的过滤单元能够整体移出进行离线检修，此时除尘器可以用备用过滤单元继续工作。

B　脉冲袋式除尘器

脉冲除尘器结构如图31-17所示。

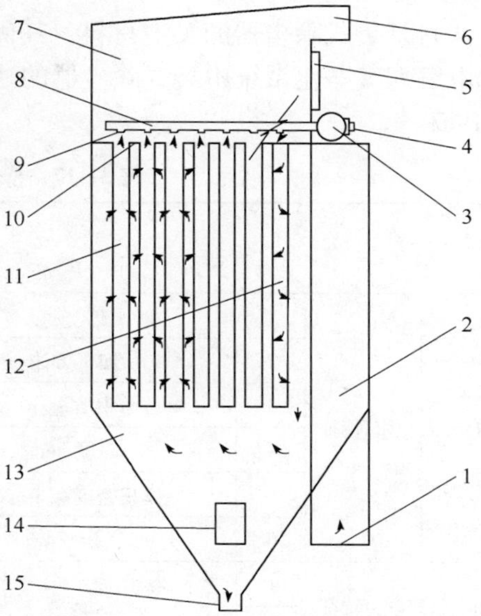

图31-17　脉冲除尘器结构示意图

1—烟气进口；2—气箱；3—压缩空气包；4—脉冲阀；5—人孔；6—净气出口；7—净气室；8—喷吹管；9—喷嘴；10—花板；11—滤袋（过滤状态示意）；12—滤袋（清灰状态示意）；13—料斗；14—检查孔；15—返回料口

脉冲袋式除尘器在引风机作用下，含尘烟气从烟气进口进入气箱在料斗内扩散开，其中的较粗颗粒在料斗内沉降。烟气由下向上运动，滤袋在过滤状态时，其上部与喷吹管联通的脉冲阀处于关闭状态，洁净的气体通过滤袋，在滤袋内部向上流动，然后经净气室由净气出口排出除尘器。烟气中的粉尘则被隔离在滤袋外部。

随着过滤的继续，滤袋外部的粉尘层逐渐加厚，除尘器的阻力也随之增加，阻力达到规定数值时，要对过滤单元进行脉冲反吹清灰，如图中滤袋所示的工作状态。反吹清灰时脉冲阀打开，压缩空气由压缩空气包进入喷吹管从喷嘴喷出。喷出的气流带动二次气流对该喷吹管下的滤袋组同时进行清灰，将滤袋外面的粉尘层清除。清除的粉尘从滤袋外部落到料斗内。脉冲袋式除尘器的清灰由脉冲控制仪或PLC控制完成。

进入料斗内的物料由返回料口排出，经输送系统送出。

大型脉冲除尘器多采用长袋，袋长一般为6000～10000mm，直径一般为100～160mm。骨架为钢制的圆形骨架（也称袋笼），根据安装条件，骨架可分节。

脉冲袋式除尘器的清灰方式分以下三种：

（1）高压脉冲式，压缩空气压力为0.60～0.80MPa。

（2）中压脉冲式，压缩空气压力为0.20～0.60MPa。

（3）低压脉冲式，压缩空气压力为0.06～0.20MPa。

在电解烟气净化系统中，脉冲袋式除尘器使用的压缩空气必须经过除湿干燥。

脉冲袋式除尘器的过滤风速，在电解烟气净化系统中一般为1.0～1.5m/min，其他行业可达3m/min左右。

脉冲除尘器具有整体结构简单、配置灵活、便于维护的特点。其配件已经专业化、系列化生产和供应。但有许多配件结构复杂、安装要求高，维护工作量较大，并且需要经常维修，不及时维护或维护不到位，将严重影响除尘器性能。

C 滤料

滤料是袋式除尘器的关键材料，其优劣与除尘效果直接相关。

电解烟气净化系统中袋式除尘器的滤料通常选用的是涤纶针刺毡滤料。其基本特性见表31-17。

表 31-17 涤纶针刺毡滤料特性参数

项目					滤料型号				
					ZLN-D500	ZLN-D550	ZLN-D600	ZLN-D650	ZLN-D700
Ⅰ	形态特征	1	材质		涤纶				
		2	加工方法		热定形，热辊压光				
		3	单位面积质量/$g \cdot m^{-2}$		500	550	600	650	700
		4	厚度/mm		1.95	2.1	2.3	2.45	2.60
		5	体积密度/$g \cdot m^{-3}$		0.256	0.262	0.261	0.265	0.269
		6	气孔率/%		81	81	81	81	80
Ⅱ	强力特征	1	断裂强力（5cm×20cm）/N	经	1020	1070	1120	1170	1220
		2		纬	1350	1500	1700	2000	2100
Ⅲ	伸长特征	1	断裂伸长率/%	经	23	22	23	23	26
		2		纬	30	27	26	26	29
Ⅳ	透气性	1	透气度	$L \cdot (m^2 \cdot s)^{-1}$	330	300	260	240	200
		2		$m^3 \cdot (m^2 \cdot min)^{-1}$	19.8	18	15.6	14.4	12
		3	透气度偏差/%		±5	±5	±5	±5	±5
Ⅴ	阻力特征	1	洁净滤料阻力系数		15				
		2	再生滤料阻力系数		32				
		3	动态阻力/Pa		216				
Ⅵ	捕尘特征	1	静态捕尘率/%		99.8				
		2	动态捕尘率/%		99.9				
		3	粉尘剥离率/%		93.2				
Ⅶ	使用特征	1	使用温度/℃	连续	<130				
		2		瞬间	<150				
		3	耐酸性		良				
		4	耐碱性		一般				

注：资料来源：中国环保产业协会袋式除尘委员会编写的《袋式除尘器滤料及配件手册》。

31.5.3.3 氧化铝给料设备

氧化铝给料设备可以选用：圆盘给料机、螺旋给料机、星形给料器和流态化给料器等。给料设备还应配有计量设备，控制给料设备的给料量。

31.5.3.4 氧化铝物料输送设备

氧化铝输送设备通常采用风动溜槽。风动溜槽的原理是当空气通入粉料层后，使物料流态化，由于流态化物料的静止角减小，流动性增加，呈现出类似流体的性质。风动溜槽既可作为输送装置，也可作为供料器或料仓的卸料器。风动溜槽的结构如图31-18所示。

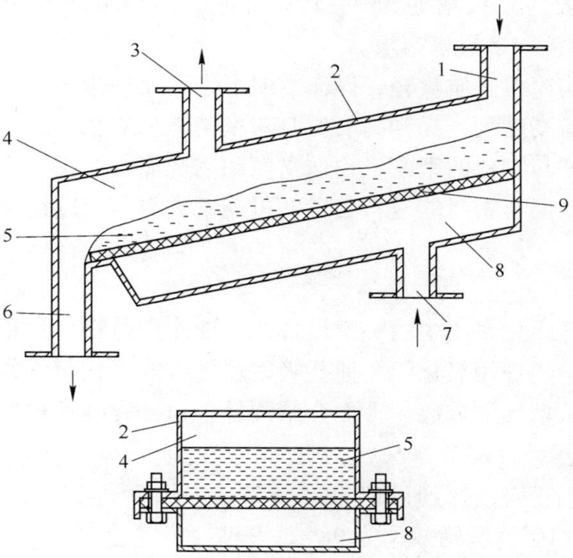

图31-18　风动溜槽结构示意图

1—进料口；2—槽体；3—排风口；4—输料室；5—物料层；6—排料口；7—进风口；8—风室；9—多孔板

多孔板可以是由多层帆布板、素烧陶瓷、多孔水泥板或粉末冶金等材料制成，常用的是多层帆布板。通风压力根据多孔板的阻力和所载物料层的阻力确定，一般在5000Pa左右。所用风量通常在1.4～2.0$m^3/(m^2\cdot min)$左右。风动溜槽布置可以是水平或向下倾斜0°～8°，物料在槽内移动速度一般为1～4m/s，输送长度可达100～200m。

风动溜槽的输送量受溜槽坡度和物料静止角影响。坡度对输送量的影响很大，例如，当坡度从0.04%（2°18′）增加到0.06%（3°26′）时，输送量可增加到接近一倍。

31.5.3.5　氧化铝提升设备

氧化铝提升通常采用气力提升机，也称气力提升泵。适用于小于2mm的细颗粒和粉料的低压垂直提升。它通常与风动溜槽水平输送配合，提升高度可达80m，输送量为10～200t/h，混合比达10～40，风压为30～80kPa。压气机可用罗茨风机或旋板式鼓风机。气力提升机的结构如图31-19所示。

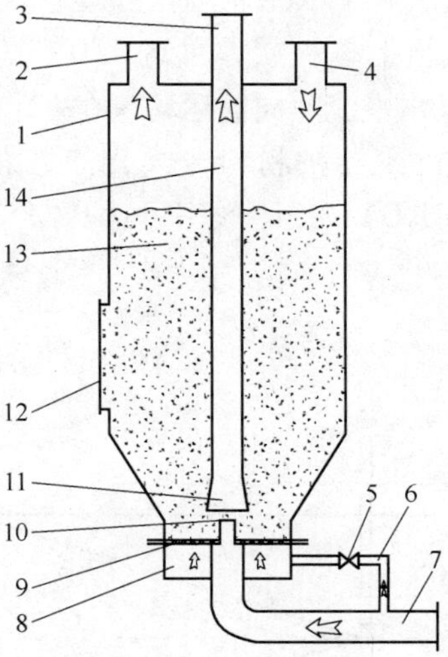

图31-19　气力提升机结构示意图

1—筒体；2—排风口；3—出料口；4—进料口；5—调节阀；6—流化风管；7—进风管；8—流化风室；9—多孔板；10—喷嘴；11—提升管进口；12—检查门；13—料柱；14—提升管

气力提升机的工作原理相当于一个低压流化罐。在它的下部装有多孔板，使内部的物料流态化，靠从中部喷嘴喷出的高速气流（每秒百余米）进入提升管进口，将物料带走。流态化所需的风量一般为总风量的 3% ~10% 左右，由调节阀控制，输料管内的风速为 16 ~25m/s。多孔板通常用多层帆布板。

气力提升机的结构简单，质量轻，操作方便可靠，无粉尘飞扬，磨损小，能长期安全运行。它的缺点是设备高度大，提升高度低时功率消耗相对较大。

气力提升机的高度与物料的密度、输送高度和输送能力有关。它可以靠物料产生的压力保持密封，因此不需要有密封的进料装置，可连续进料和连续输送。

31.5.3.6 反应器

反应器是电解烟气净化系统中的关键设备，主要作用是将氧化铝粉加入到烟气中并与烟气迅速、充分混合，实现用氧化铝粉捕捉吸附烟气中的氟化氢气体分子，使氟化氢由气体转为固相，以便于从烟气中分离。下面介绍国外公司开发的各种反应器。

A 加拿大铝业公司稀相管道法反应器

管道法是将氧化铝粉直接加到风速为 14 ~20m/s 的管道中，反应时间为 1s 左右。雷诺数（*Re*）不低于 5×10^5，吸附效率为 98% ~99%。

在管道法中，要求 $Re = 5 \times 10^5$ 以上的原因，是为了保证一定的紊流程度，由层流过渡到紊流的气体流速，因为在层流边界层和过渡区以内，流速是按抛物线分布的，速度梯度较大，当管道内的气体流速继续提高，质点相互混扰，激烈进行动量交换，各质点的速度趋向均匀化。管道法反应器如图 31-20 所示。

B 美国铝业公司 Alcoa398 法

该法属于浓相流态化沸腾床，其净化过程是将氧化铝铺在钻有许多直径为 2 ~3mm 小孔的花板上，料层厚度为 120 ~200mm，烟气从花板下以 1m/s 的流速穿过料层，物料以 0.3m/s 水平流速向前运动，在一定的气流速度下物料处于沸腾状态，部分细粉被气流带走，由袋式除尘器把粉料分离出来，总反应时间 1s 左右。料层阻力为 3430 ~3920Pa（350 ~400mmH_2O），吸附效率可达 98% ~99%。美国铝业公司 Alcoa398 法结构如图 31-21 所示。

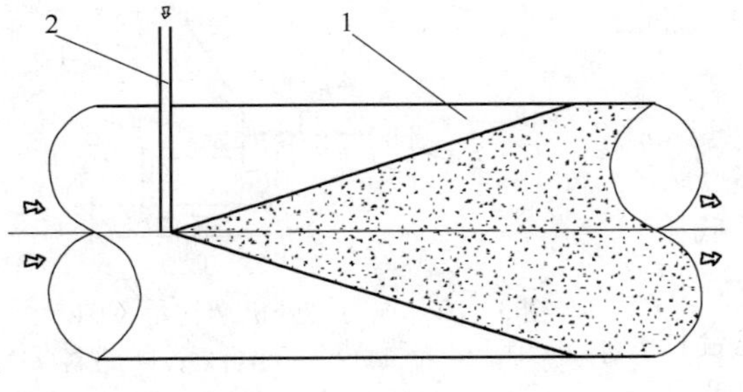

图 31-20 管道法反应器示意图

1—管道；2—氧化铝加料管

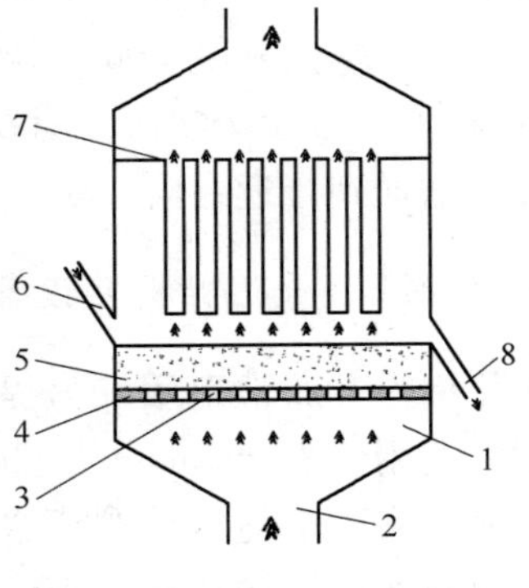

图 31-21 美国 Alcoa398 法示意图

1—气箱；2—进烟口；3—微孔；4—微孔板；5—流化床；6—氧化铝加入口；7—除尘器；8—载氟氧化铝出口

C　文丘里反应器

法国大气公司于20世纪70年代初，提出了稀相流反应器取代沸腾床，气流速度提高到15m/s以上时，在流态化传质条件上有所改变，氧化铝直接加到文丘里反应器的喉口部位，再在紊流状态下进行交换。在反应器喉口部位，由于速度高，扩散效果好，可使气固相充分混合，吸附效率也同样可达98%～99%。

该法的特点是取消沸腾床，设备简单，低速文丘里阻力损失小，一般为300～500Pa，反应时间为0.8～1.0s。文丘里反应器如图31-22所示。

D　VRI反应器

美国宾夕法尼亚工程公司（PEC）开发的VRI（vertical radial injection）反应器属垂直径向喷射法，是由流态化元件、带孔的锥形管和氧化铝下料装置构成。高压风机供应的空气吹入流态化元件，将氧化铝流态化后垂直径向喷射到烟气中，呈圆形截面分布，使烟气与氧化铝迅速均匀混合。锥形管孔喷射氧化铝的方式，具有氧化铝破损率低、阻力小、吸附率高的特点。VRI反应器结构如图31-23所示。

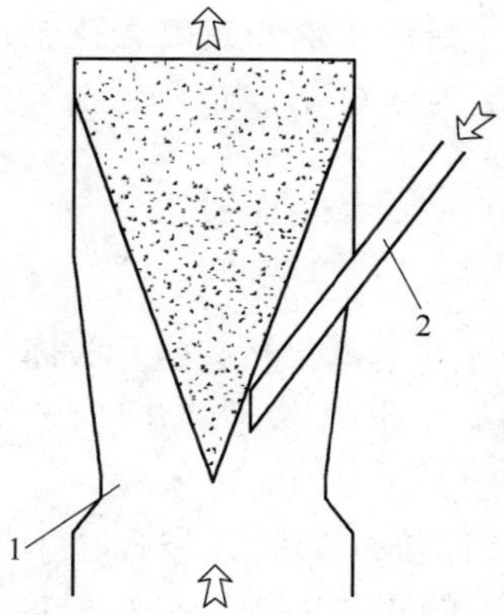

图31-22　文丘里反应器示意图

1—文丘里管道；2—氧化铝加料管

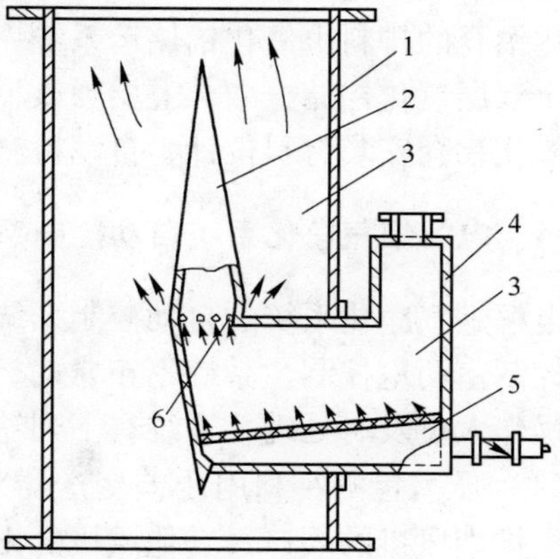

图31-23　VRI反应器示意图

1—烟气管道；2—空心锥体；3—Al_2O_3；4—给料箱；5—流化元件；6—溢流孔

E　反应器阻力损失与氧化铝粒子破损率

以上各种反应器的阻力损失与氧化铝粒子破损率见表31-18。

表31-18　各种反应器的阻力损失与氧化铝粒子破损率

序　号	反应器形式	阻力损失/Pa	氧化铝破损率/%
1	沸腾床	3430～3920	10～15
2	文丘里	392	10～20
3	管道法	147～196	20
4	VRI	147～245	5

由表31-18可见，沸腾床阻力大，将增加系统能耗；管道法反应器阻力最小，但氧化铝粒子破损率却最高。VRI反应器的阻力较小、氧化铝粒子破损率最低。

31.5.3.7 其他设施

A 排风管道（网）

排风管道（网）的布置直接影响系统阻力，排风管道（网）由排风主管道和排风支管道组成。排风主管道上要适当配有伸缩节，排风支管道上配有绝缘管和调节阀门。排风管道的设计要能够保证电解槽的集气效率，减小系统阻力。水平管道和小于烟尘安息角的倾斜管道一般采取 12 ~ 18m/s 的风速，大于烟尘安息角的倾斜管道采用 12 ~ 16m/s 的风速。

B 烟囱

电解烟气净化系统使用的烟囱，有砌砖、钢筋混凝土及钢结构。通常 40m 以下可使用砖砌，40m 以上使用钢筋混凝土构筑。烟囱的高度应该满足环境影响评价报告书的有关要求。

C 氧化铝料仓

电解烟气净化系统使用新氧化铝仓和载氟氧化铝仓两种料仓。新氧化铝仓的进料和载氟氧化铝仓的排料由氧化铝储运系统完成，一般情况下，新氧化铝和载氟氧化铝均储存于同一个双层氧化铝储仓中，上层为载氟氧化铝储仓、下层为新氧化铝储仓。新氧化铝仓和载氟氧化铝仓安装有料位计，自动检测仓内的料位情况。

31.5.4 电解烟气净化系统自动控制系统

电解烟气净化系统的自动控制系统是在 PLC 控制下自动运行，所有电动设备均可为现场和控制室两地控制。系统不正常时，自动控制系统将显示出故障点，并进行声光报警，方便操作人员及时处理。系统有下列功能：

（1）压力检测：利用压差变送器对净化系统各关键部位（如：各袋式除尘器的进出口、主排烟风机的入口、其他风机的出口、排烟总管等）的压差进行动态检测并在控制室内显示。

（2）料流检测：利用微波开关对氧化铝输送进行动态监视并在控制室内显示。

（3）袋式除尘器自动清灰：在 PLC 可编程控制器控制下可对除尘器以下述方式进行清灰：压差自动清灰、定时自动清灰或手动清灰。可采用大系统循环清灰，即在多台并联的分室除尘器系统中，每次只清其中一台除尘器中的一个室，待所有除尘器的所有室都清完后，再开始下一轮循环。这样使得系统的阻力波动小且下料均匀，从而使系统运行更加平稳。PLC 可对清灰系统进行故障自检，提醒操作人员及时处理。

（4）料仓料位高低报警：载氟氧化铝及新氧化铝料仓设高低料位声光报警。

（5）新氧化铝的自动计量：采用固体物料冲板流量仪对新氧化铝的加入量进行计量，使净化系统的氧化铝通过量与电解生产用量相匹配，从而维持净化系统的正常运行。该设备可以对加入的氧化铝同时进行瞬时量和累计量的计量，并且有零点跟踪功能，计量精度高，运行平稳。

31.5.5 电解铝烟气净化设备

电解铝烟气净化设备供应商主要有：挪威阿尔斯通（Alstom）公司、法国索留斯

(Solios) 公司、大连碧海 (DLBH) 环保设备有限公司 (单台脉冲袋式收尘器面积 1800 ~ 8100m^2) 等。

挪威阿尔斯通公司是一家国际上主要的电解铝和炭素阳极烟气净化设备供应商。其近几年开发的干法净化装置称为 Albart，即 ALSTOM best available recovery technology 的缩写。Albart 的工作原理如图 31-24 所示。

Albart 系统有两种规格：Albart 600 和 Albart 380，每个室内的滤袋数分别为 600 个和 308 个，滤袋长度为 6m 和 5 ~ 8m，每个室通过的气量分别为 100000m^3/h 和 40000 ~ 65000m^3/h。前者用于电解铝的烟气净化；后者用于炭素阳极的烟气净化，也可用于上插自焙槽或规模较小的扩建。用于电解烟气净化时可保证的排放指标（标态）为：HF（气氟）< 0.5mg/m^3；FP（固氟）< 0.3mg/m^3；粉尘 < 3.0mg/m^3。

Albart 的使用参数见表 31-19。

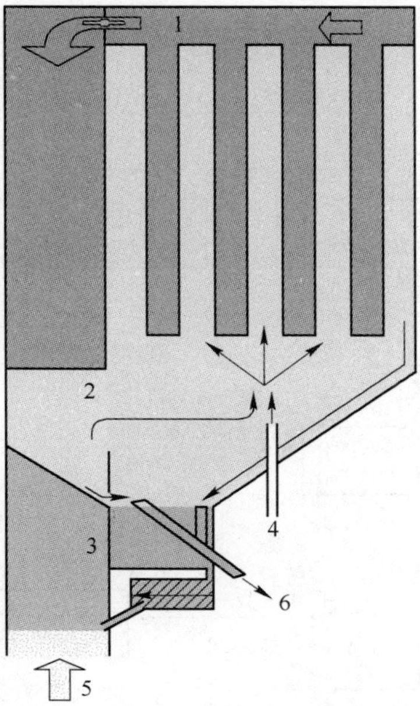

图 31-24 Albart 干法净化器工作原理
1—滤袋；2—氧化铝分离器；3—HF 反应器；4—新鲜氧化铝；5—循环氧化铝；6—载氟氧化铝

表 31-19 Albart 的使用参数

槽 型	烟气流量（标态）/m^3·h^{-1}	槽出口烟气温度/℃	FP（固氟）入口浓度（标态）/mg·m^{-3}	HF（气氟）入口浓度（标态）/mg·m^{-3}	冷凝可溶焦油（标态）/mg·m^{-3}	过滤器规格
大型预焙电解槽，>250kA	700000 ~ 2500000	140 ~ 190	80 ~ 250	200 ~ 400	—	Albart 600
中型预焙电解槽，140 ~ 240kA	700000 ~ 1300000	90 ~ 130	40 ~ 180	150 ~ 230	—	Albart 600
小型预焙电解槽，80 ~ 140kA	400000 ~ 700000	90 ~ 120	60 ~ 150	80 ~ 170	—	Albart 600
上插自焙电解槽	60000 ~ 1800000	80 ~ 120	100 ~ 600	200 ~ 600		Albart 600
敞开式焙烧炉	50000 ~ 150000	80 ~ 240	50 ~ 150	90 ~ 200	50 ~ 250	Albart 308

31.5.6 预焙槽生产系统的氟平衡

预焙阳极电解槽集气效率可达 98% 左右，而干法净化系统的氟净化效率高达 98% ~ 99%，甚至更高。因此，电解槽烟气中的氟有 97% 左右可在烟气净化系统回收并返回电解槽，实现电解槽氟化物的循环利用。

铝电解使用的氟盐主要包括氟化铝 (AlF_3) 和冰晶石 (Na_3AlF_6)。为了铝电解过程的平衡和生产持续、平稳地进行，必须不断地补充电解过程损失的氟盐，以调整电解质的摩尔比。由于运行状况等原因，经电解槽烟气带出的氟变化也较大。下面以电解槽运行 300 天内，吨铝烟气含氟量分别为 16.8kg 或 27.2kg 的两种生产情况，进行电解铝生产氟平衡计算，以吨产品为基数。凡是两个系统数据不一样的，在括号标明烟气含氟量 27.2kg 时的数据。电解铝厂的氟平衡如图 31-25 所示。

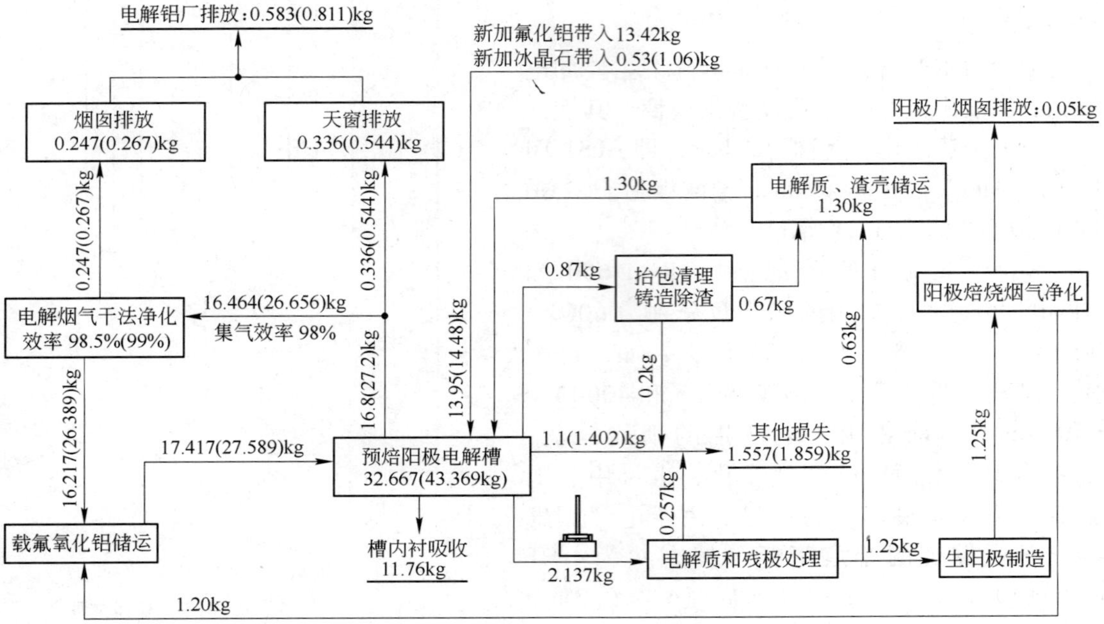

图 31-25　电解铝厂氟平衡例图（以吨铝为基数计算）

预焙阳极铝电解槽吨铝的氟收入共 32. 667（43. 369）kg，主要包括以下 4 部分：

（1）新加入的氟盐补充 13. 95（14. 48）kg。其中：22kg 氟化铝带入 13. 42kg，1（2）kg冰晶石带入 0. 53（1. 06）kg；

（2）电解烟气净化回收 16. 217（26. 389）kg；

（3）电解质、抬包清理及铸造除渣回收 1. 30kg；

（4）焙烧炉烟气净化回收 1. 20kg。

铝电解槽氟的支出包括以下 5 部分：

（1）铝电解槽内衬吸收 11. 76kg；

（2）水解、挥发和飞扬而进入烟气 16. 8（27. 2）kg；

（3）阳极残极带走，2. 137kg；

（4）出铝抬包清理渣及铸造渣带走 0. 87kg；

（5）生产过程中的机械损失 1. 10（1. 402）kg。

电解烟气带走的氟，在集气效率为 98% 时，经电解厂房天窗排放的氟为 0. 336（0. 544）kg。用干法净化回收氟，经烟囱排放大气中的氟为 0. 247（0. 267）kg。

新加入的氟盐补充 13. 95（14. 48）kg 消耗的总的分布为：电解铝厂排放 0. 583（0. 811）kg，阳极厂烟囱排放 0. 05kg，槽内衬吸收 11. 76kg，其他损失 1. 557（1. 859）kg。

在氟消耗中最为突出的是铝电解槽内衬吸收，占氟补充总量的 82. 95% ~84. 3%，从铝电解槽废内衬中回收氟对降低电解槽的氟消耗具有重要意义。中国铝业公司已经开发出从铝电解槽废内衬中回收氟的技术，这项技术正逐步被广大电解铝企业所认可。需要说明的是，在电解槽运行的后期，在槽内衬中积累的氟量的增速趋慢，在分析时应该注意到这一点。

以生产 1t 电解铝需消耗氟化铝 22kg，消耗冰晶石 3.5（或 4）kg 计算，补充到电解系统的纯氟量约 15.54kg（氟化铝带入 13.41kg，冰晶石带入 1.855kg（或 2.12kg））。加上烟气净化回收的氟，进入电解槽的总氟量为 32.667（或 43.369）kg。

31.6　炭阳极组装

阳极组装车间的任务是为电解车间制备新的阳极组（见图 30-37）。

31.6.1　阳极组装生产线流程

阳极组装生产线流程如图 31-26 所示。

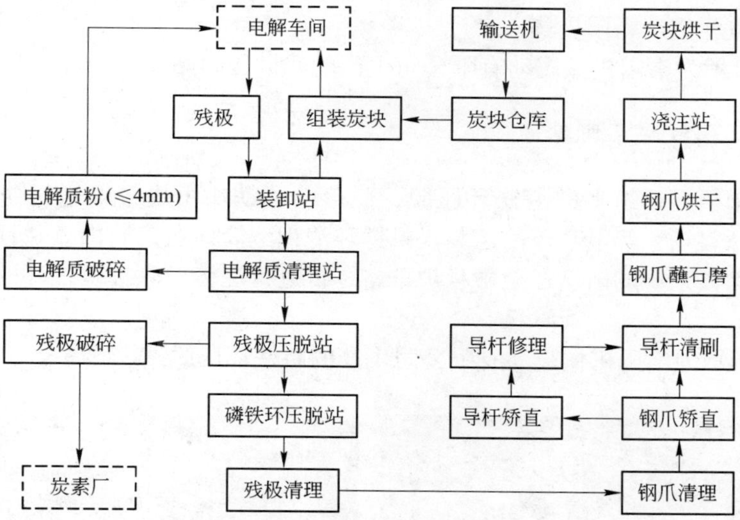

图 31-26　阳极组装生产线完整流程示意图

阳极组装车间一般由以下几个部分组成。

31.6.1.1　装卸站

由液压叉车将装有残极组的托盘放在移动升降车上，升降车对位上升，将残极组吊挂在悬链载货小车钟罩上进入装卸站，使残极进入悬链生产线，小车以 12m/min 的速度依次进入各作业站。移动升降车将托盘运到皮带输送机处翻转清空，然后将托盘移送到卸站位。新阳极组在卸站位下链装入托盘，由液压叉车送到贮存区。

图 31-27 所示为法国博寿（Brochot）公司生产的阳极组装车间自动装卸站。

图 31-27　阳极组装车间自动装卸站

31.6.1.2　电解质清理站

经过电解质清理机的机械清理和吹

扫，覆盖在残极上的电解质被清理掉95%以上。电解质块由皮带输送机送入电解质破碎工段。

31.6.1.3　残极抛丸清理

残极在抛丸机内经过4个工位抛丸清理，可以除去残余电解质和被电解质侵蚀的表层炭。

31.6.1.4　残极压脱站

残极经残极爪脱机压脱后，残极炭块由板式输送机输送至残极处理工段进行破碎，并返回炭素车间重新生产新阳极块。

图31-28所示为洛阳机械震动有限公司生产的残极压脱站。

31.6.1.5　磷铁环压脱站

在此站将阳极导杆组上的磷铁环压脱，脱落的磷铁块由皮带输送机送入磷铁环清理间，装入磷铁环料箱，经电葫芦吊运装入磷铁环清理滚筒，在滚筒内靠磷铁环转动自磨将杂质清理掉，除去杂质的磷铁送至中频炉重熔，再进行浇铸。除去磷铁环的导杆组随悬链到其他工作区。

图31-29所示为洛阳机械震动有限公司生产的磷铁环压脱站。

图31-28　残极压脱站

图31-29　磷铁环压脱站

31.6.1.6　导杆矫直站

导杆矫直机，对使用过程中弯曲的导杆进行矫直。

经过压脱磷铁环后的导杆随悬链至设在磷铁环压脱机后的道岔，此处设道岔转向按钮，人工识别，对不需要矫直的导杆使其转向通过线，向钢爪清刷站驶去。如导杆弯曲转向修理线，对导杆进行矫直。经过矫直的导杆沿悬链前进至道叉，人工识别，如果钢爪及其他部位完好即向钢爪清刷站驶去，如有损坏，由人工拖动沿无牵引线到升降段，将导杆卸下送机修车间修理，修理后的导杆在升降段上线，人工拖动到牵引线处，合格的导杆组随悬链到钢爪清刷站。

31.6.1.7 钢爪清刷站

钢爪清刷机对去除磷铁环的钢爪表面清刷除去表面氧化层及其他杂物。

31.6.1.8 涂石墨站

为使磷铁环易压脱，在磷铁浇铸前将钢爪表面先涂一层石墨，所涂石墨系天然石墨粉和煤油的混合溶液；石墨液盛在涂石墨机槽内。导杆随悬链到达本站定位后，石墨槽上升，钢爪浸入石墨液中约150mm，钢爪沾上一层厚度约0.1mm的液体薄膜。导杆组随悬链升降段上升，再随悬链到钢爪烘干站。

31.6.1.9 钢爪烘干站

导杆上钢爪沾石墨液后，随悬链通过烘干炉，钢爪通过停止器，在炉中停留1min，将石墨液烘干，烘干后石墨层厚约0.02mm。之后导杆组随悬链到导杆清刷站。

31.6.1.10 导杆清刷站

悬链在清刷机旁通过，导杆组随悬链到导杆清刷站前停止，如清刷机空位，停止器自动打开导杆进入清刷机，机上钢刷上下移动，清刷导杆两侧不同高度的部位，使导杆两侧面呈金属光泽以降低导杆与阳极母线间接触压降。清刷完毕，停止器自动打开，导杆组随悬链到卸站卸下送到浇铸工作区进行浇铸准备。

31.6.1.11 磷铁浇铸站

阳极炭块由链式输送机运到步进式浇铸机浇铸工位，并且与悬链上的导杆组对位，然后进入浇铸工位，人工倾斜抬包，铁水注入钢爪周围空隙中，使钢爪与炭块结合为一体。浇铸好的新阳极组冷却后由悬链送入装卸站。

图31-30所示为法国Brochot公司生产的阳极组装车间浇铸站。

图31-30 阳极组装车间浇铸站

阳极组装车间主要制造商有芬兰Outotec（奥图泰）公司，法国Brochot（博寿）公司，洛阳机械震动有限公司、贵州航天乌江机电设备有限责任公司、贵州莱利斯机械设备制造有限责任公司等。见表31-20。阳极组装车间设备连接如图31-31所示。

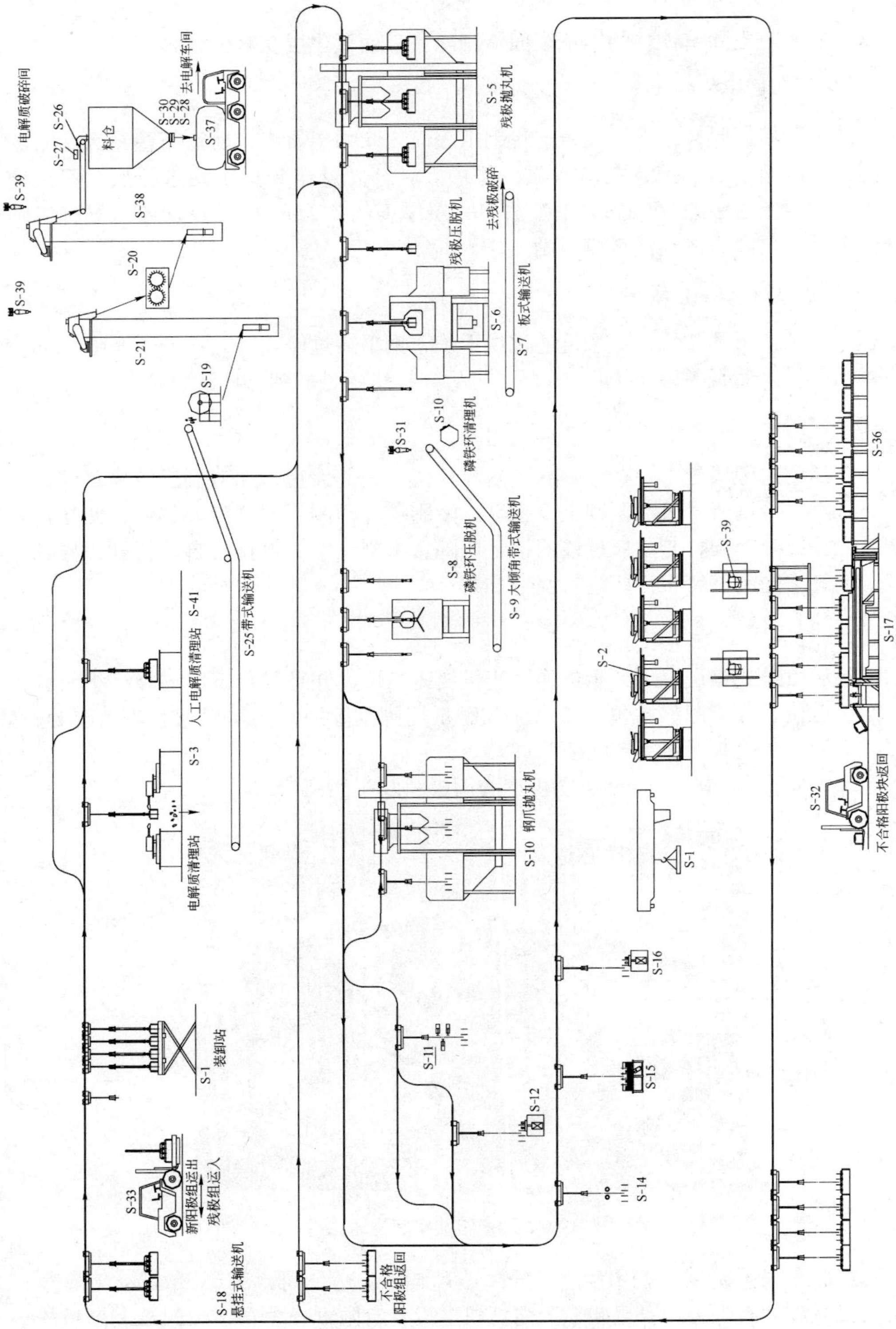

图 31-31 阳极组装车间设备连接

表 31-20 阳极组装车间主要设备供应商

设备、技术供应商	设备名称	备注
Outotec（奥图泰）公司	装卸站、电解质清理机、残极清理机、钢爪清理站、磷铁浇铸站	适用于单、双阳极组
Brochot（博寿）公司	装卸站、电解质清理机、残极清理机、残极压脱站、磷铁环压脱站、钢爪清理站、磷铁浇铸站	适用于单、双阳极组
洛阳机械震动有限公司	电解质清理机、残极压脱站、磷铁环压脱站、导杆清理站、浇铸站及输送系统	30~40 组阳极/h
贵州航天乌江机电设备有限责任公司	残极压脱站、磷铁环压脱站	
贵州莱利斯机械设备制造有限责任公司	导杆矫直站、导杆清刷站、涂石墨站、磷铁环清理站	
西安西科邦佳电气有限公司	钢爪矫直站、钢爪烘干站、中频炉	

博寿公司可以为电解铝厂提供阳极组装车间的整体概念设计、设备和系统解决方案，并集工程设计、设备制造和工程承包为一体。可处理阳极的规格有：单阳极 3 爪、单阳极 4 爪、双阳极 6 爪和双阳极 8 爪。博寿公司阳极组装设备及主要技术参数见表 31-21。

表 31-21 博寿公司阳极组装设备及主要技术参数

阳极组装设备名称	规格	产能
全自动装卸站（automatic loading and unloading station）	全自动 半自动	60 组阳极/h
电解质清理机（bath cleaning machine）	全自动	60 组阳极/h
残极和钢爪抛丸清理机（butt shot blasting machine，pin shot blasting machine）	全自动	60 组阳极/h
残极压脱机（butt striping machine）	全自动	60 组阳极/h
铁环压脱机（thimbles stripping machine）	全自动	60 组阳极/h
阳极组装浇铸站（casting bench）		60 组阳极/h
全自动磷生铁浇铸机（casting machine）	全自动	60 组阳极/h
导杆清刷机（stem cleaning machine）	全自动	60 组阳极/h
导杆矫直机（stem straightening machine）	全自动	60 组阳极/h
钢爪矫直机（pin straightening machine）	全自动	60 组阳极/h
电解质处理设备（bath processing device）		
炭碗清理机（anode hole cleaning machine）		
炭块溜槽切割机（anode slot cutting machine）		
炭块清理机组（anode cleaning system）		

博寿公司下属品牌有 BROCHOT、SYPRIM、BERGER、BASIS、COMEQUIP 和 LIM-

PACT。除阳极组装车间设备外，还制造电解车间使用的阳极运输车、铝水抬包专用运输车、抬包倾斜功能专用运输车等专业运输车辆、电解槽大修车间设备和铸锭车间设备，如：铝锭铸造机和铝锭堆垛机、抬包扒渣系统、铝抬包自动清理机和吸铝管自动清理机以及炉用多功能机械设备。

31.6.2 阳极组装生产的若干问题

31.6.2.1 流水线式阳极组装生产线和简易组装

阳极组装车间生产设备复杂、电解质和残极处理产生粉尘多、人工清理劳动强度大。而对阳极组装车间的要求是单位时间产出率高。因此，大型电解铝厂的阳极组装车间多采用流水线式组装线，具有设备自动化程度高，生产率及成品率高，工作环境较好等特点。

组装线的空中运输线可分为电动小车式和积效悬链式。其中电动小车式的连锁控制较为复杂，滑线易于变形，维护量较大，已不推荐使用；悬链式屋架荷载较大，但配置灵活，控制简单，视野开阔。

积效悬链式小车主要制造商是：山西东方物流有限责任公司和承德威伯机械有限公司等。

由于阳极组装车间设备复杂，设备制造周期长，通常会滞后于电解铝厂的建设，有时不得不暂时建设简易的组装工序；有的阳极组装车间产能较小，也可采用简易组装。简易组装主要由人工来完成电解质的清理，配置简单的必要设备如中频炉、残极压脱机、磷铁环压脱机等，阳极组的吊运由电动葫芦或双梁天车完成。其设备简单、投资小、用地少，但操作环境差、劳动强度大，适合小规模生产或作为临时措施。

31.6.2.2 线外设备

流水式组装线以外的设备主要有：中频炉，磷铁环清理及运输设备，颚式破碎机及残极运输设备，反击式破碎机，锤式破碎机；双层振动筛及电解质运输设备，氩弧焊机，牛头刨床等导杆修理设备，辊道运输机等炭块供给运输系统设备，叉车，桥式起重机等运输设备。具体设备可根据需要进行配备。

31.6.2.3 悬链输送机设备润滑

悬链输送机设备的润滑要求见表31-22。

表 31-22 悬链输送机的润滑要求

润滑名称	油 剂	润滑制度
滚子轴承	SY1407-75FU 复合钙基 2 号钙基脂	高温 30 天 常温 30 天
减速机	30 号机械油	按油标线加油

31.6.2.4 残极压脱机润滑制度

残极压脱机的设备润滑制度见表31-23。

表 31-23　残极压脱机润滑制度

润滑部位	润滑点数	润滑油（脂）	加油量	润滑周期
夹持缸耳轴	4	锂基脂3号	填满	1周
压脱缸耳轴	2	锂基脂3号	填满	1周
移动缸耳轴	1	锂基脂3号	填满	1周

31.6.2.5　铁环压脱机润滑制度

铁环压脱机的设备润滑制度见表31-24。

表 31-24　铁环压脱机润滑制度

润滑部位	润滑点数	润滑油（脂）	加油量	润滑周期
中心夹油缸接头	1	2号锂基脂	100g	一个半月
夹紧爪油缸接头	4	2号锂基脂	100g	一个半月
中央润滑系统	1	2号锂基脂	5kg	视需求加
中央润滑系统齿轮	1	中负荷工业齿轮油	80L	1周
液压单元		抗磨液压油 N46	630L	6个月

31.6.2.6　浇铸站

浇铸站可分为转台式、步进式、单面浇铸和双面浇铸（双阳极）等形式。

浇铸磷生铁的铁水成分见表31-25。

表 31-25　浇铸磷生铁的铁水成分　（%）

C	Si	S	Mn	P
3.0～5.0	2.5～3.0	<0.2	0.6～0.9	0.5～1.6

浇铸作业中出现临时停电时，应采取保温措施，若需停电3h以上时，必须将铁水倒出并立即停炉，但冷却水须继续保持通畅，待炉子冷却到100℃以下方可停水。

31.6.2.7　蘸石墨

石墨成分为废油和石墨粉按2∶1至3∶1混合，均匀地涂抹在需要的钢爪上，使阳极炭块与钢爪在浇铸中避免钢爪和铁水融合在一起，导致铁环压脱时，磷铁环和钢爪之间容易脱落。

31.6.3　阳极组装生产能力计算

（1）电解系列年需阳极组数：

$$\eta_1 = 年工作槽数 \times \frac{槽阳极\ \eta\ 组数}{阳极更换周期(d)} \times 365 + 大修槽用阳极组数$$

（2）日供合格阳极组数：

$$\eta_2 = \frac{\eta_1 \times 每周天数}{每周工作日 \times 365 \times 成品率}$$

阳极组装成品率约为95% ~99%，平均为97%。

（3）主要设备能力计算：

在线主要设备生产能力的计算需考虑生产线设备的运转率即主要设备能力（块/h）：

$$\eta_3 = \frac{\eta_2}{\text{班}/\text{天} \times \text{小时}/\text{班} \times \text{运转率}}$$

每班8h，按工作7h，准备维护1h考虑，生产线运转率按85%考虑。

（4）阳极托盘需求量：

阳极托盘台数 = 正常工作用托盘数 + 大修槽用阳极托盘数

正常工作用托盘数 = 新极和残极运输量 / 每个托盘阳极装载量

新极和残极运输量 = 日供合格阳极组数 × 库存天数

每个托盘阳极装载量：单阳极为4组，双阳极一般为2组或3组。

大修槽用阳极托盘数 = 大修槽台数 × 单槽阳极组数

31.7　检修和大修

铝电解厂的检修分为机电设备检修和槽内衬大修两类。机械结构检修包括有色（铝、铜母线等）焊接及一般钢结构修理和日常设备、器具维护。

铝电解槽的内衬大修可分为“就地大修”与“易地大修”两种方式。

31.7.1　就地槽大修技术

传统就地大修方式主要是采取电解槽原位停槽大修，通过短路、冷却、拆槽、刨炉、修槽，然后就地备料，筑炉的传统槽内衬大修方式。其优点是可省投资，但弊病在于：（1）大修槽长时间占用生产槽位，降低了电解铝厂的产能；（2）车间大修作业环境差，不利于集中处理烟尘污染；（3）因停槽位紧邻生产槽，焊接困难，不利于机械化作业，劳动强度高。

就地大修工艺一般制定的开槽和停槽作业时序如图31-32所示。

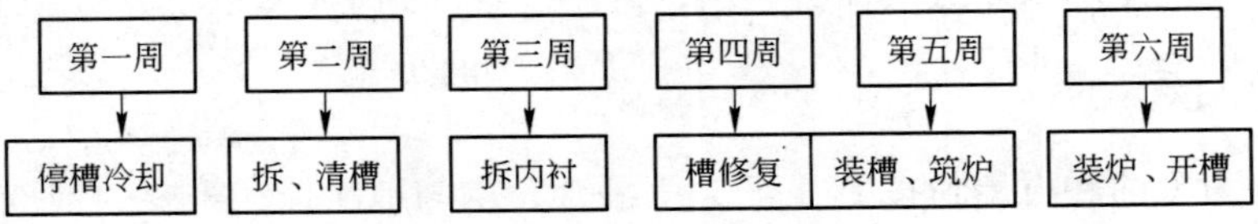

图31-32　就地槽大修停槽与开槽作业时序

国外电解铝厂采用就地大修方式，并配合槽内衬刨炉和筑炉的机械化作业，电解槽从停槽到开槽约需28天时间。而国内普遍采用人工刨炉、修槽和筑炉作业，其停槽需耗时达30 ~40天。主要使用机械为风镐和分裂机等。

31.7.2　易地槽大修技术

电解槽的易地大修技术近年来已在国内外大型电解铝厂推广应用。国外开发易地大修或称离线筑炉（pot relining out-of-line）技术，最初是基于环保原因。由于国外大型铝厂产能一般在200kt/a以上，因而易地槽大修技术得到了广泛应用。近年来国内大型电解铝厂也采用了易地槽大修技术。易地槽大修工艺布置示意图如图31-33所示。

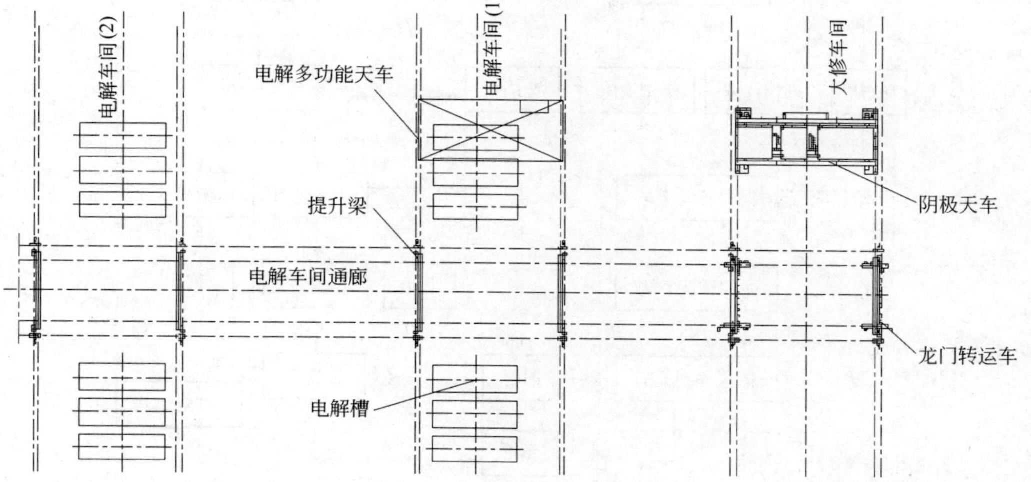

图31-33 易地槽大修工艺布置示意图

电解槽和电解多功能机组集中修理的起吊运输系统，包括阴极搬运天车，龙门转运车1套，天车轨道提升梁，专用吊具。

龙门转运车停放在电解车间大修通廊，阴极搬运天车和专用吊具安放在电解槽集中大修车间，具有升降功能的天车轨道提升梁安装在电解车间。

当有需要大修或大修完毕的阴极装置需要吊运时，天车轨道提升梁升起，龙门转运车进入车间代替天车轨道提升梁，阴极搬运天车的吊钩通过专用吊具将需要大修的阴极装置吊起并运至中间过道的龙门转运车上，龙门转运车将阴极搬运天车、专用吊具、阴极装置整体转运到电解车间或电解槽集中大修车间炉修工段。

需要维修或维修完毕的电解多功能机组由龙门转运车转运到电解车间或电解槽集中大修车间机修工段。

31.7.2.1 易地槽大修转运流程

装备先进的“易地大修”转运流程如图31-34所示。

易地大修主要包括大修槽的移位过程与大修过程两个独立工序，由此可实现电解系列大修槽和新槽的快速周转，并缩短大修周期，较适合于大型电解铝厂达到增产、提高机械化作业水平以及满足严格环保政策的需求。另外易地大修车间内一般还设置电解多功能天车及槽上部结构修理多种功能。

31.7.2.2 易地大修车间配置设计

一般易地大修车间配置设计分为5个功能区：

（1）备料区。主要准备筑炉所需内衬材料和组装成品。包括阴极炭块，阴极钢棒，捣固糊，耐火保温料及阴极炭块（与钢棒）组装成品等。

（2）刨炉区。负责槽旧内衬清理。因环境保护要求，刨炉区应设于配有除尘设施的封

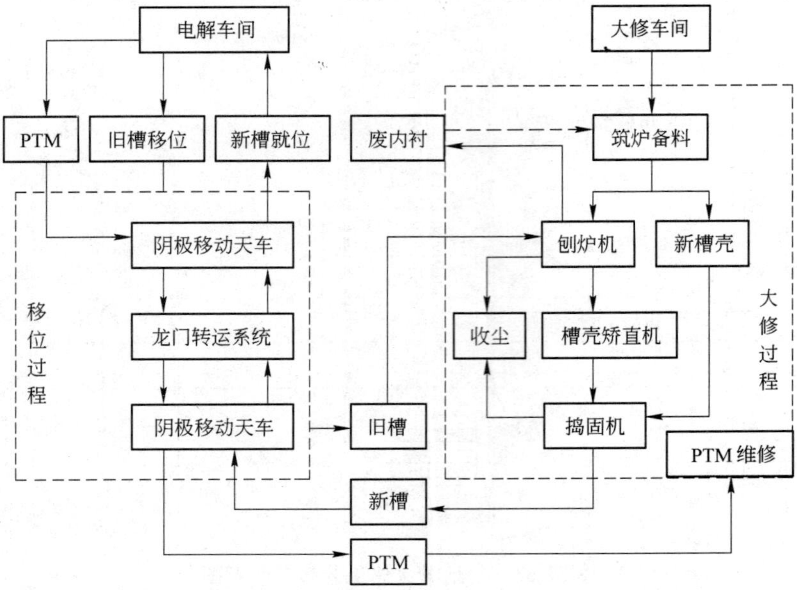

图 31-34 易地槽大修转运流程

闭房间完成，由专用平板车负责运输作业。

刨炉作业可分为刨炉机作业与人工刨炉。采用遥控刨炉机的最大优点是可进行槽内衬的热态刨炉作业，省去了就地大修的内衬自然冷却过程，可减少刨炉时间至 2 天（人工刨炉一般需 2 周时间），且仅由 1 人遥控操作，工效较高。

（3）筑炉区。负责修槽和内衬砌筑工作。一般安排每周 3 台槽筑炉任务。其流水线作业程序包括 5 个工位：1）电解槽壳矫正位；2）保温耐火材料砌筑位；3）阴极炭块组装位；4）内衬糊料捣固位；5）成品存放检验位。

配备捣固机的机械化作业，具有安全卫生，噪声低（约 75dB(A)）和省时省力（2 ~ 3 人）和筑炉质量稳定等优点。博寿公司电解槽捣固机见图 31-35。

（4）电解多功能天车维护区。电解多功能天车维护区内保持一台电解多功能天车处于备用状态，当电解车间内电解多功能天车需要维护时，可利用龙门转运系统将备用天车送至电解车间，而将需要维护的天车送回大修车间的维护区进行维护。与传统在电解车间内就地维护相比，减少了电解多功能天车的备用台数，避免在电解车间维护时，占用维护空间，改善维护工人的操作环境。

图 31-35 博寿公司电解槽捣固机

（5）上部结构修理区。采用易地大修技术后，每台槽大修只需 5 ~ 7 天时间。即便是没有新槽壳可提前完成筑炉的条件下，就单独大修一台槽的周转周期也可降至10天以下。与传统就地槽大修相比，易地大修设施新增投资约5000～7000万元，电解铝厂原铝产能同比可增加约3%～5%。

31.7.2.3　电解槽集中大修转运系统设备结构和参数

电解槽集中大修转运系统供应商主要有：法国ECL公司、德国NKM-Noell公司、中国株洲天桥起重机股份有限公司等。

株洲天桥起重机股份有限公司电解槽集中大修转运系统如图31-36所示阴极搬运天车、图31-37所示龙门转运天车、图31-38所示轨道梁提升机组、电控系统等组成。其主要性能参数分别见表31-26～表31-28。

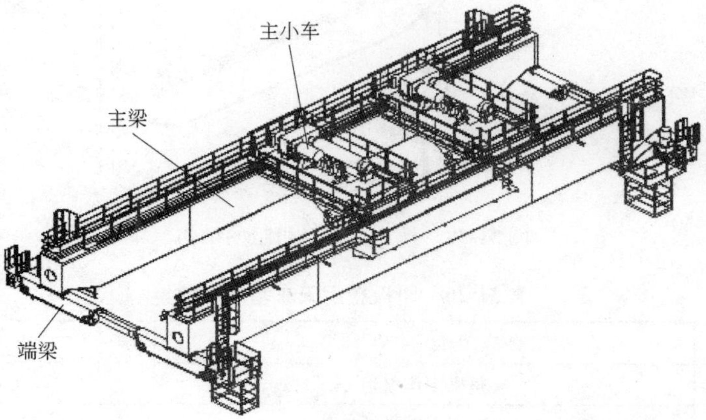

图31-36　阴极搬运天车结构

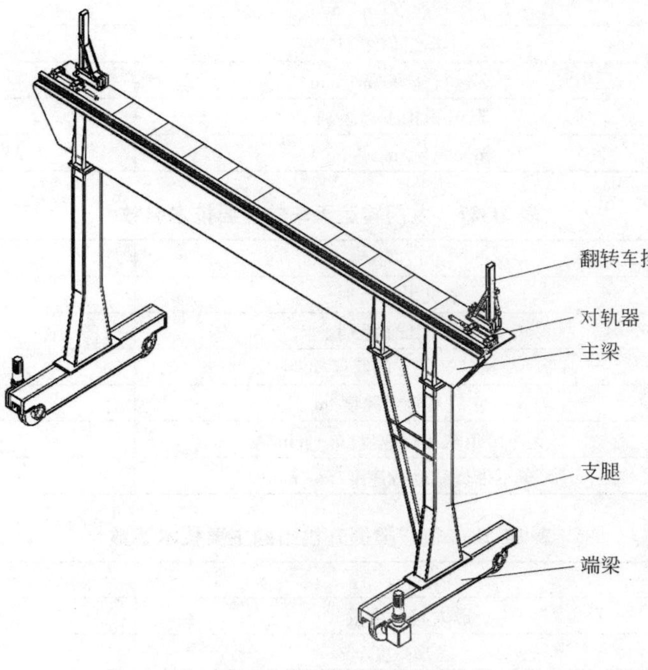

图31-37　龙门转运天车的结构

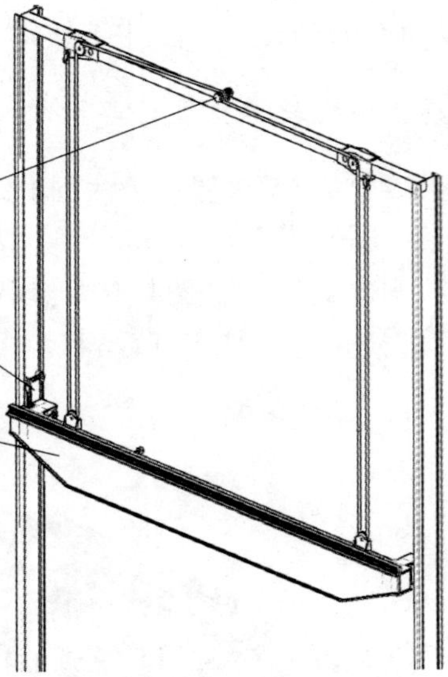

图 31-38 轨道梁提升机组的结构

表 31-26 阴极搬运天车基本参数

机 构	项目名称	参 数
整 机	整机工作级别	A3 ~ A4
大 车	大车工作级别	M3
	大车跨度/m	25
	大车运行速度/m · min^{-1}	1 ~40（变频）
小 车	小车工作级别	M3
	小车运行速度/m · min^{-1}	1 ~19（变频）
	起升机构工作级别	M3
	起升速度/m · min^{-1}	1.25 ~4.5（变频）

表 31-27 龙门转运天车的主要技术参数

机 构	项目名称	参 数
整 机	整机工作级别	A4
大 车	大车工作级别	M4
	被转运装置的跨度/m	25
	龙门车轨道跨度/m	11.2
	大车带负载运行速度/m · min^{-1}	1 ~10（变频）
	大车不带负载运行速度/m · min^{-1}	1 ~20（变频）

表 31-28 轨道梁提升机组的主要技术参数

机 构	项目名称	参 数
起升机构	最大起升重量/t	16
	起升高度/m	6.9
	起升速度/m · min^{-1}	6.3

阴极搬运天车采用了桥式起重机的结构形式，两根主梁分别架设在两个端梁的上部，在两根主梁之间又架设了两台起升小车，两个小车吊着吊具，由吊具来吊起电解槽槽壳。

龙门转运天车由龙门车1和龙门车2组成。每个龙门车由两个支腿，主梁，集线架，栏杆装配，车挡（翻转式缓冲器），对轨器等组成。

提升梁机组主要由两个提升梁、两个卷扬机构、4个导向小车及导向立柱组成。

31.8　铝电解化验分析

31.8.1　化验任务

化验任务如下：

（1）承担铝电解和预焙阳极生产系统原料的抽查分析、生产过程的控制分析和成品的理化检测任务。

（2）按技术规程对进厂原料、生产过程和出厂成品进行技术质量检查。承担生产系统物料的取样送分析，并按分析数据进行判级和检查工作。

31.8.2　化验室

电解铝厂一般设有中心化验室（楼），主要负责铝厂理化检测系统的生产、技术和行政管理。为保证生产工艺流畅进行，在生产区及相关工序点位根据任务配置相关的控制分析室和技术检查站来满足生产的需要。

电解铝厂中心化验室的典型组成如图31-39所示。

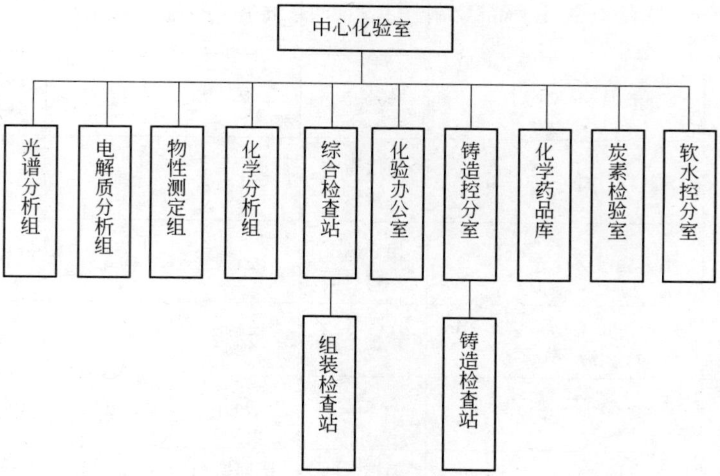

图31-39　电解铝厂中心化验室组成

理化检测与技术质量检查项目按国标要求并参照同类型先进生产工艺进行设计。

31.8.3　化验分析和监测项目

表31-29和表31-30分别列出电解铝厂生产中需做分析和实施监测的项目清单。本书中对其中的部分项目的分析方法做了扼要介绍，可分别查阅第16章、第33章和第45章。

表 31-29　电解铝厂分析项目

序号	试样名称	分析检验项目	取样地点	取样时间	样品性质	最大工作量	备　注
1	新鲜氧化铝	物理性能：密度、安息角、粒度、比表面积 化学成分：SiO_2、Fe_2O_3、Na_2O、TiO_2、V_2O_5、P_2O_5、ZnO 等、灼减、附水	新鲜氧化铝储仓	每批一次	批样	按需要	
2	含氟氧化铝	物理性能：密度、安息角、粒度 化学成分：含氟量，其余同“新鲜氧化铝”	含氟氧化铝储仓	按需抽查	抽查样	按需要	
3	冰晶石	F、Na、SiO_2、Fe_2O_3、SO_4^{2-}、Al、H_2O、灼减	原料库	每批一次	批样	按需要	
4	氟化铝	F、Na、SiO_2、Fe_2O_3、SO_4^{2-}、Al、H_2O 及其他杂质	原料库	每批一次	批样	按需要	
5	氟化钙	CaF_2、SiO_2、$FeSO_4$、H_2O 及灼减	原料库	每批一次	批样	按需要	
6	电解质	摩尔比、过剩 AlF_3	电解槽	每槽、每 3 天	当点样	44 个/d	当系列槽数为 132 台时
	电解质	Al_2O_3 浓度	电解槽	不定期	当点样，抽查	按需要	抽　查
7	原铝（预分析）	Si、Fe、Cu、Ti、Mn、Zn	电解槽	每天一次	当点样	系列槽数/d	出铝前
8	铝　液	Si、Fe、Cu	铸造炉	每炉一次	当点样	4～48 个/d 或按需要	铸锭前
9	液　铝	Si、Fe、Cu、Mg、Ga	出铝溜槽（入铸机前）	每批一次	批样	按需要	铸造过程中
		Ti、Mn、Zn、V	出铝溜槽（入铸机前）	按需要	抽查样	按需要	铸造过程中
10	铝　锭	Si、Fe、Cu、Ti、Mn、Zn、Mg、Ga、V	铝锭仓库	按需要	抽查样	按需要	
11	熔　剂	KCl、NaCl、杂质、附着水	综合仓库	按需要	抽查样	按需要	
12	冷却水		铸造车间	定期抽查	抽查样	按需要	
13	阳极块	外观检查	组装车间			按需要	逐块检查
14	生铁、硅铁、磷铁、锰铁	C、Si、Mn、P、S	或组装车间	每批一次	批样	按需要	
15	磷生铁（铁水）	C、Si、Mn、P、S	组装车间工频炉	不定期抽查	抽查样	按需要	
16	冷却水（循环水）	pH 值、悬浮物、含油量、水质硬度	组装车间	定期抽查	抽查样	按需要	

表 31-30 电解铝厂监测项目

序 号	监测设备、场所	监测项目	取样地点	取样时间	备 注
1	电解车间	粉尘浓度、HF（气、固）浓度	工作地带	按需要	大气监测包括烟道气及厂区大气环境监测，噪声监测包括噪声源所在厂房噪声和厂区、厂界噪声。监测频度：大气监测，每季 1 次；噪声监测，每年至少 2 次
2	电解厂房天窗出口	粉尘浓度、HF（气、固）浓度、沥青烟	天窗出口	按需要	
3	电解烟气净化设施	粉尘浓度、HF（气、固）浓度、SO_2、CO、烟气流量、噪声	净化排出口	按需要	
4	Al_2O_3 仓库	粉尘浓度	工作地带	按需要	
5	厂区大气环境	SO_2、NO_x、氟化物、TSP	按需要		
6	噪 声	按规定	按需要		
7	阳极组装车间	粉尘、噪声	残极破碎工作地带	按需要	

31.9 电解铝厂的公用设施和总图运输

31.9.1 采暖、通风与空调

31.9.1.1 采暖设置的原则

电解铝厂的采暖分集中采暖和分散采暖两类。

A 集中采暖设置的原则

集中采暖设置的原则：

（1）累计年平均温度稳定不大于5℃的日数不少于90天的地区，宜采用集中采暖方式。

（2）累计年平均温度稳定不大于5℃的日数不少于60～89天的地区，宜采用集中采暖方式。或累计年平均温度稳定不大于5℃的日数不足60天，但累计年平均温度稳定不大于8℃的日数不少于70天的地区，生活设施宜采用集中采暖方式。

（3）严寒及寒冷地区设施集中采暖的生产厂房和公共建筑，在非工作时间或中断使用时间内室温必须保持在0℃以上时，可按5℃设施值班采暖。

（4）生产设备散热量大的生产车间（如电解车间、铸造车间等）可不设集中采暖。

B 集中采暖热媒的确定原则

集中采暖热媒的确定原则：

（1）民用建筑应采用热水采暖热源，水温一般为95～70℃（供水温度95℃，回水温度70℃）。

（2）工业厂房采暖热源宜采用高温水，通常为130～70℃或110～70℃。

（3）有废热可利用或生产合用热源时，经技术经济比较确认，生产厂房也可采用蒸汽等其他形式热源。一般低压蒸汽0.05～0.07MPa，高压蒸汽0.05～0.07MPa。

其他地区、其他类型建筑，是否需要采暖，采用什么方式采暖，可根据当地的具体情况，通过技术经济比较确定。

31.9.1.2 通风及除尘

A 通风方式

通风分为自然通风和机械通风，而机械通风又可分为局部通风和整体通风。

B 通风、空调方式确定原则

通风、空调方式确定原则：

(1) 利用室内外热压或风压排出室内余热或其他有害物且能使室内温度及其他标准达到要求时，宜采用自然通风，否则采用机械通风。

(2) 对有害物产源比较固定、集中的场所宜设局部排风系统；对有害物产源分散或为整个建筑物换气的场所宜设整体（全面）通风。

(3) 对于人员较少且工作岗位固定的高大厂房，仅为保证工作岗位的卫生标准宜采用局部通风；反之应采用全面通风。

(4) 对于操作人员在较长时间内直接受辐射热影响的工作地带，当气辐射强度在 $350W/m^2$ 以上时应设水幕、隔热屏、移动式轴流风机等，以解决高温季节的降温问题。

(5) 对有可能突然产生大量有害气体或爆炸气体的场合应设置事故排风。

(6) 电解车间厂房应采用天窗或高侧窗的自然排风方式。

(7) 散发有害物量少、分散、浓度不高的房间，以及工艺有换气次数要求的房间，采取机械通风换气措施。

(8) 一般通风装置达不到生产对室内温、湿度的要求，以及工艺对室内温、湿度有特殊要求时，采取空气调节措施或洁净空调设计。

C 除尘方式确定原则

在生产过程中，各车间、工段工艺设备散发各种有害物，根据不同情况，分别采取净化、除尘，满足国家有关有害物排放标准。

(1) 电解槽生产过程中散发的含氟烟气由工艺采取密闭集气措施，集气效率应在98%及以上，同时配套机械集中排烟设施，并送干法净化系统进行治理。

(2) 对于原料运输、破碎、筛分、配料等工艺生产作业中散发粉尘的设备，以密闭为主，辅以排风除尘，经除尘器净化后达标排放，排放浓度（标态）小于 $100mg/m^3$。

(3) 排风除尘系统一般采用多点排风、集中除尘。对于排尘点分散、散尘设备运行间断不定的，采用单机除尘设备就地收尘。除尘设备收下的粉尘尽量返回生产系统。除尘设备主要采用脉冲袋式除尘器。

31.9.1.3 设计主要依据

A 室外采暖计算的气象参数

室外采暖计算的气象参数应按《采暖通风与空气调节设计规范》选用。

B 室内采暖计算标准

室内采暖计算标准：民用建筑 16 ~ 20℃；轻作业生产厂房不应低于 15℃；中作业生产厂房不应低于 12℃；重作业生产厂房不应低于 10℃；特殊厂房、辅助建筑物标准或要求参考行业有关规定。

C 通风除尘

通风除尘：

（1）各类生产车间室内卫生标准执行《工业企业设计卫生标准》（TJ 36—1979）；

（2）各类工业生产污染物排放标准执行《大气污染物综合排放标准》（GB 16297—1996）；

（3）洁净空调等级标准执行《洁净厂房设计规范》（GB 50073—2001）；

（4）电子计算机房的洁净等级参照《电子计算机房设计规范》（GB 50174—1993）规定的主机房内空气含尘浓度：每升空气中不小于 0.5μm 的尘粒数，应少于 18000 个（及 18000000 个/m^2）。其洁净等级相当于美国联邦标准 FS209E 的 1000000 级，或 ISOTC209 标准的 8 级。

31.9.2 热力工程

31.9.2.1 空压机站

工业用空压机常见的有往复活塞式和螺杆式空气压缩机，其工作压力一般不小于或等于 0.8MPa。

压缩空气一般用于生产工艺用气、驱动风动器械、仪表气源、气封、气垫、吹扫用气及运动机械制动用气。比如：电解槽打壳系统、电解多功能天车、氧化铝输送、电解槽大修风动工具、出铝真空抬包等。

空压机站址选择应注意避免靠近散发爆炸性、腐蚀性和毒气及粉尘等有害物质场所，远离对噪声和防振要求较高的场所，位于全年最小频率风向的下风侧。

根据设备和管道的配置特点，采取行之有效的防噪声措施。

31.9.2.2 锅炉房

电解铝厂所设锅炉房，主要用来进行冬季取暖。

锅炉按用途可分为工业锅炉、电站锅炉和船用锅炉。

工业锅炉一般只用于工业和采暖用户，其额定蒸发量一般小于 35t/h 的各种工作压力的锅炉或工作压力不大于 2.5MPa 的各种蒸发量的锅炉。

工业锅炉按燃料可分为燃煤锅炉、燃气锅炉和燃油锅炉。

锅炉房产生的烟气须经过处理，其烟尘和 SO_2 含量达到国家环保标准才能排放。锅炉灰渣应尽量考虑综合利用。废水应根据其性质采取措施，并符合国家排放标准。

锅炉房位置应设在多年平均非采暖季节主导风向的下风侧，对非采暖区则应设在房屋开窗季度的主导下风侧。

31.9.2.3 热力管网

电解铝厂热力管网主要为压缩空气管道、煤气管道或天然气管道，管网一般采用枝状布置，管道敷设采用空中支架架空敷设和沿厂房敷设相结合的方式。

管道热膨胀尽量采用自然补偿方式。

31.9.3 给排水

电解铝厂主要用水的部位有：铸造、生阳极制造、空压站等。

31.9.3.1　给水

工业给排水设计工程范围可包括水源选择、取水构筑物、输水管（渠）、水处理、水量调节设施、泵房和配水管网、消防设施等。

选用地表水作为水源时，水源枯水期水流量的保证率一般采用90%～97%。

给水处理一般可分为原水处理和深度处理两部分。原水处理一般常用的工艺有自然沉淀、混凝沉淀、气浮、吸附、过滤、消毒等；深度处理即为原水经过净化后的再处理，常用的工艺有软化、除盐、纯水制备三种。电解铝厂行业软水处理较为普遍。

工业用水一般要求水中悬浮物含量为20～50mg/L，pH值为6.5～8.5。

生活用水的水质必须达到《生活饮用水卫生标准》（GB 5749—2006）。

大中型企业的给水系统有：生产（新水）给水系统、生产消防给水系统、生活给水系统、生产生活消防给水系统（小型企业）、生活消防给水系统、回水系统、循环水系统、重复利用水系统、软水给水系统、纯水给水系统等。

31.9.3.2　排水

工业企业的排水工程包括排水管渠、提升泵站、污水处理厂（站）和排水口等。

废水来源可分为工业废水和生活污水。

污水处理厂（站）应设在厂区、城镇和居民区全年最小频率风向的上风侧，并符合卫生防护距离要求。同时必须考虑污水循环利用，尽量减少外排水量，有条件时，应努力做到零排放。电解铝厂的最低允许水重复利用率为80%。

31.9.3.3　用水定额

电解铝厂的用水量参考定额如下：电解铝厂单位产能的新水用量视产品品种与有无阳极生产系统差别很大。一般来说，对于年产100kt以上原铝，产品为重熔用铝锭并配套相应预焙阳极生产系统的大型电解铝厂，新水用量可按每吨铝30～35m^3估算，100kt以下的铝厂按35～40m^3估算。循环水量可按每吨铝120～160m^3取值（大厂取低值，小厂取高值）。办公与生活用水部分另计。

根据《建筑设计防火规范》（GB J16—1987，2001版）的有关规定，厂区同一时间内的火灾次数为一次，一次消防用水总量为180m^3。

未预见用水量及管网漏失水量按新水总量的20%计。

31.9.4　土建

31.9.4.1　建筑

电解车间厂房是全厂最长、建筑面积最大的。目前电解槽大多数采用横向排列，厂房的跨度由电解槽容量、天车操作等来确定。由于电解槽数量多，槽间距的大小影响厂房的长度。槽间距也与电解槽容量和操作的方便确定。一般天车跨距范围在19.5～28.5m，槽间距在6～7m。

A　设计原则

设计原则：

（1）遵照国家与行业现行的有关方针、政策及建筑法规和有关规范。

（2）工业建筑须具备与使用年限相一致的耐用性。

（3）结合生产特点和对土建工程的特殊要求，合理确定建筑形式和结构方案，既要考虑尽量减少基建投资，又要注意工程的质量要求，力求做到技术可靠、经济合理、美观大方、使用方便。

（4）对建筑设计中的采光、通风、防火、防震、防爆等要求均应执行现行国家规范、规程和规定。

B　建筑构造

a　结构形式及维护材料

单层单跨或单层多跨厂房，一般采用钢筋混凝土排架结构，钢筋混凝土柱，钢屋架，钢筋混凝土屋面板，墙体采用混凝土小型砌块或砖墙。无腐蚀或弱腐蚀车间厂房、大跨度无重吊车厂房及库房还可采用全钢结构，钢柱、钢梁、彩色压型钢板屋面板及墙板。

多层或高层厂房，无特殊要求均采用现浇钢筋混凝土框架结构，轻集料混凝土砌块或空心砖砌筑填充墙。无腐蚀或弱腐蚀车间，可采用钢框架结构，彩色压型钢板屋面及墙板，彩版屋面板考虑隔热要求。

b　建筑节能

寒冷地区办公楼、食堂、浴室、生活用房等采暖建筑均应按节能建筑设计。墙体、屋面外包保温材料，门窗采用节能门窗，墙体、屋面、门、窗的平均传热系数、建筑体形系数应满足公共建筑节能设计标准要求。

C　建筑材料绝缘

选用电解车间建筑材料绝缘电阻系数和地面厚度时，可按下列公式计算：

$$\rho h = SR_{人体}\left(\frac{U_{系列}}{U_{24}} - 1\right)$$

式中　ρ——绝缘材料临界电阻系数，Ω · cm；

h——绝缘地坪设计厚度，cm；

S——人双脚占地面积，$S = 35\text{cm} \times 35\text{cm}$；

$R_{人体}$——500Ω（按人体出汗时电阻值最小计算）；

$U_{系列}$——系列工作电压，V；

U_{24}——人体安全电压（一般为24V）。

车间地面绝缘材料除根据上述公式要求外，还应符合击穿强度要求，即三倍工作电压加1000V，通电1min不击穿。绝缘地坪应保证有两道绝缘措施，即面层和垫层各有一道绝缘层，其绝缘材料应根据生产要求分别选材，尤其面层材料还应根据生产工艺要求考虑机械磨损、热烧损、不起尘及易于维护等。

31.9.4.2　结构

A　设计原则

设计原则：

（1）贯彻执行国家的技术经济政策，做到技术先进、经济合理，安全使用、确保质量。

（2）建筑物工程必须要有准确可靠的工程地质勘察资料作为设计基础。工程地质勘察一般分为可行性研究勘察、初步勘察和详细勘察，以符合不同阶段设计的要求。

一般初步勘察的勘察线、点距、初探孔深度见表31-31和表31-32。

表31-31　初步勘察点距和线距

岩土工程勘察等级	线距/m	点距/m
一级	50～100	30～50
二级	75～150	40～100
三级	150～300	75～200

表31-32　初步勘察探孔深度

岩土工程勘察等级	一般性探孔深度/m	控制性探孔深度/m
一级	≥15	≥30
二级	8～15	15～30
三级	≤8	≤15

一般详细勘察的勘探间距见表31-33。

表31-33　详细勘察勘探间距

岩土工程勘察等级	间距/m
一级	15～25
二级	25～45
三级	40～65

（3）建筑物工程必须符合抗震设计要求。地震烈度参照《中国地震参数区划图》(2001)。

（4）根据厂房跨度、层数、使用特点采用钢筋混凝土排架结构或钢筋混凝土框架结构或砖混结构，构筑物采用钢筋混凝土结构形式。

（5）在设计中优先采用通用设计、国标和地方标准，以利于工厂化和机械化施工。

B　基础

基础形式根据工程地质及各建（构）筑物的结构特点及地段实际挖填情况确定。一般预制柱采用现浇钢筋混凝土杯形基础或桩基础，现浇注采用独立式钢筋混凝土基础或桩基础。墙基为钢筋混凝土地梁或毛石混凝土带形基础。根据厂房荷载情况及所在位置的地质情况，基础持力层可采用“复合地基”或“桩基”即《孔内深层强夯法》（简称DDC）。根据地下水对混凝土的侵蚀性，考虑是否采取防腐措施。

C　墙体材料

工程内外墙均采用普通黏土砖或彩板，普通黏土砖强度等级不低于M7.5，砂浆采用混合砂浆，强度等级不低于M2.5，埋入土中的砖采用水泥砂浆砌筑。

D 柱子

跨度不大于6m且无吊车梁的单层厂房及辅助建筑物采用砖壁柱；跨度不小于12m的单层厂房采用钢筋混凝土预制柱（排架结构）或现浇钢筋混凝土柱（框架结构），预制柱采用矩形截面或工字形截面。

E 屋面

单层厂房符合标准模数的屋面板，采用预应力钢筋混凝土大型屋面板；9m跨及以下且无吊车的单层厂房，符合标准模数或数量多的非标准模数的屋面板，采用预制钢筋混凝土空心板或局部捣制钢筋混凝土板。

厂房采用空心板时，屋面梁采用现浇钢筋混凝土梁，采用大型屋面板的厂房跨度不大于15m时，采用预应力钢筋混凝土屋面梁；跨度不小于18m时，采用预应力钢筋混凝土折线型屋架；跨度不小于24m时，宜采用钢屋架。

天窗采用钢筋混凝土天窗架或钢天窗架。天窗挡雨片、挡风板采用单层压型钢板。

F 吊车梁

吊车梁采用钢筋混凝土吊车梁，特殊部位及抽柱处采用钢吊车梁。

G 构筑物

料仓为钢筋混凝土仓体，下部锥斗为钢结构。

地坑、水池采用防水钢筋混凝土结构。

烟囱根据具体高度采用砖烟囱或钢筋混凝土烟囱。

31.9.4.3 建筑防火

生产的火灾危险性分类根据《建筑设计防火规范》的规定确定，各建筑物按火灾危险性分类如下：

（1）丙类：开关站，整流所、动力变，10kV配电室，锅炉房。

（2）丁类：电解车间，空压站，铸造车间，简易阳极组装，专用车库及行政车库。

（3）戊类：氧化铝储运及供配料，槽大修，电解烟气净化，循环水系统等。

建筑物的耐火等级应符合《建筑设计防火规范》的规定，建筑物按相应规定的耐火等级进行设计，本工程各建（构）筑物和构件的耐火等级均达到二级以上，满足规范中的相应要求。

根据建筑物不同的火灾危险性类别，设计中分别执行防火规范中有关安全疏散、耐火等级等规定，并按防火规范的要求设置其相应的安全出口。

31.9.5 总图运输

31.9.5.1 厂址选择

电解铝厂的建设厂址选择除满足一般建厂条件外，还应重点考虑如下因素：

（1）供电条件。电解铝厂是用电大户，在选择厂址时，首先应考虑电力供应条件好的区域，并具备两个单独供电电源，以保证生产的连续性。有条件的地区，应尽量采用氧化铝—煤—电—铝—加工上下游配套的联合建厂模式。

（2）原材料及燃料的来源及供应，大、中型铝厂一般应靠近铁路，并便于铁路专用线接轨。

(3) 电解铝厂拟选厂址应尽量远离居民区，风景自然保护区、文物保护区、机场、电台通信、电视传播、雷达导航和军事设施等有影响的地区。

(4) 电解铝厂选址应尽量少占耕地，林地，多用荒地。

(5) 其余指标参考相关规定。

(6) 厂址的防洪标准应符合《防洪标准》(GB 50201—1994) 规定。

(7) 厂址地基承载力，除冲积平原和沿海滩地外，不宜小于0.15MPa。地下水水位已在建筑物基础底面以下0.5m，地下水水质不得对建筑物基础具有腐蚀性。

(8) 厂址不得选在发震断层和设防烈度高于9度的地震区。

31.9.5.2 总图布置

(1) 总图布置应结合厂址自然条件和环境条件，按物流、人流、能源流等要求进行合理的空间布置。并以生产车间为主，按功能分区全面规划、合理布局。

(2) 电解铝厂厂址应位于居民区常年最小频率风向的上风侧，不应位于：

1) 窝风地段；

2) 全年静风（风速小于0.2m/s，频率大于40%）地区；

3) 山谷的走向与盛行风向的交角为45°~135°、高度大于400m的山谷地区；

4) 水陆风持续较稳定地区的高山与大型水域之间的靠山地段；

5) 每天持续10h以上，强度大于1℃/10m的底层（离地20~100m内）辐射逆温天数全年超过150d的地区。

(3) 应尽量使电解车间的长轴与常年盛行风向垂直，或呈30°~45°夹角，但不得低于15°，以利通风。

(4) 阳极组装车间及炭块库宜靠近电解车间，以利于阳极的运输。铸造车间宜靠近电解车间，两者间的道路纵坡不宜大于2%，以利于铝液运输。

(5) 根据国土资源管理部门《工业项目建设用地控制指标》的规定，电解铝厂建筑系数应不得低于30%，容积率控制指标不得低于0.4。

(6) 废料堆场的使用年限应可满足不少于10年的排渣量。

(7) 厂区道路宽度根据规模大小、厂区面积、通道类别按表31-34的规定采用。

表31-34 厂区道路宽度

厂区面积/m^2	通道类型	通道宽度/m
$>61\times10^4$	主要通道	55~60
	次要通道	45~50
	一般通道	30~35
$(31\sim60)\times10^4$	主要通道	50~55
	次要通道	40~45
	一般通道	20~30
$<30\times10^4$	主要通道	35~40
	次要通道	20~30

（8）厂区占地面积大于50000m^2的电解铝厂，应设两个以上出入口。

（9）厂区应设全厂性围墙，围墙高度不应低于2.2m。

（10）电解铝厂的用地指标见表31-35。

表31-35 独立建设的电解铝厂用地指标

设计产能/$kt \cdot a^{-1}$	200～300	100～200	50～100
两栋电解厂房间距/m	45～50	40～45	35～40
建设用地指标/$m^2 \cdot t^{-1}$	3.9～5.7	5.7～7.4	7.4～9.9

（11）自然地形坡度小于4%的场地，场地平土形式宜采用平坡式。自然地形坡度大于4%或受改扩建条件限制时，场地可采用台阶式或平坡、台阶混合式。

（12）不设堤防时，电解铝厂的场地设计标高应大于或等于设计频率水位标高加波浪侵袭和壅水高再加安全高度0.5m。

（13）设置堤防时，场地的设计标高应高于设计频率的内涝水位（大汛平均高潮位）0.5m。当内涝水位较高，采取了可靠的防、排内涝水措施时，场地的设计标高不受限制，经过技术经济评价后确定。

200～300kt电解铝厂典型配置图如图31-40所示。

31.9.5.3 管线综合布置

管线综合布置：

（1）电解铝厂的综合管网种类有：生产、生活和消防给水管线，生产、生活和雨水排管线；压缩空气、蒸汽、热水、燃气、氧气、乙炔管线；高低压输电线路、电信和控制电缆等。

（2）管线的敷设方式有地上管线和地下管线两大类。地上管线可分为架空管线、共架管线、沿地面管线和沿外墙管线。地下管线可分为直埋管线、不通行管沟、可通行管沟等。

（3）管线综合布置时，应尽量减少管线之间和管线与道路、铁路的交叉。必须交叉时，应为正交；困难条件下，交叉角不得小于45°。

31.9.5.4 总图运输

电解铝厂外部运输扩大指标见表31-36。

表31-36 电解铝厂（包括阳极厂）外部运输扩大指标

规 模	单位产品运输量/$t \cdot a^{-1}$		
	运 入	运 出	合 计
大、中	4.0～4.2	1.2	5.2～5.4
小	3.8	1.2	5.0

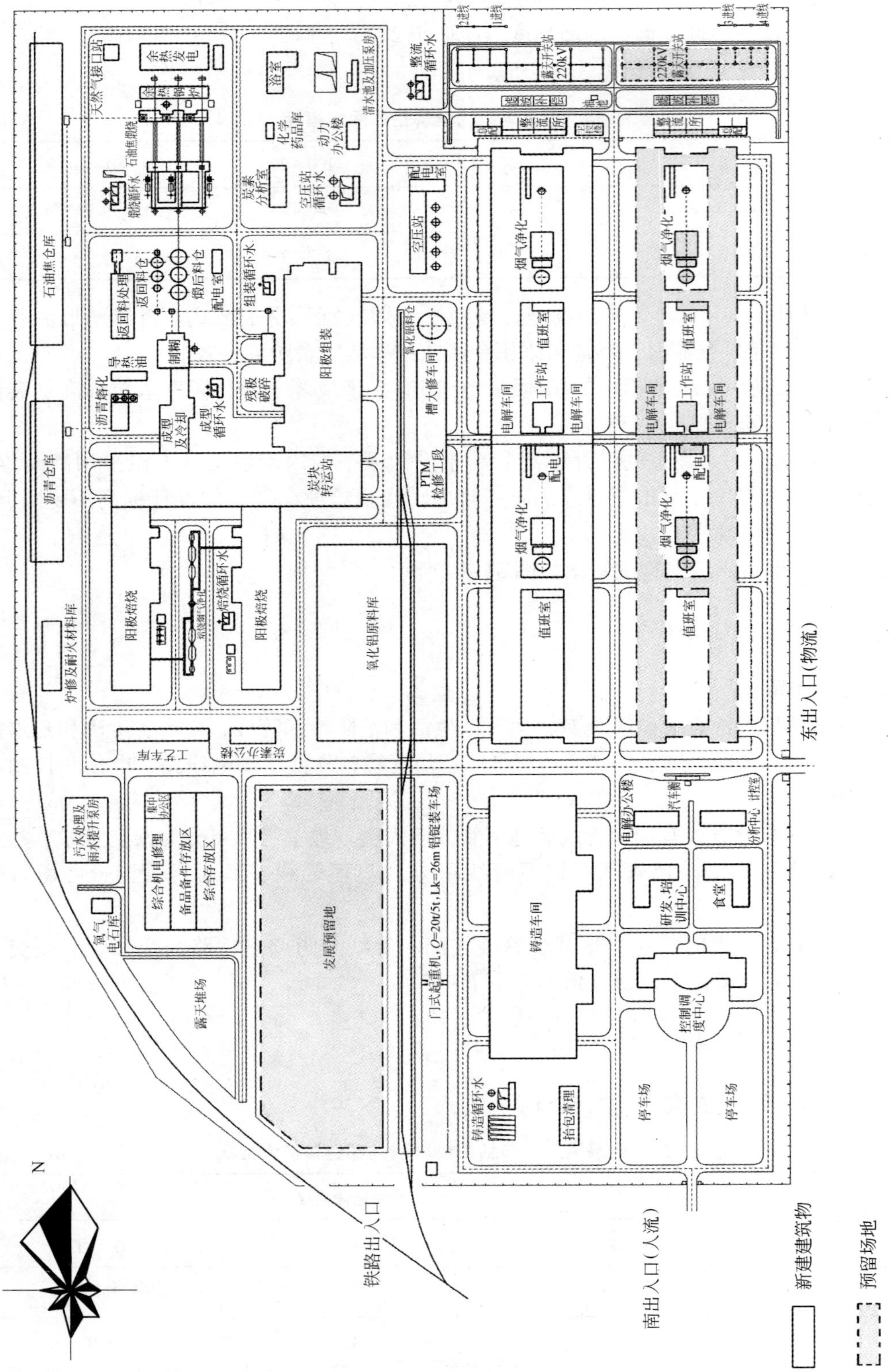

图 31-40 200~300kt 电解铝厂典型配置图

31.9.5.5　绿化布置

绿化布置：

（1）电解铝厂绿化布置对于改善厂内及周边环境具有非常重要的意义，应根据企业的污染性质、环境保护及厂容景观的要求，结合当地的自然条件、植物生态习性、抗污染性能和林木来因地制宜进行布置。

（2）一般电解铝厂的厂区绿地率宜在15%～20%。

32 铝电解槽的生产运行

✻✻

32.1 焙烧和启动

铝电解的全部生产过程分3个阶段，即焙烧、启动和正常生产阶段，其中焙烧和启动大约经历几天或十几天，其余绝大部分时间属于正常生产阶段，占4~6年之久。焙烧和启动阶段虽然时间很短，但其质量好坏对于以后的正常生产以及电解槽的寿命有很大影响。

32.1.1 铝电解槽的焙烧

铝电解槽焙烧的目的有如下几个方面：

（1）驱散出槽内衬材料中的水分，烘干炉体；

（2）使槽内衬阴极炭块之间和阴极炭块与侧部内衬之间的捣固糊烧结和炭化，并与内衬炭块形成一个整体；

（3）焙烧使电解槽得到较高的温度，不使启动时加入到槽内的熔融电解质凝固，也不使在阴极炭块表面生成凝固的电解质。

铝工业生产对电解槽焙烧的基本要求：

（1）缓慢地加热炭阴极，达到操作温度（950~960℃），避免在炭阴极中产生较大的热应力；

（2）均匀地加热炭阴极的工作表面，使表面温度梯度尽可能小，避免阴极表面产生较大的温度梯度；

（3）保证炭糊中的沥青黏结性能。

32.1.2 现代铝工业中常用的几种焙烧方法

目前，现代铝工业电解槽常用焙烧方法可分为两类：电阻焙烧（铝液、焦粒焙烧）和热能焙烧（燃气焙烧）。

32.1.2.1 铝液焙烧

铝液焙烧是铝电解槽最简单的一种焙烧方法，其基本原理和过程是将由其他电解槽中抽出的液体铝注入到需焙烧的电解槽的阳极与阴极的空间中，然后打开电解槽的短路口，使系列电流通过电解槽。当系列电流通过阳极、阳极与阴极间的金属铝液、阴极时，由这些导电体产生的电阻热来对电解槽进行焙烧。

铝液焙烧有如下优点：

（1）方法简单，操作容易；

（2）阳极母线与阳极导杆之间不需要软连接；

（3）不需要用分流装置对电流进行分流，可直接用系列电流进行全电流焙烧；

（4）阳极、铝液和阴极中的电流分布相对来说比较均匀；

（5）启动后电解质清洁，省工省料。

铝液焙烧的缺点：

（1）高温铝水瞬间倒入冷槽中，巨大的温差产生的热冲击容易使阴极炭块内衬产生裂纹；

（2）电解槽的突然升温使槽内衬中的水分大量蒸发，其膨胀所产生的压力容易从炭块与捣固糊之间的薄弱连接处或处于塑性状态捣固糊的某个薄弱部位拱出，从而使槽底产生裂缝或孔隙；

（3）与焦粒焙烧比较，铝液焙烧周期较长（约7～8天，比焦粒焙烧长约2～3天）。

32.1.2.2 焦粒焙烧

焦粒焙烧与铝液焙烧的不同点，在于阳极与阴极之间的电阻发热体不是灌入的铝液，而是铺设的焦粒层。通电焙烧后，大约100h灌电解质启动，再过数十小时才灌铝。这一焙烧方法在大型预焙槽上得到广泛应用。

为了使各阳极以相同的重力施压在焦粒层上，以便获得较为均衡的电阻，阳极导杆与阳极母线实施软连接，所有阳极都要用新阳极，以便使各阳极的质量尽可能一致。

焦粒焙烧靠阳极电阻、阴极电阻和焦粒层的电阻发热产生的热量达到使电解槽被加热焙烧的目的。由于焦粒层的电阻远大于金属铝的电阻，如果采用全电流焙烧，电解槽在初期的焙烧升温速度会很快，因此，在焦粒焙烧时，一般都采用分流技术，所谓分流技术就是为了避免焙烧初期电流太大，升温速度太快而将系列电流分出一部分，让部分电流从阳极旁路流入阴极。

与铝液焙烧相比其优点主要有：

（1）可以避免铝液直接倒入冷态熔池时，高温铝液对炭块和扎缝产生热冲击。

（2）焦粒电阻比铝液大，预热时间可以缩短。

（3）启动期间槽内只有电解质，电解质渗入预热期槽底产生的缺陷中，冷凝后的电解质起到堵塞裂缝或修补缺陷的作用。

但是如下一些焙烧方法的缺点也不容忽视：

（1）预热期间不能一次升至全电流，要分数次逐步升全。因此在生产槽系列上实施预热作业必须配备分流器。

（2）由于焦粒的密实程度及阴阳极的接触好坏不易掌握，电流分布不均匀的情况显著；预热期间容易产生红爪、脱落及阴极局部过热现象，处理不好，易出现过烧，扎缝快速焦结，产生较大裂纹。

32.1.2.3 燃料焙烧法

燃料焙烧装置包括两部分，即燃料供应系统（空气和燃料管道）和温度控制系统

(热电偶和保温罩)。燃烧喷嘴可喷燃油和煤气。

燃料焙烧法的优点是：阴极表面和槽体能得到均匀的焙烧，产生的热应力很小，而且焙烧温度易于控制，对阴极寿命带来的影响较小，因此有助于延长阴极的使用寿命。另外，由于在密闭的条件下进行燃烧，辐射热和沥青烟气很少散发出来，因此较前面两种焙烧方法，还具有劳动环境条件好，易于环保控制的优点。此外，在焙烧时阳极并未装入槽内，故阳极可免于被氧化。

但是，燃料焙烧法也有缺点：阴极炭块和炭缝在一定程度上易被烧损，启动时操作比较复杂，启动时由于阳极冷容易发生阳极效应，而且效应不易熄灭。此外设备价格较高，焙烧成本大。

几种常用焙烧方法优缺点比较见表 32-1。

表 32-1 常用焙烧方法的比较

焙烧方法	优 点	缺 点
铝液焙烧	操作简便，炭块氧化少，电解质洁净	焙烧时间长，初期升温过快，热冲击大，渗铝现象严重，温度梯度大，能耗高
焦粒焙烧	温度梯度不大，焙烧时间短，启动效应电压低，可弥补内衬缺陷	易出现局部温度过高及局部欠烧情况，阴极电流分布不均，电解质含碳高，能耗略高，操作复杂
石墨粉焙烧	焙烧时间较短，温度梯度小，可弥补内衬缺陷，电解质洁净，石墨电阻很低	石墨价格高，操作复杂
燃料焙烧	表面升温均匀，温度控制方便，焙烧周期短，能耗低，外能源预热	阴极和捣固糊表面易氧化，设备复杂，操作难度大，温度梯度大，安全、有害气体防护要求高

32.1.3 焦粒焙烧

目前，国内大多数铝厂都使用焦粒电阻焙烧技术，现对焦粒电阻焙烧技术做一简述。

32.1.3.1 焦粒粒度选择

在焦粒焙烧方法中，焦粒粒度的选择十分重要。所铺焦粒层厚度较大时，焦粒的粒度可以稍大一些；如果焦粒层厚度较小，则焦粒粒度可以小一些。但粒度大小、组成范围应该尽可能不要有太大的差别，这样可以避免在铺设焦粒层时出现粒度的“偏析”情况。一般的焦粒焙烧方法中粒度组成为 1～5mm，在焦粒粒度的选择上，要尽量不采用小于 1mm 的粉料。

32.1.3.2 焦粒层厚度和铺设

焦粒焙烧时，焦粒层的厚度一般在 10～25mm 之间，这要根据电解槽焙烧速度大小的要求而定。如果焙烧速度要快一些，焦粒层的厚度就应该大一些，反之，如果要求焙烧升温速度慢一些，焦粒层的厚度就应该小一些。

为减少局部过热，必须使焦粒层的粒度组成、密实度、厚度尽可能一致。因此，在每组阳极下面铺设焦粒层时，可用一个尺寸大小和高度一样的木框（或铝框）放置于每个阳极下面，然后在木框内填平焦粒，保证每个阳极下面焦粒层厚度一致。

32. 1. 3. 3 焙烧过程控制

对焦粒焙烧的电解槽来说，其焙烧升温速度是借助于分流器的分流大小来加以控制。

就升温制度而言，各铝厂可能有所不同，通常当焙烧温度达 900 ~ 950℃，焙烧时间 72h 左右即达到启动条件。

在整个铝电解槽的焙烧过程中，为提高焙烧质量，减少局部过热，要使阳极电流分布和阴极电流分布尽可能地均匀。每组阳极上通过的电流是借助于阳极横母线与阳极导杆之间的软母线的连接实现的，这样就可以对坐在焦粒层上的每块阳极在小范围内单独进行上下、左右移动和调整，改进和调节阳极和阴极的电流分布。

32. 1. 4 铝电解槽的启动

铝电解槽的启动，是指在焙烧终了后熔化冰晶石，制造液体电解质，为开始电解生产创造条件。其目的是通过电产生的热量以熔化冰晶石等原料形成铝电解生产必须的电解质液，同时进一步加热炉内衬及清理炭渣等。

32. 1. 4. 1 启动前期——熔化电解质

铝电解槽的启动前期，有两种不同的操作方法：

（1）先灌入铝液，随后熔化电解质进行电解。

（2）先熔化电解质并开始电解，随后增补铝液，达到一定的铝水平高度。

表 32-2 是两种启动操作方法的优缺点比较。

表 32-2 两种启动操作方法的比较

启动方法	优 点	缺 点
先灌铝液，后熔化电解质	一开始电解时用铝液作阴极，以减少钠和电解质对炭阴极的渗透	在开动初期，槽底上容易生成氧化铝沉淀，增大阴极压降
先熔化电解质，后灌铝液	电解质先渗透入炭阴极中，填充炭阴极的缝隙，以减少后来渗入的电解质数量	在开动初期，槽底上碳化铝生成量较多，使槽电压上升

以启动时是否灌液体电解质来分，启动分为干法启动和湿法启动两种。

A 干法启动

干法启动即是利用电解槽阴、阳极之间产生的电弧将冰晶石熔化成液体电解质，其做法是不断提升阳极，使之部分脱离导电介质层产生电弧熔化电解质，当熔化后的液体电解质埋住阳极后电压逐渐稳定，在保持一段时间的高电压，使冰晶石熔化到有足够液体电解质为止。当温度达到要求时加入氧化铝熄灭效应，启动即告结束。此法适用于启动无液体电解质和铝水的新系列，特别是新建电解系列的头几台电解槽启动。

干法启动一开始两极间产生的强烈电弧容易严重损伤阴、阳极表面，尤其阴极表面的损伤将会严重影响电解槽的使用寿命。

干法启动抬阳极时须小心谨慎，尤其一开始不可过快，以防发生强烈“放炮”，破坏电解槽内衬，以及发生意外事故。通常利用槽电压的高低来监控抬升阳极。

B 湿法启动

湿法启动分为效应启动和无效应启动。

湿法效应启动即是向待启动的电解槽内灌入一定量的液体电解质，同时上抬阳极，逐渐引发人工效应。在人工效应期间可将阳极上用于保温的冰晶石推入槽内熔化，若电解质量不足，还需要投入冰晶石，直到液体电解质达到规定高度，便可投入一定数量的氧化铝熄灭效应。人工效应熄灭后，应保持较高的槽电压一段时间后，向槽内灌入一定量的铝液作为槽内在产铝，盖好阳极保温料，启动便告结束。

灌入的液体电解质需要在生产槽上准备，一般要求电解质温度尽量高些，以保证抽取顺利和倒入启动槽时有足够的流动性。

效应时间一般不超过半小时，效应电压保持在20V左右，具体应根据电解槽预热温度和槽内电解质高度而定。

用焦粒预热的电解槽，人工效应后必须组织人力捞取炭渣，以保证电解质洁净。

湿法无效应启动是在装炉通电后灌入电解质，提升阳极，控制好较低的槽电压，使之不发生效应，慢慢熔化物料，如果启动过程中发生效应也无须强制熄灭，可以以此效应产生的热量进一步提高槽温。

湿法启动较干法启动有启动时间短，省电、操作方便、劳动强度低、安全可靠等优点。尤其不会对阴极内衬带来损伤，所以大多数电解槽的启动都采用湿法。但湿法启动需在生产槽上准备液体电解质，或多或少地影响生产槽的技术条件。

大型电解槽一般在熄灭效应之后，往槽内增补一定量铝液，称之为灌铝，灌铝量视槽型容量而定。

32.1.4.2 启动后期

在启动后期，电解槽逐渐建立起能量平衡和物料平衡。其主要特征是：

（1）在启动初期，电解槽自身的温度低，尚未达到平衡。所以在后期中要保持较高的电压和阳极效应系数，以保持较高的温度，随后要逐渐降低电压并减小效应系数，以使其趋近于正常的电解温度。

（2）电解槽的炭阴极强烈地吸收氟化钠，因而电解质酸化，而酸度的增加会降低电解质中氧化铝的溶解度，易产生沉淀，因此需要经常调整电解质的NaF与AlF_3的摩尔比，使之保持在2.7～2.8，调整时用碱（Na_2CO_3）。

（3）在启动初期，加入的氧化铝量要少，以后逐渐纳入正常。

（4）在启动初期，电解槽的电解质水平较高，铝水平较低，随着电解质温度逐渐降低，槽膛四壁上滋长了固体的电解质炉帮，同时电解质水平降低，铝水平上升，最后形成相对稳定的炉膛内形，此时电解槽才建立起稳定的能量平衡和物料平衡。

32.2 铝电解槽正常操作

32.2.1 更换阳极

大型预焙阳极铝电解生产槽的生产管理中，阳极工艺制度占有很重要的地位。因此，抓好更换阳极操作，对于搞好铝电解槽的生产尤为重要。

32.2.1.1 阳极工艺制度

阳极炭块有一定的高度，消耗到一定程度时，需要定期更换。为保证电解槽生产的稳定，阳极必须按照一定的顺序陆续更换，这就称为阳极工艺制度。

阳极更换顺序采用交叉换块法（见表32-3）。交叉换块法的原则有两条：（1）新旧阳极组均匀分布，今天交换A侧的，明天交换B侧的，使阳极母线承担的重量均衡，避免产生母线倾斜的技术事故；（2）相邻阳极更换时间尽可能远些，使各个阳极组较均匀地分摊电流。

表32-3 160kA预焙阳极铝电解槽的阳极更换顺序

侧别	阳极号											
	1	2	3	4	5	6	7	8	9	10	11	12
A	1	5	9	13	17	21	23	3	7	11	15	19
B	12	16	20	24	4	8	10	14	18	22	2	6

32.2.1.2 阳极更换作业

更换阳极的作业主要是由多功能天车完成。更换阳极作业的一般顺序为：

（1）切换排风阀，把电解槽排烟风量切换到最大位置。

（2）操作槽控箱上阳极交换键，将槽控箱控制置于阳极交换状态。

（3）揭开更换阳极所在处的四块槽罩，用氧化铝耙扒掉残极上的氧化铝保温料。

（4）多功能天车在更换阳极周围打壳，先将大面在两块阳极长度的范围打壳，然后打开相邻残极的中缝。

（5）多功能天车提起残极，用铁钩、氧化铝耙把松动的结壳块钩出大面。

（6）吊出残极，检查残极状况，是否有裂纹、碎脱、化爪等情况。并标记设置高度。

（7）钩出槽内的结壳及阳极碎块，将槽内炭渣扒到炉帮边捞净，并撮到炭渣箱内。

（8）使用铁钩摸炉底，检查沉淀及结壳情况、伸腿情况、邻极状况以及炉底是否破损。

（9）测量槽内铝水平和电解质水平。

（10）打磨阳极导杆。

（11）多功能天车吊运、安装新极前，要进行阳极高度设置，通常比残极高设10～30mm。

（12）新阳极安装好后，指挥多功能天车扎大面结壳。

（13）多功能天车扎完大面后，对槽大面进行收边整形，并添加极上保温料。要求平整，氧化铝高度适宜，使阳极外侧边沿与炉面形成一自然坡度，留出炉面边部的散热带。

（14）盖好炉盖，风量阀复位。

（15）人工复紧卡具，在阳极导杆上标注槽号、极号并画线。

（16）清理作业现场并填写相关记录。

32.2.2 抬母线作业

电解生产过程中随着阳极的消耗，阳极母线不断下降，因此，为确保生产过程的顺利进行，需要周期性地将阳极母线从低限位抬至高限位。这一操作，称为抬母线作业。

32.2.2.1 抬母线作业的周期

根据预焙阳极炭块的消耗速度和阳极母线的行程可计算抬母线作业的周期（D）：

$$D = \frac{L}{v}$$

式中 D——抬母线周期，d；

L——阳极母线行程，cm；

v——预焙块消耗速度，cm/d。

32.2.2.2 抬母线作业的操作步骤

抬母线作业的操作步骤：

（1）将阳极框架与多功能天车进行连接。

（2）多功能天车将母线提升框架吊起到需进行母线提升的目标槽，将框架上风管与外界风源接通。

（3）确认风压是否达到抬母线的工作压力，操作抬母线框架切换开关，将框架上卡具装置切换到张开状态。

（4）指挥对准阳极导杆，缓慢下降母线提升框架到位。

（5）操作抬母线框架切换开关，使阳极导杆贴紧阳极水平母线，将框架上卡具装置切换到夹紧阳极导杆状态。

（6）将槽控机置于抬母线状态。

（7）操作框架上的风动扳手进行松卡具作业。

（8）操作槽控机上抬母线，监视回转计读数和槽电压的变化，当回转计读数到达指定数值时，停止提升母线操作。

（9）逐一拧紧卡具，并对阳极水平进行标识。

（10）卡具拧紧后，多功能天车切换母线框架上卡具装置到张开状态，吊起母线提升框架，将槽控机恢复到自动控制。

（11）关闭风源，拆下快速接头。

（12）复紧卡具。

（13）将母线提升框架吊运到指定位置，将工具归位。

（14）记录抬母线的槽号、时间，并记录抬母线过程中发生的异常情况。

32.2.2.3 注意事项

注意事项：

（1）在上抬母线过程中，要观察各块阳极的位置是否发生变化，若有异常，停止上抬，并做相应处理。

（2）松紧卡具时，在电解槽 A、B 两边对角进行，避免阳极提升机构倾斜。

（3）每次作业前都要测试风动扳手的扭紧力。

（4）发生下列情况之一，禁止抬母线：

1）阳极效应等待之中；

2）正在发生阳极效应；

3）正在更换阳极时；

4）正在出铝作业中。

32.2.3　阳极效应熄灭

阳极效应是熔盐电解的特殊现象，以铝电解尤为突出。效应发生会对电解生产造成影响。电解温度正常，电解质水平适当，由于缺少氧化铝而发生的阳极效应属于正常阳极效应，正常阳极效应电压为 25V 左右，效应容易熄灭。

32.2.3.1　阳极效应的特征

阳极效应发生时的外观特征是：

（1）在阳极周围发生明亮的小火花，并带有特别的噼啪声。

（2）槽电压急剧升高，个别槽可达到 50V 以上，与电解槽并联的低压灯泡发亮。

（3）火眼冒出来的火苗由蓝变紫，进而变黄。

（4）电解质沸腾停止，阳极与电解质界面上的气泡不再大量析出。

（5）电解质与阳极周边有细小的弧光在闪烁。

电解槽发生阳极效应与电解质缺少氧化铝有关。正常情况下，电解质中氧化铝降低到一定程度时就会发生阳极效应。发生阳极效应还与阳极电流密度有关。当氧化铝浓度低时，阳极效应在较小的阳极电流密度之下发生，而当氧化铝浓度很高时，阳极效应则在较大的阳极电流密度下发生。

32.2.3.2　阳极效应对电解生产的影响

电解生产过程中发生阳极效应，对生产影响有利有弊。有利的是：可以消除炉底沉淀，洁净电解质，发生效应有利于炭渣从电解质中分离，清理阳极底掌，调节电解槽热平衡等，同时从发生阳极效应的各种数据，可提供分析判断电解槽运行状况的信息。不利的是：会增加电能消耗和各种原材料挥发损失；增加铝的二次反应，影响电流效率和原铝质量；另外，易造成供电和生产之间恶性循环，引起系列电流波动，这样既影响供电又影响生产正常进行，恶化作业环境，在阳极效应时产生大量温室气体（CF_4、C_2F_6）污染环境，增加劳动量，打乱正常作业。

比较其弊大于利，因此在铝电解生产中一般都把效应系数控制在较低范围内。

32.2.3.3　阳极效应的确认

现场操作人员可以通过以下几种途径获知并确认电解槽已发生阳极效应：厂房内信号灯亮，效应铃响，效应槽上的效应灯亮，槽控机上的效应指示灯闪烁，槽电压显示达到数十伏以上，以及计算机的效应广播。

32.2.3.4 阳极效应的熄灭

在工厂里为熄灭阳极效应，通常采用阴阳极局部短路的办法，因此各厂在操作上存在一些差异，但目前在中国最为常见的方法仍是木棒熄灭法。其操作步骤一般如下：

(1) 效应发生后，作业者应持效应棒，迅速赶到效应槽前，并将效应棒放置在炭渣箱旁的地面上。

(2) 到达槽控机前，确认效应电压、效应状态、槽控机控制状态。

(3) 检查阀门，并将各阀门置于开启状态。

(4) 揭开烟道端端罩，等待计算机自动进行第一次效应加工，观察烟道端的打壳和下料情况。

(5) 回到出铝端，揭开出铝端端罩，等待计算机自动进行第二次效应加工，观察出铝端的打壳和下料情况。

(6) 待效应加工完后，将效应棒斜插入阳极底掌下的铝液中，熄灭效应。

(7) 待效应熄灭后，在出铝端进行炭渣打捞。

(8) 巡视检查电解槽及槽电压。

(9) 收拾作业现场，工具归位。

(10) 效应熄灭 30min 后，再次巡视电解槽，及时处理异常情况。

32.2.3.5 效应持续时间的控制

从阳极效应发生到熄灭的时间称为效应持续时间，它等于计算机检出时间、效应加工时间和熄灭操作最少时间之和。正常阳极效应的效应持续时间应在 3min 左右，一般不应超过 5min，超过则视为过长，所以控制效应持续时间是熄灭阳极效应的操作质量控制点。

要有效控制效应持续时间，除应进一步提高电解槽计算机控制水平，减少计算机检出时间及效应加工时间外，在熄灭操作上应从两方面入手：一是插木棒前的准备要充分，如认真检查槽控机是否自动，各种阀门是否打开等；二是插木棒的时刻和方法要得当，插入木棒时刻应在效应加工完后进行，木棒应直接插入阳极底掌下。

32.2.4 出铝作业

在铝电解槽生产期间，金属铝以一定的速度在阴极上析出、积累，为了维持最佳的生产技术条件，产出的原铝要定期取出（大型预焙铝电解槽一般每天一次）。这一操作，称为出铝（TAP）作业。

32.2.4.1 出铝指示量的确定

目前国内各铝电解生产厂基本采用依据一点测定的铝水平值决定出铝指示量的方法，其步骤为：每日定时从出铝孔测定铝水平，然后即确定指示量，若测定值高于基准铝水平，就多出，反之少出，甚至不出。这一方法的优点是简单易行，在吸出误差较大时可通过次日下达指示量来调整误差。但是该方法也有数据准确度差、不利于过程平稳两大弊病。

在中国第一个 160kA 预焙槽系列引进初期，曾采用过铝水有效值法（也称为 MTVV

法）来决定出铝指示量的方法，其做法是：令 5 天为一疗程，一次下达整个疗程的指示量。

该方法的优点是数据比一点法更准确，能更真实地把握铝水高度分布，同时体现了平稳管理的思想；但该方法的缺点也同样明显：一是测定工作要求定时定日，不能错过；二是为使指示量 5 日内都能按计划执行，要求吸出工吸出准确，不能超过误差；三是病槽不能使用本方法，灌过铝的槽 5 日内也不得使用。

无论采用哪一种方法，从保持平稳和改善过程控制的角度出发，出铝指示量的确定均应满足以下原则：

（1）接近实际电流效率，产出多少铝就取走多少。

（2）对失调的炉膛和技术条件有调整作用。

（3）日指示量之间的差尽量小，最大吸出量不应突破极限量。

32.2.4.2 出铝作业的操作步骤

（1）将槽控机置于“出铝”状态。

（2）切换排风阀，开大排风量。

（3）记录出铝前回转计读数。

（4）操作出铝端打壳气缸，打直径约 30cm 的出铝洞。

（5）取下出铝端两块端罩，靠三角罩摆放。

（6）用铝耙将出铝口的料扒开。

（7）用漏瓢将槽内炭渣捞出放入炭渣箱内。

（8）用漏瓢将出铝口浮块和底部沉淀捞出，放在两侧端面上。

（9）吸出工握住抬包的手柄轮，指挥天车将吸出管缓慢插入槽内，打正抬包，使之离炉底约 5cm，天车工进行操作时，抬包不能碰操作地面以及电解槽的上部结构。

（10）确定出铝完成时的目标读数。

（11）接通风源，观察液压秤的指针显示，达到吸出目标值时，立即切断风源，将风管快速接头打开。

（12）平稳起吊并移至下一台槽作业。

32.2.4.3 注意事项

注意事项：

（1）出铝过程中要密切注意天车液压秤（或电子秤）的读数，指针转动不灵敏或不动时，可能是抬包与某处相接触，应予以调整；如指针大幅度摆动时，往往是吸入了电解质，这时也要停止出铝。当铝水吸不上来时，要检查吸出管是否被堵塞，同时检查进入孔是否密封。出现这些情况要及时处理，处理完后再出铝。

（2）出铝作业过程中发生阳极效应，应立即停止出铝，待效应熄灭后再出铝。

32.2.5 加料作业

在电解过程中主要消耗的是电解质中的氧化铝，它被电解为铝和氧，因此生产过程中要不断地补充氧化铝，由于冰晶石溶液对氧化铝的溶解有一定的限度，加入数量也就受到了限制，就是说必须连续或分批地给电解质添加氧化铝，这称之为加料。加料要符合一定的规律，称之为加工制度。不同类型的电解槽有不同的加工制度，而且同类型的电解槽如果加工制度不同则对生产的影响也不尽相同。除此之外，加料还起保持和规整炉膛内型、调节电解槽的热平衡、处理和预防病槽等作用。因此。研究和选择合理的加工制度，对于铝电解生产具有重要意义。

32.2.5.1 正常加工（非效应时加料）

电解槽正常加工是在不发生阳极效应的情况下加料，其主要作用是维持电解质中一定的氧化铝浓度，使电解过程正常进行，同时预防阳极效应的发生。

大型预焙电解槽的正常加工多采用中间加料，即打破中间结壳，然后加入一定量的氧化铝料，加工制度目前国内基本上采用自适应控制和模糊控制两类技术。

32.2.5.2 其他加工方法

A 边部加工

边部加工是指利用多功能天车打开靠近槽沿板边部的面壳，然后加入冰晶石或其他副原料，再用天车或人工加入氧化铝，重新结成面壳。这一加工方法能够促进炉底沉淀的熔化和上口炉帮的维护，对勤加工少下料的操作制度较为适用。

B 换阳极时加工

换阳极时加工，是指打破所换阳极附近3块阳极宽度的结壳，然后加入冰晶石等副原料，最后覆盖氧化铝。

C 效应加工

在阳极效应发生时，计算机收到了效应发生的信号，将效应加工指令传到槽控箱，槽控箱便进行效应加工，此时的加料操作便称为效应加料或效应加工，此加料操作只有在发生阳极效应的情况下进行，其步骤与正常加工相同，即效应加工时重复几次正常加工过程。

32.2.6 技术条件调整

电解生产在恒定的电流强度下进行，电解槽必须采取与电流强度相适应的其他各项技术条件，以求实现正常生产并获得优异的生产指标。现代大型预焙铝电解槽的主要技术条件有：槽电压、极距、温度、电解质成分、电解质和铝液水平以及阳极效应系数等。本书主要介绍以下几个主要参数的调整方法。

32.2.6.1 铝水平的调整

正常情况下，铝水平按要求的高度保持，通过控制出铝量来调整槽内铝水平，使其与其他技术条件匹配合理，使之既能保持电解槽热扩散合理，又能维持一个较为理想的炉膛。

A 铝水平低的调整

当铝水平低于要求控制的下限，且炉底开始反热，槽温有上升趋势时，说明铝水平保持偏低，需进行调整。一般是用减少出铝的方法进行调整，有时也采用添加固体铝的方法。

B 铝水平高的调整

当铝水平高于要求的控制上限，并且炉底发滑，或者沉淀很厚，槽温有下降趋势时，说明铝水平保持偏高，需进行调整。一般是通过增加每日出铝量，从而降低槽内铝量和铝水平的方法进行。

C 铝水平调整的注意事项

铝水平调整的注意事项：

(1) 回铝要快，撤铝要慢。

(2) 撤铝时，炉底沉淀会慢慢地返回到电解质中，这需要用铝液来填，因此撤铝要慎重。

(3) 如铝水平调整到位后，槽况依然如旧，此时需考虑其他技术条件是否合理。

(4) 用留液体铝的方法调整铝水平要注意，不要一次留得过多，以免电解槽不适应，给生产带来不利。

32.2.6.2 电解质水平的调整

在正常生产中，由于技术条件和外界因素的影响，电解质水平会经常发生变化，因而对电解质水平要经常进行调整，使之长期保持在要求的控制范围内。

A 电解质水平低的调整

当电解质水平低于要求控制下限 2cm 以上时，需进行调整。调整的方法一般有三种：一是补充固体电解质块，二是补充冰晶石，三是直接灌入液体电解质。

B 电解质水平高的调整

当电解质水平高出要求控制上限 2～3cm 以内时，可以不管，这一般是由于槽况变化的结果，随着槽况的好转，电解质会逐渐萎缩，从而恢复正常。当电解质水平高出要求控制上限 5cm 以上时，一般要将多余的电解质从槽内取出来。

C 电解质水平调整的注意事项

电解质水平调整的注意事项：

(1) 当电解质水平较前一天低很多时，要先观察电压情况再做决定。

(2) 提电解质一般不采用灌电解质的方法进行。

(3) 如遇到加冰晶石或电解质的槽要进行出铝，应在出铝后再加，以免影响出铝工作。

(4) 从槽内取电解质前要先确定电解质取出量，取完后的电解质水平应保持在控制上限或略高一点。

32.2.6.3 电解质成分的调整

在铝电解生产过程中，电解质成分的调整最为常见和频繁的是对电解质摩尔比的调整。电解质摩尔比的调整必须每天根据槽况和摩尔比的检测数据制定摩尔比调整策略。调整方法如下。

调整方法：

(1) 当摩尔比低于规定的标准范围时，要把摩尔比往上调，如低的幅度小，可以停止添加1~2次氟化铝，通过氟化铝的慢慢损失使摩尔比自然上升。如摩尔比过低，可以向槽内添加碱来提高摩尔比，碱的添加方法可以直接加在电解质的表面上。

(2) 当摩尔比高于规定的标准范围时，要通过加大氟化铝添加量的方法把摩尔比往下降。

32.2.6.4 电解槽设定电压的调整

电压是决定电解槽能量输入的主要因素，是维持和调整体系热平衡最重要、最易实现的因素。变更设定电压的实质，是增减极距来变更电解质电压降。设定电压的调整要遵循“提电压要快，降电压要慢”的基本原则。

A 需要上升设定电压的情况

(1) 电解槽热量不足，阳极效应多发或早发时。

(2) 电解质水平连续下降时。

(3) 投入大量物料，需要拉大极距补充热量时。

(4) 发生针振时。

(5) 发生病槽时。

B 可以降低设定电压的情况

(1) 电解槽热量过剩，阳极效应迟发时。

(2) 电解质水平连续升高时。

(3) 投入的物料已熔化，无需再补充热量时。

(4) 针振消失后。

(5) 病槽好转时。

C 电压变更的频度

按疗程原则。以3~5次（即3~5天）数据为依据，在变动影响热平衡的其他措施（例如调整出铝量和极上氧化铝）不起作用或效果不大时再变更，这属于战略性的调整，调整后的电压一般要维持到下一疗程结束，无特别情况一般不变，严禁在无干扰因素的情况下每天变动。另外，遇到意外干扰（如阳极脱落，提电解质等）情况时，可随时变更，数小时后降回，这属于战术性调整。

设定电压变更的标准幅度一般为：

(1) 4.30V以上时，每次0.10V。

(2) 4.20~4.10V时，每次0.05V。

(3) 4.10~4.00V时，每次0.03V。

(4) 4.00V以下时，每次0.02V。

32.2.6.5 调整下料间隔或参数

在以下情况下需要调整下料间隔：

(1) 由于缺料频频发生阳极效应时，或电解槽中物料过剩不发生或迟发生阳极效应时。

(2) 已知氧化铝密度发生变化时。

(3) 电解槽有病电流效率下降或电解槽好转效率恢复时。

(4) 由于某种原因已向电解槽中投料，因而需要减少加料时。

32.2.6.6 电解温度管理

电解温度管理：

（1）分析最近几天电解槽温度数据，预测电解温度变化趋势。

（2）分析电解槽温度发生变化的原因，并找准关键因素。

（3）根据温度变化趋势和幅度确定调整的方向和因素，以及调整的量。

（4）主要调整因素有设定电压、摩尔比、电解槽散热和保温以及电解槽铝量。

32.3 铝电解槽的自动控制

20 世纪 60 年代起，世界各国纷纷采用计算机控制电解过程，新兴的计算机技术与传统制铝产业相结合，是当代制铝业中最有意义的进展。生产实践证明，计算机的应用不仅把生产作业人员从繁重的体力劳动中解放出来，而且由于实现了生产过程的精确控制，可以降低能耗和原材料消耗，提高电流效率。

32.3.1 计算机控制状态与操作概述

电解厂房内多台电解槽的生产过程都是相同的、连续性的，因此铝电解生产过程可以实现计算机控制，各台电解槽可以使用相同的控制程序。

从理论上讲，电解槽的可控制项目包括两个方面：

（1）槽状态方面，其中包括：

1）电阻；

2）氧化铝覆盖层厚度；

3）氧化铝浓度；

4）极距；

5）边部结壳和底部结壳；

6）铝水平；

7）电解质水平；

8）电解质成分；

9）电解质温度；

10）电压降；

11）电流强度；

（2）槽操作方面，其中包括：

1）打壳；

2）熄灭阳极效应；

3）换阳极；

4）出铝；

5）抬母线；

6）添加氧化铝及氟化盐；

7）扎边部。

电解质是一种高温、侵蚀性很强的液体，在现有条件下，由于缺乏必要的控制手段和检测工具，许多电解过程中的重要参数如电解质温度、氧化铝浓度等一次信息未能连续取得。就目前来说，计算机控制铝电解生产的主要原始参数是槽电压和系列电流，在这些参数输入计算机后，它们随时间变化的关系计算机可以完整地记录下来，而且当其变化时，计算机可通过反馈信息的解析得出是否需要进行修正、进行何种修正的结论。

32.3.2　电解槽控制系统的形式

铝电解槽控制系统的形式一般采用分布-集中式。这种形式兼有集中式、分布式系统的优点。系统中由下位机完成采样、解析和控制的功能，上位机承担系列参数修改、生产数据汇总和分析的管理功能。上、下位机之间用通讯的方式实现联络和信息交换。分布-集中式系统适用于控制模型比较复杂，解析量和处置量较大的应用程序。控制系统的详细结构见 34.2.2 节。

32.3.3　铝电解计算机控制系统的功能

铝电解计算机控制系统主要具有如下功能：

(1) 电解槽槽电阻控制（RC）；

(2) 电解槽正常加料控制（NB）；

(3) 电解槽效应预报和处理（AEP AEB）；

(4) 电解槽原料分配控制；

(5) 数据处理、打印报表和人机信息交换，详见 34.2.3 节。

下面分别讨论：

(1) 电解槽槽电阻控制（RC）。在铝电解生产过程中，槽电阻（R）、槽电压（U）和系列电流（I）及槽反电动势（E）之间有如下关系：

$$R = \frac{U - E}{I}$$

而槽电阻的变化间接反映了电解质中氧化铝浓度的变化。生产实践证明，在两次加料的间隔时间内，采用调节极距以控制槽电阻从而稳定电解槽热工制度的控制方案是行之有效的。

为了进行槽电阻控制，计算机定时对全系列的槽电压、系列电流和系列电压采样 1 次，定周期对几次检测到的数据进行解析，根据解析结果，当槽电阻在给定值范围之内时，不进行阳极升降控制，否则通过槽控机控制相应槽的阳极升或降，以使被调参数恢复到给定值范围之内。但当槽电压异常、槽电流异常、槽电压波动、换阳极、抬母线、等待效应、发生效应时，不进行槽电阻控制，而是打印出相应的状态信息或执行相应的控制程序。电阻解析详见 31.3.3.6 节。

(2) 电解槽正常加料控制（NB）。在正常生产状态下，电解槽每隔几分钟加料 1 次，若在每次打壳加料的时间间隔之内有其他方式加入氧化铝时（槽前要及时通知计算机室），应相应延长加料时间间隔，以保证合适的氧化铝浓度。

当中央控制机脱机时，其正常加料等操作由槽控机进行顺序控制。

(3) 电解槽效应预报和效应处理。对扫描取得的槽参数进行解析，当某台槽槽电阻变化率相继两次超过规定值时，则预报此台槽将要发生阳极效应，并通过终端设备打印出相应信息。当某槽的电压相继 6 次（目前国内最短的为 3 次）超过规定值时（一般设定为 8V），则认为其发生了效应，此时应进行效应处理，并打印出相应信息。

（4）数据处理、打印报表和人机信息交换详见 34.2.3 节。

关于铝电解控制系统功能的详细说明见 31.3.3.6 节。

32.3.4　电解现场与计算机之间的日常联系

在计算机控制的电解系列上，必须加强电解生产现场与计算机之间的相互联络，以便将现场发生的计算机无法感知的信息告诉计算机，又将计算机检测到的信息及时通知现场，使现场采取适当对策，保证生产正常进行。具体联系有：

（1）阳极更换前联系。阳极更换中，在提出残极时槽电压会上升，如果操作者未与计算机联系，计算机则判为电压正常变化而下降阳极，会造成新极设置不准，热收入下降，故换极前应通知计算机。

（2）抬母线时联系。操作者在提升母线时，由于卡具全部松开，将导致槽电压上升，而此时电压上升并非槽子内部变化，因此在抬母线前必须和计算机联系，避免计算机调整电压。

（3）出铝前联系。由于铝水的抽出，槽电压将急剧上升，而此时计算机却无法分辨是效应即将来临，还是出铝，或是其他，因此必须在出铝前通知计算机，使计算机在出铝后能将电压调整到原电压或目标电压。

（4）扎边部加料时联系。当扎边部加料时，计算机本身是无法直接感知的，此时如计算机仍按原设定加料间隔进行加料，将会使槽内的氧化铝过多而引起沉淀，易产生病槽，因此进行边部加料时，应及时与计算机联系。

（5）当电解槽原设定电压、加工间隔、效应等待时间等需要更改时应及时与计算机联系。

（6）现场产生的大量数据应及时输入计算机，这些数据包括：电解质成分分析结果，每日实际出铝量，测定铝水值等。

（7）此外，现场还应常常向计算机询问槽子有关参数或槽状态，或请求输出有关数据信息报表。

32.4　铝电解槽事故处理

32.4.1　针振槽处理

针振是指槽内铝液波动，引起极距变化，从而使槽电压出现上下振荡的现象。其根本原因在于阳极电流分布不均，电解槽内磁场发生改变，引起槽内铝液的不正常运动。

32.4.1.1　造成阳极电流分布不均的原因

具体原因为：

（1）阳极设置不合理，个别阳极设置过低或局部区域阳极电流集中。

（2）A、B 面阳极导电不均出现偏流。

（3）阳极长包。

(4) 阳极下滑。

(5) 侧部炉帮不完整，局部水平电流过大。

(6) 炉底状况发生改变，局部垂直电流过大或偏小。

(7) 电解槽各区域氧化铝浓度不均。

(8) 换极、抬母线、扎边等操作因素影响。

32.4.1.2 针振对电解生产的影响

具体影响有：

(1) 发生针振时为保持电压稳定，需要提升电压，造成直流电耗增加。

(2) 电解槽发生针振时，槽内二次反应加剧，影响电流效率。

(3) 电解槽发生针振时会破坏原有的技术条件，如槽温升高、电解质水平升高等。

(4) 槽温升高和电解质水平上升会影响原铝质量。

(5) 处理针振槽会增加劳动强度。

(6) 针振会破坏已形成的炉膛。

(7) 针振槽会增加原材料的消耗。

(8) 针振会恶化厂房工作环境。

32.4.1.3 针振槽的处理方法和程序

针振槽的处理方法：目前大型预焙阳极电解槽都是采用计算机控制，当电解槽发生针振时，计算机会进行语音广播，并自动提升电压。通过计算机提升电压处理针振，只能使针振暂时减弱或缓解针振，但不能从根本上消除针振产生的原因，因此在处理针振过程中，必须依靠人的处理才能使槽子从根本上得到处理。

针振槽的处理程序：

(1) 当听到厂房广播（自动语音提示系统）或通过计算机显示获知某槽发生针振时，看槽责任人应立即赶到该槽的槽控机前（这时计算机已自动提升阳极），根据槽控机提供的信息分析判断针振的严重程度。如果针振幅度还是很大，可以手动提升电压，但最高不能超过规定的提升上限。

(2) 巡视电解槽，观察是否有下滑极、火苗颜色、槽温、边部是否空等情况。

(3) 在电压稳定时进行阳极电流分布测量作业。

(4) 根据测量数据分析判断阳极电流分布情况，是否需要进行阳极调整和确定需调整的阳极。

(5) 阳极调整，将需要调整的阳极上调 1～2cm，并重新画线，一般而言，一次调整阳极不应超过 3 块，即使需要调整也应在下次阳极电流分布测量后再进行调整。

(6) 观察槽电压情况检验处理效果。如果调极正确，几分钟后电压就会稳定下来。

(7) 在电压稳定时，如果电压处在异常电压范围内，采取手动降电压，可分几次往下降，降到计算机可控范围后，由计算机自动调整。

(8) 如果发现阳极下滑，应先将下滑极提升到原位，观察电压稳定性再决定是否进行阳极电流分布测量作业。

(9) 如果发现电解槽局部空，应先对局部空的地方进行扎边处理，在电压稳定时再进行阳极电流分布测量作业。

注意事项：

（1）针振槽抬电压时最高不能超过规定的提升上限（一般为5V），防止阳极脱离电解质。

（2）阳极电流分布测量作业要在电压稳定时进行，只有在电压稳定时测量的数据，才能反映阳极电流分布的真实情况。

（3）针振槽是大型预焙阳极电解槽最常见的异常情况，也是影响电解槽长期稳定运行的最重要因素，由于影响因素多，处理方法也不一样，处理不好，会使槽况进一步恶化，影响技术经济指标。因此处理针振槽时找准原因是最重要的，同时也只有这样，才能做到处理起针振槽来得心应手。

（4）处理电解槽针振，除了要有正确的处理方法外，还有许多处理技巧，这些技巧是靠平时的工作积累，因此处理针振槽要多动脑筋，多总结，多积累。

（5）处理电解槽针振时，抬电压要快，降电压要慢。抬电压的幅度要看针振幅度而定，针振幅度越大，电压抬高幅度就越高。抬电压过慢，延长了针振时间，给生产造成的影响就更大。降电压过快，会诱发针振可能再次发生，增加处理难度。电压在高位稳定时可降快一点，降到计算机可控范围以后，最好由计算机自动控制。

32.4.2 电解质含炭处理

电解质在正常的电解生产过程中，会有阳极脱落炭粒漂浮在其中。由于某种原因使电解质性质发生改变时，炭粒被包裹在电解质里即形成了电解质含炭。它是热槽比较严重时的一种表现。

32.4.2.1 电解质含炭的表现特征和主要原因

电解质含炭的表现特征是：电解质温度很高，发黏，流动性差，表面无炭渣漂浮。且火苗黄而无力，火眼处电解质涌动无炭渣喷出，电解质比电阻增大，槽电压自动上升，有时电解质含炭表现在局部，这时含炭处的电解质沸腾明显减弱。

电解质含炭的主要原因是由于极距过低，电解质温度高且电解质脏造成，尤其是在压槽时，最易引起电解质含炭。仅仅是槽温高不一定会造成电解质含炭。

32.4.2.2 电解质含炭的处理方法

（1）抬高阳极，使含炭处的电解质沸腾为止，高度适当提高。

（2）如果电解质水平不够高，应灌入新鲜电解质。

（3）将冰晶石与氟化铝混合后，分批加入到电解质含炭严重的部位，以改善电解质的性质，降低电解质表面温度。每一次撒完上述混合料后，要及时将分离出来的炭渣打捞出槽，反复多次，使炭渣从电解质中分离出来。

（4）炭渣分离出来后，如槽温仍然偏高，为降低槽内电解质温度，可向槽内添加固体铝块，必要时也可采取少出或终止出铝的办法，提高铝水平来增加散热降温。

（5）处理电解质含炭时，在电解槽内使用工具要轻，以免搅动电解质造成炭渣扩散。

注意事项：

(1) 当局部发生电解质含炭时，不要轻易搅动电解质，控制住含炭范围不蔓延。

(2) 随着炭渣的分离，槽电压会自动下降，在炭渣没有完全分离出来以前不能降阳极，以免出现反复。

(3) 在处理过程中，不能向槽内添加大量的氧化铝，否则会造成含炭更难处理。

32.4.3　电解槽滚铝处理

在铝电解生产中，有时铝液形成一股液流从槽底翻上来，然后又沿槽壁沉下去，个别情况还喷到槽外，这种现象叫滚铝。滚铝是由于磁场产生垂直向上的电磁力达到一定程度后造成的。

32.4.3.1　电解槽发生滚铝的主要原因和特点

滚铝的原因主要是由于槽膛畸形，局部沉淀过多，结壳大，铝水平过低，阳极原因使电流分布不均。槽温过低也会引起滚铝。

电解槽发生滚铝时的主要特点：

(1) 槽膛畸形，槽底结壳分布不均，槽帮伸腿过长、过于肥大等，使铝液纵向水平电流增大。

(2) 槽内铝水平过低，使铝液纵向水平电流增大。

滚铝发生后，不仅使两极在相当大的区域内短路，同时使铝的二次反应增加，从而显著降低电流效率。此外滚铝还会导致难灭效应发生。

32.4.3.2　滚铝的处理方法

(1) 将阳极抬起，控制好电压摆幅。

(2) 用电解质结壳块扎电解槽炉帮较空之处，一般情况下不处理沉淀。

(3) 当滚铝较为严重时，可向槽内灌些铝液，也可减少或终止出铝量，增加铝液高度。

(4) 检查槽膛内形情况，并进行必要的修补。

(5) 滚铝发生时要防止添加粉状氧化铝、冰晶石，以免形成槽底沉淀。

注意事项：

(1) 处理滚铝槽时要注意做好防护措施，因为有时溶液会形成一股汇流喷射到槽外，容易发生事故。

(2) 滚铝槽炉膛一般较为畸形，处理时要充分考虑缓慢恢复的原则，千万不能急于求成。

(3) 滚铝槽的电压大幅波动，会使阳极与铝液局部短路。要注意观察各块阳极的工作状况，防止发生脱落等异常情况。

32.4.4　冷槽处理

电解槽生产运行中，由于热收入小于热支出，使电解温度低于正常温度，便形成冷槽。冷槽的初期对生产影响不太大，但如果处理不及时，会诱使电解槽变成热槽，对生产造成更大的影响。

32.4.4.1 冷槽的外观表现

电解质水平呈明显的下降趋势。电解质黏度增大，流动性差，颜色发红。火苗呈暗红色，软弱无力。同时壳面变得厚而硬，阳极效应频繁突发，效应电压有时高达40V以上。炉底有大量沉淀产生，炉膛内伸腿肥大。

32.4.4.2 冷槽产生的原因

一方面，由于热收入不足而引起。主要是系列电压超负荷、系列电流大幅度下降或极距设置过低等原因造成，使电解槽热收入减少。

另一方面，由于热支出的增加而引起。主要有以下几个方面：由于铝水平过高，导致热散失过大。电解质水平过低，添加的氧化铝量多。加工时炉面敞开时间过长，引起电解温度急剧下降，或是阳极与壳面上保温料严重不足，造成炉内热量大量散失，引起冷槽。

32.4.4.3 冷槽对生产的影响

冷槽对生产的影响：

（1）破坏炉膛，沉淀增加，严重时还会形成大面积结壳，增加炉底压降。

（2）电解槽稳定性变差，一旦出现针振会影响生产指标。

（3）冷槽处理不好，会转变为热槽。

32.4.4.4 冷槽的处理方法

冷槽的处理方法有：

（1）加强保温，在阳极上和氧化铝壳面上多加保温料，减少热量损失。

（2）适当降低铝水平，减少传导热损失，但要注意防止压槽的发生。

（3）适当提高槽电压，延长加工间隔。

（4）电解槽内电解质严重不足时，可通过灌入一部分温度较高的液态电解质，补充槽内电解质的量，以减少调整电解质给电解槽热平衡带来的热冲击。

（5）温度过低的电解槽发生阳极效应时，可以适当延长效应的持续时间，以增加电解槽体系的热收入。

（6）如槽内沉淀过多，待槽温恢复稳定后可打开炉面处理沉淀。

（7）由于系列电流过低造成的冷槽，想办法提高电流强度才是解决问题的根本途径；如暂时达不到要求的电流，只有调整技术条件，加强保温，适当降低槽内铝液的高度，减少热损失。

32.4.5 热槽处理

32.4.5.1 热槽的外观特征

电解质颜色发亮，挥发厉害，火苗黄而无力，电解质与炭渣分离不清，火眼喷出的气体含有细小的炭黑落在氧化铝壳面上。热槽初期，炉面结壳薄而不完整，严重时炉面结壳几乎消失，并冒有云雾状的白烟。炉膛内，侧部炉帮被烧空，伸腿化小、变软，炉底稀沉淀增多。用铁钎子插到槽内测量，取出后分不清铝水和电解质的界线，铁钎子尖端烧成白热甚至有冒烟现象。效应滞后且效应灯光暗淡。

32.4.5.2 热槽产生的原因

热槽产生的原因有几种可能：

(1) 极距保持过高，极距高两极间发热量增大，槽内热收入过多，使电解质温度升高。

(2) 极距过低引起。极距过低则二次反应加剧，这个反应是一个放热过程，增加电解槽的发热量。

(3) 由于槽内铝量少，炉底散热量减少造成热槽，或者可能是由于电解质水平低，氧化铝在电解质中溶解能力下降，炉底生成大量沉淀，引起炉底反热。同时电解质水平低，电解槽的热稳定性变差，这也易引起热槽。

(4) 由于电流分布不均匀，造成局部电流集中，形成局部过热的现象。

第五种可能是由于阳极效应处理不及时或处理方法不当，效应持续时间过长形成的热槽。

(5) 由于冷槽处理不及时而转化成热槽。因为冷槽的主要特点是电解温度低，电解质萎缩，氧化铝溶解能力降低，如果冷槽处理不及时易在槽内形成大量沉淀，进而转化成热槽。

32.4.5.3 热槽的处理方法

发现热槽后首先要认真检查槽子，正确判断热槽产生的原因，实施对症措施处理，否则不但不能使热槽恢复正常，还可能引起更多严重后果。对槽子检查项目通常包括：电解质水平，铝水平及炉底沉淀，炉膛状况，槽电压的保持情况，检查电压表是否存在误差，测量阳极电流分布情况，查看工作记录，了解该槽加工、效应情况，根据收集信息做出判断，并拟订和实施对症处理方法：

(1) 因极距保持过高引起的热槽，只要将极距降至正常，并配以适宜的降温措施即可。如上口空，可以加扎一些残极上的氧化铝块，也可以加一些电解质块。如果电解质水平够高但发热，可采取换块加工的方法，加工前从电解槽内取 2 ~4 箱电解质出来，加工时再向槽内加 2 ~4 箱冷的电解质块。如果极距高是由于电压表不准造成，处理方法主要是修复或更换电压表，消除产生电压控制误差的这一外因。

(2) 因极距过低引起的热槽，首先要将极距调至正常。电解质水平低时要提高，最好灌液体电解质，槽内沉淀多时要处理沉淀，防止阳极底掌与沉淀接触，造成电流分布不均或阳极长包。

(3) 因槽内铝水平低而产生的热槽，可向槽内加固体铝，也可灌液体铝。加铝之前要扒净沉淀，并检查电解质水平是否够高，以免加铝造成电解质萎缩。

(4) 因电解质水平低，造成炉内大量沉淀生成所引起的槽子反热，可采取的措施是提高电解质水平，处理沉淀，保持电解槽的热稳定性。

(5) 因电流分布不均匀而形成的热槽，要查找产生电流分布不均匀的原因并采取措施消除。如阳极某部分与沉淀接触引起的偏流，要处理该部位的沉淀，如发现阳极长包或掉块，要尽快处理异常极。

（6）由冷槽恶化转变成的热槽，要分析好原因，参照前面所述的方法进行及时处理。

32.4.6 电解槽漏炉处理

在铝电解生产过程中，由于槽底或侧部炭素材料受到破坏，铝液或电解质从槽壳侧部或炉底漏出来，称为电解槽漏炉。

32.4.6.1 电解槽漏炉的种类

电解槽漏炉分两种情况：一种是侧部漏炉，另一种是底部漏炉。

侧部漏炉是生产过程中管理不当造成炉帮破坏，或由于侧部炭块砌筑和炭糊扎固质量差而引起电解质（有时夹带铝液）从侧部炭块缝流出，烧穿槽壳的侧壁而造成的漏炉。

炉底漏炉是炉底阴极炭块遭到严重破坏，铝液使阴极钢棒熔化，从钢棒窗口流出，或者是铝液侵蚀阴极炭块下的槽内衬，使铝液向下流到炉底烧穿炉底钢板而漏炉。

电解槽漏炉的危害极大，它会造成设备的损坏，严重时还会烧断母线，使系列生产受到影响；处理漏炉会造成原材料浪费，增加劳动强度，因此生产中要尽可能避免漏炉的发生。

32.4.6.2 电解槽漏炉的处理

当发生漏炉时，应立即组织当班人员、多功能天车赶到漏炉槽旁，了解漏炉情况，包括漏炉类型、部位、严重程度，并按如下步骤进行处理：

（1）安排专人监护槽电压，电压不得超过5V，超过5V的，应手动降阳极。

（2）安排人员用手推车就近推结壳块或袋装氧化铝到漏炉槽旁待用。

（3）安排人员安装好母线保护装置。

（4）揭开漏炉处的槽罩。

（5）指挥多功能天车扎实漏炉区域的边部。

（6）准备停槽工具。

（7）当确认为侧部漏炉时，在做好上述安排的同时，重点指挥多功能天车扎漏炉边部，边扎边加结壳块、袋装氧化铝或冰晶石，用天车砸实，扎住后用风管冷却漏炉处槽壳，以便快速形成炉帮。

（8）当确认为炉底漏炉时，应根据漏炉的严重程度，投入镁砂、氟化钙混合料，尽可能减少扩散面积，或松开可能破损部位的阳极卡具，将阳极坐放在炉底，压住破损部位，减缓铝液溢漏的速度。

（9）当侧部漏炉处理无效，炉底漏炉无法控制时，应立即通过程序与有关部门联系要求停槽，同时做好停电的准备工作。

（10）电解槽阴极钢棒口漏炉应急处理措施。当电解槽阴极钢棒口漏炉时，应及时用天车打开漏炉部位所对应阳极边缝，将阳极拔出2~3块，拔出阳极后针对破损部位向槽内加入袋装氧化铝块，用天车砸实。向破损部位投入镁砂、氟化钙混合料。将阳极放回并清理现场。

32.4.7 异常效应处理

32.4.7.1 暗淡效应

暗淡效应指效应电压比正常效应电压低的效应，一般为 10～20V，这种效应往往发生在电解温度较高的电解槽上。

对于这种效应，只要电压稳定，随着效应时间的延长，电压往上走，在电压达到 20V 以上时按正常阳极效应熄灭的方法操作即可熄灭。

32.4.7.2 闪烁效应

闪烁效应是指效应电压不稳定，来回上下大幅摆动的效应，这种效应主要发生在槽膛内型不规整，或者电解温度低炉底有结壳的电解槽上。

处理这种效应，应该首先抬高电压，将电压保持在 30V 左右，不能急于熄灭效应，应待效应电压稳定后，再按正常效应的熄灭方法处理。

32.4.7.3 瞬时效应

瞬时效应发生后能自动熄灭，有时会反复几次，这种效应一般发生在槽温低沉淀多的电解槽上。如果效应自动熄灭回去了可以不用采取措施处理它。如果反复发生则上抬阳极，使电压达到正常效应电压，待温度上升后按正常效应进行处理。

32.4.7.4 难灭效应

难灭效应产生的原因是由于电解质含炭或电解质中含有大量的悬浮氧化铝。

难灭效应的处理方法是：

（1）适当抬高阳极，目的是升高电解质温度。

（2）向槽内注入液体电解质，分离炭粒，清洁电解质。

（3）然后开始熄灭效应，运用阳极与阴极短路的方法熄灭。

处理难灭效应应注意的问题：

（1）物料不要添加过多，尤其是由于电解质中含大量悬浮氧化铝引起的难灭效应，不能通过添加氧化铝来处理效应。

（2）时间较长的难灭效应要注意发生跑电解质和漏炉事件。

32.4.8 停动力电、直流电及停风时对电解槽的处理

32.4.8.1 厂房停动力电时的处理

（1）了解停电原因，明确停电时间等情况。

（2）按照制定的加工间隔进行手动加工。

（3）电解槽发生效应时，进行手动加工熄灭效应，10min 以后再进行正常加工。

（4）加强巡视电压，发现异常及时报告值班长，并接受值班长的工作指示。

32.4.8.2 电解槽停直流电的处理

（1）电解槽停直流电后，电解槽停止了正常生产，此时厂房内的一切正常作业都必须

停止，最主要的工作就是加强电解槽的保温：用冰晶石或熟料堵好火眼，将槽烟道端风量阀关好，盖好槽罩。

（2）电流恢复时的管理要求：

1）如果停电时间较长，送电前要先巡视槽况，确认阳极是否有脱离电解质的情况，对电解质过低的电解槽要将阳极降一点。

2）发生阳极效应，要求立即熄灭，以免影响电流恢复的整体进度。

3）达到全电流后1h要进行一次两水平测量，掌握两水平情况。

4）加强破损槽的巡视及维护管理工作。

32.4.8.3 电解槽停风时的处理

（1）了解停风的原因、停风时刻及时间跨度。

（2）停风时间在1h之内时，在停风前，根据管理指示，向槽内一次投入足够的料，以满足电解槽停风时间内的消耗。如停风时间超过1h，要人工定期推极上保温料入槽，及时补充阳极上的氧化铝。

（3）电解槽发生效应时，应人工推阳极上的氧化铝入槽，或用多功能天车扎大面、人工现场添加氧化铝的方法熄灭效应。

（4）槽内极上氧化铝不能满足加工要求时，可利用多功能天车补充或人工加袋装氧化铝的方法补充添加。

32.4.9 设备安全事故的应急处理措施

32.4.9.1 阳极提升和下降失控应急处理措施

当发生阳极提升和下降失控时，电解操作工应马上将槽控机电源的“急停开关”按下并立即切断阳极提升电机的动力电源。同时通知检修中心进行检修。如果电解槽还出现拉弧或脱机，应立即通知供电停电。检修完毕后电解槽进行二次启动。

32.4.9.2 电解槽短路口打火应急处理措施

当电解槽来效应短路口发生打火时，操作工应立即熄灭阳极效应。当短路口绝缘破坏造成短路口突然打火，如打火控制不住，操作工应降电压至3V以下，在降电压时应防止电解质冲断母线，必要时联系降电流或系列停电。同时检查接触器、固态继电器输出端是否击穿，确认正常后将阳极恢复到事故前状态。

33 电解铝产品质量

✻✻✻✻✻✻✻✻✻✻✻✻✻✻✻✻✻✻✻✻✻✻✻✻✻✻✻✻✻✻✻✻✻✻✻✻✻✻✻

33.1 原铝中的杂质

33.1.1 原铝杂质的构成

由电解槽生产出的液体原铝中的杂质可分为三类：第一类是金属元素，如铁、硅、铜、钙、镁、钛、钒、镍、锌、镓、锡、铅等，其中主要杂质元素是铁和硅。表 33-1 为铝液中各种金属杂质的含量。

表 33-1 铝液中各种金属杂质的质量分数

杂质元素	质量分数/%	杂质元素	质量分数/%
Zn	0.0003 ~ 0.002	Na	0.001 ~ 0.008
Ti	0.002 ~ 0.007	Mn	0.001 ~ 0.007
Cr	0.00035 ~ 0.00157	Mg	0.001 ~ 0.007
V	0.0007 ~ 0.006	As	约 0.0001
Ga	0.006 ~ 0.01	Bi	约 0.00002
Pb	0.0008 ~ 0.0022	Cd	约 0.000001
Sn	0.0002 ~ 0.0004	Cu	0.005 ~ 0.007
Ca	0.002 ~ 0.003	Fe	0.035 ~ 0.25
Si	0.025 ~ 0.2		

第二类是固态夹杂物，如氧化铝、氮化铝和碳化铝等。第三类是气体，有 H_2、CO_2、CO、CH_4、N_2、H_2O 等，其中主要是 H_2，约占 53% ~95%。这是因为氢的原子或分子很小，容易溶解在铝中。在铝液中溶解的气体组成见表 33-2。

表 33-2 铝中溶解的气体组成（体积分数/%）

气 体	H_2	CH_4	H_2O	N_2	CO_2	CO
1	92.2	2.0		3.1	0.4	2.3
2	95.0	4.5		0.5		
3	68.0	5.0	1.4	10.0	1.7	13.9

33.1.2 原铝中杂质的来源

33.1.2.1 金属杂质

A 杂质硅和铁

电解原铝中的硅、铁杂质主要来源于使用的原料，其中用量最大的是氧化铝和阳极炭块。氧化铝中的杂质主要有 SiO_2 和 Fe_2O_3。中国的氧化铝成分质量标准（YS/T 274—1998）见第 15 章表 15-4。

每生产 1t 铝理论上应消耗 1889kg 氧化铝，但实际消耗量要大于这个数值，为 1920～1930kg。硅和铁通过氧化铝带入原铝。

在电解生产中使用阳极炭块，使许多杂质元素从生产阳极炭块所用的原料石油焦和沥青等原料带入，通常含有 Si、Fe、V、Ni 等杂质元素。由于对原料中的杂质元素不能很好地控制，因此阳极炭块中 Si、Fe、V、Ni 等杂质元素也没有一个统一的标准要求。每生产 1t 铝炭阳极净耗为 410～430kg。硅和铁也通过阳极炭块带入原铝中。

表 33-3 按照电解生产对原料的要求做出了铝电解槽的硅量和铁量收支概算。按分子式计算，1kg SiO_2 中含 0.467kg Si，1kg Fe_2O_3 中含 0.70kg Fe。Si 和 Fe 主要来自阳极和氧化铝，特别是载氟氧化铝中的 Fe 含量较高。

在支出方面，Si 和 Fe 主要随铝液带出。但据文献报道，有相当数量的 Si 和 Fe 被电解槽排出的气体带走，这些烟气经氧化铝吸附后，部分杂质带入载氟氧化铝中，随着载氟氧化铝的添加，重新进入电解槽中，从而进入电解铝液中。

表 33-3 硅量和铁量部分收支概算

收入（原料部分）					
原 料	质量/kg	原料中杂质含量/%		进入的杂质量/kg	
		SiO_2	Fe_2O_3	Si	Fe
氧化铝（按一级品）	1920	0.02	0.02	0.1797	0.2695
炭阳极	410	0.12	0.10	0.2296	0.287
冰晶石（按 CM-0）	5	0.25	0.05	0.0058	0.00175
氟化铝（按 AF-1）	25	0.30	0.10	0.035	0.0175
合 计				0.4501	0.5758
其 他					
内衬、操作工具、设备等				支收差额	

支 出			
电解产物	质量/kg	带走的杂质量/kg	
		Si	Fe
原铝（按 Al 99.85）	1000	0.80	1.20
废气		0.10	0.60
合 计		0.90	1.80

注：以 1t 铝为基础计算。

在支出方面出现过量的 Si 和 Fe 大概的来源如下：（1）操作工具和阴极棒（阳极爪头）深入铝内；（2）内衬材料中的杂质 SiO_2 和 Fe_2O_3 被铝还原；（3）槽前扫集物加入槽内。

表 33-3 中各数据均选用了各相关标准的上限值。比较各数据，可知原料收入中所含 Si 和 Fe 的量低于较高等级铝锭对杂质的要求，其他杂质收入对产品中的硅、铁含量有很明显的影响。这一杂质收支分析可以为提高铝锭的质量提供思路。

B 杂质钠、钙、磷

（1）钠（Na）：据报道，原铝中钠的含量波动很大，为$(1\sim16)\times10^{-3}\%$，它随电解质摩尔比升高而增加。摩尔比在 2.6 以上，NaF 含量增加的趋势变得强烈。这是因为电流 99% 由 Na^+ 迁移，当摩尔比提高时，阴极铝液愈加富集了 Na^+，创造了 Na^+ 与 Al^{3+} 共同放电的条件。在阴极上析出的钠，一部分进入炭素内衬，引起其破损，另一部分重新溶解在电解质里，并转移至阳极区，被阳极气体和空气氧化。钠的析出造成电流效率降低。

铝液在氯化（或熔剂净化）和混合澄清过程中，其中钠含量会有所减少。

（2）钙（Ca）：钙主要来自氧化铝。

（3）磷（P）：磷主要来自氧化铝。一部分 P_2O_5 被铝还原成低价氧化物，而后低价氧化物在阳极上被氧化成高价氧化物，结果造成氧化磷的循环。此外，一部分氧化磷被铝还原成元素磷。元素磷大部分进入气体，小部分进入铝液。氧化磷的还原，会降低电流效率。磷是铝中有害杂质，即使铝中含磷 0.002%，也会使铝发脆并易于被腐蚀。

（4）硼（B）：硼也是一种有害的杂质，它使铝发脆并降低其电导率。电解原铝中硼的含量通常为 $2.0\times10^{-4}\%$。硼会使铝变脆，在用于原子反应堆的高纯铝中，如果含有硼，则由于硼离子半径较大，会影响中子束的速度。故在这方面应用时要求原铝中的硼含量降低至 $1.2\times10^{-4}\%$ 以下。

C 其他金属杂质

钛（Ti）、钒（V）、锌（Zn）、镓（Ga）等杂质绝大部分来自氧化铝。大部分锌进入铝内。大部分钛和钒进入气体。镓一半进入铝内，另一半进入气体。

33.1.2.2 固态杂质

固态杂质：

（1）氧化铝。原铝中的氧化铝，主要来自槽底上的氧化铝沉淀。另一部分来自悬浮状态的氧化铝。

（2）碳化铝。铝液中的碳化铝主要是由于碳扩散到铝液中，在电解温度下起反应而生成。由于 Al_4C_3 在 1000℃下具有很大的吉布斯生成自由能负值（-144.2kJ/mol），故生成 Al_4C_3 的反应是可能的。槽内铝液中大约含有 $Al_4C_3(15\sim20)\times10^{-4}\%$。铝液中的碳化铝易于聚合成团簇，并沉淀下来。但是残留在铝液中的碳化铝却在铝锭中生成夹杂，并使铝锭表面产生疤痕。当电解槽内铝液层之上出现固体悬浮的氧化铝或炭粒时，则其中经常吸附着碳化铝。

33.1.2.3 气体

在电解冶炼过程中，由于高温的作用，铝与碳和空气中的氮发生化学反应，以及碳和氧发生化学反应产生的阳极气体（一氧化碳和二氧化碳）溶解在铝液中，使铝液受到污染。

原铝中的氢来自水汽与铝的反应：

$$3H_2O + 2Al(l) \longrightarrow Al_2O_3 + 6[H]$$

所产生的原子氢［H］极易被铝液吸收，而氧化铝由于颗粒细微，密度与铝差不多，不易从铝液中分离出来，从而使铝液中含有氧化铝。铝液在高温下搁置时间过长，也会吸收氢气，而且铝液吸氢几乎与温度成正比。

33.2 电解铝产品质量的控制

直接用氧化铝原料利用霍尔-埃鲁熔盐电解法生产出来的金属铝，称之为原铝，目前，中国电解铝厂生产的原铝大部分以重熔用铝锭的形式为最终产品投放市场，因此这里所讲的电解铝产品质量的控制，就是指原铝及重熔用铝锭质量的控制。关于电解铝厂利用电解原铝直接生产的铝合金坯料及铝合金加工产品质量的控制在第八篇中讲述，这里就不再赘述。

原铝是铝加工和铝铸件生产的主要原材料。为了适应各种铝材和铸件生产的需要，对原铝质量的要求是严格而又全面的，它既要满足纯度的要求，又要满足纯洁度的要求。纯度是指其化学成分方面而言，要求其杂质元素尽可能地少，也就是说原铝的纯度要高。纯洁度是指原铝中的气体含量和固态夹杂物而言，要求气体和固态夹杂尽可能地少，也就是说原铝的纯洁度要高。

33.2.1 原铝纯度的提高

提高原铝的纯度是一个系统工程，要从生产中的各个环节入手。要提高原铝纯度，在生产中就要做到：

（1）要把好原料质量关，坚持使用符合国家标准和行业标准的原材料，特别是氧化铝、炭素阳极质量要重点控制。

（2）严格操作管理，避免铁、硅等杂质由于操作失误而进入槽内。

（3）在阳极更换或处理电解槽异常情况时，铁制工具如大钩大耙等不得在液体电解质或铝液中浸泡太久，发红变软后应立即更换，以免出现熔化而污染原铝。提高阳极更换质量，准确无误设置换阳极精度，尽量避免因设置不准确出现熔化钢爪，使熔融铁水进入槽中。

（4）要掌握好电解槽各项技术条件，尤其是电解质水平，防止电解质水平过高而浸泡即将更换的低阳极钢爪而引起熔化。随时检查阳极行程情况，防止因阳极掉块脱落而熔化钢爪。

（5）中间下料预焙槽的打壳锤头也可能因长期磨损而脱落掉入槽中。因此必须随时观察运动部件的磨损情况，及时更换，掉入槽内的必须及时拿出。

（6）避免病槽的产生。原料中的杂质有相当多部分沉积在炉膛边部的电解质结壳中，它仿佛是这部分杂质的收容场所。对正常运行的电解槽，炉膛稳固，这些杂质不会进入液体铝中，但一旦电解槽变热，造成炉膛熔化，沉积在边部结壳中的杂质便会进入液体电解质中，随着电解的进行最终进入铝液，引起原铝中杂质含量升高。此外，槽膛内壁上的结壳还能保护侧部炭块以及外部的黏土耐火砖层，一旦结壳熔化，炭块本身所含的灰分以及炭块外部的黏土耐火材料便会被铝侵蚀，同样使铝内杂质量增多。所以电解槽经常保持比较低的电解温度，也能提高铝的质量。

（7）电解槽底部一般会有不同程度的裂纹，在电解槽正常运行时，这些裂纹被沉积物所填充并固化，在一定程度上起着保护炉底的作用，但电解槽处于热行程时，高温使这些沉积物熔化，裂纹会继续扩展并加深，穿透底部炭块而引起阴极方钢熔化，而且通过裂缝进入的铝液会还原耐火材料中的铁、硅氧化物，使铁和硅进入铝液中，使其杂质含量升高。所以，电解槽建立起稳定的热平衡，保持正常运行，不仅可以高产低耗，而且铝质量有保证。

（8）电解厂房的整洁，也是保证原铝质量的重要条件之一。生产中应保持厂房干净，地坪完好，墙壁、窗户完整，防止尘土进入槽内污染原铝。

（9）每个生产大组应设置母槽，脏料和槽前扫集物应加入母槽内。

（10）禁止将含铜物料加入槽内。对于自焙阳极电极槽，在刷洗铜带时宜将铜屑收集起来，不使其掉入槽内。

因此，在生产中把好原材料质量关，严格管理各项技术条件，保持高水平操作质量，使电解槽运行稳定，保持厂房内清洁，不仅可获得良好的生产技术指标，还能获得品级良好的原铝。

33.2.2 原铝洁净度的提高

原铝洁净度是指原铝中含有固态夹杂和气体杂质的程度。固态杂质及气体杂质的存在将会对铝的加工质量及产品性能有较大影响，如溶解的氢会在铸锭时造成气孔、夹渣等铸锭缺陷。所以铝液在铸造之前需要净化除气除杂，这样才能保证得到符合标准的铝锭。

33.2.2.1 电解生产中原铝洁净度的提高

在电解生产中要提高原铝的洁净度重点从几个方面进行控制：

（1）保证所加原料干燥。生产用的各种原材料要有好的存放场所，避免雨淋或受潮。含水分太多的原料加入电解槽后，水就会与高温铝液发生化学反应生成氧化铝夹杂和氢。

（2）要保证电解槽正常运行，少出或不出现病槽，特别是出现滚铝或电解质含炭现象。

（3）换极要加快速度，减少电解质与外界空气的接触时间。

（4）出铝时要提前打好出铝洞口。

（5）临近出铝前和出铝时停止添加氧化铝。

33.2.2.2 熔铸中原铝洁净度的提高

铸造前液体原铝中的部分固态杂质及气体杂质可通过一定的措施除去，从而提高电解铝产品的质量：

（1）出铝用的真空包、敞口包出铝前尽可能保持干净。

（2）液体原铝在入熔保炉前要将铝液表面的浮渣打捞干净，避免浮渣进入炉内。

（3）熔保炉要定期清理，保持炉内干净。大修或新砌的熔保炉要严格按照烘炉曲线烘好炉，否则炉衬内的水分就会与高温铝液发生反应，造成铝液中大量含气。

（4）铸造温度控制好，不能太高。因为温度越高，氢在铝中的溶解度越大，含气量就越高。

（5）避免铝液长时间停留在熔保炉内，导致铝液中氧化物和氢含量增加。

（6）铸造前净化铝液，往铝液中通入惰性气体（如氩气或氮气）或活性气体（如氯气），可使铝液中的固态夹杂物吸附在气泡上，并随气泡上升至铝液表面，从而与铝液分离。同时可利用分压差除氢的原理，使铝液中的氢进入气泡中，随着气泡的上升而带出铝液。

（7）铸造前在铝液中加入铝液专用净化熔剂。

（8）在铸造过程中用玻璃丝布或陶瓷过滤板对铝液进行过滤，从而阻挡铝液中大的固态夹杂物颗粒进入铸锭中。

在熔铸过程中除去铝液中的夹杂物和气体的方法很多，在第八篇中讲述，这里就不再重复。

33.2.3　重熔用铝锭的质量控制

目前国内电解铝企业生产的原铝液主要用于生产重熔用铝锭。据统计，2006 年中国 90% 以上的原铝是以重熔用铝锭的形式投放市场的。重熔用铝锭的国家标准《重熔用铝锭》（GB/T 1196—2008）中的化学成分要求见表 33-4。重熔用铝锭最普遍的产品是 Al 99.70。在生产中如果操作不当，重熔用铝锭会出现表面积渣、严重波纹、飞边、毛刺等外观缺陷和杂质超标、成分不均匀、渣含量偏高等内部缺陷。

表 33-4　重熔用铝锭（GB/T 1196—2008）

牌　号	化学成分(质量分数)/%									
	Al	杂　质								
		Si	Fe	Cu	Ga	Mg	Zn①	Mn	其他每种	总和
Al99.90②	≥99.90	≤0.05	≤0.07	≤0.005	≤0.020	≤0.01	≤0.025	—	≤0.010	≤0.10
Al99.85②	≥99.85	≤0.08	≤0.12	≤0.005	≤0.030	≤0.02	≤0.030	—	≤0.015	≤0.15
Al99.70②	≥99.70	≤0.10	≤0.20	≤0.01	≤0.03	≤0.02	≤0.03	—	≤0.03	≤0.30
Al99.60②	≥99.60	≤0.16	≤0.25	≤0.01	≤0.03	≤0.03	≤0.03	—	≤0.03	≤0.40
Al99.50②	≥99.50	≤0.22	≤0.30	≤0.02	≤0.03	≤0.05	≤0.05	—	≤0.03	≤0.50
Al99.00②	≥99.00	≤0.42	≤0.50	≤0.02	≤0.03	≤0.05	≤0.05	—	≤0.05	≤1.00
Al99.7E②③	≥99.70	≤0.07	≤0.20	≤0.01	—	≤0.02	≤0.04	≤0.005	≤0.03	≤0.30
Al99.6E③④	≥99.60	≤0.10	≤0.30	≤0.01	—	≤0.02	≤0.04	≤0.007	≤0.03	≤0.40

注：1. 铝含量为 100% 与表中所列有数值要求的杂质元素含量实测值及不小于 0.010% 的其他杂质总和的差值，求和前数值修约至与表中所列极限数位一致，求和后将数值修约至 0.0*X*% 再与 100% 求差；

2. 对于表中未规定的其他杂质元素含量，如需方有特殊要求时，可由供需双方另行协议；

3. 分析数值的判定采用修约比较法，数值修约规则按 GB/T 8170 的有关规定进行，修约数位与表中所列极限数位一致。

①若铝锭中杂质锌含量不小于 0.010% 时，供方应将其作为常规分析元素，并纳入杂质总和；若铝锭中杂质锌含量小于 0.010% 时，供方可不做常规分析，但应监控其含量；

② Cd、Hg、Pb、As 元素，供方可不做常规分析，但应监控其含量，要求 $w(Cd + Hg + Pb) \leqslant 0.0095\%$；$w(As) \leqslant 0.009\%$；

③ $w(B) \leqslant 0.04\%$；$w(Cr) \leqslant 0.004\%$；$w(Mn + Ti + Cr + V) \leqslant 0.020\%$；

④ $w(B) \leqslant 0.04\%$；$w(Cr) \leqslant 0.005\%$；$w(Mn + Ti + Cr + V) \leqslant 0.030\%$。

33.2.3.1 重熔用铝锭化学成分的控制

由于管理和生产工艺操作等方面的原因，每个电解槽生产出来的液体原铝的品位是不尽相同的，有时差异很大。低品位的铝液在一定范围内在浇铸之前可以通过配料配入高品位铝液中，使铝液的化学成分符合标准要求，因此配料也是一种控制铝液质量的重要途径。

配料有液体配料和固体配料两种方式，主要进行硅、铁含量的配料。

A 液体配料

液体配料是指把不同品位的原铝液混在一起，以达到能铸成预期品位铝锭的配料。混合方法有两种：在抬包内混合与在混合炉内混合。

配料时按下述公式进行：

$$Q = (A - B)/(C - A) \times W$$

式中 Q——需要配入的铝量，kg；
A——要求达到的杂质含量，%；
B——铝液本身已有的杂质含量，%；
C——配入铝液中的杂质含量，%；
W——需要配料的原铝液质量，kg。

在进行配料计算时，不考虑铝含量，只考虑杂质的含量。根据经验，当作为配入铝的含铁量高于含硅量时，可只计算铁含量，而硅量不会超出标准。当作为配入铝的含硅量高于含铁量时，可只计算硅量，而铁量不会超过标准。当含硅量和含铁量相差不多时，就要分别进行计算，同时要考虑铁硅含量的总和。

B 固体配料

由于生产的复杂性，简单地将液体铝进行混合有时不能很好地满足配料的要求。当低品位的液体原铝无法通过液体配料达到标准要求时，要通过外铸的形式将低品位铝液先铸成铸锭，然后在后序的生产中陆续加入，在加入之前要准确计算好加入量。这种配料方式称之为固体配料。固体配料公式与液体配料公式相同。

配料计算时，杂质元素的含量要留有一定的余量，不能配顶点料，否则在实际生产中杂质元素会出现超标现象。另外配料后要充分搅拌，避免出现偏析。

33.2.3.2 重熔用铝锭固态杂质和气体的控制

固态杂质及气体的存在将会对铝的加工质量及产品性能有较大影响，如溶解的氢会在铸锭时造成气孔、夹渣等铸锭缺陷。从电解槽抽出的原铝中含有不同程度的固态杂质和气体，需要在铸造之前尽可能除去，这就需要采用各种净化方法来去除。原铝的净化方法有气体净化法、熔剂净化法、熔体过滤法及其他精炼方法。这些方法各有优缺点，要根据实际情况加以选择，可单独使用，也可联合使用。以下简单介绍几种常用的适合重熔用铝锭生产的净化方法供参考。

A 降温除气法

从电解槽里抽取的铝液温度很高（约850℃），而且比较浑浊，当真空包中的铝液向敞口包或熔保炉内倾倒时，铝液表面冒出大量的白烟，这说明高温铝液在降温和搅拌过程中，铝液中的部分氟化盐会变为气体从铝液中逸出。之后在熔炉内可加入适量的固体铝锭来降低铝液的温度，然后充分搅拌，使铝液的温度均匀一致，使气体的溶解量降低。另外，使铸造温度尽可能低，使氢在铝液的溶解度降低。

B　搅拌和静置除气法

铝液在熔保炉内进行适当时间的静置，利用铝液与夹杂物之间的密度差，使铝液中夹杂的氟化盐和炭渣以及气体等一些杂质有机会升到铝液表面，氧化铝颗粒沉降到炉底而得到澄清净化。静置时间一般控制在0.5～1h。通过这种方法除细微的悬浮颗粒外，大部分固态夹杂物可以去除。

C　熔剂净化法

熔剂净化是利用加入铝液中的熔剂形成大量的细微液滴，使铝液中的氧化物被这些液滴湿润吸附和溶解，组成新的液滴升到铝液表面，冷却后形成浮渣除去。

除上述三种常用的净化方法外，还有很多铝及铝合金净化方法，这在铝及铝合金的铸造技术中讲述。

重熔用铝锭除控制化学成分、固态杂质和气体含量外，还要控制铸锭的外观质量。在生产中如果操作不当，重熔用铝锭就会出现表面积渣、严重波纹、飞边、毛刺等外观缺陷。

综上所述，将影响重熔用铝锭质量的因素及控制方法列于表33-5。

表33-5　影响重熔用铝锭质量的因素及控制方法

名称		产生原因	处理方法
外观质量	表面积渣	1. 铝液表面的浮渣没有打捞干净； 2. 炉子流出孔过小，使高压铝液流速增大，冲破包裹液流的氧化膜； 3. 从炉子流出孔出来的液流分成小股冲出，使铝液表面积增加，氧化膜增多； 4. 铝液温度过低，使铝液和渣分离不清； 5. 铝液落差太大	1. 精心打渣，尽可能扒干净； 2. 通透扩大流出孔孔径； 3. 转动一下塞子或换一个好塞子，使多股铝流变成一股； 4. 升高铝液温度； 5. 适当提高溜子，减小铝液落差，或者将流道的斜坡放大一点
	严重波纹	1. 铸造机发生机械故障； 2. 轨道上有洒铝； 3. 铝锭卡在铸模间； 4. 两侧链条长度不一致	1. 检修铸造机； 2. 清理轨道上的洒铝； 3. 取出卡在铸模间的铝锭； 4. 调整链条使长度一致
	铝锭飞边	1. 在放出铝液流时冲击过猛，使铝液溅出锭模而凝固； 2. 扒渣时铲子速度太快，使铝液涌出锭模而凝固	1. 缓慢放铝，避免铝液溅出； 2. 扒渣时铲渣不要太快
	气　孔	1. 浇铸温度过高，铝液中吸气较多； 2. 铸模使用时间较长，模底不平整	1. 降低浇铸温度； 2. 用涂料刷铸模内壁，必要时更换铸模
	裂　纹	1. 浇铸温度过低，致使铝锭结晶不致密，造成疏松而出现冷裂纹； 2. 浇铸温度偏高，铝液吸气过多而引起热裂纹	1. 适当提高铝液温度； 2. 降低浇铸温度
	毛　刺	1. 扒渣时带出少量的铝液与铸锭黏结在一起	1. 扒渣时避免带出铝液； 2. 带出铝液要用渣铲及时清理掉

续表 33-5

名 称		产 生 原 因	处 理 方 法
内部质量	杂质超标	1. 原铝品位低； 2. 配料不准确； 3. 配顶点料	1. 选用高品位的电解原料，在生产操作上注意防止杂质进入铝内，提高原铝品位； 2. 保证配料计算的准确性； 3. 尽可能不配顶点料
	成分不均匀	1. 配料时没有充分搅拌铝液； 2. 边入铝边铸造	1. 增加搅拌时间，充分搅拌铝液； 2. 整炉配料，避免边入铝边铸造
	渣含量偏高	1. 液体原铝入炉时渣含量偏高； 2. 炉内铝液浮渣未扒净； 3. 混合炉内结渣太多	1. 原铝入炉前尽可能把渣捞干净； 2. 配料后炉内铝液表面上的浮渣扒干净； 3. 要按时清炉

33.3 电解铝生产过程中原材料与成品的分析

33.3.1 概述

电解铝生产中，需要分析的原材料有氧化铝、氟盐及铝用炭素材料；过程控制分析包括电解质分析、铝水成分分析等；成品分析为铝锭分析。

对于氧化铝的分析，第 16 章已有叙述，主要分析二氧化硅、三氧化二铁、氧化钠、灼减及粒度、强度、流动性等物理性能指标。氟盐主要有氟化铝、冰晶石、氟化钙、氟化镁、氟化钠，其分析项目有：氟、铝、钠、二氧化硅、三氧化二铁、钙、五氧化二磷、硫、灼减、安息角、松装密度和粒度等，详见第 45 章。电解质分析项目有：氟、铝、钠、二氧化硅、三氧化二铁、氟化钙、氟化镁、氟化锂及氧化铝等，33.3.2 节详细介绍。铝用炭素材料主要包括铝电解用阳极材料、侧部炭块和阴极材料。其分析项目主要有：灰分、挥发分、水分、固定炭、硫分、耐压强度、电阻率、表观密度、真密度等，其微量元素采用 X 射线荧光光谱分析法测定，详见第 43 章。关于电解质摩尔比的测定见第 29 章。铝用炭素材料的分析详见第 43 章。铝锭成分分析项目主要有：硅、铁、铜、镁、镓、锌、锰、钛、铅、砷、镉等。成分分析可采用电感耦合等离子体原子发射光谱分析法及光电光谱分析法等仪器分析方法。

33.3.2 电解铝锭的分析

33.3.2.1 硅的测定——钼蓝光度法（GB/T 20975.5—2008）

试样用氢氧化钠和过氧化氢溶解，硝酸酸化。在 pH 值为 0.8 ~ 1.1 的酸度下，加入钼酸铵与硅酸形成硅钼杂多酸，在酒石酸存在下，加入抗坏血酸将硅钼黄还原为硅钼蓝，于分光光度计波长 700nm 处测量吸光度。

测定方法：根据硅的含量，称取适量试样置于 250mL 聚四氟乙烯烧杯中，加入适量氢氧化钠溶液（400g/L），盖上聚四氟乙烯盖子，缓慢加热至完全溶解，取下稍冷，加入7 ~ 8 滴过氧化氢，待试样完全反应后，用少量水冲洗杯壁和盖子，缓慢加热蒸发至近糊状，冷却。加入 20 ~ 30mL 水，缓慢加热溶解盐类，冷却，加入适量硝酸（1 + 1），加热使其溶解清亮（若试液中出现二氧化锰的棕色沉淀，则加入数滴亚硫酸钠溶液（100g/L））。取下冷却至室温，移入100mL容量瓶中，以水稀释至刻度，混匀。随同试样做空白试验。

移取10.00mL试液于100mL容量瓶中，加水稀释至约65mL，加入5mL钼酸铵溶液（100g/L），于20～30℃温度下放置15min，加入5mL酒石酸溶液（300g/L）、5mL抗坏血酸溶液（20g/L），混匀，以水稀释至刻度，混匀。放置15min。于分光光度计波长700nm处测量吸光度。

33.3.2.2 铁的测定——邻二氮杂菲分光光度法（GB/T 20975.4—2008）

试液以盐酸羟胺将三价铁还原成二价铁，在乙酸-乙酸钠的介质中，二价铁与邻二氮杂菲生成橙红色配合物，于分光光度计上510nm处测量吸光度。

测定方法：移取适量测定硅时制备的溶液于100mL容量瓶中，加入5mL盐酸羟胺溶液（100g/L），混匀，加入10mL乙酸-乙酸钠缓冲溶液（pH值为4.9）和5mL邻二氮杂菲溶液（5g/L），用水稀释至刻度，混匀，放置30min。将部分显色液移入适当大小的吸收池中，以空白试验溶液为参比，于分光光度计波长510nm处测量其吸光度。

33.3.2.3 铜的测定——新亚铜灵分光光度法（GB/T 20975.3—2008）

试样用盐酸、硝酸溶解，用盐酸羟胺将二价铜离子还原为一价铜离子，于pH值为4～6时用三氯甲烷萃取新亚铜灵与一价铜离子形成的配合物，于分光光度计波长460nm处测量其吸光度。

测定方法：称取0.5000g试样于250mL烧杯中，加入15mL盐酸（1+1），待试样完全溶解后，加入2mL硝酸（1+1），加热煮沸3min，驱除氮的氧化物（空白蒸发至2mL左右），用水洗杯壁（如有残渣，则需要过滤回收残渣中的微量铜）。往试液中加入10mL柠檬酸铵溶液（500g/L）、5mL盐酸羟胺溶液（100g/L），混匀，加入5mL新亚铜灵乙醇溶液（1g/L），投入一小片刚果红试纸，用氨水（1+1）调至试纸变为红色（pH值为4～6），将试液移入分液漏斗中，使体积约60～70mL，加入10.00mL三氯甲烷，振荡萃取2min，将有机相移入1cm吸收池中，以三氯甲烷作参比，于分光光度计波长460nm处测量其吸光度。

33.3.2.4 镁的测定——火焰原子吸收光谱法（GB/T 20975.16—2008）

试样用盐酸和过氧化氢溶解，在氯化锶存在下，使用空气-乙炔火焰，于原子吸收光谱仪波长285.2nm处，测量其吸光度。

测定方法：称取0.5000g试样，置于250mL烧杯中，加入30mL水，分次加入20mL盐酸（1+1），加热至试样完全溶解，滴加适量的过氧化氢，煮沸10min，冷却，移入250mL容量瓶中，加入25mL氯化锶溶液（100g/L），用水稀释至刻度，混匀。使用空气-乙炔火焰，于波长285.2nm处，以水调零点，测量其吸光值。

33.3.2.5 镓的测定——丁基罗丹明B分光光度法（GB/T 20975.20—2008）

试样用盐酸溶解，用三氯化钛还原三价铁，在6mol/L盐酸介质中，用苯萃取镓与丁基罗丹明B生成的紫红色配合物，于分光光度计波长565nm处测量其吸光度。

测定方法：称取0.2000g试样，置于150mL烧杯中，加入20mL盐酸（1+1），待剧烈反应停止后，滴加3滴过氧化氢，加热至完全溶解，冷却，用盐酸（1+1）将试液移入100mL容量瓶中，以盐酸（1+1）稀释至刻度，混匀。移取上述试液10.00mL于干燥的125mL分液漏斗中，加入0.5mL三氯化钛溶液，混匀，放置3min，加入1mL丁基罗丹明B溶液（4g/L），混匀，加入10.00mL苯，振荡1min，静置分层后，弃去水相，将有机相移入1cm吸收池中，以苯作参比，于分光光度计波长565nm处测量其吸光度。

33.3.2.6 锌的测定——火焰原子吸收光谱法（GB/T 6987.9—2001）

试样用盐酸和过氧化氢溶解，用空气-乙炔火焰，在原子吸收光谱仪波长213.9nm处测量吸光度。

测定方法：称取1.0000g试样置于250mL烧杯中，盖上表皿，加入30mL水，分次加入30mL盐酸（1+1），待剧烈反应停止后，滴加数滴过氧化氢，加热至试样完全溶解，煮沸分解过量的过氧化氢，取下冷却。根据锌的含量，将溶液稀释适当体积。在原子吸收光谱仪波长213.9nm处，使用空气-乙炔火焰，以水调零，测量吸光度。

33.3.2.7 锰的测定——高碘酸钾氧化光度法（GB/T 20975.7—2008）

试样用氢氧化钠和过氧化氢溶解，用硫酸和硝酸酸化，在磷酸存在下，用高碘酸钾氧化显色，在分光光度计波长525nm下测定其吸光度。

测定方法：称取1.0000g试样于300mL聚四氟乙烯烧杯中，盖上表皿，加入40mL氢氧化钠溶液（200g/L），待剧烈反应停止后，加入数滴过氧化氢，加热使试样完全溶解，取下稍冷，用水冲洗杯壁及表皿，小心地将溶液移入盛有30mL硫酸（1+1）和10mL硝酸（ρ为1.42g/mL）的300mL烧杯中，黏附在壁上的沉淀用少量微沸的亚硫酸钠溶液（10g/L）溶解，并注入试液中，加热试液至清亮，补加3mL硫酸（1+1），调节试液体积为65mL，加入5mL磷酸（ρ为1.69g/mL），加热煮沸，加入0.5g高碘酸钾，继续煮沸至红色出现，再微沸5min，保温15~20min，冷却，移入100mL容量瓶中，用去还原水稀释至刻度，混匀。在分光光度计波长525nm处，用3cm吸收池测定其吸光度。将容量瓶中剩余的溶液中加入2滴亚硝酸钠溶液（20g/L），振荡使其褪色，重新测定其吸光度。

33.3.2.8 钛的测定——二安替吡啉甲烷分光光度法（GB/T 20975.12—2008）

试样用盐酸溶解，在硫酸铜存在下，用抗坏血酸将三价铁离子和五价钒离子等干扰离子还原。在硫酸介质中，加入二安替吡啉甲烷溶液显色，于分光光度计波长390nm处测定其吸光度。

测定方法：称取1.0000g试样置于250mL烧杯中，盖上表皿，加入30mL水，分次加入30mL盐酸（1+1）和2mL硝酸（1+1），加热使试样完全溶解，取下冷却至室温，移入100mL容量瓶中，用水稀释至刻度，混匀。根据钛量，移取适量上述溶液两份于两个100mL容量瓶中，加入25mL硫酸（1+1），加水至60~70mL，加入2滴硫酸铜溶液（50g/L），2mL抗坏血酸溶液（20g/L），混匀，放置5min，于其中一份中加入10mL二安替吡啉甲烷溶液（50g/L），另外一份不加，用水稀释至刻度，混匀，放置30min。在分光光度计波长390nm处，以补偿溶液为参比，测定其吸光度。

33.3.2.9 铅的测定——火焰原子吸收光谱法（GB/T 20975.11—2008）

试样用盐酸-硝酸混合酸溶解，于原子吸收光谱仪波长217.0nm处，以空气-乙炔火焰测定其吸光度。

测定方法：称取1.0000g试样置于250mL烧杯中，盖上表皿，分次加入20mL盐酸-硝酸混合酸（375mL盐酸（ρ为1.19g/mL）和125mL硝酸（ρ为1.42g/mL）），加入500mL水，混匀，待剧烈反应停止后，缓慢加热至试样完全溶解，蒸发至溶液体积10mL左右，冷却，加入25mL水，加热使盐类溶解，冷却，将溶液移入100mL容量瓶中，加入5mL硝酸（ρ为1.42g/mL），用水稀释至刻度，混匀。在原子吸收光谱仪波长217.0nm处，以水调零，测定其吸光度。

33.3.2.10 砷的测定——钼蓝分光光度法（GB/T 20975.2—2007）

试样用盐酸溶解，三价砷与碘化钾形成碘化物，用四氯化碳萃取与铝基体和其他干扰元素分离，用水反萃取使砷进入水相，砷与钼酸铵形成配合物，用抗坏血酸还原为砷钼蓝，于分光光度计波长850nm处测定其吸光度。

测定方法：称取1.0000g试样置于烧杯中，加入40mL混合酸（将等体积的1+1的硫酸、硝酸和盐酸混合），待剧烈反应停止后，加入10mL硫酸（1+1）于电炉上加热至冒硫酸烟，取下冷却，加入少量水，继续加热至冒硫酸烟，待冷却后，加入20mL水和40mL盐酸，在电路上加热溶解，取下冷却，用20mL盐酸转入分液漏斗中，加入1mL碘化钾溶液（500g/L），放置10min，加入20mL四氯化碳振荡萃取1min，静置分层后，将有机相转入第二个分液漏斗中，在第一个分液漏斗中再加入20mL四氯化碳振荡萃取1min，静置分层后，将有机相合并入第二个分液漏斗中。往第二个分液漏斗中加入20mL水，反萃取1min，静置分层后，弃去有机相，将水相转入50mL容量瓶中，在摇动下，逐滴加入碘饱和溶液直到碘颜色不消失，5min后逐滴加入抗坏血酸溶液（4g/L）还原过剩的碘，直到溶液褪色。往溶液中加入10mL钼酸铵溶液（7g/L）、5mL抗坏血酸溶液（4g/L）、1mL酒石酸锑钾溶液（1.5g/L），以水稀释至刻度，混匀。在20~30℃放置40min。在分光光度计波长850nm处，用合适的吸收池，以试剂空白试验溶液为参比，测定其吸光度。

33.3.2.11 镉的测定——火焰原子吸收光谱法（GB/T 20975.6—2008）

试样用盐酸和过氧化氢溶解，使用空气-乙炔火焰，于原子吸收光谱仪波长228.8nm处，测量其吸光度。

测定方法：称取0.5000g试样，置于200mL烧杯中，加入15mL盐酸（1+1），待剧烈反应停止后，加入10滴过氧化氢，加热至试样完全溶解，冷却，将试液移入100mL容量瓶中，用水稀释至刻度，混匀。于原子吸收光谱仪波长228.8nm处，用空气-乙炔火焰，以水调零，测定其吸光度。

33.3.2.12 电感耦合等离子体原子发射光谱分析法测定杂质含量

试样用盐酸和过氧化氢溶解，根据试样中元素的含量稀释至一定体积，于等离子体光谱仪上，在选定的最佳测定条件下，测量试液中各元素的发射强度，根据工作曲线计算出各待测元素的含量。

测定方法：称取 0.5000g 试样置于 250mL 烧杯中，加入 25mL 盐酸（1 + 1），待剧烈反应停止后，加入适量过氧化氢，加热至试样完全溶解，煮沸分解过量的过氧化氢，冷却至室温，移入 100mL 容量瓶中，用水稀释至刻度，混匀。选择仪器最佳测量条件，测定溶液各元素的分析强度，由计算机软件自动计算出各元素的含量。

33.3.2.13　光电光谱分析法测定杂质含量（GB/T 7999—2007）

加工好的试样经光源激发发光，经分光系统色散后形成光谱，由光电转换系统将光信号转换成电信号，用相应的标准样品制作工作曲线，由计算机自动计算出试样中各待测元素的含量。

34　电解铝厂的综合自动化管理

※※※※※※※※※※※※※※※※※※※※※※※※※※※※※※※※※※※※※※

34.1　铝电解计算机控制系统

现代电解铝生产系统和辅助工艺生产系统已基本全面实现了使用计算机技术对生产过程进行数据采集、控制、操作和信息网络化。其控制系统的概念和基本原理分述如下。

34.1.1　控制系统的基本结构

简单的控制系统的结构如图 34-1 所示。

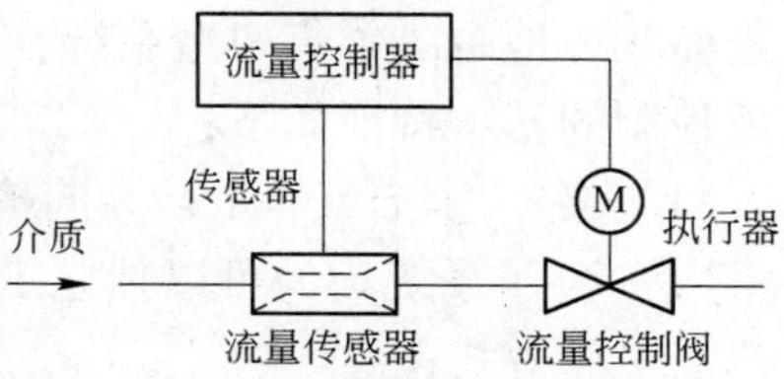

图 34-1　控制系统的结构

控制系统即过程检测 + 控制器 + 执行器。其中检测设备有各种原理的温度、压力、流量传感器，电流、料位及在线自动分析装置等，如同人们的眼睛、耳朵和鼻子。执行器有调节阀、电磁阀、电机变频器、交流接触器等，如同人的手脚和体力。控制器好比人的大脑，就它的控制任务而言，它可以是模拟仪表，可以是 PLC，也可以是其他专用控制设备（如电解槽控机）。

34.1.2　PLC 的基本概念和基本组成

PLC（programmable logic controller，可编程序控制器）是以微处理器技术为核心，综合应用计算机技术、自动控制技术以及网络通信技术而构成的控制设备。PLC 的基本组成如图 34-2 所示。

PLC 由中央处理单元（CPU）、过程 I/O 模块（包括远程 I/O）、通讯处理模块、扩展单元接口模块、特殊功能模块等组成。过程 I/O 模块把过程信号转化成 PLC 内部电平信号或数字信号。PLC 的 CPU 按照用户程序对输入信号进行处理，以完成用户程序规定的逻辑控制、PID 等控制功能，并经过输出模块或网络，把控制输出转化成外部标准信号，以控制调节阀、电磁阀、电机等操作执行器设备。

34.1.3　分散控制的概念

分散型控制的概念是相对于早期的集中型计算机控制而言。早期控制系统计算机采用分时控制技术，系统采用一个独占系统资源控制的中央计算机，即系统的全部工作均在一个中央计算机管理下工作，使系统的安全性、合理性和可扩展性面临较大问题。分散控制

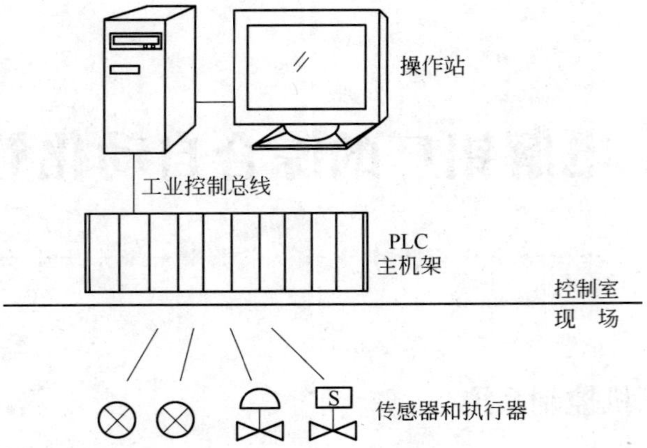

图 34-2　PLC 的基本组

模式采用局域网技术，在系统上各子系统节点间形成既独立工作又相互平等协调的网络关系进而较好地解决了集中型系统在过程控制方面的危险、增强系统可扩展性的系统特点。分散控制的基本特征如下：

（1）各子系统（单元）共同构成较高层次的大系统；

（2）各子系统均为可以独立工作的自治系统，大系统瓦解时，子系统仍然存在，仅部分改变工作方式；

（3）各子系统为了协同完成控制，以平等的网络地位共享信息，互相交流。

分散控制系统的组成如图 34-3 所示。

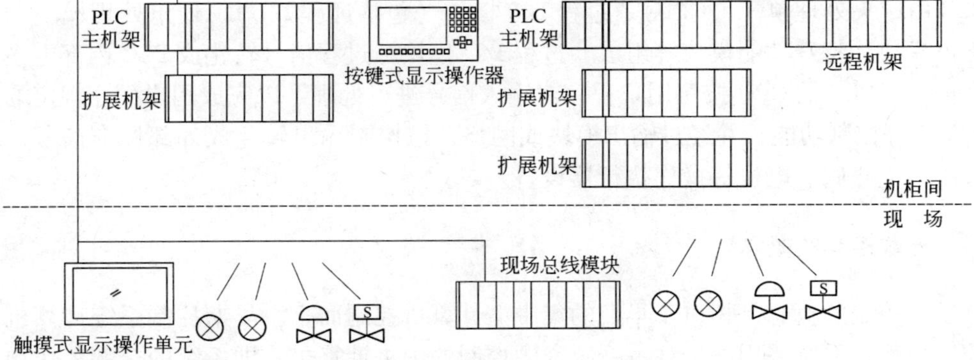

图 34-3　分散控制系统的组成

34.1.4 电解铝生产过程控制系统

电解铝厂的生产过程控制计算机系统主要分为：

(1) 电解槽控制系统；

(2) 整流供电系统；

(3) 氧化铝供料和电解烟气净化控制系统；

(4) 铸造车间控制系统；

(5) 其他辅助车间控制系统。

因电解铝厂上述各控制系统基本功能为电机设备的起停和相互联锁，热工参数和闭环控制回路（PID 或前馈等其他控制功能）较少，因此除电解槽部分采用槽控机专用控制设备外，其他工艺流程大多采用 PLC 进行实时控制和检测。

34.2 铝电解车间

34.2.1 工艺过程及控制需求

电解车间的主体控制是对电解槽设备生产过程的控制。

电解槽生产特点是在一个高磁场、大电流、低电压、多变量的生产过程环境中，整套装置的机械和自动化高度统一，根据槽电压和电流等工艺参数的变化，判断电解槽所处状况，维持电解生产的稳定运行。在电解铝生产过程中，电解槽需要实现氧化铝自动加料，氟化盐的自动配料，电解槽阳极高度的自动提升以及电解槽效应的处理等。

34.2.2 控制系统组成

控制系统组成如图 34-4 所示。

电解槽控制系统通常由现场槽控机、电解计算站两部分构成（见图 34-4）：

(1) 槽控机（详见 31.3.3.6 节）；

(2) 电解计算站内由接口机、管理机、打印机等组成。

34.2.2.1 工业接口机

该部分由工业接口机和通信总线构成。它的作用是将槽控机从现场采集的数据及槽控机解析的结果、命令执行情况等收集传送给计算机主机，以便管理主机进行数据储存和报表制作。同时，它也将管理计算机对槽控机的各种命令传送给槽控机，并将执行结果传送给管理主机。它的主要任务是上传下达，但在主机发生故障时短期内也可兼作主机的部分工作，维持系统的运行。

由于通信速率和总线能力的限制，通常按区域设置多条通信总线并确定每条总线上槽控机的数量。目前国内多采用 CANBUS 工业控制总线进行系统网络连接，但已有通过以太网网络连接的槽控机系统投入生产运行。

34.2.2.2 管理计算机

该部分称为中央控制机，由计算机服务器或高容量微机、网络交换机与打印机组成。

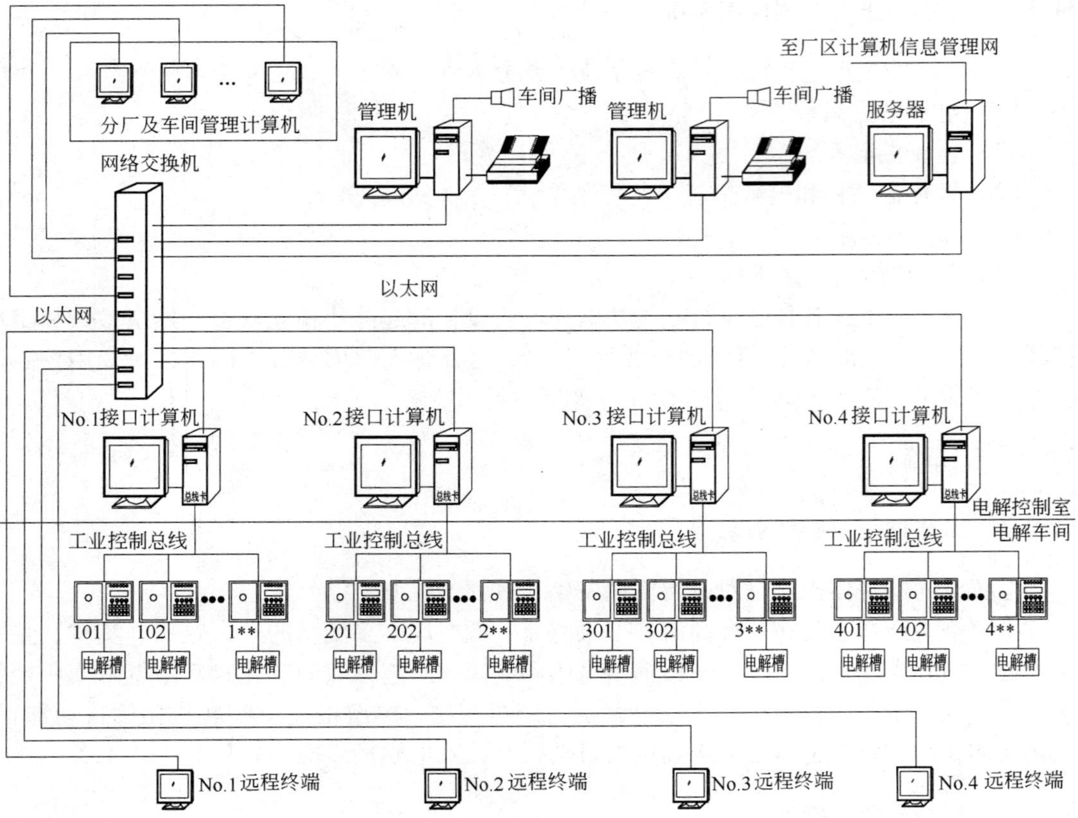

图 34-4 控制系统组成

它的作用主要是对槽控机工作状态的监视、协调和信息储存，对电解槽的各种运行参数统一或个别修改，对槽控机的各控制软开关进行开闭，制作各种类型报表。每条总线均设有接口机，管理计算机与接口机通过以太网和交换机进行连接，采集槽控机的数据，监控电解生产运行状况并打印报表。该部分又称为管理主机。

另外，新投运的控制系统通常为现场增加了数据监视终端，操作工可在电解区域内直接查询该片区各电解槽的相关技术数据，使电解车间人员对电解槽状况的了解由点到面，可进行横向比较，方便了车间生产管理和操作控制。该终端直接与电解计算站的交换机相连接，网络形式一般为以太网。

34.2.3 电解控制系统的功能

电解槽计算机控制系统的控制功能是通过槽控机和计算站两部分设备实现的，槽控机部分的控制功能为：

（1）电阻解析；

（2）电压摆动判断；

（3）氧化铝浓度控制；

（4）出铝控制；

（5）氟化铝加料控制；

（6）其他控制功能：

1）换极后过程控制；

2）边加后过程控制；

3）抬母线操作；

4）电解槽效应预报和效应处理；

5）与上位机通信；

6）故障自诊。

以上功能已在 31.3.3.6 节中有详细叙述，本节不再赘述。

系统信息交换功能为：数据处理、打印报表和人机信息交换：

（1）系统控制和系统信息交换：值班人员通过系统控制台打印机，随时可以索取计算机控制系统的任何信息，可以对正在运行的系统进行干预和控制，还可以索取电解槽系列的主要信息，在行式打印机或指定的终端上打印出来。

（2）信息输出：计算机通过过程解析，每隔一定时间把解析结果中的重要信息打印出来，其内容包括本次解析的时间、发生系列电流或槽电压异常、槽电压波动、发生效应、效应时间过长等。计算机的输出信息通过广播与电话及时与生产现场联系，提请当班人员注意。

（3）打印生产报表：在行式打印机上打印电解槽生产过程中的日报、旬报、月报，其内容包括各电解槽的槽电压平均值、效应次数、效应发生时间、加料量、出铝量等，还包括系列电流平均值、电压平均值、效应累计时间、效应次数等。

（4）工艺信息输入：计算机操作人员通过参数输入打印终端，将各种工艺参数设定值及有关出铝、交换阳极、抬母线、边部加工等参数送入计算机。

近年来随着技术进步的加快，又出现了许多新的控制策略，如三度寻优、全息控制、模糊控制等新技术。人们可以相信，这些新技术必将使电解槽控制朝着技术更先进、生产更节能、操作更容易的新高度迈进。

34.3　氧化铝的储运

34.3.1　工艺过程及控制需求

氧化铝储运的主要工作任务是将新鲜氧化铝使用气力输送方式送到电解超浓相输送的新鲜氧化铝储槽内。

氧化铝储运工艺因所进原料的包装不同而略有不同。

在准备工序对于袋装氧化铝，需要破袋将粉状料放入压力罐上部的料斗内，然后开始正常操作，而散装氧化铝料需预先将其放入专用大储槽内，达到一定位置后才能开展输送工作。

通常压力罐是按组设置的，每组有两个压力罐，它们向外输送物料的过程通常是交替进行的。

压力罐的生产过程简单而言为进料和排料。

进料过程。首先打开排空阀，将罐体内气体排空，然后打开进料锥阀和气缸闸阀，启动风机，开始向罐体内装料；装料至上限料位控制器动作后，关闭气缸阀和锥阀，最后关闭排空阀和风机，结束装料操作。

排料过程。结束装料后先后打开排料阀、平衡阀、助吹阀和输送阀，使用压缩空气开始向罐体外管路输送氧化铝粉；在排料至下限料位计动作后，延时后按一定顺序关闭上述阀门，结束排料操作。

氧化铝储运生产流程如图 34-5 所示。

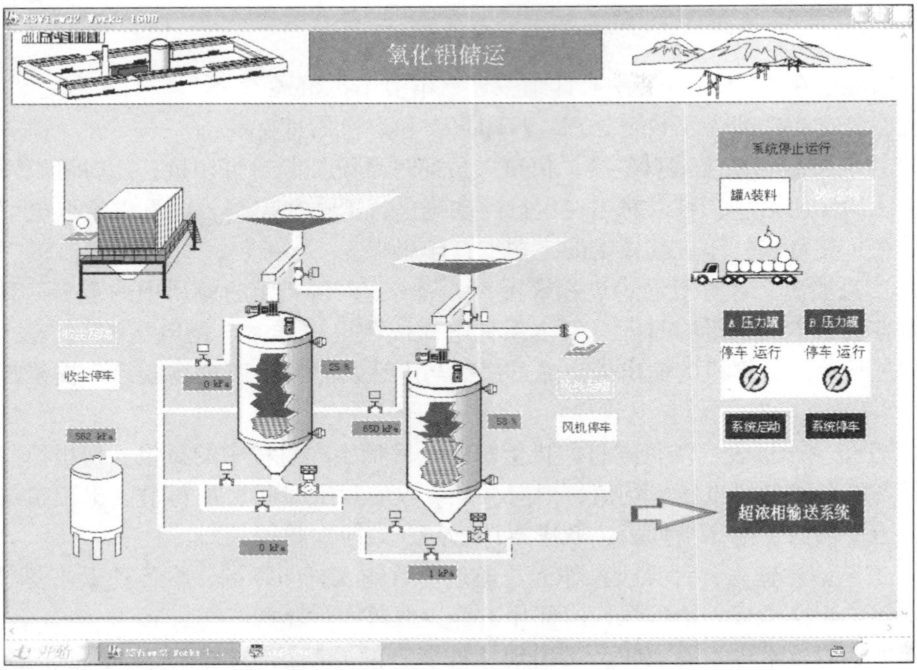

图 34-5 氧化铝储运生产流程

34. 3. 2 控制系统组成

控制系统可根据需要选择方案 A 和方案 B 两种中的一种。

方案 A：PLC + IPC（工控机）方案（见图 34-2）在控制室设 PLC 机柜和工控机，操作在工控机上进行。此方案是较为典型的工控模式。

方案 B：PLC + 触摸屏方案（见图 34-6），在控制室设置 PLC 柜，在其面板上设置触摸屏，操作可在触摸屏上实现。此方案的特点是触摸屏是 PLC 的显示操作器，而不是其上位机。其模式有系统安全可靠、不易受病毒侵害的特点。此外还需要安装检测压力输送罐体和输送压力的传感器。

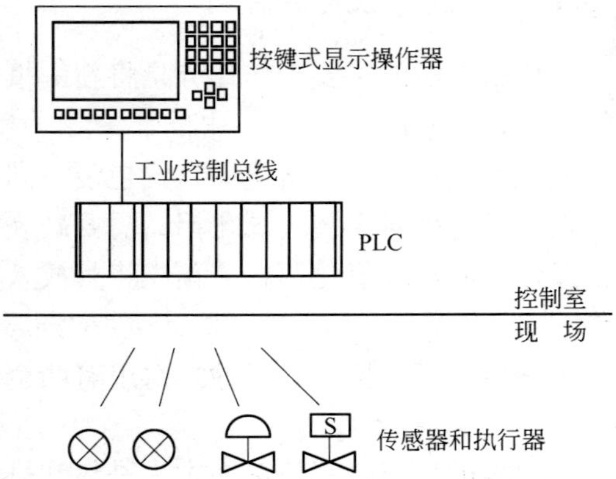

图 34-6 方案 B

34.3.3　系统功能和技术要求

可在上位机（或触摸屏）上选择系统的工作模式：手动/自动。

自动状态下，系统自动运转、顺序进行操作，进排料循环往复；排料时并非压力越高越好，应设置在合理的压力值上。当压力值高于设定值一定范围时，压力平衡阀关闭。当压力值低于设定值一定范围时，平衡阀打开重新向罐体加压。

手动状态下，系统可在画面中单独开启单个阀门，决定阀门的开启顺序，以方便实现压力输送罐设备突发故障的快速处理。

34.4　氧化铝的超浓相输送

34.4.1　氧化铝超浓相输送的工艺过程及控制需求

氧化铝超浓相输送的生产工艺过程是将在电解烟气净化中吸附烟气后的载氟氧化铝用气力输送的方式送到电解槽顶部料仓。所谓超浓相是指其被输送的氧化铝与所用的气力比值（气固比）高于浓相输送时的气固比。

在载氟氧化铝仓下部设有氧化铝计量装置，计量后的物料进入输送管路。超浓相输送的管路通常是双层方管溜槽，下部鼓风，上部走料，中间以透气帆布相隔，每个局部的进风阀可进行手动调节，以控制进风量。国内输送溜槽有两种：一种水平溜槽，另一种是倾斜溜槽。水平溜槽输送过程是近处先上料，远处后到，一般讲末端槽满时，供料过程结束，但倾斜溜槽的规律不是这样，需要进行摸索确定供料结束的标志槽。另外需要获得电解槽氧化铝的给料量。早期氧化铝超浓相输送还有氟化盐粗配料功能，但近年来已较少采用了。

34.4.2　氧化铝超浓相输送控制系统的组成

氧化铝超浓相输送控制系统是一套标准的 PLC + IPC 的控制系统，由 PLC、工控机和其他仪表及工艺设备的控制装备构成（见图 34-7）。

现在国内有部分生产厂将电解烟气净化与超浓相输送的生产操作合用一套控制操作站(IPC 机)。

超浓相输送控制系统的其他仪表和工艺设备的控制装备有：

（1）计量装置：设于载氟仓下的氧化铝在线测量装置是一个双层仓料斗装置，装满斗

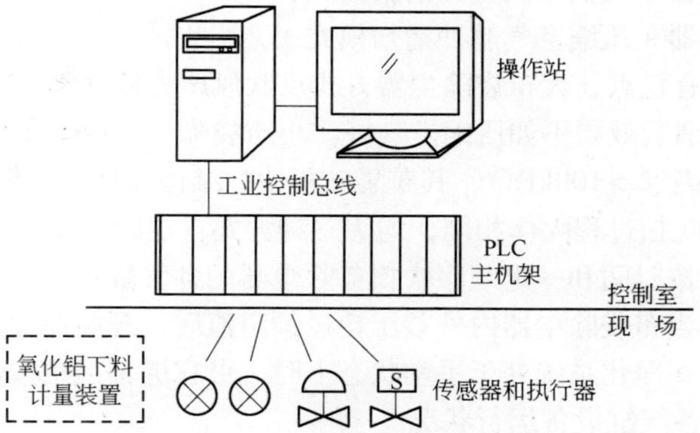

图 34-7　氧化铝超浓相输送控制系统的组成

后停止进料，然后进行称量、排料，同时再次上层进料，往复运转。计量装置的每次称重信号均被送至控制系统进行累计。

（2）输送风机出口压力变送器：用于输送风机出口管的压力测量，根据其控制改变电机频率。

（3）输送风机变频控制装置：改变输送风机电机频率，达到控制恒定出口风压的目的。

（4）区域内末端电解槽料位控制器：超浓相输送所在电解区域的末端（在水平溜槽情况下）槽料位在控制系统中是一个较为重要的控制信号，通过它系统可获悉超浓相输送现状，连锁控制结束该区域的输送设备运转，达到快速节能的控制目的。

（5）新鲜氧化铝和载氟氧化铝连续料位计。

34.4.3　氧化铝超浓相输送控制系统的控制功能

氧化铝超浓相输送控制系统的主要控制功能有 4 个：

（1）参照计量装置的进出料工作原理实现其进料、出料阀门的正常运转。

（2）根据经验确定输送风机的鼓风压力，使用该压力设定值与输送风机出口压力运行值的差值调整变频器运行频率，稳定电解槽氧化铝的正常输送。

变频器频率的调整可采用自动和手动以及变频器面板三种方式。

（3）输送方式可采用分段输送物料方式，即控制输送风管路分段开通，使输送风集中使用，达到快速输送物料的目的。

（4）当末端电解槽的料位计动作时，系统报警确认氧化铝输送过程结束。

34.5　铝电解烟气净化

34.5.1　电解烟气净化的工艺过程及控制需求

电解烟气净化的主体工艺是用新鲜氧化铝经过喷射器与收集进入除尘器的电解烟气进行混合，将电解烟气中氟和其他有害成分吸附到氧化铝的表面，成为载氟氧化铝，再将其通过溜槽和气提罗茨风机送到载氟氧化铝贮仓。吸附后的烟气在附有氧化铝的除尘布袋表面被阻隔过滤，使净化装置排入大气层的最终烟气能够满足环保排放的要求。

目前国内电解烟气净化有两种工艺模式：

（1）大布袋除尘器 + 反吹风机气缸清扫模式；

（2）小布袋除尘器 + 压缩空气脉冲清扫模式。

上述两种工艺各有特点，大布袋除尘器方式反吹风压力低（$<2500Pa$），布袋破损小，维修周期长，但布袋清灰效果不如压缩空气好。小布袋除尘器由于采用压缩空气脉冲式进行除尘器清扫，压力高（$>100kPa$），其布袋破损快，维修周期短，但布袋清扫效果显著。

两种工艺模式的吹扫过程大体相同，均为三种方式：定时、差压、手动。

（1）定时吹扫：按时间和一定顺序吹扫各除尘器的各气缸；

（2）差压吹扫：当布袋除尘器内外差压超过预定值后，开始该除尘器的吹扫；

（3）手动吹扫：在净化系统处于手动状态下时，可在屏幕上用按键直接使该除尘器进入吹扫状态，以判断各气缸设备运行状况。

电解净化的工艺过程如图 34-8 所示。

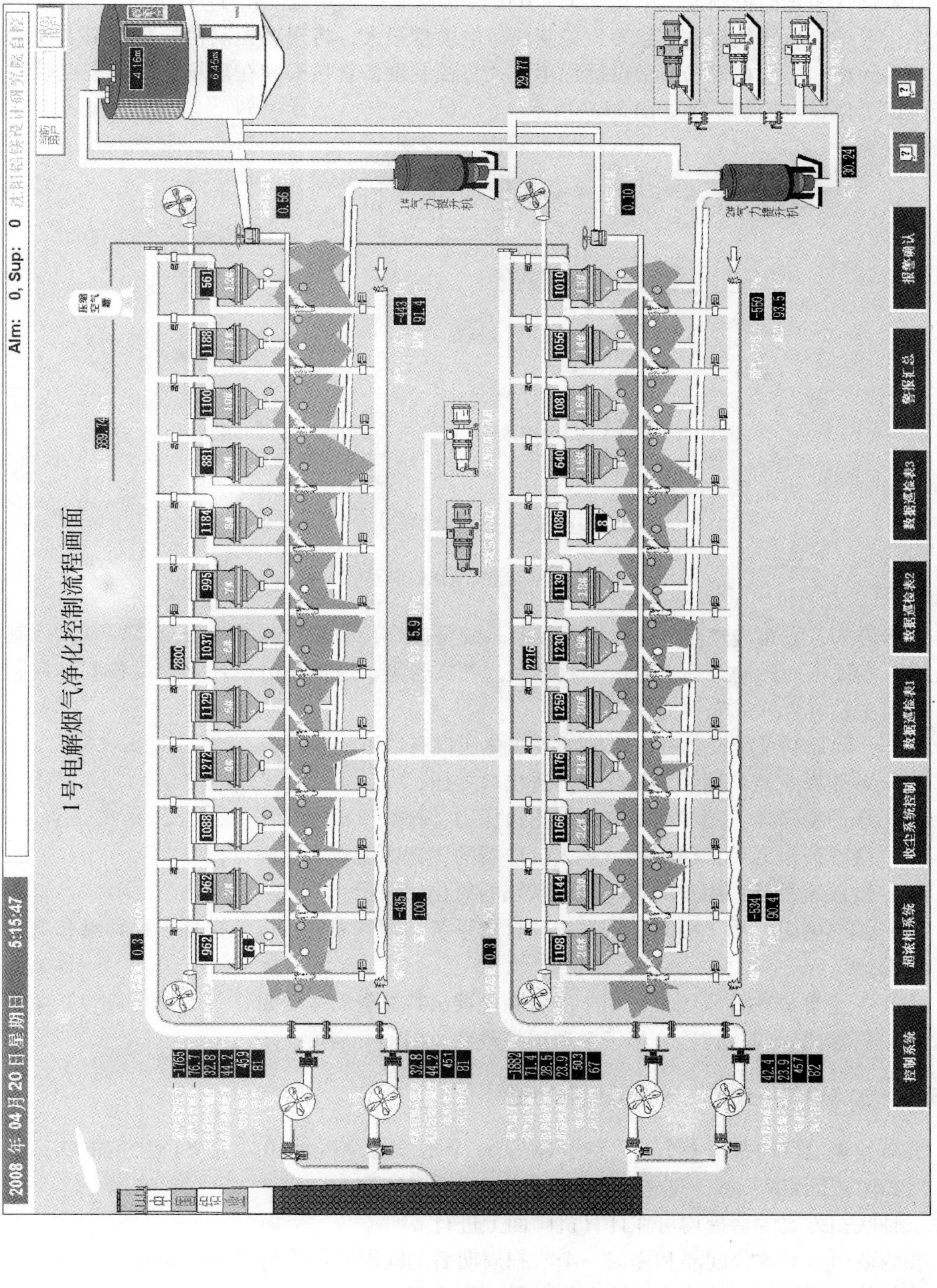

图 34-8 电解净化的工艺过程

34.5.2　电解烟气净化控制系统的组成

电解烟气净化的控制通常采用 PLC + IPC 模式构成控制系统。由于目前新投产的电解烟气净化系统除尘器数量越来越多，控制信号电缆量很大，将现场控制信号全部引入控制室已相当困难，所以在现场通常设远程单元，将控制设备直接安装在现场，以节省电缆和现场调试工作量。控制系统如图 34-9 所示。

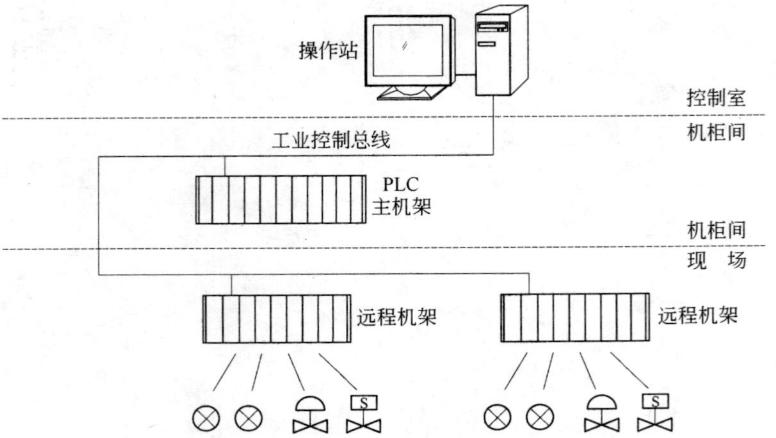

图 34-9　电解烟气净化控制系统

一般说来，大布袋除尘器通常采用控制系统整体式，即除尘器的吹扫全部控制由控制系统统一实现；而脉冲式除尘器由于数量多，气缸密集，通常是由单台除尘设备配套控制箱，再与主系统合并成完整的控制系统。

另外，除控制系统设备外，电解烟气净化还设有以下仪表设备：

(1) 差压变送器：用于测量除尘器进出口差压；

(2) 压力变送器：用于测量各风机出口压力，排烟风机进口压力；

(3) 微波流量开关：用于测量进入反应器的氧化铝流量是否断流；

(4) 微波流量计：用于测量进入本系统的氧化铝流量；

(5) 铂热电阻：用于测量进入系统和排出系统的烟气温度，以及排烟风机轴承和电机转子温度；

(6) 粉尘含量在线监测仪：用于测量除尘器出口总管粉尘含量；

(7) 排烟机风门执行器：用于手动遥控改变风门的开启度。

34.5.3　电解烟气净化控制系统的控制功能

大布袋除尘器通常设有 11 个反吹气缸，一个是总阀，其余 10 个是各除尘室的吹扫气缸，吹扫时按固定顺序交替吹扫，三种吹扫方式顺序一致。

三种吹扫方式的选择均可在计算机画面上进行。

在画面内可对吹停间隔和完成一个吹扫周期后的间歇时间作出选择，由此可控制整个除尘器整体吹扫周期，使除尘器的运行过程更加合理。

在画面内还可分别对每个除尘器差压吹扫的差压动作值进行预设定。

在上位机操作站画面内，系统还设置有风门执行器操作器，可在画面内监控执行器当前状态，手动调节风门开度。

系统还对排烟风机轴承和转子温度实施监控，当温度高于设定值时，可根据预设方案进行报警、连锁停止主排烟风机运行，保证设备的安全运转。

系统还对进入净化系统的新鲜氧化铝料量实施监控，手动调整进料阀开启角度，改变进料流量。

脉冲式布袋除尘器。单个除尘器气缸阀数量通常在20个以上，由自带的控制箱驱动。除现场手动外，其他均由控制系统的指令实施控制，多采用差压方式吹扫，但每次吹扫前，一般先行关闭除尘器出口蝶阀。

其他与大布袋除尘器控制方式类似。

34.6　电解铝企业的MES系统

34.6.1　概述

近年来，随着计算机技术、网络技术、数据库技术、控制技术的迅猛发展，国内外许多企业其生产控制和管理逐渐形成了信息化、网络化、集成化的格局，即国际流行的ERP/MES/PCS三层结构的扁平化管理模式，这种管理模式已成功地在钢铁业、石油化工业、液晶制品业、药品业、造纸业中应用，取得了明显的经济效益。如图34-10所示。

MES通过信息的传递对从生产指令下发到产品完成的整个生产过程进行优化管理，当工厂中有实时事件发生时，MES能及时对这些事件作出反应、报告，并用当前的准确数据对它们进行约束和处理。这种对状态变化的迅速响应使MES能够减少企业内部那些没有附加值的活动，有效地指导工厂的生产运作过程，通过双向直接通讯在企业内部和整个生产过程中提供有关生产行为的关键任务信息。

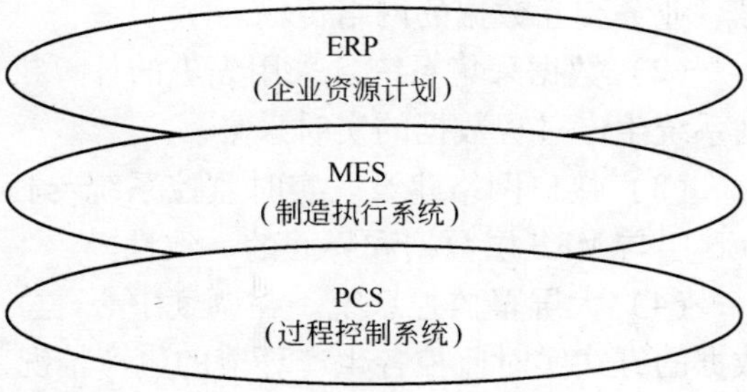

图34-10　三层体系结构

MES起到了ERP和企业自动化间承上启下的作用，为ERP系统即时、准确地提供数据和信息，提高系统的运行能力，维持计划与运行能力的平衡，解决实际生产过程中的计划运行波动对制订生产计划的影响，提高ERP系统的适应性，同时通过低层数据的采集和分析，改进生产线的运行提供依据和保证。

制造执行系统MES是流程工业信息集成的关键环节，下层生产过程的实时信息，上层企业资源管理等的各类信息都在这个层次里融合、贯通，并通过信息集成形成优化控制、优化调度和优化决策等的判断和指令。流程企业生产过程的安全、稳定、均衡、优质、高产、低耗目标的实现，企业内部物流的控制与管理、生产过程成本控制与管理等生产管理活动都在这个层次完成，是生产活动与管理活动信息集成的重要桥梁和纽带。

国外一些大型电解铝厂对生产过程综合自动化一直十分重视，自动控制部分的投资在全厂投资中的比例很大，而且在投产后不断利用新技术进行更新改造和完善，工艺技术、装备及自动化水平较高。经过多年的发展，工厂及设备都趋于大型化，生产的各个环节、各道工序基本上都实现了自动控制，对于难以采用数学模型来描述的复杂生产过程，难以直接测量的某些参数采用了智能控制技术和软测量推理技术，使主要工艺参数和生产指标的控制实现了优化。由于生产过程自动化系统发挥了重要作用，从而使产品质量高，能耗低，劳动生产率高，获得了显著的经济效益。有的厂家还建立了全厂范围的计算机网络，在企业经营管理方面建立了企业资源计划（ERP）系统，在生产过程建立了生产执行系统（MES）和生产控制系统（PCS），实现生产过程的优化控制、优化运行和优化管理，使企业的竞争力大大提高，获得了巨大的经济效益。

这种管理模式的特点是：

（1）现代化、数字化、科学化的管理模式取代人工的管理模式；

（2）实现了业务办公、生产管理和生产过程控制信息一体化；

（3）为企业管理、组织生产、计划经营提供了决策支持；

（4）实现现场生产和集中指挥同步，生产运行与设备管理同步，紧急事故的处理与日常安全生产的监控同步。

34.6.2 MES 建设内容

MES 建设主要包括：

（1）网络系统。建立一套覆盖全企业的网络系统，实现生产过程数据、图像监控信号、业务交互数据的网络传输。

（2）数据采集系统。采用先进的计算机通信技术、安全隔离技术，实现各生产过程控制系统生产过程数据的实时采集。

（3）接口网络建设。实时监控系统与控制系统的 I/O 接口主要采用 OPC 方案，满足 PCS 层与 MES 层数据和界面的一致性。

（4）大屏幕监控系统。在调度中心建立大屏幕监控系统，以工艺流程图结合生产过程数据的方式实时监控各生产环节的生产情况。达到统一指挥、统一调度的目的。

（5）视频采集系统。为了满足生产安全图像监控的需要，在电解厂、炭素厂布设视频监控点，其中，网络监控点在本地进行图像监控的同时，将图像信号汇入企业网络系统，实现网络传输，达到网络用户实时监控的目的。

（6）图像监视系统。在调度中心建立图像监控系统，通过控制电脑的切换可以将现场上传的监控图像在电视墙上实时显示。

（7）应用系统的建立。根据企业实际业务需要建立应用系统，如：生产计划管理系统、化验分析与质量检验管理系统、计量管理系统、生产过程物料管理系统、设备管理系统、生产统计管理系统、能源管理系统、电解配铝计划系统、综合查询系统、调度指挥系统、实时监控系统、数字视频系统、数据分析系统等。

34.6.3 技术依托

技术依托主要有：

（1）检测技术。检测技术的迅速发展为电解铝生产工艺参数的检测提供有利的保证，尤其近年来引进了许多国外的先进技术和装备，在电解铝行业有了成功的应用经验。

（2）计算机技术。计算机控制系统在工业领域的应用已经是成功的、成熟的、可靠的，从20世纪90年代开始，中国电解铝行业新建的项目无一例外的均采用了计算机控制系统，部分老厂也逐步通过技术改造进行了技术更新换代。

（3）网络技术。网络技术的迅猛发展和在工业领域的广泛应用，为提高企业的综合水平提供了有力保证。网络技术在企业已得到广泛运用，已经成为企业提高市场竞争力、寻求持续发展的重要手段。提高了企业的生产管理、调度管理、计划管理、设备管理、物料管理、成本管理、质量管理等水平，是提高企业综合实力的基础。网络技术为实现这些功能提供了科学条件，使企业可以建立一个集多功能于一体的网络，实现这些功能。

（4）软件技术。软件业成果在工业生产过程中的应用，极大地推动了生产过程自动化的进展。软测量技术、智能解耦控制、模糊控制、专家系统、信息集成、应用管理系统等都在工业领域有了成功应用。

（5）OPC技术。OPC技术是建立在COM/DCOM技术之上的，提供了对不同设备和软件包进行内部连接的能力，在过程控制领域里实现了“即插即用”，因此各类设备的驱动程序问题可以解决，同时也加速了数据的传输速度。现在的控制系统绝大多数都提供了OPC接口。

34.6.4　MES建设的实施目标

采用网络集成方法和高速以太网技术，遵循有关的网络互联标准、规范、选用合适的网络互联技术及产品（包括交换，接入设备等），构筑起一个结构合理、性能优良、安全可靠的网络通信平台，提供高质量的数据、报表、图形、视频图像等的通信服务的目标。

实现对全厂生产过程的监控，主要从两个方面入手，一方面是对生产部分所包括的主要生产过程生产参数、工艺参数的实时监测和统计分析；另一方面是对重要生产场所和主要生产设备的图像监控。

电解铝企业生产调度是生产指挥的中心，是生产与经营的协调中心。生产调度管理的主要任务是按照生产经营目标对各个生产工序以及与生产相关的各业务部门进行科学合理的组织、指挥、协调和控制，以最优化的方式实现人、机、料的有机结合和优化配置，使生产流程畅通，生产工艺过程稳定，生产安全运行，达到企业生产经营的最终目的。具体介绍如下：

（1）以科学调度促进生产。建立电解铝生产的数字化调度系统，利用先进的技术手段，全面、及时、准确地掌握生产相关的各种信息，并以此为依据，以各种分析图表、报警机制、预判机制为手段，合理组织生产，改变仅凭经验调度生产的状况，实现生产调度的科学管理，以科学调度促进生产。

（2）以实时监测作为预警和处理的手段。通过生产过程数据的实时监测、预警报警、统计分析，可以及时发现生产过程中存在的问题和隐患；通过对重要设备和主要生产区域的图像监控，可以发现设备异常运行情况，及时排除隐患，保障安全生产。

（3）以先进技术实现高效调度。通过实时数据采集技术、网络技术、视频监控技术，全面掌握生产各环节设备运行状况、生产运行情况、工艺指标、原燃物料供应，减少中间协调工作，提高反应速度和处理速度，实现高效调度管理。

（4）以科学手段实现节能降耗。通过掌握生产物料平衡状况、生产消耗情况、设备的运行情况，做到合理安排设备的运行及维护、工艺指标优化、降低成本，起到节能降耗的作用，达到生产经济运行。

在 MES 系统平台上，建立生产业务信息管理系统，完成业务管理层的管理网络和操作控制层的控制网络的网络互联，采集和保存覆盖综合办公、电解区、炭素区、高压供电区、公用设施等的业务、工艺、计量和质量数据信息，从而实现数据共享，进行科学动态地调度管理生产资源，及时优化和组织生产，确保生产流程畅通、工艺过程稳定、物料平衡，降低成本，提高效益，实现企业信息化、信息资源化、传输网络化、办公自动化、管理科学化的现代企业目标。

34.6.5　MES 网络建设原则

MES 网络建设有如下原则：

（1）完整性。本系统的任何资源、数据或文件、进程或应用具备完备性、正确性、时效性及源发性。

（2）安全性。本系统具备完善的安全防范措施，严格有效地防止外来非法用户入侵，避免遭受攻击。在网络设计中，采用硬件技术（交换机、防火墙）与软件技术相结合的方式，全面系统地维护生产网络的安全与可靠的运行。

（3）稳定性。采用可靠的网络平台。

（4）开放性。本系统遵循一系列建议与标准，能够提供与其他不同厂家产品互操作性，以确保不同厂家的网络设备能够实现互联，使网络系统成为遵循标准的开放系统。

（5）可扩展性。网络设计中已考虑现有用户需求并预测未来若干年的业务增长，能满足短期内网络对带宽需求和设备处理存储能力的期望，网络的结构合理，利于今后节点扩容和增加，保护现有建设投资。

（6）可管理、维护性。网管系统使系统管理员能集中配置、监视、控制、诊断整个网络系统，从而控制流量、提高效率、消除隐患，确保网络系统高效、可靠运行。在网管系统基础上，结合系统管理和应用管理，并通过管理制度的不断完善，保证管理信息系统的不间断、高效率运行。

（7）先进性与成熟性。网络系统设计既考虑技术上的成熟性，同时也保证系统的先进性。选设备时，从先进性、可靠性、可扩展性、可维护性等各项技术指标综合考虑。

（8）灵活性。局域网支持 VLAN 功能，根据用户或班组等划分资源和地址，设置不同 VLAN 间路由的策略机制。用户可以从一个子网快速转移到另一个子网，并可通过改变用户和用户组来平衡网络流量，通过虚拟网络的冗余链路功能为网络提供流量分配和不间断服务。

（9）满足应用需求。充分考虑到目前应用软件系统的实际需求和将来的发展。网络系统主干采用千兆交换设备，为应用软件提供了足够的数据带宽。

（10）性价比高。系统设计按照先进和经济适用的原则，充分考虑工程造价与系统性能关系，技术发展与实际应用的关系，达到高性价比。

34.6.6　执行标准

执行标准如下：

名　称	标 准 号
《电子计算机机房设计规范》	GB 50174—1993
《控制室设计规定》	HG 20508—2000
《计算机软件配置管理计划规范》	GB/T 12505—1990
《计算机软件产品开发文件编制指南》	GB—8567
《计算机软件质量保证计划规范》	GB/T 12504—1990
《基于网络的企业信息集成规范》	GB/Z 18729—2002
《电子计算机房场地通用规范》	GB/T 2887—2000
《建筑与建筑群综合布线工程系统设计规范》	GBT/T 50311—2000
《建筑与建筑群综合布线系统工程验收规范》	GBT/T 50312—2000
《计算机场地安全要求》	GB 9361—1988
《中华人民共和国公共安全行业标准》	GA/T 75—1994
《安全体系结构》	ISO 7498—1992
《安全防范工程程序与要求》	GA/T 75—1994
《信息技术安全性评估准则》	ISO 15408（GB/T 18336）
《信息技术软件包质量要求和测试》	GB/T 17544—1998
《火灾自动报警系统施工及验收规范》	
《电视系统视频指标》CCTR RECOMMENDATION 472-3	
《民用闭路电视监控系统工程技术规范》	GB 50198—1994
《工业企业通信设计规范》适用于线路敷设	
《民用建筑电气设计规范》	JGJ/T 16—1992，GA/T 74—1994
《电气安装工程施工及验收规范》	GBJ 232—1990/1992
《电气装置安装工程低压电气施工及验收规范》	GB 50254—1996
《电气装置安装工程电气照明装置施工及验收规范》	GB 50259—1996
《以太网通讯标准》	IEEE 802. 3
《智能建筑设计标准》	GB/T 50314—2000
《管理和制定 IT 安全》	ISO 13335—2
《计算机信息系统安全保护等级划分准则》	GB 17859—1999
《中华人民共和国计算机信息系统安全保护条例》	

34. 6. 7　系统逻辑结构

根据生产管理结构，结合各节点机构的地域分布和控制系统安全，可将系统逻辑结构划分成数据采集层、数据集中层和数据应用层。应用层网络挂接服务器和应用站点，接口层采用具有安全隔离和数据缓存的控制通信接口机连接各控制系统进行生产过程的实时数据采集。具体介绍如下：

（1）数据采集层。数据采集层可以实现对生产现场各种数据的收集、整理工作，是进行物料跟踪、生产计划、产品历史记录维护以及其他生产管理的基础。

（2）数据集中层。数据集中层主要是用来建立一个有效的信息平台（有实时数据库、关系数据库、Web 服务器），对采集的数据进行加工、处理、分析、存储、交换、发布。

（3）数据应用层。基于数据采集、数据处理的信息，建立与生产管理相关的应用系统，为科学地组织、指挥、跟踪、监督生产过程，提供信息平台。

34.6.8 系统网络结构

系统网络结构（见图 34-11）。MES 技术方案中的网络结构可采用先进的、开放的、可靠的体系结构，网络结构按三级设置：企业级以太网、工业级以太网、接口网络。企业级以太网负责日常业务管理的通信需要，主要分布在企业级办公机构，企业级以太网通过防火墙与企业管理网连接，用于企业的业务沟通，通过企业管理网与国际互联网的连接，进行资料查询、信息发布和业务沟通；工业级以太网作为生产过程监控管理的通信平台，主要部署在调度室（台）、操作控制岗位和技术监控管理岗位；接口网络主要分布在与各控制系统的连接层，保证过程监控的实时性和控制系统的安全独立性。

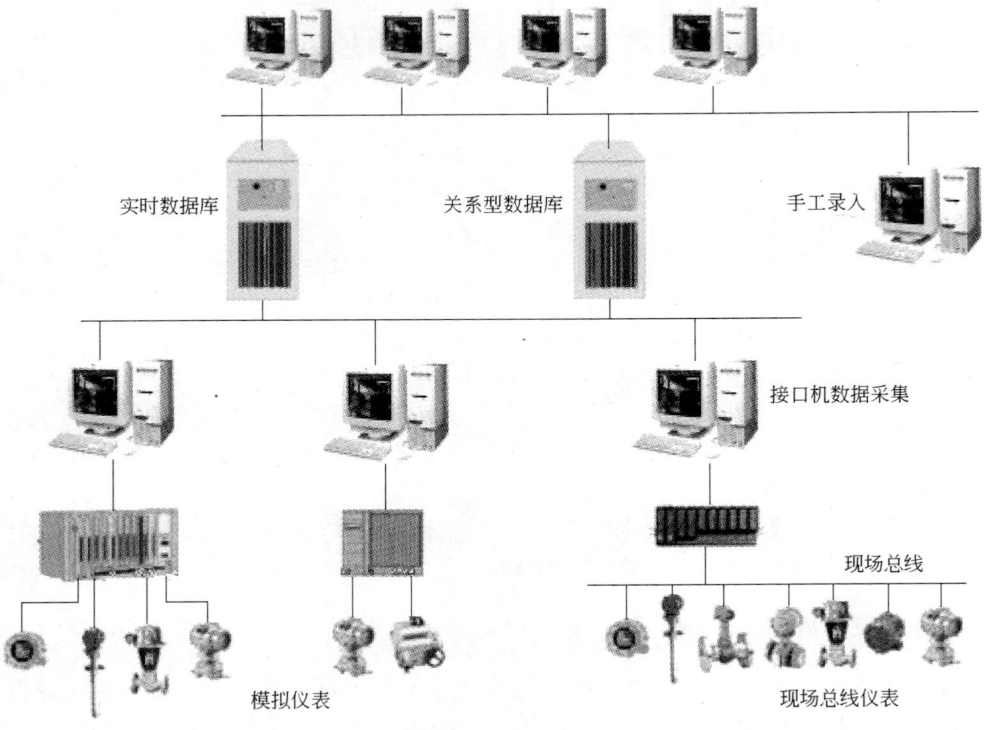

图 34-11 MES 系统网络结构

34.6.9 网络的安全

34.6.9.1 网络安全的体系结构

A 物理层/链路层的安全

物理层信息安全，主要防止物理通路的损坏、物理通路的窃听、对物理通路的攻击（干扰等）。链路层的网络安全需要保证通过网络链路传送的数据不被窃听。主要采用划分

VLAN（局域网）、加密通信（远程网）等手段。

B 网络层的安全

网络层的安全需要保证网络只给授权的客户使用授权的服务，保证网络路由正确，避免被拦截或监听。

C 操作系统的安全

操作系统安全要求保证客户资料、操作系统访问控制的安全，同时能够对该操作系统上的应用进行审计。

D 应用系统与平台的安全

应用系统的安全与系统设计和实现关系密切，应用系统使用应用平台提供的安全服务来保证基本安全。

34.6.9.2 网络安全实现

A 物理隔离方式

对于需要安全保证的部门的管理子系统，可以采用独立的网络设备，独立光纤连接方式构造物理上与企业网完全独立的管理系统网络。在 L2 数据链路层采用 CAM 技术，在 L3 网络层采用静态 IP 与 MAC 绑定的方式，在 L3/L4 网络层/传输控制层采用访问控制列表（ACL）制定详细的安全访问控制规则，确保网络安全。

B VLAN 隔离方式

VLAN（virtual local area network）又称虚拟局域网，是指在交换局域网的基础上，采用网络管理软件构建的可跨越不同网段、不同网络的端到端的逻辑网络。一个 VLAN 组成一个逻辑子网，即一个逻辑广播域，可以覆盖多个网络设备，允许处于不同地理位置的网络用户加入到一个逻辑子网中。

C VPN 方式

在上述两种方式中，安全性主要部署在数据传输控制上，在用户身份认证，数据加密上有所不足。在物理隔离方式上或 VLAN 隔离方式上，采用 VPN 方式，可以很好的完善系统整体的安全性。

VPN 方式结合 VLAN 隔离方式使得整个管理子系统的安全性得到完善，并且将管理子系统的可访问范围扩大到整个 MES 系统以及 MES 系统以外的位置，在投资上仅须增加硬件 VPN 防火墙的投资。

34.6.10 应用系统

A 生产计划系统

生产计划系统基于公司年度生产经营计划和各种生产因素，制定年度生产计划；根据年度生产计划，分解成月生产计划，结合实际工艺进一步分解为旬、周、日生产计划，以此来确定各类原材料配送的数量和质量指标，安排重要生产设备的运行台时，并确定经济技术指标，如产品的数量、质量、消耗指标等。

B 生产统计系统

生产统计子系统主要对生产运行结果及时统计，编制生产报告和综合统计报表，编制消耗报表，分析生产运营结果，为企业经营、生产决策和生产调度提供依据。

C 综合查询系统

综合查询系统主要是通过 B/S 的方式，在浏览器中对各种生产数据、生产过程数据和生产统计报表等信息按需要和权限进行查询，从而方便企业管理人员和生产决策人员及时、准确、全面地了解企业生产动态。使用对象包括生产人员、调度人员、生产管理人员等，针对不同的使用者设置不同的权限。

a 生产统计分析

结合质量检验管理系统中的化验分析数据和生产统计管理系统中的数据，对产量、质量、能耗、物耗等进行统计和分析。

b 产量分析

根据检斤系统采集到的产量数据，可以按生产车间和时间段等条件对产量进行查询分析，并可以按不同的时间段对产量以图形的方式对比分析。

c 消耗分析

根据采集到的消耗量数据，可以按生产车间、工序和时间段等条件对消耗量进行查询分析，并可以按不同的时间段对消耗量以图形的方式对比分析。

D 生产调度指挥信息管理系统

为调度、管理人员和操作人员提供一个信息交互平台。当调度、管理人员发现生产装置（某工位参数）运行异常，可通过“调度指挥”系统向相关车间操作人员发布调度指令，以便及时解决生产运行问题；反之，各车间操作人员也可通过该系统向调度管理人员汇报生产情况、请示处理方案。生产调度系统通过传送文本或文档类型的调度指令来实现调度管理。对调度指令的发送、接受和确认过程进行完整的记录，做到事务有据可查。

a 调度指令编辑和发送

用于生产管理部门创建及发送调度指令。调度指令本身可以是一段文本，也可以通过附件方式传送文件来提供更详细的信息。

b 调度指令到达提醒

通过使用消息机制，当一个调度指令创建并发送后，系统会通过多种方式提示该调度指令的接收用户，以保证调度指令下达的及时性。调度指令到达提醒的方式可根据用户需要采用代办事务提醒、小秘书、电子邮件等方式。

c 调度指令查看和确认

用于调度指令的接收用户查看调度指令的详细信息，并可信息回复或直接确认该调度指令。系统记录每个接收用户查看调度指令的时间、回复信息以及确认时间。调度指令的发送用户可查看各接收用户对该调度指令是否已查看、是否已确认以及具体的时间等。

d 调度指令查询

系统提供多种方式的调度指令信息列表供用户查看检索，包括未确认调度指令列表、发送列表、接收列表等。系统提供查询工具供用户进行自定义查询，用户可根据调度指令的发送时间、发送用户、接收用户、标题与正文内容等多种条件组合查询。

E 生产过程实时监控系统

实时监控系统的应用单位主要分布在电解铝生产的操作控制室、调度、技术等重要生产操作和管理岗位。为保证系统的实时性，其后台是实时数据库系统，客户端是一套运行在基于视窗平台的工业过程可视化程序，提供实时数据和形象逼真的动态模拟工艺流程图、实时历史趋势图，管理人员可以及时地查看生产运行的现行状态和历史趋势，同时实现生产异常报警。

该系统提供一个强有力的过程监视工具，操作控制室、调度、技术等有关人员可以通过自己的计算机方便地查询显示全系统的生产过程的运行状况。

a　工况图查询

根据权限的不同限制查询的范围，可查询各设备和工序实时数据、计量数据的动态实时信息，历史趋势。任何的图形界面的设计均最大化地考虑了用户的应用习惯和方便性。

b　工况报表

按数据和报表形式按权限对生产过程的设备运行状态和实时数据、计量进行查询显示。

c　趋势图查询

按趋势图形式按权限选择时间段和测点对生产过程的设备运行状态和实时数据的当前变化趋势和历史趋势进行查询显示。

d　报警功能

报警信息可以通过颜色或闪烁等方式自动显示报警变量信息，使工程技术人员可以及时掌握报警信息，提示操作人员确认和处理，达到预警和故障预测及时消除隐患的目的。

e　报警查询

查询显示对报警信息的统计分析信息和处理信息，特权人员对报警界限的设定与修改。

F　生产过程物料平衡监控管理系统

生产过程物料平衡监控管理系统包括生产工艺过程物料参数的设定、物料的实时监控、高低限报警、报警信息的分类和统计、物料变化历史趋势的分析。

物料平衡监视系统是在控制系统、检斤系统、计量系统、化验系统等集成基础之上，对原材料的库存量、各个工序的投料量、中间产品的库存量、物料流量、槽存量、经济技术指标、产出量等实时监控，及时发现生产过程中的物料流动和经济运行技术指标出现的异常情况，采取预防措施，避免前后工序的物料平衡出现异常。

物料平衡监视系统为生产运行管理人员提供一个实时的高效的物料平衡监控平台，可以极大提高生产运行管理人员的指挥效能：

（1）实时监控各个工序的投料量，并对缺料、投料过量、投料少量等进行报警；

（2）实时监控各个工序的产出量，并对异常产出等进行报警；

（3）实时监控各个工序的槽存量，并对异常液位等进行报警；

（4）监控各个工序的中间产品、原材料、辅助材料的库存量，并对异常库存等进行报警；

（5）快速跟踪经济运行技术指标，及时调整出现的偏差；

（6）提供统计、分析功能，对出现的异常情况进行分析、对比和总结，为减少小的生产事故或者杜绝大的生产事故发生而提供技术支持。

G　生产过程技术数据的分析系统

生产过程技术数据分析系统是对生产过程中所采集的历史数据和实时数据进行分析。

通过这些关键工艺参数及数据分析，对主要设备的平稳运行，提高产品质量起着重要作用。

H　质量检查与化验分析系统

将每种原材料、生产过程中涉及的化验分析项目录入到系统中，并将各化验对象的化验分析采用的标准录入到系统中，作为生成化验检验单的依据。操作员将采样录入到系统中后，系统根据化验标准自动生成化验单，化验结果数据可以根据实际情况选择手工录入或直接从仪器接口中读入，系统再根据化验结果数据自动判定出化验对象所对应具体的物料以及质量等级，系统允许操作员调整自动判定的结果。

a　化验项目管理

对所有的化验对象对应的需化验的项目进行汇总，将汇总后的化验项目录入到系统中，作为在录入化验对象的化验标准时的数据参照依据。

b　化验标准管理

将原材料、中间物料、成品等化验对象采用的化验标准录入到系统中，作为生成化验采样的化验报告单的依据。

c　化验标准判定物料

将化验标准与物料的对应关系录入到系统中去，作为系统自动判定物料的依据。

d　化验采样

将化验采样信息录入到系统中去，系统自动生成空白的化验报告单（化验结果数据录入单）。

e　化验结果数据管理

将化验采样信息录入到系统中后，系统会自动生成空白的化验报告单（化验结果数据录入单），操作员根据实际化验条件将化验结果数据手工录入或直接从仪器接口读入到系统中。

f　化验报告审批

将化验结果数据录入到系统中后，操作员确认数据正确无误后，审核化验报告单，系统自动将化验报告送至相关领导进行化验报告审批，系统自动将审批后的化验报告送至相关人员进行打印。

g　化验系统的报表

化验系统的报表主要提供以下报表：化验报告单、化验分析台账等。

I　质量跟踪管理系统

建立质量跟踪管理系统，对生产工艺过程质量技术指标跟踪控制、对产品质量跟踪管理、对质量数据进行统计分析。

J　计量检测与检斤计量系统

计量管理系统可以自动或手动采集检斤衡器设备上的检斤计量数据，并根据原始采集数据进行统计、汇总，并编制计量报表，解决计量数据的真实性、唯一性、准确性和实时性的问题，为其他系统提供准确的基础数据。

K　能源管理系统

能源管理系统对生产过程能源生产、能源供应、能源消耗进行实时监控与管理，通过自动采集和人工录入的能源数据，对生产过程的能源消耗量和单耗量进行统计和分析，编制各种能源报表分析曲线等直观图形，参照生产计划和消耗定额进行对比和分析，发现耗能症结，及时采取节能措施，达到最大限度地减少生产能耗，降低生产成本，增加生产效益。

能源是企业生产的基本条件，能源的有效管理会改善产品的质量和企业的经济效益。能源管理系统通过对遍布全厂的能源参数的采集和管理，为生产调度和生产决策提供准确和实时的数据，保证生产的正常运行。

对进厂的水、电、蒸汽、气等能源进行监测与计量，对有关主要设备或重要工艺设备的水、电、蒸汽、气用量进行计量与监测：

（1）对能源数据的实时采集：实时采集水、电、蒸汽、气等能源的消耗数据，计算消耗量；

（2）能源消耗统计分析：以直观的图形化的方式查看和分析能源消耗。

L 设备管理系统

设备管理系统是对主要设备的管理，分为动态和静态管理。动态管理是指实时采集设备的实时运行数据，结合设备的静态数据对设备进行分析，并对异常现象如超温、振动、位移等报警。静态管理是指存储和管理主要设备的原始参数记录、运行记录、点检记录、设备检修记录、设备故障记录、设备报警记录，提供设备检修依据。

企业有许多主要设备，这些设备的运行状况关系到生产是否能正常运行，这些设备一旦出现故障就会停产或者减产，会给生产造成重大损失，因此对这些设备进行重点管理变得尤为重要：

（1）设备档案管理：建立主要设备档案，记录各主要设备技术参数，技术指标；

（2）设备动态状况管理：自动从上位机获取或人工录入当前设备状态数据，显示主要设备当前的运行参数；

（3）设备的缺欠记录，消缺的跟踪与督办、分类、统计和考核；

（4）设备维修管理：制定设备维修计划、设备维修周期、设备维护管理；

（5）自动预警管理：根据主要设备维修周期和当前设备状况进行自动预警；

（6）设备操作指南：提供设备操作指导。

M 生产管理办公系统

生产管理办公系统以信息技术和网络技术为手段，解决生产管理日常办公业务问题，及时并迅速地处理日常办公业务。

N 生产应急与事故处理

由于电解铝生产本身的技术和工艺特点，任何意外事故或非计划停产都会给生产造成损失，这时需要生产指挥调度人员和现场操作人员迅速采取应急措施，减少物料外溢和污染，确保人身及主要设备安全，并尽快排除故障，恢复生产。

O 辅助考核管理

本系统可以对各岗位、各值班、各工序及车间操作给出正确的评价，并对绩效考核提供准确的考核依据，从而达到奖优惩劣的绩效目的。

P 经济活动分析及评估

该系统将工序活动中的所有物质（工艺物料、水、电、风、汽等）的总耗、单耗作出曲线和直方图，并将这些分析结果与历史同期、平均值、计划值、定额相比较，找出关键性环节，利于下一步工作。

Q 技术管理系统

主要管理氧化铝生产过程中的技术规程，技术指标，达到指导生产的目的。

R 安全环保管理系统

安全环保管理主要包括安全管理考评、安全规程、职工劳动安全教育、安全技术措施、管理工伤事故记录以及环保管理。

34.6.11 视频系统

利用视频信息网络技术，建立数字多媒体网络监视系统，把大量的现场监视画面送到生产指挥中心，实时监控生产现场的实际生产情况，使调度部门、技术部门和相关主管领导能及时了解生产一线现场的情况，并可以对生产现场的视频历史情况进行查询。

目前，常采用的方案如图 34-12 所示。

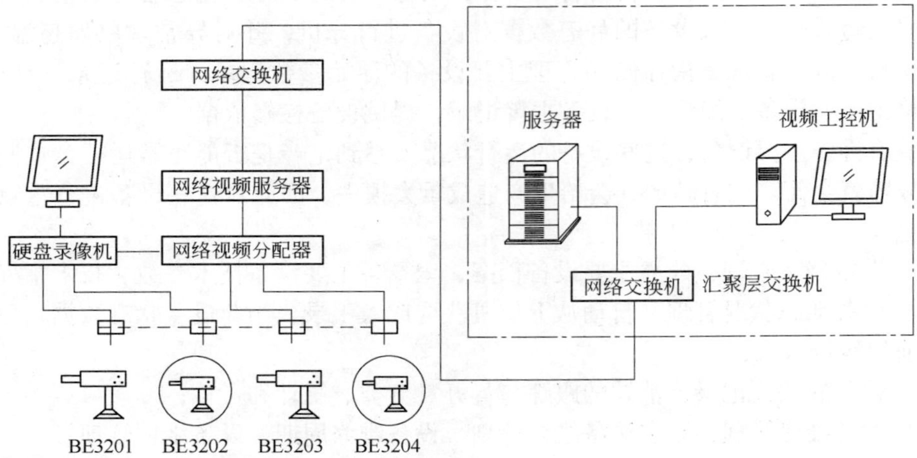

图 34-12 视频系统方案

此方案中，把视频点分为两种，一种是仅为现场操作工设置的视频点，可以直接进入硬盘录像机，无须进入网络，另一种是既需要现场监视又要进入网络的视频点，这部分视频点首先经网络视频分配器分成两路信号，一路进入硬盘录像机供现场操作工监视，一路进入网络视频服务器经交换机连接到网络中。

此方案的优点是将现场操作与视频网络完全分开，保障系统的安全。由于录像功能由现场硬盘录像机实现，部分视频信号可不进入企业网络，较大程度上减轻了网络信息负荷量。

35　电解铝厂的环境保护、消防安全及劳动卫生

※※※※※※※※※※※※※※※※※※※※※※※※※※※※※※※※※※※※※※

35.1　电解铝厂的环境保护

35.1.1　中国电解铝行业环境保护有关要求

中国曾经颁布了一系列电解铝工业的环境保护的法规和标准，以提高清洁生产水平、控制电解铝工业污染物的排放和对环境造成的污染、促进铝工业生产技术和污染控制技术的进步、促进铝工业的可持续发展。

35.1.1.1　中国电解铝工业的相关环保规定

电解铝工业既是重要的基础原材料行业，也是高投入、高能耗、环境污染较重、资源依赖性强的行业。近几年中国发布了多项法规以控制电解铝无序发展可能对市场、资源和环境造成的影响。

2003年12月国务院办公厅转发发改委等部门《关于制止电解铝行业违规建设盲目投资的若干意见》，要求“为逐步改变电解铝工业以环保为代价换取经济效益的局面，从2004年1月1日起，将电解铝出口退税率由15%下调至8%……暂定在2005年以前，除淘汰自焙槽生产能力置换项目和环保改造项目外，原则上不再审批扩大电解铝生产能力的项目。”

国家发改委以发改产业[2004]746号发布的《当前部分行业制止低水平重复建设目录》已明确于2004年淘汰铝自焙电解槽。

2005年12月2日国务院发布的《促进产业结构调整暂行规定》(国发[2005]40号)要求实施的《产业结构调整指导目录（2005年)》中，铝自焙电解槽列入“淘汰类”，进一步明确了彻底淘汰自焙阳极电解槽的要求。

国务院《关于加快推进产能过剩行业结构调整的通知》（国发[2006]11号）指出：“钢铁、电解铝、电石、铁合金、焦炭、汽车等行业产能已明显过剩……如任其发展下去，资源环境约束的矛盾会更加突出……”要求制定更加严格的环境、安全、能耗、水耗、资源综合利用和质量、技术、规模等标准，提高准入门槛，达到严格控制新上项目的目的。

国家发改委《关于加快铝工业结构调整指导意见的通知》(发改运行[2006]589号)中，电解铝工业结构调整主要目标是：至2010年，淘汰落后能力，力争全部采用160kA

以上大型预焙槽冶炼工艺，电流效率达到94%以上，主要企业综合交流电耗在14300kW·h/t以下，污染物达标排放。

2007年国家发改委发布的《铝行业准入条件》(见附录4）对电解铝能耗、物耗及污染物排放做了严格限制，要求“新改造的电解铝生产能力综合交流电耗吨铝必须低于14300kW·h；电流效率必须高于94%。氧化铝单耗吨铝要低于1920kg，原铝液消耗氟化盐低于25kg，阳极炭素净耗低于410kg，新水消耗低于7t；阳极效应小于0.08次/(槽·日)”，“现有的电解铝企业，氧化铝单耗吨铝要低于1930kg，原铝液消耗氟化盐低于30kg，阳极炭素净耗低于430kg，新水消耗低于7.5t。现有企业要通过提高技术水平加强管理降低资源消耗，在‘十一五’末达到新建企业标准。”“电解铝项目吨铝外排氟化物（包括无组织排放量）要低于1kg。严禁将电解铝厂的含氟电解渣添加在煤中燃烧。”

以上法规的颁布和实施，对促进中国电解铝技术进步、控制电解铝行业造成的环境污染取得了明显效果。

35.1.1.2 中国电解铝行业污染物排放标准及其发展沿革

1985年1月18日，国家环保总局发布了《轻金属工业污染物排放标准》(GB 4912—1985，1985年08月01日实施)，该标准包括了对轻金属工业废气和废水排放控制的内容。《轻金属工业污染物排放标准》GB 4912—1985依据当时160kA预焙槽氟化物产生量的设计值（吨铝17kg左右）和干法净化技术，制定了中心加工预焙槽排氟吨铝1kg、净化系统粉尘排放浓度30mg/m^{3}的标准。由于当时中国成规模的预焙槽生产系统仅有贵州铝厂引进的80kt/a（208台160kA预焙槽）一个系列，制订标准的依据不充分。随着铝工业生产技术的发展，该标准的不足也逐渐体现出来，如对新建旁插槽列出了粉尘浓度限值却没有排氟量要求，对电解铝物料系统未提出排放要求，水污染物排放浓度过于宽松等。

1997年1月1日，国家采用综合标准取代了为行业制订的标准，电解槽大气污染物排放执行《工业炉窑大气污染物排放标准》(GB 9078—1996)，物料储运及破碎等通风除尘系统执行《大气污染物综合排放标准》(GB 16297—1996)，外排废水执行《污水综合排放标准》(GB 8978—1996)。与《轻金属工业污染物排放标准》相比，综合标准增加了污染物控制项目，严格了大部分生产系统的粉尘和废水的排放，对促进中国铝工业污染防治工作起到了一定作用。但由于综合标准对行业的特殊性考虑不够，如：电解槽烟气净化系统执行《工业炉窑大气污染物排放标准》中的“有色金属熔炼炉”类标准，新建项目的粉尘排放限值为100mg/m^3（二级标准)，明显高于1985年《轻金属工业污染物排放标准》提出的30mg/m^3，而实际上电解烟气净化系统排尘浓度完全可以控制在30mg/m^{3}以下；综合排放标准未对电解铝工业的主要污染物——氟化物提出单位产品的控制指标，难于实现对电解槽集气效率进行控制、减少氟化物排放量的目的。自1997年1月1日~2010年9月30日电解铝工业一直执行综合排放标准，其排放限值见表35-1。

表35-1中的一、二、三级标准分别与环境标准GB 3095—1996、GB 3097—1997和GB 3838—2002划定的功能区相对应。

表 35-1 中国电解铝工业执行的污染物排放标准（1997 年 1 月 1 日 ~ 2010 年 9 月 30 日）

污染源		执行标准	污染因子	排放限值①						
				单位	老污染源			新污染源		
					一级	二级	三级	一级	二级	三级
废气	电解槽烟气净化	GB 9078—1996（有色金属熔炼炉）	氟化物(F)	mg/m^3	6	15	50	禁排	6	15
			烟(粉)尘		100	200	300	禁排	100	200
			沥青油烟		10	80	150	禁排	50	100
			二氧化硫		850	1430	4300	禁排	850	1430
	氧化铝输送电解质破碎	GB 16297—1996（其他）	颗粒物		150			120		
废水	厂排放口	GB 8978—1996	悬浮物	mg/L	70	200	400	70	150	400
			BOD_5		30	60	300	20	30	300
			COD		100	150	500	100	150	500
			石油类		10	10	30	5	10	20
			氟化物		10	10	20	10	10	20
			挥发酚		0.5	0.5	2.0	0.5	0.5	2.0
			总氰化物		0.5	5.0	5.0	0.5	0.5	1.0
			硫化物		1.0	1.0	2.0	1.0	1.0	1.0
			氨 氮		15	25	—	15	25	—
			pH 值	—	6 ~ 9			6 ~ 9		

①1997 年 1 月 1 日之前建设（包括改、扩建）的单位或设立的污染源为老污染源，1997 年 1 月 1 日起建设（包括改、扩建）的单位或设立的污染源为新污染源。

大气污染物排放执行等级：位于 GB 3095—1996 中一类区（自然保护区、风景名胜区和其他需要特殊保护的地区）的现有污染源（1997 年前建设），执行一级标准。位于 GB 3095—1996 中二类区（城镇规划中确定的居住区、商业交通居民混合区、文化区、一般工业区和农村地区）的污染源，执行二级标准。位于 GB 3095—1996 中三类区（特定工业区）的污染源，执行三级标准。

污水排放执行等级：排入 GB 3838—2002 Ⅲ类水域（集中式生活饮用水地表水源地二级保护区、鱼虾类越冬场、洄游通道、水产养殖区等渔业水域及游泳区）除划定的保护区和游泳区外，GB 3097—1997 中二类海域（海水浴场及风景游览区）的污水执行一级标准。排入 GB 3838—2002 中Ⅳ类（一般工业用水区及人体非直接接触的娱乐用水区）、Ⅴ类（农业水区及一般景观要求水域）以及 GB 3097—1997 中三类海域（一般工业用水区、港口水域或海洋开发作业区等）的污水执行二级标准。排入设置二级污水处理厂的城镇排水系统的污水执行三级标准。

随着生产和环保技术的发展，电解铝行业执行综合排放标准已显保守，与国际水平相差很大。它弱化了中国电解铝工业污染控制、环保管理和先进环保技术的推广运用，导致环境污染较严重；还对中国铝工业的形象、技术出口造成一定的负面影响。为严格控制电解铝厂污染物的排放，实现与国际接轨，2004 年国家着手进行有色行业污染物排放标准的制订工作，制订了《铝工业污染物排放标准》(GB 25465—2010)，已经颁布实施。新编制的《铝工业污染物排放标准》取代原执行的 GB 9078—1996、GB 16297—1996 和 GB 8978—1996 等综合排放标准。新的《铝工业污染物排放标准》严格污染物的排放，以有效控制铝工业污染物排放总量。现有铝厂要适应新标准的要求，实现达标排放，必须对已有治理设施进行更新改造。由于国内自焙槽已基本淘汰，《铝工业污染物排放标准》的电解槽大气污染物排放因子不再包括沥青油烟一项。《铝工业污染物排放标准》有关电解铝厂的排放浓度限值见表 35-2。

表 35-2 《铝工业污染物排放标准》(GB 25465—2010) 排放限值

污染源		污染因子	排放限值		
			单位	现有铝工业企业	新建铝工业企业
废气	电解槽烟气净化	颗粒物	mg/m^3	30	20
		二氧化硫		200	200
		氟化物（F）		4.0	3.0
	氧化铝、氟化盐储运	颗粒物		50	30
	电解质破碎	颗粒物		100	30
	其 他	颗粒物		100	50
		二氧化硫		850	400
废水①	企业废水总排放口	pH 值	—	6 ~ 9	6 ~ 9
		悬浮物	mg/L	70	30
		化学需氧量（COD_{Cr}）		100	60
		氟化物（以 F 计）		8	5.0
		氨 氮		15	8.0
		总 氮		20	15
		总 磷		1.5	1.0
		石油类		8	3.0
		总氰化物②		0.5	0.5
		硫化物②		1.0	1.0
		挥发酚②		0.5	0.5
单位产品基准排水量（吨铝）			m^3	2.5	1.5

①列出的为直接排放时的限值；

②煤气厂的企业加测，生产设施或企业废水总排放口。

中国对工业废物尤其是危险废物的处置有较完善的控制标准。危险废物是指具有腐蚀性、急性毒性、浸出毒性、反应性、传染性、放射性等一种及一种以上危险特性的废物。中国制订的危险废物鉴别标准，有按废物浸出液性质进行鉴别的《危险废物鉴别标准》(GB 5085—2007) 和按类别进行划分的《国家危险废物名录》。列入国家危险废物名录或者根据国家规定的危险废物鉴别标准和鉴别方法认定具有危险特性的废物，均为危险废物。

根据《危险废物鉴别标准 腐蚀性鉴别》(GB 5085.1—2007)，$pH \geq 12.5$ 或 $pH \leq 2.0$

的废物为危险废物；《危险废物鉴别标准 浸出毒性鉴别》(GB 5085.3—2007) 列出了废物浸出液中46项污染物的浓度鉴别值（其中无机元素及化合物有16项），浸出液浓度超过最高允许浓度的即为危险废物，该标准中的16项无机元素及化合物浸出毒性鉴别标准值见表35-3。

表35-3 浸出毒性鉴别标准值（GB 5085.3—2007）

序号	项目	浸出液最高允许浓度 /mg·L^{-1}	序号	项目	浸出液最高允许浓度 /mg·L^{-1}
1	铜（以总铜计）	100	9	铍（以总铍计）	0.02
2	锌（以总锌计）	100	10	钡（以总钡计）	100
3	镉（以总镉计）	1	11	镍（以总镍计）	5
4	铅（以总铅计）	5	12	总银	5
5	总铬	15	13	砷（以总砷计）	5
6	铬（六价）	5	14	硒（以总硒计）	1
7	烷基汞	不得检出	15	无机氟化物（不含氟化钙）	100
8	汞（以总汞计）	0.1	16	氰化物（以CN^-计）	5

电解槽大修渣中含有氟化物和氰化物，应对其不同组分按《危险废物鉴别标准》进行鉴别。对不能利用的固体废物，依据其性质，严格按《危险废物填埋污染控制标准》(GB 18598—2001) 或《一般工业固体废物贮存、处置场污染控制标准》(GB 18599—2001) 进行处理，以控制废渣中的有害成分对环境造成的污染。

35.1.1.3 电解铝厂环境保护设计规范

A 《有色金属工业环境保护设计技术规范》的有关要求

《有色金属工业环境保护设计技术规范》(YS 5017—2004) 对电解铝厂环保设计的具体要求如下：

(1) 新建电解铝项目应采用电流效率高、污染物产生量小的中间加料预焙阳极电解槽，其容量应为200kA及以上，不宜采用容量小于160kA的预焙槽，严禁采用自焙槽。

(2) 槽型结构设计应尽量减少单位容量的槽体质量。

(3) 电解铝项目氧化铝输送应采用浓相或超浓相输送技术。

(4) 电解槽烟气应采用罩板密闭集气、氧化铝吸附干法净化处理，氟化物净化效率应大于99%。电解槽烟气净化系统应设置永久性采样孔。

(5) 铝电解槽大修渣中的炭质内衬、废阴极炭块等宜回收或综合利用。保温材料和暂不能利用的废阴极等应设置电解槽大修渣专用堆放场，渣场应采取严格的防渗措施和防洪措施，并设置相应的监测井。

(6) 新建电解铝厂生产用水的重复利用率达90%以上。

B 《有色金属冶炼厂收尘设计技术规定》对烟气净化系统的要求

《有色金属冶炼厂收尘设计技术规定》(YS J015—1992) 对铝电解槽收尘流程及技术指标作了明确规定，详见表35-4。

表 35-4 铝电解槽烟气收尘流程及技术指标

电解槽名称	流程	系统总收尘效率/%	系统总氟净化效率/%	系统总漏风率/%	收尘设备操作温度/℃	备注
自焙电解槽	风机—立式洗涤塔—放空	>80	>93	<5	60～100	漏风率是指出电解槽以后
	卧式洗涤塔—风机—放空	>80	>93	<8	60～100	
	反应器—袋式收尘器—风机—放空	>99.8	>97	<10	60～100	漏风率是指出电解槽以后（干式）
预焙电解槽	反应器—袋式收尘器—风机—放空	>99.8	>99	<10	80～120	

35.1.2 国外部分国家和组织的电解铝工业污染物控制标准

35.1.2.1 大气污染控制标准

国外包括发达国家如美国等，仍有少量自焙槽在生产。国外电解铝厂制定的大气污染物控制项目主要是氟，其次是粉尘，一些国家对 SO_2 排放量也进行了限制。电解铝厂大气污染物排放主要有吨铝排放指标和污染物排放浓度两种控制方式。

美国联邦注册（FR V62 No. 194）1997 年 10 月 7 日颁布了电解铝污染物的国家排放标准。该标准除了对污染物排放做了定量的限制外，还规定了为减少污染物的排放应该采取的最佳控制技术，所控制的污染物项目有总氟化物和多环有机物（POM）。美国对电解铝厂各种槽型大气污染物排放量的限值见表 35-5 和表 35-6。

表 35-5 美国现有电解铝厂排放限值

电解槽列	吨铝总氟化物/kg	吨铝 POM(多环有机物)/kg
CWPB1 中间点式下料预焙槽、一段干法净化	0.95	
CWPB2 中间线下料预焙槽、一段干法净化	1.5	
CWPB3 中间线下料预焙槽、一段干法净化	1.25	
SWPB 边部加工预焙槽、天窗与地面二段净化	0.8	
VSS1 上部导电自焙槽、天窗与地面二段净化	1.1	1.2
VSS2 上部导电自焙槽、天窗与地面二段净化	1.35	1.8
HSS 侧部导电自焙槽、天窗与地面二段净化	1.35	2.35

表 35-6 美国新源或改造源排放限值

单元	吨铝总氟化物(TF)/kg	吨铝多环有机物(POM)/kg
电解槽系列	0.6 (1.2lb)	0.32 (0.63lb)

欧盟的《污染综合防治》(Integrated Pollution Prevention and Control,(IPPC) 2001 年 12 月）中要求：采用最佳实用技术，经布袋除尘器后电解烟气的粉尘浓度控制在 1～5mg/m^3，总氟降到 0.5mg/m^3；阳极效应系数小于 0.1 次/(d · 槽)，吨铝 PFCs 排放量小于 0.1kg；

对 SO_2 则要求通过降低阳极含硫量进行控制。另外，许多国家也对电解铝厂污染物排放量制订了相应的排放控制标准。表 35-7 是部分国家或组织的电解铝厂大气污染物排放限值。

表 35-7 部分国家或组织的电解铝厂废气排放限值

控制项目 \ 国家或组织	美 国 （新建，2004 年）	德 国 （气氟，2002 年）	欧 盟 （2001 年）	加拿大 魁北克	世界银行 （1997 年）
氟化物排放量（吨铝）/kg	0.6	0.6	0.4 ~ 1.0	0.95 +0.1	0.3 ~ 0.6
排气筒氟化物浓度/mg · m^{-3}	—	1.0		—	2.0
粉尘 排气筒浓度/mg · m^{-3}	15（年均） 65（日均）	10	1 ~ 5		30

35.1.2.2 水污染物排放标准

发达国家对铝厂排水的要求十分严格，如美国有按行业规定的排放标准，也有按排水去向，如排入城市下水道、河流或地下水等，规定不同的排放允许值。对于铝工业的排水要求严格，尽管铝并未列入美国优先污染物“黑名单”，但对电解铝厂排水中铝的排放浓度却作了严格限制。英国对排入河流和污水管道的标准值规定不一样，后者一般都放宽 10 倍；加拿大魁北克对铝工业废水控制，主要是尽可能减少工业废水排放，尽量向工业废水零排放靠拢；澳大利亚要求工厂排水的污染物浓度不超过其接纳水体的污染物浓度等。各国对工厂排水均有严格限制。表 35-8 和表 35-9 分别是美国电解铝铸造废水排放标准和世界银行的废水排放指导标准。

表 35-8 美国铸造废水污染物排放标准（新源）

污染物或污染物特性	任何一天最大值(千克铝)/mg	月平均最大值(千克铝)/mg
Benzo (a) pyrene 苯并（a）芘	不允许排放	不允许排放
Antimony 锑	0.201	0.089
Nickel 镍	0.057	0.038
Aluminium 铝	0.636	0.282
Fluoride 氟化物	6.188	2.746
Oil and grease 油脂	1.040	1.040
Total suspended solids 总悬浮固体	1.560	1.248
pH 值	保持在 7.0 ~ 10.0	保持在 7.0 ~ 10.0

表 35-9 世界银行排水指导标准

项 目	单 位	数 值	项 目	单 位	数 值
pH 值		6 ~ 9	油	mg/L	5（碳氢化合物）
SS（悬浮物）	mg/L	50	铝	mg/L	2
氟化物	mg/L	20	温 升	℃	≤3
COD	mg/L	150			

35.1.3　电解铝厂的污染源及污染物

35.1.3.1　电解铝生产中的大气污染物来源

电解铝生产中的大气污染源主要来自3个部分：

(1) 电解槽。电解槽烟气量大，污染物种类多、含量高，是铝电解厂中最主要的大气污染源，其大气污染负荷占整个电解铝生产系统的98%左右。

(2) 物料储运系统。氧化铝储运、上料过程的卸料点、输送皮带、斗式提升机、储仓下料口、出料口均产生氧化铝粉尘；氟化盐仓卸料点等产生氟化盐粉尘。污染物产生量相对较小，大气污染负荷占电解铝生产系统的1%以下。

(3) 阳极组装系统。托盘清理机、电解质清理机、残极压脱机、磷铁环压脱机、清理滚筒、残极抛丸机、电解质破碎机、钢爪抛丸机、铝导杆清刷机、带式输送机等产生电解质、碳和铁等粉尘。大气污染负荷占电解铝生产系统的1%左右。

电解铝生产工艺中大气污染物产生节点如图35-1所示。

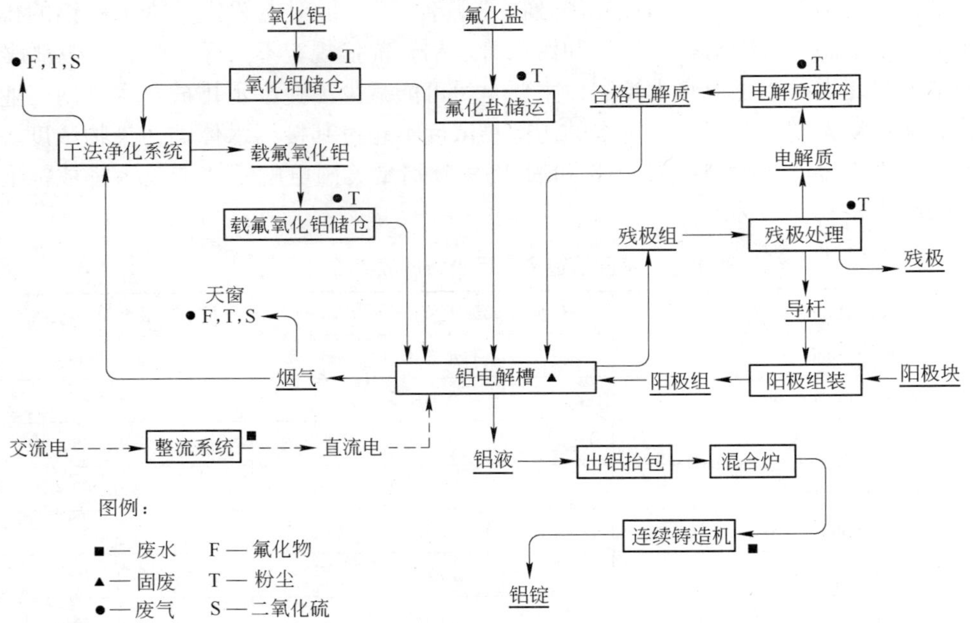

图35-1　电解铝生产工艺及污染节点

35.1.3.2　铝电解烟气中的污染物

电解槽散发的烟气含有多种污染物，主要有：

(1) 氟化物 (F) ——包括气态氟和固态氟化物。气态氟主要成分是氟化氢气体，主要是固态氟盐在高温下与原料中的水分发生水解反应生成的；固态氟化物主要来源于槽内电解质挥发、氟化铝升华以及含氟粉尘的飞扬，主要成分是单冰晶石及其复合物 ($NaAlF_4$)、冰晶石、氟化铝、氟化钠等。气态氟约占总氟量的70%，固态氟约占30%。

（2）粉尘——电解槽加工和阳极气体带起的颗粒物。主要有氧化铝、炭和氟化盐等粉尘，产生量与电解槽下料、加工方式、槽烟气量及因槽结构形式而形成的槽内烟气流分布等有关。

（3）SO_2——大部分由阳极所含硫分氧化生成，有很少一部分来自氧化铝和氟化盐原料所含硫酸盐的转化。因此，SO_2 产生量主要取决于阳极的含硫量。

（4）CO_2 和 CO——电解烟气中生成量最大的是电解槽中原料氧化铝和炭阳极发生反应而产生的 CO_2 和 CO 阳极气体，是采用碳阳极生产的必然产物。生产 1t 电解铝产生的 CO_2 约 1t，CO 约 300kg（分析计算见第 30 章）。CO_2 和 CO 产生量取决于阳极消耗量，阳极消耗量大，产生的量就大。资源消耗和大量的 CO_2、CO 温室气体产生，是促进采用惰性阳极研究的主要原因。

（5）PFCs（全氟化碳）——电解槽发生阳极效应时产生的温室气体。PFCs 主要成分是 CF_4 和少量 C_2F_6 等有机氟化物，是在阳极效应时析出的初生态氟与炭素阳极发生反应生成的。因此，PFCs 产生量取决于阳极效应系数和效应持续时间。

（6）沥青油烟（或有机挥发分）——由于预焙阳极块中的沥青已基本在阳极焙烧炉中烧除，因此预焙阳极电解槽烟气中沥青油烟量极微，一般忽略不计。而自焙槽的阳极焙烧是在电解槽内完成，电解过程中，大量沥青油烟散发并进入槽烟气中，因此自焙槽烟气中除以上污染物外，还含有较多的沥青油烟等有机物成分，其中含多环芳烃和苯并（a）芘等多种致癌物质。

预焙电解槽烟气中的特征污染物是氟化物（包括气态的氟化氢和固态氟化物）。氟是构成人体的微量元素之一，超过生理必需量的氟则对人体有害。气态氟和固态氟化物均属高毒类，可经呼吸道、消化道及皮肤浸入人体。人体摄入过量氟可导致骨氟中毒、甲状腺疾患及肾疾病。空气中的氟化物浓度超过 $1mg/m^3$ 时，对人的眼睛、皮肤、呼吸器官会产生直接影响；超过 $50mg/m^3$ 时，可引起急性中毒；$400 \sim 500mg/m^3$ 时，可引急性中毒死亡。氟化氢对农作物也有较强的危害作用，其对植物的影响比 SO_2 大 10 ~ 100 倍。水稻、小麦、玉米对氟最为敏感，氟污染导致作物颗粒减产，产量下降。

电解槽内温度、电解质摩尔比、原料含水率、空气湿度等，都可能影响电解烟气中的氟化物量。电解槽温度增高、电解质摩尔比低、原料含水率高、空气湿度大，会使单位产品氟化物产生量有所增加。电解槽产生的大气污染物量见表 35-10。

表 35-10　铝电解槽（吨铝）大气污染物产生量　（kg）

电解槽型	氟化物（以 F 计）	粉　尘	SO_2	PFCs	沥青油烟	CO_2	CO
预焙槽	16 ~ 35	40 ~ 100	5 ~ 25	0.001 ~ 0.3	—	900 ~ 1000	280 ~ 350
自焙槽	17 ~ 23	40 ~ 80	5 ~ 25	约 2	20 ~ 60	约 1000	约 350

依据中国当前的排放标准，预焙槽电解铝厂控制的主要大气污染物是氟化物、粉尘和 SO_2。

35.1.4　电解铝厂的污染控制措施

35.1.4.1　铝电解槽烟气净化

电解槽产生的烟气需由集气系统收集后，经排烟支管送入排烟总管内，然后才能进入烟气净化系统。电解槽的密闭效果、系统抽取风量和电解槽内气流分布情况，是决定集气效率的因素。电解槽烟气的集气效率和烟气净化系统的净化效率，是控制电解槽大气污染物排放量的重要因素。

电解槽烟气的集气效率是电解槽系列中被收集进入烟气净化系统的气态污染物量与电解槽产生的气态污染物量的比率；烟气净化系统的净化效率是被烟气净化系统捕集的某种污染物量与进入该净化系统的该种污染物量的比率。集气效率和净化效率通常用百分数表示。

电解槽排放的大气污染物为净化系统烟囱有组织排放和电解车间天窗（或通风器）无组织排放两部分之和。如某电解系列的集气效率为98%，氟化物净化效率99%，说明该系列电解槽产生的烟气有98%被收集送入烟气净化系统，其余2%的烟气经电解车间天窗排放到环境空气中；经净化系统烟囱排放的氟化物量为：电解槽烟气中氟化物量×0.98×(1－0.99)。

A 预焙阳极电解槽烟气净化

目前世界各国预焙电解槽烟气净化的目的主要是除去烟气中的氟化物和粉尘。部分预焙槽电解铝厂还增加了SO_2的净化措施，但主要限于近海且阳极含硫量高的电解铝厂，如瑞典、挪威等国的一些电解铝厂采用海水洗涤净化烟气中的SO_2。20世纪60年代发展起来的干法净化技术，利用电解原料氧化铝作吸附剂、采用布袋除尘器进行气固分离，是目前国际上采用的最佳电解铝工业含氟烟气净化技术，具有净化原理简单、工艺流程短、操作维护方便、无二次污染等诸多优点。

预焙槽一般采用组合的铝合金罩板集气罩对电解槽进行密闭，通过风机的吸引力将电解槽散发的烟气收集入排烟管。一般采用的集气罩有平板式和圆弧式两种。

影响电解槽集气效率的因素很多，主要有电解槽排风量过小、远离支管一侧的槽罩内不能形成负压；排风量虽够，但槽罩内电解槽结构缺陷使气流分布不合理，罩内各部位气压变化过大；因电解槽变形或槽罩破损引起槽罩缝隙大而使密闭效果下降；电解槽更换阳极、出铝、测铝水平或其他操作时开罩时间过长、槽罩开启面积过大等。在以上问题均得到较好解决的情况下，才能保证较好的集气效率。国内环保管理较好的电解铝厂，电解槽集气效率一般能达到96%～98%，近年新建的一些电解铝厂，电解槽集气效率甚至达到了98.5%。较高的集气效率使车间内环境条件得到改善。正常生产情况下，几百米长的预焙槽电解车间内基本看不到烟气污染的情况。净化系统总氟净化效率可达99%～99.5%，车间无组织排放的氟化物为净化系统烟囱排放的2倍左右。提高电解槽集气效率是降低电解铝厂污染物排放量的重点也是难点。

电解槽烟气干法净化技术是利用氧化铝活性强、孔隙多、比表面积大、属两性氧化物、有良好的酸性气体吸附性的特点，对酸性和负电性强的氟化氢进行吸附，从而使氟从气相进入固相，再经高效布袋除尘器分离回收载氟氧化铝实现气固分离，达到同时除去烟气中氟化氢和粉尘的目的。

氧化铝对氟的吸附性与氧化铝的比表面积和表面活性有关，比表面积和表面活性大，对氟化氢的吸附能力就强，其饱和含氟量通常为1.5%～1.8%。氧化铝对氟化氢的吸附以化学吸附为主，在氧化铝和氟化氢充分接触的条件下，氟化氢能迅速被吸附于氧化铝表面并发生反应生成氟化铝。系统正常运行时，氟化物净化效率可以达到99%以上。

干法净化系统的净化效率由氧化铝对氟化氢的吸附效率和布袋除尘器的除尘效率决定。

预焙槽电解系列烟气的干法净化工艺流程和装备的详细说明见31.6节。

在污染源控制得到充分重视、运行管理好、维护维修及时、槽型为160kA以上中心加料预焙阳极电解槽的电解铝厂，烟气净化系统基本上能保持正常、高效运行，净化后氟排放浓度一般可控制在3mg/m³左右，甚至低于1mg/m³；粉尘浓度可控制在10～30mg/m³，甚至低于5mg/m³。“十五”期间对国内160～300kA预焙阳极电解槽干法净化系统运行效果进行了抽样调查（见表35-11），在统计的39套净化系统中，4套系统运行不正常，氟化物净化效率仅88.5%～92.6%，氟化物排放浓度高达8.63～13.1mg/m³，造成超标排放。氟化物净化效率98%～98.8%的14套，净化效率在99%以上的6套系统，总氟排放浓度均小于3.0mg/m³。除尘器维护良好、运行正常的28套净化系统的粉尘浓度控制在15mg/m³以下。

表35-11 国内部分电解烟气净化系统污染物排放情况

序号	总氟浓度统计		粉尘浓度统计		总氟净化效率	
	浓度范围/mg·m⁻³	净化系统数/套	浓度范围/mg·m⁻³	净化系统数/套	指标范围/%	净化系统数/套
1	<1.0	2	1.9～5	13	88.5～92.6	4
2	1.012～1.95	14	5.7～9.9	7	94.1～97.8	15
3	2.18～2.97	9	11～14	8	98～98.8	14
4	3.03～4.65	12	15.1～24	8	>99	6
5	9.15～13.1	2	32.5～74.96	3		

综合净化系统烟囱的排放和厂房天窗的排放，电解槽系列的大气污染物排放量范围见表35-12。通常，电解槽集气效率小于净化系统的氟化物净化效率，天窗排氟量往往大于烟气净化系统的排氟量，因此电解车间排放的氟化物主要来自车间的无组织排放部分。

表35-12 铝电解槽系列（吨铝）大气污染物排放量① (kg)

电解槽型		烟气量(标态)/m³	氟化物(以F计)	粉 尘	SO_2	沥青油烟
预焙槽	烟囱	100000～120000	0.1～0.4	1.0～3.0	4.9～19.6	微量
	天窗		0.3～0.8	0.2～1.6	0.1～0.4	
自焙槽	烟囱	290000～322000	0.27～1.34	3.0～9.6	4～16	1.4～15.0
	天窗		2.9～4.6	3.4～12	1～4	6.8～10

①按预焙槽集气效率98%～98.5%，氟净化效率98.5%～99.5%，自焙槽集气效率78%～83%，氟净化效率97%～98%计算。

B 自焙阳极电解槽烟气净化

自焙槽有上插槽和侧插槽两种槽型，在淘汰自焙槽前，中国使用的自焙槽绝大多数是侧插槽，上插槽很少使用。上插槽的集气系统由安装在阳极下部周围的裙式集气罩构成，侧插槽密闭有电动卷帘和吊门两种形式。

侧插自焙槽在电解槽操作时，操作面一侧的卷帘（或吊门）整体打开，电解槽烟气基本上均散发到车间内，而且存在卷帘缝隙大、吊门难以放下等问题，使槽集气效率下降。因此与预焙槽相比，自焙槽集气效率低（我国长期运行集气效果最好的在95%左右，一般在80%左右）、污染物排放量大（吨铝总氟排放量在2.8～5.0kg）。为进一步控制污染物排放量，一些自焙槽电解铝厂曾对天窗排气进行净化，但由于投资和运行费用巨大而净化效率很低等原因，并未得到推广运用。自焙槽烟气的净化有湿法和干法两种技术。

自焙槽烟气的湿法净化，是将烟气引入洗涤塔，烟气自下而上与自塔上部喷入的碳酸钠吸收液逆向接触，烟气中的氟化氢、沥青油烟和固体粉尘等转入液相而达到烟气净化的目的，净化后的气体经除雾后排放。吸收液中氟化氢和碳酸钠发生反应生成氟化钠。当吸收液中氟化钠达到一定浓度时经过滤去除固体杂质，上清液中加入铝酸钠合成冰晶石。合成的冰晶石经过滤机过滤并经烘干机烘干后返回电解槽使用。湿法净化工艺流程如图35-2所示。

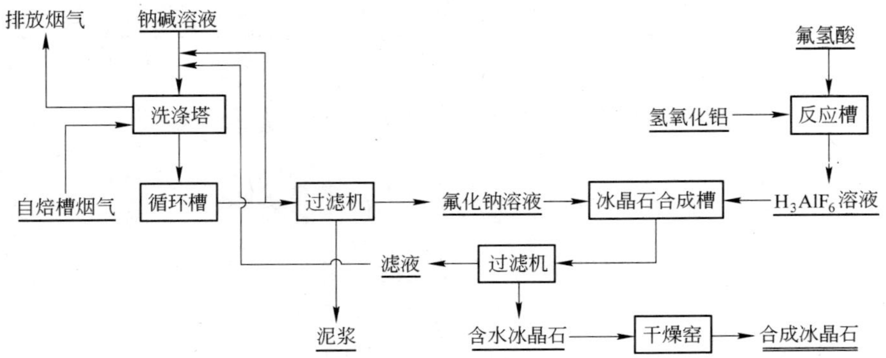

图35-2 电解烟气湿法净化工艺流程

干法净化与预焙槽烟气净化系统的工艺和原理相似，净化效率较湿法高，但由于自焙槽烟气中含有沥青油烟，氟化物净化效率低于预焙槽烟气，而且存在烟气中的沥青油烟可能造成排烟管道和除尘设备堵塞，回收载氟氧化铝所含沥青对电解生产造成影响等问题。

自焙电解槽烟气干法净化与湿法净化各有利弊。与干法净化相比，采用湿法净化后的污染物排放量明显较大，而且工艺流程长，操作维护困难，存在着设备、管道的跑、冒、滴、漏现象，可能造成水的二次污染。但湿法净化回收物料中的沥青焦油和炭尘等杂质已被除去，回收冰晶石返回电解槽利用基本不会对生产造成影响。

由于自焙槽存在工艺落后，集气效率低，烟气中含沥青油烟而治理困难等诸多缺点，国内的自焙电解槽运行时期，绝大部分自焙槽烟气未得到有效治理，污染物大量排入环境，对车间及周围环境造成严重污染，环境空气中氟化物、粉尘、BaP浓度均超过环境标准。自焙槽排放的大气污染物对环境污染严重，是淘汰自焙槽的主要原因。

35.1.4.2 PFCs的控制

由于温室效应和温室气体控制问题正日趋受到关注，世界各国电解铝厂都在致力于降低阳极消耗（减少CO_2和CO指标）和降低阳极效应系数及减少效应持续时间（减少PFCs

产生量）来控制 CO_2、PFCs 这些温室气体的排放量。

1997 年 12 月 10 日在日本召开的《联合国气候变化框架公约》第三次缔约方大会上通过的《京都议定书》中，提出了部分温室气体的温室效应当量，即 1kg 温室气体造成的温室效应相当于 CO_2 的千克数，见表 35-13。

表 35-13　部分气体温室效应当量

温室气体种类	CO_2	CH_4	NO_2	HFCs①	PFCs②	SF_6
CO_2 当量	1	21	310	140 ~ 11700	6500 ~ 9200	3200

①氟氢化碳；
②全氟化碳。

1kgPFCs 造成的温室效应相当于 6500 ~ 9200kg CO_2，虽然 PFCs 的产生及排放量很小，但若某电解槽系列吨铝产生 0.2kg 的 PFCs，所产生的温室效应将可能超过其排放的 CO_2［CO］。因此，控制 PFCs，是控制电解铝厂温室气体排放的重要措施之一。

以目前国际上电解铝生产技术和水平条件，铝电解槽生产过程中排放的温室气体当量见表 35-14。

表 35-14　每吨原铝生产温室气体排放当量

温室气体种类	CO_2（含 CO）	PFCs	其　他	合　计
CO_2 当量	1600	1160	137	2923

PFCs 只有在电解槽发生阳极效应时才产生，而且产生的数量相对很小，在烟气中的浓度很低，尚难于对生产过程中的产生和排放量进行准确监测，目前世界各国尚未对 PFCs 排放量和排放浓度提出控制标准，PFCs 浓度的监测也未在电解铝厂普遍开展。而对电解铝烟气进行治理的氧化铝吸附 + 布袋除尘的干法净化系统对 PFCs 没有净化作用。因此控制 PFCs 排放量的关键，就是限制阳极效应系数和效应持续时间。

国内预焙阳极电解槽阳极效应系数基本上控制在 0.3 次/(槽 · d)左右，近年新建厂可控制在 0.2 次/(槽 · d)以下，甚至能达到不大于 0.08 次/(槽 · d)的市场准入目标。国际上最好指标已基本上可实现无效应操作，效应系数仅 0.01 次/(槽 · d)，吨铝 PFCs 排放最高水平在 0.005 ~ 0.03kg。在严格控制电解槽阳极效应次数低于 0.2 次/(槽 · d)和缩短阳极持续时间的条件下，生产 1t 铝产生的 PFCs 小于 0.1kg。

由于预焙槽的大量采用和操作控制水平的提高，PFCs 排放当量在近 15 年有明显的下降。吨铝 PFCs 排放 CO_2 当量 1990 年为 4.42t，对于采用预焙槽的电解铝厂，2001 年减至 1.22t，2005 年减至 1.16t。国际铝协（IAI）的目标是：2010 年 PFCs 排放 CO_2 当量降到 0.88t。

35.1.4.3　物料储运及阳极组装系统除尘

铝电解厂物料储运系统和阳极组装系统均是在产生点分别设置集气罩、机械排风和除尘器，对含尘气体进行除尘净化后排放。电解铝厂除尘设施一般采用布袋除尘器。由于电解铝厂粉尘成分主要是氧化铝、氟化盐、炭尘等干粉尘，采用布袋除尘器均能达到很高的除尘效率，且运行稳定可靠，只要加强管理和运行维护，可以将粉尘排放浓度控制在

50mg/m^3 以下。

氧化铝及氟化盐储运氧化铝（和氟化盐）卸料处、氧化铝储仓的仓顶进料和仓下出料口通常设置集气除尘系统，回收的氧化铝（或氟化盐）粉尘直接返回储仓或由提升设施返回储仓，减少物料损失并防止回收粉尘造成二次污染。图 35-3 所示是电解铝厂氧化铝储运的除尘系统设置情况之一。

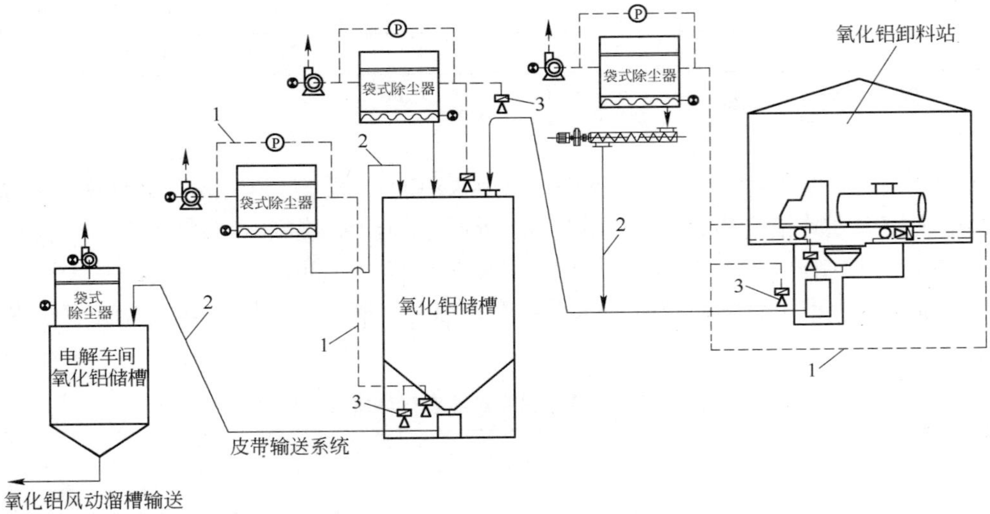

图 35-3 氧化铝储运除尘系统

1—尾气输送管线；2—氧化铝输送线路；3—集尘罩

对阳极组装工段产生的粉尘，通常根据产尘部位和粉尘成分的不同设若干除尘系统，电解质清理、电解质破碎和电解质破碎仓出料等除尘系统回收的粉尘（成分为电解质和氟化盐）返回电解槽利用；残极压脱机、磷铁环压脱机、残极抛丸机、铝导杆清刷机等除尘系统收下的粉尘含碳、铁、电解质等多种成分，一般不再回收利用，收下的粉尘装袋后进行集中堆放等处置。图 35-4 是较完善的阳极组装除尘系统设置情况。

35.1.4.4 电解槽大修渣处置

A 电解槽大修渣产生量及主要危害因素

电解铝厂产生的固体废物主要是电解槽大修时产生的废渣——电解槽大修渣（废槽内衬）。预焙槽寿命为 5 ~ 7 年，到时炭阴极内衬将失效，必须对电解槽进行大修，更换槽内衬。160kA 以上预焙槽大修渣吨铝产生量约 20 ~ 35kg。电解槽大修渣主要由废阴极炭块、阴极糊、沉积物、耐火砖、保温砖等组成，表 35-15 是电解槽大修渣的组成情况。

表 35-15 电解槽大修渣组成

名 称	废炭块	耐火砖	保温砖	扎 糊	绝热板	耐火颗粒	混凝土	沉积层
所占比例/%	46.9	5.5	4.2	6.9	2.3	3.6	6.3	24.3

近年建设的大型预焙阳极电解槽的筑槽材料有所变化，相应的槽大修渣组成也将有所变化，但电解槽大修渣均以废阴极炭块数量为最大。废阴极炭块在电解槽运行过程中吸收

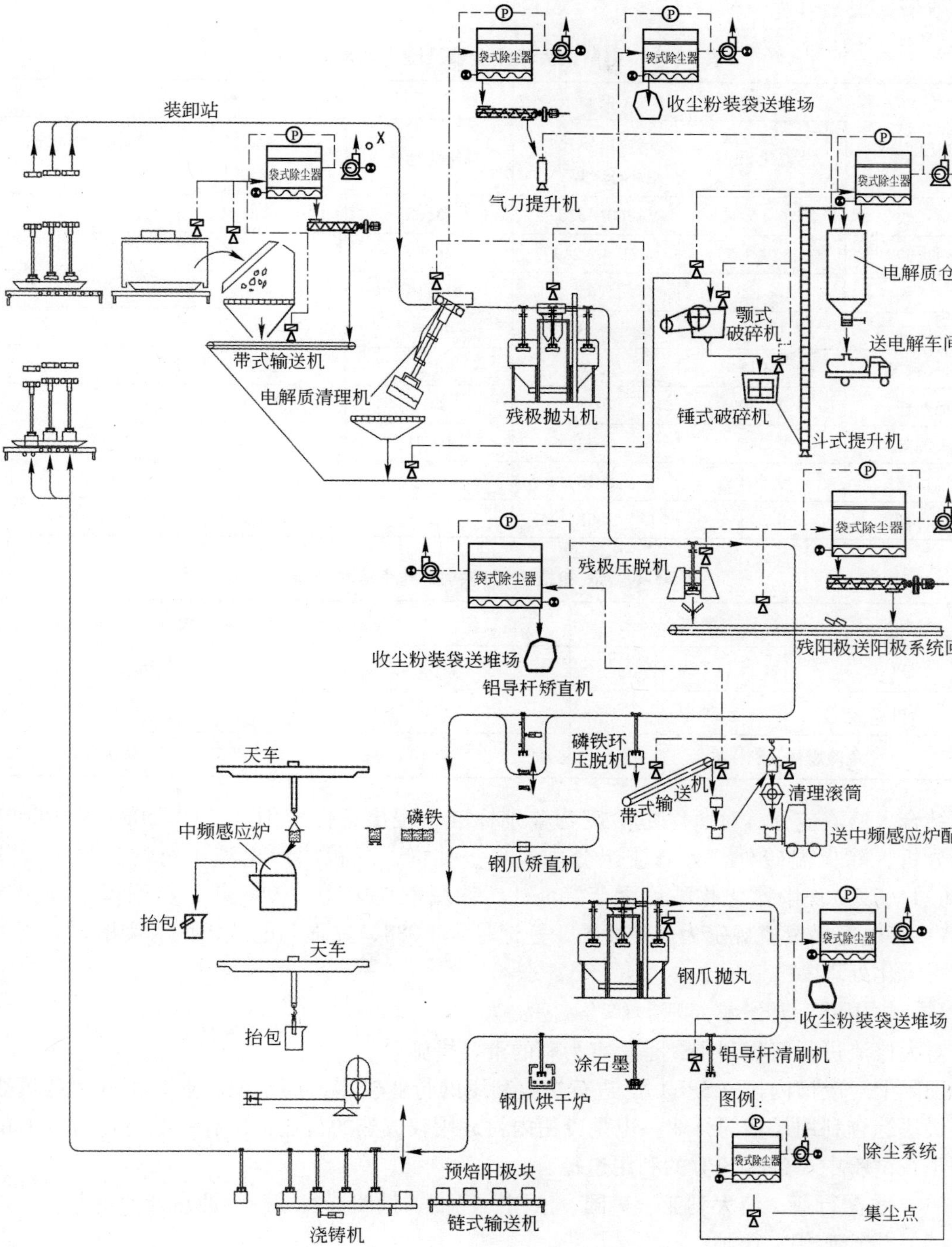

图 35-4 阳极组装除尘系统

了大量的氟，使其中氟化物含氟量最高可达 10% 以上。青海某厂和贵州某厂 160kA 预焙阳极电解槽大修渣的检测结果见表 35-16。河南某工业试验基地对槽寿命 1795 天和 2013 天的预焙槽废槽内衬（筑槽时未采用防渗料，大修为二式刨槽）两个混合样进行浸出液检测的结果见表35-17。

表35-16 电解槽大修渣全量及浸出液检测结果

采样部位	青海某厂（160kA 槽）		贵州某厂（160kA 槽）		
	总氟化物/%	浸出液氟化物/mg·L⁻¹	总氟化物/%	浸出液氟化物/mg·L⁻¹	浸出液氰化物/mg·L⁻¹
炭　块	3.56~6.111	1360~3229	13.08	3500	
耐火砖	0.455~4.711	71.4~289	9.97	290	
扎　糊	14.122	5265	16.18	13000	
底部保温砖	1.084	46.3	8.14	2.6	
耐火颗粒	7.913	53.6	3.11	220	
绝热板	2.530	70.1	8.11	2220	
小头混凝土	0.245	0.52	10.81	400	
沉积层	9.594	6613			
混合样	6.543	1808	11.48	2200	5.08

表35-17 试验槽废槽内衬浸出液检测结果

样品编号	槽寿命/d	无机氟化物(F^-)/mg·L⁻¹	氰化物(CN^-)/mg·L⁻¹
SPL-1	2013	2803.45	26.45
SPL-2	1795	2345.5	21.0
危险废物鉴别标准		≥100	≥5.0

结合大修渣成分，对照《危险废物鉴别标准 浸出毒性鉴别》（GB 5085.3—2007）标准分析，除保温砖外，大修渣组分中炭块、扎糊、沉积层浸出液中可溶氟浓度大于100mg/L，废炭块中氰化物浓度大于5mg/L，均属危险废物。1988年，美国国家环保署（EPA）将电解槽废渣规定为危险废物，登记号为K088，并强制电解铝厂对废槽衬妥善处置或无害化处理。

B 电解铝厂大修渣处理和综合利用

对大修渣进行回收利用，是化害为利的重要措施。

国际上对废槽内衬（SPL）已进行接收利用的行业较多，而水泥行业是国际上各国废阴极炭块综合利用最多的行业，也是废槽内衬运用较成熟的行业，还有一些行业对SPL的利用正在试验中。各国SPL的利用途径有：

（1）水泥行业：澳大利亚、美国、法国、巴西、俄罗斯、希腊、西班牙、南非；

（2）生产矿棉：德国；

（3）生产氟化铝：澳大利亚；

（4）用于炼钢：意大利；

（5）用于玻璃行业：加拿大。

另外，挪威将废槽内衬用于生铁生产，加拿大将其用于生产萤石的试验也在进行中。

除有少量的利用外，废槽内衬完全无害化处理在我国尚没有实际运用，但已进行了一些无害化处理的研究，如对废槽衬采用加热法无害化处理的研究等。2004 年底在河南建了一条废槽内衬材料无害化处理工业示范线，目前正在进行工业实验，虽尚未正式投入运用，但我国已走出了大修渣无害化处理的重要一步。

目前电解槽大修渣较具体的回收途径有：

（1）从废旧内衬材料中回收氟盐：废旧阴极内衬材料中含有高达 70% 的炭，其发热量估计为 6960 ~ 11600kJ/kg。其中有价值的化合物为氟盐，大约占 30%。如果把炭分离开，可获得氟盐。

美国恺撒公司用高温水解法处理废旧内衬材料，在温度 1200℃ 下，燃烧废旧内衬材料，并通入水蒸气，使之与氟盐反应，生成氟化氢。此时内衬材料中所含的氰化物亦分解。HF 用水吸收后，得到 25% 的水溶液，可用来制造工业用氟化铝。

（2）作为水泥或氧化铝厂熟料烧成窑补充燃料：废阴极炭块经破碎、磨粉后，可用作水泥厂熟料烧成窑燃料。阴极中的氟化物与钙反应生成难溶的氟化钙进入熟料，不会对水泥产品质量造成影响；其中的碱金属氰化物可在炉料烧结反应中作为催化剂，因此可降低熟料烧结温度，并减少燃料用量。用作烧结法氧化铝熟料烧成的燃料时，熟料中的氟化钙最终进入赤泥中，不影响氧化铝质量。此方法曾在山东省某铝厂实施。

（3）作为化铁炉的熔剂：化铁炉内用石灰石和萤石做熔剂，其作用是降低炉渣的熔点和黏度。萤石（CaF_2）是一种比较贵的矿物原料。废旧内衬中正好含有相当多的氟，故可作熔剂。

C 电解槽大修渣场的建设要求

大修渣不应该随意丢弃，或和生活垃圾、废建筑材料等混合堆放。随着环境意识的增强和国家标准的严格，不能利用的电解槽大修渣无害化处理和防渗填埋场的建设应引起电解铝厂的重视。

对尚未利用的电解槽大修渣，应根据其各组分浸出液中氟化物和氰化物含量区分其属性。大修渣中除废保温砖以外的废阴极炭块、废糊料等浸出液中氟化物（不含氟化钙）浓度大于 100mg/L 或氰化物（以 CN^- 计）浓度大于 5mg/L 的固体废物，应送往危险废物处置中心集中处置或送符合《危险废物填埋污染控制标准》（GB 18598—2001）建设条件的填埋场进行填埋。浸出液氟化物（不含氟化钙）浓度小于 100mg/L 和氰化物（以 CN^- 计）浓度小于 5mg/L 的废保温砖应按 GB 18599—2001 Ⅱ类一般工业固废要求进行处置。

铝厂建设电解槽大修渣专用堆场时，应按《危险废物填埋污染控制标准》要求进行，填埋场建设的具体要求详见 18.2.1 节。

另外，填埋场设计中还应考虑相应的防洪和集排水措施，场界周围设宽 10m 的绿化带，防止场内扬尘对大气环境造成污染。

35.1.4.5 电解铝厂废水污染源及其污染控制措施

电解铝生产为干法过程，生产用水主要是设备（如整流机组、空压机）冷却水和铸造铝锭冷却水，生产废水主要是用水量较小的设备冷却水、循环水系统的少量排污水和化验室排水等。排水中除铸造废水中有少量铝渣进入循环水外，其他生产废水中没有特征污染物。美国优先污染物“黑名单”（美国环保局 1977 年公布）和中国环境优先污染物“黑名单”均未将铝列为优先污染物，但美国污水排放标准要求废水中铝的浓度不得超过

2.0mg/L。

电解铝厂一般不设集中的生产废水处理站。铸造废水经除油、沉淀除铝渣处理后循环利用，排出少量生产废水可满足排放标准。鉴于电解铝厂生产排水量相对较小，而厂区生活污水所占全厂排水的比例较大的情况，结合中国常规控制项目，电解铝厂应控制的污染因素为 pH 值、SS、氟化物、石油类、COD_{Cr}、氨氮、氰化物、BOD_5 和铝。生活污水应由集中生活污水处理站处理达标后再排放。

根据对国内部分电解铝厂的调查，经过节水改造，近年大部分电解铝生产用水的重复利用率已达到85%以上，甚至超过90%，外排废水量得到有效控制，电解铝系统吨铝废水排放系数在0.76～4.57m^3之间（含生产废水及生活污水）。对于新建电解铝厂，应通过提高循环水利用率等措施节约新水、减少排水，吨铝废水排放系数应控制在1.5m^3以下。

35.2 电解铝厂的消防、安全、卫生

35.2.1 中国电解铝厂消防、安全、卫生的相关标准规范

1979 年，卫生部等六部委联合发布了《工业企业设计卫生标准》(TJ 36—1979)，对各工业企业车间卫生条件设计进行了具体规定。

1988 年，原中国有色金属工业总公司和中华人民共和国劳动部发布了《有色金属工厂安全卫生设计规定》[(1988)中色安字第0958]，对铝电解厂设计的安全和卫生措施和有色企业安全卫生管理机构、救护机构、医疗卫生机构、安全卫生研究机构的设置提出了具体要求，同时对设计中应遵循的各项有关安全、卫生的国家标准和规范进行了规定。目前该规定仍是电解铝厂安全卫生设计的依据之一。

中国现行消防安全、卫生标准及规范主要是适应各行业的综合标准，其中适用于电解铝厂的有（包括但不限于）：《工业企业设计卫生标准》(GBZ 1—2002)、《工作场所有害因素职业接触限值第1部分：化学有害因素》(GBZ 2.1—2007)、《工作场所有害因素职业接触限值第2部分：物理因素》(GBZ 2.2—2007)、《用电安全导则》(GB/T 13869—2008)、《工业企业厂内铁路、道路运输安全规程》(GB 4387—2008)、《生产设备安全卫生要求总则》(GB 5083—1999)、《起重机械安全规程》(GB 6067—2010)、《机械安全 防止上肢触及危险区的安全距离》(GB 12265.1—1997)、《机械安全 防止下肢触及危险区的安全距离》(GB 12265.2—2000)、《生产过程安全卫生要求总则》(GB 12801—2008)、《采暖通风与空气调节设计规范》(GB 50019—2003)、《建筑采光设计标准》(GB/T 50033—2001)、《建筑照明设计标准》(GB 50034—2004)、《建筑物防雷设计规范》(GB 50057—2010)、《爆炸和火灾危险环境电力装置设计规范》(GB 50058—1992)、《工业企业总平面设计规范》(GB 50187—1993)、《建筑设计防火规范》(GB 50016—2006)、《建筑灭火器配置设计规范》(GB 50140—2005)、《铝电解厂生产防尘防毒技术规程》(GB/T 17397—1998) 等。

其中《工作场所有害因素职业接触限值 第1部分 化学有害因素》(GBZ 2.1—2007) 是工作场所卫生条件的主要控制标准。该标准适用于电解铝厂的有害物质限值见表35-18。

表 35-18　工作场所空气中有毒物质和粉尘允许浓度（摘自 GBZ 2. 1—2007）

名　称	最高允许浓度 /mg · m^{-3}	时间加权平均允许浓度 /mg · m^{-3}	短时间接触允许浓度 /mg · m^{-3}
二氧化氮		5	10
二氧化硫		5	10
二氧化碳		9000	18000
氟化氢（按 F 计）	2		
氟化物（不含氟化氢）（按 F 计）		2	
煤焦油沥青挥发物（按苯溶物计）		0. 2	
一氧化氮		15	
一氧化碳			
非高原		20	30
高原海拔 2000 ~ 3000m	20		
海拔大于 3000m	15		
铝金属、铝合金粉尘（总尘）		3	
氧化铝粉尘（总尘）		4	
煤尘（游离 SiO_2 含量 <10%）			
总　尘		4	6
吸　尘		2. 5	3. 5
萤石混合性粉尘：			
总　尘		1	
吸　尘		0. 7	
其　他		8	

35. 2. 2　电解铝厂的消防

依据《建筑设计防火规范》(GB 50016—2006）的有关规定，结合电解铝厂生产实际，电解铝厂生产火灾危险性分类见表 35-19。

表 35-19　电解铝厂生产火灾危险性分类

系统名称	生产的火灾危险性分类	耐火等级	备　注
氧化铝储运设施	戊	二级	
氧化铝卸料站	丁	二级	
空压站	戊	二级	
空压站循环水系统	戊	二级	
氟化盐仓库	戊	二级	
阳极组装及电解质破碎	丁	二级	
电解车间	丁	二级	

续表 35-19

系统名称	生产的火灾危险性分类	耐火等级	备 注
电解烟气净化设施	戊	二级	
超浓相输送	戊	二级	
电解大修工段	戊	二级	
配电装置、动力配电所	丙	二级	
硅整流所	丙	二级	每台设备装油量 >60kg 每台设备装油量 <60kg
谐波治理设施	丙	二级	
整流所循环水系统	戊	二级	
供水及消防设施	戊	二级	
机修及电修工段	戊	二级	
检修仓库	戊	二级	
综合仓库	戊	二级	
汽车衡站	丁	二级	

电解铝厂消防措施有主动式消防系统和被动式系统：

（1）主动式消防系统。电线电缆防火涂料、钢骨防火涂料、防火泥、防火砖等填充材料并经过系统工程施工来完成对建筑物、构筑物的保护，对建筑物、构筑物中各种穿墙孔洞及电缆托盘、汇流排、电线电缆等进行有效封堵，截断火灾蔓延通路。

（2）被动式消防系统。火灾报警控制系统、自动灭火系统、室内外消火栓系统、防火卷帘门防火门系统、疏散与紧急照明指示系统、火灾应急放播系统。

电解铝厂应设全厂消防给水管网和室外地下式消火栓；配电装置、阳极组装及残极处理等设室内消火栓灭火系统。根据《建筑灭火器配置设计规范》，对需配置灭火器的车间，尤其是设有电解槽、混合炉及铸造机等进水可能爆炸的设备的电解车间和铸造车间，应配置手提式干粉灭火器，其他车间可配置干粉灭火器或 CO_2 灭火器等。

厂区总平面布置中，各建筑物之间防火距离、道路设计等，应执行《建筑设计防火规范》(GB 50016)。一个电解系列的两条电解厂房内应设有消防通道，以保证消防车等能到达车间之间的封闭区域，同时在电解车间厂房及整流所外围尽可能设置环形消防车道。消防车道的净高度和净宽度均不应小于 4m，供消防车辆停留的空地，其坡度应不大于 3%。环形消防车道至少有两处与其他车道相通。

35.2.3 电解铝厂主要危险因素及安全措施

35.2.3.1 电解铝厂主要危险因素

电解槽在大电流、高系列电压和高温条件下生产，槽内电解质的温度达 940～960℃，铸造部高温铝液运输和铝锭铸造；阳极组装破碎机、运送设施、中频感应炉内铁水温度高达 1450℃，电解铝生产存在诸多危险因素。

电力系统设有高压配电设备以及整流所调压整流变压器、整流器等大型电器设备，存在电击危险和用电安全等危害因素。在铝电解生产中，其能源主要是直流电能，整流所输出的系列电压达数百至上千伏，一旦短路，易出现人身和设备事故。

电解槽是以低电压高电流串联运转，在电力车间高压电源与电解车间联网线路的连接点可能发生严重的电击事故。

电解用直流电，槽上电气设备用交流电，若直流电窜入交流系统会引起设备事故。

铸造车间混合炉高温铝液一旦泄漏可能造成人员伤亡事故，若泄漏铝液与铝锭等冷却水接触，可能发生铝水爆炸，造成人员伤亡和财产损失。

阳极组装用中频感应炉或铁水抬包在使用时发生铁水泄漏流淌，泄漏的高温铁水遇到可燃物时，有发生火灾的危险，遇到水、其他液体会导致铁水爆炸事故，四处飞溅的铁水有可能导致周边工作人员发生灼烫伤害。

生产过程中更换阳极、残极处理后的电解质加入到电解槽，电解槽大修过程中设备的吊运及出铝用真空抬包均需要用电解多功能机组来完成，阳极组装车间的阳极磷铁浇铸采用普通天车吊运铁水包等起重作业，起重机在运行中存在存挤压或撞击人体的危害，吊运中重物坠落可能造成物体打击和高温铝液、铁水烧烫伤事故。

电解厂内的各种形式的起重、运输等常规机械设备，在其吊运和机械运动部位，存在着机械伤害的危险性。

35.2.3.2 电解铝厂主要安全措施

电解车间地坪采取措施使电解槽对地绝缘。为保证电气设备安全可靠地运行和操作人员的人身安全，电解槽上部结构与下部摇篮槽壳绝缘。电解槽内安装的出铝气缸、打壳气缸、下料气缸与电解槽上部结构绝缘。槽上空气配管与电解槽上部结构及各种气缸绝缘。

电解车间做好绝缘，从一层地坪到操作面以上约4m范围内不得有零电位铁件外露，所有与电解车间墙、柱相连接的设备均要绝缘安装，并且对于由电解车间外连接到电解车间内的设备进行两道绝缘，如超浓相输送管路和压缩空气管路。

由于电解多功能天车需要频繁对电解槽进行工艺操作，会接触电解槽，所以电解多功能天车所有与电解槽接触的设备相对天车轨道均进行3道绝缘处理。

整流器采用绝缘法安装，并设置绝缘监视；电解槽操作面4m范围内为绝缘工作区，任何工作接地和零电位均不能引入，因此，电解槽操作面4m范围内的用电设备的供电均经隔离电源屏供给，并采用绝缘安装。

电解多功能天车在驾驶室旁设有可伸缩应急梯，使天车操作工能在电解多功能天车发生故障无法运行时迅速离开。多功能天车在运行时有声、光警报，提醒地面操作人员注意。

各车间操作面划分出机动车通道、行人通道和设备摆放区，操作工人按标志行走。

混合炉设有防止铝液泄漏的安全堵漏设施。混合炉和铸造机之间设置安全距离，铸造机循环水系统设排水而不存水，回水坑设置为开放式，深度不大于0.2m，一旦混合炉铝液泄漏与水接触，因水量少和蒸汽可尽快释放而避免造成重大爆炸事故。

中频感应炉炉体操作平台下有防火、防潮措施，中频感应炉前有漏炉铁水坑。

原料仓库、电解车间、铸造车间、阳极组装及电解质破碎等车间设置的桥式起重机、电动葫芦等的设计、设备选择、安装、运行、维护等，应满足《特种设备安全监察条例》

和《起重机械安全规程》的要求，车间地面应有人行通道的明显标志。高处作业平台应设有规范的防护栏杆、走台、斜梯等。

35.2.4 人身安全事故的应急处理措施

在电解生产中会有突发人身安全事故的发生，事故发生后应采取紧急措施，将事故造成的损害降到最低。在电解生产中最常见的人身安全事故有：电击伤、热烧伤、休克、重物砸伤等。

35.2.4.1 电击伤处理

人体误触电源，电流即从人体通过，引起全身或局部损伤，成为电击伤。严重者可使心跳、呼吸骤停，救治不及时可迅速死亡。

抢救方法：

（1）以最快速度使伤员脱离电源，即切断电源。若离电源较远，可用不导电的木棍、竹竿等拨开电线。

（2）将触电者移至通风处，解松衣服，即行人工呼吸和心脏按摩。

（3）心脏和呼吸恢复后，应送医院继续治疗。

（4）在进行人工呼吸时，可针刺人中穴，以促苏醒。

35.2.4.2 烧伤的处理

电解烧伤主要是热烧伤。主要铝水烧伤、火焰烧伤、蒸汽等高温灼伤和电流烧伤。

烧伤的救治：

（1）应立即将伤员救离出事现场，应立即就医，救护者也应注意自我保护。

（2）火焰烧伤时，应立即脱去“火衣”，或就地打滚灭火。

（3）对已烧伤者，可浸在自来水或冷水中，以减轻损害和疼痛；然后用消毒敷料或清洁衣服简单包扎，以防感染。

35.2.5 电解铝厂职业卫生措施

35.2.5.1 电解车间余热、有害气体及粉尘控制措施

电解车间余热、有害气体、粉尘对操作工人影响较大，而电解槽是产生有害因素的主要设备。为改善工人作业条件，防止有害物质、余热等对作业环境的影响，必须从工艺、总图、建筑和通风等方面采取有效的治理措施。

如前已述，国内外电解槽均是采用组合罩板对电解槽进行密闭，通过烟气净化系统的风机抽气使电解槽（罩板内）处于负压状态，电解过程产生的CO_2、CO、氟化物、SO_2、粉尘等气态和固态污染物被捕集进烟气净化系统。但电解槽在阳极更换、出铝液等操作时需打开部分槽罩板，部分烟气将逸散入车间，再由厂房天窗（或通风器）以无组织排放的方式进入环境。进入电解车间的主要有害物是粉尘、氟化氢、一氧化碳和二氧化硫等。对于集气效率98%的电解槽，仍有2%的槽烟气散发到车间内，应通过通风换气将有害物排出。

铝电解厂房是典型的热厂房，电解输入的电能约50%都以热的形式散发到厂房的空气

中。如 200 ~ 350kA 的电解槽，其散热量约 1.1 ~ 2.0GJ/h。每条电解厂房布置的电解槽多达几十台至百余台，散热强度约为 200W/m³。车间内的大量余热是恶化工人作业环境条件的重要因素，必须通过有效的通风方式予以排出。

电解铝厂房普遍采用自然通风方式。老式铝电解厂房采用单层厂房地沟进风，通风量小。目前，电解厂房多采用二层建筑，电解槽安装于操作地面楼板上，电解槽主体散热部分位于操作面楼板以下，槽散发的热量依靠槽间通风带走。操作面以上电解槽的热量一部分随烟气排出，另一部分以辐射热的方式散发到电解车间内。自然通风主要依靠电解槽散热所产生的热压为动力，排出工作区余热和有害气体，改善作业条件。目前电解厂房自然通风形式有避风天窗和通风器两种，图 35-5 和图 35-6 分别是采用屋顶矩形避风天窗的电解厂房和流线形组合式通风器电解厂房的示意图。

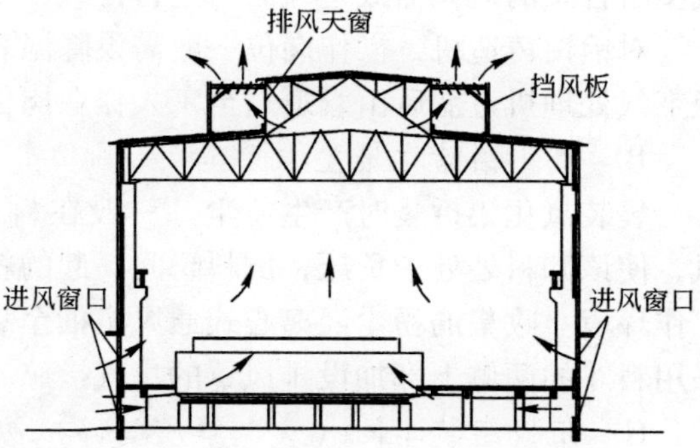

图 35-5 采用避风天窗的电解厂房

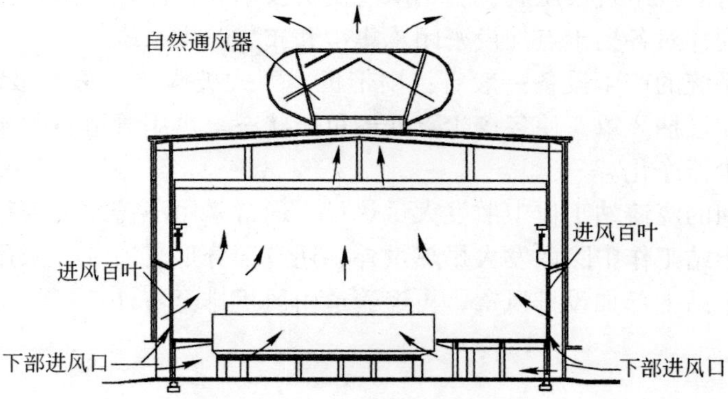

图 35-6 采用流线形通风器的电解厂房

屋顶矩形避风天窗虽然没有窗扇，但是其设置的挡雨板极大地减小了通风面积，从而影响厂房自然通风的效果。且在迎风侧，不时有室外风倒灌的现象影响通风量。屋顶通风器的采用有效提高了电解车间的通风量。通常情况下可使车间换气次数大于 40 次/h。

对于换气次数大于 40 次/h 的电解厂房，当电解槽集气效率达到 98% 时，车间空气中氟化氢浓度增加值（工作场所的空气氟化氢浓度减去车间外环境空气中氟化氢浓度）一般可控制在 0.3mg/m³ 以下，通常车间外氟化物小于 0.2mg/m³。因此，车间内氟化氢浓度可低于 0.5mg/m³。

35.2.5.2 其他车间余热、粉尘控制措施

A 铸造车间余热控制

铸造车间影响卫生条件的有害因素是余热，余热主要来自保温炉、熔铝保温炉和铸造

机。如一台 50t 倾动式保温炉散热量约为 3.0GJ/h，22.7kg 铝锭连续铸造机散热量约为 4.0GJ/h。车间内余热主要靠自然通风经通风器排出室外。排出余热所需车间进风面积和排风面积由车间内发热设备的散热量进行计算，并在主要发热设备上方加设性能良好的流线型组合式的通风器或避风天窗进行排风。

对铝锭铸造机，操作岗位一般需设降温装置。通常采用岗位局部送风方式，室外空气经空气处理机过滤后由管道送至工人作业岗位降温。

B　氧化铝储运集尘、除尘

袋装氧化铝拆袋时产生粉尘。一般在料斗两侧的上部设大排风罩，并对该点进行抽风，使该卸料处处于负压，倒料瞬间扬起的粉尘被捕集到除尘系统，防止粉尘外逸，污染工作环境。收集的粉尘经离心式通风机抽至袋式除尘器净化。氟化盐拆袋时产生的粉尘也采用料斗的两侧上部加设排风罩的集气措施，捕集粉尘进入袋式除尘系统。

C　阳极组装车间（含电解质破碎）防尘、防高温

在带铝导杆残极装卸过程中，残极块上散落的电解质、氧化铝会扬起粉尘，对该设备采用大型密闭罩；残极在清理机组内用压缩空气清理电解质时扬起大量粉尘，清理机组设密闭罩，罩上留排风口抽风，使密闭罩内处于负压状态，由管道将捕集的含尘气体送至袋式除尘系统。

此外，抛丸清理机组残极压脱机、钢爪清刷机及铝导杆清理机等，在转运过程中也会扬起大量粉尘。同样对各扬尘点加设密闭罩集尘和布袋除尘系统。

电解质破碎系统的产尘设备一般有：皮带机、颚式破碎机、锤式破碎机及仓下料口。同样在各扬尘点加设抽风罩，使各扬尘点处于负压状态。再用管道将收集的含有粉尘的气体输送至袋式除尘器净化。

阳极组装车间的浇铸站工作中散发大量热量，通常采用浇铸站上部设通风器的形式予以排出。钢爪烘干站工作中除散发大量热量外，还有部分烟气，一般采用机械排风形式予以排出，并在烘干站上部加设排风罩，再经管道由风机排至室外。

36 电解铝生产的指标和成本分析

****

电解铝生产指标是指电解铝厂投产运行后，评价生产运行效果的技术经济指标。电解铝生产指标大致可以分成四类：一类是物耗指标，如氧化铝单耗量、阳极炭块单耗量、氟化铝单耗量；二类是能耗指标，如吨铝直流电耗、电流效率等；三类是劳动生产率指标，如全厂劳动定员及实物劳动生产率等；四类是维修指标，如电解槽修理维护、内衬寿命、大修周期等。

电解铝生产指标是电解铝厂技术水平的真实体现，也是企业经营管理水平的体现。电解铝生产指标与生产成本息息相关，因此电解铝厂都十分重视生产指标的控制，控制生产指标是控制生产成本的重要组成部分。

36.1 电解铝厂生产指标概况

36.1.1 物耗指标

物耗指标是指电解铝生产过程中各种原材料的消耗，包括氧化铝、阳极炭块、氟化铝、冰晶石等，其中氧化铝和阳极炭块消耗是主要物耗指标。31.1.2.3 节已对此做了详细分析，参见表 31-1。

氧化铝是生产电解铝的主要原料，其理论消耗吨铝为 1.889t，而实际消耗水平与电解槽本身的工艺技术、氧化铝输送与配送系统、氧化铝的物理性质等多种因素有关，一般吨铝应为 1.92 ~ 1.93t。其中氧化铝的物理性质，即氧化铝的砂状、中间状和粉状的形态，是影响单耗指标高低的关键，详见第 15 章关于氧化铝质量的叙述。

龙泉铝业采用中间状氧化铝时，氧化铝单耗为吨铝 1.925t，而采用砂状氧化铝时，氧化铝单耗可以控制在吨铝 1.915 ~ 1.92t，其他铝厂也有类似经验。国外电解铝厂全部使用砂状氧化铝的单耗指标一般控制在吨铝 1.91 ~ 1.93t 之间。

电解铝原材料成本中，阳极炭块的消耗成本仅次于氧化铝，其质量的好坏直接影响铝电解的正常生产及电解槽的寿命。根据统计国内阳极净消耗吨铝为 430 ~ 450kg，而国外可为 390 ~ 430kg；国内阳极电流密度为 0.70 ~ 0.82A/cm^2，而国际先进水平已达到 0.86 ~ 0.9A/cm^2，个别达到 1.00A/cm^2。这些是中国阳极炭块消耗和设计指标上的差距。铝用炭素材料质量的不断提高才能促进铝电解工业的发展。

36.1.2 能耗指标

能耗指标是指电解铝生产中耗电指标，包括吨铝直流电耗、吨铝综合交流电耗和电流效率。影响能耗指标的因素有电流效率、槽衬材料、氧化铝质量、阴极密度、电气设备质量等，是多种因素的综合作用。

直流电耗是指电解铝生产中直接通过电解槽及母线的电力消耗，它直接体现电解铝工业技术水平。吨铝直流电耗计算公式如下：

吨铝直流电耗 = 电解系列直流电年耗量／原铝年产量

电解系列直流电单耗的计算按式 31-1。也可以计算电解系列直流电年耗电量 W_1：

$$W_1 = (U \times N + \Delta U) \times I/\eta \times 8760$$

式中　U——电解槽平均槽电压；

N——正常工作电解槽槽数；

ΔU——母线电压损耗（未分摊到各槽的部分）；

I——系列电流；

η——整流效率。

据统计国内新建大型预焙槽吨铝直流电耗为 13300～13500kW·h，少数电解铝厂可以达到 13000kW·h 以下；国外先进的大型电解铝厂可以达到 12900～13300kW·h。从整体上看中国电解铝工艺技术水平的提高，使国内电解铝厂与国外先进电解铝厂在电耗指标上的差距正在逐步接近。

关于电解铝的电耗，工业实践中有以下几个统计指标：铝液直流电单耗、铝液交流电单耗和电解铝综合交流电耗。前两者以生产的铝液为基数，而后者以电解铝商品产量与自用电量之和为基数：

计算铝液直流电单耗时的直流电量 = 直流电总量 − 停槽短路口分摊电量 − 焙烧启动用直流电量

计算铝液交流电单耗时的交流电量 = 输入整流器的交流电总量 − 停槽短路口分摊交流电量 − 焙烧启动用交流电量

铝液交流电单耗也可以按铝液直流电单耗/整流效率来计算。

计算电解铝综合交流电耗时的综合消耗交流电量包括电解铝生产全部用电量，如图 36-1 所示。

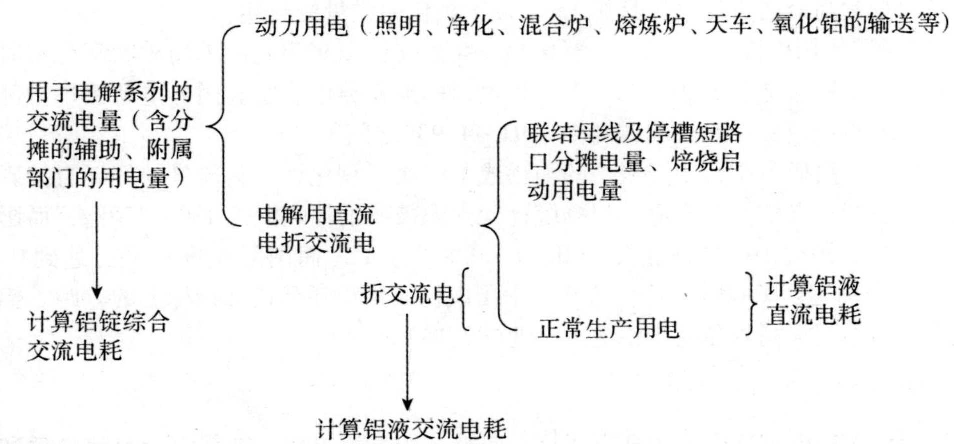

图 36-1　电解铝用电量与单位产品电耗的对应关系

36.1.3　维修指标

电解铝厂的维护修理通常分为大修理和中小修理。大修理是指电解槽内衬大修，大修周期即电解槽寿命。根据电解铝厂实际生产经验，电解槽寿命取决于设计水平、施工质量、焙烧起动、工人操作、内衬材料等方面。关于电解槽寿命的详细分析见30.3.4节。

36.1.4　劳动生产率指标

劳动生产率指标分为实物劳动生产率和产值劳动生产率，而各自还可以分别以企业全员人数或生产人员为基数，其计算公式如下：

$$\text{实物劳动产率}=\frac{\text{产品年产量}}{\text{企业全员人数或生产人员}}$$

$$\text{产值劳动产率}=\frac{\text{产品年产值}}{\text{企业全员人数或生产人员}}$$

劳动生产率是技术和管理水平高低的重要标志，而提高劳动生产率又是降低成本、增强企业竞争能力的重要方面。表30-30对国内外两个较好的电解铝企业作了对比。龙泉铝业电解铝厂二期全厂人员2111人，按年产200kt电解铝，企业全员劳动生产率95t/(a·人)；而原加铝Alouette电解铝厂三期工程仅600人，按年产345kt电解铝，企业全员劳动生产率575t/(a·人)；两者差距明显。国内其他电解铝厂情况类似。表36-1列举了国内国外大型电解铝厂的全员劳动定员与实物劳动生产率指标。

表36-1　国内国外大型电解铝厂劳动定员与劳动生产率指标

铝厂名称	生产规模 /kt·a^{-1}	电解系列	电解槽台数/台	全厂定员/人	实物劳动生产率 /t·(a·人)$^{-1}$
国内电解铝厂					
中铝兰州分公司	450	3	716	4338	103.7
山西华泽铝业	350	1.66	432	2500	140.0
河南豫港龙泉	600	3	776	5633	106.5
霍煤鸿俊铝业	200	1	256	1325	150.9
国外电解铝厂					
非洲 Mozal	542	2	576	1150	471.3
非洲 Hillside	670	3	736	1181	567.3
加铝 Alma	405	2	432	839	482.7
迪拜 Dubal	675	7	1201	2659	253.9

注：资料来源：CRU，SAMI。

从平均水平看，国内新建一个系列200kt规模的电解铝厂（含配套炭素厂），国内自动化及管理水平较高的电解铝厂需要1300人左右，一般电解铝厂需要1500人左右，有的还达到1700~2000人。国外同等规模的新建厂，劳动定员一般在470~700人之间。但是，近几年国内有的规模较大的新建电解铝企业，已经达到了340t/(a·人)的较高的水平。

分析影响劳动定员指标的因素，主要是铝厂装备及自动化水平、员工素质、公司管理水平、旧有管理理念等多重因素的综合影响。

36.1.4.1 电解铝厂装备及自动化水平

电解铝厂装备及自动化水平高，设备运行率高，故障率低，可以通过较少的生产人员实现电解铝生产。应该指出，中国近几年新建和扩建的电解铝厂的装备及自动化水平与国外的差距已经大为缩小。

36.1.4.2 员工素质及培训要求

国外电解铝厂对员工素质要求很高，上岗条件严格，注重对员工培训，往往要求一专多能，一人承担多个工种，一个小组承担多个车间的维修维护工作。若劳动力素质整体水平不高，再加上设备故障率高，就难以实现多工种综合操作。

表36-2是国内外两个电解铝车间生产岗位劳动定员差别情况的比较。

表36-2 电解车间人员对比

美铝 Portland 铝厂电解一车间人员		河南豫港龙泉电解一车间人员	
电解槽台数/台	102	电解槽台数/台	128
操作工	24	操作工	180
天车工	16	天车工	24
班　长	8	班　长	24
巡视员	8	出铝工	12
修理人员	12	检修人员	22
测试员（负责两个车间）	2	技术测试人员	9
维护人员（负责两个车间）	2	工段工作人员	36
替班人员	10	抬母线工	9
培训人员	4	天车检修工	17
		运输工	9
		车间办公室	18
		工段辅助人员	37
每班12h，四班轮休		每班8h，四班三倒	
合计/人	86	合计/人	397

注：资料来源：SAMI。

36.1.4.3 公司管理水平与效率

国外人力资源昂贵促使企业提高管理水平与效率，要求人员精干和高效率。国内安排劳动定员的理念，更多的是停留在以往劳动力资源丰富且廉价的状况，一些企业都不同程度的存在管理机构臃肿、管理效率低下的问题。

综合物耗、能耗、劳动生产率、维修多方面指标比较可看出，随着国内电解铝技术的不断发展，国内电解铝厂在物耗、能耗、维修指标上与国际水平的差距正在逐步缩小。但劳动生产率指标仍大有改进的余地。

在30.3.1～30.3.3节各节中对国内和国外的电解槽的设计、运行指标做了具体的统计和对比分析，涉及以上各个方面，此处不赘述。

36.2　电解铝厂成本分析

国内电解铝厂的总成本费用（即完全成本）的计算有两种方法，即制造成本加期间费用法和生产要素法。

（1）制造成本加期间费用法，计算公式如下：

总成本费用 = 制造成本 + 期间费用

期间费用 = 管理费用 + 营业费用 + 财务费用

制造成本和期间费用各项的分析见后面各节。

（2）生产要素法，计算公式如下：

总成本费用 = 外购原材料、燃料及动力费 + 人工工资及福利费 + 外部提供的劳动及服务费 + 修理费 + 折旧费 + 财务费用 + 其他费用

国内电解铝厂通常采用制造成本加期间费用法进行成本核算。

在成本计算中，各种原材料、燃料及动力价格都是以不含增值税价格计入成本，如市场上氧化铝售价 2800 元/t，实际计入成本时要扣除 17% 的增值税，按 2393 元/t 的单价计入氧化铝分项成本。有关不含税价和含税价的更多说明见 21.3.2 节。

36.2.1　制造成本

制造成本是企业成本的核心，是决定企业竞争力的重要因素。制造成本的计算公式如下：

制造成本 = 材料费 + 直接燃料及动力费 + 直接工资及福利费 + 制造费用

其中，材料费 = 原材料年耗用量 × 到电解铝厂价，包括氧化铝成本、辅助原材料成本、阳极成本。当阳极是本企业配套生产时，其人工和折旧费用应计入阳极成本内。

直接燃料及动力费 = 燃料及动力年耗用量 × 到厂价，包括电力成本、燃料成本

直接工资及福利费 = 直接生产人员人数 × 年工资总额

制造费用是生产部门为组织生产发生的各种间接费用，包括折旧费和修理费等，见 36.2.1.5 节。

基于国内几家大型电解铝厂 2005 年的数据统计的平均制造成本指标列于表 36-3。以下各节的分析均以 2005 年的统计数据为准，需注意这类数据的时限性。

表 36-3　2005 年国内电解铝平均制造成本

项目名称	数量/元·t^{-1}	所占比例/%	项目名称	数量/元·t^{-1}	所占比例/%
氧化铝	7333.3	51.7	人工工资	176.0	1.2
阳　极	1111.1	7.8	制造费用	1020.0	7.2
其他辅助材料	150.0	1.1	制造成本合计	14187.9	100
电　力	4397.5	31.0			

注：资料来源：SAMI。

根据 2003 年以来的统计数据，中国电解铝企业的平均制造成本呈逐年上升趋势，上

涨的因素来自电价和氧化铝价格的上涨（见图 36-2）。从全球电解铝行业看，自 2002 年以来全球铝生产成本以年均 10.3% 的速度上涨，国内与国外市场保持同步发展趋势。

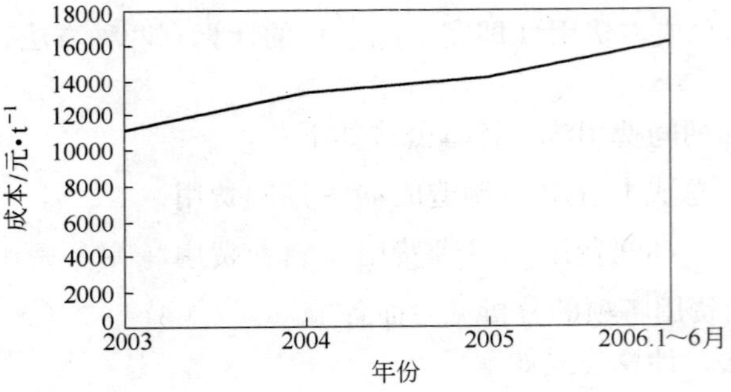

图 36-2 2003 ~ 2006 年上半年国内铝厂制造成本的变化
（资料来源于 SAMI）

36.2.1.1 氧化铝

氧化铝是电解铝生产的主要原料，2005 年国内电解铝企业氧化铝的成本约 7333 元/t，占制造成本的 52%。当年氧化铝价格处于高位，按正常成本比例，氧化铝成本应占电解铝厂制造成本的 35% ~ 40%。

在对电解铝厂做成本比较和考核时，为了排除因来源不同导致的氧化铝价格的不一致性，采用了“加工成本”的概念，其定义是加工成本 = 制造成本 - 氧化铝成本。则电解铝厂的加工成本所表达的是除了氧化铝外所有的成本因素。国外称之为 conversion costs。

3.4 节中说明了世界与中国的氧化铝供应状况。2003 ~ 2006 年氧化铝现货价的变化如图 36-3 所示。

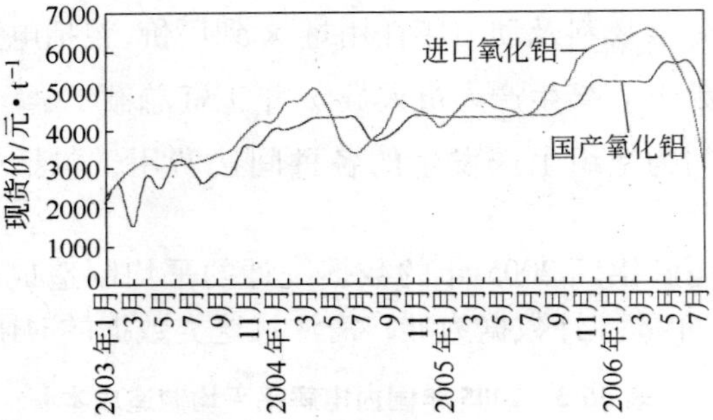

图 36-3 2003 ~ 2006 年上半年氧化铝价格走势
（资料来源于 SAMI）

36.2.1.2 阳极炭块

阳极炭块是电解铝生产的主要原料之一，阳极炭块质量的好坏直接影响电解铝生产指标和电解槽大修周期，影响企业的成本水平，一般大型电解铝厂都配套建设炭素厂，以保证阳极炭块的质量。

2005 年国内电解铝厂的阳极成本约 1111 元/t，占制造成本的 8%。企业阳极成本的高低与是否配套建设炭素厂有关。如果企业配套建设阳极炭块厂，其阳极成本一般在 950 ~ 1260 元之间；如果需要外购阳极炭块，其阳极成本一般在 1200 ~ 1310 元之间。

36.2.1.3 电力

电力成本是电解铝生产的第二大成本因素，2005 年国内电解铝厂的电力成本约 4397 元/t，占制造成本的 31%。

近几年随着中国电解铝生产技术的提高，大型预焙槽的普遍应用，全国电解铝厂的平均吨铝耗电呈下降趋势，2002 年全国电解铝综合交流电耗为 15362kW · h/t，至 2005 年下降到 14283kW · h/t，下降幅度近 7%。但是电价的上涨填补了技术提高带来的成本节省。2002 ~ 2006 年上半年中国电解铝企业平均电价走势如图 36-4 所示。

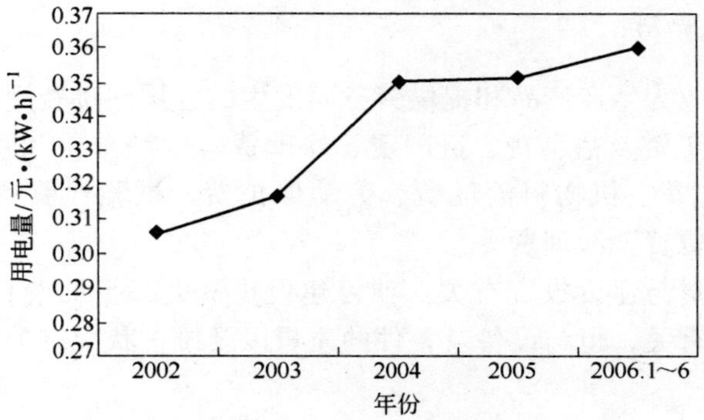

图 36-4 2002 ~ 2006 年上半年中国电解铝企业平均电价走势
（资料来源于 SAMI）

由图 36-4 可以看出，2002 年中国电解铝平均用电价格 0.3056 元/kW · h，至 2005 年涨至 0.3512 元/kW · h，增长幅度超过 15%。全国电解铝厂中，只有 24.3% 的电解铝产量用电价格低于 0.3 元/kW · h，41.2% 的电解铝产量用电价格都在 0.33 ~ 0.39 元/kW · h 之间，其余铝厂的电价超过 0.35 元/kW · h，部分铝厂用电价格甚至超过 0.4 元/kW · h。以后电解铝的用电价一直在上升。图 36-5 所示为 2005 年中国电解铝产量与用电价格比例。

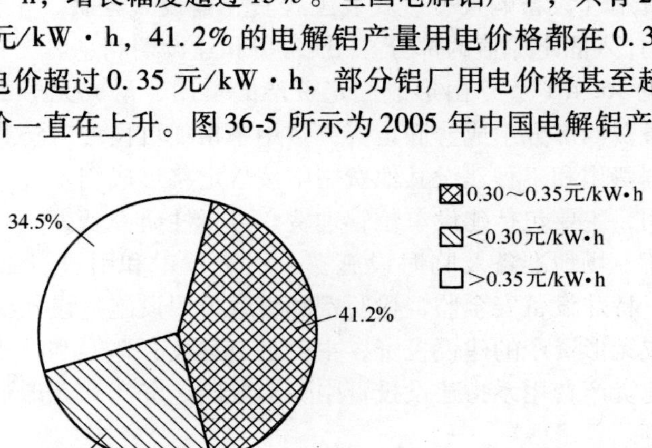

图 36-5 2005 年中国电解铝产量与用电价格比例
（资料来源于 SAMI）

与国外相比较，2004 年世界电解铝厂电价平均水平为 24.2 美元/(MW · h)，中国平均 42.2 美元/(MW · h)，独联体国家平均用电价格最低，为 10.9 美元/(MW · h)。世界用电价最高的电解铝厂几乎全部都在中国。

36.2.1.4 人工工资

人工工资是公司为员工支付的所有费用，包括基本工资、保险、社会福利费等。人工工资及福利费的高低，与企业的性质（内资还是外资企业）、项目地点（地域经济差别）、原有企业的工资水平等有关。

2005 年中国电解铝厂的人工成本约 176 元/t。人工成本低是国内电解铝厂参与国际竞争力的主要优势之一。国外电解铝厂的人工成本一般占经营成本的 10% 左右，世界主要产铝地区如中东、美国、加拿大等，电解铝厂的平均工资成本为 133 美元/t；折合人民币 1064 元/t。

36.2.1.5 制造费用

制造费用是指企业为生产产品和提供劳务而发生的各项间接费用，包括生产单位（车间、分厂）管理人员工资及福利费、折旧费、修理费（生产单位和管理用房屋、建筑物、设备）、办公费、水电费、机物料消耗费、劳动保护费、试验检验费、低值易耗品摊销、运输费、装卸费、租赁费、清理费等。

制造费用中折旧费与建设投资有关，项目建设投资大，折旧费相应增加，反之亦然。修理费既与建设投资有关，也与设备及备件的质量以及维护状况有关。

A 折旧费

计入成本的折旧费，是使工厂可以获得一笔支付所得税前的资金，用来偿还建设债务或用作日后的扩大再生产。计算折旧费，首先需要确定固定资产原值。

a 固定资产原值

固定资产原值是项目投产时（或达到预定可使用状态）按规定由投资形成固定资产的部分，主要有工程费用（设备购置费、安装工程费、建设工程费、工器具费）、待摊投资（工程其他费用中应计入固定原值的部分）、预备费和建设期利息。

建设投资（详见 36.4.1 节）由形成固定资产的费用、形成无形资产的费用、形成其他资产的费用和预备费四部分组成。固定资产费用系指项目投产时将直接形成固定资产的建设投资，包括工程费用和工程建设其他费用中按规定将形成固定资产的费用，后者被称为固定资产其他费用，主要包括建设单位管理费、可行性研究费、研究试验费、勘察设计费、环境影响评价费、场地准备及临时设施费、引进技术和引进设备其他费、工程保险费、联合试运转费、特殊设备安全监督检验费和市政公用设施建设及绿化费等。无形资产费用系指将直接形成无形资产的建设投资，主要是专利权、非专利技术、商标权、土地使用权和商誉等。其他资产费用系指建设投资中除形成固定资产和无形资产以外的部分，如生产准备及开办费等。

b 固定资产折旧费计算方法

固定资产折旧费计算方法有以下几种：

（1）年限平均法（又称直线折旧法）：

$$年折旧率 = \frac{1 - 预计净残值率}{折旧年限} \times 100\%$$

$$年折旧额 = 固定资产原值 \times 年折旧率$$

固定资产的净残值取值范围为原值的3% ~5%。

固定资产可分为三类，各类固定资产折旧年限的取值范围如下：

1）建筑物及构筑物，折旧年限一般按30 ~40年，当建设项目有较多的建筑物及构筑物遭受腐蚀时，折旧年限降至20 ~25年。在电解铝项目中，建筑物的折旧年限一般按20 ~25年考虑。

2）机器设备，折旧年限宜按10 ~15年；当进口高质量设备较多时，服务年限可适当延长。

3）电子设备、机器仪表和火车、轮船以外的运输工具，折旧年限宜按5 ~10年。

（2）工作量法。工作量法一般按照工作小时计算折旧，计算公式如下：

$$每工作小时折旧额 = \frac{原值 \times (1 - 预计净残值率)}{总工作小时}$$

$$年折旧额 = 每工作小时折旧额 \times 总工作小时$$

对于车辆，按行驶里程计算折旧：

$$单位里程折旧额 = \frac{原值 \times (1 - 预计净残值率)}{总行驶里程}$$

$$年折旧额 = 单位里程折旧额 \times 年行驶里程$$

（3）双倍余额递减法：

$$年折旧率 = \frac{2}{折旧年限} \times 100\%$$

$$年折旧额 = 固定资产净值 \times 年折旧率$$

实行双倍余额递减法的，应在折旧年限到期前两年内，将固定资产净值扣除净残值后的净额平均摊销。

（4）年数总和法：

$$年折旧率 = \frac{折旧年限 - 已使用年数}{折旧年限 \times (折旧年限 + 1)} \times 100\%$$

$$年折旧额 = (固定资产原值 - 预计净残值) \times 年折旧率$$

以上四种折旧方法，一般采用年限平均法。折旧方法一旦确定，不得随意更改。双倍余额递减法和年数总和法都是加速折旧，采用时需要得到有关部门的批准。

B　修理费

修理费是指为保持固定资产的正常运行和使用，对其进行必要修理所发生的费用。按修理范围的大小和修理时间间隔的长短可分为大修理和中、小修理。修理费可以按固定资产原值（扣除所含的建设期利息）的百分比计算，取值范围3% ~7%。依据设备及备件的质量以及维护状况等因素确定合理的系数。生产中应该在保障设备正常、高效运行的情况下力求减少修理费。

电解铝厂往往是按单台（槽）大修周期、单台（槽）制作内衬材料、阴极材料等计算年大修理费；其他中、小修理主要是日常维护、维修费等，一般按固定资产原值的一定比例提取。

C　其他制造费用

其他制造费用是指由制造费用中扣除工资及福利费、折旧费、修理费的其余部分。在成本报表中通常按实际发生额计取，但是在工程设计中常按制造费用的一定比例（8%～20%）计取。一般情况下，可比照同类企业的实际经验取值为10%左右。

2005年国内电解铝厂的制造费用约1040元/t，占制造成本的7%。

36.2.2　管理费用

管理费用是指企业为组织和管理企业生产经营活动所发生的费用，包括企业的董事会和行政管理部门在企业的经营管理中发生的，或者应当由企业统一负担的公司经费（包括管理部门职工工资、折旧费、修理费、物料消耗、低值易耗品摊销、办公费和差旅费等）、工会经费、劳动保险费、养老保险、待业保险费、住房公积金、董事会费、聘请中介机构费、咨询费、诉讼费、业务招待费、房产税、车船使用税、土地使用税、印花税、技术转让费、矿产资源补偿费、无形资产摊销费、职工教育经费、研究和开发费、排污费、劳动保护费、绿化费、土地使用费等。

管理费用的计算公式如下：

管理费用 = 管理人员工资及福利费 + 管理部门折旧费 + 摊销费 + 社会保障费 + 税金 + 其他管理费用

其中　管理人员工资及福利费 = 管理部门人员 × 年工资及福利费

管理部门折旧费 =（行政管理部门所使用的房屋、建筑物、设备等固定资产原值 − 净残值）/ 折旧年限

摊销费 = 无形资产和其他资产原值 / 摊销年限

社会保障费 = 年工资总额 × 百分比（一般30%～42%）

社会保障费包括养老保险、医疗保险、失业保险、工伤保险、生育保险及住房公积金，俗称“五险一金”。

税金 = 固定资产原值 × 百分比

税金包括房产税、车船使用税、土地使用税和印花税等。

其他管理费是管理费用扣除工资及福利费、折旧费、摊销费、修理费、社会保障费等后的余项，按管理费用的一定比例提取。

管理费用与企业的管理水平有关，大型铝厂的管理费用一般在104～260元/t之间，中小型铝厂的管理费用较高，各厂参差不齐。

36.2.3　销售费用

销售费用（或称营业费用）是企业在销售产品过程中发生的各项费用及专设销售机构的各项费用，内销产品主要包括由企业负担的销售产品的运输费、装卸费、包装费、保险

费、广告费、展览费、租赁费、销售服务费和专设销售机构的费用；出口产品的销售费用，还应包括出口环节的商品流通费、手续费、商检费及港杂费等。

销售费用计算公式如下：

$$销售费用 = 单位产品销售费用 \times 销售产量$$

或

$$销售费用 = 销售收入 \times 百分比$$

销售费用与铝厂的地理关系密切，西北内陆与主要铝消费地区华东、华南地区运输距离远，一般销售费用需要 110～280 元/t，中原地区交通方便，销售费用仅需要 80～120 元/t。

36.2.4　财务费用

财务费用是企业为筹集所需资金发生的费用，包括利息支出（减利息收入）、汇兑损失（减汇兑收益）以及相关的手续费等，一般只有利息支出。利息支出包括长期贷款利息、流动资金借款利息和短期贷款利息三部分。财务费用与项目投资主体的资金运作能力有关，各厂差别较大。

长期贷款利息是根据建设期末各项贷款额和贷款利率计算得出。流动资金是运营期内长期占用并周转使用的营运资金。短期贷款用于弥补资金的不足，当企业的盈余资金为负值时必须要申请短期贷款，一般与流动资金利率相同，当年借当年还。

流动资金是指生产经营性项目投产后，为进行正常生产运营，用于购买原材料、燃料，支付工资及其他经营费用等所需的周转资金，见表 36-4。

表 36-4　流动资金计算参数

序号	项　目	周转次数	计 算 依 据
1	流动资产		
1.1	应收账款	360/最低周转天数	年经营成本
1.2	存　货		外购原材料、燃料 + 其他材料 + 在产品 + 产成品
	原材料	360/最低周转天数	年外购原材料费用
	燃　料	360/最低周转天数	年外购燃料费用
	在产品	360/最低周转天数	年外购原材料、燃料动力费用 + 年工资及福利费 + 年修理费 + 年其他制造费用
	产成品	360/最低周转天数	年经营成本 - 年营业费用
1.3	现　金	360/最低周转天数	制造费用 + 管理费用 + 营业费用 -（以上三项费用中所含的工资及福利费、折旧费、摊销费、修理费）+ 年工资及福利费
1.4	预付账款	360/最低周转天数	外购商品或服务年费用金额
2	流动负债		
2.1	应付账款	360/最低周转天数	年外购原材料、燃料动力及其他材料费用
2.2	预收账款	360/最低周转天数	预收的营业年金额

流动资金的计算基础是经营成本和商业信用等，一般采用分项详细估算法，个别情况或者小型项目可采用扩大指标估算法。

（1）分项详细估算法：是对流动资产和流动负债主要构成要素即存货、现金、应收账款、预付账款以及应付账款和预收账款等几项内容分项进行估算，计算公式为：

流动资金 = 流动资产 - 流动负债

流动资产 = 应收账款 + 预付账款 + 存货 + 现金

流动负债 = 应付账款 + 预收账款

流动资金本年增加额 = 本年流动资金 - 上年流动资金

流动资金估算的具体步骤，首先计算各类流动资产和流动负债的年周转次数，然后再分项估算占用资金额。

（2）扩大指标估算法：根据现有企业的实际资料，求得各种流动资金率指标，也可依据行业或部门给定的参考值或经验确定比率，将各类流动资金率乘以相对应的费用基数来估算流动资金。扩大指标估算法计算流动资金的公式为：

年流动资金额 = 年费用基数 × 各类流动资金率

年流动资金额 = 年产量 × 单位产品产量占用流动金额

流动资金一般情况下规定至少需要30%是自有资金，其余70%可以贷款或自有解决。流动资金贷款都是1年期，到期偿还后根据需要再贷入。

36.2.5 总成本费用

总成本费用 = 制造成本 + 管理费用 + 销售费用 + 财务费用

2005年中国电解铝行业平均生产成本指标，见表36-5。

表36-5 2005年中国电解铝企业平均成本

项目名称	成本/元·t^{-1}	所占比例/%	项目名称	成本/元·t^{-1}	所占比例/%
制造成本	14187.9	94.7	财务费用	276	1.8
管理费用	310	2.1	总成本费用	14983.9	100
营业费用	210	1.4			

注：不含增值税价。

36.2.6 经营成本

经营成本是指总成本费用扣除固定资产折旧费、摊销费、财务费用后的成本费用，计算公式如下：

经营成本 = 外购原材料 + 燃料动力费 + 工资及福利费 + 修理费 + 其他费用

或 经营成本 = 总成本费用 - 固定资产折旧费 - 摊销费 - 财务费用

经营成本是国际经常提到的成本概念，在以下节中重点说明。

36.3 国内外电解铝厂的成本比较

随着国内国外会计制度、财务制度的逐渐接轨，国内外电解铝厂成本计算所涵盖的内容、计算方法基本一致，主要区别在于成本费用的计算原则、依据。生产成本是企业财务的核心，属于非公开资料。本章关于国内与国外电解铝厂的成本比较，引用 CRU 的成本资料。

36.3.1 国外成本概念

CRU（英国商品研究所）经常发布《世界电解铝厂成本分析报告》，对世界各国的电解铝生产成本进行分析、比较与总结。CRU 的成本数据是目前世界铝行业中应用最为广泛的成本资料，被广泛应用在银行评估报告、新建铝厂竞争力分析报告中等等。为了使不同国家、不同地区的铝厂具有可比性，CRU 建立了自己成本模型，利用部分假设条件，计算得出世界大多数电解铝厂的成本数据。需要说明的是 CRU 计算得出的成本数据并不是企业真实的成本水平，但它是在同一计算平台上，建立了同一比较基础，因此具有很高的参考价值。

为进行国际间各电解铝厂成本的比较，CRU 引入如下各成本概念。

液态铝成本（liquid metal cost）：从原材料到铝液的生产成本，计算公式如下：

液态铝成本 = 氧化铝成本 + 电力成本 + 其他材料成本 + 阳极成本 + 车间人员工资 + 修理及维护费 + 电解槽内衬大修 + 车间管理费用

车间经营成本（site operating cost，SOC）：液态铝成本加上铸造车间成本。为方便对不同产品的电解铝企业间做比较，CRU 限定铸造车间仅生产铝锭。计算公式如下：

车间经营成本 = 液态铝成本 + 铸造车间成本(仅指铸造各种铝锭)

商业经营成本（business operating cost，BOC）：商业经营成本是车间经营成本与销售成本、运输成本、工艺流程中流动资金利息以及实现成本的总和，计算公式如下：

商业经营成本 = 车间经营成本 + 销售费用 + 运费 + 工艺过程中的流动资金利息 + 实现成本

“实现成本”用来考虑地理因素。即以某一地点的电解铝厂作为基准，通过实现交易的远近及难易程度确定各电解铝厂的实现成本。实现成本可以是负值。

公司经营成本（corporate operating cost，COC）：该成本考虑了总公司内各分公司需要承担的总公司费用，是商业经营成本和总公司费用、持续性投资的总和，计算公式如下：

公司经营成本 = 商业经营成本 + 总公司费用 + 持续运营投资

总经营成本（full operating cost，FOC）：该成本考虑了折旧费等资金成本，其计算公式如下：

总经营成本 = 公司经营成本 + 资金成本

按照上面各项成本的定义，表 36-6 列出 2004 年世界电解铝平均成本，以及国内国外具有代表性的两家电解铝厂的成本指标。

表 36-6　2004 年世界电解铝平均成本与典型铝厂成本　（美元/t）

成本项目	世界平均	河南某厂	加铝 Alouette
氧化铝	667	877	489
阳极成本	136	152	122
电力成本	456	578	352
人工成本	59	31	82
其他材料	25	41	11
修理和维护费用	47	44	50
槽大修	43	43	42
车间管理费用	14	5	22
持续运营投资	24	29	20
液态铝成本	1471	1801	1190
铸造成本	22	17	26
车间经营成本（SOC）	1492	1818	1216
营业费用	12	12	12
运输费用	45	34	55
流动资金利息	2	3	2
实现成本	-119	-151	-91
商业经营成本（BOC）	1433	1715	1194
公司管理费用	28	36	21
公司经营成本（COC）	1461	1751	1215
折旧费	104	11	183
总经营成本（FOC）	1565	1762	1398

注：资料来源：CRU。

用于对世界各电解铝厂的成本进行比较的电解铝成本曲线（见图 36-6）的概念参见

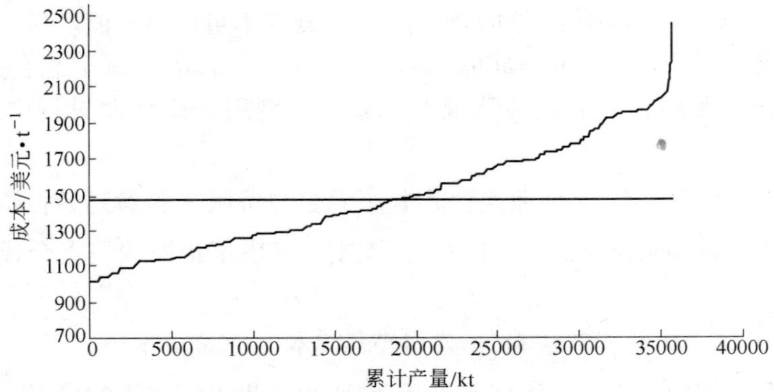

图 36-6　世界电解铝成本曲线

21.4.2 节中关于氧化铝成本曲线的叙述。

36.3.2 国内外电解铝厂成本的分析

根据 2004 年数据，世界电解铝原材料、动力及人工合计，平均成本为 1472 美元/t；国内典型铝厂为 1797 美元/t；国外典型铝厂为 1196 美元/t 主要成本所占比例如图 36-7 所示。

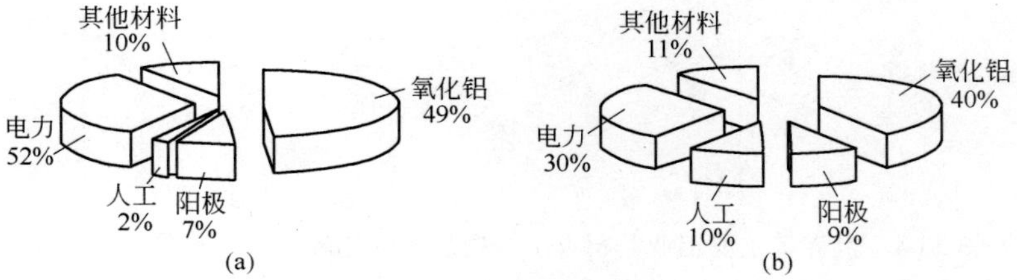

图 36-7 国内与国外铝厂原材料、动力及人工所占比例（资料来源于 CRU）
（a）国内典型铝厂；（b）国外典型铝厂

氧化铝在电解铝材料及人工成本合计中所占比重最大，世界平均氧化铝成本 667 美元/t，占材料及人工总成本的比例为 45%；国内典型铝厂氧化铝成本 877 美元/t，所占比例为 49%；国外典型铝厂仅 489 美元/t，所占比例为 40%。

电力是电解铝生产中的第二成本因素。世界平均电力成本 456 美元/t；国内典型铝厂电力成本 578 美元/t，占材料及人工成本合计的 32%；国外典型铝厂电力成本 352 美元/t，所占比例为 30%。2004 年世界电解铝厂用电价（见表 36-7）平均水平为 24.2 美元/MW · h，中国为平均 39.8 美元/MW · h，是世界电解铝厂用电价格最高的；独联体国家平均用电价格最低，为 10.9 美元/MW · h。但是，近几年北美、欧洲、南美部分地区相继出现干旱，导致供电紧张，供电价格也在上涨。

表 36-7 2004 年世界部分国家和地区电解铝厂用电价格 （美元/MW · h）

世 界 平 均	24.2	世 界 平 均	24.2
中国	39.8	美国	23.6
其中：中国铝业公司	40.3	其中：美国铝业公司（Alcoa）	17.3
加拿大	14.7	中欧	39.6
其中：加拿大铝业公司（Alcan）	23.3	其中：海德鲁公司（Hydro）	25.8
独联体	10.9		
其中：俄罗斯铝业公司（RusAl）	9.1		

注：资料来源：CRU。

人工成本也是电解铝厂建设需要考虑的因素之一。世界平均人工成本 59 美元/t；国内典型铝厂人工成本 31 美元/t，占材料、动力及人工成本合计的 2%；国外典型铝厂人工成本 82 美元/t，所占比例为 7%，如图 36-8 所示。

中国的电解铝厂劳动定员多，但是工资水平相对较低。印度与中国相似，人工工资水

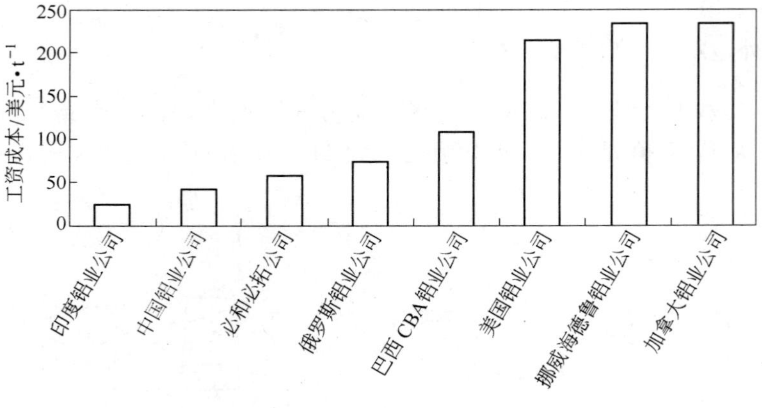

图 36-8 世界各主要铝业公司人工工资成本的比较（资料来源于 CRU）

平低，是世界电解铝厂中人工工资最低的国家之一。在美国、欧洲、中东等地区，人员工资水平是电解铝生产中的重要因素之一。

36.3.3 世界各地区电解铝经营成本

按 CRU 定义的世界各地区电解铝商业经营成本（BOC）的比较见表 36-8 和图 36-9。

表 36-8 2004 年和 2007 年世界各地区商业经营成本 （美元/t）

地 区	2004		2007	
	BOC	排 序	BOC	排 序
亚洲（不含中国、中东）	855	1	976	1
非 洲	993	2	1000	2
加拿大	1002	3	1095	4
拉丁美洲	1007	4	1075	3
独联体	1119	5	1186	7
大洋洲	1133	6	1183	6
南 欧	1163	7	1244	8
中 东	1185	8	1137	5
北 欧	1219	9	1276	9
美 国	1320	10	1416	12
东 欧	1351	11	1407	11
中 欧	1435	12	1497	13
中 国	1715	13	1382	10

注：资料来源：CRU。

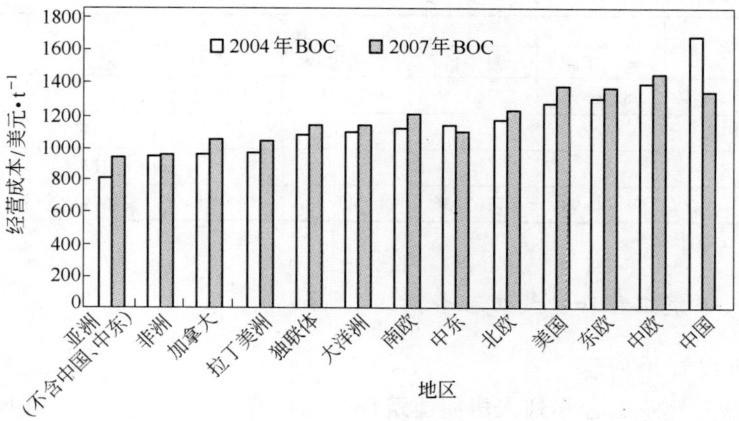

图 36-9 世界各地区商业经营成本（资料来源于 CRU）

非洲和加拿大的低成本得益于低廉的电价，中国、美国、欧洲是世界上经营成本最高的国家和地区。中国经营成本高的主要原因是氧化铝价与电价高。而美国和欧洲则受到高电价的困扰，人工成本费用高也是其影响因素之一。

36.4 电解铝厂建设投资分析

如21.2节所述，项目总投资的定义是建设投资、建设期利息和铺底流动资金之和。而项目投资的总资金则为建设投资、建设期利息和流动资金之和。其中的自有资金部分则成为项目资本金。

流动资金也是在准备项目投资时必须计及的，有关叙述见36.2.4节。因为银行在承诺流动资金贷款时，往往会要求贷款人有一定比例的自有资金，称为铺底流动资金。铺底流动资金也是项目资本金的一部分。

36.4.1 建设投资

建设投资又可称为工程造价，是指工程项目按照确定的建设内容、建设规模、建设标准、功能要求和使用要求等全部建设并验收合格交付使用所需要的全部费用。

建设投资通常包含三大类：工程费用、工程建设其他费用和预备费。有时还要加上固定资产投资方向调节税等税务项目：

（1）工程费用是工程项目建设所需要的费用，通常由建筑工程费、安装工程费、设备费、工器具（含生产家具）四项投资费用构成。

（2）工程建设其他费用是指从工程筹建起到工程竣工验收交付使用止的整个建设期内，除了直接用于工程实物建设投入的费用之外的、为保证工程建设顺利完成和交付使用后能够正常发挥效用而发生的各项费用。

国外通常将工程费用和工程建设其他费用称为直接费用和间接费用。

（3）预备费是指在编制可行性研究估算或初步设计概算时难以预料的工程和费用，包括基本预备费（一般指项目方案变更引起的追加）和涨价预备费。表36-9是电解铝项目建设投资概算表的典型格式。

表 36-9 国内某电解铝厂扩建工程投资总概算 （万元）

工程和费用名称	概算值					合 计
	建筑工程	设 备	安装工程	工器具	其 他	
工程费用	38606.94	57163.36	40247.98	170.98		136189.26
工程建设其他费用					12731.14	12731.14
预备费					11913.63	11913.63
建设投资合计	38606.94	57163.36	40247.98	17098	24644.77	160834.03

注：资料来源：SAMI。

36.4.1.1 建筑工程和安装工程费用

A 建筑工程费用内容

（1）各类房屋建筑工程和列入房屋建筑预算的供水、供暖、卫生、通风等设备费用及其装饰工程的费用，列入建筑工程预算的各种管道、电力、电信和电缆导线敷设工程的费用。

（2）设备基础、支柱、工作台、烟囱、水池等建筑工程以及各种炉窑的砌筑工程和金属结构工程的费用。

（3）为施工而进行的场地平整，工程和水文地质勘察，原有建筑物和障碍物的拆除以及施工临时用水、电、气、路和完工后的场地清理，环境绿化等工作的费用。

（4）修建铁路、公路、桥梁、堤坝及防洪等工程的费用。

B 安装工程费用内容

（1）生产、动力、起重、运输等各种需要安装的设备和机构的装配费用，与设备相连的工作台、梯子、栏杆等设施的工程费用，附属于被安装设备的管线敷设工程费用，以及被安装设备的绝缘、防腐、保温、油漆等工作的材料费和安装费。

（2）为测定安装工程质量，对单台设备进行单机试运转、对系统设备进行系统联动无负荷运转工作的调试费。

36.4.1.2 建筑工程费和安装工程费的组成与计算方法

建筑工程费和安装工程费又统称为建安工程费，主要均由四部分组成：直接费、间接费、利润和税金。在计算方法上分为两种：一种以直接工程费为计算基础；一种以人工费为计算基础。具体组成与计算方法见表 36-10 及后面的说明。

表 36-10 建筑工程费和安装工程费组成与计算方法

序 号	费用项目		计算方法	
			以直接工程费为计算基础	以人工费为计算基础
1	直接费	直接工程费	工程量×定额基价	
		其中：人工费	定额工日累计×日工资单价	
		材料费	材料消耗量累计×材料基价	
		施工机械使用费	施工机械台班消耗量累计×机械台班单价	
		措施费	直接工程费×费率	人工费×费率

续表 36-10

序号	费用项目		计算方法	
			以直接工程费为计算基础	以人工费为计算基础
2	价差	材料价差	按规定计算	
		人工费调整	按规定计算	
		机械费调整	按规定计算	
3	间接费	规费	直接工程费×费率	人工费×费率
		企业管理费	直接工程费×费率	人工费×费率
4	利润		（直接费+间接费）×费率	人工费×费率
5	不含税工程造价		直接费+间接费+价差+利润	
6	税金		不含税工程造价×税率	
7	含税工程造价		不含工程造价+税金	

A 直接费

建筑、安装工程直接费由直接工程费和措施费组成。

a 直接工程费

直接工程费是指施工过程中耗费的构成工程实体的各项费用，包括人工费、材料费和施工机械使用费。

建筑、安装工程费中的人工费，是指直接从事建筑安装工程施工的生产工人开支的各项费用，计算公式如下：

$$人工费 =（工日消耗量累计 \times 日工资单价）$$

材料费是指施工过程中耗费的构成工程实体的原材料、辅助材料、构配件、零件、半成品等的数量标准，计算公式如下：

$$材料费 =（材料消耗量累计 \times 材料基价）+ 检验试验费$$

施工机械使用费是指施工机械作业所发生的机械使用费以及机械安拆费和场外运费，计算公式如下：

$$施工机构使用费（施工机械台班消耗量累计 \times 机械台班单价）$$

以上人工费、材料费和机械使用费构成直接工程费。

b 措施费

措施费是指为完成工程项目施工，发生于该工程施工前和施工过程中非工程实体项目的费用，主要包括环境保护费、文明施工费、安全施工费、临时设施费、夜间施工增加费、二次搬运费、大型机械设备进出场及安拆费等。

措施费可以按项目需要每项费用单独计算也可以综合计算，公式如下：

$$措施费 = 直接工程费 \times 费率$$

B 价差

国内目前的工程造价计价体系基本都是采用定额计价，国家造价管理中心和定额发布站不定期发布各省市工程造价定额。为保持定额的可比性和稳定性，工程造价定额一般4～8年才修订一次。定额虽然是相对固定的，但是为了保证项目投资更接近市场价格，定额发布站每年每季度都要发布价差调整费率，不断调整人工、材料、机械费的价差，通过价差调整将项目的建设投资调整至与所需要的时间点相对应。

C　间接费

间接费是由规费和企业管理费组成。规费是指政府和有关权力部门规定必须缴纳的费用，一般包括工程排污费、工程定额测定费、社会保障费、住房公积金和危险作业意外伤害保障等。

企业管理费是指建筑安装企业组织施工生产和经营管理所需费用，包括管理人员工资、办公费、差旅费、固定资产使用费、工会经费、教育经费、财务费、税金及其他各种费用等。计算公式如下：

$$间接费 = 直接工程费 \times 费率$$

或

$$间接费 = 人工费 \times 费率$$

D　利润

利润是指施工企业完成所承包工程获得的盈利。计算公式如下：

$$利润 = (直接费 + 间接费) \times 费率$$

或

$$利润 = 人工费 \times 费率$$

E　税金

税金是指国家税法规定的应计入建筑安装工程造价内的营业税、城市维护建设税及教育费附加等。计算公式如下：

$$税金 = (直接费 + 间接费 + 利润) \times 税率$$

以上所述是建筑、安装工程费的内容和计算方法。在中国有色行业中，一般情况下建筑工程费以直接工程费为计算基础，而安装工程费用以人工费为计算基础。

36.4.1.3　设备费

设备费是指为建设项目购置或自制的达到固定资产标准的各种国产或进口设备的购置费用，计算公式如下：

$$设备费 = 设备原价 + 设备运杂费$$

式中，设备原价指国产设备或进口设备的原价；设备运杂费指除设备原价之外的关于设备采购、运输、途中包装及仓库保管等方面支出费用的总和。国产设备原价按生产厂商报价或订货合同价计算；进口设备原价略为复杂，计算公式如下：

$$进口设备原价 = 货价 + 国际运费 + 运输保险费 + 银行财务费 + 外贸手续费 + 关税 + 增值税 + 消费税 + 商检费 + 检疫费$$

在进口设备交货价中，通常分为以下几种：

（1）内陆交货价（FOR）：是指陆地接壤的国家之间，买卖双方约定交货地点交接货物的方式，如在铁路交货地点的货价；

（2）离岸价（FOB）：一般指装运港船上交货的价格，应用较为普遍；

（3）到岸价（CIF）：是指在买方的港口（或买方指定的港口）或岸上交货的价格，其价格包括货价及运费和运输保险费；

（4）离岸运输价（C&F）：是指在买方国家的港口（或买方指定的港口）交货的价格，其价格包括货价及运费。

36.4.1.4 工器具购置费

工器具购置费是指新建或扩建项目，为保证初期正常生产必须购置的没有达到固定资产标准的设备、仪器、器具和备品备件等的购置费用。一般以设备购置费为计算基数，按照部门或行业规定的工具、器具费率计算。计算公式如下：

$$工器具购置费 = 设备购置费 \times 定额费率$$

36.4.1.5 工程建设其他费用

工程建设其他费用，是指从工程筹建起到工程竣工验收交付使用止的整个建设期内，除建筑安装工程费用和设备及工器具购置费用以外的，为保证工程建设顺利完成和交付使用后能够正常发挥效用而发生的各项费用。一般包括以下内容。

A 土地使用费

土地使用费是建设单位为获得建设用地使用权而支付的费用。一般可以通过划拨、转让、租赁、缴纳土地使用金等方式取得土地使用权。国内工业建设项目，以缴纳土地使用金的方式取得土地使用权的居多。

B 建设管理费

建设管理费是指建设单位从项目立项、筹建开始至施工全过程、联合试运转、竣工验收、交付使用及项目后评估等建设全过程所发生的管理费用，包括建设单位管理费、工程监理费及工程质量监督费。如果建设管理实行工程总承包方式，其总包管理费由建设单位与总包单位根据总包工作范围在合同中商定，从建设管理费中支出。

a 建设单位管理费用

建设单位管理费是指建设单位发生的管理性质的开支，包括为保证项目筹建和工程建设的正常进行而购置必要的办公设备、办公家具、交通工具和生活家具等费用，以及建设单位与项目有关的管理人员工资性费用、日常办公费、固定资产使用费、技术图书资料购置费、工程招标管理费、房地产税、车船使用税及保险费等等。简单的估算公式如下：

$$建设单位管理费用 = 工程费用 \times 定额费率$$

b 工程监理费

工程监理费是指监理人接受发包人的委托，提供建设工程施工阶段的质量、进度、费用控制管理和安全生产监督、合同、信息等方面协调管理服务，以及勘察、设计、保修等阶段的相关服务。

工程监理费按照建筑安装工程费分档定额计费方式计算收费，要考虑工程监理的范围、专业、工程复杂程度等因素。

c 建筑工程质量监督费

建筑工程质量监督费是指工程质量监督部门检验工程质量而收取的费用，一般按建筑安装工程费的一定比例计取。

C 环境影响评价费

环境影响评价费是指按照国家环境保护方面的法律法规，全面、详细评价建设项目对环境可能产生的污染或造成的重大影响所需的费用。包括编制环境影响报告书、环境影响报告表和评估环境影响报告书（含大纲）、评估环境影响报告表等所需的费用。

环境影响评价费的计费依据可以按建设项目估算投资额的一定比例计取。

D 工程勘察费

工程勘察费是指勘察人根据发包人的委托，收集已有的资料，现场踏勘、制订勘察纲要，进行测绘、勘探、取样、测试、检测等勘察作业，以及编制工程勘察文件和岩石工程设计文件等收取的费用。

工程勘察费可以按照工程费用的一定比例提取。

E 工程设计费

工程设计费是指设计人根据发包人的委托，提供编制建设项目初步设计文件、施工图设计文件、非标准设备设计文件、施工图预算文件、竣工图文件等服务所收取的费用。

工程设计费的计费依据为建设项目概算中的建筑安装工程费、设备及工器具购置费及联合试运转费之和，根据项目不同的复杂程度选取不同的费率。

F 引进技术和引进设备其他费

引进技术和引进设备其他费是指引进技术和设备发生的未计入设备费的费用，包括引进项目图纸资料翻译复制费、出国人员费用、来华人员费用、银行担保及承诺费。该项费用需要根据项目的实际情况确定相关人数及相关金额。

G 工程保险费

工程保险费是指建设项目在建设期间根据需要实施工程保险所需的费用，包括以各种建筑安装工程及其在施工过程中的物料、机器设备为保险标的的建筑安装工程一切险和机器损坏保险等；建筑安装施工团体人身意外伤害保险等。

工程保险费一般按工程费用的一定比例计取。

H 联合试车运转费

联合试车运转费是指工程在交付生产前按照批准的设计文件所规定的工程质量标准和技术要求，进行整个生产线或装置的联合试运转或局部联动试车所发生的费用净支出（试运转支出大于收入的差额部分费用）。联合试运转费分为无负荷联合试运转费和有负荷联合试运转补贴费。

a 无负荷联合试运转费

无负荷联合试运转费是指建设项目交工验收前，根据设计和试运转方案的规定，进行全车间的或系统工艺流程的无负荷联合试运转所发生的费用。包括参加试运转人员工资、试运转所需的原料、燃料、动力及辅助材料费、机械使用费及配合检修等所发生的费用，以及施工单位、建设单位和其他单位的全部费用。

无负荷联合试运转费为工程费用（扣除不存在无负荷联合试运转的工程项目）之和的0.5%。

b 有负荷联合试运转补贴费

有负荷联合试运转补贴费是指在无负荷试运转验收合格后，根据设计规定的工程建设质量标准和批准的设计文件规定的期限，进行全车间的或系统工艺流程的有负荷联合试运转所发生的费用支出大于试运转产品收入的亏损部分和必要的工业炉烘干费用的补贴。本项目费用由生产企业包干使用。

电解铝建设项目的有负荷联合试运转费按设计产能4天铝锭产量的销售收入，产品价格按设计销售价格计算。

I 生产准备及开办费

生产准备及开办费是指建设项目为保证正常生产（或营业、使用）而发生的人员培训费、提前进厂费以及投产使用必备的生产生活家具用具等购置费用。

a 生产人员提前进厂费

生产人员提前进厂费是指在试车投产前，生产企业为参加施工、安装、调试等以及熟悉工艺流程、设备性能、企业情况等需要提前进厂人员所发生的费用。一般按人员平均月工资和提前进厂时间计算。

b 生产人员培训费

生产人员培训费是指项目在竣工验收交付使用前，业主自行培训或委托其他企业培训生产工人、技术人员和管理人员所发生的费用。一般按企业设计定员和培训费用标准(元/人)计算。

c 办公与生活家具购置费

办公与生活家具购置费是指为保证项目初期正常生产、运行和管理所必须购置的办公和生活家具的费用。一般按企业设计定员和人均费用标准计算。

36.4.1.6 预备费

预备费分为基本预备费和价差预备费。

A 基本预备费

基本预备费是指在编制可行性研究估算或初步设计概算时难以预料的工程和费用，主要包括在施工图设计和现场施工过程中批准的新增的工程和费用、设计变更和材料代用所增加的费用、由于一般自然灾害所造成的损失和预防自然灾害所采取的措施费、对工程地质影响估计不足造成增加地基处理的费用以及建设项目在建设过程中国家颁发的新税、新费用种类所增加的费用等。计算公式如下：

$$\text{基本预备费} = (\text{工程费用} + \text{工程建设其他费用}) \times \text{基本预备费费率}$$

B 价差预备费

价差预备费是对建设项目在建设期内由于价格、汇率变化而引起工程造价变化的预测而预留的费用。

36.4.2 建设期利息

建设期利息是指在工程建设期间由建设投资贷款而产生的利息，作为项目资金的一部分纳入筹资计划，在项目建设完成后实行资本化，计入固定资产。

估算建设期利息，需要根据项目进度计划，提出建设投资分年计划，列出各年投资额，其中的人民币和外汇应分列。

估算建设期利息，应注意名义年利率和实际年利率的换算。将名义年利率折算为实际年利率的计算公式为：

$$实际年利率 = (1 + r/m)^m - 1$$

式中　r——名义年利率；

m——每年计息次数，目前规定是按季计息。

计算建设期利息时，为了简化计算，通常假定借款均在每年的年中支用，借款当年按半年计息，其余各年份按全年计息，计算公式如下：

$$各年应计利息 = (年初借款本息累计 + 本年借款额/2) \times 实际年利率$$

如果没有特别说明，建设项目的名义年利率一般按当期发布的中国各银行的长期贷款利率。

建设期内的其他融资费用系指某些债务资金发生的手续费、承诺费、管理费、信贷保险费等融资费用，原则上应按该债务资金的债权人的要求单独计算，并计入建设期利息。

国内较为典型的电解铝项目投资概算见表36-11。与总概算表相比，对工程费用和工程建设其他费用按各大子项分别列出细目。在各建设阶段将需要编制更加详细的表。

表36-11　国内某电解铝厂扩建工程建设投资表（建设规模：200kt）

序号	工程和费用名称	概算值/万元					合计/万元
		建筑工程	设　备	安装工程	工器具	其　他	
1	工程费用	38606.94	57163.36	40247.98	170.98		136189.26
1.1	氧化铝储运设施	2155.57	629.4	157.9	1.89		2944.76
1.2	超浓相输送	900.0	1155.57	184.56	3.47		2243.59
1.3	电解车间	25632.74	27267.63	29257.8	81.80		82239.98
1.4	电解烟气净化	2337.07	5565.78	3243.38	16.70		11162.92
1.5	阳极组装	440.83	2070.48	97.47	6.21		2615.00
1.6	220kV配电装置	103.6	3075.99	620.2	9.22		3809.01
1.7	整流所	699.05	12208.33	3454.97	36.62		16398.96
1.8	空压站	3513.01	3710.13	2298.21	10.79		9532.14
1.9	空压站循环水	33.98	116.23	33.11	0.35		183.66
1.10	电解计算站		215.71	60.04	0.48		276.23
1.11	厂区围墙及大门	25.22	73.5	4.30	0.22		103.24
1.12	厂区总平面、竖向及道路	462.74					462.74
1.13	综合管网	0.0		723.2			723.20
1.14	整流的循环水	41.13	67.61	25.93	0.20		134.87
1.15	大修车间	312.0	848.0	67.84	2.54		1230.38
1.16	炭块库	1950.0	159.0	19.08	0.48		2128.56
2	工程建设其他费用					12731.14	12731.14

续表 36-11

序号	工程和费用名称	概算值/万元					合计/万元
		建筑工程	设　备	安装工程	工器具	其　他	
2.1	业主管理费用					2042.84	2042.84
2.2	工程建设监理费					817.14	817.14
2.3	生产职工提前进厂费和培训费					179.38	179.38
2.4	有负荷联合试车运转费					1578.08	1578.08
2.5	无负荷联合试车运转费					680.95	680.95
2.6	设计费					7010.75	7010.75
2.7	软件编制费					335.00	335.00
2.8	环保评价费					52.00	52.00
2.9	办公及生活家具购置费					35.00	35.00
3	基本预备费					11913.63	11913.63
	建设投资估算	38606.94	57163.36	40247.98	17098	24644.77	160834.03

注：资料来源：SAMI。

36.4.3 国内电解铝厂的投资水平分析

截止到2006年国内运营的电解铝厂约有93家。2001~2005年是中国电解铝产能增长最为集中的时期，这一时期大型预焙阳极电解槽的应用，使铝厂的建设规模普遍提高，新建厂建设规模多在100~200kt以上，装备水平因投资主体的资金运作能力也呈现多样性。

国内各电解铝厂、炭素厂的建设投资差异（见表36-12和表36-13），与工厂的装备水平关系密切。以多功能天车为例，国产天车约300万元/台，进口天车则需要1500万元/台。20万吨规模的电解铝厂，一般需要多功能天车8台，仅此一项就会使同等规模的铝厂建设投资相差450元/t。

表36-12　2001~2005年中国新建及扩建电解铝厂的建设投资

建设规模/kt	装备水平	建设投资/元·t^{-1}
50~100	国产设备，就地大修，简易阳极组装	7500~8000
100~150	国产设备，就地大修，自动阳极组装	8500~9000
100~150	进口天车，其他设备国产，就地大修，自动阳极组装	9000~9500
150~200	进口天车，其他设备国产，异地大修，自动阳极组装	9500~11000

表36-13　2001~2005年中国新建炭素厂的建设投资

建设规模/kt	装备水平	建设投资/元·t^{-1}
30~60	全部国产设备	2000~2500
60~120	进口关键设备，其他国产设备	2500~3000
60~120	进口天车，进口关键设备，其他国产	3000~3800

资料来源：SAMI。

建设电解铝厂应该注重规模效益。在同等装备水平下，电解铝厂的规模越大，单位投资越省。表36-14是国内某电解铝厂建设规模比较时的投资数据。而在同样的槽型、同为一个系列的情况下，电解槽数量越多，单位投资越少。因此国内外都在开发高输出整流电压的机组，不断增加单系列槽数。

表36-14 建设投资与建设规模的关系

项 目	200kt	100kt
电解槽槽型	300kA	190kA
电解（吨铝）	7548元	8184元
配套炭素（吨阳极）	2989元	3120元

注：资料来源：SAMI。

从过去几年的统计数据看，国内电解铝厂的建设投资增长速度缓慢，2000年吨铝投资平均约为10200元，至2005年平均水平涨约为11500元，总增幅12%。预焙槽容量的加大，规模与技术的良好匹配，使吨铝投资水平呈下降趋势，在一定程度上弥补了物价上升的影响。

36.4.4 国内外电解铝厂建设投资差异和原因分析

36.4.4.1 国内外电解铝厂建设投资水平的差异

国外新建电解铝厂（含炭素厂）建设投资一般在3500～5500美元/t，扩建项目一般在2200～3500美元/t之间。国内新建电解铝厂（含炭素厂）建设投资一般在8500～12500元/t之间，改扩建项目在7000～10000元/t之间。表36-15为近年世界新建及扩建铝厂投资比较。

表36-15 近年世界新建及扩建铝厂投资比较

国家与地区	性 质	单位投资/美元·t^{-1}	国家与地区	性 质	单位投资/美元·t^{-1}
加拿大 Alouette	扩建	3859	印度某厂	新建	2260
非洲 Mozal	扩建	2454	山西华泽铝业	新建	1506
中东迪拜	扩建	5102	中国铝业兰州铝业	新建	1350
中东巴林	扩建	2920	中国铝业华圣铝业	扩建	1144
中东巴林	扩建	3538			

注：资料来源：SAMI，CRU。

近几年扩建的电解铝厂多集中在中东、非洲、俄罗斯等能源丰富的国家和地区，依靠廉价的电力、石油资源，电解铝生产成本处于世界成本的较低区域。印度电解铝投资水平比较低，吨铝建设投资仅略高于中国。中国是电解铝投资水平最低的国家，只是世界平均水平的27%～50%。国内装备水平最高的电解铝厂吨铝投资也仅为1500美元/t的水平，投资优势比国外明显。

36.4.4.2 建设投资水平差异原因分析

中国电解铝投资水平低，是国内的物价水平、电解铝厂装备水平、人工成本等多重因素共同影响的结果：

（1）中国整个社会的基本生产资料和生活资料的价格都处于相对较低的水平，与中东、俄罗斯、加拿大、南非等主要铝厂建设地区相比，社会物价水平有很大的差距。

（2）国内电解铝厂的设备费用较少，大部分电解铝厂主要使用国产设备，有时从国外购买一些关键设备。但得益于中国电解铝生产的核心工艺-电解槽工艺技术成熟可靠，以及越来越强大的国内设备制造能力，采用国产设备有效地降低了投资。绝大部分国产设备是可以保证工厂的正常生产运行的。

（3）中国劳动力资源丰富，建设工人的劳动成本低。与中东、俄罗斯、加拿大等电解铝厂建设较多的国家相比，同等规模电解铝厂国内建设所需的人工费用是国外建设人工费的20%左右。

（4）建设速度快，对降低投资成本也起了明显的作用。

36.5　电解铝厂的主要技术经济指标

36.5.1　建设项目的经济评价

技术经济指标中，财务内部收益率与财务净现值是建设项目经济评价中最重要的两个动态盈利能力指标，特别是财务内部收益率，它是项目决策的重要依据之一，是判断项目是否可行、财务上是否可以接受的可靠指标之一。财务净现值是判断项目经济可行性的另一个重要辅助指标，当财务内部收益率相同时，财务净现值的高低成为决定项目优劣的主要依据。

36.5.1.1　资金的时间价值、折现率

资金投入生产或流通领域，必将带来一定量的增值，即资金具有增值属性。它是随着时间的推移而增长，资金的这种属性称为资金的时间价值。反之，第 n 年后的资金 A，折合成现在时刻的价值为：

$$P = A(1 + i)^n$$

式中　P——资金 A 的现值；

i——折现率（discount rate），即将资产的未来收益还原为现在价值的比率。

36.5.1.2　现金流

现金流是项目在计算期（年份）发生的现金流入或流出，逐年摊入产品成本的折旧费、摊销费不作为现金流出。

36.5.1.3　财务内部收益率

财务内部收益率（FIRR，或内部收益率 IRR，internal recovery rate）指能使项目计算期内净现金流量现值累计等于零时的折现率，它反映以项目每年的净收益归还投资后，所能获得的最大投资利润率，表明项目整个寿命期内的实际收益率，也就是项目内部潜在的最大盈利能力，因此被称为内部收益率。其计算公式如下：

$$\sum_{t=1}^{n}(CI - CO)_t(1 + IRR)^{-t} = 0$$

式中 CI——现金流入；

CO——现金流出；

$(CI - CO)_t$——第 t 年的现金流量；

n——项目的计算期。

财务内部收益率表明项目总投资支出所能获得的实际最大利润率，也就是不考虑项目经营本身资金增值的前提下，使企业收支平衡时可接受的最大利息率。这是项目接受贷款利率的最高临界点。如果贷款利率高于财务内部收益率，则项目投资就要造成亏损，因此长期贷款利率应低于 *IRR*；同时内部收益率应大于或等于本行业或本公司确定的期望值，即基准收益率，同时满足两个条件，则认为项目在财务上是可行的。由于各行业的基准收益率一般都高于长期贷款利率，因此通常情况下判定财务内部收益率高于基准收益率即可。

按照项目分析评价的范围及对象不同，财务内部收益率可分为全部投资财务内部收益率、自有资金（资本金）财务内部收益率、投资双方财务内部收益率三种：

（1）全部投资财务内部收益率。是以项目全部投资为自有资金为计算基础，考察项目在未确定融资方案前整个项目的盈利能力，为项目决策者对投资方案比选和银行贷款单位进行信贷决策，提供不同方案进行优选的可比性基础。

（2）自有资金（资本金）财务内部收益率。是以项目自有资金为计算基础，考察项目自有资金（资本金）可能获得的投资收益水平。

（3）投资双方财务内部收益率。是投资双方的出资额为计算基础，考察投资各方可能获得的投资收益水平。由于各投资方的经营条件会有差别，则会导致其 *IRR* 的不同。

财务内部收益率是反映项目获得能力的一个重要的动态评估指标，它可用于直接计算投资项目的实际收益率，并可作为选择项目的可靠评估指标。但是它不是唯一的评估项目经济效益的判别指标，还应当与财务净现值等指标结合起来判断项目在财务上的可信程度。如果各方案财务内部收益率相同，则要根据财务净现值大小来判别经济效果，做出选择。

36.5.1.4 财务净现值

财务净现值（*FNPV*，或净现值 *NPV*，net present value）是项目经济评价中最重要的动态指标之一，财务净现值是指按设定的折现率（一般采用基准收益率 i_c）计算的项目计算期内净现金流量的现值之和，它表明在考虑了货币的时间价值之后，以净现值表示的项目寿命期内的净收入总额。其计算公式如下：

$$NPV = \sum_{t=1}^{n}(CI - CO)_t(1 + i_c)^{-t}$$

计算财务净现值的折现率是衡量项目投资盈利能力的重要标准，一般情况下折现率会选取行业或公司的基准收益率或长期贷款利率。

财务净现值的判断标准有三种情况：

（1）财务净现值大于零，说明项目获利能力不但可以达到期望的基准收益率，还可以获得剩余的盈利（又称为超额利润）；

（2）财务净现值等于零，说明项目获利能力刚好达到期望的盈利标准，属于边缘项目；

（3）财务净现值小于零，说明项目没有达到期望的盈利水平，财务上不可行。

国外在评价资源性建设项目或现有运行资产的价值时，往往用 *NPV* 的值作为基准。这一评价方法也称为 DCF 法（现金流折现法，discount rate cash flow）。

36.5.1.5　其他判断指标

财务评价中除了上述两个重要动态盈利能力指标外，还有其他静态指标辅助判断项目的经济可行性。如投资回收期、投资利润率、投资利税率、资本金利润率等：

（1）投资回收期指以项目的净收益回收项目投资所需要的时间，一般以年为单位。项目投资回收期宜从项目建设开始年算起，若从项目投产开始年计算，应予以特别注明。投资回收期短，表明项目投资回收快，抗风险能力强。投资回收期可按下式计算：

投资回收期 =[累计净现金流量开始出现正值年份数] - 1 +
[上年累计净现金流量绝对值/当年净现金流量]

（2）投资利润率为单位投资在正常生产年产生的利润，按下式计算：

投资利润率 = 达产年平均利润总额/项目总投资

（3）资本金利润率为达产年平均净利润与资本金的比率，按下式计算：

资本金利润率 = 达产年平均净利润/资本金

（4）投资利税率为单位投资在正常生产年产生的利税额，按下式计算：

投资利税率 =（达产年平均利润总额 + 年均增值税 + 营业税金及附加）/项目总投资

36.5.2　电解铝厂的主要技术经济指标

设计电解铝厂时，通常以“主要技术经济指标表”的形式全面、扼要地给出项目的各项技术经济指标。表 36-16 列举了 300kt/a 级产能电解铝厂采用 SY350 预焙槽技术的主要设计参数和技术经济指标。

表 36-16　主要技术经济指标汇总

序　号	指标名称	单　位	数　量	备　注
1	建设规模	t/a	260000	
2	设计产量			
	原铝	t/a	269773	铸造损失 0.5%
	普通铝锭	t/a	268424	
	阳极炭块	t/a	156000	
3	主要工艺技术指标			
3.1	主要工艺参数			
	系列电流强度	kA	350	

续表 36-16

序 号	指 标 名 称	单 位	数 量	备 注
	电解槽产能	kg/(d·台)	2649.11	
	单槽年产量	t/a	966.93	
	电流效率	%	94	
	槽平均电压	V	4.222	
	总安装槽数	台	288	
	其中：备用槽数	台	9	
	槽内衬平均寿命	d	1800	
	吨铝直流电耗	kW·h	13381	
3.2	吨铝主要原材料单耗			
	吨铝氧化铝	kg	1930	
	吨铝氟化铝	kg	22	
	吨铝冰晶石	kg	4	
	吨铝阳极炭块	kg	550/430	毛耗/净耗
	吨阳极石油焦	kg	951	含填充料
	吨阳极煤沥青	kg	193.5	
	吨阳极天然气（标态）	m^3	94	
4	供电			
	有功功率	kW	438016	
	年耗电量	kW·h	37.7×10^8	
5	给排水			
	新水用量	m^3/d	7350	
	循环水用量	m^3/d	72048	
	排水量	m^3/d	1662	
6	烟气净化			
	氟净化效率	%	98	
	电解槽集气效率	%	98	
7	外部运输及总图			
	年运输量	t/a	994069	
	运入量：	t/a	723045	
	运出量：	t/a	271024	
	厂区占地	m^2	673301	
	建（构）筑物占地	m^2	210673	
	土方项目	m^3	415000	
	厂区道路铺砌面积	m^2	96082	
	绿化占地率	%	18	
8	劳动定员			

续表 36-16

序　号	指 标 名 称	单　位	数　量	备　注
	全厂定员	人	1221	
	其中：生产人员	人	1131	
	管理及其他人员	人	90	
	全员实物劳动生产率	t/(a·人)	219.8	铝　锭
	全员产值生产率	万元/(a·人)	272.5	
9	总资金			
	建设投资	万元	295210.2	
	建设期利息	万元	12825.8	
	流动资金	万元	61022.2	
	总资金	万元	369058.2	
10	成本与费用			第9年
	年制造成本	万元/a	243039.7	
	年管理费用	万元/a	8652.1	
	年财务费用	万元/a	2268.2	
	年销售费用	万元/a	3221.1	
	总成本费用	万元/a	257181.1	
	年经营成本	万元/a	237259.9	
	单位制造成本	元/t	9054.3	铝　锭
	单位总成本	元/t	9581.2	铝　锭
11	财务指标			第9年
	年销售收入	万元/a	332662.2	
	年销售税金及附加	万元/a	2074.0	
	年利润总额	万元/a	73407.1	
	年所得税	万元/a	11011.1	
	年税后利润	万元/a	62396.1	
	年公积金和公益金	万元/a	9359.4	
12	盈利能力指标			
	全部投资财务内部收益率	%	19.4	
	全部投资财务净现值	万元	207509.4	$i_c=10\%$
	全部投资回收期	a	6.6	含建设期
	自有资金财务内部收益率	%	28.2	
	自有资金投资回收期	a	6.7	含建设期
	投资利润率	%	19.4	达产年平均
	投资利税率	%	25.6	达产年平均
	盈亏平衡点产量	t	104408	
13	负债及偿还能力指标			第9年
	资产负债率	%	18.1	
	流动比率	%	320.2	
	速动比率	%	243.9	
	贷款偿还期	a	5.85	含建设期

注：2004 年价格水平。

37 铝电解工业技术的发展方向

※※※※※※※※※※※※※※※※※※※※※※※※※※※※※※※※※※※※※※

世界铝电解工业技术的发展主要可分为7个大方向：铝电解槽的大型化，惰性阳极技术，具有新型槽结构的铝电解技术，新型铝电解电极材料应用技术，铝电解槽控制技术，铝电解生产节能技术和新法炼铝技术。

37.1 铝电解槽的大型化

37.1.1 进一步开发完善铝电解槽物理场技术

现代铝电解工业技术的发展方向是高产量、低电耗、低排放，中国的大型预焙铝电解技术与欧美发达国家如海德鲁、力拓加铝公司的铝电解技术相比，还存在着一定的差距。特别是大槽型的磁场、热场和流场的仿真计算和设计技术需做大量的研究开发工作。需要对现有各大槽型物理场的计算机模拟和设计技术的优化进行更高阶段的研发，并进行持续改进。必须充分利用现代先进的计算机源程序平台，进一步开发和完善超大型预焙铝电解槽“物理场”源程序与模拟计算工作，并在试验验证的基础上，开发出技术更加先进、物理场更加理想的特大型铝电解槽技术，更多地推广应用到新的工程中去。铝电解物理场优化工作主要包括以下内容：

（1）建立多参数数据库（源于工业试验与生产实践）。如电解槽结构参数、操作运行参数及物理场计算的边界参、准数等。

（2）进一步研究完善电场、磁场、流动场、物料平衡、能量平衡等计算模块。

（3）多参数仿真与显示，如电流分布、熔体/铝界面形状、极距、Al_2O_3 浓度、电解温度、过热度、初晶温度等。

37.1.2 开发特大型预焙铝电解槽

37.1.2.1 国内开发特大型预焙铝电解槽的必要性

国际著名炼铝专家通斯塔（J. Thonsted）和克望达（H. Kvande）曾推断，在下一个10年，世界上铝电解技术占主导地位的可能是500～600kA电解槽。铝电解槽容量及其技术指标的变化见表37-1。

表37-1 电解槽容量及其技术指标的变化及预测

电解参数	1980年	2000年	2010～2020年
系列电流/kA	225	325	400～600
槽电压/V	4.1	4.1	3.9～4.0

续表 37-1

电解参数	1980 年	2000 年	2010 ~ 2020 年
电流效率/%	94.0	96.0	96.5 ~ 97.0
吨铝直流电耗/kW·h·kg^{-1}	13.0	12.8	12.0 ~ 12.5
槽寿命/d	1500	2000 ~ 2800	3000
阳极电流密度/A·cm^{-2}	0.8	0.85	0.95

从表 37-1 中可以看出，铝电解技术正在向着低槽电压、高电流密度、高电流效率和低电耗的方向发展，400 ~ 600kA 电解槽可能会成为未来铝电解生产实现高产量、少投入、高生产率和低成本的最具竞争力的槽型。

目前世界铝电解技术占领先地位的是前法国彼施涅铝业公司的 AP 技术。其中，AP-18 技术在世界上的产能有近 2000kt，并且已经升级为 AP-21-24；AP-30 已升级到 AP-35；AP-50已升级到 AP-55。现在 AP-30 实际运行电流 325 ~ 340kA，在全世界的产能已超过 3000kt。早在 10 年前，前法国彼施涅铝业公司在法国的敦刻尔克铝厂就开始开发 500kA 特大型预焙槽技术，目前虽然还未全面推广应用，但已经引起国际上的密切注意。世界上其他的著名铝业公司也不例外，在其发展过程中竞相开发自主知识产权的新技术，以保持持续稳定地高速发展并提高本公司的知名度。海德鲁已有 400kA 的电解槽技术，俄铝也有 400kA 槽型投产。

原法国彼施涅公司的 500kA 试验槽的生产技术参数如下：电流效率 93%，每槽日产铝 3825kg，阳极效应系数 0.04 ~ 0.05 次/（槽·d）。设计一个电解系列有 336 台电解槽，年产量达 460kt。AP-50、AP-30、AP-18 电解系列设计技术经济对比见表 37-2。

表 37-2　180kA、300kA 与 500kA 系列设计技术指标的比较

性能	180kA 系列	300kA 系列	500kA 系列
系列数/台数	3/720 台	2/756 台	1/336 台
电流/kA	190	320	450
生产能力/kt·s^{-1}	380	500	460
人均产铝量/t·a^{-1}	350	650	750
吨铝投资费/美元	4500	4000	3400
建设时间/月	30	30	24
生产投入时间/月	18	12	8

从经济指标看，特大型槽 AP-50 比一般大型槽 AP-30 ~ AP-40 的投资费可节省 15%，而生产成本可降低 10%。图 37-1 所示为 AP-50 槽的槽膛内型。

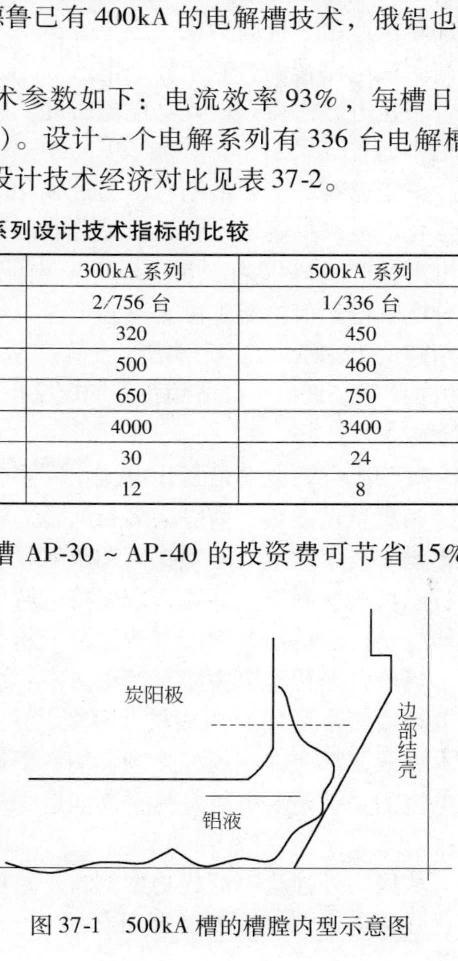

图 37-1　500kA 槽的槽膛内型示意图

目前，中国已成为世界第一产铝大国。但是，国内某些电解系列投产已达 20 多年，技术相对已经落后。随着国际市场竞争日趋剧烈，落后技术将逐渐被淘汰。随着老企业技术的更新换代以及新建企业的设计建设，都面临着选择采用何种主体铝电解技术。因此，尽快开发特大型电解槽技术非常必要，意义重大。

37.1.2.2 国内开发特大型电解槽技术的可行性

开发特大型电解槽的技术关键必须具备的几个最基本条件：

(1) 可靠的技术软件基础；

(2) 丰富的大型电解槽工程设计基础；

(3) 高质量新材料及设备的保证；

(4) 高水平的生产操作技术及优秀的管理人才。

从中国目前的情况来看，以上几个最基本条件已经具备，现有的技术和设计能力、基础材料和设备条件已能满足开发特大型电解槽技术的基本要求。

2008 年，中国铝业兰州分公司 16 台 400kA 预焙电解槽工业试验获得成功并通过技术鉴定，至今已有多个 400kA 电解系列建成投产。超大型的 500kA 电解系列正在建设，600kA 电解槽研发项目已启动。

37.1.3 提高电流密度和强化电流

提高铝电解槽电流密度是世界铝电解工业技术发展的一个重要方向。目前国外先进铝电解厂的电流密度已经普遍达到 0.8A/cm^2 以上，甚至超过 0.9A/cm^2。提高电流密度可以增加单位产量、提高劳动生产率、减少单位投资和各种固定成本。同时在一定的条件下，提高阴极电流密度有利于提高电流效率。

新建电解槽可以设计高电流密度，同时解决相应的热平衡等问题。因此，中国新建电解铝厂已普遍采用 0.8A/cm^2 以上的电流密度。

对于已有的电解槽则可以通过强化电流来提高电流密度。近年来，国内一些老企业通过强化电流来提高铝产量，以充分利用现有的场地、公用及辅助设施，降低生产成本。中国电解铝产量 2006 年达到 9350kt。电流强度在 157kA 的铝厂有 43 家，产量约占 82%，这部分电解槽阳极电流密度普遍较低，一般为 0.73A/cm^2 以下，均有强化电流的可行性。国内新建的 160kA 以上预焙槽约占总产量的 60% 以上，若将这部分槽强化电流 10%，每年可增加产量 550kt，可节约投资 50 亿元。由此可见强化电流是现有电解铝厂增产降本的有效措施。

对于原有铝电解槽强化电流，需要特别注意升高电流密度带来的炭阳极质量、槽电压上升和重新建立热平衡等诸多新问题。这涉及铝电解槽内衬材料、电热平衡、物理场的耦合影响等技术领域。必须提高阳极和阴极的质量，以承受更大的电流密度；必须经过电、热、磁场的准确模拟计算，以保持电解槽的稳定运行和达到较好的技术经济指标；必须估算增加负荷后所需各项投资费用，分析筛选最佳的强化电流方案。

目前，强化电流主要有两种方案：(1) 加大阳极面积，这种方案强化电流后阳极电流密度增幅较小；(2) 阳极尺寸不变，这样强化电流后阳极电流密度较高。无论采用哪一种技术方案，都应在磁场、热场、物料平衡等计算机模拟计算和分析的基础上进行确定。强化电流的关键是要解决好热平衡问题，这需要通过强化散热措施和调整工艺技术条件加以解决。

从国内外强化电流成功案例看，目前国内阳极电流密度在 0.73A/cm^2 以下的大型预焙槽，强化电流 10% ~20% 是可行的。

37.2　惰性阳极技术

20 世纪 80 年代后，铝电解惰性阳极技术成为世界铝工业的关注焦点之一。全球许多大型铝业公司，特别是美铝，投入了巨资用以开发惰性阳极技术，主要思路是：为解决铝电解生产过程排出大量的二氧化碳和全氟化碳 PFC（CF_4、C_2F_6）等温室效应气体的问题，以不消耗、不排放的惰性阳极代替炭阳极，以大幅度减少温室气体排放，改善环境，降低能耗和成本，实现可持续发展。

开发惰性阳极技术的关键在于寻找到合适的具有优异性能的材料。由于惰性阳极处在高温、高腐蚀性熔盐的条件下工作，还需要承担高电流密度，因此必须同时兼备高电导率、高强度、耐高温、耐强腐蚀性、难溶于电解质等一系列特性，因此开发难度极大。

近年来每届美国 TMS 年会都会发表许多涉及惰性阳极制备及试验的论文，也可以查询到大量有关专利，但没有试验研究的详细报道。目前世界上铝电解惰性阳极技术的研究方向主要集中在如下内容：

（1）惰性阳极的材料及制作工艺的研究：材料的研究方向大体上分为金属陶瓷材料、金属合金材料、复合材料、表面涂层材料等；

（2）惰性阳极的结构、连接形式及连接材料的研究；

（3）适用于惰性阳极的新型低温电解质体系研究：主要研究低温电解工艺，以减少对惰性阳极材料的腐蚀性，增加材料的选择余地。

我国东北大学、中南大学等单位针对惰性阳极材料及其特性也已经进行了十多年的研究。科技部批准设立国家“863”项目新材料技术领域的重大专项之一“新一代铝电解金属陶瓷复合材料电极的制备技术”项目，以及随后的“973”项目“提高铝材质量的研究”等国家级科研项目，都把铝电解惰性阳极的研究作为重点，并取得了一定进展。中国铝业郑州研究院联合中南大学等单位，于 2005 ~ 2006 年成功地进行了惰性阳极和可湿润阴极组合的 4kA 级新型结构电解槽的电解试验。

目前国内外的相关研究仍在进行之中。

37.3　具有新型结构的铝电解槽技术

37.3.1　具有新型阴极和内衬结构的低极距节能技术

熔盐铝电解技术的很大缺陷是电能利用率低，目前仅为46% ~49%。铝电解过程输入的电能的一多半转化为热白白被散发。这主要是因为当前大型铝电解槽的结构和设计技术、工艺操作条件所决定的。因受阴极材料性能和磁流体影响的双重作用，电解过程必须保持一定的铝液层高度以及较高的极距。但这一铝液层又将在强大的磁场作用下产生快速流动，并由此引起过量的二次反应，制约电流效率的提高和能耗的降低。高极距间电解质电阻产生大量的热不仅增加了电解槽保持热平衡的难度，同时也降低了电能利用率。

因此，只有革命性地改变铝电解槽结构和生产工艺，减弱或消除槽内铝液的磁流体波动，才有可能大幅度降低极距和无功能耗，提高电能利用率。因此，研究新一代铝电解节能技术已迫在眉睫。

37.3.1.1　干式导流电解槽

澳大利亚原 Comalco 公司对干式导流电解槽技术的发展做出了巨大努力和贡献。开发干式导流电解槽的阴极、阳极和整体结构，目的是：通过设计倾斜的铝电解可湿润阴极表面，使电解生成的铝液随时通畅地流出反应区，以消除电解槽金属熔体中的水平电流，有效抑制电磁力对金属熔体的作用，从而可大大降低电解极距，提高电解槽运行的稳定性，实现节能 15% ~20%。

由于干式导流电解槽阴阳极结构复杂，阴极表面要形成高性能的牢固的可湿润复合层，制作和施工的难度极大，且难于保证运行寿命，因此，目前国内外对干式导流电解槽的研究大部分都还停留在理论研究和专利申报阶段。澳大利亚的原 Comalco 公司从 1987 年以来，投入了巨资研究开发导流槽（见图 37-2），该公司曾进行了采用内倾斜 TiB_2 涂层阴极的 100kA 级的干式导流电解试验，铝液厚度 3 ~5mm，极距 2.5cm，为保持热平衡，阳极电流密度从原有的 0.86A/cm^2 提高到 1.15A/cm^2，但没见进一步报道。

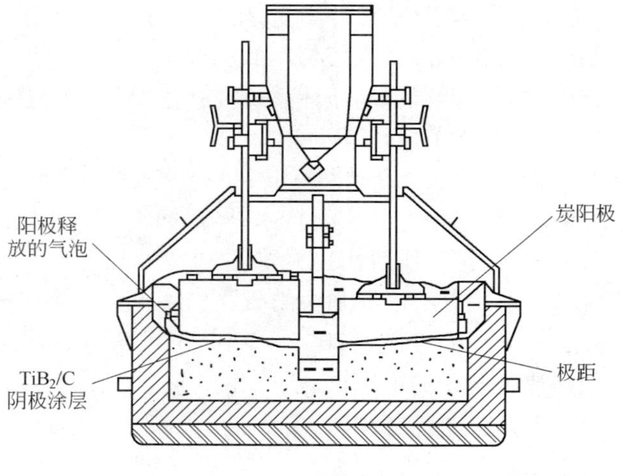

图 37-2　原 Comalco 公司的干式导流电解槽结构简图

尽管全世界的科学家和研究人员对干式导流电解槽开展了卓有成效的研究工作，但是大部分的研究要么遇到了不能解决的技术障碍，要么试验室研究成果难于应用于实际生产，也可能实际可行，但成本过于昂贵而无法推广。干式导流电解槽技术还迫切需要解决如下主要问题：

（1）可湿润性导流式阴极的材料及制作工艺的优化研究；

（2）适用于干式导流电解槽的炭阳极结构的研究；

（3）干式导流电解槽的结构设计优化研究；

（4）适用于干式导流电解槽的专用设备研究；

（5）适用于干式导流电解槽的工艺参数及生产技术研究。

可湿润性导流式阴极可以和惰性阳极组合，形成配备惰性阳极的干式导流电解槽。

37.3.1.2 新型结构电解槽技术

针对干式导流电解槽存在的技术缺陷和难点，中国铝业公司持续进行了长达近10年的研发工作，开发了新型结构电解槽技术。在研发过程中，先后进行了4kA级导流结构电解槽连续运行试验、160kA级新型结构电解槽工业试验和各种槽型的工业应用试验。

新型结构电解槽技术的总体技术思路是：采用新型可湿润阴极材料以提高阴极炭块的抗钠侵蚀性和铝液在阴极表面的湿润性；首创网络状的导流沟槽结构，实施低铝液层稳定运行；将散热型的内衬结构改变为保温节能型结构。中国铝业公司已经获得新型结构电解槽技术的数项发明专利，成为具有中国自主知识产权的核心铝电解技术。

新型结构电解槽技术首创了带网络状沟槽结构的水平导流阴极，大幅度降低了铝液面波动，保证电解槽在低极距下稳定运行，可使槽电压和电耗大幅度降低。同时，可形成较厚的、规整的垂直炉帮，有利于提高电流效率和槽寿命。首次形成了保温节能型电解槽设计技术，同时，新型结构电解槽也更易在高阳极电流密度下达到热平衡，有利于提高电解槽产能。新型结构电解槽炉底不易氧化铝沉淀和结壳，可在较高的氧化铝浓度区间运行，因而具备实现零阳极效应生产的基本条件。新型结构电解槽可采用成熟、简单易行有利于提高槽寿命的焦粒焙烧方法以及常规的启动方法，操作简单，利于提高槽寿命。启动后可采用快速降温、降摩尔比的方法，迅速达到设定槽电压，可明显降低启动初期的电耗。

新型结构电解槽技术已进行了大规模的推广应用。正常运行的新型结构电解槽，槽电压稳定在3.70~3.75V，电能利用率提高5%~7%。但是新型结构电解槽热容量比正常槽小，容易产生温度波动，因而对工艺参数的保持、换阳极、出铝等各项作业要求更严格。

37.3.1.3 异型阴极电解槽技术

2008~2009年，我国相继开发出了“凹凸状阴极截面结构”的电解槽技术和“圆弧状阴极截面结构”的电解槽技术。

该类改变阴极截面形状（异型阴极）技术的主要目的是：通过改变阴极截面形状，在阴极表面形成若干凸起成为铝液阻挡墙，可阻滞、减缓铝液磁流体的流动，降低铝液流速，为降低极距和槽电压创造有利条件。

通过近似的流体力学的模拟，可以发现不同的阴极突起形状对流体流动速度确实具有程度不同的阻滞作用。因此，该类改变阴极截面形状技术都可取得降低槽电压的效果，并在一定程度上保证得到较为满意的电流效率。目前该类技术也已经得到了较大规模的产业化应用。但是，该类电解槽的阴极凸起长期被强大的磁流体冲刷、磨损，其阻流效果尚待时间的考验；阴极表面存在较深、较宽的沟槽，容易在沟槽内形成氧化铝沉淀；同时，也难于采用简单的焦粒焙烧技术，不利于槽寿命的提高。

37.3.1.4 槽内放置阻挡块的阻流技术

近期开发了在电解槽内放置阻挡块以实现阻流的技术。该技术的主要技术思路是：向电解槽内的指定位置，投放一定形状大小、一定数量的阻挡块，达到对铝液磁流体流动产生阻挡作用的目的。该类技术与异型阴极技术在原理上是一致的。

与改变阴极截面形状技术相比，放置阻挡块技术操作方便、不必等停槽大修，在电解槽正常运行时即可投放阻挡块，而且可以按试验要求改变阻挡块的形状、大小和数量。不产生阴极炭块本身的破损问题，因而一般不会影响槽寿命。

但是，找到密度、强度和抗蚀性都符合电解槽生产条件，又较为廉价的阻挡块材料的难度较大。阻挡块在电解槽内同样受到磁流体的强烈冲刷，其磨损和移位不可避免。因此，长期稳定地保持其阻流作用是必须解决的技术难题。

我国铝电解工业技术界在上述一系列节能铝电解技术方面的创新，是对新一代铝电解技术的有益探索和实践，其最终的成功必将为我国铝电解工业提高核心竞争力、实现节能降耗和可持续发展提供强有力的技术支撑，也将为未来世界铝工业技术的发展作出贡献。

37.3.2　惰性双极性多室电解槽

双极性多室电解槽和低温电解生产工艺技术目前还处在研究开发期。20 世纪 70 年代，美国铝业公司、郑州轻金属研究院等国内外铝业界对双极性多室电解槽开展过实验室和工业规模试验。惰性双极性多室电解槽优点很多，还可以利用这种槽型结构进行低温氧化铝电解。

图 37-3 所示为格拉泰姆（Grjotheim）等学者概念性设计的双极性多室电解槽。该电解槽技术综合概括了铝电解新型电解质体系、新型电极材料、双极性多室槽新结构和新型测控传感器等诸多先进技术。

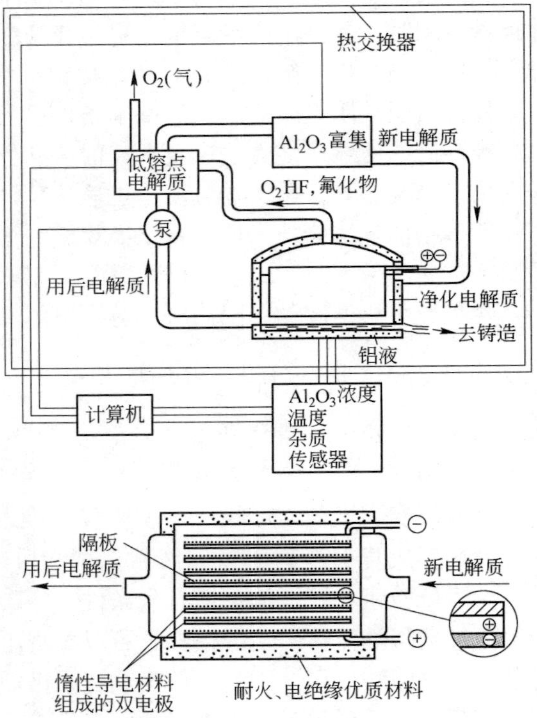

图 37-3　双极性多室电解槽示意图

其主要特点和优势如下：

（1）采用低初晶温度的新电解质体系，使铝电解温度接近铝的熔点 660℃、实行低温电解。采用惰性侧衬材料，无需形成固体炉帮保护槽内衬。

（2）采用惰性阳极和惰性阴极新材料形成双极性电极新结构，不用生产铝用炭阳极，不产生温室气体 CO_2，有利于环境保护。

（3）双极性多室结构新型槽，极距缩短，铝液从阴极上下泄到槽底，减小电磁力对槽稳定性的影响，可以获得较高的电流效率，节能降耗效果显著，吨铝电耗可能降到 10kW · h 以下，槽产量随电解槽室数（n）的增多而成 n 倍增大。

（4）利用新型传感器实现氧化铝浓度、电解质摩尔比、电解质过热度等参数的在线测量，槽内无沉淀也无阳极效应，槽运行实现更加精准的高水平自动化控制。

（5）利用热交换装置系统回收电解槽散失的热量，余热循环使用，提高电解槽的能量利用率。

双极性多室电解槽的实现有待科学技术的进步，但它代表了铝电解未来发展的方向和趋势。一旦开发成功并得到应用，必将对铝电解工业产生重大变革。

37.4　新型铝电解电极材料应用技术

铝电解的电极材料主要有阳极和阴极。在铝电解生产过程中，电解槽电极材料处在极其恶劣的工作环境中，承担着重要的功能性作用，铝用电极质量的好坏对电解槽的稳定运行、经济技术指标的先进性以及槽寿命都具有举足轻重的影响。因此，未来铝电解技术的发展在相当大的程度上，取决于电极材料的性能与质量。

铝电解的电极材料的生产技术和应用情况将在本书第6篇中详述。本节主要简要介绍新型电极材料如何影响未来铝电解技术的发展。

37.4.1　石墨化阴极

20世纪90年代后，国外以原法国铝业公司为代表的多家大铝业公司，为实现电解槽的大型化和生产运行的稳定性，通过强化电流提高产能，在新建大型槽或进行电流强化的电解槽，采用了石墨化阴极炭块取代高石墨质阴极。

采用石墨化阴极，可以对铝电解过程产生如下作用：一是可降低阴极压降，为节能或强化电流创造更大空间；二是在阴极区域能量基本保证自耗状态下，能减少槽熔体区向四周散出热流的负荷，有利于形成完整的炉帮并维持稳定；三是增强阴极炭块的抗钠腐蚀，延长阴极使用寿命。

石墨化阴极炭块有如下优点：

（1）石墨化阴极炭块抗钠侵蚀性能好。在电解过程中产生的少量金属钠通过界面反应与阴极炭内衬形成稳定的嵌层化合物，造成阴极炭内衬局部膨胀，产生内应力，导致阴极炭内衬破损。而石墨由于晶格结构发育完整，是各种炭材料中抗钠侵蚀性能最好的一种，其电解膨胀率仅为0.1%左右。

（2）使用石墨化阴极的电解槽炉底压降低。由于石墨化阴极炭块的电阻率较低，阴极压降一般可降低80～100mV。

（3）石墨化阴极炭块的导热性能好。石墨化阴极炭块的导电性、导热性性能好，电解槽散热性能也好，有利于电解槽形成完整炉帮。

（4）石墨化阴极炭块，有利于强化电流、提高产量。由于石墨化阴极炭块导热性能好、阴极压降低，为强化电流提供了可能。

（5）石墨化阴极的抗热震性能好。抗热震性能（材料对温度突变的耐抗性）与制品的抗弯强度和导热性成正比，与弹性模量和热膨胀性成反比。石墨化阴极导热性好，具有优越的抗热震性能。

（6）电解槽运行期间石墨化阴极的变质度低。电解槽运行期间，阴极材料的性能不可避免地要随时间延长而发生质变，性能指标变差。如：无定形炭的阴极在电解槽运行1000多天后，抗弯强度明显变差，仅约为原始数据的30%～40%，而石墨化阴极几乎无变化。

37.4.2　可湿润阴极

开发可湿润阴极技术的主要思路是：采用与铝液具有良好湿润性能阴极取代炭素阴极，铝离子可以直接在此阴极上放电而生成铝。如果在阴极表面保持较薄的铝液层，则可消除磁场对电解过程的干扰，大大降低极距和极间电压，从而大幅度地提高电能效率。

理想的可湿润阴极应该满足以下要求：对铝液有良好的湿润性；难溶于电解质和铝液中，能耐高温、能抵御铝液和电解质的腐蚀；在高温下有良好的导电性、高的机械强度、抗磨损性和抗热冲击能力；能够和基体材料良好地结合；容易加工成形，原料来源广泛，生产制造、安装施工应用成本低。

能够满足可湿润阴极要求的材料不多。有一类被称为“RHM”的物质，即元素周期表中第$\mathrm{IV_B}$ ~ $\mathrm{VI_B}$族过渡金属元素的硼化物、碳化物、硅化物和氮化物，一般都具有高熔点、高硬度、良好的导电性和导热性，与熔融金属具有良好的湿润性，能抵挡熔融金属铝和氧化铝冰晶石熔盐的腐蚀与渗透等优点，但这类化合物脆性大，抗热震性较差。RHM中的硼化物，尤其是TiB_2（见表37-3）和ZrB_2被认为是铝电解可湿润性阴极的首选材料。

表37-3　铝液和电解质对TiB_2涂层材料的湿润角

涂层TiB_2含量/%	0	5	10	20	30	40	50	60
铝液，θ/(°)	150	115	—	60	50	铺展	铺展	铺展
电解液，θ/(°)	81	57	37	18	19	19	17	11

在新型结构电解槽技术的开发过程中，中国铝业公司同时开发出了大规格、一体化成形TiB_2-C复合层可湿润阴极生产技术。该技术成为又一项具有中国自主知识产权的铝电解新技术，为新型结构电解槽技术的推广应用提供了性能更为优越的阴极材料。

表37-4和图37-4为TiB_2-C复合层阴极炭块的性能分析数据及比较。

表37-4　一体化成形TiB_2-C复合层阴极炭块的性能分析结果

测试项目	1号试样	2号试样	GB 8743—1988标准值
灰分/%	51.0	52.0	≤8
固定碳/%	49.0	48.0	—
容积密度/$g \cdot cm^{-3}$	1.88	1.87	≥1.54
真密度/$g \cdot cm^{-3}$	—	—	≥1.88
电阻率/$\mu\Omega \cdot m$	46	44	≤45
耐压强度/MPa	58.5	59.0	≥30

注：灰分含量高是因为添加TiB_2粉料的缘故。

工业试验证明，电解槽采用可湿润阴极后，生产运行稳定，且槽底干净、沉淀少，电流效率同比提高约1%。

37.4.3　高石墨质阴极

高石墨质阴极炭块是配入的石墨含量高于30%的阴极炭块。通常根据其用途，分别可配入30%、50%和100%的石墨，其中100%石墨含量的阴极炭块又称为全石墨质阴极炭块。

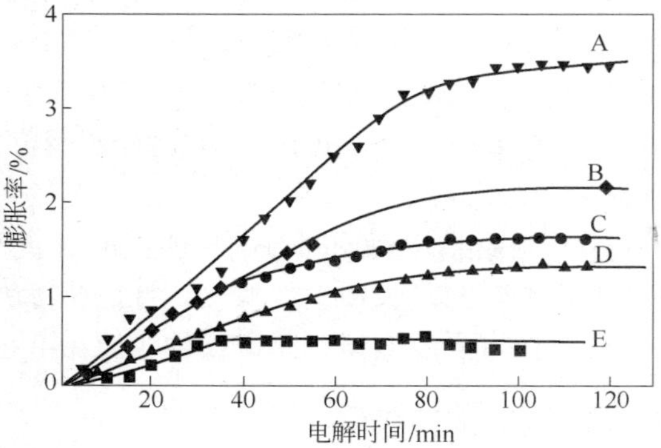

图37-4　各种阴极材料的钠膨胀比较
A~E—各种阴极材料

高石墨质阴极炭块与石墨化阴极相比，机械强度和耐磨性能更好；而与半石墨质阴极相比，导电性能好、抗钠侵蚀能力和抗热震性能强，因而是一种兼顾各种性能、较适宜于大型电解槽上使用的新型阴极材料。由于电阻率和钠膨胀率较低，可降低槽底压降、改善炉底状况，延长槽寿命，同时为提升和强化电流创造了一定的有利条件。高石墨质阴极炭块的制造成本也较适中，利于推广应用。

37.4.4　开槽阳极

通常铝电解槽所采用的炭阳极均为底掌水平的矩形阳极。随着电解槽容量的不断增加，阳极面积也需要扩大。面积越大，越不利于阳极气体的排放。因此，在阳极底掌下，总有部分工作面积被电解产生的气泡所覆盖，使电解质与炭阳极之间接触面积减少，极间电阻增大。当电解过程中极间氧化铝浓度降低，电解质同炭阳极之间的湿润性变差，析出的气体容易进入阳极和电解质的界面上，随着阳极气泡的逐渐增多，由小气泡聚合成较大气泡，形成连续的气体膜，就会引发阳极效应，危害电解正常进行。

优化阳极结构，应用开槽阳极，可以使电解产生的气体排放更加便捷，降低阳极气体对阳极底掌的覆盖率以及阳极气膜电阻，降低电解质电压降或阳极过电压；减小阳极气体在极间的占据空间，在阳极周围形成的电解质流场，更好地促进槽内的传质传热；阳极气体逸出时间缩短，可减小铝的直接二次损失，提高电流效率；阳极气体逸出对熔体的扰动减小，有利于电解槽的稳定运行。

开槽阳极的外形设计有多种，但按照开槽的方向可分为纵向开槽和横向开槽两种方法。

37.5　铝电解槽控制技术

37.5.1　铝电解槽控制技术的发展

随着铝电解槽容量的不断扩大，对计算机控制系统的要求也越来越高，这也促进了控制技术的发展。

新的槽控系统主要通过对槽电阻和槽电压噪声值的监控和实时解析，实现槽电压实时控制、氧化铝自动下料以及阳极效应的预测和处理。目前这一功能向更窄、更稳定、更均匀的氧化铝浓度控制方向发展，通过开发更为先进的控制软件，使氧化铝浓度变化趋势的判断更为超前、下料更为精准，从而保证了电解槽的更为稳定的运行。

电解槽控制系统如果加入电解质温度、过热度的耦合控制和氟化铝自动变间隔添加系统，可使电解质的初晶温度、过热度、电解质温度处于稳定状态，既可提高电流效率，又可降低效应系数，保证电解槽的长期稳定运行。

电解槽控制系统可以设立专家系统，挖掘更多的实时监测、分析统计和诊断决策功能。通过现场电解槽和工作站的多维数据分析，可以准确评判电解槽的槽况和发展趋势，对病槽进行诊断并提出调整技术方案，使电解槽技术条件和管理更加规范标准，避免人为因素因判断、操作的失误对电解槽稳定运行造成的干扰。

铝电解槽控制技术的详细介绍见第 34 章。

37.5.2　降低阳极效应的技术

铝电解槽阳极效应系数与槽内氧化铝浓度的高低和稳定性直接相关，因此降低阳极效应系数的关键在于维持槽内氧化铝浓度的稳定，即下料的精确及时的控制。

这主要可以通过计算机控制软件的设计优化和下料装置的改进来实现。下料装置的改进应着重在于保证下料容积及下料量的稳定一致，防止氧化铝输送和下料系统的堵塞。计算机控制系统优化的重点应放在优化设计控制软件，以实现精确监测槽况、准确分析趋势、超前作出预报、及时决策调整。

槽控系统的一个新的重要工作是实现自动熄灭阳极效应，减少阳极效应时间。这一方面的关键问题是确保控制系统动作的可靠性、准确性。

37.6 铝电解生产节能技术

铝电解工业是一个高耗能的行业，受资源、能源和环境等多种因素的制约，降低吨铝电耗和提高铝电解电流效率，是铝电解生产技术发展的主要方向。

37.6.1 降低槽电压技术

铝电解生产的直流电耗决定于槽电压和电流效率。在相同的电流效率下，直流电耗与槽电压成正比。槽电压每降低 100mV，吨铝节电约超 300kW · h。基于此，可以开发低槽电压生产节能技术。

从铝电解能耗分析和电压分布可知，降低槽电压可以通过多种途径实现。如降低阳极压降、降低炉底电压、降低电解质压降等。其中降低电解质压降的潜力最大。降低电解质压降又可以通过降低极距和电解质电阻来实现。

降低槽电压必须同时兼顾电流效率问题。如果降低槽电压是通过降低极距来实现的，则兼顾、保持电流效率尤为重要。在降低槽电压的同时，可以通过铝电解工艺条件和控制系统的匹配优化，基本保持电流效率不变，从而实现节电目的。较好的电解槽磁场设计有利于更多地降低槽电压。

降低槽电压还应与电解槽操作技术紧密结合。在低电压下，电解槽热收入降低，需要减少热支出才能达到电解槽的热平衡和稳定运行。因此加强电解槽的保温，精心操作管理，是实施降低槽电压技术的重要保证。

37.6.2 铝电解槽不停电技术

铝电解槽是电解铝生产的主体设备，一般由几百台槽串联形成一个庞大的生产系列，随着大型槽的大型化和系列化，电解铝单系列的产能越来越大，就导致必须有较高的用电负荷，较大的用电负荷出现任何波动，对电解铝生产乃至电网的影响都是巨大的。当系列中任何一台待修需要停槽或修理完毕的槽启动时，只有将整个系列停电才能完成该电解槽的分离和串入系列回路。每停一台电解槽，一般需系列停电约 20min，同样大修后的电解槽重新投入运行时，也大概需要 20min 左右。电解系列的停电不仅造成铝产量的减少，而且造成电流和整个系列电解温度的大幅波动，电解槽的热平衡在遭到一定程度的破坏，甚至导致效应系数增多，电耗上升，此外还会对电解槽内衬造成不良影响而影响槽寿命。

开发应用电解槽停、开槽的不停电技术和装置，是解决该问题的解决方案。其主要技术思路是：在电解槽常用的短路装置两端并联一个可以有载操作的大电流开关。在需要停槽时，连接好该开关并使其接通，由于开关的分流使电解槽的电压大幅度降低，在这种情况下可以安全地连接上电解槽上设置的短路装置，然后拆除开关，完成全电流条件下的停电过程，反之也可用于电解槽开槽。

该项技术目前已在中国成功开发并投入工业应用，其大规模的推广将带来很大的社会经济效益。

37.7　新法炼铝技术

目前世界上生产铝的方法主要是冰晶石熔盐电解法，该法自发明到现在已有100多年的历史，并且对世界做出了巨大的贡献，但是随着社会的发展该法也暴露出很多不可避免的缺点：

（1）铝电解厂占地及投资大、能耗高（吨铝14~15kW·h），并且要不断消耗炭阳极。

（2）铝电解过程还存在很大的污染问题，首先是温室气体排放量大（1千克铝排1.22kgCO_2，同时还产生含氟气体（CF_4、C_2F_6）等），废阴极材料的排放也会带来污染。

（3）铝电解过程需要氧化铝原料。氧化铝生产过程是一个工艺复杂而且成本很高的过程，对铝土矿资源和能源的依赖性也很强。

因此，开发低能耗和少排放的新的炼铝方法一直是世界铝工业关注的热点问题。

37.7.1　碳热还原

目前新法炼铝技术还都处在研究阶段。其中碳热还原法是一种可能最有前景的炼铝新方法。

碳热还原法是指：采用碳热还原方法，生成低价卤化物（主要指氟化物、氯化物、溴化物）和低价硫化铝（Al_2S），再分解出金属铝，从而可从含铝原料一步炼铝的方法。

低价卤化物分解碳热还原法使用的原料包括铝土矿、高岭土、黏土等含铝资源。该法的基本原理是：

（1）含铝原料如选择氧化铝，则用氯化铝作为载体，按以下反应提取金属铝：

$$Al_2O_3 + AlCl_3(g) + 1.5C \xrightarrow{\text{高温}} 3AlCl(g) + 1.5CO_2(g)$$

$$3AlCl(g) \xrightarrow{\text{低温}} 2Al + AlCl_3(s)$$

（2）含铝原料如选择铝合金，则按以下反应从铝合金中提取纯铝。

$$2Al + AlCl_3(g) \xrightarrow{\text{高温}} 3AlCl(g)$$

$$3AlCl(g) \xrightarrow{\text{低温}} 2Al + AlCl_3(s)$$

上述反应主要是基于：在高温条件下，先反应生成在高温下稳定的低价卤化物（如AlCl、AlF、Al_2S等），而这些中间产物在低温下就会发生歧化反应，得到金属铝及正常价态铝的卤化物（如$AlCl_3$、AlF_3、Al_2SO_3等），正常价态铝的卤化物收集后可以返回循环使用。

如是在真空条件下进行，该法炼铝机理的第一步是一个气体体积增加的反应（$Al_2O_3 + AlCl_3(g) + 1.5C \xrightarrow{高温} 3AlCl(g) + 1.5CO_2(g)$）。从理论上可以预见，降低反应系统的压力（抽真空）会大大有利于正反应进行，从而可以优化各项工艺条件，降低还原反应温度。

该法能够实现从含铝原料（铝土矿、黏土、页岩等）一步直接还原制备出金属铝，省去了目前从铝土矿制备氧化铝的这一复杂的过程，也不必经过铝电解生产金属铝这一高能耗及高污染过程，从而提高了炼铝的生产效率，降低了能耗，扩大了生产铝的资源来源。如果采用真空冶炼技术，则易于控制其尾气排放方向，也就容易控制污染，最终可以实现低污染生产。该法一旦研究成功，就有改变传统的金属铝的生产工艺的可能性，因此有很大的开发价值和应用前景。

美国铝业公司在近几年进行过碳热还原法的工业试验，设计了用于高温碳热反应的冶金炉，采用氧化铝作为原料，产出了金属铝。1968～1970 年，中国郑州轻金属研究院也曾做过铝土矿直接炼铝（低价硫化铝法）的半工业试验。硫化铝法矿石炼铝真空还原半连续炉的结构图如图 37-5 所示。

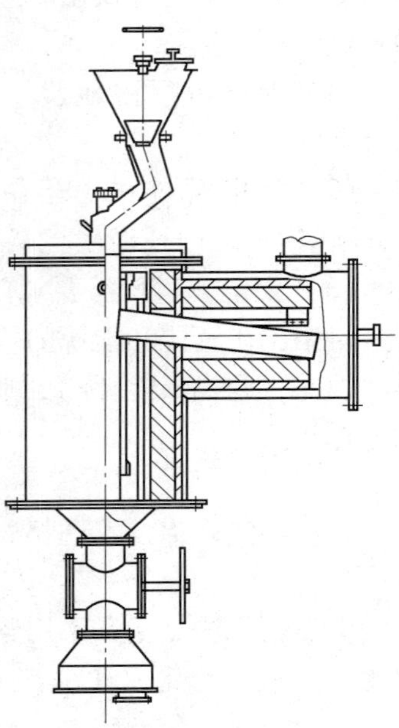

图 37-5　硫化铝法矿石炼铝真空还原半连续炉（100kW）结构简图

37.7.2　离子液电解

离子液体是室温离子液体的简称，是由特定阳离子和阴离子构成的在室温或近于室温下呈液态的熔盐体系，所以离子液体又称为室温熔盐。

离子液体是一种全新的绿色溶剂，具有结构自由组合多变、导电性好、电化学窗口宽、无挥发性和可燃性、可循环使用等特性。离子液体宽广的电化学窗口和较大的液态范围，为在室温下电解铝提供了一种新的可能。因而可以选择性地将某种有机溶剂与金属化合物结合，“设计”合成具有适合某种反应或分离特殊需求的离子液体。目前已发现了上百种离子液体。

在金属电解方面，离子液体可以作为一种理想的室温液态电解质。它可以溶解许多金属化合物，其中不含任何水分，不存在水化、水解、析氢等问题，可望用于铝、锂、镁等活泼金属及钛、钨、钼等难熔金属及合金的电解。将离子液体作为电解质用于铝的电解，不会引起离子液体的分解。

采用离子液体电解铝，不仅可以使现有的高温熔盐电解温度从 900～1000℃降至室温，而且还可以消除 CO_2 和含氟气体的排放，并能提高电解过程的电流效率、降低能耗、可得到无氢和无氧的金属铝、减少设备腐蚀和环境污染，实现铝冶金过程的绿色生产，使传统的高温熔盐电解技术发生革命性的变化。

离子液体电解铝技术目前还只是一个概念和设想，尚未进入研究阶段。但是作为未来长远的前瞻性课题，是具有一定的科学研究价值的。

参考文献

[1] 刘业翔，李劼，等．现代铝电解[M]．北京：冶金工业出版社，2008.
[2] 邱竹贤．预焙槽炼铝（第3版）[M]．北京：冶金工业出版社，2005.
[3] Liu Fengqin，Gu Songqing. Application of New Structure Cell Technology in chalcos Smelters TMS 2011，509～512.
[4] Liu Fengqin. Chinese Raw Materials for Anode Manufacturing，Switzerland R & D Carben Ltd.，2004.
[5] 冯乃祥．铝电解[M]．北京：化学工业出版社，2006.
[6] 中国环保产业协会袋式除尘委员会．袋式除尘器滤料及配件手册[M]．沈阳：东北大学出版社，1997.
[7] 北京钢铁学院热工教研组．气力输送装置[M]．北京：人民交通出版社，1974.
[8] 杨火明，任恩平，张家拓，等．106kA上插自焙阳极电解槽烟气的干法净化[J]．轻金属，1999(1)：26～32.
[9] K格罗泰姆，H克望得．铝电解导论[J]．《轻金属》编辑部，1994.
[10] M索列，H A尔耶．铝电解阴极[J]．《轻金属》编辑部，1991.
[11] 姚世焕．铝电解理论实践对近代大型预焙槽的作用[C]．上海：国际铝展会，2003.
[12] 邱竹贤．铝冶金物理化学[M]．上海：上海科学技术出版社，1985.
[13] 赵无畏，等．铝电解槽综合添加剂工业试验[C]．郑州：中国溶盐化学及电化学会，1987.
[14] 王捷．电解铝生产工艺与设备[M]．北京：冶金工业出版社，2006.
[15] 常发现，等．轻金属冶金分析[M]．北京：冶金工业出版社，1992.
[16] 吴辛友，等．分析试剂的提纯与配制手册[M]．北京：冶金工业出版社，1989.
[17] 张树朝，等．现代轻金属冶金分析[M]．北京：化学工业出版社，2007.
[18] GB/T 6987.1～32—2001：铝及铝合金化学分析方法[S].
[19] 铝厂含氟烟气治理编写组．铝厂含氟烟气治理[M]．北京：冶金工业出版社，1982.
[20] 霍庆发．电解铝工业技术与装备[M]．沈阳：辽海出版社，2002.
[21] 刘林山．铝电解厂房自然通风组织方式探讨[J]．轻金属，2005(12)：77～78.
[22] 陈喜平，李旺兴，周孑民，等．铝电解废槽内衬的危害性研究[J]．轻金属，2005(12)：33～38.
[23] 曹成山，杨瑞祥．预焙阳极铝电解槽氟平衡．轻金属[J]，2003(9)：42～44.
[24] 万沐，等．铝电解厂房自然通风的影响因素分析[J]．暖通空调，2006(10)：79～81.
[25] 刘天齐，等．三废处理工程技术手册：废气卷[M]．北京：化学工业出版社，1999.
[26] 聂永丰，等．三废处理工程技术手册：固体废物卷[M]．北京：化学工业出版社，2000.
[27] 大气污染源控制手册编制组．有色金属工业大气污染源控制手册：铜、铝冶炼篇[M]．北京：中国环境科学出版社，2000.
[28] Willian G Sullivan，Elin M Wicks，James T Luxhoj. 工程经济学（第12版）[M]．北京：清华大学出版社，2004.
[29] 查尔斯·T·亨格瑞，乔治·福斯特，斯坎特·M·达塔．成本会计[M]．刘力，黄慧馨，王立彦，等译校．北京：中国人民大学出版社，1996.
[30] 英国CRU公司．电解铝厂生产成本分析报告．伦敦，2004，7，9，27.
[31] 铝业信息．全国铝厂产量和主要技术经济指标排序．郑州，2006，1.
[32] 向凌霄．原铝及其合金的熔炼与铸造[M]．北京：冶金工业出版社，2005.
[33] 赵无畏．锥面双极性多室电解[J]．有色金属，1981(3)．
[34] 肖亚庆．中国铝工业技术发展[M]．北京：冶金工业出版社，2007.
[35] 工程造价与控制（2006版）[M]．北京：中国计划出版社，2007.

第六篇 铝用炭素材料及氟盐

本篇主编 刘风琴
副 主 编 （以姓氏汉语拼音为序）
罗英涛 孙 毅

编写人员 （以姓氏汉语拼音为序）
常先恩 崔银河 李庆宏
刘风琴 罗英涛 罗钟生
戚焕岭 孙 毅 杨冠群
杨光华 杨宏杰

审 稿 （以姓氏汉语拼音为序）
龚石开 刘风琴 路培乾
路增进 罗英涛 孙 毅
温作仁 杨冠群

38　铝用炭素材料概论

※※※※※※※※※※※※※※※※※※※※※※※※※※※※※※※※※※※※※※

38.1　碳元素和铝用炭素材料

“炭素材料”与碳元素是不同的。“炭素”一词为外来语，但已为中国炭素材料生产企业及产品使用部门所熟知并普遍使用，“炭素厂”实际上是生产炭素材料的工厂。元素碳是法国科学家拉瓦锡（A. L. Lavoisier）于1776年发现并列入元素周期表中，1797年法国科学家特纳尔（L. J. Thenard）通过实验，证实了金刚石和石墨都是碳元素的同素异形体。到20世纪末，已经发现的碳的同素异形体有5种，即金刚石、石墨、无定形炭、富勒碳（C_{60}）及纳米碳等中间型碳、炔碳（炔类物质燃烧生成物），后两种主要来自人工合成。5类碳元素的同素异形体，由于晶体结构不同，其物理化学性质也有很大区别。根据近代材料结构分析研究，证明无定形炭也是一种晶体，只是晶体尺寸很小，某些品种的无定形炭（如石油焦、沥青焦、无烟煤）在2500℃左右的高温下可转化为较完善的石墨晶体结构，导电及导热等物理化学性能明显提高，纯净的石墨在高温高压下可转化为金刚石晶体结构。

“炭”与“碳”二字有联系又有区别，材料学者将含有碳元素的化合物及其众多的衍生物，如碳水化合物、碳酸盐、碳氢化合物中的元素碳用“碳”字表示，而将C/H比在10以上，主要由碳元素组成的、多数为固体材料（如煤炭、焦炭、炭电极、炭块、炭纤维等）中的“碳”字用“炭”字表示，并统称为炭素材料。

炭素材料与炭素制品有联系又有区别，炭素材料是个总称，涵盖炭素原料和炭素制品两大类，如炭素工业使用的石油焦、无烟煤、天然石墨等都属于炭素原料，而不能称为炭素制品。使用炭素原料经过一系列加工得到的具有一定形状及一定物理化学性质的产品称为炭素制品（如炭质电极、石墨电极、炭纤维）。有些炭素制品如炭纤维在炭素工业部门来说，是炭素制品，但在使用炭纤维的部门来说，常称之为炭素材料。

广义上看，炭素材料应该包括金刚石在内的5类碳原子的同素异形体所形成的各类材料，但炭素工业一般不包括天然金刚石的开采和人工合成，也不包括天然石墨的开采。从晶体结构上讲，通常所说的炭素材料都是以石墨微晶为基础构成的，不过在各种炭素材料中，微晶的尺寸和微晶的三维排列的有序程度有相当大的差别。从材料的组成上看，生产某些炭素制品采用半石墨化原料或加入部分天然石墨或石墨碎，获得不同的炭素材料，其理化性质（如导电、导热性、润滑性、耐化学腐蚀性等）差异很大。因此可以将炭素制品按理化性质的不同，区分为炭质、石墨化和半石墨质3大类。

炭质制品以无烟煤和冶金焦为主要原料，焙烧后不必石墨化，如，砌筑铝电解槽及炼铁高炉内衬用的炭块，即使采用石油焦或沥青焦等易石墨化原料生产的不经石墨化的产品也属于炭质材料，炭质制品的热导率较低而电阻率较高，没有润滑性，但力学强度比较高。

石墨化制品则是以易石墨化的石油焦或沥青焦为原料，产品在焙烧后必须经过石墨化高温处理，从而使产品获得石墨的一系列特性，如，较高的热导率和较低的电阻率，灰分很低，有良好的润滑性，但力学强度下降。从炭质到石墨化的转化是由热处理来完成，并可通过热处理温度对炭素材料的理化性质进行调控。一般把在2500℃左右高温处理获得的石墨称为“人造石墨”，以区别于天然石墨，这个高温处理过程称为“石墨化”。然而即使热处理温度相同，但由于初始原料或炭化过程不同，得到的炭素原料或制品的性质也有明显差异，图 38-1 所示为几种炭质原料随热处理温度的上升，其微晶尺寸的变化。石油焦随温度升高，其微晶尺寸迅速增大；而炭黑即使温度升高到3000℃，微晶尺寸的增大也有限（即很难石墨化）。炭素原料从炭质转化为石墨化可用以下 4 点给予说明：

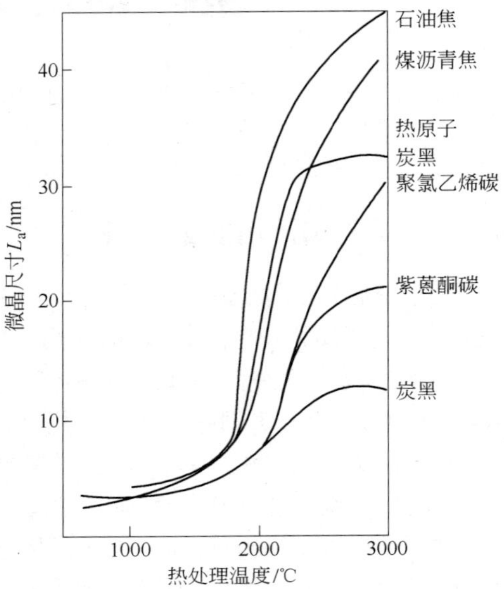

图 38-1 几种炭质材料的微晶尺寸随热处理温度的变化

（1）石墨微晶层面的上下叠合有序化，即从二维的乱层结构向三维的有序结构的转化；

（2）微晶层面间距减小；

（3）微晶层面的直径及其叠合的厚度（或层数）的增大；

（4）晶粒边界上未构成六角环形组织的碳原子被层面吸收及异种原子（氢、氧、氮、硫等）的脱离。

由于各种炭质炭素原料在同样的高温下有的容易被石墨化，有的不容易石墨化，因此，把石油焦那样容易被石墨化的炭素原料称为易石墨化炭，或称软炭；而把如炭黑那样的基本不能石墨化或很难石墨化的炭素原料称为难石墨化炭或称硬炭。

半石墨质炭素制品是指在生产某种炭质制品时使用了电煅无烟煤为主要原料，并加入适量的石墨碎或天然石墨，产品的结构中有一定量的石墨成分，因而，这种产品的电阻率比一般炭质制品低，但比石墨化炭素制品高，如铝电解槽大量使用这类半石墨质底部炭块和半石墨质侧部炭块。铝电解槽还使用一种以石油焦为原料，但石墨化温度只达到2000℃左右的半石墨化块，这种半石墨化块的电阻率高于在石墨化温度2500℃左右生产的石墨化块，但力学强度和耐磨性高于石墨化块。

38.2 铝用炭素材料的发展史及用途

C/H 比在 10 以上，主要由碳元素组成的固体材料统称炭素材料，炭素材料包括炭素原料和炭素制品两大类。

38.2.1 炭素材料的发展史

炭素材料是一种古老的材料，史前人类就已经将煤炭、木炭、天然石墨用于取暖、煮食等，但作为高质量的工业材料使用仅有100多年的历史。用各种煤炭为原料加工成导电材料是在电的发现和应用以后。在18世纪末的欧洲，对电学的研究已积累了许多成果，尤其是意大利人伏打（A. A. Volta）于1795～1798年间创建了伏打电池以后，1802年俄国人V. V. 彼得罗夫用伏打电堆研究放电现象，发现了电弧，并预言电弧产生的强光和高温将在照明和冶炼中得到应用。1809年英国人戴维（H. Davy）使用木炭粉和煤焦油混合后加压成形并进一步焙烧成能导电的炭棒，对相距100mm的两根炭棒通电，得到一明亮的电弧，1844年制成了以木炭为电极的弧光灯，在19世纪的80～90年代，这种炭棒为电极的弧光灯一度成为海岸灯塔、剧场的照明光源，也曾作为街道路灯使用。炭质电极之间产生的电弧温度高达3413K，1808～1820年戴维利用电弧的高温制造钾和钠，以后又制造出钙、磷和碳化钙。电弧照明和电炉冶炼的发展要求提供质量更好的炭质电极，1842年德国人本生（R. H. Bunsen）用两份能结焦的煤粉和1份焦炭粉混合在钢模中加压成形，然后焙烧制成炭质电极，这是近代炭素制品工业的先驱。1846年英国人斯泰特（Staite）和爱德华（Edwards）用焦炭粉和蔗糖（黏合剂）为原料，制造电炉用导电电极及弧光炭棒获得专利权，但是这种产品结构疏松、孔度较大、力学强度低。当时由列兹（Rezy）和施密特（Smidt）两人共同研究成功将焙烧后的炭质电极放在浓糖水中浸渍，然后进行第二次焙烧以提高炭质电极的体积密度和力学强度，进一步完善了炭质电极的生产工艺。

1890年美国人卡斯特纳（H. Y. Castner）发明了从熔融的氢氧化钠电解制取金属钠的方法及汞为阴极、石墨板为阳极的电解槽从食盐溶液制取氢氧化钠的工艺，导致对这种石墨阳极的需要量不断增加。1895年查尔蒙得（De Chalmont）和莫尔黑德（Morehead）用电炉炼成含硅50%的硅铁合金，又于1897年炼成铬铁合金。1888～1892年法国人埃鲁发明了可直接冶炼金属的电弧炉，1899年首次用电弧炉炼出1炉钢，这一系列发现和发明开拓了电冶金工业的广阔前景，并带动了炭素制品工业的发展。早在1876年卡尔（Carre）和勃洛希（Brush）在法国巴黎设立了炭素厂，建立了如下生产工序：原料破碎和磨粉→炭粉与黏结剂混合（得到可塑性的糊料）→加压成形（得到生坯）→生坯焙烧（黏结剂炭化）→机械加工。19世纪末对弧光炭棒、电炉用导电电极的需要量越来越大，北美和欧洲各国纷纷建立了具有一定规模的炭素制品工厂。由于使用无烟煤及焦炭生产的炭质电极灰分较高、电阻率较大，1877年美国人布拉什（C. F. Brush）和劳伦斯（W. H. Lawlence）在美国克利夫兰用煅烧过的石油焦制造性能较好、低灰分的炭质电极。1899年普里查得（C. G. Prichard）提出用锡兰石墨制造天然石墨电极的方法。19世纪末及20世纪初电炉冶炼的导电材料多数使用无烟煤及焦炭为原料的炭质电极或以锡兰石墨为原料的天然石墨电极。近代炭素制品生产史上重要的里程碑是人造石墨电极（石墨化电极）的发明，1896年卡斯特纳和艾奇逊（E. G. Acheson）用不同的产生高温的方法使无定形炭转化为石墨晶体，从而使炭质电极转变为人造石墨电极。完全用石油焦为原料制造的石墨电极（人造石墨电极）经过10年左右才实现工业规模生产，并且主要使用艾奇逊设计的石墨化炉进行石墨化。1914

年制造的石墨电极最大直径只有350mm、长度为1500mm，到了1937年才生产出直径为500mm、长度为1800mm的石墨电极，到80年代末生产出直径达到800mm的特大规格石墨电极。人造石墨电极的优良性能（特别是电阻率低、抗氧化性能优越和抗热震性好）为不断发展的电炉炼钢提供了理想的高温导电材料，电炉炼钢逐渐改用人造石墨电极。随着电炉炉容及输入功率的不断提高，对石墨电极的质量要求更高，20世纪70年代又研制出以针状焦为原料的高功率和超高功率电炉用的优质石墨电极，称为“高功率石墨电极”和“超高功率石墨电极”，炭质电极和天然石墨电极需要量日益减少，但少量炭质电极仍在冶炼铁合金或黄磷等产品的矿热电炉中使用。

炭质耐火材料是另一种用途广泛的炭素制品，19世纪初，欧洲炼铁工业已有相当规模，由于炭素材料对铁水及熔渣有较好的抗腐蚀性能，因此，采用炭素材料作为炼铁炉的耐火内衬，1840年时德国80%的生铁是从以炭质材料作内衬的高炉中冶炼出来的。20世纪50年代以后炭质耐火材料又有了较大发展，国内外大型高炉的炉底和炉缸多数采用炭块砌筑，由于高炉冶炼强度的不断提高，对炭质耐火材料提出了更高的要求，炭质耐火材料也由过去“炭块”单一品种发展到20世纪80年代包括石墨质块、半石墨质块、碳化硅-半石墨块、微孔炭块、高温模压炭块（模压成形与焙烧同时进行）等许多新品种。

自从1893年英国科学家法拉第（M. Faraday）发现了电解定律，打下了电化学理论基础以后，1886年美国人霍尔（C. M. Hall）和法国人埃鲁（P. L. T. Heroult）分别发明了从冰晶石-氧化铝电解质中制取金属铝的方法，电解制铝需要大量炭质导电材料作为电解槽的阴极内衬及炭质阳极（预焙阳极或自焙阳极），电解铝工业的迅速发展带动了铝用炭素制品的大规模生产。从数量上看，铝用炭素制品远大于钢铁冶金所用的石墨电极和高炉炭块。

19世纪70年代以后，依靠蒸汽机带动发电机发电，电力供应日益增加，电动机也逐步推广使用，电动机和发电机都有一个转子载流导体，电流通过电刷从旋转的导体导入或导出电流，1883年法国人法尔博（Farbe）制造了炭质电刷，使发电机和电动机容量和转速的提高成为可能，1895~1900年英、法等国建立了炭刷生产厂。1877年爱迪生发明了电话，采用炭质振动膜和炭粒作为话机结构材料，不久电工用炭素制品和机械工业用耐磨炭素制品结合在一起发展成专门的电炭制品工厂。1907年美国人贝克兰（L. H. Bakland）发明酚醛树脂，用酚醛树脂浸渍石墨制品并经过适当温度固化后，成为不渗透的耐腐蚀材料，被广泛应用于化学工业，不久，石墨化工设备生产也发展成炭素制品行业的一个分支。

第二次世界大战推动了核能的研究和应用，建造核反应堆需要慢化中子的材料及外层屏蔽材料，石墨具有良好的中子慢化性能和散射截面大、高温强度好，而且价格比较低，因此，初期建造的核反应堆的堆芯用特制的石墨块砌成，建造一座核反应堆需要数百吨到数千吨杂质含量极低的高纯、高密度石墨（反应堆用石墨又称为核石墨）。高纯度和高密度石墨还被加工成冶炼高纯金属（或高纯非金属）的坩埚、容器、加热元件及电子管栅极等产品。

第二次世界大战以后，军备竞赛加剧，火箭及导弹工业崛起，石墨材料又一次崭露头角。由于石墨材料体积密度较低又耐高温而且高温强度好，由此开发了高强石墨。为了提高石墨的抗烧蚀性能，在石墨表面渗涂金属或非金属材料，美国贝尔实验室对在石墨表面沉积热解炭（化学气相沉积）进行了系统的试验，并于1960年前完成了热解炭和热解石墨的研制工作。热解炭和热解石墨除用于火箭及航天器材外还大量用于电子工业、仪表仪器工业，还可用作生物工程材料，如在1500℃左右沉积的各向同性热解炭具有不与血液或其他体液发生化学变化也不会引起血凝，而且有足够的强度和耐磨性。因此，可制作人工心脏瓣膜、人工关节及人工骨植入人体，代替已经损坏的器官，这类产品统称为生物炭素材料（简称生物炭）。

20世纪60年代炭素材料领域最重要的成果就是炭纤维及其复合材料的问世，利用聚丙烯腈纤维、粘胶纤维或沥青纤维在受控的条件下使其炭化，而又保持纤维形状和可挠曲性能，最后获得含碳量在95%以上的炭纤维，如，再在2000℃以上的高温下热处理即可得到高模量的石墨纤维，炭纤维的体积密度比铝小，但比强度高于钢，炭纤维与环氧树脂等多种材料复合后形成的复合材料，是较理想的耐烧蚀材料和高强度的结构材料，可用于制作多种航天航空器材。20世纪80年代起炭纤维大量生产后价格不断下降，因此在民用机械设备（汽车外壳）、化工生产（绝热保温、过滤）及运动器材中（网球拍、钓鱼竿、赛车架、滑雪板）作为结构材料或其他功能材料得到广泛应用。20世纪60～80年代已经使用的新型炭素材料还有玻璃炭和再结晶石墨、高定向热解石墨等。

38.2.2 炭素制品的分类及用途

炭素制品包括了10多个品种，数百个规格的不同物理化学性能和不同形状的产品，有一般工业用材料，也有近代高技术产业所需的，虽然用量不大但不可缺少的重要材料。由于产品的用途不同，采用的原料及加工工艺有相当大的区别，产品本身的物理化学性能也存在明显的差别。炭素制品按材质分，可分为炭质制品、半石墨质制品、天然石墨制品和人造石墨制品。如按使用功能可分成导电材料、结构材料和特殊功能材料三大类：

（1）导电材料。如电弧炉用石墨电极、炭质电极、天然石墨电极、电极糊和阳极糊（自焙电极），电解用石墨阳极，电刷及电火花加工用模具材料等。

（2）结构材料。如炼铁炉、铁合金炉、电石炉、铝电解槽等的炉衬（也称炭质耐火材料），核反应堆的减速材料和反射材料，火箭或导弹的头部或喷管内衬材料，化学工业的耐腐蚀设备，机械工业的耐磨材料，钢铁及有色金属冶炼工业连续铸造用的结晶器石墨内衬，半导体及高纯材料冶炼用器件等。

（3）特殊功能材料。如生物炭（人造心脏瓣膜、人工骨、人工肌腱），各种类别热解炭和热解石墨，再结晶石墨，炭纤维及其复合材料、石墨层间化合物、富勒碳、纳米碳等。

按用途及工艺分类，可归纳为下列12大类。

（1）石墨电极类。主要包括普通功率石墨电极、高功率石墨电极、超高功率石墨电极、抗氧化涂层石墨电极、石墨化块以及以天然石墨为主要原料生产的天然石墨电极。

（2）石墨阳极类。包括各种溶液电解及熔盐电解所用的阳极板、阳极棒、大型圆柱状阳极（如电解制取金属钠）。

（3）炭质电极。主要包括以优质无烟煤为主要原料生产的炭质电极，以石油焦为主要原料生产的铝电解槽用的炭阳极（即预焙阳极），以石油焦沥青焦为主要原料生产的供电解镁工业用的炭素格子砖。

(4) 炭块类（冶金炉用炭质耐火材料），主要包括：

1) 炼铁高炉用炭块，还可分为：挤压成形及经过焙烧、加工的炭块；模压成形同时通电焙烧的热压小炭块；模压成形后不焙烧，直接使用的自焙炭块；石墨质，半石墨质块，石墨-碳化硅砖等。

2) 铝电解槽用炭块，可分为侧部炭块及同时起导电作用的底部阴极炭块。

3) 铁合金炉、电石炉等矿热电炉用的内衬炭块。

4) 石墨化炉、碳化硅炉砌炉体用的炭块。

(5) 炭糊类，主要包括：

1) 电极糊，铁合金炉或电石炉用的自焙电极材料，可分为开放式电炉用及密闭式电炉用两大主要品种。

2) 阳极糊，铝电解槽用的自焙电极材料，可分为上插式电解槽使用的阳极糊和旁插式电解槽使用的阳极糊。

3) 砌筑炭块时用于黏结或填缝的糊料，如砌筑高炉炭块需用粗缝糊及细缝糊，砌筑铝电解槽需用的阴极糊等。

(6) 高纯、高密和高强石墨，主要包括：

1) 高纯石墨。如核反应堆所用的减速材料、反射材料、核燃料载体，冶炼高纯金属材料或高纯非金属材料所用的石墨坩埚、石墨舟皿、石墨加热器，水银整流器或电子管用高纯石墨器件（阳极或栅极）。这一类石墨制品一般要求灰分低于0.05%，因此，需在石墨化过程中增加提纯工艺。

2) 高强高密石墨。如金属连续铸造的结晶器用石墨，电火花加工用模具石墨，导弹或火箭的头部、喷管或尾部方向舵用石墨，这一类石墨材料需要高强度和高密度，因此需多次浸渍处理，而且多为细颗粒结构，有时要用等静压工艺成型，导弹喷管加工后有的需要表面渗硅或渗其他耐高温材料。硅钢片退火炉用石墨辊套也是一种高强高密石墨，成品表面需渗铬。

3) 高密度各向同性石墨。其体积密度一般大于1.8g/cm^3，各向异性比为0.9～1.1（以垂直和平行方向测定的线膨胀系数作对比），用于半导体、核工业及航天工业。

(7) 特种石墨，特种石墨包括：

1) 热解炭及热解石墨。热解炭和热解石墨及其复合材料具有特殊的物理性能，在1500℃左右沉积的热解炭其物理力学性能是各向同性或接近各向同性，硬度很高、耐磨性好，可作为生物工程材料使用。在1700℃以上沉积的热解炭或热解石墨其物理力学性能呈现高度各向异性，有很好的抗烧蚀性能，是宇航工业、导弹工业的重要结构材料。

2) 多孔炭及多孔石墨。这类产品的体积密度一般在1.2g/cm^{3}以下、气孔率在45%以上，主要作为绝热保温、吸附、过滤材料或作为催化剂的载体。根据采用原料和制造工艺的不同，可分为焦炭基多孔炭、泡沫塑料型多孔炭及多孔石墨等几种产品。

3) 玻璃炭。玻璃炭是一种具有特殊性能的炭素制品，外表光滑并呈现玻璃状光泽。气孔率极小，几乎不透气。玻璃炭作为一种耐腐蚀材料主要用于制造实验室器皿（代替石英玻璃）及特殊冶炼过程设备（如单晶硅外延炉的加热体）。玻璃炭微粒还可作为绝热材料或过滤材料使用。玻璃炭的生产工艺完全不同于其他炭素制品，原料为糠酮树脂、糠醇树脂或其他树脂，在特殊的条件下缩合、炭化而得。

4）再结晶石墨。这是一种在高温、高压下使多晶石墨的晶粒增大和高度定向排列得到的高密度石墨，体积密度达到1.9～2.2g/cm^3，抗烧蚀和抗蠕变性能优良，可作为火箭推进器的耐热零件。将热解石墨在高温（3000℃）下加压，可制得近似石墨单晶的高定向石墨，高定向热解石墨又称压缩退火热解石墨，可作为X射线和中子射线单色器、高能光子偏振片使用。

（8）机械工业用耐磨炭和耐磨石墨：如，许多机械设备使用的密封圈、轴承、活塞环、滑道及某些旋转机械的叶片等，这些由炭或石墨材料加工成的零件可以在－200～＋2000℃温度范围内的腐蚀性介质中，并且在很高的运动速度下（如100m/s）不用润滑油而正常运转。某些耐磨炭或耐磨石墨需用液态金属进行浸渍，以提高其体积密度和耐磨性能。

（9）电工用炭和石墨制品。如电动机和发电机的电刷，无轨电车及电力机车的受电弓滑块，某些电压调整器炭电阻片，电话送话器中的炭零件，弧光炭棒、碳弧气刨炭棒、电池炭棒等导电材料。

（10）化工设备用石墨（也称不透石墨）。利用人造石墨的耐腐蚀、导热系数高、易于加工成不渗透设备等特点，生产石墨化工设备已成为炭素制品工业的重要分支，主要生产各种热交换器、反应槽、冷凝器、吸收塔、石墨泵等化工设备。按照制造工艺的不同产品可分为三类：

1）浸渍型不透石墨；

2）以石墨粉为原料、合成树脂为黏结剂的压制不透性石墨；

3）以石墨粉为原料、合成树脂为黏结剂的浇注类不透性石墨。

（11）炭纤维及其复合材料。炭纤维是一种新型工程材料，发展前途极为光明，这种用人造纤维或合成纤维在特定工艺条件下炭化而得的纤维状炭，体积密度比铝小，但比刚度大于钢。炭纤维及其复合材料在航空及宇航工业、化学工业、机械工业中均有广泛的用途，还大量用于制造各种运动器材。目前，市场出售的炭纤维有预氧化纤维、炭化纤维和石墨化纤维等3个品种。

炭纤维复合材料是20世纪70年代起发展起来的新型结构材料，炭纤维可以和各种树脂、塑料、陶瓷、金属等多种材料形成各种形式的复合材料制品，这些复合材料制品强度高而质量轻、抗疲劳性能好，已经成为航空及航天工业的重要结构材料。

（12）石墨层间化合物（又称插层石墨）。石墨层间化合物是一种特殊的炭素材料，一般以天然鳞片石墨为原料，经用某些化学物质处理后，化学物质侵入石墨晶格层面间，与层面的碳原子键合后形成一种新的晶体化合物，但不破坏石墨的晶体结构。目前主要有柔性石墨（即膨胀石墨）、石墨-卤素层间化合物和石墨-金属层间化合物等3个品种。

石墨层间化合物的应用范围到20世纪80年代还不大，主要是以天然石墨为原料生产的膨胀石墨作为密封垫料使用，最近10多年，石墨层间化合物的研究有了显著进步，许多金属或非金属材料侵入石墨的层状结构中形成的石墨层间化合物具有特异的物理和化学性能，已经在超导材料、高能电池材料、有机合成触媒载体、氢同位素分离剂等各方面崭露头角，预测若干种石墨层间化合物将在21世纪进入工业化生产阶段。

38.3 铝用炭素材料的基本性能

38.3.1 炭素阳极的宏观结构

炭素阳极的宏观结构通常用真密度、体积密度、气孔率和气体渗透率等参数来表征。

38.3.1.1 真密度

真密度是不包括气孔和裂隙在内的单位体积炭材料的质量。

真密度的测定方法有溶剂置换法、气体置换法和X射线衍射法，其中最常用的是溶剂置换法。这种方法是将试样粉碎到0.15mm以下，经充分干燥后装入密度瓶中称重，然后在恒温下用溶剂（常用的有二甲苯、蒸馏水、酒精等）浸润，使溶剂充满颗粒间隙和颗粒内部的气孔及微型裂缝，最后用比较称重法求出真密度。

38.3.1.2 体积密度

体积密度是单位体积炭材料的质量，也称为视密度或表观密度。此单位体积包括孔隙的体积在内，所以取决于真密度和气孔率，其数值小于真密度。

体积密度的常用测量方法是将试样加工成立方体或圆柱体，精确测量其尺寸和质量后计算得出。

38.3.1.3 气孔率

气孔率是指试样中的气孔体积占试样总体积的百分比。

炭素阳极中的气孔有三种形式：封闭气孔、开口气孔和连通气孔，全气孔率可用下式表示：

$$\text{全气孔率} = \frac{V_1 + V_2 + V_3}{V} \times 100\% \qquad (38\text{-}1)$$

式中 V——试样总体积，m^3；

V_1——闭口气孔体积，m^3；

V_2——开口气孔体积，m^3；

V_3——连通气孔体积，m^3。

通常所说的气孔率是指显气孔率（或称开气孔率）：

$$\text{显气孔率} = \frac{V_2 + V_3}{V} \times 100\%$$

也可以从测定的真密度和体积密度计算：

$$\text{气孔率} = \frac{d_u - d_k}{d_u} \times 100\%$$

式中 d_u——真密度，g/cm^3；

d_k——体积密度，g/cm^3。

38.3.1.4　气体渗透率

炭素阳极属多孔材料，在一定压力下的气体可以透过材料。炭素阳极的气体渗透率只与连通气孔的大小和形状有关，一般认为气体不能透过封闭气孔，因此，炭素阳极的气体渗透率与材料的气孔率没有数值上的比例关系。通常应用达尔绥（Darcy）定律测定气体渗透率，达尔绥定律的方程为：

$$V = \frac{B}{\eta} \cdot \bar{p} \cdot \frac{A}{L} \cdot \Delta p \tag{38-2}$$

式中　V——单位时间内通过多孔材料的气体体积，mL/s；

B——达尔绥常数；

A，L——被测材料气体流过的截面积和高度；

$\bar{p}$——气体流过材料中的平均压力，MPa；

Δp——气体流过材料前后的压力差，MPa；

η——气体的黏度，Pa·s。

炭素阳极的气体渗透率测定采用空气作介质，称为空气渗透率：

$$D = \frac{V}{t}\frac{h\eta_{air}}{A\Delta p} \tag{38-3}$$

式中　D——空气渗透率，nPm；

V——透过试样的空气体积，m^3；

t——体积为 V 的空气透过试样的时间，s；

A——试样的截面积，m^2；

h——试样高度，m；

Δp——空气流过材料前后的压力差，N/m^2；

η_{air}——空气黏度，P，$1P = 10^{-1}Pa \cdot s$。

38.3.2　炭素材料的力学性质

38.3.2.1　力学强度

炭素阳极在工作时，要求其有一定的机械强度和抗热震性能，一般用抗压强度和抗折强度来表征：

（1）抗压强度。阳极单位面积上所承受的极限载荷。

（2）抗折强度。阳极试样受到与轴线相垂直的外力作用时，从弯曲到折断时的极限载荷。

38.3.2.2　弹性模量

表示阳极材料所受应力与产生应变之间关系的物理量，通常采用杨氏模量，有静态和动态两种测定方法。

静态弹性模量是将试样在万能材料试验机上施加静拉伸负荷，同时用引伸仪测定试样的弹性伸长量，然后用下式计算出弹性模量。

$$E = \frac{PL_0}{S\Delta L} \tag{38-4}$$

式中 E——杨氏模量，N/cm^2；

P——静拉伸载荷，N；

L_0——引伸仪标距，cm；

S——试样横截面，cm^2；

ΔL——静拉伸载荷为 P 时试样的弹性伸长量，cm。

动态弹性模量是采用声频法测定，原理是超声波在试样内的传播速度与材料的密度和弹性有关。

38.3.3 炭素材料的热学性质

炭素阳极的热学性质表示材料受热后引起变化的关系，通常用热导率、线膨胀系数和抗热震性来表征。

38.3.3.1 热导率

阳极材料的导热是靠晶格原子的热振动传热的晶格导热体，热导率可用式(38-5)计算：

$$\lambda = \frac{1}{3}c_v vL \tag{38-5}$$

式中 λ——热导率，W/(m · K)；

c_v——体积比热容，$kJ/(m^3 \cdot K)$；

v——晶格波传递速度，m/s；

L——晶格波平均自由程，nm。

38.3.3.2 线膨胀系数

固体材料的长度随温度升高而增大的现象称为线膨胀。线膨胀系数可用式（38-6）计算：

$$\alpha = \frac{\Delta L}{L_0 \Delta t} \tag{38-6}$$

式中 α——线膨胀系数，$℃^{-1}$；

ΔL——伸长量，cm；

L_0——原始长度，cm；

Δt——升高的温度，℃。

线膨胀系数的大小直接影响着阳极在高温下的使用性能，线膨胀系数越大的产品开裂的可能性越大。

38.3.3.3 抗热震性

材料在高温下使用时，能经受温度的剧变而不发生破坏的性能称为抗热震性。当温度剧变时，若材料不能及时把热量传走，材料表面和内部产生温度梯度，它们的膨胀和收缩不同而产生内应力，当应力达到极限强度时，材料就被破坏。为了提高制品的抗热震性应从减小热应力的产生、缓冲热应力的发展以及增强抗热应力的能力三方面综合考虑。

为了定量的反映材料抗热震性能的好坏，提出了抗热震性指标与耐热冲击参数。

$$R = \frac{p}{\alpha E}\left(\frac{\lambda}{c_p D_v}\right)^{1/2} \tag{38-7}$$

$$R' = \frac{\lambda P}{\alpha E} \tag{38-8}$$

式中　R——抗热震性指标；

R'——耐热冲击参数；

p——抗压强度，MPa；

α——线膨胀系数，℃$^{-1}$；

E——杨氏模量，MPa；

λ——热导率，W/(m · K)；

c_p——比定压热容，kJ/(kg · K)；

D_v——体积密度，g/cm^3。

38.3.4　炭素材料的电磁学性质

38.3.4.1　导电性与电阻率

炭素阳极作为铝电解槽的导电材料，要求具有良好的导电性、较低的电阻率，以减少原铝生产电耗。电阻率与煅后焦的煅烧程度、阳极的体积密度及焙烧温度有直接的关系。

阳极的电阻率采用电位差法进行测定。即对横截面积为 S、长度为 L 的试样通以恒定的电流 I，测出试样两端的电位差 U，用下式计算出电阻率：

$$\rho = \frac{US}{IL} \tag{38-9}$$

式中　ρ——电阻率，Ω · m；

U——加在试样两端的电压，V；

S——试样截面积，m^2；

I——通过试样的电流强度，A；

L——试样长度，m。

38.3.4.2　磁学性质

炭素阳极磁化后产生的磁场强度方向与外加磁场强度方向相反，所以，它是一种抗磁性材料，其磁化率为负值。

38.3.5 炭素材料的化学性质

38.3.5.1 氧化反应

炭素阳极在常温下不发生氧化反应，但随着温度的提高其化学活性急剧增加，大约从350℃开始氧化，而且，会随着金属杂质含量和热处理温度的不同而有差异，微量杂质Na、K、S、Ca、V、Ti、B、Ni的存在会明显的加速氧化反应，因此，减少阳极中微量元素的含量对降低阳极消耗十分重要。

铝电解生产过程中，阳极底部存在一个明显的气膜层，发生炭与二氧化碳的气固反应，它的反应速度与气体分子向阳极内部扩散的速度有关。如果阳极材料的气孔率高，特别是开口气孔多，气体分子容易扩散到材料内部，参与反应的表面积大，氧化速度加快，提高炭素阳极的密度可以有效地降低氧化消耗。炭素阳极的氧化反应性用二氧化碳、空气反应性两项指标来表征。

38.3.5.2 碳化物的生成

在高温下，碳溶解于Fe、Al、Mo、Cr、Ni、V、Ti等金属和B、Si等非金属中生成碳化物。碳与碱金属、碱土金属、铝及稀土类元素生成盐类碳化物，一般为绝缘体，大部分稳定性好。在停槽大修的阴极上容易看到黄色的碳化铝。

39 铝用炭素生产的原料

＊＊＊＊＊＊＊＊＊＊＊＊＊＊＊＊＊＊＊＊＊＊＊＊＊＊＊＊＊＊＊＊＊＊＊＊＊＊

39.1 铝用炭阳极生产原料

生产铝用炭素阳极的原材料可分为骨料和黏结剂两大类。炭阳极生产的骨料主要包括石油焦、沥青焦，黏结剂为煤沥青。预焙槽电解换下来的残阳极经清理后也是炭阳极生产骨料的成分，预焙阳极生产残极的加入量一般在20%左右。

39.1.1 石油焦

39.1.1.1 *石油焦资源*

石油焦是石油炼制过程中的副产品。石油经过常压或减压蒸馏，分别得到汽油、煤油、柴油和蜡油等，剩下的残余部分称为渣油。将渣油再进行焦化便得到可燃固体产物——石油焦。它的主要元素为碳，灰分含量很低，一般在0.5%以下；其外观为黑色或暗灰色的蜂窝状结构，焦块内气孔多呈椭圆形，且互相贯通。石油焦的微晶与冶金焦比较，碳网格片状体之间的叠合比较整齐，片状体之间距离较小；在石墨化的高温下，碳网格片状体的晶粒平均厚度（L_c）和平均宽度（L_a）增大，片状体层面间距（d）缩小，晶格常数（a_0 和 c_0）接近天然石墨，电阻率显著降低，而真密度相应提高。所以石油焦属于易石墨化炭类，使用石油焦为原料可以制造电阻率较低的石墨电极。

渣油和原油一样，都是由各种烃类和非烃类化合物组成的。渣油中的烃类化合物因化学结构不同可分为烷烃、环烷烃、芳香烃三大类，非烃类化合物主要是树脂质和沥青质两种组分。当渣油被加热到一定温度时，其中的烷烃和环烷烃即发生分解反应及脱氢反应，如：

正戊烷的分解反应：

$$\underset{\text{正戊烷}}{CH_3{-}CH_2{-}CH_2{-}CH_2{-}CH_3} \longrightarrow \underset{\text{丙烷}}{CH_3{-}CH{=}CH_2} + \underset{\text{乙烷}}{CH_3{-}CH_3}$$

环戊烷的脱氢反应：

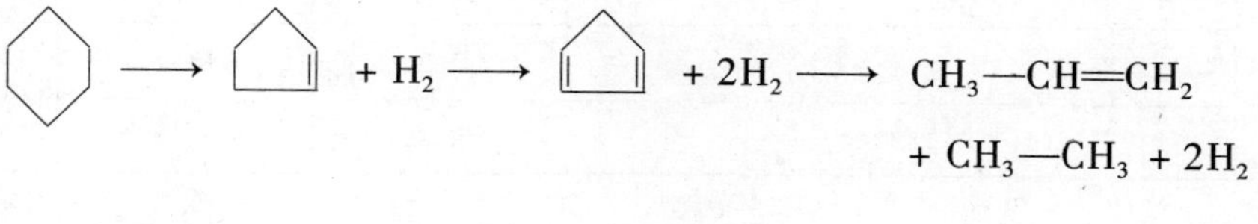

由于芳香环具有很高的热稳定性，因此它很难在芳香环上发生断裂，不易发生分解反应。但是，它可以发生缩聚反应，即向生成更大相对分子质量的方向进行，最后变成焦炭，故称之谓焦化反应。例如，在550℃时，苯就能缩聚成联苯等稠环芳香烃：

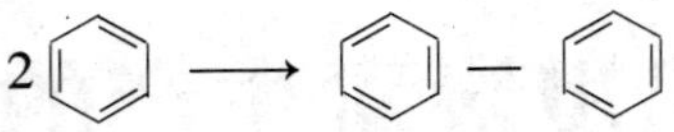

其他芳香烃的缩聚反应，如：

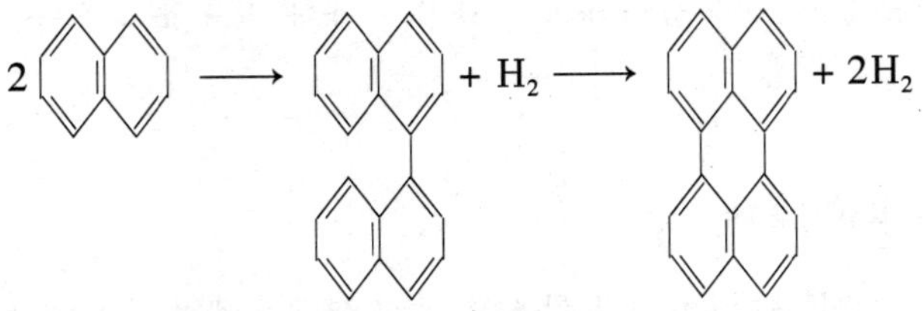

树脂质和沥青质组分在高温条件下与稠环芳香烃具有相同性质，发生缩聚反应，最后变成焦炭。

上述这些组分缩聚成焦炭反应过程是：

烷　烃
环烷烃 } → 稠环芳香烃 → 高分子缩聚物 → 树脂质 → 沥青质 → 焦炭
芳香烃

石油焦是各种石油渣油、石油沥青或重质油经焦化而得到的固体产物。由于焦化的方式不同，石油焦可分为延迟焦和釜式焦。目前，釜式焦由于工艺落后、生产条件恶劣已被淘汰，中国除唐山焦化厂保留了年产釜式焦20kt左右的釜式焦化装置外，几乎全部生产的是延迟焦。延迟焦化是将原料渣油经深度热裂化，转化为气体烃类及轻、中质馏分油和固体焦炭的加工过程。

石油焦的质量主要取决于渣油的性质，同时也受焦化条件的影响，几种减压渣油及其所产石油焦的性质见表39-1。

表39-1　几种减压渣油及其所产石油焦的性质

名　称	产　地		大　庆	胜　利	辽　河
减压渣油	收率/%		43.9	47.1	39.3
	密度(20℃)/g · cm^{-3}		0.922	0.970	0.972
	运动黏度(100℃)/mm^2 · s^{-1}		104.5	861.7	549.9
	元素含量/%	C	86.43	85.50	87.54
		H	12.27	11.60	11.55
		S	0.17	1.26	0.31
		N	0.29	0.85	0.60
	残炭率/%		7.2	13.9	14.0
	软化温度(环球法)/℃		35.0	40.5	42.1

续表 39-1

名　称	产　地	大　庆	胜　利	辽　河
石油焦	挥发分/%	8.9	8.8	9.0
	硫含量/%	0.38	1.66	0.38
	灰分/%	0.35	0.10	0.52
	真密度(1300℃煅后)/$g \cdot cm^{-3}$	2.105	—	2.112
	线膨胀系数(室温~600℃)/$℃^{-1}$	2.98×10^{-6}	—	5.62×10^{-6}

石油焦资源受制于石油资源。中国石油储量仅占世界的2%，年石油产量约为160~170Mt，年需求量约400Mt，消费量位居世界第二，进口依赖度达40%，进口石油对石油焦质量的影响将越来越明显。从中国石油的消费趋势看，中国石油焦的产量约在5~6Mt/a。

39.1.1.2　*石油焦的分类*

石油焦通常按下列4种方法分类：

（1）按焦化方法的不同，可分为平炉焦、釜式焦、延迟焦、流化焦4种，前两种焦已很少生产，目前中国大量生产的是延迟焦。

（2）按热处理温度区分可分为生焦和煅烧焦两种。生焦由炼油过程中延迟焦化（或其他焦化方法）所得，含有大量的挥发分，机械强度低；煅烧焦（也称煅后焦）是生焦经煅烧而得。中国多数炼油厂只生产生焦，煅烧作业多在炭素厂内进行。

（3）按硫分的高低区分，可分为高硫焦、中硫焦和低硫焦，39.1.1.4节详述了不同等级石油焦的含硫量。

（4）按石油焦外观形态及性能的不同，可分为海绵状焦、蜂窝状焦和针状焦3种。

石墨电极及其他人造石墨制品生产一般使用硫含量在0.5%以下级别的石油焦生产，性能优良的针状焦用于生产高功率及超高功率电炉用的优质石墨电极。一般地，含硫1%左右的石油焦主要用于炼铝工业，生产阳极糊或炭阳极；高硫焦多数用于生产碳化硅、刚玉、碳化钙等化工产品或作为燃料使用。

针状焦是外观具有明显纤维状纹理、线膨胀系数特别低的一种优质石油焦。焦块破裂时能按纹理分裂成细长条状颗粒。在偏光显微镜下观察针状焦，平行于纤维状纹理方向的任一断面，大部分均呈各向异性的纤维状，也有部分各向异性很强的片状组织，与纤维方向的垂直断面是各向异性的镶嵌组织，因此，针状焦物理机械性质的各向异性十分明显，与颗粒长轴平行方向上具有良好的导电导热性能、线膨胀系数较低，在挤压成形时，大部分颗粒的长轴按挤出方向排列。针状焦是制造高功率或超高功率电炉用石墨电极的原料，制成的石墨电极电阻率较低，线膨胀系数小，抗热震性能好。生产针状焦的原料为低硫、富含芳烃而少含沥青质和胶质的渣油，如热裂化渣油、催化澄清油、轻油裂解渣油、润滑油的抽出油等。在焦化操作上采用较高的压力，一般焦化压力为0.2~0.3MPa，生产针状焦时焦化塔内压力需要达到0.7MPa左右，较大的循环比（1.8~2.0），这些条件有利于针状焦的形成。美国大陆石油公司按线膨胀系数划分针状焦的等级标准，见表39-2。使用经过精制的煤沥青为原料，也可以生产针状焦，称为沥青针状焦或煤系针状焦。针状焦首先生产于美国，随着高功率和超高功率石墨电极的大量生产，针状焦的需要量也不断增加，20 世纪 80 年代末全球针状焦的年产量已经达到 1190kt，其中石油系针状焦 1060kt，沥青针状焦 130kt。日本冰岛针状焦厂生产的石油系针状焦的质量数据见表 39-3。20 世纪 80 年代中国炼油厂多次试制过针状焦并取得成功，中国锦州石化总厂的针状焦生产装置已于 20 世纪 90 年代中期投产。

表 39-2　美国大陆石油公司针状焦等级标准

指　标	超高级针状焦	高级针状焦	一般针状焦
线膨胀系数(25 ~ 100℃)/℃ $^{-1}$	$<2.0\times10^{-6}$	$(2.0\sim3.0)\times10^{-6}$	$(3.0\sim4.0)\times10^{-6}$
硫分/%	<0.5	0.6	0.8
真密度/g · cm $^{-3}$	>2.12	2.10	2.10
钒含量/%	$<10\times10^{-4}$	10×10^{-4}	10×10^{-4}
镍含量/%	$<30\times10^{-4}$	30×10^{-4}	30×10^{-4}

表 39-3　日本冰岛针状焦厂产针状焦质量（煅烧温度 1400 ~ 1450℃）

性 能 指 标	p 级	X-1 级	M 级
灰分/%	<0.4	0.4	0.4
硫分/%	<0.3	0.4	0.4
水分/%	<0.5	0.5	0.5
真密度/g · cm $^{-3}$	>2.13	2.13	2.13
挥发分/%	<0.5	0.5	0.5
线膨胀系数/℃ $^{-1}$	$<2.0\times10^{-7}$	1.5×10^{-7}	3.0×10^{-7}
焦粒体积密度/t · m $^{-3}$	>0.9	0.89	0.88

39.1.1.3　*石油焦化工艺*

国内外生产石油焦的焦化工艺早期为釜式焦化或平炉焦化，目前大量使用的是延迟焦化。此外，少数炼油厂采用流化焦化、接触焦化等焦化工艺。石油焦的性质不仅与原料有关，也和焦化工艺延迟焦化有密切关系。

延迟焦化的特点是渣油以很高的流速通过加热炉的炉管，将渣油加热到 500℃左右，立即进入一座数 10 米高的焦化塔，渣油在焦化塔内靠自身带入的热量进行焦化反应，从塔顶排出大量的汽-液产品，残留物为石油焦炭，焦化过程如图 39-1 所示，焦炭的数量占入塔渣油量的 10% ~20% 。延迟焦化装置一般是一台加热炉配备两座焦化塔，加热到指定温度的渣油进入两座焦化塔中的一座，当焦炭在焦化塔内生成和积累到一定高度，即将热渣油切换到另一座焦化塔中，对于焦化塔外的汽-液产品回收分馏系统而言是连续生产的，对于两座焦化塔而言，只有一座处于焦化生产状态，另一座则处于出焦或准备状态。渣油在焦化塔内的焦化时间约需 24h，视渣油性质及循环比的大小，每塔处理量有所区别，延迟焦化的操作条件见表 39-4。用水力除焦设备（压力高于 10MPa 的高压水）切割及卸出塔内生成的焦炭，焦化塔的生产周期如图 39-2 所示。延迟焦化的原料主要有减压渣油（直馏渣油）、二次加工渣油（如热裂化渣油、催化裂化渣油、轻油裂解渣油、石油沥青），

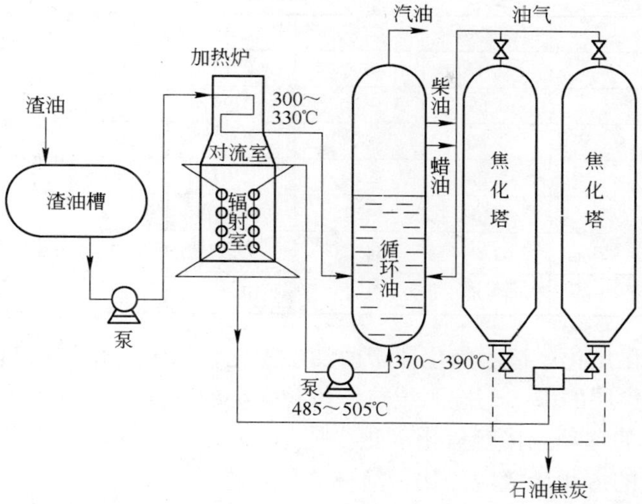

图 39-1 延迟焦化工艺流程

表 39-4 延迟焦化操作条件举例

操作条件	数 据	操作条件	数 据
加热炉管出口温度/℃	500	炉管流量/$m^3 \cdot h^{-1}$	80 ~ 90
分馏塔蒸发段温度/℃	350 ~ 360	注水量/$kg \cdot h^{-1}$	1300
分馏塔塔底温度/℃	390 ~ 395	焦炭塔塔顶压力/MPa	<0. 22
分馏塔塔顶压力/MPa	3. 5 ~ 4. 0	循环比	0. 3

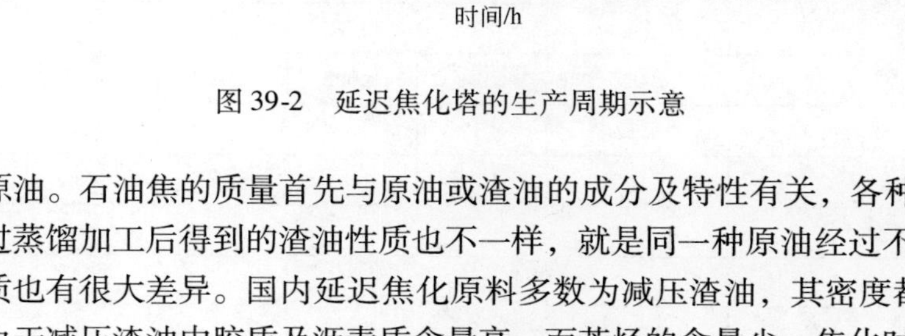

图 39-2 延迟焦化塔的生产周期示意

有时直接使用原油。石油焦的质量首先与原油或渣油的成分及特性有关，各种原油的性质不同，所以，经过蒸馏加工后得到的渣油性质也不一样，就是同一种原油经过不同的加工装置后，渣油的性质也有很大差异。国内延迟焦化原料多数为减压渣油，其密度都小于 1g/cm^3，结焦值不大，由于减压渣油中胶质及沥青质含量高，而芳烃的含量少，焦化时大多生成蜂窝状或海绵状结构（也有少量的低级针状焦生成），因此，这种石油焦的石墨化后电阻率较高及线膨胀系数较大。一般延迟焦化工艺生产的延迟焦挥发分含量高达 8% ~15%、粉焦多，而且焦炭的机械强度较低，中国 6 种延迟石油焦（煅烧焦）质量数据举例见表 39-5。

表 39-5 中国 6 种石油焦（1200℃煅烧后）的质量数据举例

项 目		新疆焦	玉门焦	抚顺焦	荆门焦	长岭焦	大庆焦
灰分/%		0.47	0.42	0.15	0.40	0.46	0.16
挥发分/%		0.69	0.80	0.99	1.40	0.85	0.55
硫分/%		0.16	0.21	0.31	0.29	0.49	0.32
真密度/g·cm^{-3}		2.05	2.04	2.07	2.06	2.07	2.08
电阻率/μΩ·m		413	429	440	438	437	427
颗粒压碎强度/%	4~2mm	62.04	54.08	35.21	47.46	33.54	46.79
	2~1mm	43.88	61.29	58.58	53.63	48.00	58.08

接触焦化与流化焦化：接触焦化属于薄油层焦化，接触焦化的载热体是焦粒，焦粒的活性表面是生成新焦层的中心，按照载热体焦粒大小的不同，可以把接触焦化分成两类：

（1）粒度较大的移动床接触焦化（很少使用）；

（2）粉状焦炭的流化床接触焦化，简称流化焦化。

流化焦化使焦化的供热条件有较大改善，流化焦化的主要设备为流化床反应器，反应器由呈流化状态的高温焦炭粉粒（载热体）填充，油气和水蒸气使粉焦呈流化状态，渣油送入反应器后，在高温焦粒表面发生焦化反应，因此生成的焦炭附着在粉焦上，反应产品（油气）经旋风分离器分离出焦粒后进入分馏塔，在反应过程中不断从反应器引出焦炭粉粒进入烧焦器，用空气烧去部分焦粒，再循环回反应器，提供焦化反应所需热量，过多的焦炭粉粒则从系统中排出。流化焦化的液体产品收率高，但焦炭收率低且多为粉焦，这种粉状石油焦不适合用于制造石墨电极。

39.1.1.4 石油焦的性质及对阳极质量的影响

中国生石油焦的行业标准为《延迟石油焦（生焦）》（SH/T 0527—1992），质量分为一级品和合格品，合格品中又按其硫分、挥发分的含量分为 3 个等级 6 个级别，见表 39-6。铝电解炭素阳极一般使用 2 号焦。

表 39-6 延迟石油焦技术要求（SH/T 0527—1992）

<table>
<tr><th rowspan="3">项 目</th><th colspan="7">质 量 指 标</th></tr>
<tr><th rowspan="2">一级品</th><th colspan="6">合 格 品</th></tr>
<tr><th>1A</th><th>1B</th><th>2A</th><th>2B</th><th>3A</th><th>3B</th></tr>
<tr><td>硫含量/%</td><td>≤0.5</td><td>≤0.5</td><td>≤0.8</td><td>≤1.0</td><td>≤1.5</td><td>≤2.0</td><td>≤3.0</td></tr>
<tr><td>挥发分/%</td><td>≤12</td><td>≤12</td><td colspan="2">≤14</td><td>≤17</td><td>≤18</td><td>≤20</td></tr>
<tr><td>灰分/%</td><td>≤0.3</td><td>≤0.3</td><td colspan="3">≤0.5</td><td>≤0.8</td><td>≤1.2</td></tr>
<tr><td>水分/%</td><td colspan="7">≤3</td></tr>
<tr><td>真密度/g·cm^{-3}</td><td>2.08~2.13</td><td colspan="2" rowspan="2">报 告</td><td colspan="4">—</td></tr>
<tr><td>粉焦量(块粒 8mm 以下)/%</td><td>≤25</td><td colspan="4">—</td></tr>
<tr><td>硅含量/%</td><td>≤0.08</td><td colspan="6">—</td></tr>
<tr><td>钒含量/%</td><td>≤0.015</td><td colspan="6">—</td></tr>
<tr><td>铁含量/%</td><td>≤0.08</td><td colspan="6">—</td></tr>
</table>

对炭素材料生产用石油焦，主要考察以下性质。

A　灰分

石油焦的灰分主要来源于原油中的盐类杂质，原油经脱盐处理后残留的杂质一般都富集于渣油中，然后全部转入石油焦。延迟焦的灰分还与延迟焦化的冷却水质、原料场的管理水平有关。炭素阳极生产用石油焦的灰分要求不大于0.5%。

B　硫分

石油焦中的硫来源于原油，其存在形式可分为有机硫和无机硫，主要以有机硫为主，其次是硫化铁硫，而硫酸盐硫含量很少。

一般炭素制品中硫是一种有害元素，主要因为在使用过程中被氧化生成二氧化硫造成大气污染，而且在石墨化制品的石墨化过程中发生气胀，在产品的开裂。但铝电解过程中，适当的硫的存在能够抑制炭素阳极与 CO_2 的反应，提高阳极的抗氧化能力，因此，铝电解炭素阳极生产中一般要求硫 1.5%左右。

C　挥发分

挥发分含量是石油焦焦化成熟程度的标志，它与炭素阳极的最终质量没有直接关系，但对煅烧操作影响较大。延迟焦的焦化温度只有500℃左右，挥发分含量高达8%～15%，不仅煅烧实收率低，而且容易造成煅烧结焦，特别容易造成煅烧时在罐式炉内堵料。

D　真密度

石油焦在1300℃温度下煅烧后真密度大小，反映了其化学结构中芳香碳环的缩合程度，是石油焦质量好坏的一个重要指标。预焙阳极生产用煅后石油焦的真密度应大于2.05g/cm³，石墨化产品用煅后石油焦的真密度应大于2.07g/cm³。

国内外学者对不同石油焦的粒度分布、振实密度、真密度、电阻率、比表面积、水银孔率、金属杂质等指标对阳极特性的影响进行了研究，结果表明，阳极的体积密度与－0.589mm、＋0.295mm 粒子的振实密度密切相关，阳极的电阻率与－4.699mm、＋2.372mm 粒子的水银孔率及粉料粒子的配比相关，阳极过量消耗与微量元素 Na、Ni、V 等含量相关。

石油焦正常的特性范围见表 39-7。

表 39-7　石油焦特性正常范围

项　目	－4.699～＋2.372mm	－0.589～＋0.295mm	－0.147～＋0.074mm	－0.074mm
比表面积/$m^2 \cdot g^{-1}$	0.13～0.82	0.17～0.40	0.41～2.90	1.0～5.2
振实密度/$g \cdot cm^{-3}$	0.63～0.910	0.853～0.972	0.882～1.059	0.869～1.19
电阻率/$\mu\Omega \cdot m$		320～478	353～646	307～758
总孔面积/$m^2 \cdot g^{-1}$	16～51	14.1～41.6	14.5～32.1	13.6～24.9

39.1.2　残阳极

39.1.2.1　残极的特性

预焙槽上的阳极，在使用一定的时间后被更换为新的阳极，没有被消耗的部分称为残阳极，简称残极。残阳极可分为硬残极和软残极两种，软残极是残极表面的疏松部分，它们的特性见表 39-8。

表 39-8　硬残极、软残极与阳极的特性比较

特　性		单　位	试样平均值		
			阳　极	硬残极	软残极
硬度试验		mm	0.2	1	10
体积密度		g/cm^3	1.57	1.54	1.48
耐压强度		MPa	42	37	16
杨氏模量		GPa	5	4	1.5
热导率		W/(m·K)	3.8	3.7	3.2
空气渗透率		nPm	1	2	8
CO_2 反应性残余		%	90	87	81
空气反应性残余		%	82	78	65
着火温度		℃	620	610	560
微量元素含量	S	%	1.45	1.45	1.45
	V		110×10^{-4}	110×10^{-4}	115×10^{-4}
	Fe		220×10^{-4}	230×10^{-4}	270×10^{-4}
	Na		300×10^{-4}	600×10^{-4}	500×10^{-4}
	Ca		50×10^{-4}	80×10^{-4}	70×10^{-4}
	F		100×10^{-4}	900×10^{-4}	750×10^{-4}

因软残极强度较差，且含有较多的电解质，会影响炭阳极的物理性能和氧化消耗速度，所以炭阳极生产只使用硬残极，电解生产中应尽量减少软残极的生成。

39.1.2.2　残极量对阳极质量的影响

A　对阳极密度的影响

阳极配料中加入的硬残极量越多，则阳极的体积密度越高。加入软残极则没有明显的变化，因为软残极氧化腐蚀后的气孔较多（见图 39-3）。

B　对阳极空气渗透率的影响

增加致密的硬残极量可使阳极的体积密度增加，使阳极的空气渗透率降低(见图 39-4)。

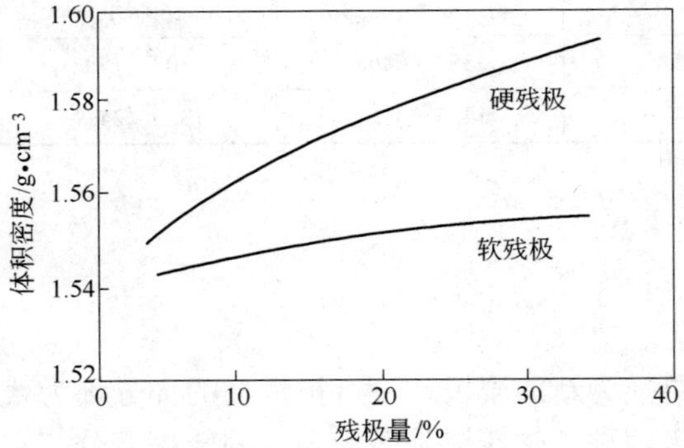

图 39-3　残极量对阳极体积密度的影响

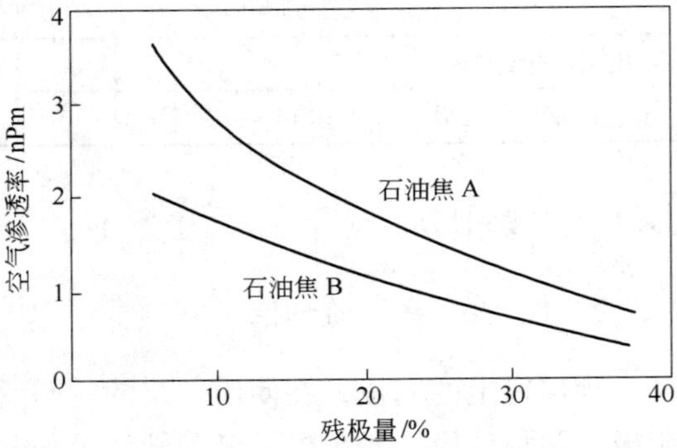

图 39-4　残极量对阳极空气渗透率的影响

C 对阳极机械强度的影响

增加硬残极的加入量可以改善阳极的抗弯强度。图 39-5 显示增加残极的使用量使得阳极的抗弯强度有较大提高。

D 残极含钠量对羧基反应的影响

通过残极循环，以冰晶石形式带入阳极中的钠含量将对羧基化反应带来有害的影响，因此加强对残极的清理，减少钠的带入量十分重要。图 39-6 表明，随着阳极中钠含量的增加阳极的羧基化反应残余迅速降低，也即抗氧化能力迅速降低。

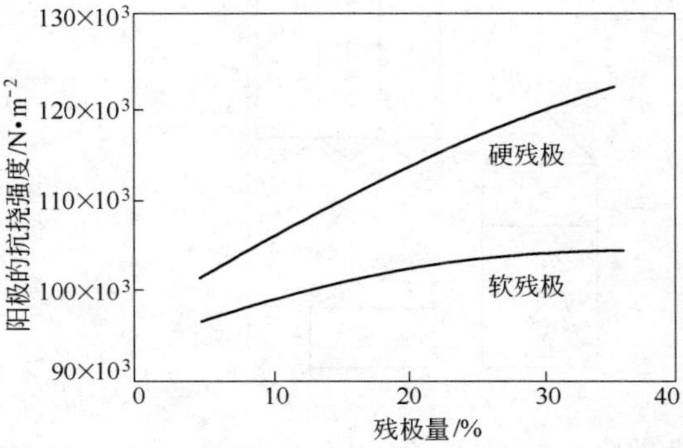

图 39-5 残极对阳极机械强度的影响

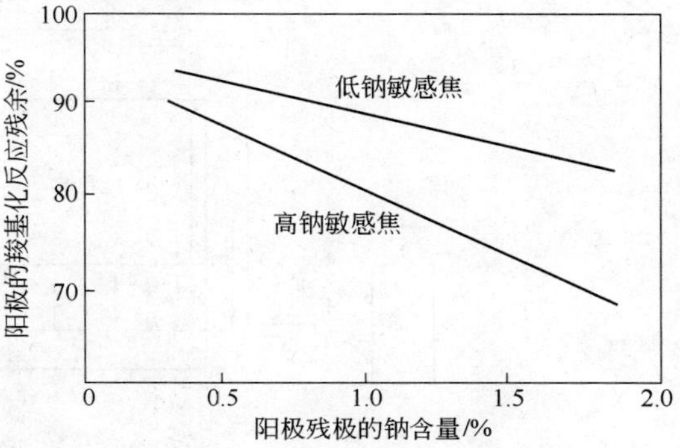

图 39-6 残极中钠含量对阳极羧基化反应的影响

炭阳极生产中，残极的加入量不宜超过 25%，否则就会影响到阳极的使用质量。由于需添加的残极量是炭阳极毛耗和净耗的差，因此，降低毛耗是关键。

39.1.3 沥青焦

沥青焦是煤沥青焦化后所得的固体产物，是一种低硫、低灰分、高强度的优质焦炭。沥青焦是生产石墨电极、石墨阳极、铝用预焙阳极等灰分少的制品的可用原料，它可以用来提高制品的强度，同时降低灰分。

生产沥青焦的原料是中温沥青或高温沥青。生产沥青焦的工艺流程如图 39-7 所示。

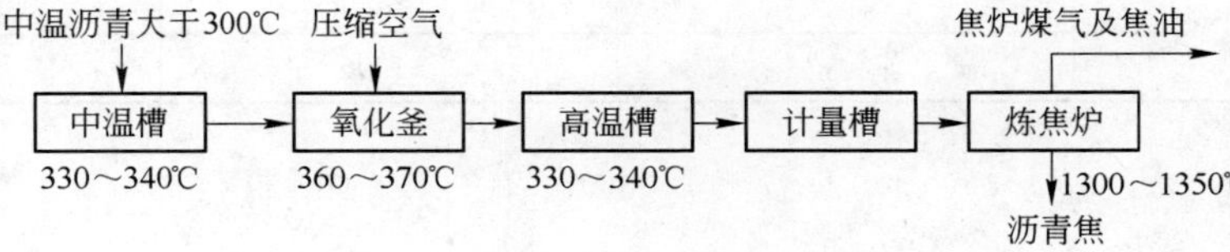

图 39-7 沥青焦的生产工艺流程

沥青焦生产属于高温干馏过程，从生产沥青焦工艺流程可知：温度高于 300℃ 的液态沥青自流至中温槽，再用泵连续送至氧化釜。液态沥青经压缩空气氧化后，沥青软化点从 75 ~ 90℃ 提高到 130 ~ 140℃，然后自流入高温槽。再经计量槽计量，经炼焦炉加料口加入炭化室内。此时，沥青温度为 320 ~ 330℃，每个炭化室加入沥青 8 ~ 9t，用煤气火焰加热，450℃ 前主要是蒸馏和热缩合，此时放出大量气体，随即形成半焦。炭化室最高温度可达 1400℃，经过 15h 焦化后，便炼成沥青焦，沥青析焦量可达 65% ~ 68%。沥青焦属少灰原料之一，质量指标如下：灰分不大于0.5%，硫分不大于0.5%，挥发分不大于1.0%，水分不大于5%，小于25mm粉焦量不大于4%。

由于沥青焦成焦温度较高，达到1300～1350℃，所以，在炭素生产过程中不经煅烧也可以直接使用。但沥青焦从炼焦炉中推出后采用浇水熄火，一般水分含量大，所以，在生产中仍将它与石油焦一起按比例混合后进行煅烧。

生产沥青焦的设备如图39-8所示。

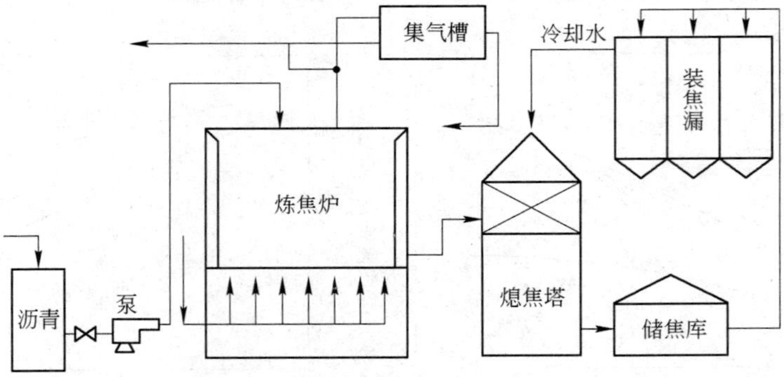

图39-8　生产沥青焦的设备示意图

在阳极生产中加入一定的沥青焦有利于提高阳极的机械强度。但是，一般认为沥青焦抗氧化能力较差、价格高，现已经很少用于炭素阳极的生产中。中国国家标准GB/T 3070—1982《沥青焦》中规定的沥青焦的技术指标见表39-9。

表39-9　沥青焦的技术指标（GB/T 3070—1982）

指　标	单　位	电极冶炼用	电炭制品用
灰　分	%	≤0.5	≤0.8
全硫量	%	≤0.5	≤0.5
挥发分	%	≤1.2	≤1.2
粉焦含量（小于25mm）	%	≤4	≤4
水　分	%	≤3	≤5
真密度	g/cm^3	≥1.96	≥1.80

39.1.4　煤沥青

煤沥青是煤焦油在高温下干馏得到的副产品，常温下呈黑色固体，没有固定的熔点。煤沥青是由很多种高分子量的芳香族化合物组成的混合物，查明的化合物就有500余种。研究煤沥青常用不同的溶剂对煤沥青进行萃取，将其分为不同的组分来研究。

煤沥青是煤焦油干馏后，分馏出的残渣物品，其化学组成极为复杂，是多种碳氢化合物的混合体。

39.1.4.1　煤沥青资源

煤沥青的全称为煤焦油沥青（coal-tar pitch），是煤焦油深加工提取轻油、酚油、萘油、蒽油等后的残留物。煤沥青在炭素工业中作为黏结剂和浸渍剂使用，其性能对炭素制品生产工艺及产品质量影响极大。煤沥青是炼焦工业的副产品。烟煤在炼焦炉中受高温作用发生分解，生成三种产物，焦炭、煤气和煤焦油。1t 干烟煤可得到 720 ~ 780kg 焦炭，150 ~ 190m^3 煤气，35 ~ 42kg 煤焦油。将煤焦油再进行蒸馏，得到的残渣便是煤沥青，煤沥青的产品率为煤焦油的 50% ~ 60%。

煤焦油是一种黑色的黏稠状液体，是多种有机化合物的混合物，在 20℃时的体积密度为 1.15 ~ 1.20g/cm^3。在煤焦油中单独存在的化合物估计有数千种，目前，已被鉴定出来的约有 400 多种。在煤焦油蒸馏过程中，按制取的沸点范围不同得出各种馏分，便可以分离出轻油（沸点低于 180℃）、酚油（沸点 180 ~ 210℃）、萘油（沸点 210 ~ 230℃）、洗油（沸点 230 ~ 300℃）、蒽油（沸点 300 ~ 360℃），剩下的沸点高于 360℃ 的残渣就是煤沥青。

沥青是一种黏结性能良好的有机结合剂，常温下为黑色或黑褐色固体，大部分组分能溶于二硫化碳（CS_2）和其他有机溶剂（如甲苯等）。沥青不被电解质润湿、不导电，对酸、碱侵蚀的抵抗性强，并具有常温下黏性高、加热后软化、高温还原气氛下可碳化等特性。沥青有煤沥青和石油沥青两种，铝电解槽一般使用煤沥青作耐火材料黏结剂。

煤沥青主要用作炭块、镁碳砖等制品的黏结剂和生产炭素捣打料、炭糊、炭质耐火泥浆及其他含炭不定形材料的结合剂。

煤焦油蒸馏有两种方法，釜式蒸馏和管式蒸馏。釜式蒸馏是一种较老的、间歇式方法。先将煤焦油预热至 120℃，使水分减少到 1% 以下，然后打入蒸馏釜内。釜底用煤气加热，随着温度升高，依次流出各种油类。这种方法，焦油在釜中加热时间长，温度不均匀，易造成一部分焦油分解和聚合过急，沥青中甲苯不溶物较多，可高达 27%。

管式蒸馏可以实现生产连续化。煤焦油预热到 110℃，水分降至 4% 以下，便打入加热炉的第一段（对流段），继续加热到 120 ~ 130℃。然后再将煤焦油打入加热炉的第二段，即蒸馏段。在蒸馏段，焦油被过热蒸气加热到 400 ~ 410℃，即进入挥发器。焦油进入挥发器后各种馏分立即挥发，而后在分馏塔中分级收集，留在底部的残渣即为煤沥青。由于焦油在管式炉中停留时间短，受热均匀，故所得煤沥青中甲苯不溶物较少，约 12%。

中国冶金焦产量位居世界第一，2006 年机焦产量约 200Mt，煤焦油的产量约 6000kt/a。由于世界石油价格上涨，燃料紧缺，煤焦油-煤沥青被作为燃料使用，使得进行深加工处理的煤焦油为 3000 ~ 4000kt，实际煤沥青的产量约 1500 ~ 2000kt/a，而用于生产铝用炭素的煤沥青为 800 ~ 1000kt。

39.1.4.2 煤沥青的组成

煤沥青组分分析经典的方法是用苯和石油醚萃取，分为 α、β、γ 三种组分。用甲苯、喹啉作溶剂，一般得到甲苯不溶物（TI）和喹啉不溶物（QI）。煤沥青的 α、β、γ 三种组分及甲苯不溶物（TI）和喹啉不溶物（QI）的萃取及其结构关系如图 39-9 所示。

A 高分子组分（α-组分）

沥青中不溶于苯（B）或甲苯（T）的组分通常称为游离碳。游离碳并非是游离的碳元素，而是由多种不同相对分子质量的高分子组分及少量的中分子组分组成。所以，可以认为游离碳是沥青的各成分中不溶于苯或甲苯的组分，可用 BI 或 TI 来表示。它是煤沥青

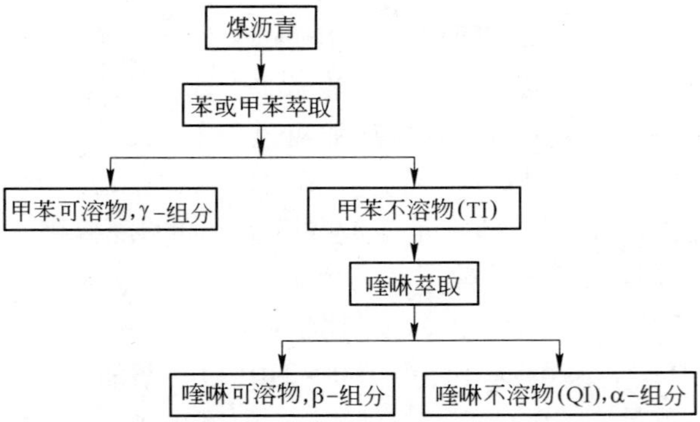

图 39-9　煤沥青的萃取及其结构关系

焙烧形成黏结剂焦的主要组分，主要起黏结桥的作用，结焦值可达 90% ~95%，影响着炭材料的密度、强度和电导率。

沥青中不溶于苯或甲苯，也不溶于喹啉的部分，即喹啉不溶物（QI）是高分子组分（称为 α-组分或树脂）。QI 平均相对分子质量为 1800 ~2600，碳的质量分数为 93% 左右，氢的质量分数为 3% 左右，C/H 原子比大于 1.67。按 QI 的形成过程，可将其细分为原生 QI 和次生 QI。原生 QI 包括无机和有机两部分，它的颗粒大小在 0.5 ~30μm 之间，含量主要与炼焦工艺条件有关，是煤的热聚合大分子芳烃和煤、焦炭的粉末；次生 QI 是煤焦油蒸馏过程中缩聚形成的相对分子质量更大的芳烃聚合物，为非硬质颗粒状态，其大小为 1 ~100μm，C/H 原子比为 2.0 ~2.5。煤沥青经液相炭化反应可生成次生 QI，称为炭质中间相，热聚合法生产的改质沥青含有一定量的炭质中间相，而闪蒸法生产的改质沥青基本上不含炭质中间相。高分子组分是生制品焙烧时形成焦化残炭的主要载体，对炭石墨制品的孔度大小及强度有一定影响。一般认为，高分子组分没有湿润性和黏结性，是煤沥青的惰性成分，属难石墨化组分。适量的 QI 有利于提高煤沥青焦化时的残炭量，从而提高制品的体积密度和机械强度，但沥青中高分子组分含量过多会降低沥青的黏结能力，流动性变差。

B　中分子组分（β-组分）

沥青中不溶于苯（或甲苯），但溶于喹啉的组分称中分子组分，也称 β-组分或沥青树脂。将沥青中的苯不溶物百分数（BI）减去喹啉不溶物百分数（QI）即为中分子组分的百分数。它是煤沥青中相对分子质量适中的稠环芳烃，具有较好的黏结性，是煤沥青黏结剂中起黏结作用的主要组分。β-组分的平均相对分子质量为 1000 ~1800，碳的质量分数为 91% 左右，氢的质量分数为 4% 左右，C/H 原子比为 1.25 ~2.00，常温下呈固态，加热时熔融膨胀，烧结后大部分形成焦炭。其含量高低直接影响着炭材料的密度、强度和电导率等。β-组分对炭糊的塑性起主要作用，对焙烧品的物理化学性能有明显的影响，一般 β-组分含量越高，煤沥青的质量越好，它对增强煤沥青的黏结性具有非常重要的意义，黏结性随 β-组分增加而增大。但当 β-组分高到某种程度后，其黏度增大，煤沥青与炭质粉料之间的接触性变差，成形时弹性后效也增大。沥青中分子组分含量达到 20% ~25% 才能制得质量合格的炭石墨制品。β-组分按其在吡啶中的溶解程度，还可进一步分为 $β_1$-组分及 $β_2$-

组分两组。$β_1$-组分不溶于吡啶，其相对分子质量稍高，$β_2$-组分溶于吡啶，其相对分子质量稍低。

C　低分子组分（γ-组分）

低分子组分（γ-组分）是指沥青中溶于苯或甲苯的成分（BS 或 TS）。γ-组分的平均相对分子质量为200～1000，C/H 原子比为0.56～1.25，常温下呈黏性的深黄色半流体，具有良好的流动性和浸润性，其挥发分大。结焦残炭值低。实际上低分子组分也是多种碳氢化合物的混合物。按其在丙酮、甲醇中的溶解程度又可以分为$γ_1$、$γ_2$、$γ_3$三种。$γ_2$、$γ_3$-组分经分析是一些油类及低分子碳氢化合物所组成，焦化时几乎全部分解挥发。

低分子组分是沥青中不起黏结作用的主要组分，也不是形成焦炭的主要成分。它的主要作用是作为一种溶剂，能适当降低沥青的软化温度和黏度，有利于改善沥青对焦炭颗粒的浸润性及提高成形糊料的可塑性，有利于成形。过量的γ-组分会使生坯焙烧时收缩率增大，从而影响制品的密度、机械强度和成品率。

39.1.4.3　煤沥青的分类

煤沥青的组成十分复杂，20世纪80年代末已查明的化合物有70余种，其中大多数为3个环以上的高分子芳香族碳氢化合物，以及多种含氧、氮、硫等元素的杂环有机化合物和无机化合物，还有少量直径很小的炭粒。煤沥青在常温下是体积密度为1.25～1.35g/cm³的黑色固体，加热到一定温度即呈软化状态。根据软化温度（见39.1.4.4节）的不同，中国焦化企业生产4种规格的沥青：

（1）低温沥青（软沥青），环球法软化温度为35～75℃；

（2）中温沥青（中沥青），环球法软化温度为75～95℃；

（3）高温沥青（硬沥青），环球法软化温度为95～120℃；此外，根据用户要求，焦化厂可生产软化温度为120～250℃特高温沥青（特硬沥青）。

（4）改质沥青是一种软化温度高于中温沥青，而其他指标不同于高温沥青要求的产品，系由中温沥青经加工而得。

软化温度小于35℃的称为特软沥青。

低温沥青（软沥青）主要用于筑路材料、加工防水油毡纸、建筑用防水涂料、生产沥青漆（如沥青环氧树脂漆）、干电池的密封材料等；软沥青还是延迟焦化法生产沥青焦的原料，经过特殊处理后可作为生产炭纤维的原料。中温沥青主要作为生产炭素制品的黏结剂和浸渍剂，如生产石墨电极、冶金炉用炭块、炼铝用的阳极糊及冶炼铁合金、电石所需的电极糊等。高温沥青可作为生产沥青焦或活性炭的原料，目前生产一些细颗粒结构的特殊炭素制品如电火花加工所用的高密高强石墨、作为机械密封件使用的耐磨炭和耐磨石墨及高温模压炭砖等产品；可以采用高温沥青（磨成粉状）和炭质骨料及粉料一起混合后直接模压成型。高炉堵出铁口的泥炮材料也需要用软化温度为135℃以上的高温沥青作黏结剂。

39.1.4.4　煤沥青的性质

A　软化温度

煤沥青是由很多种高相对分子质量的芳香族化合物组成的混合物，没有固定的熔点。

软化温度是在特定条件下测定煤沥青软化的温度值，作为表征沥青温度特性的物理量，测定方法有环球法、梅特勒法、水银法、环棒法等，国内使用环球法。

B　黏度

不同软化温度的煤沥青在相同的黏度范围内，具有相似的温度敏感性，温度上升，黏度迅速下降。对任何沥青的黏度与温度存在如下近似关系：

$$\lg\eta_t = \frac{711.8}{86.1 - t_s + t} - 4.175 \tag{39-1}$$

式中　η_t——t℃时沥青的动力黏度，P，$1P = 10^{-1}Pa \cdot s$；
t_s——环球法软化温度，℃；
t——温度，℃。

C　密度

煤沥青的密度是其化学结构与组成的表征。密度随软化温度的升高而线性增大，随测定温度的提高而线性减小，密度大有利于提高炭素阳极的体积密度和机械强度。在温度较低开始升高时，煤沥青的密度降低。煤沥青密度与温度的关系可用下式表示：

$$d_t = A - B \times 10^{-3}t \tag{39-2}$$

式中　d_t——煤沥青在温度t℃下的密度，g/cm^3；
A，B——常数，见表39-10；
t——温度，℃。

表39-10　煤沥青的密度、温度相关常数

类　别	软化温度/℃	A	B	适用温度/℃
中温沥青	60	1.297	0.629	140~240
	67	1.299	0.625	140~240
	70	1.296	0.688	140~240
	75	1.286	0.600	137~210
高温沥青	113	1.337	0.582	240~310
	139	1.338	0.571	240~310
	145	1.306	0.422	240~310
	155	1.310	0.417	240~310
	165	1.317	0.417	240~310

D　结焦值

结焦值是黏结剂沥青的重要指标，是煤沥青在隔绝空气条件下加热，所得沥青焦占沥青质量的百分比。结焦值高有利于提高制品的密度、强度和导电性。

39.1.4.5　煤沥青的质量指标

表39-11和表39-12是中国国家标准《煤沥青》（GB/T 2290—1994）和行业标准《改质沥青》（YB/T 5194—2003）中列出的技术指标。

表 39-11 煤沥青的技术指标（GB/T 2290—1994）

指标名称	低温沥青		中温沥青		高温沥青
	1号	2号	1号	2号	
软化温度(环球法)/℃	35~45	46~75	80~90	75~95	95~120
甲苯不溶物含量/%	—	—	15~25	≤25	—
喹啉不溶物含量/%	—	—	≤10	—	—
灰分/%	—	—	≤0.3	≤0.5	—
水分/%	—	—	5.0	5.0	5.0
挥发分/%	—	—	58~68	55~75	—

表 39-12 改质沥青的技术指标（YB/T 5194—2003）

指标名称	一级品	二级品	指标名称	一级品	二级品
软化温度(环球法)/℃	108~114	105~120	灰分/%	≤0.25	≤0.35
甲苯不溶物/%	28~32	26~34	水分/%	≤5.0	≤5.0
喹啉不溶物/%	8~12	6~15	结焦值/%	≥56	≥54
β树脂/%	≥18	≥16			

煤沥青在被加热至200℃后，发生挥发分逸出、碳氢化合物分解和缩合、碳化、焦化等物理化学变化，最终在高温状态下形成C—C结合，成为一种永久性结合相，产生很高的结合强度，从而达到黏结效果。

煤沥青是炭素制品的黏结剂材料，虽然它的用量仅为生制品的15%~18%，但它却遍布于所有颗粒及细粉料的表面和开口空隙内，直接关系到生产过程的配料、混捏、成形、焙烧等工艺的条件，影响最终产品的密度、气孔率、机械强度、导电性、氧化反应性等多项质量指标，同时影响铝电解过程的阳极单耗、炭渣情况、电解质导电性及槽温的异常情况。

作为耐火材料黏结剂的煤沥青，使用前应进行脱水处理，脱水加热的温度取决于沥青种类、组成和软化温度范围。配制冷捣炭素料的煤沥青脱水加热温度一般为110~150℃。

不同的煤沥青，其软化、失重、热解、聚合的温度点是不同的，其相应的工艺条件也有不同。不同煤沥青热解缩聚行为的比较见表39-13。

表 39-13 不同煤沥青热解缩聚行为的比较

项　目	中温沥青	改质沥青	改质沥青对中温沥青的条件对比
	软化温度为86℃	软化温度为110℃	
失重开始温度/℃	140~160	160~200	高20~30℃，热稳定好
明显失重温度/℃	180~210	200~230	高15~20℃
失重速率最大温度/℃	360~400	375~390	低10~15℃，缩聚大于分解

续表 39-13

项 目	中温沥青	改质沥青	改质沥青对中温沥青的条件对比
	软化温度为86℃	软化温度为110℃	
最大失重速率/mg·min^{-1}	0.31~0.39	0.20~0.30	小0.10mg/min左右，缩聚反应强
失重速率明显温度范围/℃	340~480	320~510	宽40~50℃，平缓升温范围更大
失重基本终止温度/℃	600~650	580~620	低（提前20℃左右），缩聚反应历程不同
总失重率/%	50~55	45~48	失重小，结焦值高4%~7%

39.2 铝用炭素阴极生产原料

铝电解槽阴极用原料主要包括无烟煤、石墨碎和煤沥青。另外，还使用煤焦油或蒽油来调整阴极糊的黏度和软化温度，而全石墨化阴极的骨料则使用易石墨化的石油焦为原料。

39.2.1 无烟煤

39.2.1.1 无烟煤资源

煤是古代植物埋藏在地下，在细菌作用和一定的温度和压力下逐渐变质而得到的含碳量很高的矿物。按变质程度排列，自然界中有泥炭、褐煤、烟煤和无烟煤。变质程度越高，则煤的含碳量越高，颜色逐渐变深，密度逐渐增大，硬度和光泽也逐渐增强。无烟煤是煤的前驱体长期受到地层高温高压的作用，煤中有机物分解比较完全，在各种类型煤中属于高度变质的煤，即煤炭分类中高煤化度的煤。无烟煤外观呈灰黑色，质硬，结构较致密，强度较高，具有金属光泽，多数为块状，碳的质量分数一般在90%以上，燃烧时火焰短而少烟，不结焦。无烟煤通常用作动力或生活燃料，也可作气化原料。低灰分、块状及机械强度较高的优质无烟煤是生产各种类型炭块、炭质电极和电极糊的原料。无烟煤具有固定碳含量高、挥发分低、结构致密、硬度高、燃烧时不冒烟、热稳定性好等特征，因而是铝电解槽阴极使用的理想结构材料。

表39-14是各种煤的元素分析。

表 39-14 各种煤的元素分析 （%）

种 类	碳	氧	氢	氮	硫
泥 煤	50~60	20~40	6~8	1~3	0.5~2
褐 煤	60~75	10~30	5~6	1~3	0.5~2
烟 煤	75~90	2~10	4~5	1~3	0.5~2
无烟煤	85~95	1~2	2~4	1~3	0.5~2

在中国煤炭分类国家标准《中国煤炭分类》（GB 5751—1986）中，以干燥无灰基氢含量（H_{daf}）和无水无灰基挥发分（V_{daf}）含量作为无烟煤分类指标的依据，将无烟煤分

成三类。分类情况详见表39-15。表中WY1、WY2、WY3不同的煤级反映了无烟煤的变质程度，铝用阴极一般使用WY1、WY2级无烟煤。

表39-15　中国无烟煤分类（GB 5751—1986）

类　别	符　号	数　码	分类指标	
			V_{daf}/%	H_{daf}/%
无烟煤1号	WY1	01	0～3.5	0～2.0
无烟煤2号	WY2	02	3.5～6.5	2.0～3.0
无烟煤3号	WY3	03	6.5～10.0	大于3.0

39.2.1.2　中国无烟煤资源状况

中国是一个煤炭资源大国，根据中国第三次全国煤田资源预测，截至1992年末，中国已发现的煤田资源为1.02×10^{12}t；按照国际通用的统计口径，中国已查证的煤炭可采资源量为114.5Gt（1996年末），是全世界煤炭已查证可采资源量超过100Gt的3个国家之一，仅次于美国和俄罗斯，居世界煤炭已查证可采资源的第三位。中国是世界上无烟煤产量最多的国家。2003年中国无烟煤产量3.04×10^{8}t，占全国煤炭产量的17.6%。中国丰富的无烟煤资源，为铝用阴极炭块及其他灰分多的炭素制品的生产提供了可靠的资源保障。

中国煤炭资源分布的特征有以下几点：

（1）地域分布比较集中，在全国形成了几个重要的煤炭基地。如，从太行山到贺兰山的山西、内蒙古、宁夏、陕西、河南、河北等的华北煤区占全国煤炭资源的50.49%；以川南、黔西、滇东为中心的西南富煤区占全国煤炭资源的35.52%。

（2）从煤种类上看，褐煤、烟煤、无烟煤等都有，品种齐全，但其数量、品种却极不均衡。无烟煤的详查储量仅占16.49%。

（3）硫含量比较低。全国煤炭保有储量的平均硫分为1.01%，硫分小于1%的特低硫煤占63.5%，主要分布在华北、西北地区；硫分在1.0%～2.0%的中硫煤占15.21%，硫分大于3%的高硫煤约8.54%。

（4）灰分普遍较高。一般在15%～25%，灰分小于10%的低灰煤约占保有储量的15%～20%，主要分布在内蒙古、宁夏、大同、黔西、川南等地区。

39.2.1.3　炭素生产对无烟煤的质量要求

无烟煤是铝电解槽阴极炭块的主要原料。普通阴极的骨料使用100%的无烟煤；半石墨质阴极炭块的骨料使用90%左右的无烟煤；高石墨质阴极炭块中无烟煤的使用量为70%～15%。无烟煤的质量指标、热处理特性直接影响到铝电解槽阴极炭块的使用质量。

当用于炭素生产时，无烟煤应具有以下性质：

（1）灰分含量低。在生产炭材料过程中，无烟煤的灰分全部进入炭材料。灰分过高将降低产品质量。如生产普通阴极炭块时，要求无烟煤灰分不大于8%，而且要尽可能没有矸石。因为矸石在煅烧后有的成为石灰，颗粒状石灰混入炭块，遇水即膨胀，使炭块表面崩裂。用于生产电极糊的无烟煤，灰分也应在10%～12%。

（2）机械强度高。炭材料的机械强度与原料无烟煤的机械强度有密切关系。无烟煤的机械强度应包括抗碎、耐磨和抗压等机械性质。测量机械强度有多种方法。炭素行业多采用转鼓试验法（也称抗磨试验法），即将一定量大于40mm的无烟煤块在转鼓中滚磨后，以仍保持40mm以上块度的煤占入鼓煤的质量分数来表征其机械强度。一般要求转鼓试验后大于40mm的残留量不小于35%。也可以用击碎指数进行评价。将一定量的粒度为60～100mm煤块提高至2m处自由落下，落在钢板上，试三次，每次用25mm筛子筛分，最后测定大于25mm的煤块质量，得到的比值称为击碎指数。其值越大说明无烟煤强度越高（一般大于65%）。

（3）热稳定性好。无烟煤的热稳定性是指煤块在高温作用下，保持原来块度的性质。热稳定性好的无烟煤，煅烧后块度与强度变化不大，热稳定性差的煤煅烧后易碎成小块。热稳定性的测定可按国家标准《煤的热稳定性测定方法》（GB/T 1573—2001）的方法进行。

（4）硫含量少：无烟煤如含硫较多，不仅煅烧时会排出，也会降低无烟煤的抗热震性。炭素生产要求无烟煤的硫含量不大于1%～2%。

中国炭素行业常用的无烟煤主要来自山西阳泉矿区、山西晋城矿区、河南焦作矿区、宁夏汝箕沟矿区、湖南金竹山矿区等。它们的典型数据列于表39-16。生产炭素材料用无烟煤的质量要求见表39-17。

表39-16 中国炭素行业常用无烟煤矿区煤的挥发分和氢元素含量典型数据

无烟煤类别	矿 区	V_{daf}/%	H_{daf}/%
无烟煤1号	北京京西矿	0.86～1.68	2.25～3.65
	广东梅县	1.31～2.06	1.62～3.12
	福建龙岩	2.03～2.09	1.96～3.29
无烟煤2号	河南焦作	2.45～3.08	3.58～5.56
	山西晋城	2.62～3.1	4.38～6.0
	湖南金竹山	2.65～3.04	3.51～5.2
无烟煤3号	山西阳泉	3.54～3.94	6.58～8.21
	山西荫营	3.86～4.13	7.25～8.43
	宁夏汝箕沟	3.51～3.64	6.56～6.97

表39-17 生产炭素材料用无烟煤的质量要求

项 目	灰分/%	挥发分/%	硫分/%	水分/%	抗磨强度（大于4mm残留量）
一 级	≤10.0	≤7.0	≤2.0	≤3.0	≥35.0
二 级	≤11.0	≤7.0	≤2.0	≤3.0	≥35.0

39.2.2 石墨碎

石墨碎是石墨电极、石墨阳极、石墨块等人造石墨在加工时切削掉的碎屑或废石墨制品破碎块。其性质特点是：灰分含量低、导电导热性能好，具有石墨制品的优异特性。石墨碎一般破碎成中小颗粒使用。炭素厂将回收的石墨碎按10%～20%的配料比加入到一些产品中，或用以生产再生石墨电极。

铝电解阴极炭块中加入一定量的石墨碎，可以提高混捏糊料的塑性，减小成形的摩擦力，改善成形条件，提高成品率。同时可提高阴极制品的导电性、导热性、抗电解质的侵蚀性，从而改善电解工艺条件，提高铝电解槽的使用寿命。

石墨碎的质量指标见表39-18。

表39-18　石墨碎的质量指标

序　号	项　目	指　标	序　号	项　目	指　标
1	灰分/%	≤1.5	3	水分/%	≤0.5
2	粉末电阻率/μΩ·m	≤300			

39.2.3　冶金焦

冶金焦是生产各种炭块和电极糊的主要原料，也是生产铝用阴极材料的辅助原料，它在生产高炉炭块和电极糊配方中占20%～30%。阴极炭块焙烧有时用冶金焦作填充、保温材料。

冶金焦的灰分含量较高，一般为10%～15%，挥发分含量为1%左右。炭素生产使用的冶金焦的质量指标为：灰分不大于13.5%；硫分不大于0.8%；挥发分不大于1.2%；水分不大于4.0%；抗磨试验剩余量：不小于300kg，小于25mm的粉焦量不大于4.0%。

冶金焦是用几种炼焦煤按一定配比在焦炉中高温干馏焦化而得到的一种固体残留物。冶金焦的生产工艺流程如图39-10所示。生产冶金焦以焦煤为主，适当配入部分肥煤、气煤和瘦煤。首先将选好的炼焦煤破碎和粉碎，然后按一定比例进行配煤，混合均匀后送入储煤塔，通过装煤机将塔中原料煤定量从炉顶装入焦炉炭化室。原料煤在炭化室内处于高温干馏状态。从装煤到出焦的生产周期约15h。当焦饼中心温度达到950～1050℃时，即可推出焦，送到熄焦塔用水熄焦（或干法熄焦）。冷却后的冶金焦最后经筛选分级，检验入库。

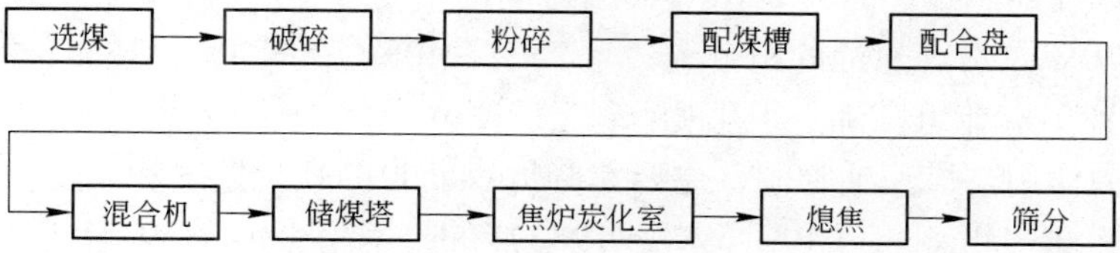

图39-10　冶金焦的生产工艺流程

39.2.4　煤沥青

煤沥青是铝用阴极生产的黏结剂材料。阴极炭块生产使用中温煤沥青为黏结剂；冷捣阴极糊为适应室温下捣固操作，要加入一定量的煤焦油、蒽油来降低糊料的软化温度。

煤沥青的性能、质量见39.1.4节煤沥青。

39.2.5　煤焦油和蒽油

铝电解槽用阴极糊使用经过脱水后的煤焦油或蒽油来调整它的黏度和软化温度。

39.2.5.1　煤焦油

一般中温沥青的软化温度为75～90℃，而冷捣糊使用黏结剂的软化温度要求在15～30℃，这就要选用性能相近的不同黏结剂进行适宜的混兑方法解决这一问题。通过在中温沥青中加入煤焦油，混合黏结剂软化温度可达冷捣糊所要求的软化点的范围。冷捣糊适宜的混合黏结剂的配比为：煤沥青：煤焦油＝（40±5）：（60±5）。

中国国家标准《煤焦油》（GB/T 3701—1989）规定的高温炼焦时从煤气中冷凝所得的煤焦油的技术指标见表39-19。

表39-19　煤焦油的技术指标（GB/T 5075—1993）

指标名称	指标	
	1号	2号
密度(20℃)/g·cm^{-3}	1.15～1.21	1.13～1.22
甲苯不溶物(无水基)/%	3.5～7.0	≤9
灰分/%	≤0.13	≤0.13
水分/%	≤4.0	≤4.0
黏度(E_{80})/%	≤4.0	≤4.0
萘含量(无水基)/%	≤7.0	≤7.0

炭素生产使用的煤焦油的质量指标为：密度1.16～1.20g/cm^3；灰分不大于0.2%；水分不大于0.2%；游离碳含量：5%～9%。

39.2.5.2　蒽油

蒽油和洗油均是煤焦油在温度不太高时分馏出的低分子碳氢化合物。一般呈棕色或棕褐色液体，通常用作沥青或焦油的软化剂或稀释剂。

蒽油是煤焦油加热蒸馏时在270～360℃区间馏出物冷却后得到的褐色黏稠液体，约占煤焦油质量的20%左右。蒽油的组分为：蒽25%～40%；菲20%～26%；咔唑5%～6%；芘5.5%～6%；另有菲蒽高沸点衍生物。

使用蒽油的作用与煤焦油相同，主要是降低煤沥青的软化温度和黏度。

中国国家标准《粗蒽》（GB/T 3998—1983）的技术指标见表39-20。

表39-20　粗蒽技术指标（GB/T 3998—1983）

指标名称	指标		
	一级	二级	三级
蒽含量/%	≥36	≥32	≥25
油含量/%	≤8	≤15	—
水分/%	≤3	≤5	5

蒽油的技术性能为：360℃前出馏物（容量）不大于60%；含水量不大于1.5%；没有42℃结晶物。

40　铝电解用炭阳极

＊＊＊＊＊＊＊＊＊＊＊＊＊＊＊＊＊＊＊＊＊＊＊＊＊＊＊＊＊＊＊＊＊＊＊＊＊＊

40.1　铝电解对炭阳极的要求

40.1.1　铝电解中炭阳极的作用与消耗

40.1.1.1　炭阳极的主要反应

在氧化铝-冰晶石熔盐法电解铝过程中，用炭素材料作为电解槽的阳极，在电解槽中起着导电和参与电化学反应的双重作用。炭阳极一方面把电流导入电解槽中，另一方面发生电化学反应，产生 CO_2 和 CO 气体而被逐渐消耗。电解过程中的反应式如下（详见 29 章）：

$$2Al_2O_3 + 3C \xlongequal{\quad} 4Al + 3CO_2 \tag{40-1}$$

$$Al_2O_3 + 3C \xlongequal{\quad} 2Al + 3CO \tag{40-2}$$

预焙阳极电解槽结构如图 40-1 所示。

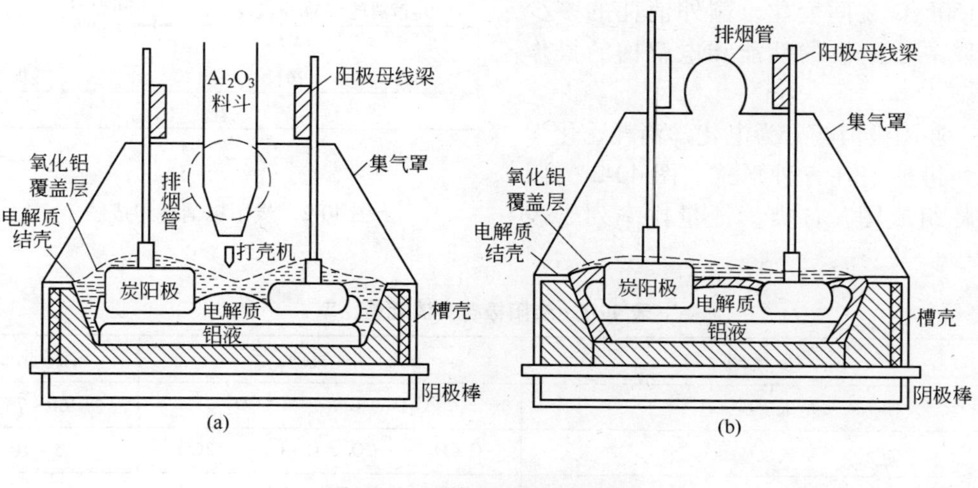

图 40-1　预焙阳极电解槽结构
（a）中间打壳预焙槽；（b）边部打壳预焙槽

若用 φ 表示阳极气体中二氧化碳的体积分数，则（$1-\varphi$）表示一氧化碳的体积分数，铝电解电化学反应的总反应式为：

$$Al_2O_3 + \frac{3}{1+\varphi}C = 2Al + \frac{3\varphi}{1+\varphi}CO_2 + \frac{3(1-\varphi)}{1+\varphi}CO \tag{40-3}$$

阳极气体的成分是动态变化的。铝电解槽正常过程中二氧化碳的体积分数约为70%～80%。当 $\varphi = 80\%$，$1-\varphi = 20\%$ 时，总反应式40-3成为：

$$Al_2O_3 + 1.667C = 2Al + 1.333CO_2 + 0.333CO \tag{40-4}$$

由此得到炭阳极的理论吨铝消耗量为：

$$\frac{1.667 \times 12}{2 \times 26.98} \times 1000 = 371(kg)$$

同理，当阳极气体中二氧化碳的体积分数 φ 为70%，则炭阳极的理论吨铝消耗量为393.6kg。

铝电解是一个高温电化学过程，工作温度为930～980℃。由于阳极各质点的不均匀性，其氧化反应也是不均匀的，其中有些焦炭就会脱落而转入电解质中形成“炭渣”，从而恶化电解过程。阳极炭块质量的好坏，直接影响到铝电解的正常生产操作、原铝的质量和电流效率等技术经济指标。

40.1.1.2　炭阳极的消耗

铝电解槽阳极炭块消耗分净耗、残极，从而组成阳极总消耗。由于阳极质量不同和电解槽工作状况不同，吨铝阳极的总消耗在480～550kg之间。

电解槽中阳极的性能一般通过阳极净消耗量来评价，净消耗包括电解消耗和额外消耗。阳极的额外消耗随着不同的阳极质量和电解槽设计而变化，一般在吨铝20～150kgC之间变化，额外消耗的多少主要取决于阳极的性能和电解槽的操作情况。

工业阳极消耗分为电化学消耗、化学消耗和机械消耗三种形式。图40-2为阳极消耗组成图，各类消耗量比率列于表40-1中。

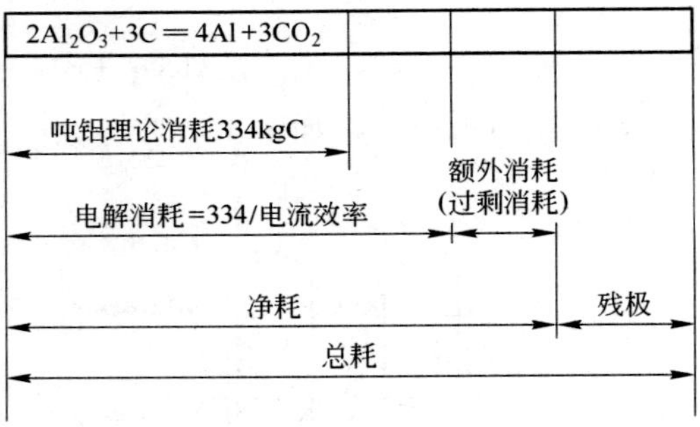

图40-2　炭阳极消耗组成图

表40-1　炭阳极各类消耗量比率

消耗类别	消耗机理	消耗量/%
基础反应	$Al_2O_3 + C \longrightarrow Al + CO_2$	66～76
空气反应	$C + O_2 \longrightarrow CO_2$，$C + O_2 \longrightarrow 2CO$	5～10
CO_2 反应	$CO_2 + C \longrightarrow 2CO$	2～10
未反应的炭粉		0.3左右
热分解和挥发		0.2左右
炭阳极含有杂质反应及返回的残极引起的消耗		3.5～4.5

A 炭阳极理论消耗（*GC*）

铝电解基本电化学反应如式 40-1 所示，已知铝电解电流效率（*CE*）为 100 或 CO_2 浓度为 100，计算炭阳极理论消耗（*GC*）为吨铝 334kg。

B 电解消耗（*EC*）

炭阳极电解消耗，也称炭阳极电化学消耗（*EC*）见式 40-5：

$$EC = 334/CE \tag{40-5}$$

式中 *EC*——吨铝炭阳极电化学消耗，kg；

CE——电流效率。

C 炭阳极过剩消耗（*eC*）

炭阳极过剩消耗（*eC*）也称为额外消耗，是指炭阳极空气氧化反应、炭阳极与 CO_2 布达反应和铝电解副反应引起的炭阳极消耗。

a 炭阳极空气氧化反应

铝电解槽炭阳极空气氧化反应发生的部位有两处：炭阳极的顶部和电解质以上暴露的炭阳极侧部。炭阳极中碳与空气中氧发生下列氧化反应：

$$C_{阳极} + O_2 = CO_2 \tag{40-6}$$

$$2C_{阳极} + O_2 = 2CO \tag{40-7}$$

研究表明，炭阳极发生空气氧化反应温度小于 727℃时，式 40-6 占主导地位；大于 727℃时，式 40-7 占主导地位；石墨于 450℃，无定形炭（如炭阳极）于 300～350℃开始空气氧化反应。在正常铝电解条件下，炭阳极上表面温度小于 427℃，炭阳极发生空气氧化反应主要生成 CO。除炭阳极空气氧化反应温度外，炭阳极中的某些杂质（如 Na、V、Ca 等）对炭阳极空气氧化反应起催化作用。阳极温度分布对阳极反应性的影响如图 40-3 所示。

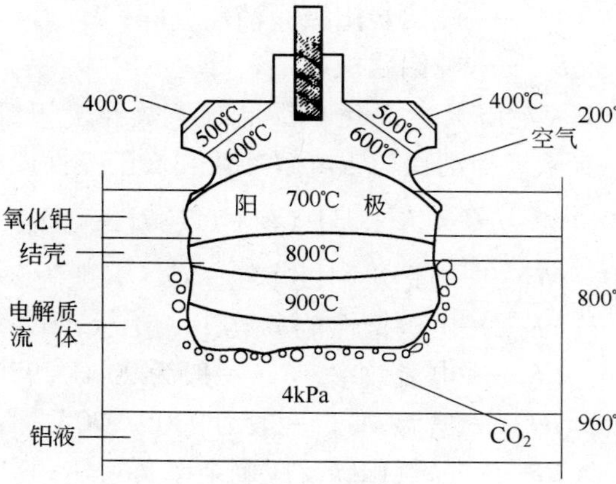

图 40-3 电解槽阳极温度分布对阳极反应性的影响

b 炭阳极与 CO_2 反应（布达反应）

炭阳极与铝电解主反应式 40-1 产生的 CO_2 之间的反应称为布达反应或羧基反应，其化学反应式见式 40-8。

$$C_{阳极} + CO_2 = 2CO \tag{40-8}$$

布达反应发生的部位有两处：炭阳极工作面（俗称底掌）的孔隙中和浸在电解质中的炭阳极四周。此外，电解质中的炭渣也会与 CO_2 反应。布达反应温度和炭阳极中的某些杂质（如 Na、Ca、V、Ni 等）会影响布达反应速率。

c 铝电解副反应

铝电解主反应产生的 CO_2 与溶解在电解质中的铝和钠反应称为铝电解副反应。

$$3CO_2 + 4Al = 3C + 2Al_2O_3 \tag{40-9}$$

$$3CO_2 + 2Al = 3CO + Al_2O_3 \quad (40\text{-}10)$$

$$3CO_2 + 6Na = 3CO + 3Na_2O \quad (40\text{-}11)$$

这些化学反应不能直接代表炭阳极的消耗，但溶解在电解质中的铝和钠是靠消耗炭阳极生成的。

D 炭阳极净消耗

炭阳极净消耗是指炭阳极电化学消耗与炭阳极过量消耗之和，即

$$NC = 334/CE + eC \quad (40\text{-}12)$$

式中 NC——吨铝炭阳极净消耗，kg；

CE——电流效率，%；

eC——吨铝炭阳极过量消耗，kg。

中国铝厂吨铝炭阳极净消耗 NC 约为 390 ~ 430kg，国际先进铝厂吨铝炭阳极净消耗约为 390 ~ 420kg。

E 炭阳极毛消耗

炭阳极毛消耗 gC 为炭阳极净消耗 NC 与残极质量 BC 之和，即

$$gC = NC + BC \quad (40\text{-}13)$$

式中 gC——吨铝炭阳极毛消耗，kg；

NC——吨铝炭阳极净消耗，kg；

BC——吨铝残极质量，kg。

F 炭阳极净消耗与铝电解参数和炭阳极性质的关系

炭阳极净消耗与铝电解参数和炭阳极性质的关系，可以参考式 40-14 来进行估算：

$$NC = K + 334/CE + 1.2(BT - 960) - 1.7CRR + 9.3AP + 8TC - 1.5ARR \quad (40\text{-}14)$$

式中 NC——吨铝炭阳极净耗，kg，一般为 390 ~ 470kg；

K——电解槽性能参数，一般为 270 ~ 310；

CE——电流效率，%，一般为 90% ~ 95%；

BT——槽温，℃，一般为 930 ~ 970℃；

CRR——二氧化碳反应剩余率，%，一般为 75% ~ 92%；

AP——炭阳极空气渗透率，nPm（1 达西/9.87），一般为 0.5 ~ 5.0nPm；

TC——阳极导热系数，W/(m · K)，一般为 3.0 ~ 6.0W/(m · K)；

ARR——空气反应剩余率，%，一般为 60% ~ 93%。

其中主要因素分析如下：

（1）电解槽性能系数 K，与槽结构设计和操作水平有关。电解槽结构和操作不同时，同样质量的阳极的阳极消耗有明显区别。同样质量的阳极在甲铝厂使用基本正常，在乙铝厂使用可能引起严重问题，其原因在于此。

（2）电流效率 CE。当电流效率为 88% 时，吨铝阳极理论消耗为 380kg；电流效率为 95% 时，吨铝阳极理论消耗为 350kg，电流效率越高阳极消耗越少。电流效率由电解槽结构、电解操作水平、阳极质量等因素决定，阳极性能越好，电解槽越稳定，电流效率越高。

（3）电解槽工作温度 BT，一般为935～980℃，电解槽最佳温度一般高出电解质结晶温度10～15℃，槽温越高，电流效率越低。每升高10℃，电流效率减少1.0%～1.5%。槽温越高，阳极 CO_2 反应和空气反应破坏性越严重。每升高10℃，吨铝阳极消耗增加12kg。

（4）阳极二氧化碳剩余率 CRR，是阳极使用性能的一项重要指标。用 ϕ50mm×60mm 的阳极试样于960℃温度下在 CO_2 气氛中反应7h（ISO），测试反应和振动脱落后的残极率。当其他参数不变时，CO_2 反应剩余率为92%的优质阳极比 CO_2 反应剩余率为82%的质量差的阳极吨铝阳极净耗减少17kg。

（5）阳极空气反应剩余率 ARR。ϕ50mm×60mm 的试样在525～550℃温度下与空气反应，除去反应量和振动脱落量后为反应剩余率，它也是阳极一项重要的应用性能指标。当其他参数不变时，阳极的空气反应剩余率由82%提高到92%，吨铝阳极消耗减少15kg。

（6）阳极的空气透气率 AP，是由在一定压力下，以一定体积的空气通过 ϕ50mm×20mm 阳极试样而测得的时间来决定，结果用 nPm 表示。优质阳极的空气透气率在0.5～3.0nPm 之间。焦的密度、沥青量、配料和工艺的严密性等影响透气率。当其他参数不变时，透气率增加1.0nPm，吨铝阳极消耗增加9.3kg。

（7）阳极的导热系数 TC，通过 ϕ50mm×20mm 阳极试样，一端用电加热至60℃，一端水冷，用金属探测得其传导的热量。优质阳极的导热系数为3～4.5W/(m·K)。由于阳极工作时浸泡于960℃的电解液中，导热系数高引起阳极上部温度高，会增大阳极电压降和阳极的气体反应损耗。观测到阳极导热系数提高2.0W/(m·K)，阳极顶部温度升高55℃，吨铝阳极消耗增加16kg。导热系数与阳极生产中的原材料和焙烧温度有关。

40.1.1.3　铝电解对炭阳极的基本要求

炭阳极质量的好坏直接影响到铝电解的工艺过程和技术经济指标。铝电解生产对炭阳极材料提出如下要求：

（1）纯度高。铝电解生产中，炭阳极材料被电解反应逐渐消耗，其中的灰分杂质将进入金属铝液中，污染铝的质量。因此，要求炭阳极材料中的杂质含量越低越好，一般灰分不应大于0.5%。

（2）导电和导热性能良好。在铝电解槽上，炭阳极参与传导电流，消耗在炭阳极的电压降达0.35～0.5V，每生产1t铝消耗在阳极上的电能约1500～2000kW·h，占铝生产电耗的10%～15%。因此，降低阳极材料的电阻率对降低铝生产成本十分重要。阳极炭块电阻率不应大于60μΩ·m，阳极糊烧结体电阻率不应大于80μΩ·m。

（3）足够的机械强度。铝电解槽上阳极重达几十吨，还要承受电、热等的冲击。因此要有足够的机械强度。阳极炭块的耐压强度不应低于27MPa，还要求有较好的耐冲刷性。

（4）化学性质稳定，抗氧化和抗氟化物侵蚀性好，抵抗与 CO_2 反应性能良好。铝电解生产中，阳极反应生成 CO_2，再次与炭发生反应，从而引起炭的过量消耗，产生脱落和掉渣等现象，并降低电解反应的电流效率。铝电解生产要求炭素材料在 CO_2 气氛中稳定。通常对抵抗 CO_2 反应性的指标为反应速度、总消耗率、气化率和脱落度等。

（5）耐高温，膨胀率小，抗热震性好。

阳极消耗与炭阳极的抗氧化性能、空气渗透性和体积密度等密切相关。因此铝用炭阳极在原料的选择、工艺条件、过程控制等方面都有严格要求，不同种类的炭阳极又有各不相同的要求。

炭阳极的电解过量消耗主要原因表现于两个方面：

（1）由黏结剂沥青烧结而成的“二次焦”与骨料焦的物理化学性能有差别，在电解槽上抗冲刷和抗氧化能力不一，“二次焦”首先消耗使骨料颗粒脱落，形成炭渣；

（2）阳极活性大，造成了二氧化碳、空气氧化反应，即选择性氧化。

研究可知，选择性氧化与原料中的杂质元素的催化作用有关。炭阳极或阳极原料应控制杂质元素的含量，以保证炭阳极在铝电解生产中的过消耗。表 40-2 是杂质元素对炭阳极氧化反应和二氧化碳反应的影响情况和国外对杂质元素的要求范围。

表 40-2 杂质元素对炭阳极氧化反应和二氧化碳反应的影响和国外的要求

杂质元素	对氧化反应的影响	对二氧化碳反应性影响	国外阳极杂质元素质量分数/%
Fe	中等、弱催化	强催化	0.01～0.04
V	强催化	中等-弱催化	0.008～0.026
Ni	中等-弱催化	中等催化	0.008～0.016
Na	强催化	强催化	0.02～0.06
Ca	弱催化	中强催化	0.005～0.02
Cu	强催化	弱催化	0.005～0.008
Si	中等催化	无影响、弱反催化	0.01～0.03
S	弱催化	弱反催化	1.2～2.4
B	反催化	反催化	
P	反催化	反催化	
AlF_3	反催化	反催化	

40.1.2 炭阳极的种类

铝电解炭阳极根据铝电解槽的结构不同分为两类：一类是阳极糊，使用于自焙铝电解槽；另一类是阳极炭块，使用于预焙铝电解槽。自焙铝电解槽，根据阳极导电棒插入的位置不同，又分为侧（旁）插槽和上插槽。不同结构的铝电解槽，因其工艺特点不同，对阳极的性能要求有较大的差别，分别使用不同的炭阳极。阳极糊与炭阳极的性能、结构和原料配方是不同的，但其生产工艺基本相同。

铝用炭阳极的基本分类如图 40-4 所示。

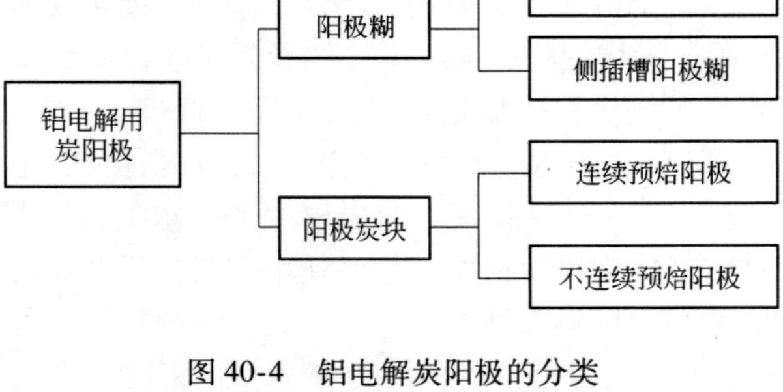

图 40-4 铝电解炭阳极的分类

40.1.2.1 阳极糊

阳极糊是以石油焦和沥青焦为骨料，煤沥青为黏结剂制成的炭素糊料。用于连续自焙铝电解槽作阳极材料，因其黏结剂的含量高（24%～32%），在电解槽上部被烧结以前呈糊状，故称阳极糊。

阳极糊在1952～1995年的40年时间里，曾经是中国铝用炭素制品中产量最大的一种产品。

使用阳极糊的铝电解槽的特点有：

（1）以阳极糊为主体所构成的连续自焙阳极可以连续工作而不必更换，有利于提高铝电解槽的稳定性；

（2）利用电解槽自身的热量焙烧阳极，无需另外附加焙烧工序，可节省能量；

（3）制造阳极糊不需建压型和焙烧设备，节省投资。

但由于阳极糊沥青含量高，在电解槽自行焙烧时沥青烟直接在电解槽上部散发，且不易收集，使环境污染严重，给铝电解生产的烟气净化和自动化操作带来困难。同时，受自焙阳极横截面积的局限，电解槽容量的进一步提高受到限制，实现大型化受到局限。另外，自焙阳极操作比预焙阳极复杂，阳极电阻率较高，电耗较大。

阳极糊是自焙槽的阳极，基于自焙槽已经在全世界范围内趋于淘汰，本书不对阳极糊做具体叙述。

40.1.2.2 预焙阳极炭块和预焙槽

以煅烧石油焦和沥青焦为骨料，煤沥青为黏结剂经配料、混捏、成形、焙烧生产的炭块，因这种炭块在供电解槽使用前经过焙烧具有稳定的几何形状，所以称为预焙阳极炭块。用预焙阳极炭块作阳极的铝电解槽称为预焙阳极电解槽，简称预焙槽。阳极炭块一般为长方体（见图30-37），在其导电方向的上表面有2～4个直径为160～180mm、深为80～110mm的圆凹槽，俗称炭碗，在阳极组装时，炭碗用来安放阳极爪头，通过浇注磷生铁，将阳极导杆与阳极炭块连为一体，组成阳极炭块组。阳极炭块根据电解槽电流的大小和工艺的不同而有不同的尺寸，但通过它的电流密度一般为0.68～0.95A/cm^2，使用周期为26～32天。

预焙阳极操作比较简单，易于实现机械化、自动化，阳极电压降比自焙阳极低，在电解过程中消除了沥青烟害，有利于电解槽向大容量方向发展。因此新建铝厂都采用预焙阳极。

40.1.2.3 炭阳极的技术标准

A 行业标准

中国铝电解槽用炭阳极的行业标准为《铝电解用预焙阳极》（YS/T 285—2007），该标准将原YS/T 285—1999标准中预焙阳极3个牌号的TY-3取消，精简为TY-1和TY-2两个牌号，理化性能指标也比照ISO国际标准进行了相应的过渡性调整，主要理化性能指标详见表40-3。

表 40-3 预焙阳极理化性能指标（YS/T 285—2007）

牌 号	灰分/%	电阻率 /μΩ · m	线膨胀系数 /K^{-1}	CO_2 反应性 (残极率)/%	耐压强度 /MPa	表观密度 /g · cm^{-3}	真密度 /g · cm^{-3}
TY-1	≤0. 50	≤55	≤5.0×10^{-6}	≥80. 0	≥32. 0	≥1. 53	≥2. 04
TY-2	≤0. 80	≤60	≤6.0×10^{-6}	≥70. 0	≥30. 0	≥1. 50	≥2. 00

炭阳极的尺寸允许偏差应符合表 40-4 的要求。

表 40-4 炭阳极的尺寸允许偏差（YS/T 285—2007）

允许偏差(不大于)/%			
长 度	宽 度	高 度	不直度
±0. 1	±1. 5	±3. 0	长度的 1%

B 中国铝业公司优质阳极企业质量要求

中国铝业公司为稳定电解铝的生产，对预焙阳极的工艺和技术进行了系统地研究和改进，提出了优质阳极的生产技术和质量要求，其质量指标（见表 40-5）基本实现了与国际接轨。

表 40-5 中国铝业公司优质炭阳极质量要求

项 目	指 标	项 目		指 标
体积密度/kg · dm^{-3}	≥1. 54	微量元素质量分数/%	S	≤2. 5
真密度/kg · dm^{-3}	≥2. 04		Si	≤0. 03
电阻率/μΩ · m	≤55		Na	≤0. 05
抗折强度/MPa	≥12		Ca	≤0. 035
抗压强度/MPa	≥32		Ni	≤0. 025
导热系数/W · (m · K) $^{-1}$	≤3. 55		V	≤0. 02
线膨胀系数/K^{-1}	$(3.5\sim4.5)\times10^{-6}$		Fe	≤0. 04
空气渗透率/nPm	≤2. 0			
CO_2 反应性(剩余率)/%	≥80			
空气反应性(剩余率)/%	≥80			
灰分/%	≤0. 5			

C 国际标准

与中国现行炭阳极的标准相比，国际预焙阳极炭块质量标准的技术指标包含的项目多、指标细、要求严。表 40-6 综合了 ISO 对预焙阳极的一般要求指标。

表 40-6 炭阳极国际标准的一般要求

理化指标	标 准	标准范围
灰分/%		0. 2 ~ 0. 5
体积密度/g · cm^{-3}	ISO 12985-1	1. 53 ~ 1. 58
二甲苯中密度/g · cm^{-3}	ISO 9088：1997	2. 05 ~ 2. 10

续表 40-6

理化指标		标准	标准范围
电阻率/μΩ·m		ISO 11713：2000	52~60
线膨胀系数/K^{-1}		ISO 14420	(3.5~4.5)×10^{-6}
抗压强度/MPa		ISO 18515	40~55
抗折强度/MPa		ISO 12986-1：2000	8~14
空气渗透率/nPm		ISO 15906	0.5~2.0
热导率/W·$(m·K)^{-1}$		ISO 12987	3.0~4.5
动态弹性模量/GPa		ISO 12986-1：2000	7~10
静态弹性模量/GPa			4.0~5.5
空气反应性/%	残余	ISO 12989-1：2000	70~90
	灰尘		4~8
	损失		10~24
CO_2 反应性/%	残余	ISO 12988-1：2000	84~95
	灰尘		2~6
	损失		4~10
折断能量/J·m^{-2}			250~350
微量元素质量分数/%	硫	ISO 12980：2000	1.2~2.4
	铁		0.01~0.05
	硅		0.01~0.03
	钒		0.003~0.026
	钠		0.015~0.06
	镍		0.008~0.02
	钙		0.005~0.02
	铅		0.001~0.005
	锌		0.001~0.005
	钾		0.0005~0.003
	镁		0.001~0.005
	氟		0.01~0.04
	氯		0.001~0.005

随着国内阳极质量的提高和部分企业进行出口阳极的生产，对阳极质量的要求将有所改变，国内外部分企业阳极特性指标见表 40-7。

表 40-7 国内外预焙阳极特性指标对比

序号	检验项目	德国某公司	美国某公司	俄国某公司	国内 A 公司	国内 B 公司	国内普遍指标
1	体积密度/g·cm^{-3}	1.56~1.60	1.55~1.61	1.57~1.62	1.59~1.63	1.54~1.61	1.50~1.59
2	真密度/g·cm^{-3}	2.06~2.08	2.06~2.08	2.04~2.08	2.07~2.10	2.05~2.09	2.03~2.09
3	空气渗透率/nPm	1.50~2.00	≤4.00		0.3~2.5	1~3.0	1.0~5.0

续表 40-7

序号	检验项目	德国某公司	美国某公司	俄国某公司	国内 A 公司	国内 B 公司	国内普遍指标
4	电阻率/μΩ · m	52 ~ 58	53 ~ 60	52 ~ 58	52 ~ 56	49 ~ 62	48 ~ 63
5	抗压强度/MPa	35 ~ 50	30 ~ 45	32 ~ 45	38 ~ 50	30 ~ 50	30 ~ 55
6	抗折强度/MPa	9.5 ~ 13			12 ~ 17	8.0 ~ 13	7.0 ~ 13.0
7	热导率/W · (m · K) $^{-1}$	3.0 ~ 4.5	3.0 ~ 4.0		4.0 ~ 5.5	4.0 ~ 5.5	3.0 ~ 6.0
8	CO_2：残余率/%	88 ~ 95	85 ~ 95	88 ~ 92	88 ~ 98	83 ~ 88	65 ~ 85
9	CO_2：脱落度/%		2 ~ 11				
10	CO_2：损失率/%	2 ~ 6	10 ~ 12		2 ~ 5	8 ~ 12	10 ~ 20
11	空气：残余率/%	92 ~ 95	80 ~ 90		92 ~ 95	88 ~ 92	70 ~ 85
12	空气：脱落度/%		2 ~ 5				
13	空气：损失率/%	3 ~ 5	5 ~ 10		5 ~ 7	10 ~ 12	10 ~ 25
14	灰分/%	0.2 ~ 0.35	0.25 ~ 0.45	0.2 ~ 0.50	0.15 ~ 0.35	0.25 ~ 0.40	0.2 ~ 0.8
15	S 质量分数/%	1.0 ~ 1.5	2.0 ~ 3.0	0.8 ~ 1.5	1.40 ~ 1.70	1.1 ~ 1.35	1.0 ~ 2.5
16	Si 质量分数/%	0.015 ~ 0.03	0.015 ~ 0.025	0.035 ~ 0.06	0.02 ~ 0.03	0.02 ~ 0.035	
17	Fe 质量分数/%	0.025 ~ 0.04	0.03 ~ 0.045	0.03 ~ 0.06	0.02 ~ 0.035	0.03 ~ 0.05	
18	V 质量分数/%	0.005 ~ 0.015	0.01 ~ 0.02	0.005 ~ 0.01	0.007 ~ 0.01	0.01 ~ 0.013	
19	Ni 质量分数/%	0.01 ~ 0.025	0.01 ~ 0.022		0.01 ~ 0.015	0.015 ~ 0.023	
20	Ca 质量分数/%		0.02 ~ 0.03	0.015 ~ 0.025	0.01 ~ 0.02	0.02 ~ 0.035	
21	Na 质量分数/%	0.005 ~ 0.013	0.008 ~ 0.02	0.005 ~ 0.01	0.007 ~ 0.01	0.008 ~ 0.015	
22	Zn 质量分数/%	0.005 ~ 0.01			0.003 ~ 0.007	0.001 ~ 0.005	
23	Pb 质量分数/%	0.005 ~ 0.01			0.003 ~ 0.008	0.001 ~ 0.003	

注：表中“国内 A 公司”和“国内 B 公司”是国内生产出口阳极的公司，表中“国内普遍指标”是国内电解铝企业自用阳极的指标情况。

由表 40-7 可见，国外电解铝生产对预焙阳极的微量元素含量要求一般比较严格。

40.2　炭阳极的生产工艺

40.2.1　生产工艺流程

炭阳极的生产工艺包括原料的预碎、煅烧、破碎、筛分分级、配料、黏结剂的预处理、混捏、糊料的成形、焙烧及清理以及通常安排在电解厂的阳极组装等。其生产工艺流程如图 40-5 所示。

阳极工厂的生产区通常分为煅烧车间（包括原料仓库、煅烧、余热锅炉房等）、生阳极车间（包括沥青熔化、热媒锅炉房、煅后料储存、中碎、筛分、配料、混捏、糊料冷却、成形、生阳极炭块冷却等，生阳极车间也称为“高楼部”或“成形车间”）、焙烧车间（包括炭块库、焙烧炉、焙烧烟气净化）和组装车间（包括阳极组装和残极破碎等）。其中组装车间有的划归炭素厂管理，有的划归电解厂管理。

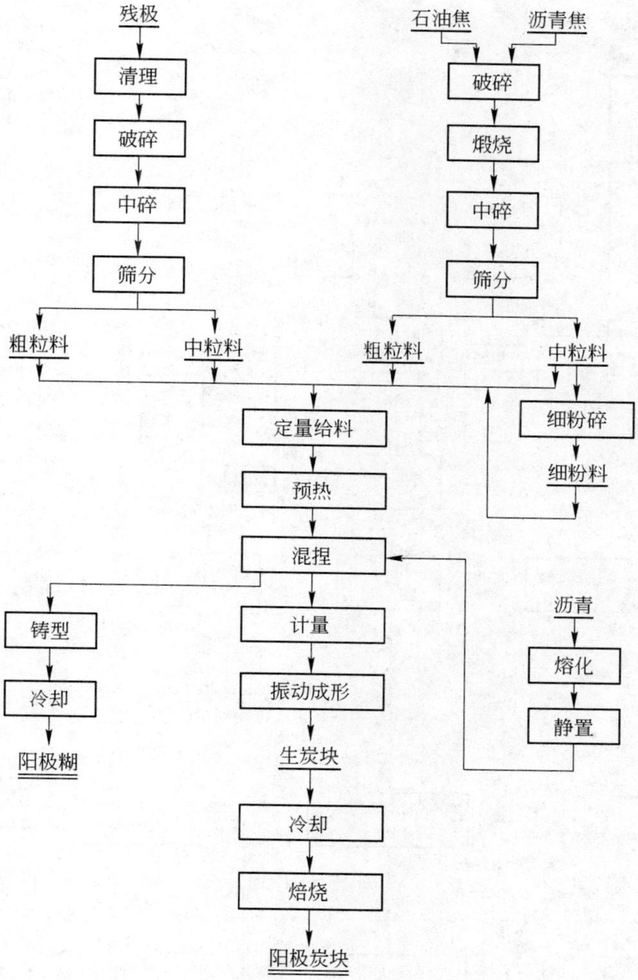

图 40-5　炭阳极材料生产工艺流程

以年产 104.5kt 阳极生产为例，炭阳极生产的物料平衡如图 40-6 所示。

阳极厂的典型平面布置详见 31.9.5.2 节。

40.2.2　原料的煅烧

40.2.2.1　煅烧的目的和原理

A　煅烧的目的

炭阳极用石油焦的煅烧通常就是将石油焦在 1200～1350℃下进行的热处理的过程。煅烧目的在于：

（1）排除石油焦中的水分，使石油焦的水分降低到 0.3% 以下。

（2）排除石油焦中的挥发分，经高温处理后挥发分由 9%～15% 降低到 0.5% 以下。

（3）提高石油焦的密度和机械强度。

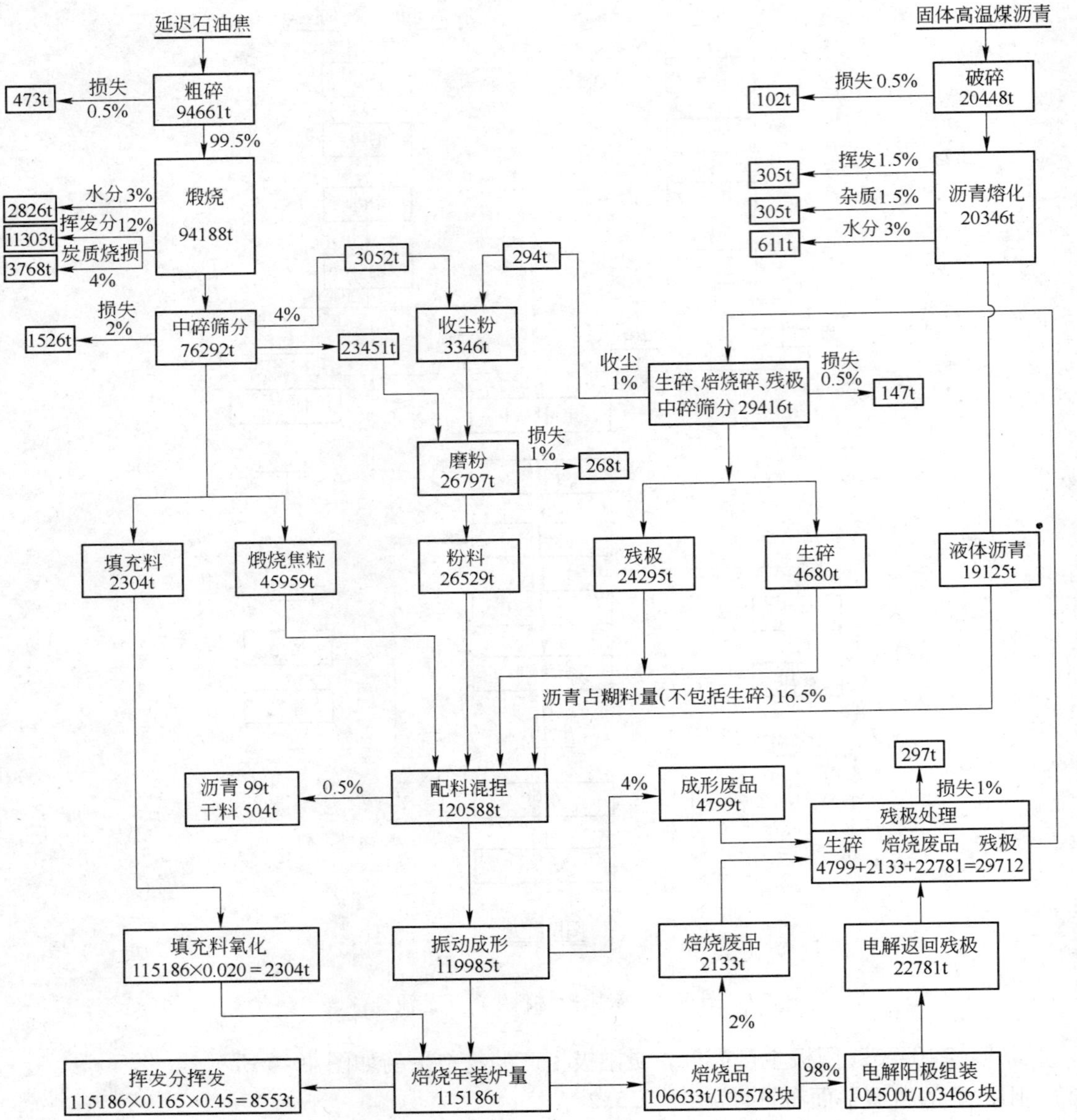

图 40-6 炭阳极材料生产物料平衡

(4) 提高石油焦的导电性能，粉末电阻率达到600μΩ · m以下。

(5) 提高石油焦的抗氧化性能。

通过煅烧，可以使石油焦充分收缩，线度定型，避免在生炭块焙烧时产生二次收缩。

煅烧设备的选择是按照工厂的规模、原料性能特点、能源供应情况和生产工艺等的综合要求决定的，煅烧设备不同，所生产的煅后焦质量也有差异。目前，阳极生产厂普遍采用的石油焦煅烧设备有罐式煅烧炉和回转窑。

B　煅烧原理

a　煅烧前后石油焦结构的变化

石油焦在煅烧过程中，先后发生热分解、热缩聚以及碳结构的重排，使微晶粒互相接近，导致原料收缩而致密化，这种收缩直到挥发分完全排除才结束。石油焦的晶格长度 a 和 c 随煅烧温度的变化情况如图 40-7 所示。

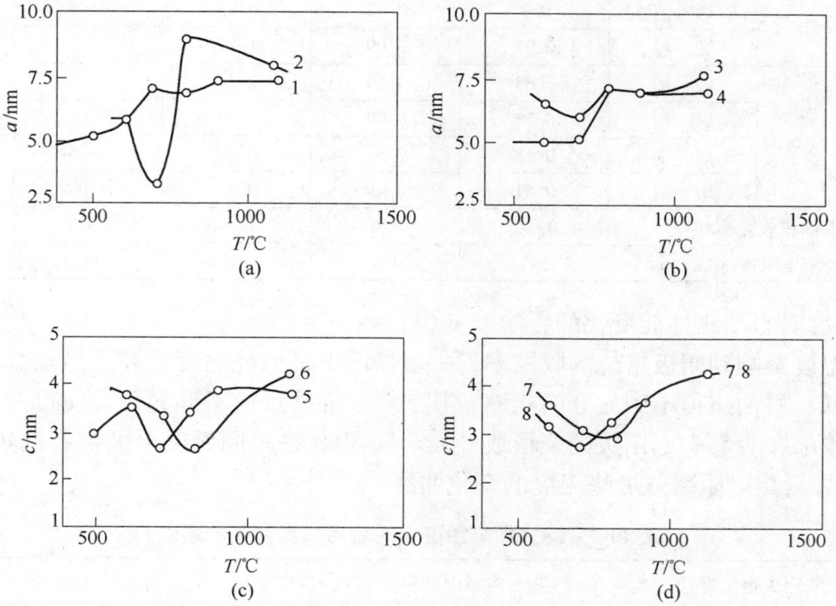

图 40-7　石油焦的 a 和 c 随煅烧温度的变化

（a），（c）热裂焦；（b），（d）热解焦

1，4，5，8—在填充料中；2，3，6，7—在氢气中

b　石油焦物理化学性质的变化

经过 1000～1300℃ 煅烧的石油焦中，氢的含量降低了约 10%。

在煅烧过程高温的作用下，石油焦结构发生重排，使 C—S 的化学键断裂，能够有效地排除石油焦中的硫分，但这种变化要在 1500～1700℃ 范围内才大量发生（见图 40-8）。

在煅烧过程中，由于气体的析出产生了开口气孔；同时，由于石油焦体积的收缩，使原有气孔大部分转变为开口气孔。

表 40-8 是几种石油焦煅烧前后的理化指标变化的情况。

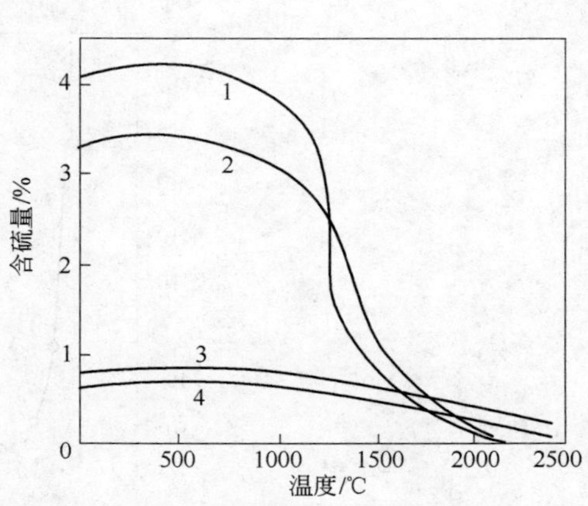

图 40-8　几种石油焦含硫量与煅烧温度的关系

1—原油残渣焦；2—石油裂化焦；

3—焦油热解焦；4—原油裂化焦

表 40-8 几种石油焦煅烧前后的理化指标对比

指标		1 号焦	2 号焦	3 号焦	4 号焦	5 号焦
灰分/%	煅前	0.11	0.15	0.2	0.17	0.14
	煅后	0.35	0.41	0.35	0.54	0.21
真密度/g·cm^{-3}	煅前	1.61	1.46	1.42	1.37	1.37
	煅后	2.09	2.09	2.05	2.08	2.06
体积密度/g·cm^{-3}	煅前	0.9	0.82	0.93	0.99	0.94
	煅后	0.97	0.99	1.11	1.13	1.15
机械强度/MPa	煅前	3.63	3.00	2.24	6.02	
	煅后	5.13	4.08	5.72	7.63	
硫分/%	煅前	0.58	0.57	0.19	1.26	0.42
	煅后	0.51	0.40	0.17	1.09	0.38
煅烧后体积收缩率/%		13.0	4.6	21.5	28.5	25.5
煅后焦粉末电阻率/μΩ·m		511	493	487	480	523

c 温度对石油焦性能变化的影响

煅烧温度影响到阳极焙烧的收缩率，一般情况下，煅烧温度应高于焙烧温度。如果煅烧温度过低，石油焦得不到充分的收缩，其热解和缩聚反应不够充分，使得制品在焙烧时发生二次收缩，容易引起阳极的变形或开裂。表 40-9 是不同温度下煅烧石油焦的真密度，图 40-9 是煅后焦电阻率随煅烧温度的变化曲线。

表 40-9 罐式煅烧炉温度对煅后焦真密度的影响

首层或二层火道温度/℃	料罐内物料温度/℃	煅后焦真密度/g·cm^{-3}
1000 ~ 1050	900	1.0
1150 ~ 1200	1100	2.02
1200 ~ 1300	1180	2.04
1300 ~ 1380	1250	2.08

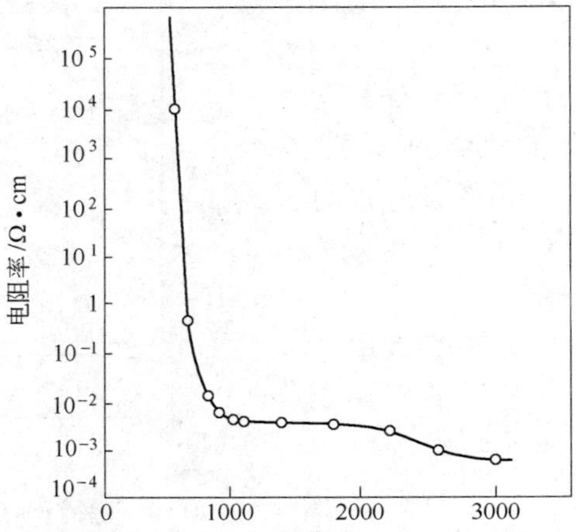

图 40-9 石油焦电阻率（室温下测定）与煅烧温度的关系

d 阳极生产对煅后石油焦的质量要求

根据有色行业标准《炭阳极用煅后石油焦》（YS/T 625—2007），煅后石油焦的质量要求见表40-10。

表 40-10 煅后焦质量标准（YS/T 625—2007）

牌号	理化性能				
	灰分（质量分数）/%	挥发分（质量分数）/%	硫含量（质量分数）/%	真密度 /g·cm^{-3}	粉末电阻率 /μΩ·m
DHJ-1	≤0.30	≤0.50	≤1.80	≥2.04	≤530
DHJ-2	≤0.70	≤1.00	≤2.50	≥2.01	≤610

注：检验数值的判定采用修约比较法，数值修约规则按 GB/T 8170 的有关规定进行，修约数位与表中所列极限值数位一致。

但是，该标准只是列出了煅后焦的部分质量指标，不能全面反映阳极生产对煅后焦的质量要求，还应考虑煅后焦的微量元素、密度、化学反应性能、粒度分布等。为满足阳极生产，建议优质煅后焦应达到表40-11所列的质量要求。

表 40-11 阳极用优质煅后焦的质量要求

理化指标		标准范围
水分（质量分数）/%		<0.3
灰分（质量分数）/%		<0.50
挥发分（质量分数）/%		<0.30
硫含量（质量分数）/%		<2.5
微量元素 质量分数/%	V	<0.025
	Ni	<0.02
	Si	<0.02
	Fe	<0.03
	Ca	<0.015
	Na	<0.01
振实密度/g·cm^{-3}		>0.84
表观密度/g·cm^{-3}		>1.70
真密度（1300℃煅烧）/g·cm^{-3}		2.05～2.08

理化指标		标准范围
电阻率/μΩ·m		<420
600℃空气反应性/%·min^{-1}		<0.25
525℃空气反应性/%·min^{-1}		<0.30
CO_2 反应性/%		<12.0
哈德格罗夫指数/%		32～40
筛分累计率/%	+30mm	>0
	+8mm	>8.0
	+4mm	>30
	+2mm	>45
	-1mm	<30
	-0.25mm	<15

40.2.2.2 罐式炉煅烧

A 罐式煅烧炉生产工艺流程

石油焦在硅砖砌成的料罐内，受到料罐两侧火道通过耐火砖传出的热量被间接加热，火道的温度高达1300～1350℃。罐式煅烧炉由炉本体，加料、排料和冷却装置，支撑钢架，排烟系统，计控系统五个部分组成。罐式煅烧炉生产工艺流程如图40-10所示。

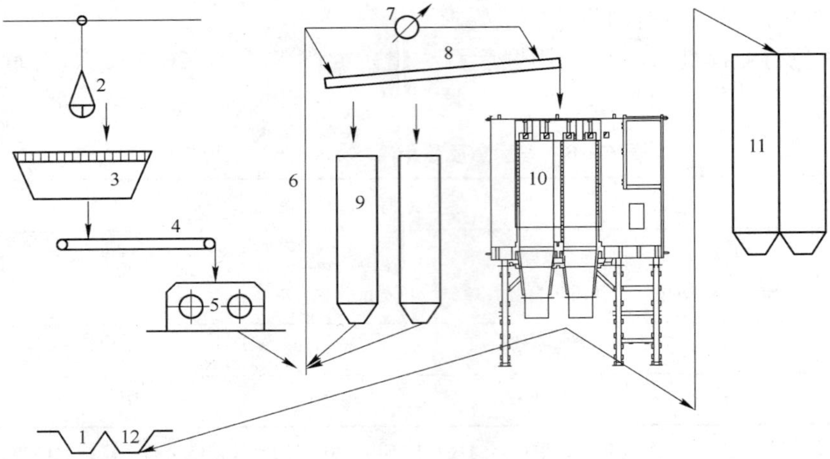

图 40-10　罐式煅烧炉生产工艺流程

1—原料槽；2—抓斗天车；3—带格配料斗；4—颚式破碎机；5—齿式对辊破碎机；6—提升机；7—计量秤；8—运料皮带；9—煅前储料仓；10—罐式煅烧炉；11—煅后料仓；12—返料储槽

根据火焰与物料的流动方向，罐式炉可分为顺流式和逆流式两种。当火焰的流向与物料流向一致时称为顺流式煅烧炉，当火焰流向与物料流向相反时则称为逆流式煅烧炉。

根据产量要求，罐式炉可设为 3～10 组几种，每组均为 4 个罐。

B　罐式炉的结构和工作原理

a　顺流式罐式炉的结构和工作原理

每组顺流式罐式炉的基本结构如图 40-11 所示。

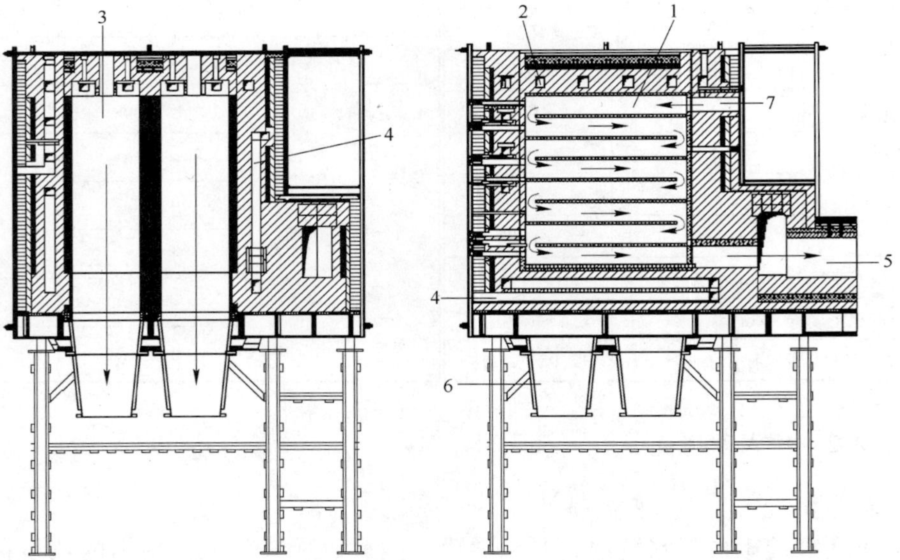

图 40-11　八层火道顺流式罐式煅烧炉结构

1—火道；2—挥发分溢出口；3—料罐（共 4 个）；4—预热空气道；5—烟道（烟气出口）；6—冷却水套；7—烟气进口，调节孔

炉本体是由若干个用硅质耐火砖砌成的垂直配置的煅烧料罐、每个料罐两侧的 6 ~ 8 层加热火道、挥发分道等组成。每个料罐高 3 ~ 4m，罐体内宽 370mm，长 1. 7 ~ 1. 8m，每 4 个料罐为一组，每台炉可配置 3 ~ 10 组。

由于六层火道罐式炉的煅烧带较短，因此其煅后焦的真密度一般为 2. 00 ~ 2. 04g/cm^3；而八层火道罐式炉煅烧的石油焦真密度可达 2. 05g/cm^3 以上，能够满足高质量阳极的生产要求。目前，国内大部分阳极生产厂的罐式煅烧炉多为八层火道（见表 40-12）。

表 40-12　六层火道、八层火道 24 罐顺流式罐式炉基本尺寸　(mm)

参　数		六层火道炉	八层火道炉
火道层数		6	8
炉体尺寸（长 × 宽 × 高）		15760 × 9600 × 9990	15960 × 8450 × 12735
料罐尺寸（长 × 宽 × 高）		1780 × 360 × 3400	1600 × 370 × 4488
火道尺寸（长 × 宽 × 高）		4013 × 215 × 479	3996 × 215 × 479
相邻两料罐纵向中心距	组与组	1330	1330
	同一组	1070	1070
相邻两料罐横向中心距		2075	2176
料罐两侧火道中心距		740	610

加热燃料为石油焦自身在煅烧时逸出的挥发分。早期的罐式炉曾使用一部分外加燃料，如重油和煤气等，目前已完全实现无外加燃料煅烧。燃料主要在首层燃烧，炽热的火焰和高温烟气由烟囱产生的抽力引导，从上部的首层火道末端迂回进入二层火道，依次沿火道呈蛇形流动，最后进入烟道，经烟囱排入大气。

从炉体排出的烟气温度高达 700 ~ 900℃，煅烧炉应建有余热锅炉或余热有机热载体加热炉进行余热回收，排放的烟气温度为 300 ~ 400℃。回收的热量可使阳极生产企业实现热能自给。

罐式炉工作时，生石油焦经炉顶的加料机构加入料罐，受到两侧火道的间接加热，原料中的水分和一部分挥发分经预热带排出。再经过温度为 1250 ~ 1350℃高温带的煅烧，石油焦排出大量的挥发分，产生体积收缩，密度、强度、电导率得到提高。最后经过冷却水套冷却后排出合格的煅后焦。石油焦在料罐内的停留时间为 24 ~ 36h，每罐的排料量为 80 ~ 120kg/h。

石油焦在罐内停留的时间可用式 40-15 核算：

$$z = \frac{a \cdot b \cdot h \cdot \gamma}{Q} \tag{40-15}$$

式中　z——停留时间，h；

a——料罐长度，m；

b——料罐宽度，m；

h——料罐宽度，m；

γ——石油焦堆积密度，kg/cm^3；

Q——每罐每小时排料量，kg/h。

b　逆流式罐式炉的结构和工作原理

逆流式罐式炉与顺流式罐式炉在结构与原理上基本相同，它与顺流式罐式炉的主要区别在于：

（1）逆流式罐式炉燃料的燃烧主要在底部第八层，热烟气沿火道蛇形向上运动，烟道设置在炉子的顶部首层火道。

（2）逆流式罐式炉的料罐带有适当的锥度，截面积自上而下逐渐扩大，便于物料的移动，并防止结焦棚料。一般八层火道逆流式炉的料罐上部内宽为260mm，下部内宽为360mm。

（3）逆流式罐式炉料罐内保持一定的空间，挥发分溢出口设置高于料面，方便挥发分的排出。

八层火道逆流式罐式炉的结构如图40-12所示。

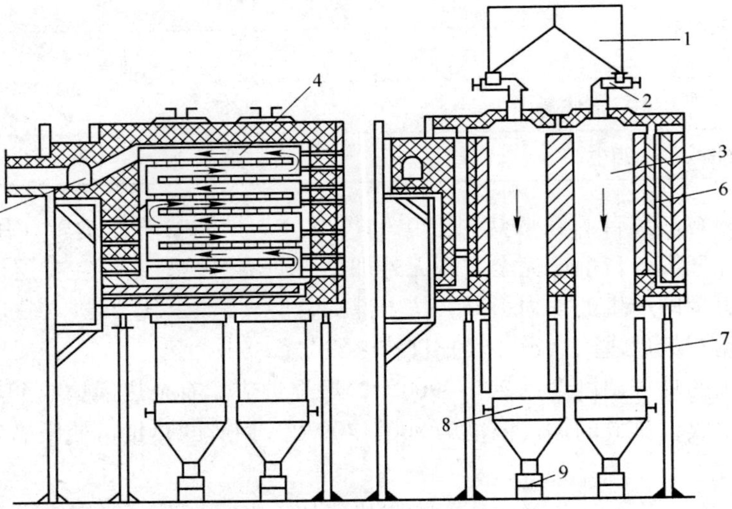

图40-12　八层火道逆流式罐式炉结构

1—加料斗；2—螺旋给料机；3—料罐；4—火道；5—烟道（烟气出口）；6—挥发分道；7—冷却水套；8—排料机；9—振动输送机

C　罐式炉的砌筑

a　罐式炉用耐火材料

罐式煅烧炉煅烧时火道的温度达到1300～1380℃，煅烧罐和火道的砌体除受到1300℃以上的高温作用外，还受到炭素原料对罐壁的摩擦，煅烧时气体对砌体的冲刷和渗透以及低熔点盐类熔渣的侵蚀作用。因此，罐式煅烧炉的火道和煅烧罐采用热传导性好、荷重软化温度高、高温机械强度好的硅砖砌筑，罐式炉用硅砖符合国标GB/T 2608—2001规定，其理化指标和尺寸要求列于表40-13和表40-14。

表 40-13　硅砖的理化指标（GB/T 2608—2001）

项　目		指　标		
		GZ-96	GZ-95	GZ-94
$w(SiO_2)$/%		≥96	≥95	≥94
$w(Fe_2O_3)$/%		≤1.0	≤1.2	≤1.4
显气孔率/%		≤22(24)		
常温耐压强度/MPa	单重<20kg	≤35(30)		
	单重≥20kg	30(25)		
0.2MPa 荷重软化开始温度/℃		≥1660	≥1650	≥1640(胶结硅石 1620)
真密度/$g \cdot cm^{-3}$		≤2.34	≤2.35	

注：括号内的数值为手工成形砖的指标。

表 40-14　罐式炉用硅砖的尺寸要求　（mm）

项　目			料罐用砖	其他部位用砖
尺寸允许偏差	尺寸≤100		±2	±2
	尺寸 101～250		±3	±4
	尺寸≥250		±1	±1.5
扭　曲	料罐内面积砌筑面		≤2	
	其他面		≤3	≤4
缺角、缺棱深度	料罐内面		≤5	
	其他面		≤8	≤10
熔洞直径	料罐内面		≤5	
	其他面		≤8	≤12
裂纹长度	宽度≤0.1		不限制	不限制
	宽度 0.11～0.25		≤70	≤75
	宽度 0.26～0.5	料罐内面	不允许	
		其他面	75 不超过两条	80 不超过 4 条
	宽度≥0.5		不允许	不允许

罐式炉底部和四周留设有预热空气等各种气体通道，并在高温下承受较大负荷，一般采用热稳定性好、荷重软化温度高的黏土砖。煅烧炉外部用不低于 100 号的不同红砖。一台罐式煅烧炉需要的砌筑材料见表 40-15，采用的普通红砖标号分别有 200 号、150 号、100 号和 75 号。

表 40-15　罐式煅烧炉砌筑材料需要量（参考）

材料名称	炉子规格		材料名称	炉子规格	
	3 组 12 罐	5 组 20 罐		3 组 12 罐	5 组 20 罐
红砖/块	24920	56500	石棉板/m^3	0.43	1.5
黏土砖/t	291.39	348.39	钢板/m^2	53.3	78.7
硅砖/t	112.36	201.14	耐火颗粒/t	11.57	26.00
黏土质隔热耐火砖/t	34.75	125.68	石棉绳/m	405	910
硅藻土砖/t	7.19	8.0	耐火纤维/m^2	82	185

b 罐式炉的砌筑

罐式炉的砌筑需注意以下几点：

（1）砌筑前应具备的条件如下：

1）所在厂房能够防雨、防雪；

2）炉体构架和支撑板安装完毕，并经复验合格；

3）烟道的混凝土基础或钢平台完工，并经检查合格；

4）煅烧罐、燃烧火道等部位经过预砌筑，并将异型砖挑选和组合。

（2）测量和立线杆。砌砖前，按照炉体构架和基础的中心线，测量出煅烧罐和烟道的中心线，并分别引画在混凝基础和支撑板的侧面，以便各部位砌体的划线和砌筑。

整个罐式炉砌体的标高都应以炉体构架支撑板表面的标高为基准。

砌砖用的线杆，除利用构架四周的立柱外，还需要在炉子周围适当增加线杆，以便控制炉体的平直和标高。

（3）炉体的砌筑。罐式煅烧炉炉体从结构上可分为煅烧罐、燃烧火道、各种通道和外墙等部位；而从高度方向或从所采用的材质上可分为底部黏土砖段、中部硅砖段和顶部黏土砖段。

D 罐式炉的烘炉

a 烘炉的理论依据

罐式炉的主要砌筑材料是硅砖，硅砖是由含 93% 以上 SiO_2 的硅石制成。SiO_2 具有 α-石英、β-石英，α-方石英、β-方石英，α-鳞石英、β-鳞石英、γ-鳞石英等多种晶型，只要达到晶体转化的温度就会发生晶型的转变，产生体积膨胀和收缩。有大量硅砖砌筑的罐式炉启动时，如果升温速度不当就会造成炉体开裂、扭曲甚至倒塌的严重后果。SiO_2 各种晶型变化如图 40-13 所示，各种晶型转化时的膨胀率见表 40-16，体积随温度的变化曲线如图 40-14 所示。

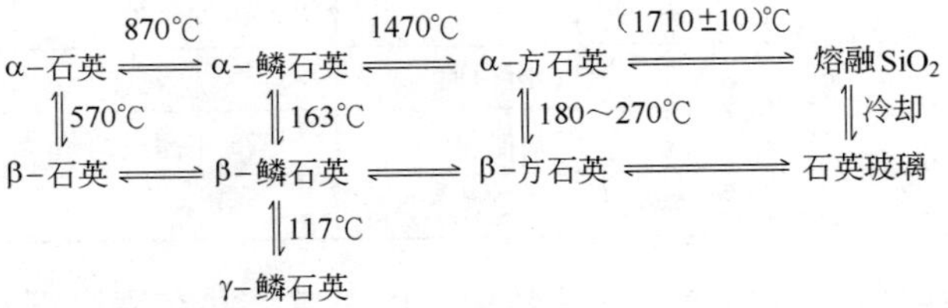

图 40-13 SiO_2 晶型转化示意

表 40-16 硅砖各种形态转化时的膨胀率

转化温度/℃	结晶形态转化	线膨胀率/%	体积膨胀率/%
117～163	γ-鳞石英⇌α-鳞石英	+0.17	+0.50
200～210	β-方石英⇌α-方石英	+1.00	+2.00～2.80
573	β-石英⇌α-石英	+0.26～0.45	+0.86～1.30
870	α-石英→α-鳞石英	+5.55	+14.4
1250	α-石英→α-鳞石英	+6.60	+17.4
1470	α-鳞石英→α-方石英	+1.05	—
1670	α-鳞石英→液相	+1.05	—
1713	α-方石英→液相	—	约 +0.1

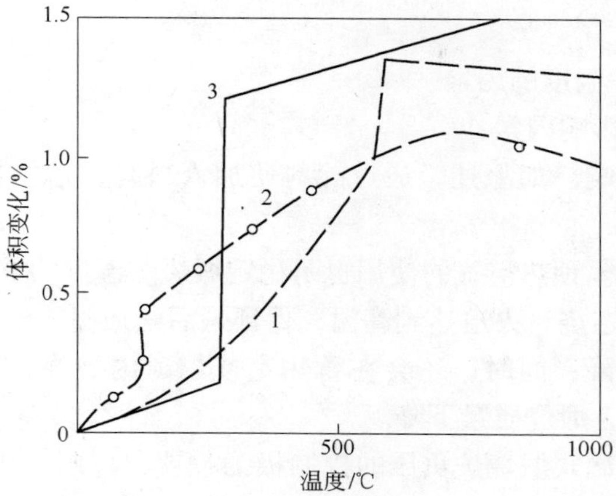

图 40-14 SiO_2 各种晶型体积随温度的变化曲线

1—石英；2—鳞石英；3—方石英

b 烘炉曲线

制定升温曲线：根据砖的最大膨胀率，按照每昼夜炉体最大膨胀量 0.05% ~0.1% 计算升温速度。八层火道 24 罐顺流式煅烧炉烘炉曲线见表 40-17。

表 40-17 按膨胀率计算的升温数据

序 号	温度区间/℃	升温速度/℃ · h^{-1}	每班升高温度/℃	升温时间/h
1	室温 ~50	1.60	13.0	24
2	50 ~100	1.04	8.30	48
3	100 ~200	0.28	2.20	360
4	保 温			24
5	200 ~300	0.28	2.20	360
6	保 温			24
7	300 ~500	1.32	10.50	152
8	500 ~700	2.78	22.20	72
9	700 ~900	6.25	50.00	32
10	900 ~1250	4	32	300
11	1000 保温			72
合 计				1468

注：正常的实际烘炉时间在 60 天左右。

E 罐式炉的生产工艺控制

a 配料

通常煅前石油焦的挥发分控制在 8% ~12%，经过不同石油焦的混配或加入一定量的煅后焦来调节。石油焦的挥发分的燃烧是唯一的热量来源，如果挥发分过多，会产生结焦棚料现象影响操作，甚至造成温度过高而烧坏炉体；反之，则造成温度过低，煅后焦的质量达不到要求。因此，对煅前石油焦的配料混合十分重要，必须严格控制挥发分在要求的范围内。

b　影响罐式煅烧炉温度的因素

罐式煅烧炉温度的影响因素：

（1）燃料燃烧的影响。如上述，通过配料使加入料有合适的挥发分实现要求的煅烧温度。

（2）空气量的影响。预热空气的使用也是稳定煅烧炉温度的重要因素，调整空气量适当时挥发分才能充分的燃烧，火道达到高温，保证煅后焦质量。空气量不足时，挥发分燃烧不充分，火道温度下降；同时，还会在蓄热室或烟道内燃烧，烧坏设备。空气量过多时，会使火道温度降低，煅烧质量下降。

（3）负压的影响。罐式煅烧炉负压的控制极为重要，以料罐内负压接近零最为理想，每组炉室顶部负压在 20 ~ 30Pa。若负压过大，火道内空气流量大，增加炉子的热损失；负压过小，则挥发分难以顺利地溢出，预热空气也将供给不足，挥发分燃烧不完全。

现将顺流式煅烧炉的主要操作工艺条件列于表 40-18。

表 40-18　顺流式煅烧炉的工艺参数

项　目	六层火道罐式炉	八层火道罐式炉	项　目	六层火道罐式炉	八层火道罐式炉
首层火道温度/℃	1250 ~ 1350	1000 ~ 1350	火道负压/Pa	59 ~ 78	127 ~ 196
三层火道温度/℃	1250 ~ 1350	1000 ~ 1350	原料在罐内停留时间/h	30 ~ 36	30 ~ 38
五、七、八层火道温度/℃	1250 ~ 1350	1250 ~ 1350	炭质烧损/%	2 ~ 5	2 ~ 5
六层火道温度/℃	≤1250	1250 ~ 1350	排料量/kg·（罐·h）$^{-1}$	65 ~ 75	80 ~ 100
排烟机前烟气温度/℃	400 ~ 500	400 ~ 500	煅后焦真密度/g·cm^{-3}	≥2.04	≥2.05
总负压/Pa	294 ~ 372	147 ~ 245	粉末电阻率/μΩ·m	≤650	≤640

（4）煅烧炉的密封。如果煅烧炉的密封不好，就会增加原料的烧损，降低火道温度或烧坏炉体。

c　煅后料的冷却

冷却装置要保证完好，使煅后料能够迅速冷却下来，否则将烧坏设备；排料设备的密封性能要好，否则容易造成煅后料的氧化，也会烧坏排料设备。

d　罐式炉常见故障及排除方法

罐式炉生产过程中常见故障及排除方法列于表 40-19。

表 40-19　罐式炉常见故障及排除方法

序　号	故　障	原因分析	排除方法	备　注
1	棚　料	石油焦质量	减少该石油焦的用量	
		排料器不能正常运转	修理或更换排料器	排料器修理不超过 2h
		清理料罐后加入生焦量大	少量多次加入	
		加料口结焦	用压缩空气吹扫	

续表 40-19

序号	故障	原因分析	排除方法	备注
2	下火放炮	排料量过大	减小排料量	提产时应初步提高
		溢出口、下火口堵塞	用压缩空气吹扫	
		负压小	检查烟道，提高负压	
3	负压波动	炉体、烟道有漏风点	用耐火材料密封	
		火道、烟道长时间未清理	清扫火道的挂灰	
		烟气温度的变化	保证煅前料挥发分、排料量的稳定	
4	溢出口、火道挂灰	清理不及时	定期清理	一般每季度一次
		负压低或使用不均匀	调整负压拉板	
		冷空气进入多	密封炉体、减小风门	炉体漏风或风门大

F 罐式炉的辅助设备

a 自动加料系统

罐式炉的加料系统由螺旋加料机和探料机组成。加料机和探料机的结构原理如图40-15和图40-16所示。

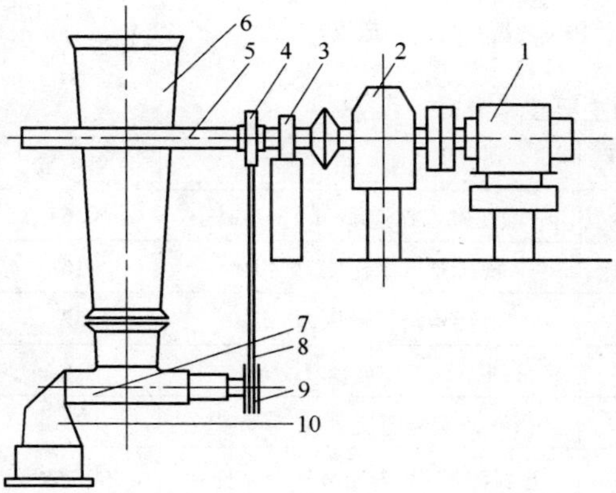

图 40-15 螺旋加料机

1—电动机；2—减速机；3—轴承；4—偏心轮；5—轴；6—加料漏斗；7—螺旋；8—连杆；9—棘轮，棘爪；10—溜子

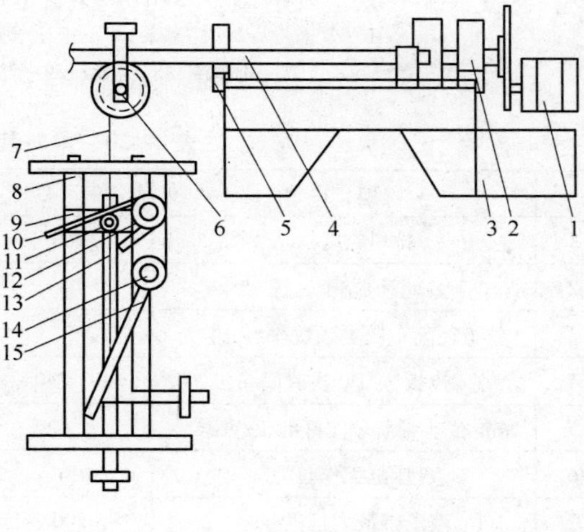

图 40-16 探料机

1—电动机；2—机架；3—基础；4—导杆；5—轴承；6—滑轮；7—钢丝绳；8—滑轨；9—滑块；10—插板；11，14—销轴；12—拉板；13—探料杆；15—导向杆

探料机工作时电动机转动，通过丝杆螺母变为直线运动，传给导杆并通过滑轮和钢丝绳带动探料杆上下运动探料。当料面过低，探料滑块下降超过导向杆底部时，滑块上升使插板转动，将螺旋加料机的棘爪带到棘轮齿内，使加料机开始加料。如料面较高，滑块不能下降到导向杆底部，上升时就不能使插板转动，棘爪就压不到棘轮内，则加料机不加料。

b　排料装置

液压排料装置如图 40-17 所示。当液压系统工作时推动拉板做往复运动带动棘爪，棘爪啮合棘轮转动，使排料滚轮旋转将冷却水套中冷却的物料排出。排料装置的主要技术参数见表 40-20。

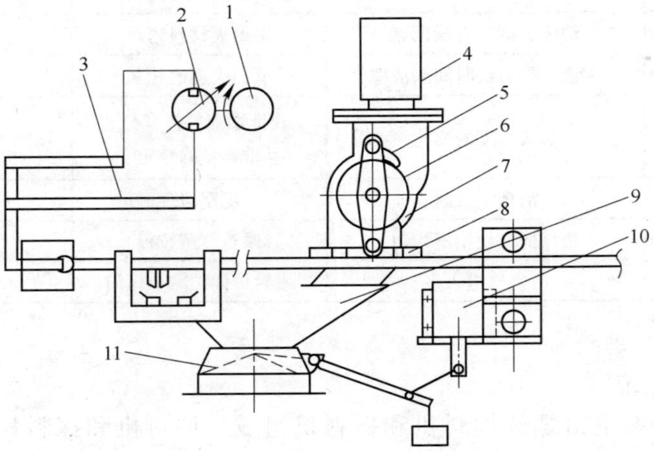

图 40-17　液压推动排料装置

1—电动机；2—柱塞泵；3—液压管路；4—冷却水套；5—棘爪；6—棘轮；7—排料滚；8—挡块；9—储料斗；10—气缸；11—钟形罩

表 40-20　排料装置的主要技术参数

序号	项　目	参　数	序号	项　目	参　数
1	排料粒度/mm	100	8	液压缸工作速度/m · min^{-1}	0.64
2	棘轮牙数/个 · 罐$^{-1}$	48	9	液压系统工作压力/MPa	16
3	拉板往复一次走牙数/个 · 罐$^{-1}$	1	10	液压系统额定压力/MPa	32
4	拉板往复一次时间/s	30 ~ 40	11	液压系统工作流量/L · min^{-1}	16
5	棘轮转动一个牙排料量/kg · 罐$^{-1}$	1.02	12	液压系统额定流量/L · min^{-1}	25
6	液压缸工作拉力/t	14	13	排料滚尺寸（内径 × 外径 × 长）/mm × mm × mm	ϕ260 × ϕ360 × 1060
7	液压缸最大行程/mm	200			

c　输送装置

煅后焦的输送一般采用振动输送机，如图 40-18 所示。它是利用激振力输送松散的块状或颗粒状物料的设备。振动输送机结构简单，振幅稳定，制造维修方便，进出料口容易布置，质量较轻，造价低，可以输送含尘、有毒、带挥发性气体的或腐蚀性物料及高温物料，不宜输送粉状物和长距离输送。

振动输送机由激振器、承载体和减振支承等组成。工作原理是通过激振器强迫承载体做简谐振动或近似简谐振动，当振动的加速度达到某一定值时，物料则沿运输方向向前移动，从而实现物料输送。

煅后焦的输送也可以采用气力输送装置，利用具有一定压力和一定速度的气流，在管道

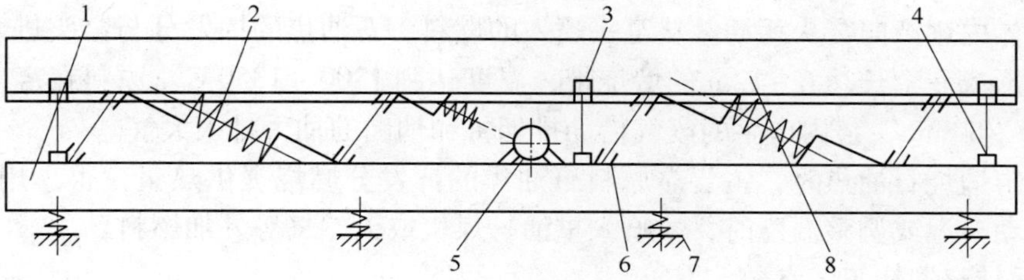

图 40-18　单槽振动输送机

1—减振架；2—螺旋弹簧；3—上支撑架；4—下支撑架；5—驱动装置；
6—钢板弹簧；7—减振器；8—槽体

中输送粉粒状物料的装置。分为吸送式和压送式，吸送式是将大气和物料一起吸入管道内，用低于大气压力的气流进行输送；压送式是用高于大气压力的压缩空气推动物料进行输送。

40.2.2.3　回转窑煅烧

A　回转窑煅烧工艺

a　回转窑煅烧原理

回转窑煅烧工艺流程如图 40-19 所示。

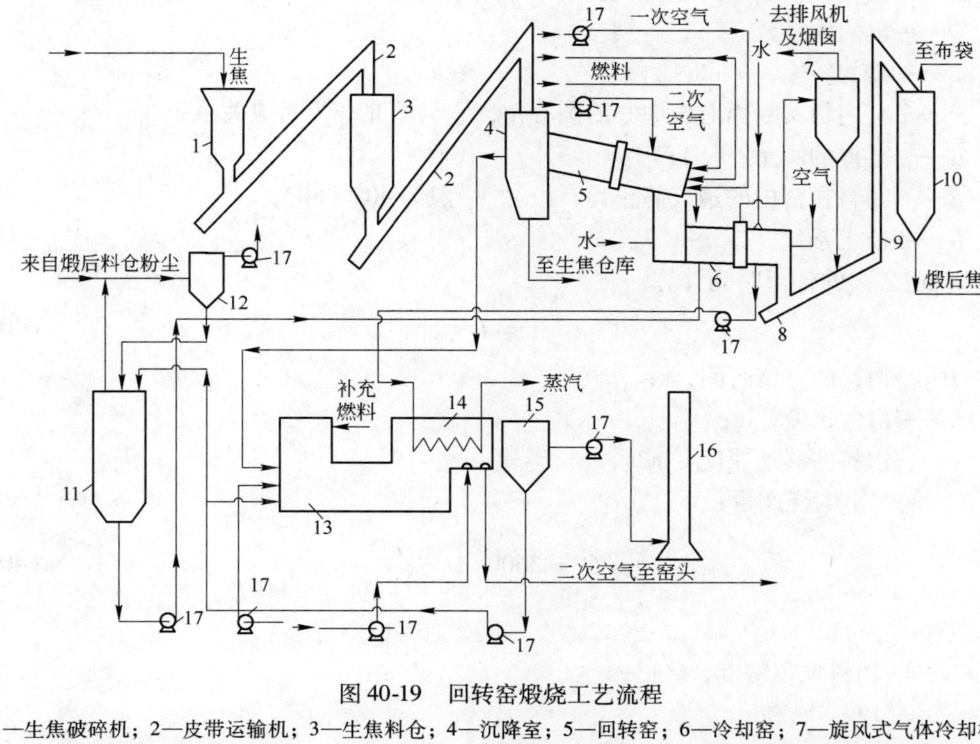

图 40-19　回转窑煅烧工艺流程

1—生焦破碎机；2—皮带运输机；3—生焦料仓；4—沉降室；5—回转窑；6—冷却窑；7—旋风式气体冷却机；
8—裙式运输机；9—斗式提升机；10—煅后料仓；11—旋风粉仓；12—布式除尘器；13—燃烧室；
14—余热锅炉；15—旋风分离器；16—烟囱；17—风机

回转窑生产时，原料生焦从储料仓经给料机连续向窑尾加料，随着窑体的转动原料在倾斜的窑体内逐渐向窑头移动。从窑头喷入的燃料、石油焦的挥发分与窑头进入的空气混合燃烧，形成一个长达6~12m的煅烧带，温度达到1200~1350℃。原料在窑内停留的时间只有60~80min，窑内产生的废气借助排烟机和烟囱的抽力排入大气。

回转窑煅烧石油焦时，主要靠原料石油焦的挥发分燃烧提供热量，很少用外加燃料，只是在启动升温或调整温度时，才喷入重油、煤气或天然气等外加燃料。

b 回转窑煅烧工艺参数

回转窑煅烧的工艺参数有：

（1）装料量。回转窑的装料量决定于筒体工作段的尺寸，其填充率一般为7%~12%。

（2）物料的移动速度和停留时间。物料在窑内的移动速度对煅烧质量和产量影响很大。如果物料停留时间过短，则物料得不到充分的煅烧；如果停留时间过长，将使物料烧损增加，煅后料灰分增高，产量降低。用回转窑煅烧石油焦时，物料在窑内的停留时间一般为60~80min。

物料在窑内的移动速度与窑体的倾角、转速、窑体内径成正比，还与窑内料层断面对窑中心的圆心角有关。可用式40-16计算：

$$v = \frac{\pi}{45} \cdot KDn \cdot \frac{\sin^3\left(\frac{\varphi}{2}\right)}{\varphi - \sin\varphi} \cdot \frac{\sin\alpha}{\sin\beta} \tag{40-16}$$

式中 v——在整个料层断面上物料顺窑中心线方向运动的平均速度，m/s；

D——窑的内径，m；

n——窑的转速，r/min；

φ——窑内料层断面对窑中心的圆心角，它与填充率为对应关系；

α——窑体的倾角，(°)；

β——物料在窑内的最大静止角，(°)，一般为40°~50°；

K——校正系数，1.5~1.7。

物料在窑内的停留时间计算：

$$t = L/v \tag{40-17}$$

式中 t——物料的停留时间，s；

L——窑体长度，m；

v——物料的移动速度，m/s。

（3）回转窑煅烧产量：

$$Q = 3600\gamma\phi v \frac{\pi D^2}{4} \tag{40-18}$$

式中 Q——产量，t/h；

γ——物料堆积密度，t/m³；

ϕ——填充率，%；

v——物料移动速度，m/s；

D——窑的直径，m。

(4) 窑内温度分布。回转窑内温度可分为三个温度带。第一段为物料干燥和预热带。该温度带是窑尾的一段较长区域，尾部温度为500~600℃，高温端为800~1100℃，物料在此区域排出水分和部分挥发分。第二段是煅烧带。它从预热带到距离燃烧喷嘴2m左右的地方，温度高达1300℃，物料在此被加热到1200℃左右。煅烧带的长度直接关系到煅后焦的质量，一般要求越长越好。例如ϕ2.2m×45m窑的煅烧带长度为8~10m，如果挥发分含量较高，煅烧带的长度可达12m。第三段是冷却带。它位于窑头，一般长度为1.5~2m。

c 影响回转窑内温度的因素

影响回转窑内温度的因素有：

(1) 空气过剩系数。燃料量与空气量的合理配比是保证回转窑煅烧温度的关键，实际空气供给量比燃料完全燃烧所需的理论空气量大，其比值为空气过剩系数。

若空气过剩系数过大，即进入空气过多，过量的空气使煅烧料燃烧，增加物料的烧损；并且使煅烧带后移，造成预热不足，使煅后焦质量降低。若空气过剩系数过小，空气量不足，挥发分燃烧不完全，物料煅烧不足。一般空气过剩系数为1.05~1.10。

(2) 给料量。回转窑给料量应均匀、稳定、连续。如果给料量小且不均匀，会增加烧损率、降低实收率，产量低；如果给料量过多，则料层太厚物料烧不透，影响煅烧质量。

(3) 负压。回转窑正常运转时，窑内始终保持负压状态，一般窑头的负压为20~50Pa。如果负压过大，粉料被抽走导致实收率降低，高温带后移，烟气温度过高，容易烧坏排烟装置，同时为保证煅烧质量，必须增加外加燃料来维持煅烧带。如果负压过小，使煅烧带变短，影响煅烧的产量和质量，燃烧火焰不稳定，容易引起火焰向窑头反扑。

B 炭素煅烧回转窑的结构及系统的组成

a 回转窑的结构

回转窑的结构如图40-20所示。主要由窑身、窑头、窑尾、托轮、滚圈、挡轮、传动装置、密封装置、燃料喷嘴、排烟机和冷却窑组成。

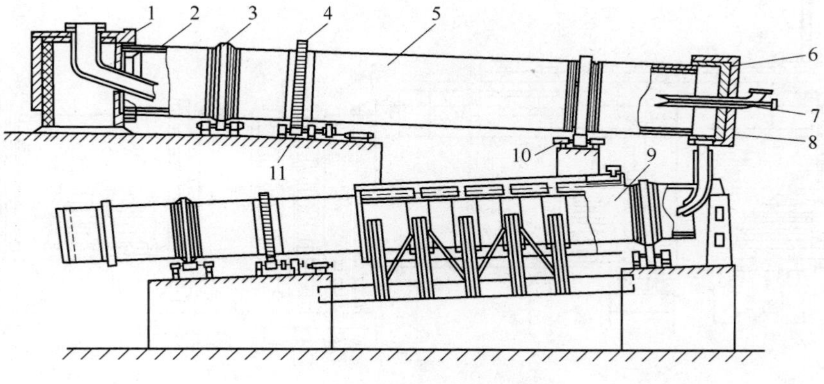

图40-20 回转窑结构示意图

1—窑尾；2—内衬耐火材料；3—轮缘；4—大齿轮；5—筒体；6—窑头；7—燃料喷嘴；8—排料口；9—冷却窑；10—托轮，滚圈；11—传动轮

(1) 筒体。回转窑的筒体是由厚钢板卷焊或铆接成的圆筒。筒体内有耐高温的砌体。回转窑在高温下转动，砌体长期处于1300℃的高温和震动状态，同时还要承受物料的磨损

和撞击。因此，窑衬应具有高的强度和低的气孔率，砌体的砖缝要严密和错缝均匀，泥浆的强度要高，保证砌体牢固可靠。回转窑沿窑长一般分为预热带、煅烧带和冷却带等，高温带常采用镁质耐火材料或高铝砖砌筑。大型回转窑更多的是使用高铝浇注料浇注。

（2）窑头和窑尾。窑头和窑尾是用钢板焊接成的箱形结构，内衬以耐火材料。窑头设有观察孔、通风孔和燃料喷嘴。

（3）托轮和滚圈。托轮是承受窑体重量并能随窑体转动的重要部件。两个托轮对称安装，中间夹角为60°，中心线与窑体平行。滚圈安装在窑体上，窑的转动是通过传动装置并借助滚圈在托轮上回转。

（4）挡轮。安装在滚圈两侧随滚圈一起转动的挡轮，可起防止窑体滑动的作用。

（5）传动装置。回转窑的传动是通过电机和减速机，带动固定在窑体上的大齿轮而回转。大齿轮是由两个半圆环形的铸钢齿轮合成，弹性安装在窑体的中部，一方面是为了减小传到窑体上的扭转力矩；另一方面可以缓冲窑温变化产生的膨胀收缩应力，并可以缓冲开、停车时冲击力。

（6）密封装置。在窑头、窑尾及窑身的结合部，采用金属、橡胶或石棉防风圈进行密封，目的是减少原料的氧化、控制进入窑内的空气量和燃烧的程度。为提高密封圈的寿命，必须给密封装置采取冷却措施。

（7）燃料喷嘴和排烟机。回转窑所需的燃料是通过安装在窑头的喷嘴供给。燃烧后的废烟气通过窑尾、烟道和排烟机排入大气。

（8）冷却机。冷却机是一个外壁淋水并不断旋转的钢筒体，其倾斜方向与大窑的倾斜方向相同或相反，它的支撑装置、传动装置与大窑相似，冷却机的长度一般为回转窑长度的2/3。

图40-21所示为带水冷条板的冷却机。它是将一般冷却机中的耐火材料改成水冷条板，安装在筒体内部，它的冷却效率高，冷却效果好。

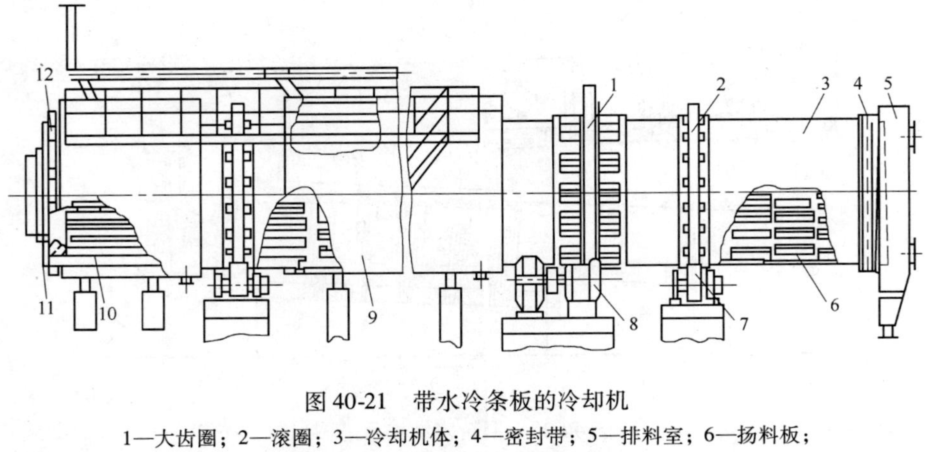

图40-21　带水冷条板的冷却机

1—大齿圈；2—滚圈；3—冷却机体；4—密封带；5—排料室；6—扬料板；
7—托轮和挡轮；8—电动机，减速机；9—外水冷系统壳体；
10—水冷条板；11—迷宫式密封装置；12—勺式泄水装置

b　炭素煅烧回转窑的系统

图40-22所示的炭素回转窑生产工艺流程是中国多数炭素回转窑流程形式，图40-23

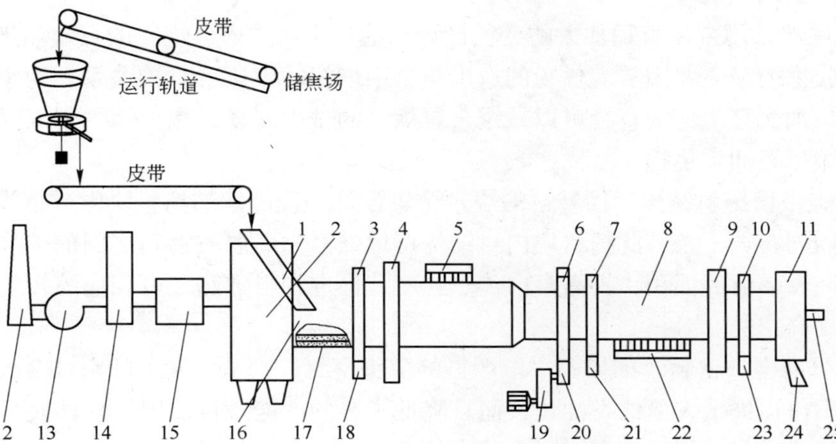

图 40-22 炭素回转窑生产工艺流程示意图（一）

1—加料管；2—沉降室；3，7，10—1、2、3 挡滚圈；4，9—二、三次风滑环；5，22—二、三次风；6—大齿圈；8—窑体；11—窑头；12—烟囱；13—风机；14—水膜除尘；15—余热锅炉；16—窑尾；17—内衬；18,21,23—1、2、3 挡托轮；19—电机；20—小齿轮；24—下料管；25—煤气喷嘴

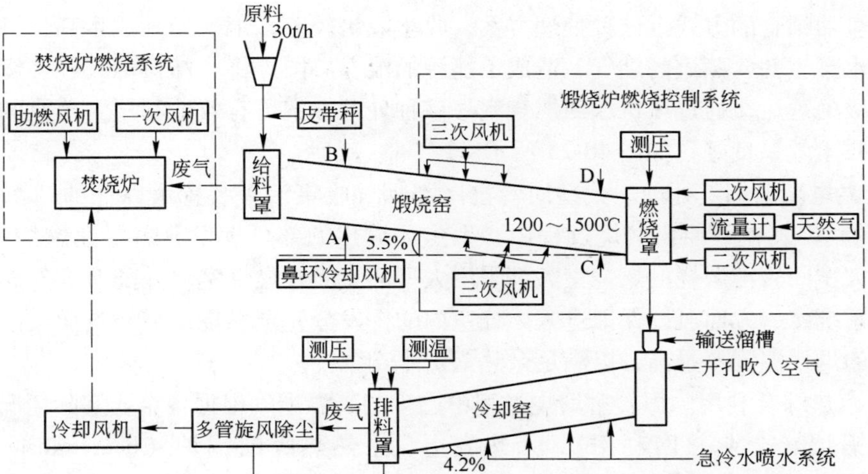

图 40-23 炭素回转窑生产工艺流程示意图（二）

所示的炭素回转窑生产工艺流程是国外典型的炭素回转窑流程形式（如美国 METSO 公司）。

与其他行业所用的回转窑相比，炭素煅烧回转窑系统具有以下主要特点：

（1）在回转窑窑体上不同部位设置可调的二次风和三次风，可使原料中的挥发分在窑中充分燃烧，正常生产时可以不用或少量补充热源，节省燃料。相应地，一次风是指经过冷却机从窑头进入的空气。

(2) 窑尾部采用窑尾直径加大的变径设计。通过窑尾进入燃烧室的石油焦焦粉量是影响回转窑实收率的最主要因素。焦粉的逸出与窑中烟气的流速有直接关系，为了降低回转窑煅烧烧损，加大窑尾部的直径可以减缓窑尾烟气的排出速度，减少烟气带入燃烧室内焦粉量，降低煅后石油焦烧损。

(3) 煅烧带设扬料结构。回转窑煅烧带位置设计一段凸起的扬料块内衬结构，扬料块沿窑截面圆周均布若干条，此扬料块内衬结构可增强窑内高温段物料之间的传导传热，并增加物料受高温辐射的面积，提高窑内传热强度，促进物料加热，可相应缩短物料在窑内停留时间，提高产能。

(4) 特殊的窑头密封。如果不采取严格的窑头密封，则从中漏入的空气会大大增加炭质烧损，这不仅损失了大量的石油焦，而且降低了窑的产能。目前国内外回转窑窑头普遍采用弹簧叶片式密封、重锤填料密封和迷宫式密封。

(5) 冷却机的冷却方式。回转窑排出的高温煅烧料经过冷却机进行降温处理，一般采用水冷却，分内喷水和外喷水两种方式。目前国内运行的冷却机大部分分两段冷却物料，第一段（进料端）为喷水直接冷却（内喷水），第二段向筒体外壁淋水间接冷却（外喷水）。实际生产的效果表明这种冷却方式具有排料温度低，冷却效率高的特点。

(6) 冷却机烟气的处理。目前国内冷却烟气的处理方案，大都是采用多管旋风收尘器和布袋收尘器结合的方式。该种处理方案，收尘效果较差，烟气处理成本高，且无法利用冷却内喷水产生的含蒸汽的烟气，造成了能源的浪费。国外将冷却机烟气经多管旋风收尘器进行粗级处理后，通过风机送回燃烧室。该种处理方案可有效地利用含蒸汽的烟气的热量，同时收尘效果良好，如图 40-23 所示。

(7) 窑尾高温烟气处理。大型回转窑尾部烟气收集治理装置由以往的“沉降室”转变为“燃烧室”，在石油焦煅烧过程中，生焦释放出的部分挥发分需要在燃烧室内燃烧。目前国外大型回转窑煅烧的燃烧室大都采用大型的直筒式燃烧室，并配有烟气燃烧及烟气温度控制系统，一方面可以保证进入燃烧室内的挥发分完全燃烧，另一方面又能确保进入余热锅炉的烟气温度不过高，以满足余热锅炉生产条件。

(8) 余热综合利用。回转窑煅烧过程中产生的高温烟气根据各企业实际情况，分别可用于蒸汽锅炉（企业并网利用）、余热发电、余热热媒油锅炉（heat transfer medium, HTM）、热水锅炉与空调等，使余热得到最充分的回收利用。

(9) 紧急事故处理方案。回转窑煅烧系统在整个生产过程中，可能会出现回转窑内衬脱落、余热利用系统故障、冷却机故障及停电、停水等临时事故，为了保证整个回转窑煅烧系统的安全生产，采取包括回转窑紧急排料系统、旁通烟道高温烟气处理等紧急事故处理方案。

(10) 回转窑自动控制系统。回转窑煅烧系统包括负压、温度、烟气中氧含量等多个控制回路，可使煅烧升温曲线接近理想化。

c 回转窑技术参数

回转窑技术参数见表 40-21。

表 40-21 国内炭素回转窑主要规格和煅后焦产能

序号	窑规格 $D \times L$ /m×m	产能 /$t \cdot h^{-1}$	主要产品	序号	窑规格 $D \times L$ /m×m	产能 /$t \cdot h^{-1}$	主要产品
1	ϕ1.9/1.7×30	1.8	石油焦	6	ϕ3.2×50	8	石油焦
2	ϕ2.3/2.0×36	2.5	石油焦	7	ϕ2.84×58	10	石油焦
3	ϕ2.4×50	3.0	针状焦	8	ϕ3.3×60	15	石油焦
4	ϕ2.5/2.2×45	6.0	石油焦	9	ϕ3.6×62	18	石油焦
5	ϕ2.84×55	8	石油焦	10	ϕ3.43×67.1	24	石油焦

C 回转窑的物料平衡和热平衡

计算回转窑的物料平衡和热平衡，目的在于研究比较物料的烧损和分析窑内热量的利用情况，有利于发现问题和改进操作。表 40-22 和表 40-23 是 ϕ3.5m×60m 回转窑（含冷却机）煅烧石油焦的物料平衡和热平衡计算结果。

表 40-22 ϕ3.5m×60m 回转窑物料平衡

收入项	t/h	%	支出项	t/h	%
生石油焦	21.8	100	煅后焦	15.91	73
			水 分	1.09	5
			挥发分	2.40	11
			炭质烧损	1.74	8
			逸出损失	0.66	3
合 计	21.8	100	合 计	21.8	100

表 40-23 ϕ3.5m×60m 回转窑热量平衡

收入项	MJ/h	%	支出项	MJ/h	%
燃料化学热	0.99	4.1	煅后焦带走热	1.07	4.4
空气物理显热	0.03	0.1	烟气带走热	12.84	52.9
挥发分燃烧热	11.6	47.9	窑体散失热	2.37	9.8
炭质烧损热	11.57	47.7	冷却机热损失	7.61	31.4
原料物理显热	0.06	0.2	误差	0.36	1.5
合 计	24.25	100	合 计	24.25	100

烟气带走热占比例最大，因而余热锅炉是回转窑煅烧系统必不可少的组成部分，可回收烟气中 80% 以上的热量。冷却机热损失也很大，应设法充分回收利用。

D 煅烧温度的控制

回转窑工艺技术条件通过煅前加料量、回转窑转速、助燃空气量（二、三次风风量）、负压等因素来控制。同时对煅烧带的位置也有一定要求，煅烧带位置保持在三次风第一个风嘴和二次风最后一个风嘴之间，尽可能靠近二次风。当煅烧带温度低于标准要求时，适当提高煅前加料量以增加窑内挥发分含量，加快回转窑转速以加快挥发分的逸出速度，提高二、三次风风量使挥发分和粉焦充分燃烧，降低窑内负压以减少挥发分和粉焦的逸出，保持窑内温度。如果温度过高则使用相反的调整方法以减少石油焦的烧损。这样可以使温度保持稳定，也提高了煅后焦的质量和稳定性。表 40-24 是回转窑煅烧带温度调控方法。

表 40-24 回转窑煅烧带温度调控方法

项 目	需要提高温度		需要降低温度	
	措 施	效 果	措 施	效 果
下料量	提高	增加挥发分含量	降低	减少挥发分含量
转 速	加快	加快挥发分逸出	减缓	减缓挥发分逸出
二、三次风风量	提高	加快燃烧速度	降低	减缓燃烧速度
负 压	降低	减少热烟气排出	提高	增加热烟气排出

40.2.2.4 回转窑与罐式煅烧炉的综合比较

罐式煅烧炉在中国和独联体国家的炭素厂使用较多，罐式煅烧炉的最大优点是炭质烧损率低于回转窑，煅烧质量稳定，炉体使用寿命长。但是罐式煅烧炉产能小，按单位产能计算，存在基建投资较大、占地面积较大、工人操作强度较大、现场操作环境差等缺点。回转窑的建设投资较低，生产能力、操作自动化程度高，建设投资较低。其主要缺点是煅烧炭质损失比较大，设备运转率较罐式炉低，主要是因为二次和三次风嘴易烧损，维护工作量较大。

以下从工艺特点和经济性两个方面对罐式煅烧炉和回转窑做比较。一般而言，建设规模小时，选择罐式煅烧炉；建设规模大时则选择回转窑。由于生焦供应质量差、资源能源紧，罐式炉优势逐渐突出。表 40-25 为煅烧工艺特点比较，表 40-26 为经济性比较。

表 40-25 罐式煅烧炉与回转窑石油焦煅烧工艺特点比较

比较项目	罐式煅烧炉	回转窑	备 注
加热方式	间 接	直 接	
料流与热气流方向的关系	分为顺流，逆流	逆 流	
物料在炉内逗留时间	长（24～34h）	较短（60～80min）	
煅后焦冷却	间接水冷却	间接或直接＋间接水冷却	
对原料挥发分变化	敏感（9%～11%）	适应性强	挥发分大于 12% 时，罐式炉需要回配煅后焦
单台系统产量	较低(2～3t/(h·台))	较高(8～24t/(h·台))	与规格型号有关
机械化、自动化程度	较 低	较 高	
劳动生产率	较 低	较 高	
对大规模生产适应性	较 差	较 好	
烟气特性	烟气温度较低(750～850℃)，量较小而稳定	烟气温度较高(900～1100℃)，量大但不稳定	
余热利用	用于小型蒸汽锅炉和发电机、热媒锅炉等	用于中型蒸汽锅炉和发电机、热媒锅炉等	

表 40-26　罐式煅烧炉与回转窑石油焦煅烧的经济性比较

比较项目	罐式煅烧炉	回转窑	备　注
煅烧质量	较　好	较　差	
设备年运转率	高（>98%）	较低（78%～85%）	
煅烧综合实收率	高（80%～82%）	低（70%～72%）	设定生焦含挥发分 12%，水分 4%
（其中：炭质烧损）	低（3%）	高（8%～10%）	
燃料消耗	较低（0～200MJ/t）	较高（200～600MJ/t）	
大修周期	较长（10 年以上）	较短（2 年）	指耐火材料等
单位产能占地面积	较　大	较　小	
单位产能投资	较　高	较　低	
综合运行维护费用	较　低	较　高	单位煅烧焦产量

通过上述比较分析，归纳如下：

（1）罐式炉与回转窑在煅烧工艺原理、实收率、产能、煅烧质量、占地面积、建设投资、能耗、运行费用、劳动生产率、自动化、余热利用、工作环境等方面存在着较大的区别。

（2）罐式炉与回转窑相比，单位产能投资高出 15%～20%，但运行费用低，综合技术经济指标较优。罐式炉产量低，对原料挥发分变化适应性较差，劳动生产率低，适用于分散生产。但基于生石油焦质量较差与供应分散等情况，石油焦煅烧采用罐式炉集中生产，节能减排、提质降耗等效果明显，具有竞争优势。

（3）回转窑系统产量大，结构简单，材料单一，造价相对低，建设速度快，对原料适应性强，操作条件好，自动化程度较高，易于环保治理，但煅烧焦质量较差、实收率较低，适用于在生焦产地集中生产，余热产生蒸汽若没有直接用户，就采用余热发电。

（4）在煅烧质量方面与阳极消耗密切相关的煅烧焦真密度、比电阻、振实堆积密度、空气反应性、CO_2 反应性等，罐式炉比回转窑有优势。

（5）无论对罐式炉还是回转窑均需进一步优化设计与工艺操作。提高罐式炉小时产能、工艺生产自动化水平及改善工艺操作环境等，是罐式炉石油焦煅烧技术发展的主要方向。提高回转窑实收率与运转率、降低物耗与能耗、提高煅烧质量、充分利用余热等是回转窑技术发展方向。

40. 2. 2. 5　回转床煅烧

回转床式煅烧炉是一种新型煅烧设备。原料在从平面旋转的炉床外沿向中心运动的过程中被加热煅烧。美国是世界上拥有这种设备最多的国家，于 1962 年建成了炉床直径为 ϕ7. 92m 的炉子。

A　回转床式煅烧炉的结构

图 40-24 和图 40-25 所示为原法国彼施涅铝业公司的 Salem 回转床式煅烧炉。它由炉体燃烧器和加料槽等组成。

回转床式煅烧炉的结构如下：

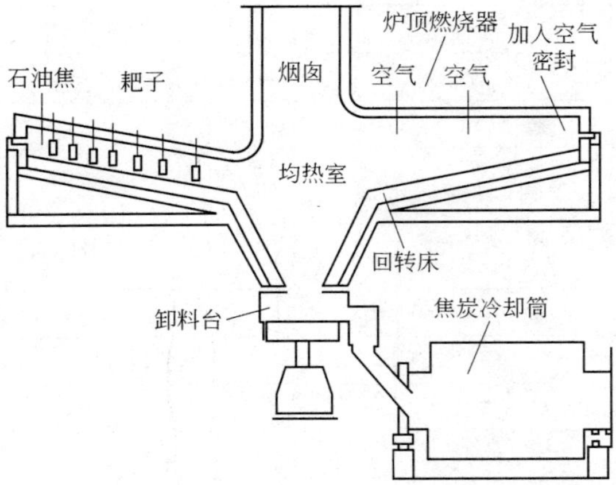

图 40-24　回转床煅烧炉结构示意图

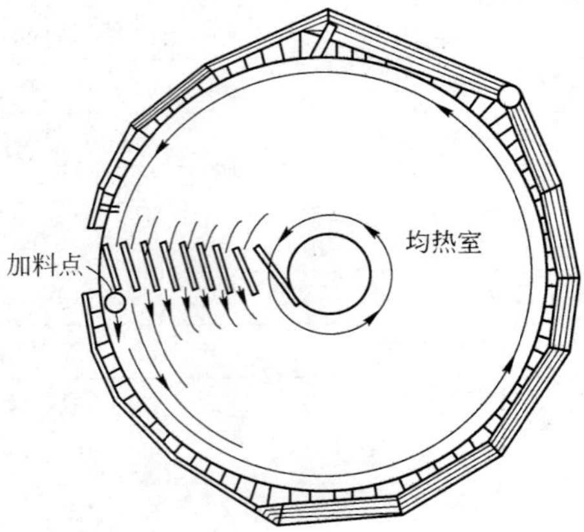

图 40-25　石油焦在回转床上的运动

（1）炉体主要是以耐火材料为内衬构造的固定炉顶、垂直的圆形炉墙和旋转的水平炉床三部分组成。固定炉顶下悬有与径向线呈一定角度的耙子及臂，使物料形成螺旋式的轨迹，连续向炉中心移动，落入设在炉床中心的均热室内，耙子底部与炉床耐火内衬之间留有间隙，垫以焦粉，以免物料运动时磨损内衬。在炉床周边与炉盖之间以及均热室与卸料台之间，设有密封装置，防止炉外空气的渗入。

（2）炉顶设有燃烧器，在补充热源时使用，主要依靠石油焦的挥发分进行燃烧，助燃用空气从炉顶和侧墙开设的风口进入炉室，燃烧后的烟气通过炉顶中心排烟口排出炉膛进入烟道，经换热器将余热利用后由烟囱将废烟气排入大气。

（3）石油焦从炉顶外缘的加料槽连续加入炉床，通过调整加料槽与炉床的距离，控制加料量的多少，使料层厚度适应生产量的需要。在均热室下部设有回转卸料台，台上装有固定水冷耙，将煅后焦推入回转冷却筒，用水间接冷却。

B　回转床式煅烧炉的特点

美国 Salem 炉窑公司回转床式煅烧炉在设备结构、生产工艺和热工运行方面均具有如下特点：

（1）设备的结构方面，回转床式煅烧炉转速低，由直流电机驱动，能双向旋转。运转时平稳无噪声，炉子的操作连续化。但设备结构复杂，材质要求高，耙子及挡板等零部件易烧坏，维修工作量大。

（2）燃烧火焰直接与物料接触，与回转窑相似，但由于密封性好，机械破损率低，烧损率小，煅烧的质量高，炉内气流速度低，使粉尘飞扬损失小，烟气的含尘量为 150 ~ 200mg/m^3。设备的产能可达到年产煅后焦 90kt，设备占地小。

（3）热工运行上，炉膛内以热辐射为主要传热方式来加热物料。同时利用余热生产蒸汽，达到 1t 煅后焦，1.1t。

C　回转床式煅烧炉的技术性能

回转床式煅烧炉的技术性能见表 40-27。

表 40-27 Salem 回转床式煅烧炉的技术参数

项 目	技术参数	项 目		技术参数
炉床直径/m	13.8	炭质烧损率/%		6
产能/t · h^{-1}	11.4	煅烧实收率/%		75
转速/r · h^{-1}	6 ~ 20	生焦指标	挥发分/%	≤12
驱动电机功率/kW	15		灰分/%	≤1
排烟机风量/m^3 · h^{-1}	34000		硫分/%	≤1.5
排烟机风压/Pa	1960		水分/%	≤8
炉温/℃	1230	煅后焦粒度/mm		0 ~ 50
烟气温度/℃	850	煅后焦粒度为 50 ~ 4.7mm 所占比例/%		≥20
煅后焦排出温度/℃	≤150	煅后焦粒度为 0.295 ~ 0mm 所占比例/%		≤17
炉床料层厚度/mm	125	煅后焦真密度/g · cm^{-3}		≥2.06
耗热量/MJ · t^{-1}	1830	煅后焦水分/%		≤0.2
余热产汽量/t · t^{-1}	1.1			

40.2.3 煤沥青熔化与输送

煤沥青在阳极生产中作为黏结剂使用时，有两种加入方法：一种是以 6mm 以下固体颗粒形式加入，另一种是以液体沥青的形式加入，而更多采用的是以液体沥青的形式加入。液体沥青与固体沥青相比，具有水分含量低、杂质少、对骨料的浸润性好等优点，生产的阳极质量高、稳定性好。中国铝电解阳极生产企业购入的煤沥青大部分是固体状，在使用前需要进行熔化，目的是排除沥青中的水分、提高流动性、减少杂质、降低沥青的膨胀性，熔化后的煤沥青水分要求小于 0.3%。煤沥青熔化时采用三种加热方式：废热加热、蒸汽加热和有机载热体（即导热油或热媒油）加热。加热温度一般不超过 220℃。

40.2.3.1 煤沥青熔化与输送工艺流程

炭阳极生产中，以往中温煤沥青的熔化一般采用蒸汽加热方式，蒸汽压力为 0.5 ~ 0.6MPa，温度为 145 ~ 160℃。由于大型阳极越来越多的使用高软化温度的改质沥青或硬沥青作为黏结剂，此时采用中、低压蒸汽作为加热介质已不能满足工艺要求。有机载热体具有加热温度高、热容量大、热效率高等优点，尤其是采用低压管网系统即可满足运行要求，因此在炭阳极生产中得到广泛应用。载热体加热系统的主要配置包括烟囱、加热器、膨胀槽、导热油储罐和输送泵，图 40-26 是载热体加热系统示意图。

有机载热体是指用于传热的矿物油和某些有机溶剂，用于煤沥青熔化的有机载热体应符合以下要求：具有 300℃以上的高沸点、蒸气压低、凝固点低（ -35℃以下）、热稳定性好、黏度低、分解率小。芳烃基导热油的理化指标见表 40-28。

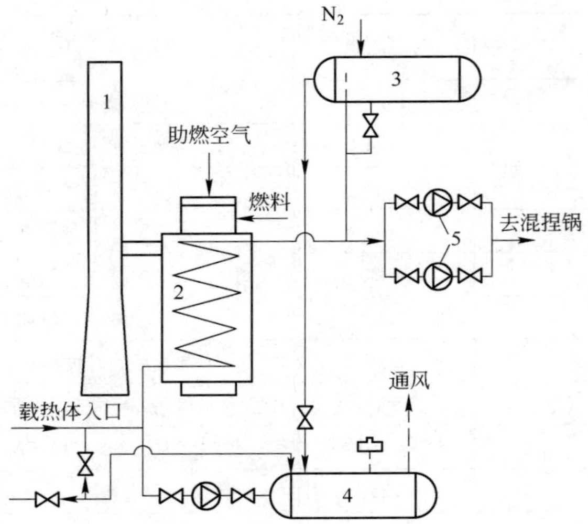

图 40-26 载热体加热系统示意图

1—烟囱；2—加热器；3—膨胀槽；4—导热油储罐；5—泵

表 40-28 芳烃基导热油的理化指标

牌号		相对密度 d^{20}	闪点 /℃	黏度 /mPa · s		残炭量 /%	凝固点 /℃	硫含量 /%	分解温度 /℃	最高使用温度 /℃	最高使用温度下蒸汽压力 /MPa	毒性	酸值（以 KOH 计） /mg · g^{-1}
				20℃	50℃								
YD-300	标准		≥130			≤0.05	-10	0.12		300		低	≥0.02
	实测	1.0100	≥145	15.6	5.4	≤0.02	-32	0.10	325		0.018	低	
YD-325	标准		≥140			≤0.05	-10	0.15		325		低	≥0.02
	实测	1.0104	≥158	20.9	6.6	≤0.004	-39	0.13	328		0.035	低	
YD-340	标准		≥110			≤0.05	-20	0.05		340		低	≥0.02
	实测	0.9567	≥117	5.7	2.8	≤0.001	-58	0.07	340		0.280	低	

煤沥青在熔化设备中被加热成液体后具有较好的流动性，可通过输送设备将液体沥青输送到混捏工序，然后与各种炭质骨料进行混合。煤沥青的熔化输送工艺流程如图 40-27 所示。

40.2.3.2 煤沥青熔化装置

A 沥青熔化槽

小型炭素厂的煤沥青熔化一般使用熔化槽，沥青熔化槽是用钢板焊接的容器，有方形的，也有圆柱形的，外面用绝热材料进行保温，其结构简单、操作方便、造价便宜。各种加热方式均可采用。沥青熔化槽的容量一般为 30 ~ 50t/槽，熔化周期为 5 ~ 7 天。

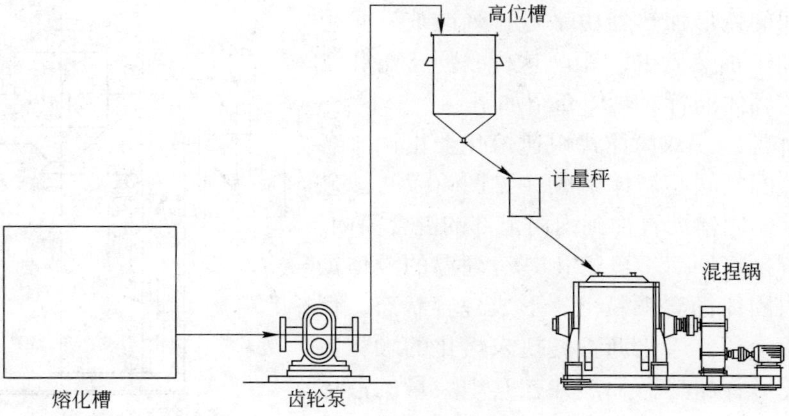

图 40-27 沥青槽熔化和输送流程

B 沥青快速熔化装置

沥青快速熔化装置由一台沥青快速熔化器及配套设备组成，如图 40-28 所示。储存在沥青储仓内的固体沥青，通过电子配料秤进入破碎机，被破碎到 15mm 以下，再经提升机、给料机进入快速熔化器。熔化好的液态沥青，一部分进入缓冲器，经齿轮泵注入液体沥青储槽后再送到混捏；而大部分液体沥青，经循环泵与刚加入的固体沥青进行强制热交换，达到快速熔化的目的。

a 双筒体式快速熔化器

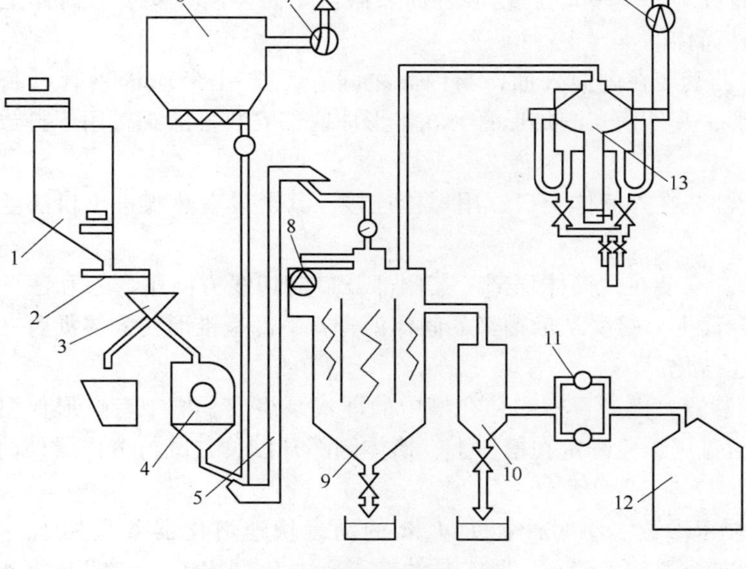

图 40-28 沥青快速熔化装置

1—固体沥青储仓；2—电子计量秤；3—料斗；4—破碎机；5—斗式提升机；6—袋式除尘器；7—风机；8—离心循环泵；9—沥青快速熔化器；10—缓冲器；11—齿轮泵；12—液体沥青储罐；13—沥青烟过滤器；14—风机

双筒体式沥青快速熔化器由内筒和外筒组成。将内外筒之间的蛇形加热器由平行排列改成三角形布置后，增加了加热管的间距。这样，便于熔化含有较多杂质的固体沥青。具体介绍如下：

（1）工作原理。双筒体式快速熔化器由两个各带蛇形管加热圈的同心筒体组成（见图40-29）。破碎成一定粒度的固体沥青加到内筒上部的混合筒内，用大流量沥青泵将外筒中已熔化具有高温的液体沥青喷射到筒内固体沥青颗粒上，形成包容状态，促使其快速熔化。部分熔化沥青裹挟未熔化的颗粒流到内筒，由蛇形管加热器加热并在其中大量的液体沥青作用下彻底熔化。熔化后的沥青由内筒底部转入外筒。外筒内的液体沥青部分进入埋式泵装置继续喷射到新加的固体沥青上，随着固体沥青不断加入，外筒的熔化沥青液面不断升高，除部分被泵抽出外，多余部分通过在外筒的溢流口流到另外的沥青储罐备用。

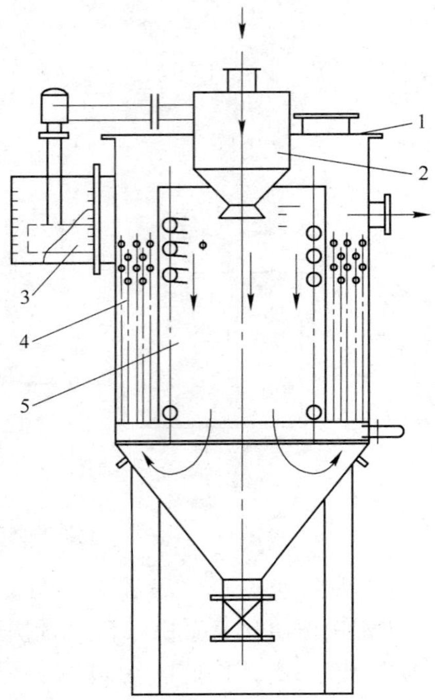

图40-29　双筒体式沥青快速熔化器
1—上盖板；2—混合筒；3—埋式泵装置；
4—外筒体；5—内筒体

（2）设备组成。双筒体式沥青快速熔化器由内筒体、外筒体、上盖板、混合槽、埋式泵装置等部分组成。

1）内筒体。由蛇形管加热器和筒体组成。蛇形管加热器由ϕ108mm钢管制成；筒体由钢板卷制，直径为ϕ1550mm。蛇形管加热器紧贴筒体内壁安装，筒体上焊有支撑，整个内筒体坐在外筒体的支座上。

2）外筒体。套装在内筒外面，与内筒之间有5排用ϕ57mm钢管弯制的蛇形管加热器，底部呈锥形，其外面布满蛇形管。在锥形体底部安装排渣阀，用于排放熔化后沉积沥青中的杂质。

3）上盖板。装在外筒体上口，用螺栓连接，其上设有热媒进出口法兰，烟气排放法兰和测温装置等。

4）混合槽。安装在内筒体顶部，其侧部开口的切线方向用弯管和法兰与沥青泵的出口相连接。混合筒上口接受从溜槽来的固体沥青，下部呈锥形使固体沥青在其中有个暂停时间，利于快速熔化。

5）埋式泵装置。由沥青槽和装在槽中的埋式泵组成。槽中有蛇形保温管，埋式泵安装在槽盖上，槽盖用螺栓固定在槽体上，槽体侧部开设长方口与熔化器外筒侧部开口用法兰连接。

（3）主要技术参数。小时产能为4.5t的沥青快速熔化器参数如下：内筒体直径为ϕ1.5m；外筒体直径为ϕ2.25m；埋式泵性能：压力0.4MPa，流量80m^3/min；热媒系统：温度260℃，压力0.6MPa。

双筒体式沥青快速熔化器可连续生产，机械化和自动化程度较高，改善了操作环境。

b　连体式快速熔化装置

连体式快速熔化装置由 3 种槽体串联组成，是对固体沥青进行快速熔化的专用设备。图 40-30 和图 40-31 分别示出两种连体式沥青快速熔化装置，其结构基本相同。

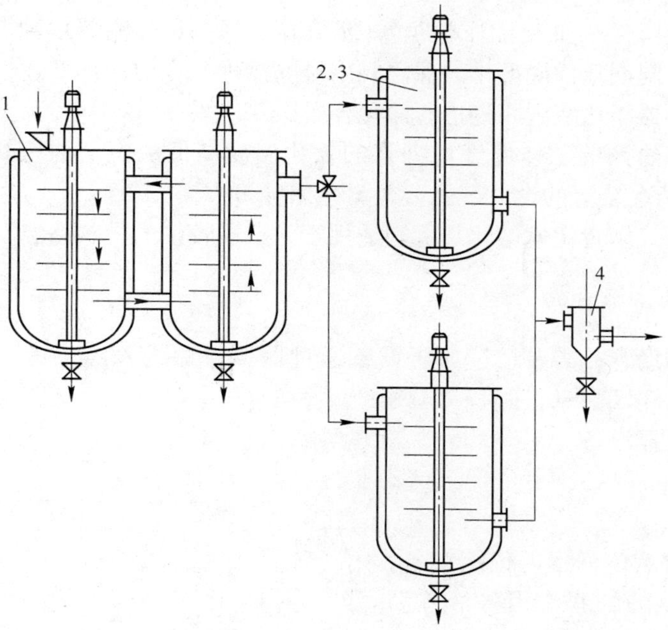

图 40-30　连体式沥青快速熔化装置（一）

1—熔化槽；2—加热槽；3—保温槽；4—过滤器

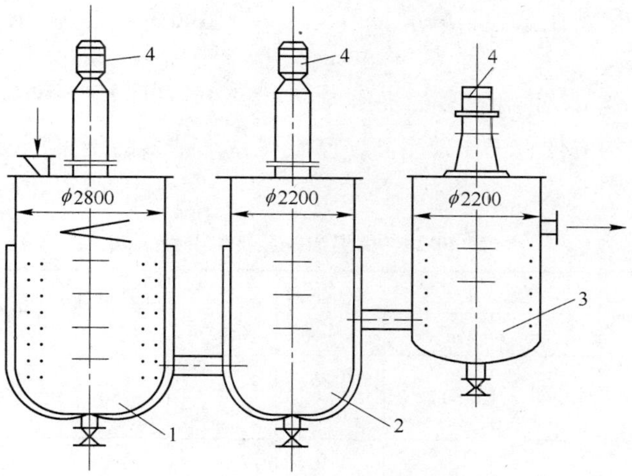

图 40-31　连体式沥青快速熔化装置（二）

1—熔化槽；2—加热槽；3—保温槽；4—减速机

颗粒状的固体沥青经给料设备连续加入沥青熔化槽，由搅拌浆将浮在已熔化沥青上的固体沥青向下压送，通过下部连通管进入加热槽。加热槽中也有搅拌浆，将液体沥青往上翻动，搅拌促进热交换，使沥青从夹套或蛇形管中的高温热媒获取足够热量，达到加热并快熔的目的。熔化槽和加热槽的上下分别用连通管相通，搅拌可使沥青在两槽中循环，图40-30所示装置的热交换效果优于图40-31所示的装置。合格的沥青经溢流管（略高于连通管）排出并进入保温槽（两台用一备一）中，保温槽中大部分熔化了的高温沥青仍在槽中循环，并参与熔化新加入的固体沥青。沥青从保温槽经过滤器后到混捏工序，较粗的杂物在槽中沉淀，定期从槽底部排渣保温阀中排除清理。在槽的顶部还设有烟气和水蒸气排放口与收烟冷凝器净化装置相连进行净化。

热媒系统的导热油的工作温度由沥青的软化温度高低决定，油压0.4～0.6MPa。图40-30和图40-31两套装置的设计产能为3.5t/h和4.0t/h。

这两种三连体式沥青快速熔化装置均适用于含杂质较多的中、高温沥青的熔化。

40.2.3.3 液体沥青的输送装置

熔化好的液体沥青，需要经过加压设备通过保温管道送入高位槽，高位槽是中间储槽，具有一定的储存量并保证有一定的压力将沥青送入混捏设备。

A 加压设备

a 压力罐

压力罐是输送液体沥青的传统设备，它是利用压缩空气的膨胀作用将液体沥青送到一定的高度。图40-32所示是卧式压力罐的结构，主要由罐体和加热管组成。钢板焊接的罐体工作压力为0.6MPa，应经过1MPa水压试验不漏水。

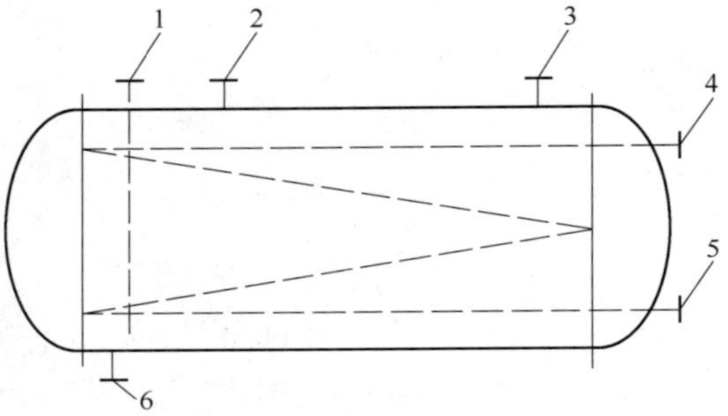

图40-32 卧式压力罐的结构

1—沥青出口；2—压缩空气入口；3—沥青入口；4—导热油入口；5—导热油出口；6—排渣口

b 齿轮泵

保温齿轮泵是近年来使用较多的沥青输送泵，它操作维护方便，工作效率高，已经被越来越多的炭素厂所采用。表40-29是一些保温齿轮泵的技术参数。

表40-29 保温齿轮泵技术参数

型 号	口径/mm	流 量		排出压力/MPa	吸入真空高度/m	工作温度/℃	电动机	
		L/min	m^3/h				功率/kW	型 号
RCB-12/0.36 12/0.8	ϕ50	200	12	0.36 0.8	5	180	4 5.5	$Y132M_1$-6 $Y132M_2$-6
RCB-18/0.36 18/0.8	ϕ70	300	18	0.36 0.8	5	180	5.5 7.5	$Y132M_2$-6 Y160M-6
RCB-29/0.36 29/0.8	ϕ70	483.3	29	0.36 0.8	5	180	5.5 7.5	Y132S-4 Y132M-4
RCB-32/0.36 32/0.8	ϕ100	534	32	0.36 0.8	5	180	11 15	Y160L-6 Y180L-6

续表 40-29

型　号	口径/mm	流　量		排出压力/MPa	吸入真空高度/m	工作温度/℃	电动机	
		L/min	m^3/h				功率/kW	型　号
RCB-38/0.28 38/0.8	ϕ100	633	38	0.28 0.8	5	180	11 15	Y160L-6 Y180L-6
RCB-58/0.28 58/0.8	ϕ100	960	58	0.28 0.8	5	180	18.5 22	Y180M-4 Y180L-4
RCB-72/0.8	ϕ150	1200	72	0.28	5	180	37	Y280S-8
RCB-96/0.28	ϕ150	1600	96	0.28	5	180	45	Y280S-6
RCB-110/0.28	ϕ200	1800	110	0.28	5	180	55	Y315S-8
RCB-150/0.28	ϕ200	2500	150	0.28	5	180	75	Y315S-6
RCB-170/0.28	ϕ250	2850	170	0.28	5	180	90	Y315L_1-8

B　高位槽

高位槽安装在较高的位置，使槽内储存的沥青保持一定的压力。高位槽是用钢板焊接而成，多为圆柱体，下部为锥体，内有加热管，外部用绝热材料进行保温，如图 40-33 所示。

C　输送管道

沥青输送管道常在沥青管道外包一层加热管道进行加热，以保持沥青输送有良好的流动性。沥青夹层管道结构如图 40-34 所示。沥青管道安装时一般应保持 3% 的坡度，防止沥青停止输送时能自动回流，而不致存于管道中产生凝结。

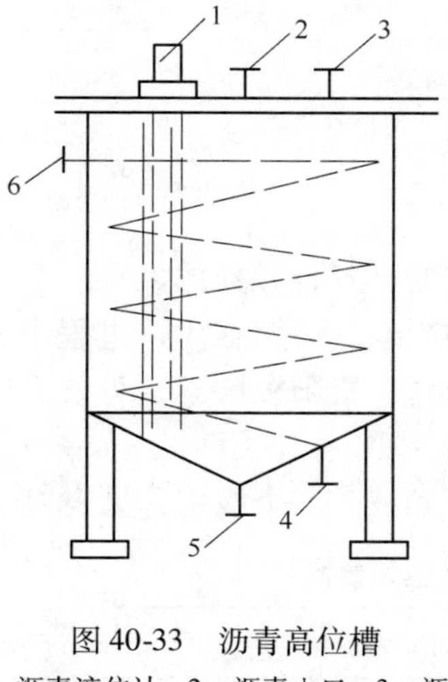

图 40-33　沥青高位槽

1—沥青液位计；2—沥青入口；3—沥青烟气出口；4—导热油入口；5—沥青出口；6—导热油出口

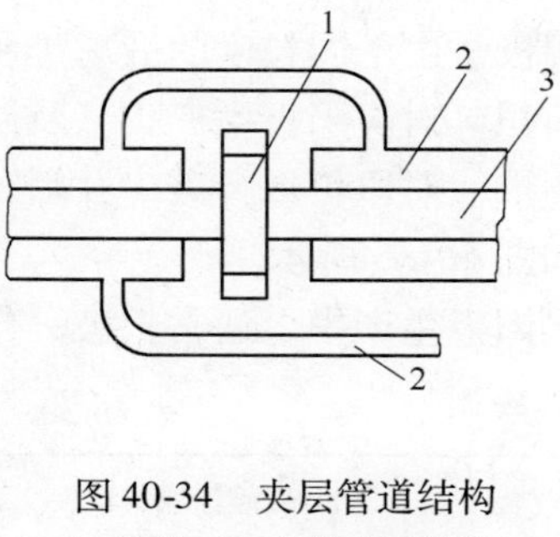

图 40-34　夹层管道结构

1—法兰；2—加热介质管道；3—沥青输送管

40.2.4　破碎、筛分与配料

生阳极制造过程包括破碎、筛分、磨粉、配料、预热混捏和振动成形等生产工序，自上而下在一个多层建筑里立体布置。石油焦、返回料（以下统称干料）进入生阳极制造车间进行破碎、筛分、磨粉到预定的粒度，然后再按干料配方混合到一起，配好的干料被预热到 130 ~ 170℃之间，加入 13% ~ 16% 质量分数的熔化、静置好的煤沥青，在 160 ~ 190℃之间进行混捏，生产出生阳极糊料。这些生糊料通过振动或挤压成形成为生阳极块，经过冷却的生阳极块储存在生阳极块仓库。

完整的生阳极制造流程包括图 40-35 所示的生阳极的破碎、筛分、磨粉、配料工艺流程和 40. 2. 4. 6 节介绍的生阳极的配料、预热混捏和振动成形工艺流程。

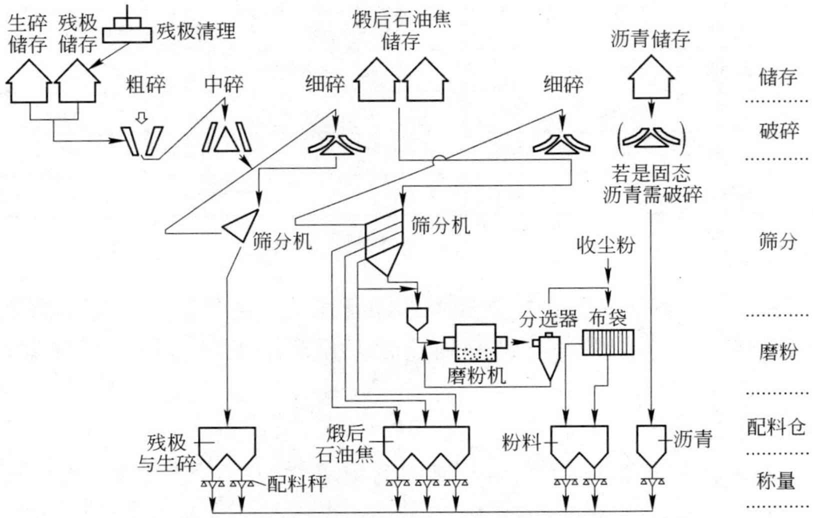

图 40-35　生阳极的破碎、筛分、磨粉工艺流程

40. 2. 4. 1　破碎、筛分工艺流程

炭阳极是由不同粒度的煅后焦和残极的物料所组成的，各种颗粒的大小、数量、形状和比表面积等对炭阳极生产工艺及制品性能等有很大的影响。因此在生产过程中，要根据配方的要求，对原料进行破碎并筛分成为需要的粒度级别。炭阳极破碎筛分常见的生产工艺流程如图 40-36 所示。

在炭阳极生产中，通常把破碎作业分为粗碎、中碎和细碎三个级别，见表 40-30。

表 40-30　炭阳极生产破碎级别及主要参数

级　别	破碎前原料块度/mm	破碎后物料块度/mm	破碎比
粗　碎	130 ~ 200	50 ~ 70	2 ~ 6
中　碎	约 50	1 ~ 20	5 ~ 10
细　碎		1 ~ 0. 075	> 50

中碎筛分系统的作用为将干料加工成配方所需的物料粒级，对磨粉所需的干料进行前期的破碎，并附带加工焙烧所需的填充料。对中碎筛分系统的要求是使得到产物有比较稳定的粒度分布，并易于适应原料的变化。

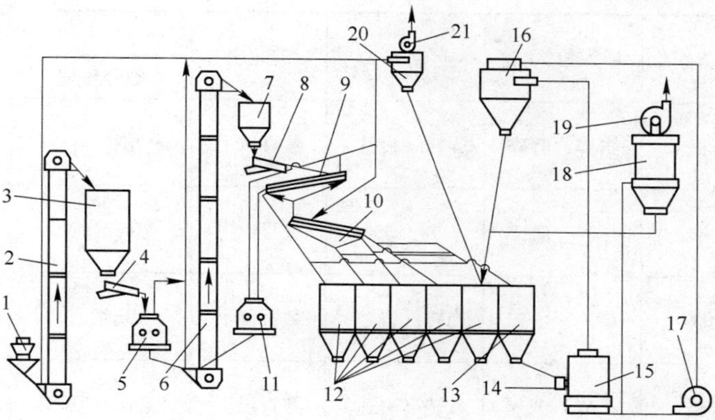

图 40-36 传统的破碎筛分磨粉工艺流程

1—煅后焦；2，6—斗式提升机；3，7，13—储料斗；4，8—振动给料机；5— 一次破碎机；9，10—振动筛；11—二次破碎机；12—分级料仓；14—星形给料机；15—雷蒙磨；16—大旋风分离器；17—鼓风机；18—小旋风分离器；19，21—抽风机；20—袋式除尘器

40.2.4.2 破碎设备

用作中碎的主要破碎设备有：辊式破碎机、圆锥式破碎机、反击式破碎机、锤式破碎机等。其中辊式破碎机和圆锥式破碎机的破碎机理以压碎为主，破碎比小；反击式破碎机及锤式破碎机则以冲击为主，破碎比大。

炭素厂常用破碎设备见表 40-31，有关物料破碎原理的介绍参见 12.1.1.2 节。

表 40-31 炭素厂常用破碎和粉磨设备

类　别	破碎设备	主要破碎方法	运动方式	破碎比	适用范围	
					破碎程度	常用物料
破碎设备	颚式破碎机	压碎为主	往　复	4～6	粗碎、中碎	石油焦、沥青焦、无烟煤
	辊式破碎机	压碎为主	旋转（慢速）	10 左右	粗碎、中碎（带齿的适用于粗碎）	石油焦、沥青焦、无烟煤（带齿的更适用于焙烧块）
	反击式破碎机	击　碎	旋转（快速）	10～40	中碎、细碎	石油焦、沥青焦、无烟煤
	锤式破碎机	击　碎	旋转（快速）	10～40	中碎、细碎	石油焦、沥青焦、无烟煤、固体沥青
	圆锥式破碎机	压碎为主	回　转	3～17	中碎、细碎	残极
	残极破碎机	击碎为主	往　复	几十	粗　碎	生坯、焙烧废块、残极

续表 40-31

类 别	破碎设备	主要破碎方法	运动方式	破碎比	适用范围	
					破碎程度	常用物料
磨粉设备	球磨机	击碎、磨碎	旋转（慢速）	数百以上	细 碎	石油焦、沥青焦、无烟煤
	雷蒙磨	压碎、磨碎	旋 转	数百以上	细碎、细磨	石油焦、沥青焦、无烟煤
	振动磨	磨碎、击碎	旋转（慢速）	数百以上	超细磨	石油焦、沥青焦、无烟煤
	自磨机	击碎、磨碎	旋转（慢速）	数百以上	细碎、超细碎	石油焦、沥青焦、无烟煤

关于颚式破碎机、辊式破碎机和反击式破碎机的具体介绍详见 7.2.3.1 节。在阳极生产中较为常用的是反击式破碎机。本节介绍锤式破碎机和阳极生产中专用的残极破碎机。

A 锤式破碎机

锤式破碎机的工作原理与反击式破碎机相同，也是利用在高速旋转下的冲击作用使物料破碎。通常用来破碎焙烧块、固体沥青和其他辅助材料。

锤式破碎机分为可逆和不可逆两种。可逆锤式破碎机的转子可以向不同的方向旋转，当锤头一边磨损后，不必立即更换，只要将电动机反转即可照常工作。

锤式破碎机的主要部件是一个挂有若干个锤头的转子，围绕转子安装着带有筛孔的筛板或筛条。当转子高速旋转时，因离心力的作用，锤头呈放射状。加入的物料之间受到高速运动的锤头的打击，并被锤头撞击到筛条或筛板上而破碎，一部分小于筛孔尺寸的料被排出。锤式破碎机的结构如图 40-37 所示。

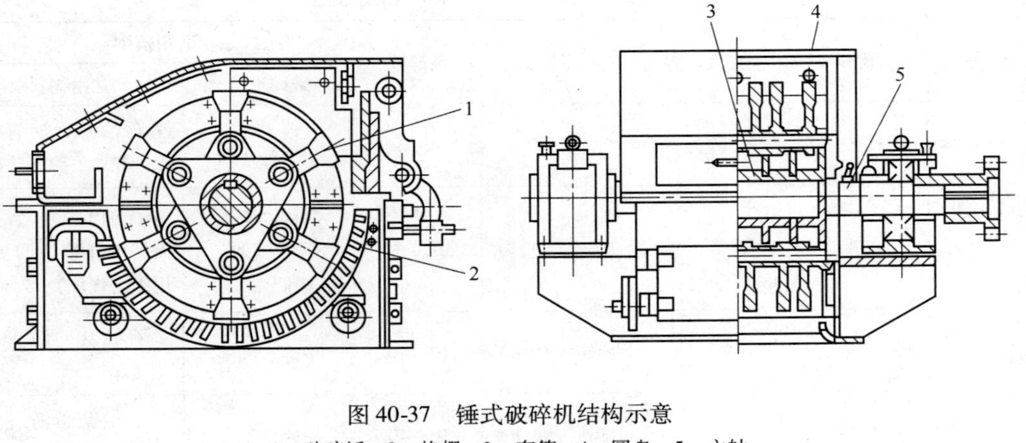

图 40-37 锤式破碎机结构示意

1—破碎锤；2—格栅；3—套管；4—圆盘；5—主轴

锤式破碎机的产能与转速和传动功率等有关。单转子锤式破碎机的产能常用下列经验公式计算：

$$Q = (30 \sim 40)DB \tag{40-19}$$

式中 Q——单转子锤式破碎机的产能，m^3/h；

D——锤头转动式的外圆直径，m；

B——转子的长度（加料孔），m。

锤式破碎机的主要技术参数见表 40-32。

表 40-32 锤式破碎机的主要技术参数

型 号	进料粒度 /mm	出料粒度 /mm	生产能力 /$t \cdot h^{-1}$	转子长度 /mm	转子直径 /mm	外形尺寸（长×宽×高）/m×m×m	机器质量 /t	备 注
PC0612	≤100	≤25	30	1200	600	3.0×1.7×1.18	3.44	
PC0808	≤120	≤15	35~45	800	800	2.78×1.44×1.1	3.9	
PC1008	≤280	≤15	30~90	800	1000	3.4×2.23×1.5	6	
PC0806	≤200	≤13	18~24	600	800	2.6×1.04×1.5	2.45	
PC1616	≤350	≤20	250	1600	1600	5.8×3.8×2.7	34	
PCK1010	≤80	≤3	100~150	1000	1000	3.8×2.5×1.8	13	可逆式
PCK1212	≤80	≤3	150~200	1250	1250	4.6×2.7×2.1	18	可逆式
PCD2014	≤1000	≤25	150~200	1400	2000	8.25×7.3×3.56	50	单转子
PCD2017	≤1200	≤25	230~290	1700	2000	9.1×8.3×3.5	60	单转子

B 残极破碎机

残极破碎机是破碎阳极生产中的生坯废品、焙烧废品和电解残极的专用设备，采用液压方法挤压破碎和液压推料。沈阳冶金机械有限公司和中信重型机械公司等多家企业生产此产品。5MN 液压残极破碎机的主要技术参数见表 40-33。

表 40-33 5MN 液压残极破碎机的主要技术参数

序 号	项 目	参 数
1	破碎室（长×宽×高）/mm×mm×mm	1125×1925×1060
2	进料口尺寸/mm×mm	500×1350
3	破碎粒度/mm	<150
4	最大破碎力/MN	5（500t）
5	生产能力/$t \cdot h^{-1}$	5
6	主柱塞缸（直径×行程）/mm×mm	ϕ670×1125
7	副油缸（直径×行程）/mm×mm	ϕ125×1150
8	推料缸（直径×行程）/mm×mm	ϕ125×300
9	导向油缸（直径×行程）/mm×mm	ϕ115×300
10	齿轮油泵 CB-L4100×2	p=156.96MPa，Q=100.5mL/r
11	设备质量/t	56.52

液压残极破碎机主要由破碎机、液压系统和控制系统组成，如图 40-38 所示。机架的一端设有主柱塞缸、两个副缸和破碎齿板的冲头，另一端设有推料缸、导向缸和破碎齿板，破碎机下部为排料口和格筛。

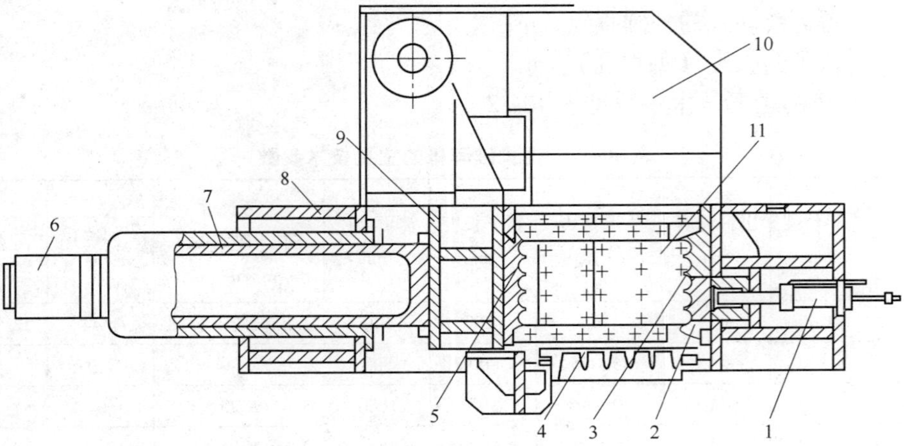

图 40-38　残极破碎机结构示意

1—推料油缸；2—推料齿板；3，5—齿板；4—格筛；6—充液阀；7—主柱塞；8—机架；9—冲头；10—防尘罩；11—破碎腔侧衬板

液压残极破碎机工作时，齿轮泵将液压油注入侧部油缸，当侧部油缸的压力达到88MPa时，侧部油缸停止前进；接着主柱塞前进推动破碎板将物料挤碎，主柱塞退回到原来位置；推料缸前进将破碎后的物料推到中部，小于筛板孔的物料被排出。

40.2.4.3　磨粉设备

粉料在预焙阳极生产中的作用为填充颗粒料之间的间隙，粉料的使用量与制品的密度、机械强度、制品表面光洁度关系较大，对配料过程的沥青用量起关键作用。阳极生产所用球磨粉的粒度一般在0.074mm（200目）左右，属中等粒度的粉料。磨粉系统应使配料用粉料组的粒度尽量保持稳定。

用于炭素粉磨的主要设备有：球磨机、辊式磨粉机、（立式）碾式磨粉机等。个别厂有使用振动磨机作为粉磨设备，因为该设备一般用于超细粉的生产，在此不详述。

A　球磨机

球磨机的粉碎机理为磨粉研磨体碰撞时产生的冲击及摩擦、钢球与磨机内衬之间的冲击及摩擦使物料粉碎。是一种比较通用的设备，适用各种硬度物料的粉碎。球磨机规格比较齐全，可以匹配各种规模的生产线。球磨机根据结构的不同又有圆筒式磨机与圆锥式磨机，因其原理大致相同不分别叙述。通过不同的选粉系统的组合，可以得到不同的生产流程。国内外绝大部分的阳极生产厂均使用球磨机组成的磨粉系统。

球磨机的规格以筒体的内径 D 与长度 L 表示，球磨机的规格参数见表40-34。炭素粉料通常采用风扫磨系统（也称风力输送系统），主要原理是通过系统内设置的排风机将磨机内的磨细产物带入分选装置，收集符合粒度要求的合格产品。

表 40-34 球磨机的规格参数

序号	球磨机规格 /m×m	产能 /t·h^{-1}	备注	序号	球磨机规格 /m×m	产能 /t·h^{-1}	备注
1	ϕ2.1×3.7	4		5	ϕ3.2×4.7	9	
2	ϕ2.1×4.36	4.5		6	ϕ3.2×5.8	12	
3	ϕ2.4×4.7	6		7	ϕ3.0×5.6	12	某厂引进
4	ϕ2.9×4.7	8		8	ϕ3.2×6.25	15	某厂引进

由于生阳极生产所用粉料要求为干料，整个磨粉系统通常采用风扫式进行选粉与输送，但也有少量的通过斗式提升机等输送设备输送粉料的系统。选粉系统根据输送用风是否循环可分为开式系统与闭式系统。以球磨机为主机的典型的磨粉系统流程如图 40-39 所示。

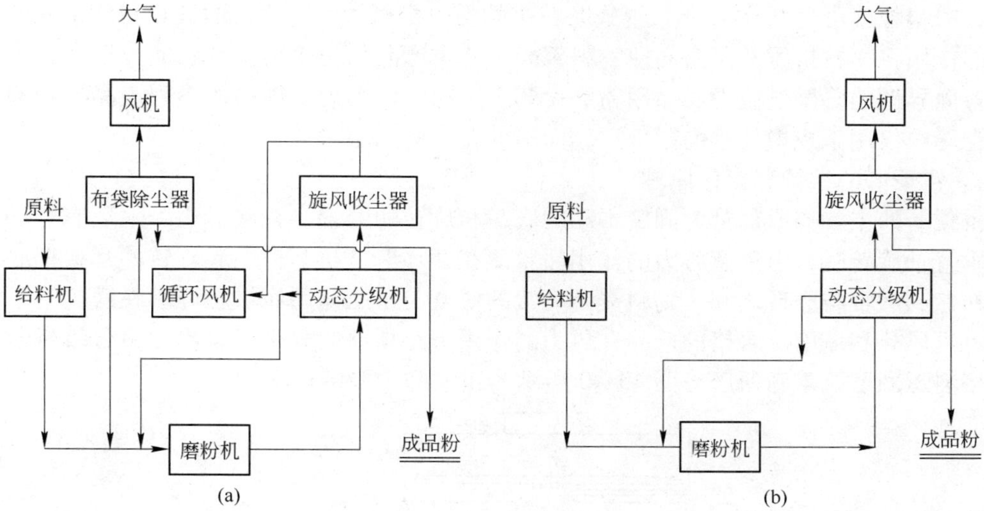

图 40-39 典型的球磨机磨粉系统流程
（a）闭式系统；（b）开式系统

图 40-39（a）所示的闭式系统较为常见，原料通过给料机给入球磨机，在球磨机内磨细到足够被循环的风带起的粒度后，通过风力输送到粗粒分级机，通过可调整旋转速度的叶轮将不合格的物料收下再返回至球磨机入口处，满足粒度要求的物料则继续前行到达粉料收集器（通常为各种形式的旋风分离器），而输送用空气则通过循环风机又从球磨机给料口吹入循环，为避免循环风的过热及旋风收尘器未收集下的细粉料的多次循环，并维持系统负压，设置占主循环风量 20% ~30% 的不平衡风系统，通过布袋除尘器将不平衡风中的粉料收集下来。原料给料量通过球磨机的噪声进行控制，同时又将从分级机返回的粗粒料流量作为辅助的控制回路。此系统的特点是风可以循环使用，布袋除尘器规格较小，排入大气中的含尘空气量较少，但旋风收尘器的收集效率只有 88% ~90%，且只能捕集到较粗粒子的粉料，大量的细粉又要返回到主循环系统中继续循环。从布袋除尘器捕集的粉料较细，且通常布袋除尘器的清灰为断续式。从旋风与从布袋收集的粉料由于混合不好很容易造成粒度周期性的波动。

图40-39（b）所示的开式系统与闭式系统不同之处在于输送用风不进行循环，其余部分与闭式系统基本相同，其特点是由于最终的产品均在布袋除尘器中排出，产品的粒度波动相对较小，但布袋除尘器规格较大，为闭式系统除尘面积的4～5倍。在SOLIOS等公司推出的开式系统中使用了动态分级机的叶轮在轴向上采用等通过截面的特殊结构，通过风机的流量进行控制，使得粒度分级呈现出较陡的特性，可以使最终的产品的粒度波动更小，这套选粉系统在国内的工程使用效果良好。

球磨机组成的磨粉系统通用性较好，且可以配套各种规模的生产厂，其中尤以采用开式的选粉系统较能满足粉料粒度波动小的要求。球磨系统在线检测、自动控制技术及装置已成功应用于优质阳极生产中。

B　雷蒙磨

雷蒙磨也称悬辊式磨粉机，是炭素生产常用的磨粉机械。它适用于中等硬度的干物料磨粉，粉料粒度可达0.044mm。辊式磨粉机的粉碎机理为依靠运行的磨辊与静止的磨壁或磨盘的作用将物料挤压及研磨而使物料破碎，此类产品的粉碎物呈现各向异性，较为适合要求各向异性的石墨电极类产品用粉磨设备。因为国内尚无大规格的系列产品，悬辊式磨粉机在国内仅用于规模较小的阳极厂，而国外较少使用。

a　雷蒙磨的结构和工作原理

雷蒙磨的主要构成部分为固定不动的底盘和旋转的磨辊。在底盘边缘上装有磨环，磨辊绕垂直轴旋转时，由于离心力的作用而紧压在磨环上，与磨辊一起旋转的刮板把底盘上的物料撒到磨辊与磨环之间，物料受到磨辊的研磨与挤压作用而被粉碎。在底盘的下缘周边设有进风孔和风筒。合格的产品在风力的作用下经顶部的分级机排出，由分级机分离的不合格料返回磨机重新研磨。图40-40所示为雷蒙磨主要结构图。

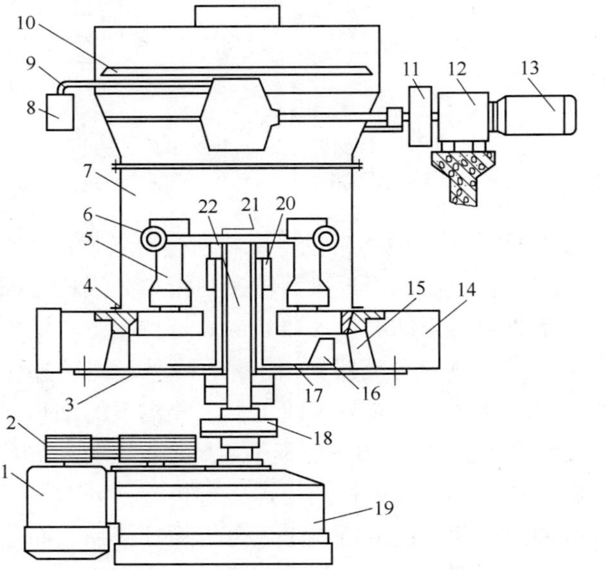

图40-40　雷蒙磨主要结构

1，13—电动机；2，11—三角皮带；3—底盘；4—磨环；5—磨辊；6—短轴；7—罩筒；8—滤气筒；9—管子；10—分级机叶片；12—离合器；14—风筒；15—进风孔；16—刮板；17—刮板架；18—联轴器；19—减速机；20—进料口；21—梅花架；22—主轴

b 雷蒙磨工艺流程

如图 40-41 所示，物料需预先破碎到较小的粒度，然后经给料机喂料。研磨后的粉末被鼓风机气流吹到研磨室上方的分级机，合格的料随气流进入大旋风，收集后经粉料管排至储料仓，气流由大旋风上端的回风管再进入鼓风机，形成闭路循环。

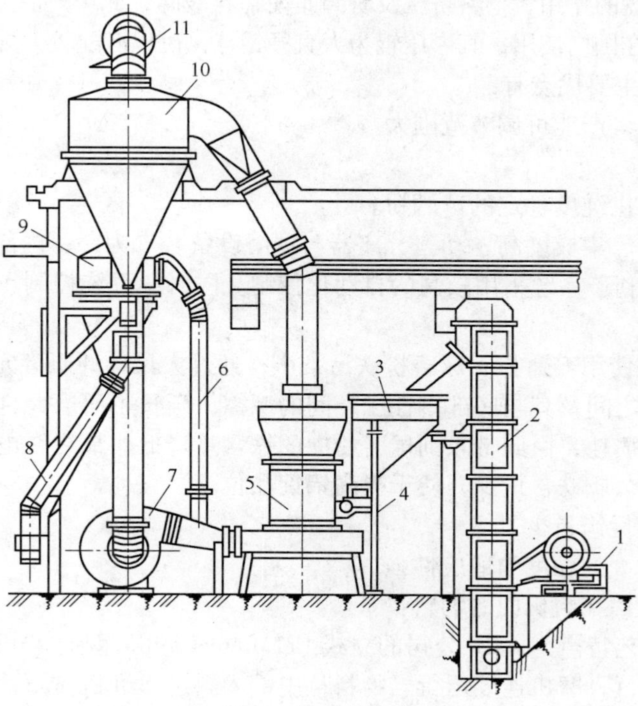

图 40-41 雷蒙磨磨粉系统

1—破碎机；2—斗式提升机；3—储料斗；4—给料机；5—研磨室；6—废气管；7—鼓风机；8—出料管；9—小旋风收集器；10—大旋风收集器；11—回风管

c 雷蒙磨主要技术参数

用于炭素等工业生产的雷蒙磨主要型号有 4R、5R、6R 及 HC1300、HC1700、HC2300 等。

上海冶金矿山机械有限公司和桂林鸿程矿山设备制造有限公司等多家企业生产雷蒙磨产品，常用 R 系列规格型号见表 40-35。

表 40-35 雷蒙磨规格参数

型 号	4R2715	4R3016	4R3216	5R4119
最大进料粒度/mm	25	25	25	25
成品粒度/mm	0.075			
台产量/$t \cdot h^{-1}$	1.0~1.5	1.0~1.6	1.0~1.8	1.8~2.5
轴转速/$r \cdot min^{-1}$	170	187	130	105
磨环内径/mm	ϕ830	ϕ880	ϕ970	1270
磨辊直径/mm	ϕ270	ϕ300	ϕ320	410
磨辊及磨环高度/mm	150	160	160	190
主机电机	Y225M-8，22kW	Y225M-8，30kW	Y225S-4，37kW	Y280S-4，75kW
风机电机	Y180M-4，18.5kW	Y180L-4，22kW	Y220M-4，30kW	Y250M-4，55kW
分析机电机	Y112M-6，2.2kW	Y132S-6，3kW	YC1200-4A，5.5kW	YCT200-4B，7.5kW

C　立式球磨机

立式球磨机即碾式磨粉机，属于风扫磨类，主要是德国克劳迪斯·彼得斯（CP）公司将磨煤行业广泛运用的立式磨粉机成功地运用于铝用炭素行业，不仅提升了企业的技术装备水平，同时也为该行业的磨粉工艺改善提供了新的途径。碾式磨粉机的粉碎机理为依靠运行的磨辊与静止的磨盘的作用将物料挤压及研磨而使物料破碎，此类产品的粉碎物呈现各向异性，碾式磨粉机已在国内使用，其碾压辊为大直径钢球，可以匹配较大规模的产能。

立式球磨机的主要优点有：

（1）连续运行，产能可调节范围大。

（2）噪声低。

（3）能长期提供纯度稳定的球磨粉。

（4）流程简单、集成度高；动态分离器与球磨设备合二为一，内部结构简单，大大简化了系统流程，有利于系统采用较高的自动化控制。同时，系统控制点少，利于球磨粉纯度的长期稳定。

（5）研磨元件使用寿命长、球磨粉铁污染小；通过大尺寸的研磨元件对物料进行滚动研磨，降低了钢球之间及其与底部钢性压环间的摩擦，延长了研磨元件的使用寿命，相对地就减少了钢球的损耗，由此带入到球磨粉中的铁含量降低，最终在电解槽中，由于阳极的消耗带进铝液的杂质铁含量少，便于提高铝锭品位。

（6）设备维护检修量少。

（7）对物料过大的粒度的适应性强。

（8）停机后遗留在磨机内的物料少。

立式球磨机工艺特点为：CP 公司的立式 EM（erect mill）型球磨机集研磨、分选、输送在一个单元内进行，磨机连续运行。物料从中部入料进入磨机。石油焦被研磨进入旋转磨机而在离心力的作用下移至研磨球的下面，研磨并离开研磨区域，朝上移动的气流把研磨过的石油焦输送到分离器，分离器会把超过尺寸的颗粒分离并返回研磨的区域。物料直到达到最终的细度才会随气流离开磨机，研磨细度在运行中可以通过调节分离器速度进行调节。其工艺流程如图 40-42 所示，克劳迪斯·彼得斯公司立式球磨机的主要技术参数见

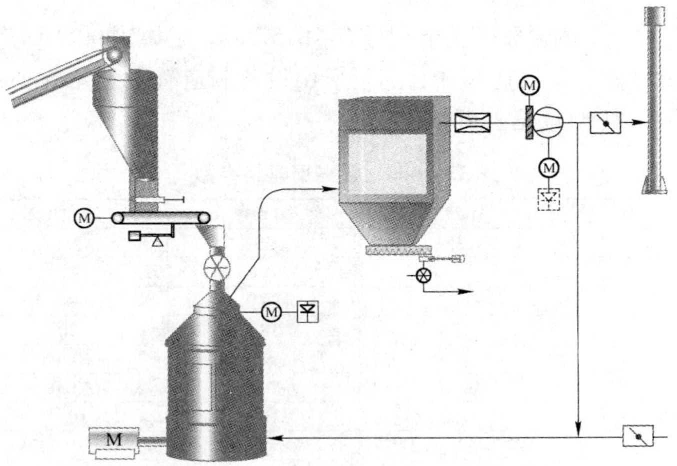

图 40-42　立式球磨机生产流程

表40-36，实物图如图40-43所示。

表40-36　立式球磨机的主要技术参数

型　号	EM65	EM73	EM80	EM95	EM110
额定产能/$t\cdot h^{-1}$	12	16	20	24	30
有效功率/kW	241	351	425	525	652
国内用户	四川启明星 青铜峡铝业	青铜峡麦科	云南源鑫炭素		

注：各项参数为：研磨细度：70% ≤0.074μm；可研磨性：*HGI*：35～40；进料尺寸：0～30mm。

40.2.4.4　筛分

A　筛分与粒度

在炭阳极生产中，按照配方的要求，每一粒级所需的含量有严格的要求，而破碎后的物料是各种不同粒度混合在一起的，不符合配料的要求，必须经过筛子把物料按尺寸大小不同分成若干粒度级别，这一操作过程称为筛分。

图40-43　克劳迪斯·彼得斯公司立式球磨机实物照片

所谓粒度，是指料块（或粉料）大小的量度，一般用毫米（或微米）表示。将松散物料借用某种方法分成的若干级别，这些级别称为粒级，用称量法称出各级别的质量并计算出它们的质量分数（或累积质量分数），从而说明这批物料是由含量各为多少的那些粒级组成。这种粒级组成的数据就是物料的粒度组成。从粒度组成可以看出各粒级在原料中的分布情况，这种确定粒度组成的实验称做粒度分析。

由于炭和石墨制品的配方工艺对原料的粒度组成有要求，以及对粉碎机械设备选型的需要，因此，需对物料进行粒度分析。

B　筛分效率与纯度

在筛分过程中，一部分小于某筛孔的颗粒通过筛孔称为筛下料，而没有通过筛孔仍然留在筛面上的颗粒称为筛上料。生产中，实际得到的筛下料的质量与入筛物料中所含粒度小于筛孔尺寸物料的质量之比，称为筛分效率。即：

$$\eta = \frac{G_2}{G_1} \times 100\% \tag{40-20}$$

式中　G_1——入筛物料中所含小于筛孔颗粒的质量，g；

G_2——筛下物料的质量，g。

在实际生产中，由于颗粒物料的形状各种各样、筛分设备及工作条件的不同等原因，筛下物料中会含有大于该种尺寸的颗粒。因此，用100g某种粒度级别的物料，在检验筛中进行一定时间的筛分后，筛下料的质量分数表示物料的筛分纯度。即：

$$Q = \frac{q}{100} \times 100\% \tag{40-21}$$

式中 Q——某种粒度料的纯度,%；

q——取 100g 某粒度的料，在检验筛中经过一定时间的筛分后，在大于此粒度之下与小于某粒度级别的筛面上所残留的物料的克数。

C 筛分分析

筛分分析有干法筛析和湿法筛析两种，炭阳极生产中采用干法筛析。干法筛析是先将标准筛按顺序套好，再将物料放入最上层筛面上，在机械振动器上振动 10 ~ 15min，然后称量各筛面上所剩物料的质量。炭素生产中的筛分分析常用的重要标准筛有以下两种。

（1）泰勒标准筛。泰勒标准筛为英制标准，它是以筛网每 1in（25.4mm）长度中排列的筛孔数目作为筛子的筛号，称为目。泰勒制有两个序列，一个基本筛序，其筛比为 $\sqrt{2} = 1.414$；另一个是附加筛序，其筛比为 $\sqrt[4]{2} = 1.189$，其基筛为 200 目的筛子，筛孔尺寸为 0.074mm。

（2）国际标准筛。它的筛号与筛孔尺寸一致。其基本筛比是 $\sqrt[10]{10} = 1.259$，对于更精密的筛析，还要插入附加筛比 $(\sqrt[40]{10})^6 = 1.41$ 和 $(\sqrt[40]{10})^{12} = 1.99$。

中国生产的标准筛称为上海标准筛，上海标准筛与国际标准筛的孔目有一定的差别。具体对比见表 40-37。

表 40-37 常见标准筛的基本筛序

泰勒标准筛		英国标准筛（B·S）		德国标准筛		国际标准筛	上海标准筛	
网目/in^{-1}	孔/mm	网目/in^{-1}	孔/mm	网目/in^{-1}	孔/mm	孔/mm	网目/in^{-1}	孔/mm
2.5	7.925	—	—	—	—	8	—	—
3	6.68	—	—	—	—	6.3	—	—
3.5	5.691	—	—	—	—	—	—	—
4	4.099	—	—	—	—	5	4	5
5	2.962	5	3.34	—	—	4	5	4
6	3.327	6	2.81	—	—	3.35	6	3.52
7	2.794	7	2.41	—	—	2.8	—	—
9	1.981	—	—	—	—	2	—	—
10	1.651	10	1.67	4	1.5	1.6	10	1.98
12	12	1.40	5	5	1.2	1.4	12	1.69
14	1.168	14	1.20	6	1.02	1.18	14	1.43
16	0.991	16	1.00	—	—	1.0	16	1.27
20	0.833	18	0.85	—	—	0.8	20	0.905
24	0.701	22	0.70	8	0.75	0.71	24	0.823
28	0.589	25	0.60	10	0.6	0.6	28	0.674
32	0.495	30	0.50	11	0.54	0.5	32	0.556
35	0.417	44	0.42	12	0.49	0.4	34	0.533
42	0.351	52	0.35	14	0.43	0.35	—	—
48	0.295	60	0.30	16	0.385	0.3	48	0.376
60	0.246	72	0.252	20	0.3	0.25	60	0.295
65	0.208	85	0.211	24	0.25	0.2	70	0.251
80	0.175	100	0.177	30	0.2	0.18	80	0.2
100	0.147	120	0.152	40	0.15	0.15	100	0.139
115	0.124	150	0.125	50	0.12	0.125	120	0.13
150	0.104	170	0.105	60	0.1	0.1	160	0.097
170	0.088	200	0.088	70	0.088	0.09	180	0.09
200	0.074	240	0.076	80	0.075	0.075	200	0.077
230	0.062	—	0.065	100	0.06	0.063	230	0.065
270	0.053	—	—	—	—	0.05	280	0.056
325	0.043	300	0.053	—	—	0.04	320	0.05
400	0.038	—	—	—	—	—	—	—

使用标准筛确定松散物料粒度组成的筛分工作称为筛分分析，简称筛析。

D　关于 Blaine 值

一般来讲，阳极生产厂通常是通过筛分来控制粉料的质量，而筛分给出的粒度测量值是不连续的。瑞士的 Fischer 提出用 Blaine 仪来更加细致地测量并比较粉料的粒度。计算出的粉料粒度值称为 Blaine 值，并认为它是无量纲的。这种方法考虑了被测的多孔的具有不规则形状的粒子与用作标样的颗粒之间的物理差异。该方法给出了一个比较不同焦粉粒度的相对值。

Blaine 仪是测量空气渗透的仪器。把粉料压制成一已知孔隙率的粉床，孔的数目和大小则为颗粒粒径的函数。测量一定量的空气通过粉料床所需的时间，此时间与粒子尺寸或细度有关。改进后的 RDC-Blaine 测定仪中样品床处于恒压下，且粉末质量一定，这就避免了由于粉料床的不确定堆积导致的粗粒和细小微粒间的差异。

E　筛分设备

工业生产中常用的筛子可分为四类：

(1) 振动筛。按传动方式可分为机械振动筛和电力振动筛，按运动方式可分为圆运动筛和直线运动筛。

(2) 筒形筛。有圆筒筛、圆锥筛、角柱筛和角锥筛等。

(3) 概率筛。

(4) 格筛。分为固定格筛和滚轴筛等。

a　振动筛

根据振动筛筛体的运动轨迹不同，振动筛可分为单轴惯性振动筛、双轴惯性振动筛、自定中心振动筛和电机振动筛等。关于惯性振动筛和自定中心振动筛见 7.2.3.2 节。

电机振动筛是采用振动电机代替振动偏心和动力源，振动电机安装在筛体上，通过安装在电机轴两端的偏心块产生激振力使电机产生振动，振幅为 1 ~ 0.8mm。由于电机振动筛具有结构简单、操作维护方便、质量轻、能耗低、效率高等优点，因而在炭素厂受到欢迎。电机振动筛的结构如图 40-44 所示。一些电机振动筛的技术参数见表 40-38。

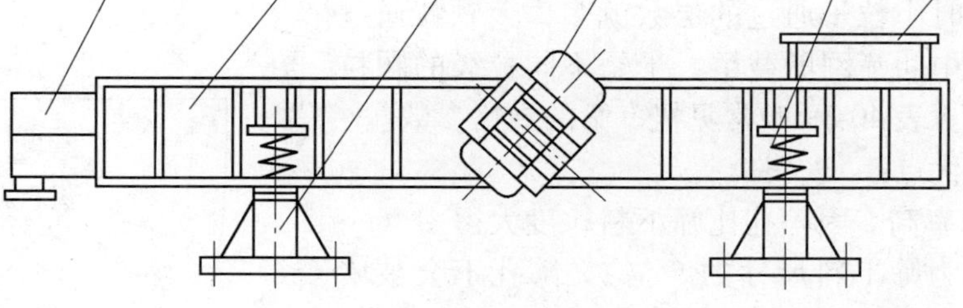

图 40-44　电机振动筛结构示意图

1—排料口；2—筛体；3—底座；4—振动电机；5—弹簧；6—给料口

b　概率筛

概率筛是借助粒子通过筛孔过程中存在着概率的特性，并利用筛网的不同倾角所造成的筛孔投影面积的不同（筛孔大小相同），而使大小不同的粒子通过筛孔的几率不等这样一种原理将粒子分级。

表 40-38　电机振动筛主要技术参数

型　号	筛面规格（长×宽）/mm×mm	筛面层数	入料粒度/mm	筛孔尺寸/mm	振幅/mm	筛面倾角/(°)	振动电机			外形尺寸（长×宽×高）/mm×mm×mm
							型号	功率/kW	振次/次·min⁻¹	
ZS0615	1500×600	1	<150	1	5~7	0~15	YZD-31-6	2×0.75	1000	2035×1070×1340
2ZS0615		2					YZD-31-6	2×0.75		2035×1070×1430
ZS0918	1800×900	1		3			YZD-41-6	2×1.5		2200×1420×1570
2ZS0918		2					YZD-41-6	2×1.5		2200×1420×1660
ZS1224	2400×1200	1		5			YZD-51-6	2×2.2		2793×1800×1770
2ZS1224		2					YZD-52-6	2×3		2793×1800×1860
ZS1230	3000×1200	1		10			YZD-61-6	2×3.7		3250×1800×2200
2ZS1230		2					YZD-62-6	2×4.5		3250×1800×2290
ZS1530	3000×1500	1		15			YZD-62-6	2×4.5		3400×2220×2130
2ZS1530		2					YZD-71-6	2×5.5		3400×2220×2220
ZS1536	3600×1500	1		20			YZD-71-6	2×5.5		4050×2160×2120
2ZS1536		2					YZD-71-6	2×5.5		4050×2160×2210
ZS1836	3600×1800	1	<180	25		5~15	YZD-81-6	2×7.5		4000×2520×2210
2ZS1836		2					YZD-81-6	2×7.5		4000×2520×2300
ZS1842	4200×1800	1		50			YZD-81-6	2×7.5		4864×2600×2400
2ZS1842		2					YZD-81-6	2×7.5		4864×2600×2500

图 40-45 为概率筛的工作原理示意图。多层相同尺寸（或不同尺寸）的筛网按不同倾角依次排列，下层筛网的倾角比上一层大。物料从上层加入，筛机由电磁振动器带动，物料就被多层筛网所分级。被筛分物料的粒径与筛孔尺寸相比，不论比筛孔小多少，总存在一定的通过概率。粒径小的颗粒通过筛孔的概率就大，而粒径大的通过的概率小。当物料通过多层筛网时小粒子通过的层数就多，大颗粒通过的层数少而被中间筛网所截留，于是不同粒级的颗粒就被依次分开。表 40-39 为常见概率筛的规格参数。

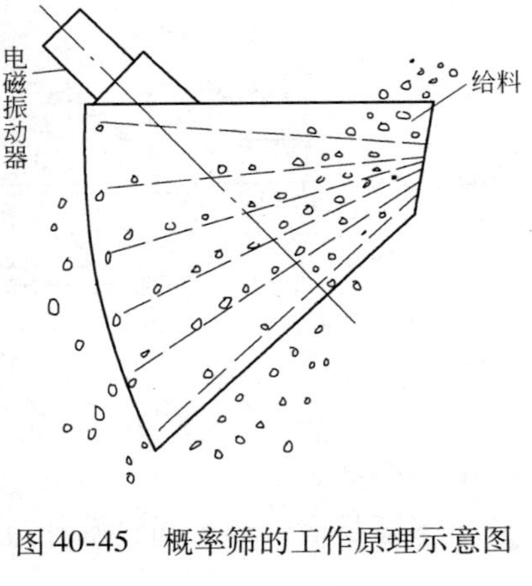

图 40-45　概率筛的工作原理示意图

概率筛的优点：

（1）生产率高。因筛孔比筛下料粒度大得多（一般筛孔尺寸约为筛下料尺寸的 5 倍），筛孔不会被堵塞，生产效率很高。

（2）调节灵活性大。可通过改变筛网的倾角、调节振动频率和振幅来调节筛下料的粒度。

（3）由于筛孔大，筛丝粗，因此筛网强度大，使用寿命长。

表 40-39　常见概率筛的规格参数

型　号	筛　面				给料粒度/mm	处理量/t·h^{-1}	双振幅/mm	振动电机			每支点负荷/N		总质量/t
	层数	面积/m^2	孔径/mm	倾角/(°)				功率/kW	转速/r·min^{-1}	激振力/kN	工作时	启停机时	
GLS0818-3	3	1.12	0.2～20	22～28	≤30	5～40	3～5	0.75×2	980	10×2	±375	±1875	0.97
GLS0818-4	4												1.12
GLS1020-3	3	1.7	0.2～20	22～28	≤40	7～60	3～5	1.1×2	980	16×2	±625	±3125	1.30
GLS1020-4	4												1.43
GLS1220-3	3	2.04	0.2～20	22～28	≤40	8～70	3～5	1.5×2	980	20×2	±718	±3590	1.71
GLS1220-4	4												1.84
GLS1225-3	3	2.4	0.2～20	22～28	≤40	9～85	3～5	1.5×2	980	20×2	±728	±3640	1.97
GLS1225-4	4												2.10
GLS1520-3	3	2.55	0.2～30	22～28	≤50	12～120	3～5	2.2×2	980	30×2	±890	±4450	2.63
GLS1520-4	4												1.88
GLS1520-5	5												3.04
GLS1525-3	3	3.0	0.2～30	22～30	≤50	18～160	3～5	3.0×2	980	40×2	±990	±4950	3.12
GLS1525-4	4												3.26
GLS1525-5	5												3.38
GLS1525-6	6												3.52
GLS2025-4	4	4.0	0.2～30	22～30	≤50	23～210	3～5	3.0×2	980	40×2	±1010	±5050	3.61
GLS2025-5	5												3.74
GLS2025-6	6									40×2			3.87
GLS2030-5	5									40×2			4.20
GLS2030-6	6												4.32

40.2.4.5　配料

将一种或几种不同性质、不同粒度的固体原料与黏结剂按比例组合起来的过程称为配料。配料有三方面的内容：

(1) 选择炭素原料的种类，确定不同种类原料之间的比例；

(2) 确定固体炭素原料的粒度组成，即不同大小颗粒的使用比例；

(3) 确定黏结剂的种类、性能和用量。

A　炭阳极粒度组成的确定

a　最大粒度确定法

大颗粒的确定应在不影响产品质量的情况下，力求选择最大颗粒，因为大颗粒不仅能起到骨架作用，增加制品的机械强度，还可以减少破碎时的动力消耗，降低生产成本。另外，还要考虑以下影响因素：

(1) 根据原料性质确定。石油焦和沥青焦的气孔多而且大，气孔直径一般为 5 ~ 6mm，因此，使用较小的粒度；无烟煤结构致密，最大颗粒可达到 20mm。

(2) 根据产品的尺寸来确定。大规格制品的最大颗粒与产品的直径（或当量直径）的经验关系一般为：

$$d = 15 \times 10^{-3} D \tag{40-22}$$

式中 d——颗粒的最大直径，mm；

D——产品的直径或当量直径，mm。

b 考虑最佳物理力学性能的“最大密度法”

美国学者莫罗佐斯基曾提出一个炭素制品的结构模型，即炭素制品为焦炭颗粒和黏结剂炭化的结焦炭所构成的双组分模型，黏结剂在焦炭颗粒外层覆盖的厚度与焦炭颗粒半径之比为一常数，粒度组成以得到最终成品的最大体积密度为原则，因为成品的电阻率、弹性模量和机械强度、氧化性等表征炭素制品物理化学性能的指标，都与炭素制品的体积密度有密切关系。莫罗佐斯基推导出下列几个公式：

$$\left.\begin{aligned} &\text{电阻率：} && \frac{1}{\rho^2} = (d_0)^{2x}(d - d_0) \times \frac{1}{B_0} \\ &\text{弹性模量：} && E = E_0(d_0)^z d_b \\ &\text{机械强度：} && S = S'(d_0)^y d_b \end{aligned}\right\} \tag{40-23}$$

式中 ρ——电阻率；

E——弹性模量；

S——机械强度；

d——炭阳极体积密度；

d_0——焦炭颗粒的体积密度；

d_b——黏结剂结焦炭的体积密度；

B_0，E_0，S'——比例常数；

x，y，z——特性系数。

最大密度法的计算基础是骨料和粉料的堆积密度和堆积体的孔隙，而骨料和粉料混合后的堆积密度和孔隙率受很多因素的影响，特别是破碎后的焦炭颗粒形状不规则，并非呈圆球形或正方形，但为了便于进行实验，用圆球堆积后的孔隙率变化模拟焦炭颗粒的堆积，进行球体堆积方式对孔隙率影响的测定和计算。表 40-40 为同一直径的圆球堆积后的孔隙率，如果用同一种直径的圆球，无论采取何种方式堆积，其最小孔隙率只能达到 25.95%，而与球的大小无关。如果在直径较大的球体堆积后的孔隙中加入一定数量较小的球，则堆积体的孔隙率就下降。若在两组不同直径的球体的堆积体中，再加入一定量更小的球则孔隙率更小，表 40-41 为圆球 5 种不同堆积方式在理想状态下堆积后的孔隙率。图 40-46 为 5 种理想状态下的堆积方式。图 40-47 为不同直径圆球的堆积填充效果。

表 40-40　圆球在理性状态下堆积时的孔隙率

堆积方式	孔隙率/%	配位点（接触点）	堆积方式	孔隙率/%	配位点（接触点）
立　方	47.64	6	角　锥	25.95	12
单交错	39.55	8	四面体	25.95	12
双交错	30.20	10			

表 40-41　多组球体堆积时的孔隙率

球体组成	堆积体密实度/%	孔隙率/%	孔隙率下降百分点
一组球	62.0	38.0	—
二组球	85.6	14.4	23.6
三组球	94.6	5.4	9.0
四组球	98.0	2.0	3.4
五组球	99.2	0.8	1.2

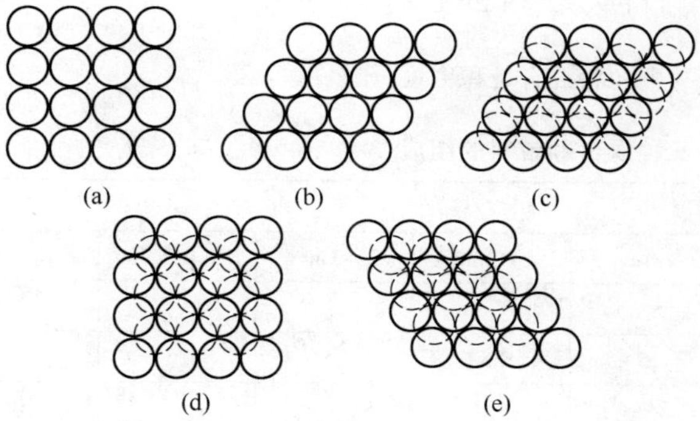

图 40-46　圆球在理想状态下的堆积方式
（a）立方体；（b）单交错；（c）双交错；（d）角锥；（e）四面体

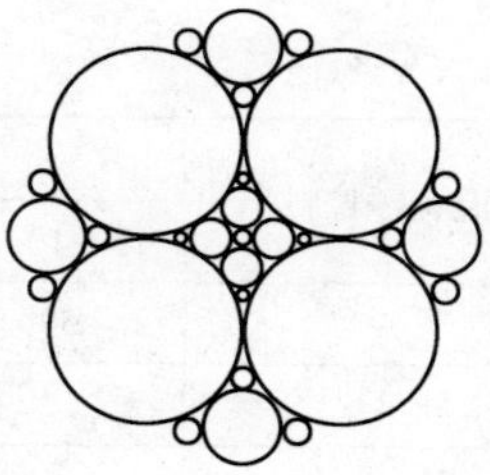

图 40-47　不同直径圆球填充示意图

实验证明，堆积球体超过四组时，孔隙率变化就不明显了。当使用两组球配合且大小球的直径比为 7∶3 时，堆积最紧密；如用三组球，直径比为 7∶1∶2 时堆积最紧密。

c　三角形最大密度选择法

三角形最大密度选择法可以计算由 3 种粒度颗粒料组成的混合料的最大堆积密度，为此首先要测定各种粒度颗粒料的堆积密度，再以不同的排列组合比例称量后予以混合，然后测量混合料的堆积密度，在此基础上绘制三角形密度分布图（见图 40-48），从中选取最佳密度范围的 3 种料的组成比例。石油焦破碎后各种颗粒料的堆积密度测定结果举例见表 40-42。从各种颗粒料选择适当组合比例组成 3 种混合颗粒料（A、B、C），每种混合料的粒度组成见表 40-43。

表 40-42　各种颗粒料的堆积密度

颗粒尺寸/mm	15 ~ 10	10 ~ 6	6 ~ 4	4 ~ 2	2 ~ 1	1 ~ 0.5	粉　料
堆积密度/$g \cdot cm^{-3}$	0.529	0.547	0.571	0.583	0.625	0.641	0.854

注：粉料中小于 0.075mm 的颗粒所占比例大于 78%。

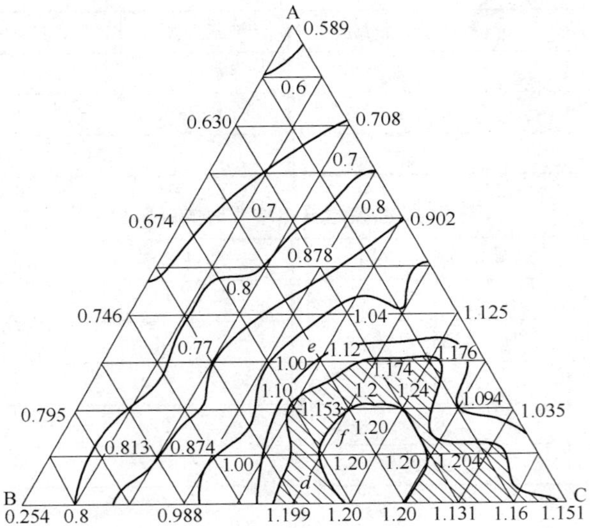

图 40-48　三组分颗粒料混合堆积密度分布

表 40-43　三种混合颗粒料的组成

混合颗粒料	组成/%					
	15 ~ 10mm	10 ~ 6mm	6 ~ 4mm	4 ~ 2mm	2 ~ 1mm	1 ~ 0.5mm	粉　料
A	50	50					
B			25	25	25	25	
C							100

图 40-48 中 A 点代表混合颗粒料 A（即由 50% 的 10 ~ 15mm 及 50% 的 6 ~ 10mm 颗粒组成），三角形 B 点代表混合颗粒料 B（即由 4 ~ 6mm、2 ~ 4mm、1 ~ 2mm、0.5 ~ 1mm 颗粒各 25% 混合后组成），C 点代表粉料。在 B-C 边上的 *d* 点代表使用 B 组料及 C 组料各 50%，混合后堆积密度为 1.199g/cm^3，三角形内的 *e* 点代表使用 A 组料 30%、B 组料 30%、C 组料 40% 混合后堆积密度为 1.0g/cm^3，三角形内 *f* 点代表使用 A 组料 20%、B 组料 30%、C 组料 50% 混合后的堆积密度为 1.20g/cm^3。

d　混合料最大振实密度法

为了使阳极骨料的堆积密度最大，一般采用大颗粒、中颗粒、小颗粒和细粉等 3 ~ 4 种不同的颗粒。在实际生产中，通过试验的方法来获得各种颗粒料的最佳配合比例，以保证堆积时达到最大的密度。

试验确定颗粒组成最大堆积密度的方法是：以质量为 100 单位的最大颗粒作基础，然后分别把次一级颗粒以 0 ~ 100 的质量配入，测定混合料的堆积密度，选出最大堆积密度的配比。然后以混合料为新的基础，用再次一级的颗粒同样按 0 ~ 100 的质量配入，测定各种配比混合料的堆积密度，选出最大堆积密度的三种混合料。以此类推，直到确定多种颗粒混合料比例为止。表 40-44 和表 40-45 分别是两种和三种石油焦颗粒混合后的堆积密度。

表 40-44 1.5～1.0mm 与 1.0～0.3mm 颗粒混合后的堆积密度

序 号	1.5～1.0mm 颗粒质量/g	1.0～0.3mm 颗粒质量/g	混合料的堆积密度 /g·cm^{-3}	序 号	1.5～1.0mm 颗粒质量/g	1.0～0.3mm 颗粒质量/g	混合料的堆积密度 /g·cm^{-3}
1	100	0	0.676	6	100	50	0.720
2	100	10	0.708	7	100	60	0.715
3	100	20	0.711	8	100	70	0.712
4	100	30	0.720	9	100	80	0.719
5	100	40	0.723	10	100	90	0.705

表 40-45 三种粒度的颗粒混合后的堆积密度

序 号	1.5～1.0mm 与 1.0～0.3mm 混合料质量/g	0.3～0mm 颗粒质量/g	混合料的堆积密度 /g·cm^{-3}	序 号	1.5～1.0mm 与 1.0～0.3mm 混合料质量/g	0.3～0mm 颗粒质量/g	混合料的堆积密度 /g·cm^{-3}
1	100	0	0.723	6	100	50	0.835
2	100	10	0.736	7	100	60	0.849
3	100	20	0.767	8	100	70	0.843
4	100	30	0.810	9	100	80	0.824
5	100	40	0.827	10	100	90	0.809

在实际生产中，经常使用混合料振实密度的方法，确定生产使用的颗粒配方。表40-46是5种颗粒料用正交实验方法确定以不同比例混合后的振实密度，A代表2～1mm，B代表1～0.5mm，C代表0.5～0.15mm，D代表0.15～0.075mm，E代表小于0.075mm的粉料。

表 40-46 各种粒度的颗粒以不同比例混合的振实密度

A：B	振实密度 /g·cm^{-3}	A：B：C	振实密度 /g·cm^{-3}	A：B：C：D	振实密度 /g·cm^{-3}	A：B：C：D：E	振实密度 /g·cm^{-3}
15：2	0.876	5：2：1	0.909	5：2：5：1	0.970	5：2：5：10：2	1.136
15：4	0.886	5：2：1.5	0.920	5：2：5：2	0.993	5：2：5：10：4	1.170
15：6	0.895	5：2：2	0.923	5：2：5：3	1.038	5：2：5：10：6	1.186
15：8	0.887	5：2：2.5	0.929	5：2：5：4	1.054	5：2：5：10：8	1.199
15：10	0.884	5：2：3	0.932	5：2：5：5	1.062	5：2：5：10：10	1.196
15：12	0.860	5：2：3.5	0.923	5：2：5：6	1.079	5：2：5：10：12	1.196
15：14	0.866	5：2：4	0.926	5：2：5：8	1.073	5：2：5：10：14	1.188
15：16	0.855	5：2：5	0.933	5：2：5：10	1.083		
15：18	0.861	5：2：6	0.927	5：2：5：12	1.080		
				5：2：5：14	1.080		

e 粉料在配料中的作用

粉料是炭素材料组成中最具代表性的高分散体系，它的粒度范围一般从十分之几毫米到几微米。在生产过程中，粉料又与黏结剂沥青形成一种特殊的组分——胶料，并以胶合剂的作用将炭素颗粒紧密地黏和在一起。在炭素制品的结构中，以粉料为主形成的胶料是制品的主体部分，组成整个体系的连续基相；在炭素材料的组成中，粉料一般占干料质量的40%左右，其表面积约为干料体系总表面积的90%，而颗粒料的表面积不足10%。骨料对黏结剂的吸附作用主要来源于粉体材料，黏结剂沥青的使用量是由粉料的用量和其比表面积的大小来决定的，组成胶料部分使用的煤沥青为总黏结剂量的65%～70%，而胶料部分的质量为生制品质量的50%以上。从这种意义上说，粉料组成的胶料充当着炭素制品肌体的筋键和肌肉作用，离开粉料部分，就没有高质量的炭素制品，甚至不能形成合格的炭素材料制品。

对于炭素材料制品，粉料的作用主要表现为：

(1) 充填大、中颗粒料间的孔（缝）隙；

(2) 与沥青共同形成黏结胶料，使制品黏结成形；

(3) 直接影响沥青的使用量，粉料用量越多，沥青用量也越多。

在影响炭阳极的质量指标方面，粉料直接影响到：

(1) 体积密度。粉料的粒度指标及使用量直接影响着制品的体积密度。

(2) 机械强度。制品的密度越大，颗粒间的结合力就越强，其机械强度就越高。

(3) 电阻率。体系颗粒的粒度配搭越好，其接触点和接触面就会增大，制品的电阻率就会降低。

(4) 热导率。导热与导电对相同的材料具有相同的机理。

(5) 空气渗透率。制品具有均匀、一定的气孔，与粉料的合理使用密不可分，要保证炭阳极达到国际通用的空气渗透率0.50～1.50nPm的标准，粉料的合理使用尤为重要。

(6) 抗氧化性。较大的气孔率无疑会增加制品内部发生氧化反应时间和机会。

粉料的主要作用就是充填颗粒料间的缝隙，而实现有效充填一般有两个途径：

(1) 使用细微粉料，用“以细填小”的原则来充填包括颗粒小径孔在内的所有空隙。该观点认为：粉料越细越好。配方要求使用粉料中小于0.075mm（200目）的细粉末应大于75%。即高纯度、细粉料充填观点。

(2) 使用合理级配的粉料，让各级颗粒的空隙实现逐级充填。该观点要求粉料不宜过细，但应有合理的级配，让粉料进行有效充填。如瑞士R&D公司的技术，要求阳极生产控制粉料的Blaine值，一般将合格粉料的Blaine值控制在3000～3500的范围内。相对于第一种观点，这属于低纯度粉料观点。

习惯上将粉料中小于0.075mm（200目）的料所占粉料的百分比称为粉料的纯度，Blaine值控制与粉料纯度具有一定的对应关系，若将某种粉料仅分为0.15～0.075mm及小于0.075mm两个粒级，则两种粒级的合理搭配存在$\sqrt{3}$的关系，即它们的质量分别为x和$\sqrt{3}x$，根据这种对应关系，Blaine值控制在3100～3400的粉料的近似纯度应等于$\sqrt{3}/(1+\sqrt{3})=63.40\%$。若粉料中0.15mm以上的料为5%，则低纯度粉料的小于0.075mm粒级的合理纯度为63.4%×95%=60.2%。

使用高纯度粉料无疑应使用较多的黏结剂，这会使焙烧品相对增加了二次焦的孔隙度。若综合考虑黏结剂的使用量，粉料的合理级配观点更有利于稳定阳极炭块的质量。

B　生产返回料的使用

在炭阳极的生产过程中，不可避免地产生一定量的废品及生产过程余料，它们经过适当的处理后，能够作为原料使用，统称为返回料。具体有如下几种：

（1）生碎。生碎是糊料成形后检查出的不合格生制品，也包括成形过程中掉落的糊渣等。生碎一般被破碎到中等颗粒后，可以直接加入配方中使用。

（2）焙烧碎。焙烧碎是焙烧后得到的不合格废品。焙烧碎的机械强度大，加入配方中有利于提高制品的强度，使用时可以按煅后石油焦对待，破碎到配方所需的粒度。

（3）电解残极。电解残极是预焙阳极在电解使用后没有被消耗的部分。残极相当于焙烧碎，但由于残极中浸入了电解质成分，其中钠的含量较高，必须清理干净后才能使用。一般残极作为大颗粒料使用，用量不超过20%。

C　黏结剂用量的确定

炭阳极的生产中采用煤沥青作黏结剂，其使用比例的确定与下列因素有关：

（1）与颗粒配方有关。产品粒度配方中大颗粒和中颗粒较多，且颗粒尺寸较大而细粉量较少时，黏结剂用量适当减少。反之，粒度组成较细的配方，黏结剂用量要适当增加。

（2）与固体原料颗粒的表面性质有关。如开口气孔的大小和数量，对黏结剂吸附性能的大小等。

（3）与黏结剂本身的性质有关。如软化温度、挥发分含量等。

（4）与成形方法有关。炭阳极大多采用振动成形的方法，黏结剂用量一般控制在14%～16%，最佳使用范围小于0.1%。

D　配料设备

炭阳极生产中的配料可分为间断和连续两种，其操作实际上是一个称量过程。

配料采用与混捏相同的连续或间断方式，无论是间断式或连续式均广泛使用电子自动配料秤，其中间断式一般采用斗式间断配料秤，连续式的干料采用加重式或失重式，沥青采用流量计或失重式，各种秤的精度都能满足0.5%的配料要求。

在炭阳极生产中使用较多的是漏斗秤、电动称量车（间断配料用）以及皮带秤、失重秤（用于连续配料）等。

a　定量给料秤

利用称重传感器作为变换元件，把被称物料的质量按一定的比例关系转换成与之相应的电信号，用电子仪表进行测量和显示。

如图40-49所示，定量给料秤由承重和传力系统、称重传感器、数字显示仪表、电源等组成。

（1）承重和传力系统。将被称物料的重量或力传递给称重传感器的全部机械系统，是称重的首要环节，它既要把外加载荷准确地加到称重传感器上，同时又要使外加载荷通过传力机械始终作用于传感器的受力中心线上。

（2）称重传感器。将作用于其上的重量或力按一定的函数关系转换成电量输出，是电子秤的关键部件，其性能指标在很大程度上决定了电子秤的精确度和稳定性。

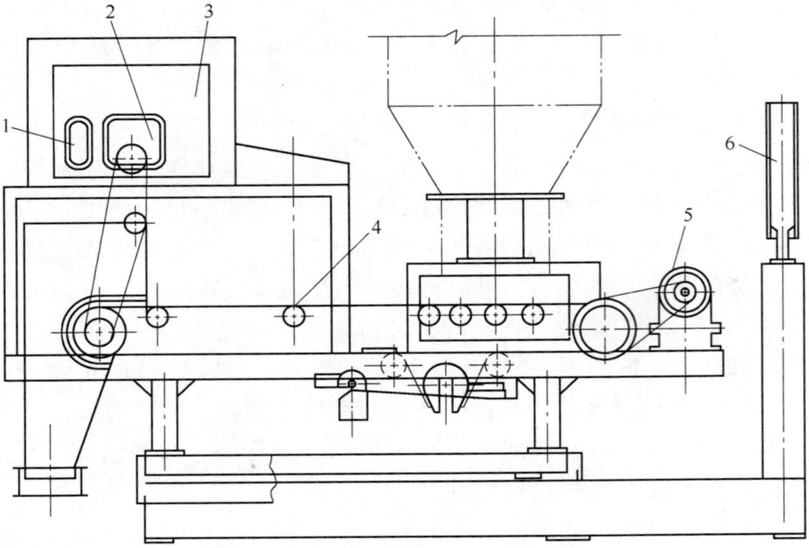

图 40-49　定量给料秤

1—瞬间负荷指示装置；2—累加重量指示装置；3—计量机本体；
4—计量托辊；5—驱动装置；6—刻度盘

（3）数字显示仪表。用于测量称重传感器输出的电信号，并以指针或数码形式把重量值显示出来。

该设备的优点：

（1）传感器的反应速度快，生产效率高；

（2）结构简单，体积小，质量轻；

（3）称重信号可以远距离传送，并且可以自动显示、记录称重结果，还可以给出各种控制信号，实现生产过程自动化；

（4）称重传感器可以做成密封型的，从而有优良的防潮、防腐蚀性能；

（5）使用方便，寿命长；

（6）有足够的精度。

b　电动称量车

利用机械杠杆秤的原理，将计量斗和称重架装配在可驱动的小车上，以便对不同位置上的储料斗的物料进行称量，每次称量的物料数据均在车前表盘显示出来。该设备由计量斗、承重架、驱动装置、杠杆等组成（见图40-50）。

炭阳极生产中，用于连续配料的皮带秤和失重秤多数是采用国外产品，主要由瑞士HASLER（哈斯勒）公司、德国SCHENCK（申克）公司等生产。

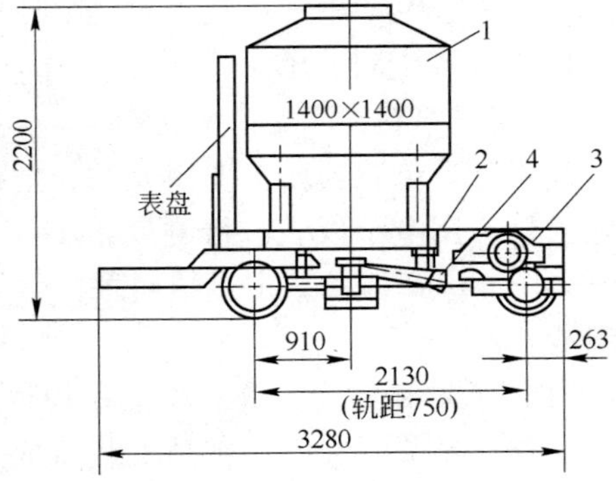

图 40-50　电动称量车

1—计量斗；2—承重架；
3—驱动装置；4—杠杆

40.2.4.6 生阳极制造新工艺技术简介

A Rhodax 生阳极制造新工艺技术

国外的研究机构一直研制摸索新的配方，因为过去在电解生产中的预焙阳极一直存在阳极裂纹、掉块、掉渣的问题，也就是抗热震性不好。近几年来由 Solios 与 Alcan 联合开发的 Rhodax 生阳极生产系统，工艺流程简化，生产成本降低。

该新工艺技术在大小粒度之比建立一个概念和经验公式，把大于 300μm 粒度称之为 G，小于 300μm 的粒度称之为 S，当 $G/S \geqslant 8$ 时，试验证明效果是最好的。这是对 G/S 在 4～16 范围内做过多次试验，进行筛选统计对比得出的结论。图 40-51 为 Rhodax 生阳极制造系统工艺流程图。

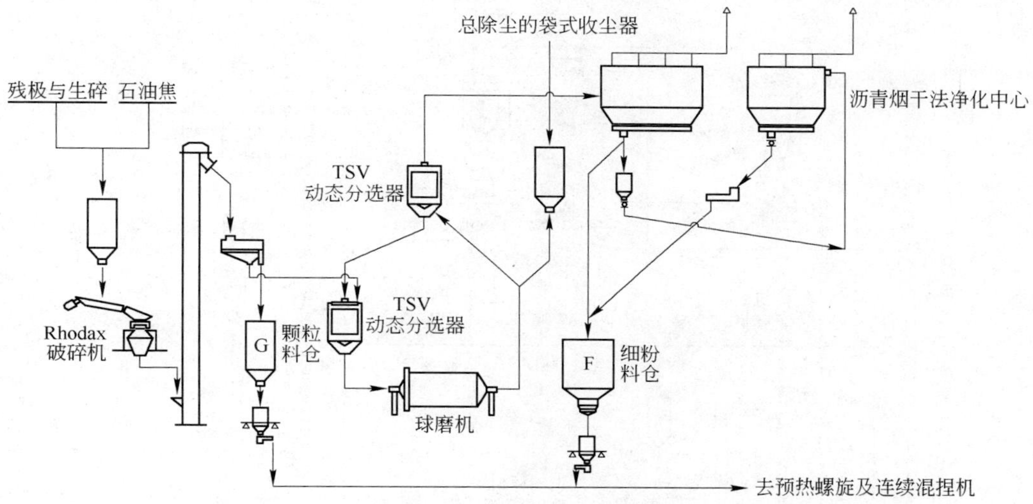

图 40-51 Rhodax 生阳极制造系统工艺流程图

Rhodax 破碎机（见图 40-52）是这种新工艺的核心，生阳极生产的各种原料，即煅后焦、生碎、残极经计量混合后被加入 Rhodax 破碎机进行破碎处理，处理后的物料一部分去粗料配料仓，另一部分去磨粉系统后进入粉料配料仓，粉料产品中有一半 0.038mm（400 目）以下的超细粉。粗料和粉料经计量后送入后面的工序进行预热、混捏。这一工艺流程比目前各厂的生阳极车间的配置大大地简化了，取消了筛分系统和数个配料仓，可以节省生阳极的高楼部厂房的空间和多种输送设备。由于原料在破碎前进行较精确的预混料，因此只有粗料和粉料两个配料仓即可，这种设计不仅使预焙阳极的质量可以提高，而且节省投资和生产运行成本。

图 40-52 Rhodax 破碎机实物图

B　RDC 生阳极制造工艺新概念

瑞士 RDC 长期致力于铝用阳极材料的研究，其阳极制造新工艺作为一种新概念，已申请获得了专利。该新工艺有如下优点：

（1）其投资与操作成本明显低于目前最新技术设计的阳极厂的投资与操作成本；

（2）工艺设计先进，可有效减少人员，降低设备损坏率，避免生产过程中出现局部障碍；

（3）适用于不同的原料，可生产出质量均匀一致的优质阳极，环境污染小，符合环保要求。

图 40-53 为 RDC 生阳极厂的流程图。生阳极制造由制备原料的设备、储存与混合原料的配料场及磨料机以及预热器（预热干混合料，电加热）、混料机、冷却器、阳极成形机等主要设备组成。

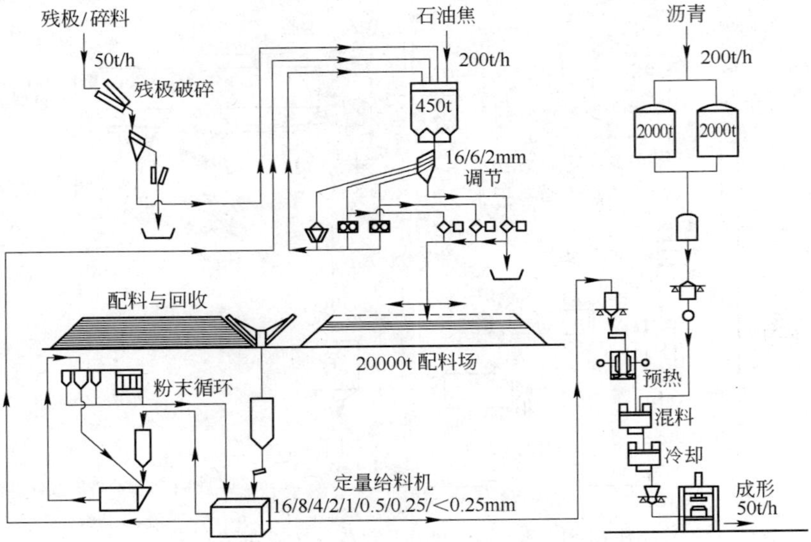

图 40-53　RDC 生阳极制造的生产流程

以下以生产能力为 150kt/a 的阳极厂为例介绍 RDC 的生阳极制造工艺。

（1）干混合料的制备与储存。石油焦的卸货量为 200t/h，在料仓中储存。料仓的容积可承受卸料量波动的影响。分别对石油焦、碎料和残极进行破碎、筛分处理，其破碎后的粒径应比干混合料目标线的粒径稍大。残极破碎站通常设置在阳极厂内，残极破碎后的超细粉尘被分离后可作为吸湿剂用于气体净化系统。

将破碎后的原料储存在配料场。在配料场，可以对原料进行混合均质处理，并储存不同粒径范围和化学性质的原料。因此可以省去分别储存石油焦、残极和碎料的料场。

用堆料机将石油焦、碎料和残极在配料场分别储存。用自动取料机取料时，能保证每次取料的均匀性，因此，进入下一道工序的原料成分能均匀一致。

（2）干料混合配料。将从配料场取出的原料输入定量给料机，用定量给料机配制的混合料的配料线明显优于用传统方法（筛分机与配料秤）配制的混合料的配料线。同时，也可用类似的设备确定沥青的配料。鹿特丹的 Aluchemie 阳极厂在试验采用出力为 60t/h 的定量给料机。

使用定量给料机，可将原料按 7 种粒径分类，即 16～8mm，8～4mm，4～2mm，2～1mm，1～0.5mm，0.5～0.25mm，<0.25mm。

用特制球磨机对最细的粒子（<0.25mm）进行磨制，生产出表面积均匀的粉尘。该粉尘细度的变化幅度小于200Blaine。配料线的波动小，粉尘细度稳定一致。

（3）干混合料的预热、阳极糊的混合与冷却。将从定量给料机出来的原料加入连续运行的电预热器,能保证物料的温度分布均匀一致、热效率高,对进料温度和出力变化的响应速度快。

将预热后的原料加入高强度混料机，并加入适量液态沥青。

（4）阳极成形与冷却可采用模压成形机和振动成形机进行生产，成形后的阳极在冷却设备中冷却后，运至焙烧炉车间的仓库储存待用。作为 50t/h 以上生产线的配套设备，R&D 公司推荐采用模压成形机。

按 RDC 工艺，在瑞士 Chippis 组建的一家生阳极厂运行效果良好。

40.2.5 混捏

取得合格的配料后，需要放在特制的搅拌机内均匀混合、预热，然后加入黏结剂再继续挤捏性的混合，形成塑性状的糊料，之后控制在一定温度范围内，送入振动成形，中间物料的输送多数是在立体的空间厂房内靠自重自上而下完成的，图 40-54 所示为生阳极生

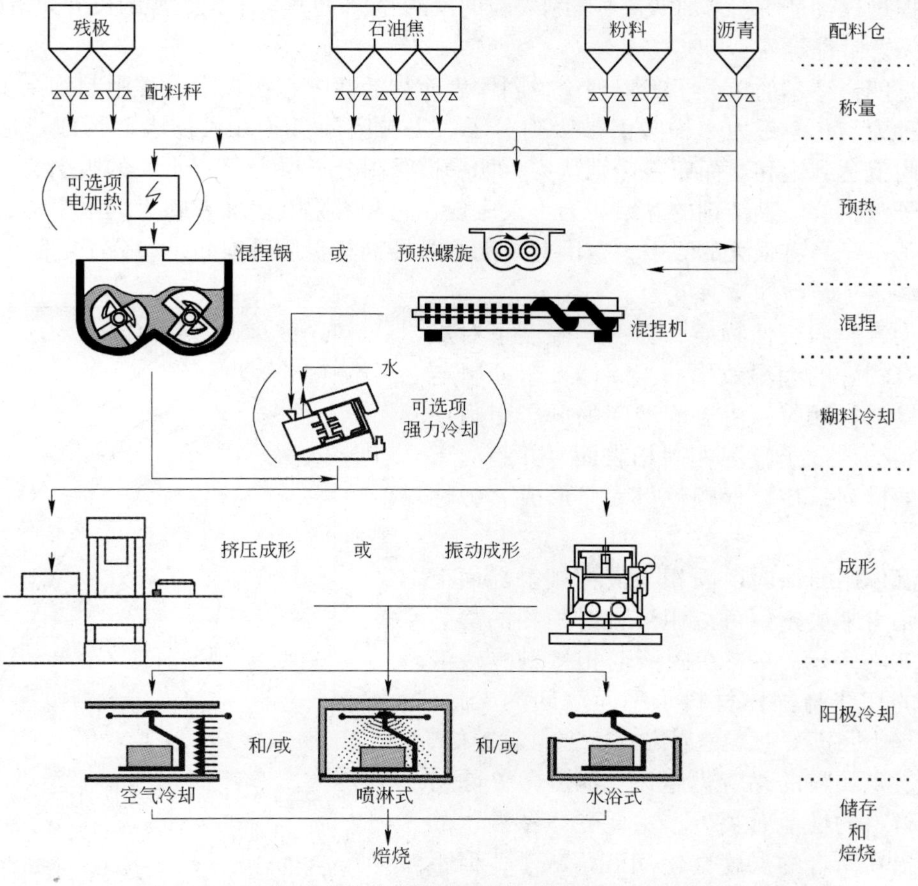

图 40-54 生阳极生产的配料、预热混捏和振动成形工艺流程

产的配料、预热混捏和振动成形工艺流程。

40.2.5.1　混捏的概念

混捏是按规定配方把各种组分混捏成均质的糊料。将大小不同的焦炭颗粒按照工作配料单，将配好的料放在特制的搅拌机内均匀预热、混合，然后加入黏结剂再继续挤捏性的混合，形成塑性状的糊料。这个过程的第一阶段是固体与固体的加温混合，第二阶段是固体与液体黏结剂的混合。所以，把经过配料计算所得的各种炭素原料颗粒和粉料与黏结剂一起在一定温度下搅拌、混合、捏合获得塑性糊料的工艺过程称为混捏。混捏是炭素制品生产的关键工序，在炭素生产中起到三个方面的作用：

（1）使各种原料均匀混合，同时使各种不同大小的颗粒均匀地混合和填充，形成密实程度较高的混合料。

（2）使干料和黏结剂混合均匀，液体黏结剂均匀分布在干料颗粒表面，靠黏结剂的黏和力把所有颗粒互相黏结起来，赋予物料以塑性，有利于成形。

（3）使黏结剂部分地渗透到干料颗粒的空隙中,进一步提高黏结剂和糊料的密实程度。

40.2.5.2　混捏机理

混捏过程就是使黏结剂沥青对骨料颗粒的浸润、涂布过程。混捏过程的机理介绍如下。

A　吸附理论

根据朗格缪尔的单分子吸附理论，固体表面的活性中心在吸附过程中起到余价力的作用，此种力与化学键力一样吸引被吸附分子。当被吸附分子在固体表面形成一层单分子时，吸附就达到饱和。而布鲁诺则认为，如果被吸附分子层上仍有足够的吸引力，就可以有多分子吸附层。黏结剂的黏结能力不仅表现在它和吸附剂表面有强大的吸引力，而且黏结剂分子本身具有强大的吸引力，因此煤沥青黏结剂与炭质骨料间是多分子吸附。

B　煤沥青的润湿理论

煤沥青属弱极性物质，在一定温度下对炭质骨料有较好的润湿效果。当固体炭素原料与液态黏结剂接触时，由于固液间的分子引力使液相把黏结剂分子吸附在固相表面，并趋向于有规律的排列，在炭素颗粒里表面形成“弹性层”。

润湿作用的强弱由固相与液相接触界面上的表面张力来决定，可以用液相对固相的静力润湿角 θ 来表示。θ 为在固液两相接触点对液滴所做的切线与固体材料水平面之间的夹角。润湿角越小，沥青对炭素颗粒表面接触就越好，沥青对炭素颗粒的黏着力越大。润湿角 θ 除与固液相材料的性能有关外，主要受体系温度的影响。提高沥青的温度会使润湿角减小，但不同软化温度的沥青变化不同。如图 40-55 所示，

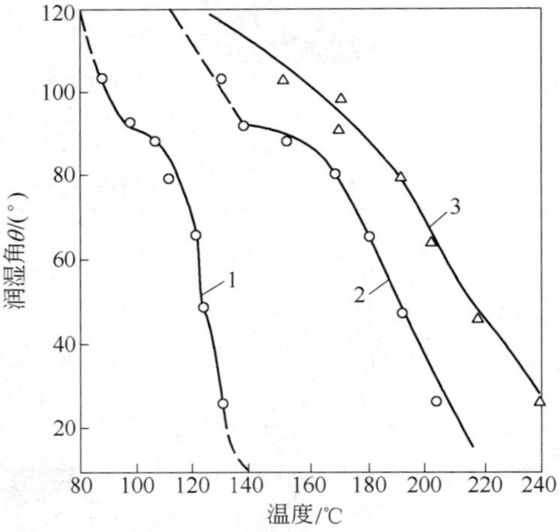

图 40-55　不同软化温度沥青与炭素材料的润湿角及温度的关系
1—软化温度 73℃；2—软化温度 102℃；3—软化温度 133℃

软化温度为73℃的煤沥青，当加热温度从82℃提高到133℃时，润湿角从120°降到20°；软化温度为102℃的煤沥青，当温度从117℃提高到207℃时，润湿角才从120°降至20°；而软化温度为133℃的高温沥青，需加热到240℃，才使润湿角降到20°。通常认为润湿角$\theta<90°$时润湿作用较好，上述三种沥青的润湿角为90°的相应温度为105℃、147℃、178℃。即要使$\theta<90°$，必须加热到这些温度以上才能使用。

C　表面渗透理论

液体沥青接触固体炭素颗粒不仅有表面吸附和润湿，还有毛细管渗透现象。一旦沥青润湿颗粒表面后，沥青中的轻质组分就开始渗透到颗粒表面的空隙中去。温度越高，沥青的黏度越低，越容易渗透。图40-56为软化温度为105℃的沥青对炭素料颗粒渗透的测定结果。

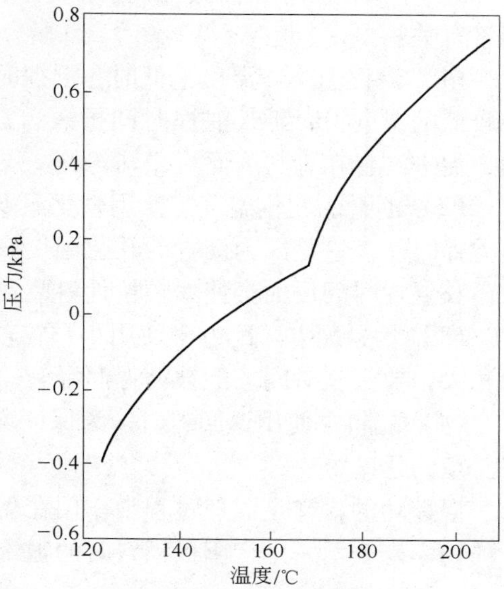

图40-56　沥青与焙烧炭素材料之间毛细管压力随温度的变化
（毛细管平均半径0.01cm）

由图40-56可见，当温度低于148℃时，毛细管压力为负值（表现为推出力），只有当温度高于148℃时，毛细管压力为正值，并随温度的上升毛细管压力增大。在170℃时出现转折点，此点相当于润湿接触角明显减小的始点，再继续升高温度促使毛细管压力增加，因而加剧了沥青对炭素颗粒的渗透。同样，沥青的表面张力随温度的升高而下降，见表40-47。

表40-47　沥青表面张力与温度的关系

温度/℃	100	120	140	150	180	200
表面张力/μPa	6.17	5.83	5.33	4.70	4.50	3.98

40.2.5.3　混捏工艺参数

A　混捏温度

混捏过程中沥青的使用有两种方式，一种是先将炭质骨料加热到一定的温度，再加入熔化好的液体沥青；另一种是将固体沥青破碎成粉状后与炭质骨料同时加入混捏锅内，一起加热。目前较多的是采用加入液体沥青的形式。在混捏过程中，煤沥青与骨料颗粒的温度逐渐提高，沥青的黏度降低，沥青和骨料间的润湿接触角减小，毛细渗透压增加，从而提高沥青对骨料的润湿效果；而且煤沥青不断渗透到颗粒的空隙中，使糊料塑性增加。一般认为：混捏温度应比沥青的软化温度高50～80℃。

如果混捏温度达不到要求，沥青的黏度较大，沥青对骨料的润湿性较差，会造成混捏不均匀，甚至出现夹干料的情况，糊料的塑性差。这样的糊料不利于成形，容易造成生制品结构疏松、体积密度降低。但混捏温度也不宜过高，太高的混捏温度会使沥青中的轻质组分挥发，而一些重质组分由于氧化产生缩聚，结果使沥青老化；也会使沥青对骨料的润湿性变差，糊料塑性变坏，甚至出现废料。

B 混捏时间

对于间歇式操作的混捏工艺，混捏时间是决定混捏质量的重要因素。混捏时间与下列因素有关：

(1) 混捏温度。温度偏低时，混捏时间应适当延长；反之，则应缩短混捏时间。因为在较低的温度下，延长混捏时间可改善沥青对骨料的润湿效果；有利于大小颗粒分布均匀，促进沥青在骨料表面形成均匀的一层薄膜，改善糊料的塑性。

(2) 沥青的软化温度。使用软化温度较低的沥青时，在同样的混捏温度下可以适当缩短混捏时间。这是因为沥青的软化温度较低时，在较短的时间内润湿接触角就趋于稳定，再延长混捏时间反而会使大颗粒骨料遭到破坏，使物料的堆积密度下降。

(3) 骨料配方。配方中使用小颗粒较多时，要适当延长混捏时间。因为小颗粒的比表面积大，要较长时间才能被沥青润湿。

(4) 配料中使用返回料时，为保证均质性，应适当延长混捏时间。

C 混捏功

混捏功的含义是混捏过程中作用在糊料上的能量消耗（电能），通常用给每吨糊料输入的功率来表示。生产阳极糊料时的输入功率一般为 6～10kW·h/t。

40.2.5.4 混捏流程与设备

炭阳极生产的混捏有连续和间断两类流程，而连续流程随主要设备的不同有几种不同的组合，典型的糊料制备生产流程如图 40-57 所示。

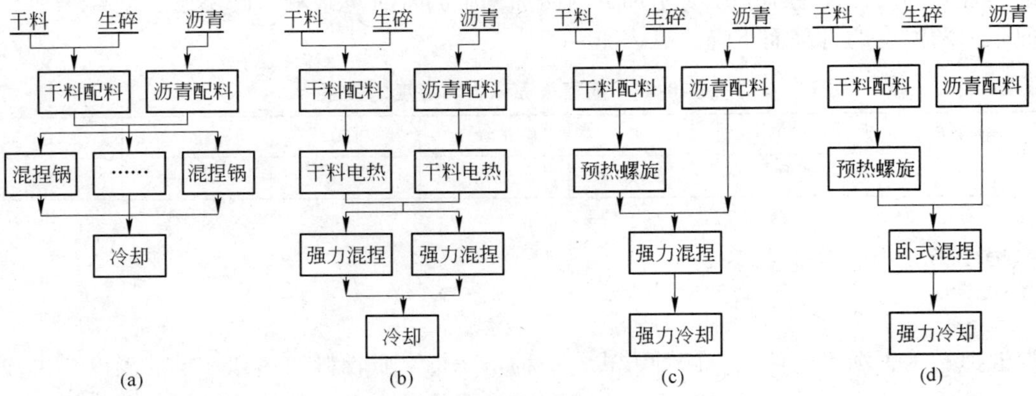

图 40-57 典型的糊料制备生产流程

(a) 间断式混捏锅；(b) 间断式强力混捏机；(c) 连续式强力混捏机；(d) 连续式卧式混捏机

以混捏为基准，炭素生制品生产常用有图 40-57 所示的四种流程组合方式，图 40-57 (a) 为间断式混捏锅方式，其中干料预热与混捏均在混捏锅内完成，适用于中小规模的阳极厂；图 40-57 (b) 为间断式强力混捏机方式，其中干料预热为电加热方式，适用于石墨电极和铝用阴极生产；图 40-57 (c) 为连续式强力混捏机方式，其中干料预热为预热螺旋，糊料冷却为强力冷却；图 40-57 (d) 为连续式卧式混捏机方式，其中干料预热为预热螺旋，糊料冷却为强力冷却。

连续预热和混捏方案适用于混捏糊料品种单一，产能较大的工厂。大、中型阳极厂混捏采用连续混捏设备。小型阳极厂混捏设备宜选用间断式混捏锅。

A　连续式卧式混捏机系统

连续混捏机具有混捏过程连续化、自动化，生产能力大，混捏质量均匀，对环境污染小等优点，已被越来越多的大型炭阳极生产企业采用。

a　预热螺旋

在一个带加热夹套的U形机壳内，平行排列左右对称的4根带螺旋的主轴，每根轴及螺旋桨叶内均可以通热媒油进行加热。当物料从预热螺旋加料口进入，经螺旋桨不停地翻动达到均热后，由排料口进入连续混捏机中。

预热螺旋由传动装置、U形槽体和带有螺旋桨叶的主轴组成（见图40-58）。

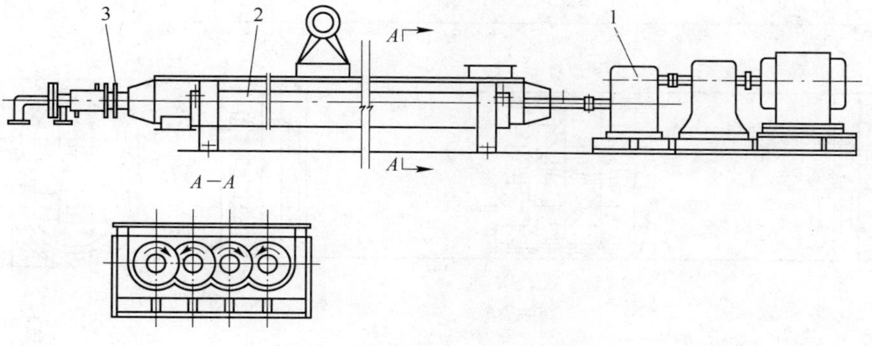

图40-58　预热螺旋

1—传动装置；2—U形槽体；3—主轴

传动装置由电动机、减速机、同步齿轮箱等部分组成。同步齿轮箱一侧通过联轴器与电功机相连，另一侧通过4个万向联轴器分别与U形槽内的4根螺旋主轴相连接。

U形槽体由筒体和上盖组成。筒体和上盖均由钢板焊接而成。上盖一端有加料口，中部设有排烟口，筒体下部另一端设排料口。筒体为夹套结构，腔内可通热媒油对物料进行加热。热油的温度控制在270～290℃，预热后物料温度可达160～170℃，为了充分发挥热效能，槽体外有50mm厚的保温夹层。

主轴由螺旋轴、支承两端的球面轴承及轴端密封装置组成。螺旋轴和桨叶均为空心结构，按一定方式使其连通，以便通以热媒油。热媒油的进出口均在主轴一端，采取特殊的密封结构，为保证其密封效果，通以冷却水以防止过热。螺旋轴上的桨叶分左旋和右旋成对排列在U形槽体内。

预热螺旋通常是与混捏机配套供应，由Buss、B&P及Solios公司生产的预热螺旋主要性能参数为：传热介质油温度（输入/输出）为(270～290℃)/(250～270℃)；传热介质油的工作压力为200～400kPa，最大600kPa；石油焦预热能力为15～45t/h；加热后石油焦排料温度为160～170℃。

b　卧式连续混捏机

卧式连续混捏机介绍如下：

（1）结构与原理。连续混捏机是阳极生产最关键的大型设备之一，该设备材质要求高，密封要求严，工艺连锁控制等技术比较复杂。连续混捏机的主体设备有卧式单轴混捏机和立式的强力式连续混捏机，以前也采用过双轴式的卧式连续混捏机，但现铝用阳极生产以单轴式为主。卧式以瑞士 Buss（布斯）和美国 B&P 公司为代表，立式以德国 Eirich（爱立许）公司产品（法国 Solios 公司做系统配套）为代表。

1）双轴连续混捏机的结构。如图 40-59 所示，它是一个带有加热套的铸钢或钢板焊

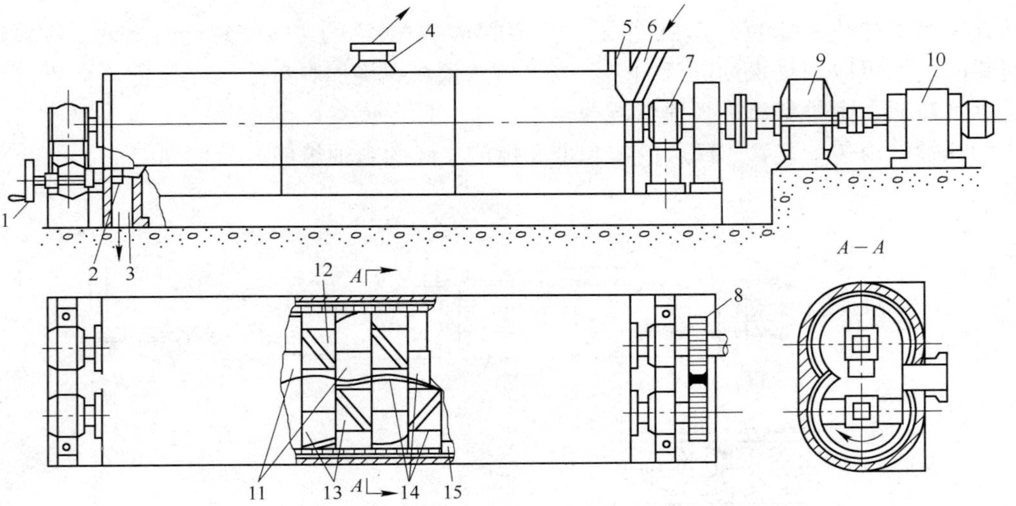

图 40-59　双轴连续混捏机结构

1—出料口转轮；2—出料口活门；3—出料口；4—排烟口；5—沥青下料口；6—干料下料口；7—轴承；8—齿轮；9—减速机；10—电机；11，13—反向搅刀；12，14—正向搅刀；15—加热装置

制的 U 形或圆形外壳，锅体内有两根平行配置的带搅刀的轴。两轴相向转动，轴上安装有正向搅刀和反向搅刀，正向搅刀的作用是一边搅拌，一边使糊料向出料口移动；反向搅刀是增加被混捏物料内部的挤压力。正向搅刀的数量越多，糊料被混捏的时间越短，产量越高，但质量较差；反之，反向搅刀数量越多，糊料混捏时间越长，产量低。混捏时间与振动成形阳极性质的影响如图 40-60 所示。

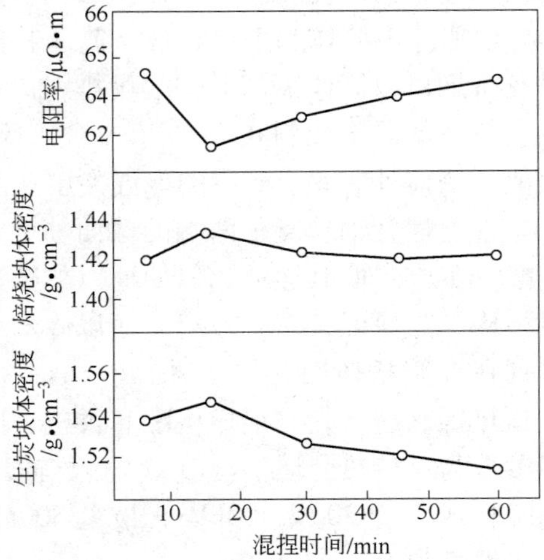

图 40-60　混捏时间对振动成形阳极性质的影响

2）单轴连续混捏机的工作原理与结构。单轴连续混捏机的工作原理为：螺杆在连续旋转的同时还按一定规律做轴向往复运动。以便使物料在螺杆和机筒之间的运动多样化；机筒上的固定齿具有清扫螺棱、物料输

送及分布、分散混合作用（见图 40-61）。物料混合作用可在轴向发生，这就使物料在螺杆和机筒中的运动大为复杂，物料除在楔形区中正常流动外，还有一小部分发生倒流，形成拖曳流。

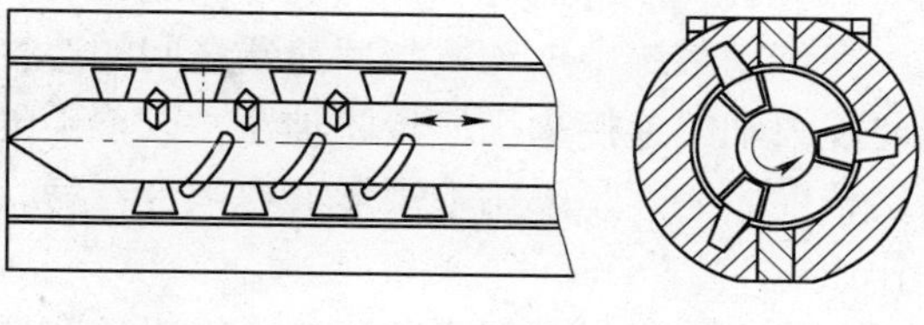

图 40-61　单轴连续混捏机工作机理简图

常规螺杆混合机中，物料很少发生再取向，故分布混合不佳。该混捏机改变了常规混捏机的薄层剪切规律，其机筒内设置有齿，能连续切割，产生新的物料表面。使物料经由取向、切割、折叠、再取向等过程，得到很好的混合效果。

该机型的分散混合也不同于常规混合机。常规混合机的混合作用都是径向发生的，而该往复机的混合却是在轴向实现的，发生在移动螺纹和固定齿之间，能使螺纹内的全部物料受到均匀的剪应力。

齿在螺槽内，如同系列搅拌器，经由横扫过螺棱的混合运动，对物料实现多次再分布；齿扫过中断螺纹，使物料不能停留。齿能引起一定轴向固流，消除轴向温度和组分的不均匀。齿提供了某种附加的摩擦剪切表面，部分地弥补了因螺纹间断造成的摩擦剪切表面减少的情况。

图 40-62 为单轴连续混捏机结构组成示意图。主要包括卸料门机构、混捏系统、传动系统、润滑系统等。混捏机主要由齿轮传动箱、螺杆、机筒、加热装置、润滑系统、液压系统和电控装置系统等组成。整机总体采用模块结构，并尽可能采用标准器件，因而简化了制造工艺，便于混捏机维护保养。

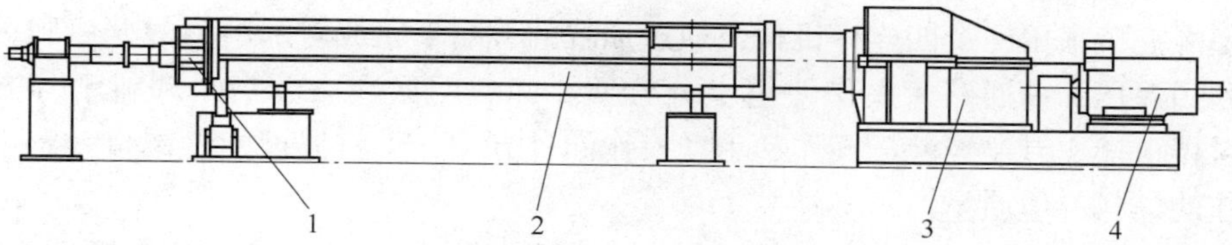

图 40-62　单轴连续混捏机结构组成

1—卸料门机构；2—混捏系统；3—传动系统；4—润滑系统

第一，混捏系统。主要由螺杆、螺筒和驱动电机组成。其中螺杆是最关键部件，螺杆设计采用单螺杆往复型，一般分为二段，一段为加料压缩段，由料斗加入的物料靠此段向前输送，并在此段被压实；另一段为均化段，物料在此段进行混捏、均化，得到理想的阳极糊料。

螺杆上的所有螺纹是非连续的，螺纹每一圈中断一次；机筒是剖分式的，可打开进行快速清理物料；机筒内表面按一定规律安装着多排混捏齿，可以调整、更换；带孔的混捏齿可装传感器；螺纹块以积木形式套在螺杆芯轴上，机筒可以加热或冷却等。

齿轮箱、驱动电机及齿轮箱的润滑系统安装在同一基座上。为了便于维修并降低安装及基础土建费用，整台混捏机整装在一个结构底座上。

第二，传动系统。减速箱是混捏机的关键部件之一，要求它能够输出大的扭矩，使混捏机具有高产量的特性。扭矩越高，减速箱中齿轮、输出轴、轴承等部件以及螺杆的芯轴、螺纹套、捏合盘等零件的设计制造就越困难。

在传动系统中电动机与减速器之间的连接采用限矩形液力耦合器。减速器、同步齿轮箱与搅刀轴的连接采用齿轮联轴器，改善了电机启动性能和运行平稳性，降低能耗，提高传动精度，尤其是采用限矩形液力耦合器后，对生产中误操作所引起的电机过载起到了保护作用。

新式齿轮箱应是超高负荷的大输出功率和大转速变频驱动电机通过自动离合联轴器直接连在齿轮箱的输出轴上。齿轮箱系统的设计带有安装在同一底座上的全封闭式外置自动油润滑站。B&P 混捏机齿轮箱带有自动机械扭矩离合器与系统电气自动控制的双重保护功能。

该齿轮箱装有油冷却器的自动强制润滑系统。该齿轮箱用一个免维修变频交流电机驱动。在驱动电机和齿轮箱之间装有一个先进的自动保护离合器，最大限度地保护齿轮箱。

第三，温度控制系统。混捏轴中心钻孔用热油加热以保持混捏腔体的温度。在混捏腔的外表安装了保温板作为混捏区的保温层以使热损失最小，同时保护热表面。混捏腔带有夹套用热油加热保持工艺温度。

原有的混捏机一般采用蒸汽加热方式，针对近年来沥青黏结剂软化温度逐渐提高，还开发出电加热和热油加热方式，提高了混捏温度，缩短了混捏时间。一般来说，大功率的混捏机采用热油加热和电加热，可避免因加热时间过长，满足不了生产需要。在电加热和热油加热方式之间，由于电加热控制复杂和维护费用较高，因此在投资允许的情况下，推荐采用热油加热，其日常运行费用较低。

第四，卸料门机构。卸料门是混捏机的又一关键部件，用于保持物料在混捏区适度的充填率，使得混捏操作过程中混捏能量输入恒定。

新型混捏机采用一个四连杆机构，通过油缸的伸缩来完成对卸料门的开启和关闭，液压回路利用保压卸荷回路，操作使用十分方便。卸料门向左右开启，卸料十分方便、干净。排料挡板操作有遥控液压操作和手动操作两种方式，可将混捏能量维持一定水平，以确保最佳的糊料混捏质量。

排料挡板通过糊料混捏时产生的电机负荷的反馈循环使自动控制功能接近最佳状态。混捏后的糊料从液压自动排料挡板排出，排料挡板由主电机的能耗变化自动控制，液压自动排料挡板用一个带检查孔的集烟罩盖住，并与用户的沥青烟排气系统和阳极糊料排料管连接。该自动排料挡板带有可更换的高耐磨内衬。

第五，润滑系统。由全封闭电机驱动的外部安装的油泵，为整机的运转提供清洁、充分的润滑冷却保障，是混捏机不可缺少的部分。

自动润滑脂润滑系统用一个气动加压系统为输入端的密封装置、输出端的套筒轴承和排料挡板套筒轴承提供润滑脂，维持在所有时间内按润滑周期对这些关键轴承用封闭线路提供恰当润滑。

润滑油润滑系统用来提供齿轮箱、液力联轴器及整机其他部分的油润滑。

第六，液压系统。采用液压汽缸，主要控制阀来操作排料挡板及混捏腔体的两半混捏腔的开启和关闭。

第七，电气控制系统。整个系统包括 PLC 柜、混捏机就地控制盘、混捏机变频器柜、编程设备和电动机控制中心等。控制水平明显提高，除了对物料的混捏湿度进行监测外，还可对加热系统的温度进行控制，同时还对卸料过程进行连锁控制，以确保整个系统运行准确无误；实现整个系统的自动化控制，并含有压力和油滤器堵塞，对液压油油压、液压油油温有自动检查和自动报警功能。

（2）卧式连续混捏机主要性能参数。连续混捏机的主要工艺参数包括：

1）设备产能。它是指混捏机的综合性能指标，受许多因素的影响。

2）阳极糊排料温度。它对混捏机生产能力影响十分显著，一般保证在合适的混捏温度。

3）混捏能量输入。也称为混捏功，指驱动混捏机的电动机输出功率。

4）轴向冲程。是影响混捏质量的一个重要参数。

5）*L/D*（长径比）。螺杆长径比 *L/D* 是指螺杆有效工作长度，即加料口中心线至螺杆前端与螺杆外径之比，长径比是混捏机的一个重要参数。

6）可开动率。可开动率越大，说明混捏机的连续生产能力越强。

7）糊料滞留时间。是影响混捏质量的又一个重要参数。

卧式连续混捏机（单轴式）按混捏筒直径分各种型号，主要规格与性能如下：

1）K400 型（混捏筒直径 400mm）连续混捏机，12 ~ 15t/h（最大 18t/h）；

2）K500 型（混捏筒直径 500mm）连续混捏机，18 ~ 25t/h（最大 30t/h）；

3）K550 型（混捏筒直径 550mm）连续混捏机，25 ~ 35t/h（最大 35t/h）；

4）K600 型（混捏筒直径 600mm）连续混捏机，30 ~ 40t/h（最大 40t/h）；

5）K700 型（混捏筒直径 700mm）连续混捏机，45 ~ 70t/h（最大 75t/h）。

瑞士 BUSS 公司于 1951 年向阳极糊混捏领域引入了第一台连续混捏机（KE 型）。20 世纪 90 年代后期以来，随着市场对产能的要求不断提高，推出了 CP 系列和最新的 CPX 系列混捏机。CPX 系列混捏机，与同尺寸的 CP 系列混捏机相比产能可提高 35% ~ 50%。

新型 CPX 系列混捏机的主要特点和优点如下：

1）设备主要尺寸未改变的情况下，产能增加 35% ~ 50%。

2）新的液体沥青注入方式提高了输送效率，优化了沥青对干料的润湿，避免了糊料堆积和沥青烟对干料输送的影响。

3）新型设计的混捏元件刀形，增加了剪切面，加强了混捏功，达到了更高的阳极质量。

4）由动态节流元件取代了固定的挡板阀，减少了磨损（较低的机械作用力），简便了操作，节省了维护成本。

5）支撑整个混捏机的基座采用更加坚固的结构（箱式设计）。这使设备运行更加平稳，降低了总机械应力。

6）混捏机筒体与基座之间的连接使用 3 个非常坚固和紧凑的枢纽，增加了混捏机筒体的坚固性。

7）重型滚柱轴承取代了滑动轴承与重型的外部线性轴承结合用于引导轴向摆动，增加设备可靠性，降低了维护费用。

8）新型的齿轮箱（减速及摆动）更坚固，允许更大的机械功加到糊料上并仍旧提供主要的能量储备到最大载荷。

表40-48为BUSS CPX系列混捏机主要性能参数表，图40-63为BUSS ChemTech公司K600 CPX混捏机照片。

表40-48 BUSS ChemTech公司CPX系列主要性能参数表

型 号	混捏筒直径/mm	工艺段长度与直径之比（L/D）	驱动功率/kW	设计产能/t·h^{-1}	长度×宽度×高度/mm×mm×mm
K1-CPX	500	11	350	15~38	12930×1600×1725
K2-CPX	600	11	600	25~60	14790×1750×2105
K3-CPX	设计中		900	35~80	设计中

图40-63 BUSS ChemTech公司K600 CPX混捏机照片

表40-49是美国B&P公司混捏机主要性能参数，图40-64为CK-700-CP混捏机外形图。

表40-49 B&P公司混捏机主要性能参数

型 号	混捏筒直径/mm	驱动功率(最大)/kW	产能/t·h^{-1}	备 注
CK-400-CP	400	150	5~15	
CK-500-CP	500	350	15~35	
CK-550-CP	550	450	20~40	
CK-600-CP	600	500	25~50	
CK-700-CP	700	750	35~75	齿轮箱的设计最大可以达1000kW

B&P混捏机的主要优点为：

1）生产阳极糊料时的输入功率为6~10kW·h/Mt；

2）较长的物料驻留时间和有效的轴向混捏，使生产出的糊料不仅质量高而且分布均匀一致；

3）自摩擦混捏作用提供了较大的、均匀的剪切力，从而避免了死点的产生；

4）可分别对混捏温度和成形温度进行最优化控制；

图 40-64 CK-700-CP 混捏机外形

5）交流变频的主驱动电机；

6）输入扭矩限制离合器；

7）坚固的螺旋联轴器；

8）有标准组件的混捏螺旋；

9）增大的混捏腔体容积；

10）分段设计的混捏腔体衬板；

11）混捏能量输入控制装置。

c 卧式糊料强力冷却机

糊料冷却机的主要功能是将阳极糊冷却到最佳塑性温度（约 150℃ ±2℃）。糊料强力冷却机已经成为世界阳极糊料的潮流。通过加长的糊料停留时间和加入的额外混捏功，糊料质量得到了显著的改善，同时稳定的糊料温度（±2℃），使阳极糊料变得更加均匀，保障了成形的高成品率。

卧式混捏设备系统中，通常采用布斯公司或 B&P 公司制造的卧式连续混捏机，而糊料冷却可采用德国 Loedige 公司制造的卧式冷却机或爱立许公司的立式糊料强力冷却机。

德国 LoedigeKM 系列冷却机按照机械流化床搅拌原理运行，在卧式搅拌滚筒装有 Loedige 专有设计的搅拌元件，确保生产出高质量的产品。其主要技术特点有：

（1）精确冷却至所需温度；

（2）不增加糊料湿度；

（3）注水完全蒸发；

（4）阳极糊均匀性好；

（5）恒定高流速、连续作业；

（6）耐磨工具元件装有防护层，延长了使用寿命；

（7）冷却精度为 ±2℃；

（8）冷却机强力混合（机械运动形成流化床）确保物料颗粒和冷却水充分接触。

图 40-65 为 Loedige KM 系列冷却机实物图片。

Loedige KM 系列冷却机主要产能规格有：KM3000DW，25t/h；KM4200DW，35t/h；

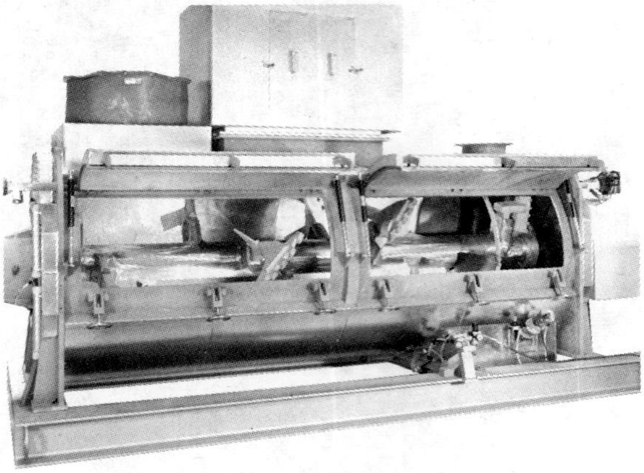

图 40-65 Loedige KM 系列冷却机实物

KM6000DW，50t/h；KM8000DW，70t/h。

B Eirich 连续式强力混捏机/冷却机

Fives Solios 公司的立式连续式强力混捏系统是近年来发展的新技术，在国内外均有应用。设备采用 2 台德国 Eirich（爱立许）公司制造的强力混捏机串联使用，分别用于混捏和再混捏—冷却（Eirich mixer/cooler，EMC），见图 40-57（c）。这种用于阳极生产的新工艺，也称为“新混线”。其中国内中国铝业青海分公司、四川启明星铝业、湖南创元铝业等已经采用，使用效果良好。

爱立许强力混捏/再混捏—冷却机的主要特征是：

（1）一个慢速旋转的混捏盘；

（2）一个高能转子工具；

（3）一个固定的壁和底部刮板。

强力冷却效果是由向阳极糊料注入冷却水随即立即蒸发而得到的。由于糊料在冷却机内大约 4min 的停留时间及 3 ~ 4kW/t 的混捏功，强力冷却机同时也是一台非常高效的均化器。

爱立许强力混捏机/再混捏—冷却机串联（EMC）的生产工艺开始推广开来。至 2010 年，已经向世界阳极炭素行业提供了十多条生产线，最大生产能力达到 60t/h。EMC 系统的关键要素是爱立许强力混捏机，它使“利用混捏力的短时间沥青渗透”替代为“通过细致强力混合的长时间沥青渗透”成为可能。由于特殊的构造原理，物料在设备内的停留时间约为传统混捏机的两倍。强力混捏机具有很高的均匀度效果，是基于旋转的混合盘同一或两个转子工具所形成的强大的水平和垂直物料流。

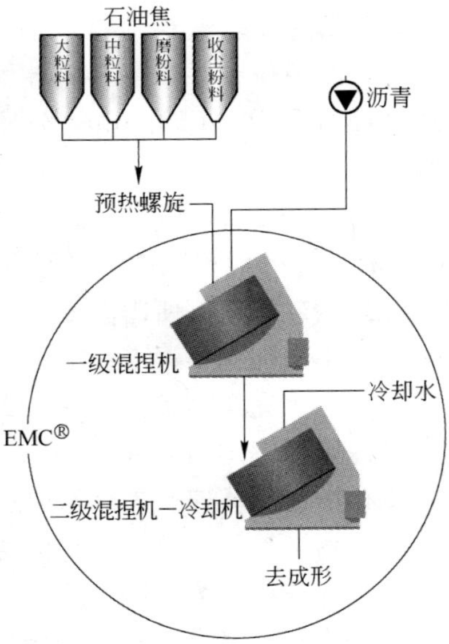

图 40-66 EMC（Eirich mixer/cooler）生产工艺流程

图 40-66 为 EMC 生产工艺流程示意图，表 40-50

为爱立许 EMC 生产线的参数。图40-67为爱立许一级强力混捏机实物图，表 40-51 为爱立许一级强力混捏机的参数；图 40-68 为爱立许二级强力混捏（即上述“再混捏”）—冷却机实物图，表 40-52 为爱立许二级强力混捏机—冷却机的参数。

图 40-67　爱立许一级强力混捏机实物图

图 40-68　爱立许二级强力混捏—冷却机实物图

表 40-50　EMC 生产线的参数

机　型（一级 + 二级）	生产量/t · h⁻¹	混捏机数量	停留时间/min	输入能量（一级、二级之和）/kW · h · t⁻¹
RV15 + RV15	9 ~ 11	2	8 ~ 9	15
RV19 + RV19	18 ~ 25	2	8 ~ 9	12 ~ 13
RV24 + RV24	35 ~ 40	2	8 ~ 9	12 ~ 13
RV32 + RV32	50 ~ 65	2	8 ~ 9	12 ~ 13

注：RV32 有两个转子。

表 40-51　爱立许铝用阳极炭素一级强力混捏机参数

机　型（一级）	生产量 /t · h⁻¹	混捏机最大存料量/kg	正常工作存料量/kg	转子电机功率/kW	混捏盘电机功率/kW	总功率/kW	停留时间/min	输入能量/kW · h · t⁻¹
RV15konti	9 ~ 11	600	500	55	11	66	4 ~ 4.5	7.50
RV19konti	18 ~ 25	1300	1100 ~ 1200	90 ~ 110	18.5	110 ~ 130	4 ~ 4.5	6 ~ 6.5
RV24konti	35 ~ 40	2700	2400 ~ 2700	160 ~ 200	2 × 22	204 ~ 244	4 ~ 4.5	5.8 ~ 6.2
RV32konti	50 ~ 65	4500	4200	75（转子 1） 160 ~ 250（转子 2）	2 × 30	295 ~ 380	4 ~ 4.5（转子 1）	5.9 ~ 6.5

表 40-52　爱立许铝用阳极炭素二级混捏机/冷却机参数

机　型（二级）	生产量 /t·h⁻¹	混捏机最大存料量 /kg	正常工作存料量 /kg	转子电机功率 /kW	混捏盘电机功率 /kW	总功率 /kW	停留时间 /min	输入能量 /kW·h·t⁻¹
RV15konti	9 ~ 11	600	500	55	11	66	4 ~ 4.5	7.50
RV19konti	18 ~ 25	1300	1100 ~ 1200	90 ~ 110	18.5	110 ~ 130	4 ~ 4.5	6 ~ 6.5
RV24konti	35 ~ 40	2700	2400 ~ 2700	160 ~ 200	2 × 22	204 ~ 244	4 ~ 4.5	5.8 ~ 6.2
RV32konti	50 ~ 65	4500	4200	75（转子 1）160 ~ 250（转子 2）	2 × 30	295 ~ 380	4 ~ 4.5（转子 1）	5.9 ~ 6.5

C　间断式混捏锅

中国中小型阳极炭素厂混捏设备一般采用间断式混捏锅，主要是投资少、可以分批建设、制造周期短，但劳动强度较大、操作条件差、产能较低。

混捏锅由锅体与搅拌装置组成，根据搅刀数量可分为单搅刀式和双搅刀式，搅刀通常采用 Z 形搅刀，对于双搅刀式，其搅刀可以布置在同一水平面或不同的水平面，两搅刀可以有相同或不同的转速，其加热方式可以采用导热载体（通常为矿物油）、电加热和蒸汽加热。其中导热油加热由于加热速度快、加热均匀、可利用煅烧废热等特点，从而应用最为广泛；蒸汽加热由于加热速度慢、汽源获得困难等原因，正逐渐淘汰；电加热只在少数特定条件下应用。最常见的为同速 Z 形双搅刀同一水平面布置并采用导热油加热的混捏锅。

a　结构

双轴搅拌混捏锅主要由锅体、搅刀和传动机构组成，其结构如图 40-69 所示。图40-70 是卧式双轴搅拌混捏锅总图。

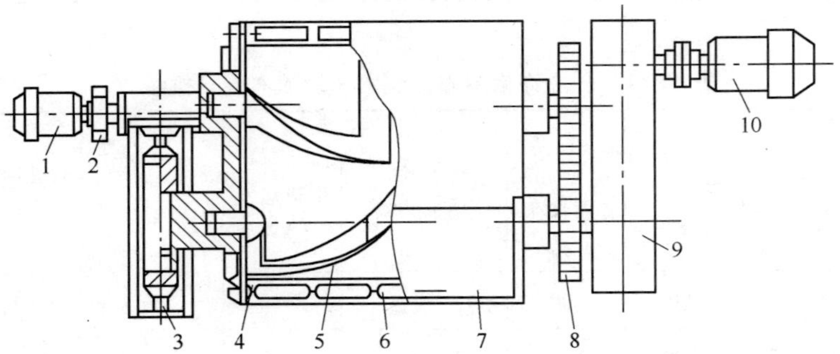

图 40-69　卧式双轴搅拌混捏锅结构简图

1—电机；2—对轮；3—减速机；4—衬板；5—搅刀；6—加热夹套；7—锅体；8—齿轮；9—减速机；10—电机

锅体的上部为立方体，下部是两个半圆形的长槽，两个半圆形长槽的中间构成混捏锅一个纵向的脊背体。锅体内两个平行放置的 Z 形搅刀可在两个半圆形长槽内相对转动。

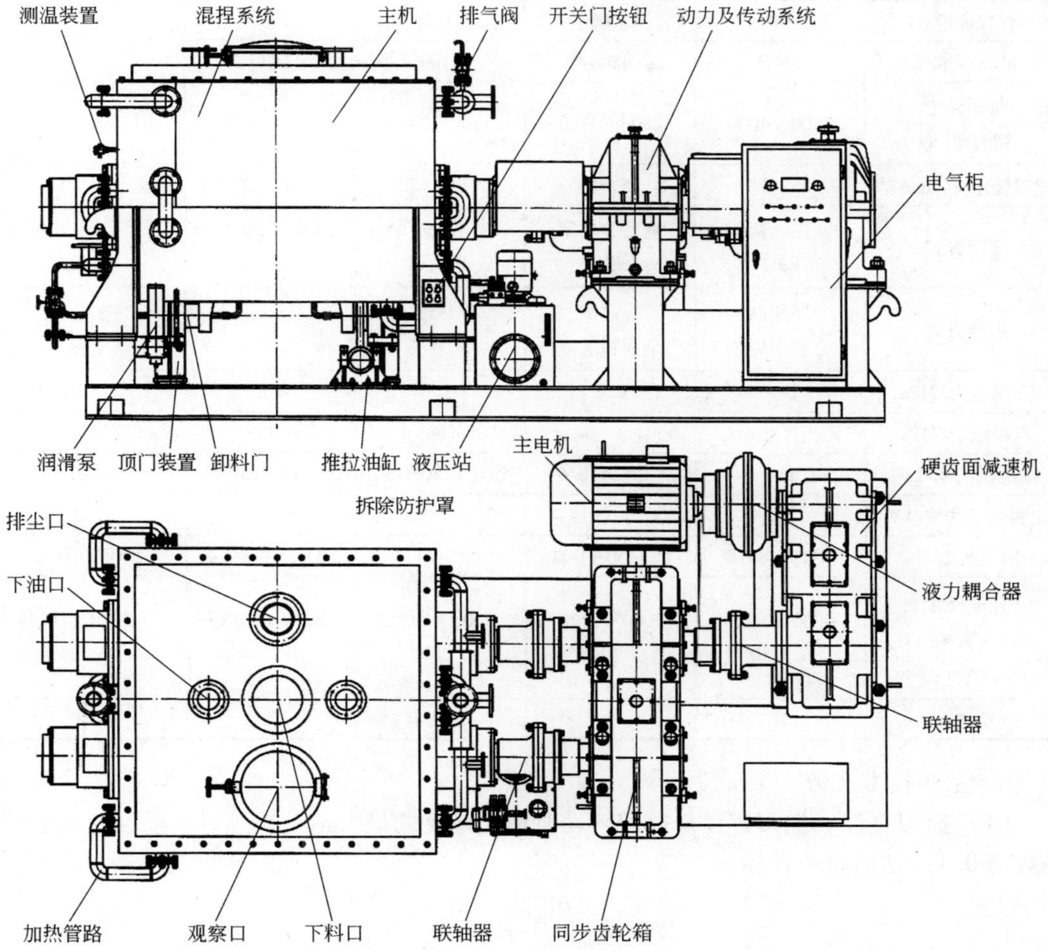

图 40-70　卧式双轴搅拌混捏锅总图

b　工作原理

传统炭素制品混捏锅生产过程为：首先混合加热干料，然后向缸内下入黏结剂沥青，将干料与黏结剂沥青混捏为合格的糊料，排出机外转入成形工序。

糊料在锅体内，由于两个搅刀的相向转动，从而对糊料进行挤压和混合作用。当糊料被挤压到锅底的脊背上时，由于两根搅刀的转速不相同，被劈分为两部分的糊料不再相遇，有助于两半圆形槽内的糊料互相混合，并且不断地劈分和翻动又不断地挤压在一起，使糊料得到充分的混合和捏和，两搅刀不断地转动，使糊料受到挤压、分离、掺和，从而达到均匀混捏的目的，如图 40-71 所示。

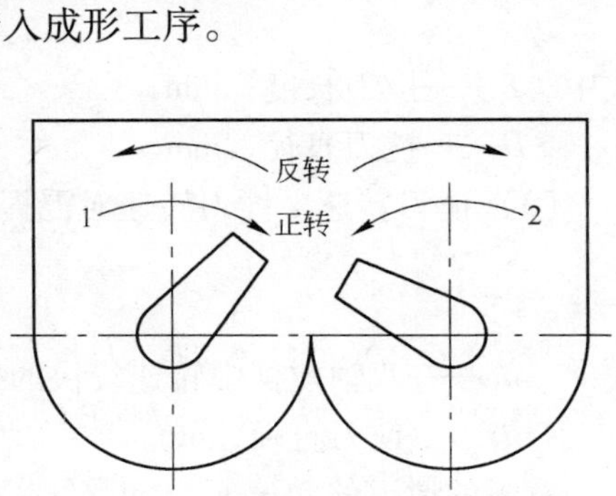

图 40-71　混捏原理图

表 40-53 为常用国产混捏锅的技术参数。

表 40-53　常用国产混捏锅的技术参数

有效容量/L	4000	3000	2000	1200	500
最大容量/L	5800	4800	3100	1800	750
每锅额定糊料量/kg	3500～4000	2800～3100	1800～2400	1000～1400	600～700
搅刀转速/$r \cdot min^{-1}$	23，11	25，13	29，17	21，11	27，15
开门方式	液压、锁紧开关门	液压、锁紧开关门	液压、锁紧开关门	液压、机械翻缸	液压、机械翻缸
加热方式	导热油全面积加热	导热油全面积加热	导热油，水蒸气	导热油，水蒸气	导热油，水蒸气
油路压力/MPa	0.3	0.4	0.8	0.8	0.8
汽路压力/MPa			0.588	0.588	0.588
主电机功率/kW	110	75（Y315S-6）	55（Y280M-6）	37～45	22
出料电机功率/kW	2.2	2.2（Y100L2-4）	2.2（Y112M-4）	2.2	3
减速机型号	ZSY500-80-Ⅲ	ZSY450-71-Ⅲ	HN70	JZQ-650-Ⅶ-2-Z	JZQ500-Ⅸ-2-Z
外形尺寸（长×宽×高）/mm×mm×mm	6200×3260×3130	5000×3120×2940	5006×1952×2870	6290×2518×2500	2670×1883×2295
质量/t	34	26	19.84	12	5

c　主要技术参数

（1）搅刀直径。搅刀直径是搅刀转动时最边缘点的最大运动轨迹。一般混捏锅的填充系数为0.4，则搅刀的直径为：

$$D = \sqrt[3]{\frac{V_{物}}{\pi}} = \sqrt[3]{\frac{0.4V_{总}}{\pi}} \tag{40-24}$$

式中　D——搅刀直径，dm；

$V_{物}$——待混物料的容积，L；

$V_{总}$——混捏锅总容积，L。

（2）搅刀长度。搅刀长度一般根据经验公式计算：

$$L = (1.84 \sim 2.05)D \tag{40-25}$$

式中　L——搅刀长度，mm；

D——搅刀直径，mm。

（3）搅刀转速。搅刀转速对混捏时间和混捏质量有较大影响，可按下式计算：

$$n_1 = \frac{15 \sim 20}{\sqrt{D}} \tag{40-26}$$

式中　n_1——双轴搅拌中转速较快的搅刀转速，r/min；

D——搅刀直径，m。

较慢的搅刀的转速 $n_2 = n_1/(1.2 \sim 1.89)$。

为避免被脊背劈分的物料在搅刀旋转一周后再次相遇，两搅刀转速之比接近于2，又不能为整数。通常速比为1∶1.8（见表40-54）。

表40-54　双轴搅拌混捏锅两搅刀的速比

混捏锅有效容积/L	200	400	800	2000
前搅刀转速/r·min^{-1}	29	27	21	20
后搅刀转速/r·min^{-1}	17	15	11	10.5

（4）装料量。双轴搅拌混捏锅的最大装料量为：

$$Q_{最大} = 0.4V_{总}\rho \qquad (40\text{-}27)$$

式中　$Q_{最大}$——混捏锅最大装料量，kg；

$V_{总}$——混捏锅的总容积，L；

ρ——物料的密度，kg/L（炭素物料一般为1.2~1.4kg/L）。

混捏锅的装料量也不宜过小。因为装料量过小，就使得混捏锅脊背处两边的物料不能完全交换，达不到预期的混捏效果。根据经验，一般最大与最小装料量的比值为2~2.5，则：

$$Q_{最小} = \left(\frac{1}{2} \sim \frac{1}{2.5}\right)0.4V_{总}\rho \qquad (40\text{-}28)$$

d　双层混捏机

双层混捏机也称预热混捏锅，是在双轴搅拌混捏锅的基础上，将锅体分为上下两部分，上部分对干料进行加热混合，待干料温度达到工艺要求时，打开上部的拉门使干料落到下部混捏锅内，并与液体沥青进行混捏。图40-72所示为双层混捏机的外形，图40-73所示为双层混捏机的总图。

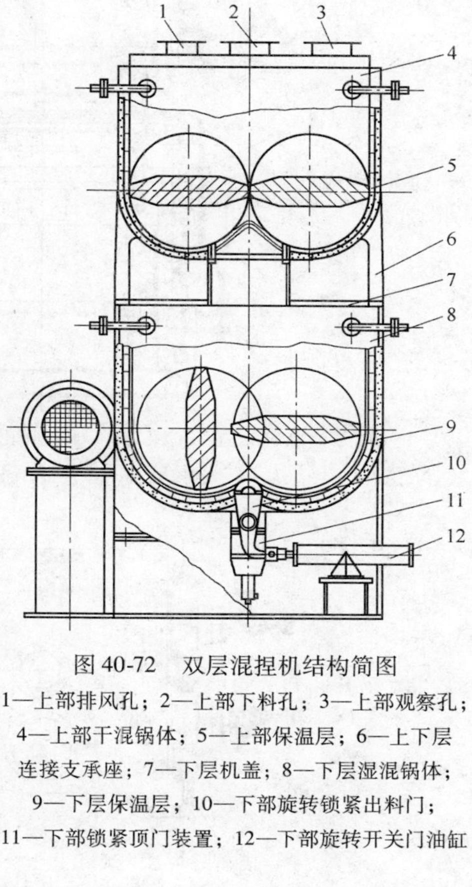

图40-72　双层混捏机结构简图

1—上部排风孔；2—上部下料孔；3—上部观察孔；4—上部干混锅体；5—上部保温层；6—上下层连接支承座；7—下层机盖；8—下层湿混锅体；9—下层保温层；10—下部旋转锁紧出料门；11—下部锁紧顶门装置；12—下部旋转开关门油缸

由于双层混捏机增加了干料的预热，因此能够提高混捏锅的效率，提高混捏质量，降低生产成本。部分双层混捏机的技术参数见表40-55。

表40-55　双层混捏机的技术参数

容量/L	额定容量		2000	3000	4000
	最大容量		3100	4800	5600
电机容量/kW			55	75	110
搅拌方式	上部		相切、异速、半径		
	下部		相交、同速、超过半径		
搅刀转速/r·min^{-1}	上部	主动	15	15	15
		从动	10	10	10
	下部		16	14	12
加热方式			导热油		
外形尺寸（长×宽×高）/mm×mm×mm			5230×2960×2640	5590×3120×2940	6200×3260×3230

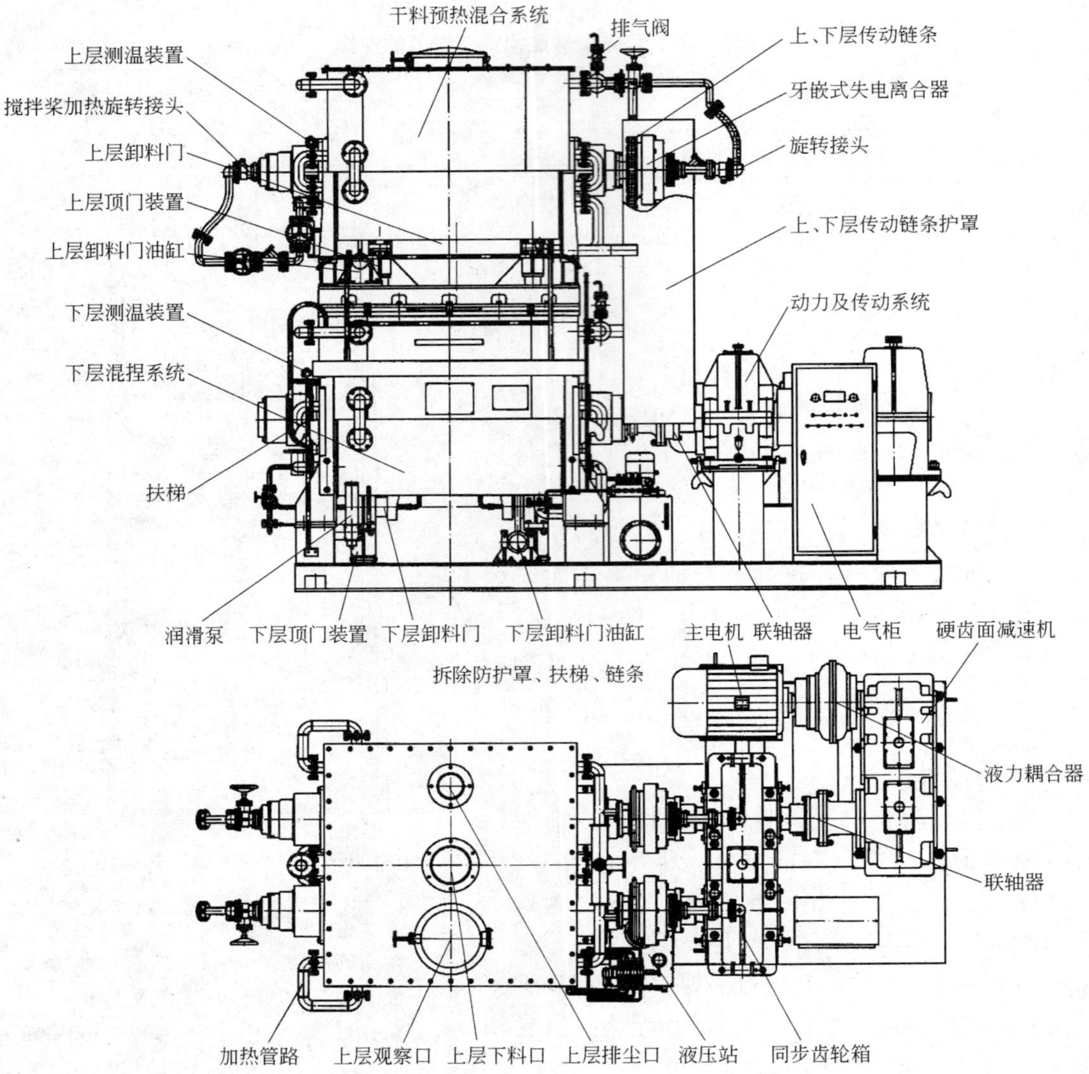

图 40-73 双层混捏机总图

国内混捏锅生产供应商主要有牡丹江华峰机械有限公司和鹤壁煤业机械设备制造有限责任公司等，上述两家企业均生产传统的卧式双轴搅拌混捏锅与双层混捏机，分别见表40-56～表40-58。

表 40-56 牡丹江华峰机械有限公司生产的混捏锅主要技术参数

序号	产品规格	有效容积/L	最大容积/L	搅刀转速（两搅刀同速）/r·min⁻¹	最大物料处理量/t·锅⁻¹	最小物料处理量/t·锅⁻¹	生产时间/min·锅⁻¹	主电机功率/kW
1	NH500	500	750	20	0.65	0.3	50	18.5
2	NH1000	1000	1500	20	1.2	0.5	50	22

续表 40-56

序号	产品规格	有效容积/L	最大容积/L	搅刀转速（两搅刀同速）/r·min⁻¹	最大物料处理量/t·锅⁻¹	最小物料处理量/t·锅⁻¹	生产时间/min·锅⁻¹	主电机功率/kW
3	NH1200	1200	1800	20	1.5	0.6	50	37
4	NH2000	2000	3100	16	2.5	1	55	55
5	NH3000	3000	4800	14	4.5	1.8	55	75
6	NH4000	4000	5600	12	5.2	2	55	110
7	NH5000	5000	7100	12	6	2.6	60	132

表 40-57　牡丹江华峰机械有限公司双层混捏机主要技术参数

序号	产品规格	上层干混预热部分						
		有效容积/L	最大容积/L	搅刀Ⅰ转速/r·min⁻¹	搅刀Ⅱ转速/r·min⁻¹	最大物料处理量/t·锅⁻¹	最小物料处理量/t·锅⁻¹	生产时间/min·锅⁻¹
1	NHS1200	1000	1800	12	16	1.3	0.7	15
2	NHS2000	1800	3100	11	9	2.2	1.2	20
3	NHS3000	2800	4800	12	11	3.8	2	20
4	NHS4000	4000	5600	11	10	4.5	2.4	20
5	NHS5000	5000	7100	11	10	5.2	2.7	25

序号	产品规格	下层糊料混捏部分					
		有效容积/L	最大容积/L	搅刀转速（两搅刀同速）/r·min⁻¹	最大物料处理量/t·锅⁻¹	最小物料处理量/t·锅⁻¹	生产时间/min·锅⁻¹
1	NHS1200	1200	1800	20	1.5	0.6	25
2	NHS2000	2000	3100	16	2.5	1	27
3	NHS3000	3000	4800	14	4.5	1.8	27
4	NHS4000	4000	5600	12	5.2	2	27
5	NHS5000	5000	7100	12	6	2.6	30

表 40-58　鹤壁煤业机械设备制造有限责任公司生产的混捏锅主要技术参数

型　号	有效容积/L	总容积/L	最大处理量/kg	主电机功率/kW	加热方式	卸料方式	外形尺寸/mm×mm×mm	总质量/kg	结构形式
HNF-700L	500	700	750	30	热媒油或电加热	机械翻锅卸料	3000×1900×2260	4800	单层
PHND-1200L	1200	1800	1500	45	热媒油或电加热	双侧底部液压开门	4410×2250×2500	11000	单层

续表 40-58

型 号	有效容积/L	总容积/L	最大处理量/kg	主电机功率/kW	加热方式	卸料方式	外形尺寸/mm × mm × mm	总质量/kg	结构形式
PHND-1600L	1600	2400	2000	55	热媒油或电加热	底部中央翻转门	4610 × 2430 × 2590	14800	单层
HND-2000L	2000	3100	2400	55	热媒油或电加热	底部中央翻转门	5400 × 2020 × 2730	24000	单层
HND-3000L	3000	4800	3100	75	热媒油或电加热	底部中央翻转门	6000 × 2300 × 3000	28000	单层
HND-4000L	4000	5800	4500	90(110)	热媒油或电加热	底部中央翻转门	6500 × 3000 × 3100	33000	单层
HND-5000L	5000	7600	5500	132	热媒油或电加热	底部中央翻转门	7000 × 3160 × 3100	36800	单层
HDJF-400L	400	600	650	5.5	电加热功率 28kW	液压翻锅卸料	1100 × 750 × 900	3100	单层
HDJF-2000L	2000	2900	2200	7.5	电加热功率 72kW	液压翻锅卸料	1980 × 1200 × 1400	7500	单层
HNDS-4000L	4000	5800	4500	90	热媒油	底部中央翻转门	7240 × 3420 × 5400	43000	双层
HNDS-3000L	3000	4800	3100	75	热媒油	底部中央翻转门	6200 × 2600 × 5200	39000	双层
GHD-3000L	3000	4800	2900	2 × 7.5	热媒油	底部中央翻转门	4000 × 2940 × 2780	12000	单层

e 间断式强力混捏机

间断式强力混捏机也称为逆流高速混捏机，阳极很少使用，主要应用在铝用阴极和石墨电极生产上，在此只做简单介绍。

图 40-74 为间断式强力混捏机的结构简图。它的主体是一个可以做水平方向旋转的圆筒，从筒体上部向筒内插入搅拌装置，搅拌轴的方向与圆筒的转动方向相反，搅拌轴的安装是偏心的。由于搅拌的同时圆筒也在旋转，因此能使筒内各部分的料受到反复的挤压和剪切作用。

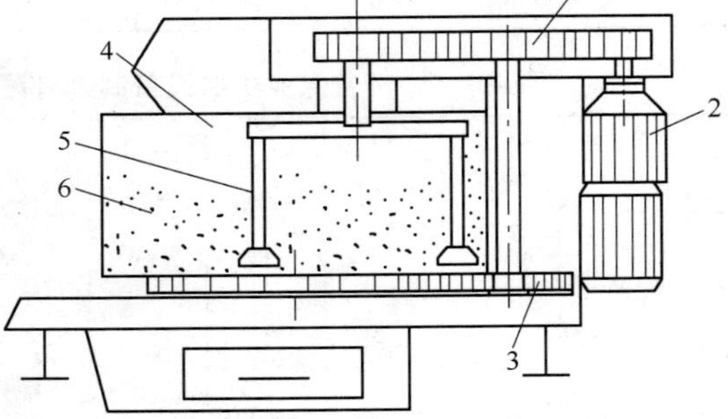

图 40-74 逆流高速混捏机示意图
1，3—传动齿轮；2—电动机；4—锅体；5—搅拌轴；6—糊料

D 连续和间断混捏的比较

单台混捏锅的混捏质量较好，但预焙阳极生产线通常产能较大，需配套多台混捏设备，每台设备间根据搅刀等的磨损程

度的不同其混捏出的糊料质量会有波动，因其后续工序成形相对比较连续，间断的加料造成糊料温度相对较大的波动。国外在20世纪使用卧式混捏机以前，基本上采用多台间断混捏锅进行混捏的方式，但随着连续混捏机的使用，由于其产能高，设备台数少，沥青烟排放点大大减少，新建厂已不再使用此种配置方式，大多数的国外老厂也在逐步改为连续的卧式混捏或连续的强力混捏生产线。由于间断式混捏锅在国内制造较为成熟，具有相对于引进的连续混捏机或连续强力混捏机便宜的价格，在国内新建的中小规模的厂仍在使用。

单轴卧式连续混捏机其水平旋转的混捏轴做前进与后退的交替运动，沿着轴的周围有3排“齿”与布置在筒体内的“齿”互相作用，使骨料、粉料及黏结剂混合。混捏机在混捏筒体及混捏轴设有导热油加热设施，可通过调整出料口液压挡板的开度，使混捏所消耗的混捏功基本稳定，糊料混捏质量均匀，该设备单位质量产能大，劳动生产率高，沥青烟及粉尘溢出相对较少，在国内外预焙阳极厂使用此设备最为广泛。

连续和间断混捏的比较见表40-59，由表中可见，虽然现阶段国内采用间断式混捏锅在中小产能时有投资相对较低的优势，但间断式混捏锅吨产能设备质量较其他方式高很多，随着单条生产线的产能不断扩大，对环境保护要求的不断提高，预焙阳极生产线采用混捏锅将越来越没有优势。在单条生产线产能大于50t/h的情况下，由于卧式混捏机已经开发比ϕ600mm更大规格的机型，采用卧式混捏机或连续的大规格强力混捏生产线具有较大的优势。

表40-59 连续和间断混捏的比较

比较内容	间断式		连续式	
	混捏锅	强力混捏机	卧式混捏机	强力混捏机
吨产能设备质量	+ + +	+	+ +	+
设备投资	+	+ +	+ + +	+
糊料质量	+ + +	+ + +	+ + +	+ + +
糊料质量波动	+ + +	+ +	+	+ +
沥青配料量	+ +	+	+	+
沥青烟及粉尘溢出	+ + +	+ +	+	+ +
劳动生产率	+	+ +	+ + +	+ +
单条线生产能力	+	+ + +	+ +	+ + +

注：“+”的个数代表程度的级别，个数越多越高或大等。

40.2.6 成形

将混捏好的糊料，用加压设备压制成具有需要的形状、尺寸和较高密度的半成品的过程称为成形，通过糊料制备生产出的“生糊”将按照电解生产要求的预定的外形尺寸成形为具有一定尺寸与形状的生阳极块。成形的主要设备有振动成形机和模压成形机。在20世纪50年代振动成形机应用到预焙阳极生产以前，阳极尺寸相对都较小，预焙阳极的成形均采用模压成形。随着电解槽容量及阳极尺寸的不断扩大，由于模压成形需要较大吨位且结构复杂的压机，使之投资较大，制造要求高、周期长，因此以后基本上被振动成形所取代。国内铝用炭阳极工业广泛采用振动成形机生产各种规格的预焙炭阳极。

40. 2. 6. 1　振动成形

A　振动成形原理

振动成形的模具放置在振动台上，糊料加入模具内，料面上用重锤加压。振动台启动后，会产生低振幅（1 ~ 4mm）、高频率（1500 ~ 3000 次/min）的激烈振动，使模具和糊料处于强烈的振动状态，糊料颗粒产生惯性力，由于颗粒的质量不同，它们产生的惯性力也不同，因而使颗粒界面间产生应力。当这种应力超过糊料的内聚力时，引起颗粒间的相对位移。同时，在强烈的振动下，物料颗粒间的内摩擦力及糊料对模具内壁的外摩擦力急剧下降，几乎成流动状态的糊料迅速填充到模具的每个角落。由于糊料内部空隙不断减少，并在重锤的压力作用下，致密度不断提高，形成具有规定形状和尺寸的生坯。根据参与振动的部件的不同及上部加压方式的不同，成形机分为很多不同的组合方式，如成形模是否参与振动，上部采用重锤还是采用气压或液压加压，或气压/液压与重锤组合加压，是否采用抽真空等。较为常见的方式为成形模与底座等参与强制振动，而上部采用重锤自由加压的方式，法国 FivesSolios 公司和芬兰奥图泰（Outotec）德国公司的阳极振动成形机均采用此种结构形式。

振动成形过程中的一些主要参数做如下考虑：

（1）振动成形要求糊料具有较好的流动性，因此，黏结剂用量少（一般为 14% ~ 16%），糊料基本上不成团块，大多数呈散粒状态。

（2）温度制度。为了保证振动成形时糊料具有较好的流动性，成形炭块能够顺利地脱模，成形一般保持相对高的温度，这有利于糊料的密实和糊料中烟气的排出。

（3）振动时间。振动时间对振动成形设备的生产能力和产品质量有密切的关系。研究振动时间与重锤下沉高度的关系表明（见图 40-75）：在开始振动的 1min 内，重锤的下沉速度最快；1min 后逐渐放慢；5min 后下沉量越来越小，接近稳定状态。

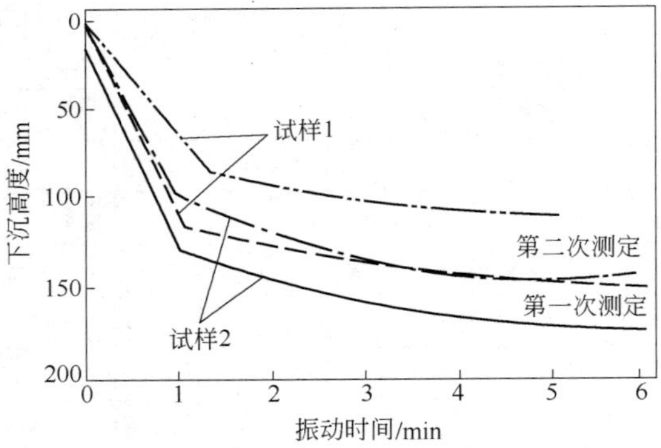

图 40-75　振动时间与重锤下沉高度的关系

（4）振动台的振幅。当振动频率一定时，被振动物体的惯性力随振幅的大小而变化。最适宜的振幅应是被振动的糊料获得一定的交变速度和加速度，能够克服糊料的内聚力和外摩擦力。炭阳极振动成形机的振幅一般为 1 ~ 4mm。

（5）重锤比压。由于振动台激烈的振动使糊料的内聚力和内、外摩擦力急剧降低，因此，振动成形只需较小的压力。重锤的比压一般为 0. 05 ~ 0. 12MPa。振动成形重锤比压近年来发生了显著的变化，逐渐提高，现已接近 0. 6MPa。现阶段研究及生产经验已证明，提高重锤比压对提高成形生块密度有显著作用，以至于后来出现了加压成形。

炭阳极的振动成形工艺流程为：糊料计量→装料→成形→阳极块推出→冷却。

B 振动成形机结构

振动成形机有单工位振动成形机、转台式三工位振动成形机、滑台式振动成形机和调幅振动成形机等形式。但其基本的构成都包括振动台、加压装置、模具、脱模装置、加料及称量装置等。

a 振动台结构

单轴振动台由于稳定性差且负荷小已被双轴振动台取代。图40-76是双轴振动台示意图。双轴振动台主要由振动台面、振动器、减振器、传动装置等组成。双轴振动台有一对相向、同步旋转的振动器，振动子是由两片相同尺寸的扇形钢板组成，在每片钢板上按规定位置钻有几个孔，只要调整重合孔的位置即可调节振动台的振幅和激振力的大小。

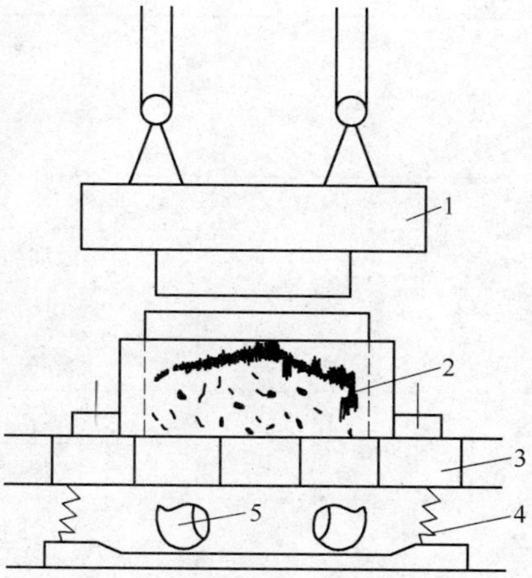

图40-76 双轴振动台示意图
1—重锤；2—模具；3—振动台面；4—减振器；5—振动器

b 振动台主要参数

（1）激振力。振动台的激振力可按下式计算：

$$P = \frac{Gr\omega^2}{g} \tag{40-29}$$

式中 P——激振力，N；

G——偏心块重量，N；

r——偏心块重心距转轴轴线的距离，m；

ω——转动轴角速度，s^{-2}；

g——重力加速度，$g = 9.81\text{m/s}^2$。

（2）偏心力矩：

$$M = Gr \tag{40-30}$$

式中 M——振动台的偏心力矩，N·m；

G——偏心块重量，N；

r——偏心块重心距转轴轴线的距离，m。

（3）振幅：

$$A = \frac{M}{G'} = \frac{Gr}{G'} \tag{40-31}$$

式中 A——振动台振幅，m；

G'——被振动部分的重量（包括台板、模具和糊料的重量），N。

c 调幅式振动

调幅振动不用偏心振子而是采用激振箱提供振动源，实现了零振幅启动、零振幅停车、激振力可调，从而避免了传统炭阳极振动成形工艺中的共振现象。在振实过程中实现了小振幅加料预振，然后加压大振幅振实，使得振动过程运行平稳，设备故障率低，操作维修方便，并且可以实现自动化控制。调幅式振动成形机的技术参数见表40-60。

表 40-60 调幅式振动成形机的技术参数

项 目		YG60 型（长≤1650mm，宽≤800mm）	YG80 型（长≤2000mm，宽≤1000mm）
调幅振动台	台面尺寸/mm × mm	1700 × 2500	1700 × 2500
	振动力/kN	0 ~ 600	0 ~ 800
	功率/kW	2 × 30	2 × 45
	频率/Hz	34	34
保温拌筒	容积/m^3	3.5	6
	功率/kW	15	2 × 15
计量料仓	计算方式	四传感器电子秤计量	
	容积/m^3	1.5	1.9
重锤机构	压重/t	13	18
	导 向	四 柱	四 柱
试验压力/MPa		蒸汽 0.8；导热油 0.4	
成形块密度/$g \cdot cm^{-3}$		≥1.65	
产量/块 · h^{-1}	全自动	20	20
	手 动	15	15

C 常见的振动成形机的类型

a 单工位振动成形机

单工位振动成形机是将加料、振动成形与炭块推出三个工位设置在一个位置，其原理与转台式三工位振动成形机相同。由于单工位振动成形机操作简单，维护方便，被许多中小型阳极生产企业采用。单工位振动成形机的技术参数见表 40-61，外形如图 40-77 所示。

表 40-61 单工位振动成形机技术参数

型 号	TSSB510	型 号	TSSB510
台时产能/块 · h^{-1}	10 ~ 12	比压/MPa	0.051
频率/r · min^{-1}	1500	加速度/m · s^{-2}	≥60
振幅/mm	空载振幅：3；重载振幅：0.9 ~ 1.28	噪声/dB	<90
激振力/t	20 ~ 30		

b 转台式振动成形机

由给料机、秤斗、振动台、重锤、模具和模具提升装置、模具夹紧装置、炭块推出装置、回转装置、测高装置、液压系统、电控系统等组成，如图 40-78 所示，外形如图40-79 所示。

(1) 给料机。由电磁振动给料器和料槽组成。振动器采用可控硅无级调速、控制料

图 40-77　单工位振动成形机外形

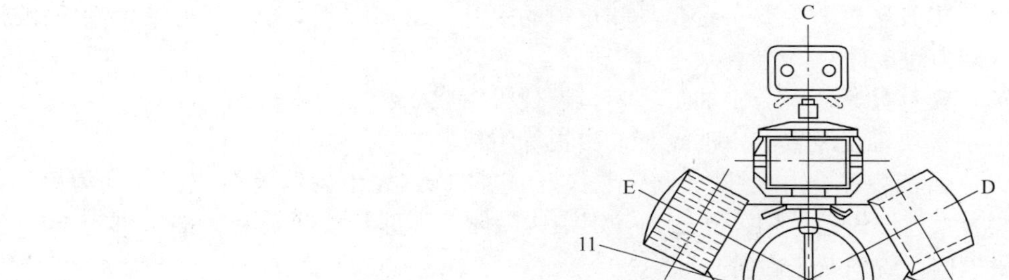

图 40-78　转台式振动成形机

1—称量机构；2—转台立柱；3—模具；4—液压传动机构；5—液压站；6—回转台；
7—振动台及传动机构；8—重锤加压装置；9—重锤提升机构；
10—模具提升机构；11—炭块推出机构

A—装料工位；B—成形工位；C—脱模及推出工位；D，E—模具检修及模具加热工位

速，并与电子秤连锁。料槽由钢板焊接而成，内壁镶有可更换黄铜板。

（2）秤斗。由保温漏斗、油缸、传感器、框架隔振垫等组成。保温漏斗为焊接件，内壁铺设铸铝电热板，传感器为压力负荷式。

（3）振动台。是振动成形机关键部件之一，它由传动装置、偏振子轴、橡胶隔振块、液压升降式振动台、四联电动机、油缸、模底座、底架等组成，一组橡胶隔振块采用一锅天然橡胶原料制成，振动台和底座采用焊接结构，模底座采用铸钢件。四联电动机保证升降振动台起落同步，两根偏振子轴上4对振子，对应调整角度。

图 40-79　转台式振动成型机外形图

（4）重锤。由钢板焊接而成。

（5）提升装置。主要负责模具和重锤的提升。由油缸、支架、导套、滑架等组成，支架与滑架为焊接件。

（6）模具夹紧装置。由油缸、弹簧连杆等组成。

（7）炭块推出装置。由油缸、推出板等组成。

（8）回转装置。由立柱、回转架、液压电动机、大小齿轮等组成，立柱为筒形结构，回转架为六边形铸钢结构，立柱为一钢结构筒体，下部安装回转台、推块机构等；上部安装称量机构，脱模及平台等。

（9）测高装置。由气源三连体、电控气阀、节流阀、气动传感元件、滑线、气缸等组成，靠滑线不同位移输出不同电信号进行检测。

（10）液压系统。由油站、液压电动机等组成，供给振动成形机组全部液压系统所需液压油。

（11）电控系统。3个工位的操作经电控转换开关和液压调节器按不同操作程序转换，由计算机控制实现全自动控制。

转台式三工位振动成形机的技术参数见表 40-62。

表 40-62　转台式三工位振动成形机技术参数

技术参数	数　值	技术参数	数　值
产能/块 · h^{-1}	20	重锤比压/MPa	0.05，0.06，0.07，0.08
给料机形式	电磁振动给料机	装机总容量/kW	117.3
振动台振幅/mm	约1（满载）	电热容量/kW	47.4
振动台频率/Hz	25～38	操作方式	手动，半自动，自动
激振力/t	8～30		

c　滑台式振动成形机

滑台式振动成形机由称量系统、振动台、夹紧装置、重锤、模具、提升装置、龙门架、滑台底座、高度检测仪、电控系统、液压系统等组成，如图 40-80 所示，外形如图

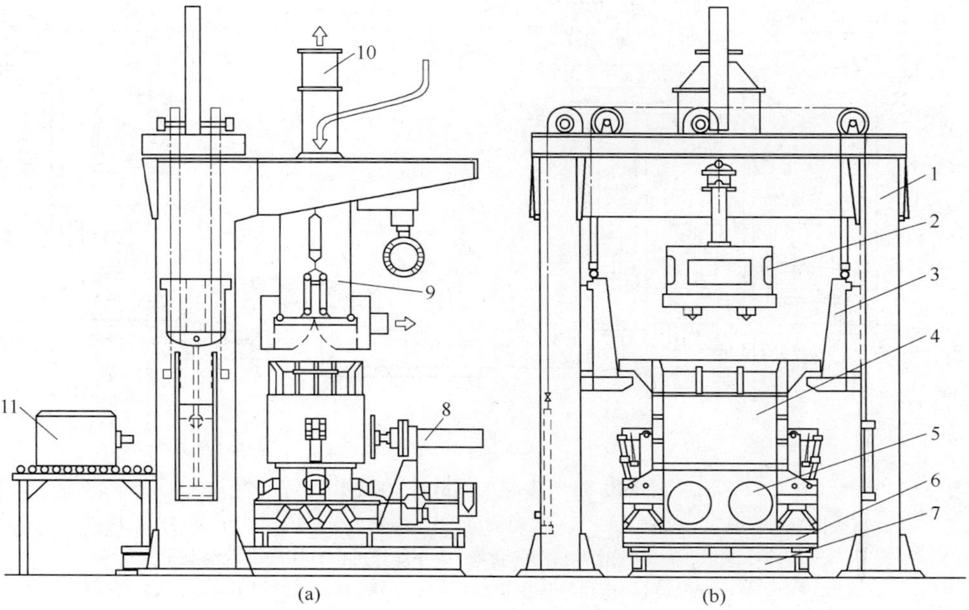

图 40-80　滑台式振动成形机

（a）加料工位；（b）成形及脱模工位

1—龙门架；2—重锤及提升机构；3—脱模提升机构；4—模具；5—振动台；6—滑台；7—滑台底座；8—推块机构；9—称量装置；10—排烟罩；11—成形炭块

40-81 所示。

图 40-81　滑台式振动成形机外形

滑台式振动成形机的称量系统、振动台、夹紧装置、重锤、模具及提升装置、液压系统、电控系统与转台式振动成形机基本相同。由于滑台式振动成形机采用二工位形式，故增加了龙门架和滑台底座。

（1）龙门架。是一门形钢结构，两个立柱是中空的、中间设置传动装置用油缸及管路，其顶部伸出两根悬臂梁，梁上放置称量装置、重锤及提升装置。在龙门架下振动台完成成形、脱模动作。

（2）滑台底座。由油缸和支座组成。支架是钢结构，用螺栓固定在基础上，支座顶部有两条滑轨，一条为三角形，另一条为矩形。滑轨顶部各设有耐磨钢带，钢带用张紧螺栓拉紧。油缸一端固定在支座上，另一端固定在振动台底部，油缸伸缩而使振动台在两根滑轨上滑动，从而使振动台在下料工位和成形工位之间移动。

d　移动加料式振动成形机

图 40-82 所示为移动加料式振动成形机。混捏好的糊料储存在圆锥给料机中，给料机

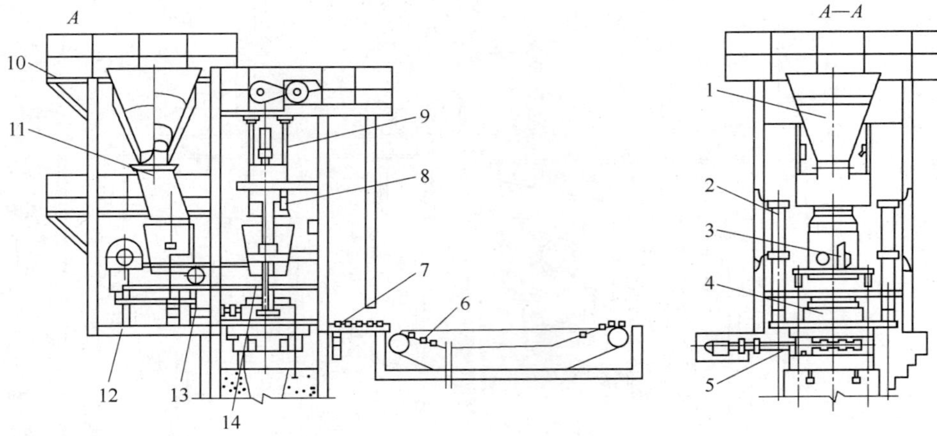

图 40-82　移动加料式振动成形机

1—圆锥给料机（均温拌桶）；2—提模油缸；3—称量小车；4—模具；5—振动台；6—冷却滚道；7—推出滚道；8—重锤；9—提升机构；10—平台与支架；11—加料机构；12—推出机构；13—轨道；14—称重机构

均匀地将糊料加入称量小车内。当糊料加到规定的质量后，给料机停止给料，称量车运行至模具上方，打开底门将糊料下到模具内后返回。当料车离开后，重锤落到料面上，开始振动。振动完成后提起重锤，松开模具的夹紧装置，提升模具后推出炭块生坯到冷却滚道。

D　振动成形机设备供应情况

国内外预焙阳极生产主要采用振动成形。振动成形机组具有结构紧凑、性能可靠、程序自动控制、生产效率高、投资省等优点。振动成形设备主要有单工位、双工位（滑台式）、三工位（转台式）和移动加料式等各种振动成形机，可根据混捏设备产能及项目装备水平的要求来选择。常用振动成形机产能情况见表 40-63，其中最常用的是移动加料式振动成形机（2~3 台并联式，每台 1 块/次）。

表 40-63　常用振动成形机产能情况　（块/h）

项　目	国内制造	国外制造（抽真空）	国外制造（不抽真空）	备　注
单工位	15（12~18）	27	30	固定式
滑台式（两工位）	20（15~22）	27	30	加料受料、振动
转台式（三工位）	30（25~32）	32	40	加料受料、振动、出块
双台并联式（每台单块每次）	42（32~50）	54	60	移动加料式
三台并联式（每台单块每次）	63（48~75）	80	90	移动加料式
双台并联式（每台两块每次）	—	108	120	移动加料式
双台并联式（每台三块每次）	—	150	150	移动加料式

国外振动成形机生产商主要有法国 Fives Solios 公司（原 FCB 公司，有移动加料式）和芬兰 Outotec 的德国公司（原 KHD 公司，有滑台式、转台式和移动加料式）。国内振动成形机生产商主要有洛阳震动机械有限公司（有单工位和移动加料式）和中国有色（沈阳）冶金机械制造有限公司（有转台式）。

国外振动成形机主要技术特点如下：

（1）预加压重锤。好处是提高密度，充分利用压缩能量。

（2）真空成形。好处有：

1）提高密度，精确阳极块尺寸；

2）在振动成形过程中有效地收集沥青烟气；

3）可以在相对高的温度下成形而不产生炭块的松垮或变形（低沥青黏性）。

（3）在线密度控制，好处有：

1）均匀阳极；

2）稳定阳极高度；

3）预测生阳极密度；

4）更少不合格品；

5）产品质量检查。

（4）弹性支撑台，好处有：

1）充气气囊结合预加压；

2）均匀阳极块结构；

3）充分利用压缩能量；

4）缩短振动时间。

（5）自动打码。打印出生产日期，班次。

（6）可生产开槽阳极。

表 40-64 为中国有色（沈阳）冶金机械制造有限公司生产的转台式三工位振动成形机主要参数。

表 40-64　中国有色（沈阳）冶金机械制造有限公司转台式三工位振动成形机主要参数

技术参数	数值范围	技术参数	数值范围
生产能力/块 · h^{-1}	21 ~ 30	料斗容积/m^3	1.5
总装机容量/kW	约 310	振动时振幅/mm	约 0.04
总电热容量/kW	76	振动时频率/Hz	20 ~ 30
给料机给料量/t · h^{-1}	约 30	激振力/t	≤30
料斗称量范围/kg	0 ~ 1050	转台转速/r · min^{-1}	0.2 ~ 2.5
系统动态称量精度/%	0.5 ~ 1		

图 40-83 为洛阳震动机械有限公司生产的移动加料式振动成形机实物图。采用 PLC 全自动控制技术，可进行全自动、半自动及手动操作。采用双驱动自动调幅振动台，实现了振力、振幅自动可调，一可进行二次振动成形（即小振力预振和大振力成形），二可实现零振幅启、停等，有效地避免振动台在启动和停机过程的共振影响。采用悬浮式插入模具，实现振动过程中模框悬浮、底模插入成形，有效地提高了炭块的体积密度及均匀性，避免了炭块底部疏松现象；采用自主设计的均温箱技术，糊料搅拌均匀使每块炭块结构均

匀一致、温度调节控制、沥青烟气收集等，有效地解决了糊料结球、沥青烟气排放不佳等问题；采用专利打码技术、在线检测技术及 PLC 控制技术，技术集成度高。

图 40-83　洛阳震动机械有限公司移动加料式振动成形机实物图

40.2.6.2　模压成形

模压成形分为冷模压和热模压两种，炭阳极采用热模压的方式成形，得到的制品密度均匀、结构致密。由于模压成形需要较高的压力（14.7 ~ 29.5MPa），需要较大吨位且结构复杂的压机，使之投资较大，制造要求高、周期长、更换模具不方便等，因此在国内的炭阳极生产中不采用模压法，在国外很少采用。在此只做概念性介绍。

模压成形原理：将一定量的糊料装入具有规定形状及尺寸的模具内，然后从上部或下部加压，也可以从上下两个方向同时加压（见图 40-84）。在压力作用下，压块的相对密度随着压力的增大而增大。相对密度与压力的关系如图 40-85 所示。

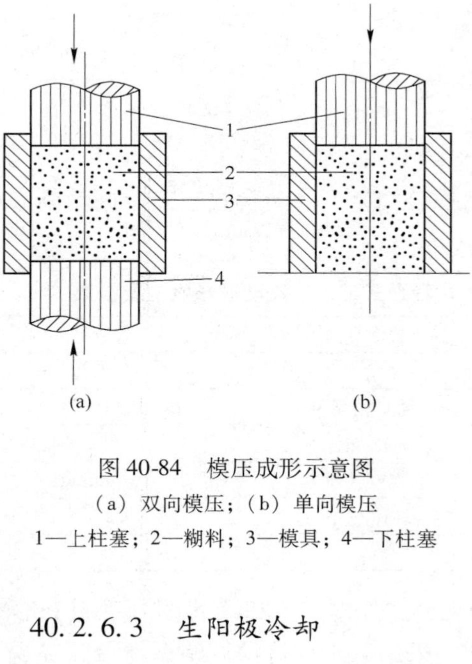

图 40-84　模压成形示意图

（a）双向模压；（b）单向模压

1—上柱塞；2—糊料；3—模具；4—下柱塞

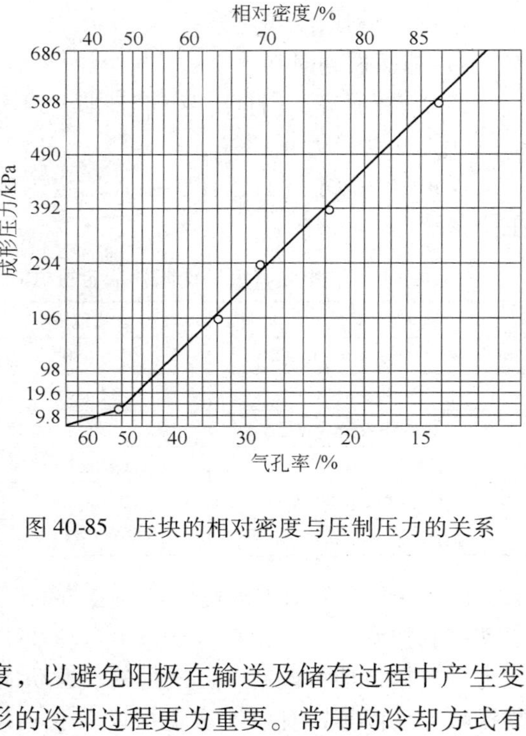

图 40-85　压块的相对密度与压制压力的关系

40.2.6.3　生阳极冷却

成形后的阳极需要冷却到低于沥青软化温度，以避免阳极在输送及储存过程中产生变形。由于成形的温度不同，振动成形比模压成形的冷却过程更为重要。常用的冷却方式有水冷却槽、水喷淋冷却通道、空气冷却，或它们之间组合冷却。在生阳极冷却水槽中，生阳极用链板输送机或悬挂输送机及吊具浸没于水中，冷却周期在 90 ~ 120min 之间。为减少入水时生阳极与冷却水之间的温差，设置图 40-86 所示的分段循环的冷却水槽，可使生阳极进入水槽处的水温比中段高约 15℃，以减少生阳极与冷却水之间的温差，可有效减少生阳极在冷却过程中产生裂纹。在喷水冷却通道中，生阳极被推入辊式、链式或悬挂小车，然后沿着一喷水通道前进，同时水喷到生阳极表面上。喷水冷却的周期在 15 ~ 60min，其后生阳极还会进行空气冷却。一般只有模压成形采用空气冷却的方式，由于其成形温度较低，在空气中冷却约 1. 5h 即可满足堆放储存的要求。国内外对振动成形的生阳极采用水喷淋式的冷却方式较多，冷却效果较好。

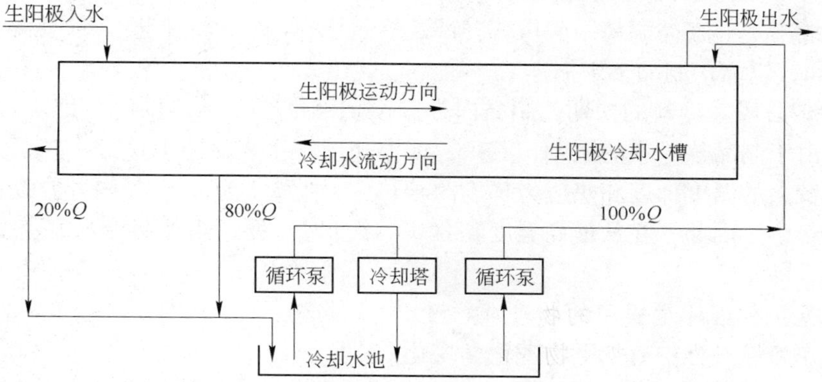

图 40-86　分段循环水冷却方式（Q 为循环冷却水总量）

40. 2. 7　焙烧

焙烧是在隔绝空气和介质保护的条件下，把成形后的阳极生坯（或称生阳极块）按一定的升温速度进行加热的过程。在焙烧过程中，煤沥青进行炭化，在骨料间形成焦炭网格，将不同粒度的骨料牢固地黏结成一个整体，从而使焙烧后的制品（即炭阳极成品）具有一定的强度并获得所需要的物理化学性质。焙烧的目的在于：排出挥发分；降低电阻率，改善制品的导电性；使生阳极块体积充分收缩。

40. 2. 7. 1　焙烧原理

A　焙烧过程

生阳极块是由煅后石油焦骨料和煤沥青黏结剂组成的，焙烧过程是煤沥青的热解焦化过程。因为煅后石油焦是经过 1250℃ 以上温度煅烧的，在 1050 ~ 1150℃ 的焙烧温度下，石油焦不会发生变化。焙烧过程大致可分为四个阶段：

（1）低温预热阶段（火道温度约 350℃，制品温度约 200℃）。当进行焙烧的阳极块（以下称为制品）被加热到 200℃ 时，黏结剂开始软化，制品呈现塑性状态，但还没有发生明显的物理化学变化。这一阶段主要排出吸附的水分，体积膨胀，沥青开始迁移，制品空隙中的煤沥青因毛细管作用而重新分布。这一阶段的升温速度可以快一些。

（2）黏结剂成焦阶段（火道温度 350 ~ 800℃，制品温度 200 ~ 700℃）。制品的温度升至 200 ~ 300℃ 时，排出低碳烃的挥发物。300 ~ 500℃ 时，黏结剂开始进行分解聚合，排出挥发物，形成黏结剂半焦。再进一步加热，半焦转化为黏结焦。为了提高沥青的析焦率，改善制品理化性能，该阶段必须均匀缓慢地升温。若升温速度过快，挥发分急剧排出，制品内外温差加大，引起热应力，就会导致制品裂纹的产生。此外，在这一阶段排出的大量挥发分在制品的表面发生分解，产生固体碳，沉积在制品的气孔和表面上，使制品的气孔封闭，强度提高。

(3) 高温烧结阶段（火道温度 800～1200℃，制品温度 700～1100℃）。当制品温度达到 700℃以上时，黏结剂焦化过程基本结束。为了进一步提高制品的理化性能，还要继续升温到 1000～1100℃。这时，化学过程逐渐减弱，内外收缩逐渐减少，而真密度、强度、导电性都继续增加。在高温烧结阶段，升温速度可以提高一些，在达到最高温度后，还要保温 24～36h，以缩小制品上下温差。

(4) 冷却阶段。冷却的初期，制品内部温度仍然继续升高，同时焙烧炭块继续收缩。继续冷却，由于制品热导率的限制，其内部降温速度小于表面降温速度，从而从制品中心到表面形成较大的温度梯度和热应力梯度。若热应力过大，就会引起内外收缩的不均匀而导致裂纹的产生。因此，在从最高温度到 800℃冷却时，要适当控制冷却的速度，800℃以下可以快速冷却。

B 煤沥青在焙烧过程中的物理化学变化

煤沥青在焙烧过程中有如下物理化学变化：

(1) 煤沥青的迁移。在焙烧过程中，黏结剂的迁移是使焙烧制品产生纵向和横向不均匀的一个主要因素。黏结剂迁移的规律为：

1）在 120℃左右，黏结剂迁移就开始了，180～200℃达到最大值，温度高于 230℃，黏结剂的迁移过程就停止了。

2）黏结剂的迁移是选择性的，黏结剂中的轻质组分更易于迁移。

3）黏结剂的迁移与重力有关，液态黏结剂都是从上端向下端迁移。

4）在相同温度条件下，骨料的颗粒组成越粗，黏结剂越容易迁移。

5）加热时，升温速度越慢，迁移程度越大。因此，在低温阶段升温速度应当加快，以减少黏结剂的迁移。

(2) 黏结焦的生成。焙烧的主要目的是使黏结剂成为黏结焦，把骨料颗粒连接成一个整体。黏结剂焦化的实质是炭化反应，是煤沥青进行分解、环化、芳构化和缩聚反应的综合过程。

煤沥青的炭化是液相炭化，在 350～400℃之间形成中间相小球体，这种小球体随加热温度的提高进行融并、长大。但阳极生坯中的煤沥青炭化与单纯煤沥青的炭化有一定的差异，其特点为：

1）黏结剂与骨料接触面呈薄膜状，反应面积大，分解和缩聚反应速度快，影响中间相小球体的融并与长大。

2）黏结剂填满骨料间隙，流动受到限制，逸出气体引起液相搅拌不均匀。

C 阳极块在焙烧过程中的物理化学变化

阳极块在焙烧过程中有如下物理化学变化：

(1) 体积的变化。在焙烧过程中，生制品的外表尺寸一直在变化。总的来说，它的体积是收缩的，但有时尺寸也可能出现增大。生制品体积的不均匀收缩会导致内外缺陷的产生，直到形成裂纹。收缩与压型时的压实程度、压制方法、黏结剂质量和用量、骨料的煅烧程度等有关。

收缩是随着焙烧温度的升高而逐渐产生的。制品在100℃时体积开始增加，到400℃达到最大值，从400℃开始收缩速度急剧增加，直到800℃之后，收缩速度下降。

生制品收缩与黏结剂含量呈线性关系。生制品中含黏结剂量过大时，收缩加大，易于产生变形并出现裂纹。黏结剂的性质对收缩也有影响，低软化温度的黏结剂挥发分排出量大，对收缩的影响大。沥青中不溶物质含量增加，收缩减少。

制品的收缩与配方粒度组成也有一定的关系，混合料的粒度组成越细，收缩就越大。

制品收缩在很大程度上与焙烧条件有关，如装入生制品的炉室尺寸和生制品在炉室中的分布位置、填充料的物理性质和粒度组成、燃气介质等。这些都是各种焙烧品和同一个制品不同部位产生不均匀收缩的重要原因。

（2）理化性质的变化。对生制品在焙烧过程中物理化学性质的变化进行了定量分析，其结果见表40-65。焙烧制品与生制品相比较，真密度由1.76g/cm^{3}提高到1.97～2.10g/cm^3；体积密度由1.66～1.70g/cm^{3}下降到1.50～1.60g/cm^3；电阻率由大于$1\times10^{-2}\Omega\cdot m$下降到$(4.0\sim6.5)\times10^{-5}\Omega\cdot m$，气孔率由3%～4%上升到20%～30%，重量损失为9%～13%，体积收缩为2%～3%。

表40-65 焙烧过程中制品理化性能的变化

焙烧温度/℃	挥发分/%	真密度 /g·cm^{-3}	体积密度 /g·cm^{-3}	气孔率/%	质量损失/%	电阻率 /μΩ·m	抗压强度 /MPa
15		1.76	1.68	3.06	0		59.0
100	1.369	1.76	1.66	5.78	0.17	16661	47.3
200	1.349	1.78	1.58	11.09	2.05	14187	31.5
300	1.316	1.78	1.55	13.19	3.43	9974	28.2
350	11.26	1.79	1.55	16.49	4.51	7725	23.4
400	8.83	1.81	1.49	17.82	7.76	5582	15.1
450	6.06	1.83	1.46	20.02	9.38	3960	15.4
500	2.54	1.84	1.47	20.29	9.59	2708	31.3
550	1.26	1.85	1.46	21.13	9.72	1968	39.5
600	1.10	1.87	1.46	21.99	9.77	1385	44.1
650	0.96	1.87	1.48	21.70	9.78	753	45.5
700	0.86	1.89	1.48	22.08	9.89	177	51.6
800	0.79	1.92	1.49	23.14	9.89	92	53.5
900	0.60	1.95	1.49	23.63	10.06	82	52.5
1000	0.32	1.96	1.50	23.67	10.32	65	51.5
1100	0.28	1.97	1.50	23.76	10.71	60	51.0
1200		1.97	1.50	23.29	10.78	55	50.7

40.2.7.2 焙烧工艺

A 焙烧温度曲线的制定

焙烧温度曲线包括温度上升的速度、焙烧过程持续的时间、焙烧达到的最高温度以及在最高温度下的保温时间。因此，焙烧曲线的合理与否直接关系到产品的产量与质量。

制定合理的温度曲线，既要考虑制品在焙烧过程中各种理化指标变化的情况，也要考虑产品的品种、规格、填充料种类、炉体结构和运转炉室个数等因素。为了在合理的燃料消耗及焙烧时间的情况下，得到质量高的制品，必须根据理论分析和焙烧炉的具体情况，通过试验来制定焙烧温度曲线。具体介绍如下：

（1）根据加热过程中发生的物理化学变化。焙烧温度曲线要适应沥青的挥发分析出速度和沥青焦化的物理化学变化，应该遵循“两头快，中间慢”的原则。在200℃以前，制品还没有显著的物理化学变化，加热速度可以快一些。700℃以后，黏结剂焦化过程结束，升温速度也可加快。在200～500℃之间，挥发分大量析出，黏结剂也经历复杂的物理化学变化，这期间升温速度应严格控制。

（2）根据产品种类和规格。大规格制品内外温差大，升温速度要慢些。小规格制品的升温速度可以快一些。对于黏结剂用量大的制品，升温速度应当慢一些。生制品体积密度大时，升温速度要慢些。生制品中骨料粒度小的，升温时间要长些；粒度大的，升温时间可短些。

（3）根据炉型及炉体结构。升温曲线对不同焙烧炉也是不同的，环式焙烧炉升温曲线多采用216～360h，温度达到1200～1250℃（指火焰温度）。倒焰窑在升温初期及中期，加热的火焰温度与制品实际温度相差很大，而且焙烧最高温度一般也达不到环式焙烧炉那么高，所以倒焰窑的升温线有其自身特点。

（4）根据燃料种类和填充料种类的不同。

（5）根据产品的产量需要。

B 焙烧过程的影响因素

a 温度的影响

焙烧的加热和冷却速度是决定焙烧产品质量的重要因素。升温（冷却）速度越大，制品的温差就越大，产生的内应力越大，容易引起产品的开裂。最高温度和保温时间决定着制品的内在质量，表40-66列出焙烧阳极的部分指标与焙烧温度的关系。

表40-66 焙烧温度与阳极性能的关系

焙烧温度/℃	563	677	814	863	990
电阻率/μΩ·m	145	73.8	65.7	53.3	54
CO_2 反应损失/mg·$(cm^2·h)^{-1}$	63.8	67.0	43.7	36.8	38.0

但在400℃以前的升温速度不宜过慢，否则就延长了黏结剂焦化的时间，将使带硬壳的裂纹的废品增加。表40-67为升温速度与产品裂纹的关系。

表 40-67　20～400℃的升温时间与开裂废品的关系

20～400℃平均加热时间/h	升温速度/℃·h⁻¹	带硬壳裂纹废品/%	20～400℃平均加热时间/h	升温速度/℃·h⁻¹	带硬壳裂纹废品/%
57	6.7	0.30	134	2.8	6.91
77	4.9	3.22	151	2.5	11.11
97	3.9	4.00	178	2.1	11.97
115	3.3	5.47	216	1.8	27.97

b　操作因素的影响

在焙烧炉内，炽热的烟气与炉壁接触，通过炉壁传给制品的热量与燃气的流速有关。所以，应该给定各炉室的负压，以确定烟气的流速，才能正确制定温度曲线。在环式焙烧炉中，一个火焰系统的炉室数以及炉室开始加热和停炉操作，对焙烧炉的热气流利用和其流速都有影响，因此，所有的操作都应保证稳定地、最大限度地把烟气的热量传递给焙烧制品。

焙烧炉的技术状况影响着进入炉室的冷空气量，因此，必须从砌体的密闭性和炉盖的装置等加以控制。

c　填充料的影响

在焙烧时，为了防止制品氧化、变形，并使制品受热均匀，需用一种粒状材料填充在制品四周将制品保护起来，这种粒状材料称为填充料。具体介绍如下：

（1）填充料在焙烧过程中的作用：

1）防止制品氧化。在温度高于400℃时，如果产品直接与火焰接触就会被氧化，使制品烧损，填充料的存在则避免了制品与火焰的直接接触。

2）传导热量使制品均匀受热。填充料在焙烧过程中，起着将热量传递给制品的作用。因为制品不与火道直接接触，没有辐射作用，而是通过填充料本身的颗粒将热量传导给制品，所以受热比较均匀。

3）固定制品的形状，防止制品变形。沥青在温度达到软化温度时就要软化，并在自重作用下发生流态变形，但是由于填充料的存在就可以使制品受到一定的挤压力，因此在制品能受热软化时，制品的形状得以保持。

4）控制挥发分的排出。填充料的存在增加了挥发分排出的阻力，因而使黏结剂的析焦量增加。另外，由于填充料具有一定的粒度和孔度，因而挥发分可以从颗粒间的空隙中排出。如果填充料的粒度过细，则大规格制品的挥发分不易排出，容易导致制品出现裂纹。

（2）焙烧对填充料的要求：

1）在焙烧最高温度下不熔化，不烧结；

2）在高温下不与制品和耐火材料起化学反应；

3）有较好的导热性；

4）在加热过程中，单位体积的变化很小；

5）为了保证焙烧质量，所采用填充料的质量及粒度组成都应稳定。

（3）常用填充材料。常用作填充料的材料可以是冶金焦、石油焦、无烟煤、高炉渣、硅沙、河沙等。各种填充料的特性列于表 40-68。

表 40-68　各种填充料的特性

材料名称	堆积密度/kg · m^{-3}	热导率/W · (m · K)$^{-1}$	比热容/kJ · (kg · K)$^{-1}$
冶金焦	—	0.06	0.88
煅烧无烟煤	600	0.18	0.92
锅炉渣	1000	0.29	0.75
粒状高炉渣	500	0.14	0.75
河　沙	1900	2.30	0.84

河沙是比较好的填充料，它的热导率高，吸附性低，而且比较便宜，但若用纯河沙时，由于它具有很大的流动性，会通过焙烧炉缝隙流到炉底的空隙中去。由表 40-68 也可看出，这些材料各有优缺点，通常是将两种或两种以上的材料分别破碎加工，然后再按一定比例混合起来，制备成合乎要求的填充料。

填充料的吸附性对焙烧质量有很大影响，这是因为填充料和生制品处于同一体系内，从生制品中挥发出来的气体在通过填充料的过程中，一部分被吸收，另一部分在热的填充料颗粒表面形成热解炭膜。填充料的吸附性越强，挥发分吸收越多，黏结剂的析焦量就越小，焙烧后失重就增大。实践证明，当采用新鲜冶金焦或活性炭作填料时，焙烧制品的质量明显下降。填充料的吸附性、透气性及热导率均与其粒度组成（表现为堆积密度）有关，填充料的堆积密度大，可以使其热导率增大，透气性降低。

（4）填充料对焙烧过程的影响。基于填充料在焙烧过程中所起的作用是保护产品处在隔绝空气的状态下，固定焙烧品，传递热量使制品得到焙烧，维持焙烧炉内适当的烟气成分和压力等，因此，填充料对焙烧的影响主要表现在填充料的吸附性和粒度。

吸附性与填充料的性质及分散性有关，填充料的吸附性和分散度越大，则焙烧炉烟气中气体吸收得越多，而黏结剂的析焦率也就越小，制品的理化性能就越差。表 40-69 是利用不同材料作填充料的焙烧品的质量情况。

表 40-69　不同材料作填充料的焙烧品性质

填充料	填充料性质		黏结剂析焦率/%	体积密度/g · cm^{-3}	电阻率/μΩ · m	抗压强度/MPa
	粒度/mm	吸附性/mg · g^{-1}				
石英砂	≤1.5	6.0	63	1.58	36	68.7
煅烧无烟煤	0.5 ~ 6	6.9	61	1.55	41	65.7
	0.5 ~ 2	7.3	62	1.56	40	67.0
冶金焦	0.5 ~ 6	11.0	59	1.50	49	53.9
	0.5 ~ 2	11.7	60	1.53	42	60.1
石墨化冶金焦	0.5 ~ 6	14.6	50	1.46	48	49.0
	0.5 ~ 2	21.3	51	1.48	47	50.0
炭　黑	—	23.0	46	1.26	65	12.4

填充料的粒度组成对焙烧制品也有很大影响。如粒度过细，则填充料的吸附表面增大，黏结剂的析焦率降低；粒度过大，则容易造成制品产生裂纹。表40-70是填充料粒度对析焦率的影响。

表40-70　填充料粒度对焙烧品析焦率的影响

填充料粒度/mm	吸附性/mg·g⁻¹			黏结剂析焦率/%		
	冶金焦	石墨化冶金焦	返回填充料	冶金焦	石墨化冶金焦	返回填充料
6～4	5.00	16.5	—	61.4	54.7	—
4～2	5.37	17.2	15.44	63.0	54.0	58.8
2～0.5	6.62	18.37	15.87	—	46.6	55.2
≤0.5	11.50	19.31	17.25	52.2	41.9	54.2

填充料的透气性对制品的焙烧过程也有影响。填充料的透气性大，则产生的挥发物容易排出，析焦率降低，因此填充料的透气性不应太大。

40.2.7.3　炭阳极成品外观缺陷的要求

A　表面裂纹

焙烧品的外观裂纹可以分为水平裂纹和垂直裂纹：

（1）水平裂纹。沿产品四周横向产生的裂纹，其主要原因有：

1）黏结剂用量偏少；

2）焙烧升温速度过快导致上下温差过大；

3）沿中心线的水平裂纹与振动成形机的设备故障有关；

4）成形温度过高，生坯体积密度过大；

5）原料煅烧程度不足，在焙烧时骨料颗粒产生二次收缩，容易产生表面网状裂纹。

（2）垂直裂纹。沿产品纵向出现的裂纹。其主要原因有：

1）装炉时产品靠火道太近，导致局部升温过快；

2）升温曲线不合理，主要是挥发分排出的中温阶段升温速度过快；

3）冷却初期降温速度过快。

B　产品变形

产品变形产生的主要原因有：

（1）黏结剂用量偏多；

（2）焙烧装炉操作不当，表现在装炉时料箱温度过高，生坯装炉后未及时用填充料固定，填充料没有捣实或填充料中有大块异物等；

（3）填充料水分含量较大；

（4）产品装炉不规整；

（5）炉体破损、炉底漏料。

尺寸允许偏差应符合《铝电解用预焙阳极》（YS/T 285—2007）的要求，见表40-3。

C　氧化与麻面

产品产生氧化主要是在高温下与空气的接触。氧化与边面缺陷的原因可以归纳为：

（1）装炉时填充料没有捣实或焙烧过程中填充料局部下沉；
（2）顶部填充料厚度不够；
（3）出炉后的产品没有及时分散开，聚集在一起导致温度升高；
（4）炉体破损或修炉质量较差；
（5）成形过程中重锤温度较低或糊料温度低。

40.2.7.4 阳极焙烧炉

用于炭素材料焙烧的炉窑有环式焙烧炉（分带盖式和敞开式）、倒焰窑、隧道窑、车底式炉等。敞开环式焙烧炉具有产能大、生产及检修简单、可实现阳极和填充料装出炉的机械化、能耗较低、环保治理效果较好、焙烧制品质量好等优点。目前国内外预焙阳极的焙烧均采用敞开式焙烧炉，而带盖环式焙烧炉主要用于阴极和电极，隧道窑和车底式炉主要用于电极。倒焰窑以前在小型炭素厂用过，由于能耗大、环保差、劳动强度大、焙烧温差大等原因，已经淘汰。

环式焙烧炉由若干个结构相同的焙烧室组成，每个焙烧室一般有若干个料箱。在操作中所有焙烧室可以分成两个或两个以上火焰系统，每个火焰系统配置 16 ~ 19 个炉室，每个焙烧室按顺序进行装炉、预热、加热、冷却、出炉和维修，其中加热炉室为 6 个炉室，火焰移动周期为 28 ~ 32h，焙烧周期为 168 ~ 192h，焙烧火道最高温度为 1150 ~ 1250℃，阳极焙烧温度为 1050 ~ 1150℃。焙烧炉采用天然气、重油或煤气为燃料。在环式焙烧炉中，制品始终处于静止状态，只是火焰系统按焙烧进程移动。火焰系统不断地移动将全炉串联起来形成环式加热，高温烟气从高温炉室进入低温炉室，加热料箱中的制品。从整炉来看生产是连续的，产量高。

图 40-87 为焙烧炉一个火焰系统运转示意图。

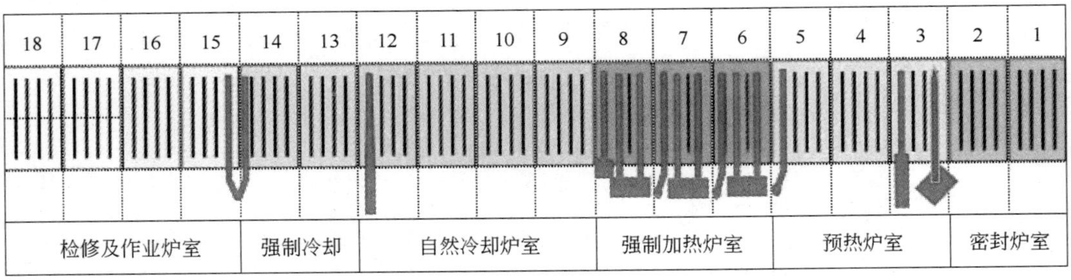

图 40-87 焙烧炉一个火焰系统运转示意图

A 敞开环式焙烧炉的结构

图 40-88 为敞开式焙烧炉结构示意图。

敞开式焙烧炉由多个结构相同的焙烧炉室组成，还附带有烟道、燃气或重油管道等。每个炉室有 5 ~ 9 个料箱，每个料箱两侧由加热火道和前后横墙围成。火道是一个加热火墙，热气流将热通过火墙传给料箱内的焙烧制品；它又是冷却墙，降温冷却的焙烧制品将热量通过火道墙传给火道内的冷空气。每个火道内设置三条挡火墙，以使火焰在加热火道内沿挡火墙上下蛇形流动，使整个火道内的温度分布均匀。

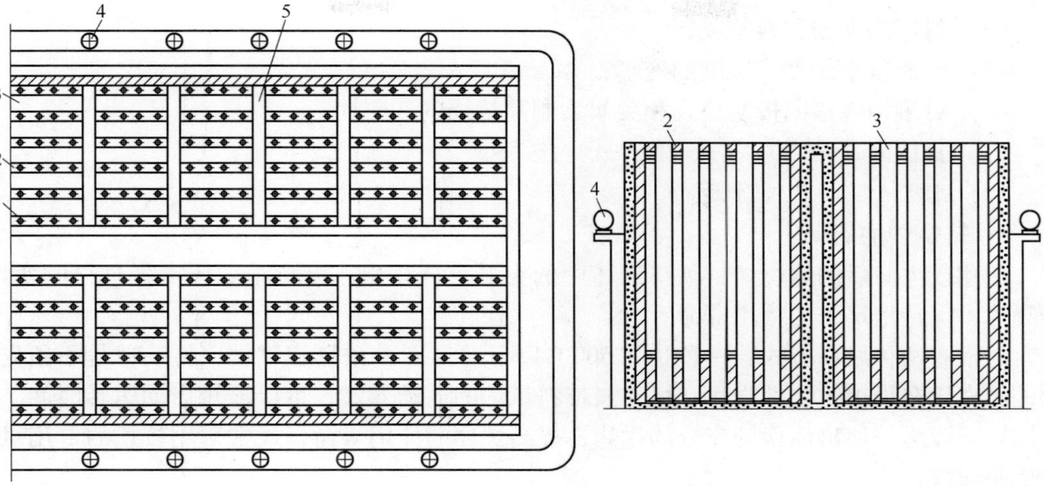

图 40-88　敞开式焙烧炉结构示意图
1—燃烧孔，观察孔；2—火道；3—料箱；4—烟道；5—横墙

每条火道的两端，通过焙烧室前后横墙上部的通道与相邻炉室的相应火道连通，因此横墙既是分隔前后炉室的墙，也是连通前后火道的墙。

位于炉子两端的连通火道，将两排炉室的烟气连通起来，使两排炉室的火焰系统能够互相循环，两个火焰系统就能连续不断地运行。

敞开式焙烧炉的基本尺寸见表 40-71。

表 40-71　敞开式焙烧炉基本尺寸

尺寸名称	参　数		
	38 室	38 室	54 室
焙烧炉宽度/mm	14972	27100	25120
炉室尺寸(长×宽)/mm×mm	3864×4980		9356×3300
相邻焙烧室中心距/mm	4320	4320	3740
两列焙烧室中心距/mm	7764	13220	14470
每个炉室料箱数/个	3	6	7
料箱尺寸(长×宽×深)/mm×mm×mm	3864×1030×4292	3880×860×3950	3300×810×4040
料箱容积/m^3	17.1	13.18	10.8
火道墙高度/mm	4292	3950	4040
火道墙厚度/mm	470	460	
火道宽/mm	260		240
烟道尺寸/mm			ϕ1470

关于料箱尺寸问题的确定主要考虑以下几个方面：

（1）阳极炭块尺寸；

（2）近年来普遍采用的立装的安排方式；

（3）由焙烧多功能天车操作，如每次夹 7 块，料箱的安排要与之相适应；

（4）料箱深度与燃料有关；

（5）考虑料箱长度、宽度的变形；

（6）对多种规格阳极炭块及相关炭素制品焙烧的适应性；

（7）其他因素。

B　阳极焙烧炉的操作运行

a　焙烧炉的启动

新建或大修后的焙烧炉，须将砌体中的大量水分排出，以防止炉体发生过早的变形、开裂等，保持焙烧炉的使用寿命。

通常有两种启动方式：一种是在 500℃以下的温度内预热和烘干；另一种是不预先烘干，而直接在烘炉时装上炭块和填充料带料烘炉的启动方式，可以缩短启动运转时间。但在烘炉阶段为了使砌体得到充分的烘烤，提高炉体的使用寿命，通常采用较长的专用烘炉焙烧曲线进行。

b　敞开式焙烧炉的运转规律

以 2 个火焰系统的 36 室敞开式焙烧炉为例，图 40-89 所示为其运转规律示意图。

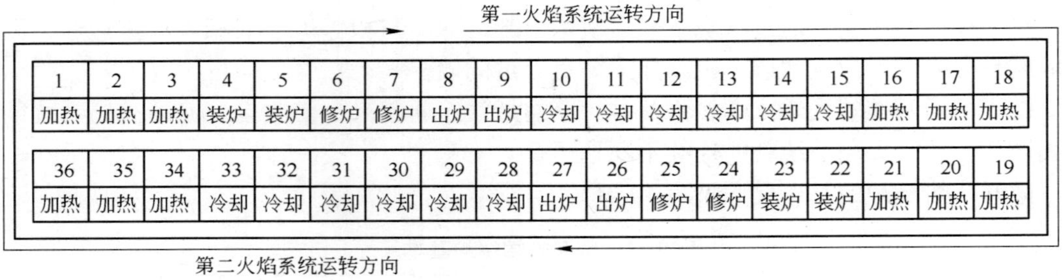

图 40-89　36 室焙烧炉运转示意图

从图 40-89 中可以看出，从 8 号炉到 25 号炉组成一个火焰系统，从 26 号炉到 7 号炉组成另一个火焰系统。在第一个火焰系统中，8、9 号正在出炉，10 ~ 15 号处于冷却中，16 ~ 21 号炉进行加热，其中 16 号炉处于高温阶段，21 号炉刚进入系统中处于预热状态，烟气在 21 号炉尾部经烟斗汇集到烟道中，22、23 号炉正在装炉，24、25 号炉正在维修。另一个加热系统也以相同的顺序进行生产。

经过一定时间的加热后，处于 16 号炉的燃烧架，21 号炉上的烟斗以及测温测压架和冷却风机等，都随系统向前移动一个炉室。9、10 号炉出炉，11 ~ 16 号炉冷却，17 号炉处于高温阶段，22 号炉进入系统中预热，23、24 号炉装炉，25、26 号进行修炉。

前后两个炉室进入加热系统的时间间隔，是根据所采用的升温曲线和加热系统中包含的加热炉室数量来决定的。例如，采用 448h 升温曲线，每个系统中有 8 个炉时处于加热状态，则时间间隔为 448/8 = 56h，即每相隔 56h 就有一个炉室进入加热状态，同时又有一个炉室由高温转向冷却。

对于多个火焰系统，为了避免各火焰系统同一时间都有一台炉室进入加热高温，而需要大量的燃料，以致造成燃料负荷不均，各相邻火焰系统的运行时间表应有一个滞后时间差。滞后时间差的长短视相邻炉室进入加热状态的时间间隔以及火焰系统的数量而定。一般可用下式计算：

$$t_1 = \frac{t}{n} \tag{40-32}$$

式中　t_1——相邻火焰系统滞后时间差，h；

t——相邻炉室进入加热状态的间隔时间，h；

n—— 一台焙烧炉中火焰系统数。

c　燃烧控制系统

图 40-90 为炭素焙烧燃烧控制系统现场装置图，图 40-91 为炭素焙烧燃烧控制系统画面图。

图 40-90　炭素焙烧燃烧控制系统现场装置图

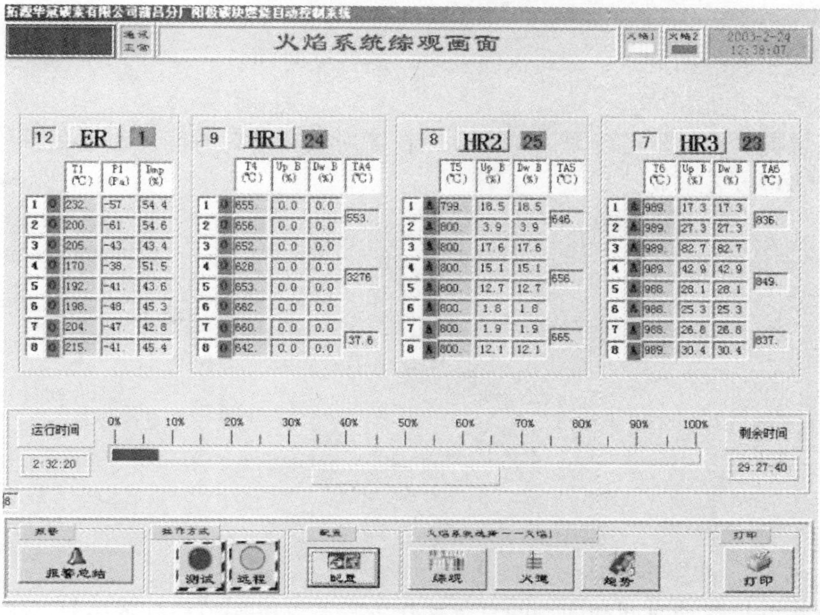

图 40-91　炭素焙烧燃烧控制系统画面

焙烧炉燃烧控制系统由排烟架（ER）、测温测压架（TPR）、燃烧架（HR）、零压架（ZPR）、鼓风架（BR）、冷却架（CR）组成，其结构如图 40-92 所示。

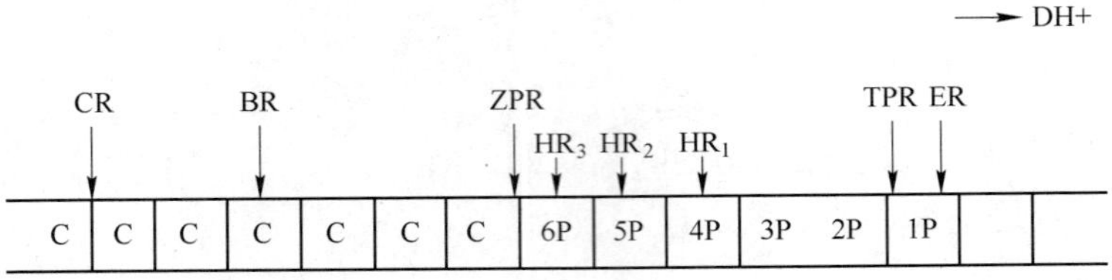

图 40-92　燃烧控制系统

BR—鼓风架；CR—冷却架；DH + —数据高速通道及网络；ER—排烟架；TPR—测温测压架；ZPR—零压架；HR—燃烧架；P—焙烧区（1P ~ 3P）预热区，4P ~ 6P 主加热区；C—冷却区

燃烧控制系统主要功能是对预热区和焙烧区各料箱、火道的温度和负压进行有效的控制，使其在工艺要求的升温曲线和负压范围内对料箱中的阳极炭块进行预热、焙烧、冷却，并对焙烧进行记录、存储、管理等优化控制。

焙烧过程控制原理：从焙烧炉各点采集的温度和负压信号经本地控制系统可编程 PLC 节点控制器处理，并周期性传输至中央控制室调节站，调节站将这些信号与设定值进行对比分析处理，并将指令通过 PLC 节点控制器送至燃烧器的电磁阀以调节燃料输入量和排烟架蝶阀开度，达到温度和负压的调节。在整个焙烧过程中，控制量受多种因素的影响，如负压大小、火道间的含氧量及气流流速、炉体的密封程度等，但最为直接的控制量为烧嘴的燃料输入量。烧嘴的燃料输入量由以下条件决定：

（1）最大功率 P_p，即在烧嘴常开时燃料最大流速，对于重油主要取决于重油的黏度、油温、供油压力和烧嘴喷油嘴的口径尺寸；对于天然气主要取决于天然气压力和烧嘴口径尺寸。

（2）喷射的持续时间 τ，即每次喷射燃料的持续时间。

（3）喷射脉冲的频率 f。

通常系统提供燃料管道压力恒定，故燃料喷射量和喷射时间可以看做线性关系处理，因此烧嘴功率可以表示成：

$$P = P_p \times \frac{\tau}{T} \tag{40-33}$$

式中　P——输出功率百分数，%；

P_p——最大功率，%；

τ——喷射持续时间，ms；

T——周期，ms。

$$f = 1/T$$

式中　f——喷射脉冲频率，Hz。

这样就能够把喷油时间和周期的百分比作为控制温度调节器的输出量。

焙烧过程调节原则：（1）300℃以前快速升温，减少制品上下性能差异。（2）在

350～550℃段，放慢升温速度，防止制品裂纹，同时保证挥发分的充分燃烧。(3) 各火道负压均匀，火道均匀升温，火道间温差最小。(4) 增加保温时间，减少裂纹产生。(5) 降低隔墙局部过热（一般采用脉冲加热来实现），保证耐火砖寿命。

焙烧炉燃烧控制系统国外供应商主要有法国 Setaram 公司、瑞士 R&D 公司、德国 Innovatherm（伊诺瓦）公司等，国内供应商主要有北京华邦天控科技发展有限公司、贵阳振兴铝镁科技公司、沈阳博宇科技有限公司等。

北京华邦天控科技发展公司是目前全球最大的炭素焙烧控制系统生产厂商，在国内率先提出故障状态控制、边火道控制、拐弯模式自动识别与控制、沥青燃烧控制、热电偶校正、温度数学控制模型、CO 监测系统等概念并应用于控制系统，效果良好。

d 焙烧制品的装出炉制度

装炉前检查阳极生坯外观符合质量要求，焙烧炉经修理后符合装炉要求，料箱温度不高于 60℃。首先在料箱底部铺一层 50～80mm 厚的填充料，再垂直放入第一层阳极生坯，要求制品与火道墙相距 60～80mm。然后装入填充料，再装入第二层阳极生坯，要求两层阳极间的距离不小于 50mm。待最上层生坯装完后，保证生坯顶部到火道表面的距离不小于 500mm，并将填充料填实。

在冷却炉室的温度达到规定的温度（一般为 150～200℃）以后，先将上层的填充料取出，再取出上层阳极炭块，之后依次取出填充料和阳极，直到将填充料和炭块全部取出。

出炉的阳极炭块表面黏附有填充料，需要经过清理、外观检查后作为成品炭阳极堆放。

e 阳极焙烧热工制度

阳极焙烧热工制度包括温度制度和压力制度。

(1) 温度制度。温度制度应符合“两头快，中间慢”的原则。炉温主要靠控制燃料供给量和空气量等进行调节。一般高温炉室供给燃料，低温炉室靠热烟气加热。预热空气的供给，从冷却炉室火道吸入的冷空气经热交换后进入高温炉室。温度的上升应严格按温度曲线的要求进行调节，如果温度波动较大，应在规定的时间内调整正常。升温曲线依据产品的规格和产量要求等因素制定。常见的 180h 曲线和 240h 曲线见表 40-72 和表 40-73。

表 40-72 敞开式焙烧炉 180h 升温曲线

炉室号	温度区间/℃	升温速度/℃ · h^{-1}	时间/h
1	150～500	9.8	36
2	500～700	5.6	36
3	700～1000	8.4	36
4	1000～1250	10.5	24
5	1250	保温	48
			合计：180

表 40-73 敞开式焙烧炉 240h 升温曲线

炉室号	温度区间/℃	升温速度/℃ · h^{-1}	时间/h
1	150 ~ 450	7.5	40
2	450 ~ 600	3.8	40
3	600 ~ 700	4.0	40
4	700 ~ 1000	6.0	40
5	1000 ~ 1250	7.8	32
6	1250	保温	48
			合计：240

(2) 压力制度。加热炉室都应处于负压状态，负压的产生来源于烟囱和风机的抽力。负压的大小依靠调节排烟机的风门、调节烟斗与各个火道连接支管上的挡板实现，高温炉室的负压一般维持在 5.0Pa。

f 阳极炭块的清理

出炉后的阳极表面通常粘有填充料，特别是炭碗内的填充料，必须经过清理干净后才能作为成品炭阳极。在现代化大企业中，采用自动清理设备。

g 敞开式焙烧炉的砌筑

(1) 敞开式焙烧炉用耐火材料。焙烧炉横墙、火道、燃烧孔、连通火道等，承受1200℃以上的高温作用，而且要受到每一个火焰周期内温度变化的影响。因此，应采用机械强度高和荷重软化温度高、热稳定性较好的黏土砖来砌筑。表 40-74 和表 40-75 为黏土质耐火砖理化指标（YB/T 5106—2009），表 40-76 和表 40-77 为黏土质耐火砖外形要求（YB/T 5106—2009），表 40-78 为一台 54 室 7 料箱敞开式焙烧炉砌筑材料需用量。

表 40-74 专业用途黏土砖的理化指标

项 目	规 定 值		
	ZN-45	ZN-40	ZN-36
$w(Al_2O_3)$/%	≥45	≥40	≥36
0.2MPa 荷重软化开始温度/℃	≥1430	≥1380	≥1350
加热永久线变化（1400℃ ×2h)/%	-0.2 ~ +0.1	-0.3 ~ +0.1	-0.4 ~ +0.1
体积密度/g · cm^{-3}	2.00 ~ 2.40		
显气孔率/%	≤16	≤19（22）	≤22（24）
常温耐压强度/MPa	≥60	≥40（35）	≥35（30）

注：1. 体积密度为设计用砖量的参考值，不做考核。

2. 括号中数据为格子砖或手工成形砖指标。

表 40-75 普通用途黏土砖的理化指标

项 目	规 定 值		
	PN-1	PN-2	PN-3
0.2MPa 荷重软化开始温度/℃	≥1300	≥1250	≥1200
加热永久线变化（1350℃ ×2h)/%	-0.5 ~ +0.1	-0.5 ~ +0.2	—
显气孔率/%	≤24	≤26	≤28
常温耐压强度/MPa	≥30	≥25	≥20

表 40-76 专业用途黏土砖的尺寸允许偏差及外观 （mm）

项目			规定值		
			格子砖	其他砖	
尺寸允许偏差①			长、宽度 +1，-3	尺寸≤100	±1
			高度 ±3		
			相邻孔间距 ±1	尺寸 >100	±1.0%（最大 ±4mm）
扭曲	尺寸≤350		—	≤1.5	
	尺寸 >350		—	≤2.5	
缺角长度（$a+b+c$）			≤40	≤50	
缺棱长度（$e+f+g$）			≤50	≤60	
熔洞直径	工作面		≤6		
	非工作面		≤8		
裂纹长度	宽度 <0.25		≤30	不限制	
	宽度 0.25 ~ 0.50		不准有	≤50	
	宽度 >0.50	工作面	不准有	不准有	
		非工作面		≤50（不超过 2 处）	

①可根据用户要求，按砖的一个主要尺寸进行分档。

表 40-77 普通用途黏土砖的尺寸允许偏差及外观 （mm）

项目			规定值
尺寸允许偏差①		尺寸≤100	±1.5
		尺寸 >100	±1.5%（最大 6mm）
扭曲	尺寸≤350		≤2
	尺寸 >350		≤3
缺角长度（$a+b+c$）			≤70
缺棱长度（$e+f+g$）			≤90
熔洞直径	工作面		≤7
	非工作面		≤10
裂纹长度	宽度 <0.25		不限制
	宽度 0.25 ~ 0.50		≤80
	宽度 >0.50	工作面	不准有
		非工作面	≤60

①可根据用户要求，按砖的一个主要尺寸进行分档。

表 40-78 54 室 7 料箱敞开式焙烧炉砌筑材料需用量估算

材料名称	黏土标砖	黏土质隔热砖	异型黏土砖	黏土质耐火泥	硅酸盐水泥	黏土颗粒	矾土水泥	硅酸铝干毡	石棉绳	隔热耐火颗粒
单位	t			m^3	t	m^3	t	m^3	t	m^3
需要量	1025	1270	5584	707	50	175	60	116	2	125

现代化大型阳极焙烧炉多采用耐火度更高的莫来石和低蠕变黏土质耐火砖砌筑，以提高炉子的使用寿命和导热性。某厂莫来石砖理化指标见表 40-79。

表 40-79　某厂莫来石砖理化指标

项　目	单　位	指　标	项　目	单　位	指　标
SiO_2	%	≥36.34	抗压强度	MPa	≥47
Al_2O_3	%	≥58.96	0.2MPa 荷重软化温度	℃	≥1490
Fe_2O_3	%	≤1.19	耐火度	℃	≥1770
CaO	%	≤0.33	开孔度	%	≤19.9
MgO	%	≤0.22	1400℃残余收缩率	%	≤0.10
$Na_2O + K_2O$	%	≤0.35			

（2）砌筑前应具备的条件：

1）所在厂房屋面建成，能防雨防雪；

2）炉体和烟道的混凝土基础经检查符合设计要求；

3）炉体施工前，厂房内的桥式起重机安装完毕，并能使用。

（3）测量放线和立标杆。砌砖前应复测上道工序所交出的纵、横中心线及标高，据此定出各炉室的中心线。在混凝土基础上，根据炉体纵、横中心线画出底层砖的边线，沿其外侧设立线杆。线杆上设标高和刻画砖层线。线杆要定期检查，以免发生误差。

（4）炉体的砌筑：

1）先在基础上铺垫一层 20 ~ 30mm 厚的干砂，再砌筑黏土质隔热耐火砖和黏土砖。每层炉底砖的表面应平整。最上层炉底砖表面的平整误差不得大于 3mm。

2）火道墙与横墙间、侧墙与横墙间均采用滑动接头，并留设直通式膨胀缝，如图 40-93和图 40-94 所示。膨胀缝尺寸应准确，以便砌体不因膨胀受阻而变形。侧墙和横墙上凹形砌体的内表面应平直，其线尺寸误差为 0 ~ 3mm。

3）砌筑有锁砖结构的装配式火道墙时，可按其高度分成若干段进行。每砌完一段，应清扫锁口内的杂物，确认合格后才可砌筑锁砖，将砌体固定，下段未经固定不得继续上

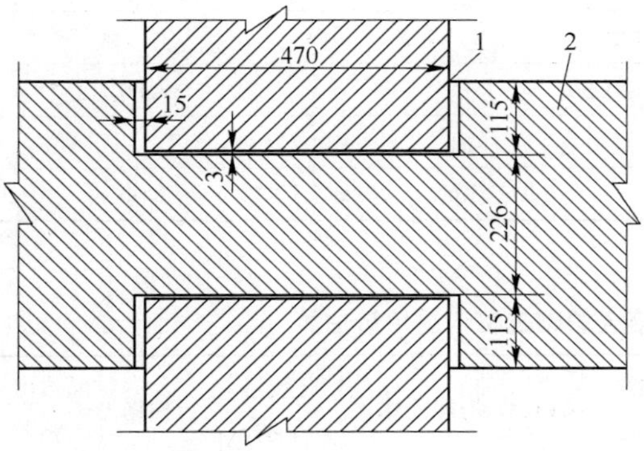

图 40-93　火道墙与横墙交界处的膨胀缝

1—火道墙；2—横墙

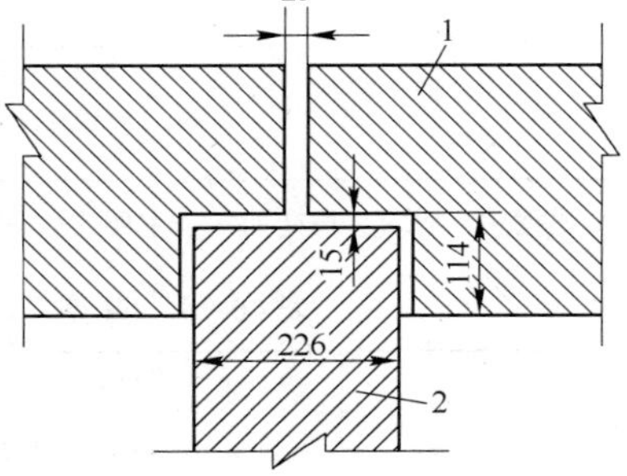

图 40-94　侧墙与横墙交界处的膨胀缝

1—侧墙；2—横墙

段的砌筑。两侧对称的锁砖应同时嵌入，锁砖的宽度与锁口的尺寸相适合。砌筑锁砖时，应防止火道砌体发生变形和位移。

4）火道封顶砖下部砌体的砌筑应符合敞开式焙烧炉生产工艺的要求。为了生产时焙烧制品的挥发分能充分地进入火道内燃烧，减少污染，节约能源，火道封顶砖下部砌体的砖缝要有一定的透气性。但是，砖缝宽度不宜过大，透气程度又必须适宜，否则会使制品氧化，砌体的结构强度降低。实践中，控制砖缝宽度比较有效的办法是采用稀泥浆（泥浆的加水量宜为40%～60%）沾浆砌筑，砖缝宽度不超过0.5～1.5mm；另一种办法是该部砌体砌筑时，水平缝采用铺浆砌筑，砖缝宽度为2mm，朝向料箱面的垂直缝则砌成1mm宽的空缝，缝内可插入相应厚度的薄铁板，砌完后抽出。

5）炉内所有孔洞应清洁，在换向和封闭前，均应彻底清扫以保证各孔道畅通。

6）料箱墙（包括火道墙和横墙）每砌筑一定高度后，应及时检查其线尺寸（宽度误差为±3mm）、垂直度（误差为每米3mm，全高8mm）及料箱中心线的间距（误差为±2mm）。

火道墙每层砖的上表面均应平整，误差不得大于3mm，火道顶表面标高误差为±5mm。

C　国内外阳极焙烧炉主要技术指标对比

表40-80为国内外阳极焙烧炉主要技术指标对比。国内阳极焙烧炉与国外的差距主要体现在能耗、炉子寿命、温差、焙烧周期（影响炉子产能）、火道修理等方面，这也是国内阳极焙烧炉今后努力的方向。

表40-80　国内外阳极焙烧炉主要技术指标对比

序　号	项　目	国外先进指标	国内水平
1	吨阳极能耗/GJ	2.0～2.2	2.4～2.8
2	炉子寿命/周期	130～180	80～130
3	温差/℃	±50	±75
4	火焰移动周期/h	24～28	24～32
5	火道修理	整体吊装、炉外修理	炉内人工修理

40.2.7.5　阳极焙烧的主要机械装备

阳极焙烧的主要机械装备包括焙烧多功能机组（也称为焙烧多功能天车）、炭块堆垛天车、生阳极编组机组（也称为编组站）和焙烧炭块清理机组（也称为清理站）等。

A　焙烧多功能机组

a　阳极焙烧多功能机组的功能

阳极焙烧多功能机组是主要用于铝用阳极焙烧炉产品和填充料装出炉生产作业的大型专用设备，处于高温、高粉尘的恶劣生产环境，完成阳极焙烧生产的下列操作：

（1）从阳极焙烧炉一端的编组机上夹取编组后的阳极（目前对阳极块一般采用侧立、双排编组，7×2=14块/次），夹放在焙烧炉端的场地，或直接装入焙烧炉室；

（2）焙烧后的阳极由多功能机组夹具从炉内取出（14 块/次或 7 块/次），由多功能天车夹具夹至炭块清理机上或者夹放在焙烧炉端的场地；

（3）从焙烧车间填充料坑中吸取填充料；

（4）向装炉炉室充填填充料；

（5）从焙烧后的炉室中吸取出填充料；

（6）把填充和抽吸过程中收集的粉尘排放至储存粉尘仓；

（7）通过辅助吊钩完成焙烧炉用设备的换位作业（排烟架、燃烧架、冷却架、鼓风架等）和炉修材料的吊运等作业。

图 40-95 为阳极焙烧多功能天车实物图。

图 40-95 阳极焙烧多功能天车实物图

b 焙烧多功能机组组成

焙烧多功能机组由下列部分组成：

（1）大车系统。由大车桥架、行走机构、辅助吊装电葫芦等机构组成。

（2）小车系统。主要由双阳极夹钳机构、填充料装出炉装置、小车行走机构、驾驶室和小车架组成。

（3）电控系统。包括配电设备（配电、控制、操作、照明）、PLC 系统、编程器、变频器、电缆（动力和控制）、电动机及保护系统。

图 40-96 所示为焙烧多功能天车结构简图。

c 对阳极焙烧多功能机组主要参数的要求

以某炭素厂为例，对阳极焙烧多功能机组主要参数要求如下：

（1）夹具夹起阳极块提升至上限时，阳极底部及阳极焙烧多功能天车最低点离焙烧炉顶面净空高度为：≥2.700m；

（2）阳极夹具：7 块/夹具 ×2，双夹具可以联动，也可单独动作；

（3）夹具垂直行程：8.400m；

（4）抽吸填充料：55 ~ 65m^3/h（在正常工况 260℃时）；

（5）储存填充料有效容积：≥37m^3；

（6）粉尘料箱有效容积：3m^3；

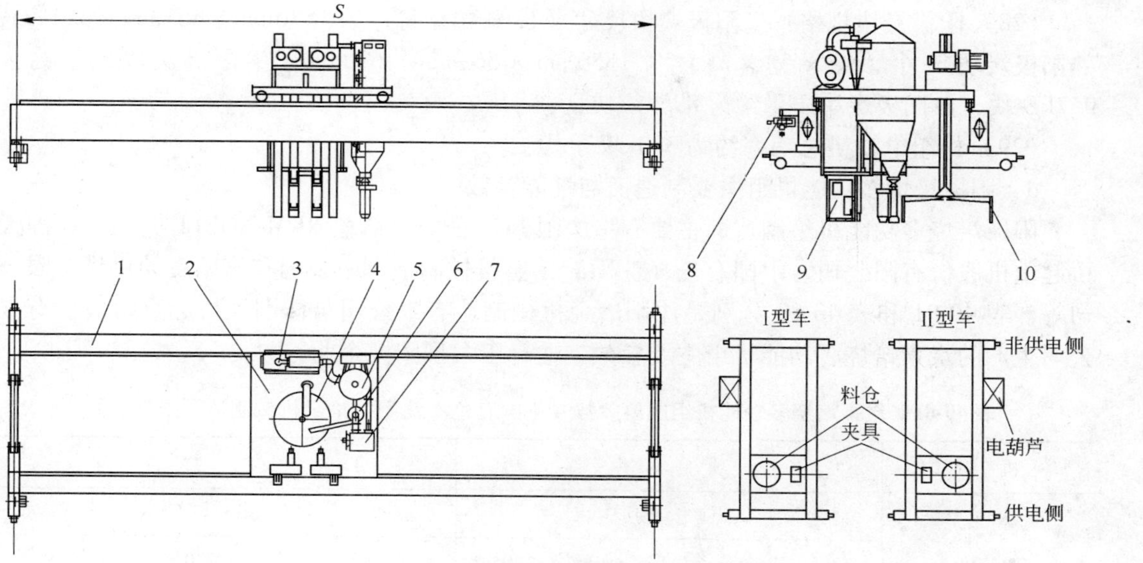

图 40-96 焙烧多功能天车结构简图

1—大车；2—小车；3—真空泵；4—料仓；5—布袋除尘器；6—旋风除尘器；
7—冷却器；8—电葫芦；9—驾驶室；10—夹具

（7）加入填充料：75～80m^3/h；

（8）辅助卷扬：10t；

（9）抽吸填充料温度：正常≤260℃（最高350℃）；

（10）填充料加料管垂直行程：8.500m；

（11）填充料吸料管垂直行程：8.500m；

（12）副钩能够抵达焙烧炉底标高：－2.00m；

（13）辅助吊钩（10t）提升到上限时离焙烧炉顶面净空高度：≥4.5m；

（14）阳极焙烧多功能天车行走采用变频调速；

（15）大车横梁额定负荷下的最大挠度：≤L_k×1/1000（L_k 为天车大车的轮跨距）；

（16）小车横梁额定负荷下的最大挠度：≤L_k×1/800；

（17）天车定位方式为激光定位；

（18）定位精度：±10mm；

（19）大车缓冲器为橡胶缓冲器；

（20）大车行走速度范围：6～60m/min（变频调速）；

（21）小车行走速度范围：4～40m/min（变频调速）；

（22）大小车行走轮表面硬度（HB）：350～380；

（23）天车防撞装置：激光防撞；

（24）风机类型：罗茨风机；

（25）粉尘排放浓度（标态）：≤10～20mg/m^3；

（26）噪声：＜90dB(A)(1m 处)；

（27）设有天车行走闪烁警示灯；

（28）阳极炭块规格：生阳极炭块尺寸（长×宽×高）为 1570mm×665mm×623mm，熟阳极炭块尺寸（长×宽×高）为 1550mm×660mm×620mm，生阳极炭块质量约为 957kg/块，熟阳极炭块质量约为 895kg/块；

（29）机组电动机总功率约为 380kW。

d 阳极焙烧多功能机组主要制造商与性能参数

阳极焙烧多功能机组制造商主要有：法国 ECL 公司、荷兰 NKM-NOELL 公司、株洲天桥起重机股份有限公司、中国有色（沈阳）冶金机械制造有限公司和洛阳震动机械有限公司等。表 40-81 和表 40-82 分别是沈阳冶金机械制造有限公司与株洲天桥起重机股份有限公司生产的炭素焙烧多功能机组主要参数，适合于大型阳极企业。

表 40-81 炭素焙烧多功能机组主要参数（中国有色（沈阳）冶金机械制造有限公司）

机 构	项 目 名 称	参 数
整 机	工作级别	A6 ~ A7
	质量(不含电器)/t · 台$^{-1}$	212 ~ 220
	总装机容量/kW	约 340
大 车	大车工作级别	M6 ~ M8
	大车跨度/m	28.5 ~ 34.5
	大车运行速度/m · min^{-1}	5.5 ~ 60(变频无级调速)
小 车	小车工作级别	M6 ~ M7
	小车运行速度/m · min^{-1}	3.25 ~ 32.5(变频无级调速)
吸卸料系统	吸料管升降速度/m · min^{-1}	0.8/8
	吸料管升降行程/m	7.9
	卸料管升降速度/m · min^{-1}	0.8/8
	卸料管升降行程/m	8.2
卷扬机构	卷扬机构工作级别	M6 ~ M7
	起升速度/m · min^{-1}	2 ~ 10(变频无级调速)
	单夹具起重量(含夹具)/t	8 ~ 20
	夹具升降行程/m	7.9
料 仓	大料仓容积/m^3	20 ~ 40
	吸/卸料能力/m^3 · h^{-1}	40 ~ 65/60 ~ 80
	处理物料温度/℃	260 ~ 350
	空气冷却器出口温度/℃	≤90
罗茨真空泵	风量/m^3 · min^{-1}	132
	真空度/kPa	-39.2
电动葫芦	移动电动葫芦起升质量/t	5 ~ 16
	升降速度/m · min^{-1}	0.7/7(双速)
	升降行程/m	12

表 40-82 炭素焙烧多功能机组主要参数（株洲天桥起重机股份有限公司）

机 构	项 目 名 称	参 数
整 机	整机工作级别	A5 ~ A7
大 车	大车工作级别	M6 ~ M8
	大车跨度/m	28.5 ~ 34.5
	大车运行速度/m · min^{-1}	5.5 ~ 55（变频）
小 车	小车工作级别	M5 ~ M7
	小车运行速度/m · min^{-1}	3.25 ~ 32.5（变频）
卷扬机构	卷扬机构工作级别	M5 ~ M7
	起升速度/m · min^{-1}	2 ~ 10（变频）
	单夹具起重量（含夹具）/t	8 ~ 20
	炭块装炉形式	侧立或卧装
料 仓	大料仓容积/m^3	20 ~ 40
	吸/卸料能力/m^3 · h^{-1}	40 ~ 65/60 ~ 80
电动葫芦	移动电动葫芦起升质量/t	5 ~ 16

图 40-97 为洛阳震动机械有限公司生产的简易型焙烧多功能天车，适合于中小型阳极生产企业，特别是后改造的企业。其主要特点为：

图 40-97 洛阳震动机械有限公司简易型焙烧多功能天车实物图

（1）将焙烧炉内的填充料抽出、分离、除尘，再进行回填及焙烧炉与编解组站之间阳极运送；

（2）主料仓采用计量传感器，料仓满仓时自动停止吸料；

（3）吸料管下部有回风耐磨吸料口，吸料速度快，允许吸 400℃以下炉料，使焙烧炉使用效率大大提高，抽吸填充料能力为 40 ~ 55m^3/h；

（4）放料管装有放料吸尘装置，在放料时将扬尘用小负压吸入布袋除尘器，没有扬尘，气体排放达到国家环保要求，改善工作环境；

（5）采用除尘器振动落灰装置，有效除去布袋上的灰尘，并增加布袋的使用寿命；

（6）冷却器采用三回路管道，用强压风机制冷，有效降低含尘气体温度；

(7) 阳极夹具为机械式自重夹具，夹具仅需自身的重量和被夹阳极的重量的共同作用即可将阳极夹紧，这样的夹紧形式完全不需另配夹紧动力源，而且安全可靠，夹具夹紧力的安全系数大于1.5；

(8) 夹具的夹紧臂采用可调结构，根据炭块大小规格不同，调整夹紧臂的安装位置，来调节夹具张开大小尺寸；

(9) 控制系统采用PLC技术。

B 炭块堆垛天车

阳极的堆放包括生坯的堆放和成品阳极的堆放，在中小企业一般是利用普通天车将炭块堆放起来。在现代化的大型企业里，采用专用的堆垛天车进行堆放，不仅炭块堆放整齐、提高了工作效率、降低炭块的破损率，而且与多功能天车的装出炉工作配套使用，提高了机械化水平。

a 阳极炭块堆垛天车基本功能

阳极炭块堆垛天车是有以下基本功能：

(1) 对炭块一组横向或纵向排列的炭块进行堆放和运输；

(2) 对炭块一组横向或纵向排列的炭块进行废块取出和合格块插入；

(3) 车间内零星吊运。

b 主要形式

机组分为横向夹块（10~11块/次）和纵向夹块（18~21块/次）两种基本形式，分别如图40-98和图40-99所示。

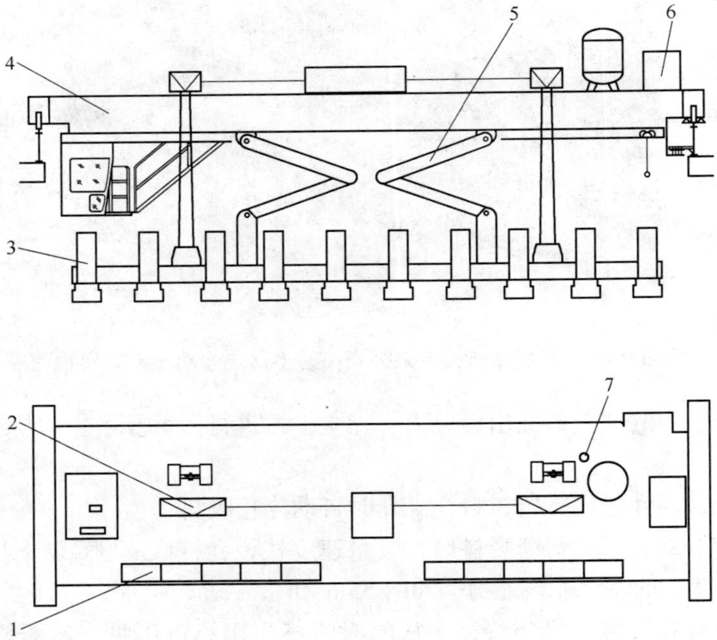

图40-98 横向夹块堆垛机组

1—电控系统；2—卷扬系统；3—夹具；4—桥架；
5—夹具导向装置；6—气动系统；7—润滑系统

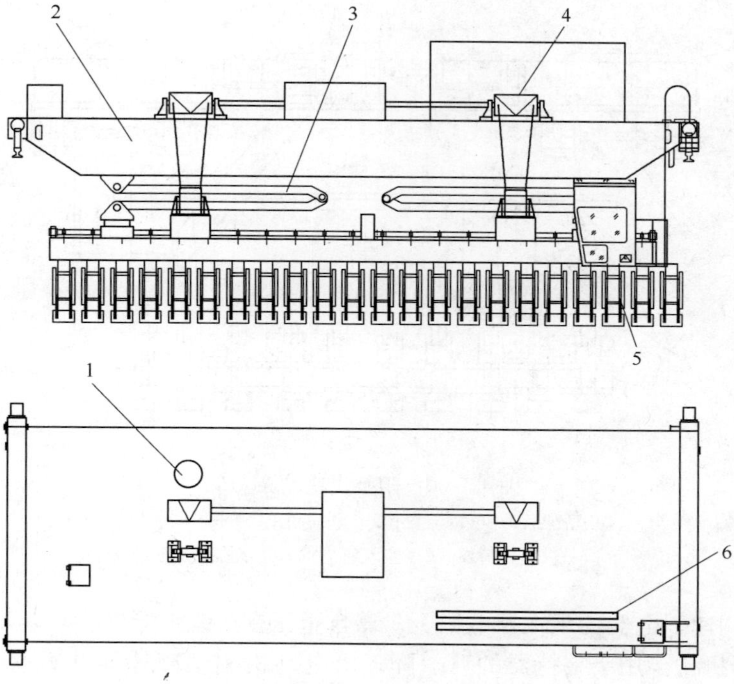

图 40-99　纵向夹块堆垛机组

1—润滑系统；2—桥架；3—导向装置；4—卷扬系统；5—夹具；6—电控系统

c　工作原理与主要结构

本节重点介绍横向夹块（10 ~ 11 块/次）炭块堆垛天车的工作原理与主要结构。

（1）堆垛天车的工作原理。在大车桥架上悬挂一装有若干个气动夹具的夹持器，一次可将若干块排列整齐的阳极炭块夹住并移动放下。夹持器的升降靠桥架上的主卷扬机构来实现，夹具的开放由机组自带的空气压缩机供气。夹持器尺寸很大，长达 14m，设置两个吊点，升降时要求两个卷筒同步工作。为防止升降或在机组运行时夹持器摆动，设有导向装置，使其工作时夹持器升降平稳、对位准确，夹持器随机组纵向运动，满足仓库内阳极炭块的堆放和运出。

阳极炭块堆垛天车的导向装置的另外一种结构形式的特点是：采用钢结构折叠式机，其钢架分成上下两段，中间采用铰接，上段的上面与天车桥架相铰接，下段下面与阳极夹持器横梁相铰接，同样用钢丝绳提升和落下。这样的结构形式，可以将电缆卷筒和空气管卷筒省掉，从而简化了设备的结构，减少维修量，同时提高了设备使用能力，降低了厂房的下弦尺寸。

（2）堆垛天车的结构组成。堆垛天车包括桥架、主卷扬机构、炭块夹持器、空气管卷筒、气动装置、电动葫芦、导向装置等部件（见图 40-100）。

1）桥架。包括主梁、端梁、走台栏杆、传动机构及导电架等。主梁为钢板焊接的工字形双梁结构，端梁为钢板焊接的箱形结构，主梁与端梁的连接采用紧固螺栓。在两个端梁的一端装有大车传动机构，由电动机、制动器、减速器及车轮组等组成。电动机为交流

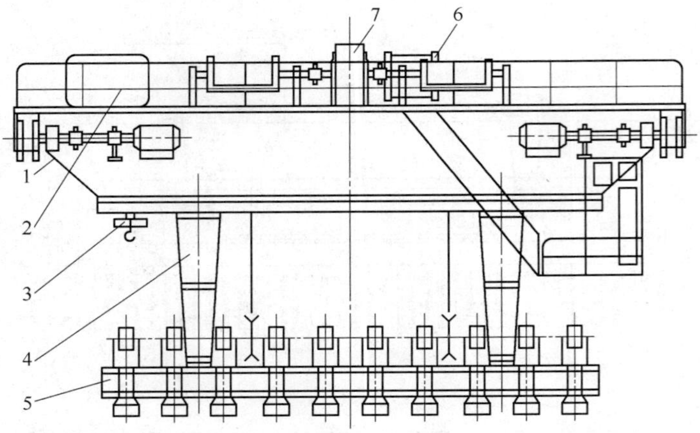

图 40-100　阳极炭块堆垛天车
1—桥架；2—气动装置；3—电动葫芦；4—导向装置；
5—炭块夹持器；6—空气管卷筒；7—主卷扬机构

绕线型，电阻调速。电器支承在导电架上，靠自重压在滑线上导电。

2）主卷扬机构。用于夹持器的升、降，由电动机驱动减速器并直联左右两支卷筒、各缠绕钢丝绳带动夹持器升降。为保证安全，主卷扬机构设两处电气保护装置，一处为在驱动电动机尾轴上的超速保护，一处为限位开关的限位保护。在机构上采用双制动器。为确保卷扬机构工作正常，桥架上设钢丝绳防松装置。

3）阳极炭块夹持器。由夹持器横梁、炭块夹子、气缸、连杆、夹臂、夹板、缓冲器等组成。夹子排列在横梁上（共 10 个），夹子的夹紧和松开由气缸控制，气缸带动连杆并压缩弹簧使夹臂转动，带动活动夹臂，靠弹簧将阳极炭块夹紧和松开。其特点有二：一是当夹紧时由缓冲器放能以保持夹子的夹紧力，不受气源压力波动的影响；二是为防止气源突然中断压力消失使夹子松开，在夹子上设有自锁装置。

4）空气管卷筒。阳极炭块夹持器开闭靠气缸操纵，夹持器升降空气导管必须跟随升降。空气导管较粗，行程较长，为使空气导管伸缩自如正常，在桥架上设有空气管卷筒。压缩空气从卷筒回转接头导入，通过中空轴进入缠绕在卷筒上的软管，导至下部的夹具横梁上。夹持器下降时胶管拉长，带动卷筒旋转，蓄能弹簧扭紧。夹持器上升时，蓄能弹簧释放能量，带动卷筒反向旋转，将软管绕在卷筒上。

5）气动装置。安装在桥架上，由空气压缩机、储气罐及各种气动换向阀和管件组成，向各供气点供气。

6）电动葫芦。桥架一侧主梁底部设一工字钢梁，其上安装一台 2t 电动葫芦，可吊运单块阳极炭块或其他重物。

7）导向装置。采用圆柱形结构，固定部分固定于桥架底部，活动部分固定于夹持器横梁上。配置上下两道滑动轴承，运行平稳，导向精确。

d　阳极炭块堆垛天车的主要制造商与性能参数

阳极炭块堆垛天车的制造商主要有：法国 ECL 公司、荷兰 NKM-NOELL 公司、株洲天桥起重机股份有限公司和中国有色（沈阳）冶金机械制造有限公司等。图 40-101 为国产的阳极炭块堆垛天车实物图（21 块/次）。表 40-83 和表 40-84 分别是中国有色（沈阳）冶金机械制造有限公司与株洲天桥起重机股份有限公司生产的阳极炭块堆垛天车的主要参数。

图 40-101 国产的阳极炭块堆垛天车实物图

表 40-83 中国有色（沈阳）冶金机械制造有限公司炭块堆垛天车主要参数

机 构	项 目	横向夹块	纵向夹块
整 车	工作级别	A6 ~ A8	A6 ~ A8
	总装机容量/kW	47 ~ 72	47 ~ 72
桥 架	工作级别	M6 ~ M8	M6 ~ M8
	跨度/m	13.5 ~ 22.5	13.5 ~ 22.5
	运行速度/$m \cdot min^{-1}$	6 ~ 60（变频无级调速）	6 ~ 60（变频无级调速）
主卷扬系统	工作级别	M6 ~ M8	M6 ~ M8
	起重量(含夹具)/t	22 ~ 25	22 ~ 25
	起升速度/$m \cdot min^{-1}$	2 ~ 6.5	2 ~ 6.5
夹 具	夹持方式	气动自锁	自重连杆
	夹具夹持力/kN	30 ~ 33	≥30
	升降速度/$m \cdot min^{-1}$	2.5 ~ 6.5（变频无级调速）	2.5 ~ 6.5（变频无级调速）
电动葫芦	工作级别	M3	M3
	起重量/t	2 ~ 3	2 ~ 3
	升降速度/$m \cdot min^{-1}$	8（单速）	8（单速）
	升降行程/m	9 ~ 12	9 ~ 12
空压机	排气量/$m^3 \cdot min^{-1}$	1	3.54
	排气压力/MPa	1	0.75
	电机功率/kW	22	22

表 40-84 株洲天桥起重机股份有限公司炭块堆垛天车主要参数

机 构	项 目	横向夹块	纵向夹块
桥 架	跨度/m	13.5~22.5	13.5~22.5
	运行速度/m·min^{-1}	6~60	6~60
	工作级别	M6~M8	M6~M8
主卷扬系统	起重量(含夹具)/t	16~25	25~55
	起升速度/m·min^{-1}	2~6.5	2~6.5
	工作级别	M6~M8	M6~M8
夹 具	夹持方式	气动自锁	自重连杆
	夹具夹持力/kN	30~33	≥30
	炭块数量和堆码层数	按工艺要求	
电动葫芦	起重量/t	2~3	2~3
	工作级别	M3	M3
整 车	工作级别	A6~A8	A6~A8

C 生阳极编组机组

生阳极编组机组主要通过对生阳极炭块的输送、推移、翻转、步进、移动，最终完成编组工作。在炭块库，板式输送机接收由堆垛天车夹来的一组生阳极（卧放，21 块/组），输送到焙烧车间，经过编组机组翻转、编组，编成 7 块/组的竖装生阳极，一次编成两组生阳极炭块，由焙烧多功能机组夹走。图 40-102 为国产生阳极炭块编组机实物图，单套机组产能为 56 块/h，编组机组要求配电功率约 70kW。

图 40-102 洛阳震动机械有限公司生阳极炭块编组机实物图

生阳极编组机的组成主要包括：生阳极炭块板式输送机、生阳极炭块辊道输送机、1 号推料机、2 号推料机、接料台、垂直翻转装置、步进移动台车、液压系统、电器系统等部分。

生阳极编组机组的制造商主要有：洛阳震动机械有限公司、乌江机电设备有限责任公司和山西东方智能物流股份有限公司等。

D　焙烧炭块清理机组

出炉后的阳极表面通常粘有填充料，特别是炭碗内的填充料，必须经过清理干净后才能作为成品炭阳极。在现代化大企业中，采用自动清理设备。

a　常用的焙烧炭块解组清理机组

炭块解组清理机组是将炭块解组清理的机械装置。由焙烧多功能机组将焙烧炭块组（竖装，两组，7 块/组）送入炭块解组清理机组，完成炭块解组（卧放，炭碗朝上）及表面清理和底部沟槽清理，并对焙烧块的合格与否进行人工检查、分类后，分别推入合格或不合格阳极炭块的输送机，送入炭块库。合格炭块每 21 块为一组，由堆垛天车堆放、储存；不合格炭块用堆垛天车或辅助吊钩单块夹走。单套机组产能为 25 ~ 30 块/h，解组清理机组要求配电功率约为 150kW。

焙烧炭块清理机组主要完成对焙烧炭块的接收、倾翻、推移、回转、刮削清理、底部沟槽清理、翻转、人工辅助清理，最终将焙烧炭块输送到下游输送设备上，并将废块输送到废块输送线上。它包括：焙烧炭块接收装置、炭块倾翻装置、1 号推料机、水平回转台、2 号推料机、刮板清理机、3 号推料机、翻转装置、辊式接料台、4 号推料机、清理台、5 号推料机、翻转喷吹落料机、1 号辊式输送机、6 号推料机、底部沟槽清理机、7 号推料机、8 号推料机、2 号辊式输送机、升降回转装置、9 号推料机、3 号辊式输送机、板式输送机、过渡辊道、焦粉输送系统、人工清理台及操作台、液压系统、电气系统等部分。

焙烧炭块清理机组的制造商主要有：洛阳震动机械有限公司、乌江机电设备有限责任公司和山西东方智能物流股份有限公司等。图 40-103 为洛阳震动机械有限公司生产的焙烧炭块清理机组。其特点有：可以采用独特的炭块底部开槽技术，实现炭块在清理后底部直接开槽，操作简便，效率高；采用炭碗吸料装置，有效地提高了设备的自动化程度，减少了操作人员的劳动量。

b　阳极刮板清理机

图 40-103　洛阳震动机械有限公司焙烧炭块清理机组实物图

（1）工作原理。解组后，焙烧阳极表面黏附的填充料需要清理，常用装置是刮板清理机。在刮板清理机内，有3组可伸缩的刮板，伸出后分别压在焙烧阳极炭块的上面和两个长侧面上，垂直于刮板方向移动炭块，刮板便将黏结在炭块表面的填充料刮掉。炭块分别由两条链式输送机运进和运出刮板机。刮板机设置在步进工位、刮板清理工位和翻转清理工位（见图40-104）。

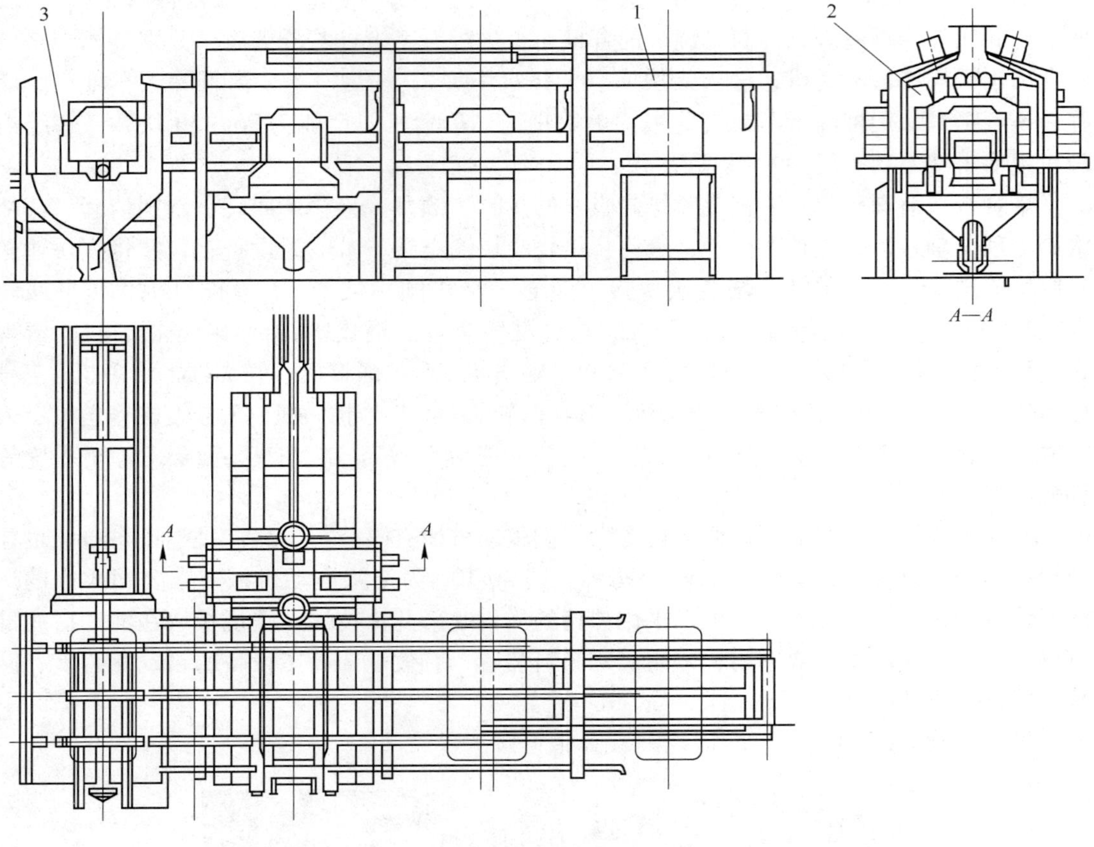

图 40-104 刮板清理机

1—步进机；2—刮板清理台；3—翻转工作台

炭块经运输机送入刮板步进机后，步进机将炭块横推到清理台上，台车将炭块运到刮板清理工位的三组刮板下，三组刮板伸出分别压在炭块上面和两个长侧面上，然后台车带着炭块垂直于刮板往复移动几次，刮板将接触部位的填充料刮掉后收回，台车带着炭块往返步进工位中部，步进机再将炭块向前横推到翻转清理工位的翻转工作台上，翻转工作台带着炭块翻转约45°，人工用风镐或铁铲清理炭块前后侧短面，并打松炭碗中的填充料，翻转工作台继续翻转145°，把炭碗中的填充料倒尽后复位，炭块推杆将炭块推出翻转清理工位完成清理。

（2）设备组成。阳极刮板清理机由步进机、刮板清理台、翻转清理台、液压系统、电控系统、焦粉收集系统和收尘系统等几部分组成：

1）步进机由移动车架、液压缸和3个可回转90°的单向推动臂等组成，可在炭块上方移动，一次可推动3块炭块。

2）刮板清理台由清焦台车、龙门架、3组刮板和液压缸等组成，台车可在龙门架下移动。

3）翻转工作台由翻转台和液压缸组成，另配有2把风镐。

4）液压系统采用双联油泵供油，可驱动13只缸工作。

5）电控系统采用可靠的PLC控制。

6）焦粉收集运输设备由漏斗、螺旋运输机、回转阀、皮带运输机组成。

7）收尘系统由布袋收尘器、除尘风机、收尘罩等组成。

（3）设备主要参数：

1）处理能力：10～20块/h。

2）刮板材料：高速工具钢，硬度HRC为64～65.5，厚度$\delta=4$。

3）刮板压力：约3MPa。

4）液压系统：油箱容积为800L，油泵压力为8MPa，油泵电机30kW，油泵流量为163L/min。

阳极刮板机具有生产率高，清理质量好，设备简单可靠，动力消耗少等特点。它的不足之处是需借助人工清理炭块前后短面和炭碗。

c　阳极炭块抛丸清理机组

另一种清理焙烧阳极表面黏附的填充料的装置是抛丸清理机组，阳极炭块抛丸清理机组分为主机和辅机两部分。主机为清理机，辅机为前、后翻转机。清理机由前密室、抛丸清理室、后密封室、机架、输送辊道、纵向及横向螺旋输送机、斗式提升机、钢砂下料器、钢砂和填充料分离与回收输送系统、气动系统、除尘系统、电控制系统组成。前、后翻转机由底座、托轮、旋转筒驱动装置、旋转筒、上下输送辊道、上部与侧部压紧装置、填充料回收装置、气动系统、电气控制系统组成（见图40-105）。

阳极炭块抛丸清理机组工作时，旋转筒调整在初始位置，筒内下辊道启动，每两块一组的炭块从编组辊道上由一端进入筒内限位后停止。筒内侧部4个气缸将炭块从侧面压紧，再由筒内上部4个气缸从上向下将炭块压紧。旋转筒启动向一侧旋转180°限位停止。先退回侧部气缸，再退回上部气缸使炭块落在上输送辊道上，上辊道启动将炭块送出翻转机后，旋转筒反转180°后回到初始位置。炭块经过渡辊道进入清理机前密封室，炭块拉开一定间距后进入抛丸清理室，此时气缸打开钢砂下料器分别向4个抛丸器送料，抛丸器从上、下、前、后4个不同角度高速抛出钢砂，将运行中的炭块表面清理干净，粉尘由除尘系统吸走。炭块经过后密封室时，鼓风机把其表面的残留物吹净，同时除尘系统将粉尘吸走。炭块再经过渡辊道将两块靠紧后进入后翻转机。后翻转机与前翻转机动作相同，将炭块再旋转180°后送出旋转筒，完成全部清理过程。

钢砂与清理下的填充料回收，由前、后翻转机底部的皮带输送机将其送至清理机底部的纵向螺旋输送机（两台），向中间集中后，送至横向螺旋输送机、斗式提升机，直至带筛螺旋输送机中。大部分钢砂和填充料被筛选分离后，钢砂送到下料器储仓或经溢出管返到横向螺旋输送机。填充料被收回送到料仓。少量留存于填充料中的钢砂，经磁选机分离后重复使用。

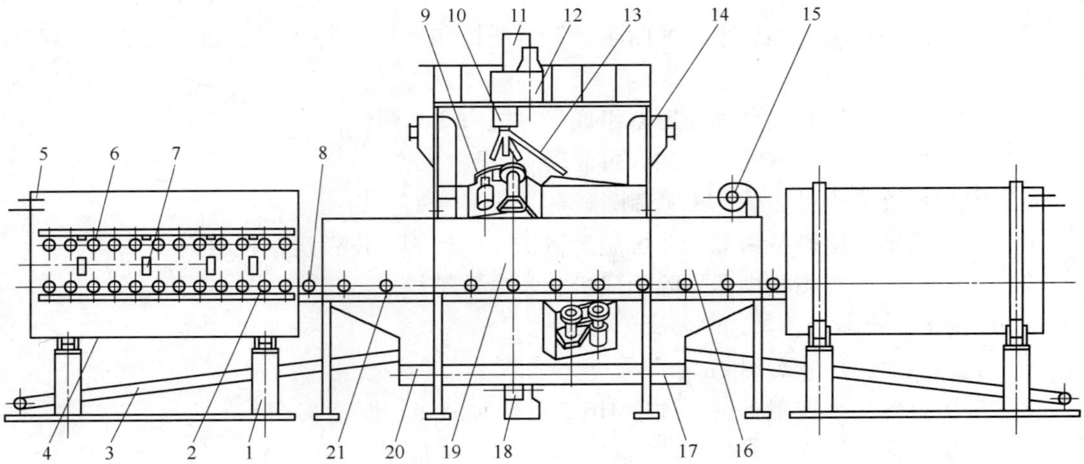

图 40-105　阳极炭块抛丸清理机组

1—机座；2—下辊道；3—皮带输送机；4—翻转筒；5—气动系统；6—上辊道；7—压紧装置；8—过渡辊道；9—抛丸器；10—钢丸储箱；11—斗式提升机；12—螺旋分离器；13—下料管；14—除尘系统；15—除尘风机；16—后密封室；17—纵向螺旋输送机；18—横向螺旋输送机；19—抛丸室；20—前密封室；21—输送辊道

40.2.8　阳极厂的规模

炭阳极的生产，可以作为电解铝企业的一个组成部分，向本厂配套供应阳极；也可以是独立的工厂，向多个电解铝厂供应所需要的阳极。具有一定规模的电解铝厂，且当可以获得方便的石油焦等阳极原料的供给时，宜配套建设阳极厂，不仅可以减少阳极运输的麻烦和途中损耗，而且便于处理残极。在可以大规模取得石油焦等原料的地方，建设独立的阳极炭块厂，可以实现更大规模的集中生产，并集中解决环保问题。

40.2.8.1　与电解铝厂配套的阳极厂规模

根据阳极的毛耗，通常按每吨电解铝配套 550～600kg 阳极产能设计。表 40-85 为不同规模预焙阳极工厂与对应的电解铝厂规模和槽型对照关系。

表 40-85　不同规模预焙阳极工厂与对应的电解铝厂规模和槽型对照关系

序　号	阳极生产规模/$kt \cdot a^{-1}$	可供的电解铝厂规模/$kt \cdot a^{-1}$	通常对应的电解铝槽型
1	60	100～120	160～200kA
2	120	200～220	300～320kA
3	160	250～280	350～370kA，一个系列
4	200	300～320	400kA 及以上一个系列
5	300	500～550	350kA，两个系列
6	600	1000～1200	400kA 及以上两个系列

40.2.8.2 独立的阳极工厂规模

独立的阳极工厂规模见表40-86。

表40-86 不同规模独立预焙阳极工厂规模与槽型

序号	阳极生产规模 /kt·a⁻¹	可供的电解铝规模 /kt·a⁻¹	序号	阳极生产规模 /kt·a⁻¹	可供的电解铝规模 /kt·a⁻¹
1	100	150～200	4	300	500～600
2	150	250～280	5	400	650～700
3	200	300～350	6	600	1000～1200

对于装备水平相近的预焙阳极工厂，随着规模的加大，单位产能投资越来越低，主要原因有：

（1）为保证生产用的装备虽然随规模增大，规格也有所加大，但其采购费用并不成比例增加。规模大的工厂，各工序主要装备的能力得到充分的利用。按国内目前的建设水平，单位投资的范围为每吨阳极2500～4500元。

（2）随阳极生产规模的增大，各种辅助设施及"三废"净化设施占总投资的比例越来越小。如某60kt/a规模的预焙阳极工厂，其辅助设施及"三废"净化设施的投资约占28%，另一个160kt/a的工厂，相应的投资比例降到20%以下。建筑安装工程所占的投资比例也大致如此。所以，随着阳极生产规模的加大，用于生产的有效投资比例大为提高。

（3）最明显的对比在于劳动生产率。大规模产能的预焙阳极工厂，因其装备水平和工业自动化水平高，必然导致劳动生产率提高和生产成本降低。如160kt/a规模的工厂，其劳动生产率为60kt/a规模工厂的2倍左右。

伴随着电解铝规模与阳极工厂主要工艺装备水平的发展，180～200kt/a或者350～400kt/a为预焙阳极工厂的最佳经济规模。

40.2.9 阳极生产的能耗

阳极生产需使用较多的燃料，因此对于阳极生产的能耗应该给予足够的重视。

40.2.9.1 能耗计算指标

在计算能耗指标时，采用标准煤为计算单位，阳极生产常用各种相关原料、燃料、动力的能耗指标和耗能工质的折标准煤系数见表40-87及表40-88。

表40-87 各种能源（原料、燃料、电力）热值与标准煤的折算

燃料名称	平均低位热发热量	折标准煤系数	燃料名称	平均低位热发热量	折标准煤系数
标准煤	29270kJ/kg	1.0kgce/kg	焙烧阳极	28433kJ/kg	0.9714kgce/kg
原　煤	20908kJ/kg	0.7143kgce/kg	电力（等价值）	—	0.4040kgce/(kW·h)
延迟石油焦	35581kJ/kg	1.2156kgce/kg	电力（当量值）	3600kJ/(kW·h)	0.1229kgce/(kW·h)
煅烧焦	31562kJ/kg	1.0783kgce/kg	重油	41816kJ/kg	1.4286kgce/kg
改质沥青（固态）	33450kJ/kg	1.1428kgce/kg	天然气（油田）	38931kJ/m³	1.330kgce/m³
改质沥青（液态）	35638kJ/kg	1.2176kgce/kg	天然气（气田）	35544kJ/m³	1.214kgce/m³
电解返回残极	28433kJ/kg	0.9714kgce/kg			

表 40-88 各类耗能工质与标准煤的折算

能源种类	单位耗能工质耗能量	折标准煤系数
压缩空气	1.17MJ/m^3	0.040kgce/m^3
新 水	2.51MJ/t	0.143kgce/t
蒸 汽	3767kJ/kg	0.1287kgce/kg

40.2.9.2 阳极生产能耗计算

计算主要采用的标准为《炭素单位产品能源消耗限额》（GB 21370—2008）和《综合能耗计算通则》（GB 2589—1990）。

A 单位产品产量综合能耗

下面以某厂 104.5kt/a 的铝用阳极项目为例（原料单耗见图 40-6）加以论述，按焙烧合格品计算，阳极单位产品产量综合能耗见表 40-89。

表 40-89 阳极单位产品产量综合能耗

序 号	项 目	单位产品消耗	折标准煤/tce · t^{-1}
1	延迟石油焦	0.906t/t	1.1013
2	改质沥青	0.196t/t	0.2240
3	电解返回残极	0.194t/t	0.2118
4	天然气	82m^3/t	0.1091
5	电	260kW · h/t	0.032
6	新 水	0.514m^3/t	0.000074
7	压缩空气（标态）	1.23m^3/t	0.000049
8	蒸 汽	5.9kg/t	7.6×10^{-7}
共 计	焙烧合格阳极生产工序全过程		1.6783
	焙烧合格阳极生产过程（扣除焙烧合格阳极实物携带热值 0.9714kgce/kg 后）		0.7069

B 能耗分析

按能耗类别划分，在阳极生产过程中消耗掉的石油焦、高温沥青和电解返回残极为实物能耗，其余为过程能耗，分别见表 40-90 及表 40-91。

表 40-90 按能耗类别划分的单位能耗

项 目	实物能耗	过程能耗	合 计
折合标准煤/kgce · t^{-1}	565.7	141.2	706.9
所占比例/%	80.3	19.7	100

表 40-91 过程能耗中按能量种类划分的单位能耗

项 目	燃 料	电 能	其 他	合 计
折合标准煤/kgce · t^{-1}	109.1	32	0.1	141.2
所占比例/%	77.26	22.66	0.08	100

从表40-88和表40-89可以看出，实物能耗占80.3%，过程能耗占19.7%。因此，在生产过程中必须加强对原材料的管理，应尽量减少各生产环节的物料损失，尤其是在煅烧工段严格控制石油焦烧损。在过程能耗中，燃料能耗占77.26%，这说明选择指标先进的炉窑与燃控系统，并对焙烧炉要加强日常维护是至关重要的。

以上计算阳极炭块能耗为706.9kgce/t，优于GB 21370—2008《炭素单位产品能源消耗限额》中的先进值1050kgce/t，从节能角度来看是先进的。

40.2.9.3 节能措施

A 炭素煅烧

以某厂120kt/a阳极项目为例。煅烧设备选用2套ϕ2.84m×55m回转窑和ϕ2.2m×24m冷却筒，该设备产能大、能耗低。其特点之一在回转窑上设有三次风，使排出的挥发分充分燃烧，温度分布更合理，加强煅烧效果，减少煤层气耗量。其二是冷却筒采用筒内对煅烧焦直接喷水冷却为主和筒外用水喷淋冷却为辅的方式，使刚进入冷却机的炽热焦炭很快冷却，有效控制煅烧焦的炭质烧损。与老式回转窑相比节省燃料，石油焦煅烧正常情况下不需燃料。炭素烧损可由原来的10%～12%下降到7%以下。

利用回转窑煅烧时产生的余热进行发电和加热热媒锅炉，为全厂的生产供电、供热，有效地利用了煅烧车间产生的大量余热，解决了以往回转窑煅烧余热不能有效利用的问题。

B 敞开式焙烧炉

采用新型敞开式焙烧炉，其主要节能措施有如下几个方面：

（1）改变传统的装炉方案，炭块由通常的平装改变为侧立装，从而使焙烧炉炉箱变窄，进而缩短每个焙烧炉室焙烧过程所需时间。

（2）焙烧炉炉墙及炉底的耐火材料用低密度、高强度、低热导率的新材料，使耐火材料的蓄热损失及散热损失较旧式炉子减少30%以上。

（3）采用先进的焙烧炉燃烧装置及控制技术，实现燃料与焙烧炉室温度的自动控制，沥青挥发分在焙烧过程中燃烧充分，可达99%以上，减少了燃料消耗。

（4）制定合理的焙烧炉焙烧曲线与加强操作管理，预焙阳极的单位耗能由原来的老式焙烧炉的4.0×10^6kJ/t降低至2.3×10^6kJ/t；填充料消耗由40kg/t降低到20kg/t左右。

C 节约电能

通常采取的电能节约措施如下：

（1）减少供配电系统变压层次和变电设备的重复容量。

（2）全厂供配电设备布置在各电压等级用电负荷中心。全厂动力、照明供配电系统10kV中心配、分配电所，分别配置在10kV用电（高压电动机、车间变压器）负荷中心，以便减少高压电缆线路损耗；而各车间变电所（包括380/220V低压配电室），尽量配置在各车间低压（380/220V）负荷中心，以便减少低压电缆线路损耗。

（3）全厂变电设备选择低损耗、高效率的节能型变压器。全厂各车间变电所变压器，全部选用低损耗、高效率的铜线圈、冷扎硅钢片铁心的节能型变压器。根据各车间高、低压用电设备的负荷及性质，正确、合理地选择变压器的容量和台数，使正常运行负荷率控制在40%～65%范围内，以达到运行效率最高、损耗最小的经济运行要求。

（4）全厂照明系统节能措施：

1）大型单层大跨度车间(或工段)和厂区照明,采用节能型高强气体放电灯混光光源;

2）大型车间（或工段）照明采用分区控制方式，灯具选用节能灯具;

3）厂区照明采用光电控制器控制。

（5）全厂供配电系统采用微机综合自动化装置。微机综合自动化装置的采用，可实时监控各种电气参数、核算电能指标，达到提高科学管理水平、合理利用能源的目的。

D 采暖通风节能措施

采暖通风的节能措施有:

（1）采暖建筑物围护结构的热工性能应符合国家颁布的《公共建筑节能设计标准》(GB 50019—2005）规定。同时增强采暖建筑保温措施，减少冬季采暖耗热量。

（2）设有采暖设施的车间局部排风量合理选取，以减少加热补风或门窗缝隙渗入冷风的耗热量。

（3）空压站等热车间设备产生余热加以利用，计入采暖热平衡。

（4）工艺对室内温度无特殊要求的生产车间，不设全面采暖，只为操作工休息室设全面采暖。减少冬季采暖量。

（5）远离集中热源的独立建筑采用带温控的电采暖。

（6）新建炭素厂房采暖热媒采用95/70℃热水，从而避免以往蒸汽采暖的跑、冒、滴、漏、凝结水无法回收带来的能耗。

（7）采暖系统中，采用高效散热器提高供暖效果；采用低阻力阀门以降低循环动力。

（8）在设计中，具备自然通风条件场合均采用自然通风，以节约电能。

（9）一般的机械通风系统均采用自然进风和机械排风形式或自然排风和机械进风形式，基本杜绝了机械进风和机械排风的形式，从而节约风机用电能。

（10）机械通风系统风机选用低能耗高效率的轴流式风机，使得通风系统耗能大大降低。

（11）为达到环境保护的粉尘排放标准，除尘系统采用高效脉冲袋式除尘器对含尘气体进行净化处理，且除尘系统均为定风量系统。除尘系统耗能即为系统风机耗能。

（12）对产尘量大设备实行大密闭，减小除尘排风量，系统风机减小，耗电小，节能效果显著。

（13）除尘系统设计中，合理布置风管道，减少管道压力损失。

（14）系统风机采用高效节能新型风机，正确选用风机的高效区。大型风机均采用直联或联轴器式连接，以提高传动效率，达到节约能源目的。

（15）除尘系统与工艺设备连锁运行，减少无载运行耗能。

（16）车间控制室与工艺配合将控制室远离散热设备配置，加强控制室的隔热保温，以减少冷负荷。分散式空调机均采用COP大于3.3的高效产品，且能力调节自动化程度高。

E 热力节能措施

热力节能措施有:

（1）空压站。选用离心式空气压缩机，工作效率高，可根据压缩空气负荷的变化，在一定的范围内进行负荷调节，使压缩空气负荷与电机功率处于合理的工作状态，以达到节约电能的目的。采用余热再生干燥机，利用离心压缩机出口压缩空气温度高的特点，节约能量。

（2）余热利用。煅烧回转窑在生产过程中排出大量的高温烟气，为充分利用烟气余热，节约能源，在两台煅烧炉尾部烟气出口处设置两台余热热媒锅炉，用于加热热媒油，满足炭素工艺中连续混捏、预热螺旋及沥青熔化、管路保温等工序需用热媒油作为加热介质的生产要求；还在两台煅烧炉尾部烟气出口处各设置一台余热锅炉，生产蒸汽。余热锅炉产生的蒸汽供给汽轮发电机发电，为生产提供电力负荷。

余热发电热力系统中设置疏水扩容器、疏水箱、疏水泵，用于回收凝结水和热能。余热锅炉连续排污扩容器所产生的二次蒸汽接到除氧器，回收热量，节约能源。

给水泵和引风机等选用新型高效节能产品，以降低电耗，节约能源，同时减少噪声，有利于环境保护。工艺和其他用热设备以及热力管道，采用新型保温材料，选择合适的经济厚度，保证安装质量，做好运行维护，减少散热损失。

(3) 厂区管网均采取经济流速，减少介质在管道内流动的压降，节约能耗。

F 给排水节能措施

给排水节能措施有：

(1) 加压泵站和汽轮发电机循环水系统的水泵均选用 IS 型系列产品，此种水泵是国家推广的节能产品。其他循环水系统的水泵均选用国际领先技术专业生产的自控自吸泵。水泵选择效率高的，并根据水泵工作性能曲线保证其在高效段工作。

(2) 由于全厂各时段的用水量不均匀，部分车间需间断性用水，为了保证最大时的用水需求又保证用水量小的时段水泵电机低转速低耗能运行，加压泵站的生产，生活水泵均采取微机变频调速措施，变频调速是一种高效率、高性能的调速方式，保证系统在衡压条件下供水。

(3) 厂区生产、消防给水管网和生活给水管网均采取经济流速，减少水头损失，另外管道上应用的阀门均选用局部阻力系数小的阀门，减少局部水头损失，从而降低水泵扬程，节约能耗。

(4) 循环水系统冷却塔均选用效率高、能耗低的节能型产品，冷却塔风机配有双速和三速电机，根据季节的变化，改变冷却塔电机的功率，减少或增加风量，以达到节能的目的，比单速电机节能 40% ~50% 以上。冷却塔启动时一定要先开水泵，后开风机，不允许在没有淋水的情况下，使风机空转，浪费电能。

(5) 为了减少全厂的新水用量，同时也减少生产废水、生活污水排放量、提高水的利用率，厂区生产用水基本上均采取了循环供水的措施，节约了水资源消耗，提高水的重复利用率。另外生产废水经过废水处理站处理后回用于生产系统，生活污水经过污水处理站处理后也回用于生产系统，实现了废水零排放，节省了水资源，减少了全厂的新水用量。

40.3 炭阳极生产的环境保护

40.3.1 炭阳极生产的大气污染物来源及控制标准

40.3.1.1 炭阳极生产中的大气污染源及污染物

铝用炭阳极采用石油焦和煤焦油沥青作原料。炭素生产工序包括：原料储运破碎、煅烧、沥青熔化、生阳极制造、焙烧及炭块储存和残极处理等。采用煅后焦的企业将减少石油焦煅烧工序，增加石油焦烘干工序；采用液体沥青的企业将减少沥青熔化工序。

炭阳极生产产生的环境污染以大气污染为主，主要大气污染物是：沥青烟、颗粒物、氟化物、二氧化硫。

沥青烟气是炭阳极生产厂的特征污染物。沥青烟气是含有多种化学物质的混合烟气，通常以气溶胶形式存在于空气中，沥青烟气中含有数百种物质，其中有十多种多环芳香烃对动植物有一定危害。多环芳香烃对人体的危害部位主要是呼吸道和皮肤，人体在浓度为 $0.75mg/m^3$ 的环芳香烃空气中停留 10 ~ 15min，上呼吸道黏膜及眼睛就会受到刺激。多环芳香烃还会引起头晕、乏力、咳嗽、流泪等。多环芳烃落在植物叶上，使其变色、萎缩、叶尖发黄、卷曲直到脱落。更为严重的是沥青烟中的苯并（a）芘是强致癌物质，会诱发皮癌、肺癌、喉癌等。

炭阳极厂主要生产设备及各工序的大气污染源和污染物如下：

（1）阳极焙烧炉。阳极焙烧炉是炭阳极厂主要大气污染源，其烟气主要成分是 N_2、CO_2、H_2O 和 O_2 等，国家有排放标准控制的烟气中的污染物有沥青烟、粉尘、氟化物、SO_2 等。由于焙烧炉炉型和操作水平的不同，排出烟气中沥青烟浓度差异很大，本节主要对敞开式环式焙烧炉烟气进行介绍。

阳极焙烧炉烟气的大气污染负荷占整个阳极生产系统的 2/3 左右，是炭阳极厂的主要大气污染源。每吨阳极产品的焙烧炉初始烟气量（标态）约 $5500 \sim 8000m^3$，经净化后排放的烟气量（标态）约为 $7000 \sim 1.2 \times 10^4 m^3$，烟气中各污染物产生的主要原因如下：

1）沥青烟（或称沥青油烟）。生阳极制造配入的沥青中含有一定的挥发分，在焙烧过程中，大部分挥发分在焙烧炉内作为燃料燃烧，未燃烧的沥青挥发分以焦油状态存在并随焙烧炉烟气排出。沥青烟中含有 10 多种对动植物有危害的多环芳香烃，其中包括强致癌物苯并（a）芘。

2）粉尘。主要是焙烧炉填充料中的细料被气流带入火道而进入烟气中。

3）氟化物（F）。由电解槽回收的残极中含有氟化物，残极经破碎后作为配料进入生阳极。氟化物随残极进入生阳极炭块，焙烧时从炭块挥发出来，以 HF 的形式进入烟气。

4）SO_2。主要由焙烧燃料中的硫燃烧生成，少量由填充料中的硫氧化生成。

焙烧炉烟气中的污染物含量与焙烧炉运行状况、燃料含硫量等密切相关。表 40-92 是国内部分企业阳极焙烧炉烟气污染物初始浓度情况。

表 40-92　阳极焙烧炉烟气中污染物初始浓度（标态）　（mg/m^3）

企　业	氟化物	粉　尘	二氧化硫	沥青烟
A 厂	25.2	495.5	83.75	468.5
B 厂	34.9	193.55	260.33	205.43
C 厂	9.96	2219.23	227.89	153.09
D 厂	46.2	269	343	228
E 厂	75.5	710		401
F 厂		200		300
G 厂	73.05	125.75	546.12	
H 厂	32.76	332		175 ~ 201
I 厂	11.0	43.5		103
J 厂	14 ~ 54.5	665 ~ 820		183 ~ 399
K 厂		183.6		123.8

注：表中空格为未对该项目进行监测。

（2）石油焦煅烧窑（炉）。石油焦煅烧主要采用回转窑和罐式炉。石油焦高温煅烧过程中，它和填充料所含的硫氧化生成 SO_2 进入烟气。石油焦含硫达3%时，煅烧烟气中 SO_2 浓度（标态）可达2000mg/m^3 左右。煅烧烟气中含有烟尘和 SO_2 等污染物，是阳极生产系统较主要的污染源之一。石油焦煅烧窑（炉）排出烟气温度高达800～1000℃以上，因此回转窑设置了余热锅炉回收烟气余热。为保证余热锅炉的正常运行，还需为余热锅炉补充重油等燃料。国内部分石油焦煅烧（余热锅炉）烟气中的污染物成分见表40-93。

表40-93　石油焦煅烧（余热锅炉）烟气污染物初始浓度（标态）　（mg/m^3）

企　业	粉　尘	SO_2	备　注
A厂	4077.68	1027.3	回转窑
C厂	7978.72	704.91	回转窑
E厂	1458	472	回转窑
L厂	3548	1145	罐式炉

（3）物料系统的粉尘和沥青烟污染源：

1）原料储运破碎。石油焦、固体沥青运入厂内后的储存、运输和破碎时产生石油焦粉尘和固体沥青粉尘。

2）石油焦煅烧工段。煅前石油焦和煅后石油焦储运过程产生石油焦粉。

3）沥青熔化。固体煤焦油沥青在工段内储运、破碎等过程中产生沥青粉尘；沥青熔化及液体沥青储存过程中散发沥青烟。

4）生阳极制造。生阳极制造是粉尘产生点最多的工序,并有沥青烟产生。煅后焦和残阳极破碎、筛分、储运配料等过程产生粉尘;液体沥青储运、混捏、成形等过程也产生沥青烟。

5）焙烧及炭块库。焙烧炉填充料处理过程中产生粉尘；填充料出料、布料产生粉尘（由出料设施自带除尘器处理），阳极焙烧品的清理、装出炉产生粉尘。

阳极生产大气污染物产生节点如图40-106所示。各工序污染源及污染物见表40-94。

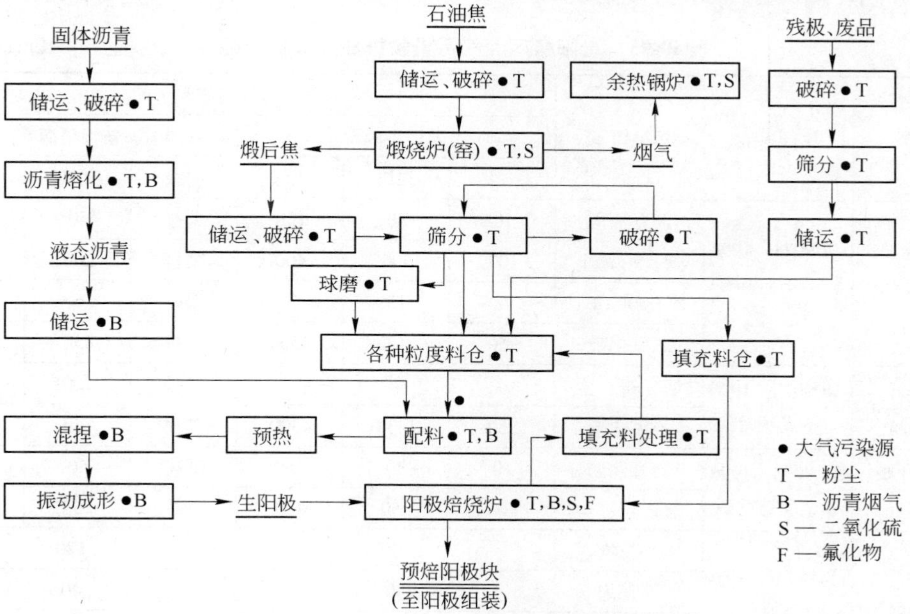

图40-106　阳极生产系统大气污染物节点图

表 40-94 物料系统的废气污染源及污染物种类表

生产工段	污染源	污染物种类
原料仓库	料斗、给料机、破碎机、带式输送机、斗式提升机、料仓	石油焦粉、沥青粉
石油焦煅烧	煅前料仓、给料机、带式输送机、斗式提升机、焦冷机、煅后料仓	石油焦粉
沥青熔化	带式输送机、固体沥青储槽、螺旋输送机、皮带秤、破碎机、斗式提升机	沥青粉
	沥青熔化器（槽）、沥青储槽	沥青烟
生阳极制造	煅烧焦储运、破碎：斗式提升机、带式输送机、螺旋输送机、破碎机、筛分机、中间仓、各种粒度料仓、填充料仓、磨头仓	焦　粉
	残极储运、中碎：带式输送机、斗式提升机、给料机、破碎机、振动筛、料仓	炭　粉
	磨粉：料仓、螺旋输送机、球磨机	焦　粉
	配料：配料秤、螺旋输送机、斗式提升机	焦粉、炭粉
	混捏成形：混捏机（锅）、振动成形机、糊料冷却机、高位沥青槽、废糊间、预热螺旋	沥青烟、焦粉
阳极焙烧	填充料处理：阳极清理机组、螺旋输送机、斗式提升机、储仓	炭　粉

40.3.1.2 炭阳极生产的污染物排放标准

自 1997 年 1 月 1 日至 2010 年 9 月，中国炭阳极厂执行的废气、废水排放标准，主要是《工业炉窑大气污染物排放标准》（GB 9078—1996）、《大气污染物综合排放标准》（GB 16297—1996）和《污水综合排放标准》（GB 8978—1996），大气污染物排放标准见表 40-95，水污染物排放限值参见表 35-1。

表 40-95 炭阳极厂大气污染物排放以前执行标准 （mg/m^3）

污染源	执行标准	污染因子	排放限值①					
			老污染源②			新污染源②		
			一级	二级	三级	一级	二级	三级
阳极焙烧炉，石油焦煅烧窑（炉）	GB 9078—1996 非金属焙（煅）烧炉窑	沥青油烟	10	80	150	禁排	50	100
		烟（粉）尘	100	300	400	禁排	200	300
		氟化物（F）	6	15	50	禁排	6	15
		二氧化硫	850	1430	4300	禁排	850	1430
煅后焦干燥炉	GB 9078—1996 干燥炉窑	烟（粉）尘				禁排	200	300
		二氧化硫	850	1430	4300	禁排	850	1430
沥青熔化炉（槽）	GB 9078—1996 非金属熔化炉	沥青油烟	10	80	150	禁排	50	100
		烟（粉）尘	100	250	400	禁排	200	300
其他（物料系统）	GB 16297—1996（其他）	颗粒物	150			120		
		沥青烟	80			40		
		苯并（a）芘	0.3×10^{-3}					

续表 40-95

污染源	执行标准	污染因子	排放限值①					
			老污染源②			新污染源②		
			一级	二级	三级	一级	二级	三级
无组织排放监控浓度限值 GB 16297—1996 周界浓度最高点		烟（粉）尘	1.0					
		氟化物（F）	0.02					
		二氧化硫	0.4					
		苯并（a）芘	0.008×10^{-3}					

①一、二、三级标准分别与 GB 3095—1996 划定的功能区相对应。关于功能区的说明详见 35.1.1 节。

②表中所注老污染源或新污染源分别为 1997 年 1 月 1 日前或 1997 年 1 月 1 日起建设的项目的污染源。

为进一步控制铝工业污染物排放总量，新制标准将在很大程度上严格阳极生产的污染物排放。新制订的《铝工业污染物排放标准》（GB 25465—2010）的炭阳极大气污染物排放浓度限值见表 40-96。污水排放标准见表 35-2。

表 40-96 《铝工业污染物排放标准》（GB 25465—2010）大气污染物排放限值①

生产系统及设备	最高允许排放浓度/$mg\cdot m^{-3}$							
	颗粒物		二氧化硫		氟化物（以 F 计）		沥青烟	
	新企业	现企业	新企业	现企业	新企业	现企业	新企业	现企业
阳极焙烧炉	30	100	400	850	3.0	6.0	20	40
阴极焙烧炉	—	—	400	850	—	—	30	50
沥青熔化	—	—	—	—	—	—	30	40
石油焦煅烧炉（窑）	100	200	400	850	—	—	—	—
生阳极制造	50	120	—	—	—	—	20②	40②
其 他	50	120	400	850	—	—	—	—

①《铝工业污染物排放标准》（GB 25465—2010）由中华人民共和国环境保护部 2010 年 9 月 10 日批准，自 2010 年 10 月 1 日起实施。

②混捏成形系统加测项目。

《铝工业污染物排放标准》（GB 25465—2010）的大气污染物排放明显严格于以前标准 GB 16297—1996 和 GB 9078—1996，新建企业颗粒物排放浓度限值将降低至原标准的 15% ~50%，沥青烟浓度降至原标准的 40% ~60%。浓度限值变化最大的是阳极焙烧炉排放的颗粒物（即烟（粉）尘），新建项目由 200mg/m³（二级）降至 30mg/m³。二氧化硫排放浓度降至原标准的 47%，即由 850mg/m³（二级）降低到 400mg/m³。

其他国家或组织对炭阳极生产的大气污染物排放也做出了严格的限制。世界银行对阳极焙烧炉烟气中 VOC_S（有机挥发分）排放浓度（标态）的限值为 20mg/m³。美国联邦法规 CFR40 对阳极焙烧炉大气污染物排放的限制见表 40-97。

表 40-97 美国阳极焙烧炉大气污染物排放限值

污染源类别	单位生阳极排放量/kg · t^{-1}	
	TF（总氟）	POM（多环有机物）
现有污染源	≤0.1	≤0.09
新建或改造污染源	≤0.01	≤0.025

40.3.2 炭阳极厂废气控制

40.3.2.1 阳极焙烧炉烟气净化

焙烧炉烟气净化方法主要有氧化铝吸附干法净化、静电捕集焦油法、碱液洗涤湿式净化法及近年发展起来的联合式干法、蓄热式热力焚烧法（regenerative thermal oxidation，RTO）等。下面将对阳极焙烧炉烟气净化方法分别进行叙述。

A 氧化铝吸附干法净化（下称“干法净化”）

a 干法净化工艺流程

干法净化的原理是利用氧化铝作吸附剂，对焙烧炉烟气中的氟化氢和沥青烟进行吸附（其中对氟化氢为化学吸附，对沥青烟为物理吸附），再经布袋除尘器过滤氧化铝等粉尘，达到同时去除烟气中的氟化物、沥青烟和粉尘的目的。其工艺流程如下：焙烧炉排出的高温烟气（120～250℃）首先经过全蒸发冷却塔喷水雾化，降温至90～100℃，将烟气中大部分气态沥青烟冷凝成液态沥青。全蒸发冷却塔喷入水量由烟气温度自动控制，保证水分全部蒸发。冷却后烟气经烟道进入反应器（VRI或文丘里等），与在反应器加入的氧化铝（约为电解生产用量的5%～10%）充分混合并发生反应，烟气中的液态沥青和氟化氢被吸附到氧化铝表面（其中氧化铝与液态沥青发生物理吸附，与氟化氢发生化学吸附），随烟气一起进入布袋除尘器进行气固分离。净化后烟气经风机由烟囱排放。布袋除尘器捕集的载有沥青和氟化物的氧化铝，一部分返回反应器继续参加反应，另一部分经风动溜槽、气力提升机送入载氟氧化铝料仓，由汽车运至电解车间。阳极焙烧炉烟气干法净化工艺配置如图40-107所示。

干法净化可同时除去烟气中的氟化物、颗粒物和沥青烟，对沥青烟和氟化物的净化效率较后面将要介绍的静电捕集焦油法和碱液洗涤湿式净化法都要高，是净化效率较高的净化方法。干法净化处理后的烟气中，各种污染物浓度满足现行国家排放标准，可实现沥青烟、粉尘及氟化物的达标排放。而且干法净化的工艺较碱液洗涤湿式净化法简单、自动化水平高、操作管理方便，吸附后的氧化铝全部返回电解槽使用，既无废水、废渣排放的二次污染问题，又起到了回收氟化盐的作用。因此，干法净化是目前国际上普遍采用的方法。但烟气中沥青烟浓度高时，回收的氧化铝沥青焦油含量较大，可能对电解生产造成一定影响。

b 干法净化系统的组成

干法净化系统主要由烟气全蒸发冷却、吸附净化和排烟共3部分组成。

（1）全蒸发冷却系统。全蒸发冷却的组成部分有：防火排烟管道、进口保温阀、进口快速温度传感器、保温管道、蒸发冷却塔、阀架喷枪、喷嘴、出口快速温度传感器、压缩

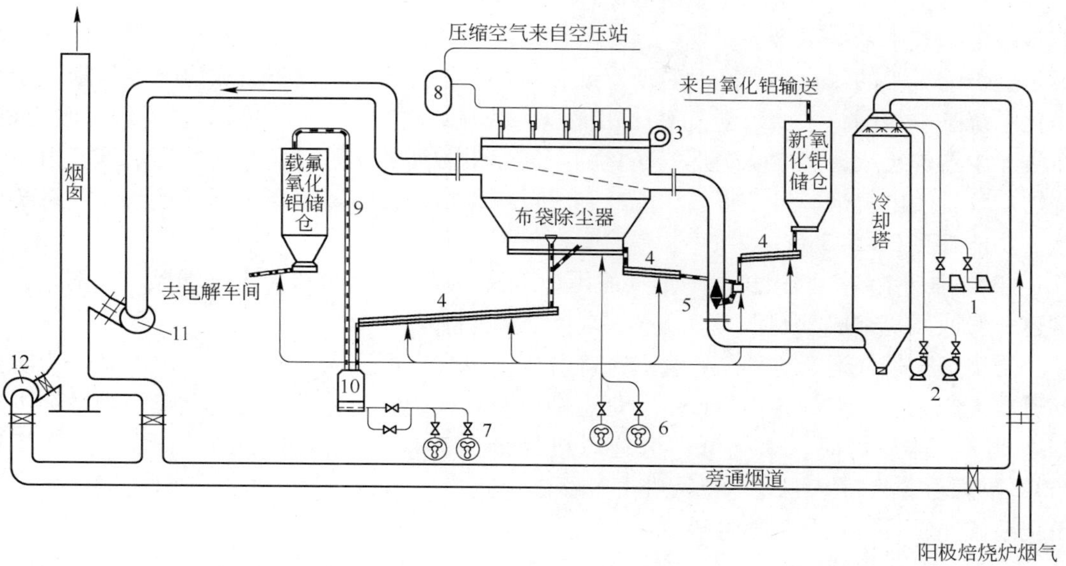

图 40-107 阳极焙烧炉烟气干法净化工艺配置

1—空压机；2—水泵；3—反吹风机；4—风动溜槽；5—VRI 反应器；6—高压风机；7—罗茨鼓风机；8—高压空气储罐；9—氧化铝输送管；10—气力提升机；11—主排烟机；12—旁通风机

空气储气罐、油水分离器、供气压力检测、供水水泵、供水压力检测、PLC 喷淋控制等。

系统工作时首先自动检测烟道温度，当温度在 120 ~ 250℃之间时启动喷淋装置，并根据烟气温度和烟气流量由调节装置调整水流量，在压缩空气的作用下雾化，产生非常细小的雾化颗粒，水雾与高温烟气均匀混合并迅速蒸发，由于水蒸发吸收了烟气中的大量热量，使烟气温度迅速降低。当出口测温元件检测到烟气温度超过温度设定值范围时，在控制器的控制下，流量调节装置自动增大供水流量，压缩空气的压力也相应增加，以充分保证雾化效果，反之，流量调节装置自动减小供水流量，压缩空气的压力也相应减小。使全蒸发冷却塔烟气温度始终在设定值范围之内。

焙烧炉排出的高温烟气（120 ~ 250℃）首先经过全蒸发冷却塔喷水雾化，降温至90 ~ 100℃。烟气冷却系统的作用是为后续净化工艺提供必要的条件，主要有两个目的：一是将烟气中一部分气态沥青烟冷凝成液态沥青，保证冷却后的沥青随烟气进入反应器后能被氧化铝吸附。二是将高温气体降温，保护除尘器的布袋不被烧毁，以保持很高的除尘效果并延长布袋的使用寿命。

要避免出现不完全蒸发现象，必须控制喷雾颗粒的大小，喷雾颗粒越小蒸发越彻底，这就需要雾化效果非常好的喷嘴，在硬件上为全蒸发提供了充足的条件。

（2）吸附净化系统。它是整个焙烧炉烟气净化系统的核心，是决定烟气净化效率的关键部分，主要由两部分组成：一是氧化铝吸附剂的输送、加料设施（给料器及反应器），主要完成氧化铝输送、对液态沥青烟及气体氟化氢的吸附；二是气固分离设备（布袋除尘器），对完成吸附反应后含有载氟、载沥青氧化铝的烟气进行过滤、收集氧化铝。

阳极焙烧炉烟气干法净化系统的原理与电解烟气干法净化系统基本相同。不同之处主要是电解烟气中基本不含沥青烟，加入净化系统的氧化铝只对氟化氢进行吸附，而加入阳极焙烧炉烟气中的氧化铝需同时对沥青烟和氟化氢进行吸附。设备组成也与电解烟气干法净化系统基本相同，主要由新鲜氧化铝储仓、载氟氧化铝储仓、输料下料系统、吸附器、布袋除尘器等组成，但焙烧炉烟气净化的布袋除尘器等必须采取良好的保温措施。由于焙烧炉烟气量较电解烟气量小得多，因此系统规模也相应较小。焙烧炉烟气干法净化系统设施及功能参见31.5.3节。

（3）排烟系统。阳极焙烧炉烟气的排烟系统一般由主排烟道、主排烟风机和两条旁通烟道、旁通风机组成。

焙烧炉在长期运行过程中，会有一部分焦油冷凝在烟道内，遇明火可能燃烧。为防止烟道着火产生的高温气体损坏设备，烟道中设有灭火设施，并设有旁通烟道。当系统中冷却塔或除尘器检修时，烟气可由旁通风机经烟囱排入大气；如果烟道中烟气温度超过250℃或烟道着火时，烟气不经风机由旁路烟道直接由烟囱排出。因此，阳极焙烧炉烟气净化系统通常设置三条烟气通道。

第一条是正常运行时，焙烧炉出口烟气温度小于250℃，烟气通过喷雾冷却塔使温度降低到90～100℃后，并经氧化铝吸附及布袋除尘后，再经主排烟机和烟囱排入大气。此状态下关闭去旁通烟道的阀门。

第二条是冷却系统或布袋除尘器检修时，烟气经该烟道由旁通风机引入烟囱后排入大气。此时关闭去冷却塔的烟道阀门、布袋除尘器与风机间的阀门以及直接通往烟囱的烟道阀门。

第三条是当烟气温度高于250℃、风机检修或烟道着火时的事故状态，烟气直接通过烟囱排入大气，关闭通往冷却塔和旁通风机的阀门。

第一条烟道使用频率最高，而第二、三条烟道只有出现非正常排放时短时使用。上述烟道阀门的开启与关闭，均通过自动控制系统，由电动执行机构执行。温度信号由设在冷却塔入口及出口、两条副烟道阀门前的热电偶采集。

c 干法净化效率

在相应初始浓度条件下，焙烧炉烟气净化系统设计提出的污染物净化效率见表40-98。

表40-98 阳极焙烧炉烟气干法净化效率指标

污染物	烟气初始浓度(标态)/$mg \cdot m^{-3}$	净化效率/%	备 注
沥青烟	50～200	92～95	
氟化物	90～105	97.5	
粉 尘	200	95	按烟气初始含尘计算的效率

采用干法净化时，一般不考虑对SO_2的净化作用，但在实际生产过程中，干法净化系统对SO_2仍有一定的去除作用。

污染物净化效率与烟气中污染物浓度有关，正常情况下，进口浓度高，净化效率就相应提高。氟化物的净化效率一般大于95%，氟排放浓度（标态）可控制在$3mg/m^3$内；沥青烟净化效率超过92%，沥青烟排放浓度（标态）在$20mg/m^3$以下。

B 静电捕集法

在阳极焙烧炉烟气净化的各种方法中，静电捕集法流程最为简单，它通过电捕焦油器，对液态沥青及烟气中低浓度粉尘的捕集作用，净化焙烧炉烟气。

电捕焦油器的工作原理与电除尘器相似。其设备主体也与电除尘器一样由电晕极与沉积极组成。当焙烧炉烟气进入电场空间时，气体分子在电场作用下产生电离，烟气中携带的焦油和粉尘的微粒大部分都带上负电荷，在电场作用下向阳极移动并附着在电极上，在重力作用下流淌至设备底部得到收集，少量带正电荷的微粒也可附着于电晕极而得到收集。电捕焦油器与电除尘器的主要区别在于电捕焦油器捕集的焦油为液态，可靠重力自动流入设备底部，无需设置振打系统。但为保持沥青的液体状态，电捕焦油器必须采取良好的保温措施。

阳极焙烧炉烟气静电捕集焦油法净化工艺流程如下：焙烧炉排出的高温烟气（120 ~ 250℃）首先经过重力沉降器除去大颗粒粉尘，再进入全蒸发冷却塔喷水雾化，降温至(90 ± 5)℃，在降低烟气的电阻率的同时，将气态沥青烟降温冷凝成液态沥青，使静电除尘器的净化效率达到最佳。降温后的烟气进入电捕焦油器，在这里除去烟气中液态沥青和粉尘，净化后烟气经风机由烟囱排放（排烟系统与干法净化工艺同样设置三条烟气通道，工作过程也相同），电捕焦油器捕集下来的焦油，经排放口定期排入储油罐内。静电捕集焦油法工艺配置如图 40-108 所示。

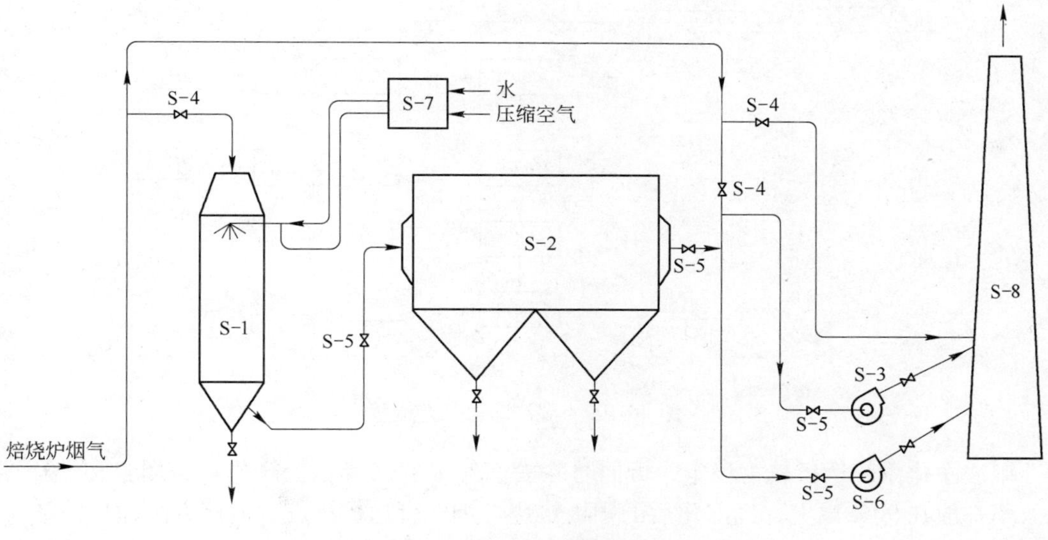

图 40-108 静电捕集焦油法工艺配置

S-1—全蒸发冷却塔；S-2—电捕焦油器；S-3—旁通风机；S-4—电动保温蝶阀；
S-5—气动保温蝶阀；S-6—主排烟风机；S-7—控制喷雾系统；S-8—排气筒

静电捕集法可净化烟气中的沥青烟和粉尘，净化效率达 90% 以上。一般情况下，焙烧炉烟气中烟尘和沥青烟初始浓度（标态）均在 200 ~ 300mg/m³ 左右，净化后的浓度（标态）均不超过 30mg/m³。静电捕集法由于工艺简单、系统易于管理、运行费用较低等原因，在国内得到广泛运用。但该种方法对气态氟化物没有净化作用，也不能净化 SO_2，可能导致氟化物排放浓度超过排放标准限值。

C　碱液洗涤湿式净化法（下称“湿法净化”）

国内某厂于20世纪80年代初由日本引进湿法净化技术，其工艺过程如下：焙烧炉烟气通过钟罩挡板进入重力沉降槽，除去烟气中的大颗粒粉尘后进入洗涤塔，用含NaOH的碱液进行循环式喷淋洗涤，使烟气中的大部分氟化氢、SO_2和一部分粉尘、沥青烟从气相分离进入液相。洗涤烟气再进入湿式电除尘器，烟气中的液态沥青、粉尘被捕集到电除尘器阳极板上，再用碱液喷淋，将阳极板上的沥青和粉尘冲洗到洗涤液中。净化后的烟气经风机由烟囱排放。洗涤塔中的循环洗涤液含有大量的沥青、颗粒物、氟化盐、硫酸盐等，一部分用于循环喷淋，另一部分用泵抽至废水处理间，加入$CaCl_2$、聚丙烯酰胺等进行絮凝、沉降、底泥压滤等处理。处理后废水排放，滤饼送堆场堆放。湿法净化工艺流程如图40-109所示。

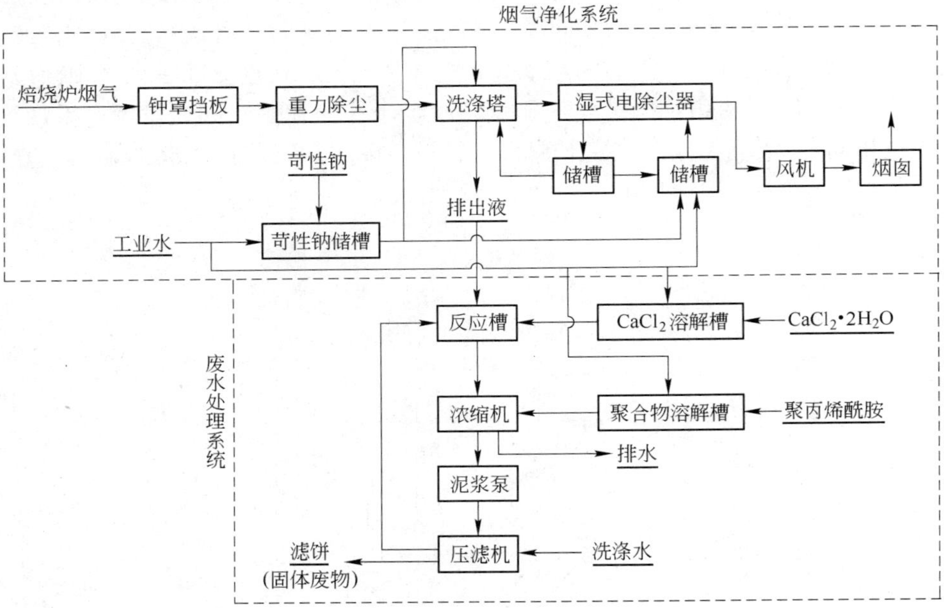

图40-109　湿法净化工艺流程

湿法净化系统运行较为稳定，可同时除去烟气中的沥青烟、氟化物、烟尘和SO_2，净化效率一般在90%以上，经净化后的阳极焙烧炉烟气可达标排放。但该方法却使污染物由烟气转移到废水中，必须设置处理系统对废水进行处理，因而使净化工艺复杂化，设备增加、流程加长，给操作管理和设备维护造成困难，并存在排放废水中焦油和氟化物超标、废水二次污染等问题。国内21世纪新建的阳极炭素厂，已不再采用此方法。

D　联合式干法净化法

氧化铝吸附干法净化具有净化效率高，处理后的烟气中各种污染物浓度满足现行国家排放标准，操作管理方便等优点。但该方法也有其缺点：它采用电解铝生产的氧化铝原料作为吸附剂，使用后的氧化铝含有一定量的沥青。这部分氧化铝返回电解车间使用的量一般约占电解生产用量的5%～10%，返回电解使用时不能与大量的新鲜氧化铝充分混合，造成在某个阶段集中使用这种氧化铝。如焙烧炉烟气中沥青烟含量高，返回氧化铝的沥青含量较大，使用时会造成电解槽效应增加，增加电耗和电解槽开槽时间，从而加大电解槽烟气量。同时，吸附了焦油的氧化铝流动性较差，造成电解系统的超浓相系统运行困难。

联合式干法净化技术实际上是静电捕集焦油法和氧化铝吸附干法净化串联起来对烟气进行治理的方法，由烟气冷却系统、电捕焦油器和氧化铝干法净化系统组成。该方法可有效解决回收氧化铝对电解生产的影响，适合处理沥青烟初始浓度较高的焙烧炉烟气。同时还可进一步提高焙烧炉烟气净化效率，以满足日趋严格的污染物排放要求。该方法已应用于中国铝业兰州分公司电解铝厂配套156kt/a 阳极生产系统，并取得很好效果，净化后烟气中污染物浓度（标态）为：沥青烟 4.9mg/m^3、氟化物 1.51mg/m^3、粉尘 3.2mg/m^3、二氧化硫 56mg/m^3，均达到国际先进排放水平。

联合式干法净化技术工艺过程如下：焙烧炉烟气首先经过冷却系统将高温气体降温，使烟气中沥青烟凝结成液态沥青后，烟气进入电捕焦油器去除其中大部分的沥青和粉尘，再经干法净化系统去除 HF 气体和尚存的沥青和粉尘。联合式干法净化将可用污染物（氟化物）和不可用污染物（沥青和焙烧炉粉尘）分开捕集，有效减少了回收氧化铝中的焦油和炭粉颗粒含量，既达到了控制污染的目的，又不影响电解铝的正常生产。联合式干法净化工艺配置实例如图 40-110 所示。

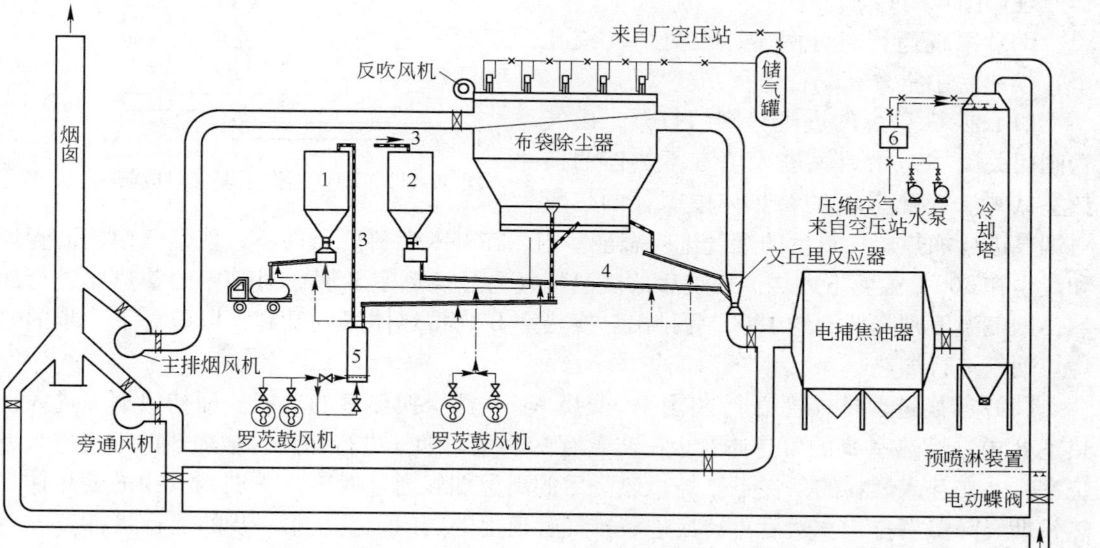

图 40-110　联合式干法净化工艺配置例图

1—载氟氧化铝料仓；2—新鲜氧化铝料仓；3—氧化铝输送管路；4—风动溜槽；5—气体提升机；6—喷雾控制系统（阀架）

图 40-110 所示的联合式干法净化系统的配置可实现 4 种运行状态：

（1）正常运行时，烟气经过喷雾冷却塔、电捕焦油器、干法净化系统后，经主排烟机和烟囱排入大气的状态。这是联合法净化系统的基本运行状态，也是污染物净化效率最高的运行状态，净化系统绝大部分时间都在该状态下运行。

（2）布袋除尘器检修时，烟气经过喷雾冷却塔、电捕焦油器后，经主排烟机和烟囱排入大气的状态。

（3）冷却系统和电捕焦油器检修时，烟气经由旁通风机引入烟囱直接排入大气的状态。

（4）当烟气温度高于250℃或烟道着火时，烟气直接通过烟囱排入大气的事故排放状态。

联合式干法净化法对沥青烟、氟化物、粉尘的净化效果明显优于湿法净化和静电捕集法，也高于干法净化，虽然投资和运行费用也相应较高，但可从电解槽能耗的降低得到部分平衡。

E　蓄热式热力焚烧净化法（RTO）

采用RTO处理阳极焙烧炉烟气，国际上已有多年运行经验，但国内尚未采用。RTO是通过使焙烧炉烟气（或生阳极车间含沥青烟的烟气）中的可燃物（如沥青烟、炭尘）燃烧分解而达到净化烟气的目的，其主要工作原理如图40-111所示。

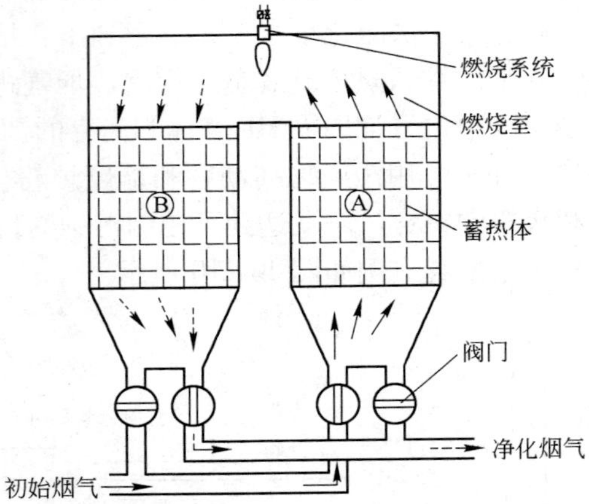

图40-111　RTO工作原理（对应第一步）

RTO系统运行时分两步，在两个（或几个）换热室中重复、交替进行：

（1）换热室A的进气管阀门打开，出气管阀门关闭。初始烟气进入填有蓄热体的换热室A中，换热室A的蓄热体中蓄存的热量对烟气进行加热。加热后的烟气进入燃烧室内，在补入燃料的条件下，使烟气中的沥青烟和炭尘在800℃温度下燃烧。燃烧后的高温烟气通过换热室B时，对其中的蓄热体进行加热，烟气温度则降低到约180℃后排出。换热室B内蓄热体温度升高，以备对下一步的焙烧炉烟气进行加热。

（2）转换进、排气管道上的阀门，交换A、B两个换热室的功能。即初始烟气进入换热室B中，换热室B的蓄热体在上一步蓄存的热量对烟气进行加热。被加热的烟气进入燃烧室，并在补入燃料的条件下燃烧。燃烧后的高温烟气通过换热室A时对其中的蓄热体加热，烟气降温后排出。然后再转换进、排气管道上的阀门，重复第一步的运行状态。

国外有报道认为：RTO是处理阳极厂含沥青的烟气的最有效的方法，并可同时净化烟气中可燃颗粒等污染物；采用RTO法处理后，烟气中的污染物排放量只有采用干法净化和电捕法的1/10甚至更少；RTO系统的投资较干法净化系统小，维护费用与干法净化系统相当。

但是，虽然RTO法通过利用燃烧后的高温烟气对焙烧炉排出的初始烟气进行加热，有效减少了烟气处理的燃料消耗量，但所需消耗的燃料还是相当于阳极焙烧炉所用的5%左右。因此，较高的能量消耗，是阳极焙烧炉烟气净化方法选择时应综合考虑的因素。

F　阳极焙烧烟气净化效果实例

表40-99是国内外部分炭阳极焙烧炉烟气净化效果情况。可以看出，单纯采用静电捕

集法，净化效果相对较差，而且可能出现氟化物超标现象，如表中E厂的静电捕集法处理结果。干法处理效果较好，可实现沥青烟、氟化物、粉尘各项污染物达标排放，但对SO_2的净化效果较差，对于SO_2初始浓度明显超标的烟气，应考虑采取脱硫措施。

表40-99　焙烧炉烟气净化效果

企　业	净化方法	污染物	初始浓度(标态)/$mg \cdot m^{-3}$	排放浓度(标态)/$mg \cdot m^{-3}$	净化效率/%	备　注
A厂	干法净化	氟	14.82	2.22	83	按15%计算系统漏风率
		沥青烟	248.8	6.24	97.1	
		颗粒物	322.2	14.63	94.8	
		SO_2		83.75		
B厂	静电捕集	固　氟	34.9	5.73		
		沥青烟	205.43	45.4		
		颗粒物	193.55	16.2		
		SO_2	260.33	145.6		
	联合法（静电+干法净化）	气　氟	13.06	0.97	91.7	
		固　氟	33.35	0.54	98.2	
		沥青烟	41.6	4.9	86.7	
		颗粒物	88.1	3.2	96	
		SO_2	138	56	58	
E厂	湿　法	气　氟	75.5	1.51	97.7	按15%计算系统漏风率
		沥青烟	401	28.1	91.9	
		颗粒物	710	35.5	94.3	
		SO_2		91.4		
	静电捕集	气　氟		139		按8.7%计算系统漏风率
		沥青烟	181	12.3	92.6	
		颗粒物	638	23	96	
		SO_2		139	—	
G厂	碱液洗涤湿式净化法	氟	12.2	0.17		
		沥青烟	45.7	1.37		
		颗粒物	515	61.4		
J厂	干法净化	氟	14~54.5	0.75~1.21	94.7~98.1	
		沥青烟	183~399	1.12~9.32	95.7~99.7	
		颗粒物	665~820	8.46~23.2	97~99	
M厂	碱液洗涤湿式净化法	气　氟	8	1.5	77	
		氟	20	0.5	96.8	
		沥青烟	25	13	37	
		颗粒物	200	40	76	
		SO_2	690	25	95.6	
美国某公司	干法净化	氟	70	1		
法国某公司	干法净化	氟	80	2		

注：表中空格为未检测。

40.3.2.2 石油焦煅烧烟气净化

21 世纪前，炭阳极厂石油焦煅烧烟气大多采用余热锅炉回收余热。对余热锅炉烟气基本上都采取除尘措施，但未考虑烟气的脱硫问题，也不对 SO_2 排放浓度进行监测，实际上造成部分企业 SO_2 严重超标排放。余热锅炉烟气一般采用重力除尘器或湿式除尘器除尘。重力除尘效率在 88% 以下。水膜除尘器除尘，效率达 90% 左右。表 40-100 列出了国内部分炭阳极厂的煅烧窑（余热锅炉）烟气治理措施和排放情况。

表 40-100 煅烧烟气净化效果统计表

企业	粉尘			SO_2			治理措施
	初始浓度（标态）/mg·m⁻³	排放浓度（标态）/mg·m⁻³	净化效率/%	初始浓度（标态）/mg·m⁻³	排放浓度（标态）/mg·m⁻³	净化效率/%	
A 厂①	582.35	137.55	76.35				多管除尘
	794.0	173.7	78				
	837.7	274	66.3				
B 厂①	4077.68	112.84	96.5	1027.3	475.37	53.8	水膜除尘
B 厂②	2353.2	62.3	97.3	2614	125.5	94.5	水膜 + 双碱法
E 厂①	1458	175	88		472		多管除尘
G 厂①	173	146			481		重力沉降
M 厂①		230			3000		旋风 + 水膜
L 厂③	3548	132	96.2	1145	599	45.3	湿法脱硫除尘
K 厂②	<30			2476	200	91.9	双碱法

①2003 年监测值；②2008 年监测值；③2007 年监测值。

近几年，随着国家对 SO_2 排放量的控制不断加强，煅烧烟气 SO_2 排放浓度超标的炭阳极生产企业已开始采用脱硫除尘措施（一般采用双碱法脱硫）取代原重力除尘或水膜除尘。石油焦煅烧窑余热锅炉双碱法脱硫的工艺、设施及效率等，与燃煤锅炉脱硫相似，脱硫效率可达到 90% 甚至更高。如中国铝业青海分公司的 3 号煅烧窑，原采用湿式除尘措施，烟尘排放浓度可满足排放标准，但 SO_2 排放浓度超标。2008 年对净化系统进行改造，在原湿式除尘器后串联双碱法脱硫系统，除尘效率和脱硫效率分别达到 97.3% 和 94.5%，烟尘和 SO_2 排放浓度（标态）仅为 62.3mg/m³ 和 125.5mg/m³，远低于国家排放标准要求。增加的双碱法脱硫措施，取得了十分明显的效果。

40.3.2.3 物料系统除尘及沥青烟净化措施

A 沥青烟净化

a 沥青熔化烟气治理

沥青熔化器产生的废气量很小，如一个规模 100 ~ 160kt/a 的阳极厂，沥青熔化烟气量仅 3500 ~ 5500m³/h。

沥青熔化器烟气中的污染物是沥青烟，从目前和近年发展情况看，基本上采用电捕焦油器治理。在沥青烟初始浓度800mg/m³ 的条件下，设计电捕焦油器净化效率为95%。由于烟气中沥青烟初始浓度、电捕焦油器质量、操作管理水平的不同，净化效率变化较大，一般在80% ~90%。国内部分企业沥青熔化烟气治理效果见表40-101。

表40-101　沥青熔化烟气治理效果表

企　业	阳极生产规模 /kt·a⁻¹	污染源	烟气量	治理前（标态） /mg·m⁻³	治理后（标态） /mg·m⁻³	净化效率/%
A厂	160	熔化器	7782	6833.5	34.55	98.3
F厂	50	熔化器	7310	858	37	95.6
K厂	50	熔化槽	28200	92.9	11.8	86.3
L厂	60	熔化器	3056	206	11.6	81.5

b　混捏、成形沥青烟治理

混捏时加入石油粒料、粉料以及液态沥青，因此混捏烟气中除沥青烟外，还含有少量粉尘，是较难处理的烟气。国内阳极厂混捏、成形产生的沥青烟，多采用石油焦（粉）吸附净化处理，也有较早建设的系统采用湿式洗涤净化处理，但其产生的废水难以处理，目前基本不再采用。石油焦（粉）吸附净化处理方法又分为：颗粒层吸附器净化、管道吸附净化、流动吸附器净化等。下面对混捏、成形沥青烟废气治理的几种方法进行介绍：

（1）颗粒层吸附床净化是将石油焦粒装入网箱内形成吸附床。含沥青的烟气通过吸附床时，沥青被吸附到焦粒表面而从烟气中分离，使烟气得到净化。运行过程中需定期更换吸附床焦粒，以保持其吸附能力。但更换吸附床焦粒很困难，净化系统难以保持长期稳定运行，出现烟气未经治理而直接排放的现象。

（2）管道吸附净化是将煅烧石油焦粉直接添加到管道中，使其在管道内与烟气混合并吸附烟气中的沥青，含焦粉的烟气再进入布袋除尘器过滤的方法。这种方法的治理效果不太稳定，会出现粉尘黏结布袋的情况，而且自动控制水平较低，难以实现持续高效的净化效果。

（3）流动吸附器净化系统采用排风罩及管道将沥青高位槽、强力冷却机、振动成形机等生产过程中产生的含沥青烟的烟气集中至吸附器中，定量注入焦粉对沥青烟进行吸附。同时采用电加热器将一部分洁净空气加热到一定温度，作为载热介质加入烟气中，以提高烟气温度，有效地减少焦油、水蒸气、焦粉在管道内表面的黏结，吸附反应后的烟气经高效脉冲袋式除尘器处理，除尘器收下的载有沥青的焦粉经螺旋输送机返回工艺配料。

中铝国际沈阳铝镁设计研究院近年开发的采用流动吸附器反应的生阳极车间沥青烟净化技术及设备，已用于中国铝业兰州分公司、青海分公司、华泽铝业等多条阳极生产线。使用该净化方法的兰州分公司阳极生产系统，沥青烟净化效率达82%以上，出口平均浓度（标态）仅为8.04mg/m³，颗粒物浓度（标态）为32.2mg/m³，华泽铝业阳极生产系统的沥青烟排放浓度（标态）小于17.8mg/m³，颗粒物排放浓度（标态）小于4.6mg/m³，均实现了达标排放。

（4）湿式洗涤净化由于烟气净化系统产生的废水处理较复杂和处理效率不高，国内21世纪建设的阳极炭素厂已不再采用。湿式洗涤净化系统主要是对沥青烟的净化，净化效率为70%左右。主要过程是在风机进口处、旋风喷淋洗涤器和层式喷水分离器处用水对烟气进行循环喷淋，洗涤除去烟气中的大部分沥青烟，喷雾洗涤废水送焙烧炉烟气净化的废水处理系统集中处理。

B 粉尘治理

炭阳极生产系统的产尘点较多，通常根据生产工段、产尘部位和粉尘成分的不同（如煅前焦、煅后焦、固体沥青等）设若干个除尘系统。因原料（煅前焦或煅后焦，固体沥青或液体沥青）、设备、平面布置、除尘系统设置方式等的不同，相同规模炭阳极厂的除尘系统数量、总风量变化较大，如一个160kt/a 的阳极厂，通风除尘系统设计总风量大约在350000～470000m^3/h，通风除尘系统一般是十几套到二十几套。炭阳极厂除尘系统（除焙烧工段的填充料处理除尘系统外）收集的粉尘是生产原料，可返回生产工艺使用。在各生产工段中，生阳极工段产尘点最多，所设除尘系统数量大约占整个炭阳极厂的1/2。图40-112 是较完善的生阳极工段除尘系统的设置情况。

炭阳极厂除尘系统一般采用脉冲布袋除尘器。布袋除尘器为高效除尘器，在运行管理完善的条件下，除尘效率可达到99.9%以上，排放浓度可控制在100mg/m^3，甚至50mg/m^3 以下（当然，一些设备运行管理不完善的除尘系统，也会出现排放超标的现象）。表40-102 是中国部分炭阳极厂物料系统除尘排放参数统计情况。

表40-102 炭阳极厂粉尘排放浓度统计①

序 号	浓度范围 /mg · m^{-3}	套 数	所占总数/%	累计比例/%	排放标准
1	0.4～9.4	36	30.26	30.26	120mg/m^3 (GB 16297—1996)
2	10.4～18.8	19	15.97	46.23	
3	20.22～27.8	11	9.24	55.47	
4	30.2～40	13	10.92	66.39	
5	41～49	8	6.72	73.11	
6	51.8～80	21	17.65	90.76	
7	82.5～114	10	8.40	99.16	
8	364	1	0.84	100	
合 计		119	100		

①统计年限2003～2007年，统计企业17个。

由表40-102 可见，经布袋除尘器处理后，粉尘排放浓度绝大部分都已满足当时标准，而且70%以上污染源的粉尘排放浓度低于50mg/m^3，说明被收集进入通风除尘系统的粉尘，基本上可得到有效治理。控制粉尘排放量的关键是要提高各扬尘点的集尘效率，控制粉尘的无组织排放，这是今后环保工作应以关注的问题。

40.3.3 生产废水及固体废物

40.3.3.1 生产废水

炭阳极生产为干法过程，没有水进入物料系统。在生阳极冷却水中含悬浮物和油类，但该部分冷却水不排放。阳极厂生产废水主要是设备冷却排污水，水中污染物主要是

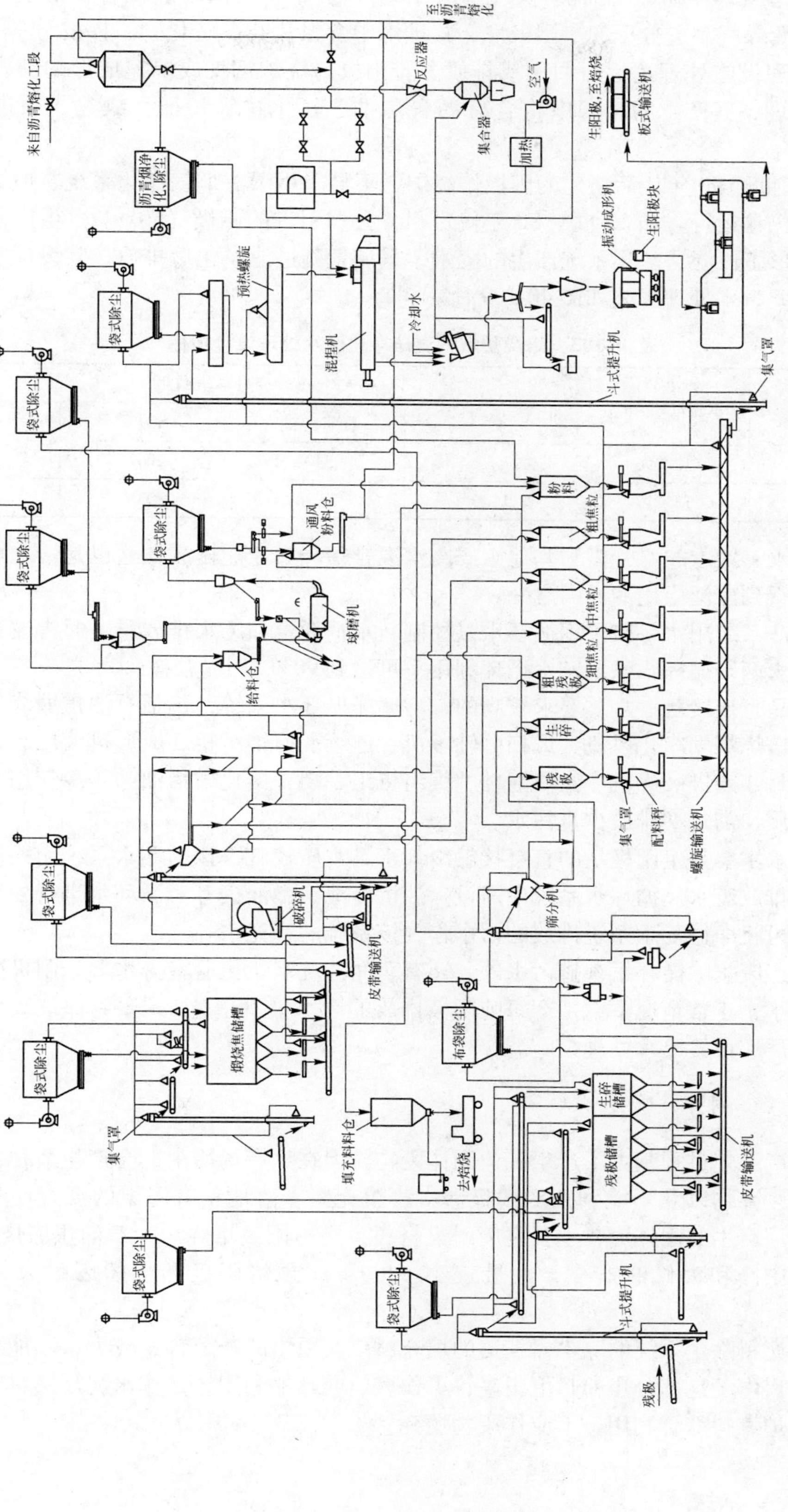

图 40-112 生阳极工段除尘系统设置例图

常规污染物，如悬浮物、石油类等。因此，一般情况下，炭阳极厂没有特征水污染物产生。一些配套煤气制造分厂的炭阳极厂，其排水中含氰化物、硫化物、挥发分等污染物，应设污水处理设施处理达标后回用或排放。若阳极焙烧炉烟气或混捏成形的沥青烟采用湿法净化治理，其产生的废水中将含有沥青焦油、氟化物等特征污染物，须进行有效治理。

中国20世纪90年代后新建的阳极焙烧炉已不再采用湿法烟气净化系统，但之前建设的净化系统仍在运行。如20世纪80年代贵州分公司引进的阳极（50kt/a）生产系统焙烧炉烟气和成形工段湿法净化系统产生的废水，采用絮凝过滤净化后排放，其设计水处理指标见表40-103，水处理工艺如图40-109所示。

表40-103 焙烧炉烟气湿法净化废水处理设计指标

控制点	水量/$m^3 \cdot h^{-1}$	污染物含量/$mg \cdot L^{-1}$			
		F^-	沥青焦油	SO_4^{2-}	SS
进水口	12.996	463	340	2067	783
出水口	13.217	16.6	13.4	2033	15.4

由于出水氟浓度超标，需与其他生产废水混合稀释后才能排放，这也是焙烧炉烟气湿法净化不能得到广泛应用的原因之一。

阳极生产系统用水一般采用循环水以控制新水消耗量和废水排放量，通常设置净循环水和浊循环水两个循环水系统，水循环利用率可达到90%以上。

未与产品直接接触、水质要求较高的，均属净循环水系统，包括石油焦煅烧、空压站的空压机、焙烧烟气净化风机、风扫磨轴承机、连续混捏轴承机、成形机液压装置、成形机真空泵密封、残极破碎机、炭块清理及编组机组、沥青熔化、稀油站等冷却用水。为调节循环水水质，需定期排放少量污水。

浊循环水主要是生阳极块的直接接触冷却水，水质较脏，该循环水系统闭式循环、亏水运行，不排放废水。循环水系统中需设除油沉淀池、撇油机等对循环水进行处理。为节约新水量，可将净循环水系统排放的污水作为该系统的补充水。

阳极生产废水除循环系统排污水外，还有车间冲洗水、化验室排水等。阳极生产的废水排放量较小，正常情况下，生产每吨阳极排放的废水量不超过1m^3。为保证废水达标排放，炭阳极厂应设置废水处理设施。

40.3.3.2 固体废物

阳极生产工艺过程基本不产生工业固体废物。但在生产场所中，会产生清扫出的灰分较高的含炭废弃物以及不能利用的残极渣、废填充料、落地粘有泥土的沥青块等固体废物。炭阳极厂产生的固体废物主要是废耐火材料，是由阳极焙烧炉、石油焦煅烧窑（炉）等在小修、中修和大修时产生，数量较小，生产1t预焙阳极产生的废耐火材料大约为20kg。

焙烧填充料除尘系统的除尘器捕集的填充料焦炭粉尘的灰分含量较大，不能再返回阳极生产系统。由于这部分焦粉热值很高，可作燃料或其他利用，如作水泥厂熟料窑燃料或作其他加热炉燃料综合利用，不应作废物抛弃。

阳极厂的固体废物基本不含对环境有特别危害的因素，不属危险废物。其处置除上述作燃料焚烧外，应予恰当填埋。

40.4 炭阳极生产新技术的研究及应用

在铝电解生产过程中，炭阳极起着导入强大直流电和参加电化学反应的重要作用。但是长期以来，国内炭阳极生产的理论研究和技术开发基础十分薄弱，生产技术落后，主要原材料石油焦和黏结剂煤沥青的产地分散、质量差异巨大，造成炭阳极产品的质量稳定性和抗氧化性差，铝电解吨铝净炭耗高达425~450kg，与国际先进水平（净炭耗410kg）差距明显，同时还影响铝电解生产过程的稳定性。因此，炭阳极质量问题是制约中国铝工业水平进一步发展的主要技术瓶颈，创新开发优质炭阳极生产技术是中国铝电解工业进一步降耗减排的关键，也是中国炭阳极工业淘汰落后、产业升级的必然趋势。

炭阳极生产过程是由原材料处理、干料制备、糊料混捏和成形以及生阳极焙烧等一系列环节组成。中国炭阳极生产原材料的来源和性质异常多样，影响炭阳极质量的因素十分复杂，还常常发生交互作用，这给研究过程的规律性、形成创新技术思路和开发相关技术带来巨大难度。由于国外炭阳极工业对原材料性质要求严格、供应渠道稳定、某些生产工艺装备也与国内多数炭阳极厂有所不同，国外技术的借鉴意义有限。因此必须针对中国炭阳极原材料和生产工艺装备特点，自主创新，开发优质炭阳极生产技术。

中国铝业公司就该课题组织了前期基础研究和探索，在此基础上，于2005~2006年实施了“优质预焙阳极生产技术研究及产业化”专项研究。该专项对利用国内自产的原材料生产优质炭阳极的关键技术进行了全面系统的研究，取得了技术突破，形成了一系列具有自主知识产权的创新技术，下面叙述这个项目所取得的成就。

40.4.1 中国石油焦性质的地域分布特征以及微量元素对石油焦质量的影响规律

铝电解过程中的炭耗是体现炭阳极质量的最重要的指标。本项目经过大量的分析研究发现，影响炭阳极非正常消耗的主要原因是炭阳极的二氧化碳反应性和空气反应性，即铝电解过程中炭阳极与接触到的二氧化碳和空气发生过量反应。低质量炭阳极在铝电解过程中过度燃烧氧化，甚至造成炭阳极局部碎裂、掉渣，因而引起过量炭耗。

石油焦是生产炭阳极的主要原料，每生产1t炭阳极约需用1t石油焦。因此，本项目首先从研究石油焦的二氧化碳反应性和空气反应性等主要特性着手，寻找其中的内在规律性以及降低电解炭耗的途径。

由于原油的来源及生产工艺不同，中国各地区炼油厂所产石油焦的性质有很大的差异。中石油和中石化是中国石油焦产量最大的两家企业，其炼油厂遍布在东北、环渤海、华北、华中、华南和西北六大区域（见图40-113），产量分布也极为分散。

从这样来源复杂、性质迥异的石油焦生产高质量炭阳极，甚至从低质石油焦生产出合格的炭阳极，必须进行大量的基础性研究，全面掌握中国石油焦性质的特点及其对炭阳极质量影响的规律。但因为基础研究不足，炭阳极的实际生产过程只采用灰分、挥发分这两项不能反映石油焦主要性质的指标来进行控制，这是长期以来造成炭阳极质量差及不稳定的主要原因。

课题中对中国六大区域生产的石油焦的各种性质进行了全面系统的分析研究，发现了

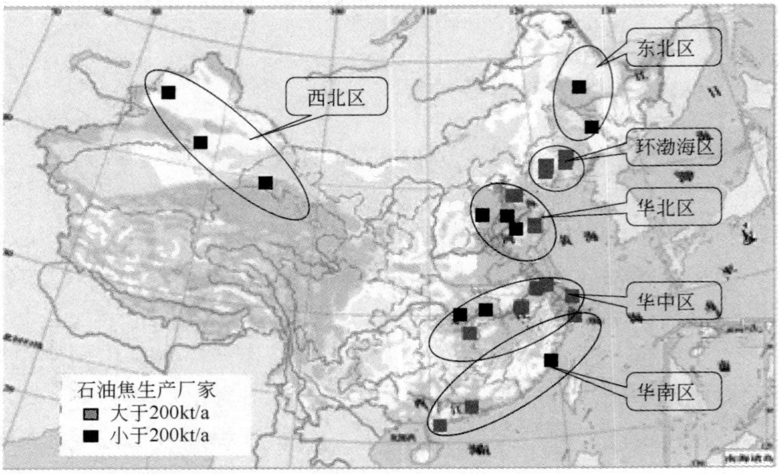

图 40-113　中国石油焦生产地分布

中国石油焦成分和性质的地域分布特征：

(1) 同一地区、原油来源相近的炼油厂生产的石油焦成分和性质相似，而不同地区炼油厂生产的石油焦则差别很大，特别是钙、钒、钠、硫等对石油焦性质具有重要影响的微量元素含量波动范围很大。

(2) 中国南部炼油厂主要使用进口原油生产石油焦，石油焦中的硫、钒含量普遍都高。

(3) 使用东北原油生产的石油焦中硫、钒含量都很低。

(4) 中部地区炼油厂使用国产和进口的混合原油所生产的石油焦性质介于两者之间。

由此可见，石油焦的重要性质和微观结构主要取决于原油的质量和来源，同时也与炼油工艺有关。

通过大量的试验研究，揭示了石油焦中主要微量元素对石油焦氧化反应性的影响规律：石油焦中的微量元素钠、钙、钒是石油焦发生过量氧化反应的催化剂，均可造成由石油焦为主体制成的炭阳极的过量消耗。钙和钠可大大提高石油焦和炭阳极在铝电解过程的二氧化碳反应性和空气反应性；微量元素钒对石油焦和炭阳极在铝电解过程的空气氧化具有强烈的催化作用；而硫则对石油焦的各种氧化反应有一定的抑制作用。

该部分研究建立了铝用石油焦新的研究方法、质量控制体系和分析检测标准，首次全面揭示了中国石油焦性质的地域分布特征以及影响其氧化反应性行为的规律。

40.4.2　石油焦选择性耦合混配技术

中国石油焦生产的分散性及其性质地域分布的特点给炭阳极生产的稳定性和质量均衡性增加了巨大的难度，如何使用多种性能迥异的石油焦生产出质量稳定的优质炭阳极是国内铝工业面临的重大技术难题。

经过深入详细的研究，发现中国石油焦中多种微量元素对炭阳极的氧化反应性具有相反或互补的作用，即催化与抑制作用。此外，不同石油焦的颗粒结构和强度、粒度分布也有差异。将这些具有不同特性的石油焦按一定的技术规则进行混配，有可能取长补短，形成性质、结构和粒度的耦合互补性。如适量的硫可以抑制钙、钒、钠的催化作用，形成不同微量元素的选择性耦合交互作用。主要研究结果如图 40-114 所示。

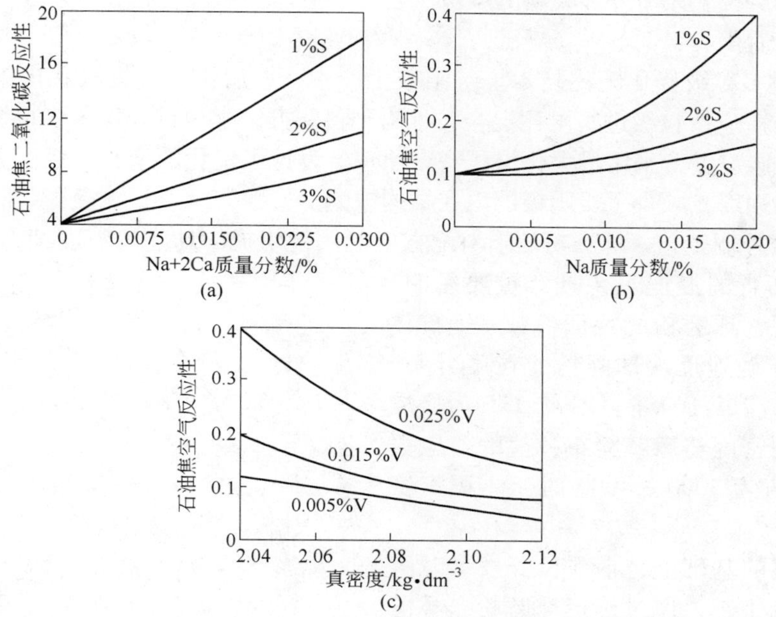

图 40-114　主要微量元素对石油焦反应性的影响

（a）硫含量与二氧化碳反应性关系；（b）硫含量与空气反应性关系；（c）钒（V）含量与空气反应性的关系

研究结果奠定了石油焦选择性耦合混配的基本原理，揭示了石油焦微量元素交互作用的基本规律。据此，本项目创新地提出了多种石油焦选择性耦合混配新工艺，即对不同来源的石油焦的微量元素含量、粒度分布和颗粒结构和强度进行全面分析，根据各种微量元素对石油焦反应性影响的规律，精心选择可实现交互耦合作用的多种不同种类、不同成分和不同粒度的石油焦（也可以是低质焦），并设计科学合理的混配控制参数，进行混配并充分均化，形成颗粒组成合理、抗氧化性强的混合石油焦，成为炭阳极生产的优质原料。选择性耦合混配技术可以利用不同石油焦性质的耦合交互作用，弥补某些石油焦存在的质量缺陷，实现石油焦成分和粒度的均质化以及阳极配方的稳定性。

关于中国石油焦反应过程中微量元素交互作用规律的发现以及选择性耦合混配技术的开发，从根本上解决了原材料来源复杂、性质多变与生产稳定高质量炭阳极的突出矛盾，有效提高了炭阳极抗氧化性及质量稳定性，使部分低质价廉的石油焦变成了可用资源，形成了符合中国原材料特点的炭阳极生产新工艺。

40.4.3　炭阳极生产干料配方新技术

炭阳极生产干料配方新技术包括石油焦煅烧新工艺、多粒级配比技术、球磨控制工艺以及洁净残极大颗粒配方。

（1）石油焦煅烧工艺优化。石油焦的热处理（煅烧）温度直接影响煅后焦的显微结构和导电性。本项目利用国内独特的罐式煅烧炉技术和自主开发的煅烧回转窑的燃烧模型及控制技术，大大提高了煅后焦的质量。这些新技术充分利用石油焦挥发分自身的燃烧热提高煅烧温度，改善了煅后焦的真密度、粉末比电阻以及晶粒有序度。罐式煅烧炉技术经优化后，完全实现了无需外加燃料的煅烧工艺，并可以用低质粉状石油焦生产出高密度和高导电性的煅后焦。

（2）干料多粒级优化配比技术。炭阳极生产中，煅后焦和残极（铝电解后炭阳极剩下的残留部分）应按粒级进行配比混合，称为干料配方。本项目开发了多粒级配方优化技术，细化了粒级设置，采用最大化堆积密度原理，设计了优化的干料粒级配方，提高了炭阳极的密度和强度，减少了炭阳极的内在结构缺陷。

（3）球磨控制工艺。球磨粉是干料配方中的关键组成。球磨粉粒度细、比表面积大，对干料与煤沥青的混捏工艺具有重要影响。通过研究发现，球磨粉的特征参数——布林值可以更为准确地反映球磨粉的粒度分布、比表面积和所需煤沥青量。图 40-115 为焙烧炭阳极的体积密度与球磨粉布林值的对应关系：当布林值为 3000 ~ 4000 时，体积密度最大。

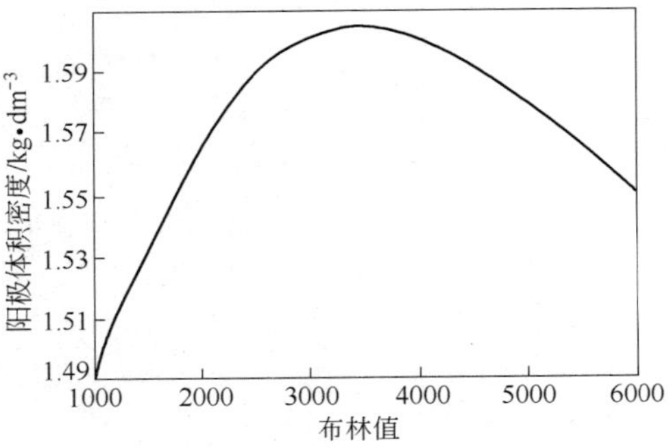

图 40-115　焙烧炭阳极的体积密度与球磨粉布林值的对应关系

在此研究的基础上，本项目开发了球磨粉布林值控制工艺，通过确定球磨粉布林值的控制目标值，并进行布林值在线检测和控制，使球磨粉粒度和比表面积达到最佳值范围，从而提高炭阳极的体积密度。

（4）洁净残极大颗粒配方。在铝电解生产过程中的残极通常需要作为骨料返回到炭阳极生产过程中。本项目通过大量的试验研究，发现残极的表面及浅表层存在大量的含钠电解质成分，进入生产系统将严重影响炭阳极抗氧化性能。另外，残极颗粒致密、强度高，又可加以利用。本项目基于该研究结果，开发了大颗粒洁净残极配方技术以及残极清理技术及装备，制定了返回残极清理以及钠含量的控制标准，将强度高的洁净大颗粒残极作为炭阳极生产配方中的骨料，显著提高了炭阳极的体积密度、强度和抗氧化性。

上述一系列干料配方新技术解决了干料配方最佳化和稳定性的关键技术问题，显著提高了炭阳极的体积密度、强度和抗氧化性。

40.4.4　高黏度煤沥青的混捏、成形和炭阳极节能均质焙烧新工艺

通过对中国煤沥青的性质对生料混捏工艺及炭阳极质量的影响的系统研究，发现了不同工艺生产的煤沥青由于中间相含量的不同，决定了其黏度等重要性质的巨大差异。由于中国炭阳极工业通常采用中间相含量高达 4% ~ 7% 的热聚法煤沥青，对石油焦湿润性差，引起混捏不均、内部缺陷增多、密度低的问题。通过对煤沥青流变性和对炭素骨料浸润性的研究，确定了最佳混捏温度和成形温度，开发出了以改善煤沥青流变性和浸润性为重点的混捏、糊料降温和优化成形参数的混捏成形新工艺以及相应的控制技术，解决了混捏糊料不均匀、成形生坯密度低的技术难题。图 40-116 为中国铝业公司采用本项目开发的混

捏成形新工艺和控制技术后，生阳极块合格率得到大幅度提高的结果。

通过系统研究生阳极块在焙烧过程中的反应行为，开发了以优化焙烧升温曲线、均衡火道温度、提高焙烧最终温度为核心的焙烧新工艺以及相关的新型焙烧控制系统。该技术设计的焙烧升温曲线，使生阳极中的挥发分得到充分燃烧，大大减少了焙烧尾气中沥青等有害成分，又充分回收了其中的热量，节能减排效果显著，炭阳极的各项理化性能指标得到明显提高，炭阳极总体合格率大大提高，焙烧能耗降低约 30%。图 40-117 表明采用炭阳极生产关键技术后炭阳极成品率的明显提高。

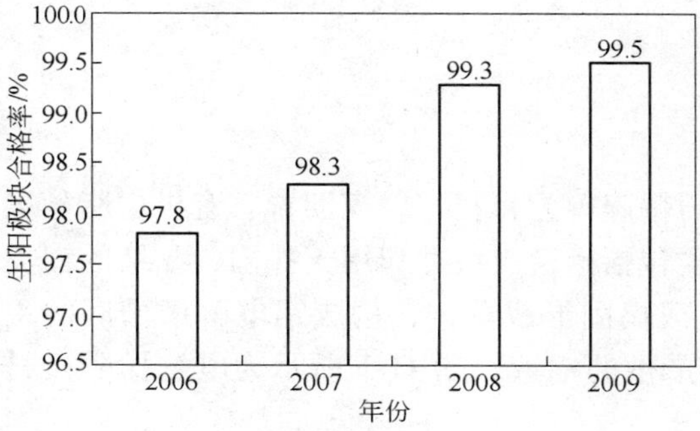

图 40-116 中国铝业公司 2006 ~ 2009 年生阳极块合格率统计

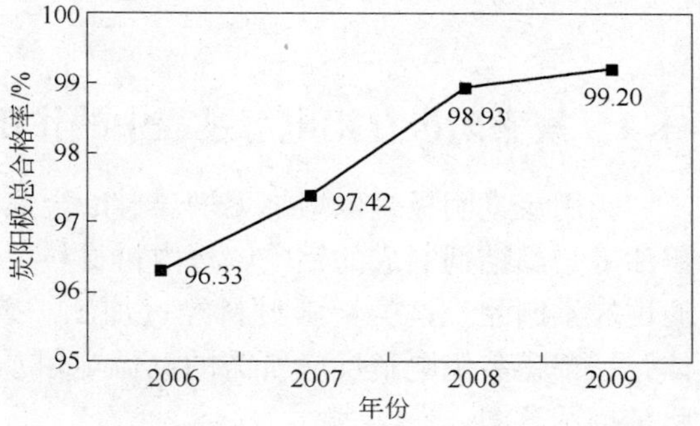

图 40-117 中国铝业公司 2006 ~ 2009 年炭阳极块总合格率统计

该技术的推广应用，明显提高了中国炭阳极企业生产的炭阳极的质量，年出口量超过 800kt。从 2007 年起中国已成为世界上炭阳极第一出口大国，大量出口到欧美、澳大利亚等国。美国铝业公司等大型铝业公司大量使用了本项目技术生产的炭阳极。

41　铝电解用炭素阴极

※※※※※※※※※※※※※※※※※※※※※※※※※※※※※※※※※※※※※※

41.1　炭素阴极在铝电解过程中的作用

铝用炭素阴极是以煅烧无烟煤、冶金焦、石墨碎等为骨料，以煤沥青、有机树脂、煤焦油等为黏结剂制成的铝电解槽内衬材料。主要包括砌筑炭块类和用于扎固、黏结的糊类两类炭素制品。这类炭素材料经过加工、砌筑或捣固形成一体，构成铝电解槽槽底的主体，用于盛装铝电解反应所需的高温电解质和产生的铝液。图 41-1 所示为电解槽阴极材料结构示意图。

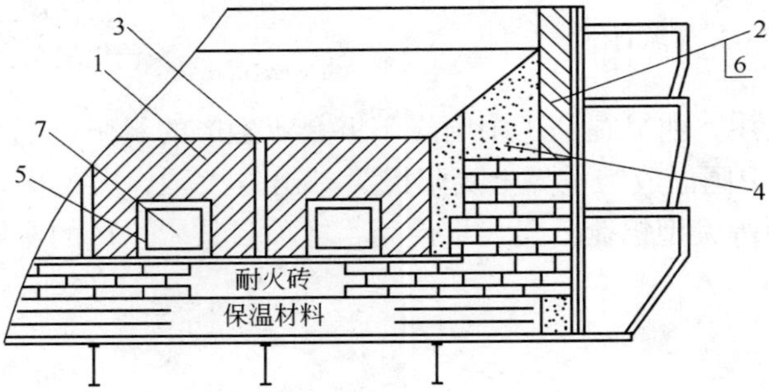

图 41-1　电解槽内衬阴极材料结构示意图

1—阴极炭块；2—侧部炭块；3—炭间缝糊；4—周围炭糊；
5—钢棒糊；6—侧缝用炭胶泥；7—阴极钢棒

在铝电解槽内，炭素内衬材料的作用是双重的。一方面，它构成了盛装电解质和铝液的容器，另一方面，它作为电解过程的阴极，并将电流导出电解槽外。

铝电解过程中，阴极上发生的主要反应是熔于冰晶石（Na_3AlF_6）中的 Al^{3+} 被还原成液态金属铝，铝液和炭质槽底共同作为电解槽的导电阴极。由于电解质熔体中有各种氧化物、氟化物及其他杂质，在铝电解槽这个特殊的环境中，电解质中的钠离子在电场的作用下被炭阴极选择性吸收，发生 $32C(s) + Na(g) = C_{32}Na(s)$ 反应，生成炭的嵌入式层间化合物；铝与碳还发生阴极副反应生成碳化铝（Al_4C_3）。同时，熔融的氟盐及氧化铝对阴极炭块也会发生侵蚀和冲刷等作用，再加上热应力的作用，使阴极材料发生变形、隆起、断裂、爆层等，从而引起阴极破损。炭素阴极的材质与质量指标、砌筑安装质量及工作状况对电解铝生产的电流效率、电能消耗和电解槽寿命有较大的影响。

铝电解槽的阴极电压降（又称炉底电压）一般占铝电解槽总电压降的8%～10%。换言之，铝电解生产电能消耗的8%～10%是被消耗在阴极上的，即生产1t原铝阴极上消耗的电能约为1000～1400kW·h。铝电解槽使用不同材质的阴极炭块，因其导电性能不同，炉底阴极电压也不相同，一般新砌筑一年内的铝电解槽，炉底电压降的范围见表41-1。

表41-1 炉底电压降的范围

阴极种类	普通阴极炭块	半石墨质阴极炭块	高石墨质阴极炭块	石墨化炭块
炉底电压/mV	300～400	300～350	280～330	250～300

41.2 炭素阴极的种类、性质和标准

41.2.1 炭素阴极分类

炭素阴极也称铝电解槽的炭质内衬材料，根据其使用部位和产品的性状，炭质内衬材料可分为底部炭块、侧部炭块和阴极糊等3个系列两大类产品，每一类炭质衬材，根据其材质和性能指标又可细分为若干种。炭素阴极材料的基本分类如图41-2所示。

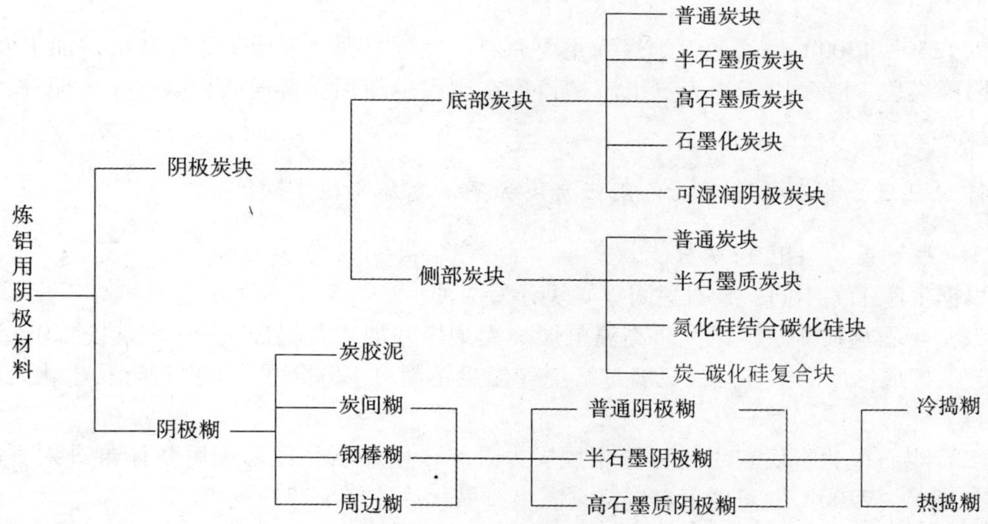

图41-2 炭素阴极材料的基本分类

41.2.2 底部炭块

阴极炭块在铝电解过程中起导电和构成电解槽内衬双重作用。铝电解生产要求阴极炭块有耐高温、耐熔盐侵蚀、导电导热性能良好及机械强度高、抗热震性好、抗钠侵蚀强等特性，以有利于铝电解生产节能和槽寿命的提高。铝电解槽阴极炭块是以优质无烟煤、冶金焦、人造石墨等为骨料制成。其中砌筑在铝电解槽底部的部分称底部炭块。

根据制品的质量要求、选用的原料和采用工艺条件不同，底部炭块可划分为普通阴极炭块（无烟煤基）、半石墨质（化）阴极炭块、高石墨质阴极炭块、石墨化炭块、可湿润阴极块等几类。无烟煤基、石墨质、石墨化炭块是工业铝电解槽常用的主要三大类阴极炭块，它们的性质比较见表41-2。

表41-2　三大类阴极炭块的性质比较

可比性质		无烟煤基炭块	石墨质炭块	石墨化炭块
价格比		1	1.5~1.8	2~3
抗热震系数		可接受	良	优
热导率		适中	高	较高
电阻率	室　温	高	较低	低
	槽　温	中等	低	低
钠膨胀系数		较高	适中	低
抗压强度	室　温	高	适中	低
	槽　温	高	适中	提高
抗磨损系数	室　温	优	良	差
	槽　温	优	良	可

41.2.2.1　普通阴极炭块

以1250~1300℃煅烧的无烟煤为主要原料，经过混捏、成形、焙烧和机械加工而成。普通阴极炭块一般多用于小容量电解槽，现在已很少使用。普通阴极炭块，电阻率55~65μΩ·m。

41.2.2.2　半石墨质（化）阴极炭块和高石墨质阴极炭块

A　半石墨质（化）阴极炭块

根据生产工艺不同，半石墨阴极炭块分为两种：

（1）半石墨质炭块。以优质高温电煅烧无烟煤并加入石墨碎（一般不超过20%）为骨料，混捏成形后的生坯制品只经过焙烧（温度不超过1200℃），不再进行石墨化处理的炭块。

（2）半石墨化炭块。用易石墨化焦炭为骨料，生坯制品经焙烧后整体再进入石墨化炉，在1800~2200℃的温度下再进行高温半石墨化热处理生产的炭块。

前者的强度、硬度较高；后者的导电性能及整体性效果较好。半石墨质和半石墨化阴极炭块电阻率低于45μΩ·m，电解槽设计寿命为1500~1800天。半石墨质炭块生产工艺比半石墨化炭块简单，因此是中国铝电解槽使用阴极底块的主导产品，被广泛应用于大、中型铝电解槽。目前国内160~300kA电解槽大多使用这种炭块。

B　高石墨质阴极炭块

为提高铝电解槽阴极的导电、传热、抗蚀性能，有效延长铝电解槽的使用寿命，国内外大型铝电解槽还使用一种石墨质含量较高的高石墨质阴极炭块，高石墨质阴极炭块是以优质高温电煅烧无烟煤并加入较多人造石墨碎（超过30%）或全部使用石墨碎为骨料，成形后的生坯制品只经过焙烧的阴极炭块。半石墨块与高石墨块的区别在于，骨料中石墨碎的用量不同。半石墨块骨料中石墨碎的用量一般低于20%，高石墨质块的骨料中石墨碎的用量一般大于30%，甚至骨料全部用石墨碎。

高石墨质阴极炭块既具备了良好的导电导热性能、抗钠侵蚀能力和抗热震性能的特性，又具有力学性能好的特点，是一种适宜于大型电解槽上使用的新型阴极材料，是普通阴极炭块和半石墨质阴极炭块的换代产品。由于电阻率和钠膨胀率低，可降低槽底压降、改善炉底状况，延长槽寿命，同时为提升和强化电流创造了有利条件。

41.2.2.3　石墨化阴极炭块

以石油焦为主要骨料，经过煅烧、成形、焙烧（或再进行高压浸渍、二次焙烧），然后再经2500～3000℃石墨化处理后制成的阴极炭块。这种阴极炭块的电阻率低于15μΩ·m，同时，具有较好的导热性和耐蚀性。使用具有一定抗冲刷性能的石墨化阴极炭块，槽寿命可达2500天以上。

使用石墨化阴极炭块，可提高铝电解槽阴极的热导率，有利于大型铝电解槽的槽底散热，可改善电解槽的热场分布，同时使槽帮完整，电解槽运行稳定。

半石墨化炭块与石墨化炭块的区别在于制品晶格有序排列的程度不同，即石墨化度不同。其差别的表示一般从两方面进行表述：

（1）可以用制品电阻率的大小来表示石墨化程度的高低。石墨化炭块的晶格基本完全处于有序排列的状态，电阻率小于15μΩ·m；半石墨化炭块的石墨化程度较低或只有部分被石墨化，电阻率20～45μΩ·m。

（2）在工艺上表现为热处理温度不同。半石墨化炭块的热处理温度不超过2500℃，石墨化炭块的石墨化处理温度为2500℃以上。

41.2.2.4　可湿润阴极块

在上述阴极炭块的工作面上，复合压制（或涂覆）一层与铝液湿润性好的（如硼化钛 TiB_2）糊料层，经过焙烧后与炭基体形成一体，这样的炭块称做可湿润阴极块。因为，铝液对 TiB_2 具有较好的湿润能力，而对电解质有较强的抗腐蚀能力，使用这种阴极材料有利于改善电解槽的技术指标和延长槽寿命。

关于高石墨质阴极炭块、石墨化阴极炭块和可湿润阴极块几种新型阴极材料的应用情况详见41.5节。

41.2.3　侧部炭块

砌筑于铝电解槽槽膛四周的耐热材料称为侧部炭块，也称侧块。在铝电解生产过程中，侧块与熔融电解质的界面上都有一层电解质结壳，构成电解槽侧部内衬主体——槽帮。当电解槽过热或其他工艺条件影响时，槽帮熔化或形不成槽帮，侧部炭块会直接与电解质接触而受到电解质的冲刷和侵蚀，在没有槽帮的情况下，一部分电流也会从侧部通过，造成电流的损失。槽帮的厚度、形状和完整情况直接影响到铝电解生产的稳定性、技术经济指标，同时也关系到铝电解槽的寿命。侧部炭块不作为导体，而只作为铝电解槽的抗侵蚀内衬材料。为保持电解槽侧壁散热，形成凝固的电解质槽帮、使槽膛规整，要求侧部炭块具有良好的导热性。铝电解生产过程中，槽侧内衬一般不与熔融的电解质接触，而由一层凝固的电解质（槽帮）隔开，处于靠近槽壳的较低温区。铝电解槽对侧部炭块的性能要求主要有：电绝缘、导热好、耐高温、高强度、耐冲刷。随着铝电解槽技术的进步和材料技术的发展，目前铝电解槽侧部炭块主要使用以下 3 个品种：

（1）炭质侧块；

（2）纯 Si_3N_4-SiC 侧块；

（3）炭-碳化硅复合侧块。

石墨化程度较高的侧部炭块，可以增强侧部散热和延缓电解质的侵蚀速度，有利于槽帮的形成，并延长槽寿命。碳化硅质侧块自 20 世纪 80 年代以后开始试用。碳化硅质侧块具有较高的热导率和机械强度，并有较强的抗冲刷、抗腐蚀和抗氧化能力，电阻率比较高，是一种化学惰性材料，是铝电解槽新一代的侧衬材料。碳化硅系列耐火材料，根据其结合形式通常分为直接结合、氮化硅结合、含氧氮化物结合和氧化物结合 4 类，其中以氮化硅（Si_3N_4）结合的制品性能最佳，但是成本相对较高。

41.2.3.1　炭质侧块

按炭块材质分，炭质侧块可分为普通侧块和半石墨质侧块两种。根据外形结构，侧部炭块分为普通侧部炭块和普通角部炭块及侧部异型炭块和角部异型炭块。侧部炭块的外形结构如图 41-3 所示。普通侧部炭块与普通阴极炭块的理化性能指标相同。《铝电解用普通阴极炭块》（YS/T 286—1999）详见 41.3.1 节，《铝电解用半石墨质阴极炭块》（YS/T 287—2005）的理化性能指标详见 41.3.1 节。

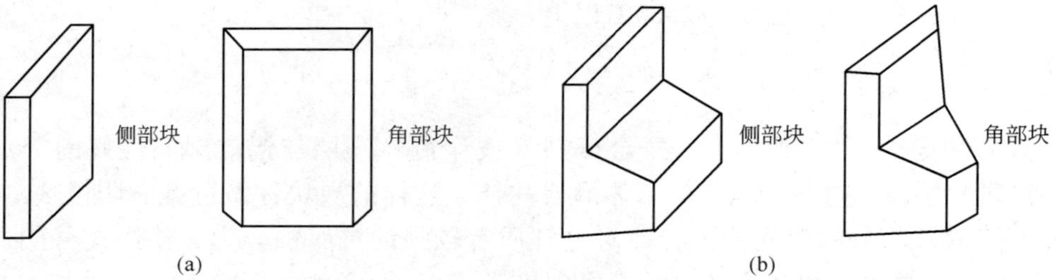

图 41-3　侧部炭块的形式结构
（a）普通型；（b）异型

国外铝电解槽对侧部炭块的质量指标的要求也各不相同，国外某公司各种侧部炭块的质量标准可详见 41.3.2 节。

41.2.3.2　氮化硅结合碳化硅砖（纯 Si_3N_4-SiC 侧块）

A　氮化硅结合碳化硅砖的性能

氮化硅结合碳化硅砖是使用碳化硅、硅粉另加结合剂成形后，在 1350～1450℃经氮化烧成的耐火材料制品，它的分子式为 Si_3N_4-SiC。其特点是 Si_3N_4 以针状或纤维状结晶存在于 SiC 之间，具有良好的耐碱侵蚀性、抗熔融冰晶石润湿性、抗氧化性、耐磨性、高导热性、抗热震性和极低的导电性。Si_3N_4-SiC 主要性能见表 41-3。

表 41-3　铝电解槽用氮化硅结合碳化硅砖理化性能

$w(SiC)$ /%	$w(Si_3N_4)$ /%	体积密度 /g·cm^{-3}	耐压强度 /MPa	抗折强度/MPa		线膨胀系数 (1000℃)/℃$^{-1}$	热导率 /W·(m·K)$^{-1}$
				常温	1400℃		
≥73	≥18	2.66	193	50	48.5	4.15×10^{-6}	17 (800℃)
>75	>20	2.61	168	47	59.4	4.60×10^{-6}	

铝电解槽的大型化，随之而来的是焦耳热增多，铝电解槽的热收入增加。要维持电解槽的稳定运行，必须增大铝电解槽的散热性，以建立新的能量平衡。提高槽侧部的散热性能是建立电解槽新一轮能量平衡、建立槽帮形成规整槽膛的有效途径。氮化硅结合碳化硅砖的多项性能都可较好地符合大型槽对侧部材料的使用要求。

B　氮化硅结合碳化硅砖制品的研发与生产

1986 年，洛阳耐火材料研究院开始了炼铁高炉用氮化硅结合碳化硅风口套砖的开发研究。国内外铝电解槽的发展使氮化硅结合碳化硅产品用于铝电解槽。碳化硅砖的市场日益扩大，但其使用和制作技术需进一步完善。生产过程中的两大关键技术难题是：(1) 现有的摩擦压砖机成形技术很难使坯体密度增加，很难使坯体密度沿厚度方向保持均匀分布；(2) 采用常规的氮化烧成工艺很难使大规格厚砖芯部氮化完全。洛阳耐火材料研究院的研究项目自主发明并设计制造了大台面振动成形机、远红外电热干燥窑和高密封电加热氮化烧成窑等三套关键工艺设备；独创出提高坯体密度并使坯体密度沿厚度方向均匀分布的振动加压成形工艺以及能使厚砖芯部充分氮化的烧成工艺等两项关键技术，实现了铝电解槽用碳化硅制品的产业化，产品理化性能指标达到或超过国际同类产品的先进水平。该产品的研制成功，也解决了大规格厚度非氧化物耐火材料的成形和烧成的技术难题。

1995 年中国 280kA 大型预焙铝电解槽的开发成功，全面带动了中国铝电解槽容量的大型化，200～400kA 级铝电解槽已成为中国电解铝工业的主流槽型。2004 年，大型电解槽的铝产量占全国铝产量的 76.0%。由于电流容量的增大，电解槽的散热问题、槽帮的问题已成为大型槽平稳、高效运行需重点解决的问题，侧部材料必须更新换代来适应电解槽的大型化，具有耐腐蚀、高导热、导电良好性能的氮化硅结合碳化硅砖成了首选材料。

目前，国内 300kA 及其以上级容量的铝电解槽基本都使用氮化硅结合碳化硅砖或其与炭块复合体作为侧部材料。氮化硅结合碳化硅砖一般规格为 550mm×400mm，厚度多为 75mm 和 90mm 两种规格。有的电解铝厂的侧块曾使用 75mm 厚的氮化硅结合碳化硅砖，由于生产中槽侧部温度高，产生红槽壳现象，以后改用 90mm 厚度的氮化硅结合碳化硅砖。

41.2.3.3　炭-碳化硅复合侧块

由于对筑炉成本的控制和槽子的电流、保温、散热情况的差异，碳化硅侧块在铝电解槽上最初实际应用的是炭-碳化硅复合侧块，最早试用这种侧块的电解铝厂有国家大型铝试验基地、焦作万方铝业、贵州分公司、郑州铝业等。

铝电解槽使用的复合碳化硅砖主要有前后复合型和上下复合型（见图 41-4）两种形式。

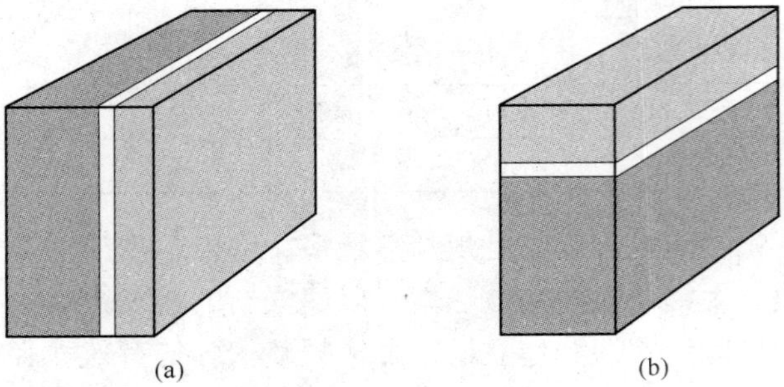

图 41-4　碳化硅复合型侧部块
（a）前后复合型；（b）上下复合型

A　前后复合型

一般将厚度 30～40mm 氮化硅结合的碳化硅块和 60～80mm 的半石墨质炭块用专用的黏结剂黏结为一体，用粘结后的复合块作为铝电解槽的侧部砌筑块。其优点是造价较低，便于早期推广。中孚铝业 320kA 一期 140kt 工程使用这种类侧块。

B　上下复合型

一般在下部使用高度为 240mm 左右的半石墨质炭块，上部使用高度为 280mm 左右的氮化硅结合碳化硅块，上下块的厚度均为 115～120mm。这样复合既利于槽子侧上部散热、侧下部保温的要求，又可节约投资。贵州分公司对这种形式的侧块进行了较系统的试验研究，四川创元铝业在 230kA 槽上进行了推广使用。

全国目前有生产氮化硅结合碳化硅产品的生产厂约十数家，产能约 50kt，仅洛阳就有 3 个生产厂家。中国氮化硅结合碳化硅砖应用技术指标见表 41-4。

表 41-4　中国氮化硅结合碳化硅砖应用技术指标

项　目	指　　标	规 格 值
物理性质	体积密度/g · cm^{-3}	≥2.67
	显气孔率/%	≤16
	常温抗折强度(20℃)/MPa	≥42
	高温抗折强度(1400℃)/MPa	≥50
	热导率(1000℃)/W · (m · K)$^{-1}$	≥15.5
	常温耐压强度/MPa	≥180
化学组成/%	SiC	≥72
	Si_3N_4	≥21
	Fe_2O_3	≤1.0
	游离 Si	≤0.5

41.2.4 阴极糊

阴极糊是用以砌筑铝电解槽阴极炭块、填充阴极缝隙和黏结阴极钢棒的多灰炭质糊料。因使用这种糊的施工多为捣固作业，所以又称为捣固糊、扎糊；又因其使用于铝电解槽的底部，也称为底糊。

阴极糊与阴极炭块同为铝电解槽的砌筑材料，直接与高温铝液和电解质接触，所以要求它与阴极炭块有相同或相似的性质，如灰分含量低，有良好的导电、导热性能，能够耐铝液和电解质侵蚀，烧结特性好等，这样有利于提高铝电解槽的整体性能，延长槽子寿命。

阴极糊的分类一般有以下几种方式：

（1）按其黏结剂软化点及施工温度，可分为热捣（扎）糊、冷捣（扎）糊。冷捣糊的施工温度为25~50℃，热捣糊的施工温度超过100℃。

（2）按其组成骨料颗粒及填充缝隙的大小，阴极糊可分为粗缝糊和细缝糊。细缝糊用以充填小于3mm的炭缝或黏结侧部炭块，其骨料最大颗粒小于1mm，小于100目的焦粉占90%~95%；粗缝糊用来填充较大的缝隙及用来捣打炭垫。

（3）按使用部位，阴极糊又可分为周边糊（周围糊）、炭间糊、钢棒糊、炭胶泥。周边糊用于充填、捣固阴极底块和电解槽侧衬之间的缝隙以及槽周侧部的人造伸腿；炭间糊用于阴极底块之间缝隙的粘接；钢棒糊用于阴极燕尾槽中扎固阴极钢棒；炭胶泥用来黏结侧部炭块之间的细缝。

（4）根据所使用的骨料中石墨含量不同，阴极糊也可分为普通阴极糊、半石墨质阴极糊、高石墨质阴极糊等。

炭糊的用量约为铝电解槽阴极导电材料质量的25%~30%，它的使用面积约占整个槽底面积（接触高温熔体的面积）的1/4，为阴极炭块工作面积的28%~30%，其性能和质量直接影响着铝电解槽的使用寿命和技术经济指标。一台280~300kA的铝电解槽使用炭糊量约为8.5~9.5t，一个100kt系列的电解槽建设筑炉使用的炭糊约为1100~1200t，每年全国炭糊的需求量约为45~50kt。

由于炭糊使用于阴极炭块的缝隙和槽周边的大缝部位，历来都有“槽从缝漏”之说，所以它对铝电解槽的寿命具有重要的意义。为了保证阴极糊的使用效果，西欧、北美的铝厂20世纪90年代就普遍使用了可以在室温条件下进行施工的常温阴极糊，施工过程中完全不用对炭糊加热，如挪威埃肯公司（Elkem）冷捣糊可以在20~35℃温度进行施工，捣锤无需预热。这种阴极糊的挥发分低、成焦率高、线膨胀系数小，在20~950℃平均线膨胀率小于0.15%、气孔率不大于20%、导热系数不小于6W/(m·K)、耐压强度不小于17MPa。

从施工条件和环保要求的角度考虑，冷捣糊主要性能指标应当达到如下技术要求：

条　件	参　数
施工温度/℃	25~35
烧结后耐压强度/MPa	≥17
捣固体积密度/g·cm^{-3}	≥1.43
真密度/g·cm^{-3}	≥1.80
挥发分/%	≤10

41.3　中国炭素阴极的生产与质量状况

41.3.1　阴极炭块的标准与质量状况

A　阴极炭块的标准

有色行业标准《铝电解用普通阴极炭块》(YS/T 286—1999）和《铝电解用半石墨质阴极炭块》(YS/T 287—2005）分别规定了普通阴极炭块和半石墨阴极炭块的质量标准，见表41-5～表41-9。

表 41-5　普通阴极炭块理化指标（YS/T 286—1999）

牌　号	灰分/%	电阻率/μΩ·m	破损系数	体积密度/g·cm^{-3}	真密度/g·cm^{-3}	耐压强度/MPa
TKL1	≤9	≤55	≤1.5	≥1.54	≥1.86	≥32
TKL2	≤10	≤60	≤1.5	≥1.52	≥1.84	≥30

表 41-6　部分普通阴极炭块尺寸及允许偏差（YS/T 286—1999）　（mm）

规　格	允许偏差					
	宽　度		厚　度		长　度	
	加工前	加工后	加工前	加工后	加工前	加工后
400×400×550	±10	±5	±10	±5	±10	±10
400×400×800	±10	±5	±10	±5	±15	±15
400×400×1000						
400×400×1100						
400×400×1200						
400×400×1300						
400×400×1400						
400×400×1500						
400×400×1600						
400×400×1700						
400×400×1800						
400×400×2050						
400×400×2080						

注：允许偏差均不大于表中数值。

表 41-7　铝电解用半石墨质阴极炭块理化指标（YS/T 287—2005）

牌号	灰分/%	开气孔率/%	电阻率/μΩ·m	热膨胀率(950℃)/%	电解膨胀率/%	杨氏模量/GPa	耐压强度/MPa	体积密度/g·cm^{-3}	真密度/g·cm^{-3}	抗折强度/MPa
BSL-1	≤7	≤20	≤40	≤0.5	≤0.7	≤10	≥32	≥1.56	≥1.90	≥7.5
BSL-2	≤8	≤21	≤43	≤0.5	≤1.0	≤10	≥30	≥1.54	≥1.88	≥7.0

表 41-8　铝用半石墨阴极炭块（加工后）尺寸允许偏差（YS/T 287—2005）

名称	规格 /mm × mm × mm	允许偏差				
		宽度/mm	厚度/mm	长度/mm	沟槽宽、深/mm	直角度/(°)
底部炭块	515 ×450 ×3280 515 ×450 ×3250	±2	±4	±12	±3	±0.4
	400 ×400 ×2500 400 ×400 ×2100 400 ×400 ×1800 400 ×400 ×1600	±3	±4	±12	±3	±0.4

注：1. 表中未列规格可由供需双方协商；
2. 允许偏差均不大于表中数值。

高石墨质阴极炭块的行业标准《铝电解用高石墨质阴极炭块》(YS/T 623—2007) 中有 GS-3、GS-5、GS-10 三个牌号，分别表示干料组成中石墨骨料含量所占的比例分别约为 30%、50%、100%，其中 GS-10 又称全石墨质阴极炭块，其性能指标见表 41-9。

表 41-9　铝电解用高石墨质阴极炭块的性能指标（YS/T 623—2007）

牌号	性能								
	真密度 /$g \cdot cm^{-3}$	表观密度 /$g \cdot cm^{-3}$	电阻率 /$\mu\Omega \cdot m$	灰分含量 /%	耐压强度 /MPa	抗折强度 /MPa	杨氏模量 /GPa	线膨胀系数 (300℃)/$℃^{-1}$	钠膨胀率 /%
GS-3	≥1.94	≥1.56	≤33	≤5	≥24	≥7.0	≤7.0	$\leq 4.0 \times 10^{-6}$	≤0.8
GS-5	≥1.98	≥1.57	≤29	≤4	≥24	≥7.0	≤7.0	$\leq 4.0 \times 10^{-6}$	≤0.7
GS-10	≥2.08	≥1.59	≤21	≤2	≥26	≥7.5	≤6.5	$\leq 4.0 \times 10^{-6}$	≤0.5

国外某些厂家生产的阴极炭块的质量标准见表 41-10。

表 41-10　国外某些厂家生产的阴极炭块的质量标准

理化指标	3G①	5G①	10G①	3GE②	5BDN	5BGN	BN1③	BN2③
真密度/$g \cdot cm^{-3}$	1.96	2.00	2.07	1.97	1.95	2.16	2.21	2.23
体积密度/$g \cdot cm^{-3}$	1.61	1.63	1.65	1.59	1.58	1.65	1.62	1.57
开口孔隙度/%	15	15	16	15	15	19	20	24
耐压强度/MPa	34/32	37/35	36/34	29/27	31/24	27/20	31/29	24/21
杨氏模量/GPa	13	12	11	11	11	9	7	—
抗折强度/MPa	10/7	11/8	10/8	8/6	10/6	10/6	12/10	9/8
电阻率/$\mu\Omega \cdot m$	33/45	25/33	19/23	30/41	25/37	13/20	11/13	11/14
线膨胀系数 (20～200℃)/$℃^{-1}$	1.8/2.9	2.1/3.0	2.4/3.2	2.3/3.1	2.3/3.0	2.2/2.7	3.8/4.0	2.3/2.4
热导率（30℃）/$W \cdot (m \cdot K)^{-1}$	10/7	15/11	29/23	16/11	17/11	45/33	115/104	110/100
灰分/%	4.0	3.0	1.5	4.0	2.5	0.3	0.3	1.0

注：“/”前后的数值分别为平行于和垂直于挤压方向上的数据。
① 3G、5G 和 10G 分别为气煅无烟煤加 30%～80% 人造石墨，由 SGL 波兰厂生产；
② 3GE 为电煅无烟煤加 30% 人造石墨；
③ BN1 和 BN2 为石墨化阴极炭块，由 SGL 德国厂生产。

铝电解槽用全石墨化阴极炭块和可湿润阴极炭块目前在中国尚属试用产品，还没有统一的产品质量标准，仅有供需双方自行认可的参考指标。表 41-11 为目前中国铝电解行业使用石墨化阴极炭块的参考指标。

中国石墨化阴极炭块理化性能参考指标见表 41-11。

表 41-11 中国石墨化阴极炭块理化性能指标

指标名称	指标	指标名称	指标
灰分/%	≤0.5	抗折强度/MPa	6～10
电阻率/μΩ·m	10～14	耐压强度/MPa	≥15
热导率/W·(m·K)$^{-1}$	80～120	体积密度/g·cm^{-3}	≥1.60
孔隙度/%	≤26	真密度/g·cm^{-3}	≥2.18

注：石墨化阴极炭块目前没有国家标准，仅参考有关企业理化指标，其他要求与半石墨质阴极炭块相同。

B 中国阴极炭块的质量状况

中国生产有各种类型的阴极炭块，是铝用阴极炭块的净出口国。表 41-12 是中国生产的阴极炭块质量状况的指标范围。表 41-13 是中国部分炭素厂阴极炭块产品指标的实测值。

表 41-12 中国阴极炭块质量状况

阴极种类	普通阴极	半石墨质阴极	高石墨质阴极	石墨化阴极
体积密度/g·cm^{-3}	1.52～1.55	1.54～1.57	1.58～1.63	1.58～1.65
真密度/g·cm^{-3}	1.84～1.90	1.87～1.92	1.93～2.00	2.08～2.14
抗折强度/MPa	6～12	6～12	7～12	7～12
抗压强度/MPa	30～35	32～40	30～38	26～30
热导率/W·(m·K)$^{-1}$	6～12	7～18	20～5	105～130
线膨胀系数 (20～200℃)/℃$^{-1}$	(2～3)×10^{-6}	(2～3)×10^{-6}	(2.8～3.5)×10^{-6}	(2.5～4.5)×10^{-6}
电解膨胀率/%	0.80～1.25	0.45～0.85	0.10～0.30	0.07～0.15
抗热震性(300℃)/次	7～25	10～30	35～80	100～300
电阻率/μΩ·m	55～60	35～45	28～35	12～18
杨氏模量/GPa	7～12	7～12	7～11	6～8

表 41-13 中国部分厂家阴极炭块的质量指标实测值

理化指标	厂家 1	厂家 2	厂家 3	厂家 4	厂家 5	厂家 6	厂家 7	厂家 8
灰分/%	4.00	4.08	3.94	4.04	3.60	3.64	3.00	3.54
真密度/g·cm^{-3}	1.97	1.92	1.89	1.91	1.99	1.98	1.98	1.95
体积密度/g·cm^{-3}	1.58	1.6	1.53	1.60	1.60	1.58	1.57	1.57
强度/MPa	37.0	35.5	29.1	36.7	31.0	33.5	32.7	33.5
电阻率/μΩ·m	38.9	37.2	43.2	38.1	30.9	30.6	28.3	33.5
热导率 (30℃) /W·(m·K)$^{-1}$	—	—	—	—	17.6	—	25.94	16.4
空气渗透率/nPm	—	—	—	—	0.93	—	0.63	11.8

注：厂家 5、厂家 6、厂家 7、厂家 8 阴极炭块的人造石墨添加量为 30%。

41.3.2　侧部炭块的质量标准

无烟煤基的半石墨质侧部炭块主要用于中小型电解槽。随着电解槽容量的增加，目前，大型电解槽多采用散热、绝缘和抗氧化性能好的 $SiC\text{-}Si_3N_4$ 块。

有色行业标准《铝电解用普通阴极炭块》(YS/T 286—1999) 没有对底部炭块和侧部炭块加以区分。《铝电解用半石墨质阴极炭块》(YS/T 287—2005) 则专门规定了半石墨侧部炭块的理化性能和尺寸要求，详见表 41-14、表 41-15。

表 41-14　半石墨侧部炭块的理化性能指标（YS/T 287—2005）

牌　号	灰分/%	耐压强度/MPa	体积密度/g · cm^{-3}	真密度/g · cm^{-3}
BSL-C	≤8	≥31	≥1.56	≥1.90

表 41-15　半石墨侧部炭块（加工后）的尺寸允许偏差（YS/T 287—2005）

名　称		规　格 /mm × mm × mm	允许偏差			
			宽度/mm	厚度/mm	长度/mm	直角度/(°)
侧部炭块	非角部炭块	355 × 123 × 520 400 × 123 × 550 400 × 115 × 560 400 × 115 × 550 400 × 130 × 500	±3	±3	±5	±0.4
	角部炭块	360/204 × 123 × 520	±5	±5	±5	—

注：1. 表中未列规格可由供需双方协商；
2. 允许偏差均不大于表中数值。

表 41-16 是国外某些公司对侧块炭块的质量标准要求。

表 41-16　国外公司侧块质量标准

理化指标	CF	MC	HC	PHC	DOX	EROX5	EROX35
真密度/g · cm^{-3}	1.82	1.97	2.08	2.21	1.81	1.88	2.13
体密度/g · cm^{-3}	1.51	1.55	1.59	1.62	1.47	1.54	1.63
气孔率/%	17	20	23.5	27	18.5	18	23.5
灰分/%	3.5	2.1	1.1	0.9	5	10	9
抗压强度/MPa	26	26	25	20	32	35	32
抗折强度/MPa	9	12	11	11	13	14	14
热导率/W · (m · K)$^{-1}$	9	14	27	125	8	9	30
氧化度/%	2.9	2.8	2.5	0.2	0.9	0.9	0.7

41.3.3　阴极糊的质量标准

有色行业标准《铝电解用阴极糊》(YS/T 65—2007) 中，铝电解用阴极糊按其理化性能、产品用途、施工温度的不同分为三类 11 个牌号，详见表 41-17 和表 41-18。

表 41-17　阴极糊的分类及牌号（YS/T 65—2007）

分　类	牌号	名　称	适 用 部 位	施工温度/℃
第一类	BSZH	半石墨周围糊	填充底部炭块与侧部炭块接缝及耐火砖等之间较宽缝隙	110 ± 10
	BSTH	半石墨炭间糊	填充炭块与炭块之间缝隙	110 ± 10
	BSGH	半石墨钢棒糊	填充阴极钢棒与炭块之间缝隙	110 ± 10
	BSTN	半石墨炭胶泥	填充侧部炭块之间较小缝隙	60 ± 10
第二类	GSZH	高石墨周围糊	填充高石墨质底部炭块与侧部炭块接缝及耐火砖等之间较宽缝隙	110 ± 10
	GSTH	高石墨炭间糊	填充炭块与炭块之间缝隙	110 ± 10
	GSGH	高石墨钢棒糊	填充阴极钢棒与炭块之间缝隙	110 ± 10
第三类	BSLD-1	半石墨冷捣糊Ⅰ	填充炭块与炭块，底部炭块与侧部炭块及耐火砖之间的缝隙	25 ~ 55
	BSLD-2	半石墨冷捣糊Ⅱ	填充阴极钢棒与炭块之间缝隙	25 ~ 55
	GSLD-1	高石墨冷捣糊Ⅰ	填充炭块与炭块，底部炭块与侧部炭块及耐火砖之间的缝隙	25 ~ 55
	GSLD-2	高石墨冷捣糊Ⅱ	填充阴极钢棒与炭块之间缝隙	25 ~ 55

注：1. BSZH、BSTH、BSGH、BSTN、BSTC-1、BSTC-2 等 6 个牌号的产品是与铝电解用半石墨阴极炭块配套使用的；

2. GSZH、GSTH、GSGH、GSLD-1、GSLD-2 等 5 个牌号的产品是与铝电解用高石墨阴极炭块配套使用的。

表 41-18　阴极糊的理化性能指标（YS/T 65—2007）

牌号	理化指标								
	电阻率 /μΩ · m	挥发分 /%	真密度 /g · cm^{-3}	表观密度 /g · cm^{-3}	耐压强度 /MPa	灰分含量 /%	针入度 (20℃) /mm	膨胀收缩率/%	
								$\Delta L_A - \Delta L_B$	$\Delta L_A - \Delta L_C$
BSZH	≤73	7 ~ 11	≥1.87	≥1.44	≥17	≤7		≤0.75	≤0.85
BSTH	≤73	8 ~ 12	≥1.86	≥1.42	≥18	≤7		≤0.75	≤0.85
BSGH	≤73	9 ~ 13	≥1.88	≥1.44	≥25	≤4		≤0.65	≤0.75
BSTN	—	≤50	—	—	—	≤5	450 ~ 650	—	—
GSZH	≤65	7 ~ 12	≥1.92	≥1.47	≥16	≤5		≤0.45	≤0.55
GSTH	≤65	8 ~ 13	≥1.92	≥1.47	≥16	≤5		≤0.70	≤0.85
GSGH	≤65	9 ~ 14	≥1.92	≥1.47	≥20	≤3		≤0.60	≤0.75
BSLD-1	≤75	9 ~ 13	≥1.87	≥1.44	≥18	≤7		—	—
BSLD-2	≤75	9 ~ 13	≥1.87	≥1.44	≥20	≤7		—	—
GSLD-1	≤65	9 ~ 13	≥1.89	≥1.46	≥16	≤5		—	—
GSLD-2	≤65	9 ~ 13	≥1.89	≥1.46	≥18	≤5		—	—

注：ΔL_A 表示糊料结焦期的膨胀/收缩率（稳态或最大值）；ΔL_B 表示恒温前最高温度点 950℃时的膨胀/收缩率；ΔL_C 表示最高温度点 950℃恒温 3h 后的膨胀/收缩率。

国外一些公司生产的冷捣糊的质量标准见表41-19。

表41-19 国外一些公司冷捣糊的质量标准

理化指标	AMT70 S-40	AMT70 S-30	AMT70 S-20	HTC40	HTC20
捣固温度/℃	35~50	25~40	15~30	35~50	15~30
生坯密度/$g \cdot cm^{-3}$	1.59	1.59	1.59	1.65	1.64
体积密度/$g \cdot cm^{-3}$	1.45	1.45	1.44	1.48	1.46
气孔率/%	18	18	18	21	22
热导率/$W \cdot (m \cdot K)^{-1}$	6	5	5	11	20
耐压强度/MPa	18	17	16	16	14
体积膨胀($\Delta V/V$)/%	1.6	1.6	1.6	1.6	1.6
电阻率/$\mu\Omega \cdot m$	65	65	70	40	45
灰分/%	3.5	3.5	3.5	2.5	2.5

41.3.4 中国炭素阴极的生产现状

中国电解铝产量从2002年起一直位居世界第一位，同时拥有丰富的优质无烟煤资源，为炭素阴极的生产提供了得天独厚的市场和资源优势。中国阴极制品生产具有厂家多、分布广、品种齐全等特点。到2005年，已有30多家阴极炭块生产厂，年产量约280kt，在建和拟建产能约110kt，主要分布在山西、宁夏、贵州等地，大多数厂家还配套生产侧部炭块和阴极糊。

中国主要阴极厂家分布和一些厂家的情况见表41-20和表41-21。

表41-20 中国主要阴极生产厂家分布

序号	省份（自治区）	厂家数	序号	省份（自治区）	厂家数
1	贵州	1	9	湖南	1
2	山西	17	10	云南	1
3	山东	2	11	陕西	1
4	河南	3	12	甘肃	1
5	宁夏	1	13	河北	1
6	内蒙古	2	14	辽宁	1
7	四川	1	15	青海	1
8	吉林	1	合计		35

表 41-21 中国部分阴极生产厂家情况

厂 名	产量或产能
中国铝业贵州分公司	年产能 25kt，其中阴极炭块类 20kt，糊类 5kt
青铜峡铝业集团青鑫炭素有限公司	年产能 20kt
云南万盛炭素责任有限公司	综合产能 80kt，其中煅烧能力 12kt、压型能力 40kt、焙烧能力 10kt、加工能力 20kt
河北省冀州炭素制品有限责任公司	年总产能 50kt，其中有两条大规格阴极底块生产线，产能 25kt/a；两条小规格阴极底块生产线，产能 10kt/a；一条侧块生产线和两条糊制品生产线
山西省晋阳炭素股份有限公司	年产铝用阴极炭块 30kt，糊类 10kt。近期扩建后将实现年产阴极炭块 65kt，糊料 40kt
山西祁县宇通炭素有限公司	年产能 3 万余吨，其中阴极炭块 20kt，侧块角块异形炭块 5kt，糊类制品 5kt
山西太谷山晋炭素有限公司	年产能 25kt
山西省石灵县宏源选煤有限公司炭素厂	年产 515mm × 450mm × 4000mm 以内的大规格半石墨质阴极炭块、侧块、角块、糊类 3.5 万余吨
山西亮宇炭素有限公司	年产能 20kt
山西运城市关铝阴极制品有限公司	年产能 14kt
山西金谷炭素铸造有限公司	年产能 10kt

近十几年来，由于国内电解铝工业突飞猛进的发展，刺激了阴极制品的产量增长，炭素阴极的生产不但可以满足国内新建和大修电解槽的需要，还有部分厂家的阴极产品出口到国外。表 41-22 为 1995 ~ 2005 年 10 年间中国阴极制品需求量和产量情况。

表 41-22 1995 ~ 2005 年中国铝产量和阴极产品需量变化 (kt)

年 份	1995	1996	1997	1998	1999	2000	2001	2002	2003	2004	2005
原铝产量	1680	1770	2100	2380	2640	2820	3420	4330	5560	6840	7810
新建槽阴极需求量	12	16	14	12	12	36	54	64	60	50	48
大修槽阴极需求量	24	32	37	43	41	5	61	77	99	117	128
阴极总需求量	36	48	51	55	53	86	115	141	159	167	176
阴极总产量	40 ~ 50	50 ~ 60	50 ~ 60	70 ~ 100	80 ~ 100	100 ~ 120	120 ~ 150	180 ~ 220	150 ~ 200	150 ~ 200	140 ~ 180

从表 41-22 可知，中国阴极产品的产能与需求水平基本相平并略有盈余。随着中国电

解铝工业建设速度的减缓、产能的稳定，国内电解槽大修每年约需阴极炭块的数量将基本为150kt左右。

41.4 炭素阴极的生产工艺

41.4.1 炭素阴极生产工艺流程

铝用炭素阴极生产的工艺与炭阳极基本相同，一般要经过：原料预碎→煅烧→破碎、筛分→配料→混捏→成形→焙烧→（浸渍→二次焙烧）→（半）石墨化→机加工→成品。不同的产品，工艺稍有差别。半石墨质炭阴极炭块、石墨化阴极炭块和全石墨质阴极块的基本生产工艺流程分别如图41-5～图41-7所示。

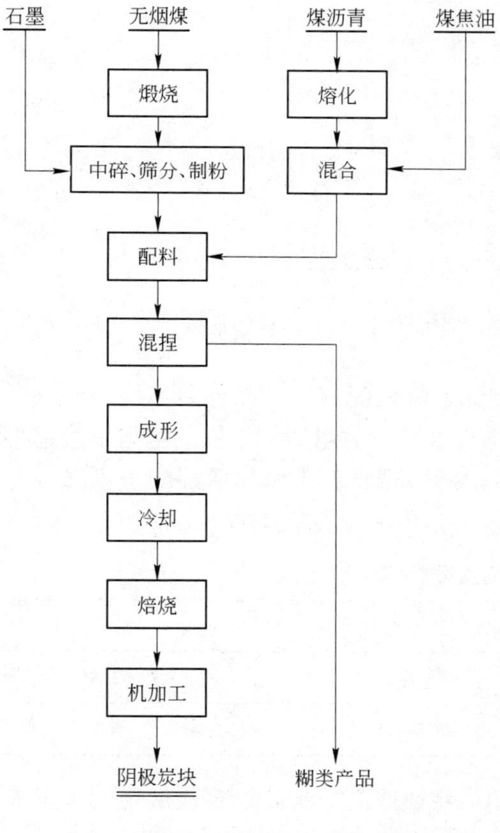

图41-5 半石墨质阴极炭块制造工艺流程

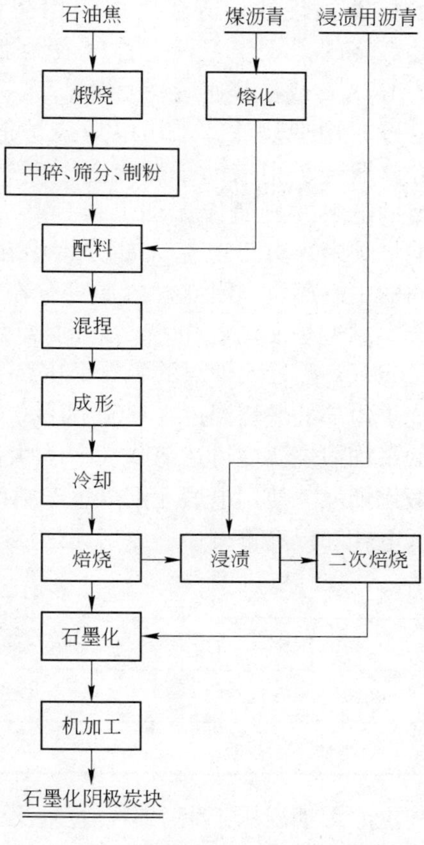

图41-6 石墨化阴极炭块制造工艺流程

41.4.2 原料煅烧

41.4.2.1 无烟煤煅烧

煅烧过程是对炭素原料在高温下进行热处理、除去其中的大部分水分和挥发分，使体积随之收缩，密度、强度和导电性相应提高的工艺过程。用无烟煤或无烟煤加入部分石墨生产阴极炭块或用石油焦生产石墨化阴极炭块时，所用的主要原料都必须先进行煅烧。

根据生产产品的需要，炭素阴极生产用无烟煤的煅烧有两种方法：

（1）火焰煅烧法，使用回转窑、罐式炉或倒焰窑等为煅烧炉，以煤、重油、煤气或天然气为燃料，燃料燃烧时产生的热量使无烟煤被加热煅烧。由于无烟煤煅烧过程中产生的挥发分可以代替一部分燃料，因而可降低燃料的消耗。火焰煅烧时，其煅烧温度在1250℃左右，煅烧后得到的无烟煤产品颗粒较硬，并且有较大的抗磨蚀性能，适合用作铝用阴极的原料。火焰煅烧的无烟煤习惯上称气煅无烟煤（国外称为GCA）或称普通煅烧无烟煤。

（2）电煅烧法，采用电煅烧炉煅烧。无烟煤在电煅烧炉中借助于炉内上下电极间无烟煤自身的电阻发热而使无烟煤得到高温煅烧。在电煅烧炉中，由于电流大部分集中在两个电极之间的中心部位，因此炉内温度分布极不均匀，其中，靠近炉中心、电极之间的温度高达2000~2300℃，接近无烟煤的半石墨化温度；而靠近煅烧炉边部的煅烧温度在1300~1800℃之间，因此，电煅无烟煤产品质量不均匀。电煅烧法的平均煅烧温度可达2000℃，大大高于火焰煅烧温度，故电煅无烟煤的电阻率远远小于气煅无烟煤。使用电煅无烟煤生产铝用阴极炭块，可以降低铝电解槽阴极的电压降，有利降低电耗和提高槽寿命。电煅无烟煤（国外称ECA）的质量见表41-23。

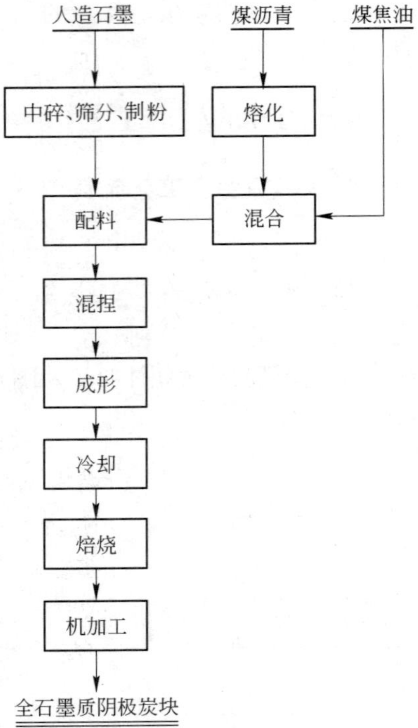

图41-7 全石墨质阴极炭块制造工艺流程

表41-23 电煅无烟煤质量标准

指标名称	指 标	指标名称	指 标
灰分/%	≤5	真密度/g·cm^{-3}	≥1.85
水分/%	≤0.2	电阻率/μΩ·m	≤600

电煅无烟煤用于生产半石墨质及更高级的阴极炭块或高炉炭砖；普通煅烧无烟煤多用于生产炭素糊料（电极糊等）和普通阴极炭块。

41.4.2.2 无烟煤的煅烧行为

无烟煤在煅烧过程中会发生一系列的物理化学变化，最显著的变化是微晶组织（指碳网格片状体的叠层）的尺寸增大、层间距变小；结构致密，因而真密度提高导电性能提高。经过1300℃左右煅烧过无烟煤的粉末电阻率可降低到1000 μΩ·m左右。煅烧温度达到2000℃左右的电煅烧无烟煤的电阻率能降低到600μΩ·m以下。

不同煅烧温度对无烟煤性能的影响见表41-24。

表 41-24 不同煅烧温度对阳泉无烟煤性能的影响

煅烧温度/℃	真密度/g · cm⁻³	电阻率/μΩ · m	灰分/%	硫分/%
1300	1.75	1015	10.22	0.976
1500	1.76	938	9.88	0.955
1700	1.76	804	8.57	0.687
1900	1.80	531	5.86	0.25
2000	1.85	372	3.5	0.03

41.4.2.3 电煅烧炉

电煅烧和电煅烧炉是炭阴极生产中专有的工艺和设备，它有别于与炭素阳极生产的煅烧设备。

电煅烧可得到高质量的、热性能稳定的电煅无烟煤。煅烧炉电流的大小和物料在炉内的停留时间决定电煅无烟煤的质量。而这两者都和加、排料的操作有关。新加进的无烟煤电阻率较大，可以抵消煅烧过程中炉阻的下降，使煅烧电流基本保持恒定。所以，适当的加排料量与煅烧电流的恰当配合，是获得质量稳定的电煅无烟煤，保证煅烧能正常进行的重要条件。

电煅烧炉具有结构简单、紧凑，操作连续、方便，易实现生产自动化的优点，可以获得较高的煅烧温度，使部分煅后料具有半石墨化性质，是制造高质量炭素制品必不可少的热工设备，特别适合无烟煤的煅烧。这种炉子的缺点是不能利用煅烧过程中产生的挥发分。

电煅烧炉有多种不同的形式，有使用悬吊式导电电极的敞开炉和导电电极砌在衬砖内的密闭炉；导电电极有垂直布置的，也有水平布置的；加排料有连续的也有间断的。在电炭工业中采用的都是小型电炉，装备水平不高；而中国铝用阴极炭素厂已建成容量较大，技术比较先进的电煅烧炉。

电煅烧炉的基本结构和工艺如下。

A 基本结构

各种电煅烧炉的结构基本类同，图 41-8 所示为交流单相电煅烧炉的结构示意图。

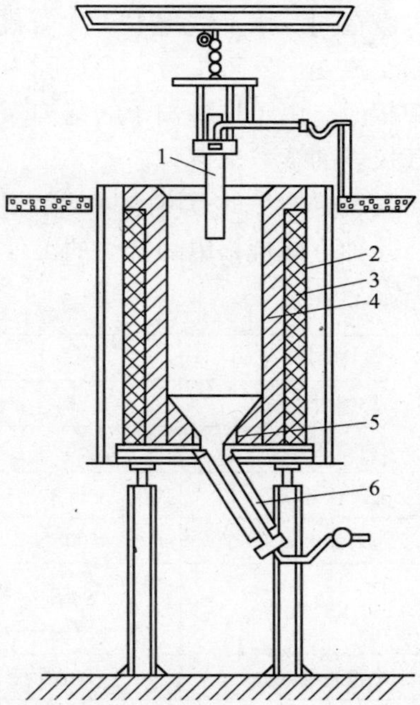

图 41-8 单相电煅烧炉结构示意图
1—上部电极；2—炉壳；3—保温层；4—耐火砖；5—下部电极；6—冷却水套

电煅烧炉的炉体为一竖直的圆筒外壳，上部内衬为耐火材料，自上而下分别作为炉子的预热带和煅烧带。耐火材料内衬以下是带水冷的炉壁，作为炉子的冷却带。在炉子的上下两端各有一根电极，上部电极通过吊架挂在电动葫芦上以调整高度，并借助水冷的电极夹持器与母线排连接。下部电极呈锥形，用水冷支架支撑并和母线排连接。供电变压器是单相多级调压式，通过母线排和上下电极构成电流回路，生产时按一定的电压级别和极距，以及无烟煤的电阻，而获得一定的电流。生无烟煤自炉顶部的下料斗靠自重装入炉内，当电流流过即被加热，随着排料的进行，料层逐渐下移，并被预热和煅烧，到达炉底的煅后料经水冷壁，水冷支架和水冷料盘的冷却，温度降低，由旋转的刮板排出，最后由振动输送机送到煅后储仓。刮板的转动是由多盘式无级变速器传动蜗杆减速器的小齿轮，再带动大齿圈实现的，用变速的办法使刮板的旋转速度改变，就能控制排料量，也控制了加料量。煅烧过程中产生的烟气经炉顶的烟管排放至大气。

B 主要形式

电煅烧炉根据供电方式的不同，可以分为直流电煅炉和交流电煅炉。直流炉电耗低、产量高，优于相同容量的交流炉。交流炉根据供电方式不同可分为单相电煅烧炉和三相电煅烧炉两种。与单相炉相比，三相供电有利于电网平衡。

单相电煅烧炉用低电压大电流单相变压器供电，变压器的容量视炉腔的大小，按照操作经验确定。炉膛横断面的最大电流密度为0.18～0.25A/cm^2。变压器的最高电压视炉膛高度和材料的电阻率而定，一般采用30～35V/m（由电极的端面到炉底）。例如，炉子内径为1100mm的电煅烧炉，当其外径为2058mm，炉膛内有效高度为2800mm，炉膛上部悬挂的石墨电极直径为250mm，所配单相交流变压器的容量为150kV·A，电压为60V时，通过炉膛的电流可以达到2000～2500A，炉膛内煅烧温度可达1750～2100℃，每小时可排料130～150kg，每吨煅烧料耗电为800～1000kW·h。

三相电煅烧炉的炉体与单相电煅烧炉类似，但是导电电极直接砌在炉体中，为了使炉膛内温度比较均匀，在炉体上部及中部各砌三根截面为350mm×350mm的石墨电极，三对电极在同一水平线按120°等分砌入，分别用母线与供电变压器相连。一台150kV·A的三相交流变压器可配置一台炉膛内径800mm，高3m的炉子，产量与电耗和上述单相电煅烧炉相似。由于这种炉子的结构限制，不能直接测量煅烧区域的温度，它的操作规范要按电气仪表的读数来制订。

直流电煅炉的基本结构与单相电煅炉相似，但采用整流后供应直流电。

几种不同规格电煅烧炉的工作参数见表41-25。

表41-25 几种不同规格电煅烧炉的工作参数

规格序号	一	二	三	四	五
炉膛内径/m	1.86	1.00	0.8	1.9	1.2
炉膛高度/m	2.50	1.50	2.45	6.0	2.9
变压器容量/kV·A	250（交流单相）	80（交流单相）	100（交流三相）	1350（直流）	800（直流）
变压器最大电流/A	4800	2000	2000		
电压等级/V	44，48，52，56，60，64	44，48，52，56，60，64	50		
电极直径/mm	500	200	100	450	
产量/t·d^{-1}	5	2.5	0.95	26	9
ECA电阻率/μΩ·m				650±100	
吨ECA能耗/kW·h				725	800

41.4.2.4　石油焦煅烧

生产全石墨化阴极时对原料石油焦进行煅烧，石油焦的煅烧质量在真密度、灰分、硫分等方面有更高的要求。全石墨化阴极炭块对煅烧石油焦的指标要求见表41-26。

表41-26　全石墨化阴极炭块用煅后石油焦的质量指标

指标名称	指标	指标名称	指标
真密度/$g \cdot cm^{-3}$	≥2.07	线膨胀系数/K^{-1}	$\leqslant 15 \times 10^{-6}$
灰分/%	≤0.3	结构指数（$/\!/$ / ⊥）	≤4
水分/%	≤3	晶格长度/nm	≤3.8
硫分/%	≤0.8		

41.4.3　原料的破碎、筛分、混捏

炭素阴极的破碎、筛分、混捏工艺与设备和炭阳极的生产基本相似，可以参考本书40.2节。但阴极的主要原料无烟煤与阳极所用的石油焦的组织结构差异较大，生产中应注意以下问题：

（1）根据各种炭质原料的硬度、强度差别，考虑工艺过程对粒度产能的要求，选用适宜的破碎设备。粉碎比（粉碎前的最大粒度与粉碎后的最大粒度的比值）在4～40范围内使用颚式破碎机、辊式破碎机和锤式破碎机等设备；粉碎比在300以上的采用球磨机、雷蒙磨等。在大块煤破碎时，常用的一级破碎设备有颚式破碎机、反击破碎机，二级破碎设备为双齿辊式破碎机。

（2）无烟煤结构致密、断面光滑，对煤沥青的吸附性差，应严格控制黏结剂的用量和粉料的使用比例。

（3）各种阴极制品的原料配入情况如下：

1）炭间捣固糊：采用无烟煤、煤沥青、煤焦油、沥青焦等按一定粒度和比例进行配料；

2）钢棒捣固糊：采用无烟煤、煤沥青、煤焦油、沥青焦等按一定粒度和比例进行配料；

3）底部炭块：采用无烟煤、煤沥青、煤焦油、石墨碎、冶金焦等按一定粒度和比例进行配料；

4）侧部炭块：采用无烟煤、煤沥青、煤焦油、石墨碎、冶金焦等按一定粒度和比例进行配料；

5）周围捣固糊：采用无烟煤、煤沥青、煤焦油、沥青焦等按一定粒度和比例进行配料；

6）炭胶泥：采用无烟煤、煤沥青、杂酚油等按一定粒度和比例进行配料。

（4）混捏。阴极生产厂产品种类较多，单品种的产量比起阳极来少得多，所以宜使用间断混捏设备。

41.4.4　挤压成形

41.4.4.1　挤压成形工艺原理

炭素阴极的成形是将混捏好的糊料通过成形设备施加外力作用下产生塑性变形，最终制成具有一定形状、尺寸、密度和机械性质的阴极生制品的过程。阴极产品成形常用的成形方法是挤压成形和振动成形。阴极的成形设备有挤压机和振动成形机等。

挤压成形是将热糊料装入挤压机料室内，通过挤压机的主柱塞对糊料施加压力，迫使糊料内的气体不断排出，糊料不断密实，同时糊料向前运动，并通过挤压嘴挤出，达到要求的长度后，再用切刀切断，即成为挤压制品生坯。在炭和石墨制品的生产中挤压法应用最为广泛。它适应于生产长条形的棒状产品或管状产品（如电极等）。挤压法可连续生产，也可半连续生产。挤压法生产具有产量高、劳动强度小，制品的长度可以调节的特点，但制品的密实度较小，内部结构不均匀。挤压法常用的设备有卧式挤压机和螺旋挤压机等。

图 41-9 所示为挤压成形示意图，它主要由挤压嘴（或称模嘴）、料缸和柱塞三部分组成。柱塞与液压机（水压机或油压机）的主轴塞液压缸相连接。当液压机主轴动作时，糊料首先在料缸内被压实，这个过程称为预压。然后继续施压，已压实的糊料在压力的作用下被从挤压嘴挤出。在糊料的挤出过程中，由于糊料和模具壁的摩擦而产生摩擦阻力，故使运动糊料的外层运动速度比内层慢。在内摩擦力的作用下，运动速度较快的内层糊料又牵拉运动速度较慢的外层糊料，使外层糊料的变形速度也随之增大。反过来，外层糊料也给内层糊料以反作用力。这样在挤压过程中，就形成中心运动快，外层运动慢的层流结构，同时在糊料中产生内应力。

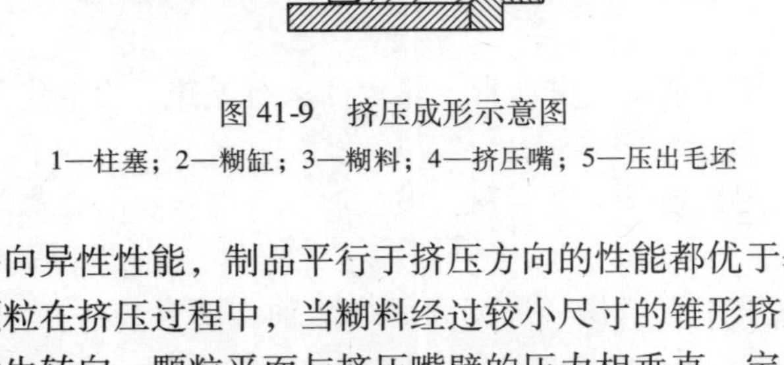

图 41-9　挤压成形示意图

1—柱塞；2—糊缸；3—糊料；4—挤压嘴；5—压出毛坯

挤压制品具有各向异性性能，制品平行于挤压方向的性能都优于垂直于压力方向的性能。这是由于炭质颗粒在挤压过程中，当糊料经过较小尺寸的锥形挤压嘴时，扁平的颗粒受垂直压力作用而发生转向，颗粒平面与挤压嘴壁的压力相垂直，定向与施压方向平行排列。挤压嘴越长，挤压制品的定向排列越完全。

挤压成形时，挤压制品的横截面积 m 与料缸横截面积 M 之比（或直径比）称为压缩比

$$K = \frac{m}{M} \tag{41-1}$$

41.4.4.2 影响挤压成形的因素

挤压成形的压力大小是影响制品质量的重要因素。而影响挤压成形所需压力大小又与糊料的塑性、挤压嘴的变形程度、料缸长度、施压速度、压块的截面积、结构形状等因素相关。

（1）一般地讲，糊料的塑性越大，所需挤出的压力就越小。但糊料的塑性过大，坯体出模后会在生坯自重作用下容易发生变形。

（2）挤压嘴的变形程度越大，则所需挤出的压力就越大。

（3）糊料在料缸中长度越长，糊料与料缸壁的接触时间就越长，摩擦阻力就越大，故所需挤出的压力就越大。在糊料不断被挤出的过程中，料缸内的糊料不断减少，所需挤出的压力也随之下降。

（4）挤压速度，即糊料的变形速度，变形速度越大，则挤出压力越大。

（5）压块的截面形状与糊料通过时的摩擦力大小相关。圆形截面具有最小的边长和平滑的外形，产生的摩擦力较小。截面形状越复杂，所需挤出的压力就越大。圆形截面挤压品挤出的力最小。

糊料在料缸中活塞附近所受的应力可用下式计算，以作为挤压嘴设计的参考：

$$K = (P + \sigma_s)e^{\frac{4\mu L\beta}{D}} - \sigma_s \tag{41-2}$$

式中 K——活塞附近糊料的应力，MPa；

P——挤压嘴附近糊料的应力，MPa；

σ_s——糊料的流动极限压力，MPa；

μ——糊料在挤压过程中的摩擦系数；

L——料缸长度，mm；

β——系数，当糊料变形程度较大时，$\beta = 1/2$；糊料变形程度较小时，$\beta = 1/4$。

糊料在挤压嘴附近所受的应力为：

$$P = \sigma_s\left(1 + \frac{\tan\alpha}{\mu}\right)\left[\left(\frac{D}{d}\right)^{\frac{2\mu}{\tan\alpha}} - 1\right] \tag{41-3}$$

式中 P——挤压嘴附近糊料的应力，MPa；

σ_s——糊料的流动极限压力，MPa；

μ——糊料在挤压过程中的摩擦系数；

α——挤压嘴锥形部分中轴线与模壁的夹角；

D——料缸的横截面积，mm^2；

d——挤压嘴出口截面积，mm^2。

41.4.4.3 挤压成形工艺

挤压工艺过程一般可分为5个步骤：凉料、装料、预压、挤压、冷却。过程的工艺参数主要有：凉料温度、料缸温度、模嘴温度、挤压压力、预压压力和挤出速度等。各工艺参数直接影响挤压制品的质量和产量。

A　凉料

由混捏锅出来的糊料不能直接装入挤压机的料缸中，必须进行凉料。凉料的目的是使糊料充分排除其中的烟气和冷却到一定的温度。凉料多采用圆盘凉料机和圆筒凉料机。

凉料时间长短掌握的根据为：糊料中黏结剂的用量；混捏出锅糊料的温度；糊料的塑性状态等。黏结剂沥青的用量多，糊料出锅的温度高，糊料塑性大，则凉料的时间应适当长一些，反之凉料时间应短一些。

B　装料

挤压成形工艺是周期性的，装一锅料，挤出一批产品。装料前应先用挡板将模嘴出口堵上。为了使糊料始终处于塑性状态，料缸应用蒸汽或有机热介质加热。使用中温煤沥青的糊料，料缸温度应在100℃左右；使用高温或改质煤沥青的糊料，料缸温度应控制在110～120℃。

C　预压

预压可以有效提高压制品的体积密度。当一锅料全部装入料缸以后，在挡板的隔离下先对糊料进行短时间的施压（一般压力14～20N/mm^2，施压时间1～3min），这一过程称为预压。这时，由于模嘴出口被挡板堵塞，糊料无法被挤出，处于绝对受压阶段。预压的目的是：压实出缸前的糊料，充分排除糊料中的烟气，提高产品的密度。

提高预压压力，有利提高产品的密度，但对于提高产品的机械强度效果不明显。预压压力不可太大，过大的预压，若超过炭质颗粒的强度，就会导致颗粒料破裂。这样不仅会破坏原来配料的粒度组成，同时还会因颗粒破裂面未被煤沥青浸润因而降低产品的机械强度。

D　挤压

预压完成后，将堵塞模嘴口的挡板落下，继续加压，使糊料从模嘴口挤出来。这时，挤出压力的大小将取决于糊料的塑性状态、压缩比、模嘴的结构以及挤出速度等因素。

E　冷却

从模嘴挤出生坯的温度较高，仍处于软化状态，需要马上进行强制冷却，以防止坯体变形。冷却的方法主要有：水淋法和浸入冷水法。未经充分冷却的生坯，不能搬动或堆放处理，否则容易产生变形。

41.4.5　焙烧与浸渍

焙烧是所有阴极品种都必须经过的生产工序，对于普通阴极、半石墨质阴极、高石墨阴极、全石墨质阴极，焙烧品就是加工用的毛坯。对于半石墨化阴极、石墨化阴极，焙烧品还需要进行（半）石墨化处理。在有的石墨化阴极生产中，石墨化之前还要对焙烧品进入浸渍和二次焙烧。

41.4.5.1　炭阴极焙烧工艺

焙烧是在隔绝空气和介质保护下，把成形后的生制品按一定升温速度进行加热的热处理过程。在焙烧过程中，生坯中所含煤沥青发生热解缩合反应，在炭质骨料颗粒间形成黏结焦网格，把所有不同颗粒的骨料牢固地结合在一起，使制品具有一定的强度和理化性能。焙烧后的炭素制品具有较高的机械强度、较低的电阻率、较好的热稳定性和化学稳定性。

阴极制品的焙烧与炭阳极的焙烧工艺一样，常用的焙烧设备有带盖环式焙烧炉、敞开环式焙烧炉和倒焰窑等窑炉。二次焙烧、一般采用同样的炉窑，焙烧曲线一般与一次焙烧不同，关于焙烧炉详见本书 40. 2. 7. 4 节焙烧炉部分。

41. 4. 5. 2　浸渍

浸渍是将制品置于高压釜内，在一定的温度和压力下，使液体浸渍剂渗透到制品的气孔中，从而改善制品某些理化性能的一种工艺过程。在石墨化阴极生产中，为提高其理化性能，在石墨化前对焙烧品进行浸渍和二次焙烧工序，也有在石墨阴极生产中，不进行浸渍和二次焙烧的工序。

A　浸渍的基本概念

炭素制品和石墨制品属于多孔材料，其中的气孔来自两方面。首先，炭素制品和石墨制品都是用固体炭素颗粒作为骨料再加黏结剂制作而成，虽然经过压制、焙烧、石墨化处理，但不会形成熔融状的密实整体，骨料仍然以颗粒状存在于制品中，所以，颗粒之间就留有一定的孔隙；其次，炭素制品和石墨制品都是以煤沥青为黏结剂，经过焙烧后，有相当部分的沥青以挥发物质逸出而留下大量的气孔。在炭素制品和石墨制品中，前者造成的气孔约占 10% ~19%，后者留下的气孔约占 10% ~11%，故总气孔率可达到 20% ~30%。大量气孔的存在，必然会对制品的理化性能产生一定的影响，如使制品的体积密度下降、机械强度减小、电阻率上升、在一定温度下的氧化速度加快、耐腐蚀性变差、使气体和液体渗透，从而不能满足使用的要求。为此，必须采取浸渍工艺来提高制品的性能。

一般所用的浸渍剂有沥青、合成树脂、金属、润滑剂、无机化合物等，可视浸渍对象的不同性能要求而选用。在选用浸渍剂时，必须注意浸渍后制品不应削弱其主要功能。例如，作为导电材料的炭制品，浸入物不应影响其导电性能；作为化工机械结构材料的制品，浸入物不应降低其机械强度、导热性、耐热性和热稳定性等。

评定浸渍效果的方法一般有以下三种。

（1）用浸渍后产品的理论增重与实际增重的比率（浸渍率）来表示：

$$\eta = (W_p/W_t) \times 100\% \tag{41-4}$$

式中　η——浸渍率，%；

W_p——制品浸渍后的实际增重，kg；

W_t——制品浸渍后的理论增重，kg。

制品浸渍后的理论增重 W_t 可用式 41-5 进行计算：

$$W_t = \rho \sum_{d_i}^{\infty} \Delta V \tag{41-5}$$

式中　ρ——浸渍剂的密度，kg/dm^3；

d_i——浸渍剂所能渗透的最小孔径，μm；

$\sum_{d_i}^{\infty} \Delta V$——大于孔径 d_i 的所有气孔组成的气孔体积分布函数。

（2）用浸渍前后制品的增重率来表示：

$$G = \frac{W_1 - W_0}{W_0} \times 100\% \tag{41-6}$$

式中 G——增重率，%；

W_0——制品浸渍前质量，kg；

W_1——制品浸渍后质量，kg。

（3）用浸渍后制品中气孔的填充率来表示，即浸渍剂进入气孔所占据的体积与开口气孔总体积之比。

$$F = \frac{G}{P\rho} \tag{41-7}$$

式中 F——填充率，%；

G——制品浸渍后的增重率，%；

ρ——浸渍剂的密度，kg/dm^3；

P——被浸渍制品的开口气孔率，%。

B 浸渍的工艺与设备

由于浸渍目的和选用的浸渍剂不同，各种炭素制品的浸渍工艺也有差别，但其基本操作步骤是一致的。

a 浸渍工艺的基本过程

先将待浸渍制品在预热炉内加热至规定温度，目的在于脱除吸附在制品微孔中的气体和水分，并使之与浸渍剂的加热温度相适应；预热后立即装入浸渍罐内，在保持一定温度下，抽真空以进一步除去气孔中的空气；达到一定真空度后，加入浸渍剂，在加压情况下将浸渍剂强制浸入制品的气孔中去，维持加压一定时间；取出被浸制品，或立即进行固化处理，以防止浸渍剂的反渗而流出。

常用的浸渍工艺条件见表 41-27 所示。

表 41-27 常用的浸渍工艺条件

浸渍剂	酚醛树脂	糠醇树脂	中温沥青	润滑剂	聚四氟乙烯
制品预处理	105℃烘干	在 18% ~25% 盐酸中 24 ~48h		105℃烘干	105℃烘干
预热温度/℃	30 ~40	30 ~40	300	30 ~40	30 ~40
真空度/MPa	>0.098 30 ~35min	>0.098 60min	>0.093 30 ~40min	>0.095 30 ~60min	>0.1 60min
输入浸渍剂	50%浓度树脂	黏度	软化温度为 65 ~70℃中温沥青	铝基或铅基润滑剂	60% 聚四氟乙烯乳液 +5% ~6% 的 TX-10 乳化剂水溶液

续表 41-27

浸渍剂	酚醛树脂	糠醇树脂	中温沥青	润滑剂	聚四氟乙烯
加压/MPa	0.5~2.0 1~4h	0.5~2.0 1~4h	0.5~2.0 5~8h	0.5~1.0 1h	0.5~1.0 2h
后处理	0.5% NaOH 清洗	在20%盐酸中浸24h	冷水冷却	汽油清洗	在120℃烘干2h
热处理	热压罐内,压力0.4~0.5MPa,室温~130℃ 10℃/h,120℃、130℃各保温1h	热压罐内,压力0.4~0.5MPa,20~80℃,5℃/h,80~130℃,2℃/h,130℃保温10h	二次焙烧至1000℃以上	在200℃烘干30min	在真空炉内,20~250℃自由升温,250℃保温30min;300℃保温30min;320~330℃,50℃/h;330~380℃,50℃/h;380℃保温60min

b 浸渍煤沥青工艺

浸渍煤沥青可以降低制品的气孔率、提高制品的强度,这是最常用的浸渍工艺。浸渍煤沥青可分为一般间歇浸渍和高真空高压浸渍两种工艺:

(1) 一般间歇浸渍工艺。图 41-10 所示为煤沥青一般间歇浸渍工艺的流程。

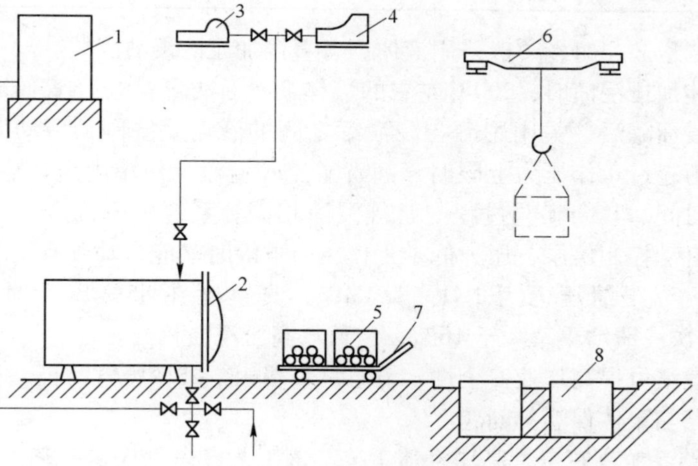

图 41-10 煤沥青一般浸渍工艺流程

1—浸渍剂储罐;2—浸渍罐;3—真空泵;4—空压机;
5—制品;6—天车;7—装罐平车;8—预热炉

焙烧后的半成品经清理表面后装入铁筐内,称重、放入预热炉内,在 240~300℃的温度下预热,并保温 4h 左右;预热后制品和铁筐一同取出,迅速装入浸渍罐,关闭罐盖,开始抽真空,真空度要求不低于 -0.08MPa,抽真空时间为 30~60min;抽真空结束后,向浸渍罐内加入加热到 160~180℃的煤沥青,沥青在罐内的液面应比制品顶面高 100mm 以上;用压缩空气或氮气对沥青液面加压,加压时间视制品规格而异,一般在 0.4~

0.5MPa 压力下保持 2～4h。此时，浸渍罐内温度应保持 150～180℃。加压结束后，煤沥青返回储罐，然后向浸渍罐内通入冷却水以冷却制品，并吸收沥青烟气。冷却结束后放出冷却水，检查浸渍罐无压力负荷后，打开罐盖，进行出罐操作。

为达到较好的效果，可以多次浸渍，即每次浸渍后进行焙烧，焙烧后再浸渍。为降低沥青的黏度，也可在沥青中加入少量煤焦油或蒽油。浸渍后的沥青可重复使用，但如果重复使用的时间太久，沥青中的游离碳含量和悬浮杂质将不断增加，从而影响浸渍质量，因此，必须定期更换煤沥青，并定期清理煤沥青储罐。

浸渍可以使制品的密度增大，气孔率减少。二次浸渍的效果比一次浸渍更好，但二次以后的浸渍，其效果变化不明显，一般最多只进行两次浸渍。一种石墨制品（真密度 2.22g/cm^3）用沥青浸渍前后气孔分布的变化情况见表 41-28。

表 41-28 石墨制品浸渍前后气孔分布的变化

指 标	未浸渍	经一次浸渍	经二次浸渍
体积密度/g · cm^{-3}	1.53	1.68	1.79
平均气孔半径/μm	5.26	3.74	2.53
计算气孔率/%	31.24	23.52	18.00
理论气孔率/%	32.41	25.66	20.57
未充填气孔率/%	1.17	2.14	2.57

国内生产普通产品时，一般采用液体沥青直接加压的浸渍工艺。

在进行液体加压浸渍时，200℃左右的液体沥青首先靠高位沥青储罐的位差及抽真空的负压而注满浸渍罐后，关闭副罐与浸渍罐之间的液动旋塞阀，启动沥青加压泵进行加压。当加压压力超过工作压力上限时，沥青溢流阀溢流，使罐内压力稳定在规定范围内。直到规定保压时间。其余工艺过程与常规浸渍相同。系统中电接点压力表除显示压力值外，超压时能自动控制停泵，压力低于工作压力下限时又能自动开泵。

试验表明，当浸渍压力为 1.0～1.2MPa，真空度在 85% 以上时，升压时间 15～30min，制品一次浸渍增重率大于 16%，与氮气高压浸渍相当。

液体加压浸渍可提高作业安全性，节省氮气费用，减少废气污染，但仍存在沥青中杂质的过滤、管路与泵体保温等问题。

（2）双回路系统高真空、高压浸渍工艺。该工艺最先由日本一家公司开发，其工艺流程如图 41-11 所示。浸渍作业时，将待浸制品 4 用吊车装到一个干净的 U 形托架 6 上，利用辊道式运输机 1 运送至加热炉 7 中。在加热炉中，待浸制品被送来的热风加热到 220～230℃。待浸制品从加热炉卸出后，通过辊道式运输机 1 运到自动换托架装置 3 处，将托架 6 上的待浸制品装到接触过浸渍剂的托架 8 上。托架 8 被送到浸渍罐 9 内，经过高真空、高压浸渍处理后，再进入冷却室 10，直接喷水冷却到室温，然后再由辊道式运输机 2 运到堆放场地附近，利用吊车卸下已浸渍制品。在整个过程中，托架 6 循环使用于加热回路中，而托架 8 则循环使用于浸渍—冷却回路中。

该系统的主要特点是以卧式浸渍罐为主体设备组成连续作业的浸渍自动生产线。浸渍罐真空度可达 0.097MPa，浸渍压力可达 1.5MPa。

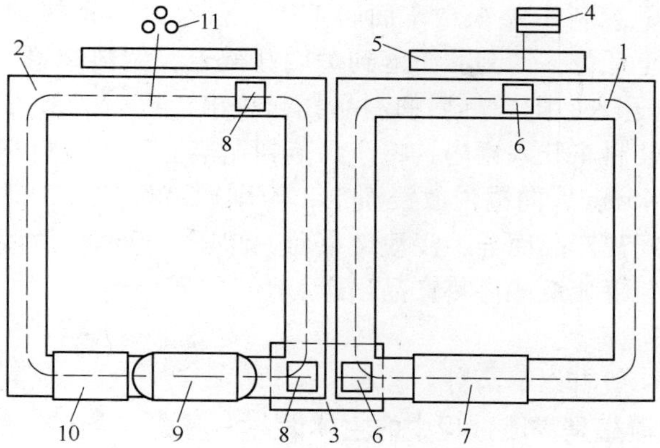

图 41-11 双回路高压浸渍工艺流程

1，2—辊道式运输机；3—换托架装置；4—待浸制品；5—吊车；6，8—托架；7—加热炉；9—浸渍罐；10—冷却室；11—已浸渍品

（3）高压浸渍与液体加压浸渍工艺。在浸渍工序中，浸渍压力是影响浸渍效果的一个重要因素。目前，世界上科技发达国家的炭素工业都采用了高真空高压浸渍技术，吉林炭素厂也配置了高压浸渍设备。其真空度不低于 0.086MPa，以氮气加压，压力达到 1.2MPa。该装置的工艺流程如图 41-12 所示。将待浸制品装入专用筐，用吊车将筐装到带

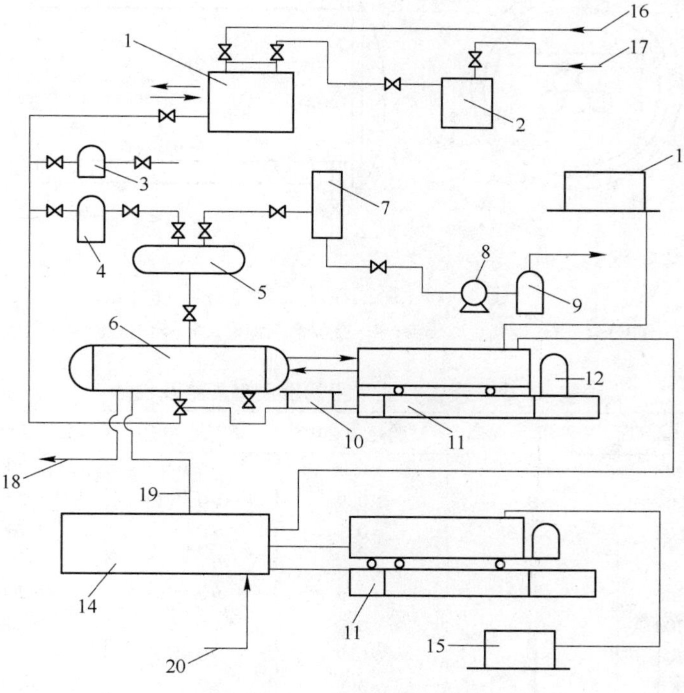

图 41-12 高压浸渍工艺流程

1—沥青搅拌罐；2—蒽油罐；3—压力罐；4—氮气储罐；5—副罐；6—高压浸渍主罐；7—压力三层管；8—水环-大气喷射泵；9—汽水分离器；10—罐门接轨车；11—横托台车；12—装料车；13—浸后产品；14—预热炉；15—待浸产品；16—原料沥青；17—原料蒽油；18—去烟囱废气余热；19，20—二焙余热

有起落架的装料车上，装料车停在台车面轨道上，台车开到预热炉，装料车开进预热炉中，起落架由高位降至低位，使制品筐落到炉内托架上，装料车退出。制品预热到260～320℃后，再将装料车开入，把预热后的制品托起拉出，再以类似方法将台车开到浸渍罐旁，经罐门接轨车，装料车开入罐内，将产品落到托架上后，装料车退出。关闭罐门，用氮气封门，先抽真空45min，向罐内放浸渍剂，至副罐液位到1/3时，停止真空泵。然后以氮气加压，保压时间视产品而异，浸渍结束后，卸压、返油、放散、吹洗，并以冷水放进罐内冷却，而后以装罐相反顺序将产品出罐。

c 浸渍工艺设备

浸渍工艺的设备一般有以下两种：

(1) 浸渍罐。浸渍罐是浸渍过程中的主体设备。它是一个带有加热夹套的耐真空、耐压力容器。形状为圆筒形，由钢板制成，根据浸渍制品的尺寸、加热方式和浸渍方式的不同，浸渍罐有多种规格。从结构上分，又有立式和卧式两种浸渍罐。

图41-13所示为卧式浸渍罐结构简图。卧式罐的底部设有轨道，与罐外轨道连接，罐的一头或两头设有罐盖，罐盖与罐体之间一般采用卡紧固定装置和密封。立式浸渍罐结构与卧式罐基本相同。中国炭素行业常用的浸渍罐规格及性能见表41-29。

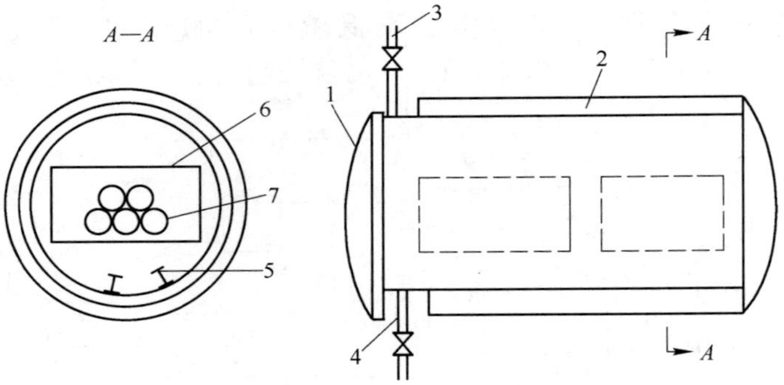

图41-13 卧式浸渍罐结构简图

1—罐盖；2—加热套；3—接真空减压罐；4—接浸渍剂储罐；5—轨道；6，7—料筐和被浸品

表41-29 炭素行业常用的浸渍罐规格及性能

型式	规格/mm×mm	工作压力/MPa	试验压力/MPa	真空度/MPa	工作温度/℃	产 量
立式	ϕ400×800	>0.6	>0.9	>0.098	>200	—
立式	ϕ1000×2000	>0.6	>0.9	>0.098	>200	—
立式	ϕ1000×2500	>0.6	>0.9	>0.098	>200	1040t/a 2.2t/d
立式	ϕ1100×1700	>0.6	>0.9	>0.098	>200	1500t/a
立式	ϕ1200×2200	>0.6	>0.9	>0.098	>200	1500t/a
立式	ϕ1600×2700	>0.6	>0.9	>0.098	>200	4.5/罐
卧式	ϕ1500×3000	>0.6	>0.9	>0.098	>200	4.5～5.0t/d
卧式	ϕ1600×3000	>0.6	>0.9	>0.098	>200	5.0t/d
卧式	ϕ1700×4100	>0.6	>0.9	>0.098	>200	—
卧式	ϕ2200×8300	>1.2	>1.8	>0.098	>200	—

浸渍罐的加热方式有蒸汽加热、电加热、燃料燃烧直接加热、废气加热及有机热载体

加热等多种。浸渍罐内加压可以使用压缩空气或高压氮气等。

（2）沥青熔化槽与储罐。炭素厂购入的沥青都是固体，在使用前必须在熔化槽中熔化为液体，经过脱水，加焦油或蒽油调整黏度后，保存在储罐中。沥青熔化槽实质上是一个钢质换热器，形状为圆筒形或立方形，内设加热排管或螺旋管，外壁衬有保温层：工作时，固体沥青从槽顶加料口加入，蒸汽或其他载热体流过加热管时，通过管壁间接给热，使固体沥青受热而熔化。

沥青储罐又称为搅拌罐，外形有圆筒形和立方形两种。其容积视生产规模而定，国内常用的沥青储罐有 ϕ2500mm × 3360mm 和 ϕ4100mm × 8500mm 两种，后者多与大型浸渍罐配套使用。储罐内搅拌装置可以用机械搅拌，也可以用压缩空气搅拌，但压缩空气搅拌易导致沥青氧化。

C 影响浸渍效果的因素

影响浸渍效果的因素是相当复杂的，一般可以归纳为以下 3 个方面。

a 浸渍剂的性能

浸渍剂的性能是决定浸渍效果的主要影响因素。浸渍剂主要的物理性质包括 7 个方面，即：

（1）相对密度；

（2）黏度；

（3）表面张力；

（4）浸渍剂对制品表面的接触角；

（5）浸渍剂中悬浮物的形状和大小；

（6）热处理后浸渍剂的变化；

（7）结焦残炭率。

浸渍效果通常用增重来衡量，浸渍剂的相对密度与增重有直接关系。计算理论增重及填充率也都必须用浸渍剂的相对密度。另外，浸渍剂的相对密度愈大，结焦残炭率愈高，浸渍效果愈好。

黏度是影响浸渍效果的主要因素之一。浸渍剂在一定温度下能够进入炭素制品的气孔中，主要靠黏滞流动。所以，使用低黏度的浸渍剂在达到同样增重时，所需浸渍压力及时间可适当减少。对煤沥青，采用一定温度下浸渍，也可降低其黏度。有时也可加入蒽油或煤焦油等稀释剂来降低其黏度。对树脂，特别是热固性树脂一般在常温下浸渍，通常加入一些稀释剂（如酒精等）以降低其黏度。在添加稀释剂时应关注浸渍沥青的结焦值，或称析焦率。

表面张力，或浸渍剂对炭素材料表面的接触角对浸渍过程有一定影响。一般浸渍剂润湿炭和石墨材料的接触角小于 90°，在 200℃时，煤沥青与石墨接触角为 72° ~ 80°，表面张力为 $(55 \sim 102) \times 10^{-7}$ N/m。降低黏度，使接触角变小，表面张力增大，有利于浸渍。

浸渍剂中的杂质及悬浮物容易堵塞气孔，使浸渍难以进行，因此浸渍用沥青的喹啉不溶物要比较低，对于多次使用过的浸渍剂需经过清除杂质处理再使用，或更换新的浸渍剂。

浸渍剂焦化后的析焦率应该愈高愈好。析焦率高，浸后产品体积密度大、强度高、气孔率低、导电性好。一般都用中温沥青浸渍，其析焦率高于 50%。

一些公司的浸渍专用沥青的指标列于表 41-30。

表 41-30 浸渍专用沥青的指标

沥青号	软化温度/℃	TI/%	QI/%	固定碳/%	灰分/%	硫分/%
1	85	22.5	0.2	51.9	0.01	0.5
2	86	13	<0.2	>52	0.01	<0.6
3	83.6	15.5	0.06	53.6	0.02	0.5

b 制品的结构及状态

浸渍只能在开气孔内进行，因此对开气孔率高的制品，易于浸渍，可达到较好效果；被浸制品具有较大外表面积时，浸渍剂与气孔接触机会多，可达到较好浸渍效果。因此，小规格制品浸渍效果好。另外，在浸渍作业时，制品采用不规整的堆积方式等以扩大浸渍剂与制品的接触面。对已浸渍、焙烧过的制品在再次浸渍前，为提高浸渍效果，经常把外层硬壳加工除去。

c 浸渍的工艺条件

浸渍的工艺条件有以下几点：

（1）浸渍温度。当用沥青作浸渍剂时，需在一定的浸渍温度下进行。适当提高温度，有利于降低沥青的黏度，提高沥青的流动性。但若温度过高，由于沥青产生热解，影响沥青的组成，且分解产生的气体进入制品气孔内，妨碍了沥青的渗透，过分提高浸渍温度反而会降低浸渍效果。故用中温沥青浸渍时，温度维持在 180 ~ 200℃ 为宜。为保证制品与浸渍剂有相同温度，制品在浸渍前必须进行预热。

（2）浸渍前真空度与浸渍时压力。为减少浸渍剂向气孔内渗透时的阻力，浸渍前必须在浸渍罐内抽真空，以排除气孔内空气。试验结果表明，真空度愈大，浸渍效果愈好。

为促使浸渍剂更好地渗透到制品内部，在浸渍时，需施加一定压力。随着压力升高，浸渍效果提高显著，使浸渍深度增加。但当压力增加到一定值时，浸渍量将达到饱和状态。一般小规格的制品，浸渍压力可低一些，规格较大的制品或高密度制品，需要较高的浸渍压力。目前使用的浸渍压力一般为 0.5 ~ 1.5MPa，对于一些高密度制品，浸渍压力需提高到 1.96MPa 以上。

（3）浸渍时间。浸渍时间是指加压时间，不包括制品预热和浸后冷却所需时间。浸渍时间取决于浸渍压力、浸渍前真空度及制品的尺寸等。浸渍前真空度大，浸渍压力高及被浸制品尺寸小，都可以缩短浸渍时间；反之，应延长浸渍时间。当浸渍压力为 0.5MPa 时，浸渍间不应少于 2 ~ 4h。

41.4.6 石墨化工艺

将焙烧毛坯在 2500 ~ 3000℃ 高温下进行热处理，使大量碳原子形成的无序微晶结构有序化，晶层间距缩小，晶格常数接近天然石墨，从而获得阴极制品所需要的物理化学性能的工艺叫做石墨化。

41.4.6.1 石墨化阴极生产工艺的发展

石墨化阴极生产的工艺流程如图 41-6 所示。石墨化阴极的生产目前主要有浸渍和不浸渍两种工艺。20 世纪末，法国普基公司提出石墨化阴极浸渍有利提高使用寿命，但在实际应用中浸渍的石墨化阴极的成本较高，使其推广应用尚有一定的困难。中国石墨化阴极生产技术起步较晚。贵阳铝镁设计研究院和河南万基铝业股份有限公司、华中科技大学联合开发的石墨化阴极生产技术，从实验室试验到产业化经过两年的时间，于2005年8月投产。目前，该生产流程已正常生产，是中国的第一条石墨化阴极生产线。流程中设有浸渍和再焙烧，可根据用户的要求生产浸渍石墨化阴极和不浸渍石墨化阴极。

41.4.6.2　石墨化机理

关于石墨化的机理，前人已提出各种不同的理论，其中影响较大的有以下三种。

A　碳化物转化机理——矿物质催化机理

该理论是美国人艾奇逊（Acheson）以在合成碳化硅时发现了结晶粗大的人造石墨为依据而提出来的。他认为炭物质的石墨化首先是通过与各种矿物质（如 SiO_2、Fe_2O_3、Al_2O_3）形成碳化物，然后再在高温下分解为金属蒸气和石墨。这些矿物质在石墨化过程中起催化剂的作用。由于石墨化炉的加热是由炉芯逐渐向外扩展，因此，焦炭中所含的矿物质与碳的化合首先在炉芯中心进行。以生成金刚砂为例，发生如下化学反应：

$$SiO_2 + 3C \xrightarrow{1700 \sim 2200℃} SiC + 2CO$$

$$SiC \xrightarrow{2235 \sim 2245℃} Si(\text{蒸气}) + C(\text{石墨})$$

高温分解产生的金属蒸气又与炉芯中心靠外侧的碳化合成碳化物，然后又在高温下分解。依此持续向外进行，少量的矿物质可使大量的碳转化为石墨，最终实现石墨化。

在石墨化炉中，确实可以发现许多碳化硅晶体，在人造石墨制品表面也常发现有分解的石墨和尚未分解的金刚砂。但已有研究证明，这种由碳化物分解形成的石墨与可石墨化碳经结构重排转化而成的石墨在性质上是不同的。少灰的石油焦比多灰的无烟煤可以达到更高的石墨化度。如预先对石油焦或无烟煤进行降灰处理，则它们更易于石墨化。事实上，当石墨化度较低时，某些矿物杂质对石墨化确有催化作用，但催化机理不仅局限于生成碳化物这种形式。当石墨化度较高时，矿物杂质的存在往往会使石墨晶格形成某种缺陷，妨碍石墨化度的进一步提高。因此，碳化物转化理论对分解石墨来说是正确的，但对非石墨质碳的石墨化来说，就不合实际了。

B　再结晶理论

当X射线衍射技术出现之后，人们在研究石墨粉末的衍射谱图时发现，炭材料的石墨化度与晶体长大有密切的关系。例如石油焦在石墨化过程中，当温度达到1500℃时，晶格开始变化，随着温度升高，这种变化愈趋剧烈，特别在1600～2100℃之间，晶体的增长最快。但到2100℃以后，晶体的增长逐渐变慢，到2700℃基本停止。由于上述过程与金属在高温热处理时的再结晶现象基本类似，塔曼据此引申出了石墨化的再结晶理论，该理论有下列主要论点：

（1）炭素原料中原来就存在着极小的石墨晶体，在石墨化过程中，由于热的作用，这些晶体通过碳原子的位移而“焊接”在一起成为较大的石墨晶体。

（2）石墨化时，有新的晶体形成。新晶体是在原晶体的接触界面上吸收外来的碳原子而生成的，这种再结晶生成的新晶体保持了原晶体的定向性。

（3）石墨化度与晶体的生长有关，但主要取决于石墨化温度，高温维持时间的影响有限。

(4) 石墨化的难易与炭材料的结构性质有关。多孔和松散的原料，由于碳原子的热运动受到阻碍，使“焊接”的机会减少，所以就难于石墨化。反之，结构致密的原料，由于碳原子热运动受到的空间阻碍小，便于互相接触和“焊接”，所以就易于石墨化。

(5) 石墨晶体的尺寸随着温度升高而增大，但只是数量上的变化，而无本质上的转变。再结晶理论在一定程度上解释了晶体的成长与石墨化温度的关系及原料性质对石墨化度的影响，比碳化物转化理论有所前进。但它对原料中存在的微小石墨晶体的本质没能给以解释和说明。此外，石墨化是一种比再结晶理论所描述的过程复杂得多的多阶段过程，原料在石墨化过程中既有晶体尺寸的增大，也有原子价键的改变和有序排列等质的变化。

C　微晶成长理论

1917 年，有学者在研究无定形炭的 X 射线衍射谱图时，发现它与石墨的谱线有相似之处，有些谱线两者可以重合。因此，他们认为无定形炭是由石墨微晶组成的，无定形炭与石墨的不同，主要在于晶体大小的不同。在此基础上，德拜和谢乐提出了石墨化的微晶成长理论。由于以后研究者的充实和发展，这一理论已为较多的研究者所接受。该理论认为，石墨化原料的母体物质都是稠环芳烃化合物，这些化合物在热的作用下，经过在不同温度下连续发生的一系列热解反应，最终生成巨大的平面分子的聚集，即杂乱堆砌的六角碳网平面，这就是所谓“微晶”。这些微晶在二维空间是有序的，但在三维空间却无远程有序性，属于乱层结构。因此，微晶并不是真正的晶体。但是，在石墨化条件下，由于碳原子的相互作用，微晶的碳网平面可作一定角度的扭转而趋向于互相平行。显然，微晶是无定形炭转化为石墨结构的基础。

绝大多数无定形炭中都含有微晶，但并不是这些无定形炭都可在一般石墨化条件下转化为石墨。这是因为对于不同化学组成、分子结构的母体物质，炭化生成的无定形炭中微晶的聚集状态不同，可石墨化性也大不一样。微晶的聚集状态以基本平行的定向和杂乱交错的定向为其两个极端，其间还存在一些定向程度不同的中间状态。例如，石油焦等由于微晶基本平行定向，所以易于石墨化，称为可石墨化炭（或易石墨化炭），相反，糖炭、骨炭等由于微晶随机取向，杂乱无序，又多微孔，并含大量氧或羟基团，所以难于石墨化，称为难石墨化炭。介于以上两种情况之间的有沥青焦、冶金焦等。

1600℃以下，无定形炭通过微晶成长向石墨的转化是不明显的，当温度达到 1600 ~ 1800℃时，微晶的成长明显加速。此时，微晶边缘上的侧链开始断裂，或是挥发，或是进入碳网平面。微晶的结构发生两个方面的变化，一方面一些大致处于同一平面的微晶层片逐渐结合成新的平面体，碳网平面迅速增大，另一方面，在垂直于层面的方向上进行层面的扭转重排，从而使有序排列的层数增加。这一过程一直延续到约 2700℃，即当微晶基本转化为三维有序排列，最终形成石墨晶体时才基本结束。

必须指出，由于各种原料的石墨化难易程度不同，它们的石墨化温度以及在一定温度下所能达到的石墨化度也是不同的。

总之，石墨化机理比较复杂，有许多问题仍在探索之中。

41.4.6.3　石墨化过程动力学

石墨化过程进行的速度取决于两种相反的因素（有序化和由于原子热运动引起的无序

化）的比例关系，这是动力学研究的范畴。研究石墨化动力学，是确定在一定温度和时间条件下，炭向石墨转化的速度，以便正确制定石墨化的温度制度，达到保证产品质量、节约能源和生产费用的目的。从理论上讲，可以进一步研究炭-石墨材料的结构和物性变化，探索石墨化机理。不同类型的炭，其石墨化动力学是类似的，但并不完全相同。

A 温度对石墨化的影响

高温加热是无定形炭转变为石墨的主要条件。实践表明，在2273K以下，石墨化速度很小，2273K以上才显著增大。这种现象说明石墨化过程的活化能并不是恒定的，而是随着石墨化度的增大而增大。制品的石墨化度愈高，使其进一步石墨化所需要的能量也愈大。按照石墨化微晶成长理论，在石墨化初期，有序化首先发生在微晶周围，微晶的质量很小，因此只需消耗较少的能量就能使其碳网平面长大，层面扭转成平行堆砌，生成三维有序的小石墨晶体。但随着小晶体的长大，层面的增加，质量变大，它们互相结合或扭转堆砌就比较困难。所以要进一步提高制品的石墨化度，势必需要更大的能量。

有序排列的活化能，可以是外部传给体系的热量，也可以是体系内部放出的潜热。由阿累尼乌斯经验公式：

$$K = K_0 e^{-\frac{E}{KT}} \tag{41-8}$$

或

$$\ln K = -\frac{E}{RT} + \ln K_0 \tag{41-9}$$

可以导出求活化能 E 的方程式为：

$$\ln\frac{K_2}{K_1} = \frac{E}{R}\left(\frac{T_2 - T_1}{T_2 T_1}\right) \tag{41-10}$$

式中 K_1，K_2——温度 T_1、T_2 时的反应速度常数，可由实验确定；

E——表观活化能（对石油焦，$E = 37620\text{J/mol}$）；

R——气体常数，8.314J/(mol·K)；

T_1，T_2——绝对温度，K。

根据式41-10可以计算出与石墨化各温度阶段相对应的表观活化能 E_1、E_2、E_3、…。

图41-14所示为石墨化过程中炭、石墨体系的活化能与温度的关系。曲线 AB 段表示升温阶段初期，体系吸热，使体系含有过量的能量（活化能 E_1）。这些能量一部分使气体和低沸点杂质挥发，一部分转化为碳原子或分子平动、转动和振动的动能，以克服能峰 B。在 BC 段，一部分旧键破坏，新键生成，碳网平面长大，并向三维有序排列过渡，体系放出内能达到 C 点。在2100K以上，随着三维有序程度的提高，活化能不断增大，直到吸收活化能 E_2，曲线越过能峰 D。最后，随着降温冷却，体系的能量由 D 降到 F，成为性能稳定的人造石墨。E_3 为逆反应的活化能，E_3 大于 E_2 与 E_1，说明在温度不断升高的条件下，石墨化过程不可逆。

如将式41-9微分，可得

$$\frac{d\ln K}{dT} = \frac{E}{RT^2} \tag{41-11}$$

即 $\ln K$ 随 T 的变化率与 E 成正比。这意味着活化能愈高，则随着温度的升高，石墨化速度愈快，高温对活化能高的炭素材料的石墨化有利。例如，石油焦为易石墨化的可石墨化

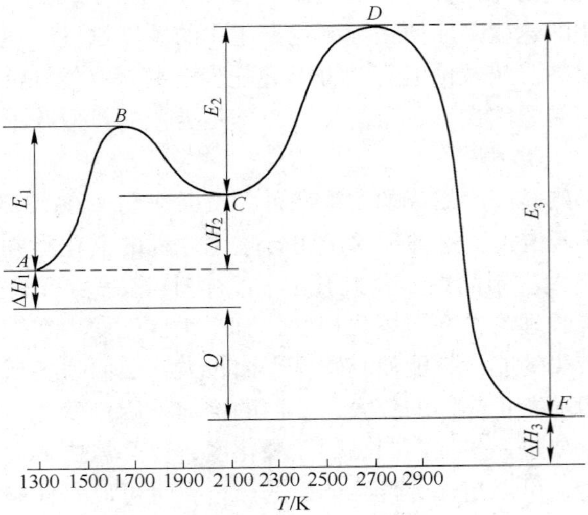

图 41-14　石墨化过程活化能与温度的关系

炭，一般在 1700℃就开始进入石墨化，沥青焦则为相对较难石墨化的可石墨化碳，需要在 2000℃左右才能进入石墨化阶段。显然，这是因为沥青焦的石墨化活化能大于石油焦的缘故。

B　保温时间对石墨化的影响

关于保温时间对石墨化的影响，其一般规律是：在一定温度下，有一个石墨化极限；而保温时间的长短与温度有关，石墨化温度愈高，达到极限的时间就愈短，几分钟或十几分钟就可能达到平衡状态。石墨化温度与保温时间相比，前者占有主导地位。图 41-15 所示为某石油焦在不同温度下达到石墨化平衡状态（即 d_{002} 基本不再变化）的时间曲线。

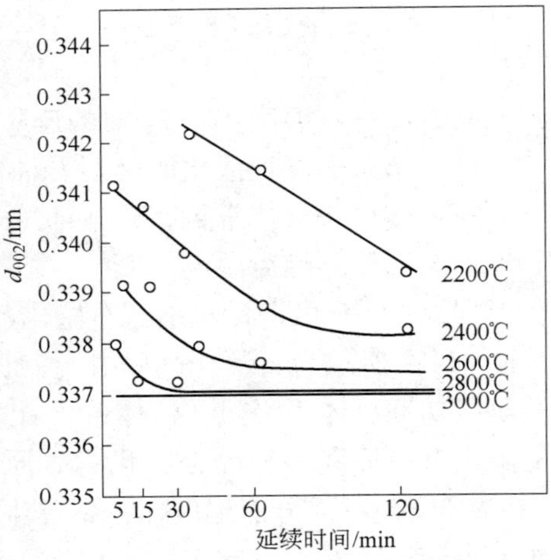

图 41-15　石油焦在不同温度下达到石墨化平衡状态的时间曲线

保温时间的长短与石墨化度及速度常数的关系可用下式表示：

$$r = 1 - e^{-Kt} \qquad (41\text{-}12)$$

式中　r——石墨化度；

K——速度常数；

t——保温时间，s。

以某石油焦需达到 0.97 的石墨化度为例，在不同温度下所需的理论保温时间见表 41-31。

表 41-31　不同温度下石墨化所需的理论保温时间

加热温度/℃	1900	2150	2420
所需保温时间	一个月	13h	2h

C　催化剂对石墨化的影响

无定形炭的石墨化是一种固相反应，其原子迁移、结构重排的阻力很大，使得石墨化工艺成为一种突出的高能耗工艺。若能采取适当的催化剂，在较低的温度下达到一定的石墨化度，或在不继续提高温度的情况下，使石墨化度提高，对节约能源，提高产品质量和产量都有重大的意义。

作为石墨化催化剂的材料，在元素周期表上有一定规律。I_B 和 II_B 族金属无催化活性，其他过渡金属元素和金属元素有催化效应，见表 41-32。

表 41-32　各种金属对石墨化的催化效应

能促进均质石墨化的金属	B
能催化形成石墨的金属	Mg，Ca，Si，Ge
能催化形成石墨和乱层结构的金属	Ti，V，Cr，Fe，Co，Ni，Al，Zr，Nb，Mo，Hf，Ta，W
没有催化作用的金属	Cu，Zn，Ag，Cd，Sn，Sb，Au，Hg，Pb，Bi

石墨化催化机理大致可分为以下两类：

（1）不溶-淀析机理。无定形炭溶解于有催化作用的添加物如 Fe、Co、Ni 中，形成熔合物，通过熔合物内部的原子重排，碳从过饱和熔体中作为石墨晶体而析出。析出时，可得到单晶。

（2）碳化物形成-分解机理。无定形炭与有催化作用的添加物形成碳化物中，碳化物在更高的温度下分解，生成石墨和金属蒸气。这种机理与石墨化的碳化物转化理论是类似的。

催化剂一般是以极细的粉末或溶液加入。催化剂的加入量有其最佳值，过多的添加不仅没有催化作用，反而会成为妨碍晶体生成的杂质。目前，在石墨电极中常添加铁粉或铁的氧化物作催化剂。图 41-16 所示为 Fe_2O_3 的加入量与石墨化度的关系。

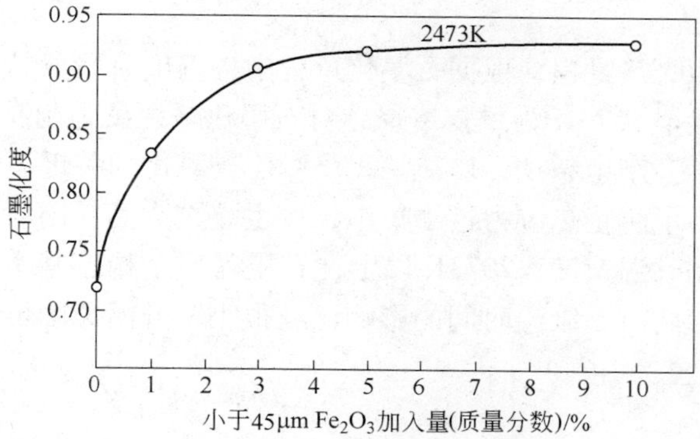

图 41-16　Fe_2O_3 的加入量与石墨化度的关系

由图 41-16 可见，在同一温度下，催化剂的少量加入，促进了石墨化度的提高，但当 Fe_2O_3 加入量超过 3% 时，曲线趋向水平。其原因在于石墨化度愈高，活化能愈大，而 Fe_2O_3 降低活化能的效果不足以克服活化能的增大。

41.4.6.4 碳的石墨化过程

炭-石墨体系在石墨化过程中既有吸热过程，也有放热过程。碳的石墨化过程大致可以分成以下3个阶段：

第一阶段（1273～1700K）：在比焙烧更高的温度下，制品进一步排除挥发分，所有残留的脂肪族碳链，C—H、C═O键都在此温度范围内先后断裂。乱层结构层间的C、H、O、N、S等原子或简单分子（CH_4、CO、CO_2等）也在这时排出。这一温度区间主要是吸热过程，化学反应在继续，同时也有物理变化，表现在一部分微晶边界消失，界面能以热的形式放出，成为促进碳网平面长大的动力。X射线测定表明，在此温度区间内，层面堆砌厚度没有明显的增大，有序排列是在二维平面上进行的，二维平面尺寸不超过80×10^{-10}m，大分子仍为乱层结构。

第二阶段（1700～2400K）：这一阶段有两种情况。一是随温度上升，碳原子热振频率增加，振幅增大，受最小自由能规律的支配，碳网层面距缩小，向石墨结构过渡。与此同时，碳原子沿层面方向的振幅增大，晶体平面上的位错线和晶界消失。到2000℃时，体系的熵变达到最低值，三维有序排列基本形成。这是一个放热过程。二是在2000～2400K有碳化物（主要是碳化硅）生成，并随之在更高温度下分解。当温度接近2400K时，碳的蒸汽压开始增大，出现热缺陷。由于碳化物的生成和分解反应在此温度区间进行较多，故体系需吸热，表现为熵变重新增大。

第三阶段（2400K以上）：一般石油焦、沥青焦等可石墨化碳当温度达到2400K以上时，晶粒的a轴方向平均已长大到10～15nm，c轴方向堆砌约达60层（约20nm）。由于2400K以前的有序化，引起晶粒收缩，晶粒界面间隙有所扩大，此时，石墨化度的提高主要靠再结晶过程。一方面以吸热为动力，碳网平面内和层面间的碳原子发生迁移，进行结晶的完善和三维排列。另一方面，碳的蒸发率随温度的升高而呈指数地增大。此时，在石墨化体系中充满着C、C_2、C_3、C_4、…等碳原子及分子气体，在固相和气相间进行着极其活跃的物质交换-再结晶。

石墨化过程主要为吸热过程，根据石墨化过程中各温度阶段的特点，在工艺上应采取不同的升温制度。室温至1573K为重复焙烧，对石墨化来说仅为制品的预热阶段，采用较快的升温速度，制品不会产生裂纹；1573～2073K是石墨化的关键温度区间，且石墨化体系存在着放热效应，为了防止热应力过于集中，产生裂纹废品，同时也为了保持一定的维温时间，必须严格控制升温速度，2073K以上，石墨晶体结构已基本形成，体系吸热促使石墨化度进一步提高，此时，维温时间的影响已经很小，升温速度可以加快。

41.4.6.5 串接石墨化

传统的石墨化炉称为艾奇逊炉，炉体呈长方形，砌在钢筋混凝土基础上，在炉底两端各砌一个导电的“炉头”；焙烧品竖装，与少量的电阻料（焦粒）共同组成的“炉芯”，通过电流并发热，炉芯周围有很厚的保温料。

19世纪末，美国人卡斯特纳发明了不用电阻料，将需要石墨化的炭素制品夹在两根导电电极之间，用保温材料覆盖后电流直接通过由焙烧品产生高温使焙烧品石墨化的生产工艺。20世纪70年代德国和美国的几个石墨电极公司对这一无电阻料的石墨化工艺进行了大量的研究，先后解决了“串接”及“加压”技术，从20世纪80年代初开始，德国、美国、日本等国的炭素厂生产大规格超高功率石墨电极多数已经采用串接石墨化工艺。串接石墨化虽然目前还不能完全取代艾奇逊石墨化炉，但是串接石墨化的许多优点是艾奇逊石墨化炉无法比拟的。串接石墨化的主要优点有：

（1）加热速度快。从开始通电至达到石墨化高温只需10h左右。

（2）电耗低。以同样品种、同一规格产品作比较，每吨石墨化品的耗电量比艾奇逊炉可节省30%左右。

（3）石墨化程度比较均匀。由数根焙烧品水平纵向串接在一起的“串接柱”通过的电流强度是相同的，虽然每根焙烧品本身的电阻有一定差别，但通电后期的温度基本相同，因此石墨化后成品的电阻率差异很小。

（4）省掉了电阻料，有利于降低石墨化的成本。

中国许多炭素厂经过研究，依靠自己的技术也建成了一批中小型串接石墨化炉，用以生产不同规格的电极和铝电解槽石墨化阴极。2005年，河南万基铝业建成了年产30kt用于大型铝电解槽石墨化阴极的中国第一个串接石墨化工业生产线。串接石墨化工艺对直径550mm以上的大规格电极和大型铝电解槽石墨化阴极的生产，优点更为明显。同样使用16000kV · A直流供电机组供电的艾奇逊石墨化炉与串接石墨化炉生产效果的比较见表41-33。

表41-33　艾奇逊石墨化炉与串接石墨化炉生产效果的比较

对比项目	艾奇逊石墨化炉	串接石墨化炉
炉身长度/m	18～20	15×2
每次装炉量/t	80～100	16～20
通电总时间/h	45～60	8～12
炉芯电流密度/A · cm^{-3}	1.8～2.0	30～50
每吨半成品耗电量/kW · h	3800～4400	2800～3200
炉芯最高温度/℃	2500～2800	>2800
每1kV · A变压器容量的年产量/t	0.7～0.8	0.54
炉芯温度分布	不均匀、升温越快越不均匀	易均匀
制品截面的影响	截面越大，指标越差	截面越大，指标越好
工作环境	工作环境污染严重	工作环境可避免污染

串接石墨化炉的装炉和通电与艾奇逊石墨化炉有所不同，主要区别有以下三点：

（1）装炉采用单柱串接或多柱串接，串接石墨化不能像艾奇逊石墨化炉那样密集装炉，每一次装炉数量要少得多，但是为了能较好的利用供电设备的能力，可以将石墨化炉的长度加长至30m左右，或者采用U形炉方式，即两个较短的纵长方向平行的炉身在一端串联通电，并且在一个炉身内采用多柱串接来增大装炉量。

（2）串接石墨化的串接柱是由数根焙烧品从纵长方向串联并紧压在一起，端面接触部位是个关键地方，当电流通过接触部位时，由于接触电阻大，造成该处的温度非常高，很容易在端面接触部位出现裂纹，接触部位的接触好坏与焙烧品端面加工状态及加压压力有关。

（3）对串接柱应加上一定压力，串接柱端面接触电阻与加压压力有关，增加压力可以减少接触电阻。加压压力还必须考虑焙烧品在石墨化过程中线尺寸（长度和直径）的变化而导致接触电阻的不断变化，所以串接石墨化在通电期间对串接柱要加上一定压力而且加压压力要随着串接柱的长度变化而及时调节。对串接柱加压是在炉外用液压装置对导电电极加压，并通过导电电极将压力传递至串接柱上。

串接式石墨化炉通电后，电流直接流向电极，依靠其本身的电阻发热，并迅速升温，仅 10h 左右即可达到石墨化需要的温度，使生产周期大为缩短；在送电过程中，电流在电极内分布均匀，从而使得电极在升温时，表里的温差很小，虽然高速升温，却不会导致制品开裂；同时由于不依靠电阻料来传递热量，热量消耗减小，热效率高达 49%（艾奇逊石墨化炉为 23%）；另外还具有生产操作采用自动化控制，有利改善劳动条件的优点。串接式石墨化炉的关键技术是串接、加压和通电。

串接式炉电流密度可达到 25 ~ 50A/cm^2，升温速度高达 600℃/h。要保证焙烧品在高速度升温时而不产生裂纹，必须要求电极接触面之间的接触电阻很低，否则接触面的加热升温将超过电极本身，会使接头与本身之间的温差导致接头开裂。解决的办法是：

（1）用液压千斤顶将排列成行的焙烧电极相互压紧，并可调节和稳定电极在石墨化过程中产生的胀缩，炭层接触之间需维持 0.4 ~ 1.0MPa 的接触压力，使电极保持紧密接触；

（2）必须对电极坯接触面进行特殊加工，保证具有周边面接触良好的最大接触面；

（3）在加工面上涂抹一层以石墨粉和树脂合成的胶泥或在接头处装入柔性石墨垫，从而获得良好的接触效果。

阴极炭块的规格较大，一般采用串接石墨化工艺。

1978 年，前联邦德国 KHD 公司宣布单排 U 形串接炉试验成功，其基本参数是：

技术条件	参数
石墨化温度/℃	>3000
可生产的电极直径/mm	ϕ320 ~ 630
炉内电极排成行的长度/m × m	2 × 12.5
生产周期/h	6 ~ 10
输入的直流电流/kA	120
输入的直流电压/V	200
电压控制范围/V	30 ~ 200
一次电压/kV	3 ~ 20
频率/Hz	50
电流密度/A · cm^{-2}	35 ~ 45
电耗/kW · h · kg^{-1}	3.05

串接式石墨化炉基本结构的平面图及剖面图如图 41-17 和图 41-18 所示。

中型内串石墨化炉的供电装置由一台自耦调压变压器和一台带平衡电抗器的正反星形整流电路组成。输出直流电压可调范围为 30 ~ 200V，最大输出直流电流为 120kA，可石墨化 300 ~ 600mm 的焙烧坯。大型内串石墨化炉的变压器、整流柜及开关等送电装置都全部

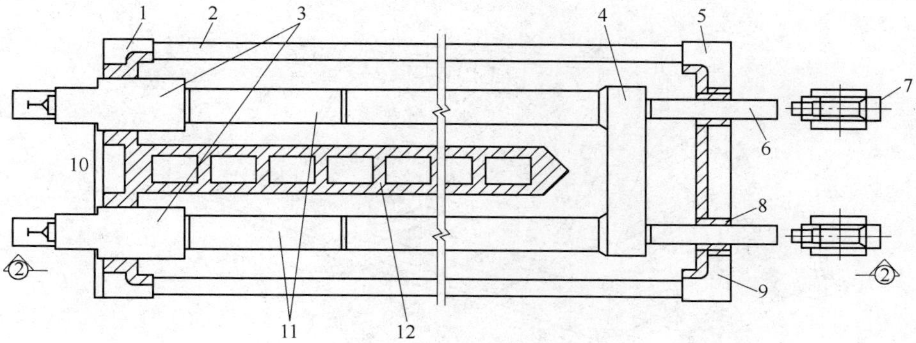

图 41-17　串接式石墨化炉的基本结构示图（平面图）

1—炉头；2—炉侧砖；3—炉头电极；4—石墨块；5—炉尾；6—顶推电极；7—液压加压装置；8—电极衬套；9—炉头砖；10—砖砌体；11—待石墨化坯体；12—中间隔墙

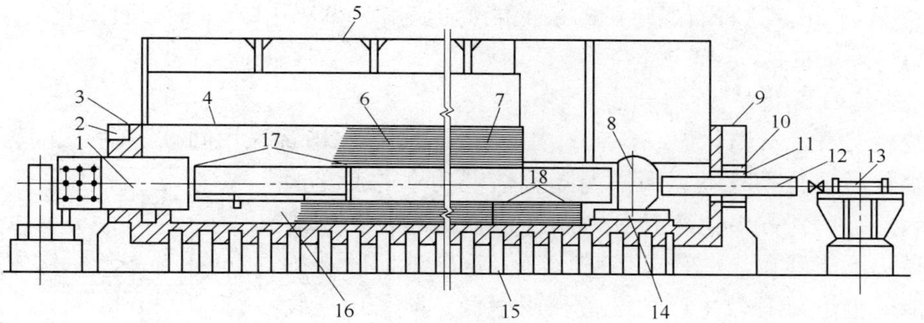

图 41-18　串接式石墨化炉的基本结构示图（剖面图）

1—炉头电极；2，7，10—砖；3—炉头；4—密封；5—金属罩；6—中间墙；8—石墨块；9—炉尾；11—电极衬套；12—顶推电极；13—液压加压装置；14，18—石墨滑块；15—水泥墙墩；16—冶金焦；17—导电连接片

装在可移动的台车上，整流柜输出功率为 22000 ~ 26000kV · A，输出直流电压 35 ~ 210V，最大输出直流电流 120A，石墨化的焙烧品直径 400 ~ 600mm，炉子全长 24. 5m，其中炉芯长 21m。铝用阴极石墨化炭块属大规格制品，使用大型串接石墨化炉进行生产，目前国内铝用阴极石墨化炉的送电时间一般都比计算曲线保守得多，在 20h 以上。

41. 4. 6. 6　其他形式石墨化炉

A　惰性气体保护的卧式内串石墨化炉

内串石墨化炉采用固体颗粒材料作填充剂时，存在冷却时间长，辅料消耗大的缺点。若用惰性气体代替固体颗粒材料，可克服此缺点。图 41-19 所示为惰性气体保护卧式内串石墨化炉示意图。其工艺参数为：电极柱由三根 ϕ600mm、长 2100mm 的电极串接而成，机械加压压力为 98kPa，保护气为氮气，通电加热时间 4. 5h，冷却时间 1. 6h，单位电耗 2500 ~ 3000kW · h/t。

B　竖式内串石墨化炉

该炉在 1986 年投产使用。主要由炉体、钢支座、炉室、炉底和炉盖等部分组成，结

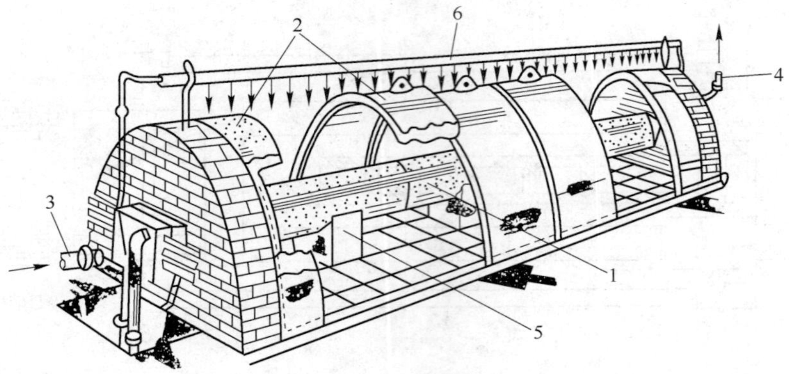

图 41-19　惰性气体保护的卧式内串石墨化炉

1—待石墨化电极；2—绝缘拱顶；3—保护气体入口；4—废气出口；5—载体；6—冷却水

构示意见图 41-20。这种石墨化炉的最低能耗也为 2500kW · h/t，最短石墨化周期 7h，单炉产量可达 60t 左右。

C　连续石墨化炉

传统的艾奇逊石墨化炉或新型的内串石墨化炉，一般都采用间歇法生产，其共同特点是制品装炉后位置不移动，而炉温随着送电功率的变化而变化，因此，达到石墨化终温后炉体（包括炉芯）所积蓄的大量显热不能利用。此外，装炉、降温、出炉期间石墨化炉不能通电进行有效生产，设备利用率低。若采用连续石墨化，可以克服上述不足。匈牙利专利介绍了一种连续石墨化炉，该石墨化炉也采用电极串接方法，利用正反向压头，使正向压头压力大于反向压力的方法，使电极柱按给定速度、定向移动。电极一装入电极柱便开始预热，进入炉体后，先在石墨化区被加热到预定的石墨化温度，然后到冷却区逐步冷却，出炉后从电极柱中卸下。电极柱在炉内运行时，一直处于颗粒保温料的保护下。炉内各截面的温度是恒定的。该专利指出，对于炉长 18m 的连续石墨化炉，电极通过炉子时间为 12h，每小时电极石墨化处理量为 500kg（ϕ529mm 电极），电耗 3. 5kV · A/kg，所产石墨电极的电阻率为 $8.5\times10^{-6}\Omega\cdot m$，体积密度 $1.61g/cm^3$，抗弯强度 9. 5MPa。连续石墨化保持了串接石墨化电耗低的优点，按相同直径电极相比，其石墨化周期缩短约 70%，大大提高了生产效率，各工艺操作环节均可定点进行，便于实现机械化和自动控制，也有利于改善环境。若能将这类工艺与设备用于大规格、高品位电极的石墨化，将是一种有发展前途的选择。但在实现工业化时，尚有一些技术问题待解决。

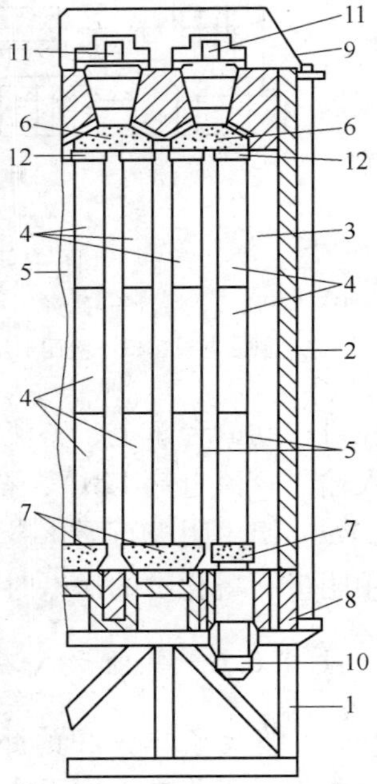

图 41-20　气体保护的竖式内串石墨化炉

1—炉子支座；2—炉体；3—炉室；4—待石墨化电极；5—串接柱；6，7—炉头导电石墨块；8—炉底；9—炉盖；10—接头；11—压紧装置；12—球头状垫块

41.5 新型阴极材料的开发与应用

随电解铝技术的发展和炭素材料制造工艺的进步，普通阴极炭块已被大型铝电解槽所淘汰，半石墨质阴极炭块的使用量也开始减少，代之出现的是高石墨质阴极炭块、全石墨化阴极炭块或可湿润阴极炭块，新型阴极材料越来越受人们所重视。

41.5.1 高石墨质阴极

高石墨质阴极炭块是在生产中配入的石墨质含量高于30%的阴极炭块。以区别于不配石墨的普通阴极炭块和配入石墨少于20%的半石墨质阴极炭块。其性能指标参见表41-9。

41.5.1.1 高石墨质阴极炭块的主要特点

高石墨质阴极炭块既具备了良好的导电导热性能、抗钠侵蚀能力和抗热震性能的特性，又具有机械强度性能好的特点，是一种适宜于大型电解槽上使用的新型阴极材料，是普通阴极炭块和半石墨质阴极炭块的换代产品。由于电阻率和钠膨胀率低，可降低槽底压降、改善炉底状况，延长槽寿命，同时为提升和强化电流创造了有利条件。

41.5.1.2 高石墨质阴极炭块的原料要求

生产高石墨质阴极炭块主要原料有电煅无烟煤、人造石墨碎、煤沥青：

（1）无烟煤。要求无烟煤煅烧均匀，具有结构致密、电阻率低、抗钠侵蚀性能好和抗磨蚀性能强等优点。

（2）人造石墨。选择纯度高、石墨化度大于80%的人造石墨。由于人造石墨电阻率较低，有利于提高炭块的导电性能，并且其结构致密，杂质少，在电解时抗钠侵蚀性能较好。

（3）改质沥青。由于高石墨质阴极炭块的生产，要求黏结剂沥青应具有较高的黏结性能和结焦率，且硫分含量低，因此，多选用高软化点的改质沥青为黏结剂。改质沥青中含有较高的β树脂和较高的甲苯不溶物，这种改质沥青具有黏结性强，结焦率高的特性。用它作黏结剂，可提高炭块的致密度、体积密度和抗压强度，同时，对提高炭块的电导率和炭块的成品率也有重要的作用。

41.5.1.3 高石墨质阴极炭块生产工艺技术条件

具体工艺技术条件有：

（1）煅后煤工艺要求。粉末电阻率为450～550μΩ·m；真密度不小于1.90g/cm³。

（2）破碎及分级。按配方规定的粒度要求将所用原料（人造石墨、煅烧无烟煤、生碎、熟碎等）破碎、分级至规定粒度。

（3）配料秤精度。单台秤称量误差不大于0.5%。

（4）黏结剂处理。煤焦油热处理指标：黏度值 $E_{80℃/20℃}$ 为8～12；

熔化沥青工艺指标：熔化温度为200～220℃，沥青出槽温度为180～190℃。

（5）调质槽工艺控制指标。调质槽黏结剂配入量控制：熔化沥青量与二次槽中煤焦油量的配合量，根据黏结剂软化温度配比分析结果进行计量。

（6）混捏工艺指标。原料预热温度为 110～120℃；最终混捏温度为 135～145℃；混捏时间控制指标：干混时间为 15～20min，湿混时间为 45～50min；黏结剂投入量控制根据糊料塑性进行调整；混捏好的糊料在混捏机内停留 4h 以上即为废糊，不可成形；凉料温度范围为 110～120℃。

（7）成形工艺指标。预压压力为 15～18MPa；预压时间为 90～150s；压嘴温度为 140～160℃；挤压压力为(65±3)MPa；生块冷却时间：夏天为 4h 以上，冬天为 2h 以上。

（8）焙烧工艺指标。焙烧装炉标准：生块之间的间隙在 30mm 以上；生块与炉壁之间的间隙在 100mm 以上；炉底料厚度在 150mm 以上；覆盖料厚度在 300mm 以上。填充料粒度要求：12～9mm，＜10%；9～1mm，＜80%；小于 1mm，＜10%。温度制度控制：前加热为 830～1000℃；主加热为 1280～1300℃；后加热为 1300～1000℃；烟道烟气入口温度小于 150℃。

41.5.1.4　高石墨质阴极炭块生产的主要设备

以 10kt/a 规模（其中炭块 7000～8000t/a，阴极糊 2000～3000t/a）的半（高）石墨质阴极工厂为例，主要设备如下：

（1）交流电气煅烧炉单台产能：17t/d；

（2）直流电气煅烧炉单台产能：18t/d；

（3）破碎分级系统：残极破碎机产能 5t/h；锤式破碎机产能 10t/h；反击式破碎机产能 10t/h；球磨机产能 2.2t/h；

（4）自动配料秤单台最大计量：1500kg / 次；

（5）热媒加热混捏锅容积：2400L，混捏周期：90min；

（6）3000t 挤压成型机最大工作压力：3000t；工作方式：立捣卧压；

（7）32 室环式焙烧炉单台年产能：11808.48t。

41.5.1.5　高石墨质阴极炭块应用情况

中国铝业贵州分公司电解铝厂于 1990 年 9 月～10 月，分别在三台 160kA 电解槽试用 GS-3 高石墨质（石墨量 30%）阴极炭块，同时选择了另三台半石墨质阴极炭块槽进行对比试验。试验结果表明：

（1）试验槽在寿命期内运行状态良好，阴极炭块工作正常，没有出现早期破损现象，三台高石墨质阴极炭块槽的槽寿命平均为 1817 天，比三台半石墨质阴极炭块槽的平均槽寿命（1439 天）长 378 天。

（2）在寿命期内，三台高石墨质阴极炭块槽的炉底电压降平均为 404.57mV，三台半石墨质阴极炭块槽炉底电压降平均为 430mV，高石墨质阴极炭块槽的炉底电压降比半石墨质阴极炭块槽电压降平均低 25.43mV。

（3）在寿命期内，三台高石墨质阴极炭块槽的平均电流效率为 89.09%，而三台半石墨质阴极炭块槽的平均电流效率为 87.31%，高石墨质阴极炭块槽的电流效率比半石墨质阴极炭块槽的电流效率平均提高 1.78 个百分点。

2000 年 10 月在 230kA 电解槽上进行了对比试验，焙烧启动后的前 8 个月的数据表明：

（1）高石墨质阴极炭块槽的炉底压降（平均为 325.4mV），比使用半石墨质阴极炭块炉底压降（平均为 363.1mV）低 37.7mV。

（2）高石墨质阴极炭块槽与半石墨质阴极炭块槽相比，前者阴极电流分布要均匀一些，电解温度、炉底温度波动要小，有利于保持槽况平稳，提高槽寿命。

（3）通过对阴极炭块的摸底调查，高石墨质阴极炭块槽的炉底平整，吸钠膨胀变形很小。而半石墨质阴极炭块槽炉底不平整，且有一定膨胀变形。

从 2002 年开始，中国铝业贵州分公司生产的高石墨质阴极炭块陆续在中国铝业广西分公司、云南铝业公司、四川其亚铝业公司等厂家上槽应用。目前各电解槽运行平稳，状况良好。

41.5.2 石墨化阴极

石墨化阴极是用石油焦或沥青焦为主要原料，以改质沥青为黏结剂制成焙烧坯后，再在石墨化炉中经石墨化后的阴极炭块。由于石墨化程度的不同，通常把石墨化温度在 1800～2200℃的阴极称为半石墨化阴极，石墨化温度在 2500～3000℃的阴极称为全石墨化阴极。在工业实践中，由于石墨化温度过高影响阴极的耐磨性能，另外石墨化过程中温度高于 2400℃制品的电阻率下降缓慢（见图 41-21），石墨化温度过高不利于节约能源和生产成本。所以石墨化温度普遍在 2500℃左右，也有生产者将石墨化温度提高到 2700℃以上。

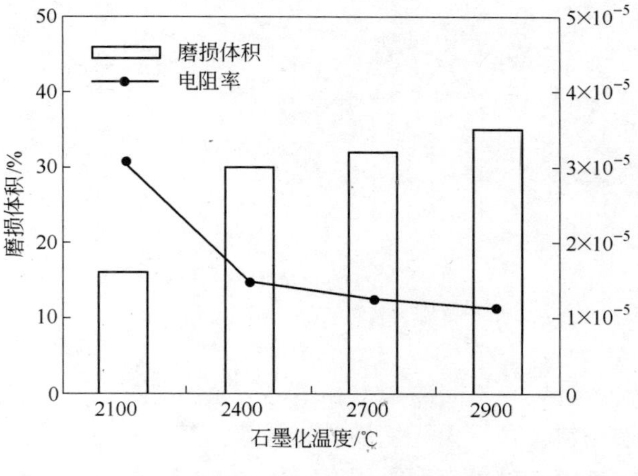

图 41-21 石墨化温度与制品电阻率和耐磨性能的关系

41.5.2.1 石墨化阴极的生产

由于石墨化阴极生产对煅后料质量要求较高，原料煅烧采用国内成熟的罐式煅烧炉较为合适。其优点是：煅烧温度可达到 1350℃，有利于提高煅后料质量；炭质烧损小，可节省成本；充分利用原料自有的挥发分自燃，实现无燃料煅烧，可节约能源；炉尾热烟气可用以加热熔化沥青和混捏工序所需的导热油，可以降低生产成本。

中碎和配料采用半石墨质阴极生产工艺的装备可以满足要求，但根据配方粒子种类的不同，对筛分设备应相应进行调整。

混捏设备针对石墨化阴极的工艺特点，在国内原有混捏设备的基础上要进行强化传热改造。在资金允许的条件下，也可选用强力混合机，可以同时完成混捏和冷却两种功能。

成形设备目前国际上通常采用的是挤压成形机和振动成形机，两种工艺的特点是：挤压成形适合于小断面制品的生产，有利于提高生坯的体积密度；大截面制品要保持一定的比压，将使压机的吨位增大，设备投资增加；另外，挤压成形必须将生坯的头部和尾部剪除，将降低成形的实收率，增加生产成本。振动成形有利于大截面制品的生产，可以提高制品的体积密度，设备投资约为挤压成形设备的60%；由于振动成形是在模具内成形，有利于提高大截面制品的均匀性，无需剪除头尾，生坯外观规整，可提高成形实收率。两种设备如图 41-22 所示。

(a)　　(b)

图 41-22　阴极成形设备

（a）振动成形机；（b）挤压成形机

焙烧采用带盖环式焙烧炉，不同的配方和生坯规格必须采用不同的焙烧温度制度。升温控制不好容易产生焙烧裂纹和增大焙烧坯的孔隙率。焙烧设备如图 41-23 所示。

浸渍采用高压沥青浸渍，可使制品的孔隙率降低 30% 左右，可延长阴极的使用寿命 15%。但浸渍后需进行再焙烧，热能消耗较大，生产成本较高，另外浸渍过的焙烧坯石墨化易开裂。在国际上有的生产者采用石墨化后再浸渍，浸渍后再焙烧的工艺，但对制品的电解膨胀率有一定的影响。浸渍设备如图 41-24 所示。

石墨化阴极的机械加工。由于石墨制品硬度低于半石墨阴极炭块，所以更容易加工。但石墨化阴极不适应多次倒运，容易在倒运中破坏其表面造成废品。所以国内自主开发了铣、磨、锯组合式加工机组，使整个加工过程在一个机组内自动完成。加工机组如图 41-25 所示，加工后的石墨化阴极成品如图 41-26 所示。

图 41-23　带盖环式焙烧炉

图 41-24　石墨化阴极浸渍装置

图 41-25　加工机组

图 41-26　石墨化阴极成品

41.5.2.2　石墨化阴极的应用

中国铝业郑州研究院开发的石墨化阴极炭块，从 2004 年 12 月开始在国家大型铝电解槽试验基地的 300kA 铝电解槽开展应用试验研究。经过两年多的运行，认为：

（1）工业试验使用的产品规格为 3420mm × 515mm × 450mm 的石墨化阴极炭块的电阻率 12μΩ · m，导热率 116W/(m · K)，抗电解质和抗钠腐蚀能力远远强于半石墨质和高石墨质的阴极炭块。

（2）采用石墨化阴极炭块和新的槽底结构，等温线分布更加合理，槽侧部阴极区域的散热量增加，槽底板温度稍有提高。

（3）石墨化阴极试验槽平稳高效运行 22 个月，取得了较好的技术经济指标：

1）累计电流效率为 95.52%。

2）阴极压降平均比同寿命的半石墨阴极槽降低 90mV。

3）电解槽长期运行的工作电压在 4.05V 左右，总体的效应系数低于 0.03 次/(槽 · d)（曾经连续 254 天未来效应），槽温控制在 940 ~ 955℃之间，摩尔比 2.4 ~ 2.6，铝水平保持正常水平。证明石墨化阴极电解槽可以在低电压、低效应和合适的铝水平、摩尔比的条件下长期稳定运行。

4）使用石墨化阴极的电解槽，炉帮维持完好，炉膛规整，阴极电流分布均衡。

5）在相同的槽电压下，石墨化阴极电解槽的极距可比其他对比槽高 3mm。

（4）石墨化阴极电解槽的能量平衡测试结果表明，由于有良好的保温设计，石墨化阴极试验电解槽能量损失与对比槽基本相当。

（5）石墨化阴极电解槽经济社会效益显著。由于电流效率的提高使用石墨化阴极所增加的大修费，在运行 859 天后即可收回。按槽寿命 1800 天计算，吨铝可降低成本 100 元。

41.5.3　可湿润复合阴极技术

41.5.3.1　硼化钛可湿润复合阴极技术与进展

硼化钛具有良好的导电性、耐高温性和抗腐蚀性，特别是对铝液的湿润性好，且几乎不吸收电解质成分，是较理想的阴极材料。使用可湿润阴极，阴极与铝液保持良好的湿润性，可有效抵御冰晶石对炭阴极的侵蚀，极少阴极吸收电解质，较好地抵抗钠的侵蚀，防止阴极产生隆起，大大减少槽子早期破损率，可延长电解槽使用寿命；使用可湿润阴极，可使铝水平降到极低的程度，从而减少水平电流的影响，使电解槽运行稳定，减少铝的二次氧化损失，提高电流效率；使用可湿润阴极，可减少铝液的波动，从而大幅度降低极距，降低槽电压，同时由于槽底沉淀减少，炉底压降降低，可有效节约电解电能，降低生产成本；可湿润阴极的应用还为新型导流槽的设计提供了可能，可以实现对铝电解槽结构的全新改造。

1984 年美国 Martin Marietta 公司发表了该公司硼化钛阴极涂层实验研究的成果，实验是在阴极炭块表面涂一层含有硼化钛粉的涂层材料。20 世纪 90 年代初，国内多家铝厂与科研院所、高等院校合作相继开展了硼化钛阴极涂层的研究及工业应用实验。

中国铝业郑州研究院经过多年研发，开发出一种新型硼化钛可湿润复合层阴极炭块生产新技术。1996～2001 年先后在中国长城铝业公司电解厂 23 台 85kA 电解槽进行新型铝电解可湿润性阴极的工业性试验。为了将该项技术在大型槽上推广，于 2001 年 9 月开始在国家大型铝工业试验基地的 6 台 300kA 电解槽上进行工业性试验。五年的试验结果表明，电解槽阴极压降降低 50mV、直流电耗平均吨铝降低 400kW · h，有利于提高电解槽寿命，取得了良好的技术经济效果。

该成果开辟了可湿润阴极新的生产和工业应用技术，是可湿润阴极最有前景的发展方向，是一项具有中国自有知识产权的技术。截至 2005 年底，分别在中铝青海分公司、贵州分公司的不同规格电解槽上应用了硼化钛可湿润复合层阴极炭块，取得了阴极压降降低 60mV，电流效率提高 1 个百分点的效果。2004 年底，用该技术生产的硼化钛可湿润复合层阴极炭块还出口澳大利亚 Comalco 公司，这表明中国在可湿润阴极生产技术研究领域已居国际领先地位。

TiB_2 涂层是可湿润阴极的另一种形式。借鉴美国 Martin Marietta 公司的研究方法，中南大学于 20 世纪 80 年代就开始了用 TiB_2 涂层的试验研究，并分别在山东铝厂 60kA 电解槽、河南神火铝业 350kA 电解槽进行了加热固化法和常温涂覆直用法工业试验，也取得了较好的使用效果。

2002～2003 年，东北大学和中铝郑州研究院分别在实验室进行了 TiB_2 复合（涂）层可湿润阴极新型结构导流槽电解小型和半工业试验，取得了可喜的进展和经验。可湿润阴极新型结构槽的工业试验正在进行中。

41.5.3.2 硼化钛可湿润复合层阴极炭块的理化性能

硼化钛可湿润复合层阴极炭块成品率可以达到了 90% 以上，工作面不经加工完全可以满足电解槽砌筑的要求。硼化钛可湿润复合层阴极炭块及 TiB_2 复合层理化指标可见表 41-34和表 41-35。

表 41-34 基体炭块理化指标

指 标	目标值	1 号	2 号	3 号	4 号
灰分/%	≤7	4.25	5.38	4.92	5.10
电阻率/μΩ · m	≤42	41.2	42.2	41.4	40.7

续表 41-34

指 标	目标值	1号	2号	3号	4号
体积密度/kg·dm^{-3}	≥1.56	1.58	1.59	1.59	1.60
耐压强度/MPa	≥30	35.5	36.0	37.0	35.5
真密度/kg·dm^{-3}	≥1.90	1.91	1.92	1.92	1.91

表 41-35 TiB_2 复合层理化指标

指 标	目标值	1号	2号	3号	4号
TiB_2 含量/%	35~40	38.5	36.8	39.1	37.2
灰分/%	≤55	52.3	51.2	53.6	52.7
电阻率/μΩ·m	≤45	35.4	36.3	35.7	34.3
体积密度/g·m^{-3}	≥1.80	1.88	1.87	1.92	1.91
耐压强度/MPa	≥35	38	47	42	39
真密度/g·m^{-3}	≥2.20	2.27	2.25	—	—

41.5.3.3 硼化钛可湿润复合层阴极炭块的应用前景

中国硼化钛可湿润复合层阴极炭块研究项目于2004年进行了成果鉴定，鉴定结论如下：硼化钛可湿润复合层阴极炭块的研究，结合中国半石墨质阴极炭块的生产工艺特点，能工业化生产大规格可湿润阴极炭块，在大型预焙铝电解槽上具有广阔的推广应用前景：

（1）可显著地降低硼化钛材料的生产成本，为可湿润阴极在铝工业的大规模推广应用创造了条件。

（2）可生产长度为3500mm大规格可湿润阴极炭块并在300kA大型预焙铝电解槽上成功应用，将极大地推动可湿润阴极技术在我国铝工业的大规模应用。

（3）硼化钛可湿润复合层阴极炭块整体生产技术，是一项具有中国自主知识产权的铝电解新技术，可延长铝电解槽寿命，提高电流效率，降低电耗，降低原铝生产成本，提高中国铝工业的市场竞争力。

（4）硼化钛可湿润复合层阴极炭块生产新技术，为新型结构电解槽的开发和老的电解槽改造提供了新的途径。

41.6 炭素阴极生产的环境问题和解决方案

因炭素阴极生产的环境问题与炭阳极生产相类似，本节仅对有关问题做扼要叙述，详见“40.3 炭素阳极生产的环境保护”一节。

41.6.1 主要污染源和污染物

炭素阴极生产的主要大气污染源是阴极焙烧炉，其烟气中含有沥青烟、粉尘、SO_2 等污染物。原料仓库、生阴极制造、煅烧、石墨化、焙烧填充料处理和机械加工散发有生产性粉尘（如石墨粉尘、沥青粉尘、焦粉；沥青熔化、生阴极混捏和高压浸渍设备产生沥青烟气）。此外，锅炉和热媒锅炉均以煤、燃气和重油为燃料，会产生含烟尘、SO_2 等污染物的烟气。

主要噪声源是烟气净化系统的风机、通风除尘风机、空压机等空气动力性噪声源和破碎机、筛分机、磨粉机等机械性噪声源。

41.6.2　炭素阴极厂设计采用的环境保护标准

主要环境保护标准有：

(1)《大气污染物综合排放标准》(GB 16297—1996)，生产工艺中的煅烧炉（窑)、焙烧炉、沥青熔化炉烟气排放执行此标准。

(2)《工业炉窑大气污染物排放标准》(GB 9078—1996)，工艺过程的其他废气排放源执行此标准。

(3)《锅炉大气污染物排放标准》(GB 13271—2001)，锅炉烟气执行此标准。

(4)《污水综合排放标准》(GB 8978—1996)，厂区排放污水执行此标准。

(5)《工业企业厂界环境噪声排放标准》(GB 12348—2008)。

41.6.3　控制污染的措施

41.6.3.1　废气控制

焙烧炉烟气一般采用静电除尘器净化治理，沥青烟排放浓度（标态）可控制在30mg/m^3以下，粉尘排放浓度（标态）可控制在8mg/m^3左右。

原料仓库、沥青熔化、生阴极制造、焙烧、石墨化和机械加工等产生石墨粉尘、焦粉、沥青粉、煤粉、填充料粉尘等污染物，对各工序扬尘点均设通风除尘系统，废气经布袋除尘器处理后排放，粉尘排放浓度（标态）小于120mg/m^3。

沥青熔化和高压浸渍产生的沥青烟采用静电除尘器治理，污染物排放满足排放标准要求（沥青烟最高允许浓度（标态）40mg/m^3)。

混捏、成型过程中散发含沥青烟和粉尘的废气，采用焦粉吸附加布袋除尘器处理，沥青烟和粉尘的排放浓度可符合国家标准要求（沥青烟（标态)：40mg/m^3，粉尘（标态)：120mg/m^3)。

41.6.3.2　浸渍过程的烟气与治理

浸渍作业时产生大量沥青烟雾，是炭素厂主要大气污染源之一。对于浸渍工序的烟气净化，国内大型炭素厂采用电捕焦油器加以处理。该设备是利用高压直流电场的作用分离雾滴，其工作原理见40.3.2.1节。电捕焦油器对沥青烟气的净化效率较高，但设备结构相对较复杂，耗电量大，操作费用高，技术要求严格，因而也有一些中小型炭素厂采用湿法净化沥青烟，如图41-27所示。净化沥青烟时，启动油泵1，将储油罐内的洗油或蒽油经管道2注入洗涤文丘里管6内，洗涤文丘里管的作用是将油雾化，在文丘里管内造成588～686Pa的负压。当沥青烟气经管道进入文丘里管内，与被雾化了的油雾接触，沥青烟充分溶解于洗油之中，凝聚成液滴，沉降至储油罐8内。气体经洗涤塔5，用洗油（或蒽油）进行洗涤后，经放空管4放空。湿法净化效率较低，难于满足日趋严格的环保要求。

日本日空工业株式会社曾开发了DNP预涂层式烟气净化装置具有效率高、节约能源，安全可靠，滤袋寿命长，不产生二次污染等特点，其工作原理如图 41-28 所示。

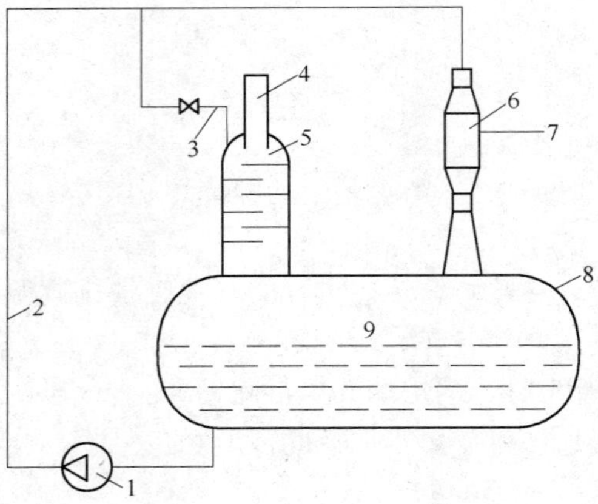

图 41-27 沥青烟气净化示意图

1—油泵；2—压力管道；3—冲洗管；
4—放空管；5—洗涤塔；6—洗涤文丘里管；
7—沥青烟道管；8—储油罐；9—洗油（或蒽油）

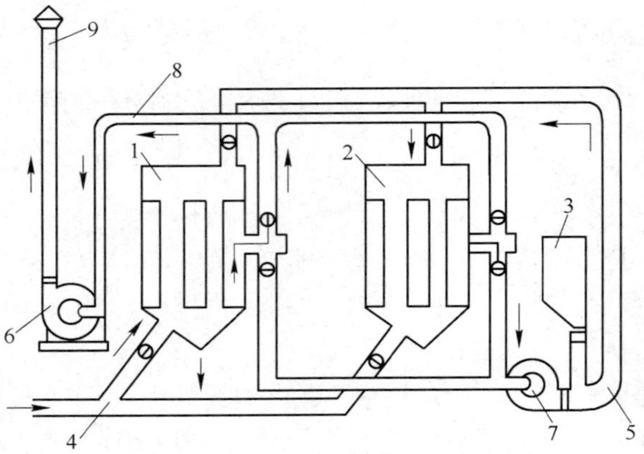

图 41-28 预涂层式烟气净化装置

1—正在净化中过滤器；2—正涂敷粉末中的过滤器；
3—活性土粉料斗；4—沥青烟管道；5—敷料管道；
6—排烟风机；7—敷料风机；
8—净化后气体管道；9—排空管

当含焦油的烟气被吸入过滤器 1，通过滤袋时，烟气中的黏性烟雾便被滤袋上的多孔质活性白土粉末滤除。当滤袋上多孔层粉末吸附的焦油雾滴达到一定数量时，外层粉末就会由于自重而脱落下来，定期排出过滤器外。滤袋上裸露出来的新鲜粉末又可继续吸附烟气中的焦油。当过滤袋壁上的粉末逐渐脱落，达到允许的极限厚度时，必须重新涂敷粉末。图中过滤器 2 正处在涂敷粉末的状态。风机将料斗中的活性白土粉末（粒度约 1mm）经管道送到过滤器，借滤袋两侧的压力差涂敷到过滤袋壁上，直到规定的厚度为止。根据生产时，烟气净化的要求，可定时控制各自动阀门，使一个过滤器进行烟气净化作业，而另一个过滤器进行粉末涂敷作业，交替进行，使整个装置连续运行。

该套装置对沥青熔化槽，沥青、焦油储罐，混合罐，浸渍罐等设备逸出的沥青烟气都适用，净化效率可达 98% 以上，净化后烟气中沥青排放浓度为 $10mg/m^3$ 以下。

41.6.3.3 生产废水治理

为节约用水，减少废水排放，设计按不同水质、不同用途，分别设置循环水系统。含有石油类等污染物的冷却水（如炭块冷却水等）设独立循环水系统，废水经处理后，返回各自的循环水系统，循环利用不外排。详见 40.3.3.1 节。

42　铝用炭素分析方法标准

＊＊＊＊＊＊＊＊＊＊＊＊＊＊＊＊＊＊＊＊＊＊＊＊＊＊＊＊＊＊＊＊＊＊＊＊＊＊＊

42.1　铝用炭素材料取样方法

《铝用炭素材料取样方法》(YS/T 62—2005) 包括四部分，分别是：YS/T 62.1《铝用炭素材料取样方法　第1部分底部炭块》、YS/T 62.2《铝用炭素材料取样方法　第2部分侧部炭块》、YS/T 62.3《铝用炭素材料取样方法　第3部分预焙阳极》、YS/T 62.4《铝用炭素材料取样方法　第4部分阴极糊》。

42.1.1　底部炭块取样方法

用空心钻或锯在底部炭块上取样。在确定取样位置时，带燕尾槽的底部炭块和不带燕尾槽的底部炭块要区别对待。

42.1.1.1　不带燕尾槽底部炭块的取样

在不带燕尾槽的底部炭块上取样时，为了保证取样后的底部炭块还可以继续使用，取样的地方应是底部炭块要加工燕尾槽的部位。

平行取样时的取样位置为：取样的中心离底部炭块表面的距离最少是60mm，左右处于块的中间。垂直取样时的取样位置为：取样的中心离底部炭块侧面的距离最少是60mm，左右处于块的中间。

42.1.1.2　带燕尾槽底部炭块的取样

取样时，试样应平行或垂直钻取，此时取样位置可以是底部炭块整个横断面的任意部分。但取样时不应损伤、污染或损坏该底部炭块，当垂直钻取取样时，更应格外小心。

42.1.1.3　样品的数量及试样的尺寸

从一批底部炭块中随机抽取一块，从该炭块上取一个试样。再按照所要检测项目的数量确定从该试样上取试料的数量。

试样的尺寸应当根据所检测项目的要求确定。但试样的最小尺寸（通常是直径）至少是干骨料最大颗粒尺寸的3倍。

42.1.2　侧部炭块取样方法

从一批侧部炭块中随机抽取一块，从该炭块上取一个试样。再按照所要检测项目的数量确定从该试样上取试料的数量。试样的尺寸应当根据所检测项目的要求确定。但试样的最小尺寸（通常是直径）至少是干骨料最大颗粒尺寸的3倍。根据所检测项目对应的检测方法，确保从侧部炭块上所取的试样具有合适的尺寸。试样从侧部炭块上取下时可能已经有了合适的尺寸，如果尺寸不合适，则该尺寸应当能够允许从该试样制备横断面是平行四边形的试料，从侧部炭块上所取的试样加工后其横截面应是圆形，在取样报告中注明试样的尺寸。试料的尺寸一般在相应的检测方法中给出，如果对应的检测方法中未规定试料的尺寸，则试料的最小直径为50mm、长度应至少是其直径的1.5倍。

如果能够确定颗粒的各向异性情况，则在平行或垂直于颗粒各向异性方向的合适位置上用空心钻头或带锯机取样。如果不能确定颗粒的各向异性情况，则应当在X、Y、Z 3个方向上都取样。

42.1.3　预焙阳极取样方法

对于仲裁检验，一个组批的预焙阳极炭块只抽取一块炭块，并在该炭块上只取一个试样，再按照所要检测项目的数量确定从该试样上取试料的数量。

根据所检测项目对应的检测方法，确保从预焙阳极炭块上所取的试样具有合适的尺寸。

试样从预焙阳极炭块上取下时可能已经有了合适的尺寸，如果尺寸不合适，则该尺寸应当能够允许在0.1mm的公差内用空心钻、锯或车床，从该试样制备横断面是平行四边形的试料。

42.1.4　阴极糊取样方法

在一个完整的取样过程中，将所需的全部份样分布到整个交货批中，并应当按照固定的分量或固定的时间间隔进行取样，另外，整个交货按质量或时间分成多个间隔，每个间隔取份样，初始取样是在第1间隔中随机选择时间完成的。

如果能够确定组成该批产品的各个单元的生产顺序号（比如可以从包装容器的标记上识别），则应当取到各顺序号的样品。如果无法识别生产顺序号，则只能从整批产品中随机取得份样。

42.2　铝用炭素原料分析方法

42.2.1　延迟石油焦粉焦测定方法

延迟石油焦粉焦测定方法（SH/T 0527—1992）：将采到的数份子样倒入干净的铁板（或木板）上，并均匀混合试样使其铺成20～40mm厚的平面。按四份缩分法取出4kg为副样。

将4kg副样倒入装样盘内铺成10mm厚的平面，按20份缩分法取出1kg为大样。

先在筛子下面放入一个干净的装样盘用来盛放过筛时漏下的粉焦。此后将1kg大样分批倒入筛子内，使其每次铺成20mm厚，用手左右连续移动筛子3次，全部大样过筛后，称出装样盘内的粉焦质量（g）。

42.2.2 石油焦总水分测定方法

石油焦总水分测定方法（SH/T 0032—1990）：将样品粉碎至粒度小于20mm，立即测定总水分。若不立即测定时，则取约250g装入密闭容器。

在预先称量过的干燥盘子中，称取约250g粉碎至小于20mm的试样，称准至0.25g，得到烘干前试样的质量。

将盘子中的试样铺平，放入打开自然通风孔并已调到（105±3）℃的烘箱中，干燥180min。然后取出盘子，在室温下冷却10min，称量。然后再放入烘箱中20min，取出，冷却10min，再称量。直到连续两次质量变化不超过0.25g为止。取其算术平均值作为烘干后质量。

42.2.3 石油焦挥发分测定方法

石油焦挥发分测定方法（SH/T 0026—1990）：在无空气通入的情况下，将试样加热至(850±10)℃，并保持7min，按照损失总质量与蒸发水分损失之间的差来确定挥发分。

将坩埚和盖编上号码，煅烧至恒重，并放置于带有干燥剂的干燥器中，在称取试样前应检查坩埚的质量。煅烧坩埚时，应置于用耐热金属丝或热薄钢片制成的金属支架上，支架的尺寸应保证坩埚能位于炉的恒温区，炉的恒温区下部和坩埚底间的距离为10~20mm。

用刮刀或小勺小心地混合已制备好的试样，并从不同深度的两、三处取出(1±0.01)g试样，放在预先经过煅烧和称量过的坩埚中称量，称量后轻轻地敲击弄平试样层，然后加入2~3滴（大约0.1mL）苯或正乙烷，并盖上坩埚盖。

将已装有试样的坩埚放在刚从高温炉中取出，并经过（850±10)℃煅烧的金属支架上，然后迅速放入（850±10)℃的高温炉恒温区，关上炉门。从打开炉门、放入坩埚、关闭炉门直到炉温达到（850±10)℃的时间不应超过3min。

坩埚从放入炉内算起，在炉中煅烧7min后，用坩埚钳将支架及坩埚取出，放在金属板或石棉板上，在空气中冷却不少于5min，然后移入干燥器内，冷却到室温并称量。

42.2.4 石油焦灰分测定方法

石油焦灰分测定方法（SH/T 0029—1990）：将石油焦试样在（850±20)℃的马弗炉中煅烧。在同一温度下灰化煅烧至恒重，按试样在煅烧前后质量的差计算出其灰分。

将新瓷舟放入稀盐酸（体积比1：4）内煮沸几分钟，然后用水洗涤干净，再用蒸馏水冲洗几遍，放入烘箱中烘干。将洗涤烘干的瓷舟放在高温炉中于（850±20)℃煅烧30min。取出在空气中冷却5min，然后将瓷舟移入干燥器内，冷却30~40min后称量，称准至0.0002g。重复进行煅烧、冷却及称量，直至连续两次称量间的差数不大于0.0004g为止。

用牛角勺充分搅拌已准备好的石油焦试样，从试样表面以下不同深度的两、三处取(2±0.01)g石油焦试样，放入已预先恒重好的瓷舟内，称准至0.0002g。

将盛有石油焦试样的瓷舟放入（850±20)℃高温炉的炉膛前边缘上，在3min内逐渐将瓷舟移入高温炉的完全灼热区域，然后关闭炉门，煅烧至少2h。取出瓷舟，在空气中冷却5min，然后将瓷舟移入干燥器内，冷却30~40min后称量，称准至0.0002g。称量后再进行检查煅烧，每次 30min，直至两次称量间的差数小于 0.001g 为止，取最后一次质量作为计算用。

42.2.5　石油焦真密度测定方法

石油焦真密度测定方法（SH/T 0033—1990）：将煅烧过的粉碎粒度不大于 0.1mm 的石油焦试样置于密度瓶中，加入无水乙醇，根据试样质量及其排开无水乙醇的体积求出其真密度。

42.2.5.1　石油焦的煅烧

样品制备成粒度小于 3mm 的试样。将试样装入瓷坩埚中，加盖，放入高温炉中，加热至（1300 ±25）℃。在此温度下保持 5h，然后停止加热，冷却至 100℃以下，取出。从冷却后的试样上层去掉高 1.0 ~1.5cm 的一层，剩余的用机械粉碎机或瓷研钵磨碎并全部过筛，制成粒度小于 0.1mm 的试样。如采用钢制机械粉碎时，则需用磁铁脱除铁粉。

42.2.5.2　密度瓶容积的测定

测定前，密度瓶用铬酸洗液仔细洗涤，用水洗净，再用蒸馏水冲洗，进行干燥之后，称准至 0.0002g。

将刚煮沸过并冷却至室温的蒸馏水，注入密度瓶至接近刻线处，盖上磨口塞，放在(20 ±0.1)℃的恒温水浴中保持 20 ~30min。用移液管吸取放在恒温水浴中备用瓶内的蒸馏水，注入密度瓶内，使液面至刻线处，过多的水用滤纸吸出，并将液面以上的内壁擦净。取出后，用绸布擦干外壁称重，称准至 0.0002g。

重复上面操作，直至相互间质量之差不大于 0.001g 为止，取其算术平均值。

密度瓶容积 V(cm^3）按下式计算：

$$V = \frac{m_1 - m_0}{0.9982}$$

式中　V——密度瓶容积，cm^3；

m_0——密度瓶质量，g；

m_1——盛有水的密度瓶质量，g；

0.9982——20℃时水的密度，g/cm^3。

密度瓶的容积（水值）应定期测定，每 3 个月不得少于一次。

42.2.5.3　无水乙醇密度的测定

将测过容积的密度瓶烘干，按上面方法，用无水乙醇代替蒸馏水，测定无水乙醇密度。

42.2.5.4　试验步骤

取制备的试样 2 ~3g，通过长颈漏斗注入已知质量的干燥的密度瓶内称重，称准至 0.0002g。

向盛有石油焦试样的密度瓶中注入约 1/3 容积的无水乙醇，放在砂浴或水浴上煮沸 3min，但不要让无水乙醇和试样逸出。同时，在砂浴上煮沸另一烧瓶中的无水乙醇。煮沸后取出密度瓶和烧瓶，在空气中冷却。按上面相似步骤取烧瓶中的无水乙醇注入密度瓶内至刻线处，在 (20±0.1)℃下恒温，调整液面，称重。

42.2.5.5　计算

石油焦的真密度 ρ 按下式计算：

$$\rho = \frac{m_4}{\dfrac{V\rho_1 - (m_5 - m_3)}{\rho_1}} = \frac{m_4\rho_1}{V\rho_1 - (m_5 - m_3)}$$

式中　ρ——石油焦的真密度，g/cm^3；

ρ_1——20℃时无水乙醇密度，g/cm^3；

V——密度瓶容积，cm^3；

m_3——盛有石油焦密度瓶质量，cm^3；

m_4——石油焦试样质量 ($m_3 - m_0$)，cm^3；

m_5——盛有石油焦和无水乙醇的密度瓶质量，cm^3。

42.2.6　石油焦中硅、钒和铁测定方法

石油焦中硅、钒和铁测定方法 (SH/T 0058—1991)：将试样置于 (850±20)℃的高温炉中灰化，灰分用无水碳酸钠在 (950±20)℃的高温炉中熔融，熔融物用热水溶解，过滤，硅盐、钒盐在水溶液中，铁盐留于沉淀中。沉淀用硫酸溶解，将上述两个溶液分别用分光光度法进行比色测定，在工作曲线上查出试样溶液浓度，然后求出试样中硅、钒和铁含量。

称取已准备好的试样 5g (称准至 0.2g)，于舟形瓷皿中，放在 (850±20)℃的高温炉中煅烧灰化。当钒质量分数小于 0.01% 时称样量应增加到 10g。

从高温炉中取出舟形瓷皿，冷却，加入 1.5g 无水碳酸钠，用玻璃棒或铂棒搅拌均匀后，移入已填有 0.6g 无水碳酸钠的铂坩埚中，试样尽量放在中间成圆锥形，在舟形瓷皿中再放入无水碳酸钠 0.09g，用玻璃棒或铂棒仔细搅拌后轻轻地放入盛有试样的铂坩埚内，在边沿多放一点，然后将铂坩埚移入未升温的高温炉中，再升温到 (950±20)℃后，保持 1h，使熔融为均一的共熔物。取出铂坩埚在空气中冷却。

把盛有熔融物的铂坩埚放入 250mL 塑料烧杯中，加入 70～80mL 热蒸馏水，用表面皿盖好，将塑料烧杯放到水浴上加热溶解熔融物。这时硅和钒盐溶解于水中，而铁盐为沉淀。取下烧杯，用坩埚钳取出铂坩埚，用热蒸馏水洗涤铂坩埚，洗涤水收集于塑料烧杯中，温热过滤，滤液用 250mL 容量瓶接受。用少量蒸馏水洗涤烧杯 2～3 次，洗涤水倾于滤纸上，滤纸上的沉淀，用热碳酸钠溶液洗涤 6～8 次，滤液用自来水快速冷却，用蒸馏水稀释到刻线，摇匀，将溶液倒入干净的塑料瓶中，此为溶液 A 用于测定硅和钒。

用热蒸馏水溶解后仍留有棕红色薄膜的铂坩埚内，加入 10mL 1∶1 硫酸溶液，放在刚断电的封闭式电炉上利用余热加热 15～20min，然后将此硫酸溶液倒入干净的玻璃烧杯中，

用镊子取下带有沉淀的滤纸，放入铂坩埚内，并借助玻璃棒，将棕红色薄膜擦洗下来，再把此滤纸也放入已盛有10mL硫酸的烧杯内，向铂坩埚内再放10mL 1∶1硫酸溶液，轻轻摇动后，倒入烧杯中，铂坩埚用蒸馏水洗涤2～3次，洗涤水也并入有滤纸的烧杯中。

如果沉淀溶解不好，将烧杯再放到水浴上加热，直到棕红色颜色消失（加热不得过度，以防滤纸炭化，溶液变黄）。冷却后，把溶液过滤到250mL的容量瓶中，滤纸用蒸馏水洗涤2～3次，加蒸馏水到刻线，此为溶液B，用于测定铁。

硅含量的测定：移取适量溶液A（应使吸光度在0.1～0.7之间）于100mL容量瓶中，测其吸光度。在工作曲线上查得相应的硅含量。

钒含量的测定：移取适量溶液A于100mL容量瓶中，加入2～3滴酚酞指示剂，用盐酸溶液中和至红色消失，调整pH值为4～5，加2mL偏磷酸溶液，摇匀。再加入1mL钨酸钠溶液，加蒸馏水至刻度，仔细摇匀，测其吸光度，在工作曲线上查得相应的钒含量。

注：显色液浑浊时，在测吸光度之前，必须先将硅酸分出。为此，重新从溶液A中吸取一份适量的溶液，置于100mL烧杯中，加1～2滴酚酞指示剂，用盐酸溶液中和后，调整pH值为4～5，用滤纸过滤；滤液滤入100mL容量瓶中。用蒸馏水仔细洗涤烧杯和滤纸中的沉淀，洗涤水并入同一容量瓶中，然后加入过氧化氢溶液，测其吸光度。在工作曲线上查得相应的钒含量。

铁含量的测定：移取适量溶液B于100mL容量瓶中，加入1g硫酸铵和15mL磺基水杨酸溶液。再加入氨水直至出现稳定的黄色，再过量1～2mL，冷却后，加蒸馏水至刻线，摇匀溶液。测其吸光度。在工作曲线上查得相应的铁含量。

42.2.7 煤沥青实验室试样的制备方法

煤沥青实验室试样的制备方法（GB/T 2291—1980）：将1kg 3mm煤沥青试样进一步缩分，取出约100g置于铝盘中，平铺成3～5mm厚。

在（50±2）℃鼓风干燥箱中干燥1h，若水分超过5%，可延长干燥时间0.5h。

将干燥后的沥青试样缩分取出约25g，用研钵研磨至小于0.5mm，作为测定沥青甲苯不溶物和喹啉不溶物的干燥沥青试样。

其余3mm干燥沥青试样作为测定沥青灰分，挥发分和软化点用的干燥试样。

42.2.8 煤沥青灰分测定方法

煤沥青灰分测定方法（GB/T 2295—1980）：称取一定质量的煤沥青试样，先用小火加热除掉大部分挥发物后，置于（815±100）℃箱形高温炉中灰化至恒重，以其残留物质量占煤沥青试样质量的百分数作为灰分。

称取小于3mm的干燥煤沥青试样3g（称准至0.0002g）放入预先灼烧至（815±10）℃，并恒重过的蒸发皿中。

用小火慢慢加热灰化，至大部分挥发物挥发后，放在加热至（815±10）℃打开的箱形高温炉炉门口，待挥发物完全挥发后再慢慢推进炉中，灼烧2h，取出检查应无黑色颗粒，在空气中冷却5min后，置于干燥器内，冷却至室温，称重。然后进行恒重检查，每次15min，直到连续两次质量差在0.0006g以内为止。计算时取最后一次的质量。

42. 2. 9　焦化固体类产品软化温度测定方法

焦化固体类产品软化温度测定方法（GB/T 2294—1997）：取颗粒小于 3mm 的干燥试样约 25g，置于熔样勺中，在 170 ~ 180℃ 空气浴上加热，使试样熔化，不时搅拌，赶走空气泡。低温煤沥青在 70 ~ 80℃ 的水浴上加热；高温煤沥青在 220 ~ 230℃ 空气浴上加热。

使铜环稍热，置于涂有凡士林的热金属板上，立即将熔好的试样倒入铜环中，至稍高出环上边缘为止。

待铜环冷却至室温，用环夹夹住铜环，用温热刮刀刮去铜环上多余的试样，刮时要使刀面与环面齐平。低温煤沥青需把装有试样的铜环连同金属板置于 5℃ 水浴中，冷却 5min，取出刮平后，再放入 5℃ 水浴冷却 20min。

将装有试样的铜环置于金属架中层板上的圆孔中，装上定位器和钢球，将金属架置于盛有规定溶液的烧杯中，任何部分不应附有气泡，然后将温度计插入，使水银球下端与铜环的下面齐平。

将烧杯置于有石棉网的三脚架上，按操作表中规定的起始温度和升温速度开始均匀升温加热，超过规定升温速度试验作废。

当试样软化下垂，刚接触金属架下层板时立即读取温度计温度，取两环试样软化温度的算术平均值，作为试样的软化温度，若两环试样软化温度超过 1℃ 时，应重新试验。

42. 2. 10　焦化产品甲苯不溶物含量的测定方法

焦化产品甲苯不溶物含量的测定方法（GB/T 2292—1997）：试样与砂混匀（煤沥青类）或用甲苯浸渍（煤焦油类），然后用热甲苯在滤纸筒中萃取，干燥并称量不溶物。

测煤沥青、改质沥青的甲苯不溶物含量时，先将 10g 已处理过的沙子倒入滤纸筒，并置于称量瓶中，在 115 ~ 120℃ 干燥箱中干燥至恒重（两次称量，质量差不超过 0. 001g）。再称取 1g（称准至 0. 0001g）试样，于滤纸筒中将试样与沙子充分搅拌混匀。

测煤焦油、木材防腐油、炭黑用焦化原料油的甲苯不溶物含量时，先将已处理过的一小块脱脂棉放入滤纸筒，置于称量瓶中，在 115 ~ 120℃ 干燥箱中干燥至恒重（两次质量差不超过 0. 001g），取出脱脂棉待用。再称取约 3g（称准至 0. 0001g）煤焦油分析试样或约 10g（称准至 0. 1g）木材防腐油、炭黑用焦化原料油分析试样，于滤纸筒中，从称量瓶中取出滤纸筒立即放入装有 60mL 甲苯的 100mL 烧杯中，待甲苯渗入滤纸筒后，用玻璃棒轻轻搅拌滤纸筒内的试样 2min，使试样均匀分散在甲苯中，取出滤纸筒，再用上述脱脂棉擦净玻璃棒，此脱脂棉放入滤纸筒内。

测煤沥青筑路油的甲苯不溶物含量时，先按上述（要加一小块脱脂棉与滤纸筒一起恒重）操作，再称取 1g（称准至 0. 0001g）试样，于滤纸筒中，从称量瓶中取出滤纸筒立即放入装有 60mL 甲苯的 100mL 烧杯中，待甲苯渗入滤纸筒后用玻璃棒将试样与砂混匀，取出滤纸筒用上述脱脂棉擦净玻璃棒，此脱脂棉放入滤纸筒内。

将装有 120mL 甲苯的平底烧瓶置于电热套内。把滤纸筒置于抽提筒内，使滤纸筒上边缘高于回流管 20mm。将抽提筒连接到平底烧瓶上，然后沿滤纸筒内壁加入约 30mL 甲苯。

42.2.11 焦化固体类产品喹啉不溶物测定方法

焦化固体类产品喹啉不溶物测定方法（GB/T 2293—1997）：一定质量的试样，在规定的试验条件下，用喹啉进行溶解，对不溶物进行过滤、烘干，计算其含量。

沥青试样烘干后用研钵研磨成通过 SSW500/315μm 筛的颗粒。

对软沥青试样，应将试样溶解，搅拌均匀，保证溶解温度不超过 150℃，溶解时间不超过 10min。

将滤纸置于甲苯中浸泡 24h 取出晾干，烘干后备用。

将两张在甲苯中浸泡过的滤纸折成双层漏斗形置于称量瓶中干燥并恒重。

称取制备好的试样 1g（称准至 0.0002g），煤沥青试样置于洁净的 100mL 烧杯中，改质沥青试样置于离心试管中，加入 20mL 喹啉，用玻璃棒搅拌均匀。

将上述装有试样的烧杯或离心试管，与装有喹啉的洗瓶一起浸入（75 ± 5）℃的恒温水浴中，并不时搅拌，30min 后取出，准备抽滤。

对装有改质沥青试样的离心试管应置于离心机中，在 4000r/min 的速度下离心 20min 后取出再抽滤。

装好过滤漏斗，放入规定的滤纸，用喹啉浸润，将溶解后的试样慢慢倒入滤纸中，同时进行抽滤。

用大约 20mL 热喹啉分数次洗涤烧杯或离心试管，使残渣全部转移到滤纸上，再用大约 30mL 的热喹啉多次洗涤滤纸上的残渣，并同时进行抽滤。

抽干后，用 50 ~ 100mL 热甲苯重复过滤洗涤，洗至无明显黄色。

滤干后取出滤纸，置于原来的称量瓶中，在 105 ~ 110℃干燥箱中干燥 90min 后取出，稍冷，置于干燥器中冷却至室温，并称量至恒量。

42.2.12 煤沥青结焦值测定方法

煤沥青结焦值测定方法（GB/T 8727—1988）：一定量的煤沥青在试验条件下放入（550 ± 10）℃的高温炉内加热，然后称量焦渣，焦渣量对试样量的百分比即为结焦值。

称取沥青试样 1g（称准至 0.0002g），置于洁净的已恒重的 20mL 瓷坩埚内，盖上盖子。将试样放入预先铺有（10 ± 1）mm 厚焦粒的 100mL 坩埚内，再用焦粒将两个坩埚间的空隙填满至 20mL 坩埚完全被埋入，用盖盖上外坩埚。

将装好的坩埚放在镍铬丝支架上，然后整个放在温度为（550 ± 10）℃的箱形高温炉内，10min 内恢复到恒定的温度。

两个小时后，从炉中取出坩埚，在空气中冷却 5 ~ 10min，取出内坩埚，除去附着的焦粉。把内坩埚放入干燥器内，冷却至室温，并称量（称准至 0.0002g）。

清扫 20mL 瓷坩埚及盖，弃掉残渣，放入 700 ~ 1000℃的高温炉中灼烧，去掉残留物，以备用。

42.2.13 炭阳极用煅后石油焦灰分含量的测定方法

炭阳极用煅后石油焦灰分含量的测定方法（YS/T 587.1—2006）：干燥的试样在（850 ± 10）℃下灼烧，以残余物（即灰分）的质量计算灰分含量。

将20g试样用研钵研磨（研钵需用硬质材料如玛瑙、碳化钨、碳化硅），直至全部通过0.15mm筛子。将研好的样品放入烘箱中在（110±5）℃烘干2h，贮存在干燥器中备用。

称取3.0g试样，精确至0.0001g。

将瓷方舟置于（850±10）℃的马弗炉中，灼烧1h，取出，置于干燥器中，冷却30min，称量，精确至0.001g。重复灼烧，称至恒量（m_1）。

将试样置于已恒重的瓷方舟中均匀铺开，称量，精确至0.001g。再将其放入马弗炉中，在（850±10）℃灼烧3h。取出置于干燥器中冷却30min，称量，精确至0.001g。反复灼烧至恒量（m_2）。

42.2.14 炭阳极用煅后石油焦水分含量的测定方法

炭阳极用煅后石油焦水分含量的测定方法（YS/T 587.2—2007）：试样在（110±5）℃下烘干2h，以失去的质量计算水分的含量。

将约30g试样用研钵研磨（研钵需用硬质材料如玛瑙、碳化钨、碳化硅），直至全部通过0.15mm的筛子，并将制备好的试样储存在密闭容器内备用。

称取10.0g试样，精确至0.0001g（m_0）。独立地进行两次测定，取其平均值。

将称量瓶的盖部分打开，置于（110±5）℃烘箱中，干燥1h，取出，置于干燥器中，冷却30min，称量，精确至0.0001g；重复干燥，称量至恒重。

将试样置于已恒重的称量瓶中均匀铺开，盖上瓶盖称量，精确至0.0001g（m_1），将瓶盖部分打开，置于（110±5）℃烘箱中，干燥2h，取出置于干燥器中，冷却30min，盖上瓶盖称量，精确到0.001g；重复干燥，称量至恒重（m_2）。

42.2.15 炭阳极用煅后石油焦挥发分含量的测定方法

炭阳极用煅后石油焦挥发分含量的测定方法（YS/T 587.3—2007）：试样在（900±10）℃灼烧15min，以失去的质量计算挥发分的含量。

将约10g试样用研钵研磨（研钵需用硬质材料如玛瑙、碳化钨、碳化硅），直至全部通过0.15mm的筛子。将研好的样品放入烘箱中于（110±5）℃烘干2h，储存在干燥器中备用。

称取试样3.0000g，精确至0.0001g。平行地进行两次测定，取其平均值。

将瓷坩埚及盖置于（900±10）℃的马弗炉中，灼烧1h，取出，置于干燥器中，冷却30min，称量，精确至0.0001g。重复灼烧，称量至恒重。

将试样置于已恒重的瓷坩埚中，均匀铺开，盖上盖子，称量，精确至0.0001g，然后将此瓷坩埚放在坩埚架上，放入（900±10）℃的马弗炉中，灼烧15min，取出，再将瓷坩埚置于干燥器中，冷却30min，称量，精确至0.0001g。

注：将瓷坩埚和坩埚架放入马弗炉后，要求马弗炉的温度在3min内恢复至（900±10）℃，否则试验结果作废。

42.2.16 炭阳极用煅后石油焦硫含量的测定方法

炭阳极用煅后石油焦硫含量的测定方法（YS/T 587.4—2006）。

方法一：艾氏卡试剂法。在氧化性的空气中将试样与艾氏卡试剂混合、灼烧，挥发掉易燃物质并且将硫转化为硫酸根。硫酸根用盐酸处理后，与氯化钡结合生成沉淀，测定试样的总硫含量。

称取约1.0g试样，精确至0.0001g。平行进行两次测定，取其平均值，随同试样做空白试验。

在瓷坩埚的底部均匀地覆盖一层0.5g艾氏卡试剂，将试样与2.5g艾氏卡试剂充分的混合均匀，置于瓷坩埚中，摊平，然后用1.0g艾氏卡试剂均匀的覆盖。

将瓷坩埚放入冷的马弗炉中，在1.5h内将温度升至825℃，并在（825±10）℃灼烧3h，取出瓷坩埚冷却到室温。用玻璃棒搅松灼烧物（如发现有未烧尽的颗粒存在，应在(825±10)℃继续灼烧）。再将灼烧物移入到有20～30mL蒸馏水的400mL烧杯中，用50mL热水彻底洗涤瓷坩埚，然后将冲洗液加入烧杯。

在烧杯上放置一个表面皿，滴加盐酸溶解固体试样，加热以促进溶解，待溶解完全后，煮沸5min排出CO_2，用定量滤纸过滤，收集滤液到锥形烧杯中。用热水洗涤，向滤液中加入2～3滴甲基红指示剂溶液。然后滴加氨水直到溶液变黄并有沉淀物形成，再加入适量的盐酸重新溶解沉淀物，再过量1mL。加入蒸馏水稀释溶液大约200mL，加热至沸腾就缓慢减少加热直到停止沸腾，在20s内用移液管滴加10mL氯化钡溶液，边滴加边搅拌溶液。在略低于沸点的温度下保温30min，取下，陈化12h。

用定量滤纸过滤,并用冷蒸馏水洗涤至无氯离子存在(用硝酸银溶液检验)。将沉淀物连同滤纸移入已恒重的瓷坩埚中,先在电炉上低温灰化后,然后移入(825±10)℃的马弗炉中,灼烧1h，取出，移入干燥器中，冷却30min，称量，精确至0.0001g。重复灼烧，称至恒量。

同时做空白试验。

方法二：燃烧—红外吸收法。将试样置于电阻炉中，在氧气流下高温燃烧，硫被氧化成二氧化硫气体，利用红外分析仪和积分程序测定二氧化硫总的生成量，再计算煅后石油焦中硫的含量。

将约10g试样用研钵研磨（研钵需用硬质材料如玛瑙、碳化钨、碳化硅），直至全部通过0.15mm的筛子。将研好的样品放入烘干箱中，在（110±5）℃烘干2h，储存在干燥器中备用。

（1）设备稳定。按仪器使用说明书操作红外吸收分析仪，炉中的氧气压力或流量按厂家规定进行。

空白实验：将空坩埚放在电阻炉中央，按厂家提供的仪器操作方法在1350℃进行试验。试验空白值不得超过0.005%。

标定：用标样按实验方法进行测试，重复测试4次，结果稳定时，取其平均值对仪器进行参数校正。校准后取另一标样进行测试，测定结果在允许差范围内，可进行样品测试，否则重新校正。

（2）称取0.2～0.3g试样，精确至0.0001g。进行试样试验测试。

42.2.17　炭阳极用煅后石油焦微量元素含量的测定方法

炭阳极用煅后石油焦微量元素含量的测定方法（YS/T 587.5—2006）：炭阳极用煅后石油焦在700℃灰化，灰分用硼酸锂熔融，熔融物在稀硝酸（HNO_3）中溶解，样品溶液用等离子体原子发射光谱仪进行多元素的分析测定。分析采用同时或顺序进行的方式进行测定。溶液通过空气吸入或通过蠕动泵引入ICP仪器内。微量元素的浓度通过样品的发射强度与标准物质的发射强度之比进行计算。

称取5.0g试样，精确至0.0001g。独立地进行两次测定，取其平均值。

将称好的试样放到在（700±10)℃已恒重的50~80mL铂金皿中。将铂金皿放入马弗炉中，从室温加热到（700±10)℃，灼烧2h，取出铂金皿，置于干燥器中冷却30min，称量，精确至0.0001g计算出试样灰分含量。

称取0.5g硼酸锂，精确至0.0001g，将硼酸锂均匀地撒在灰分上，将铂金皿放入高温炉中于（1000±10)℃灼烧2min，取出用铂金钳轻轻转动铂金皿中熔融物溶解灰分，继续在电炉中加热2min，获得透明熔融物。

注：灰分必须完全熔化，总加热时间是4min，如果加热时间超过4min可能造成钠的损失，如果加热时间少于4min，则可能部分灰分不能溶解。

把熔融物置于陶瓷散热板上冷却5~10min，加入25mL硝酸溶液，立即放入超声波池，直到熔融物彻底溶解（保持溶液在50℃以下避免含水硅酸沉淀）。取出铂金皿，把这些溶液转移到100mL容量瓶中，用水清洗铂金皿，并转入100mL容量瓶中，用水稀释至刻度，混匀。取50mL空白溶液和适量的标准溶液，置于100mL容量瓶中，用水稀释至刻度，制备校正标准点。

用50mL空白溶液和所需标准溶液，制备100mL溶液作为校验标准。

注：标样和试料应具有相似的组成，减小由于基体影响造成的误差。

使用前用校验标准校准ICP-AES仪器，使之与制造商说明书一致。

测定试样中每种金属元素的质量分数。

42.2.18　炭阳极用煅后石油焦粉末电阻率的测定方法

炭阳极用煅后石油焦粉末电阻率的测定方法（YS/T 587.6—2006)：将要测试的颗粒料，置入一个圆柱形的上部和底部带有两个电极片的试样筒中在试样两端施加一定的压力，确保试样与电极片接触良好并通上直流电流。测出颗粒柱的电压降和颗粒柱的高度，计算电阻率值。

称取15~20g试样，加入到试样筒中。将带活塞的试样筒置于试验机内，然后施加压力3MPa。装好长度测量装置，测量样品长度h。连好电线并接通电源。调整稳压电源电流，使通过试料的电流为(500±0.02)mA，然后测量试样电压降。测定两次，每次都用新的未测试过的试样。

按下式计算粉末电阻率ρ：

$$\rho = \frac{SU}{Ih}$$

式中　ρ——粉末电阻率，μΩ·m；

S——试样容器的表面积，mm^2；

U——电压降，mV；

I——电流，A；

h——试样颗粒柱的高度，mm。

42.2.19　炭阳极用煅后焦 CO_2 反应性的测定方法

炭阳极用煅后焦 CO_2 反应性的测定方法（YS/T 587.7—2006）：煅后石油焦中 C 和 CO_2 反应性由质量损失法来描述，化学反应式为：$C + CO_2 \longrightarrow 2CO$。粒度为 1 ~ 1.4mm 炭阳极用煅后石油焦试样，于 1000℃的温度下，在 50L/h 的 CO_2 气氛中，反应大约 100min 后，测定其质量损失。

称取 5.0g 试样，精确至 0.001g。

校准：校准程序每周进行一次，设备维护（如更换热电偶或反应管等）以后也要进行校准。设定反应时间为 100min。

使用校准标样测量两次，取平均结果，校准仪器按反应时间 t_r 依照下式计算：

$$t_r = 100 \times \frac{w_{RC,cal}}{w_{RC,meas}}$$

式中　t_r——反应时间，min；

$w_{RC,cal}$——标样 CO_2 反应的理论值，用质量分数表示，%；

$w_{RC,meas}$——标样 CO_2 校准反应的测量值，用质量分数表示，%。

打开炉子并在温度控制单元设定温度为 1000℃；将试样装入空的石英反应管并用夹具固定。当炉温升到 1000℃，并稳定 20min 后，打开 CO_2 气阀，调整气压到 0.2MPa，流量 50L/h。在反应管中加入试料。反应 100min 后，关闭炉子并过 30min 后，关闭 CO_2 气阀，拿出反应管放置在固定器冷却。当反应管冷却后，称量剩余的试样，精确至 0.001g。

42.2.20　炭阳极用煅后石油焦空气反应性的测定方法（质量损失法）

炭阳极用煅后石油焦空气反应性的测定方法（质量损失法）（YS/T 587.8—2006）：当放置在空气中的样品达到点火温度后就会与氧气发生反应，样品开始点火时温度会突然增高，空气反应性是由相关的热重测量法计算得到的。

称取 5.0g 试样，精确至 0.001g。

把一个校准标样的点火温度 T_R 测定两次，算出它们的平均值 T_M。用这个结果来校正测量样品温度的热电偶。校准程序每周进行一次，设备维护（更换热电偶或反应管）以后也要进行校准。定期对记录表进行校准。测量样品的温度应减去校准温度与标准样品实际温度的差值。

接通炉子，插入未装样的石英管并用夹钳固定好，把炉子加热到额定温度。打开空气阀，调整压力为 0.2MPa、流量为 50L/h。当炉温稳定在额定温度时，把称量好的样品插入反应管中开始升温度，图表中显示样品的温度。当样品温度急剧增加时，关闭炉子和气阀。

在时间温度图中，通过对温度发生急剧增加那一点弯曲部分（点火前和点火后）两端的直线部分延伸，得到煅后焦的点火温度 T_1，精确到 0.1℃。

如果升温速率为 0.5℃/min，计算的是在 525℃与空气反应，w_{525} 表示每分钟质量损失的百分数，按下式计算：

$$\lg w_{525} = -9.519 - \left(\frac{4.159 \times 10^2}{T_1}\right) + \left(\frac{6.158 \times 10^6}{T_1^2}\right)$$

式中　T_1——点火温度，K。

如果升温速率为10℃/min，计算的是在600℃与空气反应，w_{600}表示每分钟质量损失的百分数，按下式计算：

$$\lg w_{600} = -50.064 + \left(\frac{75.364}{T_1}\right) - \left(\frac{2.7983 \times 10^7}{T_1^2}\right)$$

空气反应性要精确到0.01%/min。

42.2.21　炭阳极用煅后石油焦真密度的测定方法

炭阳极用煅后石油焦真密度的测定方法（YS/T 587.9—2006）：试样置于蒸馏水中煮沸排气后，用密度瓶测定一定温度下的密度。

称取3.0g试样，精确至0.0001g。

将试样置于清洁的已标定的密度瓶中，注入无气泡的蒸馏水至密度瓶2/3处，在砂浴煮沸3min，此时不允许试样溅出，取下密度瓶后，注入无气泡蒸馏水于刻度线，同注入蒸馏水的滴瓶一同放入恒温水浴中，在与标定密度瓶水值一致的温度下保持30min，用滤纸或滴瓶调整蒸馏水液面至刻线处（如用毛细管密度瓶，应立即盖好瓶塞），取出后用洁净毛巾仔细擦干瓶外部，迅速称其质量，精确至0.001g。

按下式计算试样的真密度：

$$\rho = \frac{m_1\rho_0}{m_1 + m_2 - m_3}$$

式中　ρ——试样的真密度，g/cm³；

m_1——试样的质量，g；

ρ_0——标定密度瓶时水的密度，g/cm³；

m_2——密度瓶的水质量，g；

m_3——装有试样和蒸馏水的密度瓶的总质量，g。

42.2.22　炭阳极用煅后石油焦体积密度的测定方法

炭阳极用煅后石油焦体积密度的测定方法（YS/T 587.10—2006）：体积密度取决于颗粒的尺寸、形状和气孔率测定已知质量试样在振动后的体积。体积密度由已知质量除以测定的体积来计算。

称取约100g试样，精确至0.01g。用不同部分试样独立地进行两次测定，取其平均值。

组装好体积密度装置，确保测量筒垂直。将试样倒入进料器。启动进料器同时开始敲击装置，在(45±15)s内将试样平稳地移入测量筒中，保持敲击共1500次。然后记录试样体积，精确至1mL。

42.2.23　炭阳极用煅后石油焦颗粒稳定性的测定方法

炭阳极用煅后石油焦颗粒稳定性的测定方法（YS/T 587.11—2006）：低机械强度的煅烧焦在混料过程中可能被破碎使粒级降低。低的颗粒稳定性会影响颗粒尺寸，进而可能影响焙烧块的质量。用实验振动仪将4～8mm煅烧焦的颗粒研磨，然后测定残留在特定筛网上的颗粒的含量。

筛分出约200g、颗粒尺寸为4～8mm的试样，禁止预破碎试样。

称取 100g 试样，精确至 0.01g。

将 1kg 钢球和试样放进一个破碎筒内，另一个破碎筒也放入同样的钢球和试样。盖上盖子，将破碎筒装到振动仪上。破碎 35min，将一个破碎筒内所有的物料倒在 8mm 与 4mm 和筛底组成的套筛上。将套筛在 30s 内水平晃动 60 次左右。钢球在 8mm 筛上，称量在 4mm 筛上的残留，精确到 0.01g。另一个破碎筒也重复以上的步骤。

42.2.24 炭阳极用煅后石油焦粒度分布的测定方法

炭阳极用煅后石油焦粒度分布的测定方法（YS/T 587.12—2006）：试样的粒度分布采用筛分测定。结果以留在不同（0.25 ~ 16mm 之间）筛上的试样的质量分数表示，或者计算不同尺寸分布的累积百分比。

称取约 500g 试样，精确至 0.01g。

将试验筛以筛孔直径从大到小的次序组合套筛。将试样放入顶层筛，盖上盖子，在振筛机上振动 2min。把留在每层筛及底盘上的煅后石油焦颗粒用毛刷仔细刷净，分别称量各层筛较级的试样质量。将每层筛及底盘上的煅后石油焦颗粒的总质量（Σm_i）与原始质量值（m_0）作比较，差值（$m_0 - \Sigma m_i$）应当不大于原始质量的 1%，否则，应当重新进行测定。

42.2.25 炭阳极用煅后焦 L_c（微晶尺寸）值的测定方法

炭阳极用煅后焦 L_c（微晶尺寸）值的测定方法（YS/T 587.13—2007）：炭阳极用煅后石油焦里包括不同厚度的微晶，本部分通过对煅后石油焦试样 X 射线衍射图进行分析处理，测定试样中所有微晶的平均厚度，即 L_c 值。

将约 10g 试样用研钵研磨直至全部通过 0.075mm 的筛子，将研好的样品放入烘干箱中在（110 ± 5）℃烘干 2h，储存在干燥器中备用。

将试样用合适的方法装到射线粉末衍射仪试样窗中，保证试样有足够的厚度，有水平、光滑的表面。把试样窗放到样品架上，打开 X 射线源，在 2θ 为 14° ~ 34°的范围内以每分钟一度的速度进行扫描，或者以每步 0.2°的速度进行步进扫描得到衍射图样。计算衍射图纯衍射峰的线宽 β 和峰顶角度 θ。

按下式计算微晶尺寸 L_c 值，计算结果修约到小数点后一位：

$$L_c = \frac{K\lambda}{\beta \cdot \cos\theta}$$

式中 K——不定常数，但对于 L_c，其值为 0.89；

λ——X 射线的波长，Å，1Å = 0.1nm；

β——纯衍射峰的线宽，(°)；

θ——峰的顶点对应的角度，(°)。

42.3 铝用炭素制品的分析方法

42.3.1 铝用炭素材料灰分含量的测定方法

铝用炭素材料灰分含量的测定方法（YS/T 63.19—2006）：试样在（850 ± 10）℃下灼烧，以剩余残物（即灰分）的质量计算灰分的含量。

将瓷方舟置于（850±10）℃的马弗炉中，灼烧1h，取出，置于干燥器中，冷却30min，称量，精确至0.0001g；重复灼烧，称量至恒重（m_1）。

将试样置于已恒重的瓷方舟中，均匀铺开，称量，精确至0.0001g，再将其置于马弗炉中，对阴极糊试样，在马弗炉炉口边缘预热3min左右，然后移入马弗炉中央，温度控制在（850±10）℃，灼烧3h，取出置于干燥器中，冷却30min，称量，精确至0.0001g；重复灼烧至恒重（m_2）。

42.3.2　铝用炭素材料水分的测定方法

铝用炭素材料水分的测定方法（YS/T 63.18—2006）：试样在（110±5）℃下烘干2h，以失去的质量计算水分的含量。

称取10.000g试样，精确至0.001g（m_0）。平行地进行两次测定，取其平均值。

将称量瓶的盖部分打开，置于（110±5）℃的烘箱中，干燥1h，取出，置于干燥器中，冷却30min，称量，精确至0.001g；重复干燥，称量至恒重。

将试样置于已恒重的称量瓶中，均匀铺开，盖上瓶盖称量，精确至0.001g（m_1），将瓶盖部分打开，置于烘箱中，温度控制在（110±10）℃，干燥2h，取出置于干燥器中，冷却30min，盖严瓶盖称量，精确至0.001g；重复干燥，称量至恒重（m_2）。

42.3.3　铝用炭素材料硫分的测定方法

铝用炭素材料硫分的测定方法（YS/T 63.20—2006）：将试样与艾氏卡试剂混合，在一定的温度下灼烧，使试样中的硫被氧化成二氧化硫或三氧化硫，硫的氧化物再与碳酸钠及氧化镁作用生成硫酸盐，用水将硫酸盐浸出，调节pH值，加入氯化钡溶液使其生成硫酸钡沉淀，过滤，灼烧，根据硫酸钡沉淀的质量计算试样中的硫含量。

试样预先在烘箱中于（110±5）℃下至少烘干2h，取出冷却，储存在干燥器内备用。

称取1.0000g试样，精确至0.0001g。平行地进行两次测定，取其平均值，随同试样做空白试验。

将试样置于已加入2.0g艾氏卡试剂的50mL瓷坩埚中，搅匀，再用1.0g艾氏卡试剂覆盖。

将瓷坩埚放入冷的马弗炉中，在1～1.5h内将温度升至825℃，并在（825±10）℃保温2h；将瓷坩埚从马弗炉中取出，冷却至室温，用玻璃棒搅动灼烧物，若发现有未烧尽的黑色颗粒，应在（825±10）℃继续灼烧0.5h，将灼烧物移入400mL烧杯中，用热蒸馏水仔细冲洗瓷坩埚内壁，将冲洗液倒入烧杯中，再加入100～150mL热蒸馏水，用玻璃棒仔细捣碎灼烧物（此时若发现尚有未烧尽的试样颗粒，则本次试验作废，应当重新测定）；捣碎后，用倾泻法以定性滤纸过滤，并用热蒸馏水将灼烧物冲洗至滤纸上，继续以热蒸馏水仔细冲洗滤纸上的灼烧物，次数不少于10次。

向滤液中加2～3滴甲基红溶液，然后，滴加盐酸溶液直至滤液颜色变红，再多加1mL，烧杯盖上表面皿，煮沸，将溶液的体积控制在200mL左右；停止煮沸，取下表面皿，在玻璃棒的搅拌下，逐滴加入10mL氯化钡溶液，盖上表面皿，加热，继续煮沸5min，取下，陈化12h。

用定量滤纸过滤，并用蒸馏水洗涤沉淀至洗液中无氯离子为止，用硝酸银溶液检验。

将沉淀物和滤纸放入预先于（825 ±10）℃的马弗炉中灼烧至恒重的 30mL 瓷坩埚中，先在电炉上低温灰化滤纸（注意别燃烧着火），然后移入（825 ±10）℃的马弗炉中，灼烧 1h，取出，置于干燥器中，冷却 30min，称量，精确至 0.0001g；重复灼烧，称量至恒重。

42.3.4 铝用炭素材料表观密度的测定方法（尺寸法）

铝用炭素材料表观密度的测定方法（尺寸法）（YS/T 63.7—2006）：通过测量待测样品的几何体积和质量计算其表观密度。再通过表观密度和二甲苯中的密度计算全气孔率。

沿圆柱体试样的圆周每间隔 90°测量其高度，再分别在试样的两端、长度的 1/3 和 2/3 处测量其直径。

计算高度的 4 个测量值的算术平均值 $\overline{h}$，计算结果精确至小数点后两位数字。

按照直径的 4 个测量值分别计算截面积，然后计算截面积的算术平均值 $\overline{A}$，计算结果精确至小数点后两位数字。

按照几何公式 $\overline{V}=\overline{A}\cdot\overline{h}$ 计算待测试样的体积，体积不小于 1×10^5mm³ 时，精确至 100mm³，体积小于 1×10^5mm³ 时，精确至 10mm³。

在（110 ±5）℃下烘干试样 2h 以上直至质量恒定。或每间隔 5min 称量，其质量变化小于 0.1%。在干燥器中将试样冷却至室温，称量其质量（m）。

表观密度 ρ_a 按下式计算：

$$\rho_a = \frac{m}{V}$$

式中 m——干燥试样的质量，g；

V——计算的体积，mm³。

全气孔率 ε_T 按下式计算：

$$\varepsilon_T = \frac{\rho_d - \rho_a}{\rho_d} \times 100\%$$

式中 ρ_d——试样在二甲苯中的密度，g/mm³；

ρ_a——试样的表观密度，g/mm³。

42.3.5 炭素材料真密度测定方法（蒸馏水煮沸法）

炭素材料真密度测定方法（蒸馏水煮沸法）（YB/T 4091—1992）：试样置蒸馏水中煮沸排气后，用密度瓶测其 25℃的密度。

干燥后试样粒度不大于 20mm，质量不少于 0.5kg，全部破碎 4mm 以下。将试样缩分至 50 ~60g，经细碎全部通过 0.15mm 标准筛网。

称取试样 3g，精确至 0.0002g，置于清洁的密度瓶中，注入无气泡的蒸馏水至瓶 2/3 处，在砂浴煮沸 3min，此时不允许试样溅出，取下瓶后，注入无气泡蒸馏水于刻线处，同注入蒸馏水的滴瓶一同放入恒温水浴中，在（25 ±0.5）℃下保持 30min 以上，用滤纸卷或滴瓶调整蒸馏水液面至刻线处（如用毛细管密度瓶，应立即盖好瓶塞），取出后用洁净毛巾仔细擦干瓶外部，迅速称其质量。

42.3.6　铝用炭素材料二甲苯中密度的测定方法（比重瓶法）

铝用炭素材料二甲苯中密度的测定方法（比重瓶法）（YS/T 63.8—2006）：经真空脱气，在比重瓶中测定铝用炭素材料在二甲苯中的密度。

称取试样（5 ±0.1）g，精确至0.1mg（m_3），置于准备的清洁、干燥的比重瓶中。

注意：如果室温超过30℃，则停止以下测定。

将带有试样的比重瓶（不带塞子）放入脱气装置的容器中。在加二甲苯之前，抽真空使剩余压力为（1.3 ±0.3）kPa。逐滴向比重瓶中加入二甲苯，直至覆没试样至少20mm，则停止加入，继续抽真空，间断摇动比重瓶和支架，直至不再排出气泡，通常此过程需60min。缓慢使空气进入脱气装置，取出比重瓶，填充二甲苯直至稍低于基线。静置至少30min，完全注满二甲苯，插入瓶塞。擦干溢出的液体。

重复上述的操作，称量装有试样和二甲苯的比重瓶的质量，精确至0.1mg（m_4）。

42.3.7　铝用炭素材料真密度的测定方法（氦比重计法）

铝用炭素材料真密度的测定方法（氦比重计法）（YS/T 63.9—2006）：将试料置于氦比重计中，用氦气作介质，在测定室逐渐加压到一个规定值，然后氦气膨胀进入膨胀室内，两个过程的平衡压力由仪器自动记录，根据质量守恒定律，通过标准球校准测定室和膨胀室的体积后，再确定试料的体积，计算出真密度。

用分析天平称取一定量的试样，放入合适体积的样品池中，粉末样装样时必须夯实，拧紧样品池盖，按照气体比重计说明书，进行测定，一般重复测定三次，取三次测定的算术平均值。

42.3.8　铝用炭素材料开气孔率的测定方法（液体静力学法）

铝用炭素材料开气孔率的测定方法（液体静力学法）（YS/T 63.6—2006）：开气孔率是通过测量沸腾后进入样品的水的质量（或体积）与使用液体静力学天平测量的置换的水的质量（或体积），再计算二者的比率而得。

干燥后试样质量的测定：将试样放入干燥箱中于（110 ±5）℃下干燥2h，直至质量恒定或每间隔5min称量，若质量变化小于0.1%，则在干燥箱中冷却至室温，称量试样质量m_1。如果质量大于100g，精确至0.1g；如果质量等于或小于100g，则精确至0.01g。

浸水后试样质量（体积）的测量：将试样放入烧杯中，加水至淹没试样且水面高出试样顶部约50mm。用玻璃片盖住烧杯，快速在电热板上加热烧杯，将水煮沸1h，如果水量减少，可重新注水以补充蒸发的水。冷却至（20 ±2）℃。

将液体静力学天平放在水浴中，用线悬挂篮子在天平钩上，使篮子全部浸入水中，调整天平的零点，把试样放入篮子。使试样完全浸在水中，在天平上读取m_2。

从篮子中取出试样，用饱和的海绵吸干试样表面的水滴，快速称量m_3。

按下式计算开气孔率ε_W（浸水后），以质量分数表示：

$$\varepsilon_W = \frac{m_3 - m_1}{m_3 - m_2} \times 100\%$$

式中 m_1——干燥后试样的质量，g；

m_2——浸入水中后试样的质量，g；

m_3——煮沸并饱和后试样的质量，g。

42.3.9 铝用炭素材料耐压强度的测定方法

铝用炭素材料耐压强度的测定方法（YS/T 63.15—2006）：采用圆柱形试样，在试验机上施加压力，通过试样破坏时的载荷与试样的横截面积计算耐压强度。

沿试样的轴向用游标卡尺测量直径6次，取其算术平均值。

将试样放在试验机工作面中心处，试验机以每秒0.5N/mm^{2}的速度，连续、无冲击性地施加荷重，直至试样破坏为止，记录试样破坏时的载荷。

根据下式计算试样的耐压强度δ_c：

$$\delta_c = \frac{4F}{\pi d^2}$$

式中 δ_c——试样的耐压强度，MPa；

F——试样破坏时的载荷，N；

d——试样直径的平均值，mm。

42.3.10 铝用炭素材料抗折强度的测定方法（三点法）

铝用炭素材料抗折强度的测定方法（三点法）（YS/T 63.14—2006）：将试样放在两个支撑座上，并在中间施加压力直至断裂。抗折强度S_B通过断裂时的负荷、两支撑座间的距离以及试样横截面积计算出来，即折断时的弯曲力矩M_d和阻力矩M_R的商（折断时的弯曲力矩是由试样断裂时试验机的最大载荷示值计算出来的最大弯曲力矩，对于炭素材料来说，最大载荷和断裂时的载荷是相近的）。

平行测试两个试样。采用圆柱体试样。试样直径为(50 ± 5)mm，长度不少于130mm。试样加工后应当平整无缺陷。试样在整个长度方向上直径应该一致，并且两个端面平行。

如图42-1所示，将第一个试样放到试验机上，调节两个支撑点的距离l_s至（100 ± 0.1）mm。在20～30℃之间进行测试。选择或调节试验机的测量范围，以便使试样断裂时预期的载荷至少为量程的1/10。

把试样放在支撑座的中间并使试样沿长度方向的轴线与支撑座呈90°，保证压头施加的压力与试样沿长度方向的轴线呈90°，稳定均匀地施加压力，使压头以0.2MPa/s的加压速度直至试样断裂。记下断裂时的载荷F。

对另一个试样进行同样的测定。

按下式计算抗折强度S_B：

$$S_B = 8 \times \frac{Fl_s}{\pi d^3}$$

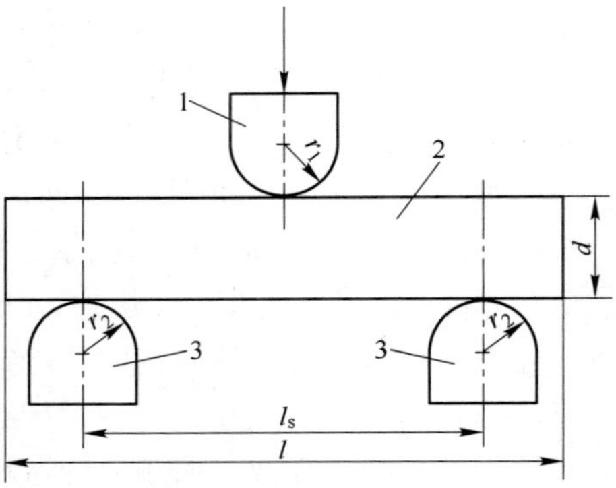

图42-1 三点试验装置

1—压头；2—试样；3—支撑座；

l—试样长度；d—试样直径；l_s—支点距离；

r_1—压头半径；r_2—支撑头半径

式中　S_B——抗折强度，MPa；

F——断裂时的载荷，N；

l_s——两支点间的距离，mm；

d——试样的直径，mm。

42. 3. 11　阴极炭块、预焙阳极室温下电阻率的检测方法

阴极炭块、预焙阳极室温下电阻率的检测方法（YS/T 63. 2—2006）：稳定的直流电流通过一定横截面积被固定的试样，测出两个探针之间的电压降，就可以计算出试样的电阻率。

在接近探针的部位用游标卡尺测量试样两个垂直方向的直径，求得试样的平均直径以及横截面面积 A。

测量两个探针之间的距离 L，其变化应在 ±0. 5% 以内。

在两个导电板之间放置试样，并施加 50N 的压力以确保获得最佳的电流分布。

调节直流电流使被测试样上的电流密度不大于 $1A/cm^2$（可采用 5A 的电流）。

放置探针到合适位置。按 90°旋转被测试样，在圆柱体的 4 个垂直半径点测量探针之间的电压值 U。确保测试时通过样品的电流时间很短，以防止任何可检出的电阻变化。

42. 3. 12　铝用炭素材料 CO_2 反应性测定方法（质量损失法）

铝用炭素材料 CO_2 反应性测定方法（质量损失法）（YS/T 63. 12—2006）：将圆柱体预焙阳极试样置于马弗炉中，通入 CO_2 气体，在 960℃的温度下反应 7h。通过称量试样反应前后的质量，用颠转仪颠转产生的灰尘的质量，以及未反应的试样残留的质量，用三个指标表征 CO_2 反应性：残极率 w_{RCR}、脱落度 w_{RCD} 和反应损失比 w_{RCL}。

制备两个试样，直径(50 ±1)mm，长度(60 ±1)mm，并在（110 ±5)℃下烘干 2h，然后冷却至室温。

称量每个试样的原始质量（m_0），精确至 0. 1g。

将马弗炉升温至（960 ±2)℃，保温 10min 使温度恒定，然后打开炉门放入试样，关上炉门。

向炉内通入 CO_2 气体，调节氧化铝管内的气体流速至 200L/h。在 960℃的恒定炉温下，以 200L/h 的流速通入 CO_2 气体，在炉内反应 7h，然后关闭电源，冷却 2h，关闭气体。

当炉温低于 550℃时，取出残留试样和产生的灰尘。待其冷却至室温时，称量其质量（m_1），精确至 0. 1g。

将残留试样分别放入颠转仪的两个圆筒中，每个圆筒中放入 50 个钢球，颠转 20min 以脱落残留试样上松散的颗粒，待颠转仪完全停止后，将圆筒中所有的物料移入孔径 4mm 的筛子中，取出钢球，然后称量残留试样的质量（m_2），精确至 0. 1g。

按以下 3 个公式分别计算 CO_2 反应性的参数，即残极率 w_{RCR}、脱落度 w_{RCD} 和反应损失比 w_{RCL}，以质量分数表示：

残极率

$$w_{RCR} = \frac{m_2}{m_0} \times 100\%$$

脱落度 $$w_{RCD}=\frac{m_1-m_2}{m_0}\times 100\%$$

反应损失比 $$w_{RCL}=\frac{m_0-m_1}{m_0}\times 100\%$$

式中 m_0——试样的原始质量，g；
m_1——反应后残留试样和灰尘的质量，g；
m_2——颠转后余残留试样的质量，g。

42.3.13 铝用炭素材料空气反应性的测定方法（质量损失法）

铝用炭素材料空气反应性的测定方法（质量损失法）（YS/T 63.11—2006）：先将圆柱状试样加热到550℃，然后以15℃/h的速度冷却到（400±1）℃。频繁转动试样，以便在炉外能够收集黏结剂选择燃烧产生的灰尘。将试样表面松散的颗粒用颠转仪脱落。测量反应残留和燃烧损失从而计算空气反应性。

制备两个试样，尺寸为ϕ(50±1)mm，长度(60±1)mm，在（110±5）℃下烘干2h，然后冷却至室温。用具有140°尖角、直径7mm的硬金属钻头在每个试样底部中心位置钻一个直径7mm、距试样顶部(30±0.5)mm的孔。

按照温度曲线设定温度控制器的程序，温度应不超过（550±1）℃，冷却速度是15℃/h。

分别称量两个试样的原始质量（m_0），精确至0.1g。

打开温度控制器，使马弗炉升温至550℃，将两个试样同时放入马弗炉中。30min后，通过空气预热器通入空气。设定空气压力为0.2MPa，调节阀门使流速为200L/h。约10h后，当温度降至（400±1）℃时，停止通入空气。当温度到达300℃时取出试样，收集底盘上的灰尘，然后让试样冷却至室温。

称量试样及产生的灰尘的质量（m_1），精确至0.1g。把反应后残留的试样分别置于颠转仪的两个圆桶中颠转20min。将圆桶中的试样及钢球放于孔径4mm的筛上，取出钢球，分别称量两个残留试样的质量（m_2），精确至0.1g。

按以下3个公式分别计算空气反应性的参数残极率w_{RAR}、脱落度w_{RAD}和反应损失比w_{RAL}：

$$w_{RAR}=\frac{m_2}{m_0}\times 100\%$$

$$w_{RAD}=\frac{m_1-m_2}{m_0}\times 100\%$$

$$w_{RAL}=\frac{m_0-m_1}{m_0}\times 100\%$$

式中 w_{RAR}——残极率，即试样残留质量的质量分数,%；
w_{RAD}——脱落度，即灰尘质量的质量分数,%；
w_{RAL}——反应损失比，即反应损失的质量分数,%；
m_0——试样的原始质量，g；

m_1——反应后试样残留和灰尘的总质量，g；

m_2——颠转后试样残留的质量，g。

42.3.14 铝用炭素材料热导率的测定方法（比较法）

铝用炭素材料热导率的测定方法（比较法）（YS/T 63.3—2006）：热导率 λ 是材料的一种特性，它通过测定在一个给定的温度区间内（Δt）通过高度为 h 和横截面积为 A 的物体的热流量（$\mathrm{d}Q/\mathrm{d}t$）来计算，如下式：

$$\lambda = \frac{\mathrm{d}Q}{\mathrm{d}T} \cdot \frac{1}{\Delta t} \cdot \frac{H}{A}$$

式中 $\frac{\mathrm{d}Q}{\mathrm{d}T}$——热流量，W；

Δt——温度差（通过与标准样品的比较而获得），K；

H——通过物体的高度，m；

A——物体的横截面积，m^2。

对圆柱状样品而言：

$$A = \pi \cdot d^2/4$$

式中 d——试样的直径，m。

比较法测定铝用炭素材料 20～60℃间的热导率，测定范围：2～100W/(K·m)，也适用于测定石墨电极等其他炭素材料的热导率。

试样应当干燥至恒重。试样的直径为 20～50mm，高度为 5～50mm，端面平整度不高于 0.05mm。试样的几何尺寸影响本方法的准确性，对于热导率较高的材料，选择稍厚或较小尺寸的试样能得到较准确的测定结果。高度为 20mm 的试样，直径可选择为 50mm。

测量试样的高度（h）和直径（d）。

校准曲线：固定设备的底部和顶部，加热至操作温度。当顶部和底部的温度稳定在 ±0.1℃之内时，选择一个或几个与试样具有相同横截面的校准样品，在试样两端涂少量黏结剂，将其置于中心，松开加热设备的底部和顶部，则试样在适当的压力下被固定在顶部和底部中间。当热电偶的读数恒定时记录此时的温差电压。校准曲线（温差电压 U 与 $\frac{\lambda A}{h}$的函数）可以通过测量已知热导率和尺寸不同的标准样品的结果来绘出。对任何试样，可由温差电压 U 计算出$\frac{\mathrm{d}Q}{\mathrm{d}T} \cdot \frac{1}{\Delta t}$的值。

注：如果使用了绝缘缸来测定检测样品，则绘制校准曲线时也应使用该绝缘缸。

将与校准样品具有相同横截面的试样放入设备中，按照测定程序来进行测定，记录测试数据。

依据上述公式计算热导率 λ，其中的$\frac{\mathrm{d}Q}{\mathrm{d}T}$和 Δt 可由校准曲线求得，最终测定结果为两次测定结果的算术平均值 $\overline{\lambda}$，修约至小数点后两位。

42.3.15 铝用炭素材料空气渗透率的测定方法

铝用炭素材料空气渗透率的测定方法（YS/T 63.10—2006）：已知体积的试样，其空气渗透性可通过测定在室温下一定量的空气透过试样时所受到的阻力来确定。该阻力可由U形管压力计来测定，该U形管压力计也可指示出此气流的体积。

采用圆柱体样品，直径为(50±0.4)mm，试样高度至少取40mm，两个端面的平行度达到±0.05mm。

在圆柱体样品的中间部分取高度20mm的试样，除去试样上的附着物，在（110±5)℃下烘干2h。

沿圆柱体试样的圆周每间隔90°测量其高度，计算高度的4个测量值的算术平均值$\bar{h}$，计算结果精确至0.01mm。

分别在试样的上下两端各一次、轴线的中间点两次测量直径。按照直径的4个测量值分别计算面积，然后计算面积的算术平均值$\bar{A}$，计算结果精确至0.01mm。

校准和标准化：检查所有连接，确保密封。使用空气渗透率标准样品，按照测量试样的方法测定其面积$\bar{A}_1$和高度$\bar{h}_1$，将标准样品放置在空气渗透率池内，通入压缩空气使橡胶管膨胀以确保密封。将系统抽真空，当读数稳定后按照标准样品给的值将读数校正为标准数值，也可记录U形管压力计中液体从一个压力刻线到第二压力刻线的时间t_1。再把标准样品作为未知样品分析，如果测定的值在允许范围内，可以接着进行试样的测试。如果测定的值超出允许范围，则重新校准仪器。

测定：用一个不渗透的样品运行检查仪器是否漏气。将试样放入仪器中，放置滤清器，通入压缩空气使橡胶管膨胀。将系统抽真空，至设定的压力刻线，通过传感器来控制。记录U形管压力计中液体从一个压力刻线到第二压力刻线的时间t，也是通过传感器来控制。

空气渗透率计算公式：

$$D = \frac{\eta \cdot \bar{h} \cdot V}{\bar{A} \cdot t \cdot \Delta p}$$

式中 D——空气渗透率，$10^{-9}m^2$，一般表示为nPm；

η——气体黏度，kg/(m·s)；

$\bar{h}$——试样平均高度，m；

$\bar{A}$——试样平均截面积，m^2；

V——空气体积，m^3；

t——时间段，s；

Δp——压力差，N/m^2。

42.3.16 铝用炭素材料线膨胀系数的测定方法

铝用炭素材料线膨胀系数的测定方法（YS/T 63.4—2006）：将所取样品加工成圆柱体。试样尺寸为ϕ50mm×50mm。

试样的各表面都应进行加工，以保证导杆和试样的平行度偏差不超过0.2mm。

在试样侧面的中央钻一个至少1mm深的孔，与热电偶的接点连接。

必要时，试样可预先在1000℃无氧化性气氛中退火以除去残余应力。

校准：用校准样品校准膨胀计。

将试样放进膨胀计，保证试样的末端和导杆紧密接触。同时将热电偶的接点放入试样侧面的孔。测量起始温度 t_1 时试样的原始长度 l_1。如果导杆端面和试样端面没有完全吻合，用连接片使之吻合。

测定开始前，通过调节设备，或记录表，或光敏纸的零点，使系统清零。当使用双膨胀计时，两个膨胀计进行正交记录，要分别确定每个膨胀计的记录轴。

把试样架放到炉子（已经预先预热）中，当试样达到终点温度 t_2 时，测量并记录试样的长度 l_2。

如果终点温度 t_2 超过300℃时，应通入保护气体或进行真空保护，防止试样被氧化。

按照下式计算平均线膨胀系数 $\alpha(t_1,t_2)$：

$$\alpha(t_1,t_2) = \frac{1}{l_1}\cdot\frac{l_2 - l_1}{t_2 - t_1} + \alpha_K = \frac{1}{l_1}\cdot\frac{\Delta l}{\Delta t} + \alpha_K$$

式中　t_1——起始温度,℃；

t_2——终点温度,℃；

l_1——试样起始温度 t_1 时的长度，mm；

l_2——试样终点温度 t_2 时的长度，mm；

α_K——试样架和推杆在测试温度范围内的平均线膨胀系数，K^{-1}。

42.3.17　铝用炭素材料杨氏模量的测定方法（静测法）

铝用炭素材料杨氏模量的测定方法（静测法）（YS/T 63.13—2006）：杨氏模量（即杨氏弹性模量，Young's modulus）是材料在外力作用下，在弹性变形区域内应力与压缩或伸长形变之间关系的量度，其数值为试样横截面所受正应力（σ）与所产生的应变（ε）之间的比值，以 E 表示。可以用于表征材料抵抗纵向弹性变形能力。炭素材料负荷后在弹性变形阶段服从虎克定律，即炭素材料在弹性变化限度内，应力与应变的关系为直线，所受的应力与它所产生的应变会成正比。根据这一定律，采用平稳缓慢地增加载荷，施加压力于试样一段时间后，测得直线阶段（应力-变形弹性区域内）试样所受的负荷及相应长度的变化量，通过下式计算出杨氏模量。

$$E = \frac{\sigma}{\varepsilon}$$

式中　E——材料的杨氏模量，GPa；

σ——材料在外力作用下单位面积上所受的作用力，GPa；

ε——材料因受外力作用而产生的相对伸长量（即形变）,%。

钻取圆柱体试样，尺寸为直径(50 ±2)mm，长度(50 ±0.1)mm，试样长度方向上直径一致，两端面平行。

将试样在（120 ±5)℃下烘干12h，然后冷却至室温。

在试样两端和长度的1/3和2/3处分别测量其直径，按照直径的4个测量值分别计算面积，然后计算面积的算术平均值 $\overline{A}$，计算结果精确至小数点后两位数字。

沿圆柱体试样的圆周每间隔90°测量其长度，计算长度4个测量值的算术平均值 $\overline{L}_0$，计算结果精确至小数点后两位数字。

将试样放在受压中心的位置上，稳定均匀地施加压力，加压速度为1/3mm/s。

首先进行预压，第一次增加压力至10000N，去除切割时造成的毛刺（会影响弹性系数的测试结果），然后卸载。

接着第二次增加压力至30000N，当压力在10000～30000N之间时，进行测量，然后卸载。在此期间，对应每一个压力P，试样都有相对于原始长度$\overline{L}_0$的一个变形量ΔL，压力P与变形量ΔL之间呈直线关系，如图42-2所示。在压力为10000～30000N之间时，任取一个测量点t，测量该点试样所受的压力P_t和变形量ΔL_t（即试样的原始长度$\overline{L}_0$和压缩后的长度L_t之差）。

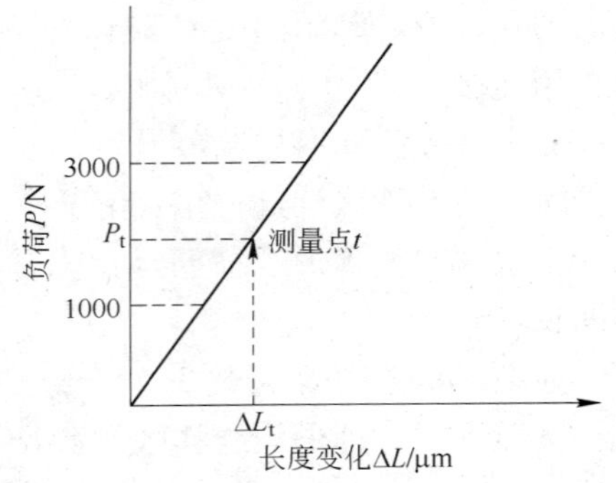

图42-2 压力P与长度变化量ΔL的关系曲线

根据第二次加压测得的压力P_t与试样的变形量ΔL_t按下式计算杨氏模量E：

$$E = \frac{\sigma}{\varepsilon} = \frac{\dfrac{P_t}{\overline{A}}}{\dfrac{\Delta L_t}{\overline{L}_0}} = \frac{P_t \cdot \overline{L}_0}{\overline{A} \cdot \Delta L_t}$$

式中 E——材料的杨氏模量，GPa；

P_t——测试开始后，测量点t的压力，kN；

$\overline{L}_0$——测试前试样的初始长度，mm；

$\overline{A}$——试样的截面积，mm^2；

ΔL_t——测试开始后，相应于P_t时的试样初始长度与测量点t的试样长度的差值，mm。

42.3.18 铝用炭素材料微量元素的测定方法（X射线荧光光谱分析方法）

铝用炭素材料微量元素的测定方法（X射线荧光光谱分析方法）（YS/T 63.16—2006）：X射线荧光光谱法是通过化学元素二次激发所发射的X射线谱线的波长和强度测量来进行定性和定量分析。由光管发生的初级X射线束照射在试样上，试样内各化学元素被激发出各自的二次特征辐射，这种二次射线通过准直器到达分光晶体。只有满足衍射条件的某个特定波长的辐射在出射晶体时得到加强，而其他波长的辐射被削弱。

随晶体的旋转，θ角发生变化，二次射线发生衍射，色散成光谱。当晶体转过θ角时，探测器旋转臂则转过2θ。探测器每吸收一个X射线光子就形成一个与光子能量成正比的电流脉冲。经过放大的脉冲，无论其是否经过脉冲高度选择，都可由计数器记数，并以单位时间内所测的光子数来评定X射线的强度。在定量分析时，首先测量系列标准样品的分析线强度，绘制标准样品的分析线测量强度对浓度的校准曲线，并进行必要的基体效应的数学校正，然后根据分析试样中元素谱线的强度求出元素含量。

42.3.19 铝用炭素材料有压下钠膨胀率的测定电解膨胀率的测定方法

铝用炭素材料有压下钠膨胀率的测定电解膨胀率的测定方法（YS/T 63.5—2006）：

将底部炭块试样浸入石墨坩埚内初始摩尔比为4.0的冰晶石熔盐电解质中。将坩埚置于一个与液压活塞相连的坩埚底座上，并用一个石墨圆柱体作为试样的延续，顶着炉子顶部止动杆。通过液压活塞给试样施加一个恒定的5MPa的压力，再把整个系统在管状炉里加热到（980±5)℃，然后以石墨坩埚为阳极，以试样作为阴极，以0.7A/cm^2的电流密度电解2h。通过用固定在炉体上的探针测定坩埚底座的位置变化，计算试样的钠膨胀率。

由于底部炭块具有各向异性，因此由钠渗透引起的线性膨胀与取样的方向有关，要注意取样方向。试样的尺寸为：直径(30.0±0.1)mm，长度(60.0±1)mm。

将坩埚和试样与坩埚底座装配好，以便能用液压活塞加压使它们顶到止动杆上，并能使阴极电流到达试样的顶部。固定止动杆，将其作为测量钠膨胀率的一个固定参考点。将刚玉圆片置于坩埚的底部。

在室温下测量试样的长度l_0，精确至0.1mm。然后将试样置于刚玉圆片上，并使其刚好在坩埚的中央。再将石墨圆柱体置于试样的顶部。

将电解质（摩尔比为4.0，质量为765g，组成为：71.5%的Na_3AlF_6，14.5%的NaF，5.0%的CaF_2，9.0%的Al_2O_3）置于坩埚内。然后在坩埚顶部将盖子和绝缘环与石墨圆柱体装配好。

用液压活塞把坩埚缓缓升起，直到石墨圆柱体刚好接触止动杆，调节压力至5MPa，保持压力恒定。将热电偶温度探头置于靠近坩埚内熔盐中间高度的位置。将膨胀计置于炉子外坩埚底座底板的下面。

在有氩气流的情况下将炉子加热到（980±5)℃，测量试样和仪器的长度变化，直至试样和装置保持长度恒定。测量坩埚底座的位置并将其作为将要进行测量的长度改变量$\Delta l_{测量}(t)$的零点。

将电源连接到坩埚底座和止动杆上。以39.6A的恒定电流电解2h。每隔1min记录长度的改变量$\Delta l_{测量}(t)$。然后停止电解，卸去压力，让坩埚在炉子内冷却至室温，取出。

按下式计算t时刻的钠膨胀率：

$$\Delta L(t) = \frac{\Delta L_{max}}{l_0} \times 100\%$$

式中 $\Delta L(t)$——t时刻的钠膨胀率,%；

ΔL_{max}——t时刻试样的长度改变量的最大值，mm；

l_0——试样的原始长度，mm。

42.3.20 阴极糊试样焙烧方法、焙烧失重的测定及生坯试样表观密度的测定方法

阴极糊试样焙烧方法、焙烧失重的测定及生坯试样表观密度的测定方法（YS/T 63.1—2006)：在一个圆柱形模具内，将阴极糊用捣固设备在特定的压力下以规定的冲击次数捣紧，制成生坯试样。再通过测定捣固试样的质量和尺寸计算生坯试样的体积密度。

将阴极糊生坯试样在马弗炉或箱式电阻炉里进行焙烧，按照特定的升温速率升至1000℃，在此温度下保温2h，通过测定焙烧前和焙烧后的质量，得出试样在焙烧过程中的

质量损失。

通常情况下制备一个阴极糊试样需要 150 ~ 200g 糊料，根据所要测定的性能确定所要制备的试样数量。

42.3.20.1　生坯试样的制备

确保捣固圆筒、捣座和捣锤保持洁净。

称取适量的糊料，精确至 0.1g，置于合适的料箱内，封盖。将此料箱与捣固圆筒、捣座以及绝热层一起放在一个合适的加热（或冷却）柜里加热（或冷却）至适宜的温度（需要供需双方协商确定），并保温 2 ~ 3h。

把糊料转移到捣固圆筒内，用绝热层（如 1cm 厚的聚苯乙烯）或恒温加热/冷却调节装置对捣固圆筒进行绝热保护，把捣锤放入捣固圆筒内并使其活塞降低至刚刚接触糊料，以大约每秒一次的速率锤击 100 次糊料，使其被捣紧。

当捣锤末端接触试样时从捣固设备的刻度上读取试样的高度 h，h 的数值应当在 45 ~ 55mm 的范围内。如果不在 45 ~ 55mm 的范围内，则该结果无效。根据 h 值的大小调整称取的糊料量，重复上述步骤，直至试样高度 h 的数值在 45 ~ 55mm 的范围内。

取出试样。测定阴极糊生坯试样的质量 m_0，精确至 0.1g。每次试验后清洁试验设备。

42.3.20.2　生坯试样的焙烧

把试样装进焙烧容器内，确保试样周围各边至少有 10mm 的填充料。盖上焙烧容器的盖，置入马弗炉或箱式电阻炉内。将温度测量装置放入容器中间并靠近试样，按下列加热制度进行加热：室温至 500℃ 时采用初始加热速率（35 ± 5）℃/h；500 ~ 1000℃ 时采用后期加热速率(100 ± 10)℃/h；让炉子在最终温度下（1000 ± 10）℃ 保持 2h，使所有的样都达到设定的最终温度。冷却至室温。取出焙烧容器，清除试样表面的填充料。测定焙烧后的试样质量 m_1，精确至 0.1g。

根据下式计算阴极糊生坯试样的表观密度 ρ：

$$\rho = \frac{m_0}{\pi r^2 h}$$

式中　ρ——表观密度，g/mm³；
　　m_0——阴极糊生坯试样焙烧前的质量，g；
　　r——圆筒的内径，mm；
　　h——从捣固设备的刻度上读取样品的高度，mm。

42.3.20.3　焙烧过程中质量损失的计算

按照下式计算阴极糊试样焙烧过程中相应的质量损失，即焙烧失重：

$$\omega = \frac{m_0 - m_1}{m_0} \times 100\%$$

式中　ω——焙烧失重,%，应当修约至 0.1%；
　　m_0——阴极糊生坯试样焙烧前的质量，g；

m_1——焙烧后的阴极糊试样的质量，g。

42.3.21　铝用炭素材料挥发分的测定方法

铝用炭素材料挥发分的测定方法（YS/T 63.17—2006）：试样在（900±10）℃下灼烧15min，以失去的质量计算挥发分的含量。

取样后先破碎至4mm以下，充分混合，用四分法缩分至约60g，再全部破碎至通过0.5mm标准筛网。制备好的试样保存在磨口瓶中备用。

称取试样3.0000g，精确至0.0001g。

将瓷坩埚及盖置于（900±10）℃的马弗炉中，灼烧1h，取出，置于干燥器中，冷却30min，称量，精确至0.0001g；重复灼烧，称量至恒重。

将试样置于已恒重的瓷坩埚中，均匀铺开，盖上盖，称量，精确至0.0001g，将瓷坩埚放在坩埚架上，一起放入（900±10）℃的马弗炉中，灼烧15min，取出，将瓷坩埚置于干燥器中，冷却30min，称量，精确至0.0001g。

注：将瓷坩埚和坩埚架放入马弗炉后，要求马弗炉的温度在3min内回到（900±10）℃，否则试验结果作废。

42.4　铝用炭素材料检测技术的进步

中国已经拥有一套包括原材料、产品质量标准和检测方法在内的铝用炭素材料标准体系，这套体系为中国铝用炭素材料质量的提高和整个行业的稳定发展起到了很好的指导作用。但是，国内标准的系统性、实用性、技术先进性与国际标准还存在一定差距，这些直接影响了产品质量整体水平的提高，增加了原铝生产成本，限制了铝用炭阳极的出口创汇。

国际标准非常重视炭素原材料、产品的质量控制，突出表现在对生石油焦微量元素的分析控制，煅后焦空气反应性、二氧化碳反应性，炭阳极空气反应性、二氧化碳反应性等指标的分析检测。

42.4.1　微量元素分析

生石油焦中除碳以外的元素统称为微量元素，某些杂质元素在阳极氧化过程起催化作用或抑制作用，可以加快或减缓其空气反应和二氧化碳反应速率；另外一些杂质元素随着炭阳极的不断消耗而进入电解质熔体，其中比铝正电性的杂质元素在阴极优先还原析出，降低电流效率和原铝质量，并间接地导致炭耗的增加。这些杂质元素通过不同的方式，直接影响炭阳极的质量，进而影响到铝电解过程。分析微量元素，判定生石油焦的优劣，对于铝用炭阳极的生产至关重要。中国的大型炭阳极生产厂已经普遍采用国际上通用的X射线荧光光谱分析（见图42-3）方法，该种方法同样应用在煤沥青和炭阳极成品的质量控制上。

42.4.2　煅后焦空气反应性和二氧化碳反应性

煅后焦空气反应性、二氧化碳反应性是石油焦在氧化性气氛中的活性，活性的大小表明阳极反应的强弱，即产生多余的阳极消耗，活性的大小和生焦的微量元素以及煅烧工艺

图 42-3　X 射线荧光光谱分析仪

条件密度相关。国外对煅后焦活性的分析方法是 ISO 12982 和 ISO 12981，使用的设备为瑞士炭素研究所的 RDC141、RDC142（见图 42-4 和图 42-5）。

图 42-4　煅后焦二氧化碳反应性测定仪

图 42-5　煅后焦空气反应性测定仪

42.4.3　炭阳极二氧化碳反应性和炭阳极空气反应性

理论上讲生产 1t 铝需要消耗 334kg 炭阳极，实际生产中净耗在 400kg 左右。炭阳极过量消耗是由多方面引起的。主要影响因素是炭阳极的氧化性能，即炭阳极二氧化碳反应性和空气反应性。

电解生产中，阳极界面上由于电化学反应产生二氧化碳；高温下 CO_2 与 C 会发生逆向反应生成 CO，使阳极产生过量的消耗。这一反应过程有可能发生于界面表面，也有可能发生于结壳的下面。释放出的二氧化碳聚焦在阳极周围从电解槽中逸出，消耗阳极炭块但没有任何金属的产生。反应还造成电解槽底部液体的流动，由于压力的关系还将使产生的气体进入阳极块内部，使得阳极块消耗更大。由于黏合剂的选择性氧化，还会导致内部气孔中的微粉脱落及较大炭粒的脱落。用 3 个指标表征炭阳极二氧化碳反应性：残极率、脱落度和反应损失比。

炭阳极空气反应性是暴露于空气中的炭阳极与空气的反应。在电解槽中炭阳极的表面温度通常在550~650℃之间，炭与氧气在700℃以下优先生成CO_2，此反应是放热反应，是引起阳极空气氧化的主要原因。如果气体浸透进阳极内部，这种氧化将会变得更加严重，沥青焦的选择性氧化会导致炭粒的脱落。暴露于空气中的阳极在使用中即使是低于其点火温度，其表层也会产生不同程度的氧化。阳极覆盖不好或表层温度过高时，空气氧化就变得更为严重。

国外对炭阳极活性的分析方法是ISO 12988和ISO 12989，使用的设备为瑞士炭素研究所的RDC146、RDC151（见图42-6和图42-7）。

图42-6　炭阳极二氧化碳反应性测定仪

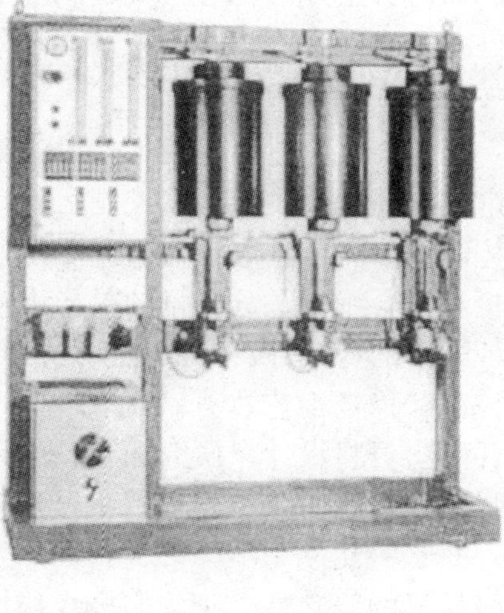

图42-7　炭阳极空气反应性测定仪

43 铝用炭素材料生产技术的发展方向

＊＊

43.1 铝用炭阳极生产技术的发展方向

43.1.1 铝用炭阳极技术现状和主要研究方向

铝用炭素工业正朝着生产设备高效化、生产工艺节能化、环保状况优良化、产品质量稳定化方向发展。从工艺控制上看，国外先进企业非常重视生产工艺条件的细化操作和稳定控制。如：各种煅后焦进厂后与残极、焙烧后分别破碎成标准粒度后，分别堆放，按照微量元素含量、灰分含量的差异进行混配；配料时严格控制配料粒度曲线和粉子组成，以保证配方的稳定性；利用现代计算机模拟技术研究各种工艺模型，如沥青用量的公式等，以控制和稳定工艺过程；优化焙烧炉的结构设计、烟道设计，开发了焙烧炉燃烧控制技术，耐火材料设计，研究沥青各组分对炭阳极质量的影响。使炉内温差降低到50℃以下。加强对沥青的研究，研究表明，预焙阳极用的沥青应该是喹啉不溶物中也不含中间相的沥青。非常关注使用不同种类石油焦生产质量稳定的炭阳极，用各项指标的标准偏差来评价阳极质量的稳定性。某厂阳极炭块性能指标标准偏差见表43-1。

表 43-1　炭阳极炭块性能指标标准偏差

特　性	世界多厂取样平均值	某厂标准偏差	特　性	世界多厂取样平均值	某厂标准偏差
焙烧品的体积密度/kg · dm^{-3}	1.57	0.01	断裂能量/J · m^{-1}	300	50
电阻率/μΩ · m	53	2	热导率/W · (m · K)$^{-1}$	3.8	0.2
抗弯强度/MPa	13	1	二甲苯密度/kg · dm^{-3}	2.06	0.01
抗压强度/MPa	46	4	透气率/nPm	1.3	0.32
弹性模量/GPa	4	0.5	CO_2 反应残余率/%	90	21
线膨胀系数(20~300℃)/K^{-1}	4.1×10^{-5}	0.2×10^{-5}	空气反应残余率/%	82	4

非常注重炭素设备研制开发和应用，炭素企业普遍采用现代化的连续生产设备，这些设备效率高、产能大。如Eirich联合开发的强混合机联（IMC）技术及设备，使物料受热和混捏均匀，防止颗粒破碎，使糊料的产能达到50t/h，该技术同时采用的炭粉吸附方案

较好地解决了混捏过程产生的沥青烟。

粉尘和沥青烟是炭素生产过程产生的主要污染物。设备良好的密封、完善的吸尘设计使粉尘的产生大大降低。先进的自动控制系统可使90%以上的沥青烟在焙烧炉中燃烧。焙烧烟气的除尘一般采用干法或惰性阳极的静电收尘，设备运行可靠，污染物可以达标排放。重视作业环境的改善，保护员工的安全健康。

43.1.2 炭阳极生产技术目前存在的主要问题

43.1.2.1 资源及可持续发展问题

原料质量的劣化、供应不稳定、价格的持续上涨已成为制约国内外铝用炭素工业可持续发展的关键问题之一。酸性原油的增加和炼油技术的提高，造成石油焦质量的劣化。更值得注意的是，石油焦质量的提高并未引起炼油厂的重视。中国石油焦资源呈现如下变化趋势：总产量增加能力，但优质焦比例减少，价格上扬明显；杂质、有害元素和硫分含量升高；粉焦量比例提高，微观结构变差；优质焦出口增长，进口的石油焦多为劣质焦。煤沥青受钢铁市场、焦化产品市场和季节性影响，供应不稳定，价格波动很大，目前，煤沥青货源紧张，价格昂贵，质量无保证。这些情况不利于稳定和提高铝用炭素产品的质量，并造成成本的持续上涨。

43.1.2.2 能耗和成本问题

炭素材料经过两次或三次（石墨化阴极）高温热处理，能耗较高。就焙烧而言，先进的焙烧炉，吨炭能耗降低到2.1GJ。国内旧型的焙烧炉，焙烧曲线长，吨炭能耗高达3～4GJ；新型焙烧炉使用燃烧自动控制技术，吨炭能耗可在3GJ以下。罐式炉煅烧可以不用外加燃料，烟气余热可以得到利用；但用回转窑煅烧，需补充少量燃料。焙烧炉和煅烧炉要求用清洁的液体或气体燃料，随着燃料价格的持续上涨，造成了生产成本的攀升。炭阳极生产能耗高和烟气余热利用技术是铝用炭素工业应关注的两大主要问题。

43.1.2.3 环境与安全

炭素材料生产过程中产生的粉尘、多环芳烃（PAHs）、二氧化硫、氟化物等是主要的污染物；电解过程产生的SO_2也几乎全部来自炭阳极。国内炭素厂对破碎筛分过程中产生的粉尘收集效果不好，岗位作业环境差。对沥青熔化、混捏成形、焙烧过程中产生的PAHs及其中毒性较强的苯并芘，采用较多的干式静电收尘受温度、排气量等波动的影响，难以真正达标，对HF的治理效果不明显；采用氧化铝-炭粉干法吸附的办法治理影响氧化铝在电解槽上的使用；多级湿法静电收尘流程复杂，设备腐蚀严重，二次污染。这些状况不仅影响企业对自然和社区的环境绩效，也影响员工的健康和安全。炭素厂和电解厂多采用多级净化，如多级湿法静电收尘或静电收尘-海水净化。我国应加强研究炭阳极生产过程中烟气、粉尘的治理技术。

43.1.2.4 铝电解技术进步对炭阳极质量的要求

电解铝企业是铝用炭素产品的唯一用户，炭素产品的品种、质量、性能及稳定性电解铝生产密切相关。

原料质量、工艺等波动造成了阳极质量的不稳定，直接反映在铝电解阳极净耗指标上：国外阳极电流密度达到 0. 85 ~0. 95A/cm²，阳极吨铝净耗为 410 ~420kg；国内阳极电流密度 0. 73 ~0. 82A/cm² 情况，阳极吨铝净耗一般为 410 ~430kg。

随着铝电解技术朝着大型化、高效化、低排放方向发展，对炭阳极的质量及生产制造技术要求更高。要研究开发大规格均质炭阳极生产技术，研发、生产能承受较高电流密度的炭阳极。

43. 1. 3 炭阳极生产技术发展方向

43. 1. 3. 1 原料方面技术

对国产石油焦和煤沥青的质量状况进行全面深入的研究，掌握原料的特性及资源分布，研究在石油焦质量变化的情况下生产优质炭阳极技术、研究煤沥青对炭材料质量的影响、研究替代的炭质原料来源和黏结剂等。

43. 1. 3. 2 炭阳极生产工艺技术

研究在变化的原料质量和变化的工艺条件下，阳极炭块生产工艺的各个环节中质量稳定化的生产技术。采用计算机仿真技术对炭素生产热工窑炉和热工过程进行研究，以进一步揭示其规律，提出更好的改进措施。同时，为满足新型结构电解槽和超大型电解槽开发，必须开发配套的阳极产品（新的形状和规格）和生产技术。开展开槽阳极的生产技术研究，进行新型连续阳极电解槽的探索研究。

43. 1. 3. 3 节能和环保关键技术

在对热工窑炉仿真和测试的基础上，寻找节能的关键措施。对敞开式焙烧炉，可能的改进在于炉体的密封、填充料、耐火砖、缩短焙烧曲线等方法。低温烟气的余热利用也是值得研究的节能课题。开发破碎成形过程中粉尘和沥青烟气的高效收集和治理工艺，以及固体废物的循环利用技术。

43. 2 铝用炭素阴极生产技术的发展方向

43. 2. 1 技术现状和主要研究方向

石墨含量在 30% ~100% 的高石墨质阴极炭块和石墨化炭块是现代铝电解技术的主要阴极材料，用于大型电解槽，并针对不同的槽型使用不同的阴极制品。原法铝用的各种阴极炭块主要物理性能见表 43-2。

原法铝从 20 世纪 90 年代开始试用石墨化阴极炭块，先后在多种槽型（100 ~300kA）的 200 多台电解槽使用，取得明显的效果。280kA 电解槽使用石墨化阴极后，电流效率提高 2. 1%，阴极电阻下降 0. 25μΩ；300kA 电解槽使用石墨化阴极后，电流效率提高 2. 6%，阴极电阻下降 0. 25μΩ。据在 AP18 电解槽的使用经验，使用石墨化阴极有利于炉帮的维护。石墨化和半石墨质阴极电阻变化如图 43-1 所示。

表 43-2 原法铝用的各种阴极炭块的主要物理性能

性 能	无烟煤（电煅）半石墨质	石墨质	石墨化
体积密度/kg · dm^{-3}	1.53 ~ 1.57	1.60 ~ 1.63	1.58 ~ 1.68
气孔率/%	15 ~ 20	18 ~ 20	20 ~ 29
抗弯强度/MPa	6 ~ 12	7 ~ 12	6 ~ 12
电阻率/μΩ · m	25 ~ 50	16 ~ 20	10 ~ 13
热导率(30℃)/W · (m · K)$^{-1}$	7 ~ 18	25 ~ 35	110 ~ 130
线膨胀系数(20 ~ 520℃)/℃$^{-1}$	(2 ~ 3) × 10^{-6}	(2.8 ~ 3.3) × 10^{-6}	(2.5 ~ 4.5) × 10^{-6}
钠膨胀率/%	0.3 ~ 1	0.1 ~ 0.3	小于 0.05

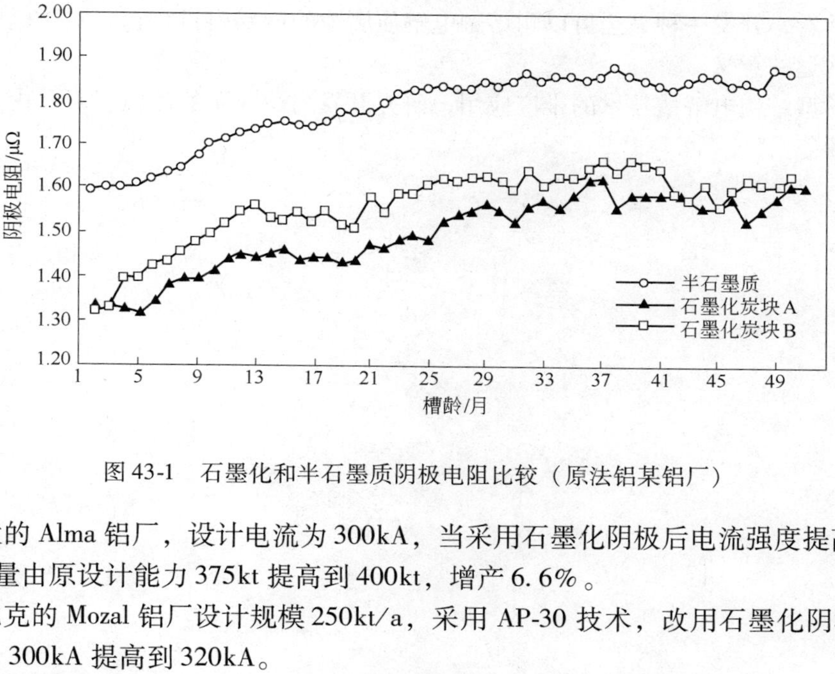

图 43-1 石墨化和半石墨质阴极电阻比较（原法铝某铝厂）

加拿大的 Alma 铝厂，设计电流为 300kA，当采用石墨化阴极后电流强度提高到 320 ~ 350kA，产量由原设计能力 375kt 提高到 400kt，增产 6.6%。

莫桑比克的 Mozal 铝厂设计规模 250kt/a，采用 AP-30 技术，改用石墨化阴极炭块后，电流强度由 300kA 提高到 320kA。

澳大利亚的托马戈铝业公司使用石墨化阴极替代半石墨质阴极，配合其他措施，成功地将 180kA 的电解槽强化电流到 220kA。

石墨化阴极炭块在西方各大铝厂广泛被采用，因为它良好的导电、导热性能更适合于高阳极电流密度的生产技术。

43.2.2 中国阴极生产技术目前存在的主要问题和发展方向

我国的阴极炭块目前以含石墨 30% 左右的半石墨质炭块为主导，电解槽炉底压降一般为 300mV，大型槽的寿命在 2000 ~ 2400 天左右。采用传统的冷捣糊和热捣糊。与国外使用石墨化阴极炭块、室温糊和树脂糊相比，中国急需提升阴极产品的档次，以提高铝电解生产的技术经济指标，提高电解槽的寿命。

我国高石墨含量阴极炭块、石墨化阴极炭块、可湿润阴极炭块在电解槽上的应用技术的研究还不够深入，其应用过程中电解槽的设计、施工、生产技术条件的管理，还需要进一步研究；对这些材料使用后的电解槽寿命，还有待长期考察。

阴极技术发展的重点是推广应用高石墨阴极、可湿润阴极、石墨化阴极，同时要着力研究解决这三种阴极在产业化中的技术问题，使之形成大规模的生产能力。要研究开发新型阴极糊。新的阴极结构要进行探索和研究。要为新型结构电解槽和超大型电解槽配套开发阴极材料。

43.3　铝电解槽侧衬材料生产技术的发展方向

国内开发生产的氮化硅结合的碳化硅质的侧部内衬材料，质量达到国际同类产品的先进水平，并大量出口国外。今后侧衬材料的发展重点，是进一步稳定产品质量，降低制品中游离的金属硅含量。

从长远看，开发一种完全可以耐熔融电解质腐蚀的侧部内衬材料，对于电解槽的节能降耗具有深远的意义。

随着新型结构电解槽技术的推广应用，研究开发耐蚀保温的侧衬材料、内衬保温材料已迫在眉睫。

44 铝用氟盐生产技术

※※※※※※※※※※※※※※※※※※※※※※※※※※※※※※※※※※※※※※※

44.1 铝用氟盐的性质和作用

铝用氟盐主要包括作为电解质主体成分的冰晶石、氟化铝，作为电解质改性剂的氟化钙、氟化镁、氟化锂，以及新电解槽起动时也可能用到的调整剂氟化钠。

能找到一种溶剂，使熔点高达2050℃的氧化铝能溶于其中而电离，是实现霍尔-埃鲁电解法的关键之一。铝用氟盐就是这种理想的溶剂。工业铝电解槽的电解质通常约含有80%的冰晶石、6%～13%的氟化铝和1.0%～3.5%的氧化铝，以及适量的氟化钙、氟化镁和氟化锂。由它们组成的熔体，具备作为电解质的基本条件：在950℃左右的铝电解温度下具有良好的导电性能；其密度约2.1g/cm^3，比同温度下铝液密度（约2.3g/cm^3）小10%左右，能保证电解质与铝液分层；这种熔盐体系基本上不吸水，在电解温度下的蒸气压也不高，具有较大的稳定性；而且基本上不含比铝更正电性的元素，从而保证电解产物铝的纯度。

44.1.1 NaF-AlF_3 二元系和冰晶石

铝用氟盐中最重要的成分要属NaF-AlF_3二元系。此二元系的相图参阅图29-9。

由图29-9可知，NaF-AlF_3二元系中有两个化合物。一个是稳定化合物Na_3AlF_6，这就是冰晶石，或称正冰晶石。其组成（质量分数）为：NaF 60%，AlF_3 40%，即摩尔比$(NaF/AlF_3)_{mol}$为3。

正冰晶石，既是一个可以人工合成的化合物，也可以在自然界中以矿物形式存在。冰晶石在低温时为α型多晶化合物，在高温时为β型多晶化合物。冰晶石的天然低温多晶体为单斜多晶体，其晶格常数为$a_0=0.54$nm，$b_0=0.56$nm，$c_0=0.778$nm。在560～570℃时，会可逆地从α型单斜冰晶石转变成高温的β型立方多晶体冰晶石，其晶格常数$a_0=0.7962$nm，相变热为9.364kJ/mol。Landon和Ubbelohde曾根据电导和热阻数据推断出，在881℃温度时还存在一个从β型冰晶石向γ型冰晶石的相变，其相变热为0.8368kJ/mol。但Foster试图利用电导数据和X射线高温衍射来证实γ型冰晶石的存在，及其从β到γ的相变过程，但未能实现。以后他人的研究也未能证实有γ型多晶体冰晶石的存在。Foster测定了格陵兰岛天然冰晶石的熔点为1009.2℃，人工合成纯冰晶石的熔点为(1012±2)℃。在较高温度下α多晶体冰晶石的折射指数为1.3376或1.3387。

另一个化合物是不稳定化合物$Na_5Al_3F_{14}$，称做亚冰晶石，组成（质量分数）为：NaF 45.5%，AlF_3 54.5%，即摩尔比$(NaF/AlF_3)_{mol}=1.67$。734℃为其异分熔点。当加热该化合物至734℃时，它会发生热分解，生成正冰晶石和相应组成的溶液。而适当组成的高温熔体冷却至734℃时，事先析出的正冰晶石将与溶液发生包晶反应：

$$Na_3AlF_6 + L \longrightarrow Na_5Al_3F_{14} \tag{44-1}$$

正冰晶石在563℃以下属于单斜晶系，563℃以上转变成立方晶系，其熔点1010℃，也有研究者测定为1008.5℃。

在 $NaF\text{-}AlF_3$ 二元系状态图中摩尔比大于3的一侧，是NaF和 Na_3AlF_6 的简单二元共晶体系，通常也把它称为碱性冰晶石，888℃是它们的低共熔温度。现代铝电解槽电解质基本不采用摩尔比大于3的体系。

摩尔比小于1.67的一侧，在695℃以下是 $Na_5Al_3F_{14}$ 和 AlF_3 的共晶体系，在此温度以上则是 $Na_5Al_3F_{14}$ 和相应的溶液（或 Na_3AlF_6 与相应的溶液）共存体系。摩尔比小于1.67的组成范围的体系也不被铝电解槽所采用。

因此，现代铝电解槽电解质局限于摩尔比3.0~1.67的范围内。而摩尔比为3.0~2.0时，电解质的初晶温度随着 AlF_3 含量的增加而降低，但变化率（斜率）相对较小，即电解质初晶温度的稳定性较好。摩尔比在2.0~1.67范围内，电解质初晶温度随 AlF_3 含量的增加而急剧降低，因而不利于电解槽的操作管理。

因此，铝用电解质，对于 $NaF\text{-}AlF_3$ 二元系来说，实际上仅限于摩尔比2~3的范围。

密度、电导、黏度、界面张力及挥发性等是电解质的重要性质。对摩尔比为2~3的 $NaF\text{-}AlF_3$ 二元体系的上述性质，都有过较详尽的研究。该体系在电解温度范围内，随 AlF_3 含量的增加，其密度下降，有利于电解质和铝液的分层；电导也随 AlF_3 含量增加而降低，对电解工艺有所不利；对石墨材料的湿润角随 AlF_3 增加而减小，有利于阳极气体排放，减少阳极极化，但不利于炭渣分离，也增加电解质对槽衬材料的侵蚀；电解质与铝液的界面张力则随 AlF_3 含量增加而增加，有利于铝从电解质中汇聚；随着 AlF_3 含量的增加，电解质的黏度下降，但挥发性增加，有利有弊。

44.1.2 氟化铝

氟化铝（AlF_3）为菱形六面体结构，晶格常数为 $a_{rh}=0.5016nm$，$\alpha=58°32'$，单轴晶系折射指数为1.3765和1.3767。低温时为α型多晶体，在453℃时发生相变，转变成β型多晶体，相变热0.63kJ/mol。AlF_3 没有熔点，加热到1276℃时，其蒸气压达到1atm（1atm=101.3kPa），直接升华。

为了调节电解质摩尔比，电解铝厂经常要使用 AlF_3。在电解条件下添加 AlF_3，可降低电解质密度，增加电解质对碳质阳极的浸润，增加电解质与铝液的界面张力，降低电解质的黏度。但同时也降低氧化铝的溶解度，增加电解质的挥发。

44.1.3 电解质改性剂

常作为电解质改性剂的氟盐主要有氟化钙、氟化镁、氟化锂。它们的共同特点是：都能降低电解质的初晶温度，对电解质性能有不同程度的改善；都在铝电解过程中不被电解成它的组成元素而影响铝的质量；来源都较广泛且价格并不昂贵。

44.1.3.1　氟化钙

氟化钙（CaF_2）为面心立方结构，晶格常数 a_0 = 0.54626nm，熔点为1423℃，其折射指数为1.434。

氟化钙能降低电解质的初晶温度，有利于降低电解温度；能增大铝液与电解质之间的界面张力，有利于铝的汇聚；能降低电解质的蒸气压，减少电解质的挥发损失。但氟化钙会减少氧化铝在电解质中的溶解度，并稍微降低电解质的电导。

氟化钙作为天然矿产或某些工业的副产品，来源较为广泛，价格较为低廉，现代铝电解槽广为采用，添加量常在电解质总量的4%～10%（质量分数）。

44.1.3.2　氟化镁

氟化镁（MgF_2）对电解质性质影响的趋势与氟化钙很类似，只是有些作用更明显。比如，在增加电解质与铝液界面张力，促进铝的汇聚；增加电解质与炭素材料的界面张力，促进炭渣分离等方面的作用比氟化钙更强烈些。

氟化镁还是一种矿化剂，能加速α-氧化铝的矿化作用，有利于电解槽侧壁形成稳固性槽帮结壳。

氟化镁来源比氟化钙困难些，价格也稍贵。铝厂一般将氟化镁和氟化钙联合使用，两者合量一般不超过电解质总量的12%，否则，会因氧化铝在电解质中的溶解度显著下降而使操作控制变得困难。

44.1.3.3　氟化锂

氟化锂（LiF）的作用是降低电解质的初晶温度，显著提高其电导率；此外还能减小电解质的密度。但和氟化铝、氟化钙、氟化镁一样，氟化锂也使氧化铝在电解质中的溶解度下降。

氟化锂是一种很好的电解质改性剂，但价格也比其他氟盐贵。从经济效益出发，一般工厂不直接添加氟化锂，而是用碳酸锂等锂盐代替氟化锂，碳酸锂与电解质中的氟化铝发生反应转变成氟化锂：

$$3Li_2CO_3 + 2AlF_3 = 6LiF + Al_2O_3 + 3CO_2 \qquad (44\text{-}2)$$

44.2　中国铝用氟盐工业现状

44.2.1　中国铝用氟盐资源

自然界已经发现的含氟矿物约有150种，但目前具有开采利用价值的只有萤石、磷灰石和天然冰晶石。

44.2.1.1　天然冰晶石

天然冰晶石为稀有矿物，世界上只在乌拉尔、尼日利亚、格陵兰及巴西等地发现有天然冰晶石存在，且数量非常有限。

44.2.1.2 萤石

目前世界已探明的萤石（CaF_2）总资源量超过500Mt，主要分布在中国、墨西哥、南非、蒙古、俄罗斯、西班牙、法国、摩洛哥、纳米比亚、肯尼亚、美国、加拿大、意大利、英国等国家，中国的萤石总资源量居世界第一位（关于资源/储量的规定定义见第5章）。

中国地处环太平洋成矿带，萤石资源十分丰富，全国20多个省区内均有不同规模的萤石矿床。全国计大型、特大型矿床30多处，中型矿床70多处，列入储量登记表的萤石矿产地240多处。据2005年资料报道，中国已探明萤石的基础储量达130Mt。如果把白云鄂博铁铌稀土伴生型萤石132Mt也计算在内，中国萤石基础储量将达260Mt。

中国主要萤石矿床分布在东部各省、市、自治区。而大中型萤石矿床又都集中在中国东部沿海地区、华中地区和内蒙古白云鄂博-呼和浩特一带。云南、贵州、四川南部等地区也还有一些与锡石、铅锌硫化物伴生的中低品位萤石矿。

中国萤石矿产资源具有以下明显的特点：

（1）总资源量居世界第一。同时，很多矿床（点）尚未做过全面的地质勘察工作，特别是边远地区地质工作程度更低，很多新的萤石矿产地有待探明。因此，中国萤石资源潜力巨大。

（2）储藏相对集中。从已经探明的萤石资源分布情况看，中国萤石储藏地理分布主要集中在内蒙古、浙江、福建、江西、湖南、广东、广西、云南等八省区。这些省区的萤石矿床（点）数占全国萤石矿床（点）总数的70%，总资源量占全国萤石总资源量的90%。特别是浙江、湖南、内蒙古三省区，目前已探明保有量分别为22930kt、53740kt和23150kt，三省区总计达100Mt以上，占全国萤石保有量的72%。这些资源又集中于几个大的矿床，如，湖南柿竹园总资源量达45900kt，内蒙古苏莫查干敖包10310kt，湖南桃林6060kt，浙江湖山4510kt。

（3）单一型萤石矿床数多，资源量少；伴（共）生型矿床数少，资源量大。中国单一型萤石矿床190处，占矿床总数的83%，占总资源量的57%。而伴（共）生型萤石矿床数为40处，占总矿床数不到20%，占总资源量43%。如果把内蒙古白云鄂博铁铌稀土型萤石矿计算在内，伴（共）生型萤石矿的总资源量将大大超过单一型萤石的总资源量。但是，伴（共）生型萤石矿利用水平还很低，目前只有湖南桃林等少数几个矿山萤石资源已综合回收利用，而多数矿山，包括柿竹园、白云鄂博等大型矿山，都尚未开发利用。

（4）单一萤石型矿床贫矿多，富矿少。在单一萤石矿中，CaF_2平均品位一般为35%～40%。可直接作为冶金级块矿的CaF_2品位大于65%的富矿量只有3000多万吨，仅占单一萤石矿床总资源量的20%强，而CaF_2品位大于80%的高品位富矿不到10000kt，占总资源量不到10%，这些富矿的70%分布在浙江、湖北、内蒙古、江西等省区。

（5）难选矿多，易选矿少。在萤石总资源量中，多数矿山萤石的综合回收利用技术尚在研究之中。在单一萤石矿中，也有很大一部分萤石矿床由于矿物结晶细小，嵌布紧密，矿石矿物与脉石矿物连生体很难分离，目前尚难开发利用，如，浙江武义鸡舍湾萤石矿，萤石矿物总资源量达200多万吨，就是由于矿物结晶细小，萤石和石英连生体很难分离，矿床的利用价值受到极大的限制。

直至20世纪90年代，湖南萤石粉产量一直名列各省前茅，但由于该地区的萤石多与有色金属伴生，开采、加工和运输成本较高，但其资源潜力不容忽视，在未来开采、加工、运输条件得到改善和综合利用技术水平得以提高，以及随着资源的消耗，市场逐渐趋向于供方市场的情况下，湖南萤石将发挥越来越重要的作用。

内蒙古具有丰富的萤石资源，但由于气候寒冷，开采期短，加之交通条件差，运输成本高，使得整体生产成本很高。随着价格的提高和当地交通环境的不断改善，内蒙古萤石资源的开发利用将不断加强。

浙江是中国最早工业化开采利用萤石的省份之一，经过长期大规模开发，目前可利用的资源越来越少，高品位萤石块矿产量有所下降。而省内氟化工发展迅速，占用了大部分萤石粉产量。

20世纪90年代后期，江西省萤石产量有较大发展。其萤石产地主要分布在赣东北的上饶地区，赣北的德安一线以及赣南地区。目前，赣南的萤石（主要是粉矿，一般品位低于块矿）经广东汕头港出口，2004年达到280kt。目前，汕头港是萤石出口量最大的港口，经汕头港出口的酸级萤石大多产自江西。

福建的萤石资源沿武夷山脉一线分布，近几年来呈稳步发展的趋势，出口运输条件较好，但也面临资源消耗过快而新矿点出现不多的现状。

安徽萤石资源沿天目山一线分布，和浙江的临安地区相通，但矿的规模普遍较小，原矿的可选性不是很理想。

在广西、贵州、四川、重庆、广东、云南等地有些规模不大的萤石矿，产量有限，产品多在当地消耗。

河南萤石资源主要分布在大别山区，近来越来越引起业内人士重视，如明港和桐柏山区有不少萤石资源的报道，也有些资本投入，开发效果如何有待观察。

2000年以后，中国萤石开采、加工、出口的主要产地为江西、浙江、福建，其中江西赣南地区逐渐成为中国萤石最集中的产地。出口装运港以汕头、上海、厦门为主。

中国的萤石在国际上具有重要地位，产量和出口量均列世界第一。在世界上能对国际市场起影响作用的只有中国、墨西哥、南非和欧洲。墨西哥萤石产量曾一度超过1100kt/a，现逐渐减少至800kt/a，其中萤石粉约400kt/a。

改革开放给中国萤石业的发展提供了新的机遇，产量和出口量都有大幅度的增长。中国萤石产量从1991年突破2000kt开始，一直占世界萤石总产量一半以上。目前，世界萤石总产量约为4600kt/a，其中中国占2600～2800kt/a。

44.2.1.3 *磷矿石*

磷矿中含有大量的氟，磷酸生产中回收的氟硅酸可用来生产冰晶石。

目前，世界磷矿石总资源量约45780Mt，主要集中分布在摩洛哥、美国、俄罗斯、中国、南非等国。

中国是世界上主要产磷国之一，中国的磷矿资源相当丰富，已探明资源仅次于摩洛哥，居世界第二位。截至2002年底，保有资源/储量（即总资源量）为16800Mt，其中资源量约12700Mt，基础储量约4100Mt，储量约2100Mt。中国磷矿资源虽然较多，但是近期和中期在技术、经济上可利用的基础储量仅占资源/储量约24%，而难以利用的资源占 76%。

中国磷矿资源分布虽广，但储藏比较集中。除西藏外其他各省均发现有磷矿，共有磷矿产地 447 处，其中大型 72 处，中型 137 处，分布在 27 个省、市、自治区。但主要集中在南方五省，即云南、贵州、四川、湖北和湖南，其储量占全国总储量的 92.2%，占全国标矿总储量的 95.2%。中国北方和东部地区可供利用的磷矿资源很少，从而形成南磷北运，西磷东运的格局。云南和贵州都是内陆高原，运输极为不方便，与最邻近的出口港的距离大于 900km。

中国磷矿资源中富矿少，中低品位的胶磷矿多，采选难度大。中国磷矿虽然储量较大，但是品位不高，80% 以上为胶磷矿，矿物质颗粒细，嵌布紧密，有害杂质较多，选矿成本较高。全国磷矿石平均品位只有 17%，可采储量平均品位为 23%，低于世界磷矿石平均品位。大部分磷矿体为中厚倾斜到缓倾斜，开采难度大。如何充分有效地利用大量的中低品位矿是一项重大任务。

目前中国已开发利用的磷矿矿区共有 241 处，其中大中型矿 136 处。2004 年全国产量约为 26000kt。主要开采省份是云南、贵州、湖北，其次是四川和湖南。五省产量约占全国产量的 97%。

磷矿石一般含氟在 3% 左右，按中国查明磷矿资源/储量 16800Mt 计，含氟总量可达 500Mt。按目前每年磷矿石产量 20000 ~ 26000kt 计，则磷肥生产产生总氟量在 600 ~ 780kt/a。因此，磷矿是一个很重要的铝用氟盐资源。然而，中国这一部分氟资源还没有充分得到回收利用，流失现象严重。

44.2.2 中国铝用氟盐工业的发展与产能

中国氟盐生产始于 20 世纪 40 年代。20 世纪 80 年代初之前，中国氟化盐主要由湖南湘乡氟化盐厂、甘肃白银氟化盐厂、辽宁抚顺铝厂氟化盐分厂三家氟化盐厂生产供应。

进入 20 世纪 90 年代以后，氟盐被列为国家重点支持的产业和产品，中国氟化工进入了高速发展时期。当时国内铝工业的快速发展和产能扩大，造成了氟盐一度供应紧张和短缺，在短短几年间，建成了几十家规模为 2 ~ 10kt/a 的中小氟盐厂。

与此同时，各企业也加快了引进国外先进的氟盐生产技术。20 世纪 80 年代末，江西贵溪、湖南湘铝分别引进了法国 AP 工艺、瑞士布斯氟化铝生产技术。90 年代先后又有湖北荆襄、贵州宏福、广西鹿寨等化肥工业企业引进奥地利林茨工艺、美国 ALCOA 工艺、法国 AP 工艺等回收氟、生产氟化铝的技术。

自 20 世纪 90 年代以后，我国无机氟化物的研究开发取得了长足进展，特别是近年来产品品种不断增加，产量不断扩大，用途不断扩展。氟硼系、氟钛系、氟锆系、氟硅系、氟化钠、氟化镁、氟化氢铵等多品种氟盐以及无水氟化氢等产品的产能、产量也大幅增加。

至 21 世纪初中国氟盐生产企业 38 家，总设计产能约 840kt/a。2008 年底总产能约为 1100kt/a。其中冰晶石产能约为 207kt/a，氟化铝产能约为 870kt/a。河南焦作多氟多化工有限公司、湖南湘铝有限责任公司、甘肃白银氟化盐有限公司、河南未来铝业有限公司是四家大的氟盐企业，形成的产能分别为 180kt/a、180kt/a、95kt/a、75kt/a。这四家的产能约占中国氟盐总产能的 50%。

2008 年中国冰晶石和氟化铝的产量分别为 157kt 和 615kt/a。

由于铝电解技术的进步，使吨铝氟盐单耗由原来的 50kg 降至 20kg 左右，再加上电解槽启动用量及部分工厂消耗仍然偏高，吨铝氟化盐平均单耗为 25kg 左右。尽管电解铝产量由 2000 年 2794kt/a 增至 2007 年的 12559kt/a，但铝用氟盐总耗量只略有增加，目前在 325kt/a 左右，即使加上逐年上升的出口量（约 50kt/a），中国铝用氟盐产能仍大大过剩。产能过剩带来的直接后果是行业开工不足，部分资产闲置，激烈竞争导致企业效益低下。

44.2.3　中国铝用氟盐工业技术水平

中国氟化盐生产工艺是在 20 世纪 50 年代初期的技术基础上发展起来的，几十年来，产能不断扩大，品种不断增加，生产工艺呈现多样性，不断应用新材料、新设备，自动化程度和装备水平不断提高。

44.2.3.1　氟化铝

氟化铝主要用作铝电解质摩尔比的调整剂，是用量最大的氟盐品种。

氟化铝生产按生产工艺分有干法和湿法两种。氟化铝产能中干法产能 300kt/a，约占氟化铝总产能的 45.6%，湿法产能 358.3kt/a，约占氟化铝总产能的 54.4%。

干法工艺有瑞士布斯（Buss）的双层流化床法、德国鲁奇（Lurgi）的循环流化床法、法国彼施涅（AP）的内（外）热炉产生 HF 单层流化床氟化铝法、美国联合化学公司的三层流化床法、铝电解含氟烟气净化回收氟化铝法、酸蚀铝渣氟铝酸铵热解法。各种不同工艺之间的区别除了氟化氢的发生外，主要在于流化床反应器的结构。布斯工艺采用外热式反应炉和双层流化床反应器，是应用最广泛的干法技术。

湿法工艺因原料不同分为氢氟酸法、氟硅酸法、铵冰渣湿法。其中氟硅酸法制氟化铝世界上又有各种不同的工艺，有奥地利林茨工艺、法国的 AP 工艺、美国的美铝（Alcoa）工艺、瑞士布斯工艺、氨法、一水合氟化铝法，其中最具代表性的是林茨工艺。

中国现有氟化铝工业生产工艺使用了布斯干法工艺、氢氟酸湿法工艺和氟硅酸湿法工艺。氟硅酸湿法工艺中又包括有 AP 工艺、林茨工艺及 Alcoa 工艺。现分述如下。

A　干法氟化铝生产工艺

a　布斯干法工艺

布斯干法工艺流程如图 44-1 所示。

经预热的 98% 硫酸与发烟硫酸在发烟硫酸反应釜中混合后形成 110℃ 的 100% H_2SO_4 给料酸，与萤石按一定配比进入预反应器，两种物料在预反应器中混合并发生反应，制取氟化氢：

$$CaF_2 + H_2SO_4 \longrightarrow CaSO_4 + 2HF \tag{44-3}$$

在预反应器中的反应率达 30% ~60%，形成了一种较干燥的颗粒状物料，再进入外热式的反应炉，在近 350℃ 下继续反应，约 12h 后被排出，出炉物料主要成分为 $CaSO_4$，另含有约 2.0% 的 CaF_2 和 0.5% 的 H_2SO_4。残余 H_2SO_4 在中和螺旋内被加入的 $Ca(OH)_2$ 中和后送到石膏仓库。在预反应器和反应炉内产生的氟化氢气体经预净化和冷却后，从底部通入双层流化床的氟化铝反应器，氢氧化铝从顶床加入，在顶床 400℃ 条件下脱水变成

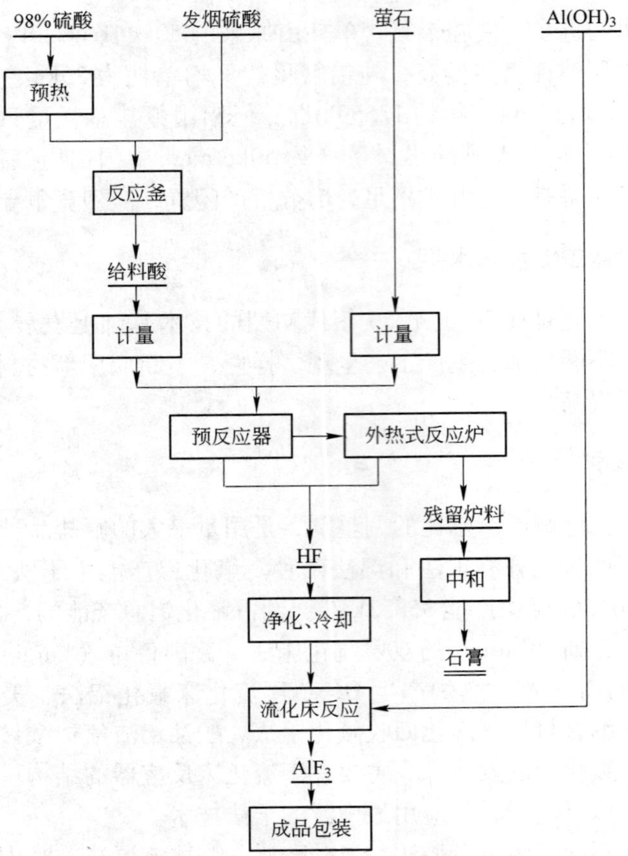

图 44-1　布斯干法工艺流程示意图

Al_2O_3，部分 Al_2O_3 和经过底床没有反应的 HF 气体反应生成 AlF_3，顶床物料经溢流管被导入底床，在底床 600℃的温度下，Al_2O_3 和 HF 气体反应生成 AlF_3，同时放出热量。底床氟化铝经冷却后进入成品包装。从顶床出来的气体经旋风除尘及冷却、净化后排空，排空气体 HF 含量在 25mg/m³ 以下，SO_2 在 300mg/m³ 以下。

b　酸蚀铝渣氟铝酸铵热解法

以铝型材表面处理较纯净的氟铝酸铵渣为原料，在回转窑或静态的煅烧窑中，600～700℃下高温煅烧 1～2h，冷却即得氟化铝成品。窑炉气用水吸收得到氟化铵溶液，经浓缩、结晶得副产品氟化铵。主要反应如下：

$$NH_4AlF_4 \xrightarrow[1\sim 2h]{600\sim 700℃} AlF_3 + NH_4F$$

如果原料不够纯净，则经过预处理，即将干废渣原料粉碎，加入 HF-HCl 混合液，在 80℃下搅拌 60～90min，使硅铁等杂质与 HF、HCl 反应生成可溶性物质，与不溶性酸铝渣分离，过滤并用清水洗涤，将滤饼在 120℃下烘干，取出研磨，再在 600～700℃下分解，冷却即得氟化铝成品，副产氟化铵。

此外，在电解铝厂的干法烟气净化中，用砂状氧化铝作吸附剂，吸附铝电解烟气中的氟化氢，被吸附的氟化氢和氧化铝发生反应，生成表面化合物——氟化铝，这种氟化铝与氧化铝的混合物，再返回电解槽使用，补充了氟化铝的供给。

B 氢氟酸湿法工艺

氢氟酸湿法工艺流程如图 44-2 所示。

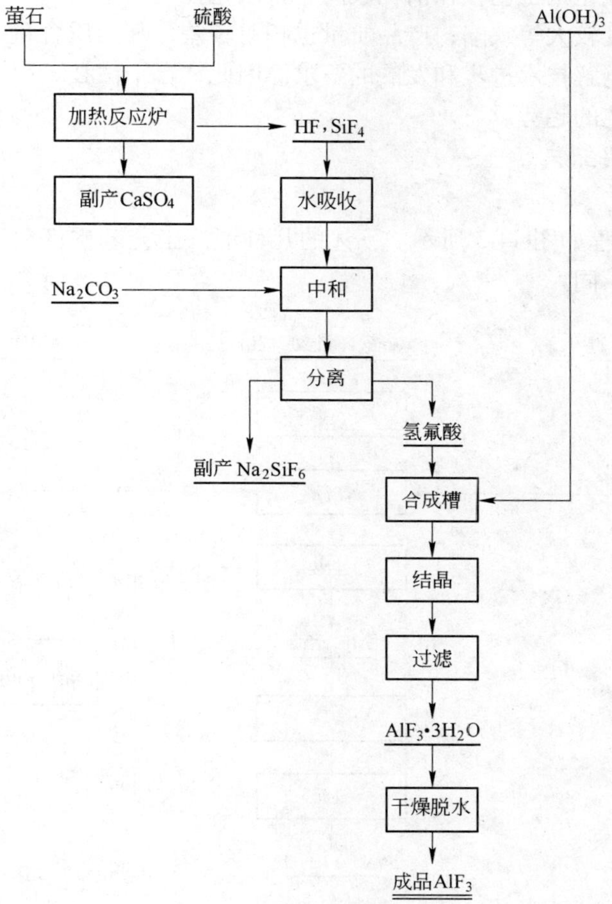

图 44-2 氢氟酸湿法工艺流程示意图

将萤石与硫酸在加热反应炉内反应生成 HF 和 SiF_4，副产硫酸钙，可用于水泥制造工业。烟气经水吸收后得到氢氟酸，与事先制备好的氢氧化铝料浆在合成槽制得氟化铝饱和溶液，结晶，料浆过滤，即得到三水合氟化铝滤饼，然后干燥脱水，得到氟化铝成品。

该法是 20 世纪 50 年代从苏联引进，曾经一度是国内应用最广产量最大的氟化铝生产工艺。我国早期仅有的几家氟化盐生产企业，如抚顺铝厂、湘乡铝厂、白银铝厂，都采用该工艺。几十年来，我国在氢氟酸制备、物料干燥、合成母液和收尘酸液的回收利用等方面对该工艺做了许多探索和改进，部分技术有了自己的专利。

在氢氟酸制备方面，除在原料配比、精确计量、萤石磨细、吸收、冷却等环节改进工艺和设备外，更重要的是，应用预反应技术，普遍采用外热反应炉、先进的 DCS 自动控制技术、内返渣技术，以及采用含 20% SO_3 发烟硫酸的混合酸等技术对氟化氢生产进行优化，大大提高了中国氢氟酸及无水氟化氢的生产技术水平。

目前，国内在物料干燥方面形成了回转窑干燥、气流干燥、回转窑与气流相结合干燥三种工艺方式。合成母液回收方法有冰晶石母液法、纯碱法、氢氧化铝法、氟铝酸法和收尘母液法。回收效果较好的是氟铝酸法和收尘母液法。

但氢氟酸湿法氟化铝工艺存在消耗较高、自动化控制水平较低、环境污染较严重、劳动环境差、劳动强度较大等缺陷；产品质量也相对较差，其杂质含量、容重和流动性等性能难以满足现代铝电解技术进步和发展的要求。因此，自干法技术引进以来，目前已大有取代氢氟酸湿法工艺的趋势。

C 氟硅酸湿法工艺

a AP 湿法工艺

AP 湿法工艺流程如图 44-3 所示。下述的几种湿法工艺基本都采用该流程，差别在于部分工序所用设备不同。

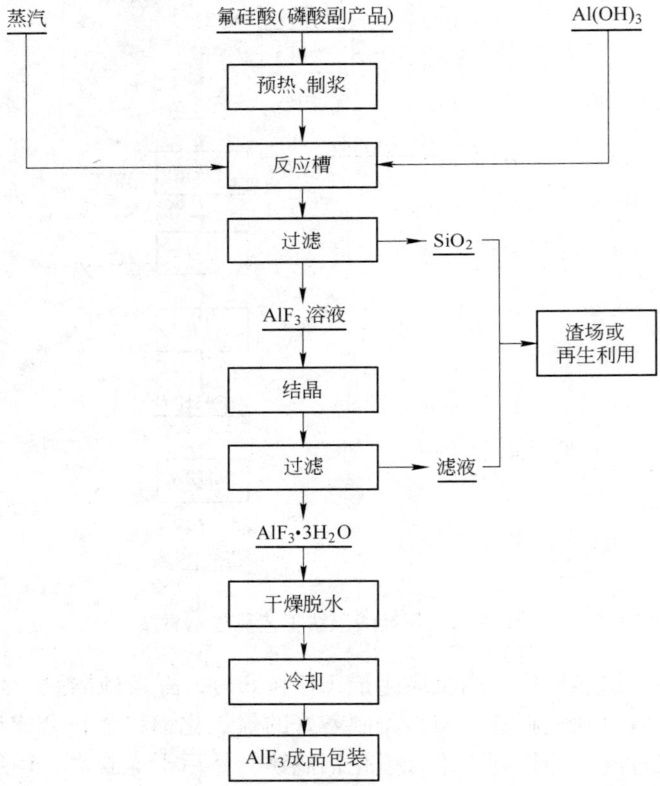

图 44-3 AP 湿法工艺流程示意图

该工艺以磷酸副产氟硅酸为原料，经预热、制浆后与氢氧化铝料浆在反应槽内反应，反应以低压蒸汽加热在沸点下进行，保持搅拌，反应终了生成液在带式过滤机上完成二氧化硅的分离，过滤所得的氟化铝过饱和液在带搅拌的多层结晶槽内结晶。反应槽与多层结晶槽由 PCL 控制，从而使过程得以连续进行。从结晶槽排出的结晶料浆排至缓冲槽，再送至转鼓过滤机过滤，滤液排至污水槽，与二氧化硅滤饼一并送到磷酸污水槽排至渣场。湿氟化铝滤饼经蒸汽干燥和外热式回转炉干燥后，再经沸腾冷却后到料仓包装成成品。

贵溪化肥厂从法国引进了中国第一套大型 AP 湿法工艺，氟化铝装置生产能力为 6kt/a。1991 年底建成并投料试车，得到的产品纯度大于 96%。但在工艺、设计、设备、安装等方面暴露出不少问题，有待进一步摸索和改进。接着引进了该工艺的有广西鹿寨化肥有限责任公司。

贵溪化肥厂和鹿寨化肥有限责任公司主要技术指标如下：单耗：H_2SiO_6(100%)≤1.05t/t；$Al(OH)_3$(100%)≤1.16t/t；装置回收率：F≥81.8%；Al≥80%；排放气含氟：反应系统≤5.23×10^{-4}mol/m^3，干燥系统≤1.58×10^{-3}mol/m^3；总氟排放量：≤120g/h。

b 林茨工艺

林茨公司开发的 O. S. W 流程，其过程与 AP 湿法工艺基本相同，只是所用过滤设备不一样以及 $AlF_3\cdot3H_2O$ 脱水采用三段脱水。该工艺也是以磷酸副产氟硅酸为原料生产氟化铝。将磷酸生产中回收的氟硅酸（16%～25%）预热至 65～75℃，在反应槽与氢氧化铝反应，然后离心分离硅胶，过饱和氟化铝溶液在结晶槽 90～100℃下结晶 4～5h，再离心分离三水氟化铝，滤饼含水约 45%，通过 180℃、240℃、600℃三段脱水，使总水分脱除至 0.3% 以下，产品中 AlF_3 含量达 97%～98%。最后经冷却、包装即得成品。

湖北荆襄磷化工有限公司采用此工艺，主要设备自德国引进，产能 12kt/a。1997 年 4 月下料生产，曾长时间存在较多的工艺和设备问题，面临优化生产工艺参数和提高产品质量。

c Alcoa 工艺

贵州宏福实业开发总公司通过美国雷森公司引进 Alcoa 工艺，利用氟硅酸生产氟化铝，1999 年 11 月投产，设计产能 14kt/a。氟硅酸经预热与氢氧化铝合成，过滤所得氟化铝溶液送到结晶槽结晶，采用带式过滤机过滤和流化床干燥。流化床分三层，一、二层为干燥层，温度分别控制在 200℃和 600℃，第三层（最下层）为冷却层。

D 铵冰渣湿法

将铝型材厂表面处理产生的铵冰渣与硫酸混合制浆，并过 0.246mm（60 目）筛得精制浆，以氢氧化铝料浆为底料，用湿法间断合成法注入精制浆，反应过程中控制 80～95℃，酸度 0.5～1g/L，反应最终酸度用氢氧化铝调至 pH 值为 2～4。停止加料，继续搅拌 10～20min，然后过滤、洗涤，软膏经 300～400℃和 400～500℃两段干燥得无水粉状氟化铝。

此法产品质量合格，成本低。但尚未实现工业生产。

44.2.3.2 冰晶石

由于天然冰晶石非常稀少，世界上工业应用的主要是人造冰晶石。由于其氟、铝、钠源的不同，人造冰晶石的生产方法很多。

中国冰晶石生产工艺，20 世纪 80 年代以前，普遍采用从苏联引进的纯碱氟铝酸湿法，90 年代以后陆续开发新的生产工艺，如黏土盐卤法、铝酸钠法、氟硅酸钠铝酸钠法、氟铝酸铵法等，但传统的纯碱氟铝酸法冰晶石产能仍占一半以上。

A 纯碱氟铝酸法

纯碱氟铝酸法生产冰晶石工艺流程如图44-4所示。

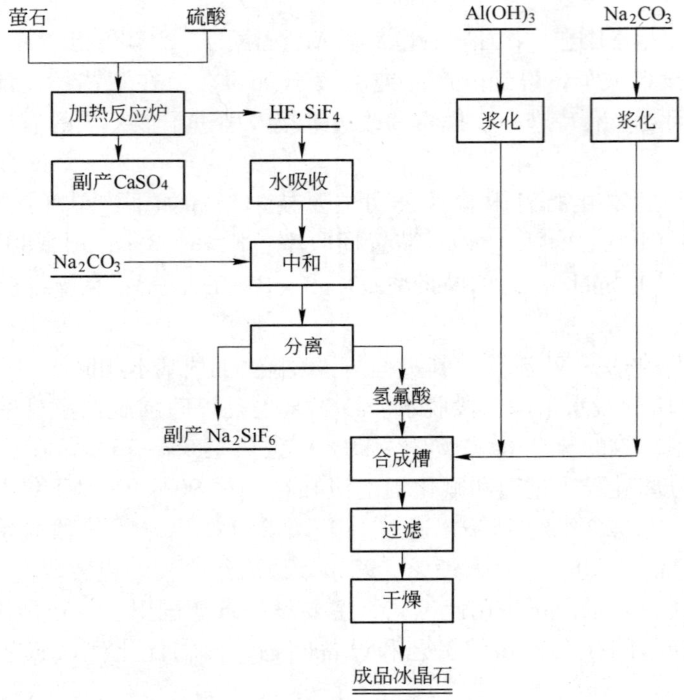

图44-4 纯碱氟铝酸法工艺流程示意图

以氢氟酸、氢氧化铝、纯碱为原料生产冰晶石，首先是制取精制的氢氟酸，方法与生产 AlF_3 相同。然后将精制的氢氟酸与经浆化后的氢氧化铝在合成槽反应制得氟铝酸，再往合成槽中加入浆化后的纯碱液，中和即得到冰晶石。合成在串联的合成槽连续进行，主要发生如下反应：

$$Al(OH)_3 + 6HF \longrightarrow H_3AlF_6$$

$$2H_3AlF_6 + 3Na_2CO_3 = 2Na_3AlF_6 + 3CO_2 + 3H_2O$$

再通过过滤、干燥即得到冰晶石成品。这样获得的冰晶石通常是冰晶石和亚冰晶石的混合物，摩尔比一般在2左右。20世纪90年代初，湖南湘铝有限责任公司对该法进行改进，通过调整控制合成氟铝酸酸度，生产出了2.1以上的高摩尔比冰晶石，开始了中国高摩尔比冰晶石生产历史，并拥有该项专利。

B 黏土盐卤法

用盐酸浸取含铝矿物中的铝生成 $AlCl_3$，在滤得的 $AlCl_3$ 溶液中加入食盐制备出钠、铝摩尔比为1∶3的混合卤液，在常压下与氢氟酸反应即生成冰晶石。该法于1990年有人申请了专利，目前在湖南祁阳、河南焦作等地有工业生产。

C 氟硅酸钠铝酸钠法

氟硅酸钠铝酸钠法生产冰晶石的工艺流程如图44-5所示。

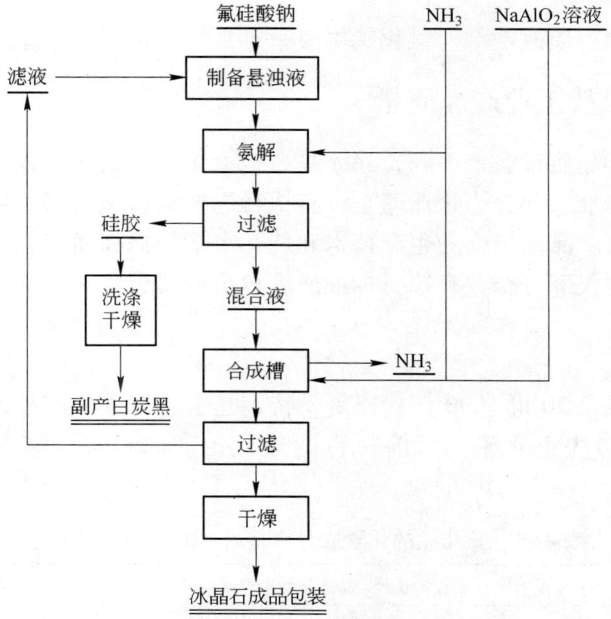

图 44-5 氟硅酸钠铝酸钠法生产冰晶石工艺流程示意图

该法以氟硅酸钠为原料。氟硅酸钠来源有多种，比如 AlF_3 生产过程或纯碱氟铝酸法生产冰晶石过程副产的氟硅酸钠。对氟硅酸钠进行氨解（氨过量 10% ~20%）制得氟化钠和氟化铵混合溶液，对分离的硅胶进行洗涤、干燥、粉碎制成白炭黑。氟化钠和氟化铵混合液则在加热条件下与铝酸钠溶液反应生成冰晶石，对料浆进行过滤、干燥、包装，即得冰晶石成品。合成冰晶石反应得到的氨气返回氨解循环使用，过滤冰晶石料浆的滤液可作配制氟硅酸钠悬浊液用。河南焦作多氟多公司于 1998 年开发了该项工艺并申请了专利，已应用于工业生产。

D 氟铝酸铵法

氟铝酸铵取自铝型材表面处理废渣，处理方法有酸铝渣氯化钠法、氟铝酸铵纯碱固相焙烧法、氟铝酸铵纯碱湿法等。

44.2.3.3 其他铝用氟盐的生产

A 氟化钠

在铝电解厂，氟化钠主要用作电解槽起动初期电解质的调整剂。中国氟化钠生产企业很多，生产技术以氟硅酸钠法及氢氟酸法为主。

B 氟化镁

氟化镁用作铝电解质改性剂。氟化镁的生产方法有多种，主要有碳酸镁法、氧化镁法、硫酸镁法。目前全国产量约在 20 ~30kt/a。

C 氟化锂

氟化锂是优良的铝电解质改性剂。氟化锂生产方法，多是由碳酸锂或氢氧化锂与氢氟酸反应制得。

D 氟化钙

氟化钙用作铝电解质改性剂。氟化钙主要来自天然的萤石矿，经选矿即得。

44.3 中国铝用氟盐工业产品质量

目前中国氟盐产品质量参差不齐，除冰晶石、氟化铝、氟化钠以外的其他氟盐产品尚无统一的产品质量标准。部分小企业甚至没有执行标准和检验方法，或检验方法落后。铝用冰晶石、氟化铝等产品质量则随生产技术和装备水平的提高而有较大的提升。近十多年精细氟盐发展较快，仅部分企业有执行标准或客户质量要求。

44.3.1 氟化铝

氟化铝产品质量自20世纪90年代以来，特别是引进先进生产技术以来，有较大的提高，基本达到了世界先进水平。目前执行的氟化铝产品标准《氟化铝》(GB/T 4292—2007) 见表44-1。

表44-1 氟化铝的化学成分（摘自GB/T4292—2007）

牌 号	化学成分(质量分数)/%							物理性能	
	F	Al	Na	SiO_2	Fe_2O_3	SO_4^{2-}	P_2O_5	烧减量	松装密度
AF-0	≥61	≥31.5	≤0.30	≤0.10	≤0.06	≤0.10	≤0.03	≤0.5	≥1.5
AF-1	≥60	≥31.0	≤0.40	≤0.30	≤0.10	≤0.6	≤0.04	≤1.0	≥1.3
AF-2	≥58	≥29.0	≤2.8	≤0.30	≤0.12	≤1.0	≤0.04	≤5.5	≥0.7
AF-3	≥58	≥29.0	≤2.8	≤0.35	≤0.12	≤1.0	≤0.04	≤5.5	≥0.7

干法氟化铝采用了外热炉及先进的预净化装置，较好地除去HF气体中的H_2SO_4等杂质，从而降低了氟化铝成品中SO_4^{2-}等杂质含量，提高了产品质量。其产品主含量可达92%~96%，灼失量降至0.5%以下。物理性能也较湿法产品为优，产品粒度集中、合理，特别是大于100μm的粗颗粒含量大大高于湿法产品，50μm以下的细颗粒含量低于湿法产品，小于0.043mm（-325目）细料控制在15%以下。对产品的显微观察发现，干法产品颗粒呈球形，结构紧密。因而，与湿法产品相比，具有堆积密度大（干法产品为1.4~1.5kg/L，湿法产品为0.8~0.9kg/L），流动性好，磨损指数低，粉尘量少等特点，能较好地满足铝电解要求。

干法和湿法产品的典型化学成分和粒度组成（质量分数）分别见表44-2和表44-3。

表44-2 干法氟化铝和湿法氟化铝的典型化学组成 （%）

产品名称	$w(F)$	$w(Al)$	$w(Na)$	$w(SiO_2)$	$w(Fe_2O_3)$	$w(SO_4^{2-})$	$w(P_2O_5)$	$w(H_2O)$
干法产品	62.70	32.85	0.15	0.21	0.012	0.25	0.023	0.58
湿法产品	61.24	31.53	0.47	0.19	0.042	0.51	0.021	4.07

表44-3 干法氟化铝和湿法氟化铝的粒度组成 （%）

产品名称	+200μm	+125μm	+105μm	+88μm	+60μm	+45μm	-45μm
干法产品	0.1	10	20	42.2	88.3	88.8	11.5
湿法产品	0.3	0.4	0.44	3.4	68.5	74.8	25.2

铝用氟盐的含水率是个很重要的指标。在铝电解条件下，水分能使氟化铝水解，损失氟化铝，且放出 HF 污染环境。工业试验结果表明，在其他条件基本一致的情况下，铝电解使用干法氟化铝较湿法产品消耗量降低 14.38%。干法产品除水分含量远低于湿法产品外，Fe_2O_3、SO_4^{2-} 的含量也明显低于湿法产品。杂质 Fe 会进入铝中而影响铝产品质量；硫酸盐会在电解槽中形成气态硫化物，并因难以用干法净化处理而污染环境。

44.3.2　冰晶石

自 20 世纪 90 年代后，质量随生产技术发展而有所提高。现执行的产品标准《冰晶石》（GB/T 4291—2007）见表 44-4。

表 44-4　冰晶石的化学成分（摘自 GB/T 4291—2007）

牌　号	化学成分（质量分数）/%									物理性能
	F	Al	Na	SiO_2	Fe_2O_3	SO_4^{2-}	CaO	P_2O_5	湿存水	烧减量（质量分数）
CH-0	≥52	≥12	≤33	≤0.25	≤0.05	≤0.6	≤0.15	≤0.02	≤0.20	≤2.0
CH-1	≥52	≥12	≤33	≤0.36	≤0.08	≤1.0	≤0.20	≤0.03	≤0.40	≤2.5
CM-0	≥53	≥13	≤32	≤0.25	≤0.05	≤0.6	≤0.20	≤0.02	≤0.20	≤2.0
CM-1	≥53	≥13	≤32	≤0.36	≤0.08	≤1.0	≤0.6	≤0.03	≤0.40	≤2.5

注：1. 数值修约比较按 GB/T 1250 第 5.2 条规定进行，修约数位与表中所列数位一致；
2. 表中规定的各指标，需方如有特殊要求，可由供需双方协商解决。

20 世纪 90 年代以前，中国冰晶石产品的一个显著特点是摩尔比低，一般在 2 左右。冰晶石结晶水含量是随摩尔比降低而增加的，特别是当冰晶石摩尔比低于 1.5 以下，这种影响更为明显。含有结晶水的冰晶石加入电解槽后，会使氟化铝发生水解，反应放出 HF 气体，增加氟化物的损耗，污染环境。因此，冰晶石的摩尔比对氟的损失率影响非常大，特别是摩尔比低于 1.5 时。工业试验也表明，在铝电解槽中使用高摩尔比冰晶石可获得显著经济效益。所以发达国家都要求提供高摩尔比冰晶石。

20 世纪 90 年代，中国开始了高摩尔比冰晶石批量生产和应用，可提供的冰晶石的摩尔比范围也广泛化，能根据用户要求生产摩尔比为 1.5 ~ 2.9 的冰晶石。同时，可以根据用户的不同要求，采用不同的生产工艺及操作控制，生产出细目料、粉状料、砂状料、颗粒料等不同粒度的产品。

在中国，随着铝电解技术和装备水平的提高，高摩尔比冰晶石的生产和应用，得到了越来越广泛的重视。但值得提出的是，这种重视程度还有待加强，特别是对氟化铝产品的质量要求要相应提高。往往由于氟化铝产品水分含量高，水解造成氟化物损失和对环境污染，减弱了高摩尔比冰晶石使用带来的效果。同时使用水分含量低的氟化铝，才会使高摩尔比冰晶石的使用优势得到充分发挥。

冰晶石产品也存在 SO_4^{2-} 含量偏高的问题。这些产品中的 SO_4^{2-} 几乎都来自氢氟酸原料。

44.3.3　其他铝用氟盐

其他氟化盐产品，除氟化钠等部分产品外，大多并无统一的质量标准，大部分只是企业的执行标准，企业往往根据各自的订单要求组织生产。

44.3.3.1 氟化钠

氟化钠产品标准《氟化钠》（GB/T 4293—1984），见表44-5。

表 44-5 氟化钠质量标准（摘自 GB/T 4293—1984）

等级	化学成分(质量分数)/%						
	NaF	SiO_2	Na_2CO_3	硫酸盐（SO_4^{2-}）	酸度（HF）	水中不溶物	H_2O
一级	≥98	≤0.5	≤0.5	≤0.3	≤0.1	≤0.7	≤0.5
二级	≥95	≤1.0	≤1.0	≤0.5	≤0.1	≤3	≤1.0
三级	≥84	—	≤2.0	≤2.0	≤0.1	≤10	≤1.5

注：1. 表中“—”表示不作规定；

2. 表中化学成分按干基计算；

3. 氟化钠为白色粉末；

4. 产品中允许有直径大于4mm的结块，其质量不得超过5%；

5. 本标准适用于由氢氟酸或氟硅酸与碳酸钠作用而制成的氟化钠。

44.3.3.2 氟化镁

氟化镁的产品标准尚在制订中，部分公司执行标准或订货要求见表44-6。其中湖南湘铝有限责任公司一栏所列为湘乡铝厂企业标准《氟化镁技术条件》(Q/QHNN 001—1991)。

表 44-6 部分生产企业氟化镁质量标准

企业名称	等级	化学成分(质量分数)/%									
		MgF_2	F	Mg	SiO_2	Fe_2O_3	SO_4^{2-}	H_2O	Na	Ca	Pb
湖南湘铝有限责任公司	普通	—	≥45	≥28	≤0.9	≤0.8	≤1.3	≤1.0	—	—	—
	特种	≥98	—	—	≤0.25	≤0.5	—	≤0.3	—	≤0.3	—
甘肃白银氟化盐有限责任公司	一级	—	≥45	≥28	≤0.9	≤0.8	≤1.3	≤1.0	—	—	—
浙江东阳吴宁合成化工有限公司	—	≥97	—	—	≤1	—	—	≤0.5	≤0.1	≤0.1	—
河南焦作多氟多化工有限公司	—	—	≥45	≥29	≤1.0	—	—	≤1.0	≤0.10	≤0.10	灼失≤1
浙江东阳高尔特精细化工公司	—	≥98	—	—	≤1.0	Fe ≤0.05	≤0.2	≤0.3	≤0.1	≤0.6	≤0.02
云南澄江合起氟化盐厂	—	≥98	—	—	≤0.9		≤0.2	≤0.5	≤0.1	≤0.1	—
浙江磐安县渠成氟化有限公司	—	≥98	—	—	≤1.0	Fe ≤0.05	≤0.2	≤2	—	≤0.6	≤0.02
浙江龙游县翔龙氟化学品公司	—	97~98	—	—	≤0.9	—	—	≤1.0	≤0.1	≤0.01	—

44.3.3.3 氟化锂

氟化锂产品没有统一的行业质量标准，湖南湘铝有限责任公司的企业产品质量标准在国内有一定的代表性，见表44-7。

表44-7 湖南湘铝的氟化锂企业质量标准（摘自Q/QHNN 008—1996）

等级	化学成分(质量分数)/%							
	LiF	SO_4^{2-}	Cl	Ca	Mg	Si	Fe	Al
高等级	≥99.5	≤0.005	≤0.005	≤0.1	≤0.01	≤0.03	≤0.005	≤0.01
一级	≥99	≤0.05	≤0.008	≤0.1	≤0.03	≤0.06	≤0.01	≤0.03

44.3.3.4 氟化钙

氟化钙的质量应符合《氟化钙质量标准》（YB 326—1970）二级品以上，详见表44-8。

表44-8 氟化钙质量标准（YB 326—1970）（质量分数）

等级	CaF_2/%	杂质/%	
		SiO_2	$CaCO_3$
一级品	≥98	≤0.8	≤1.0
二级品	≥97	≤1.0	≤1.2
三级品	≥95	≤1.4	≤1.5

注：表中化学成分按干基计算。

44.3.4 氟盐的分析

44.3.4.1 氟的测定——蒸馏-硝酸钍容量法（GB/T 8156.3—1987）

试样用碳酸钠熔融，热水浸取，在硫酸或高氯酸介质中，通入水蒸气蒸馏分离出氟化氢，以茜素磺酸钠-亚甲基蓝为指示剂，用硝酸钍标准溶液滴定。

测定方法：称取0.2000g试样于铂坩埚中，加入2g碳酸钠，混匀。置于高温炉中在800℃熔融20min，取出，冷却。用沸水浸取熔块，将熔融物移入已装有几颗玻璃球的蒸馏烧瓶中，用热水洗净坩埚，并入蒸馏瓶中。安装蒸馏设备各部分，然后通过滴液漏斗加入50mL硫酸。将蒸馏瓶加热到150℃，往蒸馏瓶中通入由蒸汽发生器产生的水蒸气，并保持蒸馏瓶中温度（150±1）℃，蒸馏90min，用500mL容量瓶收集蒸馏液约400mL后，停止蒸馏，用水冲洗冷凝器，并定容。同时做空白试验。

移取50.00mL试液于锥形瓶中，加入50mL水和0.5mL茜素磺酸钠溶液（0.5g/L），用氢氧化钠溶液（20g/L）调至溶液呈粉红色，在pH值计上用盐酸（0.06mol/L）逐滴调至pH值为3.4±0.1，加入0.5mL亚甲基蓝溶液（0.5g/L），用硝酸钍标准溶液滴定至溶液由绿色变为蓝色为终点。

44.3.4.2 铝的测定——EDTA容量法（GB/T 8156.4—1987）

试样用焦硫酸钾熔融至除尽氟，用水浸取熔块，用盐酸溶解，在pH值为5.2~5.7

时，使铝与 EDTA 生成络合物，以二甲酚橙为指示剂，用硝酸锌标准溶液滴定过量的 EDTA，加入氟化钠，煮沸置换出 EDTA，再用硝酸锌标准溶液滴定置换出的 EDTA。

测定方法：称取 0.2000g 试样于铂坩埚中，加入 5g 焦硫酸钾，在电热板上加热至熔化，然后在 750℃高温炉中熔融 30min 除尽氟，取出，冷却。用沸水浸取熔融物，用 5mL 盐酸（1+1）溶解熔块，冷却，移入 200mL 容量瓶中，以水稀释至刻度，混匀。

移取 50.00mL 试液于锥形瓶中，加入 50mL 水，用酚酞溶液（10g/L）作指示剂，用氢氧化钠溶液（100g/L）调至溶液显红色，再用盐酸（1+3）调至溶液无色，加入 EDTA 溶液(0.05mol/L)10～15mL，加热煮沸 2min，取下，用氢氧化钠溶液调至溶液显红色，再用盐酸（1+3）调至溶液无色，加入 20mL 乙酸-乙酸钠缓冲溶液（pH 值为 5.2～5.7），冷至室温，加入二甲酚橙指示剂（1g/L），用硝酸锌标准溶液滴定至溶液由黄色变为玫瑰红色，加入 1～2g 氟化钠，加热煮沸 2min，取下冷却，用硝酸锌标准溶液滴定至溶液由黄色变为玫瑰红色为终点。

44.3.4.3　钠的测定——火焰发射光度法（GB/T 8156.5—1987）

试样用水和高氯酸溶解，加热除尽氟，用盐酸和水溶解沉淀，于原子吸收光谱仪波长 589.0nm 处，以空气-乙炔火焰测定其吸光度。

测定方法：称取 0.2000g 试样于铂坩埚中，加入少量水，4mL 高氯酸，低温加热至冒尽白烟，取下稍冷，加入 5mL 盐酸（1+1）和 30mL 水，加热溶解盐类，取下冷至室温，移入 200mL 容量瓶中，以水稀释至刻度，混匀。

移取 10.00mL 试液于 100mL 容量瓶中，用水稀释至刻度，混匀，移取 10.00mL 上述溶液于 100mL 容量瓶中，用水稀释至刻度，混匀，在原子吸收光谱仪波长 589.0nm 处，以随同试料的空白试验溶液调零，用空气-乙炔火焰测定其吸光度（此方法适用于测定冰晶石和电解质中高含量的钠）。

对于氟化铝中低含量的钠的测定方法如下：称取 0.5000g 试样于铂坩埚中，加入少量水，10mL 高氯酸，低温加热至冒尽白烟，取下稍冷，加入 5mL 盐酸（1+1）和 30mL 水，加热溶解盐类，取下冷至室温，移入 100mL 容量瓶中，以水稀释至刻度，混匀。

移取 20.00mL 试液于 100mL 容量瓶中，用水稀释至刻度，混匀，在原子吸收光谱仪波长 589.0nm 处，以随同试料的空白试验溶液调零，用空气-乙炔火焰测定其吸光度。

44.3.4.4　二氧化硅的测定——钼蓝光度法（GB/T 8156.6—1987）

试样用碳酸钠-硼酸熔融，热水浸取，硝酸酸化。在 pH 值为 0.85～0.90 时，加入钼酸铵使硅形成硅钼杂多酸，在酒石酸存在下，用抗坏血酸将其还原为硅钼蓝，在分光光度计波长 700nm 处，测定其吸光度。

测定方法：称取 0.5000g 试样于铂坩埚中，加入 6g 无水碳酸钠和 2g 硼酸，混匀，盖上铂盖，在 850℃熔融 30min（空白熔融 3min），取出，冷至室温。用热水浸取熔块，将试液移入已盛有 20mL 硝酸（1+1）的 300mL 聚四氟乙烯烧杯中，用 10mL 硝酸（1+1）洗净坩埚，洗液合并与烧杯中，加热使盐类全部溶解，冷却至室温，将溶液移入 250mL 容量瓶中，用水稀释至刻度，混匀。该溶液也可用于三氧化二铁的测定。

移取 25.00mL 试液于 100mL 容量瓶中，加水至 70mL，加 5mL 钼酸铵溶液（100g/L），

摇匀。静置显色15~20min，加5mL酒石酸溶液(300g/L)，加5mL抗坏血酸溶液(20g/L)，用水稀释至刻度，混匀。放置15min。将部分溶液移入1cm比色皿中，随同试样做空白试验，在分光光度计700nm处测定吸光度。

44.3.4.5 三氧化二铁的测定——邻二氮杂菲光度法（GB/T 8156.7—1987）

试样用碳酸钠-硼酸熔融，热水浸取，硝酸酸化。用盐酸羟胺将三价铁还原为二价铁，在乙酸盐缓冲介质中，二价铁与邻二氮杂菲形成有色络合物，在分光光度计波长510nm处，测定其吸光度。

测定方法：移取50.00mL试液（二氧化硅测定中的试液）于100mL容量瓶中，加5mL盐酸羟胺溶液（100g/L），混匀，加5mL邻二氮杂菲溶液（2.5g/L），25mL乙酸-乙酸钠缓冲溶液（pH值为4.9），用水稀释至刻度，混匀。放置15min。将部分溶液移入1cm比色皿中，随同试样做空白试验。在分光光度计510nm处测定吸光度。

44.3.4.6 氟化钙的测定——火焰原子吸收光谱法

试样用高氯酸-盐酸溶解，加热除尽氟，用盐酸和水溶解沉淀，试液加入氯化锶作释放剂，于原子吸收光谱仪波长422.7nm处，以空气-乙炔火焰测定其吸光度。

测定方法：称取0.2000g试样于铂皿中，加入少量水、4mL高氯酸，低温加热溶解至冒尽白烟，取下冷至室温，加入5mL盐酸（1+1）和30mL水，加热溶解盐类，取下冷却至室温，将溶液移入200mL容量瓶中，用水稀释至刻度，混匀。移取10.00mL试液于100mL容量瓶中，加入10mL氯化锶溶液（100g/L），用水稀释至刻度，混匀。使用空气-乙炔火焰，于原子吸收光谱仪波长422.7nm处，以水调零点，测定试液的吸光度。

备注：对于冰晶石中低含量的氟化钙的测定，可直接用制备的溶液进行测定，不用稀释。

44.3.4.7 氟化镁的测定——火焰原子吸收光谱法

试样用高氯酸-盐酸溶解，加热除尽氟，用盐酸和水溶解沉淀，试液加入氯化锶作释放剂，于原子吸收光谱仪波长285.2nm处，以空气-乙炔火焰测定其吸光度。

测定方法：移取10.00mL测定氟化钙制备的试液于100mL容量瓶中，用水稀释至刻度，混匀。再移取10.00mL稀释后的试液于100mL容量瓶中，加入10mL氯化锶溶液(100g/L)，用水稀释至刻度，混匀。使用空气-乙炔火焰，于原子吸收光谱仪波长285.2nm处，以水调零点，测定试液的吸光度。

备注：对于冰晶石中低含量的氟化镁的测定，可直接用制备的溶液进行测定，不用二次稀释。

44.3.4.8 氟化锂的测定——火焰原子吸收光谱法

试样用高氯酸和盐酸溶解，加热除尽氟，用盐酸和水溶解沉淀，于原子吸收光谱仪波长670.8nm处，以空气-乙炔火焰测定其吸光度。

测定方法：移取25.00mL测定氟化钙制备的试液于50mL容量瓶中，用水稀释至刻度，混匀。使用空气-乙炔火焰，于原子吸收光谱仪波长670.8nm处，以水调零点，测定试液的吸光度。

44.3.4.9　五氧化二磷的测定——钼蓝光度法（GB/T 8156.9—1987）

试样用碳酸钠-硼酸熔融，热水浸取，用硝酸酸化。在 pH 值为 0.3 以下，磷酸与钼酸铵生成黄色磷钼杂多酸，在酒石酸存在下，用抗坏血酸将磷钼黄还原为磷钼蓝，在分光光度计波长 662nm 处，测定其吸光度。

测定方法：称取 2.0000g 试样于铂皿中，加入 12g 碳酸钠和 4g 硼酸，混匀。在 800℃ 高温炉中熔融 20min（空白熔融 3min），取出，冷却至室温。向铂皿中加入热水并加热至熔块溶解，将试液移入已盛有 20mL 硝酸（1+1）的 300mL 聚四氟乙烯烧杯中，用 10mL 硝酸（1+1）洗净坩埚，加热使盐类全部溶解，冷却，将溶液移入 250mL 容量瓶中，用水稀释至刻度，混匀。根据五氧化二磷含量大小移取适量试液于 100mL 容量瓶中，加入 3 滴酚酞指示剂，用氢氧化钠溶液（200g/L）调至溶液显微红色，加水至体积约 70mL，加入 10mL 钼酸铵溶液（25g/L），5mL 酒石酸溶液（300g/L），5mL 抗坏血酸溶液（20g/L），用水稀释至刻度，混匀。在暗处放置 30min，在分光光度计波长 662nm 处，以随同试样的空白溶液为参比，测量其吸光度。

44.3.4.10　硫酸根量的测定——硫酸钡重量法（GB/T 8156.8—1987）

试样用碳酸钠-硼酸熔融，熔融物用高氯酸溶液溶解，在酸性介质中，以氯化钡沉淀硫酸根离子，沉淀在 850℃ 灼烧后称量。

测定方法：称取 1.0000g 试样于铂皿中，加入 4g 碳酸钠和 1.5g 硼酸，混匀，在 850℃ 高温炉中熔融 30min（空白熔融 3min），取出，冷却至室温。向铂皿中加入 15mL 水和 25mL 高氯酸，加热至溶块完全溶解，在电热板上缓慢蒸发至干，冷却。加入 10mL 盐酸（1+1），加热到残渣完全溶解，将溶液移入 500mL 烧杯中，用热水稀释至溶液约 300mL。将溶液加热至沸，在搅拌下，缓慢加入 20mL 氯化钡溶液（100g/L），继续加热煮沸 5min，盖上表皿，在室温下将沉淀静置 16 个小时。将沉淀过滤，用沸水洗涤，直到用硝酸银检查无氯离子为止。将滤纸和沉淀置于预先在 850℃ 高温炉中恒重的铂坩埚中，先在低温处灰化滤纸，然后在 850℃ 灼烧 30min，置于干燥器中冷却至室温后称重。

44.3.4.11　灼减的测定——重量法

试样在 550℃ 灼烧后测定其损失量。

测定方法：称取 2.0000g 试样于已恒重的铂坩埚中，放入 550℃ 的马弗炉中，冰晶石灼烧 30min，氟化铝灼烧 60min，取出，置于干燥器中冷却至室温后称量。

44.3.4.12　X 射线荧光光谱分析法测定元素含量（YS/T 273.14—2008）

将试样研磨，然后压制成样片，用相应的标准样品作校准曲线，用监控样品进行漂移校正，用 X 射线荧光光谱分析仪测定氟盐中各元素的含量。

44.3.4.13　安息角的测定

将氟盐试样从一定高度通过漏斗落在水平的金属板上，形成一个圆锥体，圆锥体的锥面和底面的夹角即为安息角。

测定方法：试样在105℃烘干2h，取出稍冷置于干燥器中冷却至室温备用。调节好安息角测定装置的水平和漏斗高度，把烘干好的氟盐样品从大约40mm高处加入漏斗中心，控制下料量为30～50g/min，供料均匀连续，当试样形成的锥体到达漏斗出口时，停止加入试样，记下试样锥体底部圆周半径的读数，以此计算安息角的结果。

44.3.4.14 松装密度的测定

试样在无振动情况下，从固定不变的高度自由落下，填满一个已知容积的固定容器中，根据试样的质量和体积计算出松装密度。

测定方法：试样在105℃烘干2h，取出稍冷置于干燥器中冷却至室温备用。称量圆筒的质量，再称量加满水后圆筒的质量，将圆筒干燥后置于底台上，调节漏斗使其中心线与圆筒中心线相重合，并使漏斗下端与圆筒顶部平面距离为10mm。使试样距离漏斗上方约40mm处往漏斗中心自由流入，使整个装置无振动，下料流量控制在30～50g/min之间，当试样在圆筒顶部形成锥体并开始溢出时，则停止加料，然后用平直钢尺沿圆筒上边边沿轻轻刮去多余试样，称量圆筒和氟化盐样品的总质量。

44.3.4.15 筛分粒度的测定

将装有氟盐样品的分析套筛放在振筛机上进行振筛，待分级结束后，测其不同筛机残留颗粒的质量，以此计算样品的筛分粒度。

测定方法：试样在105℃烘干2h，取出稍冷置于干燥器中冷却至室温备用。将选好的分析筛从筛底盘开始按筛孔递增的顺序依次装好。用天平称取50g试样，精确至0.001g，放入顶层分析筛中，套上筛顶盖，密封。将套筛固定在振筛机上，振筛15min后称量各级分析筛上残留颗粒的质量。

44.4 中国铝用氟盐工业主要技术进展及存在问题

44.4.1 中国氟盐工业主要技术进展

44.4.1.1 对酸级萤石活化磨细，提高反应效率

氢氟酸生产所用萤石粉是酸级萤石，传统的质量标准要求为“精矿粒度通过0.154mm（-100目）筛的量不小于87%”，而反应要求萤石粒度尽可能细些，这样有利于提高反应效率。改进后的工艺，通常磨细使萤石粉通过0.074mm（-200目）筛达到90%以上，萤石和硫酸单耗就会下降5%～6%。

44.4.1.2 消化吸收应用预反应技术

应用预反应技术能有效减轻转炉腐蚀，延长反应炉寿命，提高反应效率，降低消耗。综合而言有以下几个优点：

（1）在预反应器中氟化钙转化率为30%～60%，可以使萤石粉和硫酸得到充分的混合，即使硫酸的加入量几乎和理论计算值相等，也能使反应进行完全。这样，不仅减小了

过量硫酸给设备腐蚀带来的危害，而且也降低了硫酸的消耗。

（2）回转炉在较低温度下操作，不仅在此低温环境下设备腐蚀减轻，而且因硫酸蒸发量减少，所得的三氧化硫和水分生成的硫酸雾滴给后序设备带来的腐蚀也减轻。

（3）物料经过预反应，完成了稀糊料到颗粒的转变，消除了物料在反应炉内壁黏着的条件，使得回转炉中的主反应加快，副反应减少，使反应炉可能长时间不间断运转并保持炉壁较好的传热状态，提高设备效率。这对同样大小的回转炉，生产效率可提高30%。

（4）腐蚀主要集中在尺寸很小的预反应器，回转炉以及后面的设备腐蚀性都很小，除了预反应器采用特殊的耐蚀合金材质进行定期检修外，其他设备部件的使用寿命大大延长，防腐蚀工作也大大减少。

（5）每年有效生产天数可达320~330天。

目前，中国采用预反应器生产氢氟酸的企业有很多，有进口的，也有自己开发设计制造的。四川某公司经过多年的试验研究和改进，积累了制造预反应器的丰富经验，并在多个企业实施，取得了较好的效果。

44.4.1.3 对HF反应炉实施改造，推广应用外热炉

对早期采用的小型氟化氢反应炉进行改造，加大加长，增加长径比，降低反应炉坡度，改造喷嘴，改进燃烧室结构等，从而使原料反应条件改善，炉产能提高，消耗降低，质量改善。与此同时，推广应用间接加热的外热炉。间接加热反应炉和直接加热反应炉相比，具有很多优越性，前者获得HF气体的浓度高，可用冷凝法生产无水氟化氢，吸收法生产氢氟酸和作反应剂生产干法氟化铝等产品。而后者不适用于无水氟化氢生产。由于设备制造技术的进步，改变了早期炉体的结构，使得设备可大型化。采用随炉体转动的分段加热夹套，提供了合理的热工制度，使反应过程中热量供求相适应，消除了直接加热造成的物料过供或供热不足的矛盾。从加热夹套排出的废气，一部分循环利用，其余用于预热空气或他用，可大幅度提高热能利用率。

44.4.1.4 在氢氟酸生产中消化吸收应用返渣装置

萤石-硫酸法生产氢氟酸普遍采用的回转炉是氢氟酸生产中的关键设备。由于受硫酸和氢氟酸的联合腐蚀，往往设备受损严重，经常停产维修，设备的运转率低，维修费用大，生产受到严重影响，产品成本相对较高。其中最严重的问题就是腐蚀与结疤。长期以来，国内外的办法有：采用先进的抗腐蚀材料；改进生产工艺；采用窑外预反应器、预混器等；在炉窑内加入各种各样的机械构件（如大螺旋等），用于破碎窑内壁的结疤物料；采用返渣技术等。其中内返渣技术是一种国外早已在氟化氢生产装置上采用的先进实用技术。

目前，中国已有多家单位正在研究应用转炉内返渣技术。引进转炉内返渣技术的年产21kt氟氢酸铝（AHF）装置正在设计；江苏省常熟阿托工厂的10kt级AHF转炉内返渣装置正在运行；内蒙古包头10kt级AHF采用转炉内返渣的装置正在建设。这些都为中国推广转炉内返渣技术起着促进作用。

西安三瑞石化装备有限责任公司经过多年的探索、研究，掌握了螺旋式和旋管式组合循环装置的内返渣技术，成功地制作了多种规模的转炉内返渣装置，并在常熟阿托工厂使

用，取得了很好的效果。如在年产 10kt AHF 装置转炉内增设内返渣装置，CaF_2 单耗由增设前的 2.36t 降为 2.17t；H_2SO_4 单耗由增设前的 3.08t 降为 2.83t；转炉内复合层最大腐蚀量由增设前使用 100 天的 28mm 降为使用 372 天的 3.8mm；AHF 产量由增设前的每天 33t 增长为每天 47t。采用该公司内返渣技术，可以不用预反应器或只用简易的预反应器。

44.4.1.5 消化、吸收、创新干法氟化铝生产技术

湖南湘铝是中国首次引进先进的干法氟化铝生产技术的企业，该公司对引进的布斯技术在消化、吸收的基础上，对其某些方面存在的缺陷进行了改进。如，根据原料情况变化进行的工艺改进；对预反应器运行工艺参数的改进；对硫酸预热设备和工艺的改进；对预净化系统的改进；对真空系统工艺的改进；对石膏输送系统的改进；对绝大部分设备实行改造，采用新材料，实现国产化；成功应用和改进自动控制技术，实现 DCS 集散控制。通过消化、吸收、改造、创新，中国在干法氟化铝生产技术方面已经达到了国际先进水平。干法氟化铝技术的进步，已经使得其在中国取代并淘汰氢氟酸法湿法氟化铝生产成为可能。

44.4.1.6 对湿法氟化铝生产技术不断改进、完善和提高

对湿法氟化铝生产技术的改进，主要体现在干燥脱水技术的改进和创新；氟硅酸（钠）法的技术引进和探索；废液回收利用。

有多种干燥脱水装置取代了传统的内热式回转干燥炉。一是二段气流干燥脱水装置；二是单体外热式分段加热回转干燥脱水装置；三是一段蒸汽加热脱水，二段外热式回转炉联合脱水装置；四是一段外热式回转炉和多级旋风联合脱水装置；五是三段联合脱水干燥技术等。实际应用最多的是第一、第二种技术。

采用新的干燥技术，干燥脱水后氟化铝的灼失有的可达到 1% 以下，主含量有的达到 92% ~96%。只是综合质量指标与干法产品仍有差距。

另外，对氟化铝溶液结晶方法进行了新的探索，将反应得到的氟化铝溶液进行加压高温结晶，结晶温度 130 ~200℃，压强为 303.975 ~506.625kPa（3 ~5atm），结晶完成后，过滤洗涤，得到小于一个结晶水的氟化铝，再经干燥脱水得到成品。

氟硅酸（钠）生产氟化铝在国外已是成熟生产技术，有许多国家建有氟硅酸生产氟化铝、冰晶石的装置，主要是利用磷肥生产过程中含氟废气转化成的氟硅酸。

国内有江西贵溪、广西鹿寨、湖北荆襄、贵州宏福等几家磷肥生产企业，引进了由氟硅酸法生产氟化铝的生产技术，还有几家正在建设或计划建设利用磷肥副产物生产氟化铝。氟硅酸制 AHF 等技术也正处于研发阶段。利用氟硅酸或含氟废气生产氟化铝也在不断研究开发，已有自主专利技术。

湿法氟化铝生产产生大量的合成母液，其中含有大量的 F、Al 等生产氟盐的有用成分，可用来生产冰晶石产品。回收方法有冰晶石母液法、纯碱法、氢氧化铝法、氟铝酸法和收尘母液法，生产中回收效果较好的是氟铝酸法和收尘母液法。氟化铝母液实际回收率可达到 95% 以上，氟回收率接近 80%，铝的回收率可达到 85% 以上，可创造较好的经济效益。但回收产品的摩尔比较低，约为 1.2 ~1.3。

44.4.1.7 冰晶石生产技术创新

冰晶石生产技术的创新，主要体现在生产工艺或路线多样化，品种类别呈现可选择性，产品质量有所提高。

20 世纪 90 年代前，中国冰晶石生产工艺比较单一，几大氟化盐厂都采用纯碱氟铝酸法生产摩尔比较低的冰晶石。90 年代后，湖南湘铝有限责任公司发明纯碱氟铝酸法生产高摩尔比冰晶石的方法，出现了高摩尔比冰晶石的批量生产，并在随后的生产中不断降低消耗，提高质量。

另外，90 年代后陆续开发应用黏土盐卤法、铝酸钠法、氟硅酸钠铝酸钠法、氟铝酸铵法等冰晶石生产方法。这些生产方法的成功开发，使冰晶石生产形成了多生产方法、多工艺路线、多品种方式的局面，有效地降低了生产成本，产生了一批具有自主知识产权的专利技术。这些是中国冰晶石生产史上的重大突破。

44.4.1.8 成功开发冰晶石、氟化铝以外的氟盐多品种

多品种氟盐生产工艺的成功开发，调整了氟盐品种结构，丰富了中国氟盐市场，提高了企业经济效益和抗风险能力。

随着中国经济的发展，氟化盐产品用途不断扩展。20 世纪 90 年代以前中国除冰晶石、氟化铝外，仅只有较少量的氟化钠、氟化镁、氟化氢铵等产品生产，90 年代之后，氟硼系列、氟钛系列、氟硅系列、钾系列、锂系列、镁系列、铵系列等氟盐，无论是品种或生产规模，都有较大发展。多品种氟盐生产企业已达 50 家以上，产能规模在 1～130kt/a 不等，总量接近 1000kt/a。

44.4.1.9 对生产过程实现自动或半自动控制

通过引进、消化、吸收和自主创新，实现生产过程的集散控制，在操作控制室就可全面了解和调控生产。对萤石采用申克失重计量秤或核子秤等计量，对硫酸或混合烟酸采用流量控制器件进行配比给料，保证过程的平稳性和准确性。通过温度、压力、流量等变化情况，对工艺过程、监视点、关键工艺参数设置连锁、报警或串级控制和调控，实现过程的自动控制。

44.4.1.10 废渣氟石膏的不断开发利用

氟化工氢氟酸（氟化氢）生产过程中，萤石和硫酸反应产出以含硫酸钙为主的废渣，其量随氢氟酸（氟化氢）产量不断增大而增多，年产出量相当可观，估计在 2000kt 左右，很具开发利用价值。

氟石膏作为一种工业废渣，由于凝结缓慢、强度低、膨胀严重，不能直接作为建筑材料，必须对其进行改性处理。早期的氟石膏开发利用，其用量最大的是作普通硅酸盐水泥的缓凝剂，效果很好。开发利用的深度研究，则对氟石膏中是否含有在建材使用中对人体健康有影响的有害物质以及氟石膏的物理化学性质进行了全面的检测分析。结果表明，氟石膏中的氟是以难溶于水的 CaF_2 形式存在，其质量分数一般低于 2%，氟石膏中有毒氟化物含量极低，不会危害人体。另外，经中国建材院和山东建工学院对氟石膏的放射性测

评，结果远低于国家标准 GB 6763—1986。因此，利用氟石膏废渣生产建筑材料是完全安全可行的。

氟石膏与天然石膏化学成分十分接近，可代替用作水泥缓凝剂。可用多种无机盐类作催化剂制成石膏改性剂，制取 F-型粉刷石膏。还可用来生产石膏砌块、加气砌块及石膏砖。在外加激发剂、增塑剂、保水剂等添加剂后用来制作胶凝材料。特别是干法氟化铝生产过程中排出的干法石膏，基本上不含水，属无水石膏Ⅱ型，与湿法石膏相比更具优越性。

44.4.2　中国氟盐工业存在的主要问题与对策

44.4.2.1　氟盐工业的技术装备水平发展很不平衡，有待调整结构，淘汰落后产能

国外氟化铝的生产基本上都采用干法技术，湿法工艺已基本淘汰，而中国湿法技术产能仍约占一半。

20 世纪 80 ~ 90 年代随着铝电解产能的飞速增长，刺激了氟盐投资热潮，带动一大批中小型氟化盐生产线建成投产。这些企业大多采用 50 年代初期使用的落后工艺，简易上马，装备水平落后，产品质量低，物能消耗高，劳动条件差，设备腐蚀和环境污染严重。而这些企业目前仍有一大部分在维持生产。这就形成具有国际先进水平的技术装备与落后工艺并存的局面，使整个氟盐行业发展很不平衡。

对策是调整产业结构，实行产业重组和结构优化，整合国有氟盐企业，在条件成熟的时候组建大型国有公司或现代企业股份公司，从事国家授权的国有资本的运营和组织实施生产经营管理活动。

提高行业准入门槛，实现优胜劣汰，趁目前氟盐生产能力过剩之际，努力淘汰落后产能，优化行业结构。为了实现这一目标，必要的行政法规必不可少。

44.4.2.2　引进项目的消化吸收和国产化有待加强

湘铝引进的干法氟化铝技术，其先进性主要表现在 HF 的预反应技术；自动化控制水平；流化床技术；产品质量较优；原燃料消耗较低；基本无“三废”污染等。但是这些新技术新成果没有在全行业得到更广泛的推广。应该将之运用到中国现有氟化盐生产改造中去，提升中国氟化盐整体技术水平，使其尽快达到或接近国际先进水平。

磷肥工业含氟尾气回收生产氟化铝和冰晶石技术在国外已很成熟，但国内对引进技术的消化吸收还不够完善，至今没有形成应有的生产能力。解决的办法之一，可在引进项目中选择一两个基础较好的企业，组织技术攻关，解决消化吸收中的问题。

44.4.2.3　产品品种结构有待进一步改善

中国氟盐产能接近 1000kt/a，随着产能的增长，品种不断增多，质量独断提高，但仍与国际水平存在差距。主要体现在：冰晶石、氟化铝产能比例不合理，多品种所占比例偏低，高质量高附加值产品少。国外氟化物多品种已开发出 140 多种，而中国氟化物生产还仅在 40 多种，无论是生产总量和比例都偏低，开发和应用都有待加强。产品结构的调整，应大力发展多品种氟化物，提高产品质量，积极开展高技术含量、高附加值产品的对外出

口贸易。

44.4.2.4 产品质量的国际竞争力不强

中国氟盐产品质量水平相对偏低，与国际市场高主成分含量、高摩尔比、低杂质含量、低灼损的要求相比，部分产品还有较大差距。如湿法氟化铝的主含量不高，水分含量较高，容重低，流动性差。国外生产的冰晶石基本都是高摩尔比，国内中、低摩尔比的产品仍占很大比例。高摩尔比冰晶石在质量和成本上也还不具备竞争优势。另外，中国氟盐因受工艺、装备水平和生产过程控制水平的限制，在杂质含量方面，如硅、铁、硫酸根等含量都相对较高。

解决办法，在全行业加强质量管理的同时，加快技术更新和设备改造，提升氟化盐行业整体水平。

44.4.2.5 “三废”治理和环境保护有待进一步加强

氟盐工业本身就是高污染行业，生产过程产生的气、液、尘对人体、动植物危害较大，加强“三废”治理和环境保护义不容辞。中国因氟盐企业技术和装备水平参差不齐，部分企业环境治理设施不完善，污染较为严重。

解决办法与淘汰落后产能密切相关。严格执行国家环保政策，限期完善“三废”治理设施；利用政策、法令、法规实现宏观调控。

44.4.2.6 萤石、氢氧化铝资源紧张

中国本来是萤石资源储量最多的国家，但由于多年大规模开采，优质萤石资源下降，新的资源开发进展不同步，氟化工行业迅猛发展，其他行业发展需求增加等原因，近年来萤石供求矛盾日益突出。氢氧化铝原料也随铝工业对氧化铝供求的影响波动很大。资源紧张造成了原材料价位居高，产品利润空间小，同行业竞争激烈。

开源节流是解决原料问题的根本途径。一是加强寻找新原料来源，二是淘汰落后的氟盐生产能力，降低原料消耗，合理利用现有资源。

参考文献

[1] 姚广春．冶金炭素材料性能及生产工艺[M]．北京：冶金工业出版社，1992.
[2] 刘业翔，李劼，等．现代铝电解[M]．北京：冶金工业出版社，2008.
[3] 刘业翔．功能电极材料及其应用[M]．长沙：中南工业大学出版社，1996.
[4] Liu Fengqin. Chinese Raw Materials for Anode Manufacturing. Switzerland R & D Carbon Ltd. , 2004.
[5] 谢有赞．碳素材料工艺基础[M]．长沙：湖南大学出版社，1984.
[6] 中国冶金百科全书总编辑委员会．中国冶金百科全书[M]．北京：冶金工业出版社，1992.
[7] 张家埭．碳材料工程基础[M]．北京：冶金工业出版社，1992.
[8] 钱湛芬．炭素工艺学[M]．北京：冶金工业出版社，2004.
[9] 谢有赞．炭石墨材料工艺[M]．长沙：湖南大学出版社，1988.
[10] 许斌，潘立惠．炭材料用煤沥青的制备、性能和应用[M]．武汉：湖北科技大学出版社，2002.

[11] 李其祥. 炭素材料机械设备[M]. 北京: 冶金工业出版社, 1993.
[12] 王平甫, 宫振, 贾鲁宁. 铝电解炭阳极生产与应用[M]. 北京: 冶金工业出版社, 2005.
[13] 炭素材料卷编辑委员会. 中国冶金百科全书: 炭素材料[M]. 北京: 冶金工业出版社, 2004.
[14] 刘麟瑞, 王丕珍. 冶金炉料手册[M]. 北京: 科学出版社, 1991.
[15] 邱竹贤. 预焙槽炼铝 (第3版)[M]. 北京: 冶金工业出版社, 2005.
[16] 冯乃祥. 铝电解[M]. 北京: 化学工业出版社, 2006.
[17] 炼焦化工卷编辑委员会. 中国冶金百科全书: 炼焦化工[M]. 北京: 冶金工业出版社, 1992.
[18] 葛霖. 筑炉手册[M]. 北京: 冶金工业出版社, 2002.
[19] 李旺兴, 夏忠, 等. 技术标准汇编. 中国铝业股份有限公司, 2003, 4(内部资料).
[20] 刘麟瑞, 林彬荫. 工艺窑炉用耐火材料手册[M]. 北京: 冶金工业出版社, 2001.
[21] 耐火材料卷编辑委员会. 中国冶金百科全书: 耐火材料卷[M]. 北京: 冶金工业出版社, 1997.
[22] 温作仁. 敞开式阳极焙烧炉的烟气[J]. 轻金属, 2005(3): 51 ~ 55.
[23] 孙毅, 刘军山, 李生钦等. 炭素成型沥青烟气治理技术的研发与应用[J]. 世界有色金属, 2008(4): 89 ~ 91.
[24] 万沐, 等. 沥青烟吸附器: 中国, ZL 2006 2 0089509. 9[P]. 2006.
[25] Ulrich Mannweiler, Felix Keller. Treatment of Waste Gases from Anode Plants: Comparison of Technologies [C]. 第二届国际铝用炭素技术会议论文集. 昆明, 2006.
[26] Lombard D, et al. Aluminium Pechiney Experience with Graphitized Cathode Blocks. Light Metals, 1998. 653 ~ 658.
[27] 王平甫, 李庆宏, 等. 铝电解槽应用优质阳极炭块的技术经济分析与评价[J]. 轻金属, 2005(1): 44 ~ 48.
[28] 穆二军, 陈杰. 美国 METSO 炭素回转窑在国内的应用[J]. 炭素技术, 2008(5): 59 ~ 63.
[29] Sun Yi, Xu Haifei, Wang Yubin. The Comparison between vertical shaft furnace and rotary kiln for petrolenm coke calcination[J]. Light Metals, 2010. 917 ~ 921.
[30] 霍庆发. 电解铝工业技术与装备[M]. 沈阳: 辽海出版社, 2002.
[31] 许斌, 王金铎. 炭材料生产技术 600 问[M]. 北京: 冶金工业出版社, 2006.
[32] 孙毅, 崔东生. 我国铝用炭素发展方向与措施[J]. 轻金属, 2003(7): 45 ~ 48.
[33] 李庆宏, 刘凤琴. 大型预焙铝电解槽与炭阳极[J]. 炭素技术, 2005(6): 42 ~ 48.
[34] 路忠胜. 铝用阴极的分类及其选择[J]. 轻金属, 1992(9): 42 ~ 46.
[35] 廖贤安, 韦涵光. 铝电解槽炭素内衬材料的性能要求和发展趋势[J]. 轻金属, 2001(6): 51 ~ 53.
[36] 路忠胜. 提高铝电解槽寿命的措施之一[J]. 轻金属, 2003(8): 41 ~ 42.
[37] 刘天齐, 等. 三废处理工程技术手册: 废气卷[M]. 北京: 化学工业出版社, 1999.
[38] 聂永丰, 等. 铝三废处理工程技术手册: 固体废物卷. 北京: 化学工业出版社, 2000.
[39] 大气污染源控制手册编制组. 有色金属工业大气污染源控制手册: 铜、铝冶炼篇[M]. 北京: 中国环境科学出版社, 2000.
[40] 陈喜平, 李旺兴, 周孑民, 等. 铝电解废槽内衬的危害性研究[J]. 轻金属, 2005(12): 33 ~ 38.
[41] 陈鹏. 中国煤炭性质: 分类和利用 (第2版)[M]. 北京: 化学工业出版社, 2006.
[42] 廖贤安, 等. 我国优质阴极炭素材料急需开发[J]. 轻金属, 2003(4): 49 ~ 51.
[43] 陈雪枫. 中国无烟煤利用技术[M]. 北京: 化学工业出版社, 2005.
[44] M. 索列, H. A. 尔耶. 铝电解槽阴极. 邱竹贤, 王家庆译. 《轻金属》编辑部, 1991.
[45] 洪建中. 铝用炭素国内外现状与分析[J]. 炭素科技, 2004, 6.
[46] 孙毅, 崔东生. 高品质铝用阴极炭块分析与展望[J]. 炭材料科学与工艺, 2005(3): 13 ~ 19.
[47] 宋忠宝, 等. 一种重要的非金属资源——萤石矿的开发及利用[J]. 西北地质, 2005, 155, 38(4):

54 ~ 59.

[48] 蒋富林．2004 ~ 2005 年中国及国际萤石行业发展现状[C]．全国无机氟化工行业 2005 年论文汇编．南昌：中国无机氟化物协作组，2005：8，9.

[49] 王安民．中国氟石出口贸易．全国无机氟化工行业 2005 年论文汇编[C]．南昌：中国无机氟化物协作组，2005：48 ~ 51.

[50] 陈嘉甫．中国磷化工生产现状及前景展望[J]．无机盐工业，2006，38(3)：1 ~ 5.

[51] 王邵东，等．中国磷矿资源和磷肥生产与消费[J]．化工矿物与加工，2007(9)：30 ~ 32.

[52] 李冬永．中国氟化盐工业现状及发展对策浅谈[J]．化工生产与技术，2004，11(1)：1 ~ 4.

[53] 刘建良．用铵冰渣制取氟化铝[J]．化工生产与技术，2005，12(4)：6 ~ 7.

[54] 李敬克．利用煤矸石生产冰晶石试验研究[C]．全国无机氟化工行业 2003 年论文汇编．南京：中国无机氟化物协作组，2003：119 ~ 120.

[55] 旷昌平．氟化盐工艺（有色金属工人技术理论教材）[M]．北京：中国有色金属工业总公司，1986：271 ~ 275.

[56] 中国化工学会无机氟化物专家组．中国无机氟化工发展中长期规划及建议．全国无机氟化工行业 2005 年论文汇编．南昌：中国无机氟化物协作组，2005. 1 ~ 8.

[57] 彭颂生．干法氟化铝的产品特性及应用前景．全国无机氟化工行业 2002 年论文汇编．昆明，2002. 34 ~ 36.

[58] A C Коросицын. 关于工业氢氟酸制取冰晶石的质量问题[J]．轻金属，1985(6)：20 ~ 22.

[59] 于修源，吕高峰．预反应技术在 AHF 生产中的应用[C]．全国无机氟化工行业 2005 年论文汇编．南昌：中国无机氟化物协作组，2005：71 ~ 73.

[60] 李大志．HF 生产中使用的预反应器和返渣装置[C]．全国无机氟化工行业 2003 年论文．南京：中国无机氟化物协作组，2003，10.

[61] 陆祖勋．氟化氢制取的工艺原理[C]．全国无机氟化工行业 2004 年论文汇编．苏州：中国无机氟化物协作组，2004. 99 ~ 104.

[62] 李大志．AHF 大规模装置主要特点及国内设计需要考虑的问题[C]．全国无机氟化工行业 2004 年论文汇编．苏州：中国无机氟化物协作组，2004. 26 ~ 31.

[63] 李祖兴．中国氟化铝生产技术进步及市场前景[C]．全国无机氟化工行业 2004 年论文汇编．苏州：中国无机氟化物协作组，2004. 15 ~ 20.

[64] 李汝奕，俞然刚，陈金平，等．氟石膏废渣在建筑材料中的应用[J]．无机盐工业，2005，37(12)：43 ~ 46.

[65] 李冬永．调整创新中的中国氟化盐工业[J]．有色金属工业．2002，311(11)：27 ~ 28.

[66] 李冬永．中国氟化盐工业现状及发展对策浅谈[J]．化工生产与技术．2004，11(1)：1 ~ 4.

[67] Liu F Q, Yang H J. Production technology development of carbon materials, for aluminum electrolysis in China[J]. Light Metals 2003：575 ~ 580.

[68] Liu F Q, Liu Y X. Study on cathode property changes during aluminum smelting[J]. Light Metals 2006：639 ~ 643.

[69] Liu F Q, Liu Y X, Yang H J. Production and application of caoa tar pitch in China[J]. Light Metals 2007：901 ~ 905.

[70] Liu F Q, Liu Y X, Mannweiler U, Perruchoud R. Effect of coke properties and its blending recipe on performances of carbon anode for aluminium electrolysis[J]. Science & Technology of Mining and Metallurgy, 2006, 13(6)：647 ~ 652.

[71] 刘风琴．Influence of the properties of raw materials on anode quality[C]．第一届国际铝用炭素技术会议论文集．2004：77 ~ 85.

[72] 李庆宏，刘风琴．大型预焙铝电解槽与炭阳极[J]．炭素技术，2005，6：42~48.
[73] 王平甫，刘风琴，罗英涛，等．铝电解用炭阳极[J]．炭素技术，2003，2：16~29.
[74] 罗英涛，刘风琴，王平甫，等．我国铝用炭素技术发展的回顾和展望[C]．第二届国际铝用炭素技术会议论文集．2006：79~84.
[75] 陈开斌，刘风琴，常先恩，等．提高铝用预焙阳极抗氧化性试验研究[C]．第二届国际铝用炭素技术会议论文集．2006：187~197.
[76] 罗英涛，王平甫，刘风琴，宫振，等．1995~2005 中国铝电解技术和炭阳极技术十年进步[C]．第二届国际铝用炭素技术会议论文集[D]．2006：85~91.
[77] 肖劲，李劼，刘风琴，等．降低铝用阳极消耗的途径[C]．第一届国际铝用炭素技术会议论文集．2004：144~151.
[78] 陈开斌，刘风琴，罗英涛，等．煤沥青流变性和煤沥青对炭素骨料焦浸润性的研究．炭素技术，2009，2：20.
[79] 谢斌兰．生阳极制造工艺与设备[C]．中国有色金属学报．2004，14 专辑(2)：69~74.
[80] 王平甫，宫振，等．铝电解炭阳极生产与应用[M]．北京：冶金工业出版社，2005.
[81] 王平甫，宫振．铝电解炭阳极技术（一）[M]．北京：冶金工业出版社，2002.
[82] 李庆义，贾鲁宁，刘改云译．铝用炭阳极技术[M]．北京：冶金工业出版社，2007.
[83] 李庆义，贾鲁宁，刘改云译．炭阳极的裂纹性能[M]．北京：冶金工业出版社，2009.

第七篇　精铝、高纯铝和电解共析法制取铝合金

本篇主编　赵洪生

编写人员　（以姓氏汉语拼音为序）
鲍永强　何建丽　刘　莉
孙喜喜　杨冠群　杨　建
杨孟刚　杨　昇　张　军
赵洪生

审　　稿　（以姓氏汉语拼音为序）
贾　柯　刘　钢

45　精铝与高纯铝

＊＊

45.1　精铝与高纯铝概述

45.1.1　精铝与高纯铝的分类与标准

45.1.1.1　精铝与高纯铝的分类

前面述及的原铝的含铝量为99.00%~99.90%通常称为纯铝。随着工业技术的发展，使铝的纯度不断提高，并开发出新的应用领域，从而使“纯铝”的概念细化。依据纯度的不同，可以将重熔铝锭分为工业纯铝、精铝和高纯铝。工业纯铝、精铝、高纯铝的定义如下：

名　称	纯　度
工业纯铝（commercial pure aluminum）	99.00%≤铝含量<99.90%
精铝（high pure aluminum）	99.90%≤铝含量<99.999%
高纯铝（super high pure aluminum）	99.999%≤铝含量

高纯铝的表示方法有两种：（1）直接写出成分，如99.996%、99.999%等；（2）用“数字与N”或“数字+N+数字”表示，如5N（99.999%）、5N5（99.9995%）等，若其成分位于4N~5N之间，也可以写成“4N+”，“N”是英文单词nine的第一个字母。

美国有关标准没有对高纯铝给出明确的定义，也没有通用的名称，但一般对各种纯度的铝使用如下的名称：

铝含量/%	名　称
99.50~99.79	commercial pure aluminum
99.80~99.949	high pure aluminum
99.950~99.9959	subsuper high pure aluminum
99.9960~99.9990	super high pure aluminum
>99.9990	extreme high pure aluminum

世界上工业化生产精铝的方法和工艺有三层液电解法及偏析法两种。由于精炼方法和工艺的不同，其生产出的精铝产品在杂质含量上略有不同，因此，标准也有一定差异。

45.1.1.2 精铝与高纯铝的标准

A 三层电解液法重熔用精铝锭标准

中国适用于三层液电解法生产的国家标准《重熔用精铝锭》（GB/T 8644—2000）将重熔用精铝锭分为 Al99.996、Al99.993、Al99.99、Al99.95 四个牌号，其化学成分应符合表 45-1 的规定。

表 45-1 重熔用精铝锭（GB/T 8644—2000）

牌 号	化学成分(杂质,质量分数)/%							
	Al	杂质含量						
		Fe	Si	Cu	Zn	Ti	其他杂质每种	总和
Al99.996	≥99.996	≤0.0010	≤0.0010	≤0.0015	≤0.001	≤0.001	≤0.001	≤0.004
Al99.993	≥99.993	≤0.0015	≤0.0013	≤0.0030	≤0.001	≤0.001	≤0.001	≤0.007
Al99.99	≥99.99	≤0.0030	≤0.0030	≤0.0050	≤0.002	≤0.002	≤0.001	≤0.01
Al99.95	≥99.95	≤0.02	≤0.02	≤0.01	≤0.005	≤0.002	≤0.005	≤0.05

注：1. 铝含量按 100% 与杂质 Fe、Si、Cu、Zn、Ti 含量的总和（质量分数）之差来计算；
2. 表中未列其他杂质元素，如需方有特殊要求，可由供需双方协商；
3. 分析数值的判定采用修约比较法，数值修约规则按 GB/T 8170 第 3 章的有关规定进行，修约数位与表中所列极限数位一致。

2008 年中国有色金属工业协会组织对此标准的修订，形成了新的行业标准《重熔用精铝锭》，目前正在报批中。新标准中规定重熔用精铝锭分为 Al99.995、Al99.993A、Al99.993、Al99.99A、Al99.99、Al99.98、Al99.95 七个牌号。表 45-2 为准备颁布的新的行业标准。

表 45-2 重熔用精铝锭

牌 号	化学成分(杂质,质量分数)/%									
	Al	杂质含量								
		Fe	Si	Cu	Mg	Zn	Ti	Mn	Ga	其他每种
Al99.995	≥99.995	≤0.0010	≤0.0010	≤0.0015	≤0.0015	≤0.0005	≤0.0005	≤0.0007	≤0.0010	≤0.0010
Al99.993A	≥99.993	≤0.0010	≤0.0010	≤0.0030	≤0.0020	≤0.0010	≤0.0010	≤0.0008	≤0.0010	≤0.0010
Al99.993	≥99.993	≤0.0015	≤0.0015	≤0.0030	≤0.0025	≤0.0010	≤0.0010	≤0.0010	≤0.0012	≤0.0010
Al99.99A	≥99.990	≤0.0010	≤0.0010	≤0.0050	≤0.0025	≤0.0010	≤0.0010	≤0.0010	≤0.0012	≤0.0010
Al99.99	≥99.990	≤0.0030	≤0.0030	≤0.0050	≤0.0030	≤0.0010	≤0.0010	≤0.0010	≤0.0015	≤0.0010
Al99.98	≥99.980	≤0.0070	≤0.0070	≤0.0080	≤0.0030	≤0.0020	≤0.0020	≤0.0015	≤0.0020	≤0.0030
Al99.95	≥99.950	≤0.0200	≤0.0200	≤0.0100	≤0.0050	≤0.0050	≤0.0050	≤0.0020	≤0.0020	≤0.0100

注：1. 铝质量分数为 100% 与质量分数等于或大于 0.0010% 的所有杂质总和的差值，修约数位与表中所列极限值数位一致；
2. 表中未规定的重金属元素铅、砷、镉、汞含量，供方可不做常规分析，但应定期分析，每年至少检测一次 $w(\mathrm{Cd+Hg+Pb}) \leq 0.0095\%$，$w(\mathrm{As}) \leq 0.009\%$；
3. 表中未列其他杂质元素，如需方有特殊要求，可由供需双方协商；
4. 分析数值判定采用修约比较法，按数值修约规则 GB/T 8170 第 3 章的有关规定进行，修约数位与表中所列极限数位一致。

B　偏析法精铝标准

目前，国内尚未制订适用于偏析法生产的重熔用精铝锭的国家牌号和标准。

C　高纯铝标准

中国高纯铝的行业标准《高纯铝》（YS/T 275—2008）是结合中国冶炼企业生产的实际和用户要求而制定的。表 45-3 为中国高纯铝的牌号及其化学成分。

表 45-3　高纯铝的化学成分（YS/T 275—2008）

牌号	化学成分（质量分数）/%												
	Al	杂质含量											
		Cu	Si	Fe	Ti	Zn	Pb	Ga	Cd	Ag	In	Cu + Si + Fe + Ti + Zn + Ga	总量
Al99.999	≥99.999	$\leq 2.8\times10^{-4}$	$\leq 2.5\times10^{-4}$	$\leq 2.5\times10^{-4}$	$\leq 1.0\times10^{-4}$	$\leq 0.9\times10^{-4}$	$\leq 0.5\times10^{-4}$	$\leq 0.5\times10^{-4}$	$\leq 0.2\times10^{-4}$	$\leq 0.2\times10^{-4}$	$\leq 0.2\times10^{-4}$	—	$\leq 10\times10^{-4}$
Al99.9995	≥99.9995	$\leq 2.8\times10^{-4}$	$\leq 2.5\times10^{-4}$	$\leq 2.5\times10^{-4}$	$\leq 1.0\times10^{-4}$	$\leq 0.9\times10^{-4}$	$\leq 0.5\times10^{-4}$	$\leq 0.5\times10^{-4}$	$\leq 0.2\times10^{-4}$	$\leq 0.2\times10^{-4}$	$\leq 0.2\times10^{-4}$	$\leq 5\times10^{-4}$	$\leq 5\times10^{-4}$

注：1. 铝质量分数为 100% 与表中质量分数等于或大于 0.0010% 的所有杂质总和的差值；

2. 分析数值的判定采用修约比较法，数值修约规则按 GB/T 8170 的有关规定进行。修约位数与表中所列极限值数位一致；

3. 对杂质元素铅、砷、镉、汞或其他杂质需方如有需求，可由供需双方协商；

4. 如需方有特殊要求，供需双方另行商定，但含量小于 0.0010% 的杂质，不计入杂质总和。

此标准与普基公司标准的对照见表 45-4。

表 45-4　高纯铝化学成分标准对照

标准	牌号	化学成分（质量分数）/%											
		Al	杂质含量										
			Cu	Si	Fe	Ti	Zn	Pb	Ga	Cd	Ag	In	总量
中国	Al99.999	≥99.999	$\leq 2.8\times10^{-4}$	$\leq 2.5\times10^{-4}$	$\leq 2.5\times10^{-4}$	$\leq 1.0\times10^{-4}$	$\leq 0.9\times10^{-4}$	$\leq 0.5\times10^{-4}$	$\leq 0.5\times10^{-4}$	$\leq 0.2\times10^{-4}$	$\leq 0.2\times10^{-4}$	$\leq 0.2\times10^{-4}$	$\leq 10\times10^{-4}$
普基	Al99.999	≥99.999	$\leq 2.00\times10^{-4}$	$\leq 3.00\times10^{-4}$	$\leq 2.00\times10^{-4}$	$\leq 1.00\times10^{-4}$	$\leq 0.20\times10^{-4}$	$\leq 0.50\times10^{-4}$	$\leq 0.40\times10^{-4}$	—	$\leq 0.10\times10^{-4}$	$\leq 0.40\times10^{-4}$	$\leq 10.00\times10^{-4}$

日本工业标准（JIS H 211）将高纯铝定义为铝含量大于 99.95% 的铝，且高纯铝的化学成分最高只规定为大于 99.995%，也可以认为凡是经过精炼的原铝皆称为高纯铝。JIS H 211 将精铝和高纯铝分为 3 级：

种类	Al	Si	Fe	Cu
特级	大于 99.995%	小于 0.002%	小于 0.002%	小于 0.002%
一级	大于 99.990%	小于 0.005%	小于 0.005%	小于 0.005%
二级	大于 99.950%	小于 0.020%	小于 0.020%	小于 0.010%

俄罗斯标准《原生铝牌号》（ГОСТ 11069—74B51）规定，特纯铝中铝含量不小于 99.999%，杂质总和不大于 0.001%，对具体单项杂质未做明确的规定。

45.1.2　精铝与高纯铝的性质

精铝、高纯铝与电解原铝相比具有许多更为优越的性能，随着纯度的提高，铝的许多特性发生了变化，使精铝、高纯铝具有一系列优异的物理化学性能：

（1）抗酸腐蚀性大幅提高。99.999%（5N）纯度的铝的抗酸腐蚀性大约是原铝的9倍。这主要是由于铝的纯度愈高，表面氧化膜就愈致密，与内部铝原子的结合愈牢固，对某些酸和碱、海水、污水及含硫空气等具有更好的抗腐蚀能力。

（2）延展性大大提高。随着铝纯度的提高，其抗拉强度和屈服强度降低，延展率增大。表45-5是纯铝板的力学性能。

表45-5　纯铝板的力学性能

分　类	冷加工率/%	抗拉强度/MPa	屈服强度/MPa	伸长率/%
高纯铝99.999%	0	40～50	15～20	50～70
	40	80～90	50～60	15～20
	70	90～100	70～80	10～15
	90	120～140	100～120	8～12
工业纯铝 99%～99.9%	0	80～120	30～60	25～50
	40	120～180	100～150	5～10
	70	170～260	120～200	2～6
	90	260～310	220～290	1～4

（3）纯度越高，低温导电性越高。

（4）纯度越高，磁导率越低。

（5）纯度越高，光反射率越高。

99.999%高纯铝的性能汇总如下：

性　能	参　数
干涉性中子散射断面积/m^2	1.495×10^{-28}
非干涉性中子散射断面积/m^2	0.0092×10^{-28}
中子吸收断面积/m^2	0.231×10^{-28}
晶格常数(298K)/nm	0.40496
密度（固态、298K)/$kg \cdot m^{-3}$	2699
密度（液态、1173K)/$kg \cdot m^{-3}$	2304
线膨胀系数（293K)/K^{-1}	23×10^{-6}
热导率（298K)/$W \cdot (m \cdot K)^{-1}$	237
熔点/K	933.5
熔解热/$kJ \cdot mol^{-1}$	10.7
汽化热/$kJ \cdot mol^{-1}$	291

45.1.3　精铝与高纯铝的应用

铝是轻金属，具有导电率高、导热性好、富展性、易加工以及对多种化学物质具有良好的抗蚀性的性质；另外铝也是导磁性非常小的物质，并且纯度越高，导磁性越小，所以，精铝在低温电工技术、低温电磁构件和电子工业领域内有着特殊的用途。铝能与铜、镁、锰、硅、锌、镍、钛、锂等多种物质制成合金，这些种类的合金具有良好的、各自不同甚至是独特的物理及材料力学性能和机械加工性能，从而广泛应用于机械制造业、国防工业、航空航天工业、石油化工工业、电子工业、电力工业、建筑行业、轻工业等领域。

目前，中国90%的精铝用来生产精铝箔，光亮铝合金制品、特种铝合金和拉丝等。

精铝最主要的应用领域是电子元器件制造业，目前，80%以上的精铝用于生产电解电容器。高压电解电容器用阳极箔，由于要求有隧道状腐蚀形态，因此需要精铝的织构为立方织构，精铝的特殊性能可满足其要求。

精铝还用作集成电路配线材料，这是因为精铝电阻低，与 Si 及 SiO_2 的结合性好，与 Si 有良好的电气接触特性。

精铝还可用作真空蒸发材料、喷镀材料，配制特种合金，还在航空航天领域得到应用。

随着在世界范围内清洁发展机制被广泛认同和推行，全人类的环保意识和环境保护措施将不断得到加强，控制汽车 CO_2 气体的排放已经成为公认的保护环境应该采取的措施，电动汽车的研究已引起各国政府和相关行业界的高度重视，中国也在积极发展电动汽车，并已在高功率密度电池用铝合金的研制方面获得成功。铝空气电池比能高，有一半活性物质是空气，机械充电快速，只需数分钟便可完成。美国铝业公司 Tarcy 等人研究发现：在纯铝中加入能形成低共熔合金元素，可使铝合金电极满足大电流的放电需求量。由此可知，一旦电动汽车的电池应用铝合金方面获得突破，形成大规模工业化生产，则精铝的前景十分广阔。

从中长期分析，航空航天、电动汽车、汽车、化工、冶金等领域的需求也会显著增加，主要用途为结构型材料，这将成为精铝产品巨大的潜在市场。

据资料统计，国际对精铝的年需求量约为500kt，最主要的用途也是制造精铝铝箔，最终用于制造电容器，这个情况和中国相类似。

高纯铝具有许多优良性能，用途广泛，特别是在电子工业及航空航天等领域应用较多。99.9995% ~99.9999%（5N5 ~6N）的高纯铝96%用于半导体制造行业，4%用作超导电缆的稳定化材料。

在制造集成电路芯片时，阴极溅射是一道必不可少的工艺，蒸发的呈等离子状态的铝沉积阴极靶面，即在硅片上形成一层薄薄的均匀的极少缺陷的铝膜，随后在铝膜上涂一层感光性树脂，经曝光后去除未感光的树脂，保留极窄的铝条便是所需的导电体。阴极溅镀的铝越纯，其电导率也就越高。

高纯铝的另一用途是作为集成电路的配线。其中杂质铀和钍含量越少越好，因为铀和钍是放射性元素，在时时释放 α 粒子，从而造成集成电路出现故障，使程序失误与混乱。

99.999% ~99.9995%（5N ~5N5）高纯铝可制作板状靶材，大规模应用于 PDP 及 TFT 平板显示器用溅射靶材。99.9992%（5N2）高纯铝用于制造光电子存储媒体，如 CD、CD-ROM、CD-RW、数据盘或微型盘、DVD 银盘等。在银盘中用 5N 高纯铝溅射膜作为光反射层。

近代激光器具有处理样本的精确点数字信息传呼能力，但需要高精密装备与高纯铝，即利用99.999%（5N）的铝制造存储媒体。

45.1.4 国内外精铝与高纯铝工业的发展

45.1.4.1 国外精铝与高纯铝工业的发展

铝提纯工业的开始，应该归功于1901年美国人Hoopes发明三层液电解精炼法。通过这种方法，可以获得纯度为99.996%的精铝。后来的有机溶液电解法和偏析法的发明为铝提纯工艺拓宽了道路。随着铝制备技术的提高，铝产量得到提高，对铝性能的研究也得到长足的发展。不仅铝合金得到广泛的应用，高纯度铝优异的特性也得到开发和利用。

由于三层液电解法的电耗高，又开发出了偏析法。偏析法于20世纪70年代进入商业化生产，日本在80年代初主要转用偏析法，三层液法被逐步淘汰。90年代中期，工业发达国家85%以上的精铝与高纯铝是用偏析法生产的，而且用偏析法生产精铝与高纯铝占的比例越来越大。全世界2003年生产的精铝与高纯铝中，偏析法生产的约占总产量的65%左右。目前，只有中国和俄罗斯仍以三层液法为主提取精铝与高纯铝。在中国，包头铝业（集团）有限责任公司已经有偏析法生产线。

国际上精铝与高纯铝的生产主要集中在少数发达国家，如日本、法国、美国、挪威及俄罗斯等国家。日本是世界上最大的高纯铝生产国，主要采用偏析法，有日本的住友化学、日本轻金属、昭和铝业、三菱化成、九州三井铝业等公司。偏析法能耗约为三层液电解法生产精铝能耗的1/10，因而在日本偏析法生产精铝的发展速度较快。

挪威海德鲁铝业公司是世界上较大的高纯铝生产企业，该公司采用三层法和偏析法联合生产99.999%（5N）高纯铝，采用连续铸造法和定模单铸法铸造99.999%（5N）高纯铝锭。

法国普基公司为法国唯一的高纯铝生产者，采用偏析法，产能利用率约75%。法国生产的高纯铝除本国用一部分外，少量用于出口。

在美国只有美国铝业公司生产高纯铝，该公司是开发高纯铝提纯工艺的先驱，有一条高纯铝生产线，以氦作为冷却介质，是较先进的高纯铝生产工艺。

俄罗斯因其能源优势和技术限制双重因素，精铝生产以三层液电解法为主要工艺路线，因而其三层液电解法工艺技术发展相当快，精炼槽的电流强度在不断提高，已达到75kA。精炼槽的封闭结构也在不断改进，研制出一系列辅助设备装置，如铝液搅拌器、清除槽帮结壳装置、阳极残渣回收车等，使精铝产量和质量不断提高，综合技术指标也相应提高，但其电耗仍在吨铝16000kW · h以上。由于俄罗斯电价较低，生产的精铝在国际市场上仍有相当强的竞争力。

在2010年以前，全世界高纯铝的年平均增长率为5%，而中国的年平均增长率可达到12%以上。

45.1.4.2 中国精铝与高纯铝工业的发展

中国高纯铝生产始于1958年投产的抚顺铝厂的三层液法电解，生产能力为2kt/a，1999年该生产线关闭。

新疆众和精铝有限公司是中国当前最大的精铝生产者，总生产能力为23.5kt/a。该公司于2003年建造了一条偏析法生产高纯铝的生产线，可生产的高纯铝最大纯度为99.9995%（5N5）。

中国铝业贵州分公司精铝生产工艺采用纯氟系三层液电解精炼工艺，产能为5kt/a。该公司现有两条偏析法高纯铝生产线：老线生产能力20t/a，技术工艺落后，是卧式冶炼；新线技术先进，于2006年投入生产，生产能力30t/a，新工艺是竖式冶炼。

中国近几年新有三家精铝企业投产。包头铝业（集团）有限责任公司具有产能20kt、霍林河煤业集团有限责任公司具有产能5kt、山西关铝股份有限公司具有产能5kt。今后中国精铝和高纯铝的生产能力会以较快的速度增长。

45.2 精铝与高纯铝的生产工艺概述

精铝（通常为99.9%~99.99%）工业化生产工艺路线主要有两种，即三层液电解法和偏析法。三层液电解法因能耗高、成本高、污染大、产品质量不稳等原因，在发达国家（法国、日本等）已属淘汰的工艺，而重点发展无污染、能耗低、成本低、产品质量稳定、具有市场竞争力的偏析法生产工艺，而偏析法精炼铝生产工艺以法国普基工业集团PHP的技术最为先进、成熟和适用。

高纯铝（通常为99.999%，甚至达到99.9999%）是对精铝进一步提纯而得到。国内外高纯铝提纯主要的工艺就是偏析法。

精铝和高纯铝生产工艺如图45-1所示。需要说明的是，为了保证偏析法生产精铝，所用的铝原料应是纯度为99.9%~99.95%的高级铝。

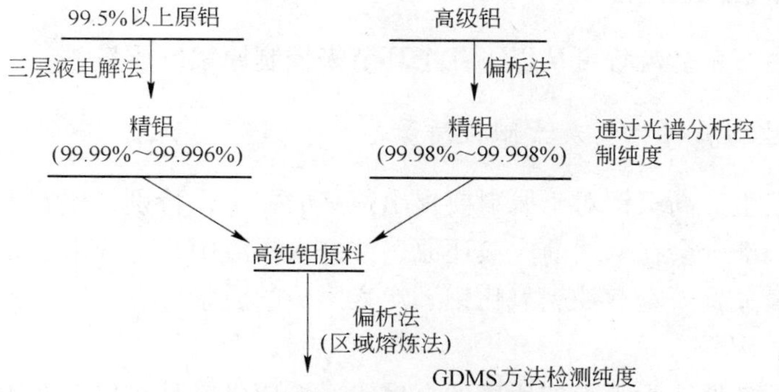

图45-1 国际上通用的精铝、高纯铝提纯工艺

45.3 高级铝及其生产技术

利用普通电解铝生产设备生产的品位为含铝量99.90%~99.95%的原铝称为高级铝。高级铝可作为偏析法生产精铝（w(Al)>99.95%）和高品质铝合金的原料。高级铝的生产技术是提高原铝纯度所采取的措施的最好体现，因此在这里以高级铝的生产为例较为详细地讲述如何提高电解原铝的纯度。

45.3.1 电解槽生产高级铝的工艺流程

电解槽生产高级铝的工艺流程如图 45-2 所示。

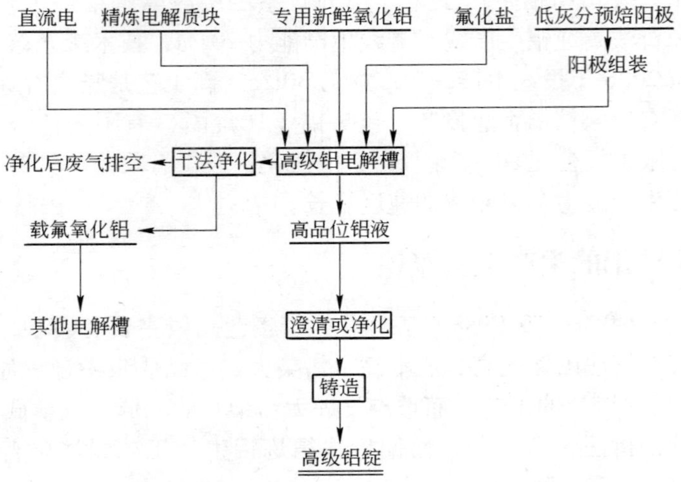

图 45-2 电解槽生产高级铝的工艺流程

高级铝的生产需要单独的氧化铝供料系统，不能使用载氟氧化铝，其他所用设备与普通原铝生产设备完全一致，利用预焙电解槽就可组织生产，这里就不再赘述。

45.3.2 高级铝原铝质量的控制

依据高级铝生产工艺流程可从以下几个环节来控制原铝的质量。

45.3.2.1 控制氧化铝、炭素阳极质量

用电解槽直接生产高级铝对于原料要提出很高的要求，特别是原料的纯度。因为，原料中的伴生元素大部分会在铝之前先被还原，并进入铝液中，造成电解铝品位的降低。因此要严把原料质量关，要重点控制氧化铝、炭素阳极的质量。

A 氧化铝的选择

对于电解铝厂来说，为了得到优质的金属铝，希望供应具有如下性质的氧化铝：

(1) 化学活性大，粒度适中，在电解质熔体中有较大的溶解速度；

(2) 热导率尽可能低，以提高槽面和阳极上面的氧化铝覆盖料的保温效果；

(3) 流动性能较好，以满足管道内输送的需要；

(4) 纯度高，杂质含量小。对于高级铝的生产这一点是最重要的。

为此，要尽可能地选择 AO-1 级别的砂状氧化铝。

B 炭素阳极质量的控制

由于自焙槽控制技术和作业环境较差，而且阳极质量很难控制，生产高级铝不宜在自焙槽上进行，因此这里所说的炭素阳极质量控制就是指预焙阳极的质量控制。为此，需要从炭素厂生产的各个环节加以控制：

（1）提高改质沥青及石油焦的质量。改质沥青和石油焦是预焙阳极生产的主要原料。表45-6为对使用的改质沥青的质量要求，表45-7为对使用的石油焦的质量要求。

表45-6 改质沥青质量要求

软化温度/℃	挥发分/%	甲苯不溶物/%	喹啉不溶物/%	β-树脂/%	灰分/%
100~110	55~60	≥28	8~12	18~25	0.15~0.25

注：改质沥青现行产品标准为YB/T 5194—2003，本表对杂质含量的要求较高。

表45-7 石油焦质量要求

成分（质量分数）	灰分	水分	挥发分	S	Na	V	Ca	Si	Fe	Zn	F	Ti	Ni
含量/%	0.25	5	8~14	1.2	55×10^{-4}	100×10^{-4}	180×10^{-4}	200×10^{-4}	250×10^{-4}	100×10^{-4}	30×10^{-4}	200×10^{-4}	20×10^{-4}

石油焦除理化指标要求外，还要控制粒度，粒度小于6mm的石油焦要小于进货批次的20%。

（2）稳定残极质量，改善中粒粒度条件。残极按20%~25%的比例在干料中均匀加入，不能加得太多，因为残极长期与电解质接触，含有较多的电解质成分，如铝、钠、钾、钙、镁、锂、氟等。阳极组装的残极清理工序要尽量减少残极中的电解质含量，以减少预焙阳极的灰分。残极粒度相对稳定可对改善中颗粒纯度波动与偏析起积极作用。在稳定残极用量之后，中颗粒纯度可达到65%以上，一定程度上弥补了粉状石油焦对配料的影响。

（3）提高煅烧质量。为了提高煅烧质量，防止焦炭在焙烧过程中产生二次收缩，可将煅烧温度提高到1240~1300℃，这样可提高煅烧实收率，提高设备运转率，防止温度过高而引起的选择性氧化。

（4）优化配方，调整好沥青的用量。为获得最佳的容积密度和较低的电阻率及高强度等，配方的科学性和精确性是必须的。可以通过使用电子秤自动计量与微机控制对科学的配方实行计量。

（5）合理掌握混捏温度和混捏时间，提高混捏效果。

（6）严格控制焙烧中温的升温速率、最高温度、保温时间及火道平衡。

C 严格控制其他辅料的质量

控制冰晶石和氟化铝的杂质元素含量。冰晶石的化学成分要符合表45-8中的要求。氟化铝要符合表45-9中的要求。

表45-8 冰晶石化学成分要求

成分（质量分数）	F	Al	Na	SiO_2	Fe_2O_3	SO_4^{2-}	CaO	P_2O_5	H_2O	灼减（550℃，30min）
含量/%	≥53	≥13	≤32	≤0.15	≤0.05	≤0.025	≤0.10	≤0.02	≤0.02	1

注：冰晶石现行产品标准（GB/T 4291—2007）见表44-4，本表对杂质含量的要求较高。

表 45-9 氟化铝化学成分要求

成分（质量分数）	F	Al	Na	SiO_2	Fe_2O_3	SO_4^{2-}	P_2O_5	H_2O（550℃，1h）
含量/%	≥61	≥30	≤0.5	≤0.15	≤0.05	≤0.5	≤0.04	≤0.5

注：氟化铝现行产品标准（GB/T 4292—2007）见表 44-1，本表对杂质含量的要求较高。

实际生产表明，电解铝生产的原材料质量的稳定，对电解槽的正常运行至关重要。如果阳极质量不好，上槽后会出现脱落、裂纹、掉块。处理这些病变阳极不仅增加巨大的工作量，而且会严重破坏电解槽的热平衡和物料平衡，导致运行恶化，甚至出现大批病槽。如果氧化铝质量不统一，砂状、粉状的状态经常变化，电解槽就难以建立起稳定的物料平衡，而使炉膛遭到破坏。电解槽不能保证稳定的运行，直接影响到原铝质量的有效控制。

45.3.2.2 确定合理的检测分析制度

要合理增加分析检测项目，缩短分析检测周期，随时掌握电解原铝质量变化情况。

45.3.2.3 加强对预焙阳极、氧化铝等原料的存放管理

存放要求如下：

（1）高级铝用预焙阳极块、氧化铝等原料要指定地点单独保存，由专人负责管理；

（2）预焙阳极块在换极使用前要把磷铁飞边、毛刺严格清理干净，炭块表面的灰尘等杂物也要清理干净，以避免带入电解槽中污染铝液；

（3）预焙阳极要提前拉运到电解厂房的指定地点进行预热并给阳极钢爪加装炭素保护环；

（4）使用独立的氧化铝专用输料系统进行氧化铝的输送，不使用载氟氧化铝返回料。

45.3.2.4 加强换极、出铝作业的管理

管理要求如下：

（1）缩短阳极更换周期，避免因阳极太薄出现熔化钢爪而污染铝液，换极时使用新鲜氧化铝作阳极保温料，保温料厚度要求控制在规定范围之内；

（2）出铝要使用专用的真空出铝包，要做好日常的检修维护工作，保证每台槽出铝时间不超过10min。

45.3.2.5 加强设备管理

加强对电解槽上部结构的检查、维护，减少设备故障，发现问题要及时处理，防止出现泡机头、掉机头，以防化机头把铁带入原铝中。

45.3.2.6 加强现场作业的管理

现场作业的管理如下：

（1）做好电解槽的密封工作，槽罩要盖整齐，要盖严密；

（2）电解槽上部结构、地面浮尘、槽子周围和槽底脏料要及时清扫，清扫的脏料不能

加入高级铝电解槽中，要另行处理。

45.4　精铝与高纯铝的生产原理和基础理论

45.4.1　三层液电解法原理

45.4.1.1　三层液电解法生产技术概述

三层液电解法由 Hoopes 于 1901 年发明，因电解槽内有三层液体而得名。其下层液体是阳极合金，由 30% Cu 和 70% Al 组成，密度为 3.4 ~ 3.7g/cm³。阳极合金铜元素主要是为了增加下层液体的密度。中层液体为电解质，各个厂家采用不同的体系，大体可分为纯氟化物系和氯氟化物系，其密度为 2.7 ~ 2.8g/cm³。最上层为精铝液，用作阴极，密度为 2.3g/cm³。三层液体依密度差别而上下分层。

三层液电解法工艺流程简图如图 45-3 所示。

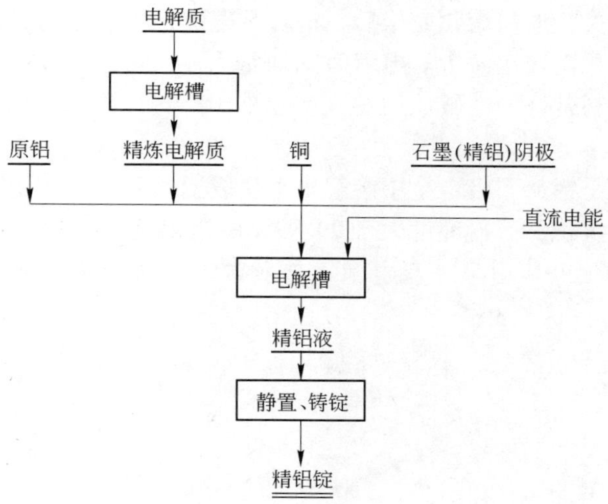

图 45-3　三层液电解法工艺流程

45.4.1.2　三层液电解精炼法原理

铝的电解精炼所依据的原理是：利用金属在电解液中不同的电极电位，比铝更正电性的元素如铜、铁、硅、锰等滞留在阳极母液中，而铝更负电性的元素如钠、钙、镁等虽在电解液中移动，但不会在阴极析出，而保留于电解液中，在阳极合金中，只有铝在阴极上析出。

A　三层液电解精炼的电化学反应

阳极反应为：

$$Al - 3e \longrightarrow Al^{3+} \tag{45-1}$$

$$Ca - 2e \longrightarrow Ca^{2+} \tag{45-2}$$

$$Mg - 2e \longrightarrow Mg^{2+} \tag{45-3}$$

$$Na - e \longrightarrow Na^+ \tag{45-4}$$

而 F^- 和 Cl^- 不放电。

电解液中除了原有的 Al^{3+}、Ba^{2+}、Na^+、F^-、Cl^-、AlF_6^{3-}、AlF_4^- 之外，增加了上述反应中产生的 Al^{3+}。

阴极反应为：迁往阴极的各种阳离子中，铝的电极电位比较正，故 Al^{3+} 优先在阴极上获得电子，析出金属铝：

$$Al^{3+} + 3e \longrightarrow Al \tag{45-5}$$

而电解液中的其余各种阳离子，如 Ba^{2+}、Na^+ 之类，并不放电。但是电解质本身所含的电位比铝更正的元素，却会在阴极上析出，使铝的纯度降低。由于对电解质的要求较高，所以采取在专门的电解槽进行预电解的方法来制取电解质。制取电解质时应选用纯的原料，原料要在加入电解槽前预先干燥，以减少熔化时的水解和泥渣化，然后将其加入阴极铝层内。随着原料的熔化，逐渐进入电解液层内。制取电解质原料的这种添加方式能够减少其水解及挥发损失。原料熔化完毕后，进行预电解，主要是通过电化学反应，使电解质中的铁和硅杂质进入阴极铝液中。电解时间通常为 4 ~ 5h，电解槽温度高于普通槽，电压保持在 10 ~ 20V。制备好的电解质通过真空包抽出，转注到三层液电解法制取精铝的电解槽中。

电解精炼的过程是铝从阳极合金中溶解出来变成铝离子，铝离子在阴极放电得到金属铝，最终铝在阴极上沉积，获得纯度大于 99.99% 的精铝。

B　电解时的极化电势由汞齐型电池电势和浓差电池电势两部分组成

a　汞齐型电池

阴　极	电解质	阳　极
Al		Al(Cu)
$a_1 = 1$		a_2

此种电池的电势为：

$$E_1 = \frac{RT}{3F}\ln\frac{a_2}{a_1} = \frac{RT}{3F}\ln a_2 \tag{45-6}$$

式中　a_1——阴极铝液中铝的活度，$a_1 = 1$；

a_2——阳极铝液中铝的活度。

汞齐型电池的电势，随着阳极合金中的铝活度的减小而增大。如果取阳极合金中铝的活度等于它的浓度，则 E_1 值为 0.006V。

该电池的电动势测量值为 0.040 ~ 0.045V。事实上，工业电解槽上极化电动势值很大(0.360 ~ 0.370V)，并且在阴极上的过电压为 0.185V 左右，阳极上的过电压为 0.135V。显然，过电压的本质具有浓度特征。

b　浓差电池

阴　极	阴极近层	电解质	阳极近层	阳　极
Al	Al^{3+}	Al^{3+}	Al^{3+}	Al(Cu)
	$a_{Al^{3+}(阴)}$	$a_{Al^{3+}}$	$a_{Al^{3+}(阳)}$	

浓差电池电势又分为两部分：

（1）阴极浓差电势是由于电解液本体中 Al^{3+} 浓度与阴极表面上 Al^{3+} 浓度的差异而形成的。电流的迁移虽然靠 Ba^{2+} 和 Na^{+}，但是在阴极上放电的却是 Al^{3+}，因此造成 Al^{3+} 浓度的差异。

阴极浓差电势由式45-7确定：

$$E_2 = \frac{RT}{3F}\ln\frac{\bar{a}_{Al^{3+}}}{a_{Al^{3+}(阴)}} \tag{45-7}$$

式中 $\bar{a}_{Al^{3+}}$——电解液本体中 Al^{3+} 活度；

$a_{Al^{3+}(阴)}$——阴极表面的 Al^{3+} 活度。

（2）阳极浓差电势不仅是由阳极表面电解液中 Al^{3+} 浓度与电解液本体中 Al^{3+} 浓度的差异而形成的，而且还是由阳极合金表面的铝浓度与合金本体中铝浓度的差异而形成的。因此可用下式计算阳极浓差电势：

$$E_3 = \frac{RT}{3F}\ln\frac{a_{Al^{3+}(阳)}}{\bar{a}_{Al^{3+}}} + \frac{RT}{3F}\ln\frac{\bar{a}_{Al(Cu)}}{a_{Al(Cu)}} \tag{45-8}$$

式中 $\bar{a}_{Al^{3+}}$——电解液本体中 Al^{3+} 活度；

$a_{Al^{3+}(阳)}$——阳极表面的 Al^{3+} 活度；

$\bar{a}_{Al(Cu)}$——阳极合金本体中的铝活度；

$a_{Al(Cu)}$——阳极合金表面的铝活度。

把 E_2 和 E_3 相加，则得到：

$$E_2 + E_3 = \frac{RT}{3F}\ln\frac{a_{Al^{3+}(阳)}}{a_{Al^{3+}(阴)}} + \frac{RT}{3F}\ln\frac{\bar{a}_{Al(Cu)}}{a_{Al(Cu)}} \tag{45-9}$$

电流为10000A，$d_{阴}$ 为0.55A/cm^2 的精炼电解槽的极化电势约为0.36V，分配如下：

阴极浓差电势	0.185V
阳极浓差电势	0.135V
汞齐型电池电势	0.040V
极化电势总和	0.360V

45.4.1.3 三层液精炼的电解质

电解质一般有两类，分为纯氟化物体系和氯氟化物体系电解质，其组成如下：

纯氟化物体系：48% AlF_3，18% NaF，18% BaF_2，16% CaF_2；密度（液态）约2.8g/cm^3，熔点680℃，操作温度740℃。

氯氟化物体系：23% AlF_3，13% ~17% NaF，60% $BaCl_2$，4% NaCl；密度（液态）约2.7g/cm^3，熔点700~720℃，操作温度760~780℃。

当前用的都是以这两种电解液为基础而做了改进的。

45.4.1.4 三层液精炼电解的电流效率

A 三层液精炼电解的阳极电流效率

张中林和邱竹贤研究了三层液电解中的阳极电流效率，由于在阳极生成 Al^{3+} 的同时也

生成了 Al^+，电流效率较高，研究结果为：

（1）当电流密度小于 0.16A/cm² 时，阳极电流效率异常的高，达到 110%～220%；

（2）在电流密度为 0.16～1.2A/cm² 范围内，电流效率在 110%～100% 之间；

（3）在电流密度为 1.2～1.8A/cm² 时，电流效率从 100% 增加到 130%。

B 三层液精炼电解的阴极电流效率

在精铝电解生产过程中，三层液精炼电解槽内阴极上实际产出的铝量与理论产出的铝量之比的百分数，称为阴极电流效率。三层液精炼法以高电流效率著称。尽管阴极产物精铝位于最上层，但由于电解液对阴极有良好的湿润性，而且有一层薄膜把铝液表面覆盖住，所以铝液可免于被空气大量氧化，使电流效率达到 96%～98%。此外，获得如此高的电流效率还有下列重要因素：

（1）电解温度低，只有 750～800℃，仅高出铝的熔点 100℃，铝的溶解量少；

（2）在电解过程中没有气体析出，没有阳极反应，电解质不"沸腾"，对流循环也很弱，电解过程十分平稳，因此铝的损失减小；

（3）极距高达 8～12cm；

（4）液态电解质与阴极铝液之间密度差别较大（0.3～0.4g/cm³），而原铝电解槽中液态电解质与阴极铝液之间密度相差只有 0.2g/cm³。密度差别愈大，则分层愈清楚，铝的溶解量愈少。

45.4.1.5 三层液电解精炼槽的技术参数和其他经济指标

通常情况，三层液电解精炼槽的技术参数和其他经济指标如下：

指 标	参 数
电流/kA	30～85
工作电压/V	4.5～6.0
电解质温度/℃	760～810
电解质电流密度/A · cm^{-2}	0.57～0.70
电解质水平/cm	9～12
阴极铝水平/cm	15～18（出铝后）
阳极合金水平/cm	20～23（加原铝前）
阳极合金中铜浓度/%	30～40
吨铝电能消耗量/kW · h	13000～18000（直流）

原材料消耗量：

原 料	参 数
吨铝氯化钡/kg	35～40
吨铝氟盐（按 F 计算）/kg	16～21
吨铝石墨/kg	12～13
吨铝原铝/kg	1020～1030
吨铝铜/kg	10～14

三层液精炼铝的吨铝电能消耗是很高的，比原铝生产高出 3000～5000kW · h。其主要原因是为了获得高纯度铝而不得不提高极距，以免阴极产物与阳极合金混淆。

45.4.2　偏析法基础理论

45.4.2.1　偏析法生产工艺技术概述

由于用三层液电解精炼法生产精铝时耗用大量的电能，因此，铝工业又开发研制了产量大、能耗低、成本低的偏析法。法国普基公司于 1960 年最早开始应用偏析法工艺进行工业化生产精铝。偏析法精炼铝工艺对原料（原铝液）的要求较三层液电解精炼法高，通常需要使用高级铝。

偏析法工艺流程简图如图 45-4 所示。

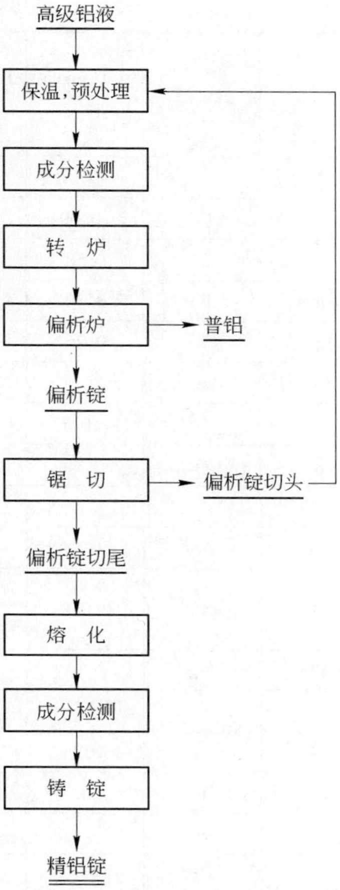

图 45-4　偏析法工艺流程

45.4.2.2　偏析法原理

凝固过程中出现溶质的再分布，是合金的凝固不同于纯金属的一个重要特征，也是合金凝固中一种普遍的传质现象。铸锭成分的均匀性和晶粒组织等的形成，都与溶质的再分布有关。

铝是元素周期表上第三周期 $Ⅲ_A$ 族元素，原子序数是 13，公认的相对原子质量：以 12C 为标准是 26.9815，主要的稳定同位素是 27Al。铝呈面心立方晶格，这种晶格的熔点很稳定。铝的配位数是 12，晶胞带有 4 个原子。298K 时，纯铝的单位晶格立方体的边长为 4.049596×10^{-10}m，因此，铝原子的直径为 2.86×10^{-10}m，原子体积为 $9.999\times10^{-6}m^3/mol$。

利用晶格常数可以计算出铝在 298K 时的密度为 2698.72kg/m^3，多晶 99.996% 纯铝的实验测定值为 2698.78kg/m^3，单晶体的密度约高出 0.34%。

A　各种元素在铝中的平衡分配系数

衡量溶质再分布状况的主要参数是平衡分配系数 K_0，它表示同一温度下某种杂质元素在固相铝中的浓度 c_s 与它在液相铝中的浓度 c_L 的比值。

不同元素在铝液中的平衡分配系数不相同。J. Drápala 等人经过试验测定和通过相图计算，获得了不同元素在铝中的平衡分配系数的极限值。因为采用试验方法的差异，也有可能在利用相图计算时的误差，造成了各位研究者获得的各种元素的平衡分配系数不同，见表 45-10。

根据表 45-10 的数据，平衡分配系数大于 1 的主要元素分布于 $Ⅳ_A$，$Ⅴ_A$，$Ⅵ_A$，$Ⅶ_A$ 族。从这些元素的外围电子排布可以发现，外围电子没有排满的元素，易于和铝原子的电子云产生交叉和吸引，造成铝原子同这些元素原子优先接合。而惰性气体原子的原子排列全部为满排布，不能提供给铝原子共用电子，和铝原子有相互排斥的趋势，所以其平衡分配系数最小。

表 45-10 杂质元素在铝中的平衡分配系数

原子序数	元 素	J. Drúpala 等人	Poong Kim 等人	L. F. Mondolfo		邱竹贤	原子半径	
							配位数	
				理论值	试验值		12	8
1	H	<0. 1		—	—			
2	He	<0. 001		—	—			
3	Li	0. 58		0. 45	0. 73		1. 56	1. 52
4	Be	0. 30		0. 1 ~0. 27	0. 1 ~0. 2		1. 12	1. 07
5	B	0. 26	>1	—	—			0. 91
6	C			—	—			
7	N	<0. 1		—	—			
8	O			—	—			
9	F			—	—			
10	Ne	<0. 001		—	—			
11	Na	0. 018		<0. 0001	0. 00014 ~ 0. 03		1. 92	1. 86
12	Mg	0. 30	0. 51	0. 45 ~0. 5	>0. 5	0. 5	1. 60	1. 55
13	Al	1. 00		—	—		1. 43	1. 39
14	Si	0. 1	0. 14	0. 13	0. 09 ~0. 5	0. 093		
15	P	<0. 1		—	—			
16	S	<0. 01		—	—			
17	Cl			—	—			
18	Ar	<0. 001		—	—			
20	Ca	0. 055		0. 07 ~0. 08	0. 08	0. 08	1. 97	1. 91
21	Sc	<1			0. 75 ~0. 8	1	1. 66	1. 60
22	Ti	9. 40	2. 1		8 ~13	8	1. 47	1. 42
23	V	5. 80		2. 5	3. 7	3. 7	1. 36	1. 31
24	Cr	1. 84	1. 7	1. 75 ~2	0. 5 ~2	2	1. 30	1. 26
25	Mn	0. 76	0. 7	0. 7 ~0. 9	0. 5	0. 9	1. 27	1. 24
26	Fe	0. 023	0. 03	0. 02 ~0. 03	0. 02 ~1	0. 03	1. 26	1. 23
27	Co	0. 024		0. 02	0. 014	0. 02	1. 25	1. 22
28	Ni	0. 0071	0. 008	0. 008 ~0. 01	0. 03 ~0. 9	0. 009	1. 25	1. 22
29	Cu	0. 14	0. 14	0. 14 ~0. 17	0. 14 ~0. 17	0. 15	1. 28	1. 24
30	Zn	0. 43	0. 75	0. 7 ~0. 75	0. 01 ~0. 03	0. 4	1. 37	1. 32
31	Ga	0. 088		0. 22	0. 002		1. 53	1. 48
32	Ge	0. 080		0. 06 ~0. 13	0. 13	0. 13		
33	As	<0. 1		—	—			
34	Se	<0. 01		—	0. 75			

续表 45-10

原子序数	元　素	J. Drápala 等人	Poong Kim 等人	L. F. Mondolfo		邱竹贤	原子半径	
							配位数	
				理论值	试验值		12	8
36	Kr	<0.001		—	—			
38	Sr	<0.1		—	—		2.15	2.07
39	Y	0.028		0.02～0.05	—		1.82	1.76
40	Zr	2.24	2.6	1.2～2.4	1.5～2.6	2.5	1.60	1.54
41	Nb	4.18		1.5	1.57		1.47	1.43
42	Mo	2.47		2～2.5	2	2	1.39	1.36
43	Tc	<1		—	—		1.35	1.32
44	Ru	<1		—	—		1.34	1.31
45	Rh	<0.1		—	—		1.34	1.31
46	Pd	<0.1		<0.04	<1		1.37	1.34
47	Ag	0.34		0.2～0.9	≪1	0.2	1.44	1.40
48	Cd	0.053		<0.01	0.005		1.54	1.49
49	In	0.010		<0.001	0.01		1.67	1.62
50	Sn	0.0078		<0.0001	0.00025			
51	Sb	0.042		0.01～0.1	0.01～0.09	0.09		
52	Te	<0.01		—	≪1			
54	Xe	<0.001		—	—			
57	La	0.0032	0.4	<0.01	≪1			
58	Ce	0.0035	<1	<0.01	0.005		1.82	1.82
59	Pr	0.0031		<0.001	—		1.82	1.82
60	Nd	0.003		—	—		1.81	1.81
62	Sm	<0.1		—	—			
64	Gd			—	—		1.78	
65	Tb	0.018		—	—		1.77	
66	Dy	<0.1		—	—		1.75	
67	Ho	<0.1		—	—		1.76	
68	Er	<0.1		—	—		1.73	
69	Tm	0.0081		—	—		1.74	
70	Yb	<0.1		—	—		1.93	
71	Lu			—	—		1.73	
72	Hf	4.44		1.3	2.5		1.62	1.57
73	Ta	>1		1.69	1.66		1.49	1.44
74	W	>1		1.5	0.3		1.41	1.37
75	Re	>1		—	—		1.37	1.33

续表 45-10

原子序数	元素	J. Drápala 等人	Poong Kim 等人	L. F. Mondolfo		邱竹贤	原子半径	
							配位数	
				理论值	试验值		12	8
76	Os			—	—		1.35	1.31
77	Ir			<0.001	0.01		1.36	1.32
78	Pt	0.44		—	—		1.39	1.35
79	Au	0.069		—	0.2		1.46	1.42
80	Hg	0.12		—	—		1.59	1.52
81	Tl	<0.1		—	—		1.71	1.68
82	Pb	0.072		0.01 ~ 0.12	0.134			
83	Bi	0.039		0.001 ~ 0.06	0.45			
86	Rn	<0.001		—	—			
90	Th	0.050	0.06	0.08	0.04		1.80	1.80
92	U	0.0046	<1	0.001	0.015		1.38	1.54
93	Np			—	—		1.30	1.50
94	Pu	0.0037		—	—		1.64	1.64

按照原子序数排列，可以看出随着原子序数的增加，各元素在铝中的平衡分配系数成周期性排列，如图 45-5 所示。

B　定向凝固提纯

偏析法又称定向凝固提纯法，是利用熔融铝凝固（结晶）时产生偏析现象而提纯铝的工艺。偏析就是合金或纯铝在冷却凝固过程中，凝固（结晶）的固体合金或金属的成分与熔体的原始成分不同的现象。偏析法提纯原理就是利用杂质元素在凝固的固态铝中的含量远低于熔体中含量的偏析现象。由上面的平衡分配系数 K_0 的定义，凡是 $K_0<1$ 的杂质如 Si、Fe、Cu、Zn、U、Th 等都可以通过偏析法除去到某种程度；而 $K_0>1$ 的杂质如 Ti($K_0=8.0$)、Cr($K_0=2$) 等则不能采用偏析法除去，因为这时固态铝中的含量会大于熔体中的。通过多次或甚至八次、十次偏析的反复提纯就可以获得 5N 级的高纯铝。

如图 45-6 所示为偏析法提纯原理。设有 AX 合金相图，A 为合金中的基体组分

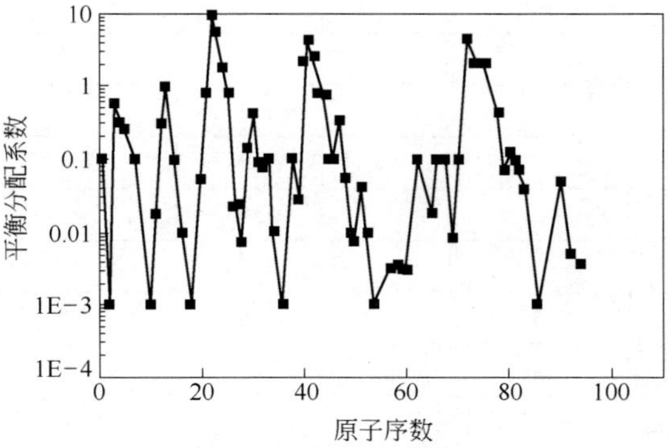

图 45-5　原子序数与平衡分配系数的关系

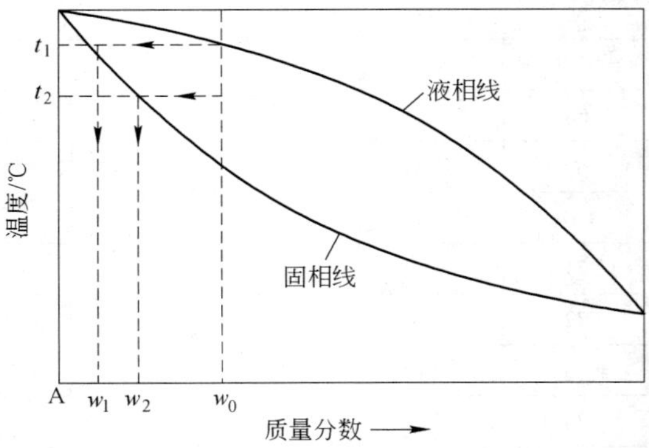

图 45-6　偏析法原理

（Al），X 为 Al 中的杂质组分。当杂质含量为 w_0 的熔融态合金从某一高温下缓慢冷却，达到液相线时，其温度为 t_1，便结晶出杂质含量为 w_1 的晶体，$w_1 << w_0$。继续降低温度到 t_2 时，则结晶出杂质含量为 w_2 的晶体，$w_2 > w_1$，但 $w_2 << w_0$。这些晶体便是所求的偏析法产物，其中杂质含量均远小于原始铝中所含的杂质，因而可提取或制得纯度更高的铝。

偏析法生产高纯铝技术和定向凝固技术的发展有着密切的联系，因此这里对定向凝固技术的进展进行必要的介绍。

凝固过程是物质从液态向固态转变的相变过程，这一过程对物质固态时的性能会产生重要的影响。凝固过程的控制可以通过控制其中的动量、能量传输过程和各种物理场来实现。可控制的部分包括热量传输、物质传输和流动场，另外，也可以通过改变外部的重力场和电磁场等实现对凝固过程的影响，无论如何，传热过程的控制是控制凝固过程的首要因素。维持合金液的均匀冷却可以得到等轴晶凝固组织，采用强制一维散热则可使凝固过程沿温度梯度方向进行。

定向凝固技术的发明始于对合金晶体结构的控制，最终也发展成为控制晶体生长结构的重要技术。在工业应用上，用此项技术制备出了性能比用普通铸造方法高得多的航空发动机用涡轮叶片。在科学研究上，定向凝固成为研究固液界面形态及凝固组织行之有效的技术手段。

定向凝固工艺按照生产原理可以分为以下几个主要类型：

（1）Bridgman 法。Bridgman 法和类 Bridgman 法是定向凝固工艺的主要方法。其特征是被凝固的熔体盛装在坩埚中，采用移动坩埚或温度场的方式，让熔体按照坩埚的形状凝固。外部热场可以分为热区、（绝热区）、冷却区等两个或 3 个部分。

（2）区域熔炼法。区域熔炼法又分为：1）水平区熔法：这种方法是将材料置于水平坩埚舟内，通过加热器在舟的一端产生小的熔区，然后以一定的速度移动加热器或坩埚，使得熔区按照指定的方向移动，向另一端依次熔化过去，可以通过放置籽晶或控制移动速度得到单晶。这种工艺的优点是降低了加热功率，可以反复进行相同的加工过程，从而提高了晶体的纯度或使掺入的元素均匀化。2）悬浮区熔法：这种方法是一种垂直区熔法，利用加热器使垂直放置的棒状试样的一狭区开始熔化，熔区借助材料熔体的表面张力和重力的平衡保持在两段试样之间，通过移动加热器或抽拉试样使熔区沿试样轴向长度以一定的速度移动，材料在熔化区域后面顺序凝固。这种方法不用坩埚，避免了坩埚材料的污染，由于又不受坩埚熔点限制，可以用来生长熔点高的材料。

（3）晶体提拉法。Czochralski 法是一种常见的晶体生长方法，将欲生长的材料放在坩埚里熔化，然后将籽晶插入熔体中，在适中的温度下，籽晶既不熔掉也不长大；然后缓慢向上提拉和转动籽晶。旋转一方面可获得好的晶体热对称性，另一方面也搅拌了熔体。采用这种方法能在较短的时间内生长出大而无位错的晶体，晶体的直径取决于熔体的温度和拉速。

（4）O. C. C. 连铸法。O. C. C. （Ohno continuous casting）连铸技术是日本学者大野笃美发明的。该方法通过对铸型加热，避免了型壁形核对晶体生长的影响。O. C. C. 法可以分为下引、上引及水平生长三种方式。这三种生长方式各有优缺点。下引生长有利于避免气体和夹杂物的裹入，对生长晶体的尺寸没有限制，但装置设计比较困难，要防止熔体从结晶器漏出来。上引方式没有熔体泄漏的危险，但容易卷入气体和夹杂物。水平生长的装置比较容易实现，但是上、下侧冷却速率不均匀容易造成晶体生长的不规律。通过综合对比，显然下引生长方式更适宜于提纯工艺。

任何一种定向凝固方式都可以应用于高纯铝的提纯。但是，结合实际生产的要求，可以发现要在高的提纯效率和生产效率之间达成和谐的一致，是非常困难的。Bridgman 法中液相的凝固受到坩埚壁导热的限制，大直径的熔体很难快速地凝固，不可能产生控制晶体生长所需的温度梯度。受晶体直径与质量的限制，和晶体生长的特点，使得 Czochralski 法不适合于工业化的生产需要。O. C. C. 法设计的初衷就是用于工业化生产铸锭的，所以，它比较适宜生产大直径和较长的铸锭，但是它的冷却方式不适于进行真空操作。

45.4.3　偏析法生产高纯铝的工艺简介

当前已开发出了多种利用合金凝固时的偏析现象提纯铝的有商业价值的工艺主要有：冷凝法、分步结晶法、单向凝固法、区域熔炼法。它们的设计思路相同，只是在某些动作与零部件及机构方面有所不同。

45.4.3.1　冷凝法提纯工艺

如图 45-7 所示为冷凝法提纯示意图，该方法比较简单：铝液保持在一定的温度，把带水冷的冷却结晶器插入铝液中，结晶器周围就会结晶出纯度高的晶体。通过旋转结晶体，增加固液界面的流动，提高溶质的扩散效果。这种工艺的提纯效果一般，但生产效率较高。在对较低纯度的纯铝提纯时，这种工艺较常用。

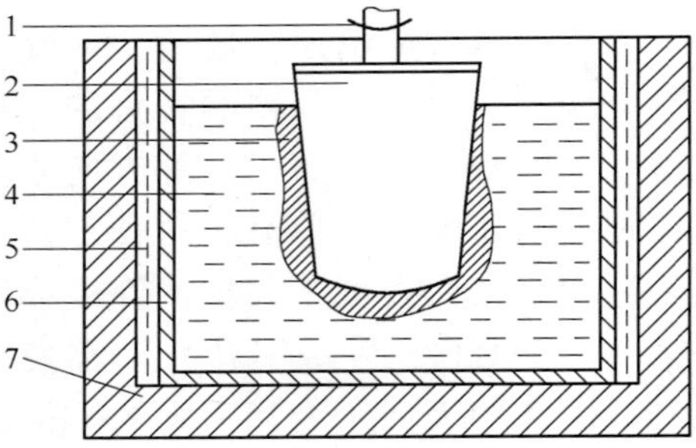

图 45-7　冷凝法提纯示意图

1—冷却管；2—冷却体；3—冷凝铝；4—铝液；5—加热搅拌器；6—坩埚；7—保温层

日本住友轻金属工业株式会社申请的专利中，采用向母液中伸入冷体，通过搅动母液绕冷体旋转或旋转冷体，让晶体在冷体表面凝固。同时，在熔体中导入气体，使之形成气泡，气泡表面形成的硬氧化物薄膜可以冲刷摩擦固液生长界面，使偏析出的富含溶质的液层同剩余母液充分混合，提高提纯效率。该公司已申请了专利，改进了收集晶体的方式，对锭块进行周期性压实以及在生长期间通过加热，基本使锭块连续重熔，以有利于富含溶质的液体流出来。

45.4.3.2　分步结晶法

分步结晶法的精炼装置如图 45-8 所示，坩埚内铝熔体温度保持在熔点附近，在熔体中插入水冷的结晶器，促使晶体在结晶器上生长，当晶体生长到一定程度，采用刮除法将其聚集到坩埚底部，再通过压榨把晶体间包裹的低熔点富含杂质的液体挤出。这种工艺虽然降低了工业生产中晶体凝固状态控制的难度，但被包容在枝晶间的杂质元素很难排除。如果结晶时间过长，纯度不易保证，时间过短则单位质量熔体的提纯率降低。此种方法可使原铝量的80%得到精炼，纯度可由99.995%提高到99.9995%。

45.4.3.3　单向凝固法

如图45-9所示为电磁搅拌单向凝固提纯装置，该方法是通过强制冷却或加热来控制晶体的生长方向，使凝固方向和热流传递方向相反以连续单向结晶制取精铝的一种方法。在凝固过程中，在液/固界面前沿的液相中，有一层由偏析排出的杂质元素富集形成的液层。这个杂质富集层的存在决定了各元素的实际有效分配系数 K_E 小于平衡分配系数 K。研究者针对这个问题做了大量的改进工作。

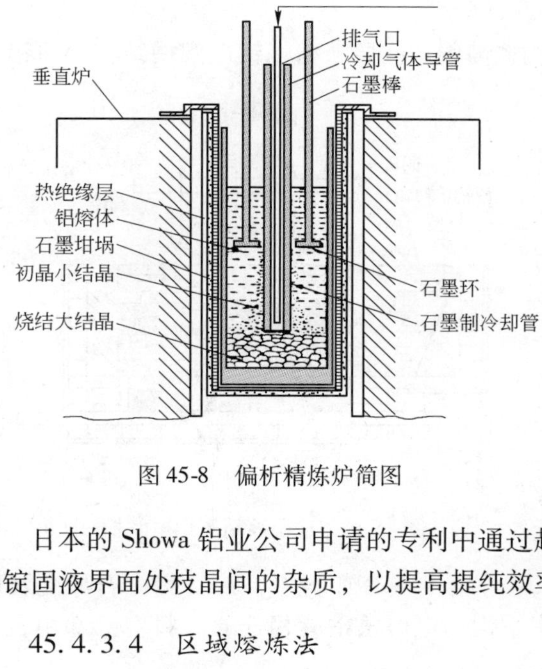

图45-8　偏析精炼炉简图

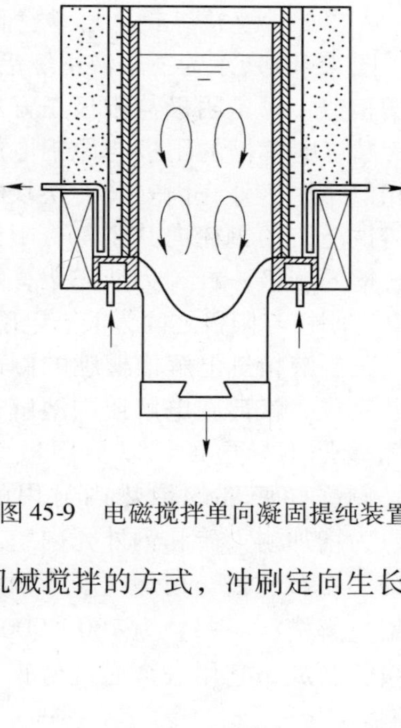

图45-9　电磁搅拌单向凝固提纯装置

日本的Showa铝业公司申请的专利中通过超声波和机械搅拌的方式，冲刷定向生长的铝锭固液界面处枝晶间的杂质，以提高提纯效率。

45.4.3.4　区域熔炼法

该方法是提纯高纯铝的主要方法，主要用来生产99.9995%~99.99995%的超高纯铝。日本的研究者对此工艺进行了深入的研究，最终获得了99.99999%的纯铝。但这种方法显然不适用于大规模工业生产。在上述几个工艺中，由于三层液电解法生产高纯铝能耗很大，所以在国际上通用的生产工艺中，美国、加拿大、德国、日本、法国以及俄罗斯等国大部分的高纯铝产品越来越趋向于利用单向凝固或分步结晶等偏析法制备。

无论采用何种偏析法制备精铝或高纯铝时，从已凝固组织经偏析过程排出的杂质元素如何从固液界面前沿排除都是提纯技术的关键所在。Poong Kim 等人采用 Normal Freezing-method 把99.999%纯铝提纯至99.9999%，文献也报道了对99.999%纯铝利用简单定向生长的方式，获得了直径为60mm的单晶，纯度也达到99.9999%。尽管国内外对高纯铝的提纯工艺研究十分广泛，但不管国内和国外的工程应用以及实验研究中，都没有把晶体生长过程中的晶体生长方式同高纯铝提纯的效率和生产效率联系起来。

45.5 三层液电解法生产精铝的技术和装备

目前，国内三层液精炼电解槽的电流强度达到60kA以上，精炼槽的封闭结构也在不断地改进和完善，电解精炼过程与控制在机械化水平和自动控制方面得到提升。一系列辅助设施已研制出来，如铝液搅拌器、电解质加料装置、清除槽帮结壳装置、阳极残渣回收车等，使精铝产量和质量不断提高，综合技术指标也相应得到提高。

45.5.1 三层液电解法生产精铝的主要设备

45.5.1.1 三层液精炼铝电解槽

三层液精炼铝电解槽如图45-10所示。

A 三层液精炼铝电解槽槽体

图45-10所示为三层液精炼铝电解槽的构造简图。三层液精炼铝电解槽结构与原铝电解槽相似，只是阴极与阳极正好相反。三层液精炼电解槽的阳极与原铝电解槽的阴极相似，在钢外壳内安装有炭块槽底，借助铸铁浇铸的钢棒向其供电；阳极与原铝电解槽的阴极一样，为液态铝，只是纯度更高；阴极与阳极之间为液态电解质。

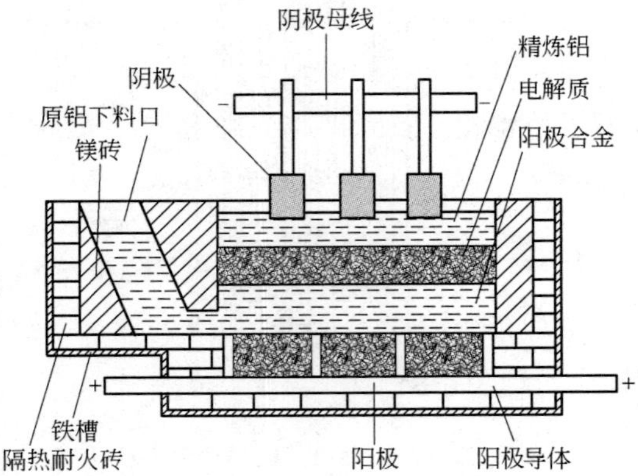

图45-10 三层液精炼铝电解槽

三层液精炼电解槽槽膛的侧部由氧化镁砖砌成，镁砖在电解质内溶解很少。镁砖侧壁是不导电的，以免阳极与阴极短路，侧部和底部的绝热内衬用耐火砖砌成，为增加耐火砖和钢外壳内壁之间的热阻铺一层石棉板。精炼电解槽槽膛深度较原铝电解槽深一些，为700~900mm。精炼电解槽一端有加料室，该料室由石墨化炭素材料管制成，它用一个通过槽底平面上的水平沟与电解槽槽膛相连通。料室上部用盖子保温。

B 阴极

阴极铝导杆用凸轮卡具固定在阴极铝母线上。母线与钢梁连在一起，共同组成移动框架，框架通过起重器与固定在槽壳上的不动金属结构相连。起重器、减速机、电动机一起构成阴极框架的提升机构。

60kA以上的大型三层液精炼电解槽，其阴极一般采用石墨化电极。石墨化电极在加入电解槽前，应从其侧部、上部浇注保护铝层，以防止石墨氧化，一般精铝液浇铸厚度为50mm。阴极上部可加盖密闭装置，可有效地减少槽上部热损失，减少电能消耗。据资料报道，在电解槽上部加盖罩后，可降低槽电压0.25~0.50V。

60kA以下的小型三层液精炼电解槽，阴极可采用精铝浇铸的电极时，阴极应浇铸成带散热翅的形状，而且阴极上部不能加盖密闭装置。

阴极分两列排列，其数目与电解槽容量有关。

C 阳极

阳极 Al-Cu 合金有时又被称为母合金，铜的浓度为(33 ±3)%。经过一段时间电解作业后，杂质会浓缩，其含量会越来越高，特别是铁的浓集会提高母合金的熔点，从而使电解过程变得困难。因此，母合金的寿命只有二三年，也就是说每隔 2 ~ 3 年需更换一次。

45.5.1.2 真空抬包

真空抬包用于抽取阴极精铝液。它与普铝抬包的区别在于吸出管端部有一个石墨套筒，套筒底部只设有若干径向小孔，精铝经此小孔进入抬包。在阴极精铝层抽铝时，使其形成水平流，防止阴极精铝的波动引起与阳极合金混合，降低精铝的品级。

45.5.1.3 铝液搅拌器

在每次出铝后，须往电解槽内注入普通纯铝液，纯铝液应以细流注入加料室，同时必须搅拌料室内的金属液。

搅拌器由风动气缸和搅拌块两部分组成。风动气缸安装在支座上，气缸活塞杆一端固定石墨搅拌块，其表面应为锯齿状。搅拌器安装在加料室旁的槽沿板上，搅拌块可插入加料室内。

45.5.1.4 槽帮结壳清除装置

槽帮结壳清除装置包括传动装置、框架和小车等部件构成。其作用是清除电解生产过程中在电解槽侧部内衬生成的结壳。

45.5.1.5 电解质加料装置

用石墨材料制成。用于向电解槽内添加精炼电解质以调整电解质高度。

45.5.1.6 阳极残渣回收车

阳极残渣回收车由机动车底盘、工作机构（离心器）、残渣室构成。机动车底盘带有门式框架，工作机构和残渣室在同一轴心线上，并装有滑板，可沿着门式框架导轨上下移动。框架与机动车垂直面呈 10° ~15°倾角。工作机构即离心分离器，带有驱动装置，呈潜水式，离心分离器由带孔眼的 2 个圆锥形圆盘组成。圆锥盘在旋转时，孔眼有时接通有时断开，这样，就可使进入离心机的残渣吸至其上部的残渣室内。

45.5.1.7 保温静置炉

电解槽内的精铝液由真空抬包抽出后，需先注入保温静置炉进行保温及静置，然后铸成标准精铝锭。保温静置炉的内衬材料应保证精铝液在炉内不受到污染。

45.5.1.8 铸造机

用于将液态精铝铸造成标准锭。

45.5.2 三层液电解法生产精铝生产操作及过程控制

45.5.2.1 原材料准备

A 生产原料

三层液电解法精铝生产的原料为普通电解铝（99.5%以上）即可。根据企业的实际情况，用合格的液态铝或普通重熔铝锭均可。从普铝电解槽抽出的原铝液需经静置去除原铝液中的电解质和各种夹杂后，直接加入到精炼电解槽内进行精炼提纯。

B 电解质制备

由于电解质的原料中含有较铝电位正的元素，如铁、硅等，如不预先去除这些元素，这些元素将在阴极放电并进入精铝液，从而污染精铝液。

将制备电解质的原料预先干燥，然后加到专门挑选出来的精炼电解槽—母槽内熔化，电解4~5h。母槽温度高于普通槽，电压为10~20V。在电解期间，通过电化学净化可去除电解质中的铁和硅。电解完成后，取出制备好的电解质。

制备好的电解质可加到新开动的精炼电解槽内或加到需要调整电解质水平的生产电解槽内。

C 铝铜合金制备

为确保精炼电解槽中的三层液体因其密度差异而实现精确分层，因此，在精炼电解槽启动前，需制备含量为30% Cu、70% Al的阳极合金，其液态密度为3.4~3.7g/cm^3。该合金可在坩埚内制取。

D 阴极

a 石墨材料阴极

阴极采用石墨材料时，在阴极进入电解槽前，需在石墨阴极外层浇铸50mm厚的精铝液，以防止石墨阴极氧化导致的使用寿命减少。

b 铝阴极

将精铝锭熔化，然后铸成带散热翅形状的阴极。

45.5.2.2 精炼电解槽操作

A 加料

根据生产情况，确定加铝量。在加液态原铝时，应在加铝的同时用专用的石墨搅拌器进行搅拌，使阳极合金的组成均匀化。如果不搅拌，则阴极精铝有被加入的原铝污染的危险。因为新加入的原铝比上层的电解液轻，容易浮上去进入最上层的精铝中，对上层精铝液造成污染，降低精铝品级。

B 出铝

一般为每隔两昼夜出一次精铝。出铝时应避免搅动精铝层，以免与底部的阳极合金混合造成污染。

出铝作业有人工作业和真空抬包出铝两种方式。

C 加电解质

在出铝后，或需要调整电解质水平时，通过特制的石墨套筒将制备好的电解质细心的加到电解槽的电解液层中。

D 阳极合金残渣处理

在电解2~3个月之后，阳极合金中的金属间化合物达到相当高的浓度，于是偏析出来，其中富集着铜、铁、硅和锰，其组成为20%~25%Cu，8%~15%Fe，5%~10%Si，1%~2%Mn，其余为铝。用漏勺取出这些沉淀物，然后加以处理。

E 槽帮结壳清除

在精炼铝生产过程中，槽边部内衬上会生成一层由氧化铝、电解质和金属组成的结壳。金属水平和电解质水平波动越快，生成的结壳越厚。厚层的结壳使电解质面积缩小，使实际电流密度提高，电解质过热，并使阴极操作困难。因此，每隔6~8个月须周期性地将槽帮结壳除去。

F 铸锭

从电解槽中取出的合格精铝液放入保温炉内，静置后铸成标准精铝锭。

G 三层液水平测定

在精炼铝生产过程中，应定期对三层液电解精炼槽的三层水平进行测定，掌握合金水平、电解质水平和表面铝水平，为控制技术条件提供依据。

H 清换阴极

不论是采用石墨阴极，还是采用精铝阴极的三层液电解精炼槽，为防止阴极电流分布不均形成“偏流”导致质量波动，均应定期进行清换阴极作业。

采用石墨阴极的三层液电解精炼槽，其清换阴极作业一般不需要停电，与原铝电解槽的阳极更换作业方式基本相同，清换阴极的主要依据是单组石墨阴极的氧化程度及电流分布状况。

采用精铝阴极的三层液电解精炼槽，其清换阴极作业需要在精铝槽停电状态下进行，一次性将所有的精铝阴极的底掌清理干净，并将消耗过大不能继续使用的精铝阴极更换下来，清换阴极的主要依据是全槽的电流分布状况及精铝阴极与表面铝的接触状况。

I 换铝

换铝作业是三层液电解精炼槽启动后转入正常生产前的一项重要作业，也是正常生产过程中单台精铝槽的质量受到严重污染后的主要处理方法。

其作业方式是先用石墨漏勺去除精铝槽表面渣，再用石墨勺将槽内原有的表面铝全部舀出，返入加料室中；当槽内原有的表面铝全部舀出后，用石墨勺将准备好的质量符合要求的精铝液舀入槽内。

45.6 偏析法生产精铝与高纯铝的技术和装备

45.6.1 偏析法生产精铝的主要设备

45.6.1.1 偏析精炼炉

图45-8为偏析精炼炉的构造简图。其主要组成部分包括：电加热炉体、外部装有耐热钢外壳的坩埚、一套铝结晶捕集装置和生产自动控制系统。

45.6.1.2　抬包加料车

抬包加料车由运行机构、提升机构、抬包、流槽构成。其作用是将保温炉内的铝液运送并加入偏析精炼炉内。

45.6.1.3　普铝浇铸站

包括坩埚倾倒装置、自动控制装置、锭模和锭模车。其作用是将富含杂质的液态铝倒入锭模内冷却。

45.6.1.4　脱模站

包括坩埚倾倒装置、钻机、脱模装置和喷涂装置。

45.6.1.5　锯床

用于切除偏析锭富含杂质的部分。

45.6.1.6　熔炼保温炉

熔炼保温炉用于生产原料——高级铝液的保温、预处理和偏析锭重熔、静置及铸锭。

45.6.1.7　铸造机

用于将液态精铝铸造成标准精铝锭。

45.6.2　偏析法精铝生产操作及过程控制

45.6.2.1　生产原料及其预处理安全操作和控制

生产用原料高级铝液由普通铝电解槽制备，其安全操作和控制如前述。本节内容为高级铝液预处理的安全操作和控制。

A　工器具准备

生产前，对所有接触高级铝液的工器具必须预热、烘干，熔炼炉内的温度要控制在工艺要求范围内。

B　高级铝液入炉

用天车将装有高级铝液的真空包吊起并运送到熔炼炉前方，由操作工将包内的高级铝液倒入熔炼炉内。

C　高级铝液处理

使用预热、烘干后的工具对炉内的高级铝液搅动，经处理后把处理好的高级液态铝加入到抬包车。

45.6.2.2　偏析法精炼铝的生产操作

A　工器具的准备与处理

需对坩埚内表面进行处理，目的是减少污染，以及便于脱模。另外，对生产过程中使用的工器具进行表面处理，以防止在生产过程中其对产品的污染。

B 偏析炉、铝结晶收集装置、加料运输工具预热

在偏析精炼开始前，需将偏析炉、铝结晶收集装置、加料运输工具进行预热，以达到生产工艺要求，避免热冲击对材料和工器具造成损坏。

C 偏析炉加料

经熔炼保温炉处理过的高级液态铝用专业运输工具加入偏析炉内。

D 偏析精炼生产

在高级铝液加入偏析炉后，偏析精炼过程开始，该过程由 PLC 自动控制。当提纯过程达到预定目标，该炉精炼结束。

E 富含杂质的液态铝的浇铸

在偏析精炼生产完成后，需将装有固态精铝和富含杂质的液态铝的坩埚从偏析炉内取出，送至浇铸站将富含杂质的液态铝倒出。

F 偏析精铝锭脱模

待坩埚冷却后，送入脱模站，用特制的脱模装置将偏析精铝锭从坩埚内取出。

G 偏析精铝锭锯切

根据生产和分析数据，以及产成品品级的需要，用专用锯床进行锯切。

H 精铝铸造

将锯切后的偏析精铝锭放入熔炼保温炉内熔化、静置，然后铸造成标准精铝锭。

45.6.3 高纯铝生产的过程控制

高纯铝生产的一切技术和技术管理工作都是针对各台提纯炉的不同情况，使各提纯炉在各自与其相适应的最佳技术条件下保持正常的热平衡和物料平衡，这也是保证提纯炉稳定生产和取得良好技术经济指标的根本保证。

高纯铝的提纯过程主要受外界环境（真空度大小）、移动速度、原料质量、电磁搅拌强度、系列电流波动及人工操作质量等各种因素的影响。真空度降低会使铸锭表面碳渣增多，影响铸锭表面质量；移动速度过快会在拉伸过程中出现拉脱，严重则会出现漏炉；电磁搅拌强度过大或过小均会影响铝液的搅拌效果，从而影响杂质元素在铝液中的分布。在提纯过程中，真空度、移动速度及电磁搅拌强度可适时监控，因此，对提纯过程的控制，主要是对真空度、移动速度和电磁搅拌强度的控制。目前，对提纯过程的监控，国内有两种方式，一种是仪器仪表监控，一种则是 PLC、计算机监控。下面分别进行介绍。

45.6.3.1 仪器仪表控制

国内如中国铝业贵州分公司老工艺高纯铝生产设备为卧式高纯炉，采用外电阻加热方式，通过热传导来熔化炉内铝液，热损失较大，加热效率低；移动速度的大小则由丝杆的移动来调节。参数的采集由仪器仪表控制实现，人工读取数据后根据数据变化情况进行手动调节。由于自动化程度不高，工人经常是凭经验进行操作，因此控制精度较低。

45.6.3.2 PLC、计算机控制

对提纯过程进行智能诊断，是实现铝提纯智能控制的基础。目前对提纯过程的诊断是建立在对系列电流变化、真空度、移动速度、搅拌强度以及人们长期的大量操作经验数据

之上的。然后，根据诊断出的结果在对提纯过程进行处理，这也是国际上所说的智能诊断与控制技术。从控制角度来说，首先应诊断出提纯炉出现异常情况的原因，即“病因”所在，“病因”诊断出来以后，才有可能借助于计算机的指令进行处理。

中国铝业贵州分公司的新工艺高纯铝生产线的过程控制是采用 PLC、计算机联合控制，控制的参数主要是温度、下引速度、搅拌强度、搅拌电流和下引距离，自动化程度高，控制精度高。在控制过程中，通过热电偶测量固液界面前沿的温差，数据反馈给中心控制计算机，结合成分过冷理论平界面生长条件公式和试验经验参数进行计算，得出平界面生长所需的下引速度，然后将此速度传递给速度控制电机，保证晶体生长在要求的界面形状下进行。

45.6.4　高纯铝安全生产和环境保护

偏析法生产高纯铝的过程是一个物理过程，在生产过程中无有毒有害物质或气体产生，但在某些作业程序中要使用到化学物质甲苯和王水（高浓度盐酸和硝酸的混合物）。

原料（精铝铸锭）在装炉前必须用甲苯擦拭表面及石墨坩埚喉部内壁，以除掉铸锭表面的低沸点杂质元素。甲苯属剧毒化学物质，不能直接接触人体，因此，工人在使用时必须带橡胶手套，且操作结束后要及时用肥皂洗手，橡胶手套要经常清洗。

生产出的高纯铝锭若表面夹渣较多时，则必须进行除渣处理。由于铸锭表面渣的分布面积及嵌入深度不均匀，此项操作为人工操作。在除渣的过程中，飞溅的渣屑容易伤及人体，因此，在操作过程中必须佩戴防护眼镜。

生产出的高纯铝锭必须放在王水中进行酸洗，除去表面夹渣。王水是高浓度盐酸和硝酸的混合物，在配置过程中会产生“酸雾”，具有极强的腐蚀性，会灼伤人体。在酸洗过程中，工人穿戴特制的工作制服，主要是胶制的工作服，同时佩戴橡胶手套和高筒靴。在新配置酸液时，还必须佩戴防护眼镜和防毒口罩。

在铸锭的酸洗过程中会产生大量的废酸液。如果大量的废酸不经过处理而排放到环境中，不仅会使水体或土壤酸化，对生态环境造成危害，而且浪费大量资源。含酸的废水除具有酸性外，还含有大量的杂质。根据废酸、废水组成和治理目标的差异，目前国内外采用的治理方法大致可分为 3 大类：回收再用、综合利用和中和处理。

（1）废酸的回收再用。废酸中盐酸和硝酸的浓度较高，可经处理后回收再用。处理主要是去除废酸中的杂质，同时对废酸增浓。处理方法有浓缩法、氧化法、萃取法等。

（2）废酸及含酸废水的综合利用。从生产中排出的废酸或含酸废水，如果在原工序中已无法再直接使用，可以考虑用于对废酸质量要求不高的其他生产工序中，这样既节约资源，又减少废酸的排放量。

（3）废硫酸及含硫酸废水的中和处理。对于硫酸浓度很低，水量较大的废水，可用石灰或废碱进行中和，使其达到排放标准或有利于后续的处理。

45.7　精铝与高纯铝的分析和检验标准

45.7.1　精铝分析和检验标准

在中华人民共和国国家标准《重熔用精铝锭》（GB/T 8644—2000）中规定了精铝的

化学成分（见表45-1)、试验方法、检验规则及标志、包装、运输、储存。

45.7.1.1 精铝化学成分分析

精铝化学成分应符合表45-1 中 GB/T 8644—2000 标准中相应规格的成分规定。

检验方法：精铝的化学成分分析方法可按 GB/T 20975.1 ~ 20975.25—2001（铝及铝合金化学分析方法的各个项目）或《铝及铝合金光电直读发射光谱分析方法》（GB/T 7999—2007）的规定进行。

45.7.1.2 精铝产品表面质量

精铝产品为银白色，表面光亮，具有清晰结晶条纹。表面不得有肉眼可见的夹杂物和裂纹，表面进行除渣处理后，不得有深度大于5mm 的凹痕。表面质量用目视法检查。

45.7.2 高纯铝分析和检验标准

在有色金属行业标准《高纯铝》（YS/T 275—2008）中规定了高纯铝的化学成分（见表45-4)、试验方法、检验规则及标志、包装、运输、储存，适用于以99.99% 铝为原料，采用凝固提纯法等方法生产的高纯铝。

45.7.2.1 高纯铝化学成分分析

国内高纯铝化学成分分析标准见 YS/T 275—2008，相应规格的成分应符合表45-4 规定。

检验方法：高纯铝的化学成分分析方法按 YS/T 244.1 ~ 244.9—2008（高纯铝化学分析方法的各个项目）的规定进行，仲裁分析方法按 YS/T 244.1 ~ 244.8—2008 的规定进行。

国内外高纯铝的分析可借助金相技术、电镜技术、GDMS 检测技术、X 射线衍射分析技术等多种分析测试手段，考察凝固试样的晶体形态，组织特征等多方面的凝固特性，分析不同晶粒形态、不同部位的溶质分布状况，研究晶体径向轴向的溶质分布，同时分析不同流场对溶质分布的影响，建立起大直径高纯铝定向凝固中晶粒生长特性与溶质分布的关系。

在工业生产中，高纯铝质量的分析方法主要采用 GDMS（辉光放电质谱仪）检测技术。GDMS 是目前唯一一种一次可以扫描几乎所有杂质元素的分析手段，一次可支持多达75 种元素。GDMS 分析，原料是不需要溶解的，通过辉光放电，离子轰击样品表面，收集和分析打出的离子。检测范围从 100% ~ 1×10^{-9}% 级别，对于要求检测高纯铝中多种杂质的浓度级别或纯度，GDMS 是比较理想的检测方法。由于 GDMS 不使用标样，相对误差较SIMS 等其他检测方法要大，但在确定杂质浓度级别有很好的参考意义，并且有全元素扫描的优势。较 ICP 分析方法相比，GDMS 的精度的确更高，因为 ICP 使用标样，但是反复使用标样，针对不同杂质元素的标样，所以 ICP 的测试程序十分繁琐，周期长，成本也会高很多。如果需要确切知道浓度量值，可以与 SIMS（误差小于 15%，最低 2% ~ 3%）、ICP 等其他分析手段配合，这样成本也会比较低。尤其对于界定材料纯度等级，GDMS 非常适用。

45.7.2.2 高纯铝表面质量

高纯铝产品为银白色，表面光亮，具有清晰结晶条纹。表面不得有肉眼可见的夹杂物和裂纹，表面允许进行铲凿处理，表面进行除渣处理后，不得有深度大于5mm的凹痕。

高纯铝表面质量用目视法检查。

45.8 精铝与高纯铝生产技术的发展趋势

随着国内外电子工业迅猛发展和铝加工水平的提高，对精铝生产发展和技术水平的要求也在不断上台阶。目前国际上工业化广泛采用的主要铝精炼法仍然是三层液电解法和偏析法，其中偏析法由于投资省、能耗低，发展势头迅猛，已成为国外精铝生产厂家采用的主要生产工艺，其产能已远超过三层液电解法的生产能力。另一方面，随着装备及工艺技术的发展，国外采用三层液电解法的生产厂家的工业生产技术也在不断进步，主要体现在：

（1）电解质成分不断优化，能更好地满足铝精炼过程对电解质密度、电导率、熔点等的要求；

（2）槽容量的增大，目前国际上最大的三层液精铝槽的电流强度已达到100kA；

（3）槽结构的改进，有利于提高能量利用率和进一步延长槽寿命。此外国外大型三层液精铝槽在操作制度、机械化、自动化等方面也有较大进步，使精铝槽电流效率达到99%、吨铝直流电耗低于13000kW·h。

中国精铝工业始于1956年，已有50多年发展历史，目前生产能力超过60kt/a，加上在建和拟建的生产能力更是达到100kt/a以上，已成为世界上最大的精铝生产国。但与世界发达国家相比，中国的精铝生产在技术水平上仍存在一定差距，这主要体现在自动化程度低、劳动强度大、能耗高、劳动生产率低等方面。因此国内的精铝生产企业必须奋起直追，加速自行开发的力度或引进国外先进技术，提高产品质量和大幅降低生产成本，以增强市场竞争能力。

当今世界精铝生产技术的发展重心已转向投资少、能耗低的偏析法，而中国众多在产、在建和拟建的精铝生产线中，仅有包头铝业（集团）有限责任公司是采用偏析法生产工艺，因此，从中长期的发展战略角度考虑，加大偏析法的开发力度，在有条件的企业中新建先进的、技术含量高的、能耗低的偏析法精铝生产线，应是中国精铝生产企业的主要发展方向。而在短期内，下大力改进现有三层液电解法精铝生产线的生产技术和工艺配套设施，在优化母线配置的情况下增大槽容量、降低电流密度、进一步优化电解质体系、使用新型内衬材料、提高筑炉质量和生产过程的机械化和自动化水平，应是中国精铝生产企业的主要攻关目标。

随着中国铝工业的发展，高纯铝产品密度有所增长，高纯铝的产量也出现了较大增长，目前国内生产高纯铝的企业有关铝股份有限公司、新疆众和股份有限公司、深圳东阳光、贵州铝厂等企业。家电、PC产品、半导体等产业对高纯铝的需求呈现出高速增长的态势，高纯铝供不应求的趋势仍将继续。此外，发展高纯铝项目还可以使企业的经营范围有所扩张。这些都给高纯铝生产企业及铝工业企业提供了一个良好的发展机会。

46 电解共析法生产铝基合金

※※※※※※※※※※※※※※※※※※※※※※※※※※※※※※※※※※※※※※※

46.1 电解共析法生产铝基合金概述

铝合金的生产过程中要通过添加一些铝基合金锭，即所说的中间铝合金，来获得所要求的合金成分。目前，国内外生产铝基合金多半是在感应炉或电弧炉内由纯的金属铝和其他纯金属（Me）配制而成，此种方法称为熔配法（或称对掺法）。熔配法生产铝基合金不但因金属的重熔消耗了大量的电能，使用了昂贵的纯金属，而且在所得到的产品中合金元素往往偏析严重，金属的实收率低，使铝基合金在应用过程中经济性受到影响，导致铝合金生产成本的增加。

在电解铝厂利用电解共析法直接生产铝基合金是另一种生产方法，此种方法是把需添加的金属的氧化物（MeO）溶解在冰晶石—氧化铝溶液中进行电解，在有铝存在的情况下，生成铝基合金。此种方法可大大减少铝的二次烧损，减少了能量消耗，减轻了对环境的污染，降低了生产成本，生产出来的铝基合金成分较均匀，偏析小，合金元素的实收率高。

生产铝基合金的两种方法相比，电解共析法优于熔配法。其优点如下：

（1）流程短，操作简便，劳动生产率高；

（2）用工业铝电解槽生产铝基合金，产量大；

（3）产出的铝基合金成分均匀；

（4）易于提高铝的合金化性能；

（5）合金元素的实收率高；

（6）减少了能量消耗，减轻了对环境的污染；

（7）用电解槽共析法可生产多种铝基合金，对于一些铝合金中所需要的稀有、贵重合金化元素，此法可减少使用昂贵的贵重金属，使铝合金的生产成本降低。

基于以上优点，电解铝企业可运用此项技术来提高电解铝产品的附加值，使产品链合理延伸。铝加工企业使用共析法生产的铝基合金可降低生产成本、保证铝加工产品的质量。随着对电解槽共析法生产铝基合金的研究的深入，该项技术有较好的应用前景。本章实例中的产品，大部分属中间铝合金，也包括了可以直接作为铸造铝合金使用的铝硅钛合金。

电解共析法是一种重要的生产铝基合金的方法。工业上是否可利用此种方法进行大规模生产，主要从以下两个方面进行综合考虑：

（1）理论上的技术可行性。首先要对合金元素的氧化物进行标准吉布斯自由能 $\Delta G^{\ominus}_{\mathrm{MeO}}$

值的计算。在电解温度下，如果$\Delta G_{MeO}^{\ominus}$值为负值，表明它们的氧化物可被铝还原，如果计算出的$\Delta G^{\ominus}$值为正值，表明它们的氧化物不能被铝还原。

其次要对合金元素的氧化物分解电压进行计算。对计算出的分解电压进行比较，若金属氧化物可逆电势低于或接近氧化铝的可逆电势，则电化学反应有可能在铝电解槽上实现，即同时在阴极上析出铝和合金元素来，反之则不能。

(2) 经济可行性。铝基合金中的合金元素的价格是能否利用电解共析法生产铝基合金需要考虑的另一个重要因素。当合金元素的价格高于金属铝的价格时，采用电解共析法是合理的，否则就会得不偿失。例如，二氧化硅的标准吉布斯自由能值为负，且分解电压低于氧化铝的分解电压，在理论上利用电解共析法生产铝硅合金具有可行性，但由于市场上硅的价格低于金属铝的价格，因此在工业生产中不宜用此法生产铝硅合金。

46.2　电解共析法制取铝基合金的理论基础

电解共析法制取铝基合金存在以下两种还原作用：

(1) 金属氧化物（MeO）被铝还原成金属（Me），形成铝基合金，称为铝热还原反应；

(2) 在电解过程中，金属氧化物和氧化铝熔解在电解质中，一起在阴极上析出，形成了铝基合金，称为电解共析反应。

46.2.1　铝热还原反应

铝热还原金属氧化物（MeO）得到铝基合金是基于下列反应，反应温度为950℃(1223K)。

$$3MeO + 2Al = Al_2O_3 + 3Me \tag{46-1}$$

$$2Me(s) + O_2 = 2MeO(s) \tag{46-2}$$

$$\frac{4}{3}Al(s) + O_2 = \frac{2}{3}Al_2O_3(s) \tag{46-3}$$

化学反应式46-1的标准吉布斯自由能：

$$\Delta G^{\ominus} = \Delta G_{Al_2O_3}^{\ominus} - 3\Delta G_{MeO}^{\ominus}$$

其中，反应式46-2的标准吉布斯自由能变化$\Delta G_{MeO}^{\ominus} = \dfrac{A + BT}{2}$。

A和B为实验常数，对一定反应来说，它们有一定的应用温度范围。表46-1为一些反应的$\Delta G^{\ominus}$与T关系式中的A、B值，以及适用的温度范围。

表46-1　一些反应的标准吉布斯自由能变化$\Delta G^{\ominus} = A + BT$ J中的A、B值

反　应	A	B	温度范围/K
$\frac{4}{3}Al(s) + O_2 = \frac{2}{3}Al_2O_3(s)$	-1115500	209.2	298 ~ 932
$\frac{4}{3}Al(s) + O_2 = \frac{2}{3}Al_2O_3(s)$	-1120500	214.2	932 ~ 2345

续表 46-1

反 应	A	B	温度范围/K
$\frac{4}{3}La(s) + O_2 = \frac{2}{3}La_2O_3(s)$	-1192000	277.4	298 ~ 1193
$Si(s) + O_2 = SiO_2(s)$	-905800	175.7	298 ~ 1685
$Si(l) + O_2 = SiO_2(s)$	-866500	152.3	1685 ~ 1696
$Ti(s) + O_2 = TiO_2(s)$	-943500	179.1	298 ~ 1940
$Ti(l) + O_2 = TiO_2(s)$	-941800	178.2	1940 ~ 2128
$\frac{4}{5}V(s) + O_2 = \frac{2}{5}V_2O_5(s)$	-625500	175.3	298 ~ 943
$\frac{4}{5}V(s) + O_2 = \frac{2}{5}V_2O_5(l)$	-561500	107.5	943 ~ 2190
$Zr(s) + O_2 = ZrO_2(s)$	-1096200	189.1	298 ~ 2125
$\frac{4}{3}Ce(s) + O_2 = \frac{2}{3}Ce_2O_3(s)$	-1195400	189.1	298 ~ 1077
$Ce(s) + O_2 = \frac{2}{3}CeO_2(s)$	-1085700	211.3	298 ~ 1077

例如，对于铝在 932 ~2345K 的反应式 46-3 的

$$\Delta G^{\ominus}_{Al_2O_3} = \frac{3}{2} \times (A + BT) = \frac{3}{2} \times (-1120500 + 214.2 \times 1223)$$

$$= -1287800J$$

则可得化学反应式 46-1 的标准吉布斯自由能 $\Delta G^{\ominus} = \Delta G^{\ominus}_{Al_2O_3} - 3\Delta G^{\ominus}_{MeO}$：

$$\Delta G^{\ominus} = -1287.8001 - 3\Delta G^{\ominus}_{MeO}$$

以 Mn 为例，化学反应式 46-2 就成为：

$$2Mn(s) + O_2 \Longrightarrow 2MnO(s)$$

$$\Delta G^{\ominus}_{MnO} = \frac{1}{2} \times (A + BT)$$

$$= 0.5 \times (-769900 + 149.0 \times 1223)$$

$$= -293836.5J$$

$$\Delta G^{\ominus} = \Delta G^{\ominus}_{Al_2O_3} - 3\Delta G^{\ominus}_{MnO}$$

$$= -1287800 - 3 \times (-293836.5)$$

$$= -406290.5J$$

按照以上计算方法就可以计算出 $\Delta G^{\ominus}_{MeO}$ 值。通过计算 $\Delta G^{\ominus}_{MeO}$ 值，就可以计算出各种金属氧化物能否被铝还原的可能性。如果计算出的 $\Delta G^{\ominus}$ 值为负值，表明它们的氧化物在 1223K 下可被铝还原，如果计算出的 $\Delta G^{\ominus}$ 值为正值，表明它们的氧化物在 1223K 下不能被铝还原。

46.2.2 分解电压的计算

电解质组分的分解电压，是指该组分进行长时间电解并析出电解产物所需的外加最小

电压。

在铝电解生产过程中，加在电解槽两端的电压称为槽电压 $V_{槽}$。槽电压 $V_{槽}$ 是由电解槽的反电动势 $E_{反}$、电解质的欧姆电压降 $E_{电解质}$、氧炭反应过电压 $E_{过}$（η_{sa}，η_{ca}，η_{cc}）和气膜电压 $E_{气}$、阳极电压降 $E_{阳}$、阴极电压降 $E_{阴}$、阳极和阴极之外金属导体电压降 $E_{导}$，以及导电体连接点的接触电压降 $E_{接}$ 组成，即

$$V_{槽} = E_{反} + E_{电解质} + E_{气} + E_{阳} + E_{阴} + E_{导} + E_{接}$$

由上式可知，利用电解共析法生产铝基合金时，

$$E_{Al_2O_3反} = E_{MeO反}$$

电解槽的反电动势是由电解槽的可逆电势、阳极和阴极上的过电压组成的，即：

$$E_{反} = E_{rev} + \eta_{sa} + \eta_{ca} + \eta_{cc}$$

式中　E_{rev}——铝电解槽的可逆平衡电位（无极化），V；

η_{sa}——阳极表面反应过电压，V；

η_{ca}——阳极表面浓差过电压，V；

η_{cc}——阴极表面浓差过电压，V。

E_{rev}的物理意义是使电解槽反应处于可逆平衡状态时的电压。在普通炭阳极下，阳极表面反应过电压 η_{sa}是为后续氧在活性较小的炭的位置上进行放电的能量补充。阳极表面浓差过电压 η_{ca}是由于电解质中缺乏氧化铝或金属氧化物存在的一种扩散过电压。在电解质中，氧化铝或金属氧化物的浓度越低，阳极表面浓差过电压越大。产生阴极表面浓差过电压 η_{cc}是由于在电解过程中，Na^+ 在电场的作用下趋向阴极表面，在阴极表面富集了 NaF。同时金属氧化物电解后生成的金属 Me 以不同的浓度溶解在铝液中。这样就在阴极表面形成了浓差过电压。金属 Me 在铝液中的浓度越小，阴极表面浓差过电压越小。η_{sa}、η_{ca}、η_{cc}相对于 E_{rev}较小，不易计算，这里重点说明一下氧化铝和金属氧化物可逆电势的计算。

46.2.2.1　氧化铝可逆电势

在电解反应中：

$$Al_2O_3 + 1.5C \longrightarrow 2Al + 1.5CO_2 \tag{46-4}$$

$$E_{Al_2O_3rev} = E^{\ominus} - \frac{RT}{6F}\ln\frac{\alpha_{Al}^2}{\alpha_{Al_2O_3}}$$

$E^{\ominus}$是标准电势，是根据给定的电解温度下，电解槽电解反应的反应物和产物的活度都等于 1 时的电解反应自由能变化计算出来的，即：

$$E^{\ominus} = -\frac{\Delta G_{MeO}^{\ominus}}{zF} \tag{46-5}$$

$\Delta G_{MeO}^{\ominus}$为在标准状态下，从稳定的单质生成 1mol 化合物时的自由焓变化。如果电池中相应地有 z mol 物质发生了变化，那么通过全电路的电量就为 zF C，F 为法拉第常数，等于 96500C/mol。

46.2.2.2　金属氧化物可逆电势

在电解共析反应中：

$$2MeO + C \longrightarrow 2Me + CO_2 \tag{46-6}$$

该反应式可分解为：

$$2Me + O_2 \longrightarrow 2MeO$$
$$C + O_2 \longrightarrow CO_2 \tag{46-7}$$

$\Delta G^{\ominus}_{MeO}$的计算方法见46.2.1。

$$\Delta G^{\ominus}_{CO_2} = A + BT = -395390J$$

在1223K下反应式46-6的

$$\Delta G^{\ominus} = \Delta G^{\ominus}_{CO_2} - 2\Delta G^{\ominus}_{MeO} = (-395390) - 2\Delta G^{\ominus}_{MeO}$$

反应式46-6的分解电压：

$$E^{\ominus} = -\frac{\Delta G^{\ominus}}{4F}$$

$$E_{MeOrev} = E^{\ominus} - \frac{RT}{2F}\ln\frac{\alpha_{Me}}{\alpha_{MeO}}$$

46.3　电解共析法生产铝基合金的可能性

并非所有的铝基合金都能通过电解共析法来生产。这要按照上面介绍的原理进行$\Delta G^{\ominus}$值和可逆分解电压的计算，根据热力学计算结果判断用铝热还原法和电解共析法制取铝基合金的可能性。

在电解温度下，如果$\Delta G^{\ominus}$值为负值，表明它们的氧化物可被铝还原，如果计算出的$\Delta G^{\ominus}$值为正值，表明它们的氧化物不能被铝还原。

图46-1所示是表示各种氧化物在冰晶石熔融液中被铝还原反应的$\Delta G^{\ominus}_T$值。在图46-1中，x轴表示各种元素在元素周期表中的族名，y轴表示反应的$\Delta G^{\ominus}_{1300K}$值。由图46-1可见，在$\text{IV}_B$族右侧（包括$\text{IV}_B$族）的诸元素的$\Delta G^{\ominus}_{1300K}$均为负值，表示它们的氧化物在1300K下容易被铝还原。而在左侧的I_A和II_B族元素，其$\Delta G^{\ominus}_{1300K}$值接近于零或者为正值，表示不易被铝还原。

由图46-1可以预测在电解槽中制取各种铝基合金的热力学趋势。

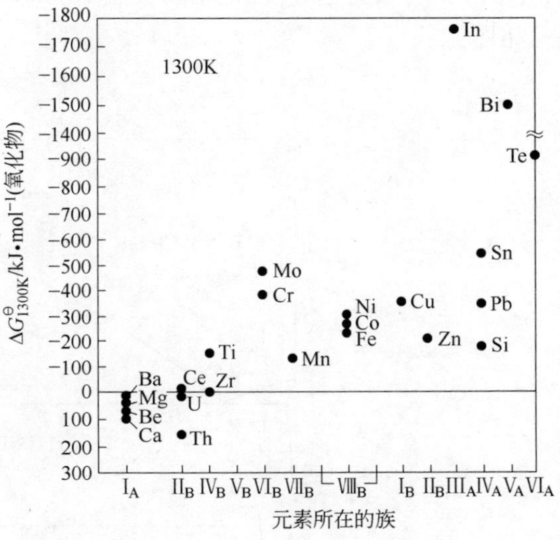

图46-1　各种元素氧化物在冰晶石溶液中被铝还原反应的$\Delta G^{\ominus}$值

通过在普通炭阳极上氧化铝和金属氧化物可逆电势计算，对计算出的分解电压进行比较，若金属氧化物可逆电势低于或接近氧化铝的可逆电势，则电化学反应有可能在铝电解槽上实现，即同时在阴极上析出铝和合金元素来，反之则不能。

Al-Me 合金相图也是重要的依据。合金元素在铝熔体中的浓度范围可以从 Al-Me 合金相图上推测。工业铝电解槽的电解温度一般是 950 ~ 970℃，而 Al-Me 合金中的 Me 元素浓度受制于此电解温度，如果合金元素的浓度高于此温度下的溶解度极限，则 Me 元素便会偏析出来，生成固相，在表 46-2 上列出了几种铝基合金元素的浓度极限推算值。

表 46-2　铝基合金中合金元素的浓度范围（$T = 1223K$）

体　系	合金元素的熔点/K	浓度范围/%	体　系	合金元素的熔点/K	浓度范围/%
Al-Si	1685	$w(Si) < 40$	Al-Ti	1943	$w(Ti) < 2$
Al-Ce	1071	$w(Ce) < 20$	Al-B	4073	$w(B) < 0.3$
Al-Mn	1517	$w(Mn) < 30$	Al-Zr	2130	$w(Zr) < 2$

例如，当 Ti 含量超过 2% 时，Al-Ti 合金便黏稠，固态的 Ti 便在炭阴极上沉积。Al-Si、Al-Mn 和 Al-RE 二元系在温度 1200K 以下有宽广的液相区域，因此对于这几种金属，在工业槽的正常温度下能够制取高浓度的铝基合金。反之，在 Al-Ti、Al-B 和 Al-Zr 二元系中，在 1200K 时只有狭窄且陡峭的液相区域，所以在铝电解温度下只能制取低浓度的铝基合金。

以下是几种均与本章有关 Al-Me 合金二元相图：图 46-2 所示为铝-硅二元相图；图 46-3所示为铝-钛二元相图；图 46-4 所示为铝-硼二元相图；图 46-5 所示为铝-锆二元相图；图 46-6 所示为铝-锰二元相图；图 46-7 所示为铝-铈二元相图；图 46-8 所示为铝-镧二元相图；图 46-9 所示为铝-钕二元相图；图 46-10 所示为铝-镨二元相图；图 46-11 所示为铝-钪二元相图。

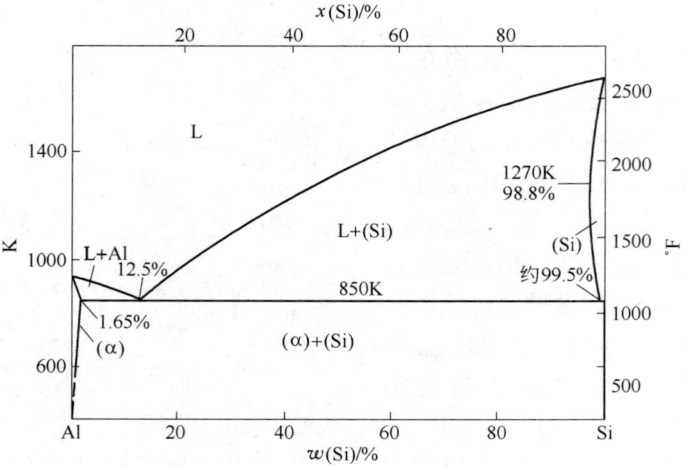

图 46-2　铝-硅二元相图

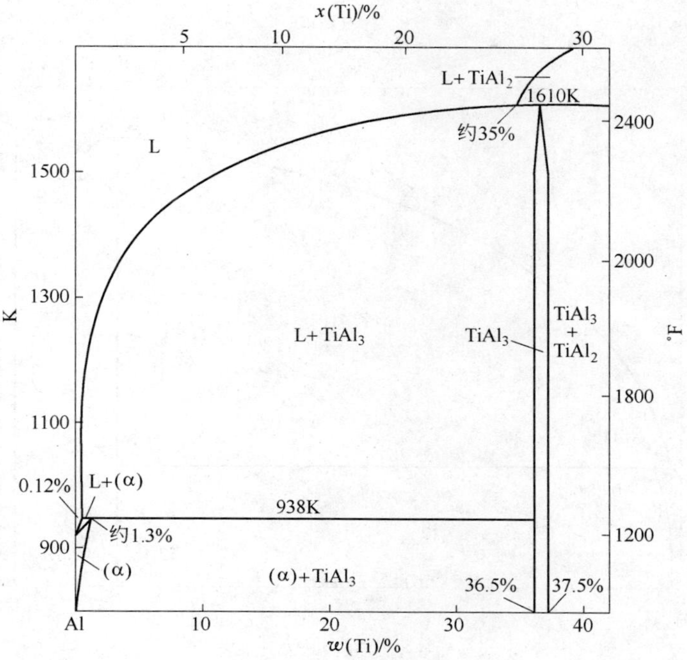

图 46-3 铝-钛二元相图

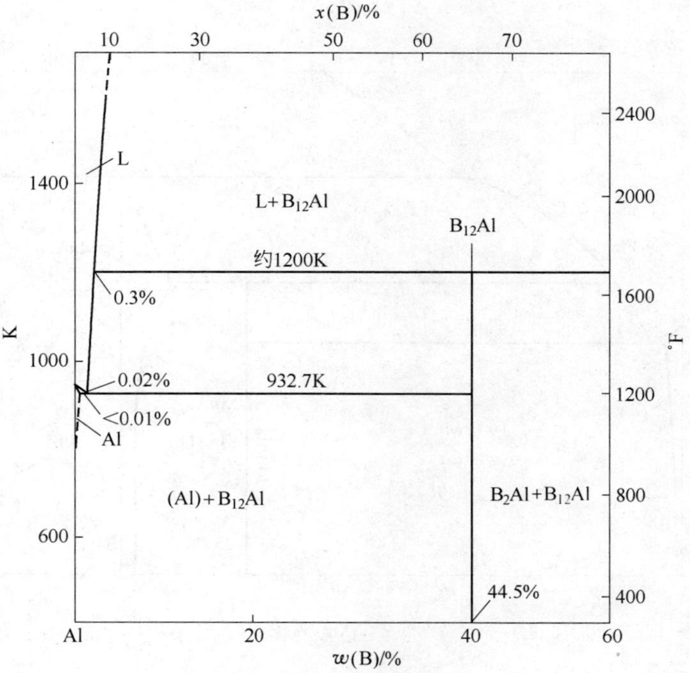

图 46-4 铝-硼二元相图

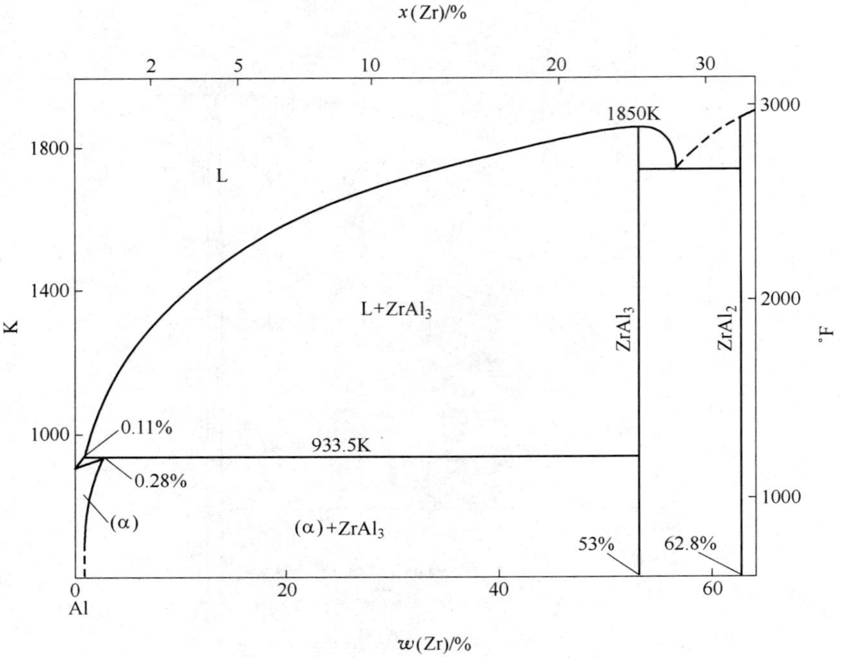

图 46-5　铝-锆二元相图

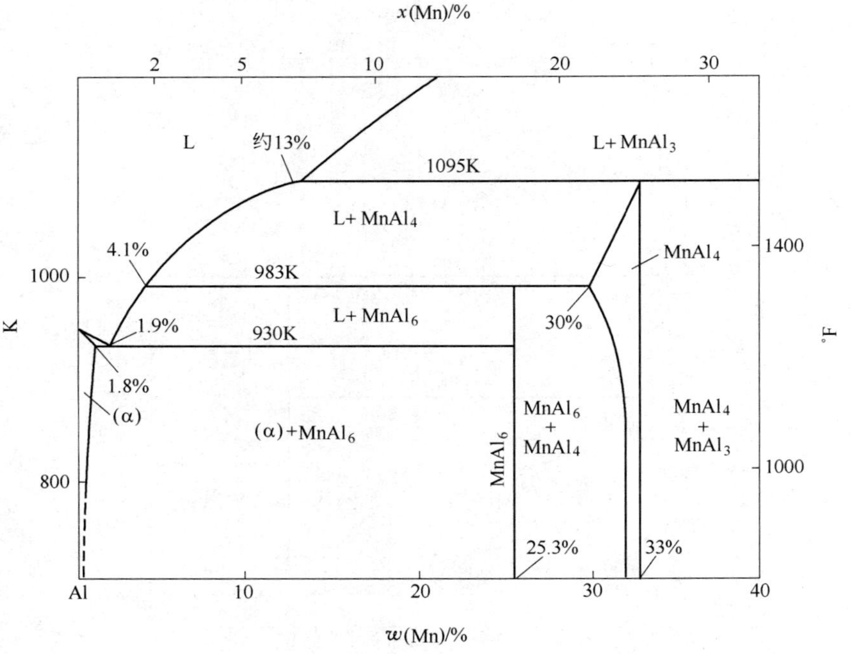

图 46-6　铝-锰二元相图

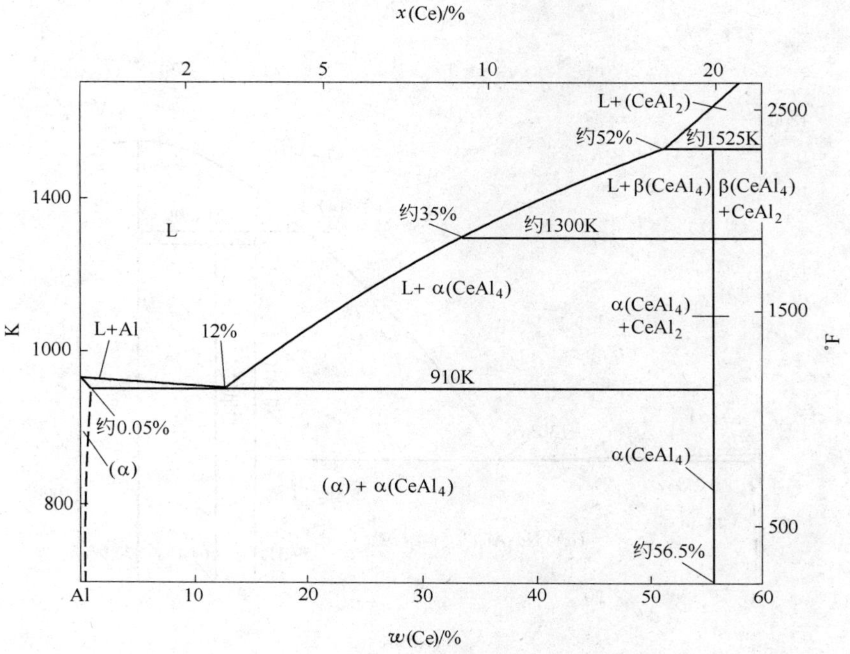

图 46-7 铝-铈二元相图

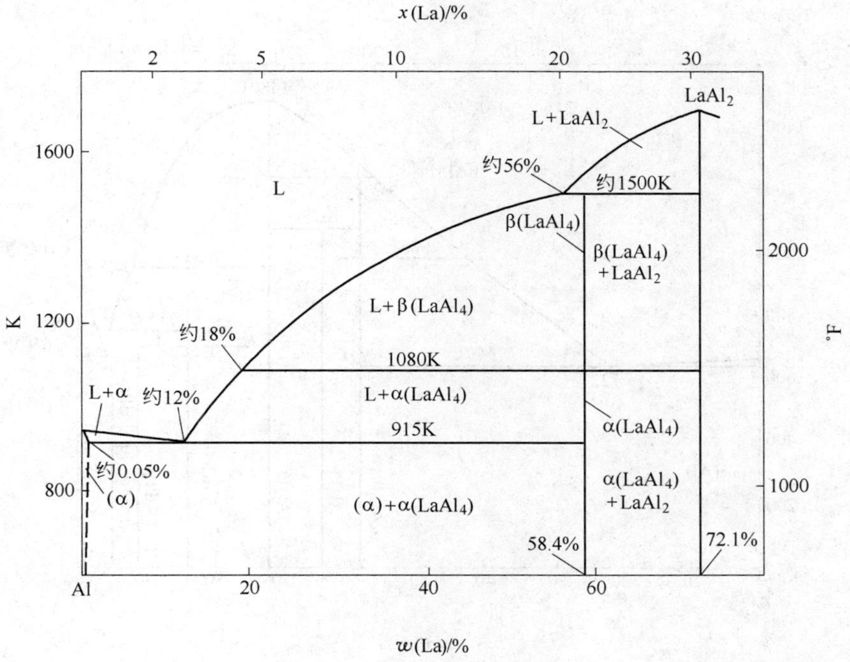

图 46-8 铝-镧二元相图

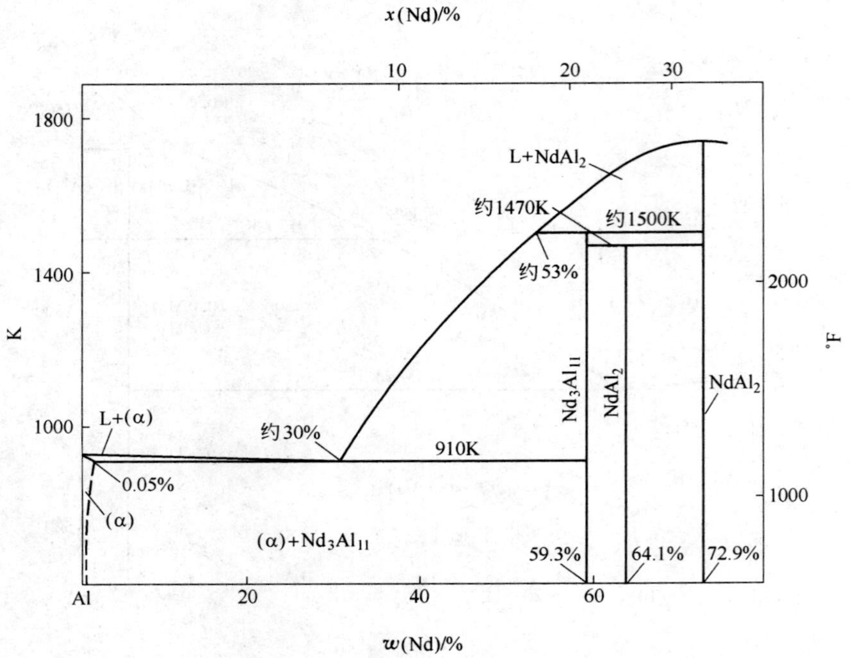

图 46-9 铝-钕二元相图

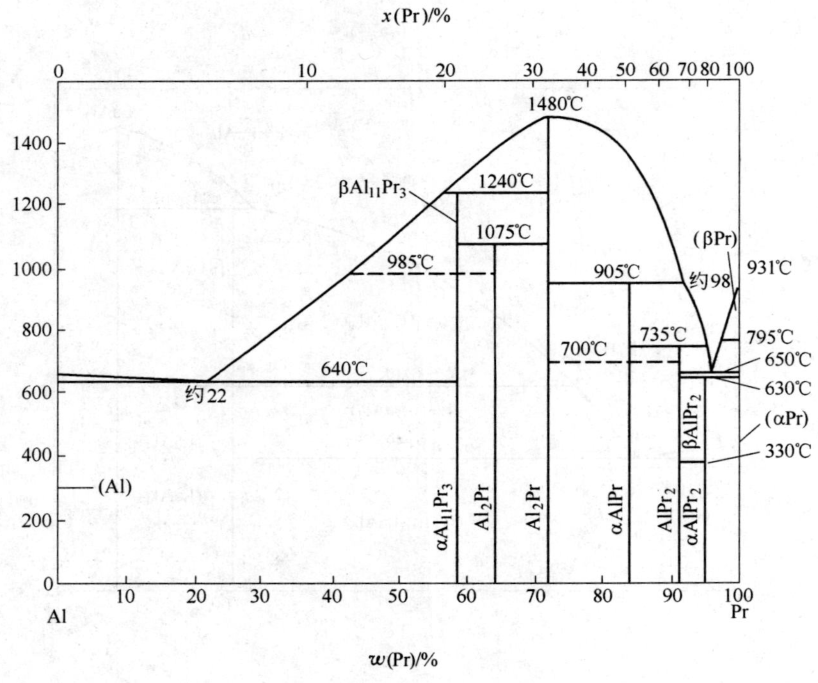

图 46-10 铝-镨二元相图

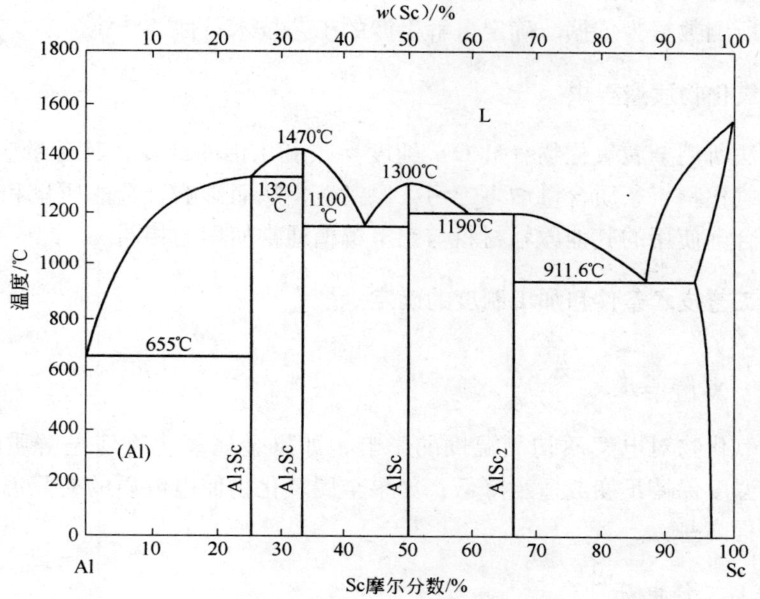

图 46-11　铝-钪二元相图

46.4　电解槽直接生产铝基合金的生产工艺

目前铝钛、铝锆、铝稀土、铝硼等合金已经在工业电解槽进行了生产或进行过工艺试验。本节叙述生产工艺技术的要点，电解槽生产铝基合金的工艺流程见图 46-12。

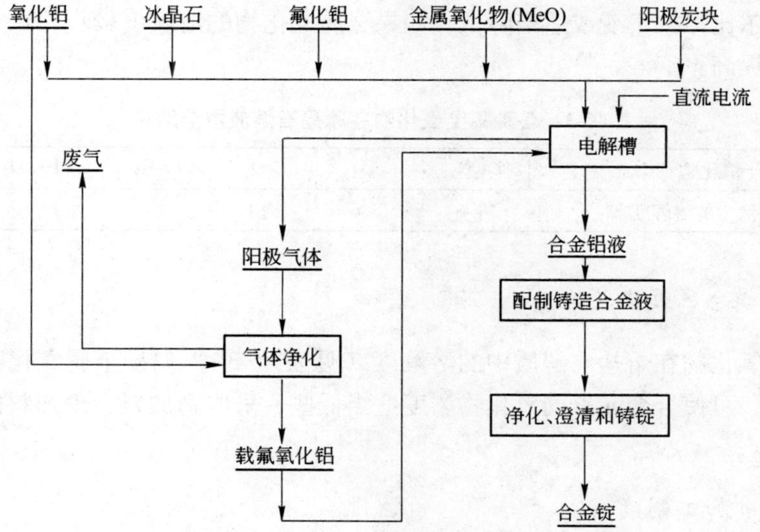

图 46-12　电解槽生产铝基合金工艺流程

电解共析法生产铝基合金工艺技术条件的确定，应首先进行实验室试验，通过试验测定各种金属氧化物对冰晶石-氧化铝熔盐体系的初晶温度、电导率、溶解度等物理化学性能的影响，以所测数据为依据，确定电解生产的工艺技术条件。

46.4.1　金属氧化物质量要求

电解共析法所用金属氧化物（MeO）纯度参照氧化铝的纯度，其含量应不低于98%。低纯度的金属氧化物，杂质含量增多，污染原铝液，从而影响合金的质量和性能。电解共析法生产铝基合金使用的其他原辅材料与铝电解槽通常使用的相同。

46.4.2　电解工艺技术条件和加工制度的确定

46.4.2.1　电解温度

参考金属氧化物对电解质初晶温度的影响，如果金属氧化物使电解质的初晶温度降低，可将电解温度保持不变或适当降低；如果金属氧化物使电解质的初晶温度升高，可将电解温度适当提高些。

46.4.2.2　工作电压

参考金属氧化物对熔盐电解质电导率的影响（见图46-2），如果金属氧化物的导电性高于氧化铝，可将工作电压保持不变或适当降低；如果金属氧化物的导电性低于氧化铝，可将工作电压适当提高。

46.4.2.3　摩尔比

参考金属氧化物在电解质中的溶解度（见表46-3），如果金属氧化物的溶解度高于氧化铝，可将摩尔比保持不变或适当降低；如果金属氧化物的溶解度较小，低于氧化铝，可将摩尔比适当提高。

表46-3　各种稀土氧化物在冰晶石熔液中溶解度

稀土氧化物	La_2O_3	Ce_2O_3	CeO_2	Pr_2O_3	RE_2O_3（混合稀土）
在冰晶石熔液中的溶解度/%	14.6	13.6	约1	12.0	14.9

46.4.2.4　金属氧化物浓度

参考金属氧化物在熔盐电解质中的溶解度（见表46-3），如果金属氧化物在电解质中的溶解度较小，可使合金元素的氧化物浓度适当低些，采取勤加料、少加料的方法避免在槽内产生沉淀。

46.4.2.5　加工制度

应采取物料预热和勤加料、少下料的方式，也可和氧化铝掺配，以防止槽内出现沉淀，造成阴极电压的提高，槽内取出的结壳块和电解质块等，要专槽专用，以防止污染其他电解槽。

46.4.2.6　出铝制度

电解槽生产铝基合金，为了避免对其他原铝液的污染，选择专用包出铝，每次出铝包内的铝液必须倒净。

46.4.3　金属氧化物添加量的确定

电解共析法生产铝基合金金属氧化物的添加方法，是根据槽中不同金属（Me）含量的要求，确定每次添加量及添加间隔，添加前金属氧化物要在槽上先预热烘干，以免金属氧化物（MeO）吸附的水分带入电解质中。

当电解槽槽内铝中的金属含量和电解质中的金属氧化物含量达到平衡后，所需金属氧化物的添加量为正常需要量，不同金属含量的铝合金所需添加金属氧化物的量是不同的。

46.4.3.1　合金浓度未达到最终要求时金属氧化物的添加量

合金浓度未达到最终要求时金属氧化物的添加量，可根据下列公式计算：

$$Q_1 = [W_0 \times (C_2 - C_1) + C_2 \times W]/(D \times F)$$

式中　Q_1——需要加入金属氧化物的质量，kg；

W_0——槽内现有铝合金量，kg；

W——出铝周期中生产的铝合金量，kg；

C_1——槽内铝合金熔体中合金元素的浓度，%；

C_2——下一个出铝周期槽内铝合金熔体中合金元素计划达到的浓度，%；

D——合金元素在金属氧化物中的质量分数，%；

F——合金元素在铝合金熔体中的实收率，%。

46.4.3.2　合金浓度达到最终要求时金属氧化物的添加量

合金浓度达到最终要求时金属氧化物的添加量，可根据下列公式计算：

$$Q_2 = (W \times C)/(D \times F)$$

式中　Q_2——需要加入金属氧化物的质量，kg；

C——合金元素在铝合金熔体中的浓度，%。

46.4.4　合金的吸出和熔铸

为了避免原铝污染，选择专用真空包按照出铝周期进行出铝。从电解槽抽出的合金铝液运往熔铸车间配制要求含量的铝合金。如果铝基合金不用来直接熔配铝合金，可转入专用熔保炉，经过净化后利用铸造机铸造铝基中间合金锭或外铸成中间合金锭。

46.5　电解共析法制取铝基合金实例

目前，直接利用电解槽已在不同程度上进行了铝-钛、铝-锆、铝-稀土、铝-硼、铝-硅-钛、铝-钪等铝基合金的试验和生产，下面分别加以叙述。

46.5.1 工业铝电解槽直接生产铝钛合金

铝钛合金通常用作晶粒细化剂，使金属凝固时生成细微的等轴晶粒，这对于防止铝制品脆裂，提高力学性能和表面质量是很重要的。某厂近年来在利用电解槽共析法生产铝钛合金获得成功，主要应用在A356铸造铝合金生产中。该厂首先在135kA预焙电解槽上进行了试验。

46.5.1.1 工业铝电解槽直接生产铝钛合金的可能性

A TiO_2 与 Al 反应的标准吉布斯自由能和平衡常数

$$2Al + \frac{3}{2}TiO_2 = \frac{3}{2}Ti + Al_2O_3$$

自由能 $\Delta G^{\ominus} = -20428.23J/mol(960℃)$

平衡常数 $K_p = 4.61 \times 10^8$

对于 TiO_2 来说，上述反应有较大的负自由能，反应常数也很大，所以在铝电解槽中，铝还原 TiO_2 有很大的趋势，可得到一定浓度的金属钛。

B TiO_2 的理论分解电压

计算 TiO_2 的理论分解电压，发现 Ti^{4+} 的析出电位比 Al^{3+} 约正0.35V。所以溶解在电解质中的 TiO_2 其Ti将优先在阴极上析出。

因此，溶解在电解质中的 TiO_2 既可在阴极上电解析出Ti，也可由铝热还原。在现有的工业电解槽生产条件下，电解析出和热还原同时进行。

46.5.1.2 电解槽的选择

选择槽况好，运行平稳，原铝品位在99.7%以上，而且槽龄在1~2年的铝电解槽进行试验。

46.5.1.3 原铝中钛含量的选择

电解原铝中的钛含量按由低向高的顺序进行控制，即按0.2%、0.5%、1.0%和1.5%四种钛含量进行控制。

46.5.1.4 二氧化钛质量要求

电解共析法所用二氧化钛（TiO_2）纯度参照氧化铝的纯度，其含量应不低于98%。低纯度的二氧化钛，杂质含量增多，污染原铝液，从而影响合金的质量和性能。电解共析法生产铝基合金使用的其他原辅材料与铝电解槽通常使用的相同。

46.5.1.5 TiO_2 的添加量与添加方法

电解槽中添加 TiO_2 的数量要根据槽中不同钛含量的要求，确定每次添加量及添加间隔，添加量按46.4.3中的公式计算，添加前要在槽壳上预热。加料采用勤加、少加的方式，也可和氧化铝掺配，在建立平衡时，不同钛含量所需 TiO_2 总量不同。在调整期间，由于所需添加量大，可适当缩短加料间隔，延长调整时间，发生效应时，可适当加大 TiO_2

的添加量。槽内取出的结壳块和电解质块等，要专槽专用，以防止污染其他电解槽。

46.5.1.6　135kA 电解槽生产铝钛合金工艺技术条件的确定

电解共析法生产铝钛合金工艺技术条件的确定，应首先进行实验室试验，通过试验测定二氧化钛对冰晶石-氧化铝熔盐体系的初晶温度、电导率、溶解度等物理化学性能的影响，以所测数据为依据，确定电解生产的工艺技术条件：电流强度 135kA；槽工作电压 4.1 ~4.2V；电解温度 940 ~ 960℃；极距 4 ~ 5cm；摩尔比 2.60 左右；铝液水平 22 ~ 24cm；电解质水平 16 ~20cm；炉底压降 <450mV；效应系数 0.3 ~0.5 次/(d · 槽)。

在工业生产中，当 Al-Ti 合金中的 Ti 含量超过 2% 时，由图 46-3 中铝-钛二元相图可知，在铝阴极上将有固相析出并改变阴极形状，因此认为，在电解槽中生产 Al-Ti 合金中的 Ti 含量不应超过 2%。

46.5.2　工业电解槽铝直接生产铝锆合金

46.5.2.1　工业电解槽直接生产铝锆合金的意义

锆（Zr）是铝合金中常用的添加剂，能细化铝合金晶粒，提高抗拉强度和耐热度。例如，在铝中添加锆元素制成的高强耐热电工圆铝杆以其优良的导电性能、热性能、高温强度及抗腐蚀性能在电力行业应用越来越受到重视。然而金属锆十分昂贵，用传统的熔配生产铝锆合金成本很高，因此，用电解槽直接生产铝锆合金有着重要的意义。

46.5.2.2　60kA 电解槽直接生产铝锆合金的试验过程

A　理论依据

根据对 ZrO_2 在电解液中进行氧化还原反应的自由能及其在电解条件下的分解电压计算得知，ZrO_2 不能够被电解槽中的金属铝还原生成金属锆，但其分解电压与 Al_2O_3 十分接近，所以在当前铝电解的生产条件下，通过在铝电解槽中添加 ZrO_2 生产出铝锆合金在理论上是可行的。

B　ZrO_2 质量的要求

由于原料中的杂质会对铝液质量造成不良影响，所以对 ZrO_2 的纯度要求较高，即 ZrO_2 纯度要求大于 98%，Fe_2O_3 <0.01%，V_2O_5 <0.051%。

C　电解槽的选择

应选择槽况好，运行平稳，原铝品位在 99.7% 以上，而且槽龄在 1 ~2 年的铝电解槽。

D　试验槽的盘存

试验槽在试验之前和试验之后都要进行槽内铝液和电解质液的盘存。盘存方法采取每个大面各五点的简易盘存。

E　原铝中锆含量的选择

电解原铝中的锆含量按由低向高的顺序进行控制，即按 0.2%、0.5%、1.0% 和 1.5% 四种锆含量进行控制。

F　ZrO_2 的添加量与添加方法

电解槽中添加 ZrO_2 的数量要根据槽中不同锆含量的要求，确定每次添加量及添加间隔，添加量按46.4.3节中的公式计算，添加前必须在槽沿板或壳面上预热ZrO_2，加料采用勤加、少加的方式，也可和氧化铝掺配，在建立平衡时，不同锆含量所需ZrO_2总量不同。在调整期间，由于所需添加量大，可适当缩短加料间隔，延长调整时间，发生效应时，可适当加大ZrO_2的添加量。

试验期间锆含量从0逐步提升，按0.2%、0.5%、1.0%、1.5%，然后在1.5%左右保持。

G 电解槽的工艺技术条件

电解槽的工艺技术条件为：电流强度60kA；槽工作电压比正常工作电压提高0.05～0.10V；电解温度950～960℃；摩尔比2.70～2.80；其他技术条件按常规保持。

H 出铝制度

为避免对其他原铝的污染，选择专用包出铝，每两天出一次铝，每次出1t，转入敞口包中拉运至铸造车间进行外铸。

46.5.3 工业电解槽直接生产铝稀土合金

46.5.3.1 工业电解槽直接生产铝稀土合金的意义

稀土铝合金是一种新型的铝合金材料，目前在电线电缆行业使用较多，主要用来轧制稀土电工圆铝杆，然后再通过拉拔成铝丝，绞成电线电缆。是在电力行业应用越来越受到重视的具有优良导电性能、热性能、高温强度及抗腐蚀性能的新一代产品，在“二滩”、“三峡”等大型电力项目中被广泛采用。利用工业电解槽直接生产铝稀土合金具有价格低廉，质量稳定的优势。

46.5.3.2 电解槽直接生产铝稀土合金的试验过程

A 电解槽直接生产铝稀土合金的电解机理

狄鸿利、沈时英和邱竹贤等人开发了在60kA电解槽中生产铝稀土合金。在冰晶石-氧化铝熔液中，通过添加混合稀土氧化物生产出铝稀土合金。生产中同时进行着两种过程：（1）铝和稀土共同发生电沉积反应，生成铝稀土合金；（2）铝置换稀土氧化物中的稀土，生成铝稀土合金。

B 混合稀土的质量要求

用电解槽直接生产铝稀土合金所用原料含混合稀土大于98%。

C 各种稀土氧化物在冰晶石熔液中的溶解度

表46-3是在1000℃下，各种稀土氧化物在冰晶石熔液中（NaF/AlF_3物质的量比为2.7）溶解度。稀土氧化物的溶解度较大，在电解质中容易添加。

D 电解槽的工艺技术条件

电解槽的工艺技术条件为：电流强度60kA；槽工作电压4.3～4.5V；电解温度960～970℃；极距4cm；摩尔比2.6～2.8；铝液水平27～31cm；电解质水平16～18cm；出铝周期3天。

E 加料和出铝制度

添加的稀土氧化物要在槽结壳表面上预热2～3h，达到400℃。加料采用勤加、少加的方式，也可和氧化铝掺配，在建立平衡时，不同稀土含量所需稀土氧化物总量不同。在调整期间，由于所需添加量大，可适当缩短加料间隔，延长调整时间，发生效应时，可适当增加稀土氧化物的添加量。为避免对其他原铝的污染，选择专用包出铝，出铝周期为3天。

在60kA自焙电解槽上用纯氧化铈电解生产铝稀土合金已获成功，与用混合稀土生产铝稀土合金相比，含量提高近一倍。且电解槽各项工艺参数控制稳定，电解槽运行正常，中间合金制备方便，添加时成分控制稳定，在电工圆铝杆生产中不同的稀土含量均能满足技术要求。

狄鸿利、沈时英和邱竹贤等人用混合稀土在60kA工业电解槽中生产铝稀土合金，得到添加混合稀土时的铝中稀土含量和电解质中稀土含量的变化曲线如图46-13所示。

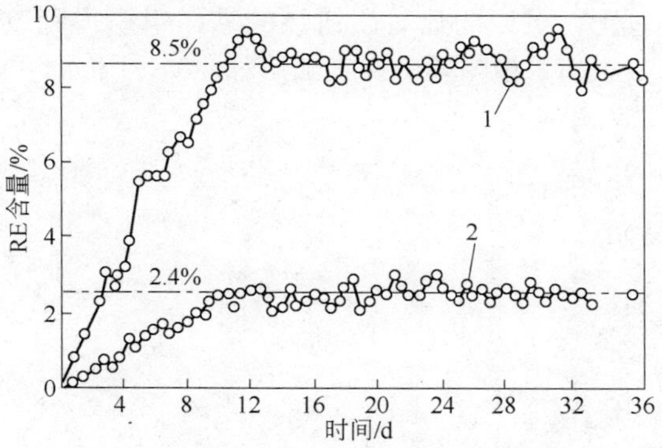

图46-13　60kA工业电解槽中添加混合稀土时的RE含量
1—铝中的含量；2—电解质中的含量

46.5.4　工业电解槽直接生产铝硼合金

46.5.4.1　电解槽直接生产铝硼合金的意义

铝硼合金和铝钛合金一样通常用作晶粒细化剂，使金属凝固时生成细微的等轴晶粒，这对于防止铝制品脆裂，提高力学性能和表面质量是很重要的。尤其是对于电工用铝硼合金，经过硼化处理后的铝液中的微量元素钒和钛降低幅度分别接近50%。熔配法制造铝硼合金是在感应加热炉中或者在电弧炉中熔化铝加入硼金属，而硼是用KBF_4-KCl熔盐电解B_2O_3而制取，因此，硼的造价昂贵。某厂利用电解共析法直接生产铝硼合金，对电工圆铝杆的铝液进行硼化处理后，降低了铝液中微量元素钒和钛，可有效提高电工铝杆的导电性能。

46.5.4.2　电解槽直接生产铝硼合金的试验过程

A　氧化硼的质量选择

用电解槽直接生产铝硼合金所用原料三氧化二硼大于98%。

B　电解槽的工艺技术条件

电解槽的工艺技术条件为：电流强度60kA；槽工作电压4.3~4.5V；电解温度960~970℃；极距4cm；摩尔比2.6~2.8；铝液水平27~31cm；电解质水平16~18cm。

C　加料和出铝制度

添加的三氧化二硼要在槽结壳表面上预热2~3h，达到400℃。加料采用勤加、少加的方式，也可和氧化铝掺配，在建立平衡时，不同硼含量所需氧化硼总量不同。在调整期间，由于所需添加量大，可适当缩短加料间隔，延长调整时间，发生效应时，可适当增加氧化硼的添加量。为避免对其他原铝的污染，选择专用包出铝。

电解共析法生产的铝硼合金的硼含量大于0.3%。

46.5.4.3　用电解所得铝硼热铝液对电工用铝进行硼化处理对铸坯结晶组织的影响

把铝液经过硼化处理后生产的铸坯与铝液未经过硼化处理后生产的铸坯的结晶组织进行对比，可以明显看出铸坯的结晶组织得到改善，如等轴晶增加，枝状晶明显减少。具体如图 46-14 和图 46-15 所示。

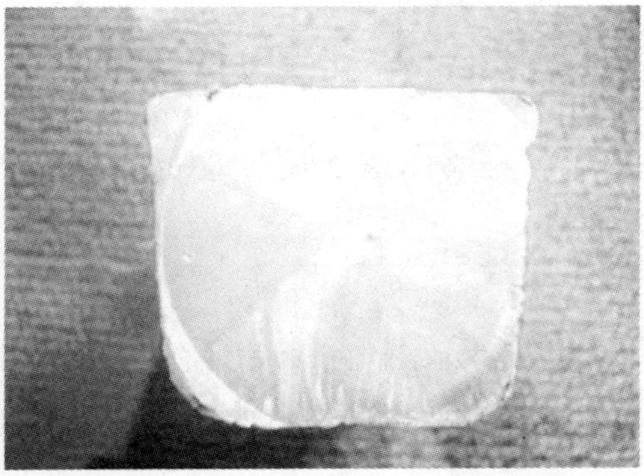

图 46-14　未经过硼化处理铸坯的结晶组织

图 46-15　经过硼化处理铸坯的结晶组织

46.5.5　工业电解槽直接生产铝硅钛合金及硅钛氧化铝的生产

46.5.5.1　概述

硅和钛同时作为合金元素的铝基合金通称铝硅钛合金。铝硅钛合金在铝基合金中占有相当大的比例。

在铝电解槽中利用电解共析法直接制取同时含有硅和钛的铝基合金，目前国外尚少见报道。1983 年斯洛伐克人 Norák Milan 发表过关于这方面实验的文章。国内的有关研究要追索到 1960 年。当时国内新建了一批小型电解铝厂，由于氧化铝的供应严重短缺，部分电解铝厂为了解决原料问题，用铝土矿粉代替氧化铝进行电解，最终得到了铝硅钛合金。但由于当时设备简陋，工艺制度不严谨，结果是电流效率低、原材料消耗高、环境污染严重，所得合金产品普遍含铁过高，一般为2% ~3%，甚至更高。这种合金产品的力学性能极差，应用范围很受限制。因此，这类工作没能够坚持下去。

较系统而严谨的研究开始于 20 世纪 70 年代。以铝土矿为原料，经除铁处理，制取硅钛氧化铝（ST-Al_2O_3），在普通铝电解槽中电解铝硅钛合金。硅钛氧化铝生产技术于 1987 年完成工业试验，90 年代建立了示范工厂。硅钛氧化铝电解于 1979 年完成 12kA 自焙槽上的工业试验，1992 年完成 60kA 自焙槽上的工业试验，1998 年完成 140kA 预焙槽上的工业试验。

电解共析法生产铝硅钛合金已获得国家发明专利。

46.5.5.2　电解共析法直接生产铝硅钛合金的理论基础

电解共析法在电解槽内直接生产铝硅钛合金所用的原料是硅钛氧化铝，它是对铝土矿作除铁处理和成分调配之后，获得的可用于电解共析法直接生产铝硅钛合金添加的原料。

A 硅钛氧化铝的电解共析的可行性

硅钛氧化铝电解是否可行，至少需要满足两个条件：(1) 硅钛氧化铝各组分必须全部能溶解于电解质中而不形成沉淀。硅钛氧化铝物理化学性质测定已给出了较满意的答案。(2) 硅钛氧化铝各组分必须不在电解质中积累。为此，要探讨硅钛氧化铝各组分在电解质中的行为，首先看各组分的分解电压。

电解共析铝硅钛合金，在使用炭阳极时，Al_2O_3 的分解反应可写成如下形式：

$$Al_2O_3(s)+\frac{3}{2}C(s)=\!=\!=2Al(l)+\frac{3}{2}CO_2(g) \tag{46-8}$$

$$Al_2O_3(s)+3C(s)=\!=\!=2Al(l)+3CO(g) \tag{46-9}$$

或 $$Al_2O_3(s)+(3-n)C(s)=\!=\!=2Al(l)+nCO_2(g)+(3-2n)CO(g)\quad 0\leqslant n\leqslant 3/2 \tag{46-10}$$

式中，n 是一个与阳极气体中二氧化碳和一氧化碳的摩尔比（或体积比）有关的参数。

如果以 N 表示阳极气体中二氧化碳的体积分数，则（$1-N$）表示一氧化碳的体积分数。根据 N 的定义及式（46-10），则有：

$$N=\frac{n}{n+(3-2n)}=\frac{n}{3-n}\quad 或\quad n=\frac{3N}{1+N}$$

因此式（46-10）也可表示为：

$$Al_2O_3+\frac{3}{1+N}C=\!=\!=2Al+\frac{3N}{1+N}CO_2+\frac{3(1-N)}{1+N}CO$$

如果阳极气体组成为 70% CO_2 +30% CO，则 $n=\frac{21}{17}$，上式表示为：

$$Al_2O_3(s)+\frac{30}{17}C(s)=\!=\!=2Al(l)+\frac{21}{17}CO_2(g)+\frac{9}{17}CO(g) \tag{46-11}$$

反应式 46-8 可视为以下两个反应的合成：

$$2Al(l)+\frac{3}{2}O_2(g)=\!=\!=Al_2O_3(s)\qquad \Delta G^{\ominus}_{T}=-1676000+320T$$

$$\frac{3}{2}CO_2(g)=\!=\!=\frac{3}{2}C(s)+\frac{3}{2}O_2(g)\qquad \Delta G^{\ominus}_{T}=591150+1.26T$$

所以反应式 46-8：$\Delta G^{\ominus}_{T}=-1084850+321.26T$

$$\Delta G^{\ominus}_{1273}=-675886J$$

分解电压： $$E^{\ominus}_{1273}=1.17V$$

同样的方法可以获得反应式 46-9 在 1000℃时的标准分解电压为 1.03V。

反应式 46-11 可看成以下 3 个反应的合成：

$$2Al(l)+\frac{3}{2}O_2(g)=\!=\!=Al_2O_3(s)\qquad \Delta G^{\ominus}_{T}=-1676000+320T$$

$$\frac{21}{17}CO_2(g)=\!=\!=\frac{21}{17}C(s)+\frac{21}{17}O_2(g)\qquad \Delta G^{\ominus}_{T}=486829+1.038T$$

$$\frac{9}{17}CO(g) = \frac{9}{17}C(s) + \frac{9}{34}O_2(g) \qquad \Delta G_T^{\ominus} = 59135 + 46.40T$$

这就不难获得反应式 46-11 在 1000℃的标准自由能变化 $\Delta G_{1273}^{\ominus} = -662287J$；分解电压 $E_{1273}^{\ominus} = 1.14V$。

同样的方法可以计算 SiO_2、TiO_2、Fe_2O_3 等成分在不同阳极气体组成时的分解电压，计算所得各项数据列于表 46-4。

表 46-4 使用炭阳极，1000℃时各成分标准分解电压 $E_{1273}^{\ominus}$ 计算值

成 分	不同阳极气体组成时的分解电压/V		
	100% CO_2	100% CO	70% CO_2 + 30% CO
Al_2O_3	1.17	1.03	1.14
SiO_2	0.74	0.61	0.72
TiO_2	0.76	0.63	0.74

至于 Fe_2O_3，有 C 存在的情况下，反应 $Fe_2O_3(s) + \frac{3}{2}C(s) = 2Fe(s) + \frac{3}{2}CO_2(g)$ 的标准自由能变化 $\Delta G_{1273}^{\ominus} = -105576J/mol$。即在此条件下，$Fe_2O_3$ 能被 C 自动还原。

可见，使用炭阳极，硅、钛、铁仍优先于铝析出或与铝共同析出形成合金而不在电解槽中积累。

除电化学还原外，硅、钛、铁也可能被铝直接还原。硅被铝还原将发生如下反应：

$$3SiO_2(s) + 4Al(l) = 2Al_2O_3(s) + 3Si(s) \tag{46-12}$$

式 46-12 可以看成如下 2 个反应的合成：

$$4Al(l) + 3O_2(g) = 2Al_2O_3(s) \qquad \Delta G_T^{\ominus} = -3352000 + 640T$$

$$3SiO_2(s) = 3O_2(g) + 3Si(s) \qquad \Delta G_T^{\ominus} = 2706000 - 522T$$

所以

$$\Delta G_{(46\text{-}12)}^{\ominus} = -646000 + 118T$$

在电解温度下（近似地看成 1000℃），$\Delta G_{(46\text{-}12)}^{\ominus} = -495786J$。可见，在活度均为 1 时，铝还原氧化硅自动进行的趋势很大。

对 TiO_2、Fe_2O_3 进行同样的计算，结果表明这种直接还原的可能性同样存在。

$$3TiO_2(s) + 4Al(l) = 2Al_2O_3(s) + 3Ti(s) \qquad \Delta G_{1273}^{\ominus} = -467967J$$

$$Fe_2O_3(s) + 2Al(l) = Al_2O_3(s) + 2Fe(s) \qquad \Delta G_{1273}^{\ominus} = -781462J$$

在阴极区，当硅、钛、铁离子遇到新生的铝时，这种还原反应可能发生。由于铝液、电解质在不断运动，这些离子遇到被溶解在电解质中的铝时也能被还原。

B 硅钛氧化铝适应电解过程的物理化学性质的研究

a 硅钛氧化铝的物理特性

硅钛氧化铝（ST-Al_2O_3）的粒度要求为：平均粒径 40 ~ 80μm，+150μm 的部分不大于 5%，-20μm 的部分不大于 2%。根据除铁后矿粉化学组成的不同和欲生产的合金牌号的不同，可以通过添加工业氧化铝调配成成分符合需要的硅钛氧化铝。

硅钛氧化铝与中间状工业氧化铝在安息角、比表面积、密度、真密度等物理性能比较列于表46-5。其中“吸水性”以在室温下饱和水蒸气中48h吸水增重率计。安息角依据GB/T 11986规定的方法测定；密度依据GB/T 13175规定的方法测定。

表46-5　ST-Al_2O_3和工业Al_2O_3物理性能的比较

试样名称	物理性能				
	安息角/(°)	比表面积/$m^2 \cdot g^{-1}$	密度/$g \cdot m^{-3}$	真密度/$g \cdot m^{-3}$	吸水性/%
中间状Al_2O_3	36.0	36.5	0.96	3.59	1.65
ST-Al_2O_3-Ⅰ	41.9	29.7	1.05	3.57	1.22
ST-Al_2O_3-Ⅱ	44.5	25.1	1.03		
ST-Al_2O_3-Ⅲ	48.9		1.04	3.56	0.23

采用不同品质的矿石，或相同矿石用不同除铁工艺，所获得的硅钛氧化铝物理性能略有差别，但均能适用熔盐电解共析的要求。

b　硅钛氧化铝的溶解速度和表观溶解度

利用目测法，测定了ST-Al_2O_3和中间状Al_2O_3在970℃下含CaF_2 3.0%、MgF_2 4.0%、Al_2O_3 2.0%、摩尔比为2.50的冰晶石熔体中的溶解速度和表观溶解度（未达到溶解平衡，相对溶解度），测试结果分别列于表46-6和表46-7。

表46-6　ST-Al_2O_3和中间状Al_2O_3溶解速度的比较

试样名称	溶解时间/min					
	一批加料	二批加料	三批加料	四批加料	五批加料	六批加料
中间状Al_2O_3	13.03	21.03	41.49	>50		
ST-Al_2O_3-Ⅰ	10.99	14.02	43.35	>50		
ST-Al_2O_3-Ⅱ	13.78	20.93	27.03	41.05	>50	
ST-Al_2O_3-Ⅲ	6.68	9.53	19.99	29.15	37.13	>50

表46-7　ST-Al_2O_3和中间状Al_2O_3表观溶解度的比较

试样名称	试样溶解量/%	Al_2O_3溶解量/%	Al_2O_3溶解总量/%
中间状Al_2O_3	3.0	5.0	5.0
ST-Al_2O_3-Ⅰ	3.09	4.89	5.09
ST-Al_2O_3-Ⅱ	3.36	5.04	5.36
ST-Al_2O_3-Ⅲ	5.0	6.13	7.0

从表中看出，硅钛氧化铝溶解速度和表观溶解度大于中间状工业氧化铝。

c　硅钛氧化铝的结壳性能

ST-Al_2O_3与中间状Al_2O_3结壳性能测定结果的比较见表46-8。

表46-8　ST-Al_2O_3与中间状Al_2O_3结壳性能的比较

试样名称	电解质量/g	结壳量/g	结壳性能/$g \cdot g_{电解质}^{-1}$
中间状Al_2O_3	19.0	30.0	1.58
ST-Al_2O_3-Ⅰ	19.3	23.0	1.19
ST-Al_2O_3-Ⅱ	20.5	22.5	1.10
ST-Al_2O_3-Ⅲ	16.9	18.8	1.11

数据表明硅钛氧化铝的结壳性能略低于中间状氧化铝，这对电解槽炭阳极的保护和槽面保温有所不利，但能减少打壳加工特别是中间点式下料频繁破壳的难度。

d 硅钛氧化铝对电解质初晶温度的影响

测定硅钛氧化铝对电解质初晶温度影响所用电解质组成（质量分数）为 CaF_2 7.2%，MgF_2 1.0%，LiF 2.0%，其余为冰晶石，摩尔比为2.7。所用硅钛氧化铝组成（质量分数）为 Al_2O_3 78.86%，SiO_2 12.25%，TiO_2 3.14%，Fe_2O_3 0.43%，K_2O 1.90%，Na_2O 0.089%，CaO 0.081%，MgO 0.52%，灼减0.42%。测定结果见表46-9。

表46-9 ST-Al_2O_3 与中间状 Al_2O_3 对电解质初晶温度影响的比较

试样添加量/%	初晶温度/℃		每1%试样降低初晶温度/℃	
	ST-Al_2O_3	中间状 Al_2O_3	ST-Al_2O_3	中间状 Al_2O_3
3.0	955.0	951.0	3.95	5.07
6.0	943.0	935.9		
9.0	931.3	920.6		

数据表明，硅钛氧化铝降低电解质初晶温度的效果略逊于工业氧化铝。

e 硅钛氧化铝对电解质电导率的影响

分别测定了965℃下硅钛氧化铝和工业氧化铝对电解质电导的影响，试验所用电解质组成及硅钛氧化铝组成与测定初晶温度相同。测定结果见表46-10。

表46-10 ST-Al_2O_3 与中间状 Al_2O_3 对电解质电阻率影响的比较

试样添加量/%	电阻率/Ω·cm		每1%试样增加电阻率/Ω·cm	
	ST-Al_2O_3	中间状 Al_2O_3	ST-Al_2O_3	中间状 Al_2O_3
3.0	0.3813	0.3782	0.0071	0.0068
6.0	0.3966	0.3935		
9.0	0.4237	0.4191		

数据表明，硅钛氧化铝与工业氧化铝都使电解质的电阻增加，前者更为显著一些。

f 硅钛氧化铝对电解质挥发损失的影响

实验所用电解质和试样组成都同于溶解速度测定，试验温度为970℃。实验结果见表46-11。

表46-11 ST-Al_2O_3 与中间状 Al_2O_3 对电解质挥发损失影响的比较

试样名称	中间状 Al_2O_3	ST-Al_2O_3-Ⅰ	ST-Al_2O_3-Ⅱ	ST-Al_2O_3-Ⅲ
电解质用量/g	30.0140	29.9645	29.9695	30.0110
试样加入量/g	1.2000	1.2000	1.5000	1.8000
体系残留量/g	25.6097	26.1016	26.3374	25.7500
挥发质量/g	5.6043	5.0629	5.1321	6.0610
挥发时间/min	120.64	129.49	130.93	146.43
电解质挥发速度 /mg·(min·g)$^{-1}$	1.548	1.305	1.308	1.379

数据表明，在静态条件下（没有电解过程），硅钛氧化铝使电解质挥发的速度小于工业氧化铝。

46.5.5.3 硅钛氧化铝的生产

硅钛氧化铝的生产过程的实质，是从铝土矿中除去铁，可以有两种方法：酸法除铁法和重选—磁选除铁法。

A 酸法除铁法

酸法除铁生产硅钛氧化铝是选用中国低铁一水硬铝石型铝土矿为原料，用盐酸或硫酸直接溶出。

酸法除铁与氧化铝生产工艺相比，最大的不同是原料的主体成分（氧化铝、氧化硅、氧化钛等）在整个工艺过程中保持固相形态不变，只有氧化铁等杂质进入溶液。因此物料流量较少，设备和流程较简化，能耗和成本较低。

酸法除铁的原料从矿物结构的角度，应尽量选择所含氧化铝活性较小、氧化铁活性较强类型的矿。从化学组成的角度，应该选择含铝、硅、钛、稀土等有用成分较高，含铁和其他杂质特别是碳酸盐较低的铝土矿。中国的一水硬铝石，氧化铝化学稳定性很好，且大部分含铁较低。因此适于采用酸法除铁工艺。

酸法除铁生产硅钛氧化铝的基本流程如图46-16所示。

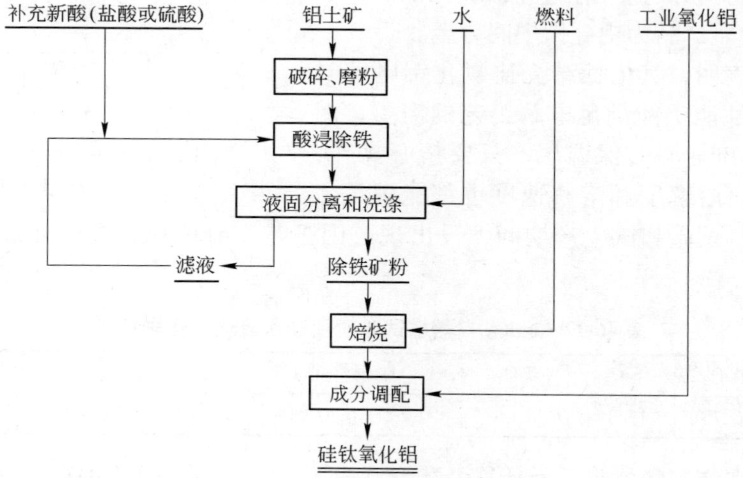

图46-16 酸法除铁生产硅钛氧化铝的基本流程

酸法除铁工业试验的设备流程如图46-17所示。

B 重选—磁选除铁法

某些铝土矿床，比如位于湘西的某铝土矿，更适于选用重选—磁选的工艺流程。该矿化学组成（质量分数）变化范围：Al_2O_3 59%～64%，SiO_2 19%～24%，TiO_2 1.14%～1.55%，Fe_2O_3 0.8%～1.5%，CaO≤0.25%，MgO 0.1%～0.3%，K_2O+Na_2O≤0.30%，灼减13.4%～15.0%。主要矿物组成（质量分数）为：高岭石30%～60%，一水软铝石10%～60%，一水硬铝石10%～30%，黄铁矿1%～2%。

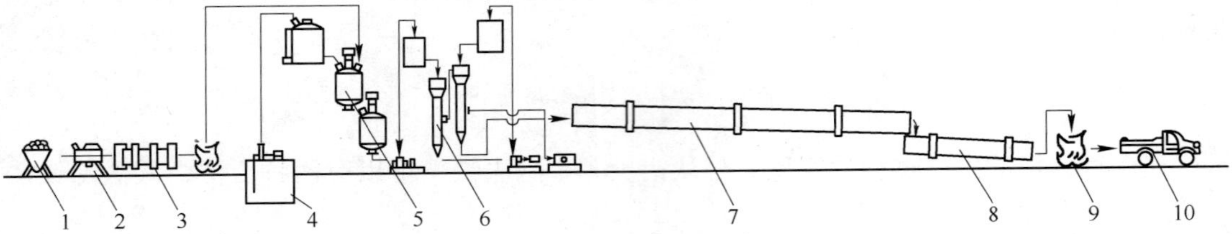

图 46-17 酸法除铁生产硅钛氧化铝的设备流程

1—原矿；2—粗碎；3—细碎；4—酸储槽；5—溶出反应器；6—液固分离和洗涤；7—焙烧；8—冷却；9—成分调配和包装；10—成品出厂

工业试验采用如图 46-18 所示的工艺流程。

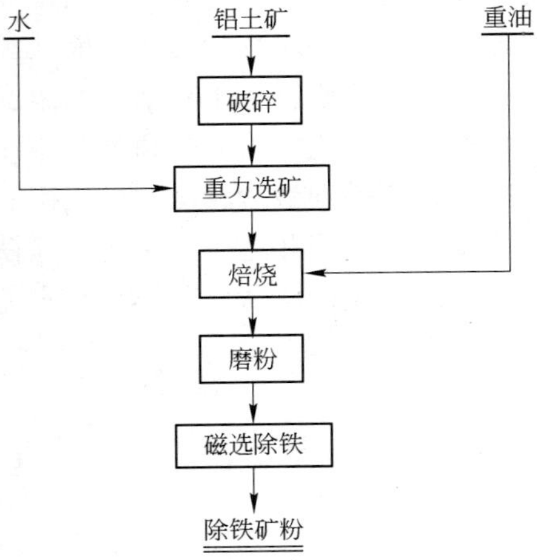

图 46-18 重选—磁选工艺流程示意图

46.5.5.4 电解共析法生产铝硅钛合金的工业实践

在普通的 60kA 侧插式自焙阳极铝电解槽上完成了工业实验，于 1992 年通过河南省和江西省科技成果鉴定。以后在这种槽型上先后生产了约 8000t 合金。试验和试生产所用硅钛氧化铝的化学组成见表 46-12。产品为铝硅钛中间合金。

实验结果表明，其槽面结壳比氧化铝电解时疏松，但结壳性能仍能满足电解工艺的需要，能形成完整壳面和足够的保温层，只要精心操作，可以避免塌壳。溶解度和溶解速度也都能满足工业电解的要求，试验和试生产期间，没出现过因工艺本身或原料性能而造成沉淀压槽等现象。

表 46-12 60kA 自焙槽试验所用硅钛氧化铝化学组成

成 分	Al_2O_3	SiO_2	TiO_2	Fe_2O_3	CaO	MgO	K_2O	Na_2O	灼减
质量分数/%	86.75	11.35	0.66	0.29	0.014	0.016	0.020	0.26	0.64

试验原料和产品的物料平衡计算及槽况观察，证实了电解过程中硅、钛、铁等既不大量挥发损失，也不在电解质中积累。

硅钛氧化铝中常含有$(100 \sim 300) \times 10^{-6}$钒（以氧化物计，下同），十万分之几至$300 \times 10^{-6}$铬，$(100 \sim 500) \times 10^{-6}$锆和十万分之几的稀土。这些都是多价元素，都有比较稳定的低价化合物，由于不完全还原，它们会对电流效率有较大影响。

电解共析法生产的铝硅钛合金，其含钛量允许在较大范围变化。但根据 Al-Ti 二元相图，$TiAl_3$ 的液相线很陡。当合金中含钛量稍高，熔点就急剧上升。为了使合金在电解槽中完全呈流动性很好的液体，铸锭时也不要有明显偏析，一般合金中含钛量不宜过高，以不大于 1.5%（质量分数）为宜。获得的产品如果含钛量超过了所需工作合金的要求，则可作为中间合金出售，也可在电解厂铸造车间的混合炉中调配成所需牌号合金。

每生产 1t 合金和纯铝的单耗指标，以及根据工业实验初期原材料价格计算的单位成本的比较见表 46-13。纯铝消耗指标取自对比槽平均值，合金消耗指标取自试验槽平均值。

表 46-13 合金与纯铝的单耗指标及成本比较

成本项目	单耗		单价/元	单位成本/元	
	合金	纯铝		合金	纯铝
硅钛氧化铝/t	1.90		1750	3325	
氧化铝/t		1.95	2500		4875
阳极糊/t	0.56	0.55	600	336	330
氟盐/kg	70	66	4	280	264
交流电/kW·h	20700	18284	0.25	5175	4571
工资及其他/元				1100	1000
合计/元				10216	11040

结果表明，合金的成本略低于同期的原铝成本。随着操作经验的积累和生产规模的扩大，合金成本的降低还有潜力。从能耗而言，在 60kA 自焙槽上的工业试验的电解共析铝硅钛合金的电流效率约为纯铝电解的 94.0% ~94.5%，每吨合金比纯铝多耗电 1000kW·h 左右。电流效率降低的原因主要有两个方面：一是硅、钛等合金元素比铝更容易融入电解质，二次反应损失会有所增加；二是硅、钛等合金元素多价性特征更明显，不完全还原现象更严重，使电流效率下降。但如果考虑纯铝熔配成合金时的元素烧损和能耗，以及氧化铝比硅钛氧化铝多耗能部分，电解共析法生产的合金还是比熔配法更节能。

经 200 天试验后，槽底电压的增加量比对比铝电解槽小，定值见表 46-14。

表 46-14 实验 200 天前后槽底压降变化情况 (mV)

数据来源	实验前	200 天后	前后变化值
实验槽（平均）	556	580.5	+24.5
对比槽（平均）	556	585	+29

电解铝硅钛合金还在 140kA 预焙槽上进行了工业试验。试验设备是从 140kA 中间点式下料预焙阳极铝电解槽系列中抽出一台，切断与原系列氧化铝风动输送系统的连接，在两个氧化铝分配器上分别安装容积为 0.5m^3 的上部料箱，硅钛氧化铝用活动料斗人工间断地吊装至上部料箱。

运行的主要工艺参数为：电解质摩尔比 2.6 ~2.7，槽电压 4.2 ~4.3V，槽温 950 ~960℃，铝（合金）水平 19 ~21cm，电解质水平 20 ~22cm，阳极效应系数 0.5 ~1.0 次/(d·槽)。合金的组成根据用户要求可在较大范围内调整，合金组成确定后，制备合适的硅钛氧化铝。试验所用硅钛氧化铝主要成分含量见表 46-15，合金组成举例见表 46-16。

表 46-15 140kA 预焙槽实验所用硅钛氧化铝主要成分含量

成分	SiO_2	TiO_2	Fe_2O_3	灼减	Al_2O_3
质量分数/%	4.3	0.9	0.2	0.6	余量

表 46-16　铝硅钛合金化学组成之一

成　分	Si	Ti	Fe	Al
质量分数/%	3.23	0.72	0.44	余量

试验延续 8 个多月，试验期间共获得约 200t 合金，成分稳定，用户满意。试验过程中，电解质性质如组成、黏度、电导率等都较稳定，与同厂铝电解槽相对比，电解质中钙、镁、钾、钠等成分没有明显积累，工艺能正常进行。140kA 预焙槽试验的技术经济指标与 60kA 自焙槽试验结果相似。

46.5.5.5　电解共析铝硅钛合金的性能及其应用

用电解的铝硅钛中间合金调配成 ZL108 号合金（记为 AST108），与传统的熔配法 ZL108 合金性能的比较数据见表 46-17。

表 46-17　AST108 与 ZL108 合金性能比较

合金牌号	室温抗拉强度/MPa	300℃抗拉强度/MPa	室温耐磨性（磨痕切面）/μm	260℃耐磨性（磨痕切面）/μm
ZL108	348	157	1193	1844
AST108	367	181	1039	1600

用电解的铝硅钛中间合金调配的工作合金，制造汽车发动机活塞、缸体、缸盖等零件，经 600h 台架试验和 15 万千米行车实验表明，与熔配法合金相比具有更好的耐磨性和热稳定性，更高的常温和高温强度，能使活塞寿命延长三成左右。

电解的铝硅钛中间合金用于中小柴油机活塞，通过材料性能测试、热机台架试验以及装机使用试验，证明比常用合金活塞具有更优良的耐热性、耐磨性和体积稳定性，其高温强度和疲劳强度已达到含镍合金活塞水平，而浇铸性能和成品率优于含镍合金，成本略低于常用活塞铝合金。

用电解共析铝硅钛合金研制摩托车轮毂的工业试验，测定结果表明：与国内所产轮毂相比，强度提高 22%，伸长率增加 40%。

用电解共析铝硅钛合金配制成含钛的 ZL104 合金（记为 AST104），制造汽车发动机缸体、缸盖及铝进气歧管，与熔配法的 ZL104 合金相比，具有优良的力学性能和铸造性能，减少了制造缺陷，疏松缺陷下降 50%，漏水率下降 30%。力学性能的比较见表 46-18。

表 46-18　AST104 与 ZL104 合金力学性能比较

合金牌号	室温抗拉强度/MPa	伸长率/%
ZL104	≥192	≥1.5
AST104	222.8	1.88

电解共析铝硅钛合金配制成 A356 合金（记为 AST356），制造汽车轮毂时的性能优于熔配法的 A356。从轮毂本体取样测得的性能见表 46-19。

表 46-19 AST356 与 A356 合金性能比较

合金牌号	室温抗拉强度/MPa	伸长率/%
A356	>205	>7
美国某轮毂厂标准	>270	>10
AST356	275	11

电解共析铝硅钛合金用于6063型材，使晶粒显著细化，型材的成品率、强度和表面粗糙度都有明显提高。

电解共析铝硅钛合金性能明显优于熔配法，其原因尚有待进一步探索研究。目前基本有以下两种解释：一是因各合金元素熔点和密度的很大差异，熔配法生产中为了使合金元素混合均匀，需强烈搅拌或延长熔配时间，这都增加了合金的吸气量和氧化夹渣。在电解共析法中，各合金元素以原子形态几乎同时沉析出来，其元素分布及微观组织均匀，而且电解共析的合金化过程被电解质与空气隔绝，大大减少了合金元素烧损、吸氢和氧化夹渣等有害现象。二是合金元素的强化作用，除钛起了主要作用外，还可能因为硅钛氧化铝中所含的稀土、锆、钒等元素进入合金起到了改善合金性能的作用。

46.5.6 电解共析法制取铝钪合金

46.5.6.1 概述

Al-Sc 系状态图如图 46-11 和图 46-19 所示。

目前已开发的铝钪合金主要集中在Al-$ScAl_3$系的共晶点附近或共晶点的富铝一侧。

通过多年的研究，人们发现钪在铝合金中同时具有镧系稀土金属和过渡金属的有益作用，而其效果又远比这两类金属强。可以说钪是到目前为止所发现的对铝合金最有效的变质剂，其效果比任何过渡元素、稀土金属以及铝钛硼合金都高。$ScAl_3$ 化合物是尺寸小、密度高、分布均匀的均质形核共格析出相，直到很高温度，甚至在平衡状态下仍能同基体保持共格关系，这是在其他合金中从未发现过的。

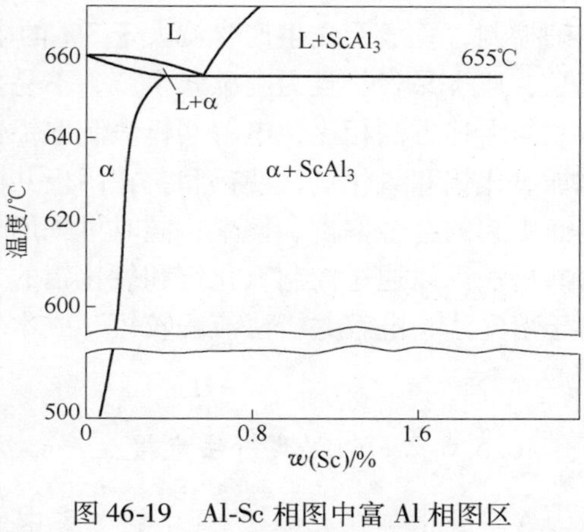

图 46-19 Al-Sc 相图中富 Al 相图区

高温合金最难解决的问题，是合金在高温下发生再结晶，使材料性能下降。即便是利用快速凝固和机械合金化技术得到的合金也存在这一问题。钪是一种有效的再结晶抑制剂，能将铝合金的再结晶温度提高到450～550℃，合金在均质化、热变形和淬火后仍能保持未再结晶状态。这就使铝-钪合金成为一种极有竞争力的耐热合金。

铝钪合金还拥有良好的可焊性。因为钪有强烈的变质作用，能细化焊缝熔化区的晶粒和过剩化合物，可显著降低产生焊接裂纹的倾向性；钪还能有效地抑制再结晶过程，使具有再结晶组织的过渡区或热影响区消失，由基体的亚晶组织直接过渡到焊缝的铸态区。从而使含钪合金的焊接接头，不仅有高的强度，而且有高的抗应力腐蚀的能力。

正是由于上述原因，使铝-钪合金具有良好的抗应力腐蚀性能和高的疲劳寿命和断裂韧性。

钪还可以提高铝合金抗中子辐照损伤的能力，是改善原子能发电和热核反应装置用铝合金材料性能的一种重要的添加元素。

另外，铝-钪二元合金过饱和固溶体的分解速度极快，Al-0.41Sc 合金在 250℃时效的孕育期只有 5×10^2s。在一般情况下，过短的孕育期将导致析出相的长大和合金性能的降低，甚至造成过时效。但由于 $ScAl_3$ 颗粒的长大速度极慢，因而不会因孕育期过短而产生不良影响，反而有利于其成为 α 相的形核中心，有效地细化晶粒。

正是由于铝钪合金拥有上述优异的综合性能，近 20 年来，国际材料界对铝钪合金的研究给予了高度重视，对其进行了大量研究工作。电解共析法生产铝钪合金就是这众多研究中取得的最新进展之一。

目前铝钪合金大规模应用还受到一定障碍，主要是钪的资源稀散，钪的价格过于昂贵。可能的解决途径有：

（1）新的含钪原料的发现和利用，这包括从铝土矿或赤泥等钪富集度较高的矿物或资源中提取钪。铝土矿中所富存的钪占到钪资源总量的绝大多数，而氧化铝生产过程中，钪又主要赋存于赤泥。因此，从铝土矿或赤泥中提取钪有可能成为支撑大规模利用钪的资源途径。

（2）电解共析法制取铝钪合金。

铝钪合金的生产方法现在多用熔配法：首先用中间合金法、熔盐电解法或钙热还原法等方法制得昂贵的金属钪，然后在氩气保护下，将金属钪用铝箔包裹，加入铝熔体，保温足够时间后充分搅拌，然后铸锭。采用熔配法时，由于钪的熔点很高，在铝中的扩散系数也不大，很难同铝熔化成均匀的合金，且钪在熔配过程中烧损严重，合金中的含钪量不易准确控制，一般要先生产含钪大于3%的中间合金，然后经多次熔配成最终合金。因此流程长，成本昂贵，且为间歇式生产，不易操作。

与上述方法相比，电解共析法制取铝钪合金具有很多优越性。采用在铝电解槽中共同添加氧化铝和氧化钪，使铝和钪在阴极共同析出，直接生产铝钪合金，可避免因钪扩散较慢而引起的合金偏析、偏聚；同时可采用未经高度提纯的含钪氧化物，降低原料成本。电解共析法可以通过控制氧化钪和氧化铝的加入量来达到控制合金的含钪量的目的。因此相对于熔配法，电解共析法流程较短、成本较低、产品质量更优，而且可实现大规模连续化生产。

46.5.6.2 电解共析法直接生产铝钪合金的理论基础

A 氧化钪在冰晶石-氧化铝体系中的溶解性能

选取 $n\mathrm{NaF}\cdot\mathrm{AlF_3}$-$Al_2O_3$-$MgF_2$-$CaF_2$ 熔盐体系，测定 Sc_2O_3 在该体系中溶解特性，为直接在电解槽中电解铝钪合金的工艺研究提供基本依据。

参照现行铝电解用电解质的成分，选取 Na_3AlF_6-3% MgF_2-3% CaF_2 作为基本电解质体系，采用正交回归实验方法，考察 Sc_2O_3 溶解度随熔盐的摩尔比、温度和 Al_2O_3 浓度变化的函数关系。全部实验所用原料，冰晶石、氟化钠、氟化钙、氟化镁均为化学纯，氟化铝、氧化铝为工业纯，氧化钪为4N 级（>99.99%）。

在1243K温度下，对于不同摩尔比的电解质，Sc_2O_3溶解度Al_2O_3的浓度关系如图46-20所示。由图可知，在一定的成分范围内，Sc_2O_3溶解度与Al_2O_3浓度成反比，Al_2O_3浓度的影响程度随摩尔比增大而减弱。当Al_2O_3浓度在3%左右时，Sc_2O_3的溶解度能够达到3%以上。在现代铝电解槽普遍采用低氧化铝浓度的操作条件下，Sc_2O_3的溶解度完全能够满足电解铝钪合金的需求。

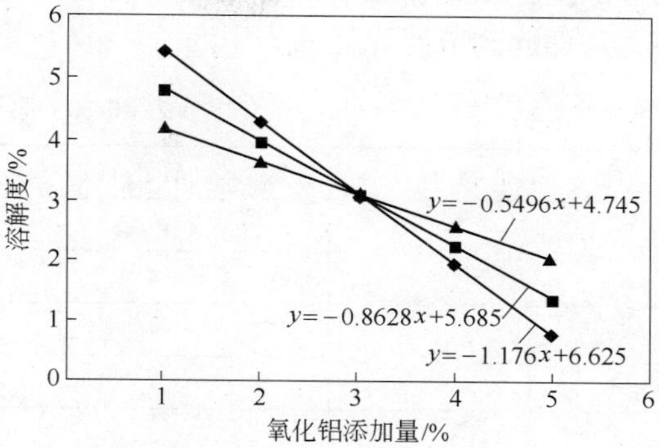

图46-20 氧化钪溶解度与氧化铝浓度的关系

◆—摩尔比2.4；■—摩尔比2.6；▲—摩尔比2.8

在通常的铝电解条件下，摩尔比对Sc_2O_3溶解度的影响不大，图46-21是在试验室测得的不同氧化铝浓度下，氧化钪溶解度与摩尔比的关系。

氧化钪溶解与温度的关系如图46-22所示。可见，温度对Sc_2O_3溶解度的影响程度较弱。因此，低温电解的现代铝电解观念同样适用于铝钪合金电解。

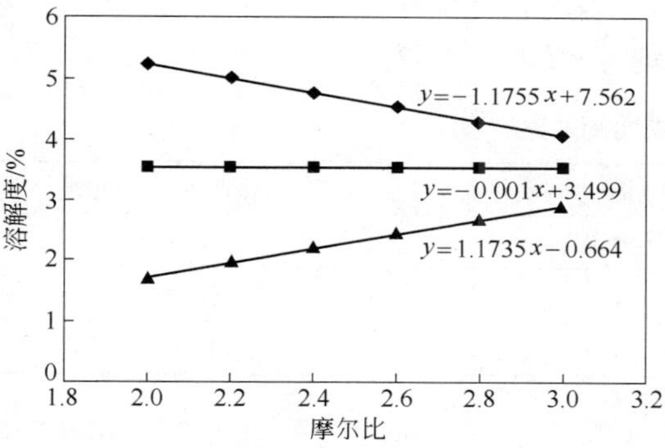

图46-21 氧化钪溶解度与摩尔比关系

◆—添加1.5%氧化铝；■—添加3%氧化铝；▲—添加4.5%氧化铝

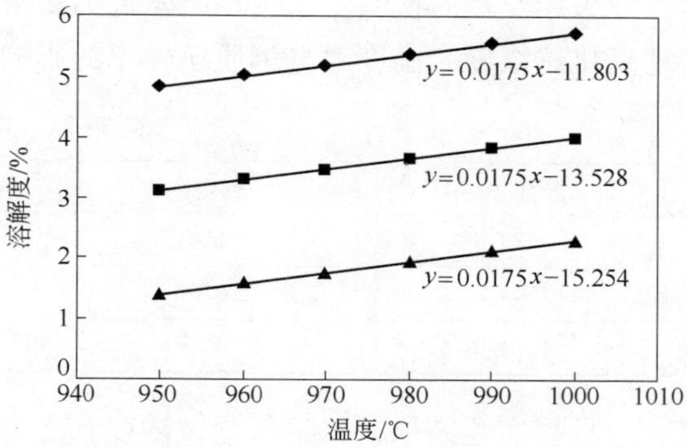

图46-22 氧化钪溶解度与温度的关系

◆—添加1.5%氧化铝；■—添加3%氧化铝；▲—添加4.5%氧化铝

B 熔盐物理化学和电化学性质研究

a nNaF · AlF_3-Al_2O_3-Sc_2O_3系电解质初晶温度

电解质的初晶温度是电解温度控制的最重要依据，因此，采用降温曲线法，应用回归正交设计，实验研究了Al_2O_3、AlF_3、CaF_2、MgF_2、Sc_2O_3的添加量等五个因素对电解质初晶温度的影响。

各添加剂单位添加量（1%）对电解质初晶温度影响的平均值，回归方程的计算结果见表46-20。

研究结果表明，氧化钪的添加量对电解质初晶温度的影响最大，每添加1%氧化钪，可使电解质初晶温度平均降低8.219℃。其他依次为：氧化铝、氟化镁、氟化铝和氟化钙的添加量。因此，在铝钪合金电解的实际操作中，氧化钪的添加可以有助于降低电解温度，从而起到节能降耗的作用。

表 46-20　各因数的影响水平

添加物	添加量(质量分数)/%	初晶温度/℃	影响度(1%)/℃
AlF_3	10	935.971	-2.938
	4	953.6	
Al_2O_3	4	936.633	-5.864
	1	953.626	
Sc_2O_3	3	936.566	-8.219
	1	953.692	
MgF_2	3	939.077	-5.68
	1	950.838	
CaF_2	3	942.717	-2.07
	1	946.854	

b　氧化钪对电解质电导率的影响

采用交流四探针法，选用摩尔比为 2.4 的冰晶石为基本电解质，添加 3% 氧化铝，测定氧化钪浓度和温度对电解质电导率的影响。实验结果见表 46-21。

表 46-21　电导率实验结果

温度/K	3% 氧化铝	3% 氧化铝 +1% 氧化钪	3% 氧化铝 +5% 氧化钪
1273	2.15	2.01	1.98
1243	2.07	1.93	1.74
1213	1.96	1.86	1.68

根据实验结果，得到氧化钪浓度和温度对电解质电导率的影响关系曲线如图 46-23 和图 46-24 所示。结果表明，添加氧化钪使电导率有所降低，但这种影响并不十分显著，而

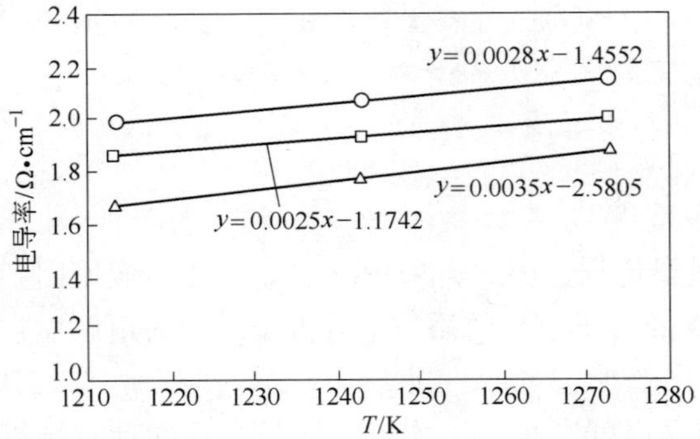

图 46-23　氧化钪温度对电解质电导率的影响
○—3% 氧化铝；□—3% 氧化铝 +1% 氧化钪；
△—3% 氧化铝 +5% 氧化钪

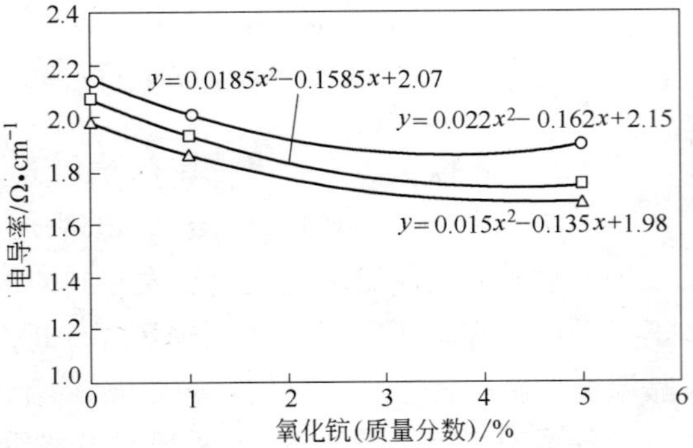

图 46-24　氧化钪浓度对电解质电导率的影响
○—1273K；□—1243K；△—1213K

且随着氧化钪含量的增加，其对电导率的影响进一步减弱。氧化钪浓度对电解质电导率的影响与氧化铝浓度对电导率的影响规律相近。总之，在通常铝电解控制的氧化物添加范围内，氧化钪对电解质电导率的影响有限，不会影响电解过程的稳定运行。

c　氧化钪浓度对电解质密度的影响

采用摩尔比为2.4的冰晶石添加2%（质量分数）氧化铝作基本电解质体系，用热天平和铂金重锤测定氧化钪浓度和温度对电解质密度的影响。氧化钪浓度范围（质量分数）：1%～5.5%；温度范围：1253～1350K。

结果表明，氧化钪浓度对电解质的密度影响不大；添加了氧化钪的电解质，其密度随温度升高而降低，且这一趋势随氧化钪添加量的增加而增大。总之，在电解铝钪合金时，向电解质中添加氧化钪，不会对电解质的密度产生很大影响，从而不会影响电解过程的稳定运行。

d　冰晶石-氧化铝-氧化钪系电解质的热失重率

采用梅特勒电子热天平和微机控制记录系统，测定氧化钪浓度和温度对 Na_3AlF_6-2% Al_2O_3 体系电解质热失重率的影响。发现热失重率与氧化钪浓度、热失重率与温度都基本上呈直线关系。

对不同组成的电解质的测定结果表明，添加氧化铝和氧化钪，均可降低电解质的热失重率，而添加氧化钪的效果更明显。结果还表明，实验前后电解质中氧化钪含量几乎不变。

总之，在正常电解过程控制的过热度下（10～40K），在电解质中添加氧化钪有助于减小电解质的挥发损失，减少原材料消耗和对环境的污染。同时氧化钪本身也不会因挥发而造成损失。

e　电解铝钪合金的电化学研究

实验电解池为三电极体系，加热设备采用电化学研究专用电炉，此电炉可避免电磁场对电化学测试的干扰，电炉温度由程序控温设备控制。实验在氩气保护下进行。实验的熔盐体系为：摩尔比为2.4的冰晶石，加3%氧化钪。采用循环伏安法、稳态极化法和线性伏安法对 Sc^{3+} 在冰晶石熔盐体系中铝电极上的电化学还原过程及氧化钪在石墨电极上的分解电压进行研究。

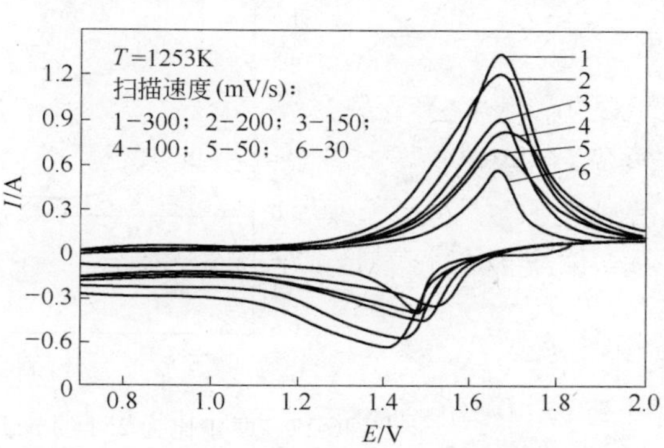

图46-25　不同扫描速度下测得的循环伏安曲线

图46-25是添加3%氧化钪的熔盐，在1253K温度下以不同的扫描速度测得的循环伏安曲线。由图可知，Sc^{3+} 大约在1.4V开始还原。图中只有一个阴极还原峰出现，而且回扫时，只有一个对应的氧化峰出现，表明其还原过程为一步获得3个电子的简单电荷传递过程，其还原反应式为：

$$Sc^{3+} + 3e = Sc \tag{46-13}$$

因此，用电解法生产铝钪合金不会因为生成低价钪的不完全还原而使电流效率明显降低。图中还表明，不同扫描速度下的峰电位 E_{pc} 位置不随扫描速度变化，这是可逆过程的主要特征之一。因此，Sc^{3+} 在该熔盐体系中的阴极还原过程可能为可逆过程。

熔盐体系为 NaF-AlF_3-Sc_2O_3（摩尔比 2.4，Sc_2O_3 质量分数为 3%），测试温度 1253K，扫描速率 5mV/s，扫描范围 -0.2～0.2V。所测极化曲线如图 46-26 所示。由此可求出极限电流 $i_0=1.29\times10^{-2}A/cm^2$。因此认为：$Sc^{3+}$ 的还原反应为一步获得 3 个电子的简单电荷传递过程，其反应为既受扩散控制，又受极化控制的混合控制过程。

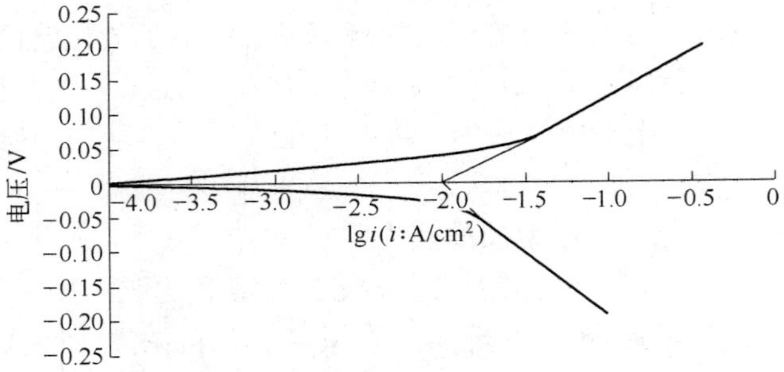

图 46-26 摩尔比为 2.4 的 NaF-AlF_3-Sc_2O_3（3% 质量分数）熔盐体系的极化曲线

图 46-27 所示为采用两电极系统，在 1253K 温度下，对摩尔比为 2.4 的 NaF-AlF_3-Sc_2O_3（3% 质量分数）的熔盐体系进行线性伏安测试的结果。由此得出氧化钪在石墨电极上的分解电压为 1.2V，与同温度下氧化铝的分解电压（1.15V，$CO_2=70\%$）十分接近。因此在电解铝钪合金时，氧化钪不会在电解质中产生过量积累，保证电解过程能够顺利稳定运行。

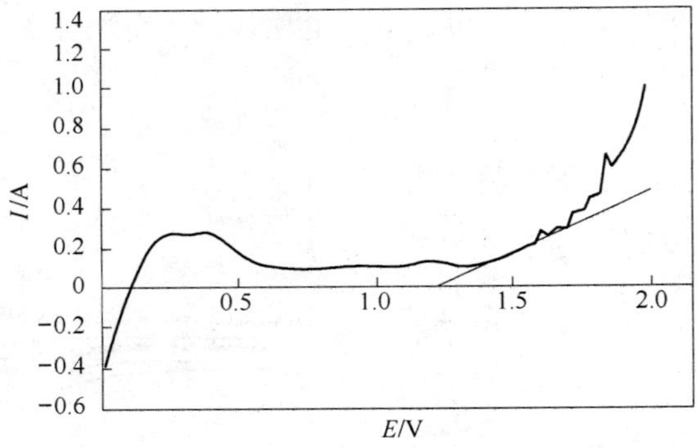

图 46-27 摩尔比为 2.4 的 NaF-AlF_3-Sc_2O_3（3% 质量分数）
熔盐体系的线性伏安扫描曲线

46.5.6.3 电解共析铝钪合金工艺的研究

实验在圆柱形电解槽内完成，电解槽为 $\phi_{内}$ 60mm、$\phi_{外}$ 80mm、高 110mm、深 100mm 的高纯石墨坩埚，内衬一个 $\phi_{内}$ 50mm、$\phi_{外}$ 60mm、高 80mm 的刚玉管将坩埚侧壁绝缘。坩埚底敷设铝液为阴极，ϕ20mm 高纯石墨棒作阳极，SK1730SL30A 直流可调稳压电源提供电解电源；实验所需高温环境由程序控温仪自动控制温度，控温精度为1℃。

实验采用摩尔比 $CR=2.4$ 的冰晶石，添加4%氟化镁和2%氟化钙做基本电解质，在这一电解质体系中联合添加氧化铝和氧化钪进行电解，考察氧化钪浓度、氧化铝浓度、电解温度、电极距离、阴极电流密度对电流效率及合金含钪量的影响。实验选择的工艺参数范围是：氧化钪浓度0～6.6%；氧化铝浓度1%～8.6%；电解温度：945～970℃；电极距离3.0～4.5cm；阴极电流密度0.7～1.3A/cm²。

电流效率由电解实际所得合金的质量进行计算：

$$\eta_i = \frac{W}{\dfrac{[M_{Al}(1-c_{Sc})+M_{Sc}\cdot c_{Sc}]It}{zF}}\times 100\% \tag{46-14}$$

式中　W——电解出的合金质量，g；

M_{Al}——铝的相对原子质量，27；

M_{Sc}——钪的相对原子质量，44.956；

c_{Sc}——合金中的钪含量,%；

I——电解的电流强度，A；

t——电解时间，h；

z——还原的电子数，3；

F——Farady 常数，96484C。

实验条件及实验结果见表46-22。

表46-22　铝钪合金电解工艺实验条件及实验结果

氧化钪浓度/%	氧化铝浓度/%	温度/℃	电极距离/cm	电流密度/A·cm⁻²	合金含钪/%	电流效率/%
0.94	7.52	960	4	0.76	0.038	47.7
0.2	8.6	970	4	0.76	0.042	49.6
0.58	4.68	950	4	0.97	0.059	93.7
0.82	9.8	945	4	1.03	0.078	63.1
2.31	6.4	950	4	0.97	0.48	91.7
2.41	8.53	950	4	1.02	0.48	68.8
5.23	3.09	965	4	1.02	2.6	67.7
4.97	3.72	960	4	1.02	1.2	82.7
6.9	1.81	965	4	1.02	3.8	68.3
1.5	8.2	945	4	1.02	0.32	65.3
3.14	5.54	945	3	1.27	0.48	60.1
3.87	4.62	965	4	1.02	1.82	76.9
6.57	2.3	965	3.5	1.03	2.36	88.8
2.98	5.4	965	4.5	1.02	0.7	72.0
1.98	2.98	950	3	1.27	0.66	60.2

续表 46-22

氧化钪浓度/%	氧化铝浓度/%	温度/℃	电极距离/cm	电流密度/$A\cdot cm^{-2}$	合金含钪/%	电流效率/%
3.6	4.83	965	4.5	1.02	1.13	80.9
5.37	3.2	965	4	1.02	1.87	73.7
5.1	4.1	965	4	1.02	1.62	63.0
4.01	1.76	965	4	1.01	0.91	73.1
5.33	1.97	965	4	1.02	2.86	69
4.91	3.3	965	4	1.02	0.91	70
0	5.2	965	4	1.13		52.9
0	4.3	965	4	1.02		60.2

在实验参数范围内，合金中钪含量随电解质中氧化钪浓度提高而增加，随氧化铝浓度增加而降低，而氧化铝浓度的影响程度较氧化钪小得多。

影响合金中钪含量的上述诸因素中，电解质中氧化钪浓度和氧化铝浓度是实际生产中最重要的控制因素。

在1223K温度下，电极距离4cm，阴极电流密度1A/cm^2 条件下，电解质中氧化钪浓度和氧化铝浓度对电流效率的影响如图46-28所示。

在1223K温度下，电解质中氧化钪浓度为4%，氧化铝浓度为2%的条件下，电流效率与电极距及阴极电流密度的关系如图46-29所示。

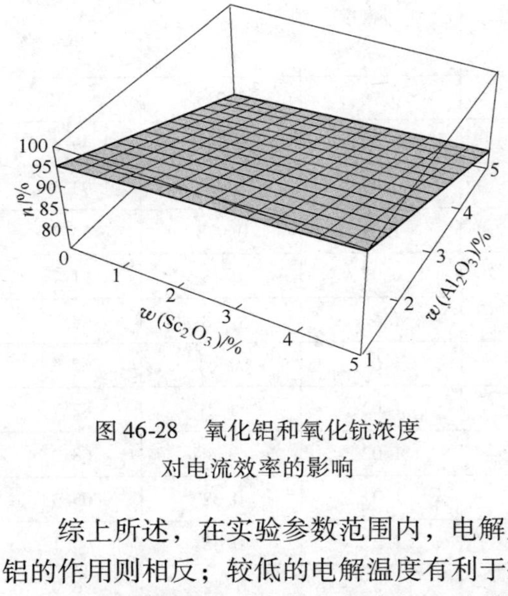

图46-28 氧化铝和氧化钪浓度对电流效率的影响

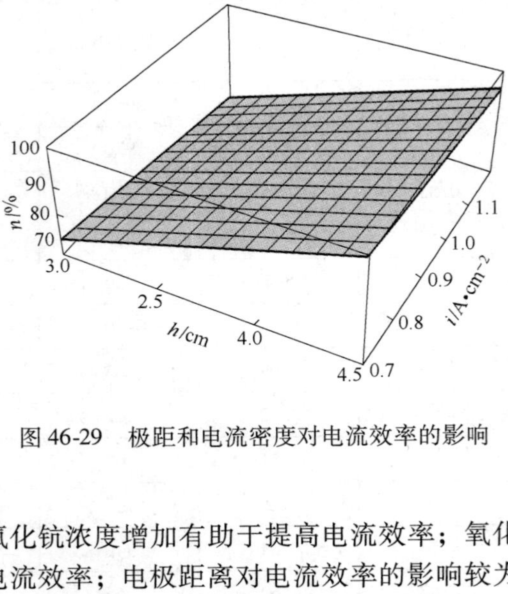

图46-29 极距和电流密度对电流效率的影响

综上所述，在实验参数范围内，电解质中氧化钪浓度增加有助于提高电流效率；氧化铝的作用则相反；较低的电解温度有利于提高电流效率；电极距离对电流效率的影响较为显著，较高的极距可以得到较高的电流效率；实验条件下阴极电流密度对电流效率影响不十分明显，但过大的电流密度电流效率有所降低。

在电解质中添加氧化钪有助于提高电流效率，这一点在实验过程中得到充分的证实。实验中几个未添加氧化钪的纯铝电解实验，电流效率均较低，而添加氧化钪的实验电流效率较高，有些实验的电流效率达到90%以上，这在实验室规模的小型实验中，一般是难于达到的。在实验中发现，纯铝电解时，铝液是以分散的小铝珠形式存在。而铝钪合金在电解质中以及阴极表面的汇聚情况较好，一般会汇聚成一体；铝钪合金对石墨阴极有较好的湿润性，甚至发现有片状铝钪合金黏附在阴极表面的现象。这可能减少了电解过程中的二次损失，提高了铝钪合金电解的电流效率。电解出的铝和铝钪合金的照片分别如图46-30和图46-31所示。

图46-30 电解的铝

图46-31 电解的铝钪合金

铝钪合金电解过程中，电解温度、电极距以及阴极电流密度对电流效率的影响规律，与传统铝电解相似。

实验还对不同含钪量的电解共析法和热还原法获得的铝钪合金进行了大量的金相和显微金相比较，结果表明，电解共析法合金中的钪比还原法合金更呈弥散分布，晶粒更细小。含钪量为0.5%的铝钪合金，$ScAl_3$ 相晶粒最细小弥散，能更好地发挥铝钪合金的优异性能。当含钪量增至0.7%时，$ScAl_3$ 相晶粒明显变大，特别是还原法的铝钪合金，不但有粗大的原晶，而且有明显的聚集倾向，并相互结合成更加粗大的二次晶。当含钪量达到2%，电解共析法合金中的 $ScAl_3$ 相晶粒大小变化不大，但还原法合金的 $ScAl_3$ 相晶粒则变得十分巨大。因此，从电解工艺和合金性能的角度考虑，电解共析生产的铝钪合金的含钪量在0.5%左右为宜。

参考文献

[1] 邱竹贤. 预焙槽炼铝[M]. 北京：冶金工业出版社，2005.
[2] 邱竹贤，等译. 铝电解原理[M]. 北京：冶金工业出版社，1980.
[3] 邱竹贤，等. 轻金属[M]. 沈阳：沈阳铝镁设计院出版社，1986.
[4] 王祝堂，等. 铝合金及其加工手册(第3版)[M]. 长沙：中南大学出版社，2005.
[5] 翟秀静. 铝电解槽废旧阴极炭块的综合利用研究[D]. 沈阳：东北工学院，1992.
[6] 邱竹贤，等. 铝工业废旧阴极材料的综合利用[J]. 沈阳：轻金属，1999(11)：42～44.
[7] 肖亚庆，等. 铝加工技术实用手册[M]. 北京：冶金工业出版社，2005.
[8] 冯乃祥. 铝电解[M]. 北京：化学工业出版社，2006.

[9] 王捷．电解铝生产工艺与设备[M]．北京：冶金工业出版社，2006.
[10] 向凌霄．原铝及其合金的熔炼与铸造[M]．北京：冶金工业出版社，2005.
[11] 中国机械工程学会铸造分会．铸造手册．第三卷：铸造非铁合金（第2版）[M]．北京：机械工业出版社，2001.
[12] 武恭，等．铝及铝合金材料手册[M]．北京：科学出版社，1994.
[13] 胡迟．铝精炼法[J]．轻金属，2000(8)：37～40.
[14] 徐福刚，王家庆．三层液精炼铝电解槽及其操作设备[J]．轻金属，1997(6)：34～36.
[15] 邱竹贤．泥土中的铝——科技腾飞的使者[M]．广州：暨南大学出版社，2000.
[16] 邱竹贤．铝电解[M]．北京：冶金工业出版社，1995.
[17] 卢良栋．铝冷凝法提纯过程分析及工艺实践[J]．有色金属（冶炼部分），1997(3)：18～20.
[18] 曲直．精铝市场预测及生产技术发展动向[J]．世界有色金属，1999(5)：40～42.
[19] 法国 Picheny 铝业公司．用分步结晶法提纯金属的改良工艺：中国，CN10041004425B[P]. 1987.
[20] 法国 Picheny 铝业公司．铝的分离提纯方法及设备：中国，CN00802569. X[P]. 2000.
[21] 新疆众和股份有限公司．精铝生产定向结晶炉：中国，CN96204334. 6[P]. 1996.
[22] Poong Kim，Yasuo Mihara，et al. High purity metal production using dry refining processes[J]. Materials Transactions. JIM，2000，41(1)：37～43.
[23] Sumitomo Chemical Company Limited，Osaka. Method for Producing High Purity Aluminum：US，6. 156. 095[P]. 2000-12-05.
[24] Showa Aluminum Company，Osaka. Process of Preparing Aluminum of High Purity：US，4. 373. 950[P].
[25] Kim P，Hayashi C，etc. Some characteristics of highly purified aluminum[J]. Phys. Stat.，2002，189 (1)：149～158.
[26] Aluminum Company of America，Production of Extreme Purity Aluminum：UK，2039529 A[D]. 1978-12-26.
[27] 金俊泽，任中鸣，于功利．定向凝固提纯铝的装置：中国，CN85201157U[P]. 1985.
[28] 杨昇．电解法生产铝钪合金的研究：[D]．郑州：郑州大学．
[29] 杨昇，李强，顾松青．电解铝钪合金的热力学[J]．有色金属，2003(2)：26～29.
[30] 杨昇，李强，顾松青．氧化钪在冰晶石-氧化铝系电解质中溶解性能研究[J]．稀有金属，2003，27 (3)：418～420.
[31] 杨昇，李强，顾松青．nNaF · AlF_3-Al_2O_3-Sc_2O_3 系电解质初晶温度数学模型的研究[J]．有色金属，2003(5)：27～29.
[32] K. 格里奥特海姆．铝电解原理[M]．邱竹贤，等译．北京：冶金工业出版社，1982.
[33] 杨冠群，赵劭，杨昇．铝硅系合金不同生产工艺的比较[J]．有色金属（冶炼部分），2000(4)：28～29，41.
[34] 杨昇，杨冠群，顾松青．电解法生产铝基合金[J]．特种铸造及有色合金，2001(2)：102～104.
[35] 杨冠群．我国铝土矿资源综合利用的探讨[J]．有色金属（冶炼部分），1991(6)：29～31.
[36] 廖士范，等．中国铝土矿地质学[M]．贵州：贵州科技出版社，1991.
[37] 中国矿床编委会．中国矿床（第五章）[M]．北京：地质出版社，1989.
[38] 杨冠群，等．我国几个主要铝土矿床的扫描电镜研究[J]．矿物学报，1986，6(4)：354～359.
[39] 杨重愚．氧化铝生产工艺学[M]．北京：冶金工业出版社，1993.
[40] Norák Milan. Hutnik（ĈSSR）. 1983，33(4)：142～145.
[41] 用电解法生产铝硅钛多元合金：中国，ZL94116235. 4[P].
[42] 杨冠群．河南铝土矿酸法除铁可能性的探讨[J]．耐火材料，1984(2)：24～27.
[43] 杨冠群．铝土矿酸法除铁工业试验[J]．有色金属（冶炼部分），1988(5)：18～23.
[44] 杨冠群，顾松青，刘高兴，等．铝矿处理并直接电解生产铝硅钛合金（1）[J]．有色金属（冶炼

部分)，1993(6)：19～23.

[45] 杨冠群，杨昇．电解法直接生产铝硅钛多元合金可行性分析[J]．铸造，1997(1)：44～46.

[46] 龚竹清．理论电化学导论[M]．长沙：中南工业大学出版社，1988.

[47] 朱吉庆．冶金热力学[M]．长沙：中南工业大学出版社，1995.

[48] 邱竹贤，等．冶金热化学[M]．北京：冶金工业出版社，1985.

[49] Qiu Z X, et al. Formation of Al-Si alloys by electrolysis and by thermal reduction of silica in cryolite-alumina melts[J]. Aluminium, 1987(63)：1247～1250.

[50] 杨昇，秦臻，栗万仲，等．冰晶石系电解质中钛的还原过程研究[J]．轻金属，2006(7)：47～51.

[51] Qiu Z X, et al. Formation of aluminium-titanium alloys by electrolysis and by thermal reduction of titania in cryolite-alumina melts[J]. Aluminium, 1988(64)：606～609.

[52] 杨冠群，顾松青，刘高兴，等．铝矿处理并直接电解生产铝硅钛合金（2）[J]．有色金属（冶炼部分)，1994(2)：11～15.

[53] 黄英科，肖辉照，彭德泉．铝电解质溶液中炭渣的形成和分布及其分离措施[J]．轻金属，1994(10)：23～28.

[54] Weill, Fyfe. Journal of the Electrochemical Society, 1964. 582～584.

[55] B B Нерубащенко. Титан и Цирконий в Алюминии Увеличивает Срок Службы Электролизных Ванн[J]. Цветные Металлы, 1984(10)：42～43.

[56] 刘耀宽，顾松青，杨冠群．大型预焙铝电解槽直接生产铝硅钛合金试验研究[J]．轻金属，2000，(11)：30～33.

[57] 杨冠群，顾松青，刘高兴，等．铝矿处理并直接电解生产铝硅钛合金（3）[J]．有色金属（冶炼部分)，1994(3)：8～10.

[58] Showa Aluminum Company. Process of Preparing Aluminum of High Purity：US, 4373950[P]. 1983-02.

[59] 住友轻金属株式会社．高纯度铝的制造方法：日本，昭 56-133434[P]．1981-10.

[60] Sumitomo Chemical Company. Method for Producing High Purity Aluminum. United states, Patent：6156095. 2000-12.

[61] John E Hatch. 铝的性能及物理冶金[M]．刘静安，等译．重庆：科学技术出版社重庆分社，1990.

[62] Mondolfo L F. Aluminum Alloys：Structure ans Properties[M]. Butterworths, 1976.

[63] drápala J, Kuchăr L, Kursa M. Preparation of high purity metals by crystallization methods[J]. Colloque C7. Supplement au Journal de Physique Ⅲ, 1995, 5(11).

[64] 李世丰，李品菁．元素周期系统[M]．成都：成都科技大学出版社，1994.

[65] Mitsuhiro K, Hideo M, Mikio M. Production of high-purity aluminum in Japan[J]. JOM, 1990, 42(11)：36～37.

第八篇　铝及铝合金的铸造

本篇主编　杜　平

编写人员　（以姓氏汉语拼音为序）

陈李招　杜　平　段军伟

韩巧荣　李俊峰　李鹏辉

沈　利　杨晓霞　袁贺菊

詹志强　张　军　赵洪生

审　　稿　（以姓氏汉语拼音为序）

牛殿臣　王云利

47　电解铝厂铝及铝合金铸造技术概况

＊＊＊＊＊＊＊＊＊＊＊＊＊＊＊＊＊＊＊＊＊＊＊＊＊＊＊＊＊＊＊＊＊＊＊＊＊＊

47.1　电解铝厂铸造产品

电解铝厂铸造产品可分为各种重熔用铝锭、铸造铝合金锭、铝中间合金锭以及不需要重熔的变形铝及铝合金圆铸锭、变形铝及铝合金扁铸锭或铝及铝合金铸轧带材、电工圆铝杆（盘圆）等。

各种重熔用铝锭是指重熔用铝锭、重熔用精铝锭、重熔用电工铝锭、重熔用稀土合金锭、T形锭等。电解槽提供符合要求的电解铝液，在混合炉内调质、澄清、扒渣后铸成各种铝锭，其化学成分、锭形（外形及其尺寸）、锭重、外观质量应符合技术标准要求。

用电解铝液配料，在熔铝炉（或混合炉）内加入合金化元素，熔炼成化学成分符合要求的铝熔体，然后应用不同铸造方法和工艺制度，生产出化学成分、内外质量、尺寸及其公差符合技术标准（国家、行业、企业）规定，并可以直接供下道工序使用的产品：铸造铝合金锭、铝中间合金锭、变形铝及铝合金圆铸锭和扁铸锭、铝及铝合金铸轧带材、电工圆铝杆。

电解铝厂产出的铸造铝合金液还可以用低压铸造等方法获得所需的铸件，如铝轮毂。

47.2　电解铝厂铸造技术发展的历史及现状

20世纪60～70年代，中国已形成了比较合理的铝工业布局。但当时电解铝厂不但槽容量小、规模小，总体技术和装备水平低，而且产品单一，主要是重熔用铝锭，铸造采用连续式多模铸造机（76模），锭重15～17kg/个。以后在引进160kA大型预焙槽的同时引进了大型连续式多模铸造机和电工圆铝杆的连铸连轧生产线，目前，电解铝厂已采用能耗低、生产效率高的300kA及以上的大型预焙槽，连续铸锭机锭模数量达162模甚至更多，生产能力达20t/h。根据1999年全球（含中国）电解铝厂的产品结构统计，电解铝厂的重熔用铝锭占原铝产量的47.3%，而中国却高达87%。中国的电解铝厂仍普遍是将电解铝液铸造成重熔用铝锭或重熔用电工铝锭，供给铝加工企业作为进一步加工的原料，当时没有一家电解铝厂生产供热轧的扁铸锭。

21世纪初随着电解铝建设与改造高潮的掀起，电解铝厂产品结构开始发生了根本改变。2000年后中国有许多新建的或改造、扩建的电解铝厂建有铝加工材用铸锭生产线。

随着铝及铝合金熔炼技术和铝熔体精炼、过滤技术的发展，国内有的电解铝厂建设了连铸连轧铝杆生产线生产ϕ9.5mm电工圆铝杆或圆铸锭生产线生产6061/6063铝合金圆铸锭，有的电解铝厂建成了连续铸轧生产线生产铸轧带材。近几年，中国多家电解铝厂已采用电解原铝液进行配料，生产板、带、箔材用的铝及铝合金扁铸锭，其产品质量已能满足铝加工材的要求。

到 2011 年，中国铝加工企业所需的变形铝及铝合金圆铸锭和扁铸锭或铸轧带材等超过 50% 将由电解铝厂提供。

47.3 电解铝厂铝及铝合金的铸造技术

铝电解槽膛中上层为电解质，下层为电解铝液（原铝液），膛深大约 50cm，电解质与铝液水平厚度，电解质稍厚，如，160kA 槽其厚度分别为 20 ~ 25cm、17 ~ 19cm。电解铝的原料为冶金型氧化铝和冰晶石熔融的电解质。电解槽磁场对电解铝液面产生隆起、铝液环流、波动等，易造成槽内铝液层与电解质液层界面上出现混合层，再加上用真空出铝管插入电解槽膛内的出铝点，其吸铝管内径一般为 100 ~ 150mm，槽膛面积又很大，如，160kA 槽膛平面为 9550mm × 4100mm，这样不可避免地将电解质也吸入铝液包内，导致原铝液中不溶性夹杂物多。电解铝液温度高（约 950℃），因此用电解铝液配料生产加工材的铸锭易造成夹渣、气孔、晶粒粗等冶金缺陷，需要强化细化晶粒措施和除气过滤等净化措施。

电解铝液通过混合炉（生产重熔用铝锭用）或熔铝炉（生产扁铸锭、圆铸锭、铸轧带材、圆铝杆用）获得符合要求的铝液，然后注入到铸模中冷却后得到一定形状和尺寸的铸造过程。铸锭的化学成分和组织要均匀一致而且内外质量要好，尺寸及其公差要符合标准规定或用户要求。

铸锭质量好坏不仅取决于铝液质量，而且还与铸造方法及其技术和工艺有关。不同产品或加工坯料采用不同设备及其铸造方法和铸造工艺，如多模连续铸造、水平连续铸造、连续铸轧、立式直接水冷半连续铸造、压力铸造等。

48 铝合金熔炼技术与设备

****

48.1 铝合金的熔炼

48.1.1 概述

熔炼是使金属合金化的一种方法。利用燃料（燃气或燃油）或电能将原料（电解铝液、重熔用铝锭、合金元素或中间合金锭、废料）和熔剂（卤盐覆盖剂）加热使它发生物理化学变化，并在一定温度下（小于760℃）获得成分、温度均匀的铝熔体，以达到熔炼配制合金目的。

熔炼的基本目的是：熔炼出化学成分符合要求、并且获得纯洁度高的铝合金熔体，为铸造成各种形状的铸锭或坯料创造有利条件。

48.1.1.1 获得化学成分均匀并且符合要求的合金

合金材料的组织和性能，除了工艺条件的影响以外，首先要靠化学成分来保证。某一成分或杂质一旦超出标准，就要按化学成分废品处理，造成很大的损失。同时，在合金成分范围内对一些元素含量进行调整，可提高铸锭成形性，减少裂纹废品的产生。

48.1.1.2 获得纯洁度高的合金熔体

在铝合金熔炼生产当中所用的各种原料，往往含有杂质、气体、氧化物或其他夹杂物，必须通过熔炼过程，借助物理或化学的精炼作用，排除这些杂质、气体、氧化物等，以提高熔体金属的纯洁度。

48.1.1.3 获得温度均匀并且符合要求的铝合金熔体

熔体的温度控制在适合的范围内，并使熔体各处的温度尽可能均匀一致是进行铸造的一个重要条件。通过熔炼过程，使固体原料熔化，熔体温度均匀，最终达到要求的范围。

48.1.2 熔炼方法

对于铝合金熔炼，熔体在炉内停留时间要尽量缩短。电解铝厂用电解液配料，只配少量的固体料。分批熔炼法是最适合的熔炼方法，就是一个熔次一个熔次的熔炼，炉料一次出完，炉内不剩余料，然后再装下一炉料。

48.1.3 铝合金熔炼的物理化学特性

48.1.3.1 熔炼特性

A 熔化时间长

铝的熔点虽然低，但熔化潜热大，比热容大，黑度小，对热的反射强，和其他有色金属如铜相比较，熔化时消耗热量多，因而熔化时间长。铜、铝的热特性比较见表48-1。

表48-1 铜、铝的热特性比较

热特性		密度 /g·cm^{-3}	比热容 /kJ·(kg·℃)$^{-1}$	熔点/℃	熔化潜热 /kJ·kg^{-1}	加热到熔点所需热量 /kJ·kg^{-1}	加热到熔点以上100℃所需热量 /kJ·kg^{-1}	黑度
铜	固相	8.93	0.39	1083	213	628	682	0.8
	液相	7.81	0.54					
铝	固相	2.69	0.88	660	398	961	1070	0.2
	液相	2.30	1.09					

B 易氧化

铝对氧有很大的亲和力，它能很快氧化，生成氧化铝。在熔体表面形成的氧化铝薄膜虽然有保护作用，但一旦破坏进入熔体中，便很难除去。氧化铝不易还原；它的密度与铝熔体相近，悬浮在铝熔体中，并随熔体进入铸锭中，给加工材的质量带来不利影响。因此，应尽可能减少熔炼过程中的氧化。

C 易吸气

铝及铝合金的吸气能力较强（主要是吸氢的能力），特别是在有水蒸气或还原性气氛的炉气中，铝及铝合金的吸氢绝对量虽然不大，但在熔点时，氢在固相和液相中的溶解度相差很大，铸锭结晶时形成气孔和疏松的倾向性很大。因此，在铝及铝合金熔炼中应尽可能减少吸氢量，以保证铸锭质量。

D 容易吸收金属杂质

铝及铝合金中的一些合金化元素具有很高的化学活性，它们不仅能吸收直接从铁质工具中熔解的铁，而且还能从炉衬的许多氧化物中和熔剂的许多氯盐中置换出铁、硅、锌等金属杂质。这些金属杂质一旦进入铝熔体，便无法清除，而且熔炼次数越多，杂质含量越高，对合金性能影响越大，严重时还能造成使纯铝品位降级或使合金成分超标而报废。因此，必须严格控制铝及铝合金熔炼过程中金属杂质对铝熔体的污染。

48.1.3.2 铝中的气体

A 气体的主要来源

气体的主要来源有：

（1）炉料。电解铝液固有的温度高、含气量大的特点，决定了当以电解铝液为主要原料时，其炉料中的气体的主要来源就是电解铝液。

（2）燃料。当采用火焰炉熔炼铝及铝合金时，燃料（如煤、焦炭、煤气、天然气、重油、轻柴油等）中的水分以及燃烧时产生的水分易进入熔体。

（3）大气。铝及铝合金熔炼过程中，大气中的水蒸气会被熔体所吸收，特别是在比较潮湿的环境中，炉气中将含有较多的水蒸气，大大增加熔体中的含气量。

（4）耐火材料。烘炉不彻底时，耐火材料表面吸附的水分，以及砌制时泥浆中的水分，在熔炼头几个熔次时，对熔体中气体含量将有明显影响。

（5）熔剂。使用因保存不当而发生了潮解的熔剂，能显著增加熔体中的含气量。

（6）熔铸工具。在转炉及铸造时，如果熔铸工具干燥不好，容易增加熔体中的含气量。

（7）转炉及浇注过程。转炉及浇注过程中，如果熔体落差大，或液流翻滚过急时，会使气体及氧化夹杂卷入熔体。

B 气体在铝中的存在形式和“含氢量”

气体在金属中以下述三种形态存在：

（1）以气体夹杂或气泡形态存在；

（2）以氧化物、氮化物、氢化物等固态化合物形态存在；

（3）以液态或固态溶液即以原子或离子形态分布于金属原子间或晶格中存在。

在铝及铝合金熔体中可能存在有氢、氮、甲烷、一氧化碳、二氧化碳等气体。在这些气体中，氢的原子结构简单，半径小，在正常熔炼条件下极易溶解。所以，铝熔体中存在的主要气体是氢气，它大约占整个气体含量的85%以上。平常就把铝合金中的含气量近似地视为“含氢量”。

C 氢的溶解

由于氢是结构比较简单的单质气体，其原子或分子都很小，较易溶于金属中，在高温下也容易迅速扩散。所以氢是一种极易溶解于金属中的气体。氢在熔融态铝中的溶解过程：

$$物理吸附 \rightarrow 化学吸附 \rightarrow 扩散(H_2) \rightarrow 2H \rightarrow 2[H]$$

在铝熔体吸收氢气的过程中，占支配地位的是扩散过程，它决定了铝熔体吸收氢气的速度。

氢与铝不起化学反应，而是以原子状态存在于晶体点阵的间隙内，形成间隙式固溶体。因此，在达到气体的饱和溶解度之前，熔体温度越高，则氢分子离解速度越快，扩散速度也就越快，熔体中含气量也越高。在压力为0.1MPa下，不同温度时氢在铝中的溶解度见表48-2。

表48-2 不同温度下氢在铝中的溶解度（在0.1MPa下）

温度/℃	氢在每100g铝中的溶解度/mL	温度/℃	氢在每100g铝中的溶解度/mL
850	2.01	658（固态）	0.034
658（液态）	0.65	300	0.001

表48-2说明，在一定的压力下，温度越高，氢在铝中的溶解度就越大；温度越低，

氢在铝中的溶解度就越小。在固态时，氢几乎不溶于铝。还可以看出，由固态到液态时，氢在铝中的溶解度出现一个突变现象。这种溶解度急剧变化的特点，决定了铝在凝固时，使氢原子从金属中析出成为分子氢，最后以疏松、气孔的形式存在于铸锭中。因此，也说明了铝及铝合金最容易吸收氢而造成疏松、气孔等缺陷。

D　氢的存在形态

在铝及铝合金中，氢的可能存在形态有四种：一是以“溶液”或“固溶体”形式存在的原子氢，这是氢在铝熔体中的主要存在形式；二是以气泡形式存在的分子氢；三是以氢化物形式存在的化合氢；四是以 $\gamma\text{-}Al_2O_3 \cdot xH$ 形式存在的配合氢。

在铝熔体中，除在熔体表层和夹杂物附近氢比较富集外，在其他部分氢的分布比较均匀。在固态铝及其合金中，固溶的原子氢填充于固溶体和金属间化合物的金属点阵内部，形成间隙式固溶体；分子氢则集中于气孔和疏松孔洞中；化合氢和配合氢与其化合物一起主要分布在晶界和枝晶界处。

E　影响铝熔体中含氢量的因素

a　熔体温度和水蒸气分压

铝和水气反应时，铝熔体中氢的平衡含量随熔体温度和炉气中水蒸气分压的提高而增大。在水蒸气分压一定的情况下，氢气在金属中的溶解度随温度升高而增大。在温度一定的情况下，氢气在金属中的溶解度随气体分压的升高而增大。

b　合金成分

金属的吸气性是由金属与气体的结合能力所决定的。金属与气体的结合力不同，气体在金属中的溶解度也不同。

蒸气压高的金属与合金，由于具有蒸发吸附作用，可降低含气量。与气体有较大结合力的合金元素，会使合金的溶解度增大；与气体结合力较小的元素则与此相反。

Cu、Si、Mn、Zn 等合金元素均可降低铝合金中气体溶解度，而 Ti、Zr、Mg 等合金元素则与此相反，将增加铝合金中气体溶解度。

c　熔炼时间

对任何化学反应，时间因素总是有利于一种反应的连续进行，最终达到气体溶解于金属的饱和状态。因此，在任何情况下熔体暴露时间越长，吸气就越多。特别是熔体在高温下长时间的暴露，就增加了吸气的机会，熔体中的含气量也就越多，金属中含气量与时间的关系如图 48-1 所示。因此，在熔炼过程中，总是力求缩短熔炼时间，以尽量降低熔体的含气量。

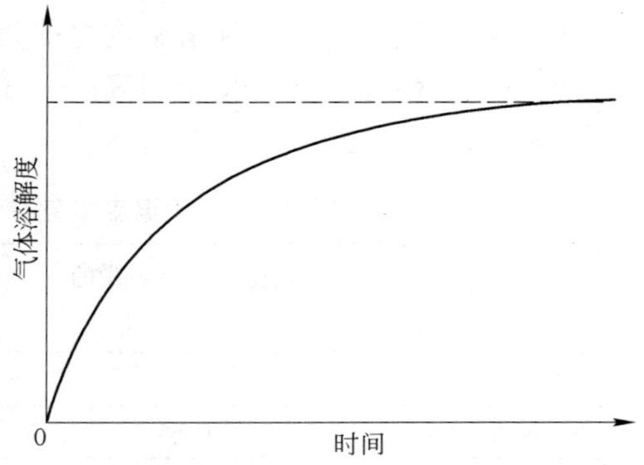

图 48-1　金属中含气量与时间的关系

d　氧化铝晶型

在铝熔体中存在两种氧化铝的同质异晶体 $\alpha\text{-}Al_2O_3$ 和 $\gamma\text{-}Al_2O_3$。其中，$\alpha\text{-}Al_2O_3$ 对氢是惰性的。但当熔体中有 $\gamma\text{-}Al_2O_3$ 时，它将吸附熔体中溶解的氢并形成 $\gamma\text{-}Al_2O_3 \cdot xH$ 型配合物，改变了溶液和气相之间的平衡，使得又有氢被 $\gamma\text{-}Al_2O_3$ 所吸附，由气相进入溶液，这个过程一直要持续到气相-溶液-氧化物系统达到平衡为止，其结果是 γ-Al_2O_3 的存在使熔体中氢气含量增加。在正常熔炼温度下，熔体表面形成的氧化膜基本上都是 γ-Al_2O_3，故将产生上述影响。

另外，铝熔体中的含氢量还与所使用的炉型、燃料的种类、炉料的原始状态、炉衬、熔剂、工具等的干燥程度及操作质量等因素有关。

48.1.3.3 铝中的非金属夹杂和金属夹杂

A 铝中的非金属夹杂

在铝熔体中可能存在的固态非金属夹杂物有氧化物、碳化物、氮化物、氢化物等，但主要是氧化物。

铝熔体中的氧化物主要是 Al_2O_3、MgO、尖晶石（即 $Al_2O_3 \cdot MeO$）。氧化物的主要来源，一是随电解铝液带入；二是由熔炼过程中熔体与炉气中的氧气和水蒸气发生反应生成；三是由熔体与炉衬中的氧化物产生置换反应形成。

铝的化合物熔点较高，如氧化铝约为2050℃，氮化铝为2180℃以上；Al_4C_3、Al_2S_3 等熔点也都较高。所以，液态铝中的非金属夹杂物主要以固态形式存在。

B 铝中的金属夹杂

在铝熔体中，除含有气体、氧化物及非金属夹杂物外，也常含有一些金属杂质。金属杂质的来源如下：

（1）从炉衬中吸收。炉衬的耐火材料一般均由各种氧化物组成，如 Al_2O_3、SiO_2、Fe_2O_3、Cr_2O_3 等；这些氧化物遇到熔体中更活泼的元素时，便发生下列置换反应：

$$3MeO + 2Al \longrightarrow Al_2O_3 + 3Me \tag{48-1}$$

$$MeO + Mg \longrightarrow MgO + Me \tag{48-2}$$

其结果使炉衬受到侵蚀，使金属受到污染。

（2）铁制工具的熔解。在一定的温度下，铁制工具容易受到铝熔体的熔解。这对熔炼高纯铝合金影响较大，因此铁制工具使用时应涂以涂料，或者尽量避免铁制工具与铝熔体接触，比如，采用磁力搅拌（电磁或者永磁搅拌）。

（3）洗炉不彻底或未洗炉。用同一炉子转产不同成分合金时，必须经过清炉、洗炉后再投产，否则铝熔体易被前一炉留于炉衬及渣中的金属元素所污染。

（4）原材料带入。原材料中含有一定数量的金属杂质，尤其在原材料质量控制不严的情况下，更难以避免。生产中要严格控制原材料质量。

（5）混料和误加。在生产中，如对原材料及废料管理不当而造成混料，或配料、补料错误等均会导致金属的严重污染，甚至造成化学成分不合格的废品。

48.1.3.4 铝熔体的氧化和烧损

A 铝熔体的氧化

在生产条件下，无论采用何种熔炼炉生产铝合金，熔体都会直接与空气接触，也就是和空气中的氧和氮接触。铝是一种比较活泼的金属，它与氧接触后，必然产生强烈的氧化作用而生成氧化铝，其反应式为：

$$4Al + 3O_2 \longrightarrow 2Al_2O_3 \tag{48-3}$$

铝一经氧化，就变成了氧化铝，氧化铝是十分稳定的固态物质，如混入铝熔体内，便成为氧化夹渣，造成不可挽回的损失。

影响铝氧化的主要因素如下：

（1）合金化元素。在铝中加入镁、锂等元素，可促进铝合金的氧化。在高镁合金中加入铍，可提高铝合金的抗氧化能力，降低合金的氧化速度。铝中加入铁、镍、硅、锰等一般不会促进铝合金的氧化。

（2）温度。金属的氧化速度随温度升高而加剧。

B 铝熔体的烧损

熔炼过程中，熔体由于氧化、挥发以及与炉衬、熔剂相互作用而造成的不可回收的金属损失称为烧损。烧损和渣中金属总称为熔损。烧损的大小除与合金元素有关外，还与炉型、炉料状态、生产工艺等因素有关。

（1）炉型。熔炼炉熔池的形状及加热方式对烧损都有影响。例如：低频感应电炉烧损为0.4% ~0.6%；电阻反射炉烧损为0.8% ~1.5%；火焰炉烧损为1.2% ~3.0%。

（2）炉料的表面状态。炉料的表面积越大，其烧损也越大，例如：重熔用铝锭和大块废料的烧损为0.8% ~2.0%，打捆薄片废料的烧损为2% ~10%；碎屑料的烧损可达10% ~30%。炉料越细碎，表面积就越大，其氧化烧损也越高。

（3）炉内气氛。炉气性质由炉气与金属的相互作用决定。若金属与氧的结合力比碳、氢与氧的结合力强，则含 CO_2、CO、H_2O 的炉气会使金属氧化，这种炉气是氧化性的；否则，便是还原性的。

（4）熔炼温度及时间。熔炼温度越高，时间越长，造成的氧化烧损就越高。

48.1.3.5 铝熔体的保护

铝熔体的保护应注意：

（1）防止吸气及降低氧化烧损：

1）选用合理的炉型，选择适当的熔池面积；

2）采用覆盖剂，适时的对金属或熔体进行覆盖；

3）正确的控制炉温和炉内气氛，熔炼铝合金采用微氧化性气氛为宜。

（2）防止吸收金属杂质的方法：

1）要有合理的配料比，根据制品质量和要求的不同，废料和低品位铝锭的用量不能使用过多；

2）转换合金时，必须彻底清炉或洗炉。

48.1.4 铝合金熔炼工艺过程

重熔用铝及铝合金锭典型的熔炼工艺过程表示如下：

混合炉准备、炉料准备 → 装炉 → 调整成分 → 调温 → 出炉 → 清炉

加工用铝及铝合金锭典型的熔炼工艺过程表示如下：

熔炼炉准备、炉料准备 → 装炉 → 熔化 → 熔化后扒渣、搅拌 → 取样分析 → 调整成分 →

搅拌 → 扒渣 → 转炉(熔炼炉清炉) → 精炼 → 扒渣覆盖 → 静置调温 → 出炉 → 清炉

前一工艺过程是在一台熔炼炉中完成的，熔炼炉承担的主要任务是按合格的成分要求，混合调配来自不同电解槽的电解铝液，因此又被称为混合炉。

后一工艺流程通常是在一台熔炼炉和一台保温炉中完成的。其中，熔炼炉承担熔化和调整成分的任务，保温炉承担净化熔体和保温的任务。这样配置设备的好处是能充分发挥熔炼炉的生产效率，既可保证熔炼质量，又能提高产量。有些工厂将上述工艺流程全部放在一台炉子中完成，此时炉子担负着熔炼和静置的双重任务，称为熔炼/保温炉。

48.1.4.1 熔炼炉的准备

为保证铸锭质量，延长熔炼炉的使用寿命，保证安全生产，要对熔炼炉做好烘炉、洗炉及清炉等各项准备工作。

A 烘炉

新建或维修（包括新修或中修）的炉子，在使用之前要烘炉，以便减少或消除炉中的湿气。不同炉型采取不同的烘炉制度。

B 洗炉

洗炉就是将残留在熔池内各处的金属和炉渣清除出炉外，以免污染另一种合金。

洗炉要遵循以下原则：

(1) 新建、中修和大修后的炉子生产前要进行洗炉；

(2) 长期停歇的炉子，可以根据炉内清洁情况和要熔化的合金制品来决定是否需要洗炉；

(3) 前一炉的合金元素为后一炉铝液的杂质时，要洗炉；

(4) 由杂质高的合金转换熔炼纯度高的合金要洗炉。

洗炉要求：

(1) 装洗炉料前必须把炉底放干净，炉内铝渣尽可能地清理干净，扒出炉外；

(2) 洗炉时炉内熔体温度控制在 800 ~ 850℃，要彻底搅拌熔体，搅拌时间不低于半小时。

(3) 洗炉后要把洗炉料彻底放干净。

C 清炉

清炉就是将炉内残存的结渣彻底清出炉外。当铝合金熔体出炉后都要进行清炉。当合金转换、普通制品连续生产 5 ~ 15 炉、特殊制品每生产一炉时，一般都要进行大清炉。大清炉时，应先均匀向炉内撒入一层粉状熔剂，并将炉膛温度升至 800℃以上，然后用清炉工具将炉内残存的结渣尽可能地清除干净。

48.1.4.2 配料

配料就是根据合金本身的工艺性能和该合金加工制品技术条件的要求，在国家标准或有关标准所规定的化学成分范围内，确定合金的配料标准（又称计算成分）、炉料组成和配料比，并计算出每炉的全部炉料量，进行炉料的过秤和准备的工艺过程。炉料组成指构成炉料的各个品种和每个品种的品位。配料比指一炉炉料中每一种炉料所占的比例。

A 配料的基本任务

配料的基本任务如下：

（1）控制合金成分和杂质含量，使之符合有关标准。所用之炉料要能保证所熔炼合金的化学成分合格，有害杂质的含量在允许范围之内。根据这条原则，对杂质要求愈严的合金，所使用的新金属料的品位应该愈高，配比愈大。采用电解铝液配料时，其电解铝液的比例一般控制在70% ~90%。

在确定炉料组成和配比时，要考虑合金的熔炼工艺特性和设备性能，以保证熔炼质量。根据这条原则，对于合金中范围窄狭的合金元素，宜选用中间合金作炉料，而不宜采用纯金属，以保证化学成分均匀。

（2）合理利用各种炉料，降低生产成本。

（3）保证炉料质量，正确备料，为提高熔铸产品的质量和成品率创造有利条件。

B 配料的基本程序

配料的基本程序如下：

（1）明确配料任务：合金牌号、制品状态、制品用途、所需合金液质量；

（2）确定合金中各元素的计算成分；

（3）确定炉料组成及每种炉料的配比和熔损率，并掌握每种炉料的具体化学成分；

（4）计算每熔次的炉料总质量和每种炉料的需要量；

（5）炉料过秤和准备。

48.1.4.3 装炉

熔炼时，正确的装炉顺序和方法能减少金属的烧损，缩短熔炼时间，可提高金属的实收率及生产效率，还会影响到金属熔体的质量和炉子的使用寿命。

正确的装料要根据所加入炉料性质与状态而定，而且还应考虑到最快的熔化速度、最少的烧损以及准确的化学成分控制。装炉顺序一般是：

（1）小块或薄片废料装于炉子底层，这样可减少烧损，同时还可保护炉体免受大块料的直接冲击而损坏。

（2）熔点低易氧化的中间合金装在中下层，高熔点的中间合金装在最上层。

（3）大块废料和原铝锭应装在中间层。

（4）低熔点和易烧损的纯金属待炉料熔化加入。

（5）接受电解铝液时，在来料过程中，最好先将所需要补入或冲淡用的炉料加入炉内。

装炉时要求各种炉料应均匀平坦地分布。

48.1.4.4 熔化

炉料装完后即可升温熔化。熔化是从固态转变为液态的过程。熔化过程的好坏对产品质量有决定性的影响。炉料熔化过程中有如下的注意事项。

A 覆盖熔体

熔化过程中随着炉料温度的升高，特别是当炉料开始熔化后，金属外层表面所覆盖的氧化膜很容易破裂，并逐渐失去保护作用。气体在这时候很容易侵入，造成内部金属的进一步氧化。因此，当加入电解铝液后，应及时、适当的向金属表面撒上一层粉状熔剂覆盖，以阻止金属液的进一步氧化。覆盖剂种类见表48-3。

表 48-3 覆盖剂种类

覆盖剂种类	化学组成(质量分数)/%							
	KCl	NaCl	Na_3AlF_6	$MgCl_2$	$BaCl_2$	NaCl + $CaCl_2$	H_2O	备注
1号	40 ~ 50	25 ~ 38	18 ~ 26				≤1.5	通用
2号	32 ~ 40			38 ~ 46	5 ~ 8	≤10	≤2.0	高镁合金用

随着熔炼工艺技术的发展和熔炼炉设备炉内气氛控制技术的发展，目前，覆盖剂的使用量已大幅度降低，国外甚至出现了无覆盖剂熔炼技术，国内也越来越少的使用覆盖剂，以免增加对环境的污染。

B 合金化元素的加入方式和时间

当炉料熔化一部分后，即可向液体中均匀加入锌锭或铜板，以熔池中的熔体刚好能淹没住锌锭和铜板为宜。锌的熔点低，密度大，待主要炉料熔化后以纯金属锭的形式直接分散加入熔体中即可。铜的密度大，熔点虽高，但在铝中溶解度大，溶解热也很大，无需将铝过热即可顺利溶解，因此当合金中含铜量较多、范围较大时，铜也可以纯金属板的形式在主要炉料熔化后直接加入熔体中。铜板如果加得过早，熔体未能将其盖住，这样将增加铜板的烧损；反之如果加得过晚，铜板来不及溶解和扩散，将延长熔化时间，影响合金的化学成分控制。

镁的熔点低，但容易烧损，故镁也可以纯金属锭的形式在其他合金元素完全熔化之后加入。加镁时，熔体温度以700 ~ 720℃为宜，切忌太高；镁锭务必压入熔体中，切忌漂浮在熔体表面氧化燃烧，还应边加边搅拌；加镁前以二号熔剂覆盖熔体。

除上述金属元素外，其他合金化元素一般均可以中间合金形式在装炉时一次装入。

C 控制熔炼温度

熔炼温度愈高，合金化程度愈完全，但熔体氧化吸气的倾向愈大，铸锭形成粗晶组织和裂纹的倾向性愈大。电解铝液的温度较高，炉料中通常配有一部分固体冷料。

D 及时充分的搅拌

在扒渣取样之前，调整化学成分之后，都应当及时进行搅拌。其目的在于使合金成分均匀分布和熔体内温度趋于一致。这是因为，一些密度较大的合金元素的加入不可能绝对均匀，这就造成了熔体上下层之间、炉内各区域之间合金元素的分布不均匀。如果搅拌不彻底（没有保证足够长的时间和消灭死角），容易造成熔体化学成分不均匀。

尽可能利用磁力搅拌器进行搅拌。若以机械搅拌的方式进行搅拌，则应平稳进行，不应激起太大的波浪，以防氧化膜卷入熔体中。

E 控制熔炼时间

熔炼时间指从装炉后开始升温到金属全部熔化并达到工艺要求的温度为止，炉料以固态和液态形式留于熔炼炉中的总时间。熔炼时间愈长，炉料氧化吸气程度愈严重，铸锭形成粗晶组织和裂纹的倾向性愈大，熔炼炉的生产率愈低。精炼后的熔体，在炉中停留时间愈久，则熔体重新污染、成分发生变化、变质处理失效的可能性就愈大。因此，作为一条反复强调的总的原则，在保证完成一系列工艺操作所必需的时间的前提下，应尽量缩短熔炼时间。

48.1.4.5　扒渣

将浮在铝熔体表面的渣子扒出炉外。扒渣要求平稳，防止渣子卷入熔体内。扒渣要彻底，因浮渣的存在会增加熔体的含气量，污染铝合金熔体。

48.1.4.6　调整成分

在熔炼过程中，由于各种原因都可能使化学成分发生改变，从而使熔体的真实成分与配料计算成分产生较大的偏差。因此，在炉料熔化完成后，要取样进行快速成分分析，以便根据分析结果确定是否需要调整成分。

A　取样分析

熔体经充分搅拌之后，应取样进行炉前快速分析，分析出化学成分是否符合标准要求。取样时的注意事项如下：

（1）取样前应充分搅拌，取样应有代表性。

（2）取样部位和操作方法要合理，试样应在熔池中部最深部位的1/2处取出。

（3）取样时温度要适当，取样时熔体的温度不低于熔炼温度的中限。

B　成分调整

当炉前快速分析结果和合金的成分要求不相符时，就应调整成分——补料或者冲淡。

若出现某种合金元素质量分数低于要求质量分数，则需进行补料，补料公式为：

$$P = \frac{Q(a_1 - a_2)}{b_1 - a_1} \tag{48-4}$$

式中　P——补充元素用中间合金质量，kg；

a_1——要求的合金成分质量分数，%；

a_2——炉前分析所得到的合金成分质量分数，%；

Q——炉料总质量，kg；

b_1——中间合金中该合金成分（质量分数），%。

若出现某种合金元素质量分数高于要求质量分数，则需要用纯金属（即 $b_1=0$）进行冲淡，冲淡公式为：

$$P = \frac{Q(a_2 - a_1)}{a_1} \tag{48-5}$$

式中　P——所需冲淡用纯金属质量，kg；

其余符号含义同式48-4。

C　电解铝液的调质计算

电解铝厂往往采用混合炉调（均）质，从各个电解槽中取出来的不同品位的铝液，按照一定比率在混合炉内进行质量调配，或加权平均核算，最终得到某含 Si、Fe 量的重熔用铝锭，并符合国家标准牌号要求。

$$X = (X_1Q_1 + X_2Q_2 + X_3Q_3 + \cdots + X_nQ_n)/(Q_1 + Q_2 + \cdots + Q_n) \times 100\% \tag{48-6}$$

$$Y = (Y_1Q_1 + Y_2Q_2 + Y_3Q_3 + \cdots + Y_nQ_n)/(Q_1 + Q_2 + Q_3 + \cdots + Q_n) \times 100\% \tag{48-7}$$

式中 X——混合后铝液的 Si 的质量分数,%;

Y——混合后铝液的 Fe 的质量分数,%;

Q_1, Q_2, Q_3, …, Q_n——各槽取出的铝液质量,kg;

X_1, X_2, X_3, …, X_n——各槽铝液的 Si 的质量分数,%;

Y_1, Y_2, Y_3, …, Y_n——各槽铝液的 Fe 的质量分数,%。

由于不同电解槽产出的原铝液 Fe、Si 含量均有差别,进行调质时,也可用高一级的来提高低一级的品位,以达到国家标准所要求的 Fe、Si 含量。按照液体配料计算方法将低一级铝液调配到高一级品位,并符合国家标准(Fe、Si 含量),也可按式 48-4 进行计算,此时该式中各符号分别为:P 为所加某电解槽高 Fe 或高 Si 的铝液量,kg;Q 为含 Fe 或 Si 较低所取出的已知调配电解槽的铝液量,kg;a_1 为国家标准规定的含 Si 或含 Fe 的质量分数,%;a_2 为已含 Fe 或 Si 量较低的铝液的质量分数,%;b_1 为需要配含 Fe 或 Si 量较高的铝液的质量分数,%。

例:某铝厂 230kA 电解槽,24h 出铝 1 次,一个槽子出铝液量为 1720kg,用 5t 真空抬包出铝。已知有 2 个电解槽铝液的 Si 质量分数为 0.09%(超出 Al99.85 的 w(Si)小于 0.08%,又低于 Al99.80 的 w(Si)小于 0.10%),又已知另一个电解槽铝液的 Si 质量分数为 0.14%(超出 Al99.70 的 w(Si)为 0.13%)。若要将铝液调成 Al99.80 的 w(Si)不大于 0.10%,含 Si 量为 0.14% 的铝液应取多少?

$$P = (0.001 - 0.0009)/(0.0014 - 0.001) \times (1720 \times 2)$$

$$= 0.25 \times 3440 = 860(\text{kg})$$

48.1.4.7 转炉

将调整好成分和温度的金属熔体由熔炼炉输送到保温炉的工艺过程称为转炉。当铝熔体成分合格、温度符合工艺要求时,扒出表面浮渣后,即可将铝熔体转注到保温炉进行精炼、静置,以便准备铸造。

转炉的质量对金属内部纯洁度和熔体温度的影响很大,也是事故易发点。因为,转炉时熔体处于流动状态,特别是开始阶段,熔炼炉内金属静压力大,流出速度快,熔体敞露液面增大,如果控制不好,一是可能发生事故,二是会生成大量氧化膜污染熔体,三是使熔体温度急剧降低。在转炉终了时,如果堵流口处理不当,还会导致下熔次流口泄漏或者冻结。因此,在转炉作业时必须选择合适的转炉方法和正确的操作。

转炉常用以下几种方法:

(1)虹吸转炉法。虹吸转炉法是要求保温炉内有一定深度的熔体,以使导管形成一封闭空间,利用压缩空气将管内造成负压,使金属液面升到一定高度,利用虹吸原理,使金属向低液面金属容器内流动。虹吸转炉如图 48-2 所示。

此法如果风压调整不当,容易造成虹吸堵塞,但它对金属质量有一定保证。

(2)流管转炉法。流管转炉法是靠两炉间的落差,在熔体静压力的作用下,使其通过流槽和流管,由熔炼炉转入保温炉内。流管转炉如图 48-3 所示。

此法操作方便,但在转炉时,气体及氧化夹杂物容易卷入熔体之中;为此在操作时应

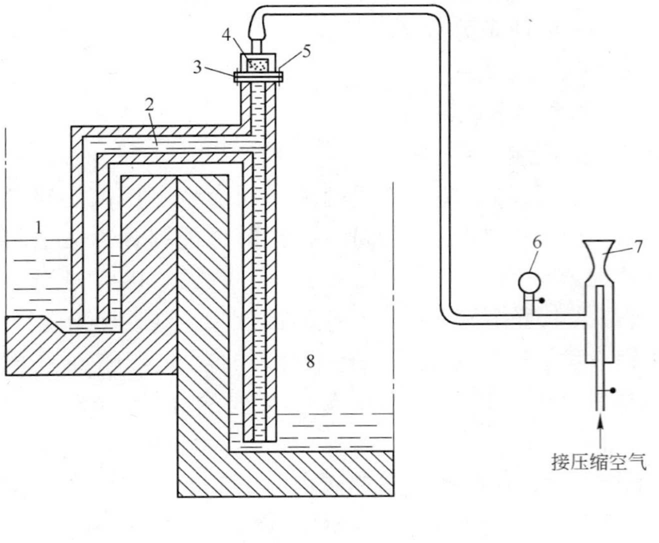

图 48-2 虹吸管转炉示意图

1—熔炼炉；2—虹吸管；3—石棉板；4—矿渣棉；5—连接法兰；6—真空计；7—抽真空装置；8—保温炉（静置炉）

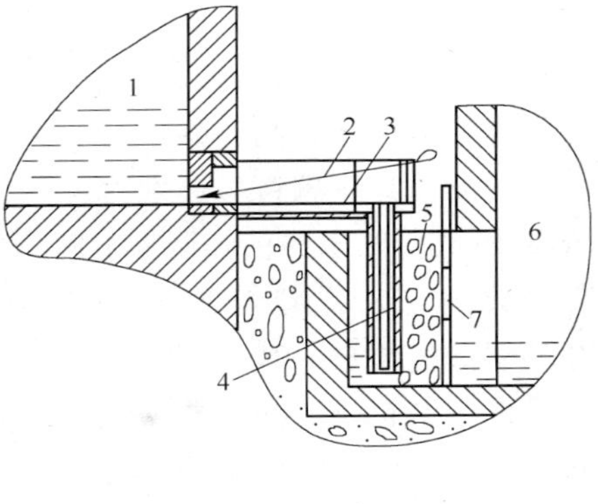

图 48-3 流管转炉示意图

1—熔炼炉；2—钎子；3—流槽；4—流管；5—块状熔剂；6—保温炉；7—挡坝

使熔体充满流管，使液体平稳流动，并对已形成的氧化夹杂物用粉状熔剂及时处理和清除。此法目前应用较广。

（3）磁力泵转炉法。磁力泵转炉法是通过磁力场产生的电磁推力使金属从一个容器倒入另一个容器，改变磁场强度就可改变液态金属的流速。此法操作简便，可保证熔体质量，但设备投资过大，应用很少。

48.1.5 铝合金熔炼设备

48.1.5.1 对铝合金熔炼炉的基本要求

对铝合金熔炼炉的基本要求是：使用性能好，冶金质量高，熔炼成本低，不造成公害。

在使用性能方面要求：（1）容量合适；（2）熔化速度快，辅助时间短，可提高生产效率和减少金属损失及污染；（3）工艺操作和合金转换方便，装料及各项工艺操作机械应迅速准确，便于实现机械化和自动化。

在冶金质量方面要求：（1）熔体表面积与熔体深度之比合理；（2）炉内熔体温度均匀，易于控制；（3）炉气中水蒸气分压尽可能低，炉内气氛可以调节（最好为微氧化性气氛），炉内压力可以调节（最好为零压或微正压）。

在经济效益方面要求：（1）燃料消耗少，热效率高，以节约能源；（2）熔炼金属损耗小；（3）炉体的耐火材料应有较好的热稳定性和化学稳定性，炉衬使用寿命长；（4）单位产量占用面积小，设备费用低。

在环境保护方面要求：设备噪声小，废气成分能够满足环保要求。

48.1.5.2　铝合金熔炼炉的种类、用途及特点

电解铝厂常用铝合金熔炼炉按加热能源分类：

（1）电阻炉。是由电阻组件通电发出热量加热炉料。

（2）火焰炉。采用天然气、液化石油气、煤气、柴油、重油、焦炭等燃料，以燃料燃烧时产生的反应热能加热炉料。

电阻炉和火焰炉的加热方式均为直接加热方式，即燃料燃烧时产生的热量或电阻组件产生的热量直接传给炉料的加热方式，其优点是热效率高，炉子结构简单。但是燃烧产物中含有的有害杂质对炉料的质量会产生不利影响；炉料或覆盖剂挥发出的有害气体会腐蚀电阻组件，降低其使用寿命；燃料燃烧过程中，燃烧产物中过剩空气（氧）含量高，造成加热过程金属烧损大，随着燃料与空气比例控制精度的提高，燃烧产物中过剩空气（氧）含量可以控制在很低的水平，可大大减少加热过程的金属烧损。

电解铝厂常用铝合金熔炼炉的种类、用途及特点见表48-4。

表 48-4　常用铝合金熔炼炉的种类和用途

种　类		用　途	常用炉型容量/kg	特　点
电　炉	电阻式反射炉	熔炼、保温	3000～30000	炉气对熔体无污染，升温慢，热组件要经常更换，容量不能大
火焰炉	固定式反射炉	熔炼、保温	5000～120000	容量大，装料时间长，操作容易，热效率低，残留熔体多
	可倾动式反射炉	熔炼、保温	5000～120000	熔体放流易控制，残留熔体少

48.1.5.3　电阻式反射炉

电阻式反射炉利用炉膛顶部布置的电阻加热体通电产生的辐射热加热炉料，常作为铝及铝合金的熔炼炉和静置保温炉。

电阻式熔炼炉和静置保温炉可分为固定式和倾动式两种。

电阻式反射炉加热体多置于炉膛顶部，其炉型及加料方式多为矩形炉侧加料。电阻加热体的加热形式可分为电阻带直接加热和保护套管辐射式加热。

电阻式反射炉的优点是：烧损小，炉温控制准确，水蒸气含量少，熔炼的金属质量高；没有噪声，没有燃烧废气，工作环境好；结构简单，造价较低，维护保养简便。

但是，电阻熔铝炉受多种因素的制约，如炉膛高度有限（其加热组件布置在炉膛顶部，提高炉膛高度将会使熔化能力迅速降低），容量小（炉膛宽度增加会使加热组件向下弯曲并增加其消耗量，而炉膛长度增加将使熔液的成分和温度不均匀），生产率比较低（加热组件单位面积上的功率范围为42～49kW/m^2，所以电阻炉的总功率受到限制，因而熔化能力也受到限制），电阻带消耗高（加热组件装在炉顶容易被精炼产生的气体腐蚀及熔体飞溅熔蚀而损坏），加热组件的更换和维护较困难，加料困难（对废铸锭需要锯切、

对返回废料需要剪切），无法满足现代铝加工材熔炼炉生产所必须具备的高效、低耗的要求。

因此，电阻式反射炉不适合用于大容量、大功率的炉型。国外已很少见到电阻式反射熔炼炉和静置保温炉，国内新建厂一般也不用于熔炼炉，只有少数工厂用于保温炉，其吨位不超过30t。

电阻反射炉结构如图48-4和图48-5所示。

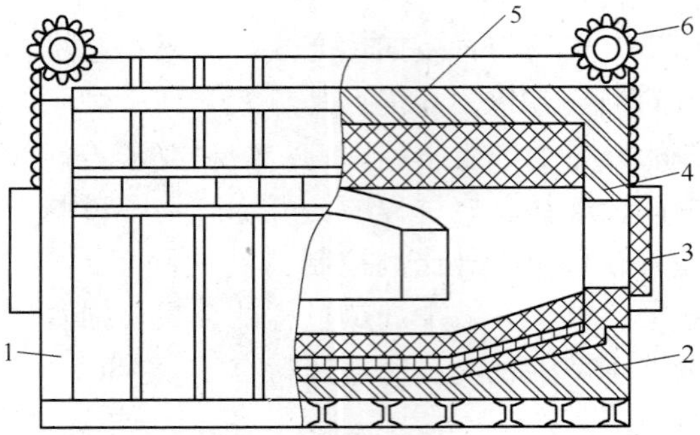

图48-4 电阻反射炉结构示意图

1—炉壳；2—炉底；3—炉门；4—炉墙；5—炉顶；6—炉门提升机构

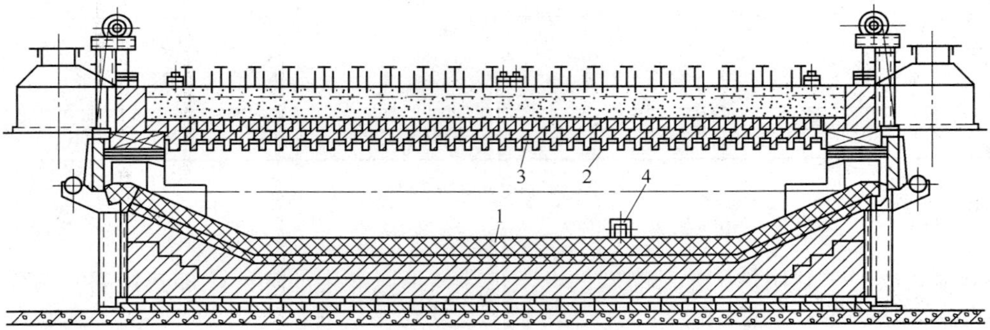

图48-5 电阻反射炉结构示意图

1—炉底；2—炉梁砖；3—电阻加热丝（或带）；4—出铝口

48.1.5.4 火焰炉

A 火焰炉的分类

按燃料分为：燃气熔炼炉、保温炉（天然气、发生炉煤气、液化石油气）和燃油熔炼炉、保温炉（重油、柴油）；

按结构形状分为：矩形熔炼炉、保温炉和圆形熔炼炉、保温炉。

按出料方式分为：固定式熔炼炉、保温炉和倾动式熔炼炉、保温炉。

B 火焰炉的结构和工作原理

图48-6所示为圆形火焰熔炼炉的结构示意图。这种圆形炉在结构上采用了可开启的

炉盖。在炉盖的上面有炉盖提升装置（即开盖机构）。加料方式是用天车吊运装料斗于顶部加料。4 个烧嘴（小炉子为 2 个烧嘴）对称均布在炉墙上，火焰沿切线方向并向下呈一定角度射向炉料。此外，在炉墙上还开有烟道口。

图 48-7 所示为矩形火焰熔炼炉的结构示意图。

火焰炉熔化金属所需的热量是靠燃料燃烧装置供给的。燃烧产物在从燃烧装置流向烟道的过程中，热量主要以辐射的形式传给炉料。为了提高炉子的熔化效率，发展了火焰直接喷射加热和顶吹加热的快速熔炼炉，在这种炉子中，热量主要是以对流的方式传给炉料的。另外，炉料还从炉顶和炉墙表面获得辐射热。燃烧产物最后经烟道排入烟囱。为了向炉子供给液体或气体燃料及空气，设有各种管路系统，并带有开关以调节其流量。

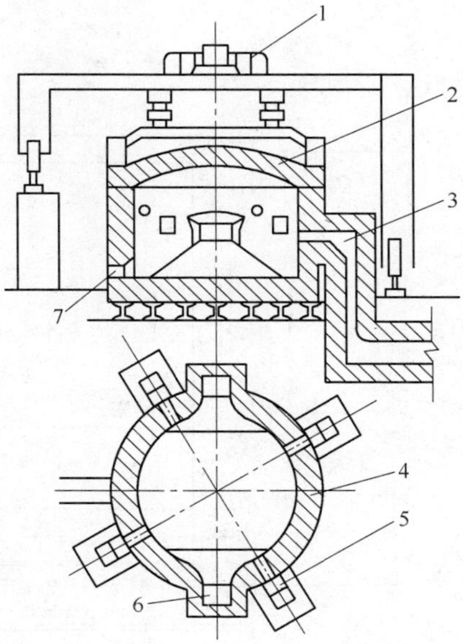

图 48-6 圆形火焰炉结构示意图
1—开盖机构；2—炉盖；3—烟道；4—观察孔；5—烧嘴；6—炉门；7—出铝口

火焰炉的结构形式很多，但每座炉子通常都是由炉膛（熔池）、燃料燃烧装置和废热利用装置所组成。炉膛和废热利用装置（换热室）通过烟道连接在一起。

目前，在很多情况下（特别是大型火焰反射炉）都装有各种废热利用装置，燃烧器采用烟气余热利用装置预热助燃空气，可以提高能源利用率，降低能耗。

烟道即燃烧废气的通道。废热利用装置和炉体通过烟道连接在一起。在烟道上设有烟道闸板，以便调节炉内的压力。烟囱的作用是建立抽力，排除废气，组织炉膛内气流的运动。烟囱的高度可根据所需要的有效抽力、空气与烟气的密度、计算排出的废气温度和炉子结构来确定。

C 火焰炉的特点

矩形火焰熔炼炉大多采用侧开大炉门形式，固体料的加入和扒渣等操作均由加料车和扒渣车完成，实现机械加料和机械扒渣。但是与圆形火焰熔炼炉相比其加固体料过程较长，适合于以电解铝液为主进行配料的电解铝厂生产。

顶部加料的圆形火焰炉与矩形火焰炉相比较，一是装料时间短，缩短了熔化周期；二是燃烧气体可在炉内旋转，火焰呈一定角度喷向液面，加强了对流传热，不仅炉温比较均匀，而且加快了熔化速度，提高了熔化能力和热效率；三是在容量和熔池深度相同的情况下，占地面积较小；四是减轻了劳动强度，最后是简化了耐火材料结构，减少了砌砖工作量。但圆形火焰炉的炉顶开盖及移动机构比较复杂，建设投资比同容量矩形火焰炉稍大，适合于以固体料为主进行配料的铝加工厂生产。

固定式火焰炉结构简单，价格便宜，但必须依靠液位差放出铝液，因此要求熔炼炉和静置保温炉分别配置在两个不同高度的操作平台，这样不利于生产操作；另外，由于放流

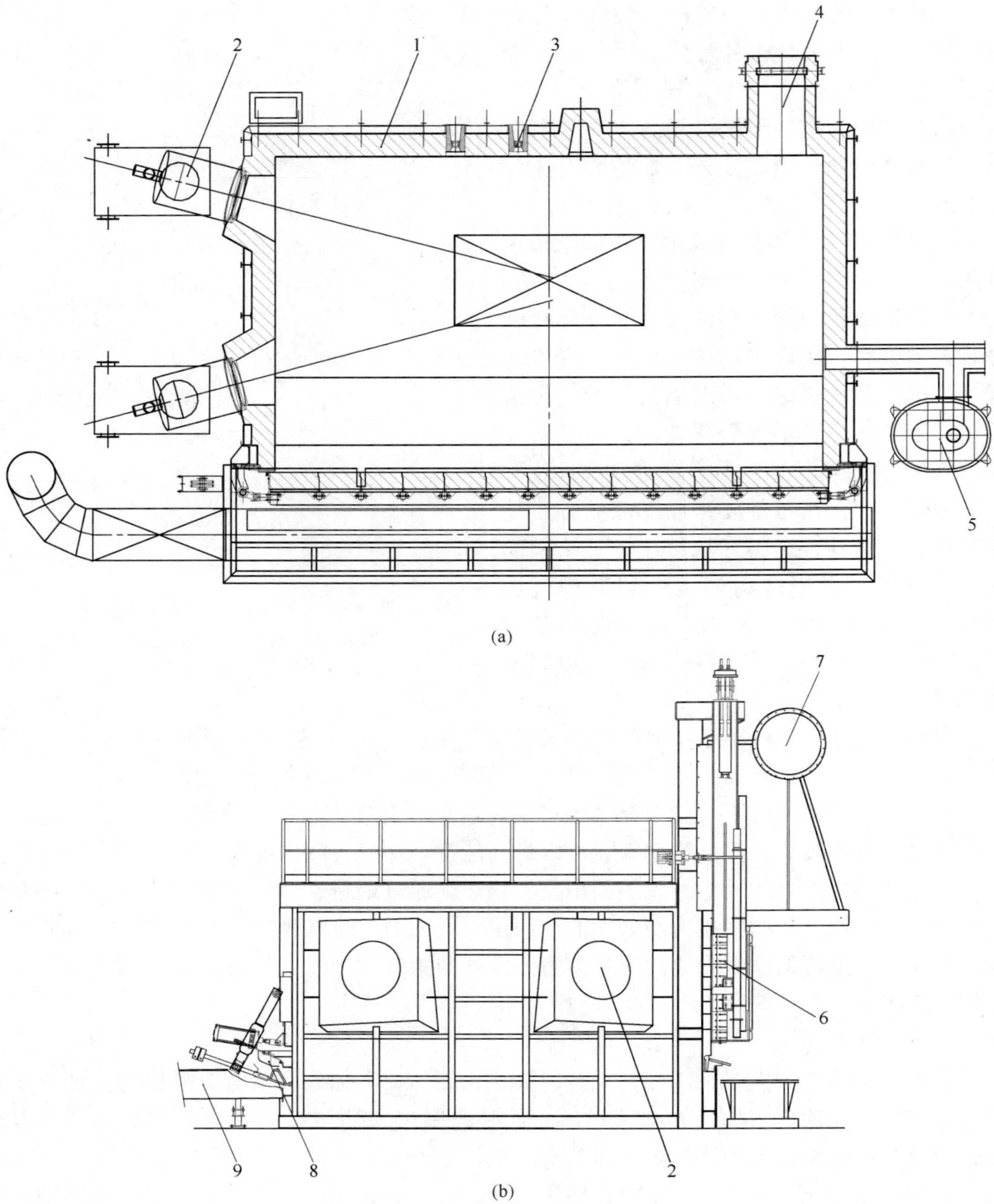

图 48-7　矩形火焰炉结构示意图

（a）横断面；（b）侧视

1—炉体；2—烧嘴；3—出铝口；4—烟道；5—受液口；6—炉门；7—炉门排烟；8—出铝口控制；9—流槽

口靠近熔池底部，致使放流时沉在炉底的熔渣容易随铝液流出，造成铸锭的夹渣缺陷。

倾动式火焰炉依靠倾动炉子本体放出铝液，因此增加了液压式或机械式倾动装置，炉子结构较复杂，造价高，但保证了铝液在熔池上部固定高度流出，金属液流平稳，减少了沉底熔渣造成的铸锭夹杂缺陷。熔炼炉和静置保温炉的操作平台均在厂房地面上，不需要另设操作平台，是今后发展的方向。

火焰炉的容量范围很宽，小的几吨，大的几十吨，甚至上百吨。大容量（50～120t）火焰熔炼炉，多采用计算机控制熔炼制度，调节燃料/助燃空气比例，控制炉膛压力和温度，并采用高效节能烧嘴、火焰直接喷射、对流加热和预热炉料等技术，利用烟气余热预热助燃空气，强化烧嘴的熔化能力，提高炉子的熔化效率和热效率。炉子容量越大，则熔炼速率和热效率都会相应提高，综合经济效益越好。目前，国外熔铝炉的熔炼速率可达12～20t/h，热效率超过50%。中国的苏州新长光热能科技有限公司通过国际合作和自主创新，目前已可生产大容量（120t）、高熔化速率（27t/h）和高热效率的熔铝炉。其主要技术参数见表48-5。

表48-5　苏州新长光热能科技有限公司的熔炼炉主要技术参数

生产产品	重熔用铝锭	扁铸锭	圆铸锭	铸轧带材	压铸件
主要用途	电解铝液混合	铝及铝合金熔炼、保温			铝合金锭的熔化
炉子形式	（1）矩形固定；（2）矩形倾动式	（1）矩形固定；（2）矩形倾动式；（3）圆形固定式			（1）矩形固定；（2）矩形倾动式
炉子容量/t	24～60	2～120	2～60	8～50	2～6
燃料种类	（1）柴油；（2）液化石油气；（3）天然气；（4）城市煤气；（5）发生炉冷煤气；（6）电	（1）柴油；（2）液化石油气；（3）天然气；（4）城市煤气；（5）发生炉冷煤气			
燃料燃烧形式	（1）自身预热烧嘴；（2）高速冷风烧嘴	（1）自身预热烧嘴；（2）高速冷风烧嘴；（3）蓄热烧嘴；（4）热风烧嘴			
控制方式	PLC＋HMI自动控制				

D　燃料燃烧装置

对燃料燃烧装置的总的要求，一是能保证向炉膛供给具有预定温度和数量的燃烧产物；二是结构尽可能简单，以便于操作、检修和拆换；三是能方便地调节单位时间内燃料燃烧的数量。具体说，对喷嘴的基本要求是：（1）液体燃料雾化良好；（2）燃料与空气精细而均匀地混合；（3）精确而方便地调节油耗量，并在整个调节过程中保持空气和燃料的正确比例；（4）保证稳定的燃烧；（5）结构简单坚固，操作方便，不堵塞、不漏油；（6）检查、修理和清扫容易而方便。

对烧嘴的基本要求是：（1）使用方便；（2）制造和维护费用不高；（3）在保持气体燃料和空气所要求的混合比的前提下，能自动调节烧嘴的工作；（4）烧嘴产生的火炬特性能符合工艺过程的要求。

目前，大型火焰炉多采用节能型烧嘴系统，如，自身预热式烧嘴系统和蓄热式换热烧嘴系统等。自身预热式烧嘴系统将烧嘴、换热器和排烟装置结合为一体，具有结构紧凑、燃烧能力和调节比较大、雾化效果较好、空气预热温度较高等特点，适用于大型熔炼炉。但它需要配备专门的引射风机来产生负压，使烟气通过换热器后排出，而换热器的寿命较短。蓄热式换热烧嘴系统是继自身预热式烧嘴之后研制开发的新型烧嘴系统。该烧嘴系统成对配置，在上半周期，第一个烧嘴燃烧时，第二个烧嘴吸进烟气余热（其温度高达1000℃以上）加热蓄热室中的球状蓄热体进行蓄热，使得从蓄热室出来的废气温度降至250℃以下排入烟道中；在下半周期，第二个烧嘴燃烧，助燃空气通过蓄热室，吸收球状蓄热体中蓄积的热能进行换热，将助燃空气的温度从室温升至800℃以上，再与燃料混合后燃烧加热炉料；第一个烧嘴则吸进烟气余热加热蓄热室中的球状蓄热体进行蓄热。如此反复，两个烧嘴交叉循环使用。蓄热式换热烧嘴系统是目前国内外热效率最高的烧嘴。它具有结构紧凑、高效节能、加热均匀等优点，可充分利用烟气余热，可以使火焰炉的热效率提高50%以上，经济效益明显，已应用于大中型熔铝炉，国内目前已开发、应用了蓄热式换热烧嘴系统。图48-8所示为蓄热式换热烧嘴系统的工作原理图。

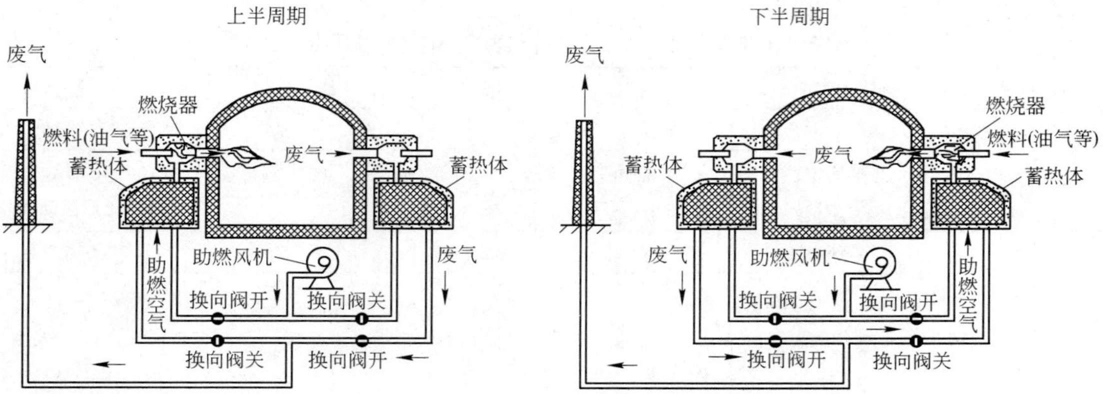

图48-8　蓄热式换热烧嘴系统工作原理

E　火焰炉的自动监测和控制

现代化的熔炼炉，燃烧已经实现全自动化控制，燃料流量、助燃空气/燃料配比、点火、探火以及炉温、炉压的监测和操作等均由计算机自动完成。控制系统采用触摸式操作屏（HMI），可方便的设定和修改工艺参数及过程控制参数，控制程序具备连锁保护、故障报警及完善的监测和控制功能。

火焰炉的自动监测和控制包括：温度控制、炉气压力控制、点火控制、烧嘴火焰监测控制以及机械控制等。

a　温度控制

温度控制是火焰炉设备的核心。熔炼过程必须有足够高的温度以保证金属及合金元素充分熔化及溶解。加热温度越高，熔化速度就越快，同时也会使金属与炉气、炉衬等相互间的有害作用时间缩短。生产实践表明，快速加热可以加速炉料的熔化，缩短熔化时间，对提高生产率和质量都是有利的。但是，另一方面，过高的加热温度容易发生过热现象，特别是在加热时，火焰直接接触炉料，以强热量加于熔融或半熔融状态之金属，最容易招致气体侵入的机会。同时，温度越高，金属与炉气、炉衬等互相作用的反应进行得越快，这样，就造成了金属的损失及熔体质量的降低。过热不仅容易大量吸收气体，而且易使在凝固后铸锭的晶粒组织粗大，增加铸锭裂纹的倾向性，影响合金性能。因此，在熔炼操作时，应控制好熔炼温度，既要防止熔体过热，又要加速熔化，缩短熔炼时间。

火焰炉的加热器多采用两个蓄热式烧嘴，燃烧过程中，一个烧嘴燃烧，另一个烧嘴则为排烟（用于该烧嘴燃烧时将助燃空气预热），通过燃料系统的快速切断阀和助燃空气回路的气动换向阀交替切换，实现余热回收的目的。温度控制则是根据热电偶所采集到的温度信号送入 PLC 中的模拟量控制模块经冷端补偿、线性化处理，与设定的温度相比较，经 PID 运算后控制助燃空气回路的气动换向阀开度的大小，进而通过燃料系统的快速切断阀按比例调节燃料供应量，从而改变燃烧工况，达到温度自动调整的目的。

b　炉气压力控制

炉气压力控制是保证安全生产、免遭重大事故危害的主要手段，同时将炉压控制在微正压水平（一般为 10 ~ 30Pa），不至于因炉压过低从炉门吸入过量冷空气造成能量浪费，也不至于因炉压过高产生炉门冒火烧坏门框。合理设置炉压测量装置，通过差压变送器将采集到的炉气压力信号转换成数字信号，送到 PLC 中的模拟量控制模块经 PID 运算后输出控制信号（开关量），控制排烟管道的电动调节蝶阀的开度，从而保证炉气压力在允许的范围内波动，实现最佳炉压条件下运行。

c　点火控制

烧嘴点火系统一般采用脉冲式（间断式）电火花点火控制器点火，为了确保火焰炉的安全运行，在点火前由 PLC 监测各有关参数，如炉顶是否超温、炉气压力是否超高限、助燃空气压力和燃料压力是否超限等安全限制，据此判断是否可以点火，若满足条件则启动点火过程控制器，由点火过程控制器激活点火变压器开始点火。若点火失败，即紫外线火焰监测头未能监测到火焰信号，则点火过程控制器迅速发出指令，自动关闭各安全电磁阀，利用助燃空气吹扫炉内可燃气体，实现熄火保护，同时发出声光警示信号提醒操作人员。

d　烧嘴火焰监测控制

对燃料燃烧的炉子，要对火焰进行不间断的监测，以确保火焰始终处于正常燃烧状态，避免出现爆炸或其他事故，这是由火焰探测器完成的，一般采用的是紫外线探测器。每套烧嘴系统配有两个紫外线探测器，一个用于监测点火枪的火焰，另外一个用于监测主燃烧火焰。

当系统启动时，点火过程控制器首先激活点火变压器进行点火，如果紫外线探测器监测到火焰，点火枪关闭，系统继续工作；如果没有监测到火焰，点火过程控制器将关闭所有安全电磁阀并报警。

当系统运行期间，在外形探测器将自动监测点火枪火焰和主燃烧火焰，一旦发现火焰熄灭，点火过程控制器将关闭所有安全电磁阀并报警。

当以下安全限制超出或者未达到时，PLC 将发出指令，自动切断火焰：炉膛超温、铝液超温、炉气压力超高、助燃空气压力超低、排烟风机失灵、蓄热体超温、燃料压力超低等。

48.2　铝合金熔体净化技术和设备

48.2.1　概述

铝合金在熔炼过程中，熔体中会不同程度地存在气体、各种非金属夹杂物和其他有害金属等，影响铝熔体的洁净度，往往使铸锭产生疏松、气孔、夹渣等缺陷，对铝材的力学性能、加工性能、抗蚀性、阳极氧化性和铝材的外观质量都有显著影响，而 Na、Ca 等碱及碱土金属对多数合金的性能有不良影响，如，钠在含镁高的铝-镁系合金中除易引起“钠脆”外，还降低熔体流动性而影响合金的铸造性能。特别是当采用电解铝液配料生产时，熔体中存在二多（氢含量多、夹杂物多）、一少（活性晶核少）、一高（铝熔体温度高），极易造成铸锭坯冶金缺陷，并对最终产品质量产生影响，因此，进行铝熔体净化处理显得非常重要。铝合金的熔体净化就是采用不同的熔体净化方式，除去铝熔体中的气体含量（主要是氢）、减少非金属夹杂物和各种有害金属杂质，获得纯洁度高的铝合金熔体。

对铝及铝合金熔体净化的要求，根据制品用途不一样而有所不同。对于一般要求制品，其氢含量宜控制在每 100g 铝 0.15 ~ 0.20mL 以下，而对于特殊要求的航空材料、双零铝箔等制品氢含量应控制在每 100g 铝 0.12mL 以下。不同地区由于其自然条件不同，所能达到的最低氢含量也不同，如，西宁等高海拔、干燥地区，其氢含量可控制到每 100g 铝 0.10mL 以下。由于检测方法的不同，所测氢含量值会有所差异。对于非金属夹杂，目前国内尚不能精确定量检测，一般通过铸锭低倍和铝材超声波探伤定性检测。碱金属钠（除高硅合金外）一般应控制在 5×10^{-6} 以下。

铝合金净化的方法很多，按净化处理的部位可分为炉内净化处理和炉外在线处理两类；而炉内净化处理就其作用原理可以分为吸附净化和非吸附净化两个基本类型；按净化所使用的介质种类则可分为气体净化、熔剂净化、熔体过滤及其他净化方法。

48.2.2　净化原理

熔体净化一般有吸附净化和非吸附净化两大类。

48.2.2.1　吸附净化

吸附净化是指通过铝熔体直接与吸附剂（如各种气体、液体和固体精炼剂及过滤介质）相接触，使吸附剂与熔体中的气体和固态非金属夹杂物发生物理化学的、物理的或机械的作用，从而达到除气、除渣的方法。吸附净化只对吸附剂所到达的熔体起作用，熔体净化程度取决于接触条件，即决定于熔体与吸附剂的接触面积、接触的持续时间和接触的表面状态。

炉内处理中，属于吸附净化的有气体净化和熔剂净化，气体净化有惰性气体净化、活性气体净化和混合气体净化等。

A　惰性气体净化

惰性气体指与铝熔体及溶解的氢不起化学反应、又不溶解于铝中的气体，有氮气和氩气等，通常使用氮气。

a　净化原理

向熔体中吹入惰性气体所以能除渣，是因为惰性气体被吹入铝液后，形成许多细小的气泡，气泡在从熔体中通过时与熔体中的氧化物夹杂相遇，夹杂被吸附在气泡的表面并随气泡上浮到熔体表面。已被带至液面的氧化物不能自动脱离气相而重新溶入铝液中，停留于铝液表面就可聚集除去，浮游除渣原理如图 48-9 所示。

由于惰性气体泡吸附熔体中的氧化夹杂物后，能使系统的总的表面自由能下降，因而这种吸附作用可以自动发生。惰性气体和夹杂物之间的表面张力越小，熔体和惰性气体之间的表面张力以及熔体和夹杂物之间的表面张力越大，则这种惰性气体的除渣能力越强。采用惰性气体精炼时，应该在液面均匀撒上熔剂。这是因为，惰性气体泡将夹杂物带出液面后，如果此时液面有熔剂层，则夹杂物进入熔剂中成为熔渣便于扒出。否则，密度较大的夹杂将重新落入铝液，而密度较小的夹杂物在液面形成浮渣与铝液很难分离，将这些浮渣扒出时将带出很多金属液而增大金属损失。

由于吸附是发生在气泡与熔体接触的界面上，只能接触有限的熔体，除渣效果受到限制。当吹入精炼气体产生的气泡量愈多、气泡半径愈小、分布愈均匀、吹入的时间愈长则除渣效果愈好。

向熔体中吹入惰性气体所以能除气，是依据分压差脱气原理，如图 48-10 所示。因为吹入熔体的惰性气体泡中开始没有氢气，其氢分压为零，而气泡附近熔体中的氢分压远大于零，因此，在气泡内外存在着一个氢分压差，使溶于金属中的氢不断扩散进气泡中，进入气泡的氢气随着气泡上浮而逸入大气。此外，气泡在上浮过程中，还可以通过浮选作用将悬浮在熔体中的微小分子氢气泡和夹杂中的气体一并带出液面，从而达到除气的目的。

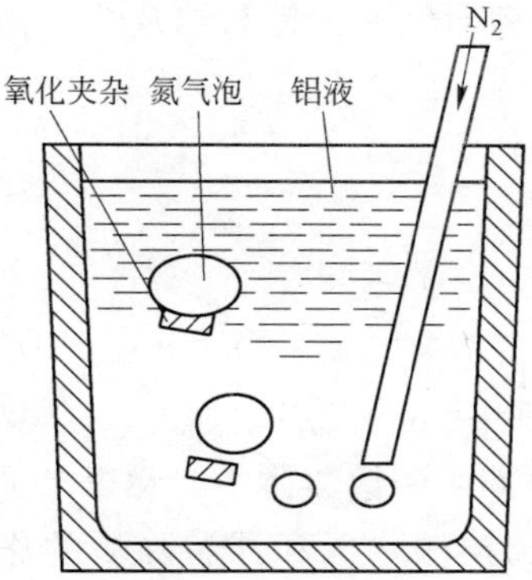

图 48-9　浮游除渣原理

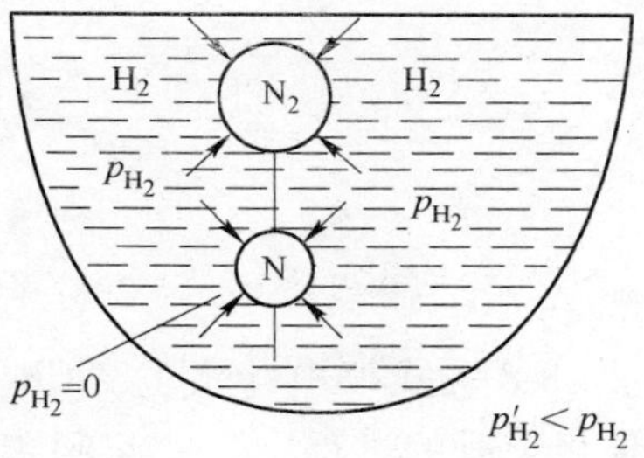

图 48-10　惰性气体除气原理

b　影响惰性气体精炼效果的因素

影响惰性气体精炼的因素如下：

（1）惰性气体的性质。惰性气体的密度、黏度、对夹杂物的润湿性能及热容等对净化效果均有影响。气体密度越大、黏度越大，则在熔体中的上浮速度越慢，停留时间越长，越有利于提高净化效果；但是，气体密度越小，则单位质量的气体体积越大，与熔体的接触面积也越大，也有利于提高精炼效果。有人经过试验后指出：在除气过程中起决定作用的不是精炼气体的质量，而是它的体积和在熔体中的分散程度。气体对夹杂物的润湿性能越好，则气体的浮选能力愈强。比热容通过影响熔体温度而影响精炼效果。

（2）惰性气体的纯洁度。惰性气体的纯洁度主要指惰性气体中氧气和水分的含有程度。惰性气体中的含氧量和含水量愈高，则精炼效果愈差。当惰性气体中的水含量和氧含量超过某一值时，不仅不能起精炼作用，甚至使熔体发生吸氢过程，造成更严重的污染。

（3）气泡的大小。气泡的尺寸愈小，除气效果愈好。因为，气泡愈小，由同体积气体造成的气泡数愈多，表面积愈大；且在铝熔体中的上浮速度越慢，与熔体接触的时间愈长。采用普通T形精炼器时，气泡的直径较大（约为10mm），而由多孔耐火材料发生的气泡，其直径较小（约1mm以下）。在气体流量一定的情况下，用多孔陶瓷对铝熔体进行吹氮精炼时，其氮气的利用率可达10%，而在用普通精炼管精炼时，其利用率仅能达到1%～2%。

（4）气泡与熔体接触的均匀程度。接触程度愈充分，愈均匀，则精炼效果愈好。因为吹气精炼是建立在分压差扩散除气和浮选除渣基础上的，只有与精炼气体产生接触的区域才有精炼作用。为了增大接触机会，最好采用在线式精炼及过滤联合处理，使精炼气泡的直径尽可能小些，以及使气泡与金属熔体充分混合，让熔体中的氢能够顺利扩散进气泡中，从而使每部分熔体都受到精炼作用。在炉内精炼情况下，应使精炼器沿炉底平缓移动，防止产生死角。

（5）其他工艺参数。吹气时间、吹气压力、吹气温度、精炼后熔体的静置时间等精炼工艺参数对熔体的精炼效果均有明显的影响。

B 活性气体净化

对铝熔体净化而言，实用的活性气体是氯气。

氯气的除气原理与氮气不同，氮气是靠气泡内外氢气的分压差来除气，氮和氢不发生化学反应，只是物理作用。而吹入氯气时，除按上述原理除气外，氯与铝及溶于铝液中的氢发生化学反应：

$$3Cl_2 + 2Al \longrightarrow 2AlCl_3\uparrow \quad (48\text{-}8)$$

$$Cl_2 + H_2 \longrightarrow 2HCl\uparrow \quad (48\text{-}9)$$

$$2Na + Cl_2 \longrightarrow 2NaCl \quad (48\text{-}10)$$

$$2Na + AlCl_3 \longrightarrow Al + 3NaCl \quad (48\text{-}11)$$

由式48-8和式48-9生成的$AlCl_3$和HCl都是气态，不溶于铝熔体中，和未参加反应的氯在熔体里上升的过程中，一起起着和惰性气体一样的扩散除氢和浮游除渣的作用，式48-9还直接起着化合去氢的作用。式48-10和式48-11还能起到除钠作用，生成的NaCl以固态形式进入熔渣浮于液面除去。氯气除气过程如图48-11所示。

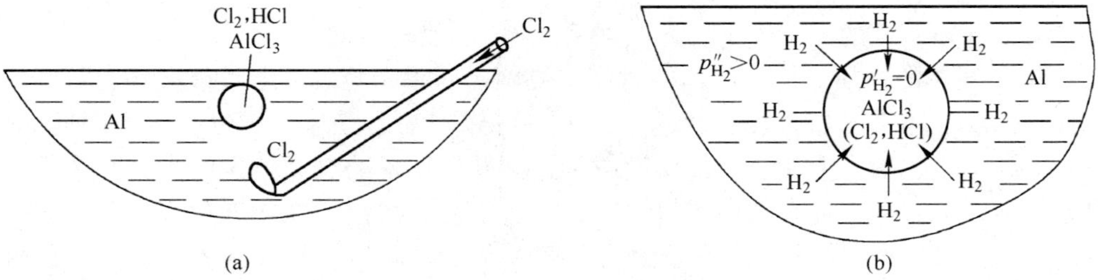

图48-11 氯气除气过程示意图

（a）吹入氯气时形成的气泡；（b）氯气除气过程

在熔体中存在镁的情况下，还可产生下述反应：

$$Cl_2 + Mg \longrightarrow MgCl_2 \tag{48-12}$$

$$2AlCl_3 + 3Mg \longrightarrow 3MgCl_2 + 2Al \tag{48-13}$$

生成的 $MgCl_2$ 以液态存在，既具有溶解氢的作用，也能把熔体中悬浮的氧化物粒子包围而与铝液相分离，起到熔剂的作用。

C 混合气体净化

混合气体通常由两种气体混合而成，如，N_2-Cl_2 混合气体或者 Ar-Cl_2 混合气体，Cl_2 比例一般低于5%。

采用氯气净化铝合金熔体，具有除气效果好、反应平稳、渣呈粉状不为金属液所润湿、渣量少、渣中金属少、同时兼有除渣、除钠效果等优点。但是用氯气除气净化也有缺点，氯气及其反应产物对人体有害，污染环境，易腐蚀设备及加热组件。另外，采用氯气处理还具有使铸锭产生粗大晶粒的倾向、镁的损失大（可达0.20%）等缺点。

采用氮气精炼，其优缺点正好与氯气的相反。氮气无毒，无需采取特别的排烟措施，且镁的损失极小。但是，氮气的净化效果较差，而且渣量大，渣中金属量也大。

采用 N_2-Cl_2 混合气体净化，正好取了两者的长处，弥补了两者的短处，能达到比较好的净化效果，渣量少，渣中金属也大为减少，而且减轻了环境污染，改善了劳动条件。

D 氯盐净化

氯盐的净化作用主要是基于氯盐与铝熔体的置换反应，以及氯盐本身的挥发作用和热离解作用，其中主要的是氯盐与铝作用时生成三氯化铝的反应。

a 置换作用

当氯化锌、氯化锰、四氯化钛、六氯乙烷等氯盐被压入铝液时，分别与铝液发生如下反应：

$$3ZnCl_2 + 2Al \longrightarrow 2AlCl_3 \uparrow + 3Zn \tag{48-14}$$

$$3MnCl_2 + 2Al \longrightarrow 2AlCl_3 \uparrow + 3Mn \tag{48-15}$$

$$3TiCl_4 + 4Al \longrightarrow 4AlCl_3 \uparrow + 3Ti \tag{48-16}$$

$$2C_2Cl_6 + 2Al \longrightarrow 2AlCl_3 \uparrow + 2C_2Cl_4 \uparrow \tag{48-17}$$

以上反应生成的 $AlCl_3$ 和 C_2Cl_4 在熔炼条件下都是气体，自铝液底部向上浮起的过程中起着和惰性气体净化时相似的除气、除渣作用。

b 挥发作用

许多氯盐的沸点低于铝熔点，如 $AlCl_3$、BCl_3、$TiCl_4$、CCl_4、$SiCl_4$、C_2Cl_6 等。在熔体温度下，这些挥发物具有很高的蒸气压（如，$AlCl_3$ 的蒸气压高达2.3MPa），它们在熔体中上浮时，起着净化作用。

c 热离解作用

许多氯盐在熔体温度下发生分解放出氯气，起着和氯气相同的净化作用。如：

$$2CCl_4 \longrightarrow C_2Cl_4 \uparrow + 2Cl_2 \uparrow \tag{48-18}$$

E 熔剂法净化

铝合金净化所用的熔剂主要是碱金属的氯盐和氟盐的混合物。工业上常用的几种熔剂的成分和用途见表48-6。

表 48-6 工业上常用的几种熔剂的成分和用途

熔剂种类	主要成分/%		主要用途
覆盖剂	NaCl	39	Al-Cu 系、Al-Cu-Mg 系、Al-Cu-Si 系、Al-Cu-Mg-Zn 系铝合金
	KCl	50	
	Na_3AlF_6	6.6	
	CaF_6	4.4	
	KCl、$MgCl_2$	80	Al-Mg 系、Al-Mg-Si 系铝合金
	CaF_2	20	
精炼剂	KCl	47	除 Al-Mg 及 Al-Mg-Si 系以外的其他系铝合金
	NaCl	30	
	Na_3AlF_6	23	
	KCl，$MgCl_2$	60	Al-Mg 系、Al-Mg-Si 系铝合金
	CaF_2	40	

熔剂精炼净化的除渣作用主要是通过与熔体中的氧化膜及非金属夹杂物发生吸附、溶解以及熔剂与熔体之间的化学作用而实现的。

a 吸附作用

因为氧化夹杂是不被铝液润湿的，二者间的界面张力很大；而熔剂对氧化夹杂是润湿的，二者间的界面张力较小。熔剂吸附熔体中的氧化夹杂后，能使系统的表面自由能降低，因此，熔剂具有自动吸附氧化夹杂的能力，这种吸附作用是熔剂除渣的主要原因。熔剂和非金属夹杂物的界面张力愈小，而熔剂和金属的界面张力及铝液和非金属夹杂物之间的界面张力愈大，则熔剂的吸附性愈好，除渣作用愈强。提高液态铝在夹杂物界面上的表面张力，有利于熔剂将氧化物及非金属夹杂物从熔体中排出。

熔剂的吸附能力主要取决于其组成成分。在其他条件相同的情况下，熔融的氯化物，其吸附性能比氟化物要好。碱金属氯化物比碱土金属氯化物好。在熔化状态下，氯化钾和氯化钠的混合盐比纯盐好。而在此基础上加入氟化物（冰晶石等）可以增加其吸附性能。如 45% NaCl + 55% KCl 构成的熔剂，熔点只有 650℃，且表面张力较小，是常用的覆盖剂。加入少量的氟盐（NaF、Na_3AlF_6、CaF_2 等），增加了金属和熔剂间的表面张力，提高了熔剂的分离性，可防止产生熔剂夹杂，是常用的铝合金精炼剂。某些熔盐的性质见表 48-7。

表 48-7 某些熔盐的性质

物质名称	化学式	密度 /g·cm^{-3}	熔点/℃	沸点/℃	熔化潜热 /kJ·mol^{-1}	$-\Delta H^{\ominus}_{298}$ /kJ·mol^{-1}
氯化铝	$AlCl_3$	2.44	193	187 升华	35.4	707.1
氯化硼	BCl_3	1.43	−107	13		404.5
氯化钡	$BaCl_2$	4.83	962	1830	16.8	862.7
氯化铍	$BeCl_2$	1.89	415	532	8.7	498.1
木 炭	C	2.25	3800			
四氯化碳	CCl_4	1.58	−23.80	77	30.7	136.1

续表 48-7

物质名称	化学式	密度 /g·cm^{-3}	熔点/℃	沸点/℃	熔化潜热 /kJ·mol^{-1}	$-\Delta H^{\ominus}_{298}$ /kJ·mol^{-1}
碳酸钙	$CaCO_3$	2.90		825 分解		1211.3
萤　石	CaF_2	2.18	1418	2510	29.8	1226.4
氯化铜	$CuCl_2$	3.05	498	993		205.8
氯化铁	$FeCl_3$	2.80	304	332	43.3	405.5
氯化钾	KCl	2.00	771	1437	26.5	438.5
氟化钾	KF	2.48	857	1510	28.6	569.5
氯化锂	LiCl	2.07	610	1383	19.7	409.9
氟化锂	LiF	2.60	848	1093	27.3	615.3
氯化镁	$MgCl_2$	2.30	714	1418	43.3	643.9
光卤石	$MgCl_2$、KCl	2.20	487			
氟化镁	MgF_2	2.47	1263	2332	58.8	1127.7
氯化锰	$MnCl_2$	2.93	650	1231	37.8	488.8
氯化铵	NH_4Cl	1.53	520			315.8
冰晶石	Na_4AlF_6	2.90	1006		112.1	3318.0
脱水硼砂	$Na_2B_4O_7$	2.37	743	1575 分解	83.3	3100.4
氯化钠	NaCl	2.17	801	1465	28.2	412.9
脱水苏打	Na_2CO_3	2.50	850	960 分解	29.8	1135.3
氟化钠	NaF	2.77	996	1710	33.2	575.8

b　溶解作用

熔剂中加入氟盐（冰晶石），使熔剂具有溶解夹杂物、特别是氧化铝的作用。

熔剂对氧化物的溶解作用是由熔剂的本性所决定的。当熔剂与某些氧化物的分子结构或化学性质相近时，在一定温度下就可以产生互溶。比如，阳离子相同的 Al_2O_3 和 Na_3AlF_6，MgO 和 $MgCl_2$ 等都有一定的互溶能力。

一般氯盐对氧化铝的溶解能力并不大，通常为 1% ~2%，如在熔剂中加入冰晶石（Na_3AlF_6），熔剂对氧化物的溶解能力便大大加强，冰晶石的化学分子结构和某些性质与氧化铝相似，所以它们在一定温度下就可能互溶，在 930℃ 时形成共晶，冰晶石最大可溶解 18.5% 的 Al_2O_3。值得注意的是溶解温度较高，尽管如此，熔剂中添加冰晶石会大大增加熔剂的精炼能力。

c　化学作用

在某些铝加工厂中，常采用一些氯化盐制作熔剂；常见的有 BCl_3、$TiCl_4$、$AlCl_3$、$ZnCl_2$、$MnCl_2$ 以及 C_2Cl_6 等。这些净化剂加入到熔体后与铝发生下列置换反应，即：

$$3MeCl + Al \longrightarrow AlCl_3 + 3Me \qquad (48\text{-}19)$$

生成的 $AlCl_3$ 按惰性气体除气原理进行除气，被置换出来的元素将进入合金中；如该合金不含此元素时，将成为杂质。但有些被置换出来的元素对合金起细化晶粒作用；如

$TiCl_4$ 等就是工艺上所希望的。

熔剂的除气作用主要表现在 3 个方面：一是随配合物 γ-$Al_2O_3 \cdot xH$ 的除去而除去被氧化夹杂所吸收的部分配合氢；二是熔剂产生分解或与熔体相互作用时形成气态产物，进行扩散除氢；三是由于熔体表面氧化膜被溶解而使得溶解的原子氢向大气扩散变得容易。但是，熔剂的除气作用是有限的，在生产条件下，其含氢量只能降到大约每 100g 铝 0.2 ~ 0.25mL 的水平。

48.2.2.2　非吸附净化

非吸附净化是指不依靠在熔体中加入吸附剂，而通过某种物理作用（比如真空、超声波、密度差等），改变金属-气体系统或金属-夹杂物系统的平衡状态，从而使气体和固体非金属夹杂物从铝熔体中分离出来的方法。非吸附净化对全部铝熔体都有精炼作用，其精炼效果取决于破坏平衡的外界条件及铝熔体与夹杂的运动特性。属于非吸附净化的有：静置处理、真空处理、超声波处理、预凝固处理等。

48.2.3　净化方法

铝合金净化的方法按净化处理的部位可分为炉内净化处理和炉外在线处理两类。

48.2.3.1　炉内净化处理

A　熔剂精炼

熔剂精炼主要是熔剂与熔体发生作用，熔体黏度降低使氧化夹杂物易于沉淀和上浮，熔剂中的某些成分可以和铝起反应，生成的气体也可起除气作用。目前较为流行的是喷粉精炼，喷粉精炼装置如图 48-12 所示。

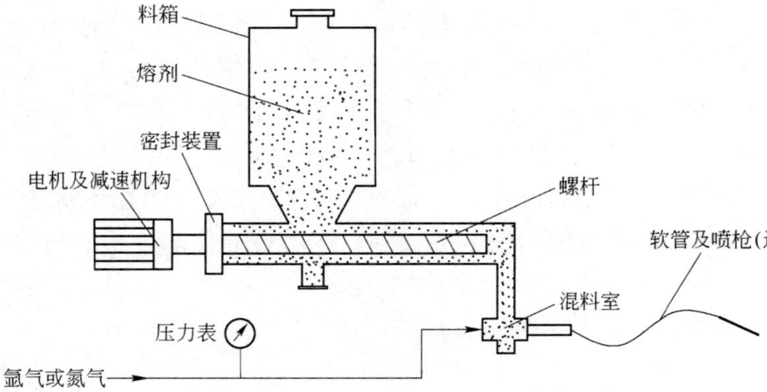

图 48-12　喷粉精炼装置原理

喷粉精炼装置（又称喷粉机）是借助气流（通常是氮气），将熔剂粉均匀喷入熔体中的。往料箱中加入粉状熔剂，当电机带动螺杆转动时，熔剂粉被推入混料室，然后熔剂和氮气混合，并随氮气流被带入熔体中。改变电机转速或改变氮气压力，均可改变熔剂的喷射速率。

喷粉精炼装置结构简单，成本低廉，因而得到了推广。

为了提高精炼效果，必须注意熔剂及载气的质量。熔剂通常易受潮，应将熔剂粉置于干燥处并密封储藏；氮气（最好用氩气）应选用高纯度的（纯度最好为99.999%），其含氧、含水越低除气效果越显著。

B　气体喷枪精炼

先将惰性气体（氮或氩）与一定比例的氯混合并置于储气罐中，经管道输入炉前，混合气体以一定的压力经喷枪送入炉内熔体中。

气体喷枪有直筒式的，有T形的，也有微孔式的、直筒形喷枪加工容易，使用方便；微孔式的精炼效率高，但加工复杂，使用需格外小心。目前，国内多用T形的，喷枪由钢管制成，在铝液中很容易损坏，使用寿命不长。在钢管外涂以耐铝液腐蚀的搪瓷，可以大大延长其使用寿命。炉内精炼时间一般为15～20min，时间偏短；国外有的铸造厂精炼时间长达50～60min。

C　多孔透气塞

多孔透气塞用于炉内精炼已有许多年的历史，有将其用作喷枪喷头的，也有将其安装于炉底的。可能因这种产品易碎和密封困难而未被广泛应用。20世纪90年代初，美国雷诺金属公司在它的一个新建的现代化铸造车间的熔炼炉和保温炉中分别安装了透气塞（见图48-13）用于熔体搅拌和净化处理。据文献介绍，这种安装于炉底的透气塞获得很好的效果。

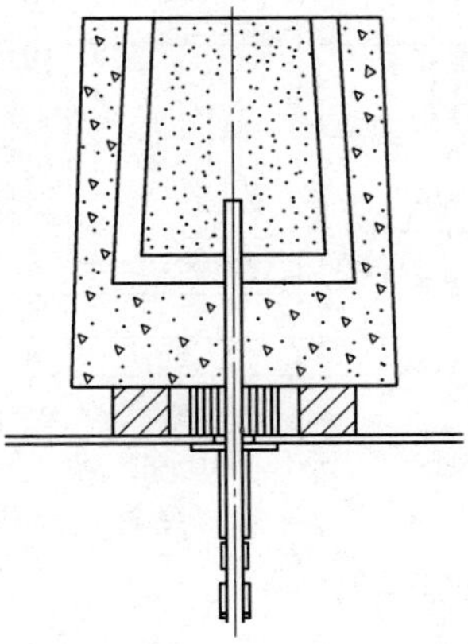
(a)

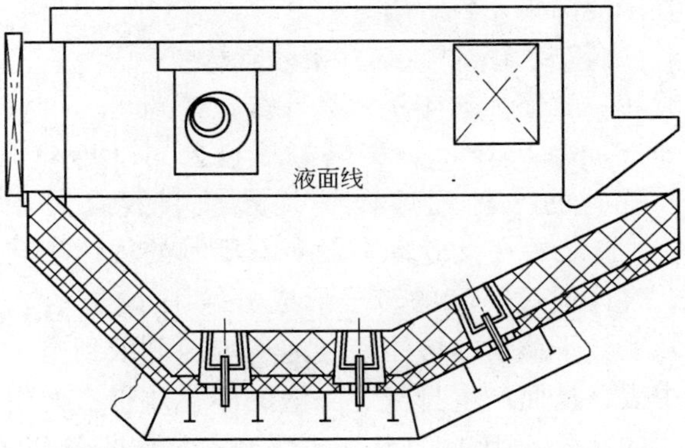

(b)

图48-13　安装在保温炉内的透气塞
（a）透气塞结构；（b）安装在保温炉内的透气塞

与喷枪相比，多孔塞的优点十分明显：精炼均匀；精炼效果好，熔体质量高；操作方便；改善了环境（污染减少）；降低生产成本；熔体内温度均匀；节省了精炼时间。

透气塞精炼有多种优点，值得推广应用，需注意和解决的问题主要有透气塞的质量和安装方法。透气塞的质量主要是透气性能和防堵性能或者耐用性能；安装问题主要是防止气体外逸，特别是加有活性气体时，能有效防止精炼气体泄漏是非常重要的。如能解决好这两个问题，透气塞定会在铝熔体净化方面得到广泛应用。

48.2.3.2 炉外在线处理

一般而言，炉内熔体净化处理对铝合金熔体的净化是相当有限的，而且铝熔体还有二次污染的可能性，为了进一步提高铝合金熔体的净化效果和铝熔体质量的稳定可靠，炉外在线连续净化处理得到迅速发展。这种处理技术能够更有效地去除铝合金熔体中的有害气体和非金属夹杂物，且环境污染小。

炉外在线净化处理方法很多，根据处理方式和目的，可分为以除气为主的在线除气、以除渣为主的在线熔体过滤处理以及两者兼而有之的在线处理。根据产品质量要求不同，可采用不同的熔体在线处理方式，以下为生产实践中最常见的几种在线处理方式。

A 在线除气

在线除气是铝企业熔铸生产重点研究和发展的对象，种类繁多。应用广泛、除气稳定而有效可靠的是旋转喷头除气法，如，美国的 SNIF 除气装置、法国的 ALPUR 除气装置、中国西南铝业（集团）有限责任公司自行开发的旋转喷头除气装置 DFU、DDF 等，这些除气方式都采用氮气或氩气作为精炼气体或氮（或氩气）+少量的氯气等活性气体，不仅能有效除去铝熔体中的氢，而且还有很好除去碱金属或碱土金属，同时还可提高渣液分离的效果。

下面简介国内外生产中常见的几种在线除气装置。其中前两种比较常用。

a 旋转喷嘴惰性气体浮游除气法

旋转喷嘴惰性气体浮游除气法（spinning nozzle inert flotation，SNIF）是美国派瑞科公司（Pyrotek Inc.）研制的一种铝熔体炉外处理装置（见图 48-14）。此装置在反应室中设有石墨制的气体旋转喷嘴，气体通过喷嘴的转子形成分散细小的气泡，同时随着转子搅动的熔体使气泡均匀地分散到整个熔体中去，从而产生排气、除渣的净化效果。派瑞科公司的部分 SNIF 除气装置主要技术参数见表 48-8。

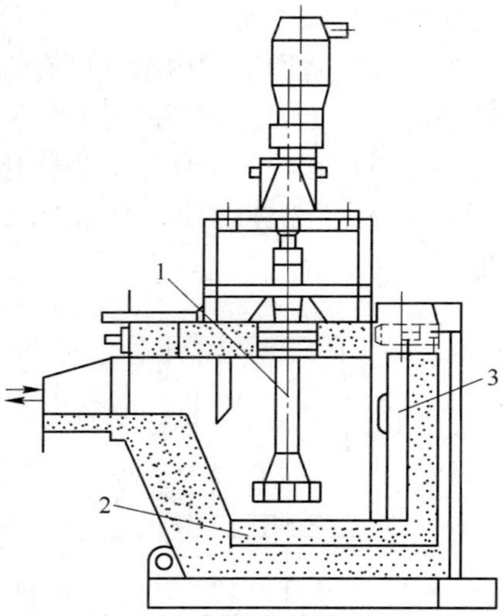

图 48-14 SNIF-R10 除气装置
1—旋转喷嘴；2—石墨内衬；3—电加热器

表 48-8 派瑞科公司的部分 SNIF 除气装置主要技术参数

型号		R-10	R-60	R-140	R-180	TD-1500
静态容量/kg		500	950	2160	3310	710
净化处理能力/$t \cdot h^{-1}$		9	27	64	82	27
喷头数量/个		1	2	2	3	2
加热功率/kW		18	40	40	60	无加热
转子旋转速度/$r \cdot min^{-1}$		400~600				
氩气（氮气）	用量/$m^3 \cdot h^{-1}$	7.9	15.8	15.8	23.7	15.8
	压力/MPa	0.49~6.3				
氯 气	用量/$m^3 \cdot h^{-1}$	0.4	0.6	0.8	1.2	0.6
	压力/MPa	0.21				

b　ALPUR 法

ALPUR 法由法国 Novelis 公司开发。它也是利用旋转喷嘴使精炼气体呈微细气泡喷出分散于熔体中，但与 SNIF 的喷嘴不同（见图 48-15），它同时能搅动熔体进入喷嘴内与气泡接触，提高净化效果。如处理前含气量每 100g 铝为 0.32mL，处理后每 100g 铝可达 0.14mL。

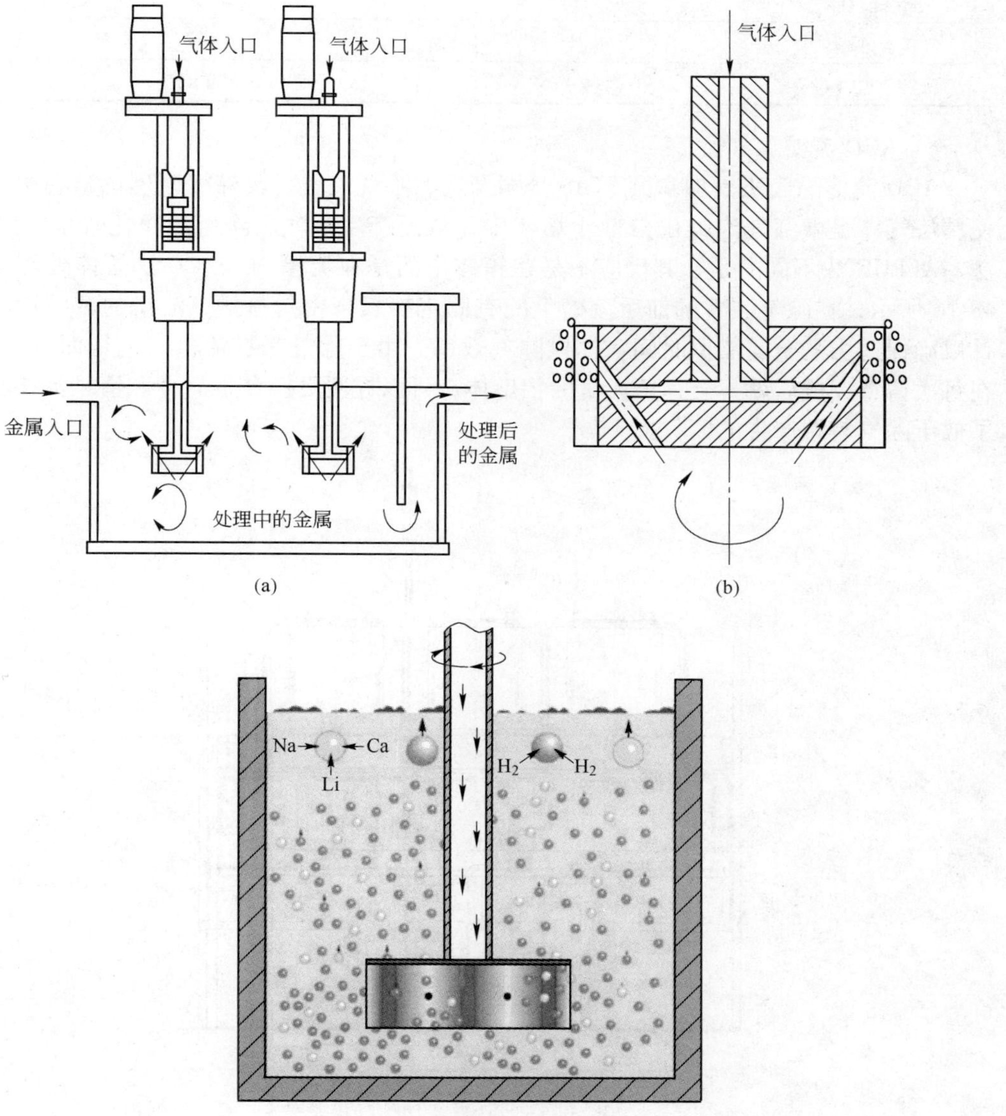

图 48-15　ALPUR 法熔体处理装置

（a）装置示意图；（b）喷嘴示意图；（c）净化原理图

Novelis 公司的部分 ALPUR 除气装置主要技术参数见表 48-9。

表 48-9　Novelis 公司的部分 ALPUR 除气装置主要技术参数

型　号	TS-15	TS-35	TS-55	TS-75
处理箱外形尺寸（长×宽×高）/mm×mm×mm	2000×1500×4060	2400×2100×4060	2500×2600×4500	2600×2500×4500
静态金属容量/m^3	0. 25	0. 55	0. 85	0. 85
净化处理能力/$t \cdot h^{-1}$	15	35	55	80
喷头/个	1	2	2	2
功率/kW	14～16	14～18	2×16	2×20

c　ACD 流槽除气法

ACD 流槽除气法是加拿大 STAS 公司开发的除气装置，其除气原理也是利用旋转喷嘴使精炼气体呈微细气泡喷出分散于熔体中，从而产生排气、除渣的净化效果。但与 SNIF 法、ALPUR 法不同的是，其反应不是在箱体中而是在流槽内，ACD 法熔体处理装置如图 48-16 所示，在除气装置的前后流槽上配有固定挡板来密封流槽，流槽的截面形状特别设计以确保适当的金属滞留时间，提供除气效率。由于除气是在流槽内进行而省去了箱体，在每次铸造完成后就不会存留大量的铝熔体，可以方便更换合金品种和清理流槽，也减少了放干除气装置产生的废料损失。

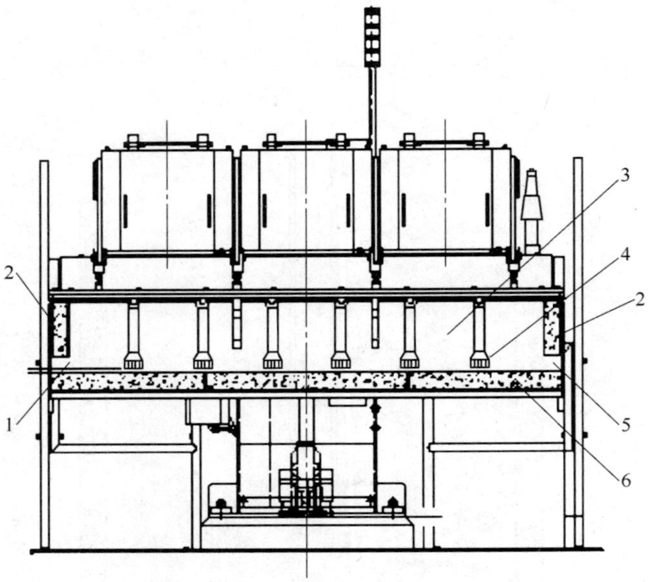

图 48-16　ACD 法熔体处理装置

1—熔体入口；2—挡板；3—反应室；4—旋转喷嘴；5—熔体出口；6—流槽

根据对铝熔体质量要求的不同或者处理熔体流量的不同，ACD 流槽除气法有采用 4 个旋转喷嘴的，也有采用 6 个旋转喷嘴的，还有采用 8 个旋转喷嘴的。常用的是 6 个旋转喷嘴。

ACD-6 型除气装置主要技术数据为：

技术条件	参 数
形式	集成式除气装置（旋转喷嘴）
喷嘴数量/个	6
装置尺寸/mm × mm × mm	3000 × 2296 × 3655
流槽长度/mm	2590
最大净化处理能力/$t \cdot h^{-1}$	40
金属在流槽内深度/mm	200
除气气体	氩气
氩气（氮气）压力/MPa	0.7
氩气（氮气）操作流量/$m^3 \cdot h^{-1}$	16
氩气（氮气）最小流量/$m^3 \cdot h^{-1}$	3
氯气压力/MPa	0.4
氯气消耗量/$m^3 \cdot h^{-1}$	0.4 ~ 1.2

d　Jetcleaner 流槽除气法

Jetcleaner 流槽除气法由法国 Novelis 公司开发，除气装置如图 48-17 所示，该方法与 ACD 流槽除气法所不同的是，Jetcleaner 流槽除气法不是采用旋转喷嘴而是在流槽的两侧分别安装静态喷嘴（见图 48-18），喷嘴通过弹簧固定在其所在的位置，这样可以对热胀冷缩有所补偿，确保良好密封；通过静态喷嘴向铝液中吹入精炼气体，并分散成细小的精炼气泡，达到除气精炼的目的。

图 48-17　Jetcleaner 流槽除气装置

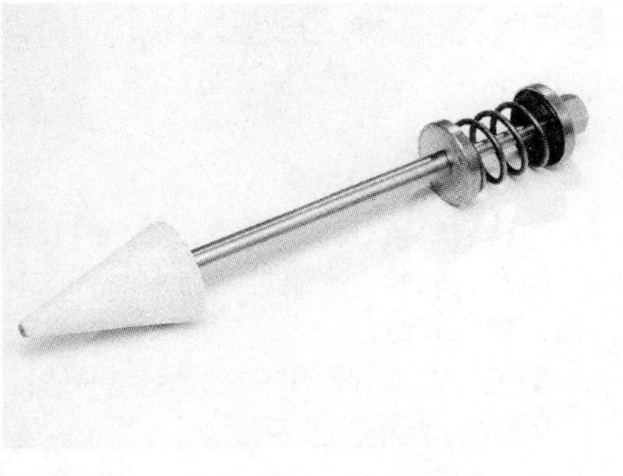

图 48-18　Jetcleaner 流槽两侧的静态喷嘴

喷嘴的数量根据铝熔体的质量要求并经过水模型优化设计，每个喷嘴都连接有一个流量计，可以监测喷嘴的工作状态。

该装置直接安装在铸造生产线上，优点是：投资省，安装简单，操作方便，生产成本低，除气效率达 50% 以上，能够满足一般铝制品的质量要求。缺点是：设备维护较为麻烦，需经常清理喷嘴；适合经常更换合金，对除气要求不太高的铸造。

e　DFU 和 DDF 旋转喷头除气法

DFU（degassing and filtration unit）和DDF（double degassing and filtration unit）均为中国西南铝业（集团）有限责任公司开发应用的旋转喷头除气与泡沫陶瓷过滤相结合的铝熔体净化装置，如图48-19和图48-20所示。DFU采用一个旋转喷头，而DDF采用双旋转喷头，处理量增大。除气箱内部由隔板分为除气和静置区，内置浸入式加热器，可在铸造或非铸造期间对金属熔体进行加热和保温，采用氩气（或氮气）加1%～3%的氯气进行精炼净化。

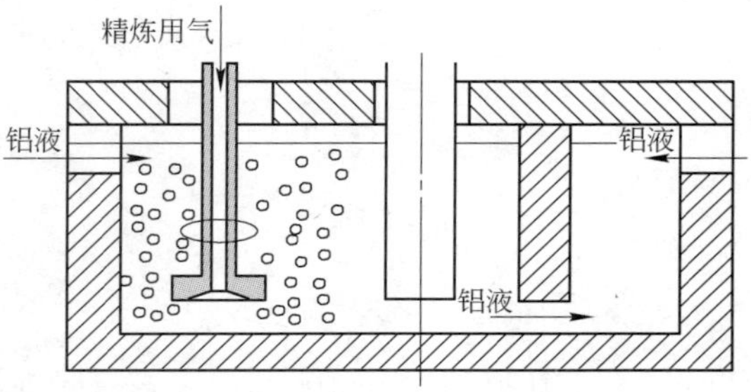

图48-19 DFU旋转喷头除气装置示意图

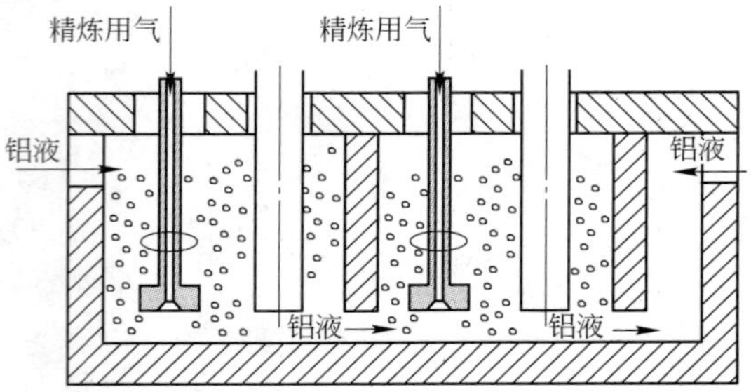

图48-20 DDF旋转喷头除气装置示意图

B 熔体过滤

铝熔体通过用中性或活性材料制造的过滤器，以分离悬浮在熔体中的固态夹杂物的净化方法称为过滤。

过滤是去除铝熔体中非金属夹杂物最有效和最可靠的手段。按过滤性质，铝合金熔体的过滤方法可分为表面过滤和深过滤两类；按过滤材质，可分为网状材料过滤（如玻璃丝布、金属网等）、块状材料过滤（如松散颗粒填充床、陶瓷过滤器、泡沫陶瓷过滤器）和液体层过滤（如熔剂层过滤、电熔剂精炼）三类。其中最简单的是玻璃丝布过滤，效果更好的是泡沫陶瓷过滤板、过滤管、深床过滤等。下面就各种过滤方式及常见过滤装置（器）作简要介绍。

a 玻璃丝布过滤

用玻璃丝布过滤铝熔体在国内外已广泛应用，一般用于转注过程和结晶器内熔体过滤，国产玻璃丝布孔眼尺寸为1.2mm×1.5mm，过流量约为200kg/min。此法特点是适应性强，操作简便，成本低，但过滤效果不稳定，只能拦截除去尺寸较大的夹杂，对微小夹杂几乎无效，所以适用于要求不高的铸锭生产，且玻璃丝布只能使用一次。

b 泡沫陶瓷过滤板过滤

泡沫陶瓷过滤板是用氧化铝和磷酸盐混合浆注入海绵塑料内，经干燥、烧结，使海绵塑料挥发而成的，也可称海绵状结构的微孔网状泡沫陶瓷片。

铝熔体在通过过滤板时沿曲折的沟道和孔隙流动，其中的夹杂物在沉积、惯性、流动力、截取等捕集机理联合作用下与过滤材料孔道内表面积相接触，并停留在孔道内表面、缝隙、缩孔、洞穴等一切可能停留的场所，并受到流体轴向压力、摩擦力、表面吸附力等停滞作用下，夹杂物牢固的被留在过滤材料中与铝液分离，也可称夹杂物被吸附、捕获。

泡沫陶瓷过滤板使用方便，过滤效果好，价格低廉，在全世界被广泛使用，发达国家中50%以上铝合金熔体都采用泡沫陶瓷过滤板过滤。泡沫陶瓷过滤板一般为厚50mm、长宽 200 ~ 600mm，孔隙率高达 80% ~ 90%，其装置如图 48-21 所示，它在过滤时不需要很高的压头，初期为 100 ~ 150mm，以后只需 2 ~ 10mm。缺点是泡沫陶瓷过滤板较脆，易破损，一般情况只使用一次，若要使用两次及以上，必须采用熔体保温措施，但会影响过滤效果。

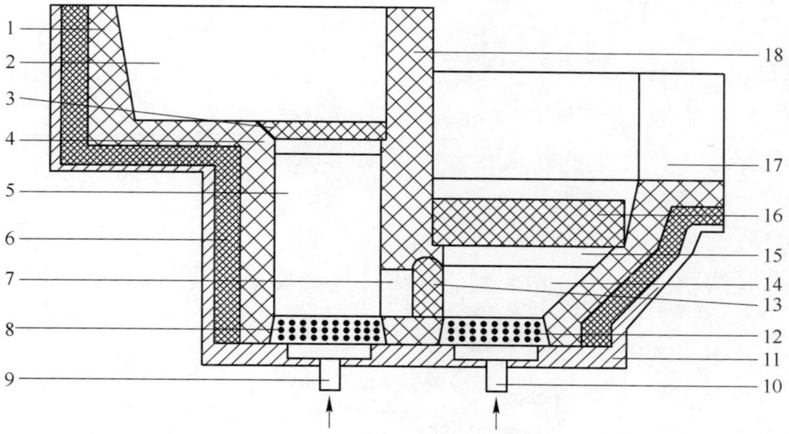

图 48-21 三级泡沫陶瓷过滤器示意图

1—耐火层；2—前流槽；3— 一级过滤；4—溶剂过滤层；5—前净化室；6—隔热层；7—通道；8，12—吹气塞；9，10—脉冲入口；11—壳体；13—二级过滤器；14—后净化室；15—熔剂过滤层；16—三级过滤器；17—后流槽；18—隔板

c 管式过滤

由刚玉质微孔陶瓷管组成的管式过滤器（见图 48-22）过滤效率高，能有效去除熔体中较小的非金属夹杂物，可生产符合航空用锻件、制罐料、双零箔、硬盘等高精度质量要求的产品。陶瓷管的使用寿命，一般铝熔体通过量可达 300 ~ 600t，但管式过滤使用价格昂贵，使用不方便。

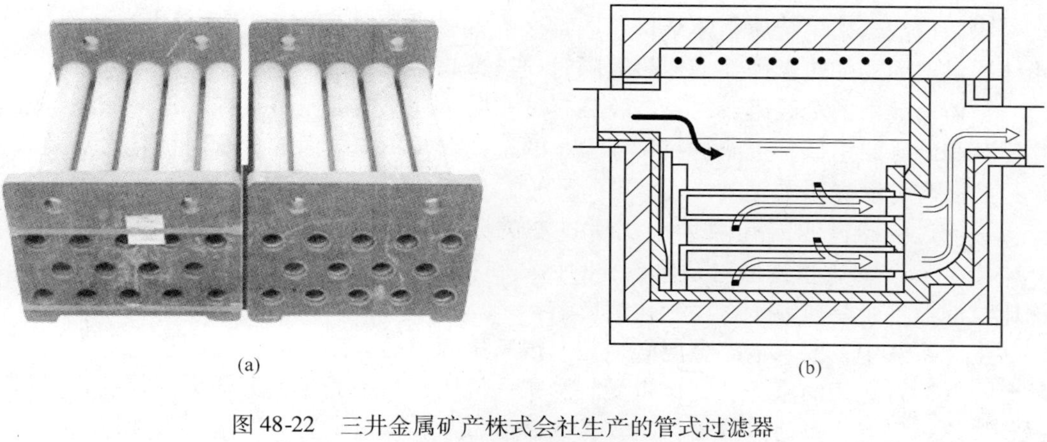

(a) (b)

图 48-22 三井金属矿产株式会社生产的管式过滤器

（a）过滤管组件；（b）原理图

管式过滤过滤首先在美国使用，后来日本也开发出了管式过滤器，现在日本使用管式过滤处理铝熔体的有多个厂家，全球采用管式过滤处理铝熔体的生产线超过 450 条。中国有多家企业正在使用日本三井金属矿产株式会社生产的管式过滤器（见图48-22），用于铝箔坯料、PS 版基等的生产。三井金属的过滤管按孔径分为 RA ~ RF 级，气孔率约为 40%。RB、RC 级可用于制罐料、双零箔的生产，而计算机硬盘则需要 RE、RF 级的。

一根过滤管的表面面积约为 $2500cm^2$，相当于一块 500mm 的泡沫陶瓷过滤板，气孔率约为 40%。根据处理金属的批量大小，这种过滤管可以组成 7 根、14 根、18 根、28 根，最多 84 根等多种组合。处理的金属质量很高，5μm 以上的夹杂基本上都可以去除。

d　深床过滤法

深床过滤器是法国 Novelis 公司研制的铝熔体过滤装置，其原理如图 48-23 所示。

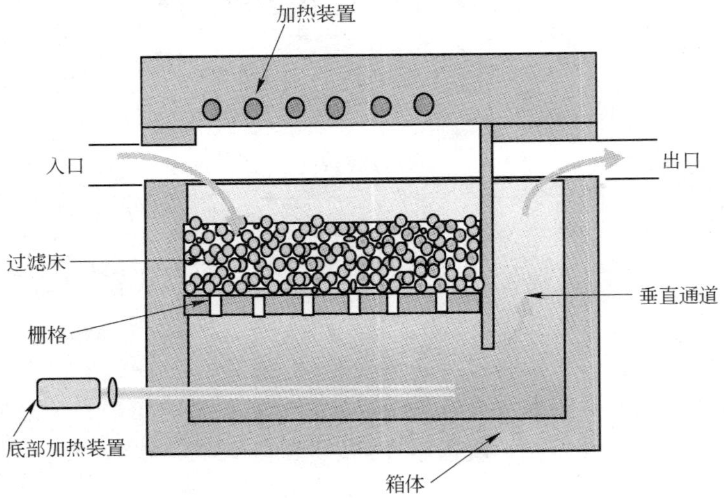

图 48-23　深床过滤器原理

深床过滤器采用金属箱体结构，内部装有高性能隔热内衬，以及耐火材料浇注衬体，箱体通过上面的加热盖密封，加热盖同时预热过滤器。

箱体一般由两个腔组成，入口腔装有过滤层，过滤层由栅格支撑。过滤床由许多层氧化铝球和砂砾层组成，过滤材料尺寸大小的选择以及不同层面的分配对优化过滤效果，延长过滤层寿命起着很关键的作用。

深床过滤器过滤层孔隙大小比所过滤的杂质粒子尺寸大 100 倍，如果过滤速度在 0.1 ~ 0.4cm/s 时，过滤层对杂质粒子的拦截和粘附达到最大化。与陶瓷泡沫过滤法相反，深床过滤器不受杂质粒子密度变化的影响。

生产实践中，要求液态金属必须完全浸满过滤层的全部空间，否则过滤器的过滤效率就会降低，过滤床的服务寿命也将受到影响。使用过程中通过上下两个加热装置对过滤器进行加热和保温，可使过滤器保持较长的使用寿命，铸造金属可以达到 7000t 以上。因此，深床过滤器适合于批量较大的合金生产。

48.3 铝合金铸造技术与设备

铝合金的铸造可分为锭模铸造和连续或半连续铸造两大类型。重熔用铝锭（T 形锭除外）的铸造属于锭模铸造，铸件完全按锭模的形状成形。而连续或半连续铸造用于圆铸锭、扁铸锭、铝线杆、铝母线等的生产，是以一定的速度将金属液浇入到结晶器内并连续地以一定的速度将铸锭拉出来的铸造方法，结晶器内孔的形状决定了铸件的断面形状。卷材坯料的连续铸轧，则是使熔融金属直接在两个旋转辊间结晶，并承受一定的热变形而制得坯料。

48.3.1 重熔用铝锭的铸造

48.3.1.1 生产工艺过程

将各个电解槽中取出来的不同品位的电解铝液，按照一定比例在混合炉内进行质量调配；如要生产特定 Si、Fe 含量的铝锭时，应首先计算混合后 Fe、Si 的质量分数，根据计算结果从各电解槽取出不同 Fe、Si 含量的电解铝液量，并注入混合炉内混合。混合炉内铝液温度符合铸造温度要求，打开混合炉流眼，铝液通过公用流槽、分流槽、流盘、浇注器（或称铝液分配器）浇入链式铸锭机的铸锭模中，铸锭模内铝液随链式铸锭机的移动逐渐凝固。凝固后的铝锭经过铸锭机上自动打印机时打上炉号、牌号，当铸锭模到达铸锭机端部，模子翻落并与打杠相撞，铝锭便从铸锭模中脱出，然后进入水冷运输机进一步冷却，剔除不合格铸锭，然后在自动堆垛机和捆扎机上自动堆垛和打捆后，进入成品运输机，最后用叉车或其他运输工具把运输机上的成垛铝锭叉走、过磅、入库。

48.3.1.2 重熔用铝锭主要生产设备

重熔用铝锭主要生产设备有混合炉和链式铸锭机。随着电解槽容量增大，电解槽系列产量增加，混合炉与链式铸锭机的规格逐渐大型化。

链式铸锭机组每块锭重 20kg 或 15kg。国内常用的链式铸锭机组有两种形式：一种是 76 模的链式铸锭机（与铝加工厂的中间合金锭或复化锭用的铸锭机相同）与堆码机所组成的机组，76 模连铸机生产率为 5t/h，即 250 块/h，每块 14 ~ 15s；另一种为 162 模链式铸锭机组，由铸造机、冷却运输机、自动堆码机、打捆装置、成品运输机（可放 6 个堆垛盘）组成。机组总长约 42m，其中铸造机为 24m，冷却运输机为 8m，自动堆垛机 4m，成品运输机为 6m。机组运转速度 3.53m/min，机组生产率 16t/h，即 800 块/h，每块 4 ~ 5s。铝锭与铸锭模的质量比，一般为 1∶3，即 20kg 锭的铸锭模自重约 60kg/个。

162 模链式铸锭机组中，铸锭模浇入铝液后对铸模的底部进行水浴冷却，直到使受到间接冷却的铝锭内部达到充分冷却而凝固后，再移到冷却运输机上进行二次直接水冷却。铸造机上铸锭模内铝液的热量是通过模壁传给冷却水，通过水箱在外表进行水冷（水箱上有 64 个铸锭模）。铝液凝固快，收缩量大，铝液与模子接触时间短。因而 162 模链式铸锭机组有如下优点：

（1）生产效率高，生产能力最高可达 16t/h。

（2）脱模好，铸锭模翻转铸锭能自重脱落，并设有机械手防止铸块下落不平衡。

（3）采用自动浇铸器（或称铝液分配器），随链式铸锭机组的运动而转动，铸锭质量误差小。

（4）铸锭模使用寿命长。

（5）安全，模腔内不会出现潮湿或水。

（6）采用PLC编程控制，具有节约人力、物力及操作维护方便等特点。

而76模链式铸锭机组，在铸锭脱模后，铸锭模返回浇铸铝液位置过程中，模腔口朝下，喷水冷却，如果喷雾水控制不好，模腔内就会自然干燥不彻底，易造成铝液爆炸。

48.3.1.3 链式铸锭机组成和生产过程

图48-24所示为76模链式铸锭机组的典型配置图，其组成如下所述。

A 出铝流槽

出铝流槽是为了将从混合炉流出的铝液引向铸造机而设置的，有一定的斜度。混合炉的出口处设有铝液流量的自动控制装置。

流量调节器：在出铝流槽出口和船形浇注流槽间设有流量自动调节器，它是一个浮子杠杆装置，其原理是利用杠杆原理和浮力原理，通过对流量的检测，自动控制出铝流槽出口的大小，从而使铝液流量稳定、均匀。

B 铝液分配器

铝液分配器用于将铝液连续、均匀地注入铸锭模内，有两种形式：船形浇铸流槽和回转分配器。目前采用较多的是回转分配器。

（1）船形浇铸流槽：安装在铸造机的机架上，正常工作情况下，铝液流向分配器。紧急情况下，可在气缸的作用下进行倾翻，使铝液改向，流入铸机侧面的金属容器内，金属容器的容量应大于出铝流槽中全部铝水的体积。

（2）回转分配器：是一个圆形的金属结构件，通过中心部位设有的轴孔，将其架设在铸造机之上，在铸模的带动下作回转运动。回转分配器可使铝液连续不断、均匀而又平稳地流入铸模。

C 铸造机

水平鳞板运输机式的铸造机，将来自出铝流槽的铝水经铝液分配器连续不断地注入铸模内，去掉铝锭上的渣子，并使之冷却、凝固而成形。铸模的底部浸在水里，以达到对铝锭进行间接冷却的目的。铸造机的组成大致可分为铸模、运输、冷却、打印、脱模等几个部分：

（1）铸模。铸模被安装在运输机链条的附件上，是一个接受铝液并使其冷却凝固的容器，它按要求的铸造铝锭设计，并根据客户的要求，设计出客户的标志。

（2）运输机部分。使链条及安装在链条附件上的铸模作平移运动的装置，其运动速度可调，根据铸造机产能的大小，操作者可以通过改变操作盘上的旋钮位置来调整电动机的转速，从而获得在规定范围内的任意铸造速度。

（3）冷却部分。在铸造运输机机架的内部安装有水槽，铸模的底部浸泡在水面下做平移运动，从而实现了对铝锭的间接冷却。经过过滤的冷却水，自厂房外面的冷水池用管道送至铸造机旁，然后又分多处从水槽的底部进入水槽内，对铸模进行冷却。热水经溢流流出并汇集于溢流口进入下水道，回至冷却水池。

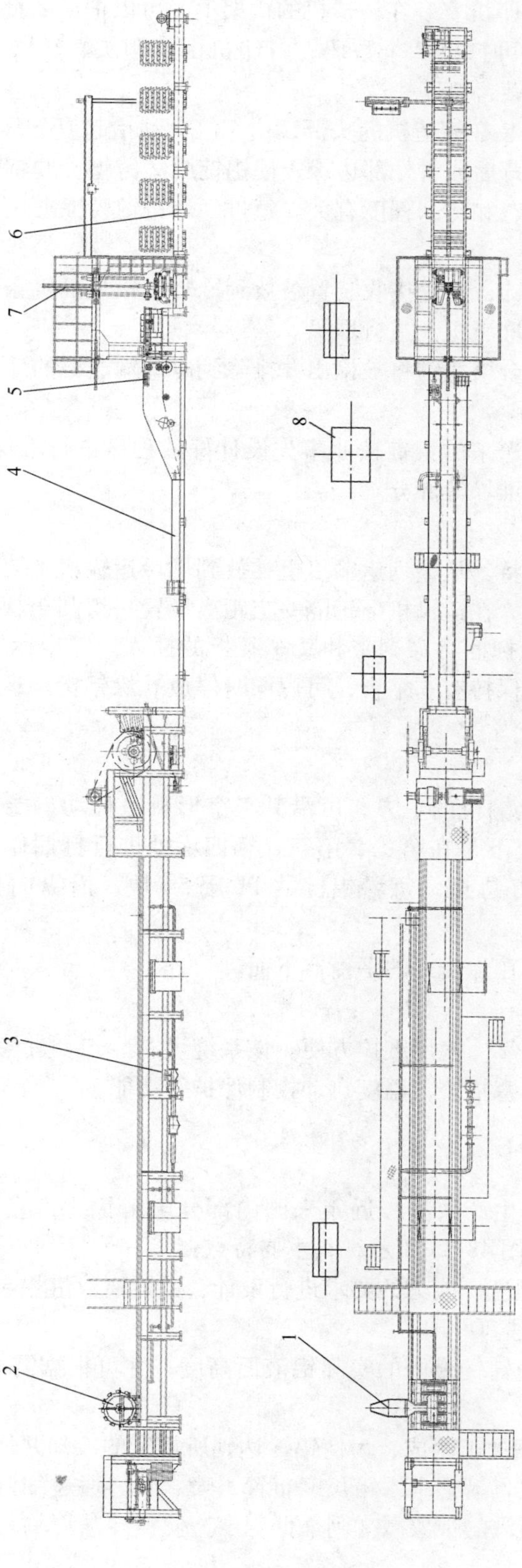

图 48-24 链式铸锭机组典型配置

1—出铝流槽；2—铝液分配器；3—铸造机；4—冷却输送机；5—堆垛机；
6—堆垛运输机；7—气动打捆机；8—液压系统

(4) 自动打印机。自动打印机安装在铸造机的机架上，可以把产品批号和生产日期的数码打印在铝锭的端头，一次可打出 7 个数码，打印机由打印头、转臂和气缸三部分组成。浇铸铝锭时，每过一个铝锭，打印一次。

(5) 脱模装置。该装置安装在铸造机的头部，由气缸驱动抬起或下落脱模装置的锤击臂，从而带动锤头锤击铸锭模背后或者外部边缘，使铝锭脱离铸型，脱锭效果好坏与锤击的力量、锭块在模内的结晶状态和冷却程度有关。每过一个铸锭模锤击一次。

D 冷却输送机

从铸造机头部落下来的铝锭，通过接收装置被放到冷却运输机的链条上，然后被拖进水槽，进行直接水冷后再送到堆垛机上进行堆垛。

铸锭在进入堆垛机前，不合格铸锭将被检出并排除到冷却输送机的外面。

E 堆垛机

这是一个将从冷却运输机送来的铝锭按照事先设计好的程序进行堆垛的自动化装置。它可分为牵引、翻转、整列和堆垛等部分。

F 堆垛运输机

将一垛整齐的铝锭用夹具将其从整列运输机上移放到堆垛运输机上。堆垛运输机实际上是一个链条式的平板运输机。在运输机上每隔一定距离设置一组凸出板面的台，这一凸台既便于夹具的张开，又便于打捆时穿钢带和叉车叉板的插入。整个运输机上共设有 12 个台，在运输机的板面上总会保持有 6 个台，可以同时停放 6 垛铝锭。运输机由摆线减速机作间歇移动。

G 气动打捆机

气动打捆机安装在堆垛运输机的上方，可沿其工字形轨道移动，能在堆垛运输机的全长范围内工作，但通常情况下是在第二、第三、第四垛处进行打捆作业，第一垛正在堆入，而第五、第六垛已捆好待运，每垛铝锭共 11 层 54 块，沿纵向捆一道，横向捆二道。

气动打捆机用钢丝绳吊装在弹簧式的平衡器下面。

H 液压系统

液压系统要求性能先进可靠，使用维护方便。该系统设有冷却、过滤循环系统等，具有压力、流量调节，过滤器堵塞报警，温度自动控制保护等功能。

48.3.1.4 162 模链式铸锭机特点

为了提高产品质量，提高生产效率，近年来国内部分电解铝生产企业从国外引进了 162 模的链式铸锭机设备，如图 48-25 所示，其主要特点：

(1) 铸锭机的长度可根据生产能力的要求进行设计，铸锭模数量相应增加，其生产能力可达 25t/h，最大生产能力达 30t/h。

(2) 采用激光传感器测量铸锭模内的实际铝液面高度，并可根据需要调整铸造速度，以此控制铸锭的质量偏差。

(3) 冷却水箱采用不锈钢加工制成，为使铝锭达到所规定的冷却并使其在冷却过程中尽可能少地出现局部沸腾现象，沿整个水箱长度布置了喷水管。通过细调喷嘴，将冷却过程中局部出现的沸腾或产生蒸汽的现象减少到最低程度，使得冷却更均匀，提高了铸锭质

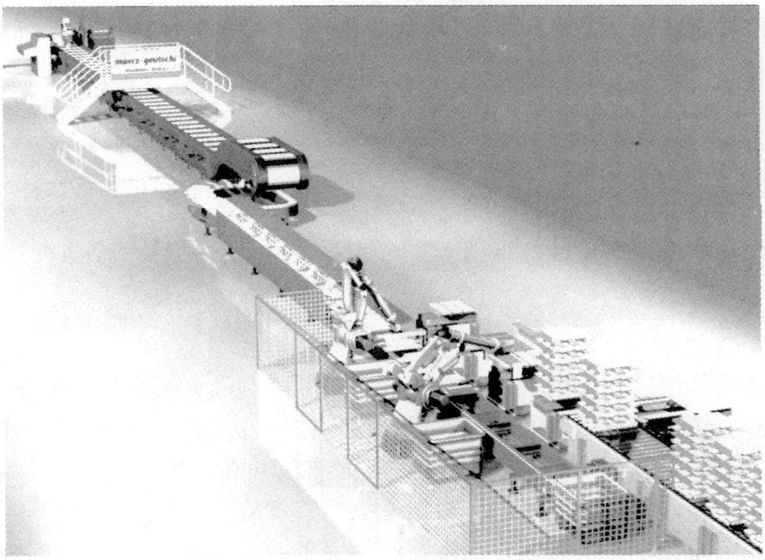

图 48-25　162 模链式铸锭机列

量和铸锭模的使用寿命。

（4）采用机械手扒渣，有效提高了铸锭表面质量，减轻了劳动强度。

（5）采用机械手堆垛、打捆，并配有自动称重系统，生产线的自动化水平高。

48.3.1.5　重熔用铝锭常见缺陷

重熔用铝锭常见缺陷如下所述：

（1）气孔：主要是由于浇铸温度过高，铝液中含气较多，铝锭表面气孔、针孔多，表面发暗，严重时产生热裂纹。

（2）夹渣：主要是由于打渣不净造成表面夹渣，或者铝液温度过低造成内部夹渣。

（3）波纹和飞边：主要是操作不精细，铝锭铸的太大，或者是浇铸机运行不平稳造成。

（4）裂纹：裂纹分为冷裂纹和热裂纹。冷裂纹主要是浇铸温度过低，致使铝锭结晶不致密，造成疏松甚至裂纹。热裂纹则是由浇铸温度偏高引起。

（5）成分偏析。主要是铸造合金时搅拌不均匀引起的。

48.3.1.6　其他铝合金锭的生产

A　铸造铝合金锭

除了常用的重熔用铝锭外，其他铝合金锭如铝轮毂压铸用的 A356 合金锭、汽车缸体缸盖压铸用的压铸铝合金锭（A380、ZL102、ADC10、ADC12 等）也采用链式铸锭机生产。生产过程中将根据不同合金锭的特点，控制不同的铸造温度和速度，满足产品质量要求。另外，A356 压铸铝合金锭对成分中的铁含量要求非常严格，一般在熔炼中不用铁质搅拌器而使用磁力搅拌器。

B　T 形锭

T 形锭是指断面形状呈 T 形的重熔用铝锭，对于 T 形锭没有统一的标准。通常单块锭重在 1000kg 以内，锭厚不超过 500mm、锭宽和锭长不超过 1000mm。目前伦敦金属交易所（LME）铝合金的 T 形锭锭重为 750kg。

T 形锭主要通过半连续铸造或者水平连续铸造法铸成锭坯，经离线或在线锯切成定尺。水平连续铸造法的经济性较好。

48.3.2　扁铸锭和圆铸锭的半连续铸造

48.3.2.1　生产工艺过程

铝及铝合金熔体经过在保温炉内进行精炼、静置和调温，符合工艺要求后向铸造机转注，进行铸造。在铸造过程中，通过送丝机在铝熔体中在线连续加入 AlTi5B1 圆杆（规格 ϕ9.5mm）细化晶粒，通过在线除气精炼过滤装置进行除气、精炼和过滤。

合格的铝熔体导入半连续铸造机，根据所生产铸锭的合金牌号、规格，选取合适的铸造工艺参数铸成圆铸锭或者扁铸锭；当铸锭达到要求的长度时，自动停止铸造。打开铸造平台的倾翻架，将铸锭升高至适当位置，用起重机将铸锭从铸造井吊至毛锭堆放区。然后安放好铸造平台，准备下一铸次的生产。

图 48-26 所示为常用的扁铸锭和圆铸锭生产工艺流程图。

目前，扁铸锭和圆铸锭铸造比较先进的生产工艺是，采用倾动式保温炉，通过流槽上的液位传感器控制流槽液位，采用挡板控制铝熔体的流向，结晶器与底座之间间隙小，不需要塞底座，整个铸造过程采用计算机全自动控制，一旦发生异常则自动停止供流。

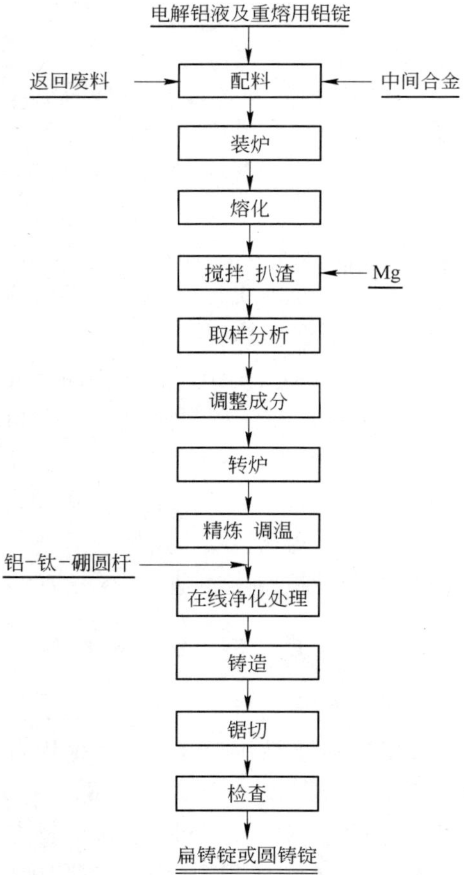

图 48-26　扁铸锭和圆铸锭生产工艺流程

48.3.2.2　铸造工具

半连续或连续铸造时，常用的铸造工具有：

（1）铸锭成形工具，主要有结晶器、水冷装置、底座。

（2）液流转注和控制工具，主要有流槽、流盘、漏斗、钎子、控制阀等。

（3）操作工具，主要有各种规格的渣刀、油刷、油桶、铺底用纯铝桶等。

（4）组装工具，主要有扳子、钳子、水平尺、吊绳、锤子等。

以下重点介绍结晶器。

结晶器是半连续或连续铸造用的锭模。它

是铸锭成形和决定铸锭质量的关键部件。对结晶器的基本要求是：

(1) 对铸锭的冷却要均匀，在结晶器中所产生的冷却强度必须满足能形成具有足够强度的铸锭凝壳的要求，使铸锭能经受住因与结晶器摩擦而产生的拉锭阻力和出结晶器时因快速淬火而产生的应力作用。

(2) 脱模容易，能生产表面质量良好的铸锭。

(3) 结构简单，安装方便，有一定的强度、刚度和抗冲击性。

(4) 制造结晶器的内套材料一般应满足下列要求：

1) 具有良好的导热性，以提高结晶器对铸锭的一次冷却强度；

2) 具有足够的强度，以抵抗因内套内外表面温度不一而造成的热应力、冷却水的压力以及熔体的静压力；

3) 具有良好的耐磨性和一定的硬度，以防止具有粗糙表面的铸锭将结晶器表面磨损；

4) 具有足够的刚度，以保证铸锭有正确的形状，并避免器壁扭曲变形；

5) 不为熔体所烧损，并与润滑油具有良好的磨合性能。

半连续铸造用的结晶器主要有如下几类。

A 圆铸锭用传统直冷铸造锭结晶器（普通 DC 法，即直接水冷法（direct chill））

这是最早用于铝合金（半）连续铸造的方法，结晶器有效冷却高度较大，一般 80 ~ 120mm，由多个浇口同时垂直浇注。由于结晶器有效冷却高度大，因而铸型的传热面积也很大，所以凝固收缩大，已凝固部分从凝固开始点以下几毫米起离开铸型，产生间隙，充满空气的间隙阻碍铸型进一步导热，内部的热量会使这部分固体外壳在喷水二次冷却前温度升高，局部重熔，金属液压头把凝固前沿的溶质富集层推向表面，在铸锭表层形成偏析瘤，铸锭表面存在皱皮、拉痕、裂纹等缺陷。现在这种方法仅用于部分大直径圆铸锭生产。

B 圆铸锭用热顶铸造用结晶器

热顶铸造是一种先进的铸造技术，比较适用于中小规格铸锭的生产。它是在矮结晶器的上面安装一个热顶，或者在普通结晶器内表面的上部衬一层挠性绝热材料，铸造时，不需要传统的浮标漏斗，结晶器内金属液面与供流流槽内的熔体保持在同一水平。

与普通的立式半连续铸造相比较，热顶铸造的优点是：

(1) 生产的铸锭内部质量好，整个铸锭组织均匀，力学性能高（尤其铸锭边部），这是由于铸锭的粗晶层较薄所致——热顶铸造的一次冷却与二次冷却较接近；

(2) 生产的铸锭表面光滑，铸锭周边层反偏析程度和深度大为降低；

(3) 由于热顶铸造取消了漏斗，一方面可铸造规格更为细小的铸锭，同时也简化了铸造工艺，便于实现同水平多模铸造，一次铸造成的铸锭数量可以高达百根以上，提高了产量和生产效率。

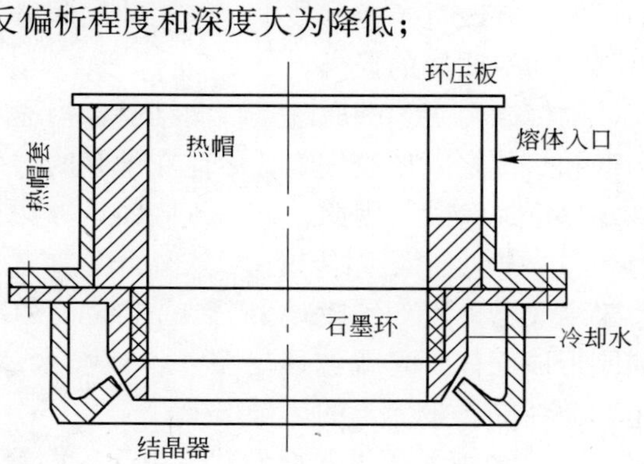

图 48-27 普通热顶铸造用结晶器

热顶铸造的结晶器是由一个隔热的热顶部分和一个未隔热的冷却部分（即有效结晶部分）所组成，普通热顶铸造用结晶器如图 48-27 所示。热顶部分的作用是使熔体保温，并使铸锭上部始终维持一个液柱，保持一定的铝液静压力，同时降低熔体在结晶器中的凝固位置。冷却部分的高度很小，通常只有20～50mm，其作用是使铸锭成形。其各部分说明如下。

a 热帽

在水冷结晶器上方安装的、用绝热材料做的保温帽，称为热帽（即热顶），热帽高度为80～100mm。热帽过低会出现紊流，不利于控制液面；热帽过高时金属静压力大，易出现金属瘤或者漏铝，同时也有使偏析浮出物增大的趋势，不利于铸锭表面质量的提高。铸造中控制金属水平距热帽上沿20mm左右，热帽内径与硅酸铝隔热密封垫圈内径相同，比石墨环小3～5mm。

b 隔热密封垫圈

采用硅酸铝纤维毡切制而成，其内侧突出结晶器距离应越短越好，一般控制小于3～5mm。生产中为了减少凸台对铸锭表面影响，可采用斜面，与水平倾角为45°。

c 结晶器

结晶器内衬石墨环，石墨圈下留有8mm高的铝台，以满足多模铸造底座上升的需要。铝台内径比石墨环内径大1～1.5mm。结晶器总高度等于石墨环高度和铝台高度之和。结晶器高度，即有效结晶区高度一般控制在20～50mm。

d 石墨环

石墨环的高度是热顶铸造的一个重要参数，过小结晶区上涨，深入密封隔热圈内，易造成铸锭表面的拉痕和拉裂；过高铸造边部半凝固状态的金属与石墨环接触面积大，铸锭表面不光滑。石墨环内径起定径的作用。石墨环厚度应越薄越好，但考虑到石墨本身强度和满足加工需要，厚度以4mm为宜。

e 水冷系统

热顶铸造的水冷系统一般有以下三种，第一种是水孔式，与普通模的水冷系统相同；第二种是双排水孔式，增强了冷却效果，水孔孔径及孔间距与普通模水冷系统相同；第三种是水帘式，即沿结晶器外套下缘开一圆缝，这种结构保证了冷却均匀，但易被冷却水中脏物堵塞，影响冷却效果。

C 圆铸锭用油气润滑结晶器

自20世纪90年代起，中国圆铸锭生产引进了国外先进的油气润滑工艺技术，其结晶器相对传统结晶器作了比较大的改进，一是增加了油气润滑功能，二是改进了二次冷却水的设计，并改进了控制技术。采用油气润滑工艺所生产的铸锭，无论表面质量还是内在质量都有比较明显的提高。

油气润滑工艺的原理是，向结晶器内通入气体和润滑油，在浇注的过程中，在结晶器内壁和熔体之间形成气膜，熔体在气膜的约束下下移，外部凝固，移出结晶器，喷水二次冷却，形成铸锭。因此，这一气膜铸造方法具有以下特点：

（1）改变了凝固传热模式。由于在结晶器和熔体之间存在气膜，气膜的导热能力远远小于结晶器，因而气膜减小了结晶器的有效冷却高度，降低了结晶器的冷却强度，液态金属刚形成固体外壳就被移出型外，被喷水二次冷却，凝固释放的热量绝大部分被喷水带走，而结晶器带导走的热量很少；

（2）改变了固液界面形状。由于凝固释放的热量主要被二次冷却水带走，使固液界面的弯曲程度、液穴的深度减小；

（3）提高了铸坯的表面品质。由于气膜的存在，降低了结晶器的有效冷却高度，减少结晶器带走的热量，降低了结晶器与铸锭之间的摩擦力，因而消除了铸锭的冷隔、拉痕，还减小了铸锭表面成分偏析层的厚度；

（4）提高了铸锭的内在质量，由于二次冷却能力相对增强，固液界面弯曲程度减小，铸坯内部晶粒尺寸减小，晶粒大小的一致性提高，枝晶间距减小；凝固产生的热应力减小了，降低了铸锭内部产生裂纹的趋势。另外，该方法与热顶铸造相比还降低了润滑油的用量，提高了单铸产量。

图 48-28 所示为 Wagstaff 公司的结晶器结构。

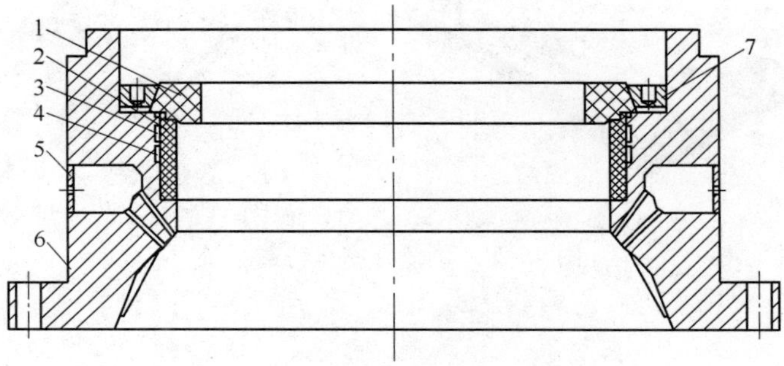

图 48-28　Wagstaff 公司结晶器结构
1—转接板（保温材料）；2—石墨环；3—压缩空气槽；4—润滑油槽；
5—挡水环；6—结晶器本体；7—压紧螺母

D　圆铸锭用等水平密排铸造系统

普通热顶铸造的不足是在铸造过程中，从流槽经过分流盘到结晶器有铝液落差，存在着铝液二次污染，使已净化的铝液再次受到污染，降低了铸锭的性能，其次，普通热顶铸造受铸造平台及流盘面积的限制，每一铸次只能生产几根至十几根铸锭，生产率低。等水平铸造的特点是：从保温炉流口到结晶器，铝液表面处于同一水平面，流动的铝液均在原先形成的氧化铝膜下流动，防止了二次污染和金属的氧化烧损。结晶器为密集排列，在有限的铸造平台上可以安装尽可能多的结晶器，实现多根铸造，可一次铸造出多达一百多根圆铸锭，生产效率非常高。目前，直径 400mm 以内的圆铸锭基本上是由等水平密排铸造系统（配热顶结晶器或油气润滑结晶器）生产的。图 48-29 所示为圆铸锭先进密排铸造系统。

E　扁铸锭用结晶器

a　传统结晶器

传统的扁铸锭结晶器由铸锭成形用的结晶槽和称为盖板的水冷装置两部分组成，如图 48-30 所示。

b　低液面复合结晶器

低液面复合结晶器（见图 48-31）是美国 Wagstaff 公司 1984 年研制开发的铸造技术，在结晶器内衬石墨环，铝熔体不浸润石墨表面，同时，石墨具有疏松性，可制成带有许多微孔内衬石墨环，只要连接渗透式润滑油或铸造前涂油脂就可以起到良好的润滑作用。例如 520mm × 1380mm（断面）结晶器，其高度 140mm，石墨环环高 100mm。铝质结晶器与

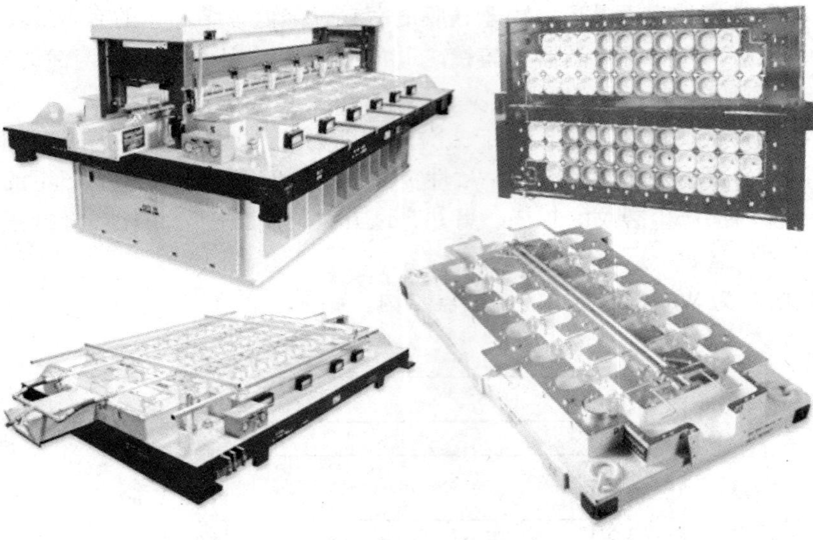

图 48-29　圆铸锭密排铸造系统

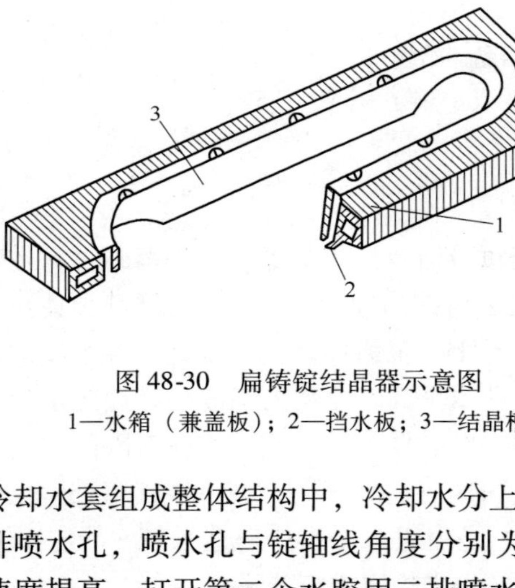

图 48-30　扁铸锭结晶器示意图
1—水箱（兼盖板）；2—挡水板；3—结晶槽

图 48-31　Wagstaff 公司低液面复合结晶器

冷却水套组成整体结构中，冷却水分上下水腔和调水板。上下水腔有各自的喷水孔，有两排喷水孔，喷水孔与锭轴线角度分别为 30°和 45°。铸造开头仅用上排喷水孔，随着铸造速度提高，打开第二个水腔用二排喷水孔同时喷水。不同合金与规格扁铸锭，在 PLC 程序中设定不同冷却水量值，用不同水孔组合开头，铸造过程同时采用液面自动控制系统。该技术生产铸锭表面光滑、表面壳层（高成分混合区）厚度 1mm，可减少铣面量 50% 以上。

c　脉冲水和加气铸造技术

国外脉冲水铸造产生于 20 世纪 60 年代中期，主要用于铸造开头阶段，降低直接水冷强度，可减少铸造底部翘曲和缩颈，当前脉冲水采用自动化控制技术和最新旋转脉冲阀，具有快的脉冲速度而无水锤现象。

脉冲水中加入 CO_2 或 N_2 等气体，主要用来铸造高强、超高强和高镁铝合金扁铸锭，在铸造开头冷却水喷到铸锭表面上形成一层气体而起隔热膜作用，减缓冷却速度，之后逐渐减少气体量，不断增加水冷效果，主要消除开头铸锭表面裂纹和底部翘曲。超高强铝合金铸锭一定要采用刮水铸造技术，铸锭表面不允许残存冷却水，否则铸造过程难于成形。

48.3.2.3　铸造机

A　铸造机的分类

按照铸锭成形时结晶器的结构特点，铸造机可分为固定不动的直接水冷（DC）铸造机和铁模铸造机；按照铸造周期，铸造机可分为连续式和半连续式铸造机；按照铝液凝固成铸锭被拉出铸造机的方向，铸造机可分为立式（垂直式）、倾斜式和水平式铸造机。

目前应用最多的是直接水冷（DC）立式半连续铸造机，它可以生产各种合金牌号和规格的扁铸锭、圆铸锭。直接水冷水平式连续铸造机一般用于生产小规格圆铸锭、方铸锭以及铝母线。

B　直接水冷立式半连续铸造机

常用的铝合金直接水冷立式半连续铸造机按铸锭从立式半连续铸造机结晶器中拉出的牵引动力可分为钢丝绳式和液压油缸式。

a　钢丝绳式铸造机

钢丝绳式铸造机如图48-32所示，它是通过卷筒（绞车）缠绕钢丝绳带动底座上下升降的，铸造时可以通过机械或电机进行有级或无级调速。这种铸造机的优点是：运行比较平稳，结构比较简单，操作方便，适用于浇铸各种规格的圆铸锭和扁铸锭。缺点是钢丝绳容易被拉长变形，造成不均匀拉伸，可能引起引锭平台歪斜，甚至被卡住，导致运行不平稳，铸造速度稳定性较差，影响铸锭质量。此外，钢丝绳磨损快，需经常更换，工作可靠性差。

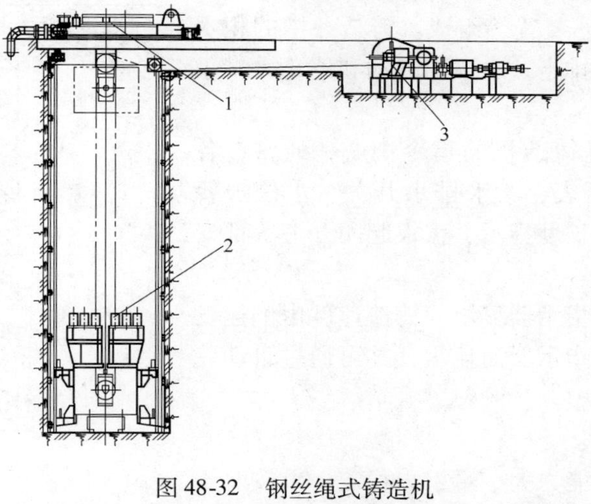

图48-32　钢丝绳式铸造机

1—结晶器平台；2—引锭器平台；3—钢丝绳卷扬机

国内钢丝绳铸造机的主要性能参数见表48-10。

表48-10　国产钢丝绳铸造机主要性能参数

铸锭规格/mm	扁锭(200～340)×(1100～2000)	圆锭 ϕ100～380
荷载能力/t	25	20
铸锭最大长度/m	6.5	7
铸造速度/mm·min^{-1}	20～150	0～250
同时铸造根数/根	5	最多120

钢丝绳传动铸造机承载能力多在 30t 以下，目前在圆铸锭生产厂和中小铝加工厂应用比较多，典型的钢丝绳传动半连续铸造机是由机架、传动系统、平台及升降机构、盖板、供排水系统、铸造参数指示装置及操作台等部分组成。

(1) 机架。一般采用型钢结构，固定在铸造井中，承装除传动装置以外的所有部件。通常，机架上部的固定钢架上装置有定滑轮组，机架的立柱上装有引导平台升降的导轨。导轨的数量按铸造机的大小而定，有四根的，也有八根的。

(2) 传动系统。由铸造电机、提升电机、减速机、卷筒、滑轮组及钢丝绳等部分组成。铸造电机用以实现铸造过程；提升电机功率较大，用以快速提升或下降平台。铸造速度的调节采取三种方式：第一种是用直流电机做铸造电机、通过改变电压来改变电机转数实现无级调速；第二种是用交流变频电机做铸造电机，通过改变频率来改变电机转数的无级调速；第三种是通过更换变速齿轮改变传动比实现有级调速。平台升降的转换通常是通过改变电动机的运转方向来实现的。

(3) 平台及升降机构。用于承载引锭头和铸锭等，采用铸钢结构，两端横梁中间各装有一组动滑轮，平台靠钢丝绳悬挂在机架的定滑轮组上，并借助于卷筒沿导轨上下移动。平台移动的最终位置用极限开关控制。

(4) 盖板。用于安装铸造工具，有的兼作冷却器。铸造完毕，为了取出铸锭，需要移开盖板。盖板的移动方式有液压翻转和小车平移两种类型，小型铸造机的井上盖板则由人工搬移。

(5) 供排水系统。由循环水进水管道、电动水阀（也可手动）、过滤装置等组成。铸造井中的积水采用溢流或者用水泵排走。水泵的起动和停止大多采用自动控制的方法。

(6) 操作台。是铸造机的指令中心，通常，各种数字指示器、水压表、给水排水开关、水位报警铃、升降开关、铸造长度指示、盖板起闭开关等都安装在操作台上。

铸锭长度由行程指示器显示。铸造速度由测速发电机传送脉冲至速度指示器而显示，并可通过自动装置对速度进行自动调整。

b　液压式铸造机

液压铸造机承载能力大，牵引力稳定，可按照工艺要求设定各种不同的牵引速度模式，速度控制精度高，铸造运行平稳，但要求液压系统和电控系统运行可靠性高，铸造井深度比其他形式的铸造机深。

液压铸造机按照引锭平台的导向形式，分为外导式液压铸造机和内导式液压铸造机，如图 48-33 和图 48-34 所示。目前，许多大型铸造机采用了液压油缸内部导向技术，取消了外导式液压铸造机在铸造井壁安装的引锭平台导轨，避免了因导轨粘铝或者磨损等

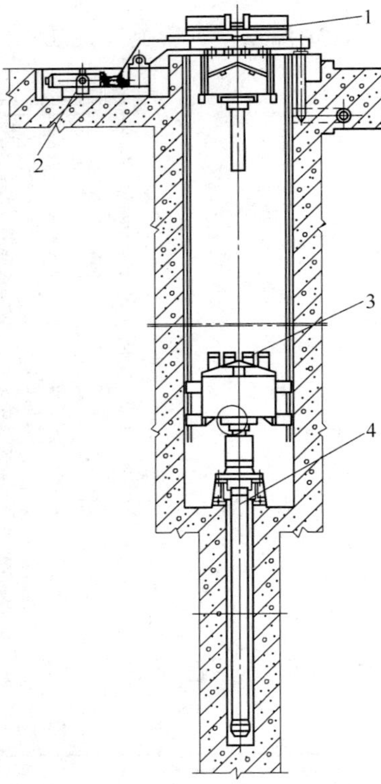

图 48-33　外导式液压铸造机
1—结晶器平台；2—倾翻机构；
3—引锭平台；4—液压油缸

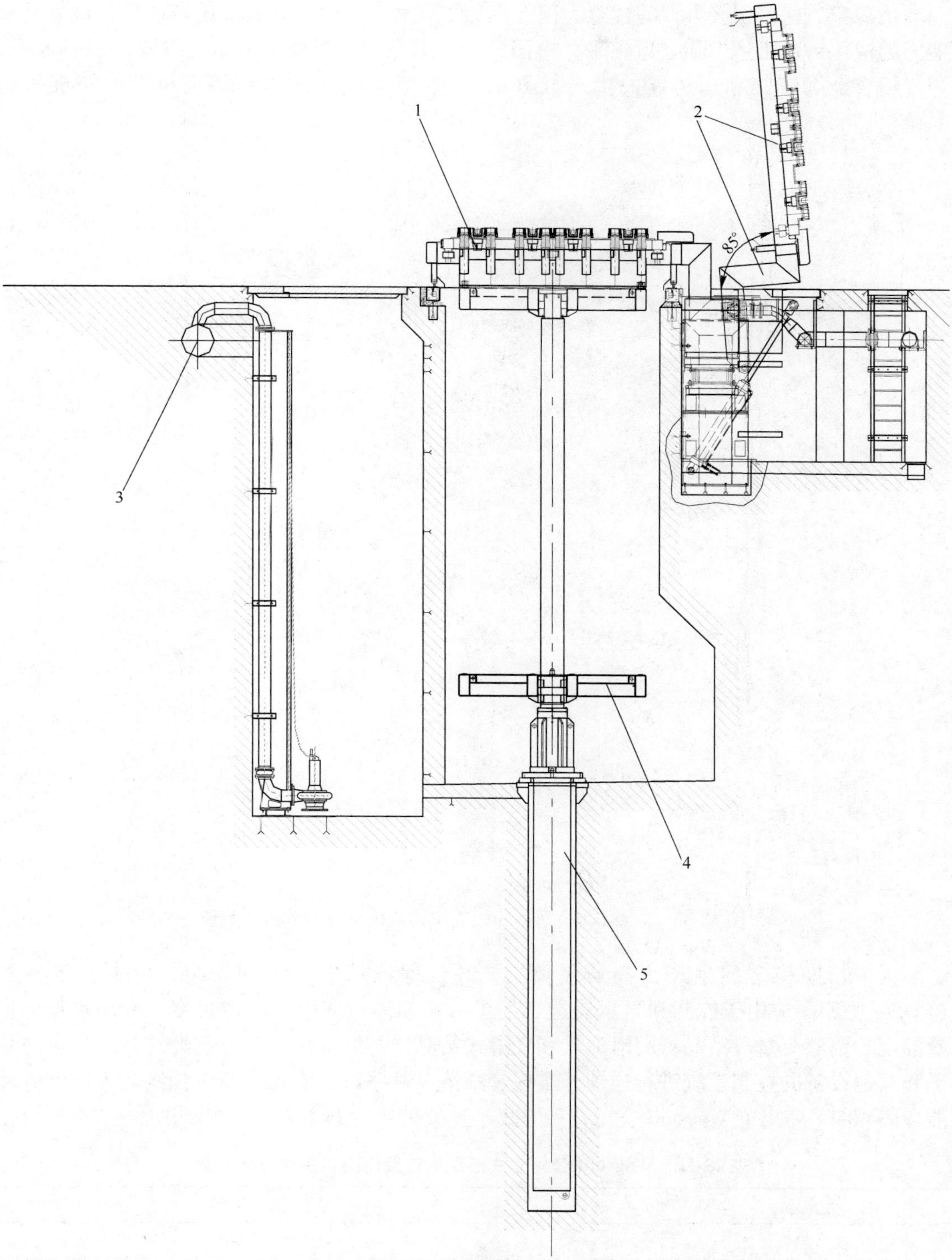

图 48-34　内导式液压铸造机

1—结晶器平台；2—倾翻机构；3—水冷系统；4—引锭平台；5—液压油缸

而影响引锭平台的正常上下运动，提高了运动精度，具有运行平稳可靠、精度高、减少导向卡堵现象、施工安装方便等优点。国外铝加工厂大多采用内导式液压铸造机，最大承载能力的液压铸造机达160t。近年来，中国已有多家铝加工企业引进了内导式液压铸造机，用于铝合金圆铸锭和扁铸锭的生产。图48-35所示为内导式液压铸造机及圆铸锭铸造系统。

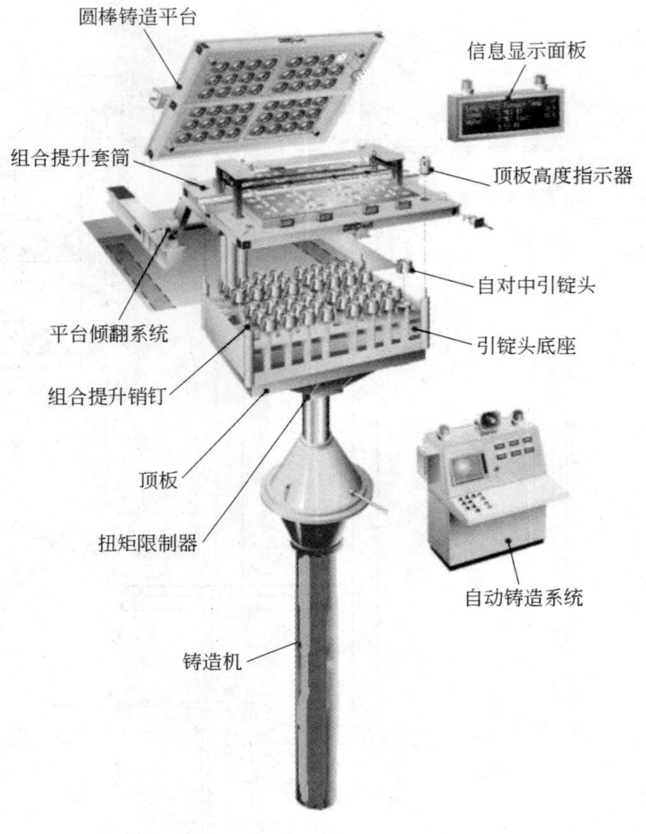

图48-35 Wagstaff公司内导式液压铸造机及圆铸锭铸造系统

为了长期稳定的生产出高质量铸锭，并且保证铸造过程的安全，可编程控制器（PLC）已广泛应用于控制和显示铸造工艺参数，如铸造速度、铸造长度、冷却水量、铝液温度、铝液流量、结晶器润滑油量和气滑式结晶器的供气量等。铸造机的PLC还可与炉子和其他设备的控制系统进行连锁，实现紧急情况时停炉、控制晶粒细化线喂入速度等功能。表48-11列出了Wagstaff公司几种立式半连续铸造机的主要技术参数。

表48-11 Wagstaff公司立式液压半连续铸造机主要技术参数

铸锭品种	圆铸锭	扁铸锭		
荷载能力/t	30	50	75	90
铸锭最大长度/m	6.5	8.3	8.3	9.15
铸造平台规格/mm×mm	4402×2978	6110×4257	6160×3857	6210×3857

续表 48-11

铸锭品种	圆铸锭	扁 铸 锭		
铸造速度/mm · min^{-1}	20 ~ 225	15 ~ 150	15 ~ 150	15 ~ 250
快速升降速度/mm · min^{-1}	2000	1550	1550	1550
液压油缸最大工作行程/m	7.0	8.8	8.8	9.65

内导式液压铸造机主要由以下部分组成：基础框架、倾翻系统、升降平台、防扭转保险装置、铸机液压缸、液压系统、给排水系统、蒸汽抽吸系统、电气控制系统和自动铸造控制系统等，有的铸造机还配有铸井防护装置等。

（1）基础框架。用于分开铸井和操作水平面，采用焊接钢结构，表面进行防锈处理，其上有倾翻系统的定位装置，有的还有蒸汽收集装置。

（2）倾翻系统。倾翻系统由不锈钢制成，两个倾动缸由中央液压系统供给动力，可使倾翻系统在垂直方向倾斜 85°，其与基础框架的定位误差小于 1mm。具有下述功能：1）用于承受结晶器系统，结晶器系统是通过两个调中螺栓对中并与结晶器支座旋转固定；2）将倾动框架倾翻到垂直位置，便于起吊铸锭和从结晶器下部进行维护工作；3）倾翻系统上有可旋转空心转轴装置，使之可以为结晶器提供从主供应系统进入的水而无需另外使用水管。少数厂家不使用倾翻系统而采用的是移动小车装置。

（3）升降平台。用于承受底座，由重型型钢或不锈钢制成，并经适当加强以防止其在铸造过程中由于非对称载荷而变形。为使引锭头底座与升降平台很好固定，升降平台上表面有两个导向轴颈，使引锭头底座能精确安装。

引锭头底座多采用不锈钢制成，并有涂层保护。引锭头升至结晶器时，借助于每台结晶器配备的三球式自对中装置将引锭头很方便的对中。

（4）防扭转保险装置。这是一种安全机构，安装在升降平台和铸造液压缸之间，用于保护液压缸的内部导向机构。如果升降平台和铸井之间有异物而产生卡住现象，将会产生很大的扭转力。防扭转保险装置则将该扭矩限制在一个允许值，使铸造液压缸免遭损伤；当扭矩太大时，其内的安全拴断裂，升降平台会在水平轴方向自由旋转而液压缸内不再承受扭转力作用。

（5）铸机液压缸。用于升降平台的升起和降落。液压缸安装于坚固的底盘上，底盘通过螺栓安装在铸造井的底部；液压缸杆的顶端通过用螺栓连接的法兰安装在升降平台的底部。液压缸内配有方键抗旋转导向系统，从而使得缸杆在液压缸的整个行程中只有很轻微的旋转。其导向系统可使在液压缸行程的任何阶段、无论平台承载质量多少，缸杆的总变形（缸杆 + 缸杆导向系统间隙）都可最大程度地限制在不大于 ±2mm 内。

缸杆涂有金属陶瓷涂层，具有摩擦小、高耐磨和良好的防腐蚀特性，能进行有效的无滞塞运动和防止液压缸受损。

液压缸外部涂有煤焦油环氧树脂油漆，保证其长期在铸造井内的使用寿命。

（6）液压系统。液压系统用于向铸机液压缸和倾翻系统提供动力，由油箱、油泵、方向控制阀、过滤器、流量表以及所有所需的操作和控制设备、阀站等组成，可在最大 10MPa 的压力下工作。为了使液压管道尽量缩短以避免压力损失，液压站尽可能靠近铸造机安装。

铸造状态控制：升降平台通过专门设计的无泄漏方向阀自动保持开始铸造的位置。铸造过程中，铸造速度经由一个比例油流量控制阀和油表控制系统正确的调整和保持。油流量计不断地测量油的流量并通过 PLC 控制回路自动定位流量控制阀。此铸造状态控制系统将确保在突然断电的情况下能够安全进行一段时间的应急铸造操作，此时铸造平台将以预设的速率下降。铸造长度是通过油流量计信号测量的，由 PLC 转换成铸造长度与铸造速度一起显示在操作台上。

倾翻系统控制：倾翻系统是由液压比例控制阀来操作的。单向阀保证了倾翻系统保持在预定的位置。限流活门安装在每个液压缸的连接点以防止由于液压管道破裂而引起倾翻系统的高速下降。

辅助设备功能：所有必要的用于辅助设备功能的控制组件安装在一个连接阀站上。该系统配有压力和流量测试点以便维护和寻找故障点。在铸造井内的液压管多使用不锈钢管。

（7）给排水系统。包括冷却水系统和排水系统。

冷却水系统通过主管道与倾翻系统的旋转空心转轴相连接，并进入结晶器的水冷系统，此系统确保了铸造过程中准确的冷却水流量，主要由流量表（包括信号转换器）、流量控制阀、系统关闭阀、结晶器框架排水阀及连接管道等组成。铸造过程中，设定的水流量由 PLC 控制回路自动控制和保持，PLC 控制回路不断地用设定值与实际流量比较并相应自动地调节流量控制阀。铸造完成时，倾翻系统翻转至向上位置以便搬运产品，结晶器框架排水阀自动打开将翻转框架和结晶器框架中的水放入铸造井内。

生产高强高硬合金铸锭时，多采用干井铸造，即铸造井内基本无水，为此有的铸造井上带有铸井水面控制系统，用于控制铸造井内的水位。铸造开始时，为防止铸锭翘曲变形，需要控制冷却强度，目前多通过采用加气、脉冲水流或者双重喷水孔等方式控制水流量。

排水系统用于将铸造井内的水排回到循环水泵站。一般铸造时，采用溢流回水的方式；需要控制铸造井内水位时，采用泵排方式，在铸造程序中预先确定所希望的水位值并经压力传感器和调节闸阀使水位保持在所需的水平上。

（8）蒸汽抽吸系统。用于将铸造过程中所产生的水蒸气经基础框架中的槽沟吸出，并经管道导走，产生的冷凝水由于坡度和重力作用流回到铸造井内。

（9）电气控制系统。主要由供电和控制柜、操作台和设备终端箱等 3 个部分组成，采用 PLC 控制，PLC 单元自动控制所有相关的开关和连锁功能以保证铸造设备的安全操作。供电柜包括电机启动、控制系统保护和控制变压器所有所需的装置，控制柜包括信号发送器、动力开关及其他所需的控制装置；操作台是铸造机的指令中心，目前多使用触摸屏式操作终端，包括平台升降、铸造速度、铸造长度、流槽液面、给水排水、铸造井水位及报警、水流量、晶粒细化丝输送速度、结晶器空气和润滑油流量、系统紧急停止等均安装在操作台上，操作指令均可在操作台上给定；设备终端箱则视控制系统接线的要求而定，一般在现场配置有大屏幕液晶显示面板，可以实时显示关键工艺参数和工艺值等。

（10）铸造自动控制系统。这是保证铸锭质量的关键，用于自动监控并控制所有的关键铸造参数，消除工艺偏差，如：对于所选的铸造菜单，在铸造周期中的铸造速度、铸造长度、冷却水流量、输送流槽液面、结晶器润滑油流量、结晶器空气流量及压力和晶粒细化丝输送速度等，工艺参数均可实现自动控制。其系统内可预先储存各种合金、各种铸锭规格的经过实践检验较为完善的程序，通过选择对应的程序和控制系统，能够完全实现自动化操作。该系统可再现性越好，产品性能均匀性就越好。

C　水平铸造

水平铸造又称卧式铸造或横向铸造，结晶器轴线水平配置，铸锭拉出方向与地面平行，如配以同步锯，可实现连续铸造。

水平铸造法于20世纪60年代初开发应用，目前，世界已有许多国家用其生产棒坯、管坯、型坯和板坯，近年国外（如美国）已开始用此法铸造大截面（达530mm×1750mm×9000mm）的Al-Mn系（3×××）和Al-Mg系（5×××）合金铸锭，用于民用制品。

铝合金水平连续铸锭装置如图48-36所示。

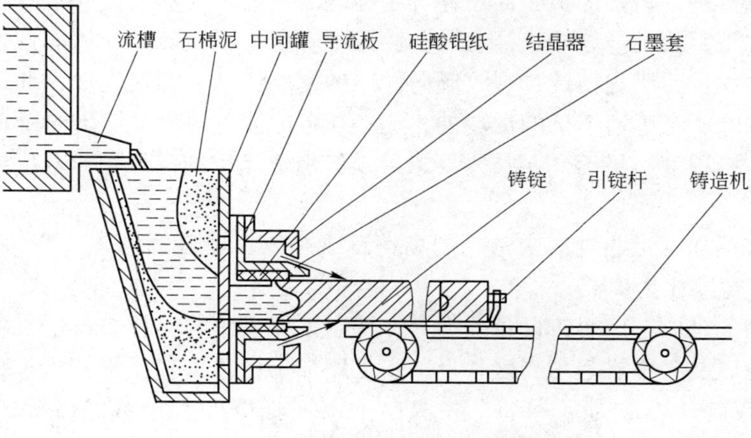

图48-36　铝合金水平连续铸造装置示意图

与立式半连续铸锭相比，水平连续铸锭有如下特点：

（1）铸造过程可完全连续，开头次数少；

（2）结晶器固定在中间包的侧面上，形成封闭式浇注系统，液流平稳无冲击，基本消除了金属液的二次氧化生渣，避免了气体混入铸锭；

（3）结晶器较短，凝壳几乎靠直接水冷形成，铸锭冷却强度大，表面质量好，力学性能高；

（4）铸锭长度一般不受限制，可在线锯切，生产效率较高，同时减少了切头、切尾，提高了铸锭的成品率；

（5）可把熔炼、铸造、铸锭锯切等工序，建成完全的连续铸造作业生产线，有利于实现机械化、自动化生产，不仅改善了劳动条件，而且有利于提高成品率和生产率；

（6）对于某些指定合金，有可能生产出最小规格的铸锭；

（7）不需要深井，也不需要建造高大的厂房，大大减少了基建投资，同时设备结构简单，投资省，见效快。

但水平连续铸造法，也存在某些实际问题：

（1）铸锭规格目前多限于直径200mm以下的小铸锭，铸造大截面的铸锭在技术上还存在困难。

(2) 国内现有水平铸造机的结构难以实现多模铸造（1~10个模），因而限制了生产能力的发挥。

48.3.2.4　铸造工艺参数的确定

连续或半连续铸造时，对铸锭质量产生重要影响的工艺参数主要有铸锭规格、铸造速度、冷却速度、铸造温度等，以及结晶器的有效高度、熔体转注方式、铸造开头结尾的条件等。

A　铸锭规格

指铸锭横断面的几何尺寸和铸锭长度。其中，铸锭横断面尺寸是用加工锭坯的名义尺寸表示的。对不需要车削表皮或铣面的铸锭，铸锭横断面尺寸与锭坯名义尺寸相同；对需要车皮或铣面的铸锭，铸锭的横断面尺寸等于锭坯的名义尺寸加上设计车皮或铣面量。

在一般条件下，铸锭愈厚或直径愈大，铸锭中心愈易产生疏松，铸态性能愈差，产生裂纹的倾向性愈大。对于扁铸锭，裂纹倾向性还随宽厚比增大而提高。因此，在确定铸锭横断面尺寸时，除了考虑铸造机的性能外，还必须考虑能否铸成，铸出的铸锭性能（包括化学成分的逆偏析程度）能否满足技术要求以及铸造成品率的高低和对全厂成品率的影响等因素。

目前中国在铝加工工业生产中常用的扁铸锭规格是：厚度通常为200~630mm，宽度900~2200mm，宽厚比为2~7。

铸锭长度的确定应考虑熔铸设备的能力，特别是保温炉的容量、铸造机负荷和有效行程、铸造井深度以及起重机起吊高度和下一步工序加工设备（包括锯切机、铣面机、均热炉等设备）的特点。通常为4~7m，并取单个锭坯长度的整倍数。铸锭长度的计算方法是：

铸锭总长 = 锭坯个数 × 锭坯长 + 切头 + 切尾 + 锯口宽度 × 锯口数 + 试片厚度

对于不同的合金规格，切头切尾的长度不同。在具有相应锯切设备的条件下，应尽可能铸长锭，以提高铸造生产率和成品率。

B　铸造速度

指铸锭相对结晶器的运动速度（单位为mm/min或m/h）。

铸造速度的快慢直接影响到铸锭的结晶速度、液穴深度和过渡带的宽窄，因此，它是决定铸锭质量的重要工艺参数。

一般情况下，提高铸造速度时使铸锭形成冷裂纹的倾向性降低，而使形成热裂纹的倾向增加。

对于扁铸锭，提高铸造速度可降低铸锭产生侧面冷裂纹的倾向性，但却增大了铸锭在宽面上产生顺向表面热裂纹的倾向。这是由于铸造速度提高时，在增大横向温度梯度同时，使沿水平截面的温度分布更不均匀，使作用在水平方向上的横向拉应力增大的缘故。

对于圆铸锭，提高铸造速度，使形成表面裂纹的倾向性降低，而使形成中心裂纹的倾向性增加。

对于大直径圆铸锭来说，除产生表面裂纹外，因为铸造速度低，轴向上温度梯度增大，因之也增大了横向裂纹倾向性。对硬合金铸锭来说尤其突出，铸造速度愈低，这种倾向性愈大。

随铸造速度的提高，液穴加深，凝壳变薄，铸锭产生金属瘤、漏铝和拉裂倾向变大。如果铸造速度过慢，将形成冷隔，增加铸锭车皮时的金属损失，并可能成为低塑性大规格铸锭冷裂纹的起因。

C 冷却速度

指铸锭的降温速度，又称冷却强度，用单位时间内下降的温度来表示（单位为℃/s）。在连续铸造过程中，铸锭内各点在同一时刻的冷却速度以及同一点在不同时刻的冷却速度都是变化的。

决定铸锭冷却强度的基本因素有三点：一是冷却水的流量和温度；二是结晶器的结构（高度、锥度、喷水孔角度、内套壁的厚度和材质）；三是铸造速度。

实际生产中，对于指定合金的铸锭，结晶器的结构和铸造速度以及水温通常都是固定的，因此，控制冷却水的流量是调节铸锭冷却强度的基本手段。

连续铸锭所需要的冷却水量理论上可按下式估算：

$$W = \frac{c_1(t_3 - t_2) + L + c_2(t_2 - t_1)}{c(t_5 - t_4)} \tag{48-20}$$

式中 W——单位质量金属的耗水量，m^3/t；

c_1——金属在（$t_3 \sim t_2$）温度区间内的平均比热容，kJ/(kg · ℃)；

c_2——金属在（$t_2 \sim t_1$）温度区间内的平均比热容，kJ/(kg · ℃)；

c——水的比热容，kJ/(kg · ℃)；

t_1——金属最终冷却温度，℃；

t_2——金属熔点，℃；

t_3——进入结晶器的液体金属温度，℃；

t_4——结晶器进水温度，℃；

t_5——二次冷却水最终温度，℃；

L——金属的熔化潜热，kJ/kg。

工厂生产条件下，根据合金和铸锭规格的不同，铸锭需要的实际冷却水量大致变动在10～30m^3/t之间。

在结晶器和供水系统的结构一定的条件下，冷却水的流量是通过改变水压来控制和调节的。在确定铸锭冷却水流量或水压的时候，应遵循下面的原则：

（1）扁铸锭铸造速度高，单位时间内凝固的金属量大，需要的冷却水量多（约为圆铸锭的3～4倍），故水压通常比圆铸锭的大。

（2）合金裂纹倾向性不一样，要求的冷却速度和冷却水量也不一样，因此水压大小也各不相同。在铸锭规格相同的情况下，冷却水量或水压按软合金-硬合金的次序递减。

（3）对于同一合金，随铸锭规格增大（圆铸锭直径增大，扁铸锭厚度增大），要求减小水量或降低水压，以降低裂纹倾向性。但是，对于软合金和裂纹倾向性较小的合金，也可随铸锭规格增大而增大水量或水压，以保证获得良好的铸态性能。

D 铸造温度

通常指铸造过程中保温炉内熔体的温度。由于液流转注过程中热量的散失，进入结晶器的熔体实际温度随转注路程的长短，保温措施的好坏及气温的高低而不同，通常约比铸造温度低 10～20℃。

确定铸造温度的基本原则是：

（1）铸造温度应保证熔体在转注过程中具有充分的流动性，应根据转注距离、转注过程降温情况、合金、规格、流量等因素综合确定。一般来说，铸造温度应比合金液相线温度高 50～110℃。

（2）扁铸锭热裂纹倾向高，应选择较低的铸造温度。通常，扁铸锭熔体流量大，转注过程中降温小，一般控制在 680～730℃之间。

（3）圆铸锭裂纹倾向性和铸造温度的关系不太敏感，为了加强铸锭结晶时析气补缩的能力，创造顺序结晶的条件，以提高铸锭的致密度，一般铸造温度多偏高选取。根据铸锭规格和合金品种，直径在 350mm 以上的铸锭铸造温度一般为 730～750℃；对形成金属化合物一次晶倾向大的合金可选择 740～755℃；对小直径铸锭，因其过渡带尺寸小，力学性能好，一般以满足流动性和不形成光亮晶为准，一般温度为 715～740℃。

48.3.2.5 扁铸锭的铸造

1×××系合金、3×××系合金、5052、5082、5182、8011 等软合金扁铸锭是电解铝厂铸造车间生产量最大的品种，成品率一般在 96% 左右，其铸造工艺特点是：

（1）具有较好的铸造性能；

（2）晶粒度和热裂倾向性对温度较敏感，形成缩松的倾向性较小，因而铸造温度不宜过高，一般为 690～710℃，仅比液相线高 30～50℃；

（3）由于软合金具有一定的热裂倾向性，其铸造温度又较低，熔体黏度大，在铸造中形成拉痕、拉裂的倾向较大，因此铸造速度不高。

（4）软合金低温塑性好，没有形成冷裂纹的倾向性，铸造时不需要铺底、回火操作。

（5）软合金一般作为箔材或薄板用料，对金属内部纯洁度要求高，因此需较严的在线净化处理措施。

常见铝合金扁铸锭铸造工艺参数见表 48-12。

表 48-12 扁铸锭铸造工艺参数

合 金	铸锭规格/mm	铸造速度/mm·min^{-1}	铸造温度/℃	冷却水压/MPa
1×××	520×1630	55～65	690～710	0.078～0.147
3104	520×1520	50～60	710～720	0.078～0.147
5182	520×1350	45～55	690～710	0.078～0.147

48.3.2.6 圆铸锭的铸造

电解铝厂通常利用等水平密排铸造系统（配热顶结晶器或油气润滑结晶器），生产直径 400mm 以内的 6063、6061、6005、7075 等合金圆铸锭，其中以 6063、6061 合金为主。

常见铝合金圆铸锭铸造工艺参数见表 48-13。

表 48-13 圆铸锭铸造工艺参数

合 金	圆铸锭直径/mm	铸造速度/mm·min^{-1}	铸造温度/℃	冷却水压/MPa
6061	120	130~160	680~700	0.03~0.08
	152	100~130		
	178	90~110		
	229	80~90		
6063	120	140~170	690~710	0.04~0.10
	152	110~140		
	178	100~120		
	229	90~100		
6005	380	50~55	705~710	

48.3.3 电工圆铝杆的生产

48.3.3.1 概述

从20世纪40年代初意大利Continuus公司用PROPERZI连铸连轧法生产铝杆以来，经过几十年的发展，目前，世界各国铝杆生产几乎全部采用了连铸连轧法，并广泛应用于生产铝合金杆。

中国在20世纪70年代初自主设计制造了第一条用于铝杆连铸连轧的生产线，并迅速发展遍及全国各地，先后已有几十条生产线投入生产。

连铸连轧生产电工圆铝杆的典型工艺流程是：

原料→配料(生产合金铝杆时加合金锭)→熔(精)炼并保温→除气及过滤→连续铸造→矫直→感应加热(生产合金铝杆时)→连续轧制→冷却或淬火→探伤→卷取→检查→捆扎→包装→称重、入库

连铸连轧生产电工圆铝杆具有如下特点：

(1) 产量大、效率高、能耗成本低，连铸连轧生产规模可达到年产铝杆80kt以上。

(2) 采用在线淬火生产合金铝杆，生产效率高。在线淬火生产合金圆铝杆，节约能耗及工时，可节约30%的生产费用，且产品性能稳定，优于常规生产工艺制造的产品。

(3) 自动化程度高，操作人员少，工人劳动强度低。

(4) 产品质量好，力学性能优异，可满足高速拉丝机的要求。

48.3.3.2 工艺过程及控制

原料经过配制，装入熔炼炉内进行熔炼，将精炼、除气、过滤后的铝液通过浇包注入连铸机进行铸造，铸坯经预处理后进入连轧机经多道连续轧制成要求的铝杆尺寸，然后铝杆在冷却管中进行在线冷却，最后进入卷线机卷取成卷。

A 装料

原材料成分是决定产品性能的主要因素。装料前必须对原料进行成分分析，严格控制其中杂质铁和硅的含量。另外，必须保证原料的洁净。

B 熔炼与精炼

当采用电解铝液作为原料时，铝线杆生产中的熔炼与精炼工艺过程与铸锭生产基本上相同。

C 连铸

浇注温度和浇注速度是浇注过程中的两个重要参数。一般浇注温度应控制在690～710℃。浇注速度一般控制在9～14m/min。铸坯离开结晶器的温度510～530℃，冷却水压0.5～0.6MPa。

D 连轧

铸坯进入轧机前的温度应控制在490～510℃，冷却乳化液温度应控制在30～40℃。轧制出的杆材温度，在正常情况下应保证不低于300℃。

E 冷却

铝杆卷取前应进行冷却，以改善在卷线过程中由于自退火效应而产生的抗拉强度不均性，冷却后铝杆的温度应低于120℃。

F 卷取

为便于长途运输，要求轧制后的杆材质量与体积的比值越大越好。为达到这个目的，国外各公司先后研究开发了双盘绕杆机。

48.3.3.3 生产设备

铝杆连铸连轧生产线主要有：连铸机、连轧机和卷线机等组成。

A 连铸机

连铸机通常为轮带式结构。典型的轮带式连铸机结构如图48-37所示。

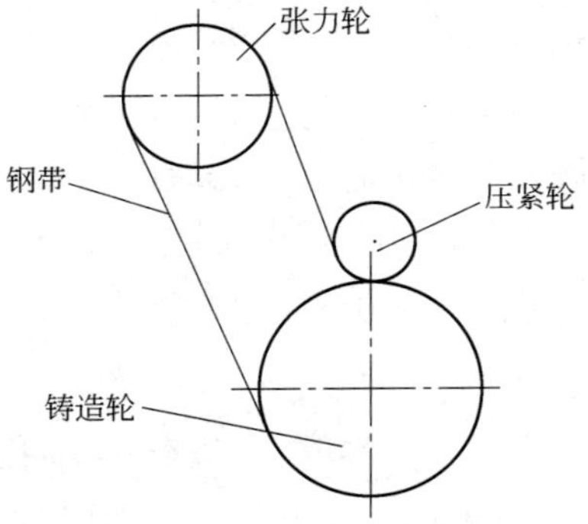

图48-37 轮带式连铸机结构示意图

轮带式连铸机主要有两轮式、三轮式、四轮式和五轮式。三轮连铸机由结晶轮、张力轮、压紧轮、钢带、冷却装置、中间浇包及送锭辊道等构成。

铸造轮上装有铜制梯形凹环，铸造轮与钢带包络部分形成模腔。正常生产时，符合工艺要求的铝液自中间包进入由压轮、铸造轮及钢带形成的浇铸熔池，随着铸造轮的转动，铝液在铸造轮及钢带形成的腔体里通过冷却系统凝结成固态，后经脱模器将铸坯与铸造轮分开进入下道工序。

中间包的浇注方式直接影响着铸件的质量，最早采用倾斜浇注（见图48-38（a）），后改为垂直浇注（见图48-38（b））和水平浇注（见图48-38（c））。现在应用最广的是水平浇注。由于铝与氧的亲和力较强，采用水平浇注，铝液能很平稳地注入结晶轮铸槽中，不会产生破坏铝液表面氧化膜的湍流，可避免熔体中的大颗粒非金属夹渣物及熔体的表面氧化皮随熔体流入结晶轮中，减少圆铝杆的非金属夹渣，提高了铸坯的质量。水平浇注与垂直浇注如图48-39所示。

B 连轧机

铝杆连铸连轧生产线的连轧机主要有三辊Y形连轧机和两辊式连轧机。两辊式连轧机按其机架组合形式称为平-立辊杆材连轧机。

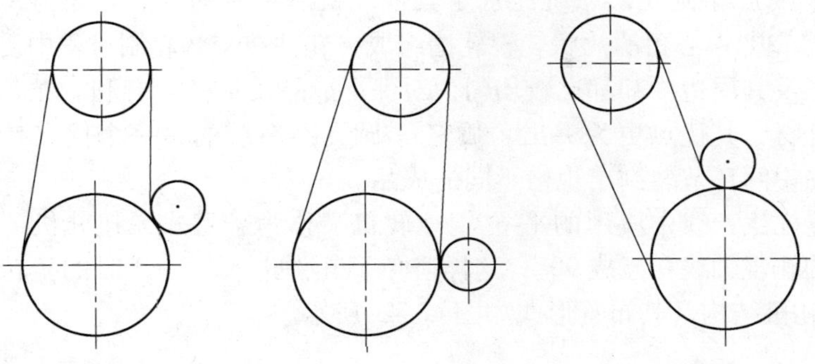

图 48-38 浇注方式示意图

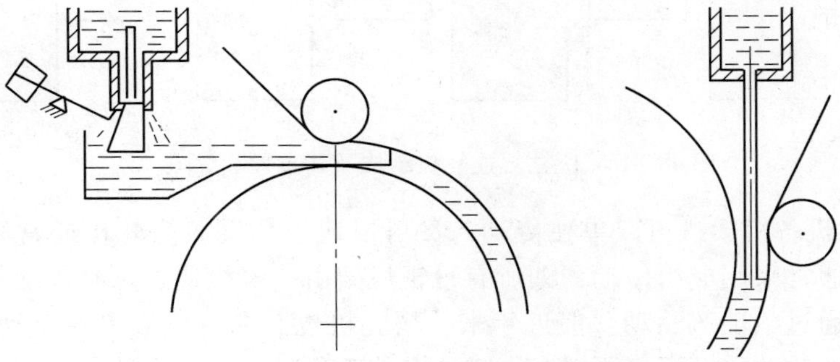

图 48-39 水平浇注与垂直浇注示意图

Y 形连轧机即 120°三辊杆材轧机。就其一个机架而言，有 3 个互成 120°布置的圆盘状轧辊（见图 48-40），3 个轧辊的布置与字母 Y 相似，由若干机架紧凑地、连续地排列组成连轧机组，因此称这种连轧机为 Y 形三辊连轧机，简称 Y 形轧机。

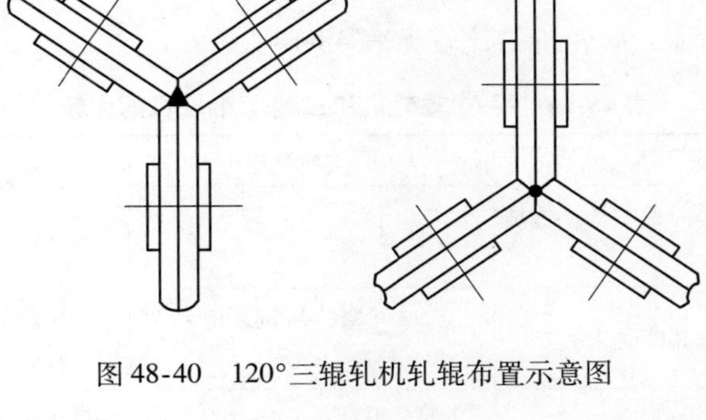

图 48-40 120°三辊轧机轧辊布置示意图

一般情况下，Y 形连轧机由 13 ~ 15 副机架组成。奇数架次机架与偶数架次机架分别布置成下传动与上传动，上下传动的交替布置实现了轧制过程中轧件本身无需扭转。这不仅为高速轧制创造了条件，还相应提高了产品的质量。

Y 形连轧机的孔形结构，一般采用弧三角-圆孔形系统。在轧制过程中金属处于三向压缩状态，这是弧三角-圆孔形系统区别于其他轧机所特有的优点。因为，这种轧机的孔形是由 3 个互成 120°中心角的片状轧辊轧槽组成，轧件在交替轧制过程中受 6 个方向的压缩，因此，变形及其周边冷却都比较均匀，对保证成品质量极为有利。尤其是用于轧制合金及特种合金杆材，其优点更为突出。弧三角-圆孔形系统的另一个优点是根据使用不同机架数，可以在中间环节轧制出规格不同的成品。

铝杆连铸连轧生产线中应用的平-立辊连轧机又称为悬臂式无扭轧机，即轧辊为悬臂式，相邻机架的轧辊轴线相互成 90°，这样避免了轧件进入下一道时的扭转，实现无扭轧制。平-立辊连轧机结构及其布置形式如图 48-41 所示。

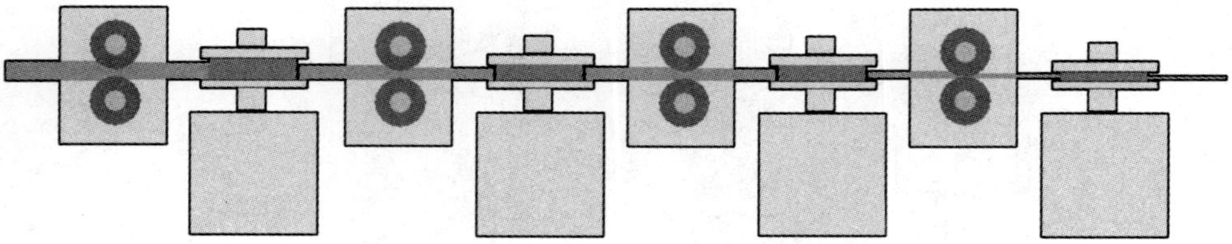

图 48-41 平-立辊连轧机结构及其布置示意图

平-立辊连轧机各机架既可以单独传动，又可以成组传动。粗轧机通常采用各机架单独传动，精轧机通常采用成组传动，即所有平辊机架由一电机通过联轴节驱动，所有立辊机架由另一电机通过联轴节驱动。但近年来，精轧机也有向各机架单独传动的发展趋势。精轧机采用各机架单独传动不仅可以大大降低安装工程量，更重要的是可以减少道次间的张力，减少轧辊磨损和消耗，并使轧制中心线始终保持直线（即使在轧辊磨损或重磨的情况下），且可生产的产品规格更灵活。

一般情况下，平-立辊连轧机由 8 副机架组成；其设备结构坚固，在粗轧部分可发展大辊径，进行大压下量轧制，对改善轧件铸造组织有很大的优越性；采用椭圆-圆孔形系统，道次加工率大。轧辊是安装在辊轴的悬臂轴端上，位于轧机的中心线。辊轴可以对称调节。

平-立辊轧机和三辊 Y 形轧机的比较见表 48-14。

表 48-14 平-立辊轧机和三辊 Y 形轧机的比较

序 号	项 目	平-立辊轧机	三辊 Y 形
1	调换轧辊、排除故障、清理氧化物	方便	较麻烦
2	孔形调整及其精度	随时可调、易调，但精度较差	预先调节好，精度高，调整孔形需拆下机架
3	轧辊上孔形数	1 对轧辊可开 1 ~ 3 个	只能开一个
4	孔形加工	容易加工，单个轧辊加工	加工较难，整个机架装好后再加工
5	机架结构	简单	复杂
6	堆料处理	能开倒车	不能开倒车

续表 48-14

序　号	项　目	平-立辊轧机	三辊 Y 形
7	延伸系数	较高	较低
8	孔形轧制	排除两辊相对挤压所造成的凸出面困难	容易消除挤压铝杆形成的凸出面
9	轧件和轧辊之间的相对速度	轧件和轧辊之间的相对速度相对大，产生的磨屑较多	轧件和轧辊之间的相对速度较小，产生的磨屑更少，延长轧辊寿命，轧件铁杂质含量低
10	适应性	一种孔形适应一种合金	适应多种合金

C　卷线机

铝杆卷线方式有两种：一种是散捆式，这种方法简单，设备造价经济，但不适合长途运输。另一种是成盘收线，国外一般多采用双盘卷线机，这种设备造价较高，但卷线速度快、整齐、紧密，在出口或长途运输等要求较高的情况下还是必要的。

48.3.3.4　典型铝杆连铸连轧生产线

铝杆连铸连轧生产线往往成套供应，连铸连轧机列包括在线除气装置、在线过滤装置、铸造机、废料剪、矫直机、铸坯感应加热装置、轧机、冷却或淬火装置、探伤装置、成品剪和卷线机等设备。

目前，世界上技术比较先进、产品质量较好、用户较多的铝杆连铸连轧生产线主要有美国南线公司（Southwire Company）的 SCR 生产线、意大利 Continuus 公司（Continuus-Properzi S. P. A.）的 PROPERZI 生产线和法国 Secim 公司的生产线。这些公司已向世界各国出售了多条连铸连轧生产线，用于铝及铝合金杆的生产，这些生产线均已形成系列。中国铝杆连铸连轧生产线主要生产厂家有德阳东方电工机械有限责任公司和陕西压延设备厂等。

这几家生产线设备组成基本相同，但在铸造机和轧机的设备结构、生产工艺以及生产线的装机水平和自动化程度等方面存在较大的差异。

A　SCR 生产线

SCR 生产线系美国南线公司于 20 世纪 50 年代开发成功的连铸连轧生产线，其设备的主要特点为：

（1）铸造机为五轮式，由 1 个铸造轮，1 个张紧轮，1 个压紧轮，2 个导向轮及 1 根钢带组成，铸轮上装有铜制的结晶环，与环绕的钢带形成铸模，铸坯为梯形断面，铸坯运行正前方无钢带阻挡，铸坯截面可增大。

（2）轧机为摩根二辊无扭转悬臂轧机，轧辊平、立交替布置，粗轧机架轧辊为单槽，精轧机架轧辊为双槽或三槽，以提高轧辊使用寿命。轧辊采用辊环结构，互换性强，只需更换辊环，换辊方便迅速。

（3）前几道次粗轧采用大压缩率轧制，有利于铸造晶粒破碎，晶粒细化，对产品质量有利。

（4）摩根轧机每道的冷却系统和润滑系统分设，轧制方式比较合理，对铸坯的加工成形基本上是均匀变形，内在组织优良，有利于圆铝杆的性能稳定。润滑及冷却系统分设，有利于延长轧辊的使用寿命，减少备件投资。

(5) 采用在线淬火生产合金铝杆，生产效率高，产品质量好。

(6) 卷线机由两台组成，左右配置成22.5°，交替使用完成卷取，卷取机的卸卷由液压辅助完成，工人劳动强度低。

B PROPERZI 生产线

PROPERZI 生产线是意大利 Continuus 公司于20世纪40年代末开发成功的连铸连轧生产线。其主要特点如下：

(1) 水平浇铸装置由一个大漏斗接收输送流槽的熔融铝液，大漏斗安置在铸轮的末段，下面有小漏斗，小股铝液通过小漏斗流入铸轮凹槽的正上方位置。从大漏斗到小漏斗的液体由浮子控制，紧急停车时，大漏斗内的熔融铝液能倾倒进其他储槽。

(2) 二轮式铸造机，由1个导向轮，1个铸造轮和一条环形钢带组成，铸造机结构比较简单紧凑，更换钢带方便。

(3) 铸坯为五边形，近似梯形断面，铸坯从铸轮引出后，需偏转一定角度（5°~8°），才能避开钢带进入轧机，高温铸坯受拉表面易产生裂纹，影响产品质量，铸坯截面加大受到限制。近年来，为了克服这一缺陷，Properzi 铸造机已向多轮化方向发展。

(4) 组合式连轧机将二辊轧机变形量大，三辊 Y 形轧机变形均匀等特点有机结合，铝杆性能好，尺寸精度高，但 Y 形轧机轧辊更换、维修等比较麻烦。需设专用轧辊磨床，并要有备用机架。

(5) 卷线机由两台组成，交替使用完成卷取。两台卷取机前后配置，后面的一个高于前面的。

C 国产生产线

中国能生产铝杆连铸连轧生产线的厂家很多，设备也不尽相同。铸造机有两轮式、四轮式和五轮式，轧机也分平立辊轧机、45°轧机和 Y 形轧机。铸造机浇注方式也有水平浇注、45°倾斜浇注和垂直浇注之别。

虽然中国能生产铝杆连铸连轧生产线的厂家很多，但以东方电工的设备性能最优，用户也最多。其生产的 LGZ-1500/Y 形铝杆连铸连轧生产线在中国很多厂家得到应用。近年来，随着市场对合金铝杆需求量的增加，东方电工也开发出型号为 UL + Z-1500 + 255/14 铝镁硅连铸连轧生产线。

UL + Z-1500 + 255/14 铝镁硅连铸连轧生产线是东方电工于20世纪90年代末发展起来的。生产线由熔化保温炉、除气过滤装置、连铸机、辅助液压剪、矫直机、感应加热器、连轧机、卷线机等组成。其主要特点如下：

(1) 结晶轮为 H 形，四面冷却保证铸坯结晶致密且均匀。

(2) 感应加热器保证铸坯进轧的工艺温度要求，具有自动加热、调节功能。

(3) 连轧机具有主动喂料和推杆停车功能。独特的二辊和三辊结合的轧制方式。

(4) 绕杆方式为离心甩头式。

48.3.3.5 圆铝杆质量控制

A 圆铝杆的标准要求

电工圆铝杆性能应符合国家标准《电工圆铝杆》（GB 3954—2008）标准要求。

B 常见的产品缺陷及原因分析

电工圆铝杆的质量控制指标主要有化学成分、电气性能、力学性能、尺寸公差以及表面质量。电工圆铝杆的质量缺陷是由于原材料的原因，也可能是由于加工工艺或设备原因造成的。

a 外观缺陷

连铸连轧法生产的铝杆应符合标准公差要求，表面应光滑、圆整，不得有耳子、错圆、折叠、裂纹夹杂物等，但允许有轻微的机械擦伤、斑疤、麻坑、起皮或飞边等。缺陷的说明如下：

(1) 错圆：铝杆断面上下两个半圆错开，称为错圆。

产生的原因：

1) 轧辊轧制时，上下轧辊槽中心线没有对正；

2) 上下轧辊孔形中心线未对正，或锁紧机构松动。

(2) 耳子：耳子也称飞边（边翘），是轧制中不可避免的缺陷。通常是轧制过程中表面起皮、斑疤等缺陷造成的。

产生耳子的原因：

1) 孔形设计不合理或轧槽轧制不符合公差要求，造成宽展裕度过小或强迫宽展量过大；

2) 导卫装置安装不正、间隙过大，或偏向孔形一侧，造成轧件进孔形不正、或倾倒，形成耳子，严重时甚至会造成挤线事故；

3) 上道轧件尺寸过大，形状不规整。

(3) 折叠：杆材表面沿轧制方向上呈线状或锯齿状折叠，断口可见压折的黑印。有时轧件上可能产生肉眼难以分辨的折叠，只有用扭转试验方法才能发现。在作扭转试验时，试样表面出现裂纹，因此扭转试验可作为深入外观检查的手段。

产生折叠的原因：

1) 孔形设计不合理或前道轧件有耳子；

2) 轧槽严重磨损，继续轧制易产生折叠；

3) 导卫装置设计安装不合理，表面棱角尖锐，造成刮伤、黏结，继续轧制产生折叠。

b 性能缺陷

铝杆的质量检验除外观检查外还包括性能指标的检验，如抗拉强度、断裂伸长率、电阻率要符合国家标准《电工圆铝杆》(GB 3954—2008) 要求。

铝杆属于批量生产的产品，因此，同批产品单件产品性能指标合格的同时，整批产品的性能差异应很小，即产品性能指标的分散性要小。在连铸连轧生产中出现性能差异较大的原因大致有以下两点：

(1) 成分不均造成：连铸连轧生产应进行充分的搅拌。如果搅拌不充分就会造成局部铝液成分的差异，浇注后就会造成杆材成分的差异，最终反映在铝杆性能指标的差异。

(2) 收线冷却不均：国内生产厂家的收线装置大多没有冷却环节，而终轧温度一般在300℃左右，卷绕成盘后，在盘心部分的铝杆冷却较慢，产生自退火效应，使中心部分的杆材与边缘部分的杆材性能差异较大。国外厂家在轧制后进行连续冷却，使杆材急冷至100℃以下，再进行收线，较好地改善了杆材性能的均匀性。

48.3.4　铸轧带材的生产

48.3.4.1　概述

铸轧带材由连续铸轧法或连铸连轧法生产。

连续铸轧法就是在两个相对旋转的被水冷却的轧辊辊缝间不断输入液态金属，通过冷却、铸造，连续铸轧出坯料，铝熔体在辊缝中同时完成凝固及轧制两个过程（见图48-42）。连续铸轧法也称为双辊式连续铸轧法。中国目前已有数百条连续铸轧生产线在使用中，本节重点介绍连续铸轧法。

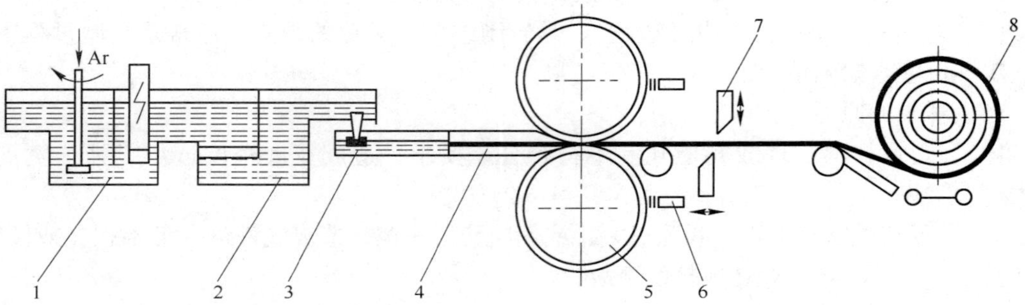

图48-42　铸轧生产工艺流程

1—除气系统；2—过滤系统；3—液面控制；4—铸嘴；5—铸轧机；6—喷涂系统；7—剪切机；8—卷坯

而连铸连轧法是液态金属在铸造结晶器中连续凝固成坯后，再在后续的轧机上进行连续轧制成材，连铸连轧法的铸坯和轧制实际上是连续进行的两个工序。

金属液通过两条相互平行的无端带间组成连续的结晶腔而凝固成坯的装置称为双带式连铸机。双带式连铸机曾发展有两种类型，一类是两条钢带构成的连铸机，也称为双钢带式连铸机，典型代表是美国哈兹列特（Hazelett）连铸机（见图48-43）；另一类是将冷却块连接成坦克履带似的，称为双履带式连铸机，其典型代表为劳纳法（Casrter Ⅱ）和美国亨特-道格拉斯（Hunter-Douglas）连铸机，但这一类型目前基本上已不再使用。

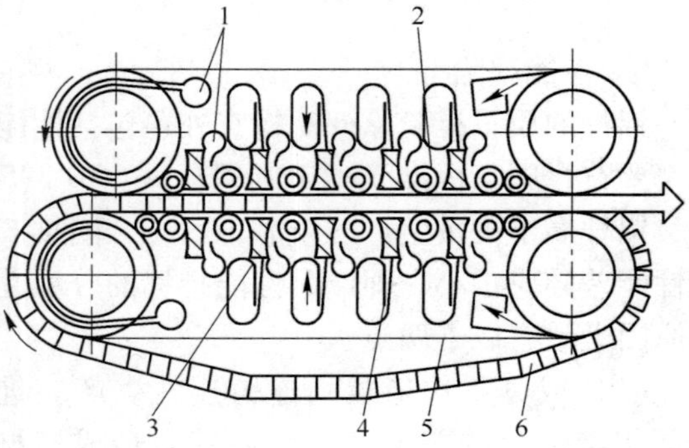

图48-43　Hazelett连铸机示意图

1—水喷嘴；2—钢带支撑辊；3—回水挡板；4—集水器；5—钢带；6—边部挡块

两种方法产出的带材，均连续卷成卷坯。当卷坯达到要求的重量时，剪断带材后卸卷、捆扎。

48.3.4.2 连续铸轧法的分类

A 按金属浇注流向分类

按金属浇注时的流向分为3种，如图48-44所示。

（1）下注式：金属浇注流向与地面水平线垂直，或两辊中心连线与地面平行。

（2）倾斜式：金属浇注流向与地面水平线成一定角度，一般为15°，或两辊中心连线与地面垂直线成一定角度。

（3）水平式：金属浇注流向与地面水平线平行，或两辊中心连线与地面垂直。

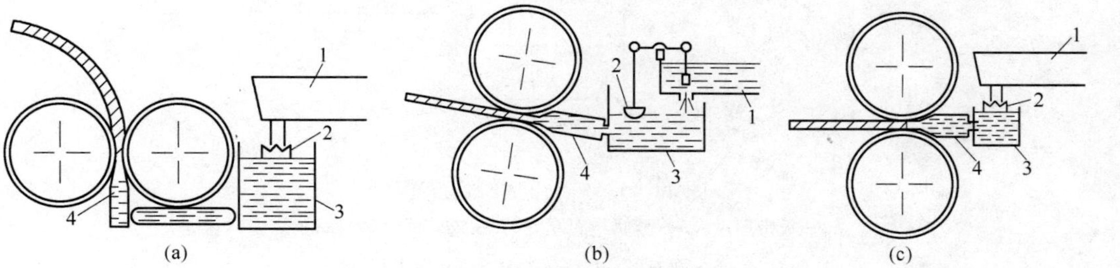

图48-44 双辊式连铸生产方法示意图
（a）下注式；（b）倾斜式；（c）水平式
1—流槽；2—浮漂；3—前箱；4—供料嘴

B 按轧辊辊缝控制系统分类

（1）预应力式：上下辊轴承箱间放置垫块，预设辊缝，压上缸给定一个压力，使轴承箱与垫块完全压靠，该力大于最大轧制力，机座处于预应力状态。需在线调整辊缝时，要使系统瞬时降压，调整垫块。

（2）非预应力式：在有载荷或无载荷的情况下电动增压器控制压下缸的压下位置，压力大小由轧制力建立，每侧可单独控制。

C 按轧辊驱动方式

（1）集中驱动：用一台电机驱动两个铸轧辊，上下辊的辊径差要求小于1mm，两辊线速度有差异，容易导致结晶凝固前沿中心线不对称。

（2）单独驱动：上下轧辊分别由两台电机驱动，两辊辊径要求不严格，可以相差几毫米，两辊线速度可以单独调整，这有利于改善带材上、下表面的结晶速度和表面质量。

D 按辊径大小分类

（1）标准型铸轧机：常用铸轧辊的辊径有$\phi600\sim680$mm等。

（2）超型铸轧机：常用铸轧辊的辊径有$\phi960\sim1000$mm，现在已有$\phi1200$mm以上的。

E 按带材厚度分类

（1）常规板铸轧：带材厚度为6～10mm，铸轧速度一般小于1.5m/min。

（2）薄带快速铸轧：带材厚度为1～3mm，铸轧速度为10m/min以上。

48.3.4.3 主要工艺参数

A 铸轧区

铸轧区：铸轧区是指供料嘴出口端到轧辊中心线之间的距离。金属在这仅几十毫米的区间经2～3s的时间，要完成凝固和热变形两个过程，因此铸轧区对铸轧生产的稳定是至关重要的。

铸轧区由固相区、固液区和液相区组成，如图48-45所示。

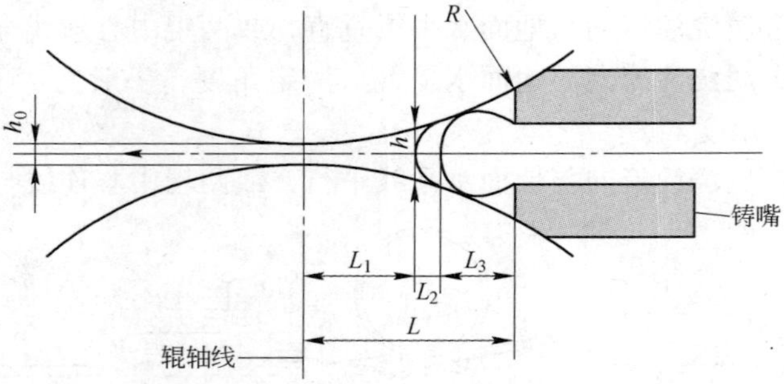

图48-45 铸轧区构成示意图

h_0—板带厚度；h—金属凝固厚度；L—铸轧区；L_1—固相区；L_2—固液区；L_3—液相区；R—辊半径

铸轧区是连续铸轧的关键参数。影响铸轧区长度的因素很多，如：铸轧带厚、轧辊辊径、合金、设备能力及铸嘴前沿厚度等，其变化范围可达50mm左右，但在相同工装条件下，其变化范围较小。

铸轧区的长度是在铸轧开始前就已确定了的。铸轧区设定的一般原则是：铸轧带厚增加，铸轧区减短；铸轧辊辊径增大，铸轧区增长；铸嘴嘴唇厚度增加，铸轧区增长；设备轧制力大，铸轧区增长；纯铝铸轧区稍长，合金稍短。在相同铸轧条件下，铸轧区增加，凝固区也增加，可提高铸轧速度。但当铸轧区超过一定值时，铸轧速度却变化不大，每一种合金规格，都有其获得最大速度的铸轧区。

铸轧速度相同时，铸轧区增加，其加工率、轧制力和轧制力矩增大。

相同铸轧速度条件下，铸轧区增加，传热能力增加，铸轧带出辊温度降低。

铸轧辊辊径增大，铸轧区可以相应增加。但是铸轧区长度又受轧制力和轧辊直径的限制，只能达到一定的值。

B 铸造温度

铸造温度一般指前箱的液体金属温度。

铸造温度是确保铸轧连续进行和带坯质量的重要参数。温度过高是产生晶粒粗大、增大含气量和裂口的主要原因；温度降低，其凝固释放的热量减少，同时浇注温度愈低，传热能力提高，有利于提高铸轧速度。所以，在满足铸轧工艺要求的前提下，铸造温度稍低些好，通常以690～700℃较宜，并尽量把温度控制在下限。浇注温度的控制是通过静置炉的温控实现的，其定温要充分考虑到金属熔体在传输过程中的温降。保证前箱液体金属温度的稳定，就是确保铸轧区内液穴的稳定，从而达到稳定铸轧。

C 铸轧速度

铸轧速度是指铸轧带材的出带速度。铸轧速度与铸轧辊线速度相比有一定的前滑量，辊径不同，前滑量不同，前滑量一般为6%～10%。

为了保证铸轧过程的连续稳定性，铸轧速度应与铸轧区内金属的凝固速度保持一定的比例关系。如铸轧速度大于凝固速度很多，易使铸轧带冷却不足，直至金属来不及凝固，液态金属从辊缝流出，影响正常轧制。因此，铸轧速度存在着一个极限速度，即在临界液穴稳定轧制下的最大速度。

若铸轧速度低于凝固速度太多，液态金属停留在铸轧区内时间太长，造成过度冷却，将会造成液态金属凝固于铸嘴内，破坏铸轧过程。

影响铸轧速度的因素为：铸轧区长度、合金成分尤其铝中铁含量、辊套厚度、轧辊表面状态、前箱的熔体温度及供料嘴供给熔体的均匀性等。

D　冷却强度

铸轧的冷却强度主要是靠轧辊在铸轧区内固、液铝与轧辊表面的热交换来实现的。当辊套与液体金属接触时，辊套很快变热，接触后热量扩散，辊套整个温度升高；然后通过循环水将辊套冷却，热量由循环水吸收而排出，其排出的热量多，则表示冷却强度大。在铸轧过程中，冷却强度增大，有利于凝固结晶和铸轧速度提高。

在相同的铸轧速度条件下，冷却强度增加，其热加工率、轧制力和轧制力矩相应增大。

影响冷却强度的因素很多，如轧辊的材质、辊套壁厚和导热性能，铸轧辊芯结构、冷却水温度、压力和流量等。

E　前箱液面高度

前箱也称中间包，其主要作用是保证铸轧区中液态金属的供应量和所需的压力，此压力靠前箱液面高度产生的静压力来维持，原则上在保证不破坏辊嘴间隙液膜表面张力的前提下，前箱液面越高越好。前箱液面越高，越有利于金属液体的供给，液态金属对结晶面的压力就越大，不仅能保证金属结晶的连续性，而且能使铸轧带材获得较为致密的组织。前箱液面过低，静压力小，会造成金属供流不足或金属液体在铸轧区域局部过冷凝固，影响铸轧带材质量，甚至造成铸轧中断。

在相同铸轧条件下，铸轧区增大，嘴辊间隙增大，前箱液面高度的调节范围将减小。

F　主要工艺参数之间的关系

a　铸轧温度与铸轧速度的关系

根据统计数据铸轧温度与铸轧速度的关系如图48-46所示，铸轧温度高时，铸轧速度应低些，反之，铸轧温度低时，应以较高的速度相配合。通常采用较低的铸造温度，而允许较高的铸造速度。

b　铸轧区长度与铸轧速度的关系

铸轧区长度与铸轧速度的关系如图48-47所示，从图48-47可见，铸轧区长度增加时，铸轧速度可以加快，反之，铸轧区减小，铸轧速度也应相应地减慢。

c　铸轧速度和辊套之间的关系

在一定的辊套厚度范围内，用同样的辊套材料和以一定的冷却强度进行连续铸轧时，铸轧速度和铸轧带厚度的乘积值在一定范围之内。辊套材料的热导率愈大，其数值愈大。

辊套材料热导率较大时，冷却强度增大，铸轧带材的晶粒度也较为细小。

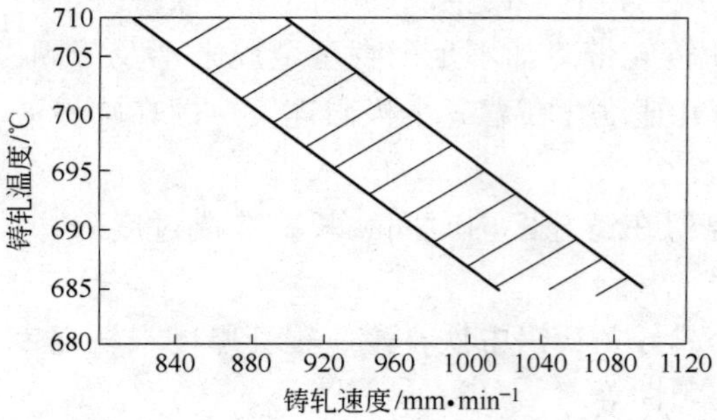

图 48-46　铸轧温度与铸轧速度的关系

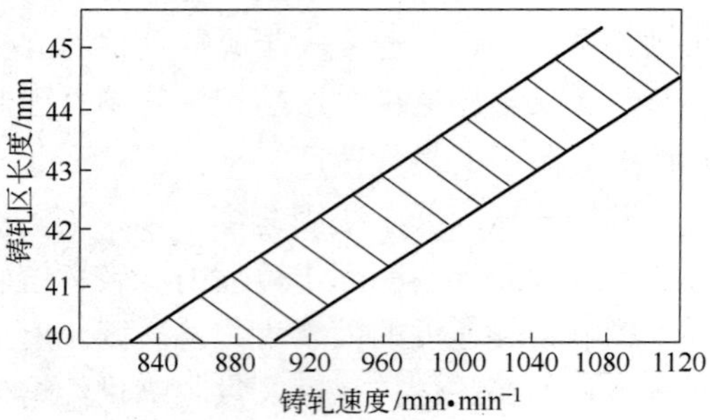

图 48-47　铸轧区长度与铸轧速度的关系

48.3.4.4　双辊式铸轧机设备

双辊式铸轧机由前箱及液位控制装置、铸轧机本体、联合辅助送料装置、卷取机、卸卷小车、捆扎装置、循环水系统、液压系统、电控系统等组成。有的铸轧机还带有切边装置、碎片回收装置、带厚自动测量装置等。

A　前箱及液位控制装置

前箱用于向铸轧辊辊缝输送铝液进行铸轧，前箱上设有液位控制装置，用于对前箱中的铝液液位进行控制，控制精度 ±1mm。

液面控制系统的作用就是稳定前箱液面高度，保持液态金属供给充足、平稳，确保铸轧的连续性。常用的有杠杆控流器、浮漂控流器和非接触式液面控流器等三种，如图 48-48 ~ 图 48-50 所示。

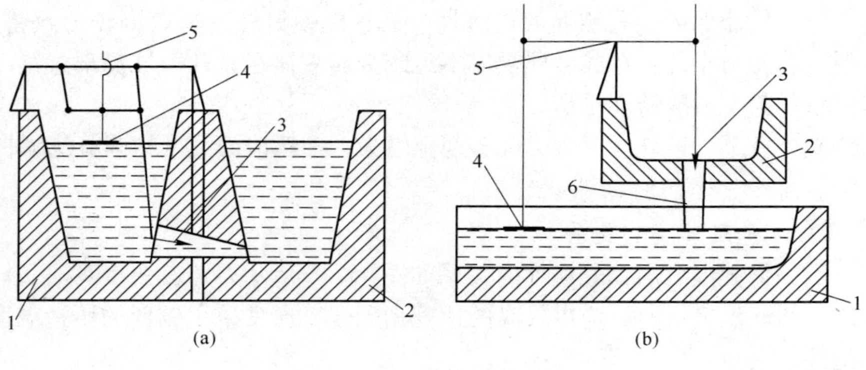

图 48-48　杠杆控流器

(a) 水平式控流；(b) 垂直式控流

1—前箱流槽；2—供流流槽；3—钎塞；4—浮漂；5—连杆；6—流管

B　铸轧机本体

用于将铝液冷凝成固态并对其进行轧制。

铸轧机本体设备由牌坊、铸轧辊部件、铸轧辊传动装置、预应力油缸、辊缝调整装置、换辊装置、辊面喷涂装置、出口导辊等部分组成。

(1) 牌坊：用于安装铸轧辊部件、预应力油缸、辊面火焰或石墨乳液喷涂装置等。采

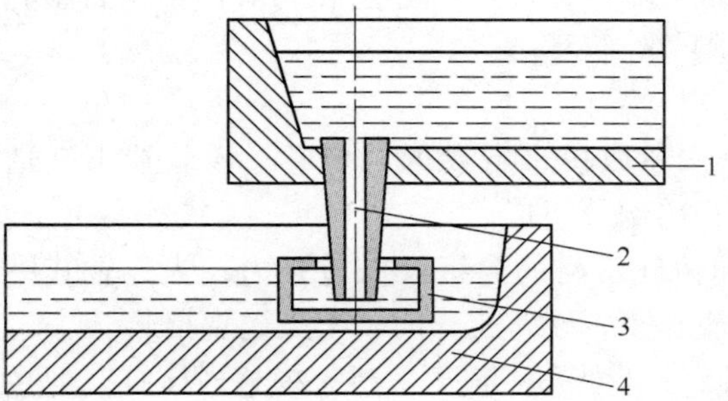

图 48-49　浮漂控流器

1—供流槽；2—流管；3—浮漂；4—前箱流槽

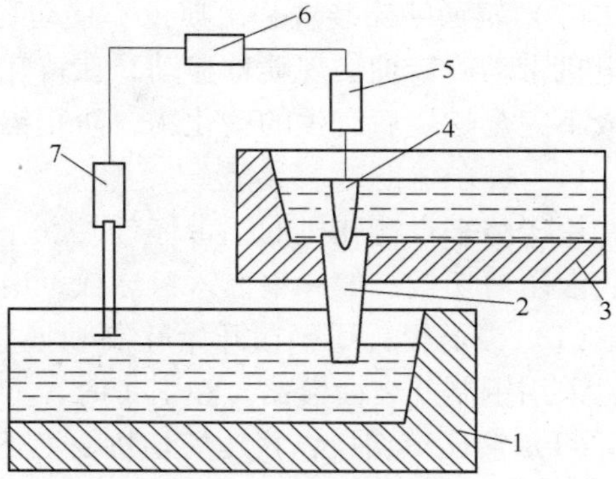

图 48-50　非接触式液面控制器

1—前箱流槽；2—流管；3—供流流槽；4—钎塞；5—执行机构；6—控制器；7—液位传感器

用铸钢结构。

（2）铸轧辊部件：由铸轧辊、轴承座、轧辊轴承、冷却水旋转接头等组成。铸轧辊由辊套和辊芯热装配而成（见图48-51），两端由特殊的密封圈和压环密封，辊芯内部带有经机械加工形成的循环水回路。冷却水系统通过安装在铸轧辊操作侧的轧辊冷却水旋转接头和铸轧辊内部的冷却水循环通道连通，由冷却水带走金属中的热量。

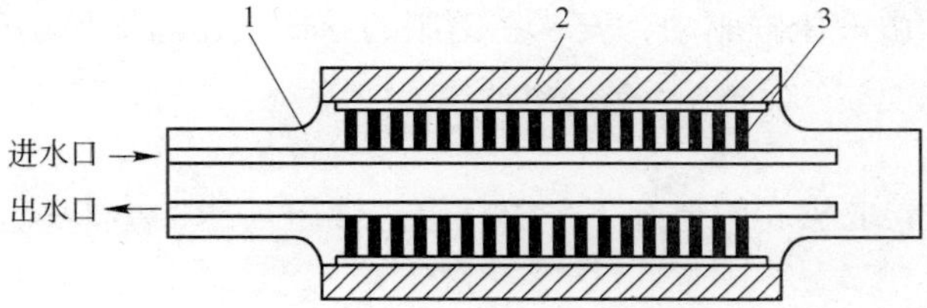

图 48-51　铸轧辊结构

1—辊芯；2—辊套；3—冷却水通道

（3）铸轧辊传动装置：由驱动电机、双行星减速箱、万向联轴器、联轴器支座等组成，上下轧辊各有一个单独的传动装置对其进行传动。

（4）预应力油缸：分别置于两牌坊窗口下部，其压力可单独调整，轧制压力可通过测压头测压并显示在操作台上。

（5）辊缝调整装置：该装置是一个手动的楔块系统，用于建立轧辊轴承座之间的间隙，从而控制辊缝尺寸。辊缝控制有两种方式，一种是调整楔块位置，另一种是调节预应力油缸的压力。在轧制过程中如果同板差超出目标值较大时，可手动调节楔块系统，改变单侧轧辊轴承之间的间隙，达到在线调节同板差的目的；若差值很小时，可通过在操作台上调节相应侧预应力油缸的压力。必要时两种方法联合使用。

（6）换辊装置：由换辊液压缸、滚轮、换辊轨道等组成。换辊时先将牌坊摆到水平位置，下轧辊轴承座上装有滚轮，在换辊液压缸的驱动下，滚轮支撑整个辊系在换辊轨道上运动，将辊系移出或推进机架，从而实现换辊。

(7) 辊面喷涂装置：由喷枪、移动装置等组成，喷枪固定在移动机构上，通过交流变频电机带动旋转轴实现喷枪移动，在铸轧辊表面上不断喷涂具有分离和润滑作用的石墨乳液或不完全燃烧后产生的碳化物，防止铝液粘辊。

C 联合辅助送料装置

用于将来自铸轧机的铝带坯经切头后，送入卷取机进行卷取并成卷。该装置由夹送辊、液压剪切机、偏导辊、入口导板、出口导板等部分组成。

(1) 夹送辊：用于在开始轧制和换卷期间铸轧带材的穿带及保持张力，为二辊式结构，采用钢制并表面镀铬。在引带时，上夹送辊压下，正常工作时，上夹送辊抬起。

(2) 液压剪切机：液压剪切机由上下刀架、上下剪刃、机架、机架横移液压缸、剪切液压缸等部分组成，安装在滑架上。剪切时剪切机随铸轧带坯水平移动，剪切完毕后复位。

(3) 偏导辊：偏导辊为游动辊，带有冷却水旋转接头，内设冷却水套，用循环冷却水冷却。其一端连接有高精度的脉冲编码器，用于铸轧带材速度的精确计算。

D 卷取机

用于将铸轧带材卷取成卷，由卷筒、主传动装置、卸料推板、侧支撑等部分组成。

(1) 卷筒：由四块钢制扇形块组成，通过楔块、拉杆和旋转液压缸驱动实现卷筒的涨、缩。卷筒开有钳口，用于夹紧带材的头部。

(2) 主传动装置：由交流电机、行星减速机等组成，交流电机和行星减速机直接安装在主减速机上。

(3) 卸料推板：由液压缸驱动，安装在钢制的导杆上，与卸料小车一起将成品料卷从卷筒上卸下。

E 卸卷小车

用于将铸轧卷从卷取机卷筒上卸下，由托辊、液压马达、小车等组成。

F 捆扎装置

用于捆扎铸轧卷，由支架、平衡器、捆扎机等部分组成。

G 循环水系统

为了保证铸轧辊的冷却水清洁、不结垢，采用闭式冷却水循环系统，该系统主要由泵站、冷却器、温度调节系统、阀门及管路等组成。

冷却水由水泵加压后通过管道进入铸轧辊中，完成冷却后经水管流回冷却器完成系统循环。

在轧辊冷却水入口处设置测温装置，测得的温度值送入 PLC 程控器中，与设定值比较后，根据差值大小发出信号，调节比例阀控制回水流量，达到温控目的。

H 液压系统

用于为铸轧机组各液压执行组件提供动力源，由高压系统和低压系统组成。

高压系统由高压泵及控制阀组成，控制铸轧机的预应力状态，由比例阀、压力传感器控制油缸的压力。

低压系统由两台叶片泵及阀台组成。

液压系统采用自循环过滤冷却方式，洁净度高，并设有温度、压力、液位报警等功能。

I　电控系统

包括交流控制柜、卷取机电机控制模块、PLC 控制柜、主操作台等。

铸轧生产中所需的各种信号、数字等可在主操作台触摸屏上显示，显示的参数有前箱温度、液位高度、冷却水温度、铸轧速度、上下辊力矩、机列速度、带材卷径等。各种操作均可通过操作台触摸屏进行，并可显示各种故障、报警信息，以便操作人员快速判断故障原因进行处理。

国内厂商连续铸轧机的主要技术参数参见表 48-15。

表 48-15　国内厂商连续铸轧机的主要技术参数

带材厚度/mm	5 ~ 10					
带材最大宽度/mm	1200 ~ 1400	1600	1700	1700	2060	2200
铸轧辊规格/mm × mm	ϕ650 × (1450 ~ 1650)	ϕ800 × 1830	ϕ960 × 1850	ϕ1003 × 1900	ϕ1200 × 2300	ϕ1150 × 2400
轧辊最大线速度/$m \cdot min^{-1}$	2	2	2	2	3	3
最大预应力/kN	800	10000	20000	22000	25000	25000
铸轧辊传动形式	单驱动/上下辊单独传动	上下辊单独传动				
铸轧机结构形式	倾斜式/水平式					
国内主要厂商	中色科技股份有限公司（原洛阳有色金属加工设计研究院）、涿神有色金属加工专用设备有限公司、上海捷如重工机电设备有限公司、上海天重机械（集团）有限公司					

48.3.5　铸造铝母线的生产

48.3.5.1　生产工艺过程

铝母线由固定模水平连铸而成。

根据铝母线化学成分的要求进行配料计算，将各个电解槽中取出来的不同品位的电解铝液，按照一定比例在混合炉内进行质量调配；Fe、Si 及其他杂质含量应符合国家标准的规定。混合炉内铝液温度符合铸造温度要求，打开混合炉流眼，铝液通过流槽和中间包浇入铝母线结晶器，达到规定的长度后在线锯切，经检查合格后入库。其生产工艺流程如图 48-52 所示。

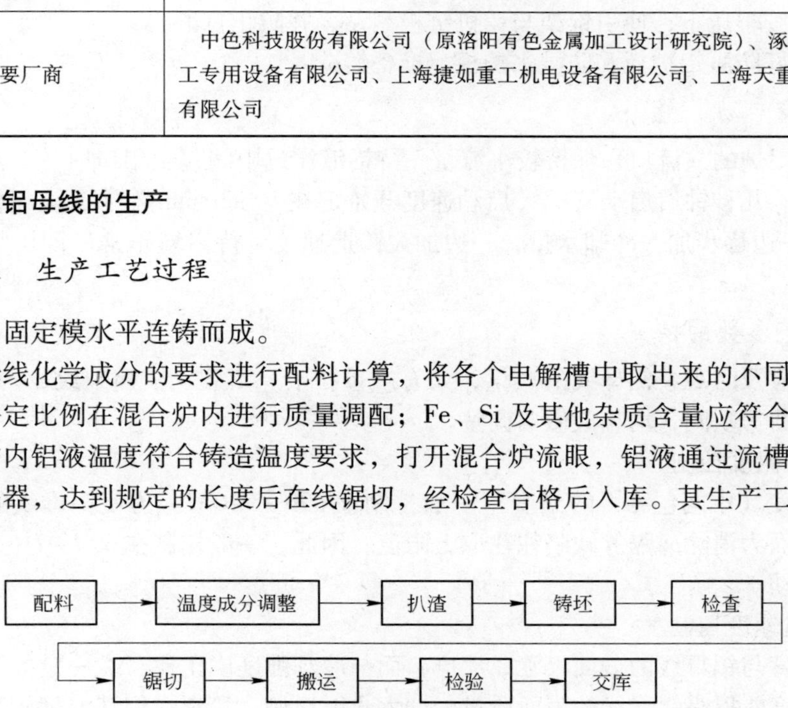

图 48-52　铝母线生产工艺流程

48.3.5.2　成分调整

A　配料计算

铝母线的化学成分计算和重熔用铝锭相同，其配料计算可见 48.3.1.2 节。

B　化学成分调整原则

（1）一般情况下，应采用国家现行标准《变形铝及铝合金化学成分》（GB/T 3190—2008）中含铝纯度高于 99.6% 的工业纯铝的规定，且铁、硅含量比应大于 1。

（2）当母线宽厚比小于 1.5 时，为控制铸锭中心裂纹，应取较大的硅铁比，即硅含量应高于铁含量。

48.3.5.3　铝母线的铸造

A　铸造前准备工作

（1）将中间包预热到 200℃以上。

（2）用水平尺调整结晶器的高度、平直度和垂直度，并与铸机链板平面固定好。

（3）检查修整导流板上的导流孔，保证导流孔的面积为铸坯面积的 8% ~10%，且为左右对称的两个矩形孔，位于中心线的下部。

（4）检查结晶器冷却水孔，用细砂纸打磨光亮结晶器内表面。

（5）结晶器内壁衬硅酸纸条，并涂刷石墨糊。

（6）将装配好的引锭装置推入结晶器，用石棉线塞死缝隙。

（7）将胶辊压下，使引锭架与铸机链板紧贴，并防止打滑。

（8）上好防溅铝护板和防溅水护板，准备铸造。

B　引流启动

打开熔铝炉的放流口，保持较小流量，待铝液没过中间包出铝口时，开启进水阀，给少量冷却水，几秒钟后启动铸机（启动速度开始定在 50mm/min 左右，大规格母线应小一些），此后一边逐步加大冷却水量，一边加大铸造速度，待出坯正常后即可加到正常铸造速度。

C　工艺参数的控制

铸造时应及时观察铝母线的质量，如有严重拉痕、角裂、横向裂纹、内部中心裂纹、大波纹、弯曲等缺陷，均相应做出调整。

a　浇注温度控制

浇注温度（中间包测得的温度）一般控制在 690 ~710℃。为使铝母线的晶粒细小应取下限值，而为消除冷隔等缺陷往往取上限值，因此，一般控制在 690 ~710℃为宜，且不应有较大波动。

b　铸造速度控制

铸造速度与铝母线的截面尺寸成反比，而与冷却强度成正比，在一定的限度内采用较高的铸造速度能提高铝母线的表面质量，增大收缩比例，只有在铝液温度较高、冷却强度较小时，才采用低的铸造速度，一些铝母线铸造速度的参考值见表 48-16。

表 48-16 一些铝母线铸造速度参考值

铝母线规格/mm×mm	参考铸造速度/mm·min^{-1}
大规格尺寸母线（如 350×250，550×220，550×150，350×200，400×220 等）	130～150
宽度比小于 1.5 的近方截面母线（如 270×220，250×220，200×180，220×160 等）	120～150
小规格母线（如 220×90，90×85 等）	180～200

c 冷却强度的控制

一般的，冷却水流量为 20～50t/h，规格越大流量越大，冷却水压力为 0.035～0.045MPa，冷却水温度为 15～35℃。冷却强度过大时易出现冷隔、冷裂等缺陷。

D 锯切

当铝母线铸到要求长度时，即可进行在线锯切。锯切时，应防止出现锯口横、纵向倾斜。

49　铝及铝合金的低压铸造

※※※

49.1　铝及铝合金低压铸造原理及工艺过程

低压铸造是利用较低的气体压力（0.08～0.12MPa）将液态金属通过升液管填充到铸型内，并使铸件在一定压力下结晶凝固。所需压力取决于熔池液面和铸型高度之间的水平差，有利于实现机械化及自动化操作。该法充型平稳，速度易于控制，液流方向和铸型内气流方向一致，排气通畅，从而减少了合金液倾翻时带来的氧化夹渣等缺陷。由于在压力下结晶，实现顺序凝固，使得铸件补缩效果好，组织致密均匀，偏析现象少，有利于后部的各种加工。

低压铸造的工艺过程如图 49-1 所示。它包括升液、充型、增压结晶凝固、卸压、冷却等阶段：

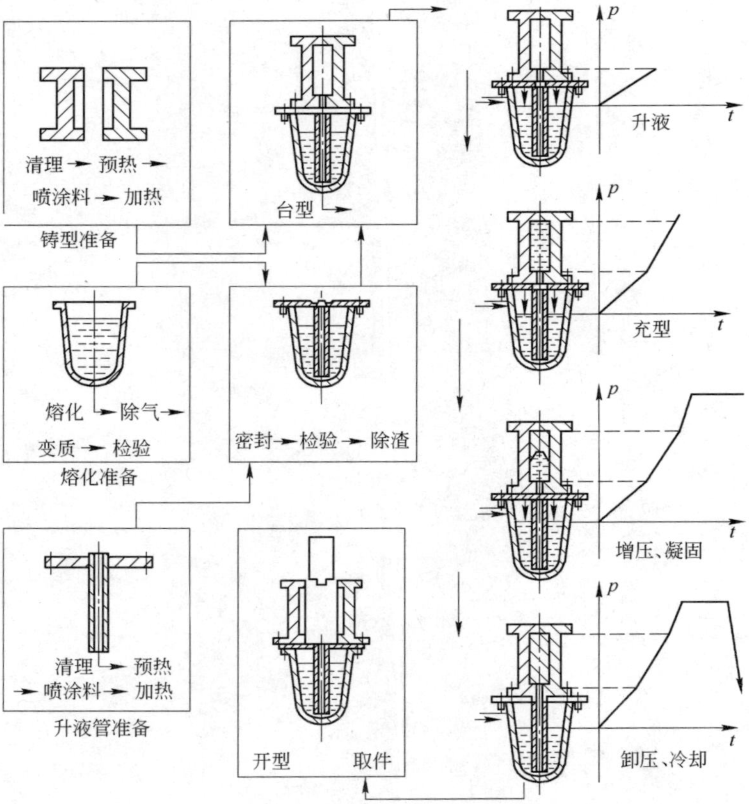

图 49-1　低压铸造工艺过程

（1）升液。将一定压力的干燥压缩空气或惰性气体通入坩埚中，使金属液沿着升液管平稳上升到铸型的浇道处。

（2）充型。金属液由浇道进入型腔直至充满铸型。充型速度可以进行控制，以利于金属液平稳充型，既保证型腔中的气体排出，也避免冷隔、氧化夹渣等缺陷的产生。

（3）增压。金属液充满型腔后，立即进行增压，使型腔里面的金属液在一定的压力下结晶凝固。

（4）凝固。型腔里面的金属液在增压压力的作用下，完成由液态到固态的转变过程，又称之为保压阶段。

（5）卸压。铸件凝固完毕，即可卸除密封容器（坩埚）中的液面压力，使升液管和浇道中尚未凝固的金属回落到浇包（坩埚中）。

（6）冷却。卸压后，为使铸件达到一定的凝固强度，防止在开型取件时导致铸件开裂，需要延时冷却一定时间，然后开型，取出铸件。

49.2 铝及铝合金低压铸造的工艺特点

低压铸造的工艺有以下特点：

（1）金属液充型平稳，充型速度可根据铸件的不同结构和铸型的不同材料等因素进行控制，因此充型时可避免金属产生翻腾、冲击和飞溅，减少氧化夹渣，提高铸件质量。

（2）金属在压力下充型，流动性增加，铸件成形性好，便于浇注复杂的薄壁铸件，使铸件轮廓清晰、表面光洁。

（3）铸件在压力下结晶凝固，可以得到充分的补缩，故铸件组织致密、力学性能提高。下表是低压铸造同其他铸造方法所获得铸件的力学性能比较。

（4）低压铸造的浇注系统比较简单，并可减少或省去冒口，尚未凝固的金属液可流回坩埚中，减少金属的损耗，因此工艺出品率高。一般砂型铸造50%～70%，金属型铸造40%～70%，压力铸造70%～90%，低压铸造可达80%～95%。

（5）低压铸造对合金牌号适用范围较宽，不仅适用于非铁合金，而且适用于铸铁、铸钢等。

（6）易于实现机械化与自动化。与压铸工艺相比，低压铸造工艺简单、制造方便、投资少。

（7）对于热节较多、顺序凝固条件不好的铸件，制造困难较多，应采取必要的措施，如用冷铁、冒口等加以解决。

低压铸造同其他铸造方法所获得铸件的力学性能比较见表49-1。

表49-1 低压铸造同其他铸造方法所获得铸件的力学性能比较

铸件力学性能			抗拉强度 σ_b/MPa		断后伸长率 δ/%		布氏硬度 HBS		备注
			铸态	热处理	铸态	热处理	铸态	热处理	
铸件名称和铸造方法	铝活塞	金属型铸造	140～180	170～230	—	—	70～80	95～115	
		金属型低压铸造	170～210	240～320	—	—	75～85	100～120	
	铜泵体	砂型铸造	300	—	15	—	90	—	
		砂型低压铸造	345～374	—	18.5～48.7	—	84～100	—	
	铝壳体	砂型铸造	—	350～360	—	13	—	70～80	合金为ZAlMg10
		砂型低压铸造	—	390～395	—	21～24	—	98	
		金属型低压铸造	—	440～450	—	17～22	—	120～125	

49.3 铝及铝合金低压铸造在电解铝厂的应用

低压铸造法在电解铝厂的应用，主要是以自产的 A356 合金为原料，生产铝合金汽车轮毂。铝轮毂生产有低压铸造、重力铸造、锻造等多种生产工艺（见表 49-2）。

表 49-2 铝轮毂的制造工艺

制造工艺	主要特点	备注
低压铸造	在较低压力下浇注，可大批量生产较高质量汽车轮毂，生产率、合格率、铝液利用率均较高，成本比重力铸造稍高	目前被广泛采用
重力铸造	是液体金属靠重力作用充填铸造型腔而获得铸件的一种铸造方法，铸模可重复使用。历史悠久，工艺简单，成本最低。不足之处是金属晶粒较大，强度较低，质量较大，表面处理工作量较大，铝液利用率较低	部分企业用于生产摩托车轮毂
锻　造	一般指热模锻。产品质量最好，有高密度的金相组织和良好的力学性能，质量最轻，表面最光洁，但成本远高于铸造。可锻造出花纹和图案。所用原料多为圆铸锭	一般适用于大型轮毂制造

低压铸造法生产铝合金轮毂，国外在 20 世纪 60 ~ 70 年代已获普遍应用。中国于 20 世纪 80 年代后期开始生产铝轮毂，目前，80% 以上的铝合金汽车轮毂都是采用低压铸造工艺生产的。国际上曾评价它是铸造铝轮毂的最经济有效的方法。

49.4 铝及铝合金低压铸造工艺

49.4.1 浇注温度和铸型温度

在低压铸造中，确定浇注温度的原则是在保证铸件成形的先决条件下，以较低的浇注温度为宜，因为这样可以减少液态金属的吸气和收缩，使铸件产生气孔、缩孔、内应力、裂纹等缺陷的机会减少，同时使铸件的组织比较致密。由于低压铸造中，液态金属是在压力作用下充型的，因而其充型能力要高于一般铸造，而且因浇注在密封状态下进行，液态金属热量散失也较慢，所以其浇注温度可比一般铸造方法的浇注温度低 10 ~ 20℃。对于具体的铸件而言，浇注温度仍必须根据其结构、大小、壁厚及合金种类、铸型条件来正确选择。

汽车铝合金轮毂低压铸造对金属型的工作温度就有一定的要求。金属型的工作温度一般控制在 350 ~ 500℃，浇注薄壁复杂件时，可高达 400 ~ 520℃。

49.4.2 充型压力

充型压力 $p_{充}$ 是指充型阶段中，金属液上升至铸型型腔顶部（即完全充满型腔）时所需提供的气体压力。充型压力可依据帕斯卡原理确定，即：

$$p_{充} = \mu H\gamma \tag{49-1}$$

式中 μ——充型阻力系数，一般取 1.0 ~ 1.5（其值与型内反压、铸件的平均壁厚、充型速度有关）；

H——从浇注后密封坩埚中金属液面到铸型型腔顶部的距离，m；

γ——合金液密度，kg/m^3。

49.4.3 充型速度

充型速度是指充型过程中，金属液面在型腔中的平均上升速度。充型速度的恰当与否对铸件质量有直接影响。

随着充型速度的增加，金属液在型腔中的扰动也会增大，从而破坏液流表面的氧化膜，并使氧化膜和空气卷入液流内部，造成夹杂逐渐增多。因此，过大的充型速度将使充型过程变得不平稳，加剧紊流，甚至引起金属液的飞溅，这也会产生包气、氧化夹杂，并且有可能出现由于憋气而产生欠铸、轮廓不清的缺陷。

实践证明，在保证充填性的前提下，型内液面上升速度越慢越好。但是过小的充型速度也会形成欠铸、冷隔及其他类似缺陷。

49.4.4 加压速度

加压速度 v_p 取决于通入密封罐内的气体压力的增长速度，可按式 49-2 计算：

$$v_p = p_{充}/t \tag{49-2}$$

式中 v_p——加压速度，MPa/s；

$p_{充}$——充型压力，MPa；

t——达到充型压力值所需要的时间，s。

根据低压铸造各浇注工艺阶段来选定不同的加压速度。升液阶段的加压速度应使合金液平稳上升，充型阶段的加压速度较升液阶段的加压速度稍快。

49.4.5 结壳时间的确定

对于有一定壁厚的铸件，采用干砂型或金属型干砂芯进行低压铸造时，充型结束后，必须有一段压力保持不变的结壳时间，一般为 15 ~ 30s。当铸件表层形成具有一定厚度的“壳”后，再继续增压，可以避免液态金属渗入砂型（芯）中，减少机械粘砂（型）的机会。

一般地说，采用金属型时的结壳时间比较短，而采用砂型时的结壳时间则比较长；铸件壁厚较大的，结壳时间比较长，壁厚较小的则比较短；浇注温度较高时结壳时间比较长，反之则比较短。在生产中，用无砂芯的金属型浇注薄壁铸件时，有时可以取消结壳时间，即型腔充满之后直接增压补缩结晶。恰到好处的结壳时间是在生产中调试出来的，总之，在不粘砂不跑火的前提下结壳时间越短越有利于补缩及提高铸件的内在质量。

49.4.6 增压压力的确定

低压铸造的特点之一是液态金属是在一定的压力下结晶的。铸件在凝固过程中，坩埚内的液态金属在压力作用下经升液管、浇注系统源源不断地对铸件进行补缩，可有效地消除缩孔、缩松，提高其组织致密度。增压压力越大，补缩效果越好，最后获得的铸件组织也愈致密。因此，在低压铸造中一般都有增压阶段，即充型（结壳）结束后，在充型压力的基础上，再使压力增加一定数值。

增压压力的大小一般根据铸型种类、铸件特点，通过试验加以确定。

49.4.7 保压时间的确定

保压时间是指在保持恒定的增压压力作用下铸件凝固阶段所需的时间。保压时间不足，铸件的凝固得不到充分补缩，易出现缩孔、缩松缺陷。严重时因铸件尚未完全凝固，铸型中的金属液将会全部或部分流回坩埚，造成“中空”废品。但若保压时间过长，轻则使生产周期长、生产率下降，严重时会使升液管上部“冻结”（堵浇口），造成疏通困难，甚至因此而停产维修。所以生产中必须选择恰当的保压时间。

保压时间与铸件的壁厚、结构及浇口形状，液态金属的热导率及温度，铸型的温度、热导率及冷却条件，坩埚内液态金属的存量，底型的直浇口处的热阻及热容等诸多因素有关。到目前为止，尚未出现较为简便实用的公式来计算各种铸件的保压时间。生产中一般仍是依据“铸件重量-保压时间”参考曲线先选取参考值（见图49-2），然后由实验加以修正确定。

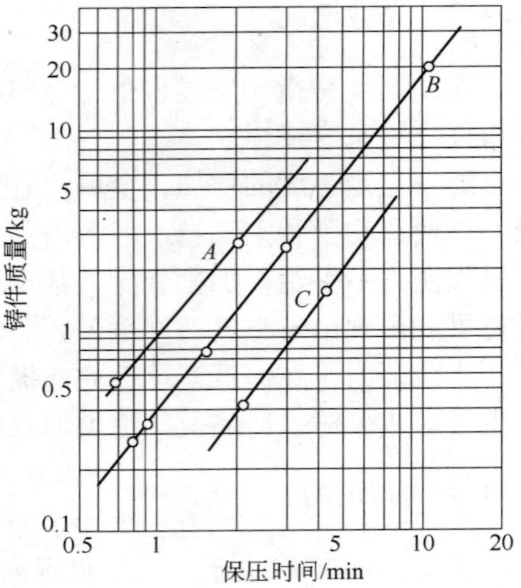

图49-2　保压时间参考值

A—浇口位于铸件薄壁处；*B*—介于*A*、*C*之间的情况；*C*—浇口位于铸件厚壁处

49.4.8　涂料

如用金属型低压铸造时，为了提高其寿命及铸件质量，必须刷涂料；涂料应均匀，涂料厚度要根据铸件表面粗糙度及铸件结构及铸件的冷却方向来决定。

49.5　铝及铝合金低压铸造设备

低压铸造设备主要由保温炉及密封坩埚系统、机架及铸型开合装置、液面加压控制系统等三部分组成，如图49-3所示。

低压铸造设备结构类型可按不同机架结构及其在炉体上的不同固定方法来区分，分为

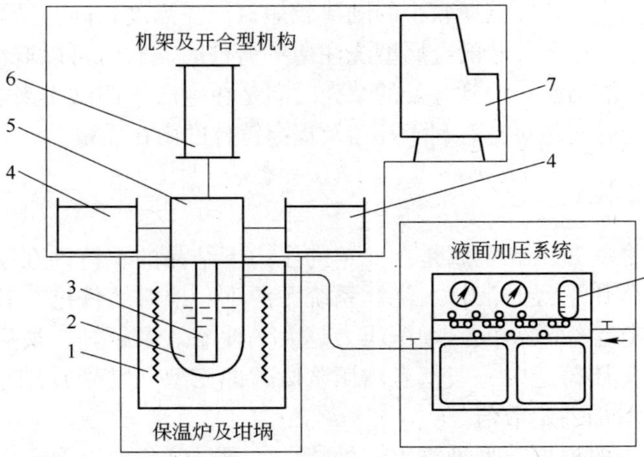

图49-3　低压铸造设备总体示意图

1—保温炉；2—坩埚；3—升液管；4—水平开型缸；5—铸型；6—垂直开型缸；7—开合型腔控制台；8—液面加压控制系统

活动式机架低压铸造机和固定式机架低压铸造机，也可按金属液驱动方式的不同来分，如电磁泵驱动金属液的低压铸造机。

49.5.1　活动式机架低压铸造机

活动式机架低压铸造机有以下几种：

（1）吊装式机架低压铸造机。整个开合型机构、铸型等均安装在基准底座上，用起重设备将整个机架吊到保温炉上并加以固定。该机构紧凑，安装维修方便，适合中、小铸件批量生产。

（2）旋转式机架低压铸造机。开合型机构由升降液压缸推动立柱带动升降，起到与保温炉密封和脱离作用并可绕立柱在180°范围内旋转，使用时便于坩埚清理，适用于有桥式起重机的车间。

（3）倾角式机架低压铸造机。将机架底板安装在支架上，利用倾角液压缸使支架做倾角动作，从而实现与炉体的配合。该机结构紧凑，操作、维修方便，适用于小型铸件的生产。

（4）平行移动式机架低压铸造机。机架的底座下固定四个滚轮，由千斤顶顶起轨道，机架便可由人工或机械在轨道上移动，它是借助机架的质量与炉体配合。能在炉外准备铸型，改善劳动条件，适用于大中型铸件的生产。

49.5.2　固定式机架低压铸造机

该机机架固定不动，保温炉安装在移动的台车上。台车下铺设轨道，轨道下安装柱塞式液压缸。浇注时，液压缸把保温炉顶起与机架配合。浇注完毕，液压缸把保温炉放下，由电动机传动台车移动，也可由液压缸拉动台车移动。如图49-4所示。

图49-4　固定式机架低压铸造机

49.5.3 电磁泵驱动金属的低压铸造机

将电磁泵浮放在熔池中的金属中，金属液在电磁泵的驱动下，经过输液管流入机架上的铸型中。输液管用陶瓷材料制作，浇注时进行电加热，防止金属液在管内凝固，如图49-5所示。

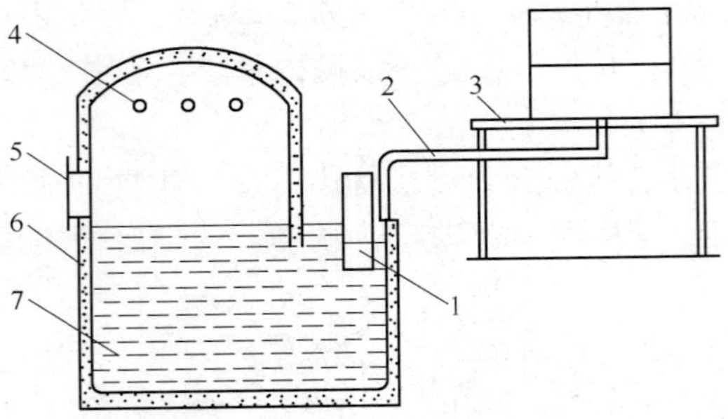

图49-5 电磁泵驱动金属液的低压铸造机示意图
1—电磁泵；2—输液管；3—机架；4—电加热元件；
5—操作门；6—炉体；7—金属液

可用施加在电磁泵上电压的大小来调节金属液的流速，从而容易地按低压浇注规范来获得优质的铸件。这样的低压铸造机主要用于铝合金铸件的生产，自动化程度高，可进行程序控制。

国内外部分低压铸造机的主要技术参数参见表49-3。

表49-3 国内外部分低压铸造机的主要技术参数

保温炉容量/kg	功率/kW	模板尺寸（长×宽）/mm×mm	合型力/kN
150	27	800×650	34
150	27	1240×800	104
300	37.5	1620×1000	170
300	45	1400×880	400
350	22	800×800	85
800	35	1000×1000	140
800	35	1400×800	250
750	60	2440×1650	320
500	50	1080×920	80
600	60	1360×1080	120

49.6 铝及铝合金低压铸造铸件缺陷及其防止方法

低压铸造铸件缺陷及其防止方法见表49-4。

表 49-4 低压铸造铸件缺陷产生的原因及防止方法

铸造缺陷			缺陷产生原因																									防止方法
缺陷分类	序号	缺陷特征	熔炼质量			铸型操作							铸件工艺					浇注工艺							其他			防止缺陷产生的主要措施
			合金成分	熔炼温度	精炼质量	造型质量	涂料脱落	下芯质量	合金质量	涂料厚度	冷铁处质量	型芯烘干程度	顺序凝固条件	排气系统	铸件结构	浇道形状位置不妥	顶杆位置不妥	模具温度	浇注温度	充型速度	保压压力	保压时间	冷却速度	脱模时间与温度	升液管涂料脱落	升液罐漏气	升液管出口形状	
孔洞与渣孔 气孔	1	铸件上部的皮下气孔										○		●						●								1. 合理控制充型速度，使金属液平稳充型； 2. 改善铸型、型芯排气条件，铸型、型芯要烘干； 3. 冷铁表面要平整清洁； 4. 保证合金液的精炼质量，避免合金液吸气； 5. 升液管使用前要试压，不得漏气
	2	铸件上部的内气孔						○			○	○		●						●								
	3	鱼泡状气孔																								●		
	4	铸件局部气穴					●				●	●		○						○								
	5	针　孔		○	●						●	●											○					
缩孔和缩松	6	内缩孔	○										●		○			●	●		○	○	○					1. 合理设计铸造工艺，建立顺序凝固条件； 2. 铸件厚大部位采取强制冷却（如风冷、水冷）措施或加大保压压力； 3. 对于壁厚悬殊过大的铸件，可以设置冒口或冒口加压措施，以利铸件补缩； 4. 正确设计内浇道或加大内浇道； 5. 适当降低浇注温度和浇注速度
	7	外缩孔	○							○			●		○			○	○				○					
	8	浇道前缩孔											●			●			○				○					
	9	缩　陷																○	○			●	○					
	10	厚截面缩松											●		○			○	○				○					
	11	厚度不均匀过渡处缩松											●		●			○	○		○		○					
	12	浇道与铸件接触处缩松											●			●		○				○	○					
夹渣	13	大平面灰渣				●	●	●												○					●			1. 严格控制充型速度； 2. 清除升液管中合格液的氧化皮； 3. 防止涂料脱落，下芯后吹净浮砂； 4. 采用过滤网
	14	氧化灰渣												●		○				●							●	

续表 49-4

铸造缺陷			缺陷产生原因																										防止方法
			熔炼质量			铸型操作							铸件工艺					浇注工艺							其他				
缺陷分类	序号	缺陷特征	合金成分	熔炼温度	精炼质量	造型质量	涂料脱落	下芯质量	合金质量	涂料厚度	冷铁处质量	型芯烘干程度	顺序凝固条件	排气系统	铸件结构	浇道形状位置不妥	顶杆位置不妥	模具温度	浇注温度	充型速度	保压压力	保压时间	冷却速度	脱模时间与温度	升液管涂料脱落	升液罐漏气	升液管出口形状	防止缺陷产生的主要措施
裂纹	15	热　裂	●										○		●								○	○				1. 选择合理铸件结构； 2. 控制铸型的冷却速度，缓慢冷却； 3. 在易产生裂纹处，开设冷却加强肋
	16	冷　裂	●										○		●								○	○				
	17	缩　裂	○												●			○					○	○				
表面缺陷	18	铸件胀砂				●															●							1. 提高砂型、型芯的强度； 2. 采用防粘砂涂料； 3. 控制充型速度、充型压力和保压压力； 4. 适当提高铸型温度和铸型排气能力
	19	粘　砂				●													○	●	●							
	20	冷　隔												●				●	●	●								
	21	表面结疤				●	●													○								
	22	表面麻点					●	●			●							●										
精度与性能	23	错　型				●			●																			1. 认真合型操作，防止错型； 2. 掌握开型、取件时间； 3. 严格合金熔炼操作规程，控制好冶金质量
	24	变形、歪曲													●		●							●				
	25	力学性能不合格	●	●	●													○	○				○					

注：●为产生缺陷的主要原因；○为产生缺陷的次要原因。

50 铝及铝合金锭铸造的技术经济分析

※※※※※※※※※※※※※※※※※※※※※※※※※※※※※※※※※※※※※※

铝及铝合金圆铸锭、扁铸锭、铸轧带材、圆铝杆的配料方式有两种：一是用重熔用铝锭配料，铝加工厂的铸锭车间多采用此种工艺；二是直接用电解铝液配料，多为电解铝厂的铸锭车间采用的工艺。

铝及铝合金铸造的技术经济分析是建立在用高温电解铝液配料生产圆铸锭、扁铸锭、铸轧带材、圆铝杆，分别供挤压、热轧、冷轧、拉伸等压力加工坯料，圆铸锭生产以6063合金为主，铸轧带材和电工圆铝杆以1×××牌号系列和8011合金为主。扁铸锭的合金品种为1×××、3×××、5×××牌号系列合金和8011合金。

用电解铝液配料生产铸锭产品，制造成本所包含的内容有：原辅材料、能源与工质、工资及其福利、厂房与设备折旧费用等。压力加工坯料作为商品除包含制造成本之外，还有财务费用、销售及管理费用。用电解铝液配料生产的压力加工坯料与用重熔用铝锭配料生产的比较，涉及合金、铸锭种类、规格、成品率等诸多因素。设定为成品率95%、电解铝液用量占炉料量70%以上条件下，仅在节约能源、减少金属烧损、减少人工成本等方面对省去重熔用铝锭进行技术经济分析，见表50-1。

表50-1 熔炼每吨成品铸锭的技术经济分析

序号	名称		指标值	备注
1	用铝锭料热耗/MJ	按天然气计（标态）/m^3	3020.9	天然气热值（标态）35.54MJ/m^3；电-热等价折算值3.6MJ/(kW·h)
		风机/kW·h	36	
		小计	3056.9	
	用电解铝液热耗/MJ	按天然气计（标态）/m^3	888.5	
		风机/kW·h	28.8	
		小计	917.3	
	不重熔节约能源/MJ		2139.6	
2	不重熔节约铝/kg		15	
3	不铸造重熔用铝锭节约铝/kg		5	
4	不铸造重熔用铝锭节约铝的节能/MJ		107	
5	不铸造重熔用铝锭省水（以m^3为单位计）/MJ		30	水折算值2.51MJ/t
6	不铸造重熔用铝锭节省捆扎钢带/kg		3	钢带（断面）32mm×(0.8~1.0) mm
7	不铸造重熔用铝锭省人工成本/元		3	按4（人·年）×3万元/(人·年)计，一条重熔用铝锭生产线按40kt/a计
8	不铸造重熔用铝锭省设备折旧/元		10	按连铸机+混合炉约480万计
9	不铸造重熔用铝锭省修理费/元		1.8	

从表50-1中数据可知，吨成品可节能2276.6MJ，可减少铝资源损失20kg，可节省钢带3kg。以高发热值燃料每4.1868MJ热值产生的烟气量（标态下）1.2m^3估算，用电解铝液配料生产每吨成品铸锭少排放烟气量（标态下）653m^3。

2007年全国铝锭产量达12560kt，如果有60%采用电解铝液配料生产铸锭，每年可减少铝资源损失约150kt，按15000元/t计算约合22.5亿元；另加节能1.72×10^{10}MJ（约合586kt标准煤）。

综上所述，采用电解铝液配料生产铝及铝合金铸锭与采用重熔用铝锭生产铝及铝合金铸锭相比，不仅有着明显的经济效益，在节能减排方面效果也十分显著。

51　铝及铝合金锭铸造技术的发展方向

✻✻✻✻✻✻✻✻✻✻✻✻✻✻✻✻✻✻✻✻✻✻✻✻✻✻✻✻✻✻✻✻✻✻✻✻✻✻✻

51.1　先进的铝及铝合金熔炼技术——等温熔炼技术

等温熔炼（isothermal melting，ITM）是指在恒定温度下进行熔炼，是一个连续工艺过程，熔化后的铝熔体在一个完全封闭的系统内循环流动。对于铝等温熔炼炉是指炉膛内熔体的温度波动范围很小，而且各处的温度几乎完全一致。所谓铝熔池，相当于常规的静止炉；而熔体温度则为放流温降与铸造温度之和，由计算机自动监控，并通过熔池底部的发热板控制温度。

等温熔炼炉结构示意图如图51-1所示，系统由循环泵送区（装有径向铝熔体循环泵）、加热区（内装直接浸没式电阻加热器）、装料区、中间处理区（装有石墨旋转喷嘴在线净化除气装置）等4个区。

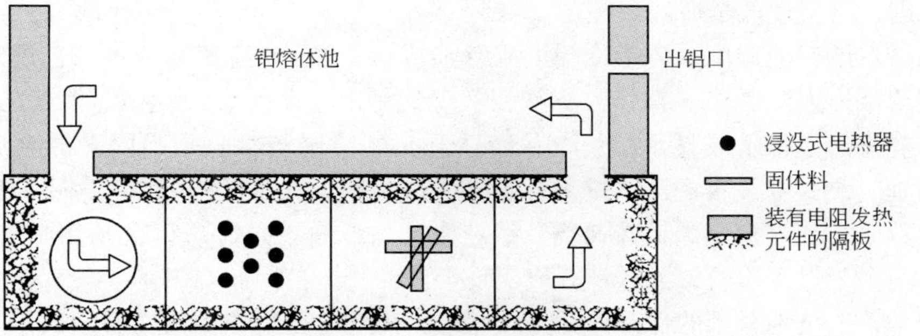

图51-1　等温熔炼炉结构示意图

循环泵送区能够促进整个系统的良好循环，这种循环改善了金属的纯度，使合金化元素混合更加均匀并使熔池内的温度更加均匀。加热区是获取能源的主要来源。在此区内，电能通过浸没式加热器转换成热能，并直接传递给熔融金属。加热区槽将熔融金属的温度提高35℃就足以将填入槽池内的固体金属熔化。装料区和处理区控制填入的固体料，或进行合金化和净化处理的过程是在多个小区域内进行，相对于传统气体燃烧炉，开口炉门将整个池面和耐火材料暴露于工厂大气之中。

开炉时首先注入一定量的熔融铝，注入量以能浸没加热器为准，装入固体料，开动循环泵与净化除气装置，待先装入的固体料熔化到一定程度后装入第二批料，如此循环，直至静置区即熔池内的铝熔体达到所需的量为止，然后放出温度和成分等指标都达到要求的铝熔体供铸造铸锭与铸件。

等温熔炼技术是采用浸没式电加热器，通过热传导方式加热的一种熔炼系统，这种系统可将97%电能转换成热能。采用这种技术根除了传统气体燃烧炉采用热辐射熔炼金属，温度高、能源浪费大的缺点。目前，绝大多数的金属铝是在较低的热效率（约30%）的气体燃烧炉内进行熔炼。采用等温熔炼技术后，熔炼铝的能耗可减少至0.42kW · h/kg，氧化烧损减少为小于1%。可以预测等温熔炼技术可节能50%，减少排放80%并节约了大量金属。

研发等温熔炼系统的关键技术是浸没式加热器和用于铝液输送的电磁泵或机械泵的制造。这种浸没式加热器能够提供很高的热通量，并且化学性能、热性能和力学性能要能够达到铝工业熔炼环境的要求。

51.2　先进的铝及铝合金铸造技术

51.2.1　全自动铸造控制技术

在国内，铸造过程各铸造参数基本上处于手动或半自动控制系统，国外全自动控制铸造过程，实现铸造工艺和铸锭质量再现性，产品质量稳定。

国内结晶器内液面采用分配流槽铝液导流管下口的浮标漏斗（人工放置）和浮标与塞棒的机械杠杆式两种方式调节流量来控制液面，液面高低因人而定，波动大，精度差；国外结晶器内液面采用激光测量装置及其自动调节流量控制系统，液面波动非常小，可达±1mm之内，可实现低金属液位控制。

国内铸造的铝液温度、铸造冷却水流量（或压力）、铸造速度依赖工艺规定的不同合金、铸锭规格由人工操作（操作台）按钮实现其铸造过程，水、铝液温度、铸造速度单独控制，在操作台上指示或显示数值，从铸造开头到结尾基本上采用同一的水流量（或压力）和铸速，结晶器没有润滑系统。从国外引进的铸造机及其铸造技术，不同合金与规格各铸造参数（水压与流量、铸造速度、铝液温度、液面、润滑）以及从铸造开头、正常、结尾阶段与衔接过渡阶段，通过计算机实现全自动铸造控制。

全自动铸造技术采用的保温炉都是倾动式，铸造过程集中控制。铝液面采用多环节单元控制，结晶器内的液面、流槽内液面设有激光测量装置，激光传感器带有微处理器，测量和处理系统相结合技术可以得到非常高的精度值，通过铸造机PLC控制保温炉倾动的流量；测量结晶器内液面和控制注入结晶器液流量的塞棒安装在横梁上，激光传感器与铝液面保持一定距离，不同铝液接触，横梁固定在分配流槽上，铸造完了同分配流槽作为整体单元移开。

铸造控制采用PLC，控制整个铸造过程。工艺参数设定菜单化，电脑菜单中的液面高度、润滑油量、铸造速度、冷却水流量、铝液温度、脉冲水停止时间、铸造长度等，都会按程序进行。合金、铸锭规格与其铸造参数选定后，设备要进行一系列的自动检查，检查结束后设备处于待铸状态。开始时，液位调节保持开始位置，结晶器内液面注入到曲线起始点，铸造机升降平台开始按开头速度下降，或喷脉冲水。当达到脉冲水停止长度及时间之后自动转入正常铸造阶段，参数（液面高度、铸速、冷却水量等）自动进行，铸造长度达到预设定点一定距离时发出声光报警，并以结束阶段参数进行。锭长达到设定点，平台停止下降，倾动式保温炉返回原位置，塞棒将分配流槽铝液口关闭，分配流槽一端提起，剩余铝液从分配流槽中流出，流净后分配流槽与塞棒一起移走，铸造结束。全自动过程控制减少了人为操作因素而造成的质量影响。

51.2.2 多层合金扁铸锭铸造技术

通常，半连续铸造法生产的铸锭其成分为单一铝合金，对于用户要求的既有高强度、又具有良好表面抗腐蚀性或焊接性能的复合材料，只能将不同合金的铸锭焊合后再轧制而成，应用范围较窄。多层合金扁铸锭铸造技术的出现，实现了以一种铝合金为中心，同时将多种合金铸造成一块扁铸锭（见图51-2），这种扁铸锭可以被轧制成内层和外层具有不同性能的板材，开发出高性能的产品。

图51-2 上下表面与芯部为两种合金的扁铸锭

51.3 铝及铝合金铸造产品与技术发展趋势

为了改变落后状况，电解铝厂铸造技术向节约型、环保型、效益型等方向发展，即从过去电解铝厂用电解铝液铸成重熔用铝锭在市场出售，铝加工厂从市场购买重熔用铝锭并配料重熔生产铝加工材用的铸锭，而转变成用电解铝液配料生产铝加工材用的铸锭，省去重熔时金属烧损和能源消耗，并省去重熔用铝锭铸造过程。发展趋势如下：

（1）体制与机制调整，使电解铝厂与铝加工厂有机地结合起来，实现经济利益共享。

（2）电解铝厂与铝加工厂建在同一地区，有利于电解铝液和加工废料的运输。

（3）产品结构调整，向中、高档和高技术产品发展，例如：用电解铝液配料生产双零铝箔、制罐料用热轧扁铸锭等。

（4）铸造技术向大型化、铸造过程自动控制方向发展。如，山东南山集团装备90t液压半连续铸造机，铸造最大扁铸锭（断面）640mm×2130mm，最大铸锭重34t，铸造工艺过程实现全自动。

参考文献

[1] Gary Parher, Tabb Williams, Jennifr Black. Production scale evaluation of a new design ceramic foam filter [J]. Light Metals, 1999：1057～1062.

[2] Martin B Taylor, Mart Cassetee, Eli Duke. Recent experience with the alcan compact degasser in two plants [J]. Light Metals , 2000. 779～784.

[3] 肖亚庆，等．铝加工技术实用手册［M］．北京：冶金工业出版社，2005.

[4] 轻合金材料加工手册编写组．轻合金材料加工手册［M］．北京：冶金工业出版社，1980.

[5] 王祝堂，田荣璋．铝合金及其加工手册（第 3 版）［M］．长沙：中南大学出版社，2005.

[6] 徐开兴．连续铸轧技术发展概述［J］．华铝技术，1997(3)：1～5.

[7] 周家荣．铝合金熔铸问答［M］．北京：冶金工业出版社，1987.

[8] 马宏声．有色及合金的熔炼与铸锭［M］．沈阳：东北工学院出版社，1983.

[9] 陈存中．有色金属熔炼与铸锭［M］．北京：冶金工业出版社，1988.

[10] 高荫恒，等．实用铝加工手册［M］．哈尔滨：黑龙江科学技术出版社，1987.

[11] 唐剑，等．铝合金熔铸技术的现状与发展趋势［J］．铝加工，2001(4).

[12] 洪伟．有色金属连铸设备［M］．北京：冶金工业出版社，1987.

[13] 3C 标型铝带连续铸轧生产线工艺技术资料．法国，PECHINEY 公司(内部资料).

[14] 唐剑，等．铝合金热轧板锭熔铸技术及设备［J］．有色金属加工，2006(1).

[15] 杜科选．利用电解铝液生产铸轧带坯的冶金质量控制［J］．有色金属加工，2006(4).

[16] 有色金属工厂设计项目经理手册编委会．有色金属工厂设计项目经理手册［M］．北京：化学工业出版社，2003.

[17] 中国有色金属工业总公司铝镁局．铝加工业年评（第 1 集），1991.

[18] 陈俊．纯铝铸轧板的变质处理［J］．铝加工，1994(2)．49～51.

[19] 崔忠圻，刘北兴．金属学与热处理原理［M］．哈尔滨：哈尔滨工业大学出版社，1998.

[20] 冶金部轻合金金相图谱编写组．变形铝合金金相图谱［M］．北京：冶金工业出版社，1975.

[21] 钱里根．金属学［M］．上海：上海科学技术出版社，1980.

[22] L · F · 蒙多尔福．铝合金的组织与性能［M］．王祝堂等译．北京：冶金工业出版社，1988.

[23] 朱诚．国内铸轧机的铸锭机水平和新铸轧机的开发［J］．轻合金加工技术，1995(11)．2～5.

[24] 陈李招，杜平．变形铝及铝合金熔铸工艺设计．洛阳有色金属加工设计研究院（内部资料)，2003.

[25] 中国机械工程学会铸造专业委员会．铸造手册（特种铸造）［M］．北京：机械工业出版社，1994.

[26] 罗庚生，张志忠．低压铸造［M］．北京：国防工业出版社，1989.

[27] 宫克强．特种铸造［M］．北京：机械工业出版社，1982.

[28] 特种铸造手册编写组．特种铸造手册（下册）［M］．北京：机械工业出版社，1978.

[29] 潘增源．低压铸造［M］．北京：机械工业出版社，1974.

[30] 申思多帕尔．国外铸造生产［M］．金复华译．沈阳：辽宁科学技术出版社，1988.

[31] 一机部铸造研究所，中国科学技术情报所重庆分所[C]．低压铸造国外文集，1978.

第九篇 再生铝

本篇主编　刘仲昱

编写人员　（以姓氏汉语拼音为序）

毕　琳　陈明元　陈文静
代先华　邓宪洲　何　磊
李　冲　李俊峰　李玉涛
李　忠　林道新　刘仲昱
孙　兵　王卫娜　杨晓霞
曾宏凯

审　　稿　（以姓氏汉语拼音为序）

杜　平

52 国内外再生铝生产的现状和发展趋势

* *

52.1 再生铝生产的意义及市场分析

52.1.1 再生铝生产及其意义

铝的抗腐蚀性能高，除某些铝制化工容器与装置外，铝产品在其使用期间几乎不被腐蚀，如建筑铝门窗、高压输配电线、交通运输工具铝结构与零配件、铝制易拉罐等在其使用期间仅发生极少量的腐蚀损失。因而在工业用的结构金属中，铝的可回收性最高，再生效益极为明显。

原铝工业这一单向流动的线性生产模式，即资源—生产—消费—废弃物排放，依靠的是高强度开采及消耗资源和能源，并影响生态环境。随着经济的发展，资源和能源逐渐成为制约发展的重要因素。而再生铝工业是把生产活动组织成一个资源—生产—消费—资源再生的反馈式流程，最大限度地反复利用再生铝资源，顺应循环经济的发展潮流，在现代铝工业中将发挥越来越重要的作用。全世界每年近 1.2×10^4kt 的各种铝及铝合金废料通过加工而成为再生铝，满足了约全球铝市场总需求量的26%，这一比例还在不断提高。

长期以来，铝土矿资源和能源一直是制约中国铝工业发展的两个主要瓶颈。氧化铝生产过程产生大量赤泥，严重影响生态环境。发展再生铝工业，实现铝资源的循环使用，对降低矿产资源和能源的消耗以及环境保护等具有如下重要意义。

（1）有利于节约能源、促进生态环境的改善。与以矿石为起点的原铝生产相比，再生铝省去了繁杂的采矿、氧化铝和电解铝生产的过程，节省了大量的基建投资，大幅度降低能源消耗与生产成本，而且大大减少了二氧化碳的排放量。每生产 1t 再生铝的耗能为 4 ~ 5GJ，而从包括采矿、氧化铝到电解铝的整个过程的 1t 原铝的能耗约为 90 ~ 100GJ。利用再生铝除节能外，还节省用水，少排放 CO_2，少排放硫氧化物，少处理赤泥等废渣，采矿过程中免剥离大量地表土石和脉石。可见发展再生铝对于生态环境保护和能源节约有着重要意义。有利于解决资源供应矛盾，保证铝工业长期持续发展。

（2）降低矿产资源的消耗。中国铝土矿资源相对缺乏。据统计资料表明：国内现有铝土矿基础储量 6.9×10^5kt，仅占世界基础储量的 2.6%，人均占有量不足世界人均的 10%。

随着经济的发展，近年来国内铝消费量逐年快速增加。铝土矿资源的制约已经越来越明显。铝及铝合金废料的大量回收和再生，则可很好地缓解铝资源的供应矛盾。

（3）降低下游产品成本，促进相关行业发展。由于竞争日趋激烈，汽车、摩托车及家电产品价格不断下降，制造业的利润空间急剧缩小，降低成本特别是降低基础材料成本已成为提高这些产品竞争力的重要措施。汽车工业是铝及铝合金的重要应用领域，铝合金价格的高低直接影响到汽车制造成本。再生铝价格低于原铝将是有利因素，故再生铝生产对于汽车工业等相关产业的发展具有重要意义。

（4）有利于劳动就业，促进地区经济的发展。再生铝工业是个劳动密集型产业，在国内各个废料回收基地，有大量当地的及外地的人员，从事着与再生铝有关的工作。例如台州、镇江、保定、南海和太仓等一批拆解量大的废金属市场提供了大量的就业机会；而再生铝企业如河北立中有色金属、浙江万泰铝业、浙江力士达铝业等公司产值逾亿元，成为当地经济发展的龙头企业。

52.1.2 再生铝市场分析及其在汽车工业上的应用

铝及铝合金废料大部分再生成铸造铝合金，只有一小部分再生成变形铝合金和炼钢用的脱氧剂。

在生产铸造铝合金时，铝与其他合金元素熔配成各种牌号的铝合金，来满足铸件不同的用途，铸造铝合金的特点及用途见表52-1。再生铝企业的产品形式多数为用链式铸锭机生产的船形锭（或称元宝锭）和用连续铸造机生产的方棒、圆棒，供交通运输业、机械行业、轻工行业等下游用户作为原料，也可以直接铸成所需的铝合金铸件。从铝合金铸件的消费结构（见图52-1）可以看出，在铝合金铸件的总产量中，大约有69%的铝合金铸件用于汽车制造。

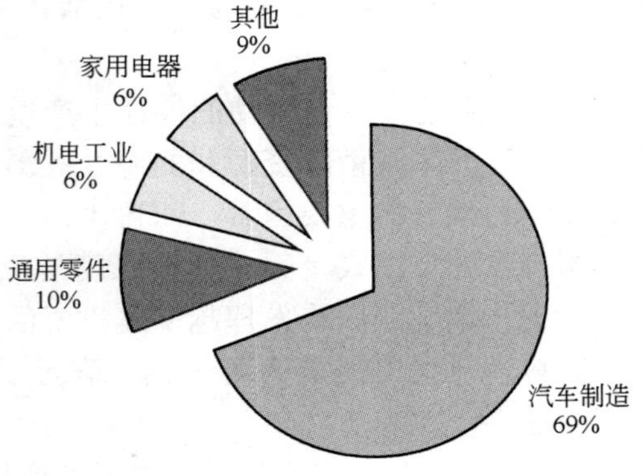

图52-1 铝合金铸件的消费结构

用回收的铝及铝合金废料生产的变形铝合金有易拉罐扁锭、挤压圆铝锭和其他扁锭。在回收系统完善的国家建设了用回收易拉罐生产易拉罐扁锭的生产线。

表52-1 铸造铝合金的特点及用途

合金代号	合金特点	应用
ZL101	ZL101合金具有较好的气密性、流动性和抗热裂性能，有中等的力学性能、焊接性能和耐腐蚀性能，成分简单，容易铸造，适用于各种铸造方法	用于承受中等负荷的复杂零件，如飞机零件、仪器、仪表壳体、发动机零件、汽车和船舶零件、汽缸体、泵体、刹车鼓和电气零件
ZL101A	ZL101A合金是以ZL101合金为基础严格控制杂质含量，改进铸造技术可以获得更高的力学性能。铸造性能，耐腐蚀性能和焊接性能很好	用于铸造各种壳体零件，飞机的泵体、汽车变速箱、燃油箱的弯管、飞机配件及其他承受载荷的零件

续表 52-1

合金代号	合 金 特 点	应 用
ZL102 YL102	ZL102 合金具有良好的抗热裂性能和很好的气密性，以及很好的流动性，不能热处理强化，抗拉强度低，适于浇注大的薄壁复杂零件，主要适合于压铸	用于承受低负荷形状复杂的薄壁铸件，如各种仪表壳体、汽车机匣、牙科设备、活塞等
ZL104	ZL104 合金具有极好的气密性、流动性和抗热裂性能，强度高，耐腐蚀性能、焊接性能和切削加工性能良好，但耐热强度低，易产生细小的气孔，铸造工艺较复杂	用于承受高负荷大尺寸的砂型和金属型铸件，如传动机匣、汽缸体、汽缸盖阀门、带轮、盖板工具箱等飞机、船舶和汽车零件
ZL105	ZL105 合金力学性能高、铸造性能和焊接性能令人满意，切削加工性能和耐热强度比 ZL104 合金好，但塑性低，腐蚀稳定性不高，适用于各种铸造方法	用于承受大负荷的飞机、发动机砂型和金属型铸造零件，如传动机匣、汽缸体、液压泵壳体和仪表零件，也可作轴承支座和其他机器零件
ZL105A	ZL105A 合金是在 ZL105 合金基础上降低铁等杂质含量的合金，其铸造特点与 ZL105 基本相同，但具有更高的强度和断后伸长率，适用于各种铸造方法	主要用于承受大负荷的优质铸件，例如飞机的曲轴箱、阀门壳体、叶轮、冷却水套、罩子、轴承支座及发动机和机器的其他零件
ZL106	ZL106 合金具有中等的力学性能，很好的流动性能，满意的抗热裂性能，适用于砂型铸造和金属型铸造	用于形状复杂承受静载荷的零件，要求气密性高和在较高的温度下工作的零件，如泵体和水冷汽缸头等
ZL107	ZL107 合金适用于砂型铸造和金属型铸造，具有很好的气密性、流动性和抗热裂性能，以及好的力学性能和切削加工性能	典型用途是柴油发动机的曲轴箱、钢琴用板片和框架、油盖和活门把手，汽缸头及打字机框架
ZL108	ZL108 合金铸造性能很好，强度高，热膨胀系数小及耐磨性能好，高温性能也令人满意，一般用于金属型铸造	主要用于做内燃机活塞及起重滑轮等
ZL109	ZL109 合金适用于金属型铸造，具有极好的流动性能，很好的气密性能和抗热裂性能，好的高温强度和低温膨胀系数	典型的用途是做带轮、轴套和汽车活塞及柴油机活塞，也可作起重滑轮等
ZL110	ZL110 合金具有中等的力学性能和好的耐热性能，适用于砂型和金属型铸造，合金密度大，线膨胀系数大	用于制造内燃机活塞、油嘴、油泵等零件，但由于合金热膨胀系数大，活塞有“冷敲热拉”现象
ZL111	ZL111 合金具有很好的气密性和抗热裂性及极好的流动性，高的强度，好的疲劳性能和承载能力，容易焊接并且耐腐蚀性能好，适用于砂型、金属型和压力铸造	制造形状复杂承受高载荷的零件，主要用于飞机和导弹铸件
YL112	YL112 是压铸合金，具有好的铸造性能和力学性能，很好的流动性、气密性和抗热裂性	常用作齿轮箱、空冷汽缸头、无线电发报机的机座、割草机罩子及气动刹车铸件
YL113	YL113 合金具有极好的流动性，很好的气密性和抗热裂性，主要用于压铸	典型用途是做轮带、活塞和汽缸头等
ZL114A	ZL114A 合金具有很好的力学性能和铸造性能，即很高的强度、好的韧性和很好的流动性、气密性和抗热裂性，能铸造复杂形状的高强度铸件，适合于各种铸造方法	用于高强度优质铸件，制造飞机和导弹仓体等承受高载荷的零件

续表 52-1

合金代号	合金特点	应用
ZL115	ZL115 合金适用于砂型和金属型铸造，具有很好的铸造性能和较高的力学性能，如高的强度和硬度及很好的伸长率	主要用作波导管、高压阀门、飞机挂架和高速转子叶片等
ZL116	ZL116 合金适用于砂型和金属型铸造，具有很好的气密性、流动性和抗热裂性能，还具有高的力学性能，属于高强度铸造合金	典型的应用包括波导管、高压阀门、液压管路、飞机挂架和高速转子叶片等
ZL117	ZL117 是过共晶 Al-Si 合金，具有很好的耐磨性、低的线膨胀系数和好的高温性能，同时还具有好的铸造性能，适用于金属型铸造	常用作发动机活塞、刹车块、带轮、泵和其他要求耐磨的部件
YL117	YL117 合金相当于美国的 B390.0 合金，是美国应用较广的过共晶 Al-Si 压铸合金，具有特别好的流动性、中等的气密性和好的抗热裂性，特别是具有高的耐磨性和低的线膨胀系数	主要用作发动机机体、刹车块、带轮、泵和其他要求耐磨的零件
ZL201	ZL201 合金室温和高温下的拉伸性能较高，塑性及冲击韧度好，焊接性能和切削加工性能良好，但铸造性能较差，有热裂倾向，耐腐蚀性低，适于砂型铸造	用于 175～300℃，T1 状态下工作的飞机零件和高温强度的其他附件，如支臂、副油箱、弹射内梁和特设挂梁等
ZL201A	ZL201A 合金是在 ZL201 合金的基础上减少 Fe 和 Si 等杂质含量，具有很高的室温和高温力学性能，但铸造性较差，适用于砂型铸造	用于室温承受高载荷零件和在 175～300℃下工作的发动机零件
ZL202	ZL202 合金具有较好的高温强度，高的硬度和好的耐磨性，还具有较好的抗热裂性能、流动性和气密性，但耐腐蚀性能较差。适用于砂型和金属型铸造	主要是作汽缸活塞、仪表零件、轴瓦、轴承盖和汽缸头等
ZL203	ZL203 合金具有较好的高温强度，良好的焊接性能和切削加工性能，但是铸造性能和抗腐蚀性能不好，适用于砂型铸造	用作曲轴箱，后轴壳体及飞机和卡车的某些零件
ZL204A	ZL204A 合金是高纯高强度铸造铝合金，具有很高的室温强度和好的塑性、好的焊接性能和很好的切削加工性能，但铸造性能较差，适于砂型铸造	用作承受大载荷零件，如挂梁、支臂等飞机和导弹上的零件
ZL205A	ZL205A 合金是一种高纯高强度铸造铝合金，是目前世界上使用强度最高的合金之一，具有好的塑性、韧性和耐腐蚀性能，易焊接，切削加工性能特别好，但铸造性能较差，适合于砂型和熔模铸造，简单零件也可金属型铸造	主要用于承受高载荷零件，如各种挂梁、轮毂、框架、肋、支臂、叶轮、加线滑轮、导弹舵及某些气密性零件
ZL206	ZL206 合金是 Al-Cu 系耐热铸造合金，具有很好的耐热强度和室温强度，其水平与英国的 RR350 合金相当，可采用砂型铸造中等复杂程度的零件	适用于制造 250～350℃下长期工作并要求良好综合力学性能的航空及其他产品零件
ZL207	ZL207 合金是含稀土耐热铸造合金，具有极好的高温力学性能，与俄罗斯的 АЛР1 合金相似，具有良好的铸造性能，好的焊接性能和满意的切削加工性能，但室温抗拉强度较低	用于 350～400℃下长期工作的耐热零件，例如用作飞机空气分配器的壳体、弯管和活门

续表 52-1

合金代号	合 金 特 点	应 用
ZL208	该合金相当于20世纪60年代英国研制的RR350合金，是高强耐热铸造铝合金，具有很高的耐热强度，但室温力学性能较低。合金工艺性能稳定，固溶处理时不易过烧，淬透性能好，铸造性能较差，适用于砂型铸造	用于各种承受高温（250～350℃）的发动机零件，如机匣、缸盖等
ZL209	ZL209合金具有很高的抗拉强度和屈服点，良好的焊接性能和切削加工性能，但断后伸长率低和铸造性能较差，主要适用于砂型铸造	用于承受高载荷的零件，代替一部分铸钢零件，如作输电线路上的架线滑轮等
A201.0	A201.0合金是美国电子专利公司的一个专利合金，商业名称为KO-1具有很高的抗拉强度和中等的伸长率，优良的高温性能和切削加工性能，焊接性能良好，T7状态具有最佳的抗应力腐蚀性能，但铸造性能较差，T5、T6状态时耐腐蚀性能不好，适用于砂型、金属型和熔模铸造	主要应用在需要高的抗拉强度、屈服强度和中等韧性的零件，做优质铸件而大量用于宇航和民用产品上，例如叶轮、摇臂、连杆、导弹舵面、汽缸、汽缸头、活塞、泵体、齿轮箱构件和起落架构件等
206.0	该合金具有很高的抗拉强度和屈服强度，中等的伸长率，好的高温强度和切削加工性能，满意的焊补性能，铸造性能较差T6状态时具有应力腐蚀倾向	主要用于汽车和宇航及航空产品上，要求室温和高温下具有高强度的铸件，如齿轮箱、汽缸头、叶轮等
ВАЛ10	该合金是俄罗斯标准中的高强铸造铝合金，为高纯合金，具有较高的室温强度和好的塑性、好的焊接性能和切削加工性能，但铸造性能较差，适用于砂型铸造	用作承受大载荷的零件，如挂件、支臂等飞机和导弹上的零件
ZL301	ZL301合金具有高的强度，很好的伸长率，极好的切削加工性能和抗腐蚀性能，焊接性好，能阳极化，抗振，缺点是有显微疏松倾向，铸造困难	用于承受高负荷，工作温度在150℃以下，并在大气和海水中工作的耐腐蚀性高的零件，如框架、支座、杆件和配件
ZL303	ZL303合金耐腐蚀性好，有良好的切削加工性能，易抛光，铸造性能尚可，力学性能低，不能热处理强化，有形成缩孔的倾向，广泛用于压铸	用于在腐蚀作用下的中等负荷零件或在寒冷大气中以及工作温度不超过200℃的零件，如海轮零件和机器壳体
ZL305	该合金主要是在Al-Mg合金的基础上加入锌，抑制自然时效，提高了强度和应力腐蚀能力，具有好的综合力学性能，降低了合金的氧化、疏松和气孔倾向	用于承受高负荷，工作温度在100℃以下，并在大气或海水中工作的要求耐腐蚀性高的零件，如海洋船舶中的附件
ZL401	铸造性能中等，缩孔和热裂倾向较小，有良好的焊接性能和切削加工性能，铸态下强度高，但塑性低，密度大，耐腐蚀性较差	用作各种压力铸造零件，工作温度不超过200℃结构性状复杂的汽车和飞机零件
ZL402	铸造性能中等，好的流动性，中等的气密性和抗热裂性，切削加工性能良好，铸态下力学性能和冲击韧度较高，但密度大，熔炼工艺复杂	主要用于农业设备、机床工具、船舶铸件、无线电装置、氧气调节器、旋转轮架和空气压缩机活塞等

52.1.2.1 再生铝在汽车工业的应用现状

A 再生铝在世界汽车工业的应用现状

汽车工业是发展最迅速的产业之一。随着现代汽车节能降耗要求的不断高涨，安全和环保法规日趋严格，使汽车轻量化的要求更为迫切。由于铝合金良好的成型性和可加工性、美观、质轻等优点，汽车用铝量不断扩大。单台汽车的铝材用量也在不断增加。根据有关资料，2006 年美国轻型汽车中的用铝量达到 145kg/辆，欧洲、日本轻型汽车中的用铝量分别为 117.6kg/辆和 114.0kg/辆。

目前，世界汽车年产量近 6000 万辆，年耗铝量在 7.0×10^3kt 左右，占全世界耗铝量约 16%。世界各国的汽车铝化程度也不尽相同，各国都结合本国国情和消费市场的具体情况，不同程度地加快各类汽车的铝化程度。

现阶段，世界汽车工业各零部件用铝量及其加工形式见表 52-2。

表 52-2 世界汽车工业各零部件用铝量及其加工形式

序 号	部件名称	零件名称	用铝量/kg·辆$^{-1}$	加工形式
1	发动机	汽 缸	15.3	压铸、铸造
		汽缸头	7	铸 造
		汽缸头盖	8.66	压 铸
		活 塞	1.71	压铸、铸造
		锁紧壁	1.26	压铸、铸造
		凸轮轴承帽	0.73	压铸、铸造
		计时带箱	0.88	压 铸
		节流阀	0.89	压 铸
		燃料泵	0.94	压铸、锻造
		汽化器	0.39	压铸、铸造
		入口总管	1.89	铸 造
		气流表	2.63	压铸、铸造
		入口空气	0.3	铸 造
		波动箱	2.4	压 铸
		水 泵	0.79	压 铸
		水泵入口	0.11	压铸、铸造
		水泵出口	0.10	压 铸
		油 泵	0.84	压 铸
		油过滤器适配器	0.21	压 铸
		分配器	0.63	压 铸
		起动器电机	1.41	压 铸
		振荡器	0.73	压铸、铸造
		恒温器盖	0.19	压 铸
		封护圈	0.16	压 铸
		引擎架	1.31	压铸、铸造
		前 盖	1.0	压 铸
		后 盖	0.27	压 铸
		输送管	0.66	压 铸
		其 他	3.39	压 铸

续表 52-2

序 号	部件名称	零件名称	用铝量/kg·辆$^{-1}$	加工形式
2	变速器	变速器	11.09	压铸、铸造
		变矩器	3.96	压 铸
		变速器伸缩杆	2.43	压 铸
		控制箱	1.75	压 铸
		转换箱	8.0	压 铸
		控制保持器	3.91	压 铸
		转换叉	0.32	压 铸
		扭矩变换器	0.43	压铸、铸造
		盖 子	0.18	压铸、铸造
		中心牌坊	0.68	压 铸
		离合器主缸	0.3	压 铸
		速度齿轮轴套	0.13	压 铸
		其 他	18.03	
3	制动器	主 缸	0.85	压铸、铸造
		轮盘制动缸	0.25	压铸、铸造
4	热交换器	散热器	2.67	挤压、轧制
		冷凝器	2.05	挤压、轧制
		液体箱	0.3	轧制、挤压
		蒸发器	2.0	轧 制
		管 道	0.85	挤 压
		加热器芯子	1.11	挤压、轧制
		压缩器法兰	1.4	轧 制
		压缩器牌坊	1.2	铸 造
5	操作系统	操作齿轮牌坊	0.85	压铸、铸造
		动力操纵泵架	0.28	压铸、铸造
		雨侧电机	0.26	压 铸
		雨侧连杆	0.06	压 铸
		雨刷臂	0.06	压 铸
		轮 毂	23.0	压铸、铸造
		避光护轨	0.08	轧 制
6	总 计		145.26	

B 再生铝在中国汽车工业的应用现状和展望

改革开放以来，中国汽车工业得到了较快发展，形成了比较完整的汽车产品系列和生产布局，建成了第一汽车集团、东风汽车集团、上海汽车工业（集团）公司等大型企业，国产汽车市场占有率超过90%，载货汽车品种和产量基本满足国内市场需求，轿车市场供需矛盾突出的问题得到了缓解。据统计，目前中国汽车制造企业多达100余家，全国有27个省市区生产汽车。摩托车工业是中国汽车工业的一个重要组成部分，经过多年的发展，中国已成为世界摩托车生产大国，形成了几家初具国际竞争规模的摩托车生产企业，品种和数量基本满足国内市场需求并有部分进入国际市场。目前中国汽车工业已经形成年产超过1200万辆汽车和2500万辆摩托车的生产能力。近十年中国汽车产量变化趋势见图52-2。

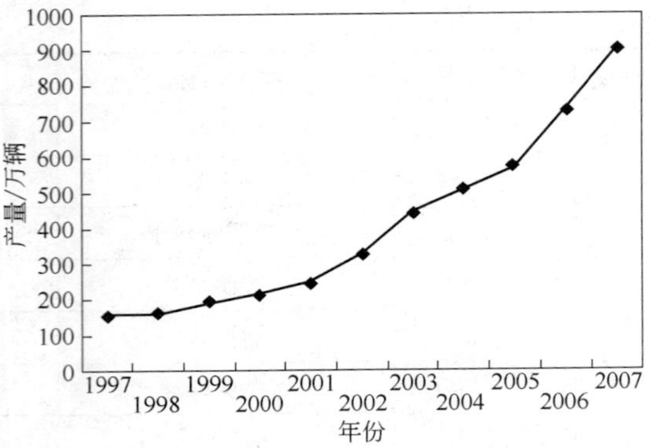

图52-2 近十年中国汽车产量变化趋势

中国汽车制造业相对发达国家起步较晚，尤其是轿车生产正处于快速增长阶段。统计资料表明，2005年汽车产量为570万辆（其中轿车产量277万辆），摩托车产量约1700万辆。2007年汽车产量达到904万辆，同比增长22.8%，其中轿车产量494.5万辆，同比增长25.0%。

国产汽车所用铝材与国外比相对较低。受铝价及零部件加工技术水平所限，使一些引进车型原有的铝合金零件改用了其他材料，制约了铝合金材料在国产汽车上的应用。目前，国内已有桑塔纳、奥迪、红旗、捷达等众多车型使用了铝合金铸件。其中红旗车的用铝量最多，但还仅相当于日本20世纪80年代中期轿车用铝水平。

根据对第一汽车集团、东风汽车集团和上海汽车工业（集团）公司等大型企业等国内汽车制造商的调查，在各类汽车中，轿车的用铝量最大，平均为100～120kg/辆；其次是微型车和轻型车，平均为60～80kg/辆；卡车用铝量最少，约40kg/辆。

中国各种汽车用铝量见表52-3。

表52-3 中国各种汽车用铝量

车型		主要铝合金材料	平均用铝量/kg	主要构件
轿车	普通型	A356、ADC12、YL112、A380、A319	100～120	发动机缸体、活塞、连杆；轮毂等
	高档型	A356、ADC12、YL112、A380、A319	100～120	发动机缸体、活塞、连杆、轮毂等
		5754、6061、6005	150～200	车门、车身、车框等
微型车 轻型车		A356、ADC12、Y112、A380	60～80	发动机缸体、活塞、连杆、轮毂等
		5754、6061、6005	不等	内装饰、车门等
客车		Y112、A380、ADC12	40～60	零部件
		5754、6061、6003		内装饰
特种车（冷藏车等）		Y112、ADC12、A380、6061、6063、A319	不等	箱体、地板、零部件、仪表盘

注：铝合金牌号见表55-1等各表。

无论是世界汽车工业还是中国汽车工业，用铝的结构大致相同，即铝合金铸件用量约占汽车工业总用铝量的70%以上，铝加工材用量占汽车工业总用铝量的20%左右。铝合金铸件除轮毂是采用原铝配制或用回收的废旧铝轮毂与原铝配制熔炼以外，其他铝合金铸件都是用再生铝合金铸造的。汽车工业的发展壮大，为再生铝应用提供了广阔的市场，有力地促进了再生铝工业的快速发展。

据专家研究，一辆汽车使用铝材的减重空间为45%以上，减重节油的潜力为47%左右，汽车质量每减少3%，油耗可降低1%～3%。据有关资料介绍，汽车每使用1kg铝材，可降低自身质量2.25kg，减重效应高达125%。同时在汽车整个使用期内，还可减少废气排放2kg。用铝合金代替传统的钢铁生产汽车发动机可减重30%，缸体和缸盖可减重30%～40%，全铝轿车车身比原钢结构车身减重40%以上，汽车铝合金轮毂减重近50%。

52.1.2.2　再生铝在汽车工业的发展前景及预测

A　再生铝在世界汽车工业的发展前景及预测

许多年来铝作为汽车工业的重要金属材料一直和钢在争夺汽车发展的市场份额。尽管铝在汽车工业的应用获得了巨大成功，但由于铝合金价格比钢铁高，提高了汽车的制造成本，成为制约铝在汽车上大量应用的主要原因。要促进铝在汽车上的大量应用，铝工业必须再降低材料成本。而原铝由于资源有限性及能源价格的上涨，成本与价格居高不下，相对而言再生铝具有成本价格优势。按照汽车零部件单位体积性能计算再生铝部件的实际成本，为钢的1.5～2.5倍，加上再生铝在汽车工业上的重复利用为全球生态环境所带来的社会效益，则基本上可消除因铝价偏高所造成的影响。目前，通过提高再生铝在汽车零部件制造中的占有率及自身的质量，再生铝在与钢铁的竞争中取得了一定成功，已成为汽车轻量化日益重要的工程材料。国外70%的再生铝为汽车工业所用。美国汽车工业再生铝用量约占总铝用量的63%，日本汽车工业用铝的这一比例为77%。

如果2010年全球汽车工业用铝的65%为再生铝，再生铝在汽车工业的用量将达到7.35×10^3kt左右。

B　再生铝在中国汽车工业的发展前景及预测

中国汽车工业的飞速发展为再生铝铸造合金的应用提供了极大的发展空间。2007年中国汽车产量904万辆，成为世界第三大汽车生产国，再生铝用量近620kt。

随着汽车轻量化进程的加快，铝及铝合金的用量将有很大提高。在2010年左右，中国汽车铝化程度将接近发达国家水平，每辆汽车平均用铝量将超过100kg，届时中国汽车用铝量将达到1.36×10^3kt。2010年中国汽车用铝量的预测见表52-4。

表52-4　2010年中国汽车用铝量预测

车　型	平均用铝量/kg·辆$^{-1}$	汽车产量/万辆	汽车部件用铝量/kt	铝铸件用量/kt
轿　车	150	500	750	565
轻型车	100	200	200	150
卡　车	60	300	180	135
小　计		1000	1130	850
维修件			230	170
合　计			1360	1020

按照表 52-4 的预测，2010 年中国汽车用铝量将达到 1.36×10^3kt。其中铝铸件用量将达到 1.02×10^3kt，若铝铸件中再生铝合金比例按 65% 考虑，届时汽车的再生铝合金用量将超过 650kt。

中国已成为世界摩托车生产第一大国，产量超过 2500 万辆，占世界摩托车产量的 50% 以上，出口到 150 多个国家和地区。但随着摩托车的日益普及和世界能源及环保等综合问题的日趋严重，对摩托车用材也更为苛刻。与汽车一样，铝材也成为摩托车轻量化和现代化的理想材料。而且为降低成本，再生铝在摩托车部件中的应用也越来越大。摩托车中单车铸造铝合金用量约 27kg，且 90% 以上为再生铝。2007 年中国摩托车产量 2485 万辆，消费再生铝 604kt。近年来，重庆、华东、华南等地区再生铝生产和消费的快速发展，在很大程度上可归因于这三个地区是国内摩托车部件制造的集散地。

按照摩托车产量预测，2010 年摩托车工业用铸造铝合金应在 800kt 左右（考虑售后维修等）。若其中再生铝按 90% 计算，则摩托车行业年用再生铝在 720kt 左右。

52.2 世界再生铝工业现状及特点

52.2.1 世界再生铝工业现状

目前，全球铝市场总需求的 26% 是通过铝及铝合金废料再生来满足的。铝及铝合金废料的最大来源是汽车交通、废铝饮料罐、废建筑铝材和电气铝材（铝及铝合金废料电线、导电排等）。国外把再生铝称为新世纪材料中的亮点。根据国际权威机构的统计，2007 年世界再生铝产量（按不含铝加工厂直接利用废杂铝的量统计）约 8.74×10^3kt。1992 ~ 2007 年，工业发达国家再生铝产量从 5.47×10^3kt 增至 7.99×10^3kt，增长 46%，增幅远高于原铝。

世界再生铝生产主要集中在北美、西欧、日本、中国等地区和国家。美国、中国和日本是再生铝的生产大国，2007 年其产量分别是 3.888×10^3kt、1.68×10^3kt 和 1.11×10^3kt。日本几乎没有原铝工业，再生铝生产是日本铝工业的重要组成部分。日本国内废料回收体系完善，回收的废物都得到较好的利用，铝及铝合金废料市场供应较为充足。废旧铝饮料罐在日本的铝及铝合金废料供应中占有很大比例，2007 年铝罐回收率高达 92.7%，远高于其他发达国家，并且大部分重新生产铝罐料。压铸业是再生铝最大的消费领域，其次为铸造业，两者合计占再生铝消费约 80%。汽车和摩托车制造业消费了 80% 以上的铸造和压铸产品。日本汽车制造业的稳定发展是推动其再生铝消费的主要力量。

52.2.2 世界再生铝工业特点

从全球范围来讲，再生铝工业水平极不平衡，世界再生铝工业主要有以下几个方面的特点。

（1）经济越发达的国家铝及铝合金废料的再生利用产业越成熟。欧、美等国家对铝及铝合金废料的回收利用体系很完善，社会上铝及铝合金废料能够按照品质的不同进行回收和仓储，并建立有专门的铝及铝合金废料处理站；生产企业产生的铝及铝合金废料能够与再生铝工厂建立有序的稳定的分类，从而进入物流循环。经济发展相对落后的发展中国家由于各种铝制品的回收期还未到来，国内产生的铝及铝合金废料量比较小，完善的回收体系还没有形成。

(2) 欧洲、美国等经济发达国家再生金属产业的法律法规和监督机制方面比较完善。再生金属产业发达的国家，从产品的生产环节就制订出有利于产品报废后回收再利用的政策法规。从产品的生产、使用到回收、再利用等各个环节都具备很完善的连续的跟踪监督体系。如欧洲对再生铝工厂的生产环境要求很严格，明确规定排放烟尘不超过 $10mg/m^3$、排水污染物不超过 1×10^{-5} 等。日本从产品的设计阶段就考虑到废旧产品的再生循环利用，并制订了“PET 瓶自主设计准则”。而在发展中国家，对于再生金属利用方面的政策环境，如相关的法律法规等处于刚刚起步的阶段。但是许多发展中国家也已经开始重视再生金属产业，并通过制订相应的法律法规规范从生产、使用、回收到再利用的各个环节，支持再生金属产业发展。

(3) 世界各国再生铝工业的工艺、技术和设备的先进程度差别很大。发达国家在铝及铝合金废料预处理方面实现了机械化和自动化，最大限度地除去金属杂质和非金属杂质，提高了预处理的生产效率和分选质量；在铝及铝合金废料熔炼方面，普遍采用了高效的节能熔炼炉，如回转炉、侧井炉和双室熔铝炉，减少了能源消耗，提高了金属实收率。而发展中国家，铝及铝合金废料的预处理和熔炼仍采用人工分选和简单的单室反射炉熔炼，工艺技术相对落后，生产设备比较简陋。

(4) 再生铝产量占铝总产量的比例和占铝消费量的比例，各国之间的差别很大。发达国家再生铝占铝总产量的比例较高，以 2007 年为例，日本为 99.4%，意大利为 79%，美国为 60.2%，德国为 60.4%，英国为 34.7%，法国为 32.1%，而中国为 18%。

(5) 世界再生铝的应用仍然主要针对材料性能要求不高的铝合金工业，再生铝在高科技领域如航天航空、军事等领域的应用目前仍然没有进入大规模的产业化阶段。在再生铝工业发达的国家已经开始了这方面的研究和应用，但目前还没有实现大规模的产业化。

52.3　中国再生铝工业状况

20 世纪末中国铝工业有了长足的发展，再生铝工业也随之不断壮大。20 世纪 90 年代以来，外资开始进入中国再生铝行业，国内再生铝产业开始加快了与国际再生铝产业接轨的步伐，铝及铝合金废料的进口数量及铝合金锭产品出口规模也逐年扩大，再生铝行业整体水平也得到很大提高。开始时只能生产低档次的再生铝锭，现在已经初步具备了生产上百种符合国家标准及美国标准、日本标准、德国标准等产品的能力。

进入 21 世纪，汽车工业以巨大的拉动力，促进了再生铝行业的产业升级，再生铝逐步走向正轨，再生铝的回收、集散、进口、贮运、流通和加工利用所有环节都在逐步市场化。但由于目前中国铝及铝合金废料回收体系的不完善，到达回收期的铝及铝合金的数量少于对再生铝的需求，中国再生铝企业为满足生产的需要，每年需要进口废料，且数量越来越大。1990 ~ 2008年中国铝及铝合金废料进口数量见表52-5。只有2001年铝及铝合金废料的进口量大幅减少，原因是当年俄罗斯政府限制铝及铝合金废料出口，对铝及铝合金废料出口征收 50% 关税，阻止了中国企业从俄罗斯进口铝及铝合金废料。

表 52-5 1990~2008 年中国铝及铝合金废料进口数量

年 份	数量/kt	增长率/%	年 份	数量/kt	增长率/%
1990	5.5	—	2000	805	101.6
1991	6.1	10.9	2001	369.2	-54.1
1992	44.6	631	2002	447.3	21.2
1993	61.3	37.4	2003	653.4	46.1
1994	109.3	78.3	2004	1200.0	83.7
1995	357.2	227.0	2005	1687.2	40.6
1996	298.9	-16.3	2006	1765.4	4.6
1997	335.9	12.4	2007	2090.6	18.4
1998	277.2	-17.5	2008	2154.8	3.1
1999	399.3	44.0			

中国沿海地区依靠其得天独厚的地理优势、港口优势和产业优势，获取充足的铝及铝合金资源，逐步发展起来了再生铝生产企业，形成了一定的产业集群。中国再生铝生产企业区域分布情况见表 52-6。

表 52-6 中国再生铝生产企业区域分布情况

区 域	特 征	重点地区	企业数量/家	典型企业	产 品	
					品 种	产量/kt
长江三角洲地区	再生铝企业规模化程度较高、技术先进、产品质量高，从铝及铝合金废料回收、分选、贸易到生产和深加工，产业链条比较完整	上海、台州、永康、太仓	1000	上海新格、太仓怡球、上海万泰、浙江力士达、华德铝业、台州开来、苏州仓松	铝合金锭、压铸件	500
珠江三角洲地区	广东铝型材行业在国内最为发达，再生铝的应用领域除传统的铸造铝行业外，还包括铝型材行业、铝压铸行业等。从市场发展的角度，广东将成为中国汽车用铝的重要地区。由于广东从国外进口和国内回收大量废铝，所以广东市场的废铝资源相对充足	南海、东莞	300	深圳长营、高要宏图、南海长城	铝合金锭、型材	300
环渤海湾地区	再生铝企业数量众多、规模偏小，大部分企业设备简陋。以铸造铝生产为主，部分企业生产铝及铝合金圆铸锭专门回收易拉罐废料。废铝来源国内回收及国外进口的比例各占 50%。国内回收主要来自东北、广州、山西、河南等地	天津、保定	300	隆达铝业、立中铝业、四通铝业	铝合金锭	200

随着铝消费量的不断增加，铝及铝合金废料可获得量也在不断增大。中国 2003 年和 2004 年分别生产约 1.45×10^3kt 和 1.66×10^3kt 再生铝，是仅次于美国的全球第二大再生铝生产国。中国再生铝生产水平仍属于初级阶段，与世界发达国家相比较，存在以下几个突出的问题：

（1）企业数量多，规模小，闲置产能多。目前国内废杂铝的回收尚未建立起完善的网络系统，处于分散的无序状态，波动再生铝熔炼厂约达 1 万余家。

（2）技术水平低，产品质量差。铝及铝合金废料再生熔炼技术相当落后，约 70% 的再生铝是用烧煤和部分烧焦炭的反射炉熔炼的，仅 30% 左右是用相当于发达国家 20 世纪 70 年代的燃油或燃气反射炉熔炼的。预处理分选几乎全靠手工，只有个别再生铝企业有磁选生产线。生产技术的落后带来许多弊端：资源浪费大，金属实收率低，只有 70% ~ 80%，有的甚至不足 60%，而发达国家则在 90% 以上；产品质量差，能源消耗高；环境污染严重，甚至靠牺牲环境换取利润。由于对用料监控不严，化验手段不足，产品有害元素超标，产品质量差，大量不合格产品充斥市场，仍被用户当作废铝来用，走的是从废杂铝到铝及铝合金“废料锭”的路子，得不到应有的经济效益。产生上述问题的重要原因是宏观管理落后，再生铝的技术研究机构尚未建立起来，缺乏技术支撑。

52.4　再生铝生产技术发展趋势

铝因其本身所固有的不降解、不锈蚀、反复再生不影响质量的特点，铝及铝合金废料再生利用受到越来越多国家的重视。随着科学技术的不断进步，再生铝工业正朝着规模化、机械化、自动化、专业化、集约化和减少对环境污染的方向发展。再生铝生产工艺技术发展趋势如下：

（1）积极开发铝及铝合金废料预处理工艺。铝及铝合金在加工制造过程中，为了提高制品的使用性能，往往会对金属的表面进行处理，喷涂各种涂料或包覆各种有机或无机材料等。此外，铝及铝合金废料来源广泛，种类繁多，在使用、回收和拆解的过程中受到过不同程度的污染，会夹杂各种非铝物质。铝及铝合金废料中这些夹杂物会在熔炼过程中发生物理和化学反应，对再生铝质量和环境产生较大的影响。

为了减少铝及铝合金废料中夹杂物对再生铝质量和环境的影响，应该积极开发铝及铝合金废料预处理工艺，使铝及铝合金废料中的夹杂物消灭在熔炼之前，从而提高再生铝的质量和减少对环境的污染。

（2）继续研究适于处理铝及铝合金废料的高效、节能、快速熔铝炉，进一步节能降耗，提高熔铝炉热效率，延长炉子寿命，减少金属烧损，提高金属回收率。随着规模的扩大，再生铝的生产更加依赖先进的熔炼技术和设备。国外大型的铝业集团公司普遍采用了侧井炉、双室熔铝炉和回转炉熔炼铝及铝合金废料。

（3）研究铝及铝合金熔体净化技术，提高再生铝的质量。铝及铝合金熔体内含氢量的高低和非金属夹杂物的多少对再生铝质量有着重要的影响，因此，必须对铝及铝合金熔体进行净化处理。铝及铝合金熔体净化过去常用的方法是在保温炉内使用惰性气体对熔体进行精炼分批处理和在转注过程中采用玻璃丝布对熔体进行过滤。一般而言，炉内熔体净化处理对铝及铝合金熔体的净化效果是相当有限的。随着对再生铝质量要求的不断提高，这种铝及铝合金熔体处理方式已不能满足要求。于是国外相继开发出 MINT 法（melt in-line treatment system）、SNIF 旋转喷头法（spinning nozzle inert flotation）、Alpur 旋转除气法、LARS 旋转除气法、DBF 深床过滤法（deep bed filtration）、陶瓷管过滤法（ceramic tubes filtration）和 CFF 泡沫陶瓷板过滤法（ceramic foam filtration）等铝及铝合金熔体在线净化技术。在线净化技术在再生铝工业的成功应用对降低铝及铝合金熔体内含氢量和去除非金属夹杂物，提高铝及铝合金熔体的纯净度和再生铝的质量提供了可靠保障。

Fe、Mg、Zn、Pb 等是再生铝及铝合金熔体中常见的非铝金属杂质。非铝金属杂质的存在，不但恶化了再生铝锭坯的加工性能，而且大大增加了生产成本。如何高效、低成本地去除 Fe、Mg、Zn、Pb 等非铝金属杂质成为研究再生铝熔体净化技术的主要课题之一。

（4）提高铝及铝合金废料的直接利用率，充分合理利用铝及铝合金废料中的有价值元素，开发泛用型铝合金。近年来，从发展生态材料的角度提出了大力开发泛用型材料的思路。即尽量减少使用材料的牌号，减少合金系列，以利于回收再生。目前全世界，已知至少有 300 种以上的商业铝合金牌号，其他各种试验铝合金更是难以计数。由于铝合金系列多，成分差别大，仅仅通过完善回收体系和加强再生处理过程，仍然难于做到严格分类处理铝合金，获得精确成分的优质铝合金，使得重熔加工不仅成本较高，而且再生铝质量不稳定。

长期以来，人们在产品设计和选择铝材料时，主要关注的是铝材料的使用性能和加工性能，而较少考虑是否有利于循环再生。今后在铝合金开发与生产时，应将开发泛用型铝合金以利于再生利用作为重要因素加以考虑。除非有特殊需求，应尽量减少使用铝合金的种类，尽可能通过提高工艺水平来拓展现有铝合金的使用性。

53 再生铝废料的组成及分类

****

53.1 再生铝废料的来源和组成特点

53.1.1 再生铝废料的来源

目前，国内再生铝厂利用的铝及铝合金废料主要来源于国外进口和国内产生。各类铝及铝合金废料的质量有明显的不同。

53.1.1.1 进口铝及铝合金废料

中国从世界上约70个国家和地区大量进口铝及铝合金废料。进口数量最多的10个国家和地区依次是美国、香港、西班牙、法国、德国、英国、日本、澳大利亚、比利时和俄罗斯。从美国进口的数量多年来都在150～200kt。进口铝及铝合金废料的成分，只有少数分类是清晰的，大多数是混杂的。一般可分为以下几类：

（1）单一品种的铝及铝合金废料。此类铝及铝合金废料一般都是某一类废零部件，如内燃机的活塞、汽车减速箱壳体、汽车前后保险杠和铝门窗等。这些铝及铝合金废料在进口时已经分类清晰，品种单一，且都是批量进口，是优质的再生铝废料。如中国亚洲铝厂进口的铝及铝合金废料均是单一品种的铝合金废旧型材废料。

（2）切片。铝及铝合金切片是档次较高的铝及铝合金废料。供应商在处理报废汽车、设备和各类废家用电器时，都采用机械破碎的方法将其破碎成碎料，然后再进行机械化分选，分选出的铝及铝合金废料称为铝及铝合金切片。铝及铝合金切片质地较为纯净，容易进一步分选，运输方便，是优质铝及铝合金废料。目前在国际市场的铝及铝合金废料贸易中，切片的占有量最大，各类切片正在向标准化发展。档次高的切片是比较纯净的各种铝及铝合金混合物，绝大部分不用任何处理即可入炉熔炼，档次较低的切片一般含铝及铝合金在80%～90%以上，含有不同量的其他杂质，主要是废钢铁和废铜等有色金属，还含有少量的橡胶等，经人工分选之后，可得到纯净的铝及铝合金废料。一般大型再生铝厂均以切片作为主要原料。如上海新格有色金属有限公司再生铝原料80%是档次较低的切片。

（3）混杂的铝及铝合金废料。此类废料成分复杂，物理形态各异，除废杂铝之外，还含有一定数量的废钢铁、橡胶、废铜、废铅、废锌等有色金属和木材、塑料、石子和泥土等，部分铝及铝合金废料和废钢铁机械结合在一起。此类废料复杂，废料块较大，表面清晰，便于分选。

（4）焚烧后的含碎铝废料。此种是档次较低的一种含铝废料，主要是各种报废家用电器等的粉碎物，分选出一部分废钢后再经焚烧形成的物料。焚烧的目的是除去橡胶、塑料等可燃物质。此种含铝废料一般含铝在40%～60%，其余主要是垃圾、废钢铁和极其少量的铜等有色金属。其中铝的粒度一般在100mm以下，在焚烧的过程中，一些铝和熔点低的物料如锌、铅和锡等都熔化，与其他物料形成表面琉璃状的物料，肉眼很难鉴别。

（5）混杂的碎铝及铝合金废料。此类废料是最低档次的铝及铝合金废料，很像垃圾，其成分极为复杂，其中含各种铝及铝合金废料40%～50%，其余是废钢铁、少量的铅和铜（小于1%），大量的垃圾、石子、土、塑料、废纸等，土约占25%，废钢铁占10%～20%，石子3%～5%。

53.1.1.2 国内回收的铝及铝合金废料

国内回收的铝及铝合金废料大多纯净，基本可分为三大类，即回收部门常说的废生铝、废熟铝和废合金铝。废生铝主要是废铸造铝合金，多为废机器零件，如废汽车零件、废模具、内燃机活塞和废铸铝锅盆等。废熟铝一般指含铝量在99%以上的铝及铝合金废料，如废电线电缆、废家用餐具等。废合金铝，如废飞机等。

按照铝及铝合金废料的产生部门来区别，可分为生活铝及铝合金废料和工业铝及铝合金废料。

生活铝及铝合金废料包括：（1）产生于生活领域的废家用餐具、废家用电器中的铝及铝合金零件、废导线和废包装物；（2）来自于报废机电设备中的铝及铝合金的废机器零件，如汽车零件、废飞机板、废模具、废内燃机活塞、废电缆和铝及铝合金废料管等。

工业铝及铝合金废料也称为新铝及铝合金废料，主要包括铝及铝合金在生产过程中产生的废料，如铝材加工过程中产生的边角料、废材，机械加工系统产生的铝及铝合金边角料、铝屑及废产品，电缆厂的电缆废料，铸造行业产生的浇冒口和废铸件等。新废料中除粘有油污的铝屑之外，都是档次较高的铝及铝合金废料，若在形成废料时能清晰地分类保存，利用价值极高。还有铝在冶炼和熔炼过程中产生的炉渣，炉渣中的含铝量与所选用的熔剂和熔炼技术有关，一般含铝量在10%以下，高的可达20%。

目前，中国尚未形成以铝及铝合金废料回收利用为主的专业网络，铝及铝合金废料回收体系存在回收分散和分类拆解管理松散问题，导致铝及铝合金废料资源无法集中。铝及铝合金废料作为一个重要生产原料，成为大多数回收企业的主要回收品种之一。全国约有回收网点15万个，各类回收企业5000～6000家，废料加工企业约2000家；有一支庞大的从业人员队伍，其中有大量农民工，资源社会回收总量的80%以上要经过他们之手。

目前，中国已经形成了20多个国内铝及铝合金废料集散地，并且有了各自的特色，分别形成了一定的优势。国内有代表性的几个区域铝及铝合金废料的回收情况见表53-1。

表 53-1　国内铝及铝合金废料回收区域情况

区　域	特　　点	交易量/kt
浙江永康	工业体系完整，从铝及铝合金废料回收、分选、贸易至熔炼作深加工，形成了完整的产业链。永康素有中国五金科技城之称，电动工具、电动自行车、摩托车等行业发达，是铸造铝合金的主要消费地区	
湖南汨罗	铝及铝合金废料回收相对集中的区域，有为数不多的生产加工企业，主要是将铝及铝合金分选后再销售到浙江、广东和四川待加工企业。铝及铝合金贸易发展迅速，已经成为广东、浙江、福建、湖北、四川、湖南等20多个省市的交易集散中心	130
广东南海	是同时利用国内外两个市场两种资源比较明显的回收市场。回收的铝及铝合金废料主要有废电机、废电线电缆、废旧铝合金型材及汽车切片等，经分选后有相当一部分再销往浙江等其他地区	631
河南长葛	河南长葛是逐步形成的一个全国性的回收网络。目前长葛已经形成了四大市场：中原有色金属交易市场、中州铝型材市场、不锈钢市场和金属炉料市场	110
山东临沂	临沂地区以回收国内铝及铝合金废料为主，在一个集中的交易市场内，从事铝及铝合金废料分选及贸易，其主要功能是资源的集中、储运和贸易	72

53.1.2　铝及铝合金废料的特点

回收的铝及铝合金废料的特点是：来源复杂，形状不同，常镶嵌、夹杂及涂覆一些非铝金属与非金属，成分变化范围很大，表面不洁净。这些物质如果在熔炼前不清理干净，会造成金属熔体严重吸气，在随后的凝固过程中产生气孔、疏松等缺陷。此外，一些非铝金属的混入同样会使材料的成分不合格、性能恶化。各种非金属矿物质的混入造成非金属夹杂，也会使材料的性能品质下降。为了便于下一步的处理，许多国家对铝及铝合金废料的分类做了严格的分类规定。

53.2　再生铝废料分类

欧洲再生铝工业成功的秘诀是有一个运作良好的铝及铝合金废料的收集和回收体系。欧洲铝及铝合金废料回收行业已将铝及铝合金废料进行了标准化，制定了铝及铝合金废料标准（aluminium and aluminium alloys-scrap），该标准将在市场上所有出现的铝及铝合金废料分为16大类。美国铝废料分为27种：15种是轧制产生的废料，1种是飞机板废料，5种是铸造合金废料，2种是铝屑，其他还有铝碎料、铸件、浮渣。标准中还规定：铝屑中 $w(\mathrm{Fe})<10\%$，w(细屑，小于0.84mm) $<3\%$；在断头废料中不得有小于12.5mm的细屑；铸态废料中不得含有2%的油。日本将铝及铝合金废料分为28类，并对各类的质量和形状作出严格的规定。

在国际贸易中，一般应用美国的NARI分类法，废铝及铝合金废料分为7组：

（1）未合金化的块状废料。包括各种铝及铝合金废料导线、剪裁废料与冲压废料。

（2）Al-Mg（$\mathrm{Mg}>1.5\%$）合金板材与型材废料。

（3）Al-Mg、Al-Mg-Si变形铝合金块状废料。

（4）Al-Mn、Al-Mg（Mg＞1.5%）、Al-Cu 等变形铝合金块状废料。

（5）用旧的板材废料（合金化的和未合金化的，其中有容器、建筑结构板、箔材等）。

（6）切屑（合金化的和未合金化的）。

（7）炉渣、浮渣（合金化的和未合金化的）。

中国制定了国家标准《铝及铝合金废料、废件分类和技术条件》（GB/T 13586—1992），并于2006年修订为国家标准《铝及铝合金废料》（GB/T 13586—2006）。标准中根据铝及铝合金废料、废件的物理形态分为3类；各类中按化学成分分为不同组，共13组；每一组内按质量又分为不同种类，共44种。铝及铝合金废料的分类详见表53-2。

表 53-2 铝及铝合金废料（GB/T 13586—2006）

废铝分类①②			要求③④⑤
类 别	组 别	废铝名称	
变形铝及铝合金废料	铝电线、铝电缆、铝导电板	光亮铝线 New pure aluminium wire and cable（Talon）	新的、洁净的纯铝电线、电缆构成的废铝。 不允许混入铝合金线、毛丝、丝网、铁、绝缘皮和其他杂质
		混合光亮铝线 New mixed aluminium wire and cable（Tann）	新的、洁净的纯铝电线、电缆与少量6×××系合金电线、电缆混合构成的废铝。 6×××系合金电线、电缆不超过废铝总量的10%。 不允许混入毛丝、丝网、铁、绝缘皮和其他杂质
		旧铝线 Old pure aluminium wire and cable（Taste）	旧的纯铝电线、电缆构成的废铝。 表面氧化物及污物低于废铝总量的1%。 不允许混入铝合金线、毛丝、丝网、铁、绝缘皮和其他杂质
		旧混合铝线 Old mixed aluminium wire and cable（Tassel）	旧的纯铝电线、电缆与少量6×××系合金电线、电缆混合构成的废铝。 6×××系合金电线、电缆低于废铝总量的10%，表面氧化物及污物不超过废铝总量的1%。 不允许混入毛丝、丝网、铁、绝缘皮和其他杂质
		废电线 Insulated aluminium wire scrap（Twang）	带有绝缘皮的各类铝电线构成的废铝
		新钢芯铝绞线 New aluminium cable steel reinforced	制造过程中产生的废钢芯铝绞线，无夹杂物
		旧钢芯铝绞线 Old aluminium cable steel reinforced	旧的钢芯铝绞线，无夹杂物
		导电板 Current-conducting plate	各种电器设备和设施中的铝导电板构成的废铝。不允许混带夹杂物

续表 53-2

废铝分类①②			要求③④⑤
类 别	组 别	废铝名称	
变形铝及铝合金废料	铝 箔	新铝箔 New aluminium foil (Terse)	洁净的、新的、无涂层的 1×××和/或 3×××和/或 8×××系列铝箔构成的废铝。不允许混入电镀箔、涂铅铝箔、纸、塑料和其他杂质
		旧铝箔 Post consumer aluminium foil (Tesla)	无涂层的 1×××、3×××和 8×××系旧的家用包装铝箔和铝箔容器构成的废铝。 材料可以被电镀，有机残留物低于废铝总量的 5%。 不允许混入涂铅铝箔条、化学腐蚀箔、复合箔、铁、纸、塑料和其他非金属杂质
	铝易拉罐	新易拉罐 New aluminium can Stock (Take)	新的、洁净的、低铜的铝易拉罐（表面可覆盖印刷涂层）及其边角料构成的废铝。 油脂不超过废铝总量的 1%。 不允许混入罐盖、铁、污物和其他杂物
		旧易拉罐 Post-consumer aluminium can scrap (Talc)	盛过食物或饮料的铝罐构成的废铝。 不允许混入其他废金属、箔、锡罐、塑料瓶、纸、玻璃和其他非金属杂质
		易拉罐碎片 Shredded aluminium used beverage can (UBC) scrap (Talcred)	易拉罐碎片构成的废铝（$\rho=190\sim275\text{kg/m}^3$）。 通过孔径 4599μm 网筛的碎片小于废铝总量的 5%。 废铝必须经过磁选，不允许混入其他任何铝制品、铁、铅、瓶盖、塑料罐及其他塑料制品、玻璃、木料、污物、油脂、垃圾和其他杂物
		易拉罐压块 Densified aluminium used beverage can (UBC) scrap (Taldack)	易拉罐压块构成的废铝（$\rho=562\sim802\text{kg/m}^3$）。 块的两边应有易于捆绑的捆绑槽，每块质量不超过 27.2kg，建议块的公称尺寸范围为（254mm×330mm×260mm）~（508mm×159mm×229mm）。 合成一捆的所有块的尺寸必须相同，建议捆的尺寸范围为（1040~1120mm）×（1300~1370mm）×（1370~1420mm）。捆绑方法：用宽不小于 16mm、厚 0.50mm 的钢带，每捆每排垂直捆一道，水平方向最少捆二道。不得使用滑动垫木和/或任何材料的支撑板； 废铝必须经过磁性分离，不允许混入铝易拉罐以外的任何铝产品，不允许混入废钢、铅、瓶盖、玻璃、木料、塑料罐及其他塑料制品、污物、油脂和其他杂物

续表 53-2

废铝分类①②			要求③④⑤
类别	组别	废铝名称	
变形铝及铝合金废料	铝易拉罐	打捆易拉罐 Baled aluminium used beverage can (UBC) scrap (Taldon)	打捆的、未压扁易拉罐（ρ = 225 ~ 273kg/m³）、或打捆的、压扁易拉罐（ρ = 353kg/m³）构成的废铝。 捆的最小规格为 0.85m³，建议尺寸为（610 ~ 1020mm）×（760 ~ 1320mm）×（1020 ~ 2135mm）。捆绑方法：4 ~ 6 条 16mm × 0.50mm 的钢带，或 6 ~ 10 条 13 号钢线（允许使用同等强度和数量的铝带或铝线）。不用滑动的垫木和/或任何材料的支撑板。 废铝必须经过磁选，不允许混入铝易拉罐以外的任何铝产品，不允许混入废钢、铅、瓶盖、玻璃、木料、塑料罐及其他塑料制品、污物、油脂和其他杂物
	铝板	新 PS 基板 New, clean aluminium lithographic sheets (Tabloid)	1 × × × 和/或 3 × × × 系列牌号的印刷用铝板（表面无油漆涂层）构成的废铝。 铝板最小尺寸为 80mm × 80mm。 不允许混入纸、塑料、油墨和其他任何杂物
		旧 PS 基板 Clean aluminium lithographic sheets (Tablet)	1 × × × 和/或 3 × × × 系列牌号的印刷用铝板构成的废铝。 铝板最小尺寸为 80mm × 80mm。 不允许混入纸、塑料、过多油墨的薄板和其他任何杂物
		涂漆铝板 Painted siding (Tale)	洁净的低铜铝板（一面或两面有油漆，不含塑料涂层）构成的废铝。 不允许混入铁和污物、腐蚀物、泡沫、玻璃纤维等其他非金属物品
		飞机铝板 Aluminium aircraft sheet (Tepid)	飞机用铝板构成的废铝
		低铜铝板 Mixed low copper aluminium clippings and solids (Taboo)	由多种牌号⑥的低铜铝板（厚度大于 0.38 mm）混合构成的新的、洁净的、表面无涂层、无油漆的废铝板。 油脂低于废铝总量的 1%。 不允许混入 2 × × × 或 7 × × × 系铝合金板，不允许混入毛丝、丝网、直径小于 1.27mm 的冲屑、污物和其他非金属物品
		同类铝板 Segregated aluminium sheet	同种牌号⑥的铝板材，厚度大于 0.38 mm
		混合新铝板 Mixed new aluminium alloy clippings and solids (Tough)	由多种牌号⑥的铝板（厚度大于 0.38mm）混合构成的新的、洁净的、表面无涂层和漆层的废铝板。 油脂不超过废铝总量的 1%。 不允许混入毛丝、丝网、直径小于 1.27mm 的冲屑、污物和其他非金属物品
		杂旧铝板 Clean mixed old alloy sheet aluminium (Taint 或 Tabor)	由多种牌号⑥的洁净铝板混合构成的废铝。 涂漆铝板低于废铝总量的 10%，油脂低于废铝总量的 1%。 不允许混入箔、百叶帘、铸件、毛丝、丝网、易拉罐、散热器片、飞机铝板、瓶盖、塑料、污物和其他非金属物品

续表 53-2

废铝分类①②			要求③④⑤
类 别	组 别	废铝名称	
变形铝及铝合金废料	散热器片	散热器铝片 Aluminium copper radiators (Talk)	洁净的热交换铝片或铜管上的铝翅片构成的废铝。 不允许混入铜管、铁和其他杂物
	边角料	新边角料 New machine waste	新的、洁净的、无涂层的、同种牌号⑥的变形铝及铝合金边角料、废次材、切头、切尾料构成的废铝。 油污和油脂不超过废铝总量的1%。 不允许混入箔、毛丝、丝网和其他杂质
		混合边角料 Mixed machine waste	由多种牌号⑥的变形铝及铝合金边角料、块构成的、新的、洁净的、无涂层的混合废铝。 油污和油脂不超过废铝总量的1%。 不允许混入7×××系铝合金、油、毛丝、丝网和其他杂质
	器 具	铝器具 Aluminium implement	锅、盆、瓶等构成的废铝。 不允许混带夹杂物
	其 他	同类铝材 Segregated aluminium forgings and extrusions (Tread A)	同种牌号⑥的铝锻件、挤压件（表面可覆盖涂层）构成的废铝。主要包括铝门窗型材、铝管、铝棒及其他工业用铝型材。 不允许混入铝箔或其他任何夹杂物
		杂铝材 Mixed forgings and extrusions	多种牌号⑥的铝锻件、铝挤压件（表面可覆盖涂层）构成的废铝。 不允许混带夹杂物
铸造铝合金废料	铸 锭	杂铝铸锭 Sweated aluminium (Throb)	以废铝熔铸成的锭或块。 不允许混带夹杂物
	活 塞	无拉杆铝活塞 Clean aluminium pistons (Tarry A)	洁净的铝活塞（不含拉杆）构成的废铝。 油污和油脂不超过废铝总量的2%。 不允许混入轴套、轴、铁环和非金属夹杂
		带拉杆铝活塞 Clean aluminium pistons with struts (Tarry B)	洁净的铝活塞（可以含拉杆）构成的废铝。 油污和油脂不超过废铝总量的2%。 不允许混入轴套、轴、铁环和非金属夹杂
		夹铁铝活塞 Irony aluminium pistons (Tarry C)	由含铁铝活塞构成的废铝
	汽车铝铸件	汽车铝铸件 Aluminium auto castings (Trump)	各种汽车用铝铸件构成的废铝。 铸件尺寸应达到目视容易鉴别的程度。 油污和油脂低于废铝总量的2%。含铁量不超过废铝总量的3%。 不允许混入污物、黄铜、轴套及非金属物品
	飞机铝铸件	飞机铝铸件 Aluminium airplane castings (Twist)	各种洁净的、飞机用铝铸件构成的废铝。 油污和油脂不超过废铝总量的2%。含铁量不超过废铝总量的3%。 不允许混入污物、黄铜、轴套和非金属物品

续表 53-2

废铝分类①②			要求③④⑤
类 别	组 别	废铝名称	
铸造铝合金废料	其 他	同类铝铸件 Segregated new aluminium castings(Tread B)	同种牌号⑥的、新的、洁净的、无涂层的铝铸件、锻件和挤压件构成的废铝。 不允许混入屑、不锈钢、锌、铁、污物、油、润滑剂和其他非金属物品
		混合铝铸件 Mixed aluminium castings (Tense)	各种洁净的铝铸件（可包括汽车或飞机铝铸件）混合构成的废铝。 油污和油脂不超过废铝总量的 2%。含铁量不超过废铝总量的 3%。 不允许混入铝锭、黄铜、污物和其他非金属物品
铝及铝合金屑		同类铝屑 Segregated aluminium borings and turnings (Teens)	同种牌号⑥的、洁净的铝合金屑构成的废铝。 通过孔径 833μm 网筛的细屑低于废铝总量的 3%，不含氧化物。 不允许混入污物、铁、不锈钢、镁、油、易燃液体、水分和其他非金属物品
		混合铝屑 Mixed aluminium borings and turnings (Telic)	由多种牌号⑥的、洁净的、未腐蚀的铝合金屑混合构成的废铝。 通过孔径 833μm 网筛的细屑低于废铝总量的 3%，铁含量不超过废铝总量的 10%。 不允许混入污物、铁、不锈钢、镁、油、易燃的车屑混合物、水分和其他非金属物品
铝及铝合碎片		铝碎片 Floated fragmentizer Aluminium scrap(from automobile shredders)(Twitch)	含有铝或铝合金的干燥切片构成的废铝。 锌低于废铝总量的 1%，镁低于废铝总量的 1%，铁含量不超过废铝总量的 1%，非金属总含量不超过废铝总量的 2%，橡胶和塑料不超过废铝总量的 1%。 不允许混入过度氧化的材料和气胎罐及密封的、或加压密封的容器
		混合碎片 Recyclable concentrates of shredded mixed nonferrous scrap metal in pieces-derived from fragmentizers for further separation of contained materials (Zorba⑦)	由铝、铜、铅、镁、不锈钢、镍、锡和锌等有色金属的碎料（其中可能混带有石块、玻璃、橡胶、塑料和木料）构成的废铝。 各种金属的比例不限，某种金属可以为零，比例由买卖双方协议决定。 不允许混入放射性的物品、渣或灰
铝 灰 渣		熔渣（撇渣）Aluminium dross	铝及铝合金在熔炼过程中产生的松散状或块状撇渣构成的废铝。 不允许混带夹杂物
		炉底结块 Aluminium slag	铝及铝合金炉底结块构成的废铝
		铝灰 Aluminium ash	铝及铝合金熔铸过程中产生的铝灰构成的废铝

①废铝的牌号由供需双方协商确定，并在合同中注明。
②经供需双方商定，可供应表中未列出的其他废铝。
③块状废铝单件的最大外形尺寸由供需双方协商确定，并在合同中注明。
④废铝中不允许混有易燃、易爆、有毒、有腐蚀性或带有放射性的物品，不允许混有医疗废物或密封容器。
⑤废铝表面的杂物应尽量予以清除。
⑥同种牌号指组别、顺序号均相同的铝及铝合金牌号的集合；多种牌号指组别或顺序号不同的铝及铝合金牌号的集合。
⑦Zorba 后应加数字(代表其中有色金属含量)形式进一步标注，如 Zorba63，表示废铝“Zorba”中含有 63% 的有色金属。

54　铝及铝合金废料预处理

✻✻

54.1　铝及铝合金废料预处理基本要求

铝及铝合金废料预处理是指将铝及铝合金废料和废件的状态变成能够进行有效后续冶金加工的过程。这一过程包括：将铝及铝合金废料与非铝金属分离，去除非金属夹杂物、水、油质和有机涂层，使各种铝及铝合金废料达到规定的外形尺寸和重量标准等。对铝及铝合金废料进行精细和高质量的准备，使之适用于冶金工序，使再生铝质量得到保证，使铝损失降低到最低程度，使能源、熔剂的单位消耗降低，使熔炼设备和运输工具得到有效的利用，并使生产效率得到提高。

铝及铝合金废料预处理的目的：一是分离铝及铝合金废料中夹杂的其他金属和非金属；二是把铝及铝合金按其成分分类，使其中的合金成分利用最佳化；三是将铝及铝合金表面的油污和涂层处理掉；四是使铝及铝合金废料中的铝得到最经济最合理的利用。

54.1.1　铝及铝合金废料预处理基本原则

理论上讲所有杂质均应该全部去除。实际工业生产过程中考虑到成本因素，只能解决主要矛盾。铝及铝合金废料预处理原则通常是：

（1）对原材料按照材料成分进行大的分类，分类依据是使其接近某种牌号的铝及铝合金成分；

（2）对已分类的铝合金废料进行必要的拆解，去除大块的非铝金属或有机杂质；

（3）对原料进行必要的清洁，包括水或有机溶剂清洗、焚烧等。

54.1.2　铝及铝合金废料主要组分的物理特性

铝及铝合金废料的夹杂物主要有铁、铜、锡、铅、锌、镁、锑、石块、混凝土块、塑料等，如何有效地将铝及铝合金废料中夹杂的非铝金属和非金属夹杂物去除，首先要了解废料中各种组分的物理性质。铝及铝合金废料主要组分物理特性见表54-1。

表54-1　铝及铝合金废料主要组分物理特性

名　称	密度/$g \cdot cm^{-3}$	熔点/℃	沸点/℃	磁　性
铝	2.7	660	2477	弱磁性
铁	7.8	1530	3050	强磁性
镁	1.7388	649	1107	非磁性

续表 54-1

名　称	密度/$g \cdot cm^{-3}$	熔点/℃	沸点/℃	磁　性
铜	8.93	1084.5	2500	弱磁性
铅	11.34	327.5	1746.7	非磁性
锡	7.298	231.9	2695	非磁性
锌	7.13	419.58	908	非磁性
锑	6.7	630.7	1587	非磁性
大理石	2.8	—	—	非磁性
混凝土	2.5	—	—	非磁性
塑　料	0.9 ~ 1.7	—	—	非磁性
木　块	≤0.7	—	—	非磁性

54.2 铝合金废料预处理工艺及设备

由于各种铝及铝合金废料的物理规格及化学成分相差很大，为了适应冶金处理过程的需要，并提高其技术经济效益，在熔炼前必须进行严格的备料和预处理。对于所夹杂的有机夹杂物，如在熔炼前不清除干净，将会造成铝及铝合金熔体严重吸气，恶化产品性能。

铝及铝合金废料的预处理包括下列主要工艺：解体、分选、打包、干燥和除油、除表面有机涂膜等。根据铝及铝合金废料的情况，采用一个或几个预处理工艺相结合的方式进行预处理。

54.2.1 解体

解体工艺所要达到的目的，是使非铝金属镶嵌物变成自由体而便于分离，并使废料块度减到便于进行后续处理和运输的尺寸与质量。

解体可分为拆卸解体和破坏解体两种。拆卸解体是只在需要从废件上回收有价值的零件和制品（如滚珠轴承、紧固件等）的少许情况下进行。这种方法在浙江等地应用较为普遍。铝及铝合金废料或废件的解体多采用破坏解体法进行解体。破坏解体法主要有剪切和破碎两种工艺。

剪切解体：适用于变形铝及铝合金的解体。小块铝及铝合金废料常用颚式剪切机，而剪切横截面大的铝及铝合金，适宜用各种液压剪切机。国外几种型号液压剪切机的主要技术参数见表 54-2。

表 54-2 国外液压剪切机的主要技术参数

型　号	Ludso-350	Arnold	C-350	XC-330
剪切力/MN	3.43	4.41	3.43	2.94
剪刃宽度/mm	225	—	900	762
料仓尺寸/mm × mm	3600 × 1800	5000 × 2000	5000 × 900	6100 × 2084
安装容量/kW	112	74	340	136 ~ 204
剪切频率/次 · min^{-1}	—	3	6 ~ 8	4 ~ 8
最大剪切板材规格/mm × mm	—	40 × 600	50 × 900	—
最大剪切圆棒直径/mm	—	90	120	—

破碎解体：适用于铸造铝合金铸件和熔炼炉渣的解体。根据破碎产品的尺寸，破碎机分为粗碎机（250～300mm）、中碎机（25～30mm）和细碎机（3mm 以下）三种。通用破碎机主要有落锤式破碎机、颚式破碎机、锤式破碎机和转子式破碎机等。

落锤式破碎机适用于破碎大型铸造铝合金铸件、炉渣等。落锤式破碎机是利用下落钢体——落锤打碎废料而进行机械加工的。落锤质量从 500～1000kg 到 6～15t 不等。原料料块的最大尺寸为 1500～2000mm，碎后料块的最大尺寸为 500～300mm。

颚式破碎机适用于废铸件和熔炼炉渣的中碎和细碎。颚式破碎机的缩小率为 3～5，作业可靠性强，使用方便。颚式破碎机可分为普通颚式破碎机和液压颚式破碎机两种。液压颚式破碎机是在普通颚式破碎机的基础上装有液压支撑装置，具有过载保护功能。当破碎腔进入不可破碎物时，通过液压卸载装置及缓冲装置使负荷自行缓解，排出不可破碎物而不损坏设备。洛阳市大华机器厂生产液压保护颚式破碎机的主要技术参数见表 54-3。

表 54-3　液压保护颚式破碎机的主要技术参数

型　号	给料最大粒度/mm	出料最大粒度/mm	处理能力/$t \cdot h^{-1}$	安装功率/kW	总重/t
PEY400 × 600	340	35～100	10～40	30	9.64
PEY500 × 750	425	50～100	30～90	55	15.22
PEY600 × 900	500	90～200	32～120	75	25.3

锤式破碎机是由铰接在旋转转子上的锤来进行破碎的。破碎冲击力的大小，取决于锤的质量以及转子的旋转速度。锤式破碎机的生产率高，缩小率大（可达 50）。德国一公司和美国一公司生产锤式破碎机的主要技术参数见表 54-4。

表 54-4　国外生产的锤式破碎机的主要技术参数

公 司 名 称	德 国 公 司	美 国 公 司
破碎铸造铝合金生产率/$t \cdot h^{-1}$	10～20	20
破碎变形铝合金生产率/$t \cdot h^{-1}$	5～10	10
板材最大给料尺寸/mm × mm × mm	3000 × 1400 × 10	1400 × 1400 × 10
包块最大给料尺寸/mm × mm × mm	600 × 500 × 400	600 × 500 × 400
铸件最大给料尺寸/mm × mm × mm × mm	1100 × 500 × 500 × 50	1100 × 600 × 600 × 50
出料粒度范围/mm	0～85	0～150
安装容量/kW	940	1150

54.2.2　分选

主要的分选方法有形态分选、机械分选、重介质分选、火法分选、静电分选以及其他分选新工艺。

54.2.2.1　形态分选

形态分选是指物理形态分选，根据外观标志（颜色、断面特征、硬度、密度、磁性）和实物标志（零件名称），按照牌号，借助点滴分析法、光谱分析法和专用仪器，采用目视方法对铝及铝合金废料进行分选。

按外观形态分选是根据铝及铝合金的组分不同则具有不同的颜色、密度、硬度和磁性等。例如按颜色不同可区别铁、铜和铝合金。白色金属可按其清选表面中新鲜断口各有不同的颜色而相互分开，用此法可将铝、镁、锌、铅、白铜和锡分开；利用不同金属和合金制造出的尺寸基本相同的零件但密度不同的特点而将零件相互分开，如镁制零件比铝制零件轻，而铝制零件又比其他金属制件轻。

利用磁性可确定钢制的包铝或渗铝零件，包括铝及铝合金废料中的铁制零件也可用磁铁检测出来。

按外观形态和实物标志鉴别铝及铝合金废料困难时，可采用点滴分析法、光谱分析法和专用仪器进行分类。

点滴分析法：是在金属或合金的光洁表面上滴上一滴化学试剂，此时，试剂与某一元素反应而显示某种颜色，即可判断该元素的存在，依次滴上不同试剂可确定某一合金的成分。如，用含 5g $CdSO_4$、10g NaCl 和 20mL 盐酸配成的水溶液 100mL，将这种溶液用点滴法作用于零件的光洁表面上，则在 10 ~ 20s 后呈现黑色，说明该零件用镁合金制成。点滴在铝锌合金上则呈灰色，在铝及其他铝合金上呈透明颜色。同时还可根据颜色的深浅粗略估计某元素的含量。点滴分析法简单易行，应用方便。

对于某些特殊零件，若需确定其全部化学成分，则需采用光谱分析法。

54.2.2.2 机械分选

机械分选主要有粒度分选法、风选法、磁选法、浮选法和涡选法等。

A 粒度分选法

当有必要从铝及铝合金废料中分选出细组分或者大块组分时，适宜用粒度分选法。在整个预处理流程中，原料的粒度分选既能起到主导作用，也能起到辅助作用，分选过程一般采用筛分机。

再生铝废料的筛分有干式和湿式两种，湿式筛分适用于潮湿和细小的铝及铝合金废料。如果分选的是粒度小于 5mm 的筛下产品，则湿式筛分往往比干式筛分的效率高。

铝及铝合金预处理使用的筛分机主要有固定式格筛、滚筒筛和振动筛等。在选用筛分机时，要考虑到被处理铝及铝合金废料的特性及对筛分产品的质量要求。

固定筛适用于分选粒度大于 50mm 的铝及铝合金废料。这类固定筛有栅格式和水平式两种。当筛分块状物料时，筛分机倾角不得小于 35°；当分选扁平形态的物料或潮湿碎块时，其倾角不得小于 50°。栅格式筛分机的筛分效率不超过 65%。

在选择栅格式筛分机的尺寸时应遵循以下原则：

（1）筛分机的宽度大于最大铝及铝合金废料块度的 2 倍；

（2）筛分机的长度至少是宽度的 2 倍。

滚筒筛是带有穿孔的圆柱形旋转滚筒。滚筒内有若干筛网（筛孔直径不一），串联或并联安装。如铝及铝合金废料中含有较多的尘土，通常在滚筒内安装了多个水喷头，进行湿筛分。筛分后的铝及铝合金废料通过滚筒筛内部的螺旋式加强肋排出。

滚筒筛适用于筛分大块和中等块（块的粒度小于 250mm）的物料，能够制取粒度不小于 25mm 的筛下产品，滚筒倾斜角 2° ~ 8°，转速 10 ~ 15r/min。

振动筛广泛用于铝及铝合金的粒度分选。根据筛子摆动的方法，振动筛又可分为惯性筛、自动平衡筛和共振筛。

在惯性筛上，有一个或两个可替换筛网的箱体，装在弹簧吊架上或金属架上，筛分机振动依靠不平衡转子轴的转动来完成。

自动平衡筛常用于铝及铝合金废料的脱水、悬浮物的分离和加重剂的洗涤。筛箱吊在弹簧支架或者板簧上，与筛分机刚性连接的是自动平衡振动器。筛分机依靠振动器轴的转动而摆动，振动器上轴装有几个偏心固定的坠锤。筛分机倾斜在8°以下。

共振筛适用于筛分粒度在300mm以内的任何种类的铝及铝合金废料，还可适用于块状铝及铝合金废料的脱水。共振筛由一个箱体和固定框架组成，箱体和框架用弹性连杆相连接，传动装置的连杆采用橡胶元件与箱体装配在一起。箱体的振动依靠橡胶元件弹性的周期变化力完成，橡胶元件的受迫振动频率接近于共振频率。这种类型的筛分机分选能力高，作业可靠性强，能耗低。

B 风选法

风选法是利用铝及铝合金废料中的铝与纸屑、塑料薄膜、木块和尘土等非金属夹杂物密度差异较大的特点，在气流的作用下，将纸屑、塑料薄膜、木块和尘土等轻质非金属夹杂物与铝分开。风选法能够高效率地分选出大部分轻质夹杂物，是除去铝及铝合金废料中夹杂的纸屑、塑料薄膜、木块和尘土等轻质非金属夹杂物较为理想的工艺。

C 磁选法

铁及其合金是铝及铝合金中的有害杂质，对铝及铝合金性能的影响也最大，因此，应在预处理工序中最大限度地分选出夹杂的铁。国外大量采用磁选法从铝及铝合金废料中分选出铁磁性夹杂物和带有大量铁镶嵌物的零件。适于磁选法分选的物料是粒度在450mm以下的铝及铝合金废料、炉渣、铝屑、破碎的电缆、边角料和冲压废料等。

铁磁性夹杂物能否完全分选出，取决于原料的粒度、层厚、堆积量和夹杂率，还取决于磁场强度和所分选物料在磁场内的移动速度。

铝及铝合金废料中铁磁性物料的分选常用分选机主要有悬挂式除铁器和电磁轮除铁器等。

悬挂式除铁器沿传送装置轴线纵向或横向安装。含铁物料被除铁器吸至卸料带上，然后被带至卸料端。从铝及铝合金废料中分选磁性物料的过程是连续进行的。悬挂式除铁器传送带的卸料过程既可连续，也可根据带上磁性料的堆积量间断进行。悬挂式除铁器不能分选尺寸小于5mm、质量小于80g的铁磁性物料。

电磁轮除铁器适用于从散粒状或块状物料中分选铁磁性物质。传送带的最佳运行速度为1.25～2.0m/s，与电磁轮除铁器的转速50～60r/min保持一致。所分选物料的粒度和传送带上的料层厚度不得超过150mm。

分选机按磁源的不同可分为永磁式除铁器和电磁式除铁器两大类。永磁除铁器具有以下优点：结构简单，质量轻；不需要整流及其他控制装置，磁块分布均匀，分离效果高，可达99%以上，工作可靠，使用维修方便，可在较高的环境温度下（70℃）连续工作，而电磁除铁器设备工作的环境温度不得超过40℃。因此，永磁式除铁器得到了越来越广泛的应用。山东华特磁电科技股份有限公司生产的轻型特强自卸除铁器和江南磁选设备厂生产的永磁式电磁轮除铁器的主要技术性能分别见表54-5和表54-6。

表 54-5　轻型特强自卸除铁器主要参数

型　号		适用带宽 /mm	额定悬挂高度 /mm	额定高度处磁感应强度 /mT	适用带速 /m·s⁻¹	工作制	驱动电机功率 /kW	外形尺寸（长×宽×高） /mm×mm×mm	质量 /kg
RCY-Q40		400	100	≥40	≤2.0		0.75	1270×840×540	380
RCY-Q50		500	150	≥50	≤2.5		0.75	1322×1006×615	490
RCY-Q65		650	200	≥50	≤2.5		1.1	1545×1150×710	640
RCY-Q80		800	250	≥60	≤3.15		1.5	1712×1385×735	850
RCY-Q100		1000	300	≥60	≤4.0		2.2	1915×1535×735	1300
RCY-Q120		1200	350	≥60	≤4.0		2.2	2115×1540×790	1650
RCY-6.5	T1	650	200	90			2.2	2160×1075×795	1300
	T2			120		连续	2.2	2160×1075×795	1420
	T3			150			2.2	2350×1275×795	1750
RCY-8	T1	800	250	90			2.2	2350×1280×795	1920
	T2			120	5.8		2.2	2350×1280×795	2180
	T3			150			3.0	2660×1530×940	2820
RCY-10	T1	1000	300	90			3.0	2660×1540×950	2350
	T2			120			3.0	2660×1540×950	2700
	T3			150			4.0	2900×1730×950	2680

表 54-6　永磁式电磁轮除铁器

型　号	轮表面磁感应强度/mT	质量/kg	许用扭矩 /N·m	传送带速度 /m·s⁻¹	传送带宽度 /mm	电磁轮直径 /mm	电磁轮长度 /mm
CTGY63/50I	300	860	2644	2.5	500	630	600
CTGY63/65I	300	960	2644	2.5	650	630	750
CTGY63/80I	300	1025	2644	2.5	800	630	950
CTGY80/80I	300	1100	4500	2.5	800	800	950
CTGY80/100I	300	1265	4500	2.5	1000	800	1150
CTGY80/120I	300	1450	4500	2.5	1200	800	1400
CTGY80/140I	300	1640	4500	2.5	1400	800	1600
CTGY100/100I	300	1860	7000	2.5	1000	1000	1150
CTGY100/120I	300	2195	7000	2.5	1200	1000	1400
CTGY100/140I	300	2450	7000	2.5	1400	1000	1600
CTGY100/160I	300	2860	7000	2.5	1600	1000	1800
CTGY100/180I	300	3195	7000	2.5	1800	1000	2000
CTGY100/200I	300	3530	7000	2.5	2000	1000	2200

D　浮选法

浮选法也可称水选法。该法是以水为悬浮介质，利用铝及铝合金废料与其中夹杂的塑料、木块、橡胶等轻质物料密度差异较大，在水浮力的作用下，而将这些轻质物料与铝及铝合金废料分开。铝及铝合金废料在水中运动，轻质废料浮出并被一定流速的水带走，泥土和灰尘等易溶物质溶于水中，并被水带走进入沉降池。污水在澄清后，返回循环使用。这种方法可以全部分离密度小的轻质材料，是一种简便易行的方法。

E 涡选法

一个导电的物体在交变电场产生的交变磁场中运动时，导体内产生涡电流，涡电流的磁场与交变电场产生的磁场相排斥。排斥力的大小取决于：

（1）交变磁场的强度和交变磁场的变化速度；

（2）导体的电导率、质量、密度、尺寸和形状；

（3）导体和变电磁场的距离及导体的相对运动速度。

涡选法的原理是：在同一交变磁场中运动的不同种类的导体，产生不同的涡电流磁场与交变磁场排斥力；排斥力大小决定了导体被传送带抛出交变磁场的距离，根据导体被抛出交变磁场距离的不同而达到相互分离的目的。涡选法因使用成本低而适用于大规模工业化生产。

涡选法最常用的设备是涡电流分选机。山东华特磁电科技股份有限公司生产的涡电流分选机和国外某厂生产涡电流分选机的主要参数分别见表54-7和表54-8。

表54-7 涡电流分选机主要技术参数

型 号	适应产量 /$m^3 \cdot h^{-1}$	分选滚筒表面磁感应强度/mT	分选滚筒直径/mm	磁鼓转速 /$r \cdot min^{-1}$	分选滚筒转速 /$r \cdot min^{-1}$	外形尺寸（长×宽×高）/mm×mm×mm	电机功率/kW		质量 /kg
							分选滚筒	输送带滚筒	
ECS-40	≤4	≥300	320	50~2800	60~150	2885×1500×1695	4	1.1	1200
ECS-60	≤6		320	50~2800	60~150	2885×1700×1695	5.5	1.1	1350
ECS-80	≤8		320	50~2800	60~150	2885×1900×1695	5.5	1.5	1500
ECS-100	≤10		400	50~2800	60~150	2885×2100×1695	7.5	1.5	1900
ECS-120	≤12		400	50~2800	60~150	2885×2400×1695	7.5	1.5	2100

表54-8 国外某厂涡电流分选机主要技术参数

型 号	NE4B	NE5S	NE5F	NE6B	NE8B	NE10B	NE10S	NE10F	NE15S	NE15F
最大给料范围 /mm	390	490	490	590	790	990	990	990	1400	1400
磁极数量	12	18	36	12	12	12	16	38	18	38
磁转子转速 /$r \cdot min^{-1}$	2860	60~2500	60~2500	2860	2860	2860	60~2500	60~2500	60~2500	60~2500
磁场变化频率 /次·s^{-1}	286	≤375	≤790	286	286	286	≤375	≤375	≤375	≤375
转子倾斜角度 /(°)	0~48									
输送带速度 /$m \cdot s^{-1}$	1.76	1~2.5	1~2.5	1.76	1.76	1.76	1~2.5	1~2.5	1~2.5	1~2.5
安装容量/kW	7.5	8	10	10	10	7	8	14	10	14
出料粒度范围 /mm	10~100	3~100	1~100	10~100	10~100	10~100	3~100	1~100	3~100	1~100
处理能力/$t \cdot h^{-1}$	4	5	5	6	8	10	10	10	15	15

54.2.2.3 重介质分选

重介质分选是利用加重剂、悬浮剂与水制成不同密度的重介质对各种合金进行分选。如重介质密度为 $3.15 \times 10^3 kg/m^3$ 时，重金属及带固定件的铝下沉，铝及铝合金废料浮出；重介质密度为 $2.78 \times 10^3 kg/m^3$ 时，铜锌合金沉淀；重介质密度为 $2.69 \times 10^3 kg/m^3$ 时，铝铜合金沉淀；重介质密度为 $2.55 \times 10^3 kg/m^3$ 时，铝硅合金沉淀，而铝镁合金及铝镁硅浮于表面。重介质分选法需配置专门的重介质制取装置，分离效率低（一般低于90%），使用成本高，目前已很少使用。

54.2.2.4 火法分选

火法分选是利用铝及铝合金废料与其中夹杂的铁、锡、锌、铅的熔点不同，通过在熔炼过程中分段控制熔炼温度而将其分开。熔炼温度控制在200～250℃时，锡首先熔化而流出；熔炼温度控制在300～350℃时，铅熔化而流出；熔炼温度控制在400～450℃时，锌熔化而流出。然后再将熔炼温度升高到580℃以上，铝及铝合金熔化后，再将铁等高熔点金属扒出。国外采用熔化法将铸造铝合金和锻造铝合金、易拉罐罐身与罐盖分开。

54.2.2.5 静电分选

静电分选是利用电场的作用，将金属导体与绝缘物分开。处在电场中的物体，不论其成分如何，都带有电荷，电荷的大小取决于起晕电极的极性和物料的特性。金属导体在电场相同的情况下，所获得的最大电荷大。当带电物体同接地导体接触时，物体即放出自身电荷。放出电量的多少，取决于电阻、电容和物体的接触时间。物体接受电荷与从物体放出至接地导体的电荷之间可以迅速取得平衡。对金属导体来说，由于它们的总电阻较低，这些物体所获得的电荷迅速释放出来。同时，由于绝缘物体保持自身电荷的时间较长，因此，被留在接地分选机上。这样，滚筒表面的金属物体瞬间释放出自身电荷后落入料桶，绝缘体则随滚筒一起转动而留在滚筒表面，之后再落入另一个料桶。静电分选多用于废旧电线电缆的预处理，它可以降低铝绝缘物的损失。

54.2.2.6 其他分选新工艺

为了实现对铝及铝合金废料进行准确快速的分类，国外相继对光学成像法、激光分类法、X 射线分析法和涡流仪分析法等进行了研究和开发。目前，光学成像法、激光分类法和 X 射线分析法尚处于研究阶段，涡流仪分析法因简便易行和快速准确而在铝及铝合金废料分选中取得了成功应用。

涡流仪分析法的原理是通过测定被分选金属的绝对电导率而达到比较精确分选的目的。涡流仪分析法常用的仪器为涡流分选仪。涡流分选仪主要由振荡器、功率放大器、交流电桥、差动直流放大器、平衡指示电表和探头等部分组成。涡电流分选仪的分选过程简述如下：

当涡流分选仪探头放在金属块上，探头线圈电磁场使金属表面感生涡流，涡流的大小与被测金属电性有关。感生涡流磁场将减弱探头线圈的磁场，被测金属导电性不同，减弱程度也不一样，探头线圈磁场的变化势必破坏原来的电桥平衡。为了使电桥继续保持平衡，须重新调节平衡指示电表，重新调节平衡指示电表的量即为被测金属的绝对电导率。不同金属和不同牌号的铝及铝合金，其电导率也不同，因而可以相互分离。

54.2.3 打包

打包的目的是把松散的、轻薄的废料压实并制成一定质量、尺寸和密度的打包块。密实的铝及铝合金废料便于装炉熔炼，并且在熔炼过程中氧化造成的金属损失也小。同时，还可降低铝及铝合金废料的运输费用。需要进行打包加工的，是解体后的变形铝及铝合金废料、废散热器、边角料、废管材、废棒材、废电线电缆、废定子绕组、碎屑、日用品等。加工的打包块密度，取决于压力的大小及其所压制的物料的厚度。铝及铝合金打包常用的压力范围为600～2000kN。

打包过程包含以下主要工序：废料的验收和准备，进入打包机、打包、将打包块推出/翻出挤压室，验收并运走成品打包块。打包所采用设备大多为液压打包机。各种液压打包机都是自动化或半自动化作业，能将废料压制成不同质量的包块。湖北力帝机床股份有限公司生产的液压打包机主要技术性能见表54-9。

表54-9 液压打包机主要技术性能

型号	公称推力/kN	挤压室尺寸（长×宽×高）/mm×mm×mm	包块尺寸（长×宽×高）/mm×mm×mm	单位工作循环时间/s	安装容量/kW	出包操作方法
Y81-630	630	1000×600×500	（180～250）×200×200	90	7.5	翻包，手动操作
Y81-1000	1000	1000×600×500	（200～300）×230×230	120	11	翻包，手动操作
Y81-1250	1250	1200×700×600	（150～360）×300×300	120	15	翻包，手动操作
Y81/T-1000	1000	1300×600×600	（250～400）×300×300	120	15	推包，手动操作
Y81/T-1250	1250	1200×700×600	（240～450）×240×240	120	18.5	推包，手动操作
Y81Q-1350	1350	1400×600×600	（50～300）×600×240	80	22	前出包，手动操作
Y81-1600A	1600	1600×1000×800	（400～600）×340×340	150	22	推包，手动阀操作
Y81-1600B	1600	1600×1200×800	（400～700）×400×400	150	30	推包，手动阀操作
Y81-2000A	2000	1600×1200×800	（400～700）×400×400	160	30	推包，手动阀操作
Y81-2000B	2000	1800×1400×900	（400～700）×400×400	160	37	PLC半自动
Y81-2500A	2000	2000×1400×1200	（450～700）×450×450	160	44	PLC半自动
Y81-2500B	2500	2000×1750×1200	（450～800）×500×600	160	60	PLC半自动
Y81-3150A	2500	2000×1400×1200	（450～700）×450×450	160	60	PLC半自动
Y81-3150B	3150	2000×1750×1200	（450～800）×500×600	160	66	PLC半自动
Y81-4000A	4000	2000×1600×1200	（500～1000）×500×600	160	66	PLC半自动
Y81-4000B	4000	2800×2000×1200	（600～1100）×500×600	160	110	PLC半自动

54.2.4 干燥和除油

再生铝原料的湿度可达20%，但作为熔炼炉炉料的再生铝及铝合金原料，其水分允许含量不超过1%。因此，铝及铝合金废料在投炉前必须进行干燥处理。通常需要进行干燥处理的，有铝屑、小块铸造铝合金废料等。根据铝及铝合金废料的形状不同，采用不同的干燥方法和设备进行。

小块铸造铝合金废料干燥，因单位体积的表面积较大，表面附着的水分含量相对较小，通常可采用强风进行干燥。经强风干燥处理后的小块铸造铝合金废料水分的含量可降低到1%以下，但这种干燥方法生产效率较低。为提高生产效率，也可采用热风进行干燥，热风的温度一般在150～200℃之间。

铝屑在产生过程中，通常需加工水或乳液进行冷却和润滑，因而铝屑中含有大量的水分和油。铝屑的预处理通常包括干燥和除油两个过程，这两个过程通常采用在回转窑内进行。

54.2.5　除表面有机涂膜

许多铝及铝合金废料表面都涂有油漆、塑料膜等有机物。尤其是铝及铝合金废料包装容器，数量最大的是易拉罐、牙膏皮等。这些物质的一个共同特点均是壁薄。在国内的小型冶炼厂，此类物质一般不做任何预处理就直接熔炼，有机涂膜在熔炼过程中烧掉。但在有机涂膜燃烧的过程中会造成部分铝氧化，不但浪费了再生铝资源，而且造成熔体大量的吸气和夹渣。去除这些有机涂膜常用的预处理技术主要有火法和湿法两种。湿法是用某种有机溶剂浸泡铝及铝合金废料，使有机涂层脱落或溶解。但该法的缺点是废液量大和废渣处理成本高，一般不宜采用。火法是在高温下，将有机涂膜炭化和脱落。火法常用的设备主要是回转窑。回转窑的优点是热效率高，便于铝与炭化物的分离。回转窑的热源来自于加热炉的热风和铝及铝合金废料有机涂膜炭化过程中产生的热。由于回转窑的旋转，使得物料之间相互碰撞和摩擦，使炭化物从铝及铝合金废料上脱落。脱落的炭化物一部分在回转窑的一端收集，还有一部分在收尘器中回收。

54.3　几种典型的铝及铝合金废料预处理工艺及设备

铝及铝合金废料来源复杂，形状各异，常镶嵌、夹有及涂附一些非铝金属与非金属，表面不洁净，为使其符合后续冶金加工对原料的要求，须根据铝及铝合金废料的情况，采用一个或几个预处理工艺相结合的方式进行预处理。本节着重介绍大块铝合金废铸件、易拉罐废料和铝屑等几种典型铝及铝合金废料预处理工艺及设备。

54.3.1　大块铝合金废铸件预处理工艺及设备

54.3.1.1　大块铝合金废铸件的预处理工艺

大块铝合金废铸件主要为汽车缸体、铝合金铸件、机器底座等，其中镶嵌铁、铜、镁、锌等金属，并混有塑料、纸屑等非金属夹杂物。国内大多采用手工将铁、铜、塑料等夹杂物有效去除，这种方法生产效率低，预处理后的铸造铝合金废料质量低，而国外多采用将破碎、筛分、磁选、涡选等多种预处理工艺相结合的铝废料破碎分选生产线对大块铝合金废铸件进行预处理。

54.3.1.2　铝废料破碎分选生产线生产工艺流程

铝废料破碎分选生产线主要由受料仓、机前振动加料机、破碎机、机后振动加料机、双层振动筛、传送带、悬挂式除铁器、涡电流皮带分离系统、料箱和收尘系统等组成。

大块铝合金废铸件预处理工艺流程如图 54-1 所示。

铝废料破碎分选生产线平面布置如图 54-2 所示。

采用铝废料破碎分选生产线对大块铝合金废铸件进行预处理的生产工艺过程简述如下：将镶嵌铜、铁、镁、锌等金属，并夹杂有塑料等非金属的大块铝合金废铸件采用吊车或装载机装入受料仓，通过机前振动加料机将大块铝合金废铸件加入到铝废料破碎分选生产线的破碎机进行破碎。破碎后的废料经机后振动加料机进入双层振动筛进行分筛。粒度较大的废料返回破碎机进行再次破碎，粒度符合要求的废料经悬挂式除铁器除铁后进入涡电流皮带分离系统。在涡电流皮带分离系统将破碎后铸造铝合金废料分选为单一的铜、镁、锌和铸造铝合金废料。分选出的铝合金废料进入废料存放格，铜、镁、锌和非金属夹杂物进入不同的料箱，破碎分选过程中产生的粉尘经收尘系统收尘后排放。

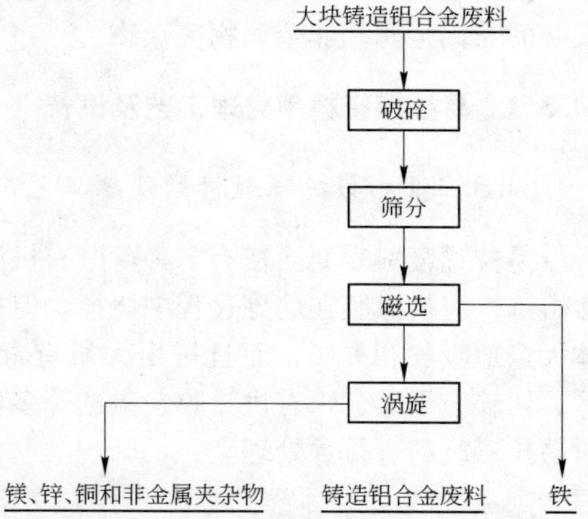

图 54-1　大块铝合金废铸件预处理工艺流程

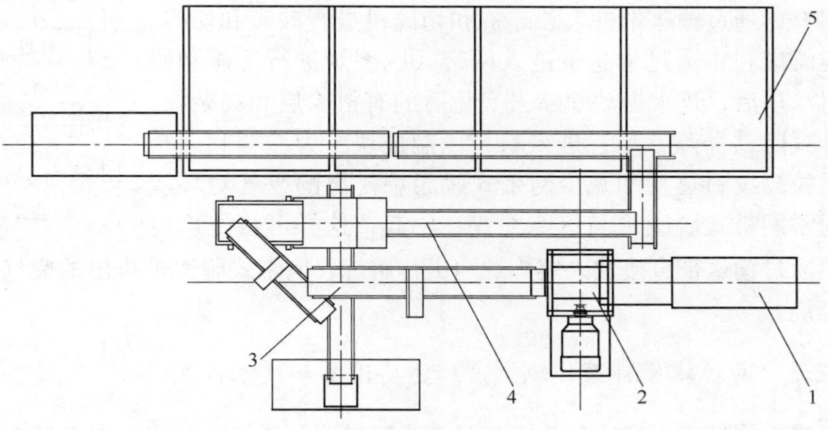

图 54-2　铝废料破碎分选生产线平面布置

1—受料仓；2—破碎机；3—悬挂式除铁器；4—涡电流皮带分离系统；5—料箱

54. 3. 1. 3　铝废料破碎分选生产线主要技术性能

铝废料破碎分选生产线主要技术性能为：生产能力：15t/h；受料斗顶端高度：2. 45m；受料斗的容积：7m^3；受料斗的装料量：3t；最大受料体积：1m^3；最大出料粒度：150mm；最小出料粒度：60mm；来料中塑料的最大含量：30%；输出料中塑料的最大含量：5%；除夹杂物效率：≥99%；涡选机：涡电流分离器。

经过水洗、烘干后的小块铸造铝合金废料通常也可采用铝废料破碎分选系统除去其中夹杂的非铝金属和非金属物夹杂物。

54.3.2　易拉罐废料预处理工艺及设备

54.3.2.1　易拉罐废料预处理工艺

易拉罐废料表面涂覆有多种薄壁有机涂膜，国内再生铝企业一般不做任何预处理就直接熔炼，有机涂膜在熔炼过程中烧掉。但在有机涂膜燃烧的过程中会造成部分铝氧化，熔体大量地吸气和夹渣，而且排出大量有毒的气体对环境造成较大破坏，而国外多采用解体、切碎、干燥、除有机涂膜、磁选等多种预处理工艺相结合的易拉罐废料预处理生产线对易拉罐废料进行预处理。

54.3.2.2　易拉罐废料预处理生产线生产工艺流程

社会上回收的易拉罐大多已打成包块，在进行脱去表面有机涂层和干燥前，必须对包块进行破碎和切碎。国外常用易拉罐废料预处理生产线对易拉罐包块进行预处理。易拉罐废料预处理生产线主要由受料仓、破碎机、切碎机、输送带、网带式脱漆炉、悬挂式除铁器、振动筛、液压打包机和料箱等组成。

采用易拉罐预处理废料生产线对易拉罐包块进行预处理的流程如图54-3所示，其生产工艺过程简述如下：易拉罐包块由装载机装入受料仓，通过输送带进入破碎机和切碎机进行破碎和切碎。切碎后易拉罐废料再通过输送带进入网带式脱漆炉进行干燥和脱去表面有机涂层后，进入振动筛除去炭化后的有机涂层和夹杂物，然后经悬挂式除铁器除铁后，进入料箱压制成块。为综合利用预处理后的易拉罐废料热量和减少网带式脱漆炉排出的废气对环境的污染，通常网带式脱漆炉与熔炼配置在一起，这样可将处理后易拉罐废料通过输送带直接加入熔炼炉内进行熔炼，网带式脱漆炉排出的废气返回熔炼炉进行二次燃烧。

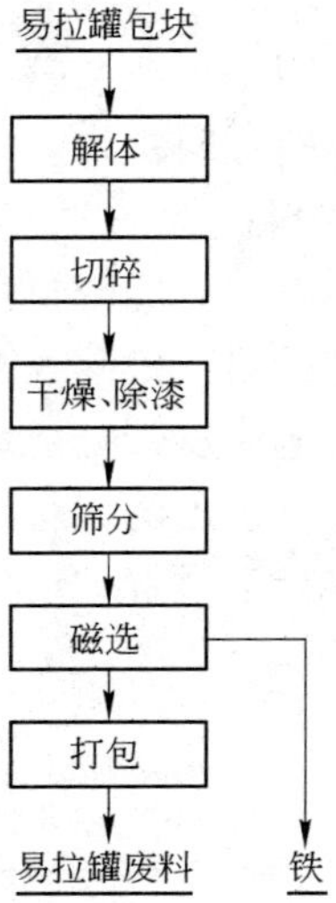

图54-3　易拉罐废料预处理工艺流程

54.3.2.3　易拉罐废料预处理生产线主要设备和技术性能

易拉罐废料预处理生产线最关键的设备是网带式脱漆炉，其主要特点是：

（1）因网带布置在炉内，因此网带系统没有热损失；

（2）输送机耐冷热冲击；

（3）输送机本体及其传动机械因冷热变化产生的应力通过大量的支撑辊道得以释放；

（4）炉子内部有良好的可通过性。

装入网带式脱漆炉的易拉罐废料不是通过烧嘴火焰的直接加热，而是通过烧嘴燃烧过程中产生的热气在炉内循环时对易拉罐废料进行间接加热而完成除漆和干燥。网带式脱漆炉炉顶上方装有一台热气循环风机，炉内的热气通过这台风机实现循环。易拉罐废料表面涂覆的有机涂膜在高温分解产生的有机废气导入熔炼炉进行再次燃烧，从而减少废气对环境的污染。为了减少易拉罐废料在除漆和干燥过程中氧化烧损，在热解气排出管道内安装有氧含量控制装置，通过分析热解气体中氧气含量，来控制网带式脱漆炉烧嘴助燃空气的供给量，确保网带式脱漆炉中的气氛为还原性气氛，从而减少易拉罐废料的氧化烧损。

网带式脱漆炉主要技术性能如下：炉型：网带式炉；运行方式：连续；生产能力：1900kg/h；输送机构：平板输送机；输送机工作宽度：1200mm；输送机工作长度：6000mm；来料：易拉罐碎片；污染物最大含量：15%；热气循环：1 台热风机；最高工作温度：650℃；加热装置：轻柴油，间接加热；烧嘴数量：2 个（1 ×630kW，1 ×230kW）；轻柴油最大消耗量：77kg/h；炉子外形尺寸：约 8000mm ×2200mm ×2000mm；安装容量：12kW。

54.3.3　铝屑预处理工艺及设备

54.3.3.1　铝屑预处理工艺

铝屑在生产过程中，通常需加入水或乳液进行冷却和润滑，因而铝屑中含有大量的水分和油，并且含有刀头等铁杂物。铝屑预处理通常采用包括除油、干燥、筛分、磁选和打包等多种预处理工艺相结合的铝屑预处理生产线对铝屑进行预处理。

54.3.3.2　铝屑预处理生产线工艺流程

铝屑预处理生产线主要由受料仓、振动加料机、输送带、铝屑无氧化焙烧装置、悬挂式除铁器、振动筛、液压打包机和料箱等组成。

铝屑预处理工艺流程如图 54-4 所示。

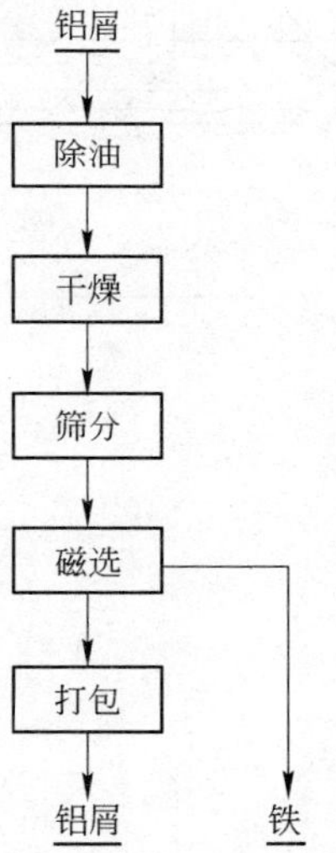

图 54-4　铝屑预处理工艺流程

采用铝屑预处理生产线对铝屑进行预处理的生产工艺过程简述如下：

将铝屑采用吊车或装载机装入受料仓，通过振动加料机和输送带将铝屑加入铝屑无氧化焙烧装置进行除油和干燥。除油和干燥后的铝屑进入振动筛除去夹杂物，然后经悬挂式除铁器除铁后，进入料箱压制成块。

54.3.3.3　铝屑预处理生产线主要设备和技术性能

铝屑的预处理通常包括干燥和除油两个过程，这两个过程通常采用在同一台设备内进行。铝屑干燥和除油适合采用直接加热或间接加热的回转窑。在直接加热的回转窑中，加热器布置在回转窑内，应用对流原理——原料和炽热气体做相对运动。转筒倾斜角度为 3°～6°，转动速度为 2～6r/min。但是采用直接加热回转窑因炉气为氧化性气氛，铝屑的氧化较大。为此，铝屑的干燥和除油多采用间接加热回转窑。间接加热室与回转窑单独布置，并在间接加热室的顶部有切线入口，炽热气体经切线入口沿转筒长度方向分布。通过间接加热回转窑处理的铝屑氧化可以降低到最低程度，并使油质的残余含量低于 0.05%。

铝屑干燥和热法除油装置通常由以下部分组成：

（1）铝屑的受料系统，包括一个带给料器的受料仓；

（2）用于分选超过规定尺寸的夹杂物及外来物预筛分系统；

（3）由回转窑、燃尽室、烟尘收集装置等组成的铝屑无氧化焙烧装置；

（4）检验筛分及筛除氧化皮、稃土和金属粉尘系统；

（5）磁选系统。

铝屑预处理生产线最关键的设备是铝屑无氧化焙烧装置。铝屑无氧化焙烧装置平面布置如图 54-5 所示。

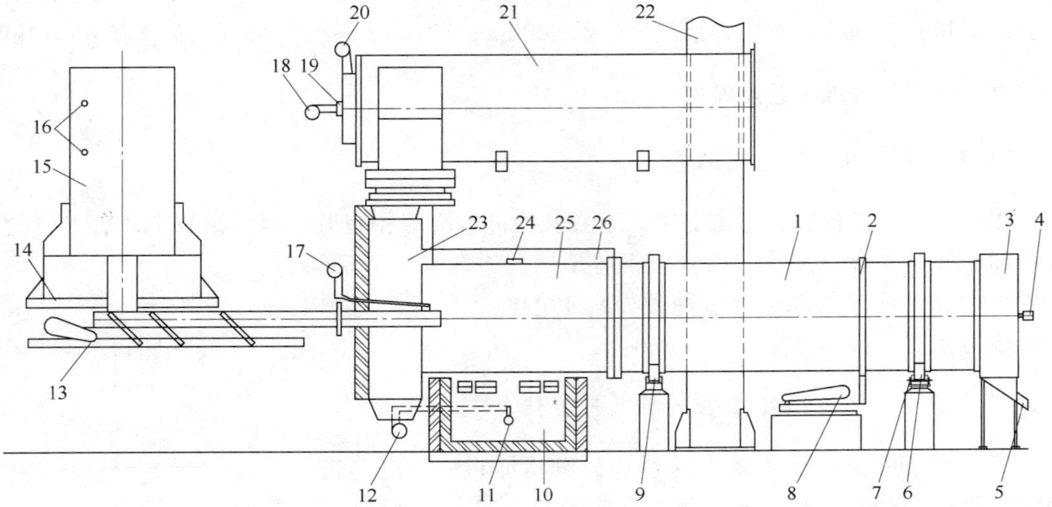

图 54-5　铝屑无氧化焙烧装置平面布置

1—干燥与冷却回转窑；2—齿圈；3—卸料室；4—滑环；5—卸料嘴；6，9—支撑辊；7—止推辊；8—传动装置；10—间接加热室；11—间接加热室烧嘴；12，18—一次空气风机；13—振动给料器；14—转盘给料器；15—料仓；16—料面指示器；17—助燃风机；19—喷嘴；20—一次空气风机；21—燃尽室；22—烟囱；23—烟道；24—热蒸汽；25—初次干燥段；26—加热室

采用铝屑无氧化焙烧装置对铝屑进行除油和干燥，可以使氧化降低到最低程度，使油质残余含量低于0. 05%。铝屑无氧化焙烧装置有一个由三段组成的回转窑：窑的第一段是通过砌有内衬的间接加热室中的燃料燃烧从外部加热，第二段有一个黏土砖绝热层，第三段无衬。铝屑的预处理分为 3 个阶段。第一阶段，将铝屑加热至 400 ~ 450℃，这时水分蒸发，部分油质烧掉。第二阶段，在温度为 250℃时完成干燥过程。第三阶段，用空气冷却铝屑，空气从回转窑的卸料端进入的。在冷却铝屑的过程中空气被加热，然后进入第二段，从第二段把油蒸气和水蒸气带到第一段。在第一段，油蒸气被部分烧掉，残余的混合物返回燃尽室烧掉。为了避免铝屑氧化，第一段应保持还原气氛。燃尽室呈圆筒形，采用黏土砖砌衬，并且与转筒的第一段烟道相接。燃尽室设有一个烧嘴，室内温度保持在 730 ~ 780℃之间，以使油蒸气烧尽。

以下铝屑无氧化焙烧装置的回转窑尺寸可供参考：

长度/mm	5182	7315	9144	10668
直径/mm	1067	1371	1702	1981

各规格回转窑对应的产能为 320 ~ 16800kg/h。

铝屑无氧化焙烧装置配置有废气无害处理及除尘系统。由回转窑排出的废气含尘量为 1 ~ 2kg/m^3。废气排出燃尽室之后进入换热器，使其中大约 50% 的固体颗粒沉淀下来。然后再用组合旋风除尘器对废气进行除尘净化，除尘效率为 75%。此种系统的废气总净化率为 85% ~ 90%。

经干燥后的铝屑再通过悬挂式除铁器，进入料箱压制成块。这种方法使用成本低，比较适合于大批量、连续的生产。

54.4 中国铝及铝合金废料预处理现状

国内铝及铝合金预处理技术还十分简单和落后，即使在大型的再生铝厂，对铝及铝合金废料的预处理也没有比较先进的预处理技术。目前，国内的再生铝厂主要采用以下几种预处理技术。

（1）品种单一或基本不含其他杂质的铝及铝合金废料：一般不作复杂的预处理，只是将体积大的铝及铝废料通过剪切或其他方法破碎成规格符合要求的料块，松散的铝及铝合金废料压制成块，再按废料的品种和成分分类，单独存放。单一品种的铝及铝合金废料在利用时只要抽验出一个成分，即可知晓一批的成分，然后加入熔炼炉熔炼即可。

（2）对于档次高的铝及铝合金废料切片：其中主要成分有铸造铝合金、变形铝合金和纯铝等，前者还很难按处理号分类，在大型再生铝厂，一般只经过除去混入的泥土等夹杂物，即可直接投入熔炼炉熔炼，而在小型的再生铝厂，一般采用人工分选的方法将其分成铸造铝合金、变形铝合金和纯铝，然后分别利用。

（3）对于低档次的切片和焚烧过的碎铝及铝合金废料（后者大型再生铝厂一般不用）：因其成分复杂，除铝之外还含有废钢铁、废铜、废铅等金属和塑料、泥土、橡胶和木屑等非金属夹杂物。对此类铝及铝合金废料的分选主要靠人工，一是筛分出泥土和垃圾，然后人工分选。人工分选主要靠工人目测和经验进行挑选，先分出非金属废料，然后分选出废金属，其中对废铜和废纯铝的挑选格外精心，因废铜可增加产值，纯铝留心比如铝及铝合金废料等，都是再生铝熔炼中调整的上等原料。分出的铝及铝合金废料是混杂的，一般不再细分。目前上海新格有色金属有限公司铝及铝合金废料的预处理就是采用水洗和人工分选的方法进行铝及铝合金废料预处理。

铝及铝合金废料的预处理大多数再生铝厂仍采用人工分选的方法，使用的工具是磁铁、钢锉、锤子、钳子和螺丝刀等，凭的是经验。预处理技术的落后，使铝及铝合金废料的预处理生产效率低、劳动强度大、成本高、质量均一性差，从而制约了中国再生铝企业的进一步发展。而采用破碎、筛分、风选、磁选和涡选等多种预处理工艺相结合的机械分选法，因生产效率高、质量稳定和成本低等优点，在国外再生铝工业得到了广泛的应用。

55 再生铝的熔炼和铸造

＊＊

再生铝的熔炼原理、铸造工艺技术及设备与用重熔用铝锭/电解铝液生产锭坯的熔炼原理、铸造工艺技术及设备基本相同，详见第八篇，本篇将不再叙述。

55.1 再生铝熔炼的目的

再生铝熔炼的基本任务就是把某种配比的铝及铝合金废料加入熔炼炉中，经快速熔化后，再对熔体进行适当的处理，得到合格的铝及铝合金熔体。在进行熔化的过程中，合金本身与炉内外环境之间将会发生许多物理、化学变化和反应，这些反应均会影响到熔体的质量。合格的铝及铝合金熔体应包括以下几个方面的内容：

（1）化学成分合格。化学成分合格，首先应满足的就是各个合金元素的含量均应在允许的范围内。

除合金元素外，在各种金属原料中，由于各种原因，还有存在许多对铝及铝合金有不利影响而又无法完全去除的各类元素或各种气体及夹杂物等，为保证材料性能的发挥，各类杂质元素的化学成分含量应在允许的范围内。

根据生产方法的不同，铝及铝合金可分为铸造铝合金和变形铝及铝合金两大类。中国标准《铸造铝合金》（GB/T 1173—1995）和《压铸铝合金》（GB/T 15115—2009）、国际铝和铝合金铸件化学成分和力学性能（ISO 3522—1984 和 ISO DP3522）、美国《铝合金砂型铸件标准规范》（ASTM B26M—1998）、美国《铝合金熔模铸件标准规范》（ASTM B618—1998）、《铝合金永久模型铸造件标准规范》（ASTM B108—1998）、美国《铝合金压模铸件标准规范》（ASTM B85—1996）和日本铸造铝合金（JIS H5202：1999）及压铸铝合金（JIS H5302—1990）化学成分分别见表 55-1 ~ 表 55-4。

（2）熔体应洁净。在对铝及铝合金热熔化操作过程中，由于在高温状态下，各种化学元素的化学性较强，以及操作过程中的不慎，均有可能将一些外来异物如熔剂、炉渣或各种气体等带入熔体，这些外来物在随后发生凝固过程中均会对材料的性能产生不利影响，因此在熔炼操作过程中应尽可能地将其去除干净。

（3）温度适当。铝及铝合金在进行熔炼操作时，都是将在室温下以固体存在的铝及铝合金加热至熔点温度以上，使其发生相变，转化成液态。高温状态下，铝及铝合金与环境会由于化学活性的提高而发生各种作用，其结果就会污染熔体，并且这些变化是不可逆转的，从而对铝及铝合金的性能造成不利影响。因此熔化过程中，一定要控制好温度，使其在满足随后凝固要求的前提下，尽量降低温度，以减轻对熔体质量的影响。

表 55-1　中国铸造铝合金（GB/T 1173—1995）和压铸铝合金（GB/T 15115—2009）化学成分

序号	合金牌号	合金代号	化学成分（质量分数）/%																
			w(Si)	w(Cu)	w(Mg)	w(Zn)	w(Mn)	w(Fe)		w(Ti)	w(Zr)	w(Ti + Zr)	w(Be)	w(Ni)	w(Sn)	w(Pb)	杂质总和		w(Al)
								S	J								S	J	
1	ZAlSi7Mg	ZL101	6.5 ~ 7.5	0.2	0.25 ~ 0.45	0.3	0.35	0.5	0.9			0.25	0.1		0.01	0.05	1.1	1.5	余量
2	ZAlSi7MgA	ZL101A	6.5 ~ 7.5	0.1	0.25 ~ 0.45	0.1	0.10	0.2	0.2	0.08 ~ 0.20	0.2				0.01	0.03	0.7	0.7	余量
3	ZAlSi12	ZL102	10.0 ~ 13.0	0.3	0.10	0.1	0.5	0.7	1.0	0.2							2.0	2.2	余量
4	YZAlSi12	YL102	10.0 ~ 13.0	1.0	0.10	0.4	0.35	1.0						0.5	0.15	0.10			余量
5	ZAlSi9Mg	ZL104	8.0 ~ 10.5	0.1	0.17 ~ 0.35	0.25	0.2 ~ 0.5	0.6	0.9			0.15			0.01	0.05	1.1	1.4	余量
6	YZAlSi10Mg	YL101	9.0 ~ 10.0	0.6	0.45 ~ 0.65	0.4	0.35	1.0						0.5	0.15	0.10			余量
7	YZAlSi10	YL104	8.0 ~ 10.5	0.3	0.3 ~ 0.5	0.3	0.2 ~ 0.5	0.5 ~ 0.8						0.1	0.01	0.05			余量
8	ZAlSi5Cu1Mg	ZL105	4.5 ~ 5.5	1.0 ~ 1.5	0.4 ~ 0.6	0.3	0.5	0.6	1.0			0.15	0.1		0.01	0.05	1.1	1.4	余量
9	ZAlSi5Cu1MgA	ZL105A	4.5 ~ 5.5	1.0 ~ 1.5	0.4 ~ 0.55	0.1	0.1	0.2	0.2						0.01	0.05	0.5	0.5	余量
10	ZAlSi8Cu1Mg	ZL106	7.5 ~ 8.5	1.0 ~ 1.5	0.3 ~ 0.5	0.2	0.3 ~ 0.5	0.6	0.8	0.10 ~ 0.25					0.01	0.05	0.9	1.0	余量

续表 55-1

序号	合金牌号	合金代号	化学成分（质量分数）/%																
			w(Si)	w(Cu)	w(Mg)	w(Zn)	w(Mn)	w(Fe)		w(Ti)	w(Zr)	w(Ti + Zr)	w(Be)	w(Ni)	w(Sn)	w(Pb)	杂质总和		w(Al)
								S	J								S	J	
11	ZAlSi7Cu4	ZL107	6.5 ~ 7.5	3.5 ~ 4.5	0.1	0.3	0.5	0.5	0.6						0.01	0.05	1.0	1.2	余量
12	ZAlSi12Cu2Mg1	ZL108	11.0 ~ 13.0	1.0 ~ 2.0	0.4 ~ 1.0	0.2	0.3 ~ 0.9		0.7	0.2				0.3	0.01	0.05		1.2	余量
13	ZAlSi12Cu1Mg1Ni1	ZL109	11.0 ~ 13.0	0.5 ~ 1.5	0.8 ~ 1.3	0.2	0.2		0.7	0.2				0.8 ~ 1.5	0.01	0.05		1.2	余量
14	ZAlSi5Cu6Mg	ZL110	4.0 ~ 6.0	5.0 ~ 8.0	0.2 ~ 0.5	0.6	0.5		0.8						0.01	0.05		2.7	余量
15	ZAlSi9Cu2Mg	ZL111	8.0 ~ 10.0	1.3 ~ 1.8	0.4 ~ 0.6	0.1	0.10 ~ 0.35	0.4	0.4	0.10 ~ 0.35					0.01	0.05	1.0	1.0	余量
16	YZAlSi9Cu4	YL112	7.5 ~ 9.5	3.0 ~ 4.0	0.1	2.9	0.5	1.0						0.5	0.15	0.1			余量
17	YZAlSi11Cu3	YL113	9.5 ~ 11.5	2.0 ~ 3.0	0.1	2.9	0.5	1.0						0.3		0.1			余量
18	ZAlSi7Mg1A	ZL114A	6.5 ~ 7.5		0.45 ~ 0.60		0.1	0.2	0.2	0.10 ~ 0.20		0.2			0.01	0.03	0.75	0.75	余量
19	ZAlSi5Zn1Mg	ZL115	4.8 ~ 6.2	0.1	0.4 ~ 0.65	1.2 ~ 1.8	0.1	0.3	0.3						0.01	0.05	0.8	1.0	余量
20	ZAlSi8MgBe	ZL116	6.5 ~ 8.5	0.3	0.35 ~ 0.55	0.3	0.1	0.6	0.6	0.10 ~ 0.30	0.2	B0.1	0.15 ~ 0.4		0.01	0.05	1.0	1.0	余量
21	YZAlSi17Cu5Mg	YL117	16.0 ~ 18.0	4.0 ~ 5.0	0.5 ~ 0.7	1.4	0.5	1.0		0.2				0.1		0.1			余量

续表 55-1

序号	合金牌号	合金代号	化学成分（质量分数）/%																
			w(Si)	w(Cu)	w(Mg)	w(Zn)	w(Mn)	w(Fe)		w(Ti)	w(Zr)	w(Ti+Zr)	w(Be)	w(Ni)	w(Sn)	w(Pb)	杂质总和		w(Al)
								S	J								S	J	
22	ZAlCu5Mn	ZL201	0.3	4.5 ~ 5.3	0.05	0.2	0.6 ~ 1.0	0.25	0.3	0.15 ~ 0.35	0.2			0.1			1.0	1.0	余量
23	ZAlCu5MnA	ZL201A	0.1	4.8 ~ 5.3	0.05	0.1	0.6 ~ 1.0	0.15		0.15 ~ 0.35	0.15			0.05			0.4		余量
24	ZAlCu4	ZL203	1.2	4.0 ~ 5.0	0.05	0.25	0.1	0.8	0.8	0.2	0.1				0.01	0.05	2.1	2.1	余量
25	ZAlCu5MnCdA	ZL204A	0.06	4.6 ~ 5.3	0.05	0.1	0.6 ~ 0.9	0.15	0.15	0.15 ~ 0.35	0.15			0.05			0.4		余量
26	ZAlCu5MnCdVA	ZL205A	0.06	4.6 ~ 5.3	0.05		0.3 ~ 0.5	0.15	0.15	0.15 ~ 0.35					0.01		0.3	0.3	余量
27	ZAlRE5Cu3Si2	ZL207	1.6 ~ 2.0	3.0 ~ 3.4	0.15 ~ 0.25	0.2	0.9 ~ 1.2	0.6	0.6		0.15 ~ 0.25			0.2 ~ 0.3			0.8	0.8	余量
28	ZAlMg10	ZL301	0.3	0.1	9.5 ~ 11.0	0.15	0.15	0.3	0.3	0.15	0.2		0.07	0.05	0.01	0.05	1.0	1.0	余量
29	YZAlMg5Si1	YL302	0.8 ~ 0.35	0.25	7.6 ~ 8.6	0.15	0.35	1.1						0.15	0.15	0.10			余量
30	ZAlMg5Si	ZL303	0.8 ~ 1.3	0.1	4.5 ~ 5.5	0.2	0.1 ~ 0.4	0.5	0.5	0.2							0.7	0.7	余量
31	ZAlMg8Zn1	ZL305	0.2	0.1	7.5 ~ 9.0	1.0 ~ 1.5	0.1	0.3		0.1 ~ 0.2			0.03 ~ 0.1				0.9		余量
32	ZAlZn11Si7	ZL401	6.0 ~ 8.0	0.6	0.1 ~ 0.3	9.0 ~ 13.0	0.5	0.7	1.2								1.8	2.0	余量
33	ZAlZn6Mg	ZL402	0.3	0.25	0.5 ~ 0.65	5.0 ~ 6.5	0.1	0.5	0.8	0.15 ~ 0.25					0.01		1.35	1.65	余量

注：表中有上下限数值的为主要元素，只有一个数值的为杂质限量的上限值。

表 55-2 国际铸造铝合金化学成分

合金牌号	化学成分(质量分数)/%										铸造方法	状态	标准号	相近国内牌号或代号(标准号)
	w(Si)	w(Mg)	w(Fe)	w(Cu)	w(Mn)	w(Zn)	w(Ti)	其余	其他 单个	其他 总量				
Al-Si5	4.5 ~ 6.0	0.1	0.8	0.1	0.5	0.1	0.2	Ni:0.1			S	F	ISO 3522—1984	
Al-Si5Mg	3.5 ~ 6.0①	0.5 ~ 0.9	0.6	0.1	0.6	0.1	0.2	Ni:0.1			S J	T6 F, T6	ISO 3522—1984	
Al-Si5Cu1Mg	4.5 ~ 5.5	0.4 ~ 0.6	0.6	1.0 ~ 1.5	0.5	0.5	0.2	Ni:0.3			S J	T6 F, T6	ISO 3522—1984	ZL105 (GB/T 1173—1995, HB 962—1986)
Al-Si5Cu3	4.0 ~ 6.0	0.15	0.8	2.0 ~ 4.0	0.2 ~ 0.6	0.5	0.2	Ni:0.3			S J	F F	ISO 3522—1984	
Al-Si5Cu3Mg	4.5 ~ 6.0	0.1 ~ 0.45	0.6	2.6 ~ 3.6	0.45	0.2	0.2	Ni:0.1	0.05②	0.15②	J	T4, T6	ISO/DP3522	
Al-Si6Cu4	5.0 ~ 7.0	0.3	1.0	3.0 ~ 5.0	0.2 ~ 0.6	2.0	0.2	Ni:0.3			S J	F F	ISO 3522—1984	
Al-Si7Mg(Fe)	6.5 ~ 7.5	0.2 ~ 0.4	0.5	0.2	0.6	0.3	0.2	Ni:0.05			S J	F, T6 F, T6	ISO 3522—1984	ZL101 (GB/T 1173—1995, HB962—1986)
Al-Si7Mg	6.5 ~ 7.5	0.25 ~ 0.45	0.2	0.01	0.1	0.07	0.03 ~ 0.2	Ni:0.05	0.05②	0.15②	S J	T6 T6	ISO 3522—1984	ZL101A (GB/T 1173—1995, HB 962—1986)
Al-Si7Mg0.6	6.5 ~ 7.5	0.45 ~ 0.7	0.2	0.05	0.1	0.07	0.03 ~ 0.23		0.03②	0.10②	S J	T6 T6	ISO/DP3522	ZL114A (GB/T 1173—1995, HB 962—1986)
Al-Si9Mg	9.0 ~ 10.0	0.25 ~ 0.45	0.2	0.05	0.1	0.07	0.15		0.03②	0.10②	S J	T6 T6	ISO/DP3522	

续表 55-2

合金牌号	化学成分(质量分数)/%										铸造方法	状态	标准号	相近国内牌号或代号(标准号)
	w(Si)	w(Mg)	w(Fe)	w(Cu)	w(Mn)	w(Zn)	w(Ti)	其余	其他 单个	其他 总量				
Al-Si10Mg	9.0 ~ 11.0	0.15 ~ 0.4	0.6	0.1	0.6	0.1	0.2	Ni:0.05			S	T6	ISO 3522—1984	
											J	F T6		
Al-Si11	10.0 ~ 11.8	0.4	0.2	0.05	0.1	0.07	0.15		0.03②	0.10②	S	F	ISO/DP3522	
											J	F		
Al-Si12	11.0 ~ 13.5	0.1	0.7	0.1	0.5	0.1	0.2	Ni:0.1			S	F	ISO 3522—1984	ZL102 (GB/T 1173—1995, HB 962—1986)
											J	F		
Al-Si12Cu	11.0 ~ 13.5	0.3	0.9	1.2	0.5	0.5	0.2	Ni:0.3			S	F	ISO 3522—1984	
Al-Cu4Ni2Mg2	0.7	1.2 ~ 1.8	0.7	3.5 ~ 4.5	0.6	0.1	0.2	Ni:1.7 ~ 2.3 Cr:0.2			S	T2 T6	ISO 3522—1984	
											J	T6		
Al-Cu4MgTi	0.3	0.15 ~ 0.35	0.35	4.2 ~ 5.0	0.1	0.1	0.05 ~ 0.35	Ni:0.05	0.03②	0.10②	S	T4	ISO 3522—1984	
											J	T4		
Al-Cu4Ti	0.25	0.05	0.25	4.0 ~ 5.0	0.1	0.2	0.05 ~ 0.3	Ni:0.1			S	T6	ISO 3522—1984	
											J	T6		
Al-Cu5MgMn	0.05	0.15 ~ 0.35	0.1	4.2 ~ 5.0	0.2 ~ 0.5	0.07	0.15 ~ 0.3	Ni:0.05	0.05	0.15	S	T7	ISO/DP3522	
											J	T7		
Al-Cu5MgAg	0.05	0.15 ~ 0.35	0.1	4.0 ~ 5.0	0.2 ~ 0.4		0.15 ~ 0.35	Ag:0.4 ~ 1.0	0.03	0.10	S	T7	ISO/DP3522	
											J	T7		
Al-Mg3	0.5	2.5 ~ 4.5	0.5	0.1	0.6	0.2	0.2	Ni:0.05 Cr:0.1			S	F	ISO 3522—1984	
											J	F		

续表 55-2

合金牌号	化学成分(质量分数)/%										铸造方法	状态	标准号	相近国内牌号或代号(标准号)
	w(Si)	w(Mg)	w(Fe)	w(Cu)	w(Mn)	w(Zn)	w(Ti)	其余	其他 单个	其他 总量				
Al-Mg5Si1	0.5～1.5	4.0～6.0	0.5	0.1	0.5	0.2	0.2	Ni:0.05			J	F	ISO 3522—1984	ZL303 (GB/T 1173—1995, HB 962—1986)
Al-Mg6	0.5	4.5～7.0	0.5	0.1	0.6	0.2	0.2	Ni:0.05 Cr:0.5			S J	F F	ISO 3522—1984	
Al-Mg10	0.3	9.5～11.0	0.3	0.1	0.15	0.1	0.15	Ni:0.1 Be:0.05			S	T4	ISO 3522—1984	ZL301 (GB/T 1173—1995, HB 962—1986)
Al-Zn5Mg	0.3	0.5～0.7	0.8	0.35	0.4	4.5～6.0	0.1～0.3	Ni:0.05 Cr:0.15～0.6			S J	TA③ TA③	ISO 3522—1984	ZL402 (GB/T 1173—1995, HB 962—1986)
Al-Si5Fe	4.5～6.0	0.1	1.3	0.1	0.5	0.1	0.2	Ni:0.1			Y		ISO 3522—1984	
Al-Si6Cu4Fe	5.0～7.0	0.3	1.3	3.0～5.0	0.2～0.6	2.0	0.2	Ni:0.3			Y		ISO 3522—1984	
Al-Si8Cu3Fe	7.5～9.5	0.3	1.3	2.5～4.0	0.6	1.2	0.2	Ni:0.5			Y		ISO 3522—1984	YL112 (GB/T 15115—2009), ZL112Y(HB 5012—1986)
Al-Si12Fe	11.0～13.5	0.1	1.3	0.1	0.5	0.1	0.2	Ni:0.1			Y		ISO 3522—1984	YL102 (GB/T 15115—2009), ZL102Y(HB962—1986)
Al-Si12CuFe	11.0～13.5	0.3	1.3	1.2	0.5	0.5	0.2	Ni:0.3 Pb:0.2			Y		ISO 3522—1984	

注:表中有上下限数值的为主要元素,只有一个数值的为杂质限量的上限值。

①需要阳极化时,其硅质量分数为3.5%～4.5%。

②其他杂质,包括变质和(或)晶粒细化元素。

③TA 为从高温成形过程中冷却并自然时效。

表 55-3　美国铸造铝合金化学成分

合金牌号	化学成分(质量分数)/%										铸造方法	状态	标准号	相近国内牌号或代号(标准号)
	w(Si)	w(Mg)	w(Fe)	w(Cu)	w(Mn)	w(Zn)	w(Ti)	其余	其他 单个	其他 总量				
201.0	0.1	0.15 ~ 0.55	0.15	4.0 ~ 5.2	0.2 ~ 0.5		0.15 ~ 0.35	Ag:0.4 ~ 1.0	0.05	0.1	S	T7	ASTM B26M—1998	
											R	T6 T7	ASTM B618—1998	
204.0	0.2	0.15 ~ 0.35	0.35	4.2 ~ 5.0	0.1	0.1	0.15 ~ 0.3	Ni:0.05 Sn:0.05	0.05	0.15	S	T4	ASTM B26M—1998	
											R	T4	ASTM B618—1998	
											J	T4	ASTM B108—1998	
208.0	2.5 ~ 3.5	0.1	1.2	3.5 ~ 4.5	0.5	1.0	0.25	Ni:0.35		0.5	S	F	ASTM B26M—1998	
											R	F	ASTM B618—1998	
											J	T4 T6	ASTM B108—1998	
213.0	1.0 ~ 3.0	0.1	1.2	6.0 ~ 8.0	0.6	0.25	0.25	Ni:0.35		0.5	J	F	ASTM B108—1998	
222.0	2.0	0.15 ~ 0.35	1.5	9.2 ~ 10.7	0.5	0.8	0.25	Ni:0.50		0.35	S	T2 T61	ASTM B26M—1998	
											R	T2 T6	ASTM B618—1998	
											J	T551① T65	ASTM B108—1998	
242.0	0.7	1.2 ~ 1.8	1.0	3.5 ~ 4.5	0.35	0.35	0.25	Ni:1.7 ~ 2.3 Cr:0.25	0.05	0.15	S	T2 T61	ASTM B26M—1998	
											R	T2 T61	ASTM B618—1998	
											J	T571① T61	ASTM B108—1998	

续表 55-3

合金牌号	化学成分(质量分数)/%										铸造方法	状态	标准号	相近国内牌号或代号(标准号)
	w(Si)	w(Mg)	w(Fe)	w(Cu)	w(Mn)	w(Zn)	w(Ti)	其余	其他 单个	其他 总量				
A242.0	0.6	1.2～1.7	0.8	3.7～4.5	0.1	0.1	0.07～0.2	Ni:1.8～2.3 Cr:0.15～0.25	0.05	0.15	S	T75	ASTM B26M—1998	
295.0	0.7～1.5	0.03	1.0	4.0～5.0	0.35	0.35	0.25		0.05	0.15	S	T4 T6 T62 T7	ASTM B26M—1998	
											R	T4 T6 T62 T7	ASTM B618—1998	
319.0	5.5～6.5	0.1	1.0	3.0～4.0	0.5	1.0	0.25	Ni:0.35		0.5	S	F T1 T6	ASTM B26M—1998	
											R	F T6	ASTM B618—1998	
											J	F	ASTM B108—1998	
328.0	7.5～8.5	0.2～0.6	1.0	1.0～2.0	0.2～0.6	1.5	0.25	Ni:0.25 Cr:0.35		0.5	S	F T6	ASTM B26M—1998	Zl106 (GB/T 1173—1995)
											R	F T6	ASTM B618—1998	
332.0	8.5～10.5	0.5～1.5	1.2	2.0～4.0	0.5	1.0	0.25	Ni:0.50		0.5	J	T1	ASTM B108—1998	
333.0	8.0～10.0	0.05～0.5	1.0	3.0～4.0	0.5	1.0	0.25	Ni:0.50		0.5	J	F T1 T6 T7	ASTM B108—1998	

续表 55-3

合金牌号	化学成分(质量分数)/%										铸造方法	状态	标准号	相近国内牌号或代号(标准号)
	w(Si)	w(Mg)	w(Fe)	w(Cu)	w(Mn)	w(Zn)	w(Ti)	其余	其他 单个	其他 总量				
336.0	11.0~13.0	0.7~1.3	1.2	0.5~1.5	0.35	0.35	0.25	Ni:2.0~3.0	0.05		J	T551① T65	ASTM B108—1998	Zl106 (GB/T 1173—1995)
354.0	8.6~9.4	0.4~0.6	0.2	1.6~2.0	0.1	0.1	0.2		0.05	0.15	J	T61 T62	ASTM B108—1998	
355.0	4.5~5.5	0.4~0.6	0.6②	1.0~1.5	0.5②	0.35	0.25	Cr:0.25	0.05	0.15	S	T6 T51① T71	ASTM B26M—1998	Zl105 (GB/T 1173—1995, HB 962—1986)
											R	T6 T51① T71	ASTM B618—1998	
											J	T51① T62 T7 T71	ASTM B108—1998	
C355.0	4.5~5.5	0.4~0.6	0.2	1.0~1.5	0.1	0.1	0.2		0.05	0.15	S	T6	ASTM B26M—1998	Zl105A (GB/T 1173—1995, HB 5480—1991)
											R	T6	ASTM B618—1998	
											J	T61	ASTM B108—1998	
356.0	6.5~7.5	0.2~0.45	0.6②	0.25	0.35②	0.35	0.25		0.05	0.15	S	F T6 T7 T51① T71	ASTM B26M—1998	Zl101 (GB/T 1173—1995, HB 962—1986)

续表 55-3

合金牌号	化学成分(质量分数)/%										铸造方法	状态	标准号	相近国内牌号或代号(标准号)
	w(Si)	w(Mg)	w(Fe)	w(Cu)	w(Mn)	w(Zn)	w(Ti)	其余	其他					
									单个	总量				
356.0	6.5 ~ 7.5	0.2 ~ 0.45	0.6②	0.25	0.35②	0.35	0.25		0.05	0.15	R	F T6 T7 T51① T71	ASTM B618—1998	Zl101 (GB/T 1173—1995, HB 962—1986)
											J	F T6 T71	ASTM B108—1998	
A356.0	6.5 ~ 7.5	0.25 ~ 0.45	0.2	0.2	0.1	0.1	0.2		0.05	0.15	S	T6	ASTM B26M—1998	Zl101A (GB/T 1173—1995, HB 962—1986, HB 5480—1991)
											R	T6	ASTM B618—1998	
											J	T61	ASTM B108—1998	
357.0	6.5 ~ 7.5	0.45 ~ 0.6	0.15	0.05	0.03	0.05	0.2		0.05	0.15	J	T6	ASTM B108—1998	
A357.0	6.5 ~ 7.5	0.4 ~ 0.7	0.2	0.2	0.1	0.1	0.1 ~ 0.2	Be:0.04 ~ 0.07	0.05	0.15	J	T61	ASTM B108—1998	Zl114A (GB/T 1173—1995, HB 962—1986, HB 5480—1991)
359.0	8.5 ~ 9.5	0.5 ~ 0.7	0.2	0.2	0.1	0.1	0.2		0.05	0.15	J	T61③ T62③	ASTM B108—1998	
443.0	4.5 ~ 6.0	0.05	0.8	0.6	0.5	0.5	0.25	Cr:0.25		0.35	S	F	ASTM B26M—1998	
											R	F	ASTM B618—1998	
											J	F	ASTM B108—1998	
B443.0	4.5 ~ 6.0	0.05	0.8	0.15	0.35	0.35	0.25		0.05	0.15	S	F	ASTM B26M—1998	
											R	F	ASTM B618—1998	
											J	F	ASTM B108—1998	

续表 55-3

合金牌号	化学成分(质量分数)/%										铸造方法	状态	标准号	相近国内牌号或代号(标准号)
	w(Si)	w(Mg)	w(Fe)	w(Cu)	w(Mn)	w(Zn)	w(Ti)	其余	其他 单个	其他 总量				
A444.0	6.5 ~ 7.5	0.05	0.2	0.10	0.1	0.1	0.2		0.05	0.15	J	T4	ASTM B108—1998	
512.0	1.4 ~ 2.2	3.5 ~ 4.5	0.6	0.35	0.8	0.35	0.25		0.05	0.15	S	F	ASTM B26M—1998	
513.0	0.3	3.5 ~ 4.5	0.4	0.10	0.3	1.4 ~ 2.2	0.2	Cr:0.25	0.05	0.15	J	F	ASTM B108—1998	
514.0	0.35	3.5 ~ 4.5	0.5	0.15	0.35	0.15	0.25		0.05	0.15	S	F	ASTM B26M—1998	
											R	F	ASTM B618—1998	
520.0	0.25	9.5 ~ 10.6	0.3	0.25	0.15	0.15	0.25		0.05	0.15	S	T4	ASTM B26M—1998	Zl301 (GB/T 1173—1995, HB 962—1986)
											R	T4	ASTM B618—1998	
535.0	0.15	6.2 ~ 7.5	0.15	0.05	0.1 ~ 0.25		0.1 ~ 0.25	Be:0.003 ~ 0.007 B:0.005	0.05	0.15	S	F	ASTM B26M—1998	
											R	F	ASTM B618—1998	
											J	F	ASTM B108—1998	
705.0	0.2	1.4 ~ 1.8	0.8	0.2	0.4 ~ 0.6	2.7 ~ 3.3	0.25	Cr:0.2 ~ 0.4	0.05	0.15	S	T1	ASTM B26M—1998	
											R	F③或 T1	ASTM B618—1998	
											J	F 或 T1	ASTM B108—1998	
707.0	0.2	1.8 ~ 2.4	0.8	0.2	0.4 ~ 0.6	4.0 ~ 4.5	0.25	Cr:0.2 ~ 0.4	0.05	0.15	S	T7	ASTM B26M—1998	
											R	F③ T7	ASTM B618—1998	
											J	F③ T7	ASTM B108—1998	
710.0	0.15	0.6 ~ 0.8	0.5	0.35 ~ 0.65	0.05	6.0 ~ 7.0	0.25		0.05	0.15	S	T1	ASTM B26M—1998	
											R	F③	ASTM B618—1998	

续表 55-3

合金牌号	化学成分(质量分数)/%										铸造方法	状态	标准号	相近国内牌号或代号(标准号)
	w(Si)	w(Mg)	w(Fe)	w(Cu)	w(Mn)	w(Zn)	w(Ti)	其余	其他 单个	其他 总量				
711.0	0.3	0.05	0.25 ~ 0.45	0.35 ~ 0.65	0.05	6.0 ~ 7.0	0.2		0.05	0.15	J	F③	ASTM B108—1998	
712.0	0.3	0.5 ~ 0.65	0.5	0.25	0.1	5.0 ~ 6.5	0.15 ~ 0.25	Cr:0.4 ~ 0.6	0.05	0.2	S	T1	ASTM B26M—1998	Zl402 (GB/T 1173—1995)
											R	F③或 T1	ASTM B618—1998	
713.0	0.25	0.2 ~ 0.5	1.1	0.4 ~ 1.0	0.6	7.0 ~ 8.0	0.25	Ni:0.15 Cr:0.35	0.1	0.25	S	T1	ASTM B26M—1998	
											R	F③或 T1	ASTM B618—1998	
											J	F③或 T1	ASTM B108—1998	
771.0	0.15	0.8 ~ 1.0	0.15	0.1	0.1	6.5 ~ 7.5	0.1 ~ 0.2	Cr:0.06 ~ 0.2	0.05	0.15	S	T1 T51① T52① T6 T71	ASTM B26M—1998	
											R	T1 T51① T52① T6 T71	ASTM B618—1998	
850.0	0.7	0.1	0.7	0.7 ~ 1.3	0.1		0.2	Ni:0.7 ~ 1.3 Sn:5.5 ~ 7.0		0.3	S,R	T1	ASTM B26M—1998 ASTM B618—1998	
											J	T1	ASTM B108—1998	
851.0	2.0 ~ 3.0	0.1	0.7	0.7 ~ 1.3	0.1		0.2	Ni:0.3 ~ 1.7 Sn:5.5 ~ 7.0		0.3	S	T1	ASTM B26M—1998	
											R	T1	ASTM B618—1998	
											J	T5 T6	ASTM B108—1998	

续表 55-3

合金牌号	化学成分(质量分数)/%										铸造方法	状态	标准号	相近国内牌号或代号(标准号)
	w(Si)	w(Mg)	w(Fe)	w(Cu)	w(Mn)	w(Zn)	w(Ti)	其余	其他					
									单个	总量				
852.0	0.4	0.6 ~ 0.9	0.7	1.7 ~ 2.3	0.1		0.2	Ni:0.9 ~ 1.5 Sn:5.5 ~ 7.0		0.3	S	T1	ASTM B26M—1998	
											R	T1	ASTM B618—1998	
											J	T1	ASTM B108—1998	
360.0	9.0 ~ 10.0	0.4 ~ 0.6	2.0	0.6	0.35	0.5		Ni:0.5 Sn:0.15		0.25	Y	F	ASTM B85—1998	YL104 (GB/T 15115—2009) ZL104Y (HB 5012—1986)
A360.0	9.1 ~ 10.0	0.4 ~ 0.6	1.3	0.6	0.35	0.5		Ni:0.5 Sn:0.15		0.25	Y	F	ASTM B85—1998	YL104 (GB/T 15115—2009) ZL104Y (HB 5012—1986)
380.0	7.5 ~ 9.5	0.1	2.0	3.0 ~ 4.0	0.5	3.0		Ni:0.5 Sn:0.35		0.5	Y	F	ASTM B85—1998	YL112 (GB/T 15115—2009) ZL112Y (HB 5012—1986)
A380.0	7.5 ~ 9.5	0.1	1.3	3.0 ~ 4.0	0.5	3.0		Ni:0.5 Sn:0.35		0.5	Y	F	ASTM B85—1998	YL112 (GB/T 15115—2009) ZL112Y (HB 5012—1986)
383.0	9.5 ~ 11.5	0.1	1.3	2.0 ~ 3.0	0.5	3.0		Ni:0.3 Sn:0.15		0.5	Y	F	ASTM B85—1998	
384.0	10.5 ~ 12.0	0.1	1.3	3.0 ~ 4.5	0.5	3.0		Ni:0.5 Sn:0.35		0.5	Y	F	ASTM B85—1998	YL113 (GB/T 15115—2009) ZL113Y (HB 5012—1986)

续表 55-3

合金牌号	化学成分(质量分数)/%										铸造方法	状态	标准号	相近国内牌号或代号(标准号)
	w(Si)	w(Mg)	w(Fe)	w(Cu)	w(Mn)	w(Zn)	w(Ti)	其余	其他					
									单个	总量				
390. 0	16. 0 ~ 18. 0	0. 45 ~ 0. 65	1. 3	4. 0 ~ 5. 0	0. 1	0. 1	0. 2			0. 2	Y	F	ASTM B85—1998	YL117 (GB/T 15115—2009)
B390. 0	16. 0 ~ 18. 0	0. 45 ~ 0. 65	1. 3	4. 0 ~ 5. 0	0. 5	1. 5	0. 1	Ni:0. 1		0. 2	Y	F	ASTM B85—1998	YL117 (GB/T 15115—2009)
392. 0	18. 0 ~ 20. 0	0. 8 ~ 1. 2	1. 5	0. 4 ~ 0. 8	0. 2 ~ 0. 6	0. 5	0. 2	Ni:0. 5 Sn:0. 3		0. 5	Y	F	ASTM B85—1998	
413. 0	11. 0 ~ 13. 0	0. 1	2. 0	1. 0	0. 35	0. 5		Ni:0. 5 Sn:0. 15		0. 25	Y	F	ASTM B85—1998	YL102 (GB/T 15115—2009) ZL102Y (HB 5012—1986)
A413. 0	11. 0 ~ 13. 0	0. 1	1. 3	1. 0	0. 35	0. 5		Ni:0. 5 Sn:0. 15		0. 25	Y	F	ASTM B85—1998	YL102 (GB/T 15115—2009) ZL102Y (HB 5012—1986)
C443. 0	4. 5 ~ 6. 0	0. 1	2. 0	0. 6	0. 35	0. 5		Ni:0. 5 Sn:0. 15		0. 25	Y	F	ASTM B85—1998	
518. 0	0. 35	7. 5 ~ 8. 5	1. 8	0. 25	0. 35	0. 15		Ni:0. 15 Sn:0. 15		0. 25	Y	F	ASTM B85—1998	

注：表中有上下限数值的为主要元素，只有一个数值的为杂质限量的上限值。

①该栏性能第一行为该合金单铸试样性能，第二行为铸件制订部位性能，第三行为铸件非制订部位性能。

②当铁的质量分数超过 0. 45% 时，锰含量应不少于铁含量的一半。

③该 F 状态在美国列表为 T1 状态，其含意是“从高温成形过程中冷却下来，然后自然失效到基本稳定状态”，这与中国的 T1 状态不同。

表 55-4 日本铸造铝合金（JISH 5202—1999）和压铸铝合金（JISH 5302—1990）化学成分

合金牌号	化学成分（质量分数）/%										铸造方法	状态	标准号	相近国内牌号或代号（标准号）
	w(Si)	w(Mg)	w(Fe)	w(Cu)	w(Mn)	w(Zn)	w(Ti)	其余	其他					
									单个	总量				
AC1B	0.3	0.15 ~ 0.35	0.35	4.2 ~ 5.0	0.1	0.1	0.05 ~ 0.35	Ni：0.05 Pb：0.05 Sn：0.05 Cr：0.05			S	T4	JISH5202—1999	
											J	T4	JISH5202—1999	
AC2A	4.0 ~ 5.0	0.25	0.8	3.5 ~ 4.5	0.55	0.55	0.2	Ni：0.3 Pb：0.15 Sn：0.05 Cr：0.15			S	F T6	JISH5202—1999	
											J	F T6	JISH5202—1999	
AC2B	5.0 ~ 7.0	0.50	1.0	2.0 ~ 4.0	0.5	1.0	0.2	Ni：0.35 Pb：0.2 Sn：0.1 Cr：0.2			S	F T6	JISH5202—1999	
											J	F T6		
AC3A	10.0 ~ 13.0	0.15	0.8	0.25	0.35	0.3	0.2	Ni：0.1 Pb：0.1 Sn：0.1 Cr：0.15			S	F	JISH5202—1999	ZL102 （GB/T 1173—1995， HB 962—1986）
											J	F		
AC4A	8.0 ~ 10.0	0.4 ~ 0.8	0.55	0.25	0.3 ~ 0.6	0.25	0.2	Ni：0.1 Pb：0.1 Sn：0.05 Cr：0.15			S	F T6	JISH5202—1999	ZL104 （GB/T 1173—1995， HB 962—1986）
											J	F T6		
AC4B	7.0 ~ 10.0	0.50	1.0	2.0 ~ 4.0	0.5	1.0	0.2	Ni：0.35 Pb：0.2 Sn：0.1 Cr：0.2			S	F T6	JISH5202—1999	
											J	F T6		

续表 55-4

合金牌号	化学成分（质量分数）/%										铸造方法	状态	标准号	相近国内牌号或代号（标准号）
	w(Si)	w(Mg)	w(Fe)	w(Cu)	w(Mn)	w(Zn)	w(Ti)	其余	其他					
									单个	总量				
AC4C	6.5～7.5	0.2～0.4	0.5	0.2	0.6	0.3	0.2	Ni：0.05 Pb：0.05 Sn：0.05			S	F T5 T6	JISH5202—1999	ZL101 （GB/T 1173—1995， HB 962—1986）
											J	F T5 T6		
AC4D	4.5～5.5	0.4～0.6	0.6	1.0～1.5	0.5	0.5	0.2	Ni：0.3 Pb：0.1 Sn：0.1			S	F T5 T6	JISH5202—1999	ZL105 （GB/T 1173—1995， HB 962—1986）
											J	F T5 T6		
AC4H	6.5～7.5	0.25～0.45	0.2	0.1	0.1	0.1	0.2	Ni：0.05 Pb：0.05 Sn：0.05 Cr：0.05	0.05	0.15	S	F T5 T6	JISH5202—1999	ZL101A （GB/T 1173—1995， HB 962—1986）
											J	F T5 T6		
AC5A	0.6	1.2～1.8	0.7	3.5～4.5	0.6	0.1	0.2	Ni：1.7～2.3 Pb：0.05 Sn：0.05 Cr：0.2			S	T2 T6	JISH5202—1999	
											J	T2 T6		
AC7A	0.2	3.5～5.5	0.3	0.1	0.6	0.1	0.2	Ni：0.05 Pb：0.05 Sn：0.05 Cr：0.15			S	F	JISH5202—1999	
											J	F		

续表 55-4

合金牌号	化学成分（质量分数）/%										铸造方法	状态	标准号	相近国内牌号或代号（标准号）
	w(Si)	w(Mg)	w(Fe)	w(Cu)	w(Mn)	w(Zn)	w(Ti)	其余	其他 单个	其他 总量				
AC8A	11.0～13.0	0.7～1.3	0.8	0.8～1.3	0.15	0.15	0.2	Ni：1.0～2.5 Pb：0.05 Sn：0.05 Cr：0.1			J	F T5 T6	JISH5202—1999	
AC8B	8.5～10.5	0.5～1.5	1.0	2.0～4.0	0.5	0.5	0.2	Ni：0.1～1.0 Pb：0.1 Sn：0.1 Cr：0.1			J	F T5 T6	JISH5202—1999	
AC8C	8.5～10.5	0.5～1.5	1.0	2.0～4.0	0.5	0.5	0.2	Ni：0.5 Pb：0.1 Sn：0.1 Cr：0.1			J	F T5 T6	JISH5202—1999	
AC9A	20～22	0.8～1.8	0.8	0.8～1.3	0.5	0.2	0.2	Ni：1.0～1.5 Pb：0.1 Sn：0.1 Cr：0.1			J	T5 T6 T7	JISH5202—1999	
AC9B	18～20	0.5～1.5	0.8	0.5～1.5	0.5	0.2	0.2	Ni：0.5～1.5 Pb：0.1 Sn：0.1 Cr：0.1			J	T5 T6 T7	JISH5202—1999	
ADC1	11.0～13.0	0.3	1.3	1.0	0.3	0.5		Ni：0.5 Sn：0.1			Y	F	JISH5302—1990	YL102（GB/T 15115—2009），ZL102Y（HB 5012—1986）

续表 55-4

合金牌号	化学成分（质量分数）/%										铸造方法	状态	标准号	相近国内牌号或代号（标准号）
	w(Si)	w(Mg)	w(Fe)	w(Cu)	w(Mn)	w(Zn)	w(Ti)	其余	其他 单个	其他 总量				
ADC3	9.0 ~ 10.0	0.4 ~ 0.6	1.3	0.6	0.3	0.5		Ni：0.5 Sn：0.1			Y	F	JISH5302—1990	YL104（GB/T 15115—2009），ZL104Y（HB 5012—1986）
ADC5	0.3	4.0 ~ 8.5	1.8	0.2	0.3	0.1		Ni：0.1 Sn：0.1			Y	F	JISH5302—1990	
ADC6	0.1	2.5 ~ 4.0	0.8	0.1	0.4 ~ 0.6	0.4		Ni：0.1 Sn：0.1			Y	F	JISH5302—1990	
ADC10	7.5 ~ 9.5	0.3	1.3	2.0 ~ 4.0	0.5	1.0		Ni：0.5 Sn：0.3			Y	F	JISH5302—1990	YL112（GB/T 15115—2009），ZL112Y（HB 5012—1986）
ADC10Z	7.5 ~ 9.5	0.3	1.3	2.0 ~ 4.0	0.5	3.0		Ni：0.5 Sn：0.3			Y	F	JISH5302—1990	YL112（GB/T 15115—2009），ZL112Y（HB 5012—1986）
ADC12	9.6 ~ 12.0	0.3	1.3	1.5 ~ 3.5	0.5	1.0		Ni：0.5 Sn：0.3			Y	F	JISH5302—1990	YL113（GB/T 15115—2009），ZL113Y（HB 5012—1986）
ADC12Z	9.6 ~ 12.0	0.3	1.3	1.5 ~ 3.5	0.5	3.0		Ni：0.5 Sn：0.3			Y	F	JISH5302—1990	YL113（GB/T 15115—2009），ZL113Y（HB 5012—1986）
ADC14	16.0 ~ 18.0	0.45 ~ 0.65	1.3	4.0 ~ 5.0	0.5	1.5		Ni：0.3 Sn：0.3			Y	F	JISH5302—1990	YL117（GB/T 15115—2009）

注：1. 表中有上下限数值的为主要元素，只有一个数值的为杂质限量的上限；

2. 牌号 AC××为铸造铝合金，AD××为压铸铝合金。

55.2　再生铝的熔炼工艺

55.2.1　再生铝熔炼特点

再生铝熔炼难度大。主要原因有：

（1）铝是活泼金属，极易与氧、氢、氮、水蒸气、含硫气体、一氧化碳和各种碳氢化合物起反应，反应产物污染了铝及铝合金熔体。铝及铝合金废料在熔炼时，会发生如下化学反应：

$$4Al + 3O_2 = 2Al_2O_3$$

$$2Al + 3H_2O = Al_2O_3 + 3H_2\uparrow$$

$$2Al + N_2 = 2AlN$$

$$6Al + 3SO_2 = 2Al_2O_3 + Al_2S_3$$

$$6Al + 3CO = Al_2O_3 + 2Al_4C_3$$

这些反应都是不可逆的，一经反应铝就不能还原，造成了铝的损失。而且生成物进入熔体，将会污染铝及铝合金熔体，造成铸锭的内部组织缺陷。

（2）铝的熔点虽然只有660℃，但与铜相比，热容量大，熔化潜热大，铝及铝合金熔体黑度系数小，镜面反射能力强，难于吸热，熔化较慢。如将铜加热到熔点以上100℃，所需热量为682kJ/kg，而铝则需1070kJ/kg。

（3）再生铝在熔炼时，铝及铝合金熔体除需保护外，尚需精炼，然而精炼困难。再生铝废料中若混有一些有害杂质，则精炼除杂质的代价很高。

55.2.2　再生铝熔炼工艺分类

再生铝的熔炼工艺可分为有盐熔炼工艺和无盐熔炼工艺两种。这两种熔炼工艺各有其特点和适用范围。

（1）有盐熔炼工艺：是铝及铝合金废料在熔剂的保护下进行熔炼。这种熔炼工艺具有如下优点：金属氧化烧损小；熔剂能吸收熔体中的夹杂物，从而提高再生铝的质量；适用于熔炼各种铝及铝合金废料。但为了降低金属烧损，需要加入足量的熔剂，从而增加了生产和炉渣处理的成本。

（2）无盐熔炼工艺：是通过控制熔炼炉内气氛中氧的含量，使铝及铝合金废料在还原性气氛下进行熔炼。这种熔炼工艺所采用的熔炼炉一般均由两个室组成。一个为直接加热室，另一个为间接加热室。大块铝及铝合金废料/重熔用铝锭在直接加热室内熔化，含有较多有机夹杂物、水分等的小块铝及铝合金废料利用直接加热室排出的烟气在间接加热室内完成干燥、除有机夹杂物和熔化。这种熔炼工艺具有如下优点：可大幅度减少熔剂的用量（甚至不用熔剂），金属氧化烧损小，污染小。但是这种熔炼工艺对铝及铝合金废料的要求较高，要求一般铝废料中的夹杂物含量不大于5%，故多应用在熔炼铝合金型材废料及其他较为纯净的废料。

熔炼是整个再生铝的生产工艺技术的核心，再生铝原料的熔化过程，是决定再生铝生产成本及产品质量的关键所在。再生铝熔炼具体工艺及设备见第 56 章。

55.3 再生铝熔炼的熔剂

熔剂是再生铝有盐熔炼工艺的熔炼过程中不可缺少的辅助材料，它除用来做覆盖剂之外，更重要的是做精炼剂和变质剂。熔剂的基本要求：熔点比铝及铝合金熔点低，其密度比铝及铝合金小，它不应与炉气、炉衬、熔融铝及铝合金反应，同时熔剂对氧化膜浸润性好，而且廉价易得。

铝及铝合金的熔剂，一般是氯盐和氟盐混合配制而成。几种常用熔盐的基本性质见表 55-5。

表 55-5 几种常用熔盐的基本性质

序号	名 称	化学式	密度/g · cm^{-3}	熔点/℃	沸点/℃	熔化潜热 /kJ · mol^{-1}	$-\Delta H^{\ominus}_{298}$/kJ · mol^{-1}
1	氯化铝	$AlCl_3$	2.44	193	187 升华	35.4	707.1
2	氯化硼	BCl_3	1.43	-107	13		404.5
3	氯化钡	$BaCl_2$	4.83	962	1830	16.8	862.7
4	氯化铍	$BeCl_2$	1.89	415	532	8.7	498.1
5	木 炭	C	2.25	3800			
6	四氯化碳	CCl_4	1.58	-23.80	77	30.7	136.1
7	碳酸钙	$CaCO_3$	2.90		825 分解		1211.3
8	萤 石	CaF_2	2.18	1418	2510	29.8	1226.4
9	氯化铜	$CuCl_2$	3.05	498	993		205.8
10	氯化铁	$FeCl_3$	2.80	304	332	43.3	405.5
11	氯化钾	KCl	2.00	771	1437	26.5	438.5
12	氟化钾	KF	2.48	857	1510	28.6	569.5
13	氯化锂	LiCl	2.07	610	1383	19.7	409.9
14	氟化锂	LiF	2.60	848	1093	27.3	615.3
15	氯化镁	$MgCl_2$	2.30	714	1418	43.3	643.9
16	光卤石	$MgCl_2$，KCl	2.20	487			
17	氟化镁	MgF_2	2.47	1263	2332	58.8	1127.7
18	氯化锰	$MnCl_2$	2.93	650	1231	37.8	483.8
19	氯化铵	NH_4Cl	1.53	520			315.8
20	冰晶石	Na_3AlF_6	2.90	1006		112.1	3318.0
21	脱水硼砂	$Na_2B_4O_7$	2.37	743	1575 分解	83.3	3100.4
22	氯化钠	NaCl	2.17	801	1465	28.2	412.9
23	脱水苏打	Na_2CO_3	2.50	850	960 分解	29.8	1135.3
24	氟化钠	NaF	2.77	996	1710	33.2	575.8
25	氯化硅	$SiCl_4$	1.48	-70	58	8.0	589.6
26	石英砂	SiO_2	2.62	1713	2250	30.7	914.4
27	氯化锡	$SnCl_4$	2.23	-34	115	9.2	513.2
28	氯化钛	$TiCl_4$	1.73	-24	136	10.8	807.2
29	氯化锌	$ZnCl_2$	2.91	3.8	732	10.9	417.9
30	氯化钙	$CaCl_2$	2.1	772	1600		796
31	六氯乙烷	C_2Cl_6	2.09		185.5		

熔剂的精炼作用主要是靠吸附和溶解氧化夹杂，其吸附作用根据热力学应满足如下条件：

$$\sigma_{金-杂} + \sigma_{金-熔} > \sigma_{熔-杂}$$

式中　$\sigma_{金-杂}$——熔融金属与杂质之间的表面张力；

$\sigma_{金-熔}$——熔融金属与熔剂之间的表面张力；

$\sigma_{熔-杂}$——熔剂与杂质之间的表面张力。

$\sigma_{金-杂}$和$\sigma_{金-熔}$越大，$\sigma_{熔-杂}$越小，熔剂的精炼效果就越好，但是单一的盐类很难满足上述要求，所以常常根据熔剂的不同用途和对其工艺性能的要求，用多种盐类配制成各种成分的熔剂。

对熔剂一般要求其熔点低于铝及铝合金的熔化温度，以能使熔剂呈液态覆盖于铝及铝合金熔体的表面。常用单一的氯盐和氟盐都比铝及铝合金熔点高，因此，选择能呈共晶态或固溶态的混合盐作为熔剂，氯化钠与氯化钾能形成易熔的共晶盐。55% KCl 和 45% NaCl 共晶成分的熔点为 650℃，它在铝合金熔炼温度下能保持液面具有较好的流动性。该混合盐液态密度为 1.5g/cm^3，低于铝液的密度（2.4～2.5g/cm^3），故能较好地覆盖于铝及铝合金熔体的表面上。该二元盐有较好的化学稳定性，不会与铝液发生化学反应，而且对来自铝及铝合金熔体的氧化铝夹杂物和氢有一定的溶解能力。所以氯化钠与氯化钾的共晶混合盐常用来作为铝及铝合金熔剂的基本成分。

为了改善熔剂的性质还需添加附加成分，在共晶氯盐基础上加入适量氟盐，如氟化钠、氟化钙、冰晶石等，能增强熔剂溶解氧化物特别是氧化铝的能力。氟盐的加入还能使熔剂增加对氧化铝的润湿性，从而提高对它的吸附能力，同时也使熔剂的表面张力增大容易脱离铝及铝合金熔体，减轻混入熔剂夹杂的可能性。

冰晶石与氧化铝在高温下互溶。当熔剂中含有少量冰晶石和温度较低的情况下，它对氧化铝的溶解量并不高。但在熔剂中存在其他氟盐时，冰晶石能溶解氧化物。另外，冰晶石在加热条件下能够热分解发生如下反应：

$$Na_3AlF_6 = 3NaF + AlF_3$$

$$3NaF + Al = AlF_3 + 3Na$$

形成的 AlF_3 会部分挥发，搅动铝液，形成的钠进入铝液，又能使表面的氧化膜疏松，这将促使氧化膜的破碎和被熔剂所吸附。同时，由于氧化膜的破坏也给铝液中的氢向熔剂中扩散扫除障碍。因此，在氯盐中添加氟盐时能加强熔剂的精炼能力。为了调整熔剂的密度和黏度等，还可添加其他成分，以获得较好的综合性能。几种熔剂的成分见表 55-6。

表 55-6　铝及铝合金常用熔剂的成分

序号	种类	组成/%				
		NaCl	KCl	Na_3AlF_6	CaF_2	其他
1	覆盖剂	47.5	47.5	5		
		20	50			$CaCl_2$：30
		39	50	6.6	4.4	
					20	$KCl + MgCl_2$：80

续表 55-6

序号	种 类	组成/%				
		NaCl	KCl	Na_3AlF_6	CaF_2	其 他
2	精炼剂	50	35	15		
		45	45		10	
		40	50	6	4	
		40	50			NaF：10
			35		20	$MgCl_2$：45
		30	47	23		
					40	KCl + $MgCl_2$：60
3	变质剂	50	10	10		NaF：30
		45		15		NaF：40

表55-6所列熔剂中NaF含量在30%～40%的熔剂用于铝硅合金并兼有变质剂的作用，含 $MgCl_2$ 的熔剂适于铝镁合金的覆盖和精炼用。

熔剂的加入量可用熔剂加入系数来表示：

$$熔剂加入系数 = 熔剂加入量 / 铝及铝合金废料中含杂质量$$

55.4 再生铝熔炼的成分调配

铸造铝合金是在纯铝的基础上加入适量的其他金属或非金属元素，不仅能保持纯铝的基本性能，而且由于合金化及热处理的作用，使变形铝合金和铸造铝合金具有良好的综合性能。铝合金合金化的基本元素和微量添加元素主要有铜、镁、锌、硅、锰、铬、铁等。

55.4.1 铜合金元素成分调配

铜是铝合金重要的合金化元素，有一定的固溶强化作用，$CuAl_2$ 有明显的时效强化效果。当铜含量在4%～6%时强化效果最好，而大部分硬铝合金的含铜量处于这个范围。

铝合金中铜合金元素的调配主要有加纯铜和加铝-铜中间合金两种方式。在配制铝合金时，需根据铝合金中铜元素含量的大小，确定铜元素的加入方式。根据国内实际生产经验，铝合金中铜含量在0.8%以上时，铜元素以纯铜的形式加入；铝合金中铜含量在0.8%以下时，铜元素必须以铝-铜中间合金形式加入。

当采用加纯铜调配铝合金时，纯铜一般在炉料一部分熔化后才加入到铝及铝合金熔体中。纯铜加入时间以熔池中的熔体刚好能淹没纯铜为宜。纯铜的熔点为1083℃，在铝合金熔炼温度范围内，铜是溶解在铝合金熔体中。因此，纯铜如果加入过早，熔体未能将其覆盖，这样将增加纯铜的烧损，反之如果加入过晚，纯铜来不及溶解和扩散，将延长熔炼时间，影响铝合金的化学成分控制。

当铜采用铝-铜中间合金调配铝合金时，铝-铜中间合金一般与炉料一起加入进行熔炼。

55.4.2 镁、锌合金元素成分调配

镁对铝的强化作用是明显的，每增加1%的镁，抗拉强度大约升高34MPa。镁可以单

独加入铝及铝合金熔体中形成二元 Al-Mg 合金，含镁量在7%以下的铝合金在室温时稳定。镁也可和其他合金元素一同加入。

在二元 Al-Mg 合金中与固溶体平衡的相为 Mg_5Al_8，其热处理强化作用不明显，所以二元 Al-Mg 合金为热处理不可强化的合金。而 Mg_5Al_8 相的形态和分布对合金抗蚀性能有明显的影响，如果沿晶界呈链状分布，将造成晶间腐蚀和应力腐蚀开裂，如果呈弥散状态分布于晶内和晶界，则合金的抗蚀性明显提高。

在铝中同时加入镁和锌时，形成强化相 $MgZn_2$，对铝合金产生明显的强化作用。$MgZn_2$ 含量从0.5%提高到12%时，可不断增加铝合金的抗拉强度和屈服强度，镁的含量超过形成 $MgZn_2$ 相所需要的量时，还会产生补充强化作用。

$MgZn_2$ 含量增加，在强化铝合金的同时却大大降低了应力腐蚀抗力，增加剥落腐蚀倾向。为了获得令人满意的应力腐蚀开裂抗力和足够的强度，可以通过选择适当的锌、镁含量，添加铜、铬、锰等或通过热处理的方式解决。

铝合金中镁、锌合金元素的调配主要采用加纯金属的方式。因为镁对氧的亲和力较大，极易氧化，一般在铝及铝合金熔体扒渣后加入镁锭，同时采用熔剂进行覆盖，以防镁的烧损。锌的加入方式与纯铜的加入方式相同。

55.4.3 硅合金元素成分调配

硅是铝合金中主要合金化元素，Si 改善铝合金的流动性，降低热裂倾向，减少疏松，提高气密性，使铝合金具有良好的耐腐蚀性能和中等强度。

铝合金中硅合金元素的调配主要有加纯硅和加铝-硅中间合金两种方式。在配制铝合金时，需根据铝合金中硅元素含量的大小，确定硅元素的加入方式。根据国内实际生产经验，铸造铝合金和4×××系变形铝合金的硅元素成分调配多采用加纯硅的方式；其他变形铝合金硅元素的成分调配须采用加铝-硅中间合金方式。铝-硅中间合金的加入方式与铝-铜中间合金加入方式相同。当铝合金中硅元素的成分调配采用纯硅加入方式时，纯硅的加入主要有高温熔硅工艺、低温熔硅工艺和硅粉吹入熔硅工艺等。

高温熔硅工艺：目前，国内大多数铝熔炼企业采用高温熔硅工艺，即将硅块铺在炉底，在硅的上面加上铝及铝合金废料，然后升温至850～900℃进行熔炼。这一传统方式，不但造成了硅严重氧化，导致硅的损失率约为8%～10%，而且加热时间长，也造成了铝及铝合金烧损较大，形成过烧现象。因此熔硅工艺的改进是解决铝合金生产的一个主要课题。

低温熔硅工艺：硅的密度为 $2.33g/cm^3$，熔点为1430℃。硅的一些化学性质与碳相似，粉末状的硅加热后会迅速氧化，同时放出大量的热，所以在熔炼铝及铝合金加硅时，对防止硅氧化要格外小心。当炉内铝液的温度为690℃时，铝液的密度为 $2.38g/cm^3$，此时加硅，硅悬浮在铝液表面，因而硅只能以溶解方式和铝及铝合金熔体混合成合金，硅与铝界面是浓度最高的区域。为加快硅的溶解速度，减少硅的氧化，主要是以搅拌方式加快硅在铝及铝合金熔体中的扩散，以达到硅分布均匀的目的。通过实践，采取低温熔硅工艺，不但效果显著，而且时间缩短，减少了铝及铝合金的烧损，降低了硅氧化损失。低温熔硅工艺的简略说明如下：

低温状态下，将硅投入炉内。同时要注意，在投硅前炉内铝及铝合金熔体要扒渣，以防止铝渣中各种氧化物包裹硅的颗粒，降低了熔硅的速度，也会加大硅的损失。低温加硅时，铝及铝合金熔体将硅包裹住。在低温状态下，使硅与铝及铝合金熔体相适宜一段时间，大约在20min左右；再加上覆盖剂，进行快速升温，控制风量，大约20min左右，熔炉温度控制在780℃，铝及铝合金熔体温度在710℃左右；此时打开炉门，再通过外力搅拌，能使95%左右的硅被溶解。此种方法硅的氧化损失率为4.5%～5.5%，是一种非常经济的方法。

另外，在低温条件下进行加硅，要采用20～45mm的硅块为宜，如果将硅块做成小颗粒和碎末，势必增大了硅的表面积，扩大了硅与氧的接触面，增加氧化损失。加硅时添加的熔剂一起覆盖作用，二起助熔作用，因此，一定要选好熔剂，否则不仅起不到以上的作用，反而会以铝渣的形式影响硅的溶解。

低温熔硅工艺硅的实收率可达95%，但其熔炼的时间较长，生产效率较低，能源消耗大。为提高硅的实收率和生产效率，降低熔硅过程中的能源消耗，又开发出硅粉吹入熔硅工艺。

硅粉吹入熔硅工艺：硅粉吹入熔硅工艺采用一定压力的氮气或氩气把粉末状的硅从导管中吹入铝及铝合金熔体，促使硅速熔。硅粉吹入熔硅工艺硅的实收率可达98%，而且硅在铝及铝合金熔体中分布非常均匀，不易产生粗大的初晶硅，熔硅需要的时间短，能源消耗低，并且在硅粉吹入的同时兼有铝及铝合金熔体的精炼作用，但其缺点是硅粉的成本较高，增加了再生铝制造成本。

当铝合金中硅元素的成分调配采用纯硅加入方式时，如果控制不好各种条件，往往不能一次性准确完成，如果反复加硅，会影响工作效率。在一般情况下，如果第一次加硅之后达不到目标，可以采用再加铝-硅中间合金补充的办法完成。

55.4.4 锰、铬合金元素成分调配

锰在铝中的极限溶解度为1.82%，随着锰含量的增加，铝合金的强度不断增加。锰能阻止铝合金的再结晶过程，提高再结晶温度，并能显著细化再结晶晶粒。锰对铝合金晶粒细化主要是通过 $MnAl_6$ 弥散质点对再结晶晶粒长大起阻碍作用。

$MnAl_6$ 除了能提高合金的强度，细化再结晶晶粒外，另一重要作用是能溶解杂质铁，形成 $(Fe、Mn)Al_6$，减少铁的有害影响。

铬为铝合金中常见的微量添加元素。铬在铝中的溶解度在660℃时约为0.8%。铬主要以 $(CrFe)Al_7$ 和 $(CrMn)Al_{12}$ 等化合物存在，阻碍再结晶的形核和长大过程，对铝合金有一定的强化作用。另外，铬还能改善合金韧性和降低应力腐蚀开裂敏感性。铬在铝合金中添加量一般不超过0.35%。微量铬能明显降低铝及铝合金的导电性，因此电工铝应严格控制其含量。

铝合金中锰、铬合金元素的调配主要采用加铝-锰中间合金和铝-铬中间合金的方式。铝-锰中间合金和铝-铬中间合金一般与炉料一起加入进行熔炼。

55.5 再生铝熔体的精炼

用再生铝与用重熔用铝锭生产锭坯相比，再生铝熔体含氢量、非金属夹杂和非铝金属杂质等含量都大大高于用重熔用铝锭生产的铝及合金熔体，如不精炼，难以保证再生铝锭的质量。再生铝熔体中除氢和除非金属夹杂方法与用重熔锭生产锭坯熔体处理方法相同，

本篇不再叙述。下面着重叙述去除再生铝及合金熔体的非铝金属杂质。

再生铝熔体中有害金属元素主要有 Fe、Mg、Zn、Pb 等，针对不同有害金属元素采取不同去除方法。

55.5.1 铁的去除

铁是再生铝生产中常见杂质，也最容易对铝及铝合金的质量及性能产生不利影响，因此，在熔炼过程中要尽量清除夹杂的铁，防止其微溶于铝及铝合金熔体中。一般采用以下几种方法除掉铁夹杂物。

55.5.1.1 加锰除铁法

锰在铝合金熔体中能有效地形成高熔点的富铁相化合物并沉积在炉底，从而达到除铁的目的，其发生的反应如下：

$$Al_9Fe_2Si_2 + Mn \longrightarrow AlSiMnFe$$

除去 1kg 的铁的锰用量约为 6.7 ~ 8.3kg，而且能使残留的粗大片状、既硬又脆的 $Al_9Fe_2Si_2$ 相转变为片状的 AlSiMnFe 相，从而削弱铁的有害作用。但加锰除铁法会使铝合金的含锰量增加，对锰含量有限制的铝合金不宜采用，并且加锰除铁法使用成本较高。

55.5.1.2 加铍除铁法

铍在铝合金熔体中与 $Al_9Fe_2Si_2$ 相发生反应，从而降低铁的有害影响，其发生的反应如下：

$$Al_9Fe_2Si_2 + Be \longrightarrow Al_5BeFeSi$$

在铝及铝合金熔体中加入 0.05% ~0.1% 的铍，可促使粗大片状的 $Al_9Fe_2Si_2$ 相转变为点状的 $Al_5BeFeSi$，明显消除铝合金的脆性。但铍的价格较高，且铍蒸气有毒，对人体有伤害，对工作环境造成污染，因此加铍除铁法应慎用。

55.5.1.3 沉降除铁法

沉降除铁法是利用 Mn、Cr、Ni、Zr 四种物质配制的多元中间合金的综合作用，与铝合金熔体中粗大的富铁化合物发生作用，形成新的多元富铁化合物。多元富铁化合物随着温度的降低逐步长大，当长大到足以克服沉降阻力后，就会产生沉降，从而除去铁。当 Mn、Cr、Ni、Zr 四种物质的用量分别为 2.0%、0.8%、1.2% 和 0.6% 时，经过沉降除铁法处理的铝及铝合金熔体中含铁量可以由 1% 降至 0.2%。锰在沉降除铁法中起主要除铁作用，铬虽然在除铁作用上不及锰，但其抗氧化烧损的性能较好，加入镍的主要目的是降低锰、铬残留所产生的脆性，加入锆除了能起除铁的作用之外，还兼有细化晶粒的作用。

55.5.1.4 过滤除铁法

过滤除铁法是利用铝合金熔体中的富铁相杂质在较低的温度和较长的保温时间下发生

偏聚的原理，采用机械过滤的方法将聚集长大的富铁相物质除去。过滤除铁法一般在熔体浇注时进行，它不但可以除去大块的富铁相物质，同时能够除去铝及铝合金熔体中的其他尺寸较大的夹杂物。过滤除铁法通常采用泡沫陶瓷过滤板。

55.5.1.5 熔炼除铁法

上述几种除铁方法在再生铝生产中能够起到较好效果，但因使用成本高、用量较大和生产效率低等多种原因，难以在大规模的再生铝生产中推广使用。熔炼除铁法可以在再生铝熔炼过程中及时除铁，减少铁的溶解，将铁的影响减少到最低限度。熔炼除铁法因使用成本低，操作简单易行，在国内再生铝企业取得了广泛的应用。其方法简述如下：

(1) 每次搅拌前将铁夹杂物扒出，扒渣时将混于铝渣中的铁带出；

(2) 如果不考虑热的损失问题，原则上每熔化一批废料，立即扒出沉淀于炉底的渣和铁；

(3) 当再生铝企业采用熔炼炉-保温炉生产时，每炉熔化后，排出熔铝炉内的铝液，在热状态下将铁扒除；

(4) 采用快速熔炼，低温出铝。熔炼时，再生铝废料在熔剂的保护下，进行快速熔炼，整个熔化过程约2～3h。当再生铝废料熔化后，熔体此时的温度约650℃。在此温度下铁在铝及铝合金熔体中的溶解度极小，此时出炉，再生铝废料中夹杂的铁留在炉渣内，随炉渣一起清除。

55.5.2 镁的去除

镁也是再生铝生产中常见杂质，一般采用以下几种方法除去铝及铝合金熔体中的镁。

55.5.2.1 选择性氧化除镁法

选择性氧化除镁法是利用镁对氧亲和力比其他金属大的原理，在熔炼过程中镁首先与氧气发生强烈反应，其氧化物不溶于铝及铝合金熔体而上浮，然后从铝及铝合金熔体表面撇去。为加速镁的氧化过程，可采用工具对铝及铝合金熔体进行搅拌。选择性氧化法除镁的效果，随搅拌时间的延长而提高。但该法在除镁的同时，也造成了铝、硅等元素的损耗，一般情况下不宜采用。

55.5.2.2 活性气体除镁法

再生铝熔体除镁常用的活性气体为氯气。因镁对氯气亲和力比铝大，当氯气通入铝及铝合金熔体时，发生如下化学反应：

$$Mg + Cl_2 = MgCl_2$$

$$2Al + 3Cl_2 = 2AlCl_3$$

$$3Mg + 2AlCl_3 = 3MgCl_2 + 2Al$$

所产生的氯化镁溶于熔剂层中。镁和氯气反应放出大量热，而使铝及铝合金熔体加热。

活性气体除镁法的除镁效果比较明显，可使铝及铝合金熔体中的镁含量降至0.3%~0.4%，而且操作方便，同时兼有除气、除渣的作用。但氯气是剧毒物质，对人体健康和环境的损害较大，且经氯气除镁后的铝及铝合金熔体晶粒粗大，力学性能降低。

55.5.2.3 氯盐除镁法

再生铝熔体除镁常用的氯盐多为氯化铝。该法利用一定压力的氮气将氯化铝喷入铝及铝合金熔体中，使氯化铝与镁发生如下反应：

$$2AlCl_3 + 3Mg \xlongequal{} 3MgCl_2 + Al$$

按照此法，氯气不逸入大气，未反应的氯化铝被上面的氯化钠、氯化钾熔剂所吸收。该法可将铝及铝合金熔体的镁含降至0.1%~0.2%。

55.5.2.4 冰晶石除镁法

冰晶石与镁反应，生成不溶于铝及铝合金熔体中的化合物而将镁去除。冰晶石廉价易得而使冰晶石除镁法在再生铝工业得到了最广泛的应用。冰晶石与镁在铝及铝合金熔体中发生如下化学反应：

$$2Na_3AlF_6 + 3Mg \xlongequal{} 2Al + 6NaF + 3MgF_2$$

每千克镁的冰晶石的理论耗量为6kg，实际用量为理论耗量的1.5~2倍。反应温度为850~900℃，可将镁含量降到0.05%。为了降低冰晶石除镁的温度，将含40% NaCl、20% KCl的冰晶石撒在熔体表面上。

55.5.3 锌、铅的去除

铝及铝合金熔体中除锌可采用选择性氧化除锌法。该法是利用锌对氧亲和力比铝大的原理，在熔炼过程中采用工具对铝及铝合金熔体进行搅拌，促使锌与氧气发生反应，从而达到除锌的目的。但该法除锌的效果非常有限，且在除锌的过程易造成铝及其他元素的氧化烧损，还会使铝及铝合金熔体吸气，产生大量的夹杂。一般不推荐采用选择性氧化除锌法。

铝及铝合金熔体中锌、铅等重金属杂质的去除多采用沉降法。沉降法是延长铝及铝合金熔体的静置时间，利用锌、铅密度较大的原理，使熔炼时锌、铅可沉入炉底；放流时稳定液流，可使锌、铅等重金属首先流出并附着在最先浇注的几块铸锭的下面，这几块铸锭挑出另外处理即可。

去除非铝金属夹杂物也可采用熔析结晶法。这种方法是根据冷却时非铝金属夹杂物在铝液中的溶解度变化的原理精炼铝及铝合金熔体。但熔析结晶法使用成本较高，操作复杂，大规模的再生铝工业很少使用。

无论采用哪一种方法去除铝及铝合金熔体中的非铝金属夹杂物，都较大地增加了再生铝的生产成本。提高铝及铝合金废料的直接利用率，充分合理利用铝及铝合金废料中的有价值元素，选用先进高效的预处理工艺，对再生铝生产具有十分重要的意义。

56　再生铝熔炼设备

＊＊＊＊＊＊＊＊＊＊＊＊＊＊＊＊＊＊＊＊＊＊＊＊＊＊＊＊＊＊＊＊＊＊＊＊＊＊

再生铝熔炼可用的炉型很多，需根据再生铝原料的组成情况采用不同的熔炼设备。最常用的有回转炉、侧井炉、双室熔铝炉、单室火焰熔铝炉、竖炉和无芯感应炉等。

56.1　回转炉

回转炉是铝及铝合金废料在熔剂的保护下通过转动的炉体完成熔炼过程。回转炉对来料洁净度几乎没有要求，它可以处理任何含铝废料。回转炉因其适应性强、热效率和生产效率高等优点，在欧美国家的再生铝企业得到了广泛的应用。

回转炉根据炉体的结构不同，可分为水平式回转炉和倾斜式回转炉两种。

56.1.1　水平式回转炉

56.1.1.1　简述

水平式回转炉用于熔化带很多杂质、非常细碎的铝及铝合金废料。水平式回转炉结构简单，易于操作、维护工作量少，但是其熔剂的加入比例较高（约为20%），给熔剂的回收和处理带来困难，且由于烧嘴和烟气出口是相对布置的，含可燃物质的烟气几乎没有二次燃烧，其热效率较低，污染大。

为形成液态熔剂层，水平式回转炉熔炼铝及铝合金废料时需使用大量的熔剂，铝及铝合金废料中的杂质含量越多，所需的熔剂加入量越大。添加的熔剂量是经过计算的，目的是在铝及铝合金熔体表面形成一个液态熔剂层。这也保证了水平式回转炉在不使用昂贵控制系统的情况下就可以获得相对安全的操作，并减少由于熔剂的缺少造成金属烧损的风险。然而，大量的熔剂也导致了较高的运行费用以及储存和准备的工作量。但近几年来在实际操作中水平式回转炉中所用的熔剂量比以前已有所减少。但是，与倾斜式回转炉相比，水平式回转炉所用的熔剂量仍然高出1.5～2倍。

56.1.1.2　设备组成及主要技术性能

水平式回转炉主要由回转炉炉体、支撑座、炉门及燃烧系统、控制系统、铝液和铝渣排放系统等组成。

水平式回转炉外形如图56-1所示。

回转炉炉体内部衬有高铝砖和黏土砖。回转炉炉体的前后两端各开有一个口，前端开口为上料口，后端开口为排烟口。上料口用于炉子的加料，加料完成后，上料口用带有烧

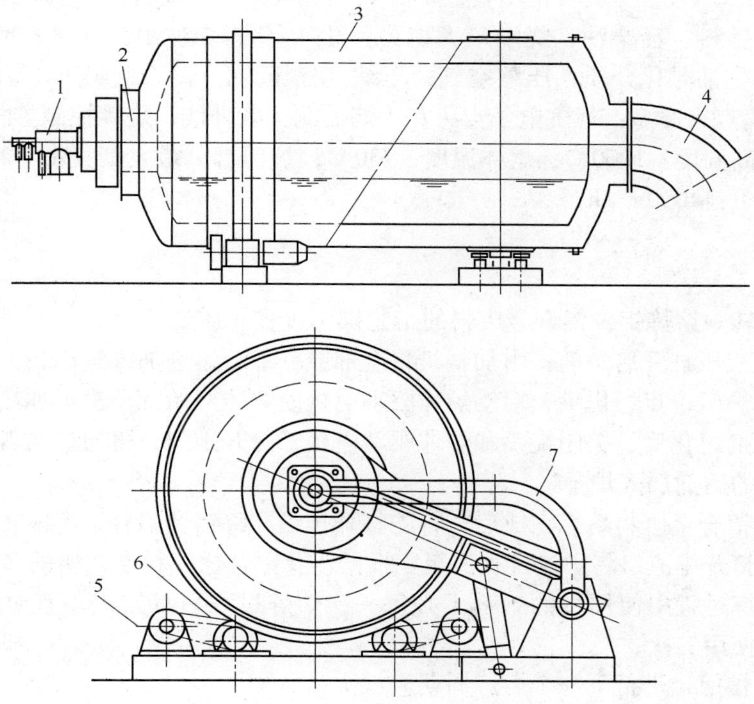

图 56-1　水平式回转炉

1—烧嘴；2—上料口；3—炉体；4—排烟口；5—电动机；6—驱动辊；7—炉门架

嘴的旋转炉门封闭，铝及铝合金废料通过旋转炉门上的烧嘴加热完成熔炼过程。烟气从排烟口排出炉体，并通过烟管将烟气导入除尘装置。

在回转炉炉体上设有两个铸铁制作的排铝孔和排渣孔。排铝孔和排渣孔在铝及铝合金废料熔炼时用钎子堵死，熔炼完成后，炉渣浮在铝及铝合金熔体上部。首先打开排铝孔将铝及铝合金熔体转入保温炉或浇包中，然后打开排渣口将炉渣排入渣箱。

回转炉炉体安装在前后两个支撑座上。前部支撑座安装有两个齿轮电机驱动的驱动辊，回转炉炉体的转动通过两个驱动辊来实现。

炉门架独立于炉体，炉门的旋转支点在炉子上料口附近。当水平式转炉装料时，炉门通过液压缸旋开，相应的用于燃料和助燃空气及所需辅助介质的连接点都集中在炉门的旋转支点处。

水平式回转炉采用中速烧嘴，烧嘴安装在炉门上。烧嘴内有一个燃烧室，分级高速喷出，以降低 NO_x 产生量。烧嘴关闭时，压缩空气保持流通，用于冷却烧嘴。

在上料口炉门的上方设有一个固定的烟罩，用于收集装料时产生的烟气和从不完全密封的炉门在熔化期间可能冒出的烟气。烟罩收集的烟气被通入炉子的除尘系统，一起排出。

12t 水平式回转炉主要技术性能如下：容量：12t 铝，3t 熔剂；熔池容积：7.5m^3；熔池深度：775mm；回转炉炉体外径：ϕ3450mm；回转炉炉体总长：7000mm；回转炉炉膛内径：ϕ2700mm；上料口直径：ϕ1000mm；排烟口直径：ϕ850mm；设备总重：117000kg；

驱动电机数量：2 个，正/反转；回转炉炉体转速：0.5 ~ 6r/min，变频调速；炉门开启方式：液压缸；燃料：轻柴油；烧嘴最大能力：300kg/h；烧嘴出口速度：80m/s；供油压力：0.5MPa；燃油雾化介质：压缩空气；压缩空气压力：0.4 ~ 0.6MPa；压缩空气耗量：240m^3/h；烧嘴点火类型：燃气电子点火；火焰监测：紫外线；烧嘴控制方式：比例控制；回转炉炉膛最高温度：1000℃；熔体温度：730℃；炉门烟罩最大烟气量：25000m^3/h；排烟口最大烟气量：4000m^3/h。

56.1.1.3 操作过程

水平式回转炉熔炼铝及铝合金废料的工艺操作过程简述如下：

（1）通过液压缸开启炉门，由加料机将全部或一部分熔剂加入炉内；

（2）关闭炉门，点燃烧嘴，启动炉体驱动电机使炉体开始旋转进行加热；

（3）当熔剂熔化后，关闭烧嘴和炉体驱动电机，打开炉门，再通过加料机将铝及铝合金废料和剩余的熔剂加入炉子进行熔炼；

（4）铝及铝合金废料熔炼完成后，首先打开排铝孔将铝及铝合金熔体转入保温炉或浇包中，然后再打开排渣口将炉渣排入渣箱。根据铝及铝合金废料含杂质的多少和所用熔剂量的不同，熔炼过程中使用过的熔剂不必每一次熔炼过程后都排出，有时熔剂可使用两次，甚至可以使用三次；

（5）打开炉门，进行下一个熔炼周期。

56.1.2 倾斜式回转炉

倾斜式回转炉是在水平式回转炉的基础上发展起来的，它将炉体、烧嘴和排烟管道的布置进一步完善，使烧嘴燃烧的火焰在炉内被向后引导 180°，烟气通过烧嘴上方的排烟口排出。烟气在反向流动排烟的过程中产生二次燃烧，在炉内将烟气中的有机废气烧掉，不但提高了倾斜式回转炉的热效率，而且大大降低了熔剂的用量和对环境的污染。

倾斜式回转炉根据助燃介质的不同，可分为空气助燃和全氧助燃两种。空气助燃的倾斜式回转炉的热效率和生产效率较低，且烟气排出量大，使烟气除尘装置的投资增加。而采用全氧气助燃时，炉子的热效率和生产效率大为提高，烟气排放量小。这些优点使其在世界再生铝工业得到了广泛的应用。本节重点介绍全氧助燃的倾斜式回转炉。

56.1.2.1 简述

全氧助燃的倾斜式回转炉可以处理不同种类的铝及铝合金废料，如铝渣、含有机夹杂物和镶嵌大量铁构件的铸件、废易拉罐和切屑等。

采用全氧助燃技术的倾斜式回转炉具有如下优点：

（1）能量消耗低。对于熔炼相同的铝及铝合金废料时，燃料的消耗仅是其他炉子的 30% ~ 50%。

（2）熔炼周期短，生产效率高。烧嘴火焰的温度随着助燃介质中氧气比例的增加而提高。由于采用全氧助燃技术，倾斜式回转炉火焰温度较高，从而提高了炉子的熔炼能力和生产效率，如采用全氧助燃的 12t 倾斜式回转炉每炉熔炼周期仅为 200min，熔炼能力为

4.5t/h。

(3) 烧损小，回收率高。在整个熔炼过程中，铝及铝合金熔体均是在熔剂的保护下进行，烧损一般在2%以下。

(4) 由于采用全氧助燃技术，不但减少了助燃空气中大量氮气带走的热量，提高了热效率，而且烟气排放量也大大减少，从而减少了环保设备的投资。

(5) 熔剂加入量减到最少，增加了炉子的有效空间，也减少了能量消耗，降低了熔剂使用成本和炉渣的处理成本，提高了炉子的生产效率。

(6) 采用低温熔炼技术，减少了铁对铝及铝合金熔体的污染。全氧助燃的倾斜式回转炉在熔炼铝及铝合金废料时，采用低温熔炼技术，一般出铝温度在650℃以下。在此温度下，铁在铝及铝合金熔体中的溶解度极小，在熔炼含较多游离铁的铝废料时可有效避免铁对铝及铝合金熔体的污染。

采用全氧助燃的倾斜式回转炉与采用空气助燃的水平式回转炉，在熔炼含铝量为65%的炉渣类废料时主要技术参数的比较见表56-1。

表56-1 倾斜式回转炉与固定式回转炉主要技术参数的比较

序 号	主要技术参数	20t水平式回转炉	12t倾斜式回转炉
1	容量/t	20	12
2	熔剂加入系数	1.35	0.4
3	熔炼周期/h	6	3.25
4	能耗/$kW \cdot h \cdot t^{-1}$	1100	350
5	炉渣加入量/t	13.6	10.5
6	熔剂加入量/t	6.4	1.5
7	产铝量/t	8.3	6.8
8	废渣产生量/t	11.4	5.2
9	日产铝量/t	33	50.2

为了得到倾斜式回转炉的最佳运行效果，减少熔剂的加入量和金属烧损，得到最大的金属回收率，需要精心调整铝及铝合金废料和熔剂的加入量，并且在熔化的过程中不断地进行检查。过低的熔剂加入量将会使铝及铝合金废料的烧损增加。

为此，必须定期在试验炉内对铝及铝合金废料杂质含量进行测定，以确定炉料所需最佳的熔剂加入量。

倾斜式回转炉在熔炼过程中，通过控制系统对能量的输入、烟道温度和动力特征曲线等进行判断，以确定铝及铝合金熔体的温度和出炉操作。

56.1.2.2 设备组成及主要技术性能

倾斜式回转炉主要由加料机、回转炉炉体、驱动系统、基架及倾翻架、炉门、旋转流槽、挡渣耙、炉渣排放系统、排烟罩和控制系统等组成。倾斜式回转炉平面布置图及侧视图分别如图56-2(a)和(b)所示。

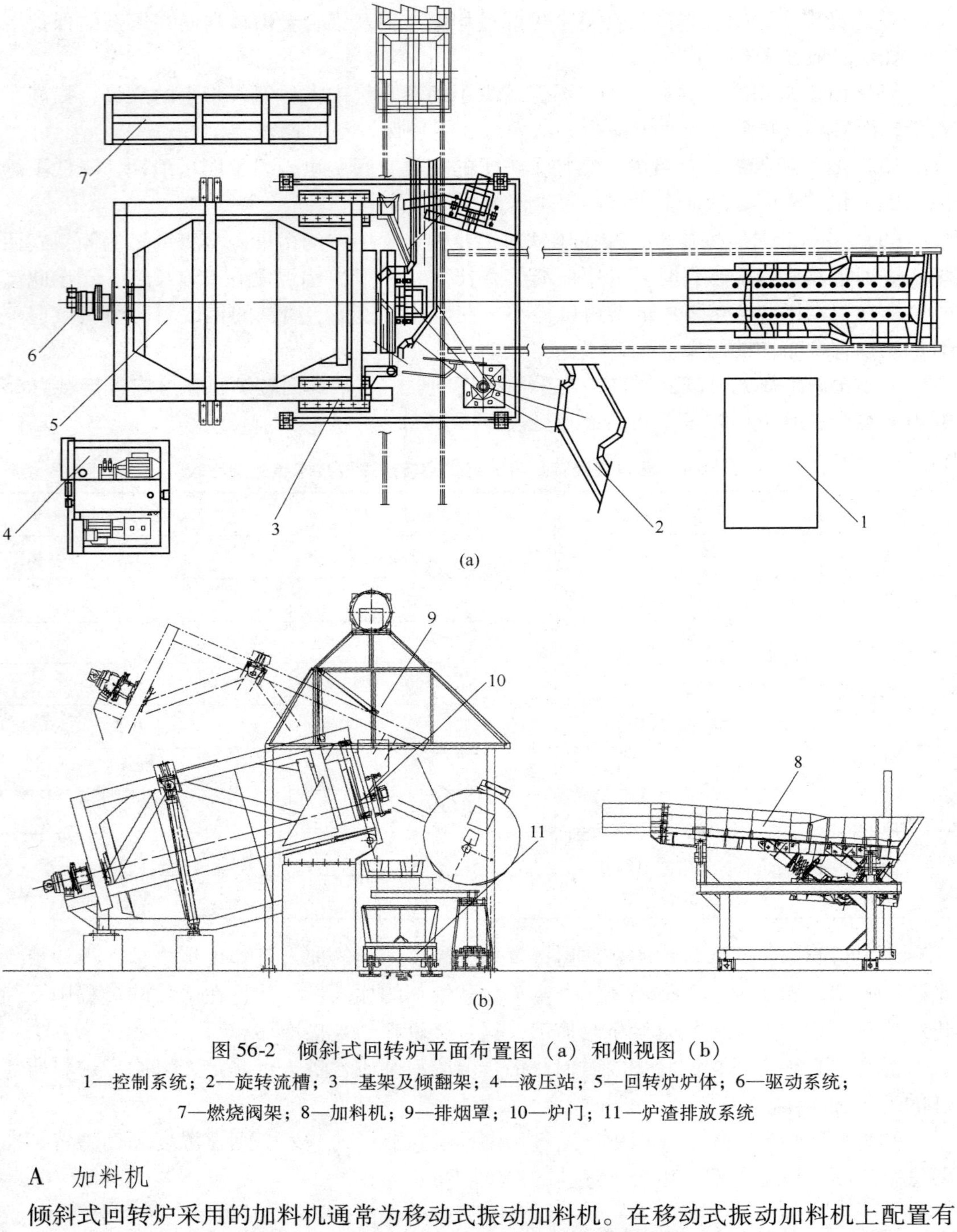

图 56-2 倾斜式回转炉平面布置图（a）和侧视图（b）

1—控制系统；2—旋转流槽；3—基架及倾翻架；4—液压站；5—回转炉炉体；6—驱动系统；7—燃烧阀架；8—加料机；9—排烟罩；10—炉门；11—炉渣排放系统

A 加料机

倾斜式回转炉采用的加料机通常为移动式振动加料机。在移动式振动加料机上配置有称重装置，将加入的铝及铝合金废料和熔剂的质量传输给倾斜式回转炉的 PLC。5t 移动式振动加料机的主要技术性能参数如下：自重：9.7t；加料质量：4.2t；总质量：13.9t；运动速度：10m/min；动力：7.5kW；尺寸：6098mm × 1830mm ×（2440 ~ 3050）mm（长 × 宽 × 高）。

移动式振动加料机实物如图 56-3 所示。

B 回转炉炉体

回转炉炉体主要由炉壳、炉体内衬、齿轮圈或支撑环等各部分组成。炉壳由钢板焊接而成，外表面刷有耐高温银粉漆。炉体内衬为异型高铝砖或浇注料。在炉体内衬上镶嵌有若干块铸铁制作的挡板，该挡板在整个熔炼过程中对铝及铝合金熔体起搅拌作用，由此减少熔剂的加入量，提高金属回收率和熔炼速度。在倾斜式回转炉炉体的前端设置炉门口，用于加料、排渣和排烟，并通过安装在炉门上的烧嘴实现铝及铝合金废料的熔炼。12t 倾斜式回转炉炉体的主要技术性能参数如下：容量：12t；熔剂加入系数：0.4；炉体直径：3251mm；炉体长度：5461mm；炉门口直径：ϕ1600mm；炉膛最高工作温度：1538℃。

图 56-3 移动式振动加料机实物

C 驱动系统

倾斜式回转炉的驱动系统有炉体倾动驱动系统和炉体旋转驱动系统两大部分。

炉体倾动驱动系统多采用液压系统进行驱动，其主要功能是将倾斜式回转炉的炉体倾动一定角度，以便于实现倾斜式回转炉的加料、排渣、检修和熔炼。12t 倾斜式回转炉炉体在各阶段倾斜的角度及液压驱动系统的主要技术性能如下：熔化阶段炉体倾斜角度：15°；装料阶段炉体倾斜角度：20°；金属出铝阶段炉体倾斜角度：-15°；出渣/清理阶段炉体倾斜角度：-20°；砌炉/维护阶段炉体倾斜角度：0°；炉体倾动液压缸数量：2 个；炉体倾动液压缸直径：ϕ210mm；炉体倾动液压缸行程：2920mm；炉体倾动液压缸起升能力：35t/个。

倾斜式回转炉炉体旋转驱动系统主要功能是使炉体旋转，以便于实现倾斜式回转炉的熔炼、排渣和检修。倾斜式回转炉炉体旋转驱动系统有机械式和液压式两种。

机械式旋转驱动系统是通过齿轮电机和倾斜式回转炉炉体上的齿轮圈，实现炉体的旋转。齿轮电机可以正转和反转。炉体的转动速度通过变频器进行无级调速。齿轮电机安装在倾斜式回转炉炉体的倾翻架上，齿轮圈可布置在炉体的中部（见图 56-4）或后部（见

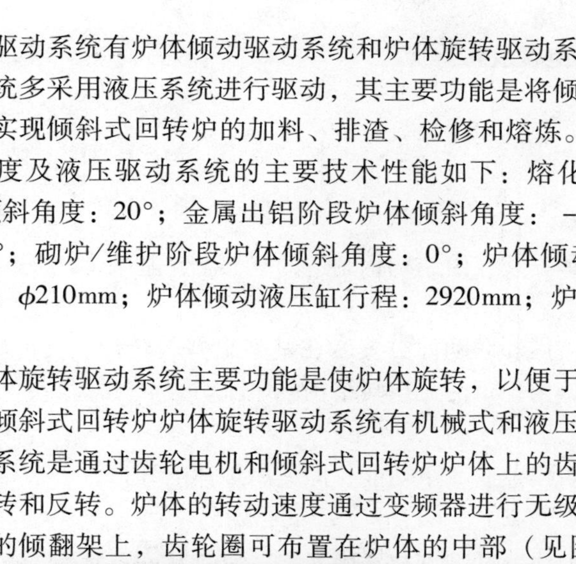

图 56-4 配置机械式旋转驱动系统的倾斜式回转炉

图 56-5）。

12t 倾斜式回转炉的炉体转速为 0～10r/min，其机械式旋转驱动系统的齿轮电机安装容量为 110kW。

液压式旋转驱动系统是通过安装在炉体后部的液压马达的驱动使炉体旋转，并提供不同的速度和速度控制。配置液压式旋转驱动系统的倾斜式回转炉见图 56-6。其炉体转速为 0～8r/min，液压马达扭矩 115000N·m，液压马达转速 25r/min，并设有调速比为 5∶1 的减速箱。

图 56-5 配置机械式旋转驱动系统的倾斜式回转炉

图 56-6 液压驱动系统的倾斜式回转炉典型配置

D 基架及倾翻架

倾斜式回转炉炉体安装在由结构钢制造的基架上，基架上还安装倾动支撑件和倾动油缸。基架固定在基础上。

倾动架通过倾动支撑和倾动油缸安装在基架上并与转炉、支撑轴承和驱动装置相连。倾动架由结构钢制造，为稳定的无扭转结构。

E 炉门

倾斜式回转炉的炉门兼有 3 个功能，即关闭炉体的开口，安装烧嘴，炉门上有可将烟气从炉内排出的开口。

炉门的启闭通过液压驱动的旋转臂来完成，旋转臂固定在基架上。

炉门上同时设置有烧嘴和排烟口，成为“双通路”布置方式。采用“双通路”布置方式，使熔炼铝及铝合金废料时产生的烟气，在排出炉体的过程中发生二次燃烧，提高了炉子的热效率，还减少了烟气中有机废气对环境的污染。“双通路”与“单通路”布置方式相比，可减少 35% 以上的能量消耗。

烧嘴安装在侧开的炉门上，与炉子的轴线有一个小的倾角。烧嘴由 PLC 和火焰传感器控制，并与设备其他部分的操作系统相连，例如炉体倾动系统、炉门、挡渣耙和加料车等。

倾斜式回转炉在熔炼铝及铝合金废料时，通过烧嘴控制系统自动调节燃料与氧气的比例，使烟气中氧气含量保持在 6% 以上，以确保烟气中的有机废气得到充分燃烧。另外，由于采用全氧助燃技术，倾斜式回转炉烟气量较小，因而也可使烟气在炉内有足够长的停留时间，也有利于将烟气中的有机废气烧净。

烧嘴所需的压缩空气、燃料和氧气等介质送至炉门旋转臂旋转支点处，再通过旋转接头或软管与烧嘴相连。

12t 倾斜式回转炉烧嘴的主要技术性能如下：烧嘴数量：1 个；烧嘴类型：轻柴油/氧气烧嘴；氧气压力：≥0.69MPa；氧气纯度：≥95%；氧气最大消耗量：404m^3/h；氧气平均消耗量：140m^3/h；氧气最小消耗量：75m^3/h；压缩空气压力：≥0.69MPa；压缩空气最大消耗量：60m^3/h；轻柴油最大消耗量：170kg/h；供油压力：≥0.7MPa；氧/油比例：最小 1.8∶1，最大 2.5∶1；烧嘴调节能力：5∶1；熔炼速度：4.5t/h；熔炼周期：200min；吨铝轻柴油消耗：32kg。

F　旋转流槽

旋转流槽的主要功能是将倾斜式回转炉内的铝及铝合金熔体转注到保温炉或浇包中。旋转流槽采用液压缸进行移动。在转注时，液压缸将旋转流槽移至倾斜式回转炉炉门口的下方，并与固定流槽相接；不转注时，液压缸将旋转流槽移至待机位，以便加料机、炉门和渣车进行工作。旋转流槽通过旋转臂固定在倾斜式回转炉的基架上。

旋转流槽的断面设计使铝及铝合金熔体在旋转流槽中具有足够大的流量，以确保倾斜式回转炉能够进行快速转注，从而缩短炉子总的循环时间。以 16t 倾斜式回转炉为例，旋转流槽转注速度为 2500kg/min，转注时间仅为 5min 左右。

G　挡渣耙

挡渣耙的主要功能是在转注的过程中起到过滤装置的作用，挡住炉渣不进入旋转流槽。挡渣耙耙体一般由耐热铸钢制成。耙体下部为圆弧形，圆弧形的半径与倾斜式回转炉炉门口的半径相同，耙体下部开有若干个放铝孔。挡渣耙耙体通过液压驱动的旋转臂固定在倾斜式回转炉的倾翻架上，当转注时，液压缸将挡渣耙移入倾斜式回转炉炉门口内，转注结束后，液压缸将挡渣耙移至待机位，以便加料机、炉门和渣车进行工作。转注时的挡渣耙如图 56-7 所示。

图 56-7　转注时挡渣耙示意图

H　炉渣排放系统

炉渣排放系统由渣车、渣箱、链条传动系统等组成，主要功能是将倾斜式回转炉排出的炉渣收集到渣箱，再用渣车和叉车运离熔炼区。

根据倾斜式回转炉产生的炉渣量的多少，炉渣排放系统一般配备有3～4台渣车，每台渣车上放置一个容积约$4m^3$的渣箱。渣车沿地面轨道运行。

I 排烟罩

排烟罩布置在倾斜式回转炉炉门口的上方，用于加料、熔炼、转注和排渣等过程中烟尘的收集和排放。

排烟罩由钢板制作而成，内衬绝热材料。排烟罩的设计是要保证把排放的烟气都吸入排烟罩中。因排烟罩具有足够大的空间，使排烟罩同时还起混合室的作用。排烟罩吸入大量环境温度的冷空气进入排烟罩，从而使离开排烟罩的烟气温度大大降低，烟气最高温度仅为130℃。

J 控制系统

倾斜式回转炉整个熔炼周期的各个过程由PLC系统进行模拟控制，确保了炉膛温度的均匀及炉压的稳定，提高了炉子的热效率和安全性，使倾斜式回转炉具有较高的整体性能。

56.1.2.3 操作过程

倾斜式回转炉整个熔炼周期的操作过程可分成加料、熔炼、转注、排渣和烟尘收集等几个阶段。

A 加料

铝及铝合金废料通过天车或装载机装入移动式振动加料料机。打开炉门，移动式振动加料机快速就位后，将铝及铝合金废料加入倾斜式回转炉内。加料过程在炉子控制室内进行控制，并按照以下顺序快速进行：

(1) 移动式振动加料机装满铝及铝合金废料后在炉前待机位置就位；

(2) 打开炉门；

(3) 移动式振动加料机前移至倾斜式回转炉；

(4) 移动式振动加料机使用振动加料系统对倾斜式回转炉进行加料；

(5) 加料完成后，移动式振动加料机返回炉前待机位置；

(6) 关闭炉门。

移动式振动加料机配备有称重装置，将铝及铝合金废料的质量传输给炉子控制室的PLC。根据铝及铝合金废料的状况，确定是将熔剂加入倾斜式回转炉内首先进行熔化后再加入铝及铝合金废料，还是将熔剂与铝及铝合金废料一同加入炉内进行熔炼。熔剂的加入顺序与铝及铝合金废料加入顺序相同。

B 熔炼

加料完成后，移动式振动加料机返回炉前待机位置，关闭炉门并启动燃烧系统。根据铝及铝合金废料的种类，选择合适的熔炼程序进行熔炼。在熔炼过程中倾斜式回转炉的旋转速度发生变化，因为铝及铝合金废料熔化成液体后加快了旋转速度。根据铝及铝合金废料的密度，要达到炉子的最大容量通常需要2或3次加料循环。烧嘴能量、空气燃料比率和旋转速度的控制都是为了在消耗最少燃料的情况下从铝及铝合金废料中回收最大量的金属。

C 转注

当熔炼过程完成，倾斜式回转炉的旋转流槽被放置在浇注口下适当的位置，炉门打开，炉子的挡渣耙旋转到适当的位置。炉子倾动，铝液尽快倒出。当倒出铝液时，挡渣耙挡住炉渣使铝液从渣下流出。旋转流槽断面尺寸足够大，以便使转注过程快捷。有时炉渣需要再次加热，这种情况下炉门关闭，点燃烧嘴约5min，再次倾动炉子，将旋转流槽重新放置在适当的位置倒出剩下的铝水。

D　排渣

当所有的铝及铝合金熔体已经倒出，炉子达到最大倾动角度时，必须把炉渣清除掉。为达到这个目的，移走旋转流槽并启动渣车将渣箱依次移动至炉门口下方，同时旋转炉体以便使固态的炉渣倒入渣箱。一旦炉渣全部倒出，应检查炉墙，如果已经干净，可以重新加料重复再一个熔炼循环过程。经过多个熔炼循环过程后，炉渣可能会堆积在炉墙上，此时需用工具将所积炉渣清除。

E　烟尘收集

倾斜式回转炉在加料、熔炼、转注和排渣的过程中，会产生大量的烟尘。为改善工作环境和减少环境污染，在倾斜式回转炉炉门口的上方设置一个足够大的排烟罩，熔炼过程中所产生的烟尘被收集和降温后，导入烟尘净化装置进行净化处理。烟尘收集贯穿于整个熔炼循环过程。

为提高生产效率，整个熔炼过程的控制和管理都集中在一个位于远处的高架炉子控制室里。操作员可以遥控操作炉子的各项功能，如旋转流槽、渣车、挡渣耙和加料机等。

56.2　侧井炉

56.2.1　简述

侧井炉由主熔炼室、碎料室和泵室三部分组成，三室之间隔墙下部有孔洞，使熔池部分互通，机械循环泵安装在泵室中。在主熔炼室内完成对大块铝及铝合金废料的熔化，而小块的铝及铝合金废料则通过一个移动式振动加料机加入碎料室，由泵室的机械循环泵从主熔炼室引入碎料室的液态金属所带来的热量来熔化。该炉具有可熔炼的铝及铝合金废料范围较宽、热效率高、熔化速度快等优点，在欧美再生铝企业得到了广泛的应用。

根据助燃介质的不同，可分为空气助燃的侧井炉和全氧助燃的侧井炉两种。本节着重介绍全氧助燃的侧井炉。

56.2.2　设备组成及主要技术性能

侧井炉主要由移动式振动加料机、侧井炉本体、机械循环泵、燃烧系统、排烟系统和控制系统等组成。侧井炉的平面布置图和侧视图分别如图56-8（a）、（b）所示。

A　移动式振动加料机

侧井炉移动式振动加料机的功能及主要技术性能基本与56.1.2.2部分中的加料机相同，本节将不再叙述。

B　侧井炉本体

侧井炉本体主要由炉体钢结构、炉体内衬和炉门等部分组成。

a　炉体钢结构

炉体钢结构主要用于支撑炉衬、铝及铝合金熔体、燃烧系统、排烟罩和机械泵等。在

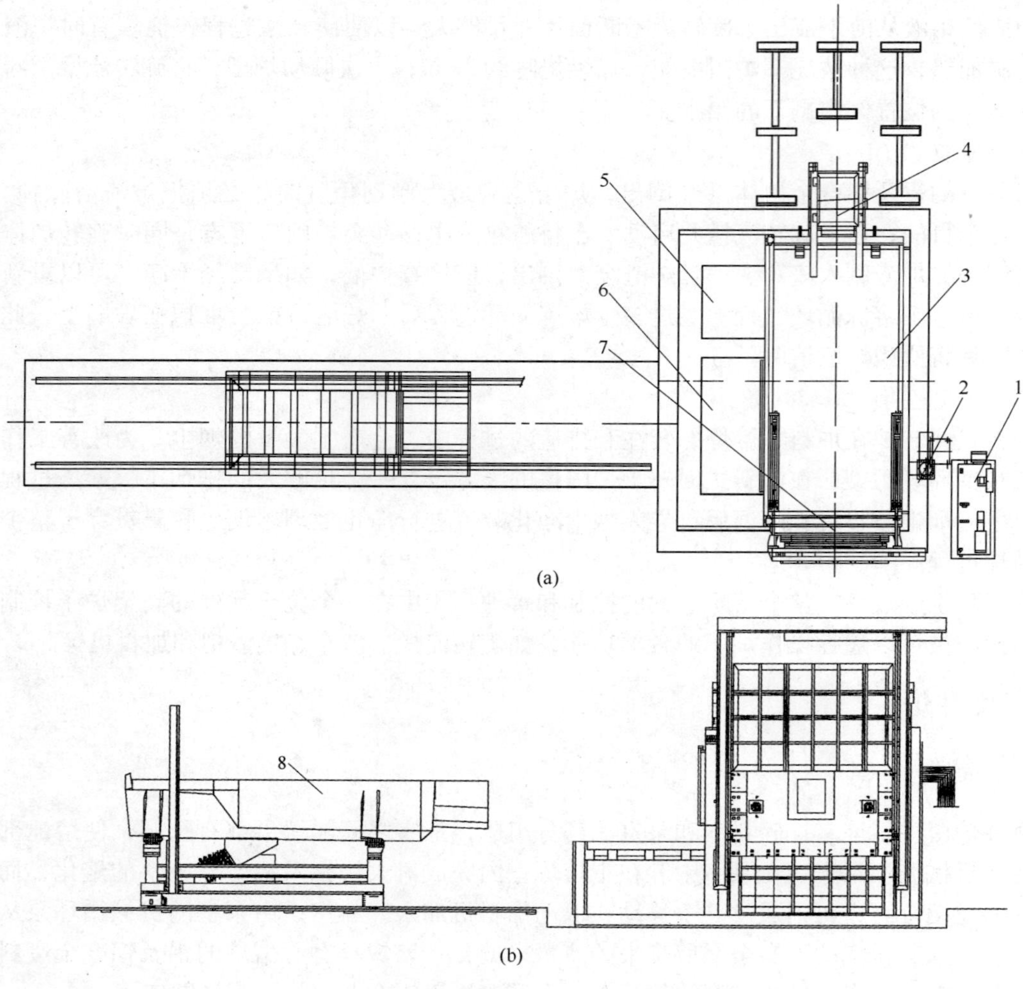

图 56-8 侧井炉平面布置（a）和侧视图（b）

1—液压站；2—燃烧系统；3—主熔炼室；4—排烟系统；5—泵室；
6—碎料室；7—炉门；8—加料机

炉体钢结构承受机械应力和热应力处，安装加强筋板以增加炉体的整体强度。

b 炉体内衬

炉体内衬主要由浇注料、耐火砖及其他绝热材料等组成，炉体内衬的厚度及材料视侧井炉的不同部位而不同。由浇注料砌筑而成的隔墙将侧井炉分为主熔炼室、碎料室和泵室3个部分，相邻两室之间的隔墙下部开有孔洞，用于两室之间铝及铝合金熔体的循环。

c 炉门

侧井炉的3个室都有炉门，即主熔炼室炉门、碎料室炉门和泵室炉门。

主熔炼室炉门关闭时，炉门被液压缸压紧在炉门框上，确保良好的密封，从而减少热损失和提高炉门的使用寿命。炉门的提升装置和压紧装置均由液压装置驱动。

碎料室炉门有一个清渣门和一个加料门。清渣门主要用于碎料室炉渣的清理，加料门则主要用于碎料室在加料完成后碎料室的封闭，用机械提升装置开闭。

泵室炉门在机械循环泵正常工作时处于关闭状态，使泵室成为一个密封区域。只有当机械循环泵需要检修时，炉门才打开。

C 机械循环泵

机械循环泵用电机驱动，由控制室的 PLC 控制。机械循环泵与泵室内腔形状配合使铝及铝合金熔体流动产生向下的涡流运动，这种熔融金属流动模式使得移动式振动加料机所加入的铝及铝合金废料迅速浸没在熔融金属液面下面，减少了废料在空气中的暴露时间，减少了氧化，进而提高了铝及铝合金废料的回收率，并提高了侧井炉的热效率和生产效率。

D 燃烧系统

燃烧系统主要由 2 个氧气/燃料烧嘴及其控制系统等组成。2 个氧气/燃料烧嘴调节比为 4 : 1，产生出形状、长度和亮度可调的火焰。燃烧系统采用比例阀和带温度压力补偿的压差传感器节流孔板对氧气/天然气比率精确控制，燃烧系统所有的操作参数都可以通过计算机做计算和更改。燃气的泄漏监测由系统自动完成。如果系统失电，氧气和燃气的供给将自动关闭。系统重新启动时，需要人工手动复位。

E 排烟系统

侧井炉的排烟系统主要由主熔炼室烟道、主熔炼室排烟罩和碎料室排烟罩等组成。

主熔炼室烟道位于侧井炉的后部，主要用于主熔炼室在熔炼过程中所产生烟气的排放。用主熔炼室烟道出口处的烟道闸板调整主熔炼室烟道开口的大小，从而保证侧井炉主熔炼室炉压的稳定。

主熔炼室排烟罩用于收集在主炉门打开时从主熔炼室内逸出的烟气，碎料室烟罩用于收集在正常加料操作时从碎料室中逸出的烟气。侧井炉主熔炼室烟道的烟气和两个排烟罩的烟气经烟管导入除尘装置进行处理。

F 控制系统

控制系统主要实现温度控制、炉压控制、吹风启动许可控制、强制低火、炉子启动许可控制、循环泵控制等功能。控制系统主要包括以下部分：

（1）熔体温度控制：熔体 PID 环；

（2）烟道温度控制：烟道排烟 PID 环；

（3）炉子的压力控制：炉内压力 PID 环；

（4）吹风启动许可：在燃烧器燃烧前，自动燃烧之下的自动时间循环以及为燃烧室的空气吹入而设的互锁装置；

（5）强制低火：开始和打开炉渣/物料门以便低火燃烧。

（6）炉子启动许可与燃烧器启动许可：用于炉子启动的严格的安全互锁（依据氧气/燃料压力、UV 检查、低火位置）。

侧井炉的控制系统连续监测炉膛温度和熔池温度。通过监测炉膛和熔池温度，能够使炉膛温度维持在最高设定温度，可使传到熔池的热辐射最大。当熔池温度达到熔池设定温度时，控制系统自动识别并切换到保温控制模式，以避免金属过热。

侧井炉主熔炼室炉顶还装有一个独立的超温保护装置。如果炉膛温度超过设定温度时，炉子会紧急停止，报警并关闭，以防止炉子过热。此时炉子操作者必须打开主炉门将熔体表面堆积的大量浮渣清除。

35t 侧井炉的主要技术性能如下：容量：35t；熔炼速度：≥3.5t/h；日生产能力：≥60t/d；每次最大转注量：18t；每次最大转注时间：30min；吨铝天然气消耗：≤$60m^3$；烧嘴数量：2 个；烧嘴类型：天然气/氧气烧嘴；烧嘴调节比：4∶1；烧嘴额定功率：1200kW；铝及铝合金熔体温度：700～760℃；炉膛最高温度：1200℃；氧气压力：≥0.69MPa；氧气纯度：≥95%；氧气最大消耗量：$404m^3/h$；安装功率：65kW；炉子外形尺寸：7300mm×6200mm×5760mm（长×宽×高）；炉膛尺寸：5580mm×3100mm（长×宽）。

56.2.3 操作过程

大块干净的铝及铝合金废料/锭（如重熔用铝锭和复化锭等）按要求加入主熔炼室，而污染较为严重的小块废料和熔剂则由一台移动式振动加料机加入碎料室中，并由移动式振动加料机的称重装置，将加入铝及铝合金废料和熔剂的质量传输给炉子控制室的 PLC。机械循环泵将已熔化的铝及铝合金熔体从主熔炼室吸入碎料室。加入碎料室中小块铝及铝合金废料迅速浸没在铝及铝合金熔体液面下部，并通过吸入碎料室的铝及铝合金熔体带来的热量来完成熔化。铝渣将在碎料室中形成，由操作者定期清除。熔炼完成后，清除主熔炼室和碎料室中的浮渣，再将铝及铝合金熔体转注到保温炉中。为确保下一个生产循环的顺利进行，推荐的办法是每次只转注部分铝及铝合金熔体，侧井炉炉中留有的熔体量约为炉子容量的 1/2。

操作步骤如下：

（1）第一次开炉时，在主熔炼室内加入大块干净的铝及铝合金废料/锭，进行快速熔化，在侧井炉内形成至少 300mm 深的熔融金属；

（2）将机械循环泵慢慢放入泵井，并启动机械泵使铝及铝合金熔体在主熔炼室、碎料室和泵室之间进行循环；

（3）将小块的铝及铝合金废料和熔剂通过移动式振动加料机加入碎料室中；

（4）清除主熔炼室和碎料室中的浮渣；

（5）转注：将侧井炉中的铝及铝合金熔体转注到保温炉中。为实现连续熔炼，侧井中应保留一定量的熔体。

56.3 双室熔铝炉

56.3.1 简述

双室熔铝炉本体由两个室组成：一个室为封闭的、间接加热的废料室，含有夹杂物的铝及铝合金废料预热、干燥和熔化在废料室的炉桥上完成；另一个室为直接加热的主熔炼室，主熔炼室也设有炉桥。主熔炼室炉桥主要用于干净大块的铝及铝合金废料、废锭预热和干燥，经干燥后的炉料进入主熔炼室的熔池进行熔炼。废料室与主熔炼室通过一道隔墙隔开，主熔炼室的烟气通过隔墙上的孔洞进入废料室。为加速废料室铝及铝合金废料的熔化过程和有机废气的二次燃烧，废料室装有两台循环风机。一台循环风机将用于废料室内炉气的循环，并直接将热气流导向废料室炉桥上的废料，加速了铝及铝合金废料的干燥和熔化过程。另一台循环风机和将废料室产生的热分解气体导入主熔炼室，使烟气中的有害物质和可燃物烧掉或分解，从而减少对环境的污染。双室熔铝炉排出的所有烟气均被送入蓄热式中央换热器，这不但提高了炉子热效率，而且可以使烟气快速冷却，避免了烟气中有害物质的重新合成。

双室熔铝炉具有如下优点：

（1）铝及铝合金碎料的预热、干燥和熔化是在弱氧化性气氛下进行的，且铝及铝合金废料不与火焰直接接触，从而大大降低了金属的氧化烧损。

（2）熔体温度和成分均匀。在整个熔炼过程中，双室熔铝炉中的熔体通过电磁循环系统进行循环，因而使熔体温度和成分更加均匀。

（3）能耗低。由于采用蓄热式中央换热器，双室熔铝炉熔炼过程中产生的全部烟气均通过蓄热体进行余热回收。其他有些采用氧化铝球等介质为蓄热体的熔铝炉中，约有15% ~ 20%的烟气没有回收热量即通过旁路烟道排出。因而双室熔铝炉热效率更高，能耗更低。

（4）铝及铝合金废料的加入是在一个密闭的环境下进行，无烟气逸放到车间，工作环境较好。

（5）双室熔铝炉在熔炼时可以不加熔剂，减少了生产成本和炉渣处理费用。

（6）污染小。由于铝及铝合金废料在废料室进行熔化时，所产生的热分解气体经循环风机引入主熔炼室进行二次燃烧，并且双室熔铝炉所有的烟气通过旋转式蓄热式中央换热器进行快速冷却，有效避免了有害废气的重新生成，大大减少了对环境的污染。

由于具有上述优点，双室熔铝炉在欧洲再生铝企业被广泛应用于熔炼铝及铝合金型材废料。

56.3.2 设备组成及主要技术性能

双室熔铝炉主要由移动式加料机、双室熔铝炉本体、电磁循环系统、燃烧系统和控制系统等组成。双室熔铝炉平面布置图和侧视图如图 56-9 所示。

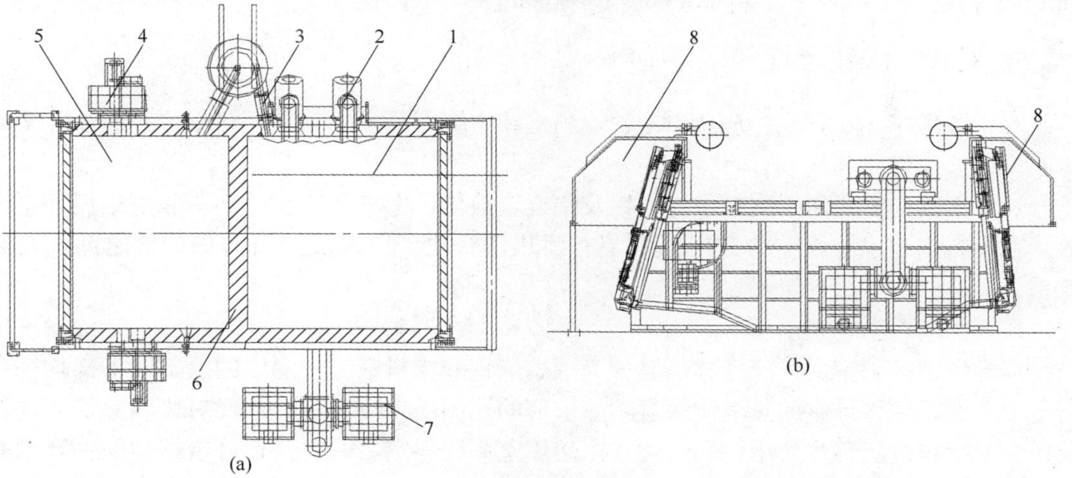

图 56-9 双室熔铝炉平面布置及侧视

（a）平面布置图；（b）侧视图

1—主熔炼室；2—燃烧系统；3—电磁循环系统；4—循环风机；5—废料室；6—气冷悬挂隔墙；7—蓄热式中央换热器；8—排烟罩

56.3.2.1 移动式加料机

双室熔铝炉的加料有废料室加料和主熔炼室加料两大部分。主熔炼室加料是通过叉车将干净大块的铝及铝合金废料、废锭加入主熔炼室；而废料室加料则是通过天车或装载机将含有夹杂物的铝及铝合金废料装入移动式加料机后，再通过移动式加料机将铝及铝合金废料加入废料室。本节着重介绍移动式加料机。

移动式加料机沿轨道运行，可为一台或多台双室熔铝炉进行加料。移动式加料机上安装有一个可与废料室排烟罩完全对接的烟罩，在加料的过程中，该烟罩与废料室排烟罩紧紧对接在一起，极大地避免上料过程中烟气外逸到车间。

移动式加料机的料斗由一个倾翻式前板、一个移动式底板、两个固定侧板和一个固定后板等组成。倾翻式前板的倾翻和移动式底板的前后移动均是通过液压系统进行驱动的。料斗的装料量通过安装在移动式加料机上的称重装置显示和记录。

双室熔铝炉废料室使用移动式加料机上料具有如下优点：

(1) 大大缩短了双室熔铝炉废料室的上料时间，提高了炉子的生产效率；

(2) 移动式加料机的料斗进入废料室内定位准确，不会因装料损坏炉体内衬，提高了炉子的使用寿命；

(3) 双室熔铝炉废料室炉门开启时间短，减少了废料室加料过程中的温降和能源消耗，提高了双室熔铝炉的热效率；

(4) 移动式加料机料斗的特殊设计，有效避免了所加入的铝及铝合金废料在干燥前进入双室熔铝炉的熔池，提高了炉子的使用安全性。

60t 双室熔铝炉移动式加料机的主要技术性能参数如下：废料最大长度：6000mm；废料密度：200 ~ 1500kg/m^3；料斗宽度：6300mm；料斗长度：1500mm；料斗深度：1000mm；最大装料量：4000kg；料斗底板返回时间：< 15s；加料机运行速度：7 ~ 30m/min；上料机总重：50t；上料机总长：10000mm。

56.3.2.2 双室熔铝炉本体

双室熔铝炉本体主要由炉体钢结构、废料室和主熔炼室、炉门和炉门排烟罩等部分组成。

A 炉体钢结构

炉体钢结构主要用于支撑炉衬、铝及铝合金熔体、燃烧系统、排烟罩和电磁循环系统等。在废料室和主熔炼室的炉门框上装有耐热铸铁块，以保证炉门与炉门框之间的密封效果。

B 主熔炼室和废料室

双室熔铝炉炉室由气冷悬挂隔墙分为主熔炼室和废料室。在隔墙的上部和下部均开有若干个孔洞，主熔炼室的热气流通过隔墙上部的孔洞进入废料室，从而对废料室加入的铝及铝合金废料进行预热、干燥和熔化。主熔炼室和废料室之间铝及铝合金熔体的循环则是通过隔墙下部的孔洞进行。

主熔炼室主要用于干净大块的铝及铝合金废料、废锭预热、干燥和熔炼。在主熔炼室内安装有两个蓄热式烧嘴，通过烧嘴对炉料进行直接加热和熔炼。干净大块的铝及铝合金废料、废锭先用叉车装入主熔炼室的炉桥上，经预热和干燥后再用叉车将其推入熔池进行熔炼。设置炉桥避免了含水和有机夹杂物的废料直接进入熔池，提高了炉子使用的安全性和熔体质量。

废料室主要用于含有夹杂物的铝及铝合金废料的预热、干燥和熔化，也设有炉桥。含有夹杂物的铝及铝合金废料通过专门设计的加料机放置在废料室的炉桥上，并在废料室炉桥上完成预热、干燥和熔化。

废料室内安装有两个小烧嘴，该烧嘴的主要作用是将废料室炉气中的氧消耗掉，使废料室气氛保持弱氧化性气氛，从而减少了铝及铝合金废料的烧损。

废料室对铝及铝合金废料进行预热、干燥和熔化所需的热量主要来源于以下两个方面：

（1）从主熔炼室引入的热气流所带来的热量。主熔炼室在熔炼时，产生的热气流通过隔墙上部的孔洞进入废料室。该热气流不但起到对废料室铝及铝合金废料进行加热的作用，而且还有控制两室炉膛压力的作用。流入废料室热气流的量，通过隔墙上部孔洞的闸板进行严格控制，以使废料室保持弱氧化性气氛和两室之间炉膛压力的平衡。

（2）从主熔炼室引入的铝及铝合金熔体所带来的热量，这部分热量在对废料室铝及铝合金废料进行预热、干燥和熔化过程中起主导作用。双室熔铝炉在整个熔炼过程中，主熔炼室和废料室的铝及铝合金熔体通过电磁循环系统进行循环。电磁循环系统的使用不但加速了熔化过程，而且也使得铝液的温度和化学成分更均匀。

废料室装有两台循环风机。其功能如前述。

C　炉门

双室熔铝炉的两个炉门分别用于主熔炼室和废料室炉门口的关闭。当炉门关闭时，炉门被液压缸压紧在炉门框上，确保良好的密封，减少热损失和提高炉门的使用寿命。当炉门提升或下降时，炉门被液压缸顶起，使炉门与炉门框脱开后再沿轨道运动，以免炉门升降时密封陶瓷绳被磨损。

D　炉门排烟罩

双室熔铝炉主熔炼室和废料室炉门口的上方各自安装有炉门排烟罩。炉门排烟罩主要用于加料和扒渣时烟尘的收集和排放。

60t 双室熔铝炉炉体主要技术性能参数如下：容量：60t；每次转注量：30t；主熔炼室炉膛温度：1050℃；废料室炉膛温度：850℃；铝及铝合金熔体温度：720～760℃；废料室炉膛宽度：6800mm；废料室炉膛长度：5400mm；熔池深度：600mm；主熔炼室炉膛宽度：6800mm；主熔炼室炉膛长度：6600mm；主熔炼室炉门口大小：6800mm×1700mm（宽×高）；废料室炉门口大小：6800mm×1700mm（宽×高）。

56.3.2.3　电磁循环系统

电磁循环系统主要由电磁循环泵、加料井和碳化硅回流管等组成，加料井通过电磁循环泵和碳化硅回流管分别与双室熔铝炉的主熔炼室和废料室相连。双室熔铝炉电磁循环系统的布置如图 56-10 所示。

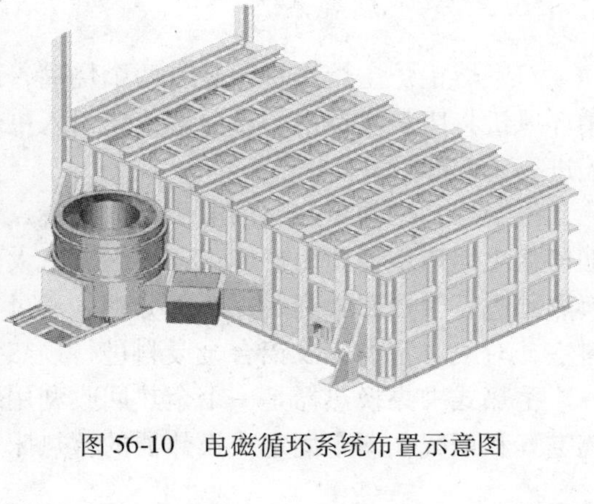

图 56-10　电磁循环系统布置示意图

电磁循环泵由碳化硅管和绕在碳化硅管外部的多层线圈等组成。绕在碳化硅管外部的多层线圈产生的强大磁场使碳化硅管内部的铝及铝合金熔体产生了感应电流，感应电流产生的感应磁场与绕在碳化硅管外部多层线圈产生的磁场相斥，从而推动铝及铝合金熔体通过电磁循环泵进行循环。通过对多层线圈磁场极性和电压的控制，改变铝及铝合金熔体流动方向和流动速度。

加料井是电磁循环系统的一个重要组成部分，主要用于轻质薄壁废料和其他微量添加元素的加入。加料井内部形状为圆形，从电磁循环泵送来的铝及铝合金熔体沿切线方向进入加料井。铝及铝合金熔体在加料井产生高速向下的涡流运动，使加入的轻质薄壁废料和其他微量添加元素迅速浸没在铝及铝合金熔体中而减少氧化。加料井中的铝及铝合金熔体和轻质薄壁废料等再通过沿加料井切线方向布置的碳化硅回流管返回双室熔铝炉中。

电磁循环系统具有如下优点：

(1) 生产效率高。电磁循环系统在整个熔炼过程中对双室熔铝炉中的铝及铝合金熔体进行循环，大大降低了熔化时间和合金化时间等，提高了双室熔铝炉的生产效率。据挪威某厂统计，双室熔铝炉增设电磁循环系统后，熔化速度比以前提高了1倍以上。

(2) 烧损小。电磁循环泵循环来的铝及铝合金熔体在加料井中产生高速向下的涡流运动，使加入轻质薄壁废料和其他微量添加元素迅速浸没在铝及铝合金熔体中，减少了金属烧损。

(3) 缩短了合金化时间，提高了铝及铝合金熔体化学成分和温度的均匀性。加入的微量添加元素（Si、Cu、Mg、Mn、Fe 和 Ti 等）在电磁循环系统对铝及铝合金熔体的持续循环下，熔化速度更快，化学成分和温度更为均匀，大大缩短铝及铝合金熔体的合金化时间，提高了炉衬的使用寿命。

(4) 能耗小。由于电磁循环系统对铝及铝合金熔体进行的持续高速循环，改善了炉膛与铝及铝合金熔体之间的热量传输条件，减少了能源消耗，提高了炉子的热效率。

(5) 由于没有移动的部件，使电磁循环系统具有易维护的特点，提高了设备的可靠性。

电磁循环系统主要技术性能参数如下：电磁循环泵额定功率：65kW；电磁循环泵最大流量：8t/min；电磁循环泵流量调节方式：5 级，可调；加料井预热烧嘴数量：1 个；加料井预热烧嘴能力：225kW。

56.3.2.4 燃烧系统

双室熔铝炉主熔炼室安装有两个烧嘴，两个烧嘴中间布置有热分解气体管口。废料室循环风机将废料室产生的热分解气体引入主熔炼室，通过主熔炼室两个烧嘴燃烧产生的火焰进行二次燃烧。

主熔炼室的两个烧嘴用电子点火装置点燃，有相应的传感器监控。熔炼过程中产生的烟气在主熔炼室炉膛内形成很强的涡流，大部分烟气通过主熔炼室的烟道进入蓄热式中央换热器进行余热回收利用，小部分烟气通过主熔炼室和废料室中间隔墙上部的孔洞进入废料室，对废料室的铝及铝合金废料进行预热、干燥和熔化。

蓄热式中央换热器是一个余热回收利用装置，该装置主要包括两个固定式换热器，助燃空气和烟气在两个固定式换热器的蓄热床上进行热量交换。蓄热床采用的蓄热介质为蜂窝状陶瓷。在每一个切换周期内，一个固定式换热器的蓄热床吸收烟气的热量，另一个固定式换热器的蓄热床则将热量传给助燃空气。下一个切换周期，过程相反。经固定式换热器预热的空气通过管路送入主熔炼室的烧嘴进行助燃。

与传统的蓄热式烧嘴相比，蓄热式中央换热器具有如下优点：

（1）炉膛压力控制精度高。蓄热式中央换热器烧嘴为连续燃烧，避免了传统蓄热式烧嘴在燃烧与排烟切换时对炉膛压力的冲击，提高了炉膛压力的控制精度。

（2）热效率高。蓄热式中央换热器烧嘴在工作时，所有的烟气均通过蓄热式换热器进行余热回收利用，而传统蓄热式烧嘴在燃烧与排烟的切换期间，为了确保炉膛压力的稳定，需有15%～20%的烟气通过旁路烟道排出。因而蓄热式中央换热器烧嘴热效率更高，能耗更低。

（3）烧嘴所需能力小，更易于布置。蓄热式中央换热器烧嘴为连续燃烧，烧嘴数量和布置位置按熔铝炉工艺的需要进行确定。而传统蓄热式烧嘴存在燃烧与排烟切换周期，在熔炼期间内仅有一半数量烧嘴在燃烧，所布置的烧嘴数量或能力需加大1倍。

（4）污染少。由于所有烟气均通过蓄热式中央换热器的蓄热床进行急速冷却，可有效避免烟气中有害物质的重新生成，大大降低了烟气对环境的污染。

60t双室熔铝炉燃烧系统主要技术性能参数如下：燃料：天然气；最大天然气消耗量：550m^3/h；平均天然气每吨原料消耗量：64m^3；最大熔化能力：6t/h；最大生产能力：120t/d；主熔炼室烧嘴数量：2个；主熔炼室烧嘴类型：中速燃气烧嘴；主熔炼室烧嘴能力：1800kW/个；废料室烧嘴数量：2个；废料室烧嘴类型：中速燃气烧嘴；废料烧嘴能力：800kW/个；蓄热式中央换热器入口烟气最高温度：1050℃；蓄热式中央换热器出口烟气最高温度：230℃；助燃空气最高预热温度：900℃。

56.3.2.5 控制系统

双室熔铝炉所有燃料流量、助燃空气流量和温度、炉膛压力、熔池温度、炉膛温度、蓄热式中央换热器进出口烟气温度等被测量并转换为4～20mA电信号，这些值经模拟输入模块读入双室熔铝炉的PLC，通过PLC对双室熔铝炉熔炼周期的各个过程进行模拟控制，提高了炉子的热效率、生产效率和安全性，使双室熔铝炉具有较高的整体性能。

56.3.3 操作过程

双室熔铝炉操作过程可分为启炉、加料、预热、干燥、熔炼、扒渣和转注等几个阶段。

56.3.3.1 启炉

（1）当双室熔铝炉第一次启炉时，首先通过叉车将干净大块的铝及铝合金废料/锭加入主熔炼室内进行快速熔化，在双室熔铝炉内形成一定深度的熔融金属。

（2）启动电磁循环泵，使铝及铝合金熔体在主熔炼室和废料室之间进行循环，建立起循环熔炼操作模式。

56.3.3.2 加料

当循环熔炼操作模式建立后，双室熔铝炉的加料主要包括主熔炼室加料和废料室加料两大部分。

主熔炼室加料是通过叉车将干净大块的铝及铝合金废料废锭放置在主熔炼室炉桥上，而废料室加料则是通过移动式加料机将含有夹杂物的铝及铝合金废料放置在废料室的炉桥上。废料室加料过程简述如下：

(1) 通过天车或装载机将含有夹杂物的铝及铝合金废料装入移动式加料机。装料量通过安装在移动式加料机上的称重装置进行显示和记录。

(2) 启动移动式加料机，使其在废料室前就位后，再驱动移动式加料机的烟罩，使其与废料室的排烟罩完全对接。

(3) 打开废料室的炉门，移动式加料机将料斗运行至废料室炉桥的上方。

(4) 向后移动料斗的底板，使铝及铝合金废料垂直落在废料室的炉桥上。当料斗底板向后移动时，料斗的两个侧板和前板位置保持不变，避免铝及铝合金废料直接进入熔池。

(5) 一旦铝及铝合金废料完全落在废料室炉桥上后，通过液压驱动系统将料斗前板向上倾翻，并同时将料斗退出废料室。

(6) 关闭废料室炉门，待烟罩内的烟气完全排放后，再将移动式加料机移出废料室的装料区域。

56.3.3.3 预热、干燥和熔炼

当干净大块的铝及铝合金废料、废锭被放置在主熔炼室炉桥后，关闭主熔炼室炉门，通过主熔炼室两个烧嘴的直接加热进行预热和干燥。预热和干燥后的铝及铝合金废料、废锭再通过叉车推入熔池进行熔炼。

当废料室加料完成后，关闭炉门，启动废料室安装的两个特殊烧嘴进行燃烧。烧嘴在燃烧的过程中，迅速消耗掉废料室炉气的氧，从而使废料室气氛保持弱氧性气氛，减少了铝及铝合金废料的烧损。废料室通过电磁循环泵从主熔炼室引入的铝及铝合金熔体和隔墙孔洞流入热气流所带来的热量，使含夹杂物的铝及铝合金废料在炉桥上完成预热、干燥和熔化。为加速铝及铝合金废料的熔化过程，也可在预热和干燥完成后，通过叉车将铝及铝合金废料推入熔池进行熔化。

56.3.3.4 扒渣和转注

双室熔铝炉熔炼完成后，通过叉车和扒渣车将熔池表面的浮渣清除。打开气动流口塞，将铝及铝合金熔体转注到保温炉中。

为确保下一个熔炼周期的顺利进行，双室熔铝炉中通常保留的熔体量约为炉子容量的1/2。

56.4 单室火焰熔铝炉

熔炼铝及铝合金废料单室火焰熔铝炉在炉子结构、设备组成和操作过程等方面，与采用重熔用铝锭和电解铝液生产锭坯的火焰熔铝炉基本相同，本节将不再叙述。

单室火焰熔铝炉因其投资少，适应性强，可以熔炼任何含铝废料，如铝屑、带钢铁构件的块状废杂铝料等，在中国再生铝企业取得了广泛的应用。但因为单室火焰熔铝炉具有热效率较低、能耗大、烧损较大、熔剂用量大和污染大等缺点，在世界发达国家的再生铝

企业已很少采用。

56.5 竖炉

56.5.1 简述

竖炉是利用烟气与固体炉料逆流原理进行熔炼的。它结构紧凑，占地面积小，可实现机械化加料，熔化速度快，能耗小，烟气温度低（一般在150℃以下），在节能和快速熔化上有突出优点，易于解决竖炉的余热回收问题，在国内一些小型再生铝企业得到了应用。下面着重介绍近几年国内开发的蓄热式竖式熔铝炉。

56.5.2 蓄热式竖式熔铝炉组成及特点

蓄热式竖式熔铝炉由圆形底炉、圆形竖炉、空气预热系统、燃烧系统、排烟系统及控制系统等组成。蓄热式竖式熔铝炉的结构如图56-11所示。

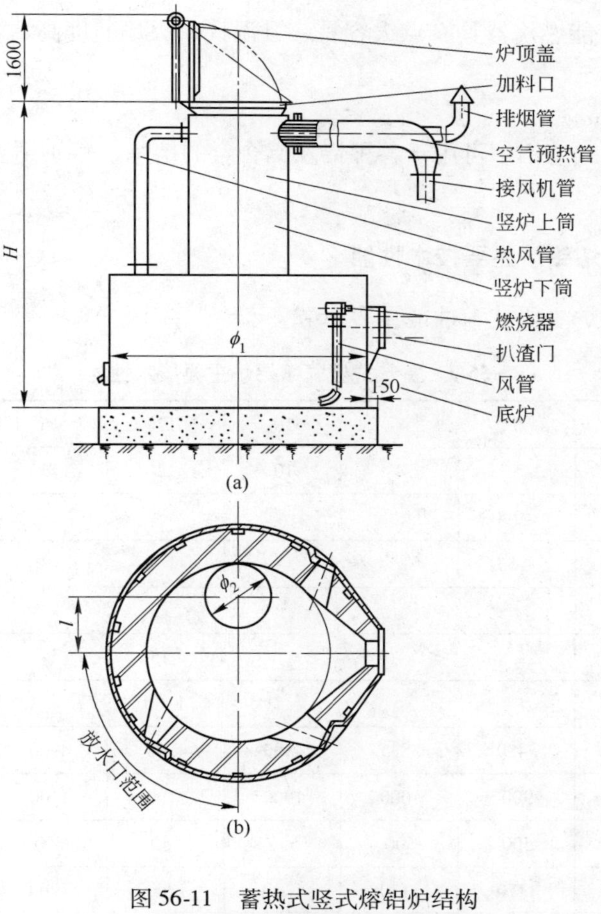

图56-11 蓄热式竖式熔铝炉结构
（a）侧视图；（b）俯视图

蓄热式竖式熔铝炉主要特点如下：

（1）圆形底炉和竖炉采用偏心布置方式。从顶部加入固体炉料并充满竖炉。炉内高温烟气穿过固体炉料时，热量被其充分吸收，烟气出炉温度降到 150℃以下。固体炉料随着连续下移中温度升高，在进入底炉熔池前，已被烟气预热到接近熔化状态，进入熔池后很快被熔化，从而使蓄热式竖式熔铝炉具有较高的熔化能力和较低能耗。蓄热式竖式熔铝炉最高熔化能力可达 1. 5h/炉，最低油耗吨铝可达 36kg。

（2）燃烧器切向布置方式，提高了炉膛温度的均匀性。蓄热式竖炉底炉为圆柱形，三台燃烧器沿炉膛圆周切线方向布置，燃烧的火焰在炉膛内旋转，使炉气循环好和炉温均匀，提高了产品质量，延长了炉子的使用寿命。同时火焰远离炉料，使熔铝炉料熔化时烧损降低。

（3）采用先进的内置式空气预热器，提高了炉子热效率。当竖炉内无料进入保温阶段时，内置式空气预热器能有效地吸收炉内烟气的余热，将风机抽入的助燃空气预热后送给燃烧器，提高了炉子的热效率。

（4）炉门采用凹凸结构且内衬有耐火浇注料，炉门小、密封严，耐热性和保温性好，散热损失小，操作环境好。

（5）采用高效节能燃烧器具有点火容易、升温快、火焰速度高、燃烧完全和空气过剩系数小等特点。

（6）设备投资小。

因此，蓄热式竖式熔铝炉可用于各种铝及铝合金的熔炼，特别适合铝及铝合金废料熔炼且连续作业的场合。

56. 5. 3　蓄热式竖式熔铝炉主要技术性能

蓄热式竖式熔铝炉主要技术性能见表 56-2。

表 56-2　蓄热式竖式熔铝炉主要技术性能

规　格/t	5	8	10	12	15	20	25
额定容量/t	5	8	10	12	15	20	25
熔化能力/h · 炉$^{-1}$	≤2. 0	≤2. 5		≤3. 0		≤3. 5	
吨铝油耗/kg	≤55	≤52		≤50		≤45	
炉子寿命/a	≥3						
正常排烟温度/℃	≤150						
炉膛最高温度/℃	1100						
底炉外径（ϕ_1）/mm	3480	3835	4180	4500	4900	5500	6100
竖炉内径（ϕ_2）/mm	900	1000	1000	1100	1100	1250	1250
放铝口高度 K/mm	500	500	550	550	600	600	650
炉门口高度 E/mm	1170	1130	1200	1200	1260	1280	1350
炉门大小/mm × mm	600 × 380				750 × 480		
炉体高度 H/mm	5150	5276	5276	5620	6000	6500	6500
炉体总重/t	40	50	65	75	85	105	130

56.5.4 蓄热式竖式熔铝炉局限性

蓄热式竖式熔铝炉在使用上有如下局限性：

（1）蓄热式竖式熔铝炉塔部耐火材料使用寿命短；

（2）炉内易发生拱料现象，在操作处理时会有未熔化的大块料从高处落下，砸到下面已熔化或半熔化的铝液使其溅起，操作人员需注意防护；

（3）烧损大，一般在1.5%～4%，高者可达7%；

（4）蓄热式竖式熔铝炉只适用于熔炼单一品种的铝及铝合金废料。

56.6 无芯感应炉

56.6.1 简述

无芯感应炉是在坩埚的外面，围绕一个称为感应器的线圈。它实质上相当于一个空气芯变压器，感应器相当于变压器的一次线圈，金属炉料相当于短路的二次线圈。电流通过感应器产生交变电磁场，在金属炉料中感应出电动势，因其短路连接而在炉料中感应产生强大的电流，使炉料加热并熔化。

无芯感应炉的搅拌作用强，熔炼温度高，熔化速度快，容易实现合金更换，炉结的清理和坩埚的维修方便，熔体温度控制精确，铝及铝合金熔体吸气少，金属烧损小等优点，使其在熔炼低等级铝及铝合金废料方面得到了广泛的应用。但无芯感应炉的缺点是功率因数低，必须装有大量补偿电容器，以提高电路的功率因数达到正常值。

根据使用的电流频率不同，无芯感应炉可分为：

（1）工频无芯感应炉：直接使用频率为50Hz的工频电源；

（2）中频无芯感应炉：使用频率在10000Hz以下而又远高于工频；

（3）高频无芯感应炉：使用频率在10000Hz以上。

电源的频率对无芯感应炉熔炼有重要的影响。随着频率的增大，集肤效应比较明显，搅拌作用减弱。同时，由于磁力线变化频率增加而提高熔化速度。小容量的无芯感应炉多采用高频，大、中型容量的无芯感应炉多采用工频或中频。

中频无芯感应炉与工频无芯感应炉相比，具有如下优点：

（1）熔化速度快，生产效率高。中频无芯感应炉的功率密度大，在相同条件下中频无芯感应炉的熔化速度快，生产效率高。

（2）适应性强，使用灵活。中频无芯感应炉在每次熔炼结束后，可以全部倒出其中的铝及铝合金熔体，合金更换较易，而工频无芯感应炉则必须留有1/4～1/3铝及铝合金熔体作为下炉的起熔体。

（3）氧化烧损小，提高了坩埚的使用寿命。工频无芯感应炉的搅拌力比中频无芯感应炉大，提高了铝及铝合金熔体化学成分的均匀性。但其强烈的搅拌作用，易使铝及铝合金熔体暴露在熔剂的保护之外，增加金属的氧化烧损。另外，工频无芯感应炉过大的搅拌力，也使铝及铝合金熔体对坩埚的冲刷力增大，从而降低了坩埚的使用寿命。

（4）启炉方便。由于中频电流的集肤效应远大于工频电流，因此中频无芯感应炉在启炉时，对炉料没有特殊要求，装料后即可加热升温。而工频无芯感应炉则需要大块炉料作为启炉料。这是因为工频无芯感应炉频率低，电流渗透深度大；又由于炉料不是一个整体，炉料表面阻力增大，故加热效率不高，所产生的感应电流不足以使炉料有效地升温。因此，一般要求大块炉料作为启炉熔体，并紧密装料，以使其有效地吸收功率而熔化。

基于中频无芯感应炉具有上述优点，且考虑铝及铝合金废料的复杂性和品种的多样性，再生铝企业多采用中频无芯感应炉熔炼低等级铝及铝合金废料。

56.6.2　设备组成及主要技术性能

中频无芯感应炉主要由炉体、冷却水系统和供电系统等组成，中频无芯感应炉平面布置图和侧视图分别如图 56-12 所示。

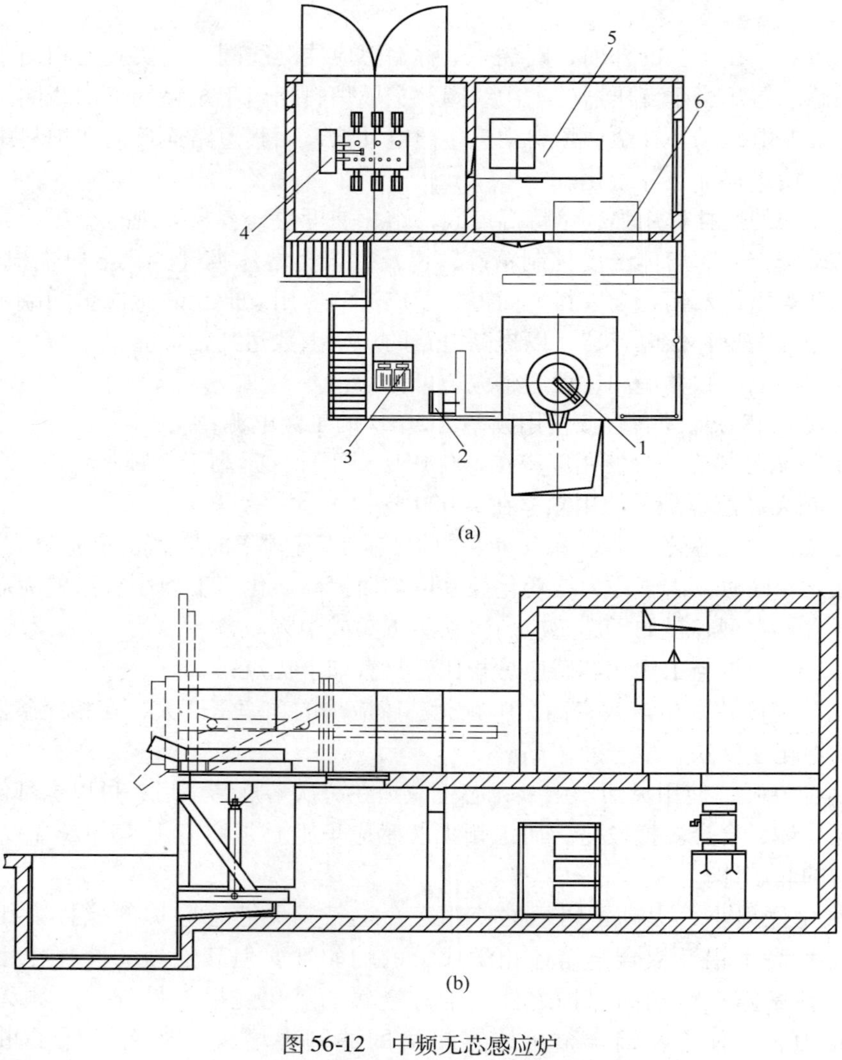

图 56-12　中频无芯感应炉

（a）平面布置图；（b）侧视图

1—炉体；2—操作台；3—液压站；4—变压器；5—变频柜；6—电容柜

A 炉体

中频无芯感应炉的炉体包括炉架、感应器、坩埚、倾动装置等。

炉架采用框架结构。感应器通常为圆筒形，由矩形铜管绕制而成，每匝之间有2～4mm空隙，用云母或玻璃丝布绝缘。感应器一般都采用循环水冷却，冷却水的压力和流量，应保证冷却水出口温度不大于35～45℃。

坩埚是中频无芯感应炉的重要组成部分。坩埚用耐火材料制成，并经过烧结。坩埚的厚度通常为50～150mm。坩埚厚度增加，热损失减小，且坩埚强度大，但中频无芯感应炉的无功功率也显著增加。在保证安全生产的前提下，坩埚以较薄为宜。容量大的炉子，由于液态金属静压大，坩埚厚度应适当增加。

倾动装置主要有液压倾动、电机齿轮机构倾动和手摇蜗轮蜗杆倾动等几种基本形式。液压倾动装置的操作平稳、结构紧凑，多用于大、中型中频无芯感应炉。

B 冷却水系统

中频无芯感应炉的水冷部位主要有：中频电源、感应器和电容器等。在突然断电的情况下，为确保设备安全，须设置应急水源对感应器进行冷却。

C 供电系统

中频无芯感应炉的电源设备主要有中频发电机组和可控硅变频器等两种。

中频发电机组由中频发电机及其驱动用的交流电动机等组成。中频发电机有系列产品，频率有500Hz、1000Hz、2500Hz、4000Hz和8000Hz等。

可控硅变频器是先利用硅整流元件把工业频率的交流电转变成直流电，再用可控硅元件把直流电转变成所需频率交流电的一种变频设备。

可控硅变频器与中频发电机组相比，具有如下优点：

(1) 效率高。可控硅变频器电源的效率在90%以上，而中频发电机组电源的效率一般为85%左右。

(2) 运行可靠，维护方便，没有噪声；

(3) 体积小，质量轻，制造简单，安装方便；

(4) 可根据负载需要在较大范围内调节输出功率，而中频发电机组的输出功率不能调节；

(5) 在运行过程中能根据负载变化情况而自动调整频率，可保证系统的输出功率一直保持在额定值上。

由于可控硅变频器具有如上优点，使其在中频无芯感应炉上有取代中频发电机组的趋势。

中频无芯感应炉主要技术性能见表56-3。

表56-3 中频无芯感应炉主要技术性能

容量/t	0.4	0.6	0.8	1.2	1.6	2	3	5
功率/kW	200	300	400	600	800	1000	1500	2500
频率/Hz	500	500	500	500	500	500	500	500
熔化率/$t \cdot h^{-1}$	0.36	0.60	0.70	1.05	1.50	1.85	2.80	4.60
熔化电耗/$kW \cdot h \cdot t^{-1}$	550	550	550	540	540	520	520	510
冷却水流量/$m^3 \cdot h^{-1}$	5	8	9	12	15	20	26	45

57 国内外再生铝企业简介

****

57.1 国外再生铝企业简介

57.1.1 美国铝业公司科克拉得再生铝厂

美国铝业公司所属的加工厂每年都产生大量的加工废料，为了消化这些废料并提高公司的经济效益，在德国和荷兰边境的荷兰科克拉得镇（Kerkrade）于1993年建成了科克拉得再生铝厂（Kerkrade Recycling B. V.），以废幕墙型材、商店门面型材、门窗废料、废型材等为原料，经再生处理后铸成挤压建筑型材用的锭坯。回收的这类废料被称为“污染的铝及铝合金废料（contaminated aluminium scrap）”。这里“污染”指的是铝及铝合金废料上有涂层，或有铝塑混合物。门窗与幕墙废型材上不但有涂层，还往往混有作为密封用的聚酰胺条。

科克拉得再生铝厂是当前全球最先进的再生铝生产企业之一，能做到在对环境无害的清洁条件下回收与复化，并熔铸成优质6063合金锭坯，供美国铝业所属的欧洲各挤压厂用，锭坯直径为145～254mm，长度不大于6m。生产这类锭坯时还使用少量的原铝、纯镁与纯硅，以及作为晶粒细化剂的Al-Ti-B线杆。

为了形成一个有效的废建筑铝型材供应链，欧洲六家大的铝建筑装修企业组建了一个铝及铝合金废料回收公司（Aluminium und Umwelt im Fenster und Fassadenbau，A. U. F），将收集的废建筑型材全部集中到科克拉得再生铝厂再生，不得在其他企业熔炼。这既有利于环境保护，又保证了科克拉得再生铝厂有足够的原料。

用传统的转炉或其他熔炼炉熔化含有油脂、涂料与密封材料的“脏”铝及铝合金废料，会引起一系列的问题，特别是造成严重的环境污染。为避免污染环境与降低金属烧损，科克拉得再生铝厂采用德国的施米兹-阿佩尔特公司（Schmitz & Apelt LOI）专为铝及铝合金废料复化用的双室熔铝炉。

科克拉得再生铝厂的主要设备有：2台平行布置的50t双室熔铝炉、1台倾动保温炉、1套熔体在线处理装置、2台立式半连续铸造机、1台压渣机、2台圆锭均热炉、1台高速锯切机和1套烟气净化装置等。

双室熔铝炉的简明参数如下：容量：50t；熔化室烧嘴数量：3个；燃料：天然气；熔化室炉门数量：1个；预热室炉门数量：1个；出铝口数量：2个（气动操作）；烟气循环风机数量：2个。

双室熔铝炉的两个出铝口是，上口供铝及铝合金熔体流入铸造机，下口供炉子放干用，堵口塞气动操作。

倾动式保温炉有2个烧嘴，用天然气加热，在此炉内调整合金成分，同时精确控制铸造温度在730℃。炉门的开关与炉体倾斜均由液压系统控制。由于炉体倾斜角度控制精确，能保持熔体流量与水平稳定，可铸出高质量的铸锭。炉门大，便于加入合金元素锭、搅拌与扒渣。熔体净化处理采用Pyrotek公司生产的SNIF系统。

1995年安装了一台阿尔特克国际公司（Altek International）生产的从热渣中回收铝的"Press"热渣冷却—压制循环系统。采用这套系统时，首先可就地从扒出的热渣进行压制回收30%的铝，而后对压实的渣进行迅速冷却，不需要处理室、水等，因而能大大减少或甚至不产生废气。"Press"热渣冷却—压制循环系统具有以下优点：对环境无害，不需渣处理室；自动冷却—压制的周期仅2~15min；操作维护成本低；铝的回收率高；占用空间小；投资回收期短。

每台半连续立式铸造机可同时铸造6根圆锭。半连续立式铸造机升降通过4条导轨由液压系统控制，各项工艺参数诸如冷却水流速、铸造机的下降、铸锭长度、铸井冷却水的高度等都由工艺控制系统自动控制。

每台圆锭均热炉可装7层料，共77根圆锭，有1个冷却室与1台装料机。经均匀化处理后的圆锭由自动化的高速锯床锯切成定尺锭坯，锯盘直径为920mm，镶有高速钢锯齿；上料与下料均是自动进行的。锯床有自动打印装置。配有1台半自动化的锭坯堆垛机。

科克拉得再生铝厂的一个显著特点是烟气经过严密而有效的处理，没有对环境不利的物质排出。双室熔铝炉烟气首先进入换热器，预热助燃空气后进入烟气净化装置。在烟气净化装置的反应器中，烟气中的一些有毒物质如HCl、HF与恰当剂量的$Ca(OH)_2$粉发生反应，形成$CaCl_2$、CaF_2。废建筑型材中的塑料如聚脲泡沫塑料和聚酰胺塑料在熔炼燃烧时会形成一些固态粒子存在于烟气中，与石灰粉相遇后可沉于过滤器底部。烟气脱除HCl、HF等有害物质后，流经冷却器被冷却至160℃。从冷却器出来的气体再经布袋除尘器除尘。烟气净化装置的最后一级是高效滤尘布袋，能除净烟气中的细小粉尘。

科克拉得再生铝厂回收与再生处理废建筑型材的另一个特点是：不需脱漆与粉碎处理，不用任何盐类物质作熔剂，能耗在当前铝及铝合金废料再生熔炼中居领先地位。

57.1.2 奥地利金属公司兰斯霍芬再生铝厂

奥地利金属公司兰斯霍芬再生铝厂（Aluminium Scrap Recycling Plant）建在于1992年关闭的电解铝厂旧址上，设计再生铝生产能力为40kt/a。其主要装备为：装料机、双室熔铝炉、倾动式保温炉、铝及铝合金熔体在线处理装置、圆锭立式半连续铸造机、连续均匀化处理炉和圆锭锯切机等。收购的废料各种各样，有些含有油，有些表面有涂层或塑料膜，但在装炉前经过仔细检查，除去复合材料和污染物。

兰斯霍芬再生铝厂有1台德国的施米兹-阿佩尔特公司（Schmitz & Apelt LOI）设计制造的60t双室熔铝炉，专用于熔化铝及铝合金废料与铝切屑，其中杂物如塑料、油脂与尘土等含量允许为装料量的5%。在设计时充分考虑了奥地利严格的环保要求，燃烧器的NO_x排放量低，能耗低，旋转式蓄热室的维护工作量少。

双室熔铝炉燃烧系统配有旋转蓄热室（EcoReg），可将助燃空气预热到1000℃，并使排出的烟气温度降到200℃以下。这种燃烧系统是贾斯帕公司（Jasper of Geseke）与施米兹-阿佩尔特公司共同研制开发的，具有效率高与维护工作量少等特点。排放的烟气中NO_x的含量低于200mg/m^3，二氧化物的含量低于0.1mg/m^3，能满足当代最严格的环保法规要求。

装料机是专门设计制造的，由奥地利的黑尔威施工程公司（Hertwich Engineering）提供，其轨道长60m。料斗宽6400mm、长1800mm、高1400mm，容积16.1m^3，每次装料0.5t。

兰斯霍芬再生铝厂铝及铝合金熔体处理采用法国普基铝业工程公司（Pechiney Aluminium Engineering）的新型Alpur TS型三转子净化系统。喷气转子操作效率高，而且除氢、除渣与除碱金属的效果均有所改善。通过旋转喷头向熔体通入少量氯气可以将碱金属降到规定的范围内。最新设计的旋转喷头即使在高速旋转时也不会产生紊流，不会破坏铝及铝合金熔体表面的氧化层。

新型三转子Alpur TS净化系统由4个独立的彼此分开的处理室组成，处理室之间以及处理室与顶盖之间有取得专利的技术与材料密封，因而外界温度变化时，不会影响所处理的铝及铝合金熔体的氢含量。铝及铝合金熔体出口与入口均设在下部，并有液压倾动缸，这不但对清理系统内部有利，而且可实现合金快速改换。新型Alpur TS净化系统产生的渣量极少，同时，净化系统的内衬、加热元件和转子系统等的寿命都延长了。

兰斯霍芬再生铝厂有1台黑尔威施工程公司（Hertwich Engineering of Braunau，Austria）设计制造的DC半连续铸造机，在一个井内有两个独立的铸造平台，其主要技术参数如下：每铸次铸锭的最大重量：25t；铸造井口的尺寸：4600mm×2100mm；铸造速度：(0~5)±0.075mm/s；快速下降速度：50mm/s；快速上升速度：40mm/s；最大行程：8000mm；最大铸锭长度：7800mm；圆铸锭弯曲度：±6mm/7.5m。

结晶器为瓦格斯塔夫（Wagstaff）气滑（Airslip）结晶器，铸锭直径及每次铸造根数详见表57-1。

表57-1 兰斯霍芬再生铝厂铸锭直径及每铸次根数

铸棒直径/mm	每次铸造根数/根	铸棒直径/mm	每次铸造根数/根
152	30	229	24
178	24	254	20
203	24	305	16

铸造机的液压缸系统是荷兰曼纳斯曼雷克斯罗思液压分公司（Hydraudyne Mannesman Rexroth Division）提供的，缸的内径为450mm，涂有陶瓷涂层。冷却水系统采用自动控制。铸造时，铸造平台升到一定位置即自动停车，然后通过手动控制使引锭头进入结晶器内，以免碰坏石墨圈。铸造时产生的蒸汽采用风量为24000m^3/h的风机排出。铸造时的各项工艺参数由触摸屏显示，并可随时打印。铸造机可进行全自动铸造，也可手动控制铸造。

兰斯霍芬再生铝厂圆锭的均匀化处理采用连续均匀化处理炉。连续均匀化处理炉由铸锭装卸系统、均匀化处理炉、空气冷却台、水冷却台、超声波检查台等组成。连续均匀化处理炉由奥地利的黑尔威施公司（Hertwich Engineering of Braunau）制造，主要技术参数如下：铸锭直径：ϕ125～310mm；铸锭长度：4500～7800mm；处理温度：510～610℃；保温时间：3～6h；处理生产能力：9.5t/h（ϕ203mm，长7000mm，保温3.5h）；燃料种类：天然气；铸锭温度差：±3℃。

铸锭由步进式运输系统送往均匀化处理炉内，变形的铸锭可在处理过程中得到矫直。退火后，铸锭通过风冷却台从580℃冷至250℃，风冷速度在250～450℃/h可调。风冷后铸锭一根根地通过水冷区，由250℃左右被激冷至50℃。

经过均匀化处理的铸锭要接受超声波探伤。对有伤的铸锭根据“伤”的部位与性质不同分别处理。探伤数据储存于电脑内，可随时调阅，以供统计质量控制参数。超声波探伤装置主要技术参数如下：铸锭直径范围：ϕ100～400mm；铸锭最小长度：3000mm；铸锭表面粗糙度：≤0.1mm；圆铸锭弯曲度：≤30mm/7.8m；探伤速度：20m/min。

57.1.3 美国伊姆科再生金属公司

美国伊姆科再生金属公司（Imco Recycling Inc.）位于得克萨斯州欧文市，创建于20世纪60年代。创建初期，公司实际上是一个为顾客进行来料加工的企业，主要做废旧全铝易拉罐的重熔与铸造。进入20世纪90年代，全铝易拉罐市场受到塑料瓶与玻璃瓶的严峻挑战。因此，伊姆科再生金属公司把经营转向汽车压铸用再生铝合金。

伊姆科再生金属公司是目前全球最大的再生铝企业。2000年其再生铝生产能力已达1.37×10^3kt，其时的产量约占世界总产量的20%。

伊姆科再生金属公司目前有25个生产企业，22个在美国，1个在英国威尔士的斯旺西市；在德国有1个再生铝合金厂和1个铝合金铸件厂。各厂的地址、生产能力、产量、产能利用率等数据见表57-2。

表57-2 美国伊姆科再生金属公司生产能力情况 (kt)

公司名称	年份						
	1994	1995	1996	1997	1998	1999	2000
Corona	45.4	45.4	34.1				
Loudon	13.6	68.0	81.6	81.6	90.8	99.8	99.8
Morgantown	90.8	90.8	9.8	99.8	111.2	145.2	145.2
Rockwood	90.8	90.8	99.8	99.8	99.8	99.8	99.8
Sapulpa	27.8	27.8	72.6	72.6	90.8	90.8	90.8
Uhrichsville	129.4	152.0	163.4	163.4	163.4	163.4	163.4
Bedford		17.3	68.0	79.5	95.3	95.3	95.3
Chicago Heights		11.4	45.4	45.4	45.4	45.4	45.4
Sikesto		6.8	27.2	27.2	27.2	27.2	27.2
Coldwater1				52.2	68.0	68.0	68.0
Coldwater2				13.6	90.8	90.8	90.8
Goodyear				31.8	31.8	31.8	31.8

续表 57-2

公司名称		年份						
		1994	1995	1996	1997	1998	1999	2000
Postfalls					127. 1	127. 1	127. 1	127. 1
Swansea					2. 3	34. 1	45. 4	45. 4
Wendover					31. 8	31. 8	31. 8	31. 8
Shelbyvill							50. 0	63. 6
Saginaw County								34. 1
总生产能力		435. 8	548. 4	696. 9	928. 4	1112. 3	1216. 7	1264. 4
伊姆科公司占50%股份的企业	East Chicago		4. 54	18. 2				
	VAW-Imco			49. 9	63. 6	77. 2	90. 8	104. 4
伊姆科公司占50%股份的企业总生产能力			4. 54	68. 1	63. 6	77. 2	90. 7	104. 4
总生产能力		435. 8	553. 0	765. 0	996. 5	1189. 5	1307. 5	1368. 8

57. 1. 4　美国沃伯西合金公司

美国沃伯西合金公司（Wabash Alloys）成立于1958年，隶属于CLP集团公司，总部位于波士顿，再生铝年产量约为650kt。公司经过40多年的发展，已经成为世界上最大的再生铸造铝合金的生产者之一。该公司一个显著特点是：所建的再生铝厂多与汽车厂毗邻，在为汽车厂提供的再生铸造铝合金中有70%是以液态金属的形式供货。沃伯西合金公司在北美共有8个厂，其中美国5个、加拿大2个和墨西哥1个。沃伯西合金公司的主要客户有：Alcan、Briggs & Stratton、Castech、Emerson、Ford、GM、Honda、Nissan和Toyota等。

在北美铸造铝合金市场上，沃伯西合金公司占据最大的份额。2002年各再生铝公司在北美用于汽车生产的再生铝产量如图57-1所示。

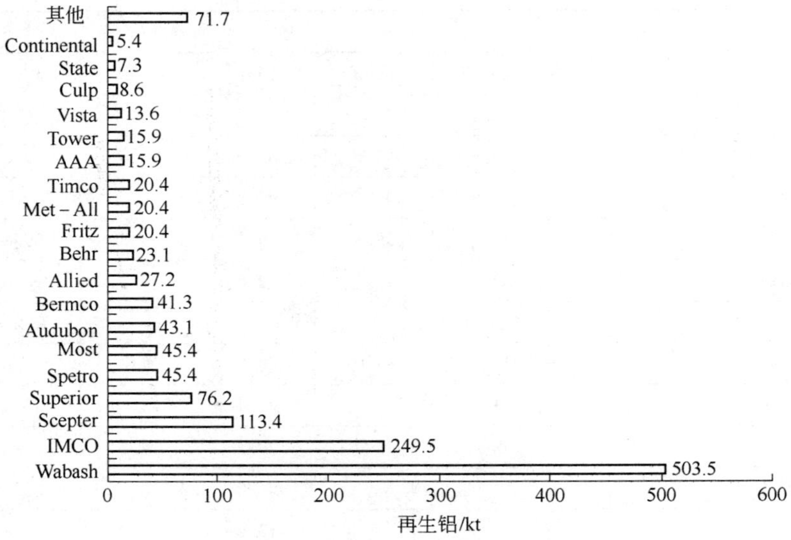

图 57-1　2002 年北美用于汽车生产的再生铝

57.2 国内再生铝企业简介

57.2.1 上海新格有色金属有限公司

上海新格有色金属有限公司是台湾省新格发展集团公司与上海市宝山区顾村镇工业公司合资组建的一家中美合资公司。该公司成立于1993年。1994年10月、1995年10月、1996年1月再生铝厂、再生铅厂、再生锌厂相继投产，第一期工程全部建成，形成再生铝合金锭100kt/a、再生铅锭12kt/a与再生锌锭6kt/a的生产能力。1998年12月第二期工程即第二再生铝厂建成投产。

上海新格有色金属有限公司2005年完成了搬迁改扩建工程。目前厂区占地36万m^2，绿化面积占31%；2006年产值49亿元人民币，产能产量全国同行排名第一；2007年1月，投资2000万美元收购灿坤集团熔铝厂，建立漳州新格。至此，新格集团包括台湾高雄、上海、漳州三地工厂的总产能为560kt/a。

上海新格有色金属有限公司在2002年时的主要设备有：50t燃油熔炼-静置炉1组、40t燃油熔炼-静置炉2组、10t燃油熔炼-静置炉1组、5t的燃油熔炼回转炉3台，形成再生铝锭生产能力140kt/a。上海新格有色金属有限公司不但是中国最大的再生铝企业，也是全球的主要再生铝企业成员。该公司还有自动铸锭机7台，自动叠锭机5台，铝炉渣回收系统2套，400HP袋式收尘器2套，250HP袋式收尘器2套，日本岛津VM-514S分光光谱仪、德国Spectrolab M-5型分光光谱仪、美国Baird FSQ型分光光谱仪、岛津UMH-10型万能拉力试验机、Olympus BH型金相显微镜和日本Flux牌真空气泡试验机各1台，在中国再生铝企业中是检测手段最齐全与最先进的，对于保证产品质量起了重要作用。公司生产的“SIGMA”再生铝锭于1996年8月在伦敦金属交易所注册，是中国大陆首家在该所注册的再生铝品牌。

上海新格有色金属有限公司可按中国的GB、美国的ASTM、日本的JIS、德国的DIN、英国的BS各个标准生产60多种标定成分的再生铝合金锭。上海新格有色金属有限公司2007年的产量为：再生铝合金锭210kt，再生锌合金锭：20kt。再生铝合金锭总产量的50%出口到日本，40%在国内销售，其余的10%出口到东南亚地区与中国台湾、韩国等。主要客户有：日本的日产汽车公司、本田汽车公司、丰田汽车公司、雅马哈摩托车公司、马自达汽车公司、五十铃汽车公司等，台湾的光阳机车有限公司、灿坤电器有限公司等。

上海新格有色金属有限公司是世界性废弃物回收组织——美国废弃物回收协会（ISRI）与欧洲废弃物回收协会（BIR）的会员。废料的90%从美国进口，且以报废汽车切片为主。采购工作完全按ISRI规范进行。

57.2.2 力士达铝业股份有限公司

力士达铝业股份有限公司下设2个厂：浙江的永康力士达铝业股份有限公司和新疆的乌鲁木齐力士达铝业股份有限公司，总生产能力50kt/a。

永康力士达铝业股份有限公司的装备有5t燃油炉1台、7.5t燃油炉2台、15t燃油炉1台，还有挤压机4台，从德国引进的64通道的分光光谱仪1台。主要生产ADC12再生铝锭和A356铝合金锭。所生产的再生铝合金锭大部分出口到日本丰田汽车公司所属的压铸厂，每月的出口量约1.5kt；其余的销往国内的铸造厂，用于铸造易初、轻骑、大长江等摩托车的零件，如活塞、缸体、缸盖等。

乌鲁木齐力士达铝业股份有限公司有10t燃油炉2台、5t燃油炉4台，用于熔炼从哈萨克斯坦等国进口的铝废料，再生铝锭的生产能力为20kt/a。

57.2.3 天元铝业股份有限公司再生铝厂

天元铝业股份有限公司（原三门峡铝厂）于2004年7月建成再生铝合金厂。

天元铝业股份有限公司再生铝厂主要合金牌号为：6063、6061、ADC10和ADC12，设计年产再生铝锭50kt。为充分发挥该公司的电解铝优势，在再生铝厂铝合金锭车间内设置有一台10t火焰熔化/保温炉调配A356.2合金，为天元集团公司下属的轮毂厂提供铝液。再生铝厂引进的30t侧井反射炉和12t倾斜式回转炉均采用氧气助燃。天元铝业股份有限公司再生铝厂所选择的主要设备及技术性能见表57-3。

表57-3 天元铝业股份有限公司再生铝厂主要设备及性能

序号	设备名称	主要技术性能	数量
1	30t侧井反射炉	容量30t	1台
2	加料机		1台
3	20t倾动式保温炉	容量20t+10%	1台
4	在线精炼装置	处理能力25t/h	1套
5	20t液压铸造机	铸造机荷重max20t	1台
6	圆锭高速锯切机	定尺精度±2mm	2台
7	30t均热炉组	容量30t	1组
8	热渣压制循环系统		1台
9	加料机		1台
10	倾斜式回转炉	容量12t	1台
11	15t火焰熔化/保温炉	容量15t	1台
12	5kg铸锭机组	生产能力10t/h	2台
13	10t火焰熔化/保温炉	容量10t	1台
14	铝废料切碎分选生产线	处理能力15t/h	1条
15	铝屑预处理生产线	处理能力3t/h	1条

57.2.4 中国铝业青岛轻金属有限公司

中国铝业青岛轻金属有限公司位于青岛胶南市临港产业加工区内，是国内首家具有国际先进装备水平的再生铝企业。

青岛轻金属有限公司于2008年初建成投产。该公司主要由预处理分厂和铝合金锭分厂两部分组成。

预处理分厂是将变形铝合金废料、小块铸造铝合金废料、大块铸造铝合金废料以及铝屑等进行处理和分类，使之符合铝合金锭分厂的生产需要。考虑生产初期铝及铝合金废料的不确定性，预处理分厂中的自动破碎分选生产线待条件成熟后再建。

铝合金锭分厂设计规模为年产再生铝合金铸锭120kt，其中铸造铝合金锭100kt，变形铝及铝合金圆铸锭 20kt。合金牌号主要为：ADC12、ADC10、A380.1、ZLD108、6061 和 6063。主要生产设备选用了国外引进的 60t 双室熔铝炉、35t 侧井反射炉、16t 倾斜式回转炉和水平连续铸造机等。

青岛轻金属有限公司所选择的主要熔炼和铸造设备及技术性能见表 57-4。

表 57-4 青岛轻金属有限公司主要熔炼和铸造设备及性能

序 号	设备名称	主 要 性 能	数 量
1	60t 双室熔化炉	容量 60t，熔化能力 6t/h	2 台
2	35t 倾动式保温炉	容量 35t + 10%	2 台
3	35t 液压内导式半连续铸造机	铸造机荷重 35t	1 台
4	35t 倾动式熔炼/保温炉	容量 35t + 10%，熔化能力 8t/h	1 台
5	8t/h 水平连续铸造机	最大生产能力 8t/h	1 台
6	16t 倾动式回转炉	熔化能力 ≥5.5t/h	1 台
7	18t 熔炼保温炉	容量 18t	1 台
8	35t 侧井反射炉	容量 35t	1 台
9	25t 保温炉	容量 25t + 10%	1 台
10	15t 熔保炉	容量 15t	1 台
11	15t 保温炉	容量 15t + 10%	1 台
12	6.5kg 链式铸锭机	最大生产能力 8t/h	3 台
13	15t 钢丝绳铸造机	铸造机荷重 15t	1 台
14	在线除气过滤装置	处理能力 30t/h	6 台
15	圆锭锯切机列	定尺精度 ±2mm	2 台
16	均热炉组	容量 30t	1 组
17	铝灰渣冷却系统		1 台

57.2.5 中国铝业南海合金有限公司

中国铝业南海合金有限公司位于广州佛山市南海区大沥镇长虹岭工业园，是由中国铝业股份有限公司投资建设的再生铝企业。

在广东省佛山市南海区共有挤压铝型材企业 100 多家，挤压铝型材产量占全国挤压铝型材产量的 30% 以上，但是铝型材厂分散建设的圆铸锭熔铸生产线带来了严重的环境污染。南海合金公司的建设是针对南海区铝工业现状及规划，结合关于挤压铝型材工业供坯结构调整的指导思想，即：挤压用圆锭铸造应逐步向电解铝厂转移，大型挤压铝型材企业可考虑与电解铝企业建立长期的稳定的合作关系，中小挤压铝型材企业不宜生产圆铸锭坯。在挤压铝型材企业比较集中的地区建设专业化的熔炼铸造企业生产挤压用圆锭。

南海合金公司主要由预处理车间和铸锭车间两部分组成。

预处理车间主要原料为南海区及其周边地区挤压铝型材企业产生的铝型材废料，种类相对比较单一。预处理车间采用人工分选和剪切机剪切的方式对铝型材废料进行预处理。

铸锭车间的设计规模为年产变形铝及铝合金圆铸锭 110kt，合金牌号为 6061 和 6063，铸锭的规格为 $\phi(100\sim165)\text{mm}\times(300\sim7000)\text{mm}$。电泳/喷涂铝型材废料和隔热铝型材废料所含有的有机夹杂物在熔炼时会产生二噁英等多种有害气体，这些有害气体如不能进行有效处理，将会对工人的身体健康和环境带来极大的破坏。南海合金公司为保护环境和工人的身体健康，采用引进的双室熔铝炉熔炼含有机夹杂物的电泳/喷涂铝型材废料和隔热铝型材废料。双室熔铝炉在熔炼时将产生的所有烟气送入中央换热器，这不但提高了炉子的热效率，而且可以使烟气快速冷却，避免了烟气中有害物质的重新合成。

南海合金有限公司所选择的主要设备及技术性能见表57-5。

表57-5 中铝南海合金有限公司主要设备及性能

序 号	设备名称	主要性能	数 量
1	60t 双室熔铝炉	容量60t	1台
2	30t 矩形熔铝炉	容量30t	3台
3	加料车	额定装料量4t/10t	2台
4	电磁搅拌器	型号 DJL-40P	1台
5	30t 倾动式保温炉	容量30×(1+0.1)t	2台
6	铝熔体在线处理系统	处理能力30t/h	2套
7	15t 液压半连续铸造机	铸造机荷重15t	2台
8	30t 均热炉组	装炉量30t	1组
9	圆锭高速锯切机	定尺精度±2mm	2台

58　铝及铝合金铸造与再生铝工业的环境保护

※※※※※※※※※※※※※※※※※※※※※※※※※※※※※※※※※※※※※※

58.1　铝熔炼对大气环境的污染及污染物排放标准

铝熔炼过程所产生的烟气中，含有大量的污染物（如颗粒物、酸性气体、金属等），在废杂铝的熔炼过程中更为严重。

58.1.1　污染物种类及其危害

再生铝工业烟气主要由熔炼炉产生。废铝在入炉前虽然经过了预处理，但在工件表面仍然附着着各种有机物，如油漆、塑料、橡胶等可燃物质。这些物质燃烧后将以烟气的形式排出。铝熔炼过程中发生了许多不同的化学反应，产生的烟气中除包括过量的空气和二氧化碳外，还含有对人体和环境有直接或间接危害成分即熔炼烟气污染物；由于铝及铝合金废料成分的复杂性、性质的多样性和不均匀性，其烟气中污染物成分更为复杂。这些物质的化学、物理性质及对人体或环境的危害程度各不相同，数量的差异也较大。根据污染物性质的不同，可将其分为粉尘、酸性气体和有机污染物三大类。

58.1.1.1　粉尘

粉尘中含有灰分、炭黑及金属化合物，金属化合物主要有 Mg、Zn、Ca、Al、Fe、Na、Mn、K 的氧化物和卤化物。

粉尘按其粒径大小可分为降尘和飘尘两种。粒径在 10μm 以上容易沉降的称为降尘。小于 10μm 的因粒径小而长期飘浮在空中，称为飘尘，其中 0.05～1μm 的极细粉尘根本就不沉降，长期飘浮在空中。飘尘中的炭粒是由燃料中的挥发物在高温缺氧状况下分解游离出来的。这些炭粒从烟囱排出时，就会形成滚滚黑烟，污染环境。飘尘中除了炭粒外，还有灰粒，灰粒包含燃烧中的不可燃物质和铝及铝合金废料中金属的氧化物和卤化物，含量最多的是氧化铝、氯化钠、氯化钾，少量的三氧化二铁、氧化钙，以及微量的金属微粒。据监测，再生铝熔炼炉尾气中 70% 烟尘粒径小于 1μm。

从烟囱排出的以长期飘浮于大气中的飘尘，会使人患呼吸道疾病、心脏病、儿童软骨病。此外，飘尘易吸附 SO_2、SO_3 及苯并芘等极有害物质，它可以直接损害人们的眼、鼻、喉的黏膜，易引起呼吸道和肺部发炎，有害物质甚至会进入人体的各种器官，使各种器官发生病变或导致某些器官功能的衰竭。

烟尘在空气中浓度增加时，它将大量吸收太阳紫外线短波部分，严重影响儿童发育成长。小粒径炭黑及金属铝粉尘若在管道内大量沉积，遇火星能燃烧甚至爆炸。烟尘还使光照度和能见度降低，严重影响动植物生长，也在一定程度上造成城市交通混乱和容易发生事故。

除此以外，环境中烟尘超标将严重影响工业产品的质量。因此，一些高精度产品和精密仪器的生产和装配场所，要求无尘操作。

58.1.1.2 酸性气体

酸性气体包括氯化氢、氟化氢、氯气、一氧化碳、氮氧化物和硫氧化物。酸性气体对人体和环境都能造成严重损害，而氯气则是破坏大气臭氧层的祸首。

硫氧化物主要是SO_2，它是一种无色有臭味的强烈刺激性气体。当大气中的SO_2日平均浓度达3.5mg/kg时，对人会诱发气喘、肺病，呼吸道感染、心血管病，还能促使老年人死亡率增加。SO_2很少单独在大气中存在，它往往与飘尘结合在一起进入人体的肺部，引起各种恶性疾病。在湿度较大的空气中，它可以被锰或三氧化二铁等催化而生成硫酸烟雾。SO_2的排放将使较大面积产生酸雨、酸雪，随之导致河水酸度大增，鱼、虾、藻类繁殖困难；使土壤酸化，不利于作物生长，使农作物大面积减产；酸雨还使建筑物易于腐蚀损坏，使一些有纪念意义的塑像和文物古迹受到破坏，造成巨大损失。此外，SO_2能腐蚀金属制品，使金属产品质量下降；它还可使纸制品、纺织品、皮革制品变质、变脆直至破碎。因此，SO_2的危害是多方面的，它不仅有气体本身的一次污染，而且进入大气后，进行化学反应后的新产物产生二次污染，其破坏程度远远大于一次污染，SO_2已成为目前世界上要着重解决的环境污染源。

氮氧化物也是主要的污染物质，是最难处理的有害气体。氮氧化物种类颇多，但构成大气污染和光化学烟雾的主要是NO和NO_2。NO是一种有毒气体，对人体的健康有害。NO和血色素的亲和力很强，进入人体后与血色素结合，变成NO-正铁血红蛋白(NO-HB)，这种蛋白不能再和氧结合，从而不能将氧气输送到各个器官中去，人体就会因缺氧而麻痹和痉挛。NO_2是一种红棕色有毒的恶臭气体，它本身的毒性比NO和SO_2都强，它不仅对肺部有危害，对外器官和造血组织都有损害，详见表58-1。

表58-1 NO_2对人类和动植物的影响

NO_2浓度/$mg \cdot kg^{-1}$	对人类和动物的影响
0.5	连续4h暴露，肺细胞病理组织发生变化；连续3~12月，在患支气管炎部位有肺气肿感染，抵抗力减弱
约1	闻到臭味
2.5	超过7h，豆类、西红柿等农作物的叶变白
3.5	超过2h，动物细菌感染增大
5	闻到强烈恶臭
10~15	眼、鼻、呼吸道受到刺激
25	人只能短期暴露
50	1min内就感到呼吸道异常，鼻受刺激
80	3min内感到胸痛
100~150	0.5~1h就会因肺水肿而死亡
200以上	人立即死亡

更为严重的是，NO_2 在日光作用下会产生新生态氧原子，这新生态氧原子在大气中将会引起连锁反应，并与未燃尽的碳氢化合物一起形成光化学烟雾。这种光化学烟雾最早发生在20世纪40年代的美国洛杉矶，以后在世界各工业发达国家都不同程度产生过。由于它的危害性较大，已引起全世界的注意。

58.1.1.3　有机污染物

对再生铝行业，由于铝及铝合金废料中的含氯塑料和有机污染物以及熔炼过程中加入的氯及氯化物在适宜温度有氧条件下还会产生一些有害的有机污染物，包括二噁英（PCDDs）、呋喃（PCDFs）和其他有机物。

其中二噁英类和呋喃类分别是一类物质的总称，它们分别包括多种含不同氯原子数的同系物。二噁英类有机污染物是目前发现的无意识合成的副产品中毒性最强的化合物，它的毒性相当于氰化钾的1000倍以上，即使在很微量的情况下，长期摄取可能引起癌症等顽症。此外，二噁英还会引起人体皮肤痤疮、头痛、失聪、忧郁、失眠、新生儿畸形等症，并可能具有长期效应，如导致染色体损伤、心力衰竭、内分泌失调等。据有关报道，28.35g二噁英就能将100万人置于死地。呋喃类物质的化学结构与二噁英相似，但毒性低于二噁英。

58.1.2　污染物的产生机理

58.1.2.1　粉尘的产生机理

铝液（特别是铝及铝合金废料）和燃料本身都含有一定数量的灰分；熔炼过程中由于高温热分解、氧化的作用，还有大量金属化合物粉尘产生；另外，铝及铝合金废料及燃料中的碳氢化合物或在燃烧过程中析出的挥发物，在缺氧的情况下会形成炭黑，特别是在铝及铝合金废料入炉后1h内。

58.1.2.2　酸性气体的产生机理

氯化氢的产生机理：由于原料的混杂和不洁，需对熔体进行精炼变质处理，精炼效果较好的常规材料有 Cl_2、C_2Cl_6 和各种氯盐等，它们处理过程中产生副产品 HCl 和 Cl_2，另外，铝及铝合金废料中的有机物在熔炼过程中也能生成含氯有机物和 HCl 气体。

一氧化碳的产生机理：一氧化碳是由于燃料和原料中有机可燃物不完全燃烧产生的。有机可燃物中的碳元素在熔炼过程中，绝大部分被氧化为 CO_2，但由于局部供氧不足及温度偏低等原因，有小部分被氧化为 CO。

硫氧化物的产生机理：硫氧化物来源于含硫燃料和原料的高温氧化过程。

氮氧化物的产生机理：在燃烧过程中产生的氮氧化物主要来自两个方面：一是助燃空气中带来的氮，在高温下与氧反应而生成的 NO，被称为“热力型 NO”；二是来自铝及铝合金废料及燃料中固有的氮化合物经过复杂的化学反应而生成的氮的氧化物，称为“燃料型 NO”。这两部分氮的氧化物的形成机理是不相同的。“燃料型 NO”的形成更为复杂，根据大量试验研究表明其形成机理是燃料送入高温炉膛后，分解释放出 N、NH 或 CN 等各种可能形式的自由基，这些自由基被氧化成 NO 或再结合成 N_2，生成哪一种则取决于局部的氧浓度。一般来说，燃料中氮化合物含量愈高或炉膛中氧浓度愈大，则形成“燃料型

NO”就愈多。即使在较低温度的情况下这种“燃料型 NO”也能形成，因此 NO 的生成与燃烧温度无关。三是精炼过程中加入的氮气，它和熔体中的氧气反应生成 NO_2。

58.1.2.3 有机污染物的产生机理

有机污染物的产生机理极为复杂，伴随有多种化学反应，如分解、合成、取代等。首先形成反应产物的中间体即前驱物质，最后形成终产物。二噁英类污染物的形成过程主要有两方面。一是在燃烧过程中形成，由于局部供氧不足，含氯有机物在燃烧过程中就会形成二噁英类的前驱物质（即易于生成二噁英类物质的芳香烃），这些物质再经过一系列复杂的化学反应，就可能生成剧毒性的二噁英类物质；二是燃烧以后生成，因不完全燃烧而产生的剩余部分前驱物质，在遇到适量的触媒物质（主要为重金属，特别是铜等）及 300～500℃的温度环境时，那么在高温燃烧中已经分解的二噁英将会重新生成。对于二噁英类物质的形成机理，目前还没有成熟的理论，有待进一步研究论证。

58.1.3 烟气排放标准

熔炼烟气净化之后，其中仍含有少量的污染物从烟囱排入大气，这部分污染物的排放必须要达到排放标准。排放标准越严格，烟气净化工艺系统的工程投资和投产后的运行费用越高。

1996 年，中国国家环保局颁布了《大气污染物综合排放标准》（GB 16297—1996），按照综合性排放标准与行业性排放标准不交叉执行的原则，还有若干行业性排放标准共同存在，即除若干行业执行各自的行业性国家大气污染物排放标准外，其余均执行《大气污染物综合排放标准》（GB 16297—1996）。

中国的铝熔炼炉烟气排放应执行《工业炉窑大气污染物排放标准》（GB 9078—1996），《工业炉窑大气污染物排放标准》（GB 9078—1996）中规定的污染物排放浓度限值见表 58-2。该标准对烟囱高度也做了相应的规定：（1）各种工业炉窑烟囱（或排气筒）最低允许高度为 15m；（2）当烟囱（或排气筒）周围半径 200m 距离内有建筑物时，烟囱（或排气筒）还应高出最高建筑物 3m 以上；（3）烟囱（或排气筒）最低允许高度除应执行前两条的规定外，还应按批准的环境影响报告书要求确定；（4）各种工业炉窑烟囱（或排气筒）高度如果达不到前三条的任何一项规定时，其烟（粉）尘或有害污染物最高允许排放浓度，应按相应区域排放标准值的 50% 执行。

表 58-2 工业炉窑大气污染物排放浓度限值（GB 9078—1996）

炉窑类别	标准级别	排放限值					
		烟 尘		SO_2		氟及其化合物	
		浓度 /mg · m^{-3}	烟气黑度 /林格曼级	浓度 /mg · m^{-3}	烟气黑度 /林格曼级	浓度 /mg · m^{-3}	烟气黑度 /林格曼级
有色金属冶炼	一	禁排	—	禁排	—	禁排	—
	二	100	—	850	—	6	—
	三	200	—	1430	—	15	—

注：表列数为“新污染源”部分，详见 35.1.1.2 节。

其他大气污染源执行《大气污染物综合排放标准》（GB 16297—1996），该标准规定的最高允许排放速率，现有污染源分一、二、三级，新污染源分为二、三级。按污染源所在的环境空气质量功能区类别，执行相应级别的排放速率标准，即：位于一类区的污染源执行一级标准（一类区禁止新、扩建污染源，一类区现有污染源改建执行现有污染源的一级标准）；位于二类区的污染源执行二级标准；位于三类区的污染源执行三级标准。另外，《工业炉窑大气污染物排放标准》（GB 9078—1996）中未规定的熔炼炉产生的氯气、氯化氢等，也可执行《大气污染物综合排放标准》（GB 16297—1996）。《大气污染物综合排放标准》（GB 16297—1996）中再生铝行业应执行的污染物的排放浓度限值见表58-3。

表 58-3 其他污染源的排放浓度限值（GB 16297—1996）

序号	污染物	最高允许排放浓度/mg·m^{-3}	最高允许排放速率/kg·h^{-1}			无组织排放监控浓度限值	
			排气筒/m	二级	三级	监控点	浓度/mg·m^{-3}
1	氮氧化物	240（硝酸使用和其他）	15	0.77	1.2	周界外浓度最高点	0.12
			20	1.3	2.0		
			30	4.4	6.6		
			40	7.5	11		
			50	12	18		
			60	16	25		
			70	23	35		
			80	31	47		
			90	40	61		
			100	52	78		
2	氯化氢	100	15	0.26	0.39	周界外浓度最高点	0.20
			20	0.43	0.65		
			30	1.4	2.2		
			40	2.6	3.8		
			50	3.8	5.9		
			60	5.4	8.3		
			70	7.7	12		
			80	10	16		
3	氯气	65	25	0.52	0.78	周界外浓度最高点	0.40
			30	0.87	1.3		
			40	2.9	4.4		
			50	5.0	7.6		
			60	7.7	12		
			70	11	17		
			80	15	23		

对于二噁英类有害污染物的排放，德国、日本、瑞典、加拿大等国的排放标准中规定了其排放限值（标态）为0.1ng/m^3。中国国家环保总局颁布的《生活垃圾焚烧污染物控制标准》（GB 18485—2001）中，规定了垃圾焚烧炉烟气中二噁英类污染物排放限值（标态）为1.0ng TEQ/m^3。再生铝行业二噁英类有害污染物的排放目前没有相应的环保法规，可暂时参照垃圾焚烧炉标准执行。随着再生铝行业的不断发展，再生铝行业相关的环保法

规将进一步完善。

58.2 铝熔炼炉烟气净化技术

铝熔炼炉烟气净化工艺形式较多，按其系统中是否有废水排出，可分为湿法、半干法和干法三种。每种工艺都有多种组合形式，也各有优缺点。后面作具体描述。

这三种工艺对颗粒物、易去除酸性气体具有很高的净化效率，同时对于重金属、二噁英（$PCDD_S$）、呋喃（$PCDF_S$）等也有较高的去除效率，但对于 NO_x 的净化却微乎其微、因此，对于烟气中的 NO_x 排放有限制的地区，烟气净化系统中常设有单独的 NO_x 净化系统。另外，随着烟气排放标准的越来越严格，尤其是对于重金属和 PCDDs、PCDFs 规定了严格的排放限值，常采用活性碳喷射吸附的方法进一步净化上述三类污染物。应当说明的是，NO_x 的净化或活性碳喷射吸附并不能单独构成完整的烟气净化系统，这两种净化措施是对烟气净化主体工艺（湿法、半干法或干法）的完善和补充。

58.2.1 颗粒物净化技术

颗粒物控制可以分为静电分离、过滤、离心沉降及湿法洗涤等几种形式。常用的烟气净化设备有静电除尘器、袋式除尘器和文丘里洗涤器等。由于铝熔炼烟气中的颗粒物粒度很小（$d<10\mu m$ 的颗粒物比率较高），为了去除小粒度的颗粒物，必须采用高效除尘器才能有效控制颗粒物的排放。文丘里洗涤器虽然可以达到很高的除尘效率，但其能耗高且存在后续的废水处理问题，所以文丘里洗涤器在铝熔炼烟气处理系统中很少作为主要的颗粒物净化设备。

静电除尘器和袋式除尘器两者各有其优缺点。静电除尘器具有分离粒子耗能少、气流阻力小的特点。由于作用在粒子上的静电力相对较大，所以对亚微米级的粒子也能有效捕集。袋式除尘器虽然易受气体温度和颗粒物黏性的影响，致使滤料（耐高温、耐冲击）的造价增加和清灰不利，但净化效率却不受颗粒物比电阻和原始浓度的影响，而太高或太低的比电阻却使静电除尘器的净化效率降低。

58.2.2 酸性气态污染物净化技术

58.2.2.1 HCl、HF、SO_x 的净化

HCl、HF、SO_x 的去除机理是酸碱中和反应。在不同的净化系统中，碱性吸收剂（如 NaOH、$Ca(OH)_2$）以液态（湿法）、液/固态（半干法）或固态（干法）的形式与以上污染物发生化学反应，涉及的主要反应如下：

$$HCl + NaOH = NaCl + H_2O$$

$$2HCl + Ca(OH)_2 = CaCl_2 + 2H_2O$$

$$HF + NaOH = NaF + H_2O$$

$$2HF + Ca(OH)_2 = CaF_2 + 2H_2O$$

$$SO_2 + 2NaOH = Na_2SO_3 + H_2O$$

$$SO_2 + Ca(OH)_2 \xlongequal{} CaSO_3 + H_2O$$

从理论上讲，强碱性吸收剂与酸性污染物的反应在极短的时间内就可以完成，但由于该反应涉及“气-液”或“气-固”物理传质过程，使得污染物的去除效率决定于传质效果。二相之间的传质分为三步，即：被吸收成分从气相主体到“气-液”或“气-固”界面的传质过程、界面上的溶解平衡过程、从界面到“液”或“固”相主体的扩散过程。可用式58-1将以上三步归纳为：

$$NA = KPA \times S \times (CGA - CSA) = KGA \times S \times (PGA - PSA) \tag{58-1}$$

式中 NA——单位时间、单位面积上传质的A组分的量；

KPA，KGA——分别以浓度和分压表示的A组分的传质系数；

S——吸收传质表面积。

括号中两个数值的差反映了传质推动力的大小。NA越大，则A组分污染物的去除效率越高，而NA的大小决定于传质系数、传质表面积和传质推动力。传质系数反映了传质阻力的大小，阻力越大，相应的系数越小。因“气-液”传质系数大于“气-固”传质系数，所以，在其他条件相同的条件下，湿法的净化效率明显高于干法，半干法的净化效率居中。另外，增加吸收剂的比表面积和“吸收剂/污染物”的当量比也可使净化效率增加。然而，在实际操作过程中，更重要的是通过足够的停留时间来保证污染物的高效去除。

长期的工程实践和研究得出以下几点：

（1）湿法净化在发达国家的应用比例较高，利用强碱性物质作为吸收剂可使酸性气态污染物得以高效净化。就HCl而言，仅以水就可以达到有效去除。但是，为了进一步对HF和SO_x进行控制，就必须用强碱性物质作为吸收剂，并适当增加烟气在净化设备中的停留时间。为避免结垢，湿法净化工艺中常采用NaOH作为吸收剂，$Ca(OH)_2$应用较少，这是因为生成的$CaSO_4$难溶于水，使设备内结垢。湿法净化可以分一段或两段完成，净化设备有吸收塔（填料塔、筛板塔）和文丘里洗涤器等。这种工艺的缺点是需要对液态产物进一步处理；且湿法净化后烟气的温度大大降低，常需加热后从烟囱排入大气。因此其流程较复杂，投资和运行费用较高。

（2）干法净化所使用的干态吸收剂对污染物的去除效率相对较低，在发达国家应用较少。为了有效控制酸性气态污染物的排放，必须使吸收剂的比表面积足够大，增加干态吸收剂在烟气中的停留时间，保持良好的湍流度。干法净化所用的吸收剂以$Ca(OH)_2$粉末居多，较高的“吸收剂/污染物”的当量比有利于污染物的净化，该值一般以2~4为宜。但太高的当量比并不能使去除效率显著增加。干法净化的工艺组合形式一般为“吸收剂管道喷射+反应器”，并辅以后续的高效除尘器（袋式除尘器或静电除尘器）。干法净化的显著优点是反应产物为固态，可直接进行最终的处理，而无须像湿法净化工艺那样要对净化产物进行二次处理，不存在后续的废水处理问题。干法净化工艺简单，投资和运行费用明显低于湿法。

（3）半干法净化是介于湿法和干法之间的一种工艺。它是将石灰磨制成100μm以下的颗粒，再用水熟化配成石灰浆，利用两相喷嘴（或旋转喷嘴）雾化成极细的液滴后注入吸收塔，在吸收塔内与烟气充分接触，经10~15s使液滴的水分全部蒸发，酸性气态污染物与$Ca(OH)_2$反应成钙盐从烟气中脱除。它兼有净化效率高且不产生废水、无须对反应产物进行二次处理的优点。该工艺对操作水平要求较高，需要长时间地实践积累才能达到良好的净化效果。对喷嘴的要求也高。足够长的停留时间不但可以使化学吸收反应完全以达到较高的污染物去除效率，而且可使反应产物（$CaCl_2$）所含的水分充分蒸发最终以固态形式排出，同时又影响到烟气流的速度从而间接影响到净化设备内的混合效果，因此，停留时间是半干法净化反应器设计中非常重要的参数。国外经验证明，上流式和下流式半干法净化反应器的最小停留时间应分别为8s和18s。另外，净化反应器入、出口的温差直接影响到反应产物是否以固态形式排出，国外推荐该温差不应小于60℃（如果熔炼炉出口的烟气温度即净化反应器入口温度为250℃，则净化反应器出口的温度最大不能超过190℃）。除停留时间和温差两个因素外，吸收剂的粒度、喷雾效果等对整个净化工艺也有较大的影响，实际操作过程中对上述影响因素都有严格要求，否则，可能会导致整个工艺的失败。半干法净化反应器与后续的袋式除尘器或静电除尘器相连，构成了半干法净化工艺。

各种净化工艺对酸性气态污染物（HCl、HF、SO_2）的去除效率见表58-4。

表58-4 各种净化工艺对酸性气态污染物净化效率

净化工艺类别	净化效率/%		
	HCl	HF	SO_2
干法喷射＋袋式除尘器	80	98	50
干法喷射＋流化床反应器＋静电除尘器	90	99	60
半干法净化＋静电除尘器（吸水剂循环使用）	>95	99	50~70
半干法净化＋袋式除尘器（吸水剂循环使用）	>95	99	70~90
半干法净化＋干法喷射＋静电除尘器或袋式除尘器	>95	99	>90
静电除尘器＋湿法净化	>95	99	>90
半干法净化＋静电除尘器或袋式除尘器＋湿法净化	>95	99	>90

58.2.2.2 NO_x 净化

NO_x 的净化是最困难且费用最昂贵的技术。这是由于NO的惰性（不易发生化学反应）和难溶于水的性质决定的。烟气中的 NO_x 以NO为主，其含量高达95%或更多，利用常规的化学吸收法很难达到有效去除。除常用的选择性非催化还原法（SNCR）外，还有选择性催化还原法（SCR）、氧化吸收法、吸收还原法等。其中，SNCR法在烟气净化中应用最多。

氧化吸收法和吸收还原法都是与湿法净化工艺结合在一起共同使用的。氧化吸收法是在湿法净化系统的吸收剂溶液中加入强氧化剂如 $NaClO_2$，将烟气中的NO氧化为 NO_2，NO_2 再被钠碱溶液吸收去除。吸收还原法是在湿法系统中加入 Fe^{2+}，Fe^{2+} 将NO包围，形成EDTA化合物，EDTA再与吸收溶液中的 HSO_3^- 和 SO_3^{2-} 反应，最终放出 N_2 和 SO_4^{2-} 作为最终产物。据国外资料报道，吸收还原法的化学添加剂费用低于氧化吸收法。

58.2.3 有机污染物的净化

PCDDs、PCDFs和其他痕量级有机污染物的净化越来越受到发达国家的重视。国内外的研究和实践均表明，减少烟气中 PCDDs、PCDFs 浓度的主要方法是控制 PCDDs、PCDFs 的生成。控制措施主要包括以下几方面：

（1）选用合适的炉膛结构，使有机物在熔炼炉内得以充分燃烧。而衡量有机物是否充分燃烧的重要指标之一是烟气中 CO 的浓度，CO 的浓度越低说明燃烧越充分，烟气中 CO 浓度比较理想的指标（标态）是低于 $60mg/m^3$。

（2）控制炉膛及二次燃烧室内烟气温度不低于 850℃，烟气在炉膛及二次燃烧室内的停留时间不小于 2s，O_2 的过量浓度不大于 6%，并合理控制助燃空气的风量、温度和注入位置，也称三 T 控制法。

（3）缩短烟气在处理和排放过程中处于 300～400℃ 温度域的时间，控制排烟温度不超过 250℃ 左右。

（4）选用新型袋式除尘器，控制除尘器入口处的烟气温度低于 200℃，并在进入袋式除尘器的烟道上设置活性炭等反应剂的喷射装置，进一步吸附二噁英。

（5）设置先进、完善和可靠的全套自动控制系统，使净化工艺得以良好执行。

（6）通过分类收集或预分拣控制铝及铝合金废料中氯和重金属含量高的物质进入熔炼炉。

另外，对该类污染物的捕获机理至今虽没有充分认识，但工程实践表明，凝结（低温控制）和高效的颗粒物捕获有利于有机污染物的净化。

在加拿大，曾利用“半干法 + 袋式除尘器”和“干法 + 袋式除尘器”工艺对污染物的去除效率进行了系统的研究，取得了高去除效率。结果表明，当袋式除尘器入口气体温度小于 140℃ 时，总的二噁英类去除效率达 99.9%，尤其是毒性最强的 PCDDs 的出口浓度达到最低，一般情况下测不出。当除尘器出口温度为 110～209℃ 时，总的呋喃类污染物的去除效率为 99.3%。可见，袋式除尘器对有机类污染物的净化是非常有效的。

58.2.4　重金属的净化

与有机类污染物的净化相似，高效的颗粒物捕集和低温控制是重金属净化的两个主要方面，而采用什么样的吸收剂对净化效率影响不大。重金属以固态、液态和气态的形式进入除尘器，当烟气冷却时，气态部分转变为可捕集的固态或液态微粒。但是，对于挥发性强的重金属，如 Hg 而言，即使除尘器以最低的温度操作，该部分金属仍有部分存在于烟气中。总之，烟气净化系统的温度越低，则重金属的净化效果越好，反之越差。

58.2.5　烟气降温

当进入除尘系统的烟气温度超过除尘器允许的温度时，为保证除尘系统能可靠运行而必须对烟气进行冷却，使其温度控制在除尘器允许的某一温度范围内。烟气的冷却方式基本上分为间接冷却、直接冷却和直接掺冷风三类。

（1）间接冷却：这种冷却方式不改变原来的烟气质量流量及其成分，是通过间壁式热交换降低烟气温度，常用的有风冷或水冷套管喷淋间接冷却除尘器。

（2）直接喷雾冷却：将水喷成雾状使其在高温烟气中蒸发吸热，从而降低烟气温度，分湿法运行和干法运行两种。湿法运行是指烟气中水蒸气呈饱和状态，有冷凝水从冷却器中排出；干法运行则相反，烟气中水蒸气呈不饱和状态，运行中无冷凝水从冷却器中排出。再生铝熔炼烟气中含有腐蚀性气体，因此不能采用湿法运行。

（3）直接掺冷风冷却：将冷空气直接掺入烟气中进行冷却。这种冷却方式在再生铝熔炼烟气冷却中是较为实用和经济的。可利用不同温度烟气混合降温，特别是炉门排烟罩所排出的烟气。

58.3　铝熔炼炉烟气净化设备

58.3.1　烟气净化设备综述

烟气中污染物的净化，实际上是混合物的分离过程。根据污染物的性质和存在状态不同，其净化机理、方法和装置也各有不同，并都有一定的特点和适用范围。从烟气中将污染物分离出来，使烟气得到净化的设备称之为烟气净化装置。烟气净化装置的形式很多，一般可将其分为除尘装置、吸收装置和吸附装置三大类。

表示净化装置的技术性能参数一般有下面几种。

（1）烟气处理量：一般以标准状态下体积流量（m^3/h）表示，是代表净化装置处理能力大小的指标。

（2）压力损失：指的是净化装置进、出口的压力差，也称为压力降，是衡量净化装置能量损耗的指标。压力损失越大，能耗越高，两者成正比。因此，净化装置的压力损失越小越好。

（3）负荷适应性：表示净化装置性能的可靠性，即工作稳定性和操作弹性。良好的负荷适应性应能满足污染物浓度偏高及烟气处理量超过正常值时的净化效果。

（4）经济性：经济性是评定净化设备的重要指标之一。它包括设备费和运行维护费两部分。设备费主要是设备制造和安装的费用以及各种辅助设备的费用。运行维护费主要是能源消耗和易损件调换与补充所需的费用。在进行经济比较时，应注意设备费是一次性投资，而运行费是每年的经常费用。

（5）净化效率：净化效率是表示装置净化效果的重要技术指标，有时也称为分离效率或去除效率。对于除尘装置又称净化效率；对于吸收装置可称为吸收效率；对于吸附装置，则称为吸附效率。

在工程中，通常以净化效率为主来选择和评价净化装置。净化效率的表达方法有多种，最常用的为净化总效率。净化总效率是指同一时间内，净化装置去除污染物的量占进入装置污染物量的百分比。净化总效率 η 可按式 58-2 进行计算：

$$\eta = \frac{VC_0 - VC}{VC_0} = \left(1 - \frac{C}{C_0}\right) \times 100\% \tag{58-2}$$

式中　C_0——净化装置入口处某种污染物标态下的浓度，mg/m^3；

C——净化装置出口处某种污染物标态下的浓度，mg/m^3；

V——净化装置处理标态下的烟气体积，m^3。

在再生铝熔炼烟气净化系统中，除尘和脱酸是非常重要的。由于大量的重金属、PCDDs、PCDFs 等污染物以固体的形式存在于颗粒物（尤其是粒度很小的颗粒物）中，所以，除尘的同时也是对其他污染物的净化过程。脱酸过程也是如此，再生铝熔炼烟气中的酸性气体污染物与吸收剂发生化学反应被净化的同时，也可以使其他污染物得到净化。因此，对于不同的设备，根据净化机理的不同和在工艺中所处位置的不同，其净化的对象有主次之分。例如，旋风除尘器是一种中低效除尘设备，其主要目的是去除烟气中粒度较大的颗粒物，对于粒度较小的颗粒物净化效率很低，因此常作为预除尘设备使用。对于袋式除尘器而言，可以对烟气中的颗粒物尤其是亚微米级（$d<1\mu m$）的固体粒子得以高效净化，同时，还可以去除一定量的重金属和有机类污染物等。而文丘里洗涤器作为一种高能耗的净化设备，可以同时对颗粒物和酸性气体得以高效净化，也可以去除一定量的重金属和有机类污染物等。

除尘和脱酸设备是构成铝熔炼炉烟气净化工艺的主体设备。国内外的专业厂商已经开发了各具特色的除尘和脱酸设备，尽管结构形式较多，但原理基本相同。各种烟气净化装置的净化效率见表58-5。可见，随着颗粒物粒度的递减，各种净化装置的净化效率也随之降低。对于颗粒物而言，袋式除尘器的净化效率最高，其次为文丘里洗涤器、静电除尘器等，而旋风除尘器和沉降室的净化效率最低。

表 58-5 各种烟气净化装置对不同粒度颗粒物的净化效率 （%）

设 备 类 型	粒度/μm		
	50	5	1
沉降室	95	16	3
中效旋风除尘器	94	27	8
高效旋风除尘器	96	73	27
冲击式洗涤器	98	83	38
静电除尘器	>99	99	86
湿式静电除尘器	>99	98	92
文丘里洗涤器	100	>99	97
袋式除尘器	100	>99	99

注：此表中列出的是不同净化设备的净化效率与颗粒物平均粒度的对应关系；此表中不包括粒度小于1μm的颗粒物。

58.3.2 除尘器

从烟气中将固体粒子分离出来的设备称为除尘装置或除尘器。按其作用原理可分为：机械式除尘器（重力沉降室、惯性除尘器、旋风除尘器），湿式除尘器（冲击式除尘器、泡沫除尘器、文氏管水膜除尘器、喷雾式除尘器），过滤式除尘器（袋式除尘器、颗粒层除尘器）和静电除尘器。其中过滤式除尘器和静电除尘器为高效除尘器，净化效率高达99%。

除尘器的选择，应根据粉尘特性、粉尘浓度和除尘器对负荷的适应性等因素，经技术经济比较确定。再生铝熔炼烟气温度高、成分复杂、腐蚀较强、粉尘粒径小，大多选用袋式除尘器、静电除尘器或湿式洗涤器。

58.3.2.1 袋式除尘器

袋式除尘器（或称布袋除尘器）是使烟气通过滤布将颗粒物分离出来的除尘装置。滤布可由天然纤维、有机合成纤维或无机纤维等材料制成。袋式除尘器结构如图58-1所示。含有颗粒物的烟气从下部进入圆筒形滤袋（下端有开口），在通过滤布时颗粒物被阻留下来，透过滤布的清洁气流从排出口排出。沉积于滤布上的颗粒物层，经过一定时间后在机械振动或风力作用下从滤布表面脱落，进入灰斗中，从而完成烟气中颗粒物的净化。

袋式除尘器形式多样，主要有以下几种：

（1）从滤袋形式可分为圆筒形（见图 58-1）和扁平形（见图 58-2）滤袋两种。其中，圆袋应用较广，直径一般为 120 ~ 300mm，最大不超过 600mm，滤布长度一般为 2 ~ 6m，有的长达 12m 以上。长度与直径之比一般为 16 ~ 40，其取值与清灰方式有关。对于大中型袋式除尘器，一般都分成若干室，每室包括若干个滤袋。扁袋除尘器的断面有楔形、梯形和矩形等形状，其特点是单位容积内布置的过滤面积大，占地、占空间小。

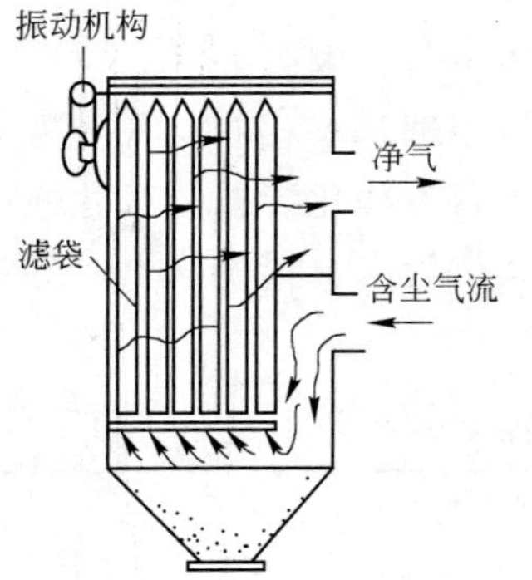

图 58-1 圆筒形袋式除尘器示意图

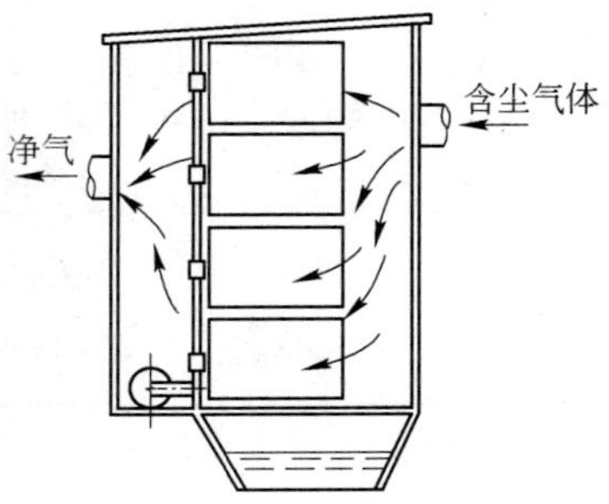

图 58-2 扁平形袋式除尘器示意图

（2）按烟气通过滤袋的方向可分为内滤式和外滤式两类（见图 58-3）。内滤式是指含尘烟气流先进入滤袋内部，颗粒物被阻留在袋内侧，净化后的气流通过滤布从袋外侧排出；反之，为外滤式。外滤式的滤袋内通常设有支撑骨架（袋笼），滤袋易磨损，维修较难。

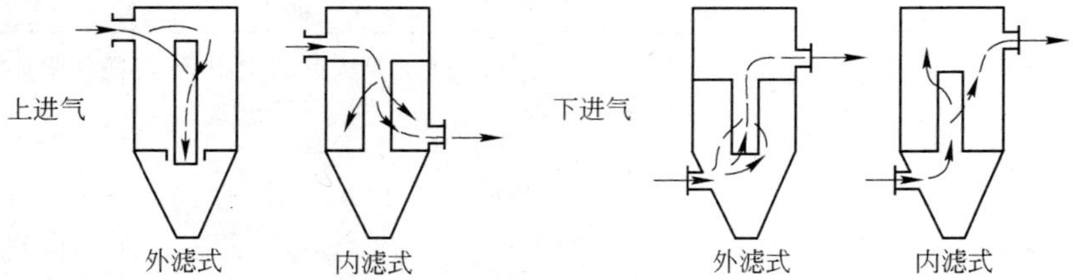

图 58-3 袋式除尘器的结构形式

（3）按进气方式可分为上进气和下进气两种（见图 58-3）。现在应用较多的是下进气方式。它具有气流稳定，滤袋安装调节容易等优点。但气流方向与飞灰下落的方向相反，清灰时会使细小的颗粒物重新积附于滤袋上，清灰效果变差，压损增大。上进气形式可以避免上述缺点，但需要专门的进气配套设备，使除尘器高度增加，滤袋安装调节较复杂。

（4）按除尘器内气体压力不同，可分为正压式和负压式两类。正压式（又称压入式）除尘器内部气体压力高于大气压力，一般设在风机出风段；反之，则为吸入式。正压式袋式除尘器的特点是外壳结构简单、轻便、严密性要求不高，甚至在处理常温无毒气体时可以完全敞开，只需保护滤袋不受风吹雨淋即可，这就减小了造价，且布置紧凑，维修方便，但风机易磨损。负压式袋式除尘器的突出优点是可使风机免受粉尘的磨损，但对外壳的结构强度和严密性要求高。

袋式除尘器的净化效率、压力损失、滤袋寿命等均与清灰方式有关，因此实际一般以

清灰方式对袋式除尘器进行分类和命名。如图 58-4 所示，一般有：机械振动清灰、逆气

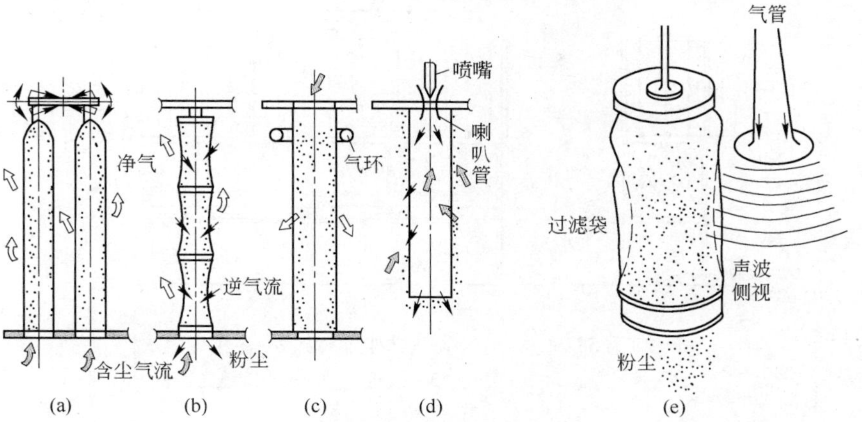

图 58-4 清灰方式示意图

（a）机械振动清灰；（b）逆气流清灰；（c）气环反吹风；（d）脉冲喷吹；（e）超声波清灰

流清灰、气环反吹风、脉冲喷吹、超声波清灰等。上述清灰方式在工程实践中都是成熟的应用技术。铝熔炼烟气大多采用脉冲清灰式袋式除尘器。

图 58-5 所示为利用压缩空气进行脉冲清灰的袋式除尘器示意图。

图 58-6 所示为典型的袋式除尘器构造示意图。圆筒形的滤袋被均匀地分割成几个独立的仓（室），每个仓中有等数的滤袋。袋式除尘器的脉冲清灰过程由控制系统自动控制，逐仓完成清灰。在滤袋内外装有压力探头，当滤袋的内外压力差达到一定程度时，控制系统就发出信号，将滤袋上方的切换阀门转到与压缩空气接通的位置，同时，压缩空气以脉冲的形式瞬时完成清灰。脉冲清灰时，对应的滤袋可在线作业，也可离线瞬时停止作业。袋式除尘器下部灰斗起暂时贮存飞灰的作用，最终由螺旋输送机将飞灰输送至贮存池。为了防止由于温度下降导致飞灰在灰斗中吸水、结块，袋式除尘器的灰斗都带有加热装置（电加热或蒸汽加热）。另外，袋式除尘器的外壳都带有保温材料，以防止烟气过度冷却造成温度降低太多，烟气在滤

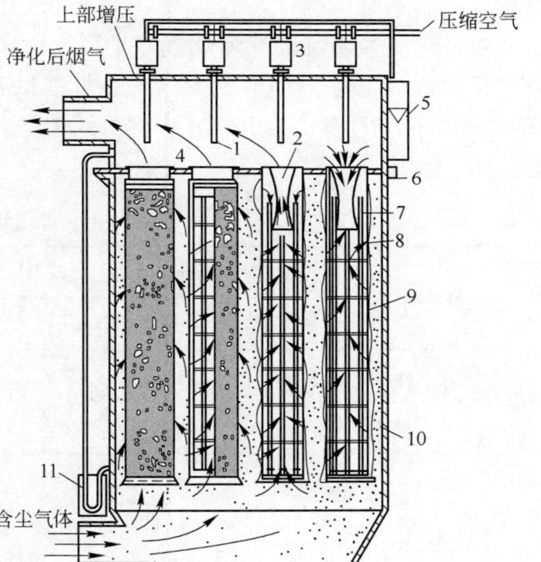

图 58-5 利用压缩空气脉冲清灰过程示意图

1—喷头或锐孔；2—文丘里喷头；3—螺旋管阀；4—框架；5—计时计；6—轴套；7—导气装置；8—金属制动器；9—滤袋；10—外壳；11—压力计；12—进口；13—灰斗；14—卸灰阀；15—排出口

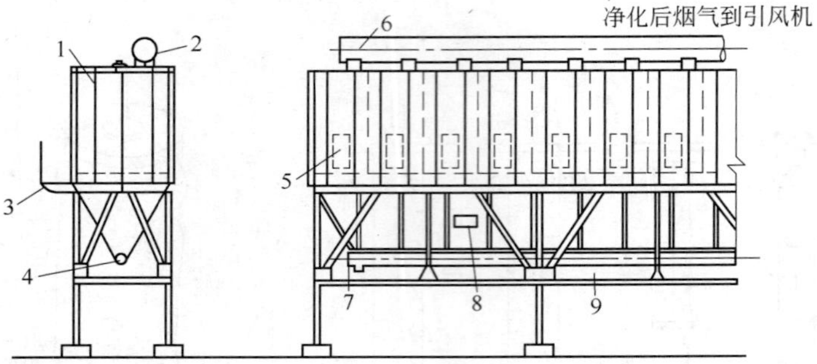

图 58-6　典型的袋式除尘器构造示意图

1—振动器；2，6—气箱；3—通道；4，9—螺旋输送器；
5—观察孔；7—排灰口；8—检查口

袋上结露，造成设备运行故障。

在袋式除尘系统设计或选型时，必须严格控制布袋的使用温度，整个系统把现有外部可靠的控制系统以确保工作温度不高于布袋的允许温度，同时要防止水蒸气在布袋上凝结。对采用氯气精炼的熔炼烟气除尘系统，还要有严格的防止结露和腐蚀的措施。对于滤袋材料的选择也是非常重要的。滤袋性能的优劣是决定袋式除尘器性能的关键因素。表 58-6 列出了常用袋式除尘器滤袋材料的性能。在选择滤袋材质时，应根据具体情况综合考虑，使“性能/价格”比最优。

表 58-6　常用滤袋材料的性能

材料名称		PP	PES	PAC	PPS	APA	PI	PTFE	GLS
		聚丙烯	涤纶	DrlonT	Ryton	Nomex	P84	聚四氟乙烯	玻璃纤维
耐温/℃	连续	90	135	125	180	200	240	230	240
	最高	95	150	140	200	220	260	260	280
耐酸性		5	4	4	4	2	4	5	4
耐碱性		5	2	3	4	4	2	5	3
抗水性		5	1	4 ~ 5	5	2	2	5	5
抗氧化		3	5	3	1	3 ~ 4	—	5	5
抗磨损		5	5	3 ~ 4	3	5	4	3	1
相对价格		1	1	1.6	5	5	5	5	2 ~ 3

注：1—差；2— 一般；3—较好；4—好；5—很好。

袋式除尘器的优点是净化效率高且不受烟气中颗粒物浓度及其物化性质的影响。缺点是烟气的含水率较高时易导致清灰困难，同时要求使用耐高温的滤袋材料，其工程投资和运行费用较高。总的来讲，袋式除尘器在烟气净化系统的应用受到广泛青睐，是一种非常有前途的高效除尘设备。

处理普通粉尘的大型布袋除尘器，除尘器本体结构均为现场焊接组装，防腐很难做好，特别是对含有强酸性气体及卤化盐的烟气，使用寿命会大大缩短。中色科技股份有限公司为此用途，经过对铝熔炼保温炉烟气检测分析，考虑到熔炼保温炉烟气量波动大、烟气温度高且波动大、含水率高、腐蚀性强等特点，设计了 DLMC 系列除尘器。其特点如下：

（1）扁袋横插式结构（见图 58-7）。过滤袋占用空间小，滤袋布置紧凑，减小设备体积；采用的横插结构使设备的检修和维护方便，减少检修空间。

（2）模块式组合，标准化模具生产。设计出除尘器的一个基本单元，而各除尘器是对基本单元的简单叠加和局部特殊处理，除尘器生产采用流水线生产方式，即所有零部件由标准的模具生产。同时，这种制作工艺能保证壳板得到高质量防腐处理。

（3）除尘器的整体泄漏率不大于1%。独特的花板密封技术。整机结构严密，完全排除整机结构泄漏，滤袋架和支撑花板间处采用凹凸槽设计，凹凸槽是用油压机直接拉伸而成，并辅以材质优良之密封条，保证了每个滤袋的密封性，保证设备内不会发生泄漏。滤袋压紧装置为滤袋密封提供合适的预紧力，并将滤袋组件牢靠地固定花板上，确保除尘器在运行过程中不会因为任何原因而使密封发生松动、泄漏等事故。

（4）进风下降气流设计（见图 58-8），含尘气体从除尘器上部进入，大颗粒的粉尘（包括火星）经过挡流板直接沉降到灰斗，整个过滤室的气流由上而下，加速粉尘的沉降，减小二次吸附，降低滤袋负荷，提高过滤效率，能有效避免火星烧袋。

图 58-7 扁袋横插式构造示意图

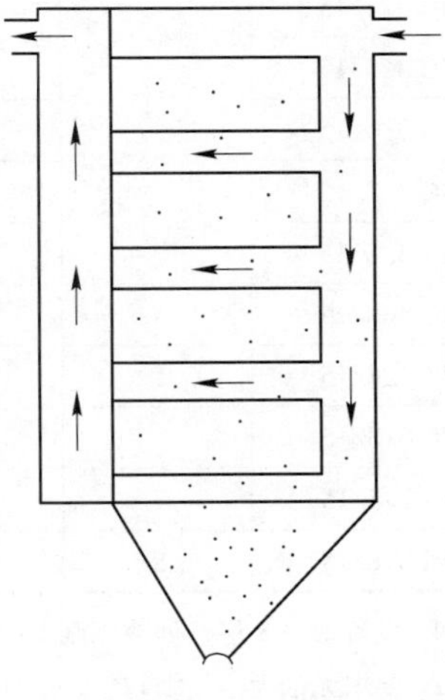

图 58-8 扁袋横插式气流示意图

（5）除尘器设备壳体用 Q345 冷轧板模压成形，除尘器表面高压静电喷涂。在所有本体钢结构均做打磨、除锈、漂洗、除油、磷化、钝化处理（密封花板和滤料架电泳）的基础上，外表面采用高压静电喷涂高温烘烤工艺处理。螺栓连接结构也保证了壳板在经过涂装处理后而不被破坏（传统的高温焊接直接破坏了防护涂层）。外形美观，防腐性能好，使用寿命长达 10 多年。DLMC 模块箱式扁袋除尘器基本参数见表 58-7。

表 58-7 DLMC 模块箱式扁袋除尘器基本参数

型 号	列数 a	层数 b	单元数 $a \times b$	过滤面积 /m^2	压缩空气最大耗量 /$m^3 \cdot h^{-1}$	所需压缩空气压力 /kPa
DLMC 1/2/15	1	2	2	30	8.7	3.8×10^2
DLMC 1/3/15		3	3	45	11.2	4.5×10^2
DLMC 1/4/15		4	4	60	16.1	6.2×10^2
DLMC 1/5/15		5	5	75	16.1	6.2×10^2
DLMC 1/6/15		6	6	90	26.3	6.2×10^2
DLMC 1/7/15		7	7	105	28.9	6.2×10^2
DLMC 1/8/15		8	8	120	28.9	6.2×10^2
DLMC 2/2/15	2	2	4	60	17.3	3.8×10^2
DLMC 2/3/15		3	6	90	22.4	4.5×10^2
DLMC 2/4/15		4	8	120	32.3	6.2×10^2
DLMC 2/5/15		5	10	150	32.3	6.2×10^2
DLMC 2/6/15		6	12	180	52.6	6.2×10^2
DLMC 2/7/15		7	14	210	57.7	6.2×10^2
DLMC 2/8/15		8	16	240	57.7	6.2×10^2
DLMC 3/2/15	3	2	6	90	26.0	3.8×10^2
DLMC 3/3/15		3	9	135	33.6	4.5×10^2
DLMC 3/4/15		4	12	180	48.4	3.8×10^2
DLMC 3/5/15		5	15	225	48.4	4.5×10^2
DLMC 3/6/15		6	18	270	78.9	6.2×10^2
DLMC 3/7/15		7	21	315	86.6	6.2×10^2
DLMC 3/8/15		8	24	360	86.6	6.2×10^2
DLMC 4/8/15	4	8	32	480	115.4	3.8×10^2
DLMC 5/8/15	5	8	40	600	144.5	4.5×10^2
DLMC 6/8/15	6	8	48	720	173.2	6.2×10^2
DLMC 7/8/15	7	8	56	840	202.3	6.2×10^2
DLMC 8/8/15	8	8	64	960	231.2	6.2×10^2

注：1. 设备最高 8 层，列数原则上没有限制。

2. 要求无油无水压缩空气，脉冲喷吹间隔标准设定：12s（可调）；脉冲宽度标准设定：112ms（可调）。

58.3.2.2 静电除尘器

静电除尘器是利用静电力（也称库仑力）实现固体粒子与气流分离的一种除尘装置。以管式静电除尘器为例，阐述其工作原理。

静电除尘器对去除粒度较小的颗粒物特别有效，是一种广泛使用的高效除尘设备。静电除尘器对烟气温度和湿度的变化敏感，一般在温度低于 370℃ 时都可使用。从集尘极上清除颗粒物是静电除尘器成功运行的关键。如果不及时清除这些污染物，这些颗粒物就会起到绝缘体的作用，从而使颗粒物的荷电过程不能顺利进行，降低颗粒物的净化效率，并最终使静电除尘器无法正常运行。清除颗粒物的方法很多，常用的为机械振打。根据经验，每隔一定时间振打每个集尘极，使颗粒物落入下面的灰斗中。另一种清灰方式为用水冲洗，但会产生废水，给后续处理带来不便。

颗粒物的比电阻是影响净化效率的重要参数。颗粒物的比电阻过高或过低，都会使静电除尘器的净化效率降低。比电阻的单位为欧姆·厘米（Ω·cm）。能被静电除尘器有效捕集的颗粒物最佳比电阻的范围为 $1\times10^{4}\sim1\times10^{13}\Omega\cdot cm$。大部分物质的比电阻都随温度的变化明显改变，因此，为了使静电除尘器能发挥其最佳除尘能力，应将烟气温度控制在适宜的范围。在这个温度范围内，颗粒物的比电阻应确保净化效率最高。比电阻适宜的颗粒物会将其部分电荷传给放电极，放电极放电的速度随着颗粒物在集尘极上的集聚而增加。当集尘极上的颗粒物质量超过其静电力时，部分颗粒物会自动从集尘极上降落到除尘器下部的灰斗中。

静电除尘器的形式虽然有多种，但除尘原理都是一样的。静电除尘器的优点是净化效率高，在长期连续使用的场合运行稳定、可靠。缺点是净化效率受烟气中颗粒物比电阻的影响，当比电阻过高或过低时都可能使净化效率下降，且设备投资和运行费用较高。

58.3.3　湿式洗涤器

湿式洗涤器是将烟气与洗涤液体相互密切接触，使污染物从烟气中分离出来的装置。湿式洗涤器既能净化烟气中的颗粒物，又能去除烟气中的气态污染物，还可用于烟气的降温、加湿等操作过程，这些是其他类型的除尘器所没有的优点。湿式洗涤器的缺点是净化过程中产生废水，必须进行处理；管道和设备的腐蚀较严重，洗涤后的烟气温度降低有时不利于排放扩散。湿式洗涤器的种类很多，这里仅介绍常用的吸收塔和文丘里洗涤器。

58.3.3.1　吸收塔

吸收塔可分为喷雾塔、填料塔和筛板塔等多种形式。这些洗涤净化装置的差别主要在于塔内结构形式的不同，污染物的净化原理都是相同的。以最简单的喷雾塔为例，对这类设备的污染物净化原理说明如下。

喷雾塔的构造如图58-9所示，烟气从喷雾塔下端的侧壁进入，并向上流动，吸收液（通常是碱性液体，如NaOH溶液）从上端侧壁喷入呈液滴状向下运动。当烟气通过喷淋吸收液所形成的液滴空间时，气态污染物如HCl、HF、SO_2 等被大量的液滴吸收，颗粒物也因吸收液滴的碰撞、拦截及凝聚等作用转移到吸收液中。含有大量颗粒物和气态污染物净化产物的洗涤液以废水的形式从塔底排出。净化后的烟气从塔顶排出。当塔内的烟气流速较高时，需要在塔顶部设除雾器。

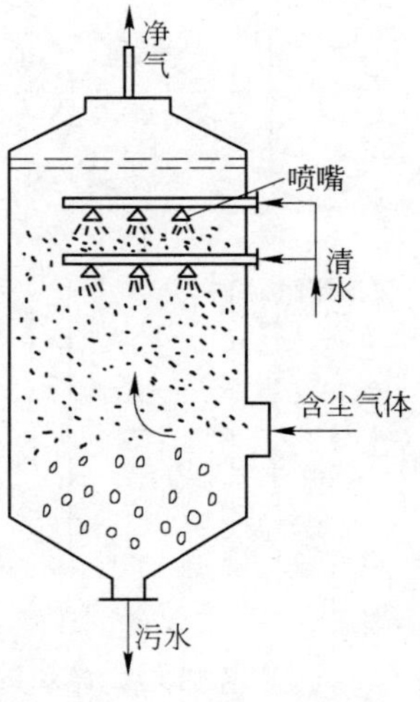

图58-9　喷雾塔

喷雾塔具有结构简单、压力损失小、操作稳定方便的优点。缺点是设备体积庞大、净化效率较低、耗水多及占地面积较大等。由于喷雾塔的净化效率相对较低，是一种低效的湿式洗涤装置，故常与其他高效洗涤净化装置联用，起预净化和降温、加湿等作用。

常用的高效洗涤净化吸收塔有填料塔和筛板塔两种。填料塔的结构形式较多，如立式、卧式等。图58-10所示为广泛使用的立式填料塔的结构。吸收液体从上往下运动，烟气从下往上运动，两者在塔内充分混合，使烟气中的污染物得以净化从塔底排出。在填料塔内的中部（段）有填料床层，床层内盛以一定形状的、体积很小的填料，使单位体积床层内的表面积大大增加，创造了良好的净化条件，使污染物在此得以高效去除。填料可用陶瓷、金属、塑料等不同材料制成，其形状也多种多样。净化后的烟气从塔顶排出，塔底排出的吸收液至废水处理系统处理。

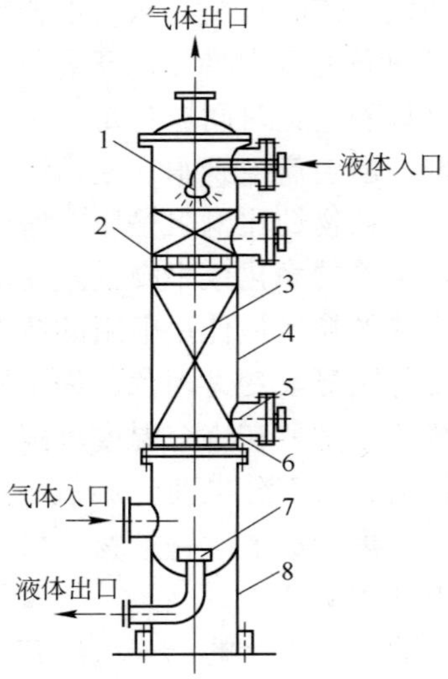

图 58-10 填料塔

1—喷淋装置；2—分配锥；3—填料；4—塔体；5—人孔；6—填料支撑板；7—出料装置；8—支座

筛板塔有溢流式和淋降式两类，筛板塔内部结构如图58-11所示。塔内装有若干层筛板，板上有小孔，吸收液靠重力自塔顶流向塔底，并在筛板上保持一定厚度的液层。烟气以鼓泡或喷射的形式穿过板上液层，使其中的污染物得到净化。净化后的烟气从塔顶排出。吸收液从塔底排至废水处理系统。淋降式筛板塔没有降液管，液体直接从筛孔淋下。溢流式筛板塔设有降液管，操作时液体越过溢流堰经过降液管流下。

58.3.3.2 文丘里洗涤器

常用的文丘里洗涤器由文丘里管和除雾器（分离器）组成，如图58-12所示。沿文丘

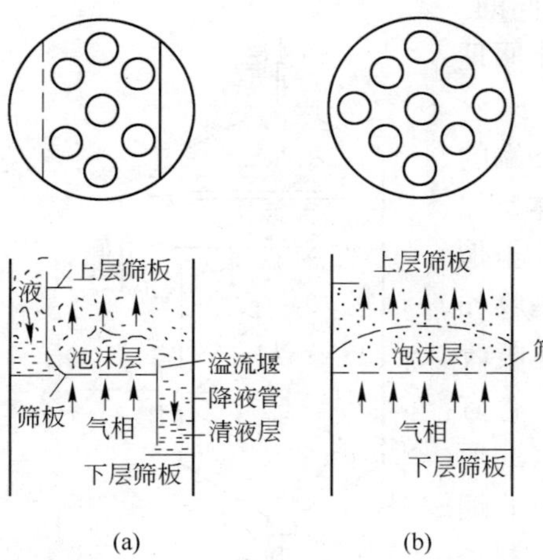

图 58-11 筛板塔

（a）溢流式；（b）淋降式

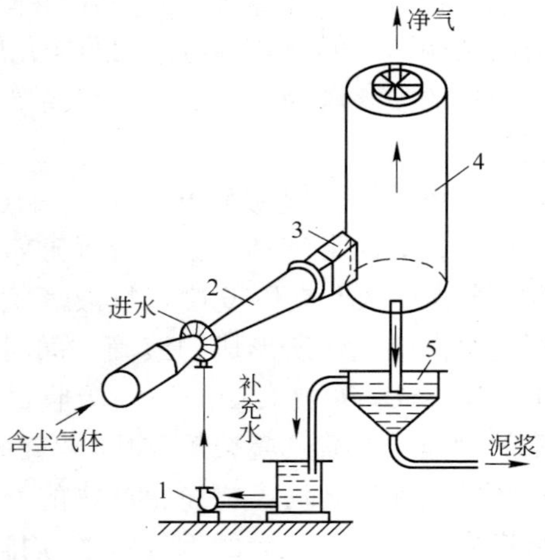

图 58-12 文丘洗涤器简图

1—循环泵；2—文氏管；3—调节板；4—分离器；5—沉淀池

里管的长度方向，可将其分为渐缩管（管径逐渐减小）、喉管和渐扩管（管径逐渐扩大）三部分。文丘里洗涤器中所进行的净化过程可分为雾化、凝聚和除雾3个过程，前两过程在文丘里管内进行，后一过程在分离器内完成。烟气进入文丘里管后，经渐缩管流速加大，至喉管处流速最大。吸收液从喉管的侧壁径向喷入（也可沿轴向喷入），在高速气流带动下被雾化，与气流充分混合。气流中的污染物被雾化的液滴捕集，再经除雾器后被分离出来，净化后的烟气流从分离器的顶部排出。

文丘里管的结构形式有多种（见图58-13）。按断面形状分为圆形和矩形两类；按喉管构造分为无调节装置的定径文丘里管和有调节装置的调径文丘里管。调径文丘里管用于净化效率要严格保证，烟气处理量有较大变化的场合。喉径的调节方式是，圆形文丘里管一

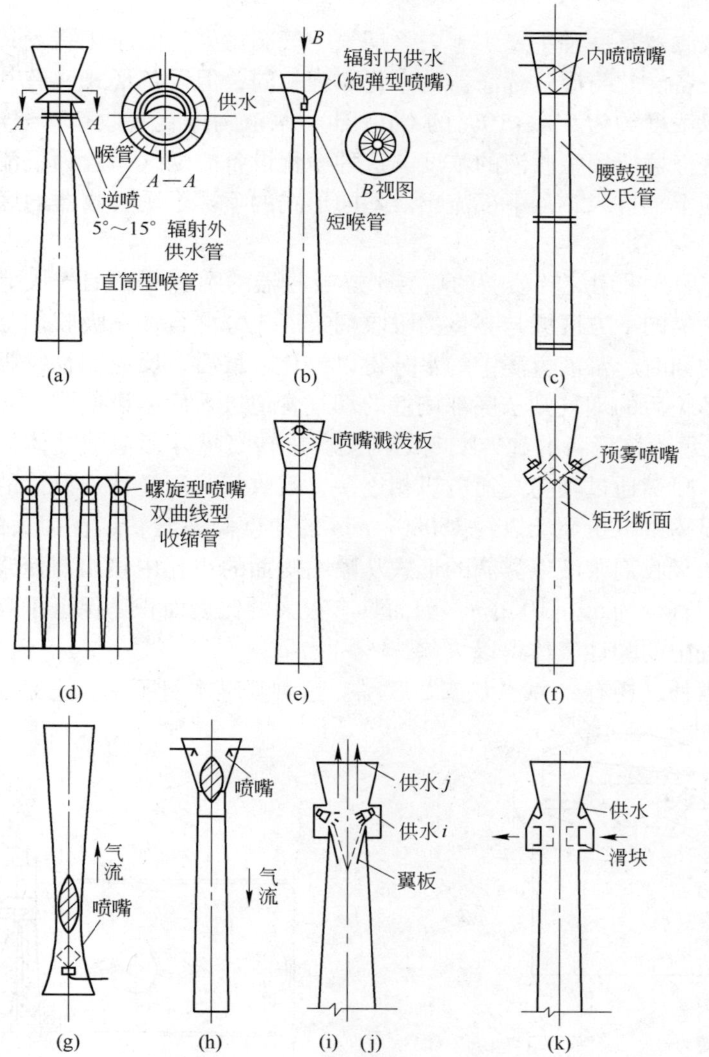

图58-13 几种文丘里管的结构简图

（a）～（e）圆形定径文丘里管；（f）矩形定径文丘里管；（g），（h）圆形重砣调径文丘里管；（i），（j），（k）矩形调径文丘里管

般采用重砣式，通过重砣的上下移动来调节喉口开度。矩形文丘里管采用能两侧翻转的翼板式或能左右移动的滑块式。从吸收液雾化方式上分，有预雾化和不预雾化两类。预雾化方式是用高压水通过喷嘴将液体喷成雾滴；不预雾化是借助于高速气流的冲击使液体雾化，因而能耗较大。按供水方式分，有径向内喷、径向外喷、轴向喷水等方式。径向内喷一般是在喉管壁上开孔作为喷嘴，向中心喷雾；径向外喷是在渐缩管中心装喷嘴，向外喷雾；轴向喷水是在渐扩管中心装喷嘴沿轴向喷雾。总之，文丘里洗涤器的形式很多，其主要差别在于文丘里管的结构。文丘里洗涤器的优点是可使多种污染物同时得到高效净化，占地面积相对较小。缺点是能耗高，运行费用高，且有后续的废水处理问题。

58.3.4　喷雾干燥吸收器

喷雾干燥吸收器是一种主要用于去除烟气中气态污染物的净化装置，是半干法烟气净化系统的主要设备。它与湿式洗涤器的净化原理相同，但设备形式又有其独到之处。喷雾干燥吸收器常以浓度约为5%～10%的 $Ca(OH)_2$ 浆液为净化吸收剂，浆液中 $Ca(OH)_2$ 的浓度高于湿式洗涤器所用吸收液的浓度。这种净化设备的烟气一般为下流式，即烟气从喷雾干燥吸收器的上部进入，从下部流出。不同形式的喷雾干燥吸收器的区别主要在于喷嘴结构的不同。

图58-14所示为采用旋转喷嘴的喷雾干燥吸收器的示意图。烟气从上部切向进入吸收器内，在旋转喷嘴的下方区域与雾化的吸收剂浆液充分混合，在吸收剂与酸性气态污染物发生化学反应的同时，浆液雾滴中的水分得以汽化。最后，反应产物以固体的形式从吸收器底部排出，净化后的烟气则从底部侧壁的烟气管道进入后续设备。

图58-15所示为该设备的旋转喷嘴结构图。旋转喷嘴外形似圆柱体，圆柱体侧面上均匀分布着小孔。喷嘴通过轴与高速电机相连接，吸收剂浆液经特殊设计的接口从输送管线进入喷嘴内。喷嘴由电机驱动以约15000r/min的速度高速旋转，在强大的离心力作用下，进入喷嘴内部的吸收剂浆液以雾滴的形式从喷嘴侧面的小孔中喷出，使浆液得以雾化。雾化后的浆液雾滴直径约50～100μm，因而具有很大的比表面积，保证了吸收剂与烟气的充分接触，使烟气中的酸性气体得以去除。

除旋转喷嘴外，还有一种“双流”喷嘴。这种喷嘴本身不动，它是靠压缩空气完成浆

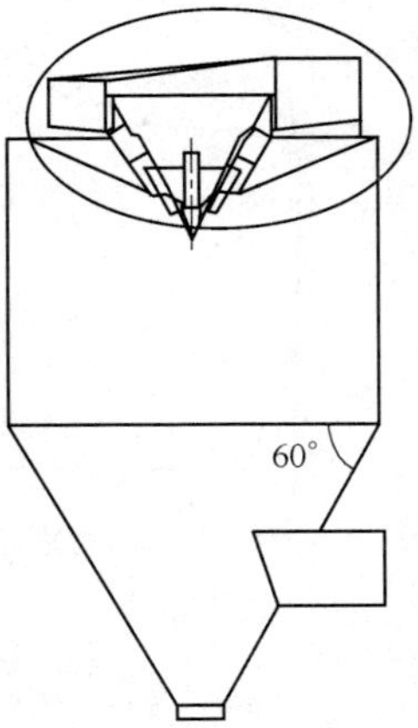

图58-14　旋转喷嘴喷雾干燥吸收器示意图

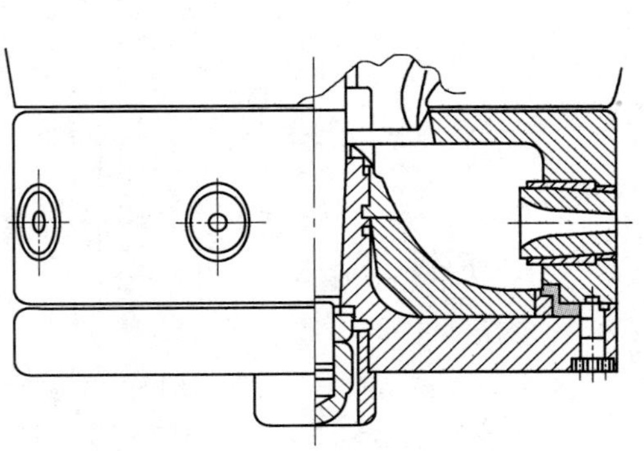

图58-15　旋转喷嘴结构示意图

液雾化的。其结构为双层夹套管，吸收剂浆液走内管，压缩空气走外管，浆液与压缩空气在喷嘴头处强烈混合后从喷嘴喷出，从而使吸收剂浆液雾化。图 58-16 所示为“双流”喷嘴的结构示意图。

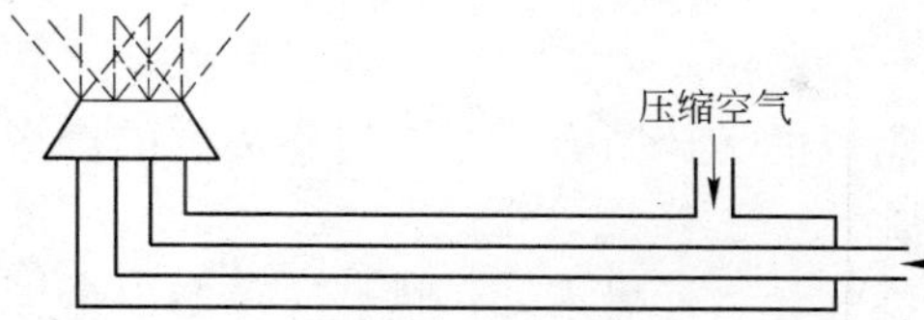

图 58-16 “双流”喷嘴结构示意图

喷雾干燥反应器的最大优点是充分利用了烟气中的余热使浆液中的水分蒸发，净化反应产物以干态固体的形式排出，避免了湿式洗涤器净化过程中的废水处理问题，因而大量运用于烟气中气态污染物的净化。这种净化装置的缺点是对操作条件要求高，否则难以达到净化、干燥的双重目的。另外，对喷嘴的要求也高，不但雾化效果要好，而且要抗腐蚀、耐磨损且不易堵塞。一些发达国家已开发研制出这种专用喷嘴，并已成功地在工程中应用。

58.4 噪声污染和控制

58.4.1 铝及铝合金铸造与再生铝企业主要噪声源分析

铝及铝合金铸造与再生铝工业的主要噪声源包括风机（送风机和引风机）、空压机、水泵、管路系统和运输车辆。次要噪声源有吊车、给水处理设备、烟气净化器等。再生铝企业噪声的声学特性大多属于空气动力学噪声。其次是电磁和机械振动噪声。由于再生铝企业生产是连续生产过程，大多数噪声为固定式稳态噪声，但也有随生产负荷变化而变化的间歇噪声、气动元器件的高压排气间歇噪声以及运输车辆的流动噪声。

引风机和送风机噪声是再生铝企业的主要噪声。由于风机的种类和型号不同，其噪声的强度和频率也有所不同，一般在 85 ~ 120dB(A)之间。风机辐射噪声的部位如下：（1）进气口和出气口辐射的空气动力噪声，一般送风机主要辐射部位在进气口，引风机主要辐射部位在出气口；（2）机壳及电动机、轴承等辐射的机械性噪声；（3）基础振动辐射固体噪声。风机噪声是以空气动力噪声为主的宽频噪声，空气动力噪声一般比其他部位辐射的噪声高出 10 ~ 20dB(A)。

空压机噪声在 90 ~ 100dB(A)之间，以低频噪声为主。主要噪声是进、排气口辐射的空气动力学噪声；机械运动部件产生的机械性噪声和驱动机噪声。其中主要辐射部位是进气口，高过其他部位的 5 ~ 10dB(A)。

水泵噪声主要是泵体和电机产生的以中频为主的机械和电磁噪声。噪声随水泵扬程和叶轮转速的增高而增高。

管路系统中的管道和阀门形成了线噪声源。一般情况下，阀门噪声居主要地位。阀门噪声主要有三种：（1）低、高频机械噪声；（2）以中、高频为主的流体动力学噪声；

(3) 气穴噪声（当阀门开度较小时尤其突出）。管道噪声包括风机和泵的传播声，以及湍流冲刷管壁的振动噪声。

噪声超过90dB的工厂被认为是噪声严重的工厂。

58.4.2 噪声的基本概念

噪声是由不同频率和振幅组成的无调杂音，是人所不需要的声音的总称。凡能产生噪声的振动源称为噪声源。

噪声按照产生机理可分为空气动力性噪声、机械性噪声和电磁性噪声三类。空气动力性噪声是由于空气振动产生的，当空气中存在涡流或气体压力突然发生变化时，因气流扰动而辐射出的噪声，它包括旋转噪声、湍流噪声、喷气噪声和激波噪声；机械性噪声是机械设备及其运动部件在运转和能量传递过程中城市中辐射出的噪声；电磁性噪声是由于铸磁体再交变电磁场作用下发生磁致伸缩引起振动而产生的噪声。对于某一设备，上述三种噪声往往同时存在，例如风机产生的噪声。

噪声的频率范围在20~2000Hz之间，为人耳可听声音频率范围。人耳对噪声的感觉主要与频率和声强有关。声压是衡量噪声声强大小的主要尺度。频率一定的情况下，声压越大，声音越强。声压的计量指标是声压级 L_p。声压级的计算公式如下

$$L_p = 20\lg\left(\frac{p}{p_0}\right) \tag{58-3}$$

式中 L_p——声压级，dB；

p——声压，Pa；

p_0——基准声压，$p_0 = 2 \times 10^{-5}$Pa。

噪声的声压级是由声压计测量的。噪声的主要评价指标是A计权声压级 L_p(A)，单位dB(A)。它综合了声压级和频率两者的特性，相当于人耳对40phone（40dB、1000Hz）纯音的响度级。在A计权声压级的基础上，还延伸出噪声的其他评价指标。比如评价变动噪声的等效声级 L_{eq}。等效声级的计算公式

$$L_{eq} = 10\lg\left[\frac{1}{T}\int_0^T 10^{0.1L_A}\mathrm{d}t\right] \tag{58-4}$$

式中 T——某段时间的时间总量，s；

L_A——变化声压级的瞬间值，dB(A)。

同一场所可能有多个噪声源，噪声的合成有如下两个规律：

(1) 两个声压级相同的声音叠加，合成音的声压级为一个声音的声压级加上3dB；

(2) 两个声音声压级相差10dB以上，则合成音比其中较强的声音高出不到0.5dB。因此，在噪声控制中必须抓住主要矛盾，首先把主要噪声源的噪声降下来，才能取得明显的降噪效果。

58.4.3 噪声的危害

噪声的危害是多方面的，可损伤听力，引起头痛、头晕、疲劳等疾病，注意力难于集中、降低工作效率、影响人们正常生活等，噪声的危害见表58-8。

表 58-8 噪声的危害

危 害	噪 声 特 征
对睡眠的影响	理想值为 35dB，最大值不超过 50dB
对交谈、思考的影响	理想值为 45dB，最大值不超过 60dB
对保护听力影响	理想值为 75dB，最大值不超过 90dB
引起烦恼	超过 90dB，将引起较大烦恼，间断的、强度不规则波动噪声影响更大
影响工作效率	超过 60dB 将引起烦恼、惊异、疲劳而降低工作效率，甚至出现判断错误
对语言通讯的干扰	对距离 0.3 ~ 1.2m 而言，噪声超过 65 ~ 53dB 对可靠语言通讯有干扰
听力损失	在 80dB 以下无影响，随着声强的增加，暴露时间的延长，听力损失加大。整日工作暴露在 85 ~ 95dB 时，听力有 10dB 的下降
痛 觉	在 120dB 时有不适、刺痛或痒的感觉

58.4.4 噪声的控制标准

再生铝企业厂界噪声应符合国家标准《工业企业厂界环境噪声排放标准》（GB 12348—2008），标准的具体内容详见表 58-9。

表 58-9 各类厂界噪声标准

类 别	昼间 L_{eq}/dB(A)	夜间 L_{eq}/dB(A)	类 别	昼间 L_{eq}/dB(A)	夜间 L_{eq}/dB(A)
0	50	40	3	65	55
1	55	45	4	70	55
2	60	50			

0 类声环境功能区：指康复疗养区等特别需要安静的区域。

1 类声环境功能区：指以居民住宅、医疗卫生、文化教育、科研设计、行政办公为主要功能，需要保持安静的区域。

2 类声环境功能区：指以商业金融、集市贸易为主要功能，或者居住、商业、工业混杂，需要维持住宅安静的区域。

3 类声环境功能区：指以工业生产、仓储物流为主要功能，需要防止工业噪声对周围环境产生严重污染的区域。

4 类声环境功能区：交通干线两侧一定距离之内，需要防止交通噪声对周围环境产生严重污染的区域。

铝及铝合金铸造与再生铝工业厂界噪声标准应参照企业厂址所在区域的噪声标准类别执行。

此外，2002 年国家卫生部颁布了《工业企业设计卫生标准》（GBZ 1—2002），按每个工作日接触噪声时间 8h 所规定的噪声声级卫生限值为 85dB，每个工作日接触噪声时间不足 8h 规定的噪声限值见表 58-10。具有脉冲噪声作业地点的噪声声级卫生限值见表 58-11。工作地点生产性噪声声级超过卫生限值，而采用现代工程技术治理手段仍无法达到卫生限值时，可采用有效个人防护措施。

表 58-10 工作地点噪声声级的卫生限值

日接触噪声时/h	卫生限值/dB(A)	日接触噪声时/h	卫生限值/dB(A)
8	85	1/2	97
4	88	1/4	100
2	91	1/8	103
1	94		

注：最高不得超过 115dB(A)。

表 58-11 工作地点脉冲噪声声级的卫生限值

工作日接触脉冲次数	峰值/dB(A)
100	140
1000	130
10000	120

58.4.5 噪声控制原则

噪声控制应遵循以下 5 个原则：

（1）选用符合国家噪声标准规定的设备，从声源上控制噪声；

（2）合理布置规划总平面布置，尽量集中布置高噪声的设备，并利用建筑物和绿化减弱噪声的影响；

（3）合理布置通风、通汽和通水管道，采用正确的结构，防止产生振动和噪声；

（4）对于声源上无法根治的生产噪声，分别按不同情况采取消声、隔振、隔声、吸声等措施，并着重控制声强高的噪声源；

（5）减少交通噪声，运输车辆进出厂区时，降低车速，少鸣或不鸣喇叭。

58.4.6 常用噪声控制措施

噪声控制应根据现场情况，既要考虑声学效果，又要经济合理和切实可行。具体控制主要从以下 3 个环节着手：

（1）从声源上根治噪声。噪声的根治主要是通过改进机械设备的设计、提高机械零件的加工精度和装配质量、改进作业工艺和操作方法来达到的。新建工业企业可以通过选用低噪声、高质量设备以及改进作业工艺和操作方法达到这一目的。

（2）在噪声传播途径上采取控制措施。对于声源上无法根治的噪声采取这类降噪措施。具体措施包括：1）采用“闹静分开”的设计原则，缩小噪声干扰范围；2）利用噪声的指向性合理布置声源位置；3）利用自然地形地物降低噪声；4）合理配置建筑物内部房间；5）通过绿化降低噪声；6）采取隔声措施，如设置隔声屏障、隔声窗等。

（3）在接受点采取防护措施。这类措施实质是个人防护措施，包括耳塞、防声棉、耳罩、防声头盔等。

确定具体噪声控制方案时，不同噪声情况采用的主要措施和次要措施是不同的。

风机的主要降噪措施有三种：（1）在风机进出口安装消声器，鼓风机应使用阻性或阻抗复合性消声器，图 58-17 所示为 F 型阻抗复合消声器示意图（有 A、B 两种安装形式，A 型用于风机出口管道，两端有法兰；B 型用于进风口管道，一端有法兰，另一端为伞形

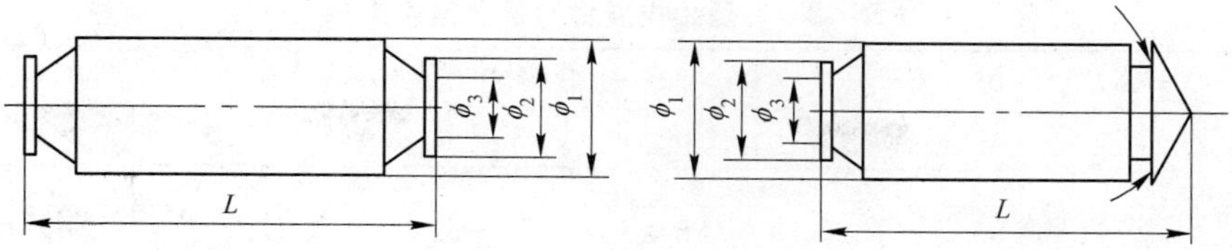

(a) (b)

图 58-17 F 型阻抗复合消声器示意图

（a）安装形式 A；（b）安装形式 B

风帽，适于垂直安装），规格尺寸见表 58-12，消声效果见表 58-13；（2）加装隔声罩，隔声罩由隔声、吸声和阻尼材料构成，主要降低机壳和电机的辐射噪声；（3）减振，风机振动产生低频噪声，可在风机与基础之间安装减振器，并在风机进出口和管道之间加一段柔性接管。

表 58-12 F 型阻抗复合消声器规格

消声器型号		配用风机流量 /$m^3 \cdot h^{-1}$	外形尺寸/mm		法兰尺寸/mm		空气流速 /$m \cdot s^{-1}$
			外径 ϕ_1	长度 L	内径 ϕ_3	外径 ϕ_2	
F-1	A	2000	450	1300	230	350	13.4
	B	2000	450	1300	230	350	
F-2	A	5000	600	1300	340	460	15.3
	B	5000	600	1300	340	460	
F-3	A	8000	730	1300	420	540	16.0
	B	8000	730	1300	420	540	
F-4	A	12000	790	1400	500	660	16.9
	B	12000	790	1400	500	660	
F-5	A	16000	900	1540	580	740	16.8
	B	16000	900	1540	580	740	
F-6	A	20000	950	1640	650	850	16.8
	B	20000	950	1640	650	850	
F-7	A	25000	1000	1690	700	900	18.1
	B	25000	1000	1690	700	900	
F-8	A	30000	1100	1750	780	980	17.5
	B	30000	1100	1750	780	980	
F-9	A	35000	1180	1800	840	1040	17.6
	B	35000	1180	1800	840	1040	
F-10	A	40000	1330	1800	900	1100	17.5
	B	40000	1330	1800	900	1100	
F-11	A	50000	1420	1900	1000	1240	17.7
	B	50000	1420	1900	1000	1240	

表 58-13 F 型阻抗复合消声器消声效果

频率/Hz	31.5	63	125	250	500	1000	2000	4000	8000
消声量/dB	4	6	12	18	23	30	30	23	23

空压机的降噪措施主要包括：（1）进气口装消声器，应选用抗性消声器；（2）机组加装隔声罩，最好做成可拆卸式便于检修和安装，并设置进排气消声器散热；（3）避开共振管长度，并在管道中加设孔板进行管道防振降噪；（4）在贮气罐内适当位置悬挂吸声锥体，打破驻波降低噪声。

水泵噪声主要控制措施是安装隔声罩，并在泵体与基础之间设置减振器。

管路系统的噪声控制措施有：（1）选用低噪声阀门，比如多级降压阀，分散流通阀、迷宫流道型阀门以及组合型阀门；（2）在阀门后设置节流孔板，可使管路噪声降低 10～15dB(A)；（3）在阀门后设置消声器；（4）合理设计和布置管线，设计管道时尽量选用较大管径以降低流速，减少管道交叉和变径，弯头的曲率半径至少 5 倍于管径，管线支撑架设要牢固，靠近振源的管线处设置波纹膨胀节或其他软接头，隔绝固体声传播，在管线穿过墙体时最好采用弹性连接；（5）在管道外壁敷设阻尼隔声层，提高隔声能力，可与保温措施结合起来，形成防止噪声辐射的隔声保温层。

58.5 生产的废水

生产废水主要是预处理工序和铸造工序产生。

预处理工序废水是对废杂铝原料表面油污等清洗时产生，主要含油和碱；铸造废水中含油和铝渣。铸造和预处理废水经除油、沉淀除铝渣处理后循环利用。排水仅为少量车间用水和循环系统排污水。循环水排放前需进行除油和沉淀。

58.6 固体废弃物

熔炼炉在熔炼过程中产生炉渣，其物质成分很不均匀，主要含：钾、钠、镁、钙的金属氯化物（约占 55%～75%），金属铝（约占 10%～30%），其他为氧化铝和铁、硅、镁的氧化物（约占 10%～20%）。视原料的不同，熔炼炉炉渣量变化较大，一般约为产品量的 6%～8%。

熔炼渣不属危险废物，可回收利用或送往堆场集中处理。

参考文献

[1] 王从权，刘友良，赵武壮，等．对我国铝工业发展循环经济的认识[J]．世界有色金属．2005(8)：7～9.
[2] 熊慧．2005 年全球废铝及再生铝市场回顾[J]．有色金属再生与利用．2006(3)：34～36.
[3] 李乐泉．我国再生铝工业的现状及发展前景[J]．上海有色金属．2005，26(3)：149～152.
[4] 沈贤春．现代铝工业现状与发展趋势[C]．2004 年中国再生铝产业发展研讨会，北京，2004.
[5] 卢惠民．再生铝在隔音材料中的应用[C]．2004 年中国再生铝产业发展研讨会，北京，2004.
[6] 陈立柱，王保士，等．废有色金属的回收利用[M]．北京：中国物资出版社，1992.

[7] 王恭敏．中国再生金属产业“十一五”发展规划研究[C]．第五届再生金属国际论坛，广州，2005.
[8] 张希忠．中国再生铝工业的环境保护问题[C]. 2004 年中国再生铝产业发展研讨会，北京，2004.
[9] 刘培英．再生铝生产与应用[M]．北京：化学工业出版社，2007.
[10] 管爱国．中国铝及铝合金废料回收体系现状及发展趋势[C]. 2004 年中国再生铝产业发展研讨会，北京，2004.
[11] 王恭敏．中国再生金属产业“十一五”发展规划研究[C]．第五届再生金属国际论坛，广州，2005.
[12] Günter Kirehner. 欧洲金属回收行业的发展对中国的参考价值[C]．广州，2005.
[13] 陈立柱，王保士，等．废有色金属的回收利用[M]．北京：中国物资出版社，1992.
[14] 乐颂光，鲁君乐，等．再生有色金属生产（第 2 版）[M]．长沙：中南工业大学出版社，1994.
[15] 刘伯操，郎业方，杨长贺，等．铸造手册：铸造非铁合金(第 2 版)[M]．北京：机械工业出版社，2002.
[16] 肖亚庆，谢水生，刘静安，等．铝加工技术实用手册[M]．北京：冶金工业出版社，2005.
[17] 张利君．阿卢马克斯铝业公司科克拉得铝及铝合金废料再生厂[J]．轻金属，1997(5)：53 ~ 56.
[18] Nussbaum. Aluminium scrap recycling plant at AMAG Ranshofena，Austria[J]. Light Metal Age，1998(4)：52 ~ 60.
[19] 王振东，何纪龙．感应炉冶炼[M]．北京：冶金工业出版社，1986.
[20]《轻金属材料加工手册》编写组．轻金属材料加工手册（下册）[M]．北京：冶金工业出版社，1980.
[21]《重有色金属材料加工手册》编写组．重有色金属材料加工手册（第 2 分册）[M]．北京：冶金工业出版社，1979.
[22] 王祝堂．台湾省的再生铝工业[J]．中国物资再生，1999(11)：14 ~ 16.
[23] 王祝堂．世界最大的再生铝企业——美国伊姆科再生金属公司[J]．中国物资再生，2000(2)：17 ~ 18.
[24] 王祝堂．日本最大的再生铝企业——大纪铝业公司[J]．中国物资再生，1999(7)：10.
[25] 王祝堂．力士达铝业股份公司——中国第二大再生铝厂[J]．中国物资再生，1999(7)：39.
[26] 梁军．工业炉窑设计制造及节能环保治理技术手册[M]．哈尔滨：哈尔滨地图出版社，2003.
[27] 郑铭．陈万金．环保设备——原理·设计·应用[M]．北京：化学工业出版社，2001.
[28] 张益，赵由才．生活垃圾焚烧技术[M]．北京：化学工业出版社，2000.
[29] 屠海令，等．有色金属冶金、材料、再生与环保[M]．北京：化学工业出版社，2003.

附 录

主 编 厉衡隆

副主编 路培乾 孙 毅

附录1　汉英名词术语对照

（按英文字母顺序排列）

第二篇　铝土矿

磨料	abradant
活性硅	active silica
团聚浮选	agglomeration flotation
胶结	agglutination
集合体	aggregation
充气搅拌式浮选机	air agitation flotation machine
碱性正长岩	alkaline simaite
烷基硫酸盐	alkyl sulfate
烃基磺酸盐	alkyl sulfonate
铝硅比	alumina-silica ratio/ratio of alumina to silica
铝硅酸盐	aluminosilicate
硫酸铝	aluminum sulfate
铝针铁矿	alumogeothite
明矾石	alunite
胺类捕收剂	amine collector
锐钛矿	anatase
消泡剂	antifoaming agent
隐晶结构	aphanic texture
回水	backwater
基础储量	basal reserves
铝土矿	bauxite
拜耳石	bayerite
洗矿,选矿	beneficiation
一水软铝石	boehmite
一水软铝石型铝土矿	boehmite bauxite
推土机-液压铲开采工艺	bulldozer-hydraulic shovel exploitation technology
推土机-装载机开采工艺	bulldozer-loader exploitation technology
煅烧铝土矿	calcined bauxite
方解石	calcite
羧酸类捕收剂	carboxylic acid collector
载体浮选	carrier flotation
晶胞参数	cell parameter
鲕绿泥石	chamosite/berthierine
碎屑状	clastic
黏土矿	clay
精选	cleaning
煤油	coal oil
捕收能力	collecting ability
捕收剂	collector
致密状	compact
合成起泡剂	complex foaming agent
调整剂	conditioning agent
杂质含量	content of impurity
铲运机-液压反铲开采工艺	cooptram-hydraulic backhoe exploitation technology
刚玉	corundum
天然起泡剂	crude foaming agent
皮壳构造	crustification
隐晶质	cryptocrystalline
晶面	crystal face
贫化率	depletion ratio
矿床	deposit
抑制剂	depressing agent
凹陷	depression
解离度脱泥选择性	desliming with degree of dissociation and selective flocculation
一水硬铝石	diaspore
一水硬铝石型铝土矿	diaspore bauxite
地开石	dickite
正浮选	direct flotation
分散剂	dispersant
分散状	disperse state

白云石	dolomite
有效氧化铝	effective alumina
嵌布	embed dispose
乳化气溶胶	emulsifying aerosol
乳化剂	emulsifying agent
脂肪酸	fatty acid
长石	feldspar
含铁矿物	ferro-containing
可浮性	floatability
浮选	flotation
浮选柱	flotation column
浮选流程	flotation flow
浮选机	flotation machine
浮选药剂	flotation reagent
粉煤灰	fly ash
起泡剂	foaming agent
漏斗状	funnel form
脉石矿物	gangue mineral
气体析出式浮选机	gas deposition flotation machine
凝胶结构	gel texture
地质	geology
三水铝石型铝土矿	gibbsite bauxite/hydrargillite bauxite
三水铝石	gibbsite hydrargillite
针铁矿	goethite
磨浮流程	grinding flotation flow
埃洛石	halloysite
赤铁矿	hematite
六方柱状	hexagonal prism
高铝水泥	high alumina cement
高品位铝土矿	high grade bauxite
高铁铝土矿	high iron bauxite
高硅铝土矿	high silica bauxite
高硫铝土矿	high sulfur bauxite
液压正铲-液压反铲开采工艺	hydraulic forward-hydraulic backhoe exploitation technology
水云母	hydromica

亲水性	hydrophilicity
疏水性	hydrophobicity
羟肟酸	hydroximic acid
羟肟酸类捕收剂	hydroximic acid collector
伊利石	illite
钛铁矿	ilmenite
倾角	inclination
惰性矿物	inert mineral
填隙结构	intersertal texture
离子型捕收剂	ionic collector
类质同晶取代	isomorphous substitution
高岭石	kaolinite
岩溶堆积型铝土矿	karst accumulation bauxite
岩溶沉积型铝土矿	karst deposition bauxite
岩溶性铝土矿	karst type bauxite
扁豆体状	lenticular
透镜状	lentoid
石灰石	limestone
长壁陷落法	long wall method
低品位铝土矿	low grade bauxite
磁铁矿	magnetite
机械搅拌式浮选机	mechanical agitation flotation machine
成矿带	metallogenic belt
微泡浮选	microbubble flotation
微晶	microcrystallite
微球状的	microspheric
中等品位铝土矿	middle grade bauxite
中矿	middlings
探矿	mine exploration
矿化度	mineralization
采矿	mining
蒙脱石	montmorillonite
莫来石	mullite
白云母	muscovite
蘑菇状	mushroom
环烷酸	naphthenic acid
霞石	nepheline

结核状构造	nodular structure
非活性硅	non active silica
非铝土矿含铝资源	nonbauxite sources
非极性捕收剂	nonpolar collector
油酸	oleic acid
鲕状构造	oolitic structure
露天采矿	open cut mining
选精矿	ore concentrate
矿点	ore occurrences
选尾矿	ore tailing
洗矿	ore washing
生物复垦	organism reclamation
诺耳石	otoconia
显晶结构	phaneric texture
膦酸类捕收剂	phosphinic acid collector
豆鲕状	pisolitic oolith
豆状构造	pisolitic structure
板柱状	platy and cylindrical
极性捕收剂	polar collector
多胺化合物	polyamine compound
远景储量	prospective reserves
砾状	psephitic
黄铁矿	pyrite
叶蜡石	pyrophyllite
采矿损失率	rate of mining loss
复垦	reclamation
重结晶	recrystallization
耐火材料	refractory materials
储量	reserves
资源量	resource quantity
反浮选	reverse flotation
硬度	rigidity
粗选	roughing
金红石	rutile
扫选	scavenging
短壁陷落法	short wall method
留矿法	shrinkage method
分筛	sifting screen
石英	silica/quartz
含硅矿物	silicon containing minerals
分层崩落法	slicing and caving
固溶体	solid solution
海绵状结构	sponge structure
鳞片状	squamose
似层状	stratoid
条带状	stripped
剥采比	stripping ratio
电铲-汽车剥离	strip the excavator from the automobile
装载机-汽车剥离	strip the loader from the automobile
松土机-铲运机剥离	strip the loosener from the scooptram
硫酸脂类捕收剂	sulfuric acid fat collector
含硫矿物	sulphur containing minerals
表面电性	surface electrochemical property
表面电位	surface potential
表面活性剂	surfactant
悬浮液或乳浊液	suspension
正长岩	syenite rock/simaite
铝土矿品位	the grade of bauxite
齐赫文型铝土矿	Tikhvinsky bauxite
含钛矿物	titanium-containing minerals
电气石	tourmaline
地下采矿	underground mining
脉状分布	vein type distribution
蠕虫状	vermiform
玻璃体	vitreum
风化红土型铝土矿	weathering red-soil type bauxite mine

第三篇　氧化铝

绝对溶出率	absolute digestion efficiency
酸法生产氧化铝	acidic process for alumina production
活化能	activation energy
添加剂	additive
附聚	agglomeration
搅拌	agitation, stir

搅拌密封	agitator sealing
空气搅拌	air agitation
氧化铝	alumina
氧化铝回收率	alumina recovery
铝酸根离子	aluminate ion
氢氧化铝	aluminum hydrate
阴离子絮凝剂	anion flocculant
防渗处理	anti-penetration treatment
阿累尼乌斯方程式	Arrhenius equation
系数	attrition index
压煮器、溶出器	autoclave
串联釜	autoclave in series
自动压滤机	automatic pressure filter
自动取样	automatic sampling
平均粒度	average grain size
袋式过滤机	bag pressure filter
球磨机	ball mill
矿耗	bauxite consumption
磨矿	bauxite grinding
矿石均化	bauxite homogenization
矿浆(料浆、浆液)	bauxite slurry
拜耳法	Bayer process
拜耳循环	Bayer cycling
联合法	(Bayer-sintering) combined process
混联法	(Bayer-sintering) mix-combined process
串联法	(Bayer-sintering) series process
并联法	(Bayer-sintering) parallel process
皮带输送机	belt conveyer
带式过滤机	belt filter
沸点	boiling point
堆积密度	bulk density
焙烧窑	calciner
焙烧	calcination
回转窑焙烧	calcination by rotary kiln
钛酸钙	calcium titanate
钙霞石	cancrinite
二氧化碳吸收率	carbon dioxide absorptivity

碳分分解率梯度	carbonation rate gradient
碳分槽	carbonation tank
阳离子絮凝剂	cation flocculant
碱耗	caustic consumption
碱法生产氧化铝	caustic process for alumina production
溶出苛性比	caustic (molar) ratio after digestion
烧碱(苛性碱)	caustic soda
苛化	causticizing
离心泵	centrifugal pump
陶瓷过滤机	ceramic disk filter
化学活性	chemical activity
化学吸附	chemical adsorption
化学分析	chemical analysis
化学碱耗	chemical caustic soda loss
化学成分	chemical composition
化学反应控制	chemical reaction control
化学稳定性	chemical stability
澄清度	clarity
分级	classification
煤	coal
煤耗	coal consumption
煤气	coal gas
煤气发生炉	coal gas generator
粗种	coarse seed
比色计	colorimeter
综合能耗	comprehensive energy consumption
赤泥的综合利用	comprehensive utilization of red mud
浓度	concentration
顺流蒸发	concurrent evaporation
粗液合流	confuence of unpolished sinter extraction liquor with Bayer slurry
连续碳分	continuous carbonation decomposition
冷却	cooling
冷却带	cooling area
腐蚀	corrosion
缓蚀剂	corrosion inhibitor
逆流蒸发	countercurrent evaporation

反向洗涤 countercurrent washing
破碎 crush
CGM(结晶助剂) crystal growth modifier
结晶度 crystallinity
结晶 crystallize
循环效率 cycling efficiency
循环流态化焙烧 cycling fluidized calcination
循环母液 cycling liquor
旋风收尘器 cyclone dust collector
旋风换热器 cyclone heat exchanger

深度碳分 deep carbonation
深锥沉降槽 deep cone thickener
深度脱硅 deep desilication
密度 density
底流密度 density of underflow
脱硅 desilication
硅量指数 desilication index
硅渣 desilication product
脱水剂 dewatering agent
隔膜泵 diaphragmatic pump
差热分析 differential thermal analysis
扩散控制 diffusion control
溶出浆液 digested bauxite slurry (digester effluent)
溶出器 digester
溶出性能 digestibility
溶出 digestion
溶出率 digestion efficiency
溶出速度 digestion rate
稀释 dilution
稀释槽 dilution tank
直接加热 direct heating
溶解热 dissolution heat
双流法 double stream digestion
转鼓式过滤机 drum filter
干法堆存 dry stack
烘干带 drying area
窑外烘干 drying before entering kiln

电耗 electricity consumption
电子探针 electronic microprobe
能耗 energy consumption
节能降耗 energy saving and raw material consumption reducing
能谱 energy spectrum
焓 enthalpy
熵 entropy
平衡浓度 equilibrium concentration
平衡状态图 equilibrium diagram
平衡溶解度 equilibrium solubility
蒸发 evaporation
蒸发母液 evaporated spent liquor
溶出磨 extraction mill (digestion mill)

快速分离 fast separation
降膜蒸发 film falling evaporation
过滤机 filter
滤液 filtrate
过滤 filtration
助滤剂 filtration aids
滤饼 filtration cake
滤布 filtration cloth
过滤介质 filtration medium
细种 fine seed
闪蒸 flash
流态化闪烁焙烧 flash calcination
自蒸发 flash evaporation
自蒸发器 flash evaporator
选矿拜耳法 Floatation-Bayer process
絮凝剂 flocculant
粉状氧化铝 floury alumina
流动性 flowability
流量计 flowmeter
氟化盐 fluoride
强制循环蒸发 forced circulation evaporation
新蒸汽 fresh vapor
新水消耗 fresh water consumption
燃料 fuel

回收 gallium recovery
碳酸法回收镓 gallium recovery by carbonation process

石灰法回收镓 gallium recovery by lime process
树脂吸附法回收镓 gallium recovery by resin adsorption process
气态悬浮焙烧 gas suspension calcination
吉布斯自由焓 Gibbs free enthalpy
粗液 green liquor(unpolished pregnant liquor)
长大 growth

热容 heat capacity
热效率 heat efficiency
散热 heat emission, heat loss
热交换器 heat exchanger
传热系数 heat transfer coefficient
传热效率 heat transfer efficiency
重油 heavy oil
高效沉降 high efficiency settling
高压水化法 high pressure hydration process
高压泵 high pressure pump
高压蒸汽 high pressure vapor
高温脱硅 high temperature desilication
高温溶出 high temperature digestion
水平盘式过滤机 horizontal pan filter
卧式叶滤机 horizontal security filter
腐殖质 humus
水合铝酸钙 hydro-calcium aluminate
水合碳铝酸钙 hydro-calcium-aluminum carbonate
水合硅酸钙 hydro-calcium silicate
旋流分级 hydrocyclone classification
水合铝酸钠 hydro-sodium aluminate
水合铝硅酸钠 hydro-sodium-aluminum silicate
水化石榴石 hydrogarnet
氢键 hydrogen bond
水合钛酸钙 hydroxy-calcium titanate
溶液净化 impurity removal from liquor
间接加热 indirect heating
诱导期 inducing period
强化溶出 intensified digestion
中间状氧化铝 intermediate alumina
离子交换 ionic exchange
等离子光谱 ionic spectrum(ICP)
等温截面 isothermal profile
同位素密度测定仪 isotopic densimeter

叶滤机 Kelly filter
动力学 kinetics

激光粒度分析 laser size analysis
液面测定仪 level meter(indicator)
石灰 lime
石灰拜耳法 lime-Bayer process
石灰的活性 lime activity
石灰添加量 lime addition amount
石灰乳 lime milk
石灰石烧结法 limestone sintering process
赤泥附液 liquor contained in red mud slurry
溶液结构 liquor structure
灼减 loss on ignition(L. O. I)
低温溶出 low temperature digestion

机械搅拌 mechanical agitation
碱的机械损失 mechanical caustic soda loss
冶金焦消耗 metallurgical coke consumption
中间降温 middle cooling
矿相组成 mineral composition
摩尔比 molar ratio
熔盐炉 molten salt furnace
熔盐加热 molten salt heating
单层沉降槽 monolayer settler
列管式预热 multi-tube preheating
多层沉降槽 multilayer settler
多效蒸发 multiple effect evaporation

自然循环蒸发 natural circulation evaporation
天然絮凝剂 natural flocculant
中子活化分析 neutron activation analysis
非离子型絮凝剂 nonionic flocculant
常压脱硅 normal pressure desilication

油耗　oil consumption
在线分析　on-line analysis
溶液化学成分在线分析仪　on -line chemical analysis for liquor
在线取样　on-line sampling
有机物质　organic matter
溢流　overflow
过热蒸汽　overheated vapor

平盘过滤机　pan filter
相图　phase diagram
板式热交换器　plate heat exchanger
聚丙烯酰胺　polyacrylamide
碳酸钾　potassium carbonate
分解率　precipitation efficiency
分解机理　precipitation mechanism
分解产出率　precipitation productivity
分解速度　precipitation rate
预脱硅　predesilication
预脱硅槽　predesilication tank
精液　(polished) pregnant liquor
碳酸化分解(碳分)　pregnant liquor carbonation decomposition
预热带　preheating area
压滤机　pressure filter
工艺能耗　process energy consumption
生产流程　process flow
生产流程图　process flowsheet(flowchart)
工序　process stage
生产工艺　process technology
保护膜　protection film

耙机　rake
喇曼光谱　Raman spectrum
液固比　ratio of L/S in weight
反应工程　reaction engineering
反应级数　reaction order
反应速度　reaction rate
反应速度常数　reaction rate constant
赤泥　red mud
赤泥坝　red mud dam
赤泥排放　red mud disposal
赤泥堆场　red mud stack(pool)
相对溶出率　relative digestion efficiency
安息角　repose angle
停留罐　retention tank
反苛化　reverse causticizing
逆反应　reverse reaction
可逆反应　reversible reaction
流变学　rheology
棒磨机　rod mill
回转窑　rotary kiln

试样　sample
砂状氧化铝　sandy alumina
饱和　saturation
结疤清理(化学/机械/水力/热)　scale removal(chemical/mechanical/hydraulic/heating)
结疤　scaling
钪的回收　scandium recovery
扫描电镜　scanning electronic microscope
二次成核　secondary nucleation
二次反应　secondary reaction
叶滤(控制过滤)　security filtration
晶种　seed
晶种系数　seed coefficient
种子分解　seeded precipitation
分离效率　separation efficiency
沉降槽　settler(settling tank), thickener
沉降　settling, thickening
沉淀　settling
单流法　single stream digestion
单管预热、压煮釜溶出　single tube preheating and autoclave digestion
烧结熟料　clinker
烧结料浸出(溶出)　sinter extraction(digestion)
烧成窑(熟料窑)　sinter kiln
烧结　sintering
烧成带　sintering zone
烧结法　sintering process
烧成配方　sintering recipe
粒度　size
粒度分布　size distribution

纯碱	soda ash
碱石灰烧结法	soda-lime sintering process
方钠石	sodalite
赤泥脱碱	soda removal from red mud
铝酸钠溶液	sodium aluminate liquor
碳酸钠	sodium carbonate
草酸钠	sodium oxalate
聚丙烯酸钠	sodium polyacrylate
硫酸钠	sodium sulphate
固含	solid content
溶解度曲线	solubility curve
比表面积	specific surface area
比表面仪	specific surface area analyzer
分光光度仪	spectrophotometer
光谱分析	spectrum analysis
分解母液	spent liquor after precipitation
蒸发原液	spent liquor for evaporation
喷枪	spray gun
电收尘器	static electrical dust collector
蒸汽	steam, vapor
堆取料机	stocker
强度	strength
过饱和	supersaturation
表面成核	surface nucleation
浮游物含量	suspended solid concentration
后加矿增浓	sweetening process
合成絮凝剂	synthetic flocculant
温度	temperature
升温	temperature raising, heating
热导率	thermal conductivity
热分解	thermal decomposition
热力学	thermodynamics
温度计	thermometer
滴定仪	titrimeter
铝土矿总可提取氧化铝含量	total available alumina
透射电镜	transmission electronic microscope
管式反应器	tube digester
管道溶出	tube digestion
管道间接加热脱硅	tube indirect preheating desilication
管磨	tube mill
管道加热(套管预热)	tube preheating (sleeve preheating)
管道预热、停留罐溶出	tube preheating and retention tank digestion
红外光谱	ultrared spectrum
紫外光谱	ultraviolet spectrum
底流	underflow
真空度	vacuum
真空降温	vacuum cooling
真空过滤机	vacuum filter
钒的回收	vanadium recovery
蒸汽冷凝水	vapor condensate
汽耗	vapor consumption
蒸汽加热	vapor heating
蒸气压	vapor pressure
立盘过滤机	vertical disk filter
立式叶滤机	vertical security filter
黏度	viscosity
洗涤沉降槽	washer
洗涤效率	washing efficiency
赤泥洗水	washing water for red mud
废气	waste gas
湿磨	wet grinding
X 射线衍射仪	X-ray diffractometer
X 射线荧光光谱	X-ray fluorescent spectrum
沸石	zeolite

第四篇 化学品氧化铝

4A 沸石	4A zeolite
活性氧化铝	active alumina
水化增重	additional weight by hydrating
附碱	adsorbed alkali
附水	adsorbed water
老化(陈化)	aging

铝胶　alumina gel
铝盐　aluminate/aluminum salt
氧化铝纤维　alumina fiber
电工填料氧化铝　alumina filler for electricity/alumina for electronic resin filler
α-氧化铝　α-alumina
β-氧化铝　β-alumina
θ-氧化铝　θ-alumina
χ-氧化铝　χ-alumina
κ-氧化铝　κ-alumina
δ-氧化铝　δ-alumina
γ-氧化铝　γ-alumina
η- 氧化铝　η-alumina
ρ- 氧化铝　ρ-alumina
低铁氢氧化铝　aluminum hydroxide with low ferrous content
低硅低铁氢氧化铝　aluminum hydroxide with low iron and silicon
低钠氢氧化铝　aluminum hydroxide with low sodium content
无定形氢氧化铝　amorphous aluminum hydroxide
不定形耐火材料　amorphous refractory material/monolithic refractory
人造宝石　artificial gem
人造石材　artificial marble
平均粒径　average particle size

湃铝石(拜耳石)　bayerite
生物陶瓷　biological ceramic/bioceramic
一水软铝石　boehmite
明度(亮度)　brightness
棕刚玉　brown fused alumina

高温氧化铝(煅烧氧化铝)　calcined alumina
铝酸钙水泥　calcium aluminate cement
催化剂　catalyst
催化剂载体　catalyst carrier/catalyst support
陶瓷　ceramic
化学品氧化铝　chemical alumina
沉淀法　chemical deposit process/chemical precipitation
气相法　chemical vapor deposition/gas phase method
化学氯乙醇法　2-chloroethanol method
分级　classification grade
刚玉　corundum
晶型　crystal phase

疵点(黑点)　defect
重装密度　density of compaction
干燥剂(吸附剂)　desiccant(adsorbent)
干燥　desiccation
一水硬铝石　diaspore

工程陶瓷　engineering ceramic
钙离子交换能力　exchange capacity of calcium ion/calcium ions exchange capacity(CIEC)
钙离子交换速率　exchange rate of calcium ion/calcium ions exchange rate

人造玛瑙填料　filler for artificial agate
精细陶瓷　fine ceramic
片状氧化铝　flaky alumina/plate-shape alumina
阻燃剂(阻燃填料)　flame retardant filler
氟盐　fluorate/fluoride salt
电熔刚玉　fused corundum

镓盐　gallium salt
凝胶　gel
胶　gelatinization
三水铝石　gibbsite
粉磨　grinding

高纯氧化铝　high-purity alumina
高白氢氧化铝　high-white aluminum hydroxide(HWAH)
色调　hue
水硬性氧化铝　hydraulic alumina/hydrated binding alumina

金属铝醇盐水解法	hydrolysis of aluminum alkoxides
铝粉水解法	hydrolysis of aluminum powder
金属醇盐水解法	hydrolysis of metal alkoxides/hydrolysis of metal alcoholate
改良拜耳法	improved Bayer process
松装密度	loose density
灼减	loss on ignition
低钠氧化铝	low sodium alumina
发光材料	luminescent materials
镁铝尖晶石	magnesite-alumina spinel (MA)
医用氢氧化铝	medical aluminum hydroxide
改性	modification
分子筛	molecular sieve
莫来石	mullite
纳米氧化铝	Nano-alumina
非冶金级氧化铝	non-metallurgical grade alumina
诺水铝石(诺耳石)	nordstrandite
吸油量	oil absorption value
原晶粒度	original particle size
造纸填料	paper filler
相变	phase change
抛光用氧化铝	polishing alumina
聚合氯化铝	polymerization aluminum chloride/polyaluminum chloride
铝酸钠溶液分解法	precipitating process in sodium aluminate solution
前驱物	precursor
拟薄水铝石	pseudo-boehmite
真密度	real specific gravity
折光率	refraction index
耐火材料	refractory material
饱和度	saturation
单晶	single crystal
烧结刚玉	sintered corundum
浆化	slurrying
铝酸钠	sodium aluminate
溶胶-凝胶法	sol-gel process/sol-gel method
火花放电法	spark discharge method
特种氧化铝	special alumina
比表面积	specific surface area
结构陶瓷	structure ceramic
超细氢氧化铝(微粉氢氧化铝)	super-fine aluminum hydroxide
板状氧化铝	tabular alumina
快脱法	the process of fast dehydration/speedy dewatering
α 相转化率	the transformation ratio of alpha phase
碳酸铝铵热解法	thermo-decomposing of ammonium aluminum carbonate
硫酸铝铵热解法	thermo-decomposing of ammonium aluminum sulphate
牙膏摩擦剂	toothpaste polish
解胶	ungel/dispergation
a 值	*a* value
b 值	*b* value
L 值	*L* value
洗涤助剂	washing additive
水处理剂	water treatment agent
白度	whiteness

第五篇　电解铝

交流电压	a. c. voltage
绝对温度	absolute temperature
有功功率	active power
自适应控制	adaptive control
自适应模糊控制	adaptive fuzzy control

空气污染物	air pollutant
合金	alloy
合金棒	alloy billet
氧化铝	alumina
氧化铝贮槽	alumina silo
铝	aluminum
铝合金板	aluminum alloy plate
铝合金薄板	aluminum alloy sheet
碳化铝	aluminum carbide
氟化铝	aluminum fluoride
铝锭	aluminum ingot
铝锭连续铸造机	aluminum ingot continuous casting machine
铝厂	aluminum smelter
安培表、电流表、安培计	ammeter
安息角	angle of repose
退火炉	annealing furnace
阳极,正极	anode
阳极空气渗透率测试仪	anode air permeability tester
阳极空气反应性测试仪	anode air reactivity tester
阳极块	anode block
阳极炭块组	anode block assembly
阳极母线 阳极效应	anode bus
阳极母线	anode busbar
阳极残极	anode butt
阳极浇铸机	anode casting machine
换阳极	anode changing
阳极更换天车	anode changing cranes
炭块夹具	anode clamp
阳极 CO_2 反应性测试仪	anode CO_2 reactivity tester
阳极消耗	anode consumption
阳极电流密度	anode current density
阳极效应	anode effect(AE)
阳极提升	anode elevation
更换阳极	anode exchange
阳极框架	anode frame
阳极罩	anode hood
阳极提升机构	anode jacking device
阳极提升速度	anode lifting speed
阳极行程	anode lifting stroke
阳极糊	anode paste
阳极棒孔	anode pinhole
阳极电阻率测试仪	anode resistivity tester
阳极棒	anode rod
阳极组装车间	anode rodding shop
阳极取样钻	anode sampling drill
清理机组安装图	anode scraping cleaner erection drawing
阳极车间	anode shop
阳极尺寸	anode size
阳极热导率测试仪	anode thermal conductivity tester
阳极线膨胀系数测试仪	anode thermal expansion coefficient tester
阳极搬运车	anode trailer
阳极电压降	anode voltage drop
阳极氧化法、阳极处理、阳极防腐处理	anodizing
表观密度、视密度	apparent density
表观膨胀、视膨胀	apparent expansion
视比重	apparent gravity
显气孔率	apparent porosity
视在功率	apparent power
表观纯度、视纯度	apparent purity
化验粒度	assay size
大气污染	atmospheric pollution
自动打壳机	automatic crust breaker
平均槽内衬寿命	average life of pot lining
平均产量	average output
平均槽电压	average voltage of pot
后备电源	backup power source
焙烧	baking
电解质	bath
电解质黏度	bath viscosity
砌块砌体结构	block masonry structure
桥式吊车、桥式起重机	bridge crane
扩建厂	brownfield
残极	butt
残极组	butt assembly
残极压脱机	butt press

自备电厂	captive power plant
二氧化碳	carbon dioxide
一氧化碳	carbon monoxide
浇灌、浇注、铸造	cast
铸造车间	cast house
铸造、浇注、铸件	casting
铸造设备	casting equipment
铸造机	casting machine
阴极炭块组	cathode block assembly
阴极母线	cathode busbar
阴极钢棒	cathode collector bar
阴极转运大车	cathode transfer crane(CTC)
苛性的、苛性碱	caustic
苛性碱	caustic alkali
苛性碱浸出	caustic leach
苛性比	caustic ratio
苛性碱、苛性钠	caustic soda
苛性钠浓度	caustic soda concentration
氢氧化钠浸出	caustic soda leach
苛性碱溶液	caustic solution
槽膛	cavity
槽膛尺寸	cavity size
链斗升降机	chain bucket elevator
链式输送机	chain conveyor
装料、充电	charging
加料次数	charging frequency
加料系统	charging system
化学反应	chemical reaction
烟囱	chimney
净化设备	cleaning unit
闭合电路	closed circuit
煤焦油沥青挥发物（按苯溶物计）	coal tar pitch volatiles (as benzene soluble matters)
回采率、回收率	coefficient of recovery
线膨胀系数	coefficient of thermal expansion
利用率、利用系数	coefficient of utilization
黏度系数	coefficient of viscosity
集气	collected gas
比色高温计	color pyrometer
比色计	colorimeter
压力真空表	combined pressure and vacuum gauge
燃烧	combustion
空压机站、空压站	compressed air station
压缩空气系统	compressed air system
压缩比	compression ratio
抗压强度、耐压强度	compressive strength
精选、浓缩、浓度	concentration
浓度、梯度	concentration gradient
密度、浓度、黏度	consistency
消耗能量	consumed energy
化验室、检验室	control laboratory
控制方案	control scheme
氧化铝输送料管	conveyed pipe of alumina
临界浓度	critical concentration
打壳机	crust breaker
打壳和点式下料	crust breakers and point feeders
打壳下料机构	crust breaking and feeding device
冰晶石	cryolite
晶形	crystal form
晶体结构	crystal structure
结晶温度	crystallization temperature
电流	current
阳极电流密度	current density of anode
电流效率	current efficiency
电流强度	current intensity
圆筒回转窑	cylindrical rotor kiln
数据处理	data processing
溶解、接触、液化	deliquescence
浓相输送安装图	dense phase system erection drawing
比重计、密度计	densimeter
槽膛深度	depth of cavity
覆盖厚度	depth of cover
名称、说明、描述	description
构造说明	description of construction
设计程序	design process
设计方案	design scheme
设计产能	designed capacity
硅藻土砖	diatomite brick
电介质	dielectric medium
消化、溶出	digest

间距	distance
分流器	diverter
风管	draft tube
链式输送机	drag chain conveyer
排水,排水管	drain
回转筛	drum screen
干式防渗料	dry barrier mix(DBM)
干燥过滤器芯	dry filter core
干法烟气净化	dry fume control
烘干	drying
粉尘、灰尘	dust
收尘设备	dust collecting equipment
储仓的收尘系统	dust collection system at stock tank
除尘器、收尘器	dust collector
粉尘浓度、含尘浓度	dust concentration
含尘量	dust content
粉尘采样仪	dust sampling instrument
除尘室	dust settling chamber
负荷、生产量、功用	duty
电势、电位	electric potential
电能	electric power
电导率	electrical conductivity
电极	electrode
电解质	electrolyte
电解法	electrolytic process
电磁感应	electromagnetic induction
电动势	electromotive force
电动机	electromotor
环境噪声	environmental noise
环境污染物	environmental pollutant
设备图	equipment drawing
设备表、设备目录	equipment list
当量长度	equivalent length
黏土砖	fireclay refractory brick
黏土质高温胶泥	fireclay refractory mortar
耐火强度	fired strength
闪速焙烧	flash roaster
铝软带	flexible aluminum strip
流程图	flow sheet
工艺流程图	flowchart
风道、烟道、火道	flue
烟道清理机	flue cleaning machine
烟气	flue gas
氟化物	fluorides
氟化物浓度	fluorides concentration
新鲜氧化铝	fresh alumina
燃料	fuel
燃气	fuel gas
烟道	fume duct
排烟罩	fume extraction hood
炉体、冶金炉	furnace
筑炉	furnace building
炉膛	furnace chamber
炉衬	furnace lining
涂石墨机	graphite coating machine
石墨质炭块	graphitic carbon block
石墨化炭块	graphitized carbon block
格子型球磨机	grate ball mill
生阳极块	green anode block
生阳极糊	green anode paste
新建厂	greenfield
吸热	heat absorption
热平衡	heat balance
热传导	heat conduction
导热系数	heat conductivity
热能	heat energy
热流仪	heat flow meter
热源,热量输入	heat input
保温材料	heat insulating material
隔热保温、热绝缘体	heat insulation
热量支出	heat output
传热系数、热传导系数	heat transfer coefficient
热媒、导热介质	heat transfer medium(HTM)
耐热的	heat-proof
传热系数	heat-transfer coefficient
高压空压机	high pressure compressor
高纯铝	high purity aluminum
高品位铝土矿	high quality bauxite
高硅铝土矿	high silicon bauxite
提升装置	hoisting installation

储槽 holding tank
旁插自焙槽 horizontal stud Soderburg (HSS)
热媒锅炉 HTM boiler
熟石灰、消石灰 hydrated lime

反击式破碎机 impact crusher
安装图 installation diagram
保温砖 insulating brick
绝缘层、保温层、隔热层 insulating lager
绝缘 insulation

凿岩机 jackdrill
颚式破碎机 jaw crusher
喷嘴 jet nozzle
夹具及固定装置 jig and fixture
振动筛 jigging screen

不稳定性 lability
劳动定员 labor norm
抬包预热器 ladle preheater
抬包运输车 ladle trailer
溶出，浸析（出） leaching
放热 liberation of heat
轻质浇注料 light castable
轻质高铝砖 light high alumina refractory brick
液体燃料 liquid fuel
液相 liquid phase
液体沥青 liquid pitch
纵断面图（路线） longitudinal profile (of route)
压头损失 loss in head
热损失 loss of heat
烧灼损失 loss of ignition

保养、维修、维护 maintenance
维护费 maintenance expense
主要技术经济指标表 major techno-economic index sheet
管理费用 management cost
管理人员 manager
操作 manipulation
压力计、压力表 manometer
出厂价 manufacturer's price
制造成本 manufacturing cost
制造费用 manufacturing expense
摩尔质量 molar weight
冰晶石溶体 molten cryolite bath
监控 monitor supervision
电机振动给料机 motor vibrating feeder
铸模、模子 mould
碎屑、废料 muck
多功能天车 multi-purpose crane
万能试验机 multipurpose machine

噪声污染 noise pollution
有色金属 non-ferrous metal
非生产人员 non-production staff
不可逆的 non-reversible
正常运转 normal operation
标准化 normalization
阳极组数 number of anode assembly
阳极钢爪数 number of anode stub
阴极炭块数量 number of cathode block assembly

磁场强度计 oerstedmeter
提供，报价 offer
补偿电压 offset voltage
露天堆场 open stockpile
过冷 over cooling
槽壳外形尺寸 overall dimension of pot shell
大修（通常的修理）、检修 overhaul
过电压、超电压 overpotential
过热温度 over-temperature

气动控制柜、气控柜 pneumatic control box
污染物 pollutant
污染物监测 pollutant monitoring
污染源 pollution source
槽控箱 pot controller
电解烟气净化 pot fume scrubbing

电解烟气净化中心 pot fume treatment center (PTC)
电解槽大修 pot lining and delining
槽壳 pot shell
炉龄 potlife
电解系列 potline
电解车间 potroom
预焙 pre-bake
预焙铝电解槽 prebake aluminum electrolysis cell

沉淀物、降水量 precipitation
初步设计图 preliminary drawings
压力表、压力计 pressure meter
生产过程自动化 process automation
工艺流程 process flow
生产流程 production process
生产率 production rate
产能 productive capacity

电量 quantity of electricity
热量 quantity of heat

捣打料 ramming mix
改建 reconstruction
整流 rectification
整流器 rectifier
整流变压器 rectifier transformer
整流机组 rectifier unit
耐火砖 refractory block
耐火浇注料 refractory castable

净化效率 scrubbing efficiency
自焙 self-baking
槽壳结构 shell construction
烟尘 smoke dust
自焙槽 Soderburg cell
固相 solid phase
固体沥青 solid pitch
备件、备品备件 spare part
比重 specific density
比热容量 specific heat capacity
比表面 specific surface
比表面积 specific surface area
开工费用 start cost
启动时间 starting time
试车期 start-up period
仓库、库房 store-house
钢爪抛丸机 stub shot blaster
硫分、含硫量 sulphur content
上部结构 superstructure
悬浮物 suspended matter
清扫车 sweeper

汽车槽车 tank truck
出铝汽缸 tapping cylinder
出铝端 tapping side
出铝小车 tapping trolley
含焦油量 tar content
导热系数、导热性、热导率 thermal conductivity
导热系数 thermal conductivity coefficient
热电偶 thermal couple
保温层 thermal insulating layer
保温、热绝缘 thermal insulation
隔温层 thermal insulation course
保温材料 thermal insulation material
热阻 thermal resistance
绝热板 thermal resistance plate
抗热震性 thermal shock resistance
磷铁环清理滚筒 thimble cleaning drum
磷铁环压脱机 thimble press

真空汞 vacua pump
真空抬包 vacuum ladle
文氏管 venturi tube
喷射管喷嘴 ventury
上插自焙槽 ertical stud Soderburg(VSS)
黏度计 viscosimeter
黏度、黏滞度 viscosity
黏度系数、黏滞系数 viscosity factor
挥发分 volatile matter
电压降 voltage drop
电压表 voltage meter
电量计 voltameter
伏特安培计 voltammeter

伏特计、电压表	voltmeter
堆积密度,体积密度	volume density
容量,容积	volumetric capacity
体积浓度	volumetric concentration
体积膨胀	volumetric expansion
仓库	warehouse
废料场	waste dump
废气净化	waste gas purification
钢丝刷	wire brush
X 射线分析仪	X-ray analyzer
X 射线衍射图像	X-ray diffraction pattem
X 射线荧光光谱仪	X-ray fluorescence spectrograph
年产量	yearly production
产量、产值、屈服	yield
区域熔炼	zone-melting
区域精炼	zone-refine

第六篇　铝用炭素材料及氟盐

黏结剂	agglomerant
骨料	aggregate
空气燃烧	air burning
空气渗透率	air permeability
空气反应性	air reactivity
各向异性	anisotropic
阳极块	anode block
残阳极	anode butt
阳极糊	anode paste
蒽油	anthracene oil
无烟煤	anthracite
芳香烃	arene
人造石墨	artificial graphite
灰分	ash content
艾奇逊石墨化炉	Atchisson graphitizing furnace
焙烧	baking
焙烧炉	baking furnace
焙烧烟气净化	banking furnace fume scrubbing
焙烧多功能天车	baking furnace tending machine(FTM)
焙烧车间及碳块库	baking shop & carbon block storage
环球法	ball and ring met
球磨机	ball mill
配料车	batch truck
抗弯强度	bending strength
苯不溶物	benzene insoluble
体积密度	bulk density
煅烧窑	calcinating kiln
煅烧车间	calcination shop
煅后焦	calcined coke
煅烧	calcinaing
煅后石油焦	calcined petroleum coke
煅烧带	calcining zone
炭阳极	carbon anode
炭胶泥	carbon bind
阴极炭块	cathode blocks
普通阴极炭块	cathode carbon blocks
阴极糊	cathode paste
带盖焙烧炉	closed baking furnace
闭气孔	closed pore
CO_2 反应性	CO_2 reactivity
煤焦油	coal tar
煤沥青	coal tar pitch
焦化	coking
石油焦振动筛	coke vibrating screen
结焦值	coking value
冷捣糊	cold ramming paste
抗压强度	compressive strength
连续混捏机	continuous mixer
冷却	cooling
凉料	cooling feed
磨粉	crocus
破碎	crushing
破损系数	damage coefficient
延迟焦	delayed coke
废块	depose block
圆盘凉料机	disc cooling machine
圆盘破碎机	disc crusher

倒焰窑	down draught kiln
沥青高位槽	elevated pitch tank
电导率	electrical conductivity
电解膨胀率	electrolysis expansivity
模压成形	extruding forming
料仓	feed bin
填充料	filler
固定碳	fixed carbon
成形	forming
石墨碎	graphite broken
石墨化	graphitization
生坯	green compact
硬残极	hard butt
硬沥青	hard pitch
锤式破碎机	hammer crusher
热导率	heat conductivity
热媒	heating medium
热媒锅炉	heating medium boiler
高石墨质阴极炭块	high graphitized cathode carbon blocks
高位槽	high-level tank
高硫焦	high sulfur coke
高温沥青	high temperature pitch
残碳率	higher char yield
热捣糊	hot ramming paste
浸渍	impregnation
配料	ingredients
配料秤	ingredients weigh
颚式破碎机	jaw crusher
卡斯特纳石墨化炉	Kastner graphitizing furnace
釜式焦	kettle coke
浆式混捏机	kneading machine
内串石墨化	lengthwise graphitization
少灰原料	little ash material
机械强度	mechanical strength
水银气孔率	mercury porosity
冶金焦	metallurgical coke
中温沥青	mid-temperature pitch
混捏锅	mixer
混捏	mixing
改质沥青	modified pitch
弹性模量	modulus of elasticity
多灰原料	more ash material
针状焦	needle coke
敞开式焙烧炉	open-type baking furnace
开口气孔	opening pore
半石墨阴极炭块	partially graphitized cathode carbon blocks
石油焦	petroleum coke
沥青焦	pitch coke
沥青熔化槽	pitch melting tank
沥青泵	pitch pump
孔隙率	porosity
罐式煅烧炉	pot-type calciner
预压	prepressing
挤压成形	press forming
概率筛	probability screen
喹啉不溶物	quinoline insoluble
雷蒙磨	Raymond mill
渣油	residual oil
α-树脂	α-resin
β-树脂	β-resin
γ-树脂	γ-resin
煤沥青的流变性	rheological characteristic of coal pitch
环式焙烧炉	ring baking furnace
对辊破碎机	roll crusher
回转窑	rotary kiln
筛分分析	screening analysis
侧部炭块	sidepiece carbon blocks
筛分	sieving

氮化硅结合碳化硅块 silicon nitride combined carbon nitride blocks
钠膨胀 sodium swelling
软化点 softening point
电阻率 specific resistance
标准筛 standard sieves
硫分 sulfur content

抗拉强度 tensile strength
理论配方 theory compositions
硼化钛阴极块 titanium boride cathode blocks
甲苯不溶物 toluene insoluble
齿辊破碎机 toothed roll crusher
微量元素 trace element
圆筒筛 trommel
真密度 true density

黏度 viscosity
振动成形 vibrating forming
振动筛 vibrating screen
挥发分 volatile matter

水分 water content
易石墨碳 well-graphitizing carbon
可湿润阴极 wetted cathode
工作配方 working compositions

第七篇 精铝、高纯铝和电解共析法制取铝合金

铝钪合金 Al-Sc alloys
铝基合金 aluminum based alloys

生长条纹 Block
烧损 burning loss

铸造铝合金 cast aluminum alloy
铸造 casting
铸态区 casting states zone
泡沫陶瓷过滤板过滤 ceramic filter plate
扒渣 cinder scraping
涂料 coating
冷隔 cold shut
竞争生长 competition growth
电导率 conductivity
偏聚 congregating
裂纹 cracks
坩埚 crucible

分解电压 decomposition voltage
定向凝固 directional solidification
干法净化 dry purification

电导率 electrical conductivity
电化学反应 electrochemical reaction
电解温度 electrolysis temperature
电解质 electrolyte
电解共析法 electrolytic eutectoid method
电磁搅拌 electromagnetic stirring
伸长率 elongation
环境保护 environmental protection
平衡常数 equilibrium
热核反应装置 equipment of hot nuclear reaction
共晶点 eutectic point

疲劳寿命 fatigue lifetime
羽毛状晶 feather-crystal
过滤器 filter
过滤 filtration
熔剂 flux
断裂韧性 fracture toughness

气孔 gas hole
晶粒 grains

硬度 hardness
热影响区 heat affected zone
高纯铝 high purity aluminum
水平铸造（又称卧式铸造或横向铸造） horizontal casting

孕育期 incubation period
夹杂 inclusion
铸锭 ingot
金属间化合物 intermetallic compound

初晶温度	liquidus temperature
低倍组织	macrostructure
中间合金	master alloys
材料状态	material states
力学性能	mechanical properties
熔体	melt
熔炼	melting
氧化物	metal oxide
显微分析	microanalysis
搅拌	mixing
变质剂	modifier
金属摩尔比	molecular ratio
熔盐电解法	molten salt electrolysis
结晶器	mould, mold
在线处理	on-line processing
过烧	oversintering
氧化物	oxide
相图	phase diagram
疏松	porosity
配料	proportioning
净化	purification
稀土金属	rare earth metals
再结晶	recrystallization
细化	refinement
精炼	refining
安全生产	safety production
偏析	segregation
偏析法	segregation method
固液界面	solid-liquid interface
标准吉布斯自由能	standard Gibbs free energy
状态图	state diagram
平衡状态	state of equilibrium
应力腐蚀	stress corrosion
高温合金	superalloy
热还原法	thermal reduction process
热还原反应	thermal reductive reaction
过渡元素	transition elements
可焊性	weldability
焊缝	welding seam
工作电压	working voltage
变形铝合金	wrought aluminum alloy

第八篇　铝及铝合金的铸造

吸附净化	adsorption refine
气孔	air hole
合金牌号	alloy sign
合金元素	alloying elements
重熔用铝锭	aluminum ingot
熔铝炉	aluminum melting furnace
铝线杆	aluminum rod
圆铸锭	billet
烧嘴	burner
铸造	casting
铸造速度	casting speed
泡沫陶瓷过滤板过滤	ceramic filter plate
链式铸锭机	chain ingot machine
碎屑	chips
连续铸造	continuous casting
连续熔炼法	continuous melting
连续铸轧法	continuous rolling-casting
对流	convection
裂纹	crack
裂纹倾向性	crack orientation
晶粒度	crystal degree
直接水冷立式半连续铸造机	DC casting machine
深床过滤器	deep bed filters
除气	degassing
磁力泵	electromagnetic pump
过滤	filtering
耐火材料	fire-resistant material, refractory
熔剂	flux
石墨圈	graphite ring

重力铸造	gravity casting
炉膛	hearth
热辐射管	heat radiate tube
保温炉（静置炉）	holding funace
水平铸造（又称卧式铸造或横向铸造）	horizontal casting
热顶铸造	hot top casting
氢含量	hydrogen content
杂质	impurity
等温熔炼	isothermal melting（ITM）
低频感应	low-frequency induction
低压铸造	low-pressure casting
磁场	magnetic field
中间合金	master alloy
熔炼	melting
熔化潜热	melting latent heat
分批熔炼法	melting of batches
半分批熔炼法	melting of semi-batches
熔点	melting point
熔化速率	melting rate
熔炼废品	melting waster
冶金缺陷	metallurgy disfigurement
结晶器	mould，mold
喷嘴	nozzle
炉外在线处理	on-line processing furnace
氧化	oxidation
永磁	permanent magnet
预凝固	pre-concretion
压力铸造	pressure die casting
工艺流程	processing flow
生产效率	production efficiency
脉冲水	pulse water
精炼	refining
蓄热式烧嘴	regenerator burner
电阻坩埚炉	resistance crucible furnace
电阻反射炉	resistance reverberate furnace
铸轧带材	roll-casting coil
双辊式铸轧机	rolling-caster
饱和度	saturation
半连续铸造	semi-continuous casting
虹吸	siphon
扒渣	skimming
扁铸锭	slab
薄片废料	slice scrap
溶解度	solubility
比热	specific heat
固定式炉	static furnace
搅拌	stirring
热效率	thermal efficiency
倾动式炉	tilting furnace
顶装料圆形炉	top-charging round furnace
变质处理	transformation dispose
双履带式铸造机	twin-belt caster
立式直接水冷半连续铸锭法（简称 VDC 铸锭法）	vertical direct chill casting
废料	waste
涡流	whirlpool

第九篇　再生铝

吸收塔	absorb tower
酸雨	acid rain
酸雪	acid snow
酸性气体	acidic gas
铝及铝合金废料	aluminum and aluminum alloys-scrap
大气臭氧层	atmosphere ozonosphere
袋式除尘器	bag dust catcher
铸造铝合金	castable aluminum alloys

集肤效应	centralize skin domino offect
上料井	charge well
加料机	charging machine
循环经济	circular economy
污染物	contamination
连续均匀化处理炉	continuous homogenizing furnace
坩埚	crucible
阻尼	damp
变形铝合金	deformable aluminum alloys
解体	disassembly
点滴分析法	dropping analytical method
干燥和除油	dryness and degrease
粉尘	dust
除尘器	dust catcher
涡选	eddy current separation
电磁循环泵	electromagnetic pump
能源	energy
环境保护	environment protect
形态分选	figure separation
浮选法	flotation method
频率	frequency
烟气净化技术	fume decontaminate technology
呋喃	furan
粒度分选法	granularity separation
卤化物	halide
重金属	heavy metal
高频	high frequency
均匀化	homogenizing
水平式回转炉	horizontal rotary furnace
飘尘	levitate particle
机械分选	machine separation
磁选	magnetic separation
主熔炼室	main melting chamber
机械循环泵	mechanical circular pump
熔炼和铸造	melting and casting
火法分选	melting separation
有盐熔炼工艺	melting technology with salt
无盐熔炼工艺	melting technology without salt
中频	middle frequency
非铝金属	non-aluminum metal
工频	normal frequency
油污和涂层	oil and organic coat
表面有机涂膜	organic coat
有机污染物	organic contamination
氧化物	oxide
填料塔	padding tower
二噁英	PCDD
风选法	pneumatic separation
打包	pressing block
预处理	pretreatment
原生铝工业	primary aluminum industry
产生机理	produce theory
泵室	pump chamber
挡渣耙	rake
再生铝	recycling aluminum
再生铝工业	recycling aluminum industry
回收体系	recycling system
精炼变质	refine and metamorphose
资源	resources
回转炉	rotary furnace
碎料室	scraps chamber
筛分	screen
降尘	sedimented particle
竖炉	shaft furnace
破碎	shred
侧井炉	side well furnace
筛板塔	sieve plate tower
单室火焰熔化炉	single chamber flame furnace
光谱分析法	spectral analysis method
喷雾塔	spray tower
起炉	start furnace

静电除尘器	static dust catcher
静电分选	static separation
振幅	swing
洗涤器	syringe
倾斜式回转炉	tiltable rotary furnace
双室熔化炉	twin-chamber furnace
超声波探伤	ultrasonic testing
重介质分选	weightily medium separation
无芯感应炉	without core inductive furnace
噪声源	yawp fountainhead

附录2　元素周期表

金属　　　　非金属

原子序数 → 26 ← 氧化价 +2 +3
元素符号 → Fe
相对原子质量 → 55.845
-8-14-2 ← 电子分布

注：
1. 括号内的数是放射性元素最稳定的同位素的质量数。
2. 相对原子质量根据 1995 年国际原子量表，以 $^{12}C=12$ 为基础。
3. 元素中文名称参见元素物理化学性质表。

过渡族元素

$\mathrm{I_A}$	$\mathrm{II_A}$	$\mathrm{III_B}$	$\mathrm{IV_B}$	$\mathrm{V_B}$	$\mathrm{VI_B}$	$\mathrm{VII_B}$	Ⅷ			$\mathrm{I_B}$	$\mathrm{II_B}$	$\mathrm{III_A}$	$\mathrm{IV_A}$	$\mathrm{V_A}$	$\mathrm{VI_A}$	$\mathrm{VII_A}$	0	电子轨道
1 H +1 −1 1.0079 1																	2 He 0 4.0026 2	K
3 Li +1 6.941 2-1	4 Be +2 9.0122 2-2											5 B +3 10.811 2-3	6 C +2 +4 −4 12.011 2-4	7 N +1 +2 +3 +4 +5 −1 −2 −3 14.007 2-5	8 O −2 15.999 2-6	9 F −1 18.998 2-7	10 Ne 0 20.180 2-8	K-L
11 Na +1 22.990 2-8-1	12 Mg +2 24.305 2-8-2											13 Al +3 26.982 2-8-3	14 Si +2 +4 −4 28.086 2-8-4	15 P +3 +5 −3 30.974 2-8-5	16 S +4 +6 −2 32.066 2-8-6	17 Cl +1 +5 +7 −1 35.453 2-8-7	18 Ar 0 39.948 2-8-8	K-L-M
19 K +1 39.098 -8-8-1	20 Ca +2 40.078 -8-8-2	21 Sc +3 44.956 -8-9-2	22 Ti +2 +3 +4 47.867 -8-10-2	23 V +2 +3 +4 +5 50.942 -8-11-2	24 Cr +2 +3 +6 51.996 -8-13-1	25 Mn +2 +3 +4 +7 54.938 -8-13-2	26 Fe +2 +3 55.845 -8-14-2	27 Co +2 +3 58.933 -8-15-2	28 Ni +2 +3 58.693 -8-16-2	29 Cu +1 +2 63.546 -8-18-1	30 Zn +2 65.39 -8-18-2	31 Ga +3 69.723 -8-18-3	32 Ge +2 +4 72.61 -8-18-4	33 As +3 +5 −3 74.922 -8-18-5	34 Se +4 +6 −2 78.96 -8-18-5	35 Br +1 +5 −1 79.904 -8-18-7	36 Kr 0 83.80 -8-18-8	-L-M-N
37 Rb +1 85.468 -18-8-1	38 Sr +2 87.62 -18-8-2	39 Y +3 88.906 -18-9-2	40 Zr +4 91.224 -18-10-2	41 Nb +3 +5 92.906 -18-12-1	42 Mo +6 95.94 -18-13-1	43 Tc +4 +6 +7 97.907 -18-13-2	44 Ru +3 101.07 -18-15-1	45 Rh +3 102.91 -18-16-1	46 Pd +2 +4 106.42 -18-18-0	47 Ag +1 107.87 -18-18-1	48 Cd +2 112.41 -18-18-2	49 In +3 114.82 -18-18-3	50 Sn +2 +4 118.71 -18-18-4	51 Sb +3 +5 −1 121.76 -18-18-5	52 Te +4 +6 −2 127.60 -18-18-6	53 I +1 +5 +7 −3 126.90 -18-18-7	54 Xe 0 131.29 -18-18-8	-M-N-O
55 Cs +1 132.91 -18-8-1	56 Ba +2 137.33 -18-8-2	57* La +3 138.91 -18-9-2	72 Hf +4 178.5 -32-10-2	73 Ta +5 180.95 -32-11-2	74 W +6 183.84 -32-12-2	75 Re +4 +6 +7 186.21 -32-13-2	76 Os +3 +4 190.23 -32-14-2	77 Ir +3 +4 192.22 -32-15-2	78 Pt +2 +4 195.08 -32-16-2	79 Au +1 +3 196.97 -32-18-1	80 Hg +1 +2 200.59 -32-18-2	81 Tl +1 +3 204.38 -32-19-3	82 Pb +2 +4 207.2 -32-18-4	83 Bi +3 +5 208.98 -32-18-5	84 Po +2 +4 208.98 -32-18-6	85 At 209.99 -32-18-7	86 Rn 0 222.02 -32-18-8	-N-O-P
87 Fr +1 223.02 -18-8-1	88 Ra +2 226.03 -18-8-2	89** Ac +3 227.03 -18-9-2	104 Rf +4 261.11 -32-10-2	105 Db 262.11 -32-11-2	106 Sg 263.12 -32-12-2	107 Bh 264.12	108 Hs 265.13	109 Mt 268										-O-P-O

镧系	58 Ce +3 +4 140.12 -20-8-2	59 Pr +3 140.91 -21-8-2	60 Nd +3 144.24 -22-8-2	61 Pm +3 144.91 -23-8-2	62 Sm +2 +3 150.36 -24-8-2	63 Eu +2 +3 151.96 -25-8-2	64 Gd +3 157.25 -25-9-2	65 Tb +3 158.93 -27-8-2	66 Dy +3 162.50 -28-8-2	67 Ho +3 164.93 -29-8-2	68 Er +3 167.26 -30-8-2	69 Tm +3 168.93 -31-8-2	70 Yb +2 +3 173.04 -32-8-2	71 Lu +3 174.97 -32-9-2	-N-O-P
锕系	90 Th +4 232.04 -18-10-2	91 Pa +5 +4 231.04 -20-9-2	92 U +3 +4 +5 +6 238.03 -21-9-2	93 Np +3 +4 +5 +6 237.05 -22-9-2	94 Pu +3 +4 +5 +6 244.06 -24-8-2	95 Am +3 +4 +5 +6 243.06 -25-8-2	96 Cm +3 247.07 -25-9-2	97 Bk +3 +4 247.07 -27-8-2	98 Cf +3 251.08 -28-8-2	99 Es +3 252.08 -29-8-2	100 Fm +3 257.10 -30-8-2	101 Md +2 +3 258.10 -31-8-2	102 No +2 +3 259.10 -32-8-2	103 Lr +3 262.11 -32-9-2	-O-P-O

附录3　单位换算表

中国的法定计量单位包括：

(1) 国际单位制的基本单位：(见附表1)；

(2) 国际单位制的辅助单位：(见附表2)；

(3) 国际单位制中具有专门名称的导出单位：(见附表3)；

(4) 国家选定的非国际单位制单位：(见附表4)；

(5) 由以上单位构成的组合形成的单位

(6) 由词头和以上单位所构成的十进倍数和分数单位（词头见附表5)。

附表1　国际单位制的基本单位

量的名称	单位名称	单位符号	量的名称	单位名称	单位符号
长　度	米	m	热力学温度	开（尔文）	K
质　量	千克〈公斤〉	kg	物质的量	摩（尔）	mol
时　间	秒	s	发光强度	坎（德拉）	cd
电　流	安（培）	A			

附表2　国际单位制的辅助单位

量 的 名 称	单 位 名 称	单 位 符 号
平面角	弧　度	rad
立体角	球面度	sr

附表3　国际单位制中具有专门名称的导出单位

量 的 名 称	单位名称	单位符号	其他表示式（含定义）例
频　率	赫（兹）	Hz	s^{-1}
力；重力	牛（顿）	N	$kg \cdot m/s^2$
压力，压强；应力	帕（斯卡）	Pa	N/m^2
能量；功；热	焦（耳）	J	$N \cdot m$
功率；辐射通量	瓦（特）	W	J/s
电荷量	库（仑）	C	$A \cdot s$
电位；电压；电动势	伏（特）	V	W/A
电　容	法（拉）	F	C/V
电　阻	欧（姆）	Ω	V/A
电　导	西（门子）	S	A/V
磁通量	韦（伯）	Wb	$V \cdot s$
磁通量密度，磁感应强度	特（斯拉）	T	Wb/m^2
电　感	亨（利）	H	Wb/A
摄氏温度	摄氏度	℃	
光通量	流（明）	lm	$cd \cdot sr$
光照度	勒（克斯）	lx	lm/m^2
放射性活度	贝可（勒尔）	Bq	s^{-1}
吸收剂量	戈（瑞）	Gy	J/kg
剂量当量	希（沃特）	Sv	J/kg

附表4　国家选定的非国际单位制单位

量的名称	单位名称	单位符号	换算关系和说明
	分	min	$1min=60s$
时　间	时	h	$1h=60min=3600s$
	天	d	$1d=24h=86400s$
	（角）秒	″	$1''=(\pi/64800)$ rad
平面角	（角）分	′	$1'=60''=(\pi/10800)$ rad
	度	°	$1°=60'=(\pi/180)$ rad
旋转速度	转每分	r/min	$1r/min=(1/60)\ s^{-1}$
长　度	海　里	n mile	1n mile = 1852m
速　度	节	kn	$1kn=(1852/3600)$ m/s
质　量	吨	t	$1t=10^3kg$
	原子单位	u	$1u=1.6605655\times10^{-27}kg$
面　积	公　顷	hm^2	$1hm^2=10^4m^2$
体　积	升	L	$1L=1dm^3=10^{-3}m^3$
能	电子伏	eV	$1eV=1.6021892\times10^{-10}J$
级　差	分　贝	dB	
线密度	特（克斯）	tex	1tex = 1g/km

附表5　用于构成十进倍数和分数单位的词头

所表示的因数	词头名称	词头符号	所表示的因数	词头名称	词头符号
10的18次方	艾（可萨）	E	10的-1次方	分	d
10的15次方	拍（它）	P	10的-2次方	厘	c
10的12次方	太（拉）	T	10的-3次方	毫	m
10的9次方	吉（咖）	G	10的-6次方	微	μ
10的6次方	兆	M	10的-9次方	纳（诺）	n
10的3次方	千	k	10的-12次方	皮（可）	p
10的2次方	百	h	10的-15次方	飞（母托）	f
10的1次方	十	da	10的-18次方	阿（托）	a

以上5个表中需注意：

（1）周、月、年（年的符号为a），为一般常用时间单位。

（2）（　　）内的字，是在不致混淆的情况下，可以省略的字。

（3）<　　>内的字为前者的同义语。

（4）角度单位度、分、秒的符号不处于数字后时，用括弧。

（5）升的符号中，小写字母l为备用符号。

（6）r为“转”的符号。

（7）人民生活和贸易中，质量习惯称为重量。

（8）公里为千米的俗称，符号为km。

（9）10的4次方称为万，10的8次方称为亿，10的12次方称为万亿，这类数词的使用不受词头名称的影响，但不应与词头混淆。

（10）使用举例：1米（m）=10分米（dm）=10^2厘米（cm）=10^3毫米（mm）=10^6

微米(μm) = 10^9 纳米（nm）。

单位换算（含定义式或基本关系式）介绍如下：

（1）长度单位见附表6。

附表6 长度单位换算

米（m）	公里（km）	市 里	市 尺	海里（国际）（international nautical mile）
1	10^{-3}	2×10^{-3}	3 1 市尺 = 1/3 米 = 1/10 丈	5.396×10^{-4} 1 美海里（nautical mile）= 6080.2 英尺 = 1853.249 米 1 英海里（admiralty nautical mile）= 6080 英尺 = 1853.184 米

英里（mile）	码（yard）	英尺（ft）	英寸（in）	埃（Å）
6.214×10^{-4} 1 英里 = 1760 码	1.0936 1 码 = 3 英尺	3.2808 1 英尺 = 12 英寸	39.3696	10^{10} 1 埃 = 10^{-10}m

（2）面积单位见附表7。

附表7 面积单位换算

平方米（m^2）	平方厘米（cm^2）	平方英寸（in^2）	平方英尺（ft^2）
1	10^4	1.55×10^3	10.7639
平方市尺	市 亩	公顷（hectare 或 ha.）	英亩（acre）
9	1.5×10^{-3} 1 市亩 = 60 平方丈	1×10^{-4} 1 公顷 = 100 公亩 = 10000 平方米 = 15 市亩	2.471×10^{-4} 1 英亩 = 1/640 平方英里

（3）容积单位见附表8。

附表8 容积单位换算

立方米（m^3）	升（L）	立方英寸（in^3）	立方英尺（ft^3）	英加仑（B. I. gal.）	美加仑（U. S. gal.）	桶（barrel）
1	10^3	6.1024×10^4	0.3531×10^2	2.1997×10^2	2.6417×10^2	6.2897 1 桶 = 42 美加仑

（4）角度单位见附表9。

附表9 角度单位换算

度（°）	分（′）	秒（″）	弧度（rad）
1	60	3600	1.7453×10^{-2} 2π 弧度 = 360 度

（5）质量单位见附表10。

附表10　质量单位换算

公斤（kg）	吨（t）	市　斤	英吨（长吨 long ton，或 l. t.）
1 1公斤=1000克	10^{-3}	2 1公斤=2市斤	9.842×10^{-4} 1英吨=2240磅
美吨（短吨 short ton，或 s. t.）	**磅（pound，或 lb）**	**盎司（英两 ounce，或 oz）**	**金盎司（ounce troy）**
1.1023×10^{-3} 1美吨=2000磅	2.2046 1磅=16盎司	35.274	0.0311 1金盎司=31.10347克

（6）重量、力的单位见附表11。

附表11　重量、力的单位换算

牛顿（N）	达因（dyn）	磅力（lbf）	公斤力（kgf）
1	10^5	0.2248	0.10197 1公斤力=9.807公斤·米/秒^2

（7）密度单位见附表12。

附表12　密度单位换算

公斤/立方米（kg/m^3）	克/毫升（g/mL）	克/立方厘米（g/cm^3）	吨/立方米（t/m^3）
1	1.00003×10^{-3}	10^{-3}	10^{-3}
磅/立方英寸（lb/in^3）	**磅/立方英尺（lb/ft^3）**	**美磅/加仑（lb/U. S. gal）**	**磅/英加仑（lb/B. I. gal）**
3.6127×10^{-5}	6.2427×10^{-2}	8.345×10^{-3}	1.002×10^{-2}

（8）比容单位见附表13。

附表13　比容单位换算

立方米/公斤（m^3/kg）	升/公斤（L/kg）	立方英尺/磅（ft^3/lb）	立方英寸/磅（in^3/lb）	立方英尺/吨（ft^3/tn）	英加仑/磅（B. I. gal/lb）
1	9.9997×10^2	16.0185	2.76799×10^4	3.5881×10^4	99.7764

（9）压力单位见附表14。

附表 14 压力单位换算

大气压［标准大气压］(atm)	公斤力/平方厘米［工程大气压］(kgf/cm^2)	汞柱高毫米汞柱（mmHg），或称1托（Torr）	水柱高米水柱（mH_2O）
1	1.0332	760	10.34

毫巴（mbar）	磅力/平方英寸（lbf/in^2）	英寸水柱（inH_2O）	帕（斯卡）（Pa）	达因/平方厘米（dyn/cm^2）
1013.3	0.1470×10^2	407.2	1.01326×10^5	1.01326×10^7

注：1. 1公斤力/平方厘米（kgf/cm^2）$=0.9807\times10^6$ 达因/平方厘米 $=0.9807$ 巴（bar）$=9.807\times10^4$ 牛顿/平方米（N/m^2）$=9.807\times10^4$ 帕斯卡（Pa）；

2. 1毫米汞柱（或1托，Torr）$=133.322$ 牛顿/平方米 $=133.322$ 帕；

3. 1毫巴（mbar）$=1\times10^{-3}$ 巴（bar）$=10^3$ 达因/平方厘米（dyn/cm^2）$=10^2$ 帕（Pa）。

（10）扭矩单位见附表15。

附表 15 扭矩单位换算

磅力·英尺（lbf·ft）	公斤力·米（kgf·m）	牛顿·米
7.23301	1	9.807

注：1公斤力·米 $=86.7962$ 磅力·英寸 $=9.807$ 牛顿·米。

（11）时间单位见附表16。

附表 16 时间单位换算

分（min）	秒（s）	小时（h）	日（d）
1	60	0.01667	6.944×10^{-4}

（12）速度单位见附表17。

附表 17 速度单位换算

米/秒（m/s）	米/分（m/min）	公里/时（km/h）	英尺/秒（ft/s）	英尺/分（ft/min）	英里/时（mile/h）	海里/时（n mile/h）
1	60	3.6	3.2804	1.96850×10^2	2.23694	1.9439

（13）角速度单位见附表18。

附表 18 角速度单位换算

转/分（r/min）	转/秒（r/s）	弧度/秒（rad/s）	度/分（°/min）	度/秒（°/s）
1	0.01667	$\pi/30$	360	6

（14）面积流率单位见附表19。

附表 19 面积流率单位换算

公斤/（平方米·时）（$kg/(m^2\cdot h)$）	公斤/（平方米·秒）（$kg/(m^2\cdot s)$）	磅/（平方英尺·时）（$lb/(ft^2\cdot h)$）	磅/（平方英尺·秒）（$lb/(ft^2\cdot s)$）
1	2.7778×10^{-4}	0.2048	5.6889×10^{-5}

（15）体积流率单位见附表20。

附表20　体积流率单位换算

升/秒（L/s）	升/分（L/min）	立方米/时（m^3/h）	立方米/分（m^3/min）
1	60	3.6	6×10^{-2}
立方米/秒（m^3/s）	立方英尺/时（ft^3/h）	立方英尺/分（ft^3/min）	立方英尺/秒（ft^3/s）
10^{-3}	1.2713×10^{2}	2.119	3.5315×10^{-2}

（16）质量流率单位见附表21。

附表21　质量流率单位换算

公斤/秒（kg/s）	公斤/时（kg/h）	磅/秒（lb/s）	磅/时（lb/h）	磅/日（lb/d）	吨/时（t/h）	吨/日（t/d）	吨/年（t/a）
1	3.6×10^{3}	2.2046	7.9366×10^{3}	1.9048×10^{5}	3.6	86.4	2.88×10^{4}

（17）温度单位见附表22。

附表22　温度单位换算

摄氏温度（℃）	列氏温度（°R）	华氏温度（℉）	绝对温度（开氏）（K）
n	$(4/5)n$	$(9/5)n+32$	$n+273.15$

（18）功、能及热量单位见附表23。

附表23　功、能及热量单位换算

焦耳（J）	公斤力·米（kgf·m）	千瓦·小时（kW·h）	千卡（kcal）	英尺·磅力（ft·lbf）
1	0.10197	2.7778×10^{-7}	2.3885×10^{-4}	0.737562

英制马力小时（Hp·h）	英热单位（British Thermal Unit，或BTU）	kg标准煤	尔格（erg）
3.7251×10^{-7}	0.94782×10^{-3} 1BTU是将1磅水的温度升高1华氏度所需要的热量	3.4121×10^{-8} 1kg标准煤=7000千卡	1×10^{7}

注：1. 1千瓦·小时=3600千焦耳=1千瓦·小时=0.1228公斤标准煤；
2. 1卡=4.1868焦耳；
3. 1BTU=0.252千卡；
4. 1kg标准煤=29.3076MJ。

（19）功率单位见附表24。

附表24　功率单位换算

千瓦（kW）	英制马力（Hp）	公制马力（PS）	公斤力·米/秒（kgf·m/s）	磅力·英尺/秒（lbf·ft/s）	卡/秒（cal/s）	英热单位/秒（BTU/s）
1	1.34102	1.35962	101.972	737.562	238.85	0.947

（20）比热容单位见附表25。

附表 25　比热容单位换算

焦耳/(克·℃) (J/(g·℃))	千卡/(公斤·℃) (kcal/(kg·℃))	英热单位/(磅·℉) (BTU/(lb·℉))	英尺·磅力/(磅·℉) (ft·lbf/(lb·℉))	公斤力·米/(公斤·℃) (kgf·m/(kg·℃))
1	0.238846	0.238846	1.85863×10^{2}	1.01972×10^{2}

（21）传热速度单位见附表26。

附表 26　传热速度单位换算

卡/(平方厘米·秒) (cal/(cm²·s))	卡/(平方厘米·时) (cal/(cm²·h))	千卡/(平方厘米·秒) (kcal/(cm²·s))	千卡/(平方厘米·时) (kcal/(cm²·h))
1	3.6×10^{3}	10	3.6×10^{4}

英热单位/(平方英尺·秒) (BTU/(ft²·s))	英热单位/(平方英尺·时) (BTU/(ft²·h))	瓦/(平方厘米) (W/(cm²))
3.6867	1.3272×10^{4}	4.1868

（22）导热系数单位见附表27。

附表 27　导热系数单位换算

千卡/(厘米·时·℃) (kcal/(cm·h·℃))	千卡/(厘米·秒·℃) (kcal/(cm·s·℃))	千卡/(米·时·℃) (kcal/(m·h·℃))	千卡/(米·秒·℃) (kcal/(m·s·℃))
1	2.7778×10^{-4}	10^{2}	2.7778×10^{-2}

英热单位/(英寸·时·℉) (BTU/(in·h·℉))	英热单位/(英寸·秒·℉) (BTU/(in·s·℉))	英热单位/(英尺·时·℉) (BTU/(ft·h·℉))	英热单位/(英尺·秒·℉) (BTU/(ft·s·℉))
5.5996	1.5554×10^{-3}	67.196	1.8666×10^{-2}

注：1. 1 瓦/(米·℃) = 6.93347 英热单位·英寸/(平方英尺·时·℉) = 0.577789 英热单位/(英尺·时·℉)；
2. 1 焦耳/(厘米·秒·℃) = 0.23885 卡/(厘米·秒·℃) = 0.8599×10^{2} 千卡/(米·时·℃) = 0.5778 英热单位/(英尺·时·℉)；
3. 1 卡/(厘米·秒·℃) = 4.1868 瓦/(厘米·℃)；
4. 1 千卡/(米·时·℃) = 8.06363 英热单位·英寸/(平方英尺·时·℉)。

（23）传热系数单位见附表28。

附表 28　传热系数单位换算

千卡/(平方米·时·℃) (kcal/(m²·h·℃)	千卡/(平方米·秒·℃) (kcal/(m²·s·℃))	英热单位/(平方英尺·时·℉) (BTU/(ft²·h·℉))	英热单位/(平方英尺·秒·℉) (BTU/(ft²·s·℉))
1	2.7778×10^{-4}	0.20481	5.6891×10^{-5}

（24）单位发热量单位见附表29。

附表 29　单位发热量单位换算

千卡/公斤（kcal/kg）	英热单位/磅（BTU/lb）	千卡/立方米（kcal/m³）	英热单位/立方英尺（BTU/ft³）
1	1.8	1	0.1123

（25）燃烧率单位见附表30。

附表30　燃烧率单位换算

公斤/平方米·时（$kg/m^2·h$）	磅/平方英尺·时（$lb/ft^2·h$）
1	0.2048

（26）表面张力单位见附表31。

附表31　表面张力单位换算

达因/厘米（dyn/cm）	克力/厘米（kf/cm）	公斤力/米（kgf/m）	磅力/英尺（lbf/ft）
1	1.020×10^{-3}	1.020×10^{-4}	6.854×10^{-5}

（27）运动黏度单位见附表32。

附表32　运动黏度单位换算

斯（st）	厘斯（cst）	平方米/秒（m^2/s）	平方米/时（m^2/h）	平方英尺/秒（ft^2/s）	平方英尺/时（ft^2/h）
1	100	10^{-4}	0.36	1.0764×10^{-3}	3.875

（28）动力黏度单位见附表33。

附表33　动力黏度单位换算

泊（p）	厘泊（cp）	公斤/（米·秒）（kg/（m·s））	公斤/（米·时）（kg/（m·h））	磅/（英尺·秒）（lb/（ft·s））
1	100	0.1	3.60×10^{2}	6.720×10^{-2}

磅/（英尺·时）（lb/（ft·h））	达因·秒/平方厘米（$dyn·s/cm^2$）	公斤力·秒/平方米（$kgf·s/m^2$）	磅力·秒/平方英尺（$lbf·s/ft^2$）	磅力·时/平方英尺（$lbf·h/ft^2$）
2.419×10^{2}	1	1.020×10^{-2}	2.089×10^{-3}	5.801×10^{-7}

（29）磁场强度单位见附表34。

附表34　磁场强度单位换算

高斯（gauss，或G）	特斯拉（tesla，或T）
1	10^{-4}

附录4　铝行业准入条件

为加快铝工业结构调整，规范投资行为，促进行业持续协调健康发展和节能减排目标的实现，根据国家有关法律法规和产业政策，制定铝行业准入条件。

一、企业布局及规模和外部条件要求

新建或者改建的铝土矿开采、铝冶炼（电解铝、氧化铝、再生铝）加工项目必须符合国家产业政策和规划布局要求，符合土地利用总体规划、土地供应政策和土地使用标准的规定，依法做好征地补偿安置、耕地占补平衡和土地复垦工作。必须依法严格执行环境影响评价和环保、安全设施“三同时”验收制度。

各地要根据国家铝冶炼发展的总体规划布局，按照生态功能区划的要求，对优化开发、重点开发的地区研究确定不同区域的铝冶炼生产规模总量，合理选择铝冶炼企业厂址。在国家法律、法规、行政规章及规划确定或县级以上人民政府批准的饮用水水源保护区、基本农田保护区、自然保护区、风景名胜区、生态功能保护区等需要特殊保护的地区，大中城市及其近郊，居民集中区、疗养地、医院和食品、药品、电子等对环境质量要求高的企业周边1公里内，不得新建铝冶炼（电解铝、氧化铝、再生铝）企业及生产装备。

开采铝土矿资源，应依法取得采矿许可证，遵守矿产资源、安全生产法律法规、矿产资源规划及相关政策。采矿权人应严格按照批准的开发利用方案进行开采，严禁无证开采、乱采滥挖和破坏浪费资源。

新建铝土矿开采项目，必须规范设计、正规开采。矿山投资项目，必须按照《国务院关于投资体制改革的决定》中公布的政府核准投资项目目录要求办理，总投资5亿元及以上的矿山开发项目由国务院投资主管部门核准，其他矿山开发项目由省级政府投资主管部门核准。申请核准的矿山投资项目，总生产建设规模不得低于30万吨/年，服务年限为15年以上。

新建氧化铝项目，必须经过国务院投资主管部门核准。利用国内铝土矿资源的氧化铝项目起步规模必须是年生产能力在80万吨及以上，落实铝土矿、交通运输等外部生产条件，自建铝土矿山比例应达到85%以上，配套矿山的总体服务年限必须在30年以上；新建氧化铝企业，必须在矿产资源规划允许的范围内按规定首先申请铝土矿采矿权，必须在矿产资源规划允许的范围内按规定首先申请铝土矿采矿权，按照矿产资源开采登记管理部门批准的开发利用方案，依法开采铝土矿资源，氧化铝生产企业不得收购无证开采的铝土矿。利用进口铝土矿的氧化铝项目起步规模必须是年生产能力在60万吨及以上，必须有长期可靠的境外铝土矿资源作为原料保障，通过合资合作方式取得5年以上铝土矿长期合同的原料达到总需求的60%以上，并落实交通运输等外部生产条件。

新增生产能力的电解铝项目，必须经过国务院投资主管部门核准。近期只核准环保改造项目及国家规划的淘汰落后生产能力置换项目。改造的电解铝项目，必须有氧化铝原料供应保证，并落实电力供应、交通运输等内外部生产条件。对于确需建设的环保改造项目及国家规划的淘汰落后生产能力置换项目，必须经过国家投资主管部门同意开展前期工作后，方可办理项目用地和环评审批手续。

新建再生铝项目，规模必须在5万吨/年以上；现有再生铝企业的生产准入规模为大于2万吨/年；改造、扩建再生铝项目，规模必须在3万吨/年以上。

新建铝加工项目产品结构必须以板、带、箔或者挤压管、工业型材为主。多品种综合铝加工项目生产能力必须达到10万吨/年以上。单一品种铝加工项目生产能力必须达到：板带材5万吨/年、箔材3万吨/年、挤压材5万吨/年以上。

铝矿山、冶炼、再生利用项目资本金比例要达到35%及以上。

二、工艺和装备

新建大中型铝土矿山要采用适合矿床开采技术条件的先进采矿方法，尽量采用大型设备，适当提高自动化水平。

氧化铝项目要根据铝土矿资源情况选择采用拜耳法、联合法等生产效率高、工艺先进、能耗低、环保达标、资源综合利用效果好的生产工艺系统。必须有资源综合利用、节能等设施。设计选用余热回收等工艺及设备必须满足国家《节约能源法》、《清洁生产促进法》、《环境保护法》等法律法规的要求。

报请核准的电解铝淘汰落后生产能力置换项目及环保改造项目，必须采用200kA及以上大型预焙槽工艺，且新建生产线阳极效应系数要小于0.08个/槽日。严禁将已经淘汰的自焙槽重新改造。

禁止湿法工艺生产铝用氟化盐。铝用炭阳极项目必须采用连续混捏技术，禁止建设10万吨/年以下的独立铝用炭素项目。

发展循环经济，提高铝再生回收企业的技术和环保水平，按照规模化、环保型的发展模式回收利用再生资源。禁止利用直接燃煤的反射炉再生铝项目和4吨以下的其他反射炉再生铝项目，禁止采用坩埚炉熔炼再生铝合金。

新建铝加工项目，必须采用连续铸轧或者热连轧等生产效率和自动化程度高、技术先进、产品质量好、综合成品率高的连续加工工艺，严禁利用“二人转”式轧机生产铝加工材。

按照《国务院关于印发节能减排综合性工作方案的通知》（国发［2007］15号）等文件和《产业结构指导目录（2005年本）》、《关于加快铝工业结构调整指导意见的通知》等产业政策规定，淘汰落后电解铝生产能力，杜绝已淘汰的自焙槽电解铝生产能力死灰复燃，力争在“十一五”末期电解铝行业全部采用160kA以上大型预焙槽冶炼工艺，立即淘汰坩埚炉熔炼再生铝合金工艺及二人转轧机生产铝加工材工艺。

三、能源消耗

按照1千瓦时电力折0.1229千克标准煤的新折标系数，对铝行业能源消耗提出如下准入指标。

铝土矿地下开采原矿综合能耗要低于25千克标准煤/吨矿，露天开采原矿综合能耗要低于13千克标准煤/吨矿。

新建拜耳法氧化铝生产系统综合能耗必须低于500千克标准煤/吨氧化铝，其他工艺氧化铝生产系统综合能耗必须低于800千克标准煤/吨氧化铝。现有拜耳法氧化铝生产系统综合能耗必须低于520千克标准煤/吨氧化铝，其他工艺氧化铝生产系统综合能耗必须低于900千克标准煤/吨氧化铝。

新改造的电解铝生产能力综合交流电耗必须低于14300千瓦时/吨铝；电流效率必须高于94%。现有的电解铝企业综合交流电耗应低于14450千瓦时/吨铝；电流效率必须高于93%。综合交流电耗高于准入水平的不予准入，符合综合交流电耗准入条件的现有企业要通过技术改造节能降耗，在“十一五”末达到新改造企业能耗水平。

新建及现有再生铝合金项目，必须有节能措施，采用先进的工艺和设备，确保符合国家能耗标准。

新建铝加工项目铝加工材综合能耗要低于350千克标准煤/吨；综合电耗低于1150千瓦时/吨。现有企业铝加工材综合能耗要低于410千克标准煤/吨；综合电耗低于1250千瓦时/吨。现有企业要通过技术改造节能降耗，在“十一五”末达到新建企业能耗水平。

四、资源消耗及综合利用

铝土矿采矿损失率地下开采不超过12%、露天开采不超过8%；采矿贫化率地下开采不超过10%、露天开采不超过8%。禁止建设资源利用率低的铝土矿山及选矿山。矿山企业应按照上述要求编制矿产资源开发利用方案报国土资源主管部门审批。铝土矿的实际采矿损失率和选择矿回收率不得低于批准的矿产资源开发利用方案规定的指标及设计标准。

新建拜耳法氧化铝生产系统氧化铝综合回收率达到81%以上，新水消耗低于8吨/吨氧化铝，占地面积小于1平方米/吨氧化铝。新建其他工艺氧化铝生产系统氧化铝综合回收率达到90%以上，新水消耗低于7吨/吨氧化铝，占地面积小于1.2平方米/吨铝。现有氧化铝企业要通过技术改造降低资源消耗，在“十一五”末达到新建系统标准。

新改造的电解铝生产能力，氧化铝单耗要低于1920千克/吨铝，原铝液消耗氟化盐低于25千克/吨铝，阳极炭素净耗低于410千克/吨铝，新水消耗低于7吨/吨铝，占地面积小于3平方米/吨铝。现有的电解铝企业，氧化铝单耗要低于1930千克/吨铝，原铝液消耗氟化盐低于30千克/吨铝，阳极炭素净耗低于430千克/吨铝，新水消耗低于7.5吨/吨铝。现有企业要通过提高技术水平加强管理降低资源消耗，在“十一五”末达到新建企业标准。

新建加工企业铝加工材金属消耗要低于1025千克/吨，其中铝型材金属消耗要低于1015千克/吨；铝加工材综合成品率要高于75%，其中加工材成品率高于78%、熔铸成品率高于91%；铝板材加工成品率高于70%、带材加工成品率高于77%、箔材加工成品率高于79%、型材加工成品率高于88%。现有加工企业铝加工材金属消耗要低于1035千克/吨，其中铝型材金属消耗要低于1020千克/吨；铝加工材综合成品率要高于72%，其中加工材成品率高于78%，熔铸成品率高于91%；铝板材加工成品率高于69%、带材加工成品率高于75%、箔材加工成品率高于78%、型材加工成品率高于87%。现有加工企业要通过技术改造降低金属消耗，在“十一五”末达到新建企业水平。

五、环境保护和土地复垦

严禁矿山企业破坏土地及污染环境。要认真履行环境影响评价文件审批和环保设施“三同时”验收程序。必须严格执行土地复垦规定，坚持“谁破坏、谁复垦”原则，履行土地复垦法定义务。按照国土资源部、发展改革委等七部门《关于加强生产建设项目土地复垦管理工作的通知》(国土资发［2006］225号)要求，编制土地复垦方案，将土地复垦费列入生产成本并足额预算，依法缴纳土地复垦费并专项用于土地复垦，努力做到“边开发、边复垦”。按照财政部、国土资源部、环保总局《关于逐步建立矿山环境治理和生态恢复责任机制的指导意见》要求，逐步建立环境治理恢复保证金制度，专项用于矿山环境治理和生态恢复。矿山投资项目的环保设计，必须按照国家环保总局的有关规定和《国务院关于投资体制改革的决定》中公布的政府核准投资项目目录要求由有权限环保部门组织审查批准。必须按照环保、土地复垦和水土保持要求完成矿区环境恢复和土地复垦利用。铝冶炼、加工企业污染物排放要符合国家《工业炉窑大气污染物排放标准》(GB 9078—1996)、《大气污染物综合排放标准》(GB 16297—1996)、《污水综合排放标准》(GB 8978—1996)、工业固废和危险废物处理处置的有关要求及有关地方标准的规定，必须符合经合法批复的环境影响评价文件规定的控制值和总量指标要求。氧化铝厂要做到废水“零排放”，赤泥的最终处置(包括堆场)应当严格按照环评文件批复的要求执行。防止电解铝冶炼氟化物、粉尘等有害物质污染以及氧化铝赤泥随意堆放造成的污染。电解铝项目吨铝外排氟化物(包括无组织排放量)要低于1千克。严禁将电解铝厂的含氟电解渣添加在煤中燃烧。

铝冶炼项目的原料处理、中间物料破碎、冶炼、浇铸、装卸等所有产生粉尘部位，均要配备除尘及回收处理装置进行处理，并安装经环保总局指定的环境监测仪器检测机构适用性检测合格的自动监控系统进行监测。

新建及现有再生铝项目，废杂铝的回收、处理必须采用先进的工艺和设备，禁止采用露天焚烧的方法去除废铝芯电线电缆的塑料、橡胶皮以及废碎料中的杂质；采用火法对废铝芯电线电缆和废铝碎料进行预处理的，其排放的大气污染物应当满足《危险废物焚烧污染控制标准》(GB 18484—2001)中有关要求和有关地方标准的规定。

根据《中华人民共和国环境保护法》等有关法律法规，所有新、改、扩建项目必须严格执行环境影响评价制度，持证排污(尚未实行排污许可证制度的地区除外)，达标排放。新建铝土矿山、铝冶炼及加工生产能力，须经过有关部门验收合格后，按照有关规定办理《排污许可证》(尚未实行排污许可证的地区除外)后，企业方可进行生产和销售等经营活动。现有生产企业改扩建的生产能力经省级有关部门验收合格后，也要按照规定办理《排污许可证》等相关手续。环保部门对现有铝冶炼企业执行环保标准情况进行监督检查，定期发布环保不达标生产企业名单，达不到排放标准或超过排污总量的企业，应依法开展强制性清洁生产审核。对达不到排放标准或超过排污总量的企业，由环保部门决定限期治理，治理不合格的，由地方人民政府依法决定给予停产或关闭处理。

六、安全生产与职业危害

矿山、冶炼、加工建设项目必须符合《安全生产法》、《矿山安全法》、《职业病防治法》等法律法规规定，具备相应的安全生产和职业危害防治条件，并建立、健全安全生产责任制和各项规章制度；新、改、扩建项目安全设施和职业危害防治设施必须与主体工程同时设计、同时施工、同时投入生产和使用，铝土矿和氧化铝项目安全设施设计、投入生产和使用前，要依法经过安全生产监督管理部门审查、验收。必须建立职业危害防治设施，配备符合国家有关标准的个人劳动防护用品，配备铝液泄漏、爆炸、火灾、雷击及设备故障、机械伤害、人体坠落、灼烫伤等事故防范设施，以及安全供电、供水装置和消除有毒、有害物质设施，建立健全相关制度，并通过地方行政主管部门组织的专项验收。

矿山企业要依照《安全生产许可证条例》（国务院令第397号）等有关规定，依法取得安全生产许可证后方可从事生产活动。氧化铝企业赤泥堆场应符合国家有关尾矿库安全管理规定及技术规程。

七、监督管理

新建和改造铝土矿山、铝冶炼及加工项目必须符合上述准入条件。有关部门办理项目的投资管理、土地供应、环境影响评价和融资等手续必须符合产业政策和准入条件的规定。建设单位必须按照国家环保总局有关分级审批的规定报批环境影响报告书，电解铝和氧化铝项目的环评报告书，必须按照规定向国家环保总局报批。符合产业政策的现有企业要通过技术改造达到新建企业在资源综合利用、能耗、环保等方面的准入条件。

新建或改建铝土矿山、铝冶炼（氧化铝、电解铝、再生铝）及加工项目投产前，要经省级以上投资、国土资源、环保、安全监管、劳动卫生、质检等行政主管部门和有关专家组成的联合检查组监督检查，检查工作要按照准入条件要求进行。经检查认为未达到准入条件的，不允许投产。投资主管部门应责令建设单位根据设计要求限期完善有关建设内容。对未依法取得土地或者未按规定的条件和土地使用合同约定使用土地，未按规定履行土地复垦义务或土地复垦措施不落实的，国土资源管理部门要按照土地管理法规和土地使用合同的约定予以纠正和处罚，责令限期纠正，且不得发放土地使用权证书；依法打击矿山开采中的各种违法行为；对不符合安全、环保要求的，安全监管和环境保护主管部门要根据有关法律、法规进行处罚，并限期整改。

各地区发展改革委、经委（经贸委）、工业办和国土资源、环保、工商、安全监管、劳动卫生等有关管理和执法部门要定期对本地区铝矿山、冶炼和加工企业执行准入条件的情况进行督查。中国有色金属工业协会协助有关部门做好跟踪监督工作。

对不符合产业政策和准入条件的铝土矿山、铝冶炼及加工新建和改造项目，投资管理部门不得核准或者备案，国土资源管理部门不得办理建设用地审批手续，环保部门不得批准环境影响评价报告，金融机构不得提供授信，电力部门依法停止供电。依法撤销或责令关闭的企业，要及时到工商行政管理部门依法办理变更登记或注销登记。

国家发展改革委定期公告符合准入条件的铝土矿山、铝冶炼及铝加工生产企业名单。实行社会监督并进行动态管理。

八、附则

本准入条件适用于中华人民共和国境内（港澳台地区除外）所有类型的铝土矿山、铝冶炼和加工行业生产企业。

本准入条件中涉及的国家标准若进行了修订，则按修订后的新标准执行。

本准入条件自发布之日起实施，由国家发展改革委负责解释，并根据行业发展情况和宏观调控要求进行修订。

附录5 国外氧化铝企业一览表

序号	国别	厂名或公司名	所在地名	管理公司 (控股公司及比例)	投产 年份①	生产方法	矿石来源②	2007年末产能 $/kt \cdot a^{-1}$	2007年产量 $/kt \cdot a^{-1}$	扩建能力
北美洲										
1	美国	Corpus Cristi 科帕斯克里斯蒂	得克萨斯州	Glencore	1953	拜耳法	T、B、W	1600	1550	
2	美国	Gramercy 格兰莫西	路易斯安那州	Century	1959	拜耳法		1250	1156	
3	美国	Point Comfort 科姆弗特角	得克萨斯州	Alcoa	1959	拜耳法	B	2305	1931	
4	加拿大	Jonquiere 容基耶耳	魁北克省	Rio Tinto Alcan	1936	拜耳法	T、B、G	1440	1440	
欧洲										
5	法国	Gardanne 加丹	罗纳河口省	Rio Tinto Alcan	1895	拜耳法	B、T	650(化学品为主)	655	
6	德国	Stade 施塔德	下萨克森州	Aluminium Oxid Stade (Hydro 50%)	1973	拜耳法	B、W、G	950	931	
7	希腊	St. Nicolas 圣·尼古拉	Distomon 迪斯托蒙	Aluminium de Greece (Rio Tinto Alcan 60.2%)	1966	拜耳法	本国一水硬铝石	790	830	
8	爱尔兰	Aughinish 奥基尼斯	Limerick 利默里克	UC Rusal	1983	拜耳法	B	1800	1806	
9	意大利	Porto Vesme 维思麦港	撒丁区	Eurallumina (UC Rusal)	1973	拜耳法	B、W	1050	1080	
10	西班牙	San Ciprian 圣·西匹里安	Lugo 卢戈	Alumina Espanola (Alcoa)	1980	拜耳法	B	1500	1507	
11	波黑	Birac 彼勒克		Ukio Bank	1979	拜耳法	本国	600	300	
12	匈牙利	Ajka 奥依考	维斯普雷州	Ajka	1943	拜耳法	本国	300(化学品)	244	
13	黑山	Podgricab 波德戈里卡	铁托格勒	Kombinat Aluminijuma	1972	拜耳法	本国	240	244	
14	罗马尼亚	Tulcea 图尔恰		Vimetco	1975	拜耳法	B、W	550		

续附录 5

序号	国别	厂名或公司名	所在地名	管理公司（控股公司及比例）	投产年份①	生产方法	矿石来源②	2007 年末产能 /kt·a^{-1}	2007 年产量 /kt·a^{-1}	扩建能力
15	罗马尼亚	Oradea 奥拉迪亚		Centrade（UC Rusal）	1965	拜耳法		260		
16	俄罗斯	Achinsk 阿钦斯克	克拉斯诺亚尔斯克边疆区	UC Rusal	1970	霞石	本国	1050	1076	
17	俄罗斯	Bauxitogorsk 博克西托戈尔斯克	列宁格勒州	UC Rusal	1953	拜耳—烧结并联法		200	165	
18	俄罗斯	Bogoslovsk 博戈斯洛夫斯克	北乌拉尔	UC Rusal	1939	并联法		1050	1100	
19	俄罗斯	Pikalevo 皮卡列夫	列宁格勒州	UC Rusal	1959	霞石		250	252	2008 年改水泥
20	俄罗斯	Uralsky 乌拉尔	中斯维尔德洛夫斯克地区	UC Rusal	1939	拜耳法		725	729	
21	乌克兰	Nikolaev 尼古拉耶夫		UC Rusal	1980	拜耳法	B、G、T	1400	1414	
22	乌克兰	Zaporozhye 扎波罗热		ZALK	1933	并联法		250	240	
南美洲										
23	巴西	Sorocaba 索罗卡巴	圣保罗州	CBA	1954	拜耳法	本国	840	873	
24	巴西	Belem 贝伦	帕拉州	Alunorte（Vale 57.03%）	1995	拜耳法	T、Paragominas	4500	4253	2008 年到 6260kt/a
25	巴西	Ouro Preto 奥罗普莱陶	米纳斯吉拉斯州	Novelis	1944	拜耳法	Saramenha	150	122	
26	巴西	Pocos de Caldas 波苏斯迪卡尔达斯	米纳斯吉拉斯州	Alcoa Aluminio	1970	拜耳法	本地、T	300	359	
27	巴西	Sao Luis 圣路易斯	马拉尼昂州	Alumar（Alcoa 54%）	1984	拜耳法	T、Juruti	1500	1468	2009 年到 3600kt/a
28	牙买加	Clarendon 克拉伦顿	Halse Hall	Jamalco（Alcoa 50%）	1972	拜耳法	Mocho 山	1400	1219	
29	牙买加	Ewarton 依瓦尔顿	Ewarton	Windalco（Glencore 93%）	1953	拜耳法	本地、Kirkvine	625	627	

续附录5

序号	国别	厂名或公司名	所在地名	管理公司（控股公司及比例）	投产年份①	生产方法	矿石来源②	2007年末产能 /kt·a^{-1}	2007年产量 /kt·a^{-1}	扩建能力
30	牙买加	Kirkvine 基尔克文	Mandeville	Windalco（Glencore 93%）	1959	拜耳法	本地	625	532	
31	牙买加	Nain 纳恩	Essex Valley	Alpart（Glencore 65%）	1969	拜耳法	Essex Valley	1650	1619	
32	苏里南	Paranam 帕拉南		Suralco（Alcoa 55%）	1968	拜耳法	Moengo 等	2250	2178	
33	委内瑞拉	Puerto Ordaz 奥尔达斯港		Interalumina（Baxilum）	1983	拜耳法	Los Pijiguaos	1950	1859	
亚洲										
34	阿塞拜疆	Gjandza 甘德扎		Azeral	1965	拜耳法（原明矾石）	G、T	450	450	
35	印度	Belgaum 贝尔高姆	卡纳塔卡邦	Hindalco	1970	拜耳法	本地	380	385	
36	印度	Damanjodi 达曼尧第	奥里萨邦	Nalco	1987	拜耳法	Panchpatmali	1575	1558	将到2150kt/a
37	印度	Korba 科尔巴	中央邦	Balco（Vedanta）	1973	拜耳法	本地	200	196	
38	印度	Lanjigarh 兰吉加哈	奥里萨邦	Vedanta	2007	拜耳法	附近	700	143	2008年到1400kt/a
39	印度	Mettur 梅图尔	泰米尔纳德邦	Malco（Vedanta）		拜耳法		97	97	
40	印度	Muri 穆里	比哈尔邦	Hindalco	1948	拜耳法		100	95	2010年到450kt/a
41	印度	Renukoot 瑞奴柯特	北方邦	Hindalco	1962	拜耳法	本地	700	704	
42	伊朗	Jajarm 佳加姆	呼罗珊省	Iran Alumina	2003	拜耳法	一水硬铝石	280	220	
43	日本	Kikumoto 菊本	本州	Sumitomo		拜耳法	进口	220（化学品）	197	
44	日本	Shimizu 清水	本州	Nippon Light Metal		拜耳法	进口	300（化学品）	295	
45	日本	Yokahama 横滨	本州	Showa Denko		拜耳法	进口	280（化学品）	207	
46	韩国	Mokpo 木浦		通用化学公司	1996	拜耳法	进口	300（化学品）		
47	哈萨克斯坦	Pavlodar 巴浦洛达尔		PAZ	1964	串联法	本地	1500	1530	
48	土耳其	Seydisehir 塞依迪谢希尔	科尼亚省	CEKA Insaat	1973	拜耳法	本地	160	157	

续附录 5

序号	国 别	厂名或公司名	所在地名	管理公司（控股公司及比例）	投产年份①	生产方法	矿石来源②	2007 年末产能 /kt·a⁻¹	2007 年产量 /kt·a⁻¹	扩建能力
大洋洲										
49	澳大利亚	Gladstone 格拉达斯通	昆士兰州	QAL(Rio Tinto Alcan 80%)	1967	拜耳法	W	3850	3816	
50	澳大利亚	Gove 戈夫	北部地方	Rio Tinto Alcan	1972	拜耳法	G	2100	1884	将到 2850kt/a
51	澳大利亚	Kwinana 克维那那	西澳大利亚州	Alcoa of Australia	1963	拜耳法	D	2050	2115	
52	澳大利亚	Pinjarra 平贾拉	西澳大利亚州	Alcoa of Australia	1972	拜耳法	D	4200	4192	
53	澳大利亚	Wagerup 瓦吉鲁普	西澳大利亚州	Alcoa of Australia	1984	拜耳法	D	2600	2457	
54	澳大利亚	Worsley 沃斯利	西澳大利亚州	Worsley Alumina（BHP Billiton 86%）	1984	拜耳法	D	3500	3525	将到 4600kt/a
55	澳大利亚	Yarwun 雅温	昆士兰州	Rio Tinto Alcan	2004	拜耳法	W	1400	1260	将到 3400kt/a
非洲										
56	几内亚	Kimbo 金博		Friguia（UC Rusal）	1961	拜耳法	Kimbo	780	526	
新建项目										
57	印 度	Lanjigarh Ⅱ兰吉加哈二厂	奥里萨邦	Vedanta		拜耳法		3×1000		
58	印 度	Visakhapatam 维萨哈帕特姆	安德拉邦	Anrak		拜耳法		1400		
59	越 南	林 同	林同省	Vinacomin		拜耳法	Tan Rai	600		
60	越 南	仁 基		Vinacomin		拜耳法		600		
61	印 度	Rayagada	奥里萨邦	Hindalco		拜耳法		1500		
62	印 度	Sambhalpur	奥里萨邦	Hindalco		拜耳法		1500		

注：1. 2007 年停产而以后可能重新起用的企业未列入，如罗马尼亚的 Slatina。

2. 产量来源于 Brook Hunt。

①投产年份未注明者一般均为 1959 年以前投产。

②矿石来源中，T 表示巴西 Trombetas、B 表示几内亚 Boke、W 表示澳大利亚 Weipa、G 表示澳大利亚 Gove、D 表示澳大利亚 Darling Range。

附录6　国外电解铝企业一览表

序号	国　别	厂名或公司名	所在地名	管理公司	投产年份	槽型（系列电流），系列数×台数，或总台数	2007年末产能 /kt·a^{-1}	2007年产量 /kt·a^{-1}	扩建项目
北美洲									
1	美　国	Alcoa 阿尔考	田纳西州	Alcoa	1914	P255，2×	210	187	
2	美　国	Ferndale 芬代尔	华盛顿州	Alcoa	1966	AP（130kA），3×240	272	156	
3	美　国	Massena East 马塞纳东厂	纽约州	Alcoa	1959		125	124	
4	美　国	Massena West 马塞纳西厂	纽约州	Alcoa	1903	P255（230kA），1×	130	130	
5	美　国	Mount Holly 蒙特霍利	南卡罗莱纳州	Alcoa	1980	A697（186kA）2×180	222	228	
6	美　国	Rockdale 罗克代尔	得克萨斯州	Alcoa	1952	（51kA），6；（100kA），2×	315	247	
7	美　国	Warrick 瓦利克	印第安那州	Alcoa	1960	4×150	300	267	
8	美　国	Wenatchee 韦纳奇	华盛顿州	Alcoa	1952	预　焙	142	100	
9	美　国	Columbia Falls 大瀑布城	蒙大拿州	Glencore	1955	VSS（100kA），5×	168	81	
10	美　国	Hannibal 汉尼拔	俄亥俄州	Ormet	1958	预焙，6×	245	188	
11	美　国	Hawesville 哈韦斯维尔	肯塔基州	Century	1969	Kaiser P69（150kA），4×120	244	243	
12	美　国	Ravenswood 雷文斯伍德	西弗吉尼亚州	Century	1957	预　焙	175	170	
13	美　国	New Madrid 新马德里	密苏里州	Noranda Aluminum	1971	Kaiser P69（150kA），3×	259	253	
14	美　国	Sebree 锡布里	肯塔基州	Rio Tinto Alcan	1974	Alcoa（170kA）	196	194	
15	加拿大	Alma 阿尔马	魁北克省马里尼岛 Isle-Maligne	Rio Tinto Alcan	1943	AP30，1×288，1×144	400	413	

续附录 6

序号	国 别	厂名或公司名	所在地名	管理公司	投产年份	槽型（系列电流），系列数×台数，或总台数	2007 年末产能 /kt·a^{-1}	2007 年产量 /kt·a^{-1}	扩建项目
16	加拿大	Beauharmois 博哈尔努瓦	魁北克省麦罗歇维尔 Melocheville	Rio Tinto Alcan	1943	HSS	50	52	
17	加拿大	Grande Baie 大海湾	魁北克省海湾 La Baie	Rio Tinto Alcan	1980	P155（175kA），3×128	196	208	
18	加拿大	Arvida 阿尔维达	魁北克省容基耶耳 Jonquiere	Rio Tinto Alcan	1926	自焙，4×，预焙，6×	165	166	建 AP50 试验厂 1×44，60kt
19	加拿大	Kitmat 基蒂马特	不列颠哥伦比亚省	Rio Tinto Alcan	1954	自 焙	277	242	
20	加拿大	Laterriere 拉特利尔	魁北克省希库蒂米 Chicoutimi	Rio Tinto Alcan	1989	P155，2×216	219	228	
21	加拿大	Shawinigan 沙维尼根	魁北克省	Rio Tinto Alcan	1901	HSS	91	97	
22	加拿大	Baie Comeau 贝科莫	魁北克省	Alcoa	1957	自焙，3×；AP18，2×240	437	438	
23	加拿大	Deschambault 迪申堡	魁北克省	Alcoa	1992	AP30，1×264	250	251	
24	加拿大	Alouette 阿卢特	魁北克省七岛 Sept-iles	Aluminerie Alouette	1992	AP30，1×264，AP（350kA），1×330	550	575	
25	加拿大	Becancour 贝坎库	魁北克省	Aluminerie de Becancour（Alcoa）	1986	AP18，3×240	403	408	
欧洲									
26	法 国	Dunkerque 敦刻尔克	北部省	Rio Tinto Alcan	1991	AP30，1×264	250	258	
27	法 国	Lannemezan 拉纳姆藏	上比利牛斯省	Rio Tinto Alcan	1939	97kA，1×180	50	44	2008 年永久关闭
28	法 国	St. Jean de Maurienne 圣·让德马里茵		Rio Tinto Alcan	1907	AP18，1×60；AP28，1×120	132	134	

续附录6

序号	国 别	厂名或公司名	所在地名	管理公司	投产年份	槽型（系列电流），系列数×台数，或总台数	2007年末产能 /kt·a^{-1}	2007年产量 /kt·a^{-1}	扩建项目
29	德 国	Essen 埃森	北莱茵-威斯特法伦州	Trimet	1971	（150/160kA），3×，360	157	154	
30	德 国	Hamburg 汉堡		Trimet	1973	预 焙	132	53	
31	德 国	Norf (Rheinwerk) 莱茵厂		Hydro Aluminium	1963		220	231	
32	德 国	Voerde 弗尔德	北莱茵-威斯特法伦州	Hydro Aluminium	1971	预焙，1×188	90	85	
33	希 腊	Distomon 迪斯托蒙		Aluminium de Grece	1966	预 焙	165	163	
34	冰 岛	Fjardaal 法达尔		Alcoa	2007	AP，1×	346	70	
35	冰 岛	Grundartangi 格伦达坦基		Century	1998	预 焙	212	217	
36	冰 岛	Straumsvik 斯特勒姆斯维克		Rio Tinto Alcan	1969	（140kA），2×160	175	178	
37	意大利	Fusina 1 富西纳 1		Alcoa	1971	155kA	44	44	
38	意大利	Port Vesme 威士姆港	撒丁岛	Alcoa	1973	152kA	151	149	
39	荷 兰	Delfzjil 德尔夫吉尔		Tata Steel	1966	预焙（155kA）2×174	115	114	
40	荷 兰	Vlissingen 弗利辛恩		Klesh	1970	预焙（130kA），2×256	212	212	
41	挪 威	Ardal 奥达尔		Hydro	1946		232	205	
42	挪 威	Hoyanger 赫苑格尔		Hydro	1915	（220kA），1×80	58	58	
43	挪 威	Karmoy 卡尔莫		Hydro	1967	自焙（125kA）；AP18，1×108，1×114；HAL4c（400kA）试验槽	280	289	
44	挪 威	Sunndalsora 松达尔索拉		Hydro Aluminium	1954	预焙（164kA），1×184；HAL250（275kA），1×340	360	367	

续附录6

序号	国　别	厂名或公司名	所在地名	管理公司	投产年份	槽型（系列电流），系列数×台数，或总台数	2007年末产能 /kt·a^{-1}	2007年产量 /kt·a^{-1}	扩建项目
45	挪　威	Lista 里斯塔		Elkem Aluminium（Alcoa 50%）	1971	VSS（115kA）	93	93	
46	挪　威	Mosjoen 莫绍恩		Elkem Aluminium	1958	VSS（115kA），404	188	187	
47	挪　威	Husnes 胡斯尼斯		Soral	1965	预焙（150kA），1×；预焙（125kA），2×125	160	160	
48	西班牙	Aviles 阿维莱斯		Alcoa	1959	自　焙	88	86	
49	西班牙	La Coruna 拉科鲁尼亚		Alcoa	1961（7?）	自　焙	84	82	
50	西班牙	San Ciprian 圣西匹里安		Alcoa	1978	AP 预焙	213	222	
51	瑞　典	Sundsvall 松兹瓦尔		UC Rusal	1942	VSS（110kA），2×131；Kaiser P-86（150kA），1×56	105	104	
52	英　国	Holyhead 霍利黑德	威尔士	Anglesey Aluminium	1971	Kaiser P69，2×255	145	144	
53	英　国	Lochaber 洛哈伯	苏格兰	Rio Tinto Alcan	1927	AP18，1×80	42	45	
54	英　国	Lynemouth 雷尼茅斯	苏格兰	Rio Tinto Alcan	1972	（150kA），2×176	175	174	
55	波　黑	Mostar 莫斯塔尔		Aluminij Mostar	1981	AP-SWPB（145kA），256	117	122	
56	黑　山	Podgorica 波德哥里察		KAP	1972	AP-SWPB（80kA），2×264	120	120	
57	波　兰	Konin 科宁		Huta Aluminium Konin	1965	自焙，192	53	50	
58	罗马尼亚	Slatina 斯拉蒂纳		Alro	1965	AP-SWPB（135kA），5×128	240	265	
59	俄罗斯	Taishet 泰舍特	伊尔库茨克州	UC Rusal	2003	1×32 试验厂	?	11	
60	俄罗斯	Bogoslovsk 博戈斯洛夫斯克	乌拉尔	UC Rusal	1945	HSS	182	185	
61	俄罗斯	Bratsk 布拉茨克	伊尔库茨克州	UC Rusal	1966	VSS（157kA），10×，2256	955	986	
62	俄罗斯	Irkutsk 伊尔库茨克	伊尔库茨克州	UC Rusal	1962	VSS（157kA）；RA300，1×	309	309	

续附录6

序号	国　别	厂名或公司名	所在地名	管理公司	投产年份	槽型（系列电流），系列数×台数，或总台数	2007 年末产能 /kt·a^{-1}	2007 年产量 /kt·a^{-1}	扩建项目
63	俄罗斯	Kandalakasha 坎达拉克沙	摩尔曼斯克州	UC Rusal	1951	VSS（130kA）	72	75	
64	俄罗斯	Khakass 哈卡斯	哈卡斯共和国	UC Rusal	2007	RA300；试验 RA400	300	180	
65	俄罗斯	Krasnoyarsk 克拉斯诺亚尔斯克	克拉斯诺亚尔斯克边疆区	UC Rusal	1964	VSS（157kA），15×，1878；预焙(118kA,160kA)，10×，352	950	955	
66	俄罗斯	Nadvoitsky 纳德沃伊策		UC Rusal	1954	HSS，350	80	80	
67	俄罗斯	Novokzenetsk 新库兹涅茨克	克麦罗沃州	UC Rusal	1942	HSS，2×；VSS，1×	322	318	
68	俄罗斯	Sayanogorsk 萨彦诺戈尔斯克	哈卡斯共和国	UC Rusal	1984	AP（175kA），4×；+扩建 162	529	534	
69	俄罗斯	Uralsk 乌拉尔斯克	乌拉尔	UC Rusal	1939	HSS，500	130	133	
70	俄罗斯	Volgograd 伏尔加格勒	伏尔加格勒州	UC Rusal	1939	VSS（150kA），500	155	161	
71	俄罗斯	Volkhov 沃尔霍夫	列宁格勒州？	UC Rusal	1932	HSS；预焙	25	24	
72	斯洛伐克	Ziar nad Hronom 赫龙河畔日亚尔		Slovalco	1953	HAL（258kA），1×226	160	158	
73	斯洛文尼亚	Kidrecevo 基德里切沃		Talum	1954	SWPB（75kA），184；AP18，80+扩建	120	121	
74	乌克兰	Zaporozhye 扎波罗热		ZALK	1933	HSS；预焙	100	113	
南美洲									
75	阿根廷	Puerto Madryn 马德林港	丘布特省	Aluar	1974	预焙，4×100，AP18，1×144	275	291	
76	巴　西	Sorocaba 索罗卡巴	圣保罗州	Cia Brasileira do Aluminio	1955	VSS；扩建 288	492	451	
77	巴　西	Aratu 阿拉图	巴伊亚州	Hindalco	1972	HSS；VSS	58	59	

续附录6

序号	国别	厂名或公司名	所在地名	管理公司	投产年份	槽型（系列电流），系列数×台数，或总台数	2007年末产能 /kt·a^{-1}	2007年产量 /kt·a^{-1}	扩建项目
78	巴 西	Belem 贝伦	帕拉州	Albras	1985	三井（133kA），1×240；三井（150kA），3×208；+扩建	445	455	
79	巴 西	Ouro Preto 奥罗普莱陶	米纳斯吉拉斯州	Hindalco	1945	HSS	51	48	
80	巴 西	Pocos de Caldas 波苏斯德卡尔达斯	米纳斯吉拉斯州	Alcoa	1970	VSS，3×96	95	96	
81	巴 西	Santa Cruz 圣克鲁斯	里约热内卢	Vale	1982	ReynoldsP19（160kA），2×	98	94	
82	巴 西	Sao Luis 圣路易斯	马拉尼昂州	Alumar	1984	Alcoa A697，1×204，1×250，1×254	440	448	
83	委内瑞拉	Puerto Ordaz 奥尔达斯港		Alcasa	1967	Reynolds，2×148，1×216，1×180	210	181	
84	委内瑞拉	Puerto Ordaz 奥尔达斯港	加拉加斯	CVG Venalum	1978	自焙 Renolds P-19，4×180；HA-230，1×180；V-350 试验槽	440	437	
亚洲									
85	阿塞拜疆	Sumgait 苏姆加依特		Azeral	1955	HSS（70kA）	60	41	扩建100，GAMI240kA
86	巴 林	Alba 阿尔巴		Aluminium Bahrain	1971	Kaiser 预焙，2×228，1×304；AP30，1×288，1×336	860	853	
87	迪 拜	Jebel Ali 杰拜尔阿里		Dubal Aluminium	1979	D-18（180kA），3×120，1×139；CD20（340kA），2×；CD26，1×248	890	890	
88	印 度	Angul 安格尔	奥里萨邦	Nalco	1985	AP18，3×240	345	358	

续附录6

序号	国别	厂名或公司名	所在地名	管理公司	投产年份	槽型（系列电流），系列数×台数，或总台数	2007年末产能/kt·a^{-1}	2007年产量/kt·a^{-1}	扩建项目
89	印度	Hirakud 希拉库德	奥里萨邦	Vedanta（原 Indal）	1959	自焙（85kA），4×；预焙 3×156，+164（GAMI）	145	103	
90	印度	Korba 科尔巴	中央邦	Balco，Vedanta	1975	VSS（110kA），2×；GP-320，1×288	345	354	600，GP-320
91	印度	Mettur 梅图尔		Malco，Vedanta	1967	自焙	39	39	
92	印度	Renukoot 瑞奴柯特	北方邦	Hindalco	1962	自焙（55kA 等），11×	345	368	330，AP3X（365kA）
93	印度尼西亚	Kuala Tanjung 瓜拉丹戎	苏门答腊	Inalum	1982	住友（175kA），2×255	255	251	
94	伊朗	Bandar Abbas 邦达尔阿巴斯		Almahdi Aluminium		D20，2×	220	120	
95	伊朗	Arak 阿拉克		Iralco	1972	Reynolds，5×140；SAMI（200kA），1×210	170	120	
96	日本	Kambara 蒲原		Nippon Light Metal	1940	HSS	35	7	
97	哈萨克斯坦	Pavlodar 巴甫洛达尔		Aluminium of Kazakhanstan（KAS）	2007	GAMI（320kA），1×288	125	10	
98	塔吉克斯坦	Tursunzade 杜尚扎德	杜尚别	Talco	1975	（160kA）	420	420	
99	土耳其	Seydisehir 赛伊迪谢希尔		Eti Aluminyum	1973	自焙，248	60	63	
大洋洲									
100	澳大利亚	Bell Bay 贝尔湾	塔斯马尼亚岛	Rio Tinto Alcan	1955	Kaiser（88kA），3×，544	179	178	
101	澳大利亚	Boyne Island 博因岛	昆士兰州格拉达斯通	Boyne Smelters（Rio Tinto Alcan 59.25%）	1982	住友（230kA），2×320（300kt）；AP30，1×288	550	552	
102	澳大利亚	Kurri Kurri 库里库里	新南威尔士州	Hydro Aluminium	1969	3×120	173	173	

续附录6

序号	国别	厂名或公司名	所在地名	管理公司	投产年份	槽型（系列电流），系列数×台数，或总台数	2007年末产能/kt·a^{-1}	2007年产量/kt·a^{-1}	扩建项目
103	澳大利亚	Point Henry 亨利角	维多利亚州吉朗	Alcoa of Australia	1963	Alcoa P155(176/186kA),3×,368	185	186	
104	澳大利亚	Portland 波特兰	维多利亚州	Alcoa Portland Aluminium (Alcoa 55%)	1986	Alcoa A817（311kA），2×204	360	360	
105	澳大利亚	Tomago 托马戈	新南威尔士	Tomago Aluminium (Rio Tinto Alcan 51.55%)	1983	AP18（现AP22），2×240，1×280	530	514	
106	新西兰	Tiwai Point 蒂怀角		NZAS(Rio Tinto Alcan)	1971	Kaiser P-69（175kA），3×204	355	354	
非洲									
107	喀麦隆	Edea 埃代阿		Alucam	1957	自焙；预焙	90	85	
108	埃及	Nag Hammadi 哈马迪村		Egyptalum	1975	原自焙（改造中），3×，460	250	257	
109	加纳	Tema 特马		Valco	1967	Kaiser P-69，5×	200	12	
110	莫桑比克	Mozal	马普托	Mozambique Aluminium (BHP Billiton 47%)	2000	AP30，2×	550	562	
111	尼日利亚	Ikot Abasi 伊考阿巴西		Alscon (UC Rusal 77.5%)	1977(建成，未投产)	预焙（160kA），2×216	193	0	
112	南非	Bayside 贝塞德		BHP Billiton	1971	VSS，2×144；预焙，1×240	190	190	
113	南非	Hillside 希尔塞德		BHP Billiton	1995	AP30，2×（288+72）	690	709	
在建新厂									
114	阿曼	Sohar 苏哈尔		Sohar Aluminium	2008	AP36，1×	360		
115	印度	Jharsuguda 哈苏古达一厂	奥里萨邦	Vedanta	2008	GP-320，2×304	500		
116	印度	Jharsuguda 哈苏古达二厂	奥里萨邦	Vedanta	2010	GP-320，4×336	1250		
117	马来西亚	Sarawak 沙捞越		齐力铝业	2009	GP-200（215kA），1×208	110		
118	卡塔尔	Dohar 多哈	Messaieed 工业区	Qatalum	2009	HAL275（300kA），2×352	585		
119	阿布扎比	Taweelah		Emal	2009	Dubal DX，2×378	700		
120	俄国	Tashet 泰舍特		UC Rusal		RA-400T			

注：产量来源于 Brook Hunt。

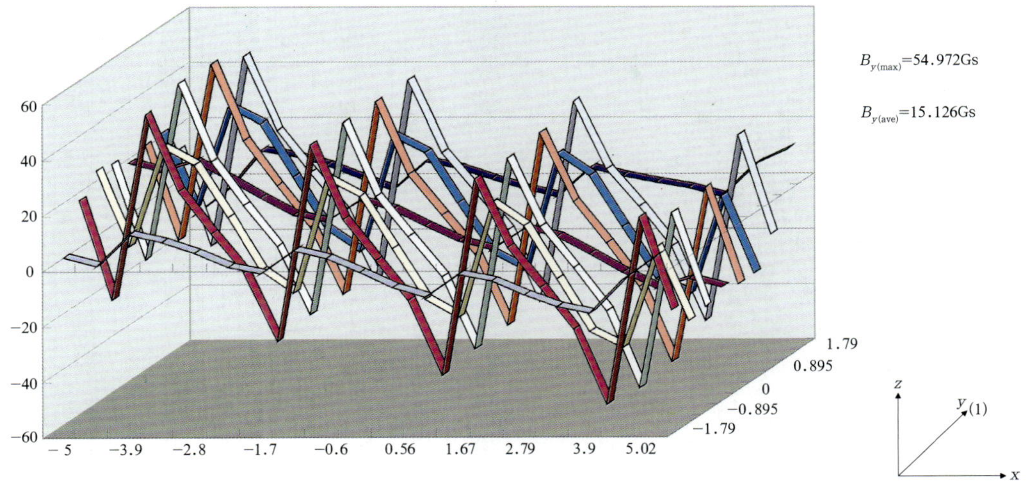

彩图 1　200kA 铝电解槽 y 方向磁感应强度(图 30-2)

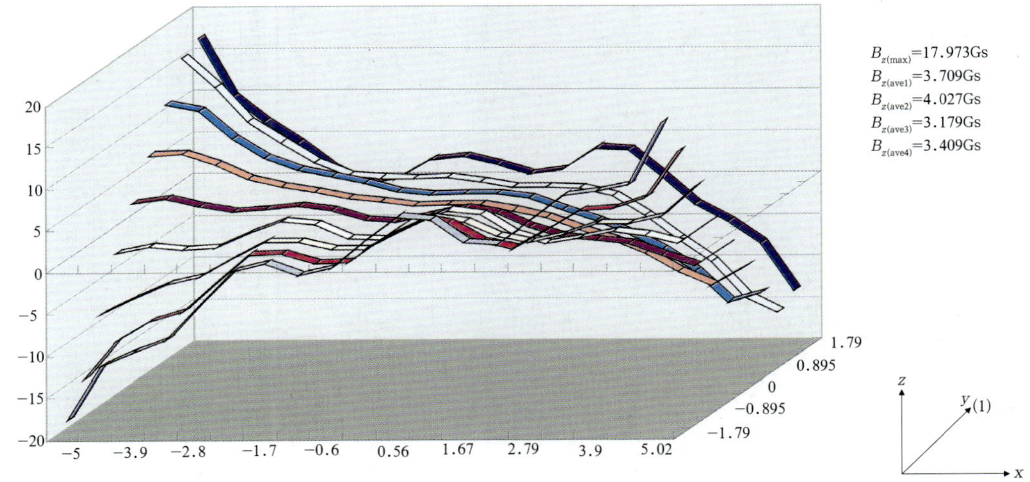

彩图 2　200kA 铝电解槽垂直磁感应强度(图 30-3)

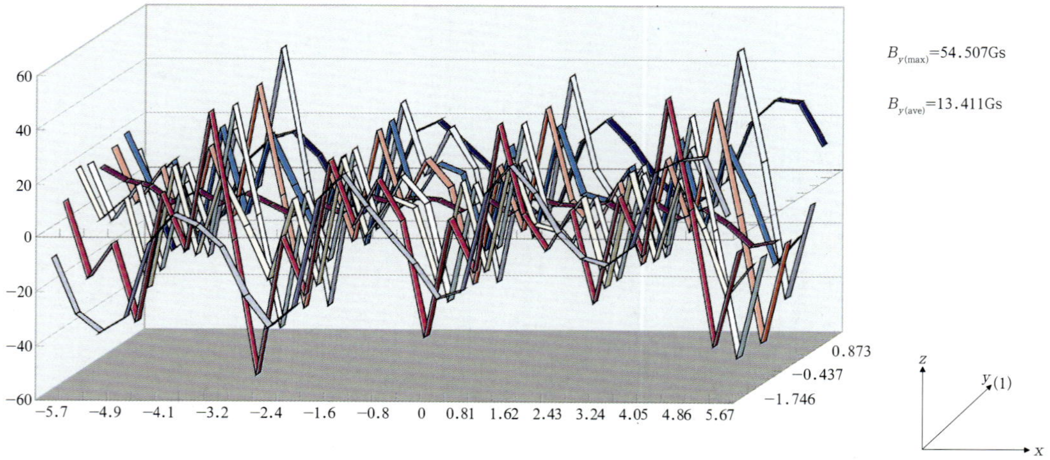

彩图 3　230kA 铝电解槽 y 方向磁感应强度(图 30-4)

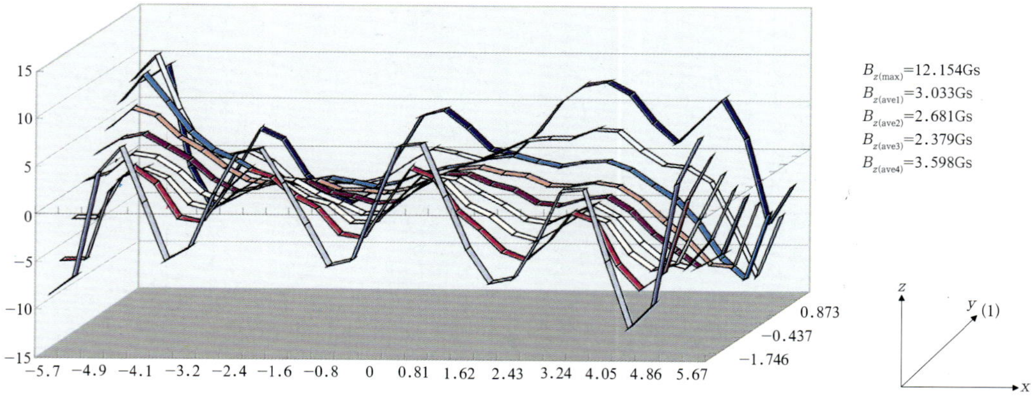

彩图 4　230kA 铝电解槽垂直磁感应强度(图 30-5)

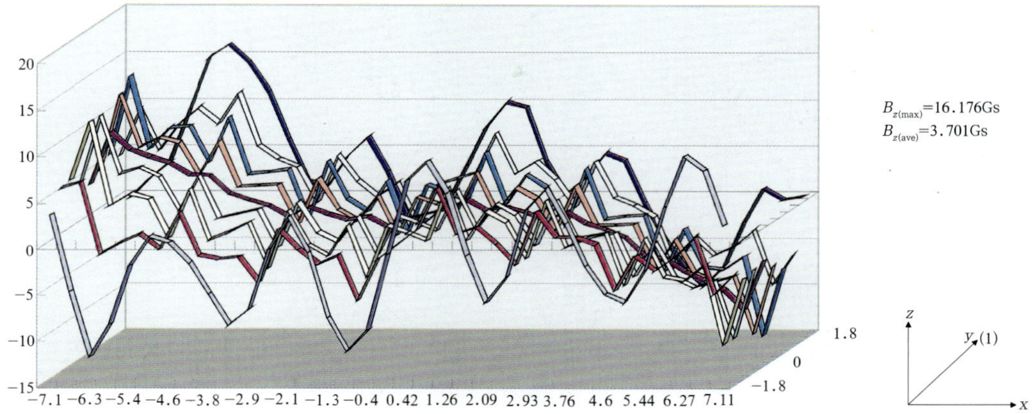

彩图 5　300kA 铝电解槽 y 方向磁感应强度(图 30-6)

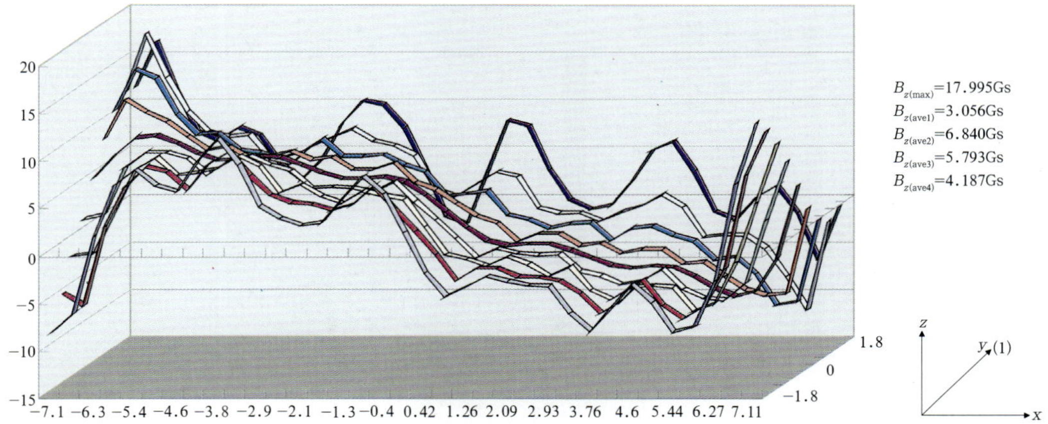

彩图 6　300kA 铝电解槽垂直磁感应强度(图 30-7)

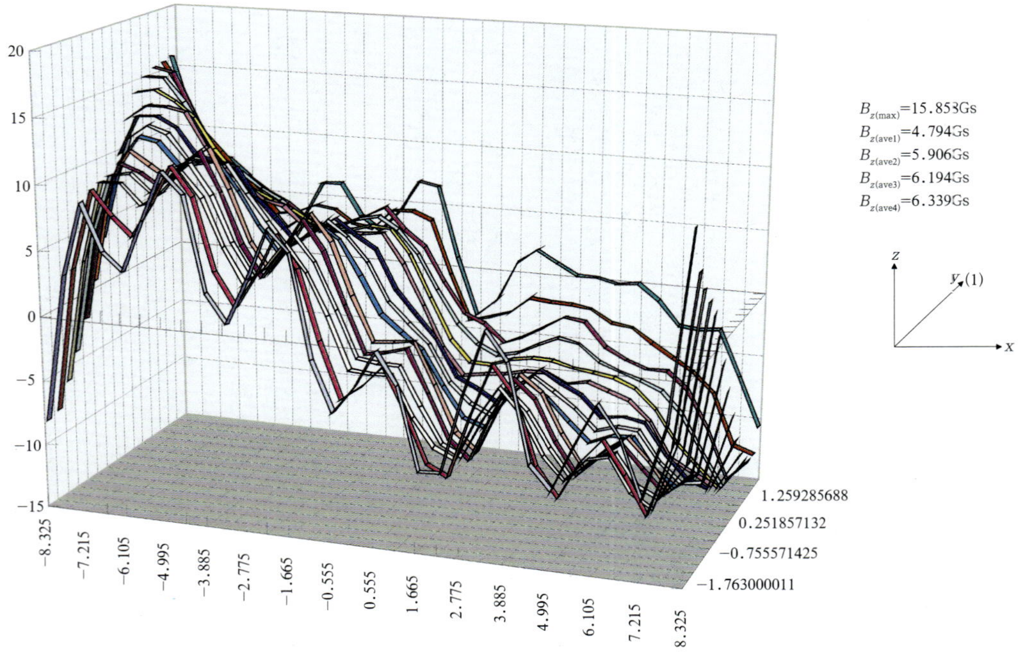

彩图 7　350kA 铝电解槽垂直磁感应强度(图 30-8)

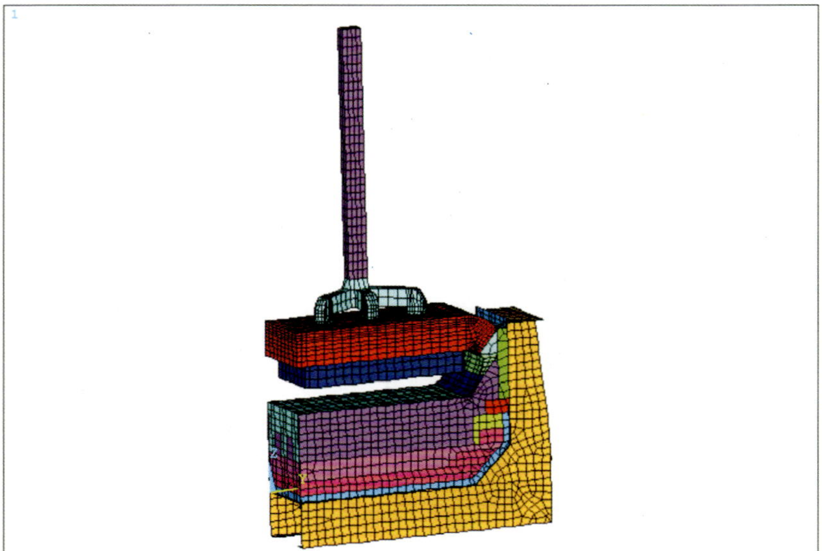

彩图 8　300kA 以上级铝电解槽热、电场模型(图 30-23)

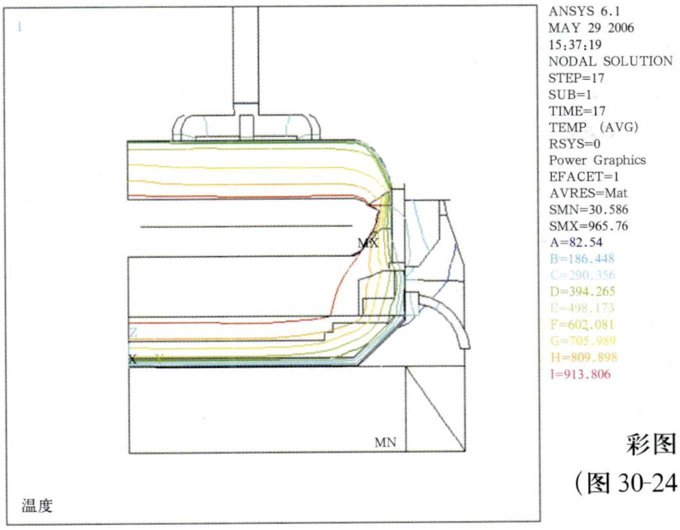

彩图9　350kA 铝电解槽热场计算结果（图 30-24）

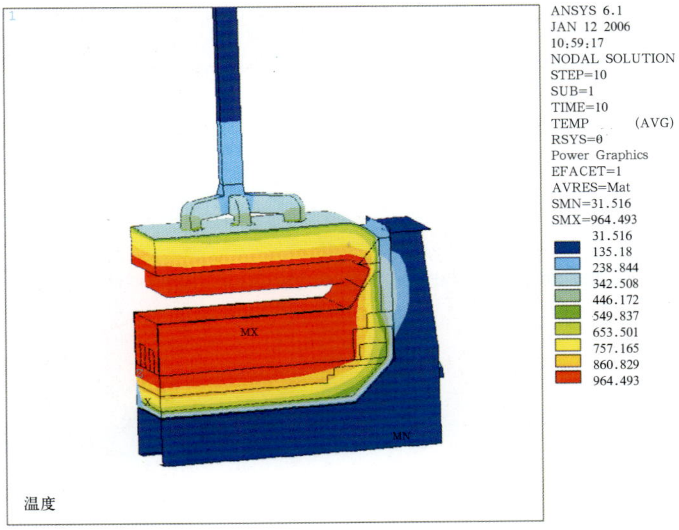

彩图 10　350kA 铝电解槽热场温度(图 30-25)

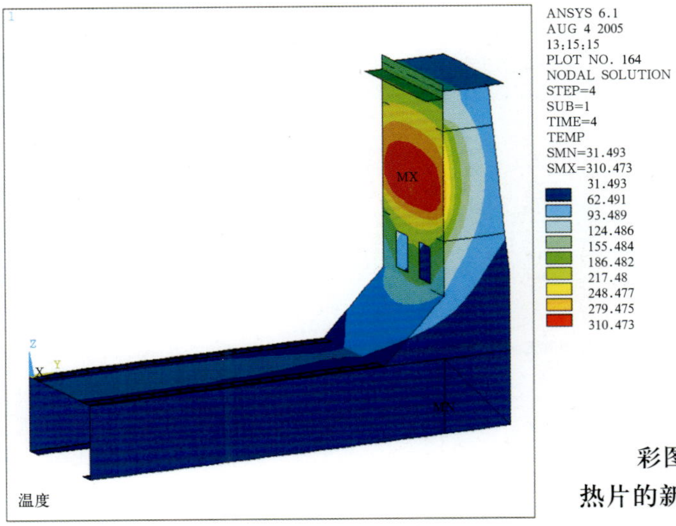

彩图 11　350kA 铝电解槽槽壳(焊有散热片的新型槽壳)热场温度(图 30-26)

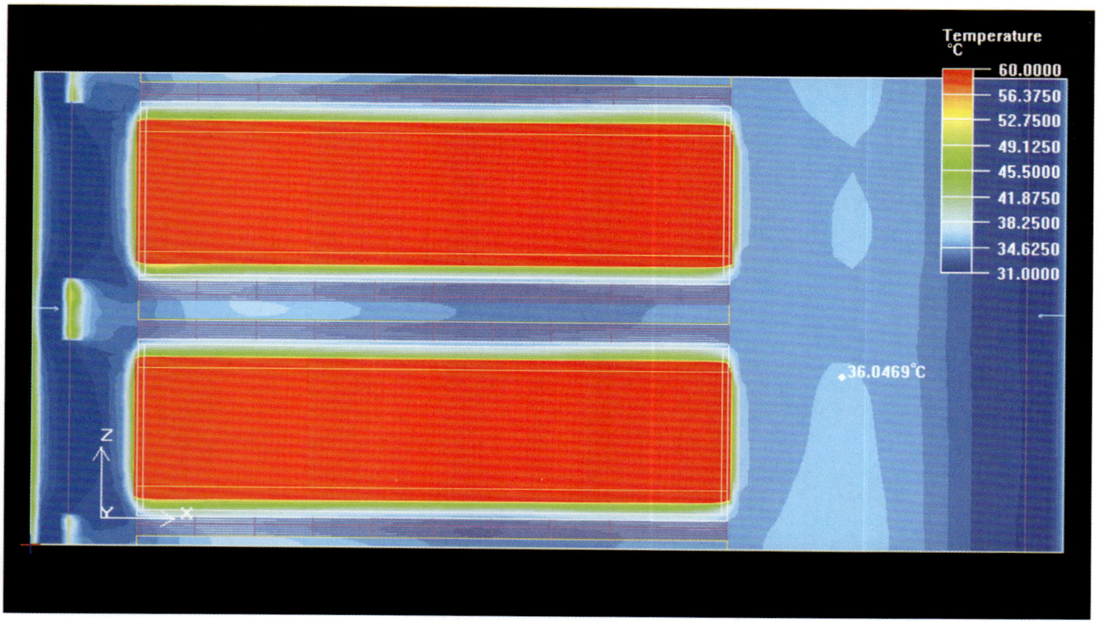

彩图 12　新式电解车间距操作层楼面 1.8m 处水平温度场(图 30-28)

彩图 13　新式电解车间两槽间工作区垂直温度场(图 30-29)

彩图 14　新式电解车间距槽边 0.05m 处垂直温度场(图 30-30)

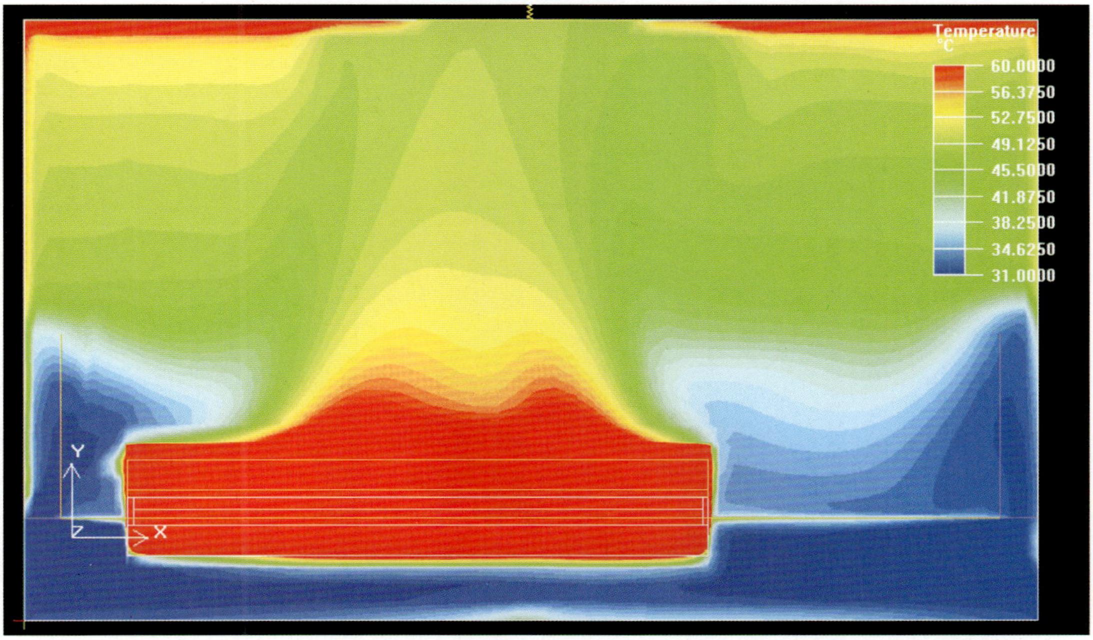

彩图 15　新式电解车间槽纵向中心垂直温度场(图 30-31)

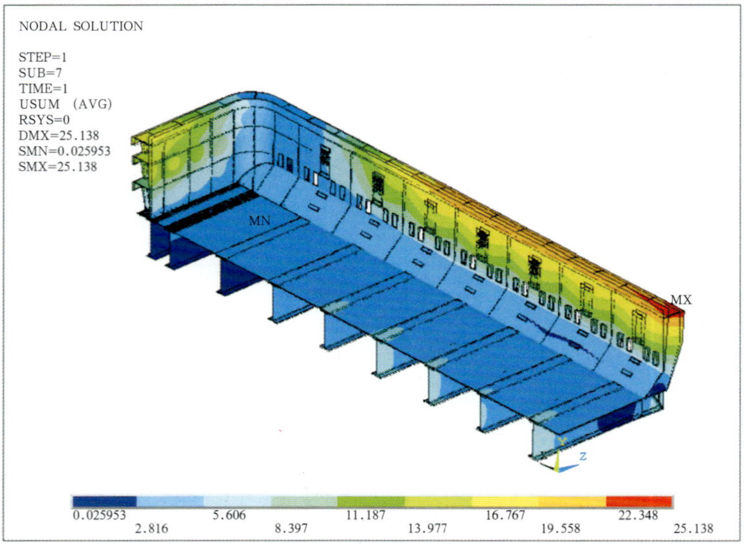

彩图16　300kA铝电解槽槽壳变形的计算结果(图30-33)

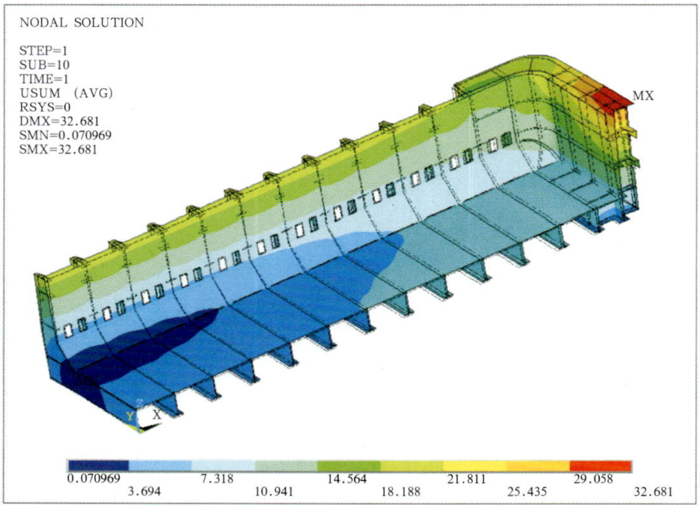

彩图17　350kA铝电解槽槽壳变形的计算结果(图30-34)

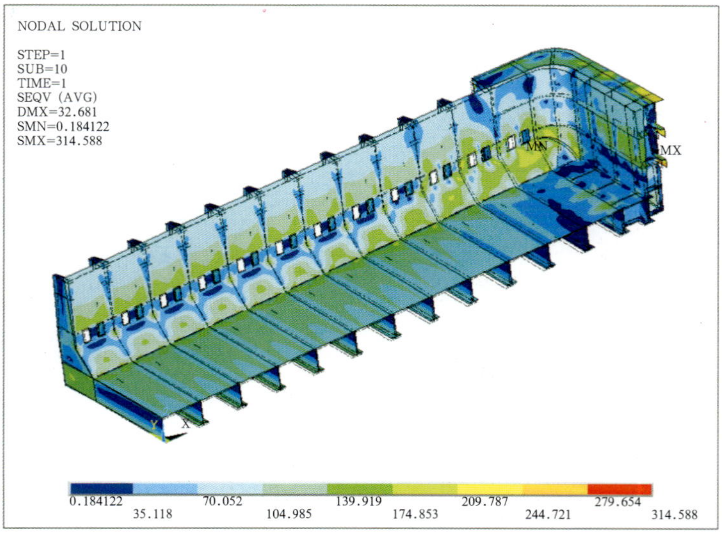

彩图18　350kA铝电解槽槽壳应力(图30-35)